云南生态环境年鉴

2021

YUNNAN SHENGTAI
HUANJING NIANJIAN

云南省生态环境厅　编

云南出版集团

YNK 云南科技出版社

·昆明·

图书在版编目（CIP）数据

云南生态环境年鉴 . 2021 / 云南省生态环境厅编
. —— 昆明：云南科技出版社，2023
ISBN 978-7-5587-4611-6

Ⅰ . ①云… Ⅱ . ①云… Ⅲ . ①生态环境建设—云南—
2021 —年鉴 Ⅳ . ① X321.274-54

中国国家版本馆 CIP 数据核字 (2023) 第 058667 号

云南生态环境年鉴 2021

云南省生态环境厅　编

出 版 人：温　翔
责任编辑：马　莹　王　韬
责任校对：秦永红
责任印制：蒋丽芬
封面设计：余仲勋

书　　号：ISBN 978-7-5587-4611-6
印　　刷：云南灵彩印务包装有限公司
开　　本：880mm×1230mm　1/16
印　　张：29
字　　数：860 千字
版　　次：2023 年 7 月第 1 版
印　　次：2023 年 7 月第 1 次印刷
定　　价：480.00 元

出版发行：云南出版集团　云南科技出版社
地　　址：昆明市环城西路 609 号
电　　话：0871-64192372

编 辑 说 明

一、《云南生态环境年鉴》是云南省生态环境厅主办的大型专业性行业年鉴，从2012年起，每年编辑出版一辑。本辑为总第十辑，由云南出版集团、云南科技出版社出版，主要记载2020年度云南省生态环境保护工作的新成绩和新经验。

二、《云南生态环境年鉴》坚持全面、系统、客观地反映云南省生态环境保护工作的基本情况，为各级领导统筹谋划、指导管理、组织推进生态环境保护工作提供参考依据，为社会各界了解云南省生态环境保护工作情况提供资料依据，也为今后编纂生态环境保护志积累资料。

三、《云南生态环境年鉴（2021）》采用分类编辑法。按照栏目、类目、条目三个层次。以条目为主体，设大事记、经济社会环境公报、省人大委员会环境与资源保护工作、省政协人口资源环境委员会工作、省级生态环境保护管理、全省生态环境保护工作、各州（市）生态环境保护工作、重要法律法规文件8个栏目。

四、《云南生态环境年鉴》卷首列中文目录，采用主题分析法编制条题，以提高年鉴的参考性和检索性，方便查阅。

五、在编辑《云南生态环境年鉴》中，对5位以上的统计数据大都以万或亿为单位对尾数进行了四舍五入处理。例如，在同一组数据中同时存在4位以下数据和5位以上数据的，为体现该组数据的准确性，对该组数据中5位以上数据末以万或亿为单位对尾数进行四舍五入处理。另外，对一些社会关注度较高的5位以上的重要数据，也以万或亿为单位对尾数进行四舍五入处理。

六、《云南生态环境年鉴》各部类稿件分别由全省各级生态环境部门撰写，并经单位领导审阅后供稿。对所有单位、撰稿人员的支持和帮助，在此深表谢意。

七、编辑出版《云南生态环境年鉴》是一项复杂的文化工程，涉及面广、学科交叉、资料分散，而且组稿时间紧迫，虽经编辑部执行编辑修改、主编审定，并送有关领导把关，但书中疏漏错误之处在所难免，真诚欢迎读者提出宝贵意见，以便改进工作。

《云南生态环境年鉴》编辑部

目　录

特　载

切实增强使命感、责任感、紧迫感　扛好扛牢
争当全国生态文明建设排头兵的政治责任
　…………………………………………… 1

大事记

1 月 ……………………………………… 4
3 月 ……………………………………… 4
4 月 ……………………………………… 4
5 月 ……………………………………… 4
6 月 ……………………………………… 5
7 月 ……………………………………… 5
8 月 ……………………………………… 5
9 月 ……………………………………… 6
10 月 …………………………………… 6
11 月 …………………………………… 7
12 月 …………………………………… 8

经济、社会、环境公报

综述 ………………………………… 9
工作综述 ……………………………… 9

大气环境 …………………………… 9
环境空气质量 ………………………… 9
降水及酸雨 …………………………… 10

水环境 ……………………………… 10
主要河流水环境质量 ………………… 10
出境、跨界河流水质状况 …………… 11

湖泊、水库水质状况 ………………… 11
集中式饮用水水源地水质状况 ……… 12
地下水 ………………………………… 12

城市声环境 ………………………… 12
城市道路交通声环境质量状况 ……… 12
城市区域声环境质量状况 …………… 12
城市功能区声环境质量状况 ………… 13

辐射环境 …………………………… 13
概述 …………………………………… 13

自然生态环境 ……………………… 13
概述 …………………………………… 13
森林资源现状及变化趋势 …………… 13
湿地 …………………………………… 14
自然保护区 …………………………… 14
物种 …………………………………… 14
水产种质资源保护 …………………… 14

措施与行动 ………………………… 14
全面开展生态环境保护督察 ………… 14
污染防治攻坚战 ……………………… 14
生态环境保护 ………………………… 15
城市与农业农村环境保护 …………… 15
环境管理 ……………………………… 16

云南省人大环境与
资源保护委员会工作

工作综述 ……………………………… 17
环境立法工作 ………………………… 17

环境监督工作 ·············· 17

代表议案、建议办理工作 ·········· 17

合作与交流 ·············· 17

云南省政协人口资源环境
委员会工作

工作综述 ················ 18

对口协商 ················ 18

常委会分组协商 ············ 18

专题协商 ················ 18

重点视察 ················ 18

河长制督察 ·············· 18

重点提案督办 ·············· 18

特色品牌活动 ·············· 18

为长江生态保护修复和经济带发展建言献策
···················· 19

举办"2020 年中国赤水河流域生态文明建设
协作推进会" ··········· 19

省级生态环境保护管理

机构概况 ·············· 20

主要职责 ················ 20

厅机关内设机构及人员编制 ······· 21

厅直属事业单位及人员编制 ······· 21

厅领导班子成员 ············ 22

厅机关内设机构主要负责人 ······· 22

厅直属事业单位主要负责人 ······· 22

行政管理 ·············· 23

工作综述 ················ 23

服务保障 ················ 23

文电会务 ················ 23

文秘工作 ················ 23

档案管理 ················ 23

电子政务 ················ 24

机要保密工作 ·············· 24

综治维稳 ················ 24

扶贫工作 ················ 24

信访工作 ················ 24

厅机关服务中心 ············ 25

人事管理 ·············· 26

工作综述 ················ 26

干部队伍建设 ·············· 26

人才队伍建设 ·············· 26

干部人事管理 ·············· 27

管理体制改革 ·············· 27

党建工作 ·············· 27

工作综述 ················ 27

政治建设 ················ 28

思想建设 ················ 29

组织建设 ················ 29

精神文明建设 ·············· 30

党风廉政建设 ·············· 30

群团工作 ················ 31

全省生态环境保护工作

工作综述 ·············· 32

工作综述 ················ 32

强化思想建设 ·············· 32

强化作风建设 ·············· 32

助力绿色发展 ·············· 33

统筹推进重点工作 ··········· 33

财务、科技与产业 ········· 34

工作综述 ················ 34

资金保障 ················ 34

确保垂改管理体制高效运行 ······· 34

政府采购 ················ 34

全面推进长江生态环境保护修复驻点跟踪研究
···················· 35

开展水专项第三方评估自评价和科技成果凝练
···················· 36

积极推进环保科研项目申请 ······· 36

环保科普 ················ 36

工业企业清洁生产 ··········· 37

项目管理 ················ 37

审计工作 ················· 37

扶贫工作 ················· 38

完成迪庆州生态环境建设工作总结 ········ 38

存在问题 ················· 38

下一步工作计划 ·············· 39

云南省环境科学研究院 ··········· 39

政策与规划 ··············· 40

生态环境规划 ··············· 40

污染防治攻坚战 ·············· 40

总量减排 ················· 40

生态环境统计 ··············· 41

法规与标准 ··············· 41

工作综述 ················· 41

圆满完成"七五"普法验收工作 ······ 41

全力推进生态环境损害赔偿制度改革落地 ··· 41

全面统筹，抓好生态环境法治建设 ····· 42

推动完善最严密的法制体系 ········ 42

理顺生态环境标准管理工作 ········ 42

不断推进环境健康工作 ·········· 42

做好行政复议、行政应诉工作 ······· 43

生态环境保护督察 ············ 43

工作综述 ················· 43

中央生态环境保护督察 ·········· 43

省级生态环境保护督察 ·········· 44

区域督察第一办公室 ············ 44

区域督察第二办公室 ············ 44

区域督察第三办公室 ············ 46

区域督察第四办公室 ············ 48

行政审批、环境影响评价、排放管理 ···· 50

工作综述 ················· 50

规划环境影响评价 ············· 50

建设项目环境影响评价 ·········· 51

排污许可管理 ··············· 51

生态环境准入清单管理 ·········· 51

环评专家库建设与管理 ·········· 51

云南省生态环境工程评估中心 ······· 52

生态环境监测 ·············· 54

工作综述 ················· 54

环境监测网建设 ·············· 55

环境质量状况 ··············· 55

污染源监测 ················ 55

环境监测质量管理 ············· 55

县域生态环境质量监测评价与考核 ····· 56

云南省环境监测中心站 ·········· 56

大气环境污染防治 ············ 58

工作综述 ················· 58

空气环境质量总体持续保持优良 ····· 58

大气污染防治 ··············· 58

积极应对气候变化 ············ 59

编制完成全省温室气体排放清单 ····· 59

水生态环境污染防治 ··········· 60

工作综述 ················· 60

水环境质量持续改善 ············ 60

河流总体水质为良好 ············ 60

主要湖库水质总体稳定 ·········· 60

地表水生态环境监管 ············ 60

饮用水水源地保护 ············· 61

九大高原湖泊生态环境监管 ········ 61

工业园区污水处理设施专项整治行动 ··· 61

入河排污口设置管理 ············ 61

黑臭水体整治环保专项行动 ········ 62

重点流域水生态环境保护"十四五"规划 ··· 62

水污染防治专项资金项目管理 ······· 62

土壤生态环境污染防治 ·········· 62

工作综述 ················· 62

土壤污染防治 ··············· 62

农村生态环境保护 ············· 63

地下水污染防治 ·············· 64

固体废物管理 ·············· 64

工作综述 ················· 64

固体废物污染防治 ············· 65

重金属污染防治 ·············· 65

切实提高审批效能 …………………… 65
医疗废物监管 …………………………… 65
长江经济带尾矿库污染治理 …………… 65
云南省固体废物管理中心 ……………… 65

自然生态保护 ……………………………… 66
生态状况评估 …………………………… 66
自然保护地监管 ………………………… 66
生态保护红线监管 ……………………… 66
生物多样性保护 ………………………… 66

生态文明建设 ……………………………… 67
重谋划，抓统筹协调 …………………… 67
重调度，抓工作推进 …………………… 67
重督察，抓跟踪问效 …………………… 67
重点项目督察评估 ……………………… 68
重宣传，抓经验推广 …………………… 68
生态文明建设示范区创建 ……………… 68

核安全与辐射环境管理 …………………… 69
工作综述 ………………………………… 69
核安全与辐射环境安全监管 …………… 70
核与辐射事故应急 ……………………… 70
电磁辐射环境管理 ……………………… 71
铀（钍）矿和伴生放射性矿监察管理 … 71
云南省辐射环境监督站 ………………… 71
完成国控网、省控网辐射环境监测工作 … 71
完成技术报告编制 ……………………… 72
完成放射性废源（物）收贮和城市放射性
　　废物库的运行、维护和管理 ………… 72
顺利通过核安全导则达标验收相关工作 … 72
开展库存废旧放射源及放射性废物清库前期
　　准备工作 ……………………………… 73
顺利通过实验室资质认定扩项评审 …… 73
完成2019年、2020年辐射环境应急监测能力建设
　　及演练专项资金项目建设工作 ……… 73
完成辐射监测能力建设其他工作 ……… 73
强化基础研究，云南省第二次全国污染源普查
　　伴生放射性矿普查结硕果 …………… 73
核与辐射事故应急专项演练工作 ……… 73
辐射环境监测与应急评估工作 ………… 73

"十三五"规划终期评估及开展"十四五"规划
　　编制工作 ……………………………… 73
专业技术学习、培训、交流和宣传工作 … 74
州（市）辐射环境监测机构的技术指导 … 74
其他工作完成情况 ……………………… 74

生态环境监察与应急 ……………………… 74
机构设置及职责分工 …………………… 74
工作综述 ………………………………… 74
生态环境执法情况 ……………………… 74
生态环境行政处罚情况 ………………… 75
建设项目"三同时" …………………… 75
生态环境保护专项执法行动 …………… 75
生态环境执法能力建设 ………………… 75
执法稽查 ………………………………… 76
云南省生态环境应急调查投诉中心 …… 76

对外交流与合作 …………………………… 76
推动与周边国家的生态环境交流合作 … 76
组织实施国际环境公约履约云南示范项目 … 76
积极推进泛珠、沪滇、滇台等双边和多边区域
　　环境保护合作 ………………………… 77
加强对外交流学习 ……………………… 77
云南省生态环境对外合作中心 ………… 77

生态环境宣传教育 ………………………… 79
工作综述 ………………………………… 79
积极开展新闻宣传工作，加强舆论引导 … 79
提高舆情应对能力，有效引导社会舆论 … 79
提升新媒体宣传实效，开展好网络宣传 … 79
策划好重大主题宣传，不断提高传播感染力、
　　影响力 ………………………………… 80
推动公众共同参与，支持社会力量参与生态
　　环境保护 ……………………………… 80
开展宣传教育培训，加强宣教队伍建设 … 80
云南省生态环境宣传教育中心 ………… 80

生态环境保护信息化建设 ………………… 81
工作综述 ………………………………… 81
信息化资金投入 ………………………… 82
环境信息基础能力建设和保障 ………… 82

环境信息资源共享建设 …………… 83
生态环境大数据建设 ……………… 83
网络与信息安全运维工作 ………… 83
电子政务运维管理 ………………… 84
网站信息公开工作 ………………… 84
环境信息应用系统建设 …………… 84
重点污染源监控工作 ……………… 84
机动车排污监控管理工作 ………… 85
环境信息相关技术培训 …………… 85
环境信息相关技术支持工作 ……… 85
项目申报与项目储备 ……………… 85

各州（市）生态环境保护工作

昆明市 ………………………………… 86
工作综述 …………………………… 86
政务信息 …………………………… 86
生态环境信访 ……………………… 86
财务、科技与产业 ………………… 86
政策与法规 ………………………… 87
生态环境保护督察 ………………… 87
行政审批 …………………………… 87
环境监测 …………………………… 87
大气环境治理 ……………………… 87
水生态环境治理 …………………… 88
土壤生态环境治理 ………………… 88
固体废物管理 ……………………… 88
城市环境管理 ……………………… 89
自然与生态保护 …………………… 89
生态文明建设 ……………………… 89
核与辐射安全监管 ………………… 89
环境监察与应急 …………………… 89
环境宣传教育 ……………………… 90
环境保护信息化建设 ……………… 90
盘龙区 ……………………………… 90
五华区 ……………………………… 93
西山区 ……………………………… 98
官渡区 ……………………………… 100
呈贡区 ……………………………… 103
东川区 ……………………………… 105
晋宁区 ……………………………… 110

安宁市 ……………………………… 112
富民县 ……………………………… 115
宜良县 ……………………………… 118
嵩明县 ……………………………… 119
石林彝族自治县 …………………… 121
禄劝彝族苗族自治县 ……………… 122
寻甸回族彝族自治县 ……………… 125
昆明高新技术产业开发区 ………… 127
昆明经济技术开发区 ……………… 129

昭通市 ………………………………… 130
抓实理论学习，凝聚思想共识 …… 130
加强组织领导，压实环保责任 …… 131
强化污染防治，改善环境质量 …… 131
健全整改机制，抓实整改工作 …… 131
坚持生态优先，推进示范创建 …… 132
综合保护赤水河，一江清水出昭通 … 132
严格监管执法，守护绿水青山 …… 133
优化环评审批，服务"六稳六保" … 133
加强项目建设，抓实财务管理 …… 133
强化环保宣传，营造良好氛围 …… 134
及早谋划推动，科学编制规划 …… 134
落实管党治党责任，营造风清气正环境 … 134
要事 ………………………………… 135
昭阳区 ……………………………… 137
鲁甸县 ……………………………… 138
巧家县 ……………………………… 139
镇雄县 ……………………………… 140
彝良县 ……………………………… 142
威信县 ……………………………… 144
盐津县 ……………………………… 146
大关县 ……………………………… 148
永善县 ……………………………… 152
绥江县 ……………………………… 154
水富县 ……………………………… 156

曲靖市 ………………………………… 158
工作综述 …………………………… 158
政务信息 …………………………… 158
生态环境信访 ……………………… 158
财务 ………………………………… 158

科技与产业 …… 159
规划、计划与投资 …… 159
政策与法规 …… 159
生态环境保护督察 …… 159
行政审批 …… 159
环境影响评价 …… 159
环境监测 …… 160
大气环境治理 …… 160
水生态治理 …… 160
土壤生态环境治理 …… 161
固体废物管理 …… 161
城市环境管理 …… 161
自然与生态保护 …… 162
生态文明建设 …… 162
核与辐射安全监管 …… 162
环境监察与应急 …… 162
对外交流与合作 …… 163
环境宣传教育 …… 163
环境保护信息化建设 …… 163
麒麟区 …… 164
宣威市 …… 165
沾益区 …… 167
马龙区 …… 169
富源县 …… 172
陆良县 …… 173
师宗县 …… 175
罗平县 …… 177
会泽县 …… 178
曲靖经济技术开发区 …… 180

玉溪市 …… 181
工作综述 …… 181
机构概况及人员编制 …… 182
蓝天保卫战 …… 182
碧水保卫战 …… 182
净土保卫战 …… 183
8 个标志性战役 …… 183
服务经济社会 …… 183
小康社会生态环境指标 …… 183
第二次全国污染源普查 …… 183
生态文明体制改革 …… 184

环保督察 …… 184
环境监管执法 …… 184
环境法制 …… 185
环境宣传教育 …… 185
三湖水质综合 …… 185
三湖水质监测分析 …… 185
"三湖"流域环境执法 …… 186
红塔区 …… 186
江川区 …… 187
澄江市 …… 190
通海县 …… 193
华宁县 …… 195
峨山彝族自治县 …… 197
元江哈尼族彝族傣族自治县 …… 200
新平彝族傣族自治县 …… 203
易门县 …… 206

保山市 …… 208
工作综述 …… 208
人力资源 …… 208
体制改革 …… 208
水环境 …… 208
大气环境 …… 209
声环境 …… 209
生态文明 …… 209
污染防治 …… 209
环保督察 …… 210
行政执法 …… 210
行政审批 …… 210
环境信访 …… 210
宣传教育 …… 210
信息化建设 …… 210
奖励表彰 …… 210
隆阳区 …… 211
施甸县 …… 212
腾冲市 …… 213
龙陵县 …… 214
昌宁县 …… 215
腾冲边境经济合作区 …… 216

楚雄彝族自治州 ……………… 216
工作综述 …………………………… 216
大气环保约束性指标 ……………… 216
水环境约束性指标 ………………… 216
打好以长江为重点的两大水系保护修复攻坚战
　……………………………………… 217
打好水源地保护攻坚战 …………… 217
打好城市黑臭水体攻坚战 ………… 217
打好农业农村污染治理攻坚战 …… 217
打好生态修复攻坚战 ……………… 217
打好固体废物污染治理攻坚战 …… 218
打好柴油货车污染治理攻坚战 …… 218
打好土壤污染防治攻坚战 ………… 218
构建生态环境保护经济政策体系 … 219
构建生态环境保护法治体系 ……… 219
构建生态环境保护社会行动体系 … 219
改革完善环评审批服务体系 ……… 220
推动形成绿色发展方式和生活方式 … 220
推进生态文明建设示范创建 ……… 220
全面完成生态环境监测任务 ……… 221
切实加强生态环境监管执法 ……… 221
圆满完成第二次全国污染源普查 … 221
楚雄市 ……………………………… 221
双柏县 ……………………………… 224
牟定县 ……………………………… 225
南华县 ……………………………… 228
姚安县 ……………………………… 230
大姚县 ……………………………… 233
永仁县 ……………………………… 235
元谋县 ……………………………… 237
武定县 ……………………………… 238
禄丰县 ……………………………… 240

红河哈尼族彝族自治州 ……… 243
工作综述 …………………………… 243
主要河流水环境质量 ……………… 243
湖泊（水库）水环境质量 ………… 243
城镇饮用水主要水源地水环境质量 … 243
大气环境质量 ……………………… 243
降水和酸雨 ………………………… 244
声环境质量 ………………………… 244

生态文明体制改革 ………………… 244
生态文明创建 ……………………… 244
自然与生态保护 …………………… 244
行政审批 …………………………… 244
排污许可 …………………………… 244
政务信息 …………………………… 245
环境宣传教育 ……………………… 245
计划与投资 ………………………… 245
大气环境治理 ……………………… 245
水生态环境治理 …………………… 245
土壤环境及固体废物治理 ………… 245
环境执法 …………………………… 246
核与辐射安全监管 ………………… 246
环保督察问题整改 ………………… 246
生态环境信访 ……………………… 246
蒙自市 ……………………………… 246
个旧市 ……………………………… 250
开远市 ……………………………… 251
弥勒市 ……………………………… 253
建水县 ……………………………… 256
泸西县 ……………………………… 257
石屏县 ……………………………… 259
红河县 ……………………………… 261
屏边苗族自治县 …………………… 263
元阳县 ……………………………… 264
河口瑶族自治县 …………………… 266
金平苗族瑶族傣族自治县 ………… 267
绿春县 ……………………………… 269

文山壮族苗族自治州 ………… 271
工作综述 …………………………… 271
生态环境信访 ……………………… 271
环保项目 …………………………… 271
机构改革 …………………………… 271
自然生态 …………………………… 271
污染防治攻坚战 …………………… 272
大气污染防治 ……………………… 272
水污染防治 ………………………… 272
土壤污染防治 ……………………… 273
生态环境监管服务 ………………… 273
环境监察执法 ……………………… 273

核与辐射安全监管 ……………… 274
环保督察整改 …………………… 274
环保政策法规宣传 ……………… 274
文山市 …………………………… 274
砚山县 …………………………… 276
西畴县 …………………………… 278
麻栗坡县 ………………………… 280
马关县 …………………………… 282
丘北县 …………………………… 285
广南县 …………………………… 288
富宁县 …………………………… 289

普洱市 ………………………… 291
工作综述 ………………………… 291
环境质量 ………………………… 292
蓝天保卫战 ……………………… 292
碧水保卫战 ……………………… 292
净土保卫战 ……………………… 292
7 个标志性战役 ………………… 292
自然生态保护 …………………… 293
环境监管执法 …………………… 293
营商环境 ………………………… 293
深化改革 ………………………… 293
生态文明示范创建 ……………… 294
新型冠状病毒感染疫情防控 …… 294
污染源普查 ……………………… 294
监测能力建设 …………………… 294
核与辐射监管 …………………… 294
环境宣传教育 …………………… 294
思茅区 …………………………… 295
宁洱哈尼族彝族自治县 ………… 298
墨江哈尼族自治县 ……………… 301
景谷傣族彝族自治县 …………… 304
景东彝族自治县 ………………… 307
镇沅彝族哈尼族拉祜族自治县 … 310
江城哈尼族彝族自治县 ………… 311
澜沧拉祜族自治县 ……………… 313
孟连傣族拉祜族佤族自治县 …… 316
西盟佤族自治县 ………………… 318

西双版纳傣族自治州 ………… 320
工作综述 ………………………… 320
机构简介 ………………………… 320
地表水环境质量 ………………… 321
城市饮用水水源 ………………… 321
城市大气环境质量 ……………… 321
城市声环境质量 ………………… 322
绿色创建 ………………………… 322
蓝天保卫战 ……………………… 322
碧水保卫战 ……………………… 323
土壤环境保护 …………………… 323
污染源普查 ……………………… 323
环境行政许可 …………………… 323
辐射安全管理与监督 …………… 323
生态环境执法 …………………… 323
环境宣传教育 …………………… 323
生态环境质量监测 ……………… 324
生态环境科研 …………………… 324
景洪市 …………………………… 324
勐海县 …………………………… 330
勐腊县 …………………………… 331

大理白族自治州 ……………… 334
工作综述 ………………………… 334
生态环境信访 …………………… 334
财务、科技与产业 ……………… 334
生态环境保护督察 ……………… 335
排污许可 ………………………… 335
环境影响评价 …………………… 335
大气环境治理 …………………… 335
水生态环境治理 ………………… 335
土壤生态环境治理 ……………… 336
固体废物管理 …………………… 336
自然与生态保护 ………………… 336
生态文明建设 …………………… 337
核与辐射安全监管 ……………… 337
环境监察与应急 ………………… 337
环境宣传教育 …………………… 337
大理市 …………………………… 338
弥渡县 …………………………… 340
祥云县 …………………………… 342

宾川县 …………………………… 344
巍山彝族回族自治县 …………… 347
南涧彝族自治县 ………………… 348
鹤庆县 …………………………… 350
洱源县 …………………………… 352
剑川县 …………………………… 353
云龙县 …………………………… 354
永平县 …………………………… 356
漾濞彝族自治县 ………………… 358

德宏傣族景颇族自治州 ……… 360
工作综述 ………………………… 360
生态文明体制改革 ……………… 361
生态环境"十四五"规划 ……… 361
环保信息公开 …………………… 361
第二次全国污染源普查 ………… 361
空气环境质量 …………………… 362
水生态环境质量 ………………… 362
土壤环境质量 …………………… 362
城市声环境 ……………………… 362
蓝天保卫战 ……………………… 362
碧水保卫战 ……………………… 362
净土保卫战 ……………………… 363
重点排污企业污染源监督性监测 … 363
重点流域污染综合治理 ………… 364
环境执法监管 …………………… 364
环保助力疫情防控 ……………… 364
环境宣教 ………………………… 365
环境督察整改 …………………… 365
芒市 ……………………………… 365
瑞丽市 …………………………… 367
盈江县 …………………………… 369
陇川县 …………………………… 371
梁河县 …………………………… 373

丽江市 ………………………… 374
工作综述 ………………………… 374
生态环境保护督察 ……………… 374
蓝天保卫战 ……………………… 375
碧水保卫战 ……………………… 375
净土保卫战 ……………………… 376

污染减排 ………………………… 376
环境监管执法 …………………… 376
生态文明建设 …………………… 376
生态文明体制改革 ……………… 377
行政审批 ………………………… 377
生态环境宣传教育 ……………… 377
第二次全国污染源普查 ………… 377
生态环境保障支撑 ……………… 378
自身能力建设 …………………… 378
古城区 …………………………… 378
玉龙纳西族自治县 ……………… 380
永胜县 …………………………… 381
华坪县 …………………………… 382
宁蒗彝族自治县 ………………… 384

怒江傈僳族自治州 …………… 386
工作综述 ………………………… 386
污染源普查 ……………………… 386
生态文明建设 …………………… 386
污染防治攻坚战 ………………… 386
生态环境保护督察 ……………… 387
环境监察与应急 ………………… 387
长江经济带生态环境问题整改 … 387
"清废行动" …………………… 387
生态文明体制改革 ……………… 387
生态环境垂直管理制度改革 …… 387
生态环境保护综合行政执法改革 … 387
行政审批 ………………………… 387
排污许可管理制度 ……………… 387
重大风险隐患专项行动 ………… 387
大气污染扬尘管控专项行动 …… 388
城乡建设领域扬尘噪声专项行动 … 388
安全生产集中整治专项行动 …… 388
"扫黑除恶"专项斗争 ………… 388
"绿盾2020"专项行动 ………… 388
生态环境宣传教育 ……………… 388
脱贫攻坚战 ……………………… 388
要事简录 ………………………… 388
表彰评比 ………………………… 389
泸水市 …………………………… 389
福贡县 …………………………… 391

兰坪白族普米族自治县 ·········· 393
贡山独龙族怒族自治县 ·········· 395

迪庆藏族自治州 ·············· 397
工作综述 ························ 397
政务信息 ························ 397
生态环境信访 ···················· 397
财务、科技与产业 ················ 397
政策与规划 ······················ 397
法规与标准 ······················ 397
生态环境保护督察 ················ 398
行政审批 ························ 398
环境影响评价 ···················· 398
环境监测 ························ 398
大气环境治理 ···················· 398
水生态环境治理 ·················· 399
土壤生态环境治理 ················ 399
固体废物管理 ···················· 399
城市环境管理 ···················· 399
自然与生态保护 ·················· 400
核与辐射安全监管 ················ 400
环境监察与应急 ·················· 400
环境宣传教育 ···················· 400
香格里拉市 ······················ 400
德钦县 ·························· 402
维西傈僳族自治县 ················ 404

临沧市 ························ 407
工作综述 ························ 407
政务信息 ························ 407

生态环境信访 ···················· 407
政策与法规 ······················ 408
生态环境保护督察 ················ 408
行政审批 ························ 408
大气环境治理 ···················· 408
水生态环境治理 ·················· 408
土壤生态环境治理 ················ 408
固体废物管理 ···················· 409
城市环境管理 ···················· 409
自然与生态保护 ·················· 409
生态文明建设 ···················· 409
核与辐射安全监管 ················ 409
环境监察与应急 ·················· 409
环境宣传教育 ···················· 409
环境保护信息化建设 ·············· 409
临翔区 ·························· 410
云县 ···························· 411
永德县 ·························· 412
镇康县 ·························· 414
耿马傣族佤族自治县 ·············· 416
沧源佤族自治县 ·················· 417
双江拉祜族佤族布朗族傣族自治县 ·· 419
凤庆县 ·························· 420

重要法律、法规、文件

中华人民共和国固体废物污染环境防治法 ··· 422
中华人民共和国长江保护法 ················ 435
云南省创建生态文明建设排头兵促进条例 ··· 445

特 载

切实增强使命感、责任感、紧迫感 扛好扛牢争当全国生态文明建设 排头兵的政治责任

岳修虎 云南省生态环境厅党组书记、厅长

（2020 年 11 月 30 日）

王予波代省长的重要讲话，总结了近年来云南省生态环境保护工作的显著成效，明确了未来工作努力的方向和重点，对工作作出全面系统部署，特别是明确要求我们要坚持以习近平生态文明思想引领美丽云南建设，坚定扛好扛牢争当全国生态文明建设排头兵的政治责任，并提出了要争做"8 个方面排头兵"的具体目标任务，为我们做好今后生态环境保护工作提供了行动指南。

为深入推进全省生态环境系统干部职工抓好学习贯彻落实，我提以下几点具体要求。

一、在全系统组织开展习近平生态文明思想专题学习活动，努力在学深悟透、入心入脑上下更大功夫

把今年 12 月定为"全系统习近平生态文明思想集中学习月"，请厅办公室尽快编辑印发学习材料，厅机关、直属事业单位、州（市）局及县（市、区）分局党组织要制订具体学习方案，组织全体干部职工认真研读，领导干部要带头学、带头讲，要分专题、分小组组织开展研究讨论；要结合习近平总书记两次考察云南重要讲话精神，立足本职、结合实际，把工作摆进去、把自己摆进去，不断深化认识，做到思想上认同、行动上自觉，始终把习近平生态文明思想作为开展工作的根本遵循。请厅机关党委人事处把这次学习活动成果作为今年年终考核的重要内容，做好督促检查。

二、认真梳理落实王予波代省长重要讲话中部署的各项工作，明确责任分工、抓紧推进落实

一要做到件件有着落、事事有回音。请厅综合处逐条梳理王予波代省长讲话中明确提出的工作任务，属于省生态环境厅职责的明确牵头处室，属于省生态环境厅配合落实的商有关厅局推进落实，属于由其他厅局或单位牵头落实的尽快转达。特别要强调的是，王予波代省长在讲话中多次强调，生态环境保护工作虽然各部门都要参与、各州（市）都要抓落实，但省生态环境厅要担起主要责任、政治责任。很多具体工作虽然不是由我们系统自己做，但生态环境监测、监督、执法、整改、考核等职能，对生态环境保护的最终成效具有不可替代的作用，该承担的责任要当仁不让、扛好扛牢。今年是中央督察反馈问题和群众投诉环境问题整改收官之年，请各州（市）局务必高

度重视，坚持扛起整改政治责任，确保高质量全面完成整改任务。二要把排风险放在更加重要的位置。在16州（市）书记、局长座谈会上，我已经安排了这项工作，在这里再强调一下。请各州（市）局、厅各处室认真梳理所管区域、所管领域的风险和隐患，逐项列表，研究制定防范化解工作方案；要加快完善和制定高风险区域、高风险项目的应急处置预案，着手构建全过程、多层次的生态环境风险防范体系，努力做到治于未病、防患未然。三要对标找差距。要对标党中央、国务院决策部署及省委、省政府指示要求找差距，对标国内先进、国际一流水平找差距，对标云南省历史最好水平找差距，坚持问题导向、刀口向内，不回避问题、不回避矛盾，不找借口、不推责任，全面梳理生态环境工作各领域存在的短板、弱项，找准坐标方位，做到胸中有数。请各处室、单位尽快形成材料汇总到综合处。

三、强化技术支撑和体制机制创新，加快提升工作能力、效率和水平

一要加快推进信息化建设。王予波代省长明确指示，全省生态环境部门要大力提升生态环境监测信息化水平，围绕监测、应急、影响评价、督察、监管执法、排污许可、风险防控等，加快大数据应用建设。利用好信息化手段，建立高效协同的大数据平台，是减轻工作压力、提升全系统工作效率和质量的关键所在。厅内将尽快组建"智慧环保"工作专班，牵头负责信息化系统建设，请各处室、各州（市）局研究提出覆盖监测、监管、执法等在内的软硬件需求，尽快拿出工作方案和项目建议书。二要推动制度创新。通过建立健全规章制度，将生态环境保护工作纳入统一、规范的制度框架内，实现以制度管事、以制度管人，是未来工作的重点。要在全方位落实好中央改革部署任务的基础上，积极借鉴国内先进做法，大胆探索创新，加快形成一套符合云南省实际、务实管用的制度体系。三要创新工作方式方法。机构改革后，全系统面临着人手少、任务重、责任大的新情况，我们要坚持目标导向、问题导向、结果导向，在改进工作的组织方式、行为方式上下功夫，把全系统的能力、潜力挖掘出来、发挥出来。针对各州（市）特别是县级环保执法队伍

人手少、线索少、取证难、执法难的问题，厅里近期将从全省抽调160人、利用15天时间，集中对文山州开展生态环境执法检查，通过到企业、到农村、到家庭现场访谈、拍摄音视频等形式摸实情、取实证，充分运用指标监测、污染源第二次普查、群众举报等线索，分小组对每个县、每个乡镇、每条河、每个主要污染源等的情况进行全面排查，能在现场处理的问题现场处理，现场难以处理的事后反馈整改，最后形成全面报告，报省政府领导审定后反馈。此次检查的定位，主要是对环保系统工作组织方式创新的尝试，要注意在探索工作机制、完善工作程序、规范工作方式方法上下功夫，鼓励各州（市）的队伍大胆采用灵活有效的方式方法，争取形成一套比较成熟的工作方案，为今后开展相关工作提供模板。四要深入推进"寻标对标达标创标"行动。今年5月，厅党组印发了《关于深入推进"寻标对标达标创标"行动的实施方案》，就科学寻标、精准对标、限时达标、奋力创标等工作进行了安排部署，请各处室、单位按照要求认真抓好落实，确保行动有力、推进有效。同时，各州（市）局也要参考省厅等做法，组织开展"寻标对标达标创标"行动，清晰找到本单位各项工作在16个州（市）局中的位置，借鉴学习其他州（市）局好的做法，努力赶超先进州（市）。要持续开展这项活动，激发全体干部职工干事创业，加快推进生态环境保护事业提质增效，确保各项工作在全省乃至全国有影响，努力单项争第一、整体上台阶。

四、讲政治、讲担当、讲规矩，着力加强生态环境系统队伍建设

王予波代省长指出，要把省生态环境厅建成践行"两个维护"的政治机关，坚决落实党中央、国务院和省委、省政府决策部署的行政机关，有力维护人民群众合法生态权益的服务机关，要努力建设一流队伍、树立一流形象、创造一流业绩。请厅办公室、机关党委人事处牵头研究制订建设"三个机关"、争创"三个一流"三年实施方案和年度行动计划。王予波代省长明确要求，要着力打造忠诚、干净、担当的高素质专业化干部队伍，要重点抓好以下工作：一要提高政治站位、强化政治责任。目前，一些同志还存在担心抓环境保

护影响发展的思想顾虑，根本原因在于没有把"生态优先、保护优先"的要求领会透、把握住。要把"生态优先、保护优先"作为我们系统全体干部职工的思想行为准则、安身立命之本。要矢志不移做西南生态安全屏障的坚强卫士，做云南蓝天白云、绿水青山、良田沃土的坚定守护者。在政治责任面前，我们要找准位置，敢于说"不"。二要改进工作作风。要始终坚持科学的态度和求真务实的精神，摸实情、说实话、办实事、出实招、求实效，既要求真，善于发现问题；更要实干，勇于面对矛盾、解决问题。要认真领会、落实好阮成发书记"有问题发现不了是失职、发现问题不报告不处理是渎职"的指示要求，把担子扛在肩上，把工作做在实处。目前，一些同志，一方面，存在遇到问题找种种理由，认为这些问题不是我们牵头负责，那些问题是历史遗留问题，一些问题风险大、难度大，不主动作为甚至回避、遮掩；另一方面，又抱怨、担心被问责，思想包袱重、工作压力大。解决这个问题的出路还在于履职尽责，只要有利于云南生态环境保护的，我们就坚决做、坚持做；只要不利于甚至会对云南生态环境保护带来损害破坏的，我们就坚决不做、坚决反对。只有真作为，才能对得起事业、对得起责任，才能经得起各方面的监督和考核。三要提高专业知识水平。生态环境保护工作面宽量大、专业性强，新技术、新事物不断发展变化。我们必须以高度的事业心、责任感，加强专业知识的学习积累。从王予波代省长这次到厅里来调研的情况看，一些同志像我一样不熟悉自己负责的工作，对基本情况也汇报不清楚。我们需要作出深刻反思、反省。我们每个人都要做本职工作的行家里手，而不是门外汉或者局外人。在增强专业知识、提高专业能力方面，我们要下更大的功夫。从明年 1 月开始，每个月争取安排 1 次专业知识学习，请一流的专家来给全系统讲课。四要加强和改进系统人事工作。要加强对各处（室）负责人、各事业单位和州（市）局领导班子成员的考核，不能只任命、不管理，每年至少要对班子成员的德、能、勤、绩、廉进行全面考察 1 次，把民主测评、个别谈话与工作实绩结合起来，建立可操作的奖惩机制。12 月底前，请各处（室）按 1~2 名、各事业单位和各州（市）局（含县级分局）按实际在编人数的 5%（不足 1 人的按 1 人推荐、四舍五入）推荐后备干部，各单位负责人要坚持对组织、对事业、对同志高度负责的态度，不论级别、不论年龄，挑选一批有事业心、责任感、求上进、想干事、有潜力的同志。今后工作中，要给他们创造更多的学习培训机会、提供更多干事创业的平台。下一步，会根据工作需要，在厅机关、州（市）局和县级分局之间，以及省、州（市）事业单位之间，纵向选拔任用一批干部，打通系统内的上升通道。年底将近，请各单位认真组织年终考核，客观公正地评价干部职工，坚持用实绩说话，给平时勤奋敬业、甘于奉献的干部以充分肯定和表彰，要敢于对庸政懒政惰政、平时推事躲事，甚至不遵规守纪的干部职工打低分，甚至给处分，也请驻厅纪检监察组、机关纪委严格执纪问责。五是要时刻绷紧清正廉洁这根弦。守住红线底线，算清账不糊涂，各支部书记要履行好第一责任职责，坚持警钟长鸣，抓长抓常，管好自己带好队伍，塑造风清气正的良好环境。

同志们，王予波代省长刚刚履新就莅临省生态环境厅检查指导工作，看望省生态环境厅干部职工，并向全省生态环境系统的同志们表示慰问！这充分体现了省委、省政府和王予波代省长对全省生态环境工作的高度重视、对全省生态环境系统全体干部职工的关心厚爱，让我们深受感动、深感振奋、备受鼓舞。我们一定要按照王予波代省长的指示要求，以更加奋发昂扬的精神面貌，鼓足干劲，脚踏实地，积极作为，努力做好生态环境保护各项工作，为云南高质量跨越式发展作出新的贡献！

大 事 记

1 月

1月1日起，《云南省气候资源保护和开发利用条例》《丽江市泸沽湖保护条例》正式施行。

1月，联合国《生物多样性公约》代理执行秘书伊丽莎白·穆雷玛近日在云南省昆明市举行媒体见面会，就COP15的相关问题接受记者采访。

1月28日，生态环境部印发《新型冠状病毒感染的肺炎疫情医疗废物应急处置管理与技术指南（试行）》，指导各地及时、有序、高效、无害化处置疫情医疗废物，规范疫情医疗废物应急处置的管理与技术要求。

3 月

3月，云南省委书记、全省总河（湖）长、抚仙湖河长陈豪日前率队赴玉溪市检查指导统筹推进新型冠状病毒疫情防控和经济社会发展工作，落实河（湖）长责任、督促检查抚仙湖保护治理工作。他强调，玉溪市各级党委、政府要坚持科学精准治湖，层层压实落实河（湖）长责任，持续推进"三湖"保护治理，不断改善湖泊水质，切实做好生态移民搬迁，让湖泊保护治理的成效带给群众更多获得感、幸福感。

3月，云南省交通运输厅联合省发展改革委、省生态环境厅、省住房和城乡建设厅召开视频会，要求各州（市）及相关部门进一步提高思想认识，检视存在问题，加强协同联动，按照四部门联合印发的《云南省船舶和港口污染突出问题整治工作方案》，全面推进全省船舶和港口污染突出问题整治工作。

4 月

4月，云南省玉溪市黑烟车智能监控识别系统项目通过专家组验收并正式投入使用，同时已经建成省级机动车遥感监测平台，实现国家、省、州（市）三级联网。

4月，《生物多样性公约》第十五次缔约方大会（COP15）昆明市筹备工作领导小组会议召开。云南省委常委、昆明市委书记、COP15昆明市筹备工作领导小组组长程连元出席会议并强调，全市各级各部门要进一步统一思想、振奋精神，以更大的决心、更严的标准、更高的效能，全力以赴做好筹备工作，确保大会顺利举行、圆满成功。

4月，云南省委书记、全省总河（湖）长陈豪日前率队到丽江市、大理白族自治州督促检查泸沽湖、洱海等高原湖泊的保护治理工作，带头落实河（湖）长责任。他强调，要深入学习贯彻习近平生态文明思想和习近平总书记考察云南重要讲话精神，按照"保护第一、治理为要、科学规划、绿色发展"要求，全力抓好泸沽湖、洱海等高原湖泊的保护治理工作，坚决打好污染防治攻坚战，让"高原明珠"永葆迷人风采。

5 月

5月，云南省十三届人大三次会议表决通过《云南省创建生态文明建设排头兵促进条例》。该条例于2020年7月1日起施行。

5月14日，由生态环境部辐射源安全监管司组织在北京召开了"广西、云南两省（区）城市放射性废物库安全防范升级改造工程项目"视频验收会议。云南省辐射环境监督站分管站领导和科室人员通过视频接入方式参加了本次验收会。云南省辐射站就项目建设、试运行情况及存在的问题向验收组进行了汇报。经与会领导、专家和代表认真讨论认为，本项目建设的实体防范和技术防范措施达到预期目的，试运行期间功能正常，达到验收标准，同意通过验收（终验）。

5月，在云南省"两会"上，代表、委员认真审议讨论省政府工作报告，围绕打好污染防治攻坚战、强化生物多样性保护、打击环境违法犯罪、抓实绿色高质量发展，为全力创建生态文明建设排头兵、建设中国最美丽省份积极建言献策。

5月22日，云南省人民政府新闻办公室在海埂会堂召开2020年"5·22"国际生物多样性日新闻发布会，向社会发布《云南的生物多样性》白皮书及生物多样性保护倡议书，介绍云南省生物多样性保护成效。

6月

6月，云南省委书记、全省总河（湖）长陈豪，省长、全省副总河（湖）长阮成发率队到昭通市威信县、镇雄县督促检查长江上游赤水河（云南段）生态环境保护工作，并召开工作座谈会，强调要认真贯彻落实习近平总书记重要批示精神，提高政治站位，强化责任担当，从增强"四个意识"、坚定"四个自信"、做到"两个维护"的高度，从对历史负责、对人民负责、对子孙后代负责的高度，坚决担当起长江上游的保护之责，全力抓好赤水河流域生态环境保护工作。

6月5日，生态环境部在2020年"6·5"环境日国家主场活动上正式发布"中国生态环境保护吉祥物"。吉祥物为一对名为"小山"和"小水"的卡通形象，以"青山绿水"为设计原型，有机结合"绿叶、花朵、云纹、水纹"等设计元素，表达出"绿水青山就是金山银山"的理念。

7月

7月2日，云南省生态环境厅在昆明举办2020年全国低碳日云南省主会场活动，活动主题是"绿色低碳，全面小康"，旨在宣传控制温室气体排放，创新绿色低碳发展模式，推进碳市场建设，减轻气候变化不利影响，推广绿色低碳的生活和消费方式。

7月10日，云南省生态环境厅会同云南省自然资源厅、交通运输厅、农业农村厅、水利厅和林草局召开"绿盾"自然保护地强化监督（以下简称"绿盾"）工作座谈会，研究全省"绿盾"违法违规问题整改暨自然保护区小水电清理整改工作。会议明确指出，省级相关部门要进一步加强协作，压实地方主体责任，加大督促督办力度，指导各地聚焦金沙江流域等重点流域、区域和湖库，紧盯采矿（石）、采砂、设立码头、开办工矿企业、挤占河（湖）岸、侵占湿地，核心区缓冲区内旅游开发和水电开发，以及毁林种茶等对自然保护地生态环境影响较大的突出问题，加快推进相关问题整改，不断提升全省自然保护地健康发展水平，为全省创建生态文明建设排头兵和建设中国最美丽省份积极贡献力量。

7月，云南省委书记陈豪日前率队在西双版纳傣族自治州督促检查非法侵占林地、种茶毁林等破坏森林资源违法违规问题专项整治工作，调研美丽乡村建设和古茶山、古茶树资源保护等工作。

7月，云南省昆明市滇池流域河长制办公室公布的《昆明市滇池流域"美丽河道"建设指导意见（试行）》明确提出，2020—2023年，昆明市将把滇池流域32条入滇河道的主河道建设成为"安全可靠、生态优美、舒适宜居、韵味重塑、智慧管理"的美丽河道。

8月

8月1日起，昆明市开始实施城镇污水处理厂污泥处理处置4项地方标准。此举标志着昆明市污泥处理处置全过程管理规范化进程迈出关键步伐。

8月10—12日，商务部研究院国际发展合作研究所所长王泺等一行4人到云南省开展调研，并就生物多样性保护领域开展对外合作情况和《生物多样性公约》第十五次缔约方大会（COP15）相关工作情况到省生态环境厅进行座谈交流。座谈会由副厅长普利锋主持，厅自然处、对外交流合作处和省生态环境对外合作中心负责同志参加座谈。

8月，智慧滇池综合信息管理平台第一阶段建设任务已全面完成。近年来，昆明市着力提升滇池流域综合治理科学化水平和水环境精细决策管理能力，以打造信息数据、监督管理、辅助决策3个中心为总体目标，积极推进智慧滇池综合信息管理平台建设并取得明显成效。

9 月

9月，云南省人大常委会常务副主任、省级河（湖）长制副总督察和段琪率督察组赴玉溪市，对落实抚仙湖河（湖）长制工作和保护治理情况进行工作督察。和段琪主持召开督察座谈会，就抚仙湖流域水量水质状况、地下水开采、入湖河道治理、"森林抚仙湖"建设、村级河（湖）长制落实情况及生态补偿办法制定、"十三五"规划项目完成情况等提出问询。

9月，在贵州省遵义仁怀市日前召开的长江上游赤水河流域生态环境保护司法协作会议上，云南省昭通市、贵州省毕节市和遵义市、四川省泸州市四家中级人民法院共同签署了《关于建立赤水河全流域环境资源审判跨省域司法协作机制的意见》，该意见强调，全面构建赤水河流域各中级人民法院间的常态化协作工作机制，进一步提升赤水河流域环境资源审判整体水平，形成赤水河流域协同共治的生态环境司法保护新格局，通过联合发挥环境资源审判职能作用，合力保护赤水河流域生态环境安全，促进赤水河流域经济社会高质量发展，为赤水河流域生态文明建设和绿色发展提供更加优质高效的司法服务和保障。

9月，云南省政府新闻办日前召开加快构建现代化产业体系环保产业专题新闻发布会，解读《中共云南省委云南省人民政府关于加快构建现代化产业体系的决定》（以下简称《决定》）以及云南省打造千亿环保产业的相关情况。《决定》提出，顺应生态文明建设要求，依托市场优势、资源优势，大力发展环保产业，加快构建市场导向的绿色技术创新体系和节约资源、保护环境的生产方式，推动全省现代化产业体系建设取得决定性进展。

9月7—16日，由上海市生态环境局和云南省生态环境厅共同主办、上海市生态环境监测中心承办的"2020年度沪滇合作环境监测管理及技术培训班"在上海举办，来自云南省16个州（市）、32个重点县（市）的48名环境监测业务骨干参加了培训。通过为期10天的培训，学员们学习了上海市环境监测管理的先进理念和工作经验，对指导和帮助云南省生态环境监测管理及技术，提升工作能力将发挥重要作用。

9月28日，2020年云南生态环保智库论坛在昆明成功举办。论坛以"绿色引领、科技驱动，共谋'十四五'生态环境保护"为主题，旨在为国内著名专家学者、政府机构管理者、社会组织搭建云南生态环境保护交流对话与合作的平台。云南生态环保智库是省生态环境厅设立于省环科院的智库平台，是省委宣传部批准的首批"云南省重点培育新型智库"，入选"中国智库索引（CTTI）发布来源智库更新和增补名录"。智库长期以来围绕云南省发展战略中的经济社会发展与生态环境保护热点、难点问题，通过引导和整合各界专家资源，解读中央和国家宏观战略与政策、分析云南省内社会经济与环境形势、开展环境管理服务咨询、组织开展重大环保活动等形式，建设生态环境保护领域的"思想库""舆论引导库"和"人才库"。

10 月

10月，云南省生态环境厅、省公安厅、省人民检察院日前联合印发的《云南省严厉打击危险废物环境违法犯罪行为专项行动工作方案》（以下简称《方案》）明确提出，2020年9—11月，在全省集中开展严厉打击危险废物环境违法犯罪行为专项行动中，破获一批重大、典型污染环境犯罪案件，整治一批管理不规范企业。《方案》从突出重点行业企业、突出重点地区、突出重点打击的环境违法犯罪行为3个方面，明确了工作内容。

10月15日，全球环境基金（GEF）"中国生活垃圾综合环境管理项目"昆明示范项目邀请昆明市城管局、昆明理工大学和广州市汇源通信建设监理有限公司的专家组成验收评审委员会，对昆明市生活垃圾焚烧发电厂在线监管系统运行维护及应用能力提升咨询服务合同第二阶段产出开展验收。为满足昆明市城管局能够连续在线查询昆明市5座生活垃圾焚烧发电厂运行工况数据的要求，昆明示范项目利用GEF赠款资金建设了"昆明市生活垃圾焚烧发电厂运行工况在线监管系统"。

10月17日，为进一步提高大学生群体保护生物多样性的自觉性和参与度，为即将在昆明召开的《生物多样性公约》第十五次缔约方大会奠定更好的群众基础，同时充分展示云南省"大学生在行动"活动的成果及大学生志愿者风采，云南省环境科学学会联合法国驻成都总领事馆、北京法国文化中心在昆明共同举办了"2020年中法环境月系列活动之法国学者与云南大学生生物多样性对话活动"。法国学者朱莉（Julie DE BOUVILLE）等一行4人、学会理事长李唯、秘书长钟敏、副秘书长董志芬及来自云南大学、云南师范大学、昆明理工大学、西南林业大学的学生代表和学会部分工作人员共计60余人参加活动，理事长李唯主持本次活动。

10月27—28日，由民革中央和云南、贵州、四川3省政协联合主办的2020年中国赤水河流域生态文明建设协作推进会在云南昭通召开。会议围绕"生态优先·绿色发展"主题，共谋合作、共话发展。全国政协副主席、民革中央常务副主席郑建邦出席会议并讲话。会议指出，2016年以来，民革中央联合全国政协人口资源环境委员会、赤水河流域各省政协，先后在遵义、仁怀、毕节和泸州举办了4次生态文明建设主题会议，建立

并认真落实赤水河流域保护治理发展协作推进机制。

11 月

11月，云南省省长阮成发日前主持召开第十三届省人民政府第90次常务会议，传达学习国务院常务会议精神，听取近期全省新型冠状病毒感染疫情防控和联合国《生物多样性公约》第十五次缔约方大会（COP15）云南省筹备工作情况汇报，研究其他工作。会议指出，承办COP15是党中央交给云南的一项重大政治任务，是向全世界充分展示习近平生态文明思想在我国的伟大实践、展现我国在生物多样性领域国际领导力和影响力的重大机遇。各地各有关部门要进一步提高政治站位，充分认识举办这次大会的重大意义，切实增强责任感、紧迫感、使命感，举全省之力办好大会，充分用好这一对外开放、走向世界的重要平台，让世界了解云南、了解昆明，让云南、昆明走向世界。

11月4—6日，按照生态环境部有关要求和生态环境部西南核与辐射安全监督站工作安排，由生态环境部西南核与辐射安全监督站、生态环境部辐射环境监测与技术中心、重庆市辐射环境监督管理站和贵州省辐射环境监理站相关人员组成的评估组一行8人到云南开展省级辐射环境监测与应急工作评估。

11月7—10日，中国-缅甸杀虫剂类化学品与可持续水质管理研讨会以视频形式顺利召开。本次研讨会由生态环境部、澜沧江-湄公河环境合作中心主办，云南省生态环境对外合作中心/澜沧江-湄公河环境合作云南中心、云南利鲁环境建设有限公司承办。生态环境部对外合作与交流中心/澜沧江-湄公河环境合作中心代表唐华清、缅甸自然资源与环境部代表Dr. Tin Tin Thaw、云南省生态环境对外合作中心/澜沧江-湄公河环境合作云南中心主任王云斋出席会议并致开幕词。

11月16—18日，生态环境部对外合作与交流中心和世界银行对全球环境基金（GEF）"中国生活垃圾综合环境管理项目"昆明示范项目开展第

11次检查，也是项目实施期最后一次检查和综合评估。

11月20日，云南省生态环境厅在厅第二办公区组织召开云南省固体废物污染防治"十四五"规划编制工作研讨会，会议由厅固体废物与化学品处主持，省固体废物管理中心、省生态环境工程评估中心、省生态环境科学研究院相关同志参加了会议。会议特别邀请生态环境部固体废物与化学品管理技术中心作为规划编制技术支持单位参加研讨，部固管中心危废部负责人郑洋等一行3人到会进行指导。会议确定规划编制工作由厅固体废物与化学品处牵头组织，生态环境部固管中心技术牵头，省固体废物管理中心协同省生态环境工程评估中心、省生态环境科学研究院做好密切配合，以党的十九届五中全会精神为指导，共同谋划好云南省固体废物污染防治"十四五"规划编制工作。

11月27日，云南省委副书记、代省长王予波在省生态环境厅调研并主持召开座谈会时强调，要深入学习贯彻习近平生态文明思想和习近平总书记考察云南重要讲话精神，坚定扛好扛牢争当全国生态文明建设排头兵政治责任，为建设美丽中国作出云南贡献。

11月30日，"万物生长　万物和谐——云南生物多样性保护宣传周"活动在昆明启动。这标志着云南省、昆明市迎接联合国《生物多样性公约》第十五次缔约方大会（COP15）的宣传工作全面展开，将在全社会形成关注大会、迎接大会、当好东道主，以及关爱自然、和谐发展的浓烈氛围。

12月

12月，云南省委常委会近日召开扩大会议，学习习近平总书记近期重要讲话和重要指示精神，通报云南省党政代表团赴广东省、上海市对接扶贫协作工作和赴浙江省学习考察情况，研究部署

联合国《生物多样性公约》第十五次缔约方大会（COP15）云南省筹备工作等。

12月4日，云南省政府新闻办召开COP15专题新闻发布会，云南省坚持最高标准、最实举措、最严作风，正在举全省之力推进联合国《生物多样性公约》第十五次缔约方大会（COP15）各项筹备工作，努力把大会办成中国气派、云南特色、春城风貌、惊艳世界的国际盛会。云南省还积极推进大会新闻宣传工作，发布了全国第一部生物多样性白皮书——《云南的生物多样性》，启动了"万物生长　万物和谐——云南生物多样性保护宣传周"活动。

12月17日，云南省委生态文明体制改革专项小组召开2020年度办公室工作会议，专项小组办公室主任、省生态环境厅厅长岳修虎主持会议，省委全面深化改革委员会办公室副主任陈云波出席会议并讲话，专项小组各成员单位参加会议。会议要求，专项小组各成员单位要按照省委全面深化改革委员会办公室的要求，认真学习党的十九届五中全会、省委十届十一次全会精神，在完成党的十八大以来生态文明体制改革评估的基础上，科学规划"十四五"生态文明体制改革工作，认真贯彻落实省委、省政府印发的《关于构建现代环境治理体系的实施意见》，积极谋划好2021年改革重点工作，认真抓好落实。

12月18日，联合国开发计划署驻华代表处资源环境与气候处主任马超德和联合国开发计划署高级顾问冷斐到省生态环境对外合作中心就推动云南开展生物多样性金融示范项目进行技术指导，并与相关专家针对项目的细节问题进行了深入的座谈交流。省生态环境科学研究院副院长吴学灿和有关专家，以及省生态环境对外合作中心相关人员参加了此次座谈。最后，省生态环境对外合作中心王云斋主任对马超德主任一行莅临指导表示感谢，并表达了对项目落地云南的期待。中心将协调各方资源，认真落实相关工作任务，加强与联合国开发计划署驻华代表处相关部门联络沟通，积极开展项目合作。

经济、社会、环境公报

综　述

【工作综述】 2020年，在云南省委、省政府的正确领导和生态环境部的关心指导下，全省生态环境保护工作坚持以习近平生态文明思想和习近平总书记考察云南重要讲话精神为指引，紧紧围绕争当全国生态文明建设排头兵和筑牢国家西南生态安全屏障，打好污染防治攻坚战，深入实施蓝天、碧水、净土"三大保卫战"，全力推进九大高原湖泊保护治理等"8个标志性战役"，扎实开展生态环境保护督察，持续抓好自然生态保护，加强生态环境监管执法，不断深化生态文明体制改革，生态环境保护各项工作取得积极进展，2020年和"十三五"生态环境保护各项目标任务圆满完成。

2020年，云南省生态环境质量持续保持优良，地级以上城市空气质量优良天数比例连续多年保持98%以上，地表水水质优良比例不断提高，出境跨界河流水质稳定达标。九大高原湖泊水质整体改善，九湖中劣Ⅴ类水体的湖泊由"十三五"初的4个（滇池、星云湖、异龙湖、杞麓湖）减少为2020年底的1个（杞麓湖）。全省土壤环境质量总体稳定，城市声环境质量总体良好，辐射环境质量良好，自然生态环境状况保持稳定。同时，当前工作中还存在历史遗留问题突出、环境保护硬件建设滞后、生态环境后续压力加大、专业技术人才支撑不足等短板和问题。下一步，将深入贯彻落实习近平生态文明思想和习近平总书记考察云南重要讲话精神，坚持生态优先、绿色发展，围绕"排风险、补短板、争先进"的工作思路，坚定扛起扛牢生态文明建设排头兵的政治责任，推动全省生态环境质量持续改善。

大气环境

【环境空气质量】 2020年，云南省环境空气质量总体保持良好，16个州（市）政府所在地（以下简称16个城市）年评价结果均符合《环境空气质量标准》（GB 3095—2012）要求。

从全省范围来看，滇西北地区环境空气质量相对较好。与2019年相比，16个城市环境空气质量有不同程度的改善，改善幅度较大的有玉溪、临沧、泸水和文山。

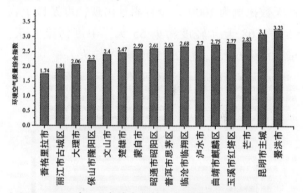

2020年16个城市环境空气质量综合指数

（注：环境空气质量综合指数降低，环境空气质量趋好）

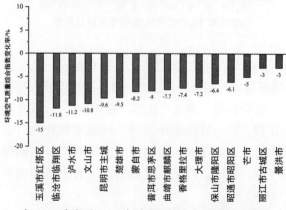

与2019年相比，16个城市环境空气质量综合指数变化率

污染天气主要出现在景洪、普洱、蒙自、文山，3—5 月较为集中。首要污染物为细颗粒物的占 80.9%，臭氧的占 19.1%，相较 2019 年，细颗粒物污染态势有所加重。

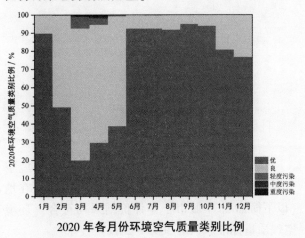

2020 年各月份环境空气质量类别比例

16 个城市优良天数比例在 91.9%~100%，平均优良天数比例为 98.8%，较 2019 年提高 0.7 个百分点，其中，香格里拉、丽江、昆明、楚雄优良天数比例为 100%。全省累计出现轻度及以上污染天气 68 天（轻度污染 55 天，中度污染 7 天，重度污染 6 天），较 2019 年减少 45 天。

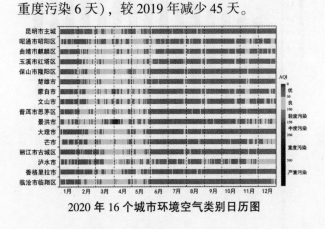

2020 年 16 个城市环境空气类别日历图

16 个城市的二氧化硫、二氧化氮、一氧化碳 3 项环境空气污染物均达到一级标准，可吸入颗粒物、细颗粒物、臭氧均达到二级标准。与 2019 年相比较，除一氧化碳持平外，可吸入颗粒物、二氧化硫、二氧化氮、细颗粒物、臭氧均有不同程度下降，其中，可吸入颗粒物、二氧化硫降幅大于 10%。

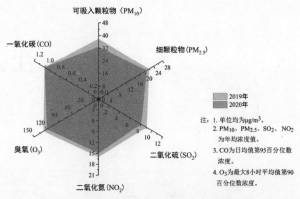

与 2019 年相比较，2020 年 16 个城市环境空气污染物浓度变化情况

【降水及酸雨】 2020 年开展降水酸度监测的 23 个城市（包括 16 个城市及安宁、宣威、个旧、开远、弥勒、腾冲、瑞丽）降水 pH 年平均值在 4.13~8.90，其中，个旧、大理、楚雄 3 个城市监测到酸雨，占城市总数的 13.0%。大理、楚雄虽然出现过酸雨，但降水 pH 年均值在 5.6 以上，属非酸雨区；个旧的降水 pH 年均值为 5.41，已受到一定程度的酸雨污染。开展降水酸度监测的 23 个城市酸雨频率平均为 1.9%，3 个出现过酸雨的城市中，个旧酸雨频率为 19.7%、大理为 5.0%、楚雄为 4.4%。

与 2019 年相比，降水 pH 年平均值由 6.34 变为 6.33，酸雨频率由 2.2% 下降至 1.9%，降水酸度及酸雨频率保持稳定。

水环境

【主要河流水环境质量】 2020 年，云南省河流水质总体良好。六大水系中红河水系、澜沧江水系、怒江水系、伊洛瓦底江水系水质优，长江水系水质良好，珠江水系水质轻度污染。六大水系主要河流受污染程度由大到小依次为：珠江水系、长江水系、澜沧江水系、怒江水系、红河水系、伊洛瓦底江水系。

全省开展监测的 154 条主要河流（河段）的 265 个国控、省控断面中，229 个断面水质优良（Ⅲ类标准及以上），占比 86.4%。其中，173 个达到Ⅰ～Ⅱ类标准，水质优；10个断面劣于Ⅴ类标准，属重度污染，占比3.8%。

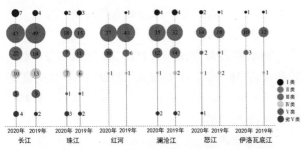

2020年、2019年六大水系断面水质类别分布

与2019年相比，水质优良（Ⅲ类及以上）的断面占比上升1.9个百分点，劣于Ⅴ类标准断面占比上升1.5个百分点。

按断面水质达到水环境功能类别衡量，265个断面中水环境功能达标的断面有244个，占92.1%，与2019年相比，提高1.5个百分点。全省主要河流（河段）水质的主要污染指标为化学需氧量、总磷、生化需氧量、高锰酸盐指数。

【出境、跨界河流水质状况】 全省26个出境、跨界河流监测断面中有25个断面符合Ⅱ类标准，水质优，占96.2%；1个断面符合Ⅲ类标准，水质良好，占3.8%。其中，六大水系干流出境、跨界主要断面水质均符合Ⅱ类标准，均达到水环境功能要求。

【湖泊、水库水质状况】

1. 总体情况

2020年，开展水质监测的67个主要湖泊、水库中，水质达到优良的（Ⅲ类标准及以上）共有54个，占比80.6%，其中，41个达到Ⅰ～Ⅱ类标准，水质优。4个湖泊劣于Ⅴ类标准，水质重度污染，占比5.9%。

与2019年相比，水质优（Ⅰ～Ⅱ类标准）的湖泊、水库占比降低7.4个百分点；水质良好（符合Ⅲ类标准）的占比提高6个百分点；劣于Ⅴ类标准，水质重度污染的占比上升1.4个百分点。

开展富营养化监测的64个湖泊、水库中，处于贫营养状态的8个、中营养状态的45个、轻度富营养状态的3个、中度富营养状态7个、重度

富营养状态的1个。

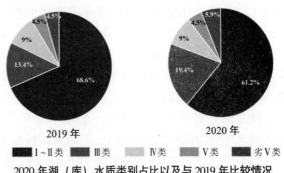

2020年湖（库）水质类别占比以及与2019年比较情况

2. 九大高原湖泊

滇池。草海水质类别为Ⅳ类，水质轻度污染，达到水环境功能要求（Ⅳ类），湖库单独评价指标总氮为劣Ⅴ类，营养状态为中度富营养。滇池外海水质类别为Ⅴ类，水质中度污染，未达到水环境功能要求（Ⅲ类）。超标指标为化学需氧量、总磷和高锰酸盐指数，湖库单独评价指标总氮由上年Ⅲ类降为Ⅳ类，营养状态为中度富营养。

阳宗海。水质类别为Ⅲ类，水质良好，未达到水环境功能要求（Ⅱ类）。超标指标为化学需氧量，湖库单独评价指标总氮为Ⅲ类，营养状态为中营养。

洱海。水质类别为Ⅲ类，水质良好，未达到水环境功能要求（Ⅱ类）。超标指标为化学需氧量，湖库单独评价指标总氮为Ⅲ类，营养状态为中营养。

抚仙湖。水质类别为Ⅰ类，水质优，达到水环境功能要求，湖库单独评价指标总氮为Ⅰ类，营养状态为贫营养。

星云湖。水质类别由2019年劣Ⅴ类好转为Ⅴ类，水质中度污染，未达到水环境功能要求（Ⅲ类）。超标指标为总磷、化学需氧量、高锰酸盐指数，湖库单独评价指标总氮为Ⅳ类，营养状态为中度富营养。

杞麓湖。水质类别由2019年Ⅴ类下降为劣Ⅴ类，水质重度污染，未达到水环境功能要求（Ⅲ类）。超标指标为化学需氧量、总磷、高锰酸盐指数、五日生化需氧量，湖库单独评价指标总氮为劣Ⅴ类，营养状态为中度富营养。

程海。水质类别Ⅳ类（不包含pH、氟化物），

水质轻度污染，未达到水环境功能要求（Ⅲ类）。超标水质指标为化学需氧量，湖库单独评价指标总氮为Ⅲ类，营养状态为中营养。

泸沽湖。水质类别Ⅰ类，水质优，达到水环境功能要求（Ⅰ类），湖库单独评价指标总氮为Ⅰ类，营养状态为贫营养。

异龙湖。水质类别为Ⅴ类，水质中度污染，未达到水环境功能要求（Ⅲ类）。超标水质指标为化学需氧量、高锰酸盐指数、五日生化需氧量、总磷。湖库单独评价指标总氮由上年Ⅴ类降为劣Ⅴ类，营养状态为中度富营养。

【集中式饮用水水源地水质状况】
1. 州（市）级集中式饮用水水源地
46 个州（市）级饮用水源地取水点水质达到或优于地表水Ⅲ类标准，达标率为 100%，相较 2019 年提高 2.1 百分点。

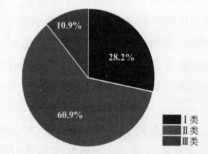

2020 年州（市）级集中式饮用水源地水质类别

2. 县级集中式饮用水水源地
全省 182 个县级城镇集中式饮用水水源地中（地表水源 175 个，地下水源 7 个），180 个达到或优于Ⅲ类标准，约占 98.9%，达标情况与 2019 年持平。

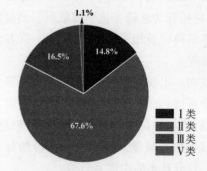

2020 年县级集中式饮用水源地水质类别

【地下水】　云南省地下水动态监测网包括昆明、玉溪、曲靖、楚雄、大理、开远和景洪 7 个监测地区，有省级地下水监测点共计 79 个。
1. 孔隙水
枯水期良好级占 11.1%、较好级占 27.8%、较差级占 38.9%、极差级占 22.2%；丰水期良好级占 5.6%、较好级占 16.7%、较差级占 44.4%、极差级占 33.3%。
2. 基岩水
枯水期优良级占 3.6%、良好级占 30.9%、较好级占 40%、较差级占 14.6%、极差级占 10.9%；丰水期优良级占 1.8%、良好级占 30.9%、较好级占 41.8%、较差级占 18.2%、极差级占 7.3%。

城市声环境

【城市道路交通声环境质量状况】　云南省 16 个城市及安宁、宣威、个旧、开远、弥勒、腾冲、瑞丽等城市共设置 767 个道路交通噪声监测点，对 1294 千米城市道路的声环境进行了监测。23 个城市路长加权平均声级值在 60.0~69.1 分贝，最大值出现在大理，最小值出现在香格里拉。全省监测路段路长加权平均等效声级值为 65.6 分贝。昆明、曲靖等 19 个城市声环境质量为好，占城市总数的 82.6%；景洪等 4 个城市声环境质量为较好，占城市总数的 17.4%。

与 2019 年相比，全省监测路段路长加权平均等效声级值从 65.9 分贝下降为 65.5 分贝。

【城市区域声环境质量状况】　全省 16 个城市及安宁、宣威、个旧、开远、弥勒、腾冲、瑞丽等城市共设置了 2834 个区域声环境质量监测点，对 1011.7 平方千米的城市建成区进行了区域声环境监测。23 个城市平均声级值在 46.3~57.0 分贝，最大值出现在文山，最小值出现在腾冲。全省面积加权平均等效声级值为 51.3 分贝。腾冲、楚雄、泸水、曲靖、保山、宣威 6 个城市声环境质量好，占城市总数的 26.1%；昆明等 15 个城市声环境质量较好，占城市总数的 65.2%；瑞丽、文山 2 个城市声环境质量一般，占城市总数的 8.7%。

与 2019 年相比，全省面积加权平均等效声级值由 52.1 分贝下降为 51.6 分贝，降低 0.5 分贝，城市区域声环境质量保持稳定。

【城市功能区声环境质量状况】 全省 16 个城市及安宁、宣威、个旧、开远、弥勒、腾冲、瑞丽等城市共设置了 152 个功能区声环境质量监测点。全省各类功能区昼间达标率 98.2%，夜间达标率 89.0%，昼、夜平均达标率 93.6%。

与 2019 年相比，全省各类功能区声环境质量昼间达标率下降 0.4 个百分点；夜间达标率提高 7.6 个百分点，昼、夜平均达标率提高 4.5 个百分点。

辐射环境

【概述】 2020 年，辐射环境质量监测涵盖环境伽马（γ）辐射空气吸收剂量率、空气、土壤、水体、电磁辐射五大类，监测点位覆盖云南省 16 个州（市），其中，国控监测点位 53 个，省控监测点位 89 个、监测项目 29 项。2020 年，辐射环境监测自动站实时连续空气吸收剂量率年均值范围为（68.1～136.0）纳戈瑞/时，处于当地天然本底涨落范围内；累积剂量处于当地天然本底涨落范围内。空气中天然放射性核素活度浓度处于本底水平，人工放射性核素活度浓度未见异常。

六大水系监测断面及九大高原湖泊中天然放射性核素活度浓度处于本底水平，人工放射性核素活度浓度未见异常。16 个州（市）主城区城市集中式饮用水水源地水中总 α 和总 β 活度浓度低于《生活饮用水卫生标准》（GB 5749—2006）规定的指导值。

全省 29 个土壤监测点土壤中天然放射性核素活度浓度处于本底水平，人工放射性核素活度浓度未见异常。

全省 129 个县（市、区）环境电磁辐射监测点综合电场强度低于《电磁环境控制限值》（GB 8702—2014）中规定的公众曝露控制限值 12 伏/米

（参照 30～3000 兆赫兹频率范围控制限值）。

2020 年，全省环境电离辐射水平处于本底涨落范围内。

自然生态环境

【概述】 2020 年，云南省自然生态环境状况总体为优，与 2019 年相比处于基本稳定状态，全省植被覆盖度总体较好、生态系统相对稳定、生物多样性较丰富、土地胁迫和污染负荷较轻微。

全省 129 个县（市、区）中，共有 52 个县（市、区）生态环境状况等级为优，占全省的 40.31%，其余 77 个县（市、区）生态环境状况等级为良，占比 59.69%。

2020 年云南省各县（市、区）生态环境状况指数空间分布示意图

【森林资源现状及变化趋势】 根据《云南省 2020 年森林资源主要指标监测报告》显示，截至 2020 年底，全省林地面积 2829.4 万公顷，森林面积 2493.6 万公顷，森林覆盖率 65.04%，森林蓄积量 20.67 亿立方米。"十三五"期间，全省森林资源数量质量持续提升，森林资源保护成效显著，与 2016 年相比，全省林地面积由 2806.4 万公顷增加到 2829.4 万公顷，森林蓄积量由 18.95 亿立方米增加到 20.67 亿立方米，森林覆盖率由

59.3%增加到 65.04%，乔木林单位蓄积量由每公顷 94.8 立方米增加到 99.1 立方米。

【湿地】 全省湿地总面积 61.8 万公顷，自然湿地 40.7 万公顷，人工湿地 21.1 万公顷。有国际重要湿地 4 处，省级重要湿地 31 处，建设国家湿地公园 18 处。全省湿地保护率为 55.27%，自然湿地保护率为 57.47%。

【自然保护区】 全省共划建自然保护区 166 处，总面积 287.09 万公顷，其中，国家级 21 处、省级 38 处、州（市）级 56 处、县（市、区）级 51 处。

【物种】 云南物种多样性丰富，有高等植物 19333 种（占全国 50.1%），脊椎动物 2273 种（占全国 51.4%），是近 100 种动物的起源地和分化中心。近年来，怒江金丝猴、高黎贡球兰、勐宋薄唇蕨等新物种在云南境内被发现。

【水产种质资源保护】 全省已建立水产种质资源保护区 21 个，总面积 28653.8 公顷。其中，国家级水产种质资源保护区 15 个，总面积 1150.99 公顷。保护的鱼类种质资源有 50 余种以及两栖类、爬行类和水生植物种。

措施与行动

【全面开展生态环境保护督察】 全面推进中央环境保护督察反馈问题整改，完善精细化调度、督促督办、验收考核、督导检查等工作机制。开展省生态环境保护督察，推进督察向纵深发展，2020 年，对全省重点区域大气污染防治以及星云湖、杞麓湖、赤水河流域（云南段）生态环境保护开展了专项督察。2020 年底，正式印发和实施了《云南省生态环境保护督察实施办法》，对督察工作的机制、权限、责任、纪律、督察方式和要求进行了明确，推动省生态环境保护督察向规范化、常态化和法治化发展。

【污染防治攻坚战】
1. 蓝天保卫战
坚持以问题为导向分解落实责任、强化监督问责，依法加强大气环境质量管控，全省环境空气质量总体持续保持优良。截至 2020 年底，完成 14 个州（市）政府所在地城市建成区及周边水泥、平板玻璃、焦化、化工、有色、钢铁等重污染企业搬迁改造或关闭退出，完成 2322 家"散乱污"企业及集群的综合整治，完成 14 台燃煤发电机组超低排放改造。全面完成钢铁、建材、有色、火电、焦化、铸造 6 个重点行业无组织排放治理项目。113 个县级城市（城镇）建成区内 10 吨及以下燃煤锅炉 550 台已全面淘汰，全面完成 483 个工业炉窑大气污染综合治理项目。全省能源结构进一步调整优化，清洁可再生能源发电装机占电力装机比例为 84.9%，是全国清洁可再生能源发电装机占比最高的省份。累计淘汰 53652 辆国 III 排放标准老旧柴油货车，全面推广使用国 VI（B）标准汽油、国 VI 标准柴油。

2. 碧水保卫战
紧密围绕"九大高原湖泊保护治理""以长江为重点的六大水系保护修复""饮用水水源地保护""城市黑臭水体治理""农业农村污染治理"等涉水标志性战役，全力打好碧水保卫战。以改善水环境质量为核心，压实水环境质量达标滞后地区的治理责任。部署和落实长江流域国控劣 V 类断面、工业园区污水处理设施、城市黑臭水体以及长江（云南段）入河排污口的排查和整治工作。组织开展"千吨万人"农村饮用水调查评估和排查整治。强化工业污染防治、城镇污染治理、农业农村污染防治、船舶港口污染控制、水资源节约保护等重点工作。通过努力，六大水系水环境质量稳中有升，九大高原湖泊中优良湖泊水质稳定保持，污染湖泊水质逐年改善；饮用水水源水质达标率逐年提升；全省 33 条黑臭水体整治初见成效，全部完成整治工程，达到不黑不臭，黑臭水体消除比例为 100%。

3. 净土保卫战
完成全省土壤污染状况详查，查明全省农用地土壤污染的面积、分布及其对农产品质量的影响，基本掌握全省重点行业企业用地污染的分布及其环境风险情况。深入开展全省涉镉等重金属重点行业企业污染源排查和整治,完成274家涉镉等重金属重点行业企业整治任务。完成15个土壤污染治理与修复技术应用试点。实施农用地分类管理,划定全省耕地土壤环境质量类别。严格建设用地准入管理,建立全省建设用地土壤污染风险管控和修复名录,实现污染地块和国土空间规划"一张图"管理,全省污染地块安全利用率达到100%。

【生态环境保护】

1. 生态文明示范创建

全力推动云南省"国家生态文明建设示范区"及"绿水青山就是金山银山"实践创新基地创建。截至2020年底,西双版纳州、保山市、楚雄州、怒江州以及昆明市石林县、玉溪市华宁县、昭通市盐津县、大理州洱源县、红河州屏边县、保山市昌宁县10个州(市)、县被授予国家生态文明建设示范市县,建成腾冲市、元阳哈尼梯田遗产区、贡山县、大姚县、华坪县5个"两山"基地。云南省生态文明建设示范区和"两山"基地数量在西部省区名列前茅。

积极推进省级生态文明建设示范创建工作,截至2020年底,共有1个州、21个县(市、区)和615个乡镇(街道)获得省人民政府命名。

2. 生物多样性保护

持续开展生物多样性保护优先区域本底调查和珍稀濒危物种的拯救、保护、恢复和利用工作,继续强化云南省"绿盾2020"监督工作,开展自然保护地人类活动遥感监测核查,启用全省自然保护地监管平台。在全国率先开展极小种群物种拯救保护,"十三五"以来,共实施极小种群野生植物拯救保护项目120多个,建成保护小区(点)30个、近地和迁地基地(园)13个、物种回归实验基地5个,67种野生植物种群得到有效保护和恢复。开展国家公园新型保护模式探索,颁布和实施了《云南省国家公园管理条例》,并配套公布和实施了国家公园建设标准,形成了国家公园建设的"云南模式"。加强与老挝、缅甸、越南等毗邻国家的联系,开展跨境生物多样性保护,建立面积约20万公顷的"中国西双版纳-老挝北部三

省跨边境联合保护区域",与越南签署了边境林业及野生动植物保护合作协议。

3. 自然保护区管理

制定《自然保护区管理规范》,强化自然保护区管理。西双版纳、无量山、乌蒙山等国家级自然保护区和泸沽湖、寻甸黑颈鹤等省级自然保护区的总体规划在"十三五"期间得到批复,为规范建设和管理奠定基础。

4. 天然林保护

持续推进实施天保工程一期、二期建设,全面停止天然林商业性采伐,完成天保工程森林管护任务2.2亿亩(亩为非法定单位,1亩≈666.67平方米,全文特此说明);非天保工程区国有天然商品林停伐面积650.54万亩,集体和个人所有的天然商品林停伐面积4774.09万亩。完成新一轮退耕还林和陡坡地生态治理任务295万亩。

5. 水土保持

2020年,全省共审批生产建设项目水土保持方案3844个,对4728个生产建设项目水土保持方案实施情况以及水土保持设施运行情况进行了监督检查。接收生产建设项目水土保持设施自主验收报备2516个,对其中545个项目开展了现场核查。

持续推进长江经济带水土保持监督执法专项行动,完成水土保持违法项目执法处理5315个,全年共完成新增水土流失治理面积5243.53平方千米。

【城市与农业农村环境保护】

1. 城市环境保护

云南省累计建成城镇污水处理厂157座,污水配套管网25100千米,城镇生活垃圾处理设施129座,实现全省129个县(市、区)城镇污水处理设施和城镇生活垃圾处理设施全覆盖。2020年,新建城市燃气管网650千米。

2. 农业农村环境保护

完成"十三五"期间新增3500个建制村环境综合整治任务,共有3445个建制村完成生活污水治理。2020年,全省化肥使用量(折纯量)196.65万吨,农药使用量(商品量)4.48万吨,较"十二五"末减少15.2%和23.5%。全省规模养殖场粪污处理装备配套率达99.67%,秸秆综合

利用率达 87.69%, 农膜回收率达 82%。共新建、改建行政村委会所在地公厕 4407 座、农户卫生户厕 1654834 座, 农村卫生户厕覆盖率达 57.49%。全省完成高标准农田建设面积 361 万亩, 其中新增高效节水灌溉项目面积 97.42 万亩。

【环境管理】

1. 环境影响评价与排污许可

2020 年, 全省组织审查规划环评 18 项, 审批建设项目环评文件 4831 项, 全年共完成 5459 家单位的排污许可证核发, 44134 家排污单位完成排污登记。

2. 法规制度建设

进一步完善云南省生态环境保护法规制度, 开展《云南省生态环境保护条例》《云南省土壤污染防治条例》立法工作, 启动《云南省饮用水水源地保护条例》《云南省固体废物污染环境防治条例》立法的前期工作。

3. 环境执法与专项行动

坚持以改善生态环境质量和查处违法行为为导向强化执法。2020 年, 全省共出动监管执法人员 15022 人次, 检查排污单位 45066 家次, 办理环境行政处罚案件 2312 件, 罚款金额 2.02 亿元; 共办理查封扣押、限产停产、移送适用行政拘留等配套办法案件 150 件, 其中, 涉嫌环境污染犯罪移送公安机关 4 件。在全省范围内开展打击固体废物环境违法行为专项行动和磷矿、磷化工企业以及磷石膏库全面排查整治专项行动, 截至 2020 年底, 全省已全部完成问题的清理整改。

4. 辐射环境管理

开展核技术利用单位日常监督检查和全省核与辐射安全隐患排查。开展油（气）田测井用放射源运输及使用管理情况专项检查。发布云南省第一批伴生放射性矿开发利用企业名录。严格辐射安全许可, 2020 年, 省生态环境厅共办理核与辐射类行政许可审批 131 项。

举办 2020 年全省核与辐射安全监管监测人员培训班和 2020 年度沪滇合作辐射环境监管培训班, 组织开展全省 "4·15" 全民国家安全教育日核安全系列宣传活动和国家核技术利用辐射安全管理系统数据核查工作。开展国控大气辐射环境自动监测站现场整体验收, 组织普洱市、大理州、丽江市、迪庆州生态环境局开展了 2020 年辐射事故应急演习。

2020 年, 全省未发生辐射事故。

5. 环境信访

省级受理人民群众来信 219 件, 接待群众来访 24 批 36 人次, 来信来访处理率为 100%, 来信办结率 85.8%、来访办结率 91.6%。省级 "12369" 共接环保举报 6575 件, 办结率 100%。

6. 宣传教育

严格实行例行新闻发布制度, 全年共组织新闻发布会 10 场, 参加省政府召开新闻发布会 9 场, 伴随式采访 7 次, 全年办理采访函件 27 批次, 接待媒体记者 30 余人次。新媒体宣传再上新高度, 2020 年, 云南省生态环境厅微博、微信公众平台发布信息 5000 余条。主题宣传教育工作稳步推进, 开展 "美丽中国, 我是行动者——保护生物多样性, 共建最美彩云南" "6·5" 环境日主题宣传活动, 围绕污染防治攻坚战、生物多样性开展 40 多个主题宣传活动。推动全民环境宣传教育, 开展环保设施向公众开放活动, 全省共有环保设施公众开放单位 80 家, 2020 年, 累计开展线上开放活动 243 次, 线上浏览人次累计 129 万人次, 线下开放活动 184 次, 参观人数 13374 人次。

7. 对外交流与合作

积极配合做好《生物多样性公约》第十五次缔约方大会 (COP15) 筹备工作。积极参与 "一带一路" "澜沧江-湄公河" 等环境合作, 积极参与 "中国云南-老挝北部合作工作组" 环保合作和 "中国云南省与缅甸曼德勒省共同建设中缅经济走廊 (CMEC) 框架下的地方合作"。认真组织实施国际环境公约履约云南示范项目, 合作开展 "适应气候变化型乡村示范", 积极申请亚行知识服务技援项目和云南省对外援助项目。

积极推进沪滇、滇台和泛珠三角区域环保合作。重点开展饮用水水源环境管理和固体废物环境管理等交流合作, 签署《2021 年上海云南对口帮扶环保合作工作备忘录》。落实云南省促进云台经济文化交流合作若干措施, 积极支持台湾土壤治理与修复科研机构参与云南省土壤污染防治试点示范以及与泛珠各省（区）在联防联治、环保宣教等领域开展交流, 促进区域环境治理协同发展。

云南省人大环境与资源保护委员会工作

【工作综述】 云南省人民代表大会环境与资源保护委员会在省人大及其常委会的领导下，深入学习贯彻习近平新时代中国特色社会主义思想，以习近平生态文明思想为指引，增强"四个意识"、坚定"四个自信"、做到"两个维护"，全面贯彻落实习近平总书记考察云南重要讲话精神，按照争当生态文明建设排头兵的战略定位，担当尽责、干事创业，圆满完成了年度工作计划和省人大常委会交办的工作任务。

【环境立法工作】 一是落实省委"不忘初心、牢记使命"主题教育领导小组办公室关于修订《云南省昭通渔洞水库保护条例》的整改要求，开展《云南省昭通渔洞水库保护条例》修订工作。二是落实栗战书委员长关于云、贵、川3省共同立法保护赤水河流域重要批示精神及省委书记陈豪、省委副书记王予波批示，配合法制工作委员会做好《云南省赤水河流域保护条例》的立法工作。三是5月，省十三届人民代表大会第三次会议审议通过《云南省创建生态文明建设排头兵促进条例》；6月，在海埂会堂举行条例新闻发布会。

【环境监督工作】 一是结合听取和审议云南省九大高原湖泊保护治理工作情况的报告并开展专题询问。8—9月，由省人大常委会常务副主任、副主任分别带队，组成6个督察组对九大高原湖泊及其流域开展督察，形成了《省人大常委会开展九大高原湖泊河（湖）长制工作督察报告》。9月，省十三届人大常委会第二十次会议听取和审议省人民政府《关于云南省九大高原湖泊保护治理工作情况的报告》，并召开联组会议对九大高原湖泊保护治理情况开展专题询问。二是听取和审议省人民政府专项工作报告。7月，省十三届人大常委会第十九次会议听取和审议了省人民政府《关于全省2019年度环境状况和环境保护目标完成情况的报告》。三是开展执法检查。6月中旬，省人大常委会执法检查组由常委会领导带队，分赴红河州和曲靖市对全省实施《中华人民共和国土壤污染防治法》（以下简称《土壤污染防治法》）情况开展检查，同时，委托其他14个州（市）人大常委会对本行政区域内法律实施情况开展检查，实现了执法检查全覆盖。7月，省十三届人大常委会第十九次会议审议了执法检查报告。

【代表议案、建议办理工作】 一是办理昆明代表团普建勇等16名代表提出的《关于制定〈云南省乡村环境保护和治理条例〉的议案》、玉溪代表团朱自芬等12名代表提出的《关于制定全省废弃农药及农药包装废弃物回收处置办法的议案》。二是与省人大外事与华侨委员会共同办理德宏州代表团万永芳等代表提出的《关于加大对中缅界河（德宏段）污染防治工作的建议》。三是对大理州代表团王汝学代表提出的《关于解决农村污水排放、处理的建议》开展重点督办。生态环境厅主要领导亲自率队调研并与建议提出代表面对面沟通商议，《中国环境报》10月19日头版，以《小村庄里治污"五级"大会商》为题，专题对督办工作进行了报道。

【合作与交流】 一是7月，与省人大农业与农村委员会、常委会办公厅共同配合全国人大常委会副委员长沈跃跃率全国人大常委会执法检查组，赴滇开展《全国人民代表大会常务委员会关于全面禁止非法野生动物交易、革除滥食野生动物陋习、切实保障人民群众生命健康安全的决定》和野生动物保护法执法检查。二是7月，配合全国人大调研组，开展"十四五"规划纲要、有关决议和土壤污染防治情况3个专题调研工作，报告云南省全面加强生态环境保护，依法推动打好污染防治攻坚战落实情况。

（撰稿：办公室）

云南省政协人口资源环境委员会工作

【工作综述】 2020 年，省政协人口资源环境委员会以习近平新时代中国特色社会主义思想为统领，坚持凝聚共识和协商议政双向发力，聚焦人口资源环境和生态文明建设中的重大问题，团结和带领全体委员，努力创新服务，积极开拓进取，认真履职尽责，全面完成了各项工作任务。

【对口协商】 开展"禁止非法野生动物及其制品交易，革除滥食野生动物陋习"协商活动。赴昆明、普洱开展实地调研。召开对口协商会，完成了云南省"禁止非法野生动物及其制品交易，革除滥食野生动物陋习"专题调研报告，许多意见和建议得到采纳，得到省委领导的充分肯定。

【常委会分组协商】 围绕"十四五"建设美丽省份积极建言献策。为了做好加强生物多样性保护、九大高原湖泊面源污染治理、实施生态移民、优化水资源配置、持续改善农村人居环境 5 个子题目的常委会协商议政，扎实开展调研，召开座谈会 5 次，充分调动各方资源、汇聚委员智力，分别形成了 5 份高质量的调研报告，为谋划云南"十四五"发展贡献智慧和力量。

【专题协商】 深入临沧、保山、大理开展实地调研，指出了在"美丽县城"创建中存在的建设理念、特色彰显、内涵挖掘、城市管理、持续发展等方面的问题，针对性地提出了建设性的意见和建议，形成专题协商报告报送省委、省政府，得到省政府主要领导的重要批示。

【重点视察】 以"金沙江流域矿山生态修复情况"为切口，深入金沙江流域的昆明、大理、曲靖，围绕非煤矿山科学开采、矿山生态修复、修复机制创新等情况开展视察，充分吸收委员和专家的视察建议形成了视察报告，聚焦找准问题、总结经验、凝聚共识，为推进矿山转型升级绿色发展，编制云南省"十四五"规划建言献策，报送的视察报告得到了省委主要领导的重要批示。

【河长制督察】 充分发挥省政协河长制督察工作领导小组办公室职责，针对牛栏江调水功能的变化和流域农业农村面源污染严重、部分考核断面不达标、下游生态流量减少及流域水土流失严重等关键问题，采取小分队督察与领导督察相结合，随机督察与地方政协协同督察相结合的方式，增强了督察的针对性和有效性。

【重点提案督办】 围绕"关于加快电商发展促进云品出滇的提案"，参与督办调研和面商会，积极发挥协调服务和参谋助手作用，确保重点提案办理高质高效。

【特色品牌活动】 按照全国政协的统一安排部署，按程序报批成立了"云南省关注森林活动组委会"，联合省林草局召开了第一次会议，制订和审议了组委会活动规则、活动方案、三年活动规划等制度，规范了组委会活动行为。组委会成立后，率先联合省林草局以"草原生态环境保护"为主题，组织界别委员和专家深入昆明、保山调研草原保护，形成了调研报告，提出意见和建议，推动草原保护引起党委、政府的高度重视，为保护云南丰富而珍贵的草地资源，擦亮最美云南的"绿色肌肤"贡献政协界别委员的智慧，努力将"关注森林活动"打造成人资环委的特色活动品牌。结合"建设干净宜居特色的美丽县城""草原生态环境保护"两项调研组织开展界别活动。界别委员积极参与、认真履职，在调研活动中提出了很多有价值的意见和建议，为专委会圆满完成两项专项工作、最终形成高质量调研成果提供了重要支持，充分体现了专委会大团结、大联合的特色优势。

【为长江生态保护修复和经济带发展建言献策】 认真筹备参加 11 个省（市）政协"共抓长江生态环境保护，共推长江经济带绿色发展"研讨会，彰显云南省共抓长江生态环境保护的上游担当，交流展现云南省融入长江经济带绿色发展的做法成效，提出的意见和建议得到会议采纳，写入由会议主办方以及 11 个省（市）全国政协委员向全国政协提交的联名提案。

【举办"2020 年中国赤水河流域生态文明建设协作推进会"】 多次召开专题会议研究前期筹备工作，深入赤水河流域上游及会议举办地、考察现场等深入调研，及时到四川、贵州两省政协沟通协商，主动到民革中央、全国政协人口资源环境委员会请示汇报，反复修改完善会议共识、会议方案等基础工作，配合办公厅、昭通市确保了会议如期高质量举办，得到全国政协领导的充分肯定及与会代表的高度评价。

（撰稿：刘　斌）

省级生态环境保护管理

机构概况

根据《中共云南省委办公厅 云南省人民政府办公厅关于印发〈云南省生态环境厅职能配置、内设机构和人员编制规定〉的通知》（云厅字〔2018〕89号），云南省生态环境厅贯彻落实党中央、省委关于生态环境保护工作的方针政策和决策部署，在履行职责过程中坚持和加强党对生态环境保护工作的集中统一领导。

【主要职责】 一是负责建立健全生态环境基本制度。会同有关部门拟订全省地方性生态环境政策、规划并组织实施，起草地方性法规、政府规章草案。会同有关部门编制并监督实施全省重点区域、流域、饮用水水源地生态环境规划和水功能区划，组织拟订地方性生态环境标准，制定地方性生态环境技术规范。二是负责重大生态环境问题的统筹协调和监督管理。牵头协调重大环境污染事故和生态破坏事件的调查处理，指导协调重大突发环境事件的应急、预警工作，牵头指导全省实施生态环境损害赔偿制度，协调解决有关跨区域环境污染纠纷，统筹协调全省重点区域、流域生态环境保护工作。三是负责监督管理全省减排目标的落实。组织制定各类污染物排放总量控制、排污许可证制度并监督实施，确定大气、水等纳污能力，提出实施总量控制的污染物名称和控制指标，监督检查各地污染物减排任务完成情况，实施生态环境保护目标责任制。四是负责提出生态环境领域固定资产投资规模和方向。中央财政资金、省级财政性资金安排的意见，按照省政府规定权限审批、核准规划内和年度计划规模内固定资产投资项目，配合有关部门做好组织实施和监督工作。参与指导推动循环经济和生态环保产业发展。五是负责环境污染防治的监督管理。制定大气、水、土壤、噪声、光、恶臭、固体废物、化学品、机动车等的污染防治管理制度并监督实施。会同有关部门监督管理饮用水水源地生态环境保护工作，组织指导城乡生态环境综合整治工作，监督指导农业面源污染治理工作。监督指导区域大气环境保护工作，组织实施区域大气污染联防联控协作机制。六是指导协调和监督生态保护修复工作。组织编制生态保护规划，监督对生态环境有影响的自然资源开发利用活动、重要生态环境建设和生态破坏恢复工作。组织制定各类自然保护地生态环境监管制度并监督执法。监督野生动植物保护、湿地生态环境保护、荒漠化防治等工作。指导协调和监督农村生态环境保护，监督生物技术环境安全，牵头生物物种（含遗传资源）工作，组织协调生物多样性保护工作，参与生态保护补偿工作。七是负责核与辐射安全的监督管理。拟订有关政策、规划、地方标准并组织实施。牵头负责核安全工作协调机制有关工作，参与核事故应急处理，负责辐射环境事故应急处理工作。监督管理核设施和放射源安全，监督管理核设施、核技术应用、电磁辐射、伴有放射性矿产资源开发利用中的污染防治。对核材料的管制和民用核安全设备设计、制造、安装及无损检验活动实施监督管理。八是负责生态环境准入的监督管理。受省政府委托，对重大经济和技术政策、发展规划以及重大经济开发计划进行环境影响评价。按照规定审批或审查重大开发建设区域、规划、项目环境影响评价文件。拟订并组织实施生态环境准入清单。九是负责生态环境监测工作。制定生态环境监测制度和规范、拟订有关标准并监督实施。会同有关部门统一规划生态环境质量监测站点设置,组织实施生态环境质量监测、污染源监督性监测、温室气体减排监测、应急监测。组织对生态环境质量状况进行调查评价、预警预测,组织建设和管理全省生态环境监测网和生态环境信息网。实行生态环境质量公告制度,统一发布全省生态环境综合性报告和重大生态环境信息,定期发布重点城市和流域环境质量状况。十是负责应对气候变化工作。组织拟订并实施省级应对气候变化及温室气体减排规划和政策。十一是组织开展全省生态环境保护督察。建立健全生态环境保护督察制度,组织协调全省生态环境保护督察工作,根据授权对各地区各有关部门贯彻落实中央和省委、省政府生态环境保护决策部署情况进行督察问责。配合中央生态环境保护督察工作。十二是统一负责生态环境监督执法。组织开展全省生态环境保护执法检查和监督活动。查处重大生态环境违法问题。指导全省生态环境保护综合执法队伍建设和业务工作。十三是组织指导和协调生态环境宣传教育工作,制定并组织实施生态环境保护宣传教育纲要,推动社会组织和公众参与生态环境保护。开展生态环境科技工作,组织生态环境重大科学研究和技术工程示范,推动生态环境技术管理体系建设。十四是开展生态环境对外合作交流,研究提出对外生态环境合作中有关问题的建议,组织协调省际和区域环境保护合作,组织协调有关生态环境国际条约的履约工作,参与处理涉外生态环境事务,参与对外生态环境治理有关工作。十五是完成省委、省政府交办的其他任务。十六是职能转变。云南省生态环境厅要统一行使生态和城乡各类污染排放监管与行政执法职责,切实履行监管责任,全面落实大气、水、土壤污染防治行动计划,全面禁止洋垃圾入境。构建政府为主导、企业为主体、社会组织和公众共同参与的生态环境治理体系,实行最严格的生态环境保护制度,严守生态保护红线和环境质量底线,坚决打好污染防治攻坚战,筑牢西南生态安全屏障。

【厅机关内设机构及人员编制】 根据《中共云南省委办公厅 云南省人民政府办公厅关于印发〈云南省生态环境厅职能配置、内设机构和人员编制规定〉的通知》(云厅字〔2018〕89号)、《中共云南省委机构编制委员会关于调整省生态环境厅内设机构和人员编制的批复》(云编〔2019〕7号),云南省生态环境厅设下列内设机构:办公室、省生态环境保护督察办公室、综合处、法规与标准处、科技与财务处、自然生态保护处、生态文明建设处、水生态环境处、大气环境处、土壤生态环境处、固体废物与化学品处、核安全与辐射环境管理处、行政审批处(环境影响评价与排放管理处)、生态环境监测处、对外交流合作处、宣传教育处、生态环境执法局、生态环境保护区域督察第一办公室、生态环境保护区域督察第二办公室、生态环境保护区域督察第三办公室、生态环境保护区域督察第四办公室和机关党委(行政体制与人事处)。机关行政编制135名。设厅长1名,副厅长5名,督察专员3名(副厅级);正处级领导职数29名,副处级领导职数25名。截至2020年12月,厅机关实有行政人员171名。其中,厅长1名,副厅长5名,督察专员3名,一级巡视员1名,二级巡视员2名,正处级领导干部26名,副处级领导干部23名。

【厅直属事业单位及人员编制】 厅直属事业单位共26个,事业编制共904名,分别是:省生态环境科学研究院事业编制155名,处级领导干部职数1正4副;省生态环境监测中心事业编制95名,处级领导干部职数1正3副;省生态环境宣传教育中心事业编制12名,处级领导干部职数1正2副;省辐射环境监督站事业编制30名,处级领导干部职数1正2副;省生态环境信息中心事业编制10名,处级领导干部职数1正1副;省生态环境工程评估中心事业编制8名,处级领导干部职数1正1副;省生态环境对外合作中心事业编制10名,处级领导干部职数1正1副;省固体废物管理中心事业编制16名,处级领导干部职数1正2副;省生态环境应急调查投诉中心事业编制30名,处级领导干部职数1正2副;省生态环境厅机关服务中心事业编制8名,副处级领导干部职数1名;省生态环境厅驻16个州(市)生态环境监测站共核定事业编制530名,其中,驻昆明市监测站编制 80 名、驻昭通市监测站编制 42 名、驻曲靖市监测站编制 35 名、驻玉溪市监测站编制 35 名、驻保山市监测站编制 28 名、驻楚雄州监测站编制 31 名、驻红河州监测站编制 40 名、驻文山州监测站编制 45 名、驻普洱市监测站编制 23 名、驻西双版纳州监测站编制 14 名、驻大理州监测站编制 49 名、驻德宏州监测站编制 33 名、驻丽江市监测站编制 24 名、驻怒江州监测站编制 12 名、驻迪庆州监测站编制 16 名、驻临沧市监测站编制 23 名。

【厅领导班子成员】

岳修虎	党组书记、厅长
兰　骏	副厅长
沙万祥	党组成员、纪检监察组组长
王天喜	党组成员、副厅长
杨春明	党组成员、副厅长
方　雄	党组成员、副厅长
普利锋	党组成员、副厅长
李国墅	督察专员
曹永恒	督察专员
杨永宏	督察专员
高正文	一级巡视员

【厅机关内设机构主要负责人】

程伟平	二级巡视员，主持办公室工作
曹　俊	督察办公室主任
周曙光	综合处处长
管　琼	法规与标准处处长
侯　鼎	科技与财务处处长
夏　峰	自然生态保护处处长
邓加忠	生态文明建设处处长
高红英	水生态环境处处长
白云辉	大气环境处处长
周　波	土壤生态环境处处长
杨晓静	固体废物与化学品处处长
张建萍	核安全与辐射环境管理处处长
木文兵	行政审批处处长
许宏斌	生态环境监测处处长
袁国林	对外交流合作处处长
陈　丽	宣传教育处处长

黄　杰	生态环境执法局二级调研员
陈玉松	区域督察第一办公室主任
施甘霖	区域督察第二办公室主任
梅红雨	区域督察第三办公室主任
张卫红	区域督察第四办公室主任
张伽斌	二级巡视员，主持机关党委（行政体制与人事处）工作

【厅直属事业单位主要负责人】

陈异晖	省生态环境科学研究院院长
郭俊梅	省生态环境科学研究院党委书记
施　择	省生态环境监测中心主任
任泽林	省生态环境宣传教育中心主任
赵胜祥	省辐射环境监督站站长
朱　翔	省生态环境信息中心主任
杨逢乐	省生态环境工程评估中心主任
王云斋	省生态环境对外合作中心主任
赵　杨	省固体废物管理中心主任
邓　聪	省生态环境应急调查投诉中心主任
王建军	省生态环境厅机关服务中心主任
闫　琨	驻昆明市生态环境监测站站长
梅廷林	驻昭通市生态环境监测站站长
余海胜	驻曲靖市生态环境监测站站长
吉正元	驻玉溪市生态环境监测站站长
杨鸿亮	驻保山市生态环境监测站站长
周宇晖	驻楚雄州生态环境监测站副站长
张志明	驻红河州生态环境监测站站长
黄功跃	驻文山州生态环境监测站站长
罗宗凯	驻普洱市生态环境监测站副站长
邓　睿	驻西双版纳州生态环境监测站站长
赵　明	驻大理州生态环境监测站站长
肖福东	驻德宏州生态环境监测站站长
杨耀玝	驻丽江市生态环境监测站副站长
和建华	驻怒江州生态环境监测站站长
张茂海	驻迪庆州生态环境监测站副站长
贾志翔	驻临沧市生态环境监测站站长

（撰稿：曹　曦）

行政管理

【工作综述】 2020 年，省生态环境厅办公室在省政府办公厅的指导帮助和省生态环境厅党组的领导指挥下，深入学习贯彻习近平新时代中国特色社会主义思想和习近平总书记考察云南重要讲话精神，紧扣目标、团结协作、奋发作为，扎实做好服务发展、服务决策、服务落实各项工作，为 2020 年及"十三五"生态环境保护目标任务全面完成作出了积极贡献。

【服务保障】 一是加强重点工作督促督办。重点做好对党中央、国务院、省委、省政府、生态环境部重要文件、会议精神，领导指示批示、交办事项以及厅内会议、文件和群众反映问题的任务分解和跟踪督办，牵头开展了习近平总书记重要指示批示精神贯彻落实情况自查自纠等工作，定期上报政府工作报告等落实情况。建立重点任务督查督办平台，进一步完善省生态环境厅工作督办机制。严格落实整治形式主义为基层减负要求，按季度向省整治形式主义为基层减负专项工作机制办公室（省委督查室）上报文件、会议及督检考事项统计表。二是抓好机关财务管理。做好厅机关、机关工会财务管理，按时完成年度部门预算、决算，积极督促预算执行，做好会计核算、财务统计、税费申报等工作，办理厅机关职工医疗保险、住房公积金等业务。严格规范经费报销，全年对 1000 余笔经费报销凭证认真审核把关。认真做好厅机关固定资产采购、配置、清理、报废、统计等工作。三是做好公务接待服务。2020 年，共收到各级各部门要求省生态环境厅参加的会议通知 1584 余份，厅办公室均积极协调有关领导和处室参加会议。认真做好省政府主要领导调研座谈会、全省生态环境局长会议、厅长办公会等活动和会议的服务保障。严格按照厅公务来访安排规定，做好楚雄州、大理大学、中国铜业有限公司等州（市）单位主要领导到厅对接工作的沟通协调、服务保障。认真做好厅原主要领导的履行经济责任及自然资源资产管理和生态环境保护责任审计服务保障工作，统筹做好 2020 年"四位一体"金色热线上线工作。

【文电会务】 一是文稿撰写和信息报送方面。积极牵头起草全省生态环境保护工作综合性材料、领导讲话稿等，较好地发挥了参谋助手作用，全年共组织撰写上报生态环境部、省委办公厅、省政府办公厅及相关部门的综合性材料、回复征求意见 160 余份，切实做到"保证文稿质量、遵守报送时限"。在省政府办公厅开展的报送省人民政府公文质量测评中，2020 年第一、第二季度省生态环境厅得分均为省直部门第 1 名。大力开展政务信息编报，共向省委、省政府、生态环境部报送政务信息 924 条，编发《云南省生态环境工作动态》13 期，及时、准确地宣传了云南省生态环境保护工作成效。完成《云南年鉴》《中国环境年鉴》等稿件组稿工作。二是会议组织方面。省生态环境厅共收到各级各部门要求省生态环境厅参加的会议通知 1600 余份，均积极协调有关领导和处室参加会议。认真做好省政府主要领导调研座谈会、全省生态环境局长会议、厅长办公会等活动和会议的服务保障。

【文秘工作】 严格遵守《厅公文处理办法》，不断规范办文，提高公文质量。全年共签收各类文件 9000 余份，对所有文件均做到及时、高效提出拟办意见，并按照轻重缓急分类送办；对涉密文件流转实行专人负责制，确保文件办理及时、准确、安全；共发文 1100 件，均严格公文审签制发流程，严格执行"撰稿人—处室（单位）负责人—厅领导"三级审签制度，并由办公室专人对拟制的公文从审批手续、内容、文种等方面进行复核把关，提高了公文质量。

【档案管理】 组织开展了 2019 年度文件资料整理归档及第二次全国污染源普查云南省普查档案接收工作，加强档案及管理场所规范化管理，认真开展节假日、汛期等特殊时期的档案管理场所安全检查等工作，确保档案资料安全。积极做好年度档案科技项目申报，省生态环境厅"污染源档案专题数据库开发及共享研究"课题成为 12 个立项项目之一，目前研究工作正有序推进。

【电子政务】 认真落实省政府办公厅印发的《2020 年政务公开工作要点》等要求，组织修订生态环境领域信息公开目录，组织并协调行政许可事项和重点环保信息的公开和政策解读工作，及时督促处室（单位）更新有关信息，确保信息发布及时有效。承接了相关处室转交的政务服务、"放管服"、优化营商环境等工作任务，统筹协调全厅相关业务处室（单位）积极推进"一部手机办事通""一网通办"和政务服务"好差评"等工作。省政府办公厅组织对政务考核和第三方评估中，省生态环境厅考核成绩排名第 3，第三方评估排名第 8。

【机要保密工作】 制定厅《密码电报使用和管理制度》，完成上年度涉密公文清退及非涉密文件销毁工作，安全清退合格率 100%。加强宣传教育，多次提请厅党组会、厅长办公会传达学习上级保密工作重要文件精神以及警示教育案例通报；举办年度国家安全及保密教育；做好土壤污染状况详查等涉密数据使用管理的指导监督。年内共开展了 4 次计算机及网络保密安全检查并按时报送自查报告。制定厅《普通密码安全保密管理制度》，有序推进新建系统国产密码应用及安全评估。完成厅第一、第二办公区保密机要室建设及升级改造工作。2020 年以来，省生态环境厅无失泄密事件发生，各项工作顺利通过检查考核并受到省委机要局（省国家密码局）及省国家保密局肯定。

【综治维稳】 制定印发《云南省生态环境领域涉黑涉恶突出问题专项整治实施方案》，按月调度各州（市）生态环境领域涉黑涉恶突出问题专项整治工作情况，形成月报于每月 5 日前上报省扫黑办。及时转办、督办 8 件生态环境领域"三书一函"案件，已全部办结，相关情况向省扫黑办、生态环境部扫黑办作了汇报。统筹省委国家安全工作，联合自然处等有关处室扎实做好经济安全、生态安全、生物安全有关工作。与执法局、固化处、应急中心等一起扎实开展厅安全生产工作，推进实施安全生产专项整治三年行动计划，统筹协调有关处室、单位做好环境应急及安全生产工作。稳步推进爱国卫生"7 个专项行动"有关工作。

【扶贫工作】 协调驻村队员参加云省南农村干部学院决战决胜脱贫攻坚"激发内生动力"专题研讨班一期。截至 2020 年 10 月 30 日，全厅共举办培训班 8 期，参加人数 1390 人。其中，省级 118 人，州（市）级 245 人，县级 1017 人，驻村队员 10 人。坚决执行党中央、国务院及省委、省政府的决策部署，印发了《关于推进农村环境整治工作的通知》（云环通〔2020〕51 号），持续开展农村环境综合整治试点示范，完成 158 个建制村环境综合整治，累计完成 3501 个，"十三五"期间，3500 个建制村环境整治任务目标已完成。制定了《关于推进云南省农村生活污水治理实施意见》（云农人居办〔2020〕1 号），多次召开全省工作推进会，每月进行一次专题研究，全面安排部署农村污水治理工作。组织开展农村生活污水治理现状调查，摸清底数现状；指导帮扶各地做好中央项目入库申报前期准备工作，获取中央资金支持，2020 年，争取中央农村环境整治资金 2.132 亿元（其中，2.0218 亿元纳入涉农资金下达贫困县）；厅机关工会 2 次组织采购云龙县扶贫农产品共计 236766 元。2020 年 1 月，协调上海五鑫建筑有限公司向云龙县捐赠 150 万元（非财政性项目资金），用于云龙县功果桥镇、长新乡道路提升与农村环境提升。2020 年，省生态环境厅被云龙县表彰为"优秀扶贫'挂包帮'单位"，派出 4 名扶贫队员被州、县表彰为"优秀驻村扶贫工作队员"。2020 年 5 月 16 日，省政府正式批准云龙县退出贫困县序列。定点帮扶双龙村 2014 年确定的建档立卡贫困户为 129 户 452 人，经过数轮精准识别和动态调整进入国家精准扶贫数据库的建档立卡贫困户为 146 户 518 人，已全部脱贫。

【信访工作】 云南省生态环境厅高度重视信访工作，安排专题会议研究部署全年信访工作。先后印发《关于做好省"两会"和全国"两会"期间信访维稳和矛盾纠纷排查化解工作的通知》和《关于全面排查环境信访突出矛盾突出问题和重点群体重点人员的通知》，统筹组织各级生态环境信访部门开展摸排工作，全面掌握辖区内信访矛盾和风险隐患底数，形成矛盾问题化解攻坚战清单，推动问题解决。扎实推进领导干部接访下访，认真开展 2020 年"四大重点"信访矛盾化解攻坚战，推广环境信访系统使用，全力做好疫情防控期间信访工作。通过工作制度改革、信访法治化建设和基础业务规范化建设等重点工作推进，全省环境信访工作水平得到不断提升。2020 年，云南省、市、县三级生态环境部门收到来信 5625 件，同比增长 71.65%；微信 3599 件，同比下降 9.84%；网上信访 1461 件，同比增长 169.56%；接待来访 996 次，同比下降 34.30%；接听电话（含"12369"热线）11230 次，同比上升 18.05%，及时受理率及按期办结率均为 100%。云南省生态环境厅本级共收到来信 219 件，同比下降 25%；来访 24 批 36 人次，同比下降 40%，及时受理率及按期办结率均为 100%。

（撰稿：曹 曦）

【厅机关服务中心】 2020 年，厅机关服务中心严格落实上级指示要求，把后勤服务工作置于省生态环境厅的工作大局中去谋划和推进，主动服务，靠前保障，全力抓好车辆保障、办公用房管理、食堂管理、疫情防控、爱国卫生运动等工作。

一是车辆保障方面。规范车辆派遣，保障机关公务出行 130 次。严格按照纪检工作要求，做好节假日期间车辆定点停放、定点封存工作。2020 年 9 月，按照省机关事务管理局公车办要求，组织各单位核算 2019 年车辆运行费用，《起草 2019 年车辆管理工作报告》。由于工作扎实、规范，成效突出，被省政府机关事务管理局推荐为 3 家试点单位之一，代表云南省圆满完成国管局组织的《2019 年公务用车统计报告》试填报工作。二是办公用房管理方面。积极履行自身职责，打造厅机关第二办公区，完成 5 个处室、1 个单位转场，11 个处室、单位办公用房调整工作。三是食堂管理方面。严格监督管理，做好留样备查，确保职工食堂餐饮安全。完善《食堂管理规定》，加强对就餐人员、工作餐结算管理，使机关食堂管理更加规范高效。四是安全方面。加强与驻地单

位的沟通联系，做好区域内安全维护工作。2020 年 8 月，应金家河派出所要求，在第一、第二办公区安装了公安网络的人脸抓拍系统，确保了办公大楼的安全运行。

疫情防控。一是抓组织，筑堡垒。严格按照党中央、省委、省政府及厅党组相关部署要求，快速响应，第一时间成立厅机关服务中心新型冠状病毒感染疫情防控工作领导小组，制订防控工作实施方案，精细到物资供应、卫生消毒、食堂防控等每个环节，明确分工、责任到人，迅速组织相关人员提前返岗，以责任和担当筑起了疫情防控堤坝。二是抓防控，战疫情。以高度的责任感和使命感，坚决服从厅机关安排部署，主动承担任务，严格做好人员防控，落实"零报告、日报告"制度，把牢进口关，实行"测温+健康码"核验，问情况、勤提醒，确保不漏一人、不漏一项。在大厅门口配置废弃口罩投放箱，卫生间配置垃圾桶，电梯配备抽纸，按键处张贴保护膜，防护于细微之间。三是抓服务，促质量。严格做好卫生消毒，每天对各区域消毒 4 次，做到无死角防控。严格做好重点区域管控，在服务各类会议前后对话筒、桌椅等公共设施进行清洁消毒。对办公楼中央空调通风系统进行清洗，确保空调送风卫生质量达标。严格做好食材管控，加强食堂工作人员健康管理，实行分时段、分楼层取餐制，避免交叉感染。全年未发生异常情况。

爱国卫生运动。全面贯彻习近平总书记关于深入开展爱国卫生运动的重要指示精神，在第一、第二办公区增设了室外洗手台，更换第一办公区洗手设施，把"勤洗手"落到实处。组织机关处室、单位共同参与环境卫生大扫除，牵头相关处室、单位开展检查评比活动，从 2020 年 9 月起，将每月第一周星期五下午定为"环境卫生大扫除日"，共开展 3 次卫生检查评比，机关各处室、直属各单位从思想上高度重视了办公环境卫生的重要性，办公秩序和环境卫生整体与以往相比有了明显改观，形成人人参与、共建共享卫生成果的良好氛围。

（撰稿：曾令斯）

人事管理

【工作综述】 2020 年，积极践行新时代党的组织路线，围绕高质量跨越式发展大局，切实提升干部队伍素质，选优配强领导干部，优化干部队伍结构，把加强干部队伍建设作为生态环境事业的坚实保障。一是加大干部培养选拔力度，突出政治标准，构建崇尚实干、担当作为的选人用人导向，始终把政治标准放在选人用人首位，突出忠诚干净担当、不让老实人吃亏、基层一线培养选拔 3 个用人导向，坚持德才兼备、以德为先，坚持注重实绩、群众公认，用好的作风选好、用好干部。二是积极推进公务员职务与职级并行制度，集中开展了两批公务员职级晋升工作，共 137 名同志晋升职级。制定印发了《云南省生态环境厅一级主任科员以下公务员职级晋升实施办法》，规范一级主任科员以下公务员职级晋升工作。三是严格机构编制管理，监督、指导直属单位机构编制管理，积极协调省委编办，优化事业编制结构，盘活编制使用，及时更新厅机关、直属单位及全省 16 个州（市）监测站编制情况。四是抓好事业单位管理，规范事业单位人事工作，扎实推进人才队伍建设，建设高素质专业化的事业单位工作人员队伍，充分保障事业单位工作人员的合法权益，为促进生态环境事业提供有力的智力支撑和人才保障。五是扎实推进全省生态环境机构监测监察执法垂直管理制度改革及综合行政执法改革工作，调整州（市）生态环境局管理体制、州（市）生态环境监测管理体制，成立了省生态环境保护委员会，由省委书记、省长担任委员会主任。六是强化干部的日常监督管理，改进完善考核评价机制，落实各项福利政策，持续强化正向激励。七是牵头推动"放管服"改革及优化营商环境等工作，修改完善省生态环境厅政务服务事项，16 项政务服务事项中，包括行政许可 7 项、行政确认 1 项、其他职权 6 项、公共服务事项 2 项。

【干部队伍建设】 2020 年，共选拔任用正处级领导干部 5 名（厅机关 1 名，直属单位 4 名），副处级领导干部 26 名（厅机关 15 名，直属单位 11 名）。同时，积极与州（市）党委及组织部门沟通协商，完成了曲靖、昆明、丽江、大理、文山 5 个州（市）生态环境局领导班子的调整配备工作，其中，选拔任用 10 名（2 名正处级，8 名副处级）、交流使用 4 名（1 名正处级，3 名副处级）处级领导干部。稳步推进职务与职级并行改革，切实激励干部担当作为，始终坚持党管干部、德才兼备、竞争择优和持续激励原则，2020 年，集中开展了两批公务员职级晋升工作，共 137 名同志晋升职级。制定印发了《云南省生态环境厅一级主任科员以下公务员职级晋升实施办法》，规范一级主任科员以下公务员职级晋升工作。始终把干部教育培训作为加强干部队伍建设、提高干部队伍素质的重要环节，利用干部在线学习网络、"环保大讲堂"，生态环境部专题业务培训，省院省校及沪滇、滇台等各类环境合作，有效提升全省生态环境保护队伍的专业能力，2020 年，厅机关业务培训共 29 期，完成厅级领导干部 22 人、厅机关处级领导干部 15 人、州（市）局局长 7 人、县局局长 5 人的调训任务，组织 19 名一般干部参加专题研修，举办县级分局局长岗位培训班、省院省校合作培训各 1 期，组织"环保大讲堂" 3 期。选派 2 名年轻干部到基层挂职锻炼，1 名基层干部到生态环境部西南督察局跟班学习，接收安排了 4 名基层干部到省生态环境厅学习锻炼。

【人才队伍建设】 规范事业单位岗位设置，针对厅部分直属事业单位岗位设置与实际工作任务不匹配的实际，主动与省人力资源和社会保障厅协调争取，共为 21 家厅直属事业单位进行了岗位设置调整，确保了事业单位管理的科学化、规范化。坚持把好人员录用关，坚持"凡进必考"，结合工作需求和单位编制空缺情况，严格程序和标准，组织全省 12 家厅直属事业单位进行面向社会公开招聘工作人员 33 名的工作。认真做好职称评审工作，2020 年，中级工程师申报人员 65 人，通过 59 人，通过率约为 90.7%；高级工程师申报人员 285 人，通过 169 人，通过率约为 59.3%。

进一步完善生态环境工程系列职称评审办法，确保职称评审办法经得起历史和实践检验，最大限度地发挥人才评价"指挥棒"作用。做好人才管理服务各项工作，组织开展各类人才奖项的推荐申报工作，共组织推荐4名同志作为"生态环境工程专业技术领军人才"、7名同志为"生态环境工程专业青年拔尖人才"、1名同志为"百千万人才工程"国家级人选、1名同志为"全国劳动模范和先进工作者"、1名同志为"全省劳动模范"推荐对象。经评选，1名同志获得国务院政府特殊津贴、1名同志成为"全省劳动模范"。

【干部人事管理】　着力强化干部的日常监督管理，严格落实《云南省从严从实管理干部若干规定》，注重日常、经常、平常，切实做到用制度管权、管事、管人。严肃开展各类专项整治，坚持开展处级干部集体廉政谈话，认真落实个人有关事项报告、请销假、干部因私出国（境）管理等制度，做好干部人事档案管理，严格档案审核，补充完善档案材料。改进完善考核评价机制，组织签订《年度工作目标责任书》，强化考核结果分析运用，在考核中充分体现数量与质量相结合、主观评价与客观评价相结合、平时考核与年终考核相结合，进一步加大激励干部担当作为的力度。持续加强正向激励，每2个月评选表彰一次模范处室（单位）和模范之星，落实谈心谈话和体检、休假等制度，积极树立和宣扬先进典型，切实关心关爱干部，保障人员工资待遇。实行激励与约束相结合的事业单位工资制度，加强直属事业单位工资审批。认真贯彻执行基本养老保险制度。认真做好老干部工作，重点抓好政策的落实，坚持做到"人到、心到"，把老干部的政治待遇、生活待遇落到实处，进一步加强老干部思想政治建设和党组织建设，进一步提高老干部服务管理水平，认真组织好春节走访慰问活动，扎实做好老干部管理服务工作，精心组织好各项老干部活动。

【管理体制改革】　全省生态环境机构监测监察执法垂直管理制度改革工作稳步推进，调整州（市）生态环境局管理体制，全省16个州（市）生态环境局领导班子的组建和任免已按新的管理体制运行，均实行以省生态环境厅为主的双重管理。调整州（市）生态环境监测管理体制，各州（市）生态环境监测站人、财、物已上收，实行生态环境质量省级监测、考核。成立省生态环境保护委员会，由省委书记、省长担任委员会主任，委员会下设办公室，办公室设在省生态环境厅，由省生态环境厅厅长兼任办公室主任。生态环境综合行政执法改革工作稳步推进，调整省级生态环境保护综合行政执法体制，厅机关增设内设机构"生态环境执法局"，原省生态环境监察总队参照《中华人民共和国公务员法》（以下简称《公务员法》）管理人员全部转隶到省生态环境厅机关。牵头起草了《云南省生态环境保护综合行政执法事项指导目录（2020年版）》。

（撰稿：曹　曦）

党建工作

【工作综述】　2020年，省生态环境厅机关党建工作坚持以习近平新时代中国特色社会主义思想为指导，深入学习贯彻习近平总书记在中央和国家机关党的建设工作会议的重要讲话精神，聚焦落实新时代机关党的建设使命任务，全面加强机关党的思想、组织、作风、纪律和制度建设，推动机关党的建设质量明显提升，为全省生态环境保护事业发展和年度目标任务完成提供了坚强的政治和组织保证。注重加强政治机关建设，坚持以"模范机关"创建、生态环保铁军建设和深化"寻标对标达标创标"行动为牵引，大力加强机关党的政治建设，着力打造过硬政治机关。自觉扛起抗击新型冠状病毒感染疫情的政治责任，扎实开展一系列疫情防控背景下的党建工作，筑牢抗击新型冠状病毒感染疫情的坚强堡垒。发动干部职工自愿捐款191910元，积极为疫情防控助力。制订厅"模范机关"创建活动方案，着眼建设"五型机关"明确19项目标任务，逐级制订创建计划、实化创建内容，深入开展"模范机关"创建活动。印发《关于构建风清气正政治生态、建设云南生态环境保护铁军的实施意见》，大力加强生态环境保护铁军建设，助推构建风清气正的政治生态。制订 2020 年度"寻标对标达标创标"行动工作计划，确定浙江省生态环境厅和省委组织部等 4 家单位为学赶对象，制定 18 条达标措施，深化推进"寻标对标达标创标"行动。持续深化党的创新理论武装。制订年度厅党组理论学习中心组学习计划、党员干部理论学习计划，按月推送"三会一课"主题学习内容，不断推动党员干部理论学习走深走实。配发 540 余册《习近平谈治国理政》第三卷等必读书目，组织 2 期"万名党员进党校"培训，举办 1 期党组织书记和党务干部培训，选送 20 余名党员干部参加上级培训，全系统开展"习近平生态文明思想集中学习月"活动，巩固提升理论学习成效。积极运用"学习强国"学习平台、云南干部在线学习、"云岭先锋"App 等载体，强化线上学习。制定年度意识形态工作要点，加强意识形态阵地建设和管理，做好重大突发事件和热点敏感问题的舆论引导，做深做实思想政治工作，强化意识形态管理。着力夯实基层组织建设基础。严密党的组织体系，在厅机关新成立 7 个党支部，撤销原省环境监察总队党总支部及下属 4 个党支部，调整任命机关 4 名党支部书记，指导 6 个厅直党组织进行任期届满换届选举工作，完成 16 个州（市）生态环境监测站党组织及 272 名党员组织关系的整体划转任务，备案登记入党积极分子 2 名，接收预备党员 2 名，预备党员转正 2 名。严格落实"三会一课"、组织生活会、谈心谈话、民主评议党员等制度，认真落实领导干部双重组织生活，过好"政治生日"，开展特色主题党日活动，切实严肃党内政治生活。顺利完成 12 个党支部的年度规范化达标创建目标，持续巩固深化 40 个已达标党支部规范化建设达标成果，不断加强支部规范化建设。积极推进"智慧党建"工作，实现在职党员"云岭先锋"App、"学习强国"平台安装使用率 100%。持之以恒推进机关作风转改。制定《中共云南省生态环境厅党组巡察工作实施方法（暂行）》，建立健全厅系统内部巡察制度机制，对 4 个处室（单位）党组织开展常规巡察。组织开展警示教育和家风教育"三个一"系列活动，观看《激浊扬清在云南》《政治掮客苏洪波》等警示教育片，召开家风建设座谈会，认真开展群众评议机关作风

活动，不断树牢为民务实清廉的机关形象。积极践行"四种形态"，认真落实廉政提醒谈话制度，组织开展廉政风险点排查，努力营造风清气正的良好氛围。坚持年初明责、分步定责、定期督责，推动厅系统党建工作任务落细落实。

【政治建设】　坚持以"模范机关"创建、生态环保铁军建设和深化"寻标对标达标创标"行动为牵引，大力加强机关党的政治建设，着力打造过硬政治机关。筑牢抗击疫情的坚强堡垒。坚决扛起抗击疫情的政治责任，把疫情防控作为最重大的政治任务，扎实开展一系列疫情防控背景下的党建工作，推动党员先锋模范作用更加突显、党组织战斗堡垒更加坚固。组织召开全面从严治党工作视频会议，印发党建工作要点、重点任务清单等文件，及时部署年度全面从严治党工作。组织开展线上学习和交流活动，及时将疫情防控部署要求传达到位，确保全体党员思想统一、步调一致。发动 567 名党员、干部、职工及离退休干部职工自愿捐款 191910 元，主动为疫情防控助力。开展"模范机关"创建活动。制订下发"模范机关"创建活动方案，就建设模范政治机关、学习机关、勤政机关、服务机关、执行机关提出 19 项目标任务，并督促指导厅直党组织紧密结合职能职责，制订创建计划，实化创建内容，深入开展创建活动。全厅上下通过政治建设引领，抓紧抓好"五型机关"建设，用好用活年度党员承诺践诺行动、季度评星授旗活动、七一"两优一先"表彰等载体，切实将"模范机关"建设引向深入，广大党员干部的先锋模范作用明显增强，各级党组织模范表率作用明显提升。推进生态环保铁军建设。印发《中共云南省生态环境厅党组关于构建风清气正政治生态、建设云南生态环境保护铁军的实施意见》，努力从构建"讲政治、讲学习、讲纪律、讲作风、讲廉洁"的政治生态要求出发，积极推进党建工作和生态环境保护工作，在全面加强基层党组织的思想建设、组织建设、作风建设、纪律建设，全面提升党员干部的党性修养、能力素质、思想作风、廉洁品格的过程中，大力加强生态环境保护铁军建设，助推构建风清气正的政治生态。深化"寻标对标达标创标"行

动。按照省委系统争一流、全省创先进、全国有影响的部署要求，厅党组制订了2020年度"寻标对标达标创标"行动工作计划，在全国生态系统和其他省直单位中，确定贵州、湖南、浙江省生态环境厅和省委组织部4家单位为学赶对象，制定18条达标措施，按照既定的"时间表""路线图"，有序推进"寻标对标达标创标"各项任务，促进省生态环境厅职能指标高标准完成，推动生态环境保护工作任务的高标准落实，以实际行动体现生态环境系统的政治担当。

【思想建设】 坚持用习近平新时代中国特色社会主义思想武装头脑、指导实践、推动工作。强化集中学习。制定《厅党组理论学习中心组2020年学习计划》《厅2020年党员干部理论学习计划》，修订《厅党组理论学习中心组学习制度》，认真组织厅党组理论学习中心组集中学习，逐月推送并督促支部落实"三会一课"主题学习内容，开展3次青年理论小组集中学习，严格要求处级以上领导干部年度不少于1次上讲堂讲授党课，邀请5名专家教授分别就十九届四中全会精神、习近平总书记考察云南重要讲话精神、《中华人民共和国民法典》（以下简称《民法典》）、《新时代公民道德建设实施纲要》等进行辅导授课，厅党组成员带头深入基层宣讲十九届五中全会精神，推动党员干部理论学习走深走实。强化教育培训。配发540余册《习近平谈治国理政》第三卷、《党的十九届五中全会〈建议〉学习辅导百问》等必读书目，组织2期共330余名党员干部参加的"万名党员进党校"培训，举办为期3天120余名党组织书记和党务干部参加的党支部书记培训班，选送20余名党员干部到省委党校、省级机关党校学习培训，定期举办"环保"大讲堂，在全省生态环境系统组织开展"习近平生态文明思想集中学习月"活动，进一步巩固提升理论学习的成效。强化线上学习。积极运用"学习强国"学习平台、云南干部在线学习、"云岭先锋"App等载体，深入学习党章党规、习近平新时代中国特色社会主义思想、党的十九大及十九届二中、三中、四中、五中全会精神，进一步拓展理论学习的深度和广度。强化意识形态管理。把理想信念教育作为党

员干部理论学习的重要内容，制定年度《厅意识形态工作要点》，加强意识形态阵地建设和管理，做好重大突发事件和热点敏感问题的舆论引导，定期向省直机关工委报送舆情信息，指导厅直各党组织定期思想分析和召开专题会议，及时发现和处置苗头性、倾向性问题，做深做实思想政治工作。强化思想状况分析。认真落实干部职工思想状况分析制度，定期分析干部职工思想状况。根据干部职工思想状况，加强针对性教育引导，跟进做好思想政治工作，不断端正干部职工的思想认识，凝聚干事创业的精气神。

【组织建设】 把加强党组织自身建设作为机关党建的基础性工程来抓，严格落实全面从严治党要求，努力使党建工作覆盖各方面、贯穿全过程，党建基础不断夯实。严密党的组织体系。在厅机关新成立7个党支部，撤销原省环境监察总队党总支部及下属4个党支部，调整任命机关4名党支部书记，指导6个厅直党组织进行任期届满换届选举工作。按照《云南省生态环境机构监测监察执法垂直管理制度改革实施方案》部署要求，完成16个州（市）生态环境监测站党组织及272名党员组织关系的整体划转任务，同步做好垂直改革中党组织健全完善工作。严格执行发展党员工作计划，备案登记入党积极分子2名，接收预备党员2名，预备党员转正2名。严肃党内政治生活。利用党建工作检查调研的时机，督促厅直党组织严格执行"三会一课"、组织生活会、谈心谈话、民主评议党员等制度，积极落实每季度向省直机关工委报送领导干部落实双重组织生活制度情况的工作要求。扎实开展"双微"活动，推进重温入党誓词、入党志愿书以及党员过"政治生日"等政治仪式经常化，利用庆祝建党、建国等重要节点组织开展特色主题党日活动，进一步提高支部活动的吸引力。抓好支部规范化建设。围绕年底所属党支部规范化建设全部达标的目标，持续巩固深化党支部规范化建设达标成果。厅直属机关党委进行了工作提醒，督促12个2020年计划达标的支部制订规范化达标创建计划方案，督促40个已达标党支部研究部署巩固提升支部规范化达标创建成果任务。计划达标的支部，紧紧

围绕"五个基本"建设，融合年度重点工作，认真开展规范化达标创建各项任务。对已达标党支部实施动态管理，利用年度党建工作检查考核时机，进行全覆盖复核检查，对工作滑坡、示范作用不明显的党支部，视情节责令整改、重新达标。积极推进"智慧党建"工作。实现在职党员"云岭先锋"App、"学习强国"平台安装使用率100%。广泛运用"云岭先锋"App开展"三会一课"、主题党日、党务公开、党员积分管理等，实现通知发布、会议签到、会议记录、积分评定等全程记录。全面使用全国党员管理信息系统，跟进做好云南党员管理信息系统信息采集、录入、运用工作，不断提高信息数据质量和管理水平，确保党员管理信息系统用得上、管得好。

【精神文明建设】　云南省生态环境厅高度重视精神文明，2020年，始终坚持以习近平新时代中国特色社会主义思想为指导，深入学习贯彻习近平总书记考察云南重要讲话精神，大力弘扬习近平生态文明思想，贯彻中央和省委关于精神文明建设要求，锲而不舍抓好精神文明和生态文明建设，为打赢打好污染防治攻坚战提供强有力的思想保证和精神动力。一是加强教育引导，推动社会主义核心价值观落细落小落实。省生态环境厅把社会主义核心价值观教育作为理论学习重要内容，在厅系统广泛开展"书香机关·书香支部·书香个人""道德讲堂"等活动，并充分运用"学习强国"和"云岭先锋"App等学习平台开展学习教育，广泛开展向全国优秀共产党员杨善洲、"时代楷模"高德荣、最美基层环保人陈奔烈士等先进人物学习。以"身边人讲身边事、身边人讲自己事、身边事教育身边人"的形式，弘扬社会新风正气，让干部职工近距离感受道德的力量，掀起"学先进、争先进、当先进"的热潮，教育引导全厅干部职工进一步崇尚和践行社会主义核心价值观，形成崇德向善的力量。省生态环境厅组队参加2020年云南省直机关"学习强国·学习达人"学习竞赛获得团体三等奖。二是扎实开展"美丽中国，我是行动者"主题实践活动。会同省文明办、省委教育工委、省教育厅、团省委、省妇联、省文联在全省范围组织开展2020年"6·

5"环境日系列活动暨云南省第二届生态环境书画摄影展，通过线上线下展厅，全方位多形式多角度开展了"6·5"环境日宣传活动。结合云南实际，先后开展生态环保主题书画大赛、生态环保主题摄影大赛和在全省高校举办"美丽中国·我是行动者"生态环境征文和宣传作品创意设计比赛等活动，共征集征文、海报挂图品、书画、微视频等各类作品4335件。三是深入开展志愿者服务活动。把思想政治教育巧妙地融入群众性活动，引导党员干部职工进行自我教育和相互促进，持续增强队伍创造力、凝聚力和战斗力，促进干部职工思想和岗位业务能力不断提高。建立志愿者工作制度，在"3·5"学习雷锋日、"4·15"全民国家安全教育日、"5·4"青年节、"6·5"世界环境日等节日，组织广大党员干部、团员青年深入社区、街道、学校、企业开展生态环境保护宣传、打扫环境卫生和帮扶助困等，开展丰富多彩的志愿者服务活动。四是扎实开展"五进"和"两堂一展"活动。持续推动生态环境宣传，截至2020年，共计开展"五进""两堂一展"活动10余次，以"两堂一展"（云南省生态环境绿色讲堂、云南生态环境保护流动讲堂、云南生态环境保护流动展）、"五进"（生态环境宣传进学校、进社区、进公园、进乡村、进企业），宣传习近平生态文明思想，促进精神文明建设，助推云南省昆明市文明城市创建工作。

【党风廉政建设】　2020年的党风廉政建设始终把学习贯彻习近平新时代中国特色社会主义思想、习近平生态文明思想和习近平总书记考察云南重要讲话精神放在首位，增强"四个意识"、坚定"四个自信"、做到"两个维护"。13次厅党组会议研究涉及党风廉政建设方面的工作，2次厅党组会专题研究党风廉政建设和反腐败工作。制定印发《中共云南省生态环境厅党组关于构建风清气正政治生态建设云南生态环境保护铁军的实施意见》《云南省生态环境厅大谈心活动实施方案》，签订《党风廉政建设责任书》120份。出台《云南省生态环境厅纪检干部落实党内监督职责年度报告办法》《纪律作风形象监督员制度》等规章制度。制定《中共云南省生态环境厅党组巡察工作实施办法（暂行）》《中共云南省生态环境厅党组 2020 年第一轮巡察工作方案》，汇编《巡察工作手册》，对 2 个处室、2 个直属单位党组织开展了巡察。认真组织警示教育和家风教育"三个一"活动，组织观看《政治掮客苏洪波》《八小时以外》等警示教育片和网上参观党风廉政建设教育基地，召开家属座谈会 10 余次，发放助廉公开信 500 余封，开展领导干部廉政家访活动，走访干部家属 300 余人。扎实开展领导干部违规借贷问题专项整治和全省煤炭资源领域腐败问题专项整治工作。

【群团工作】 把群团建设纳入党建工作总体部署，积极支持群团组织按照各自章程开展活动。

一是充分发挥妇委会联系女职工的桥梁和纽带作用。积极开展"最美家庭"评选活动，向省直机关妇工委推荐省辐射站职工武荣国家庭为云南省"最美家庭"评选表彰。二是工会牵头开展丰富多彩的文体活动。2019 年，省生态环境厅选送的《守护绿水青山》舞蹈获省直机关文艺展演一等奖。坚持在传统节日慰问干部职工，探望生病住院干部职工，适时慰问困难党员、老党员和老干部。三是厅团委牵头，组织开展"革命传统教育""爱国主义教育""弘扬雷锋精神""国家安全教育日核安全宣传""创建文明城市""垃圾分类"等志愿者服务活动，组织参与省文明委开展的"美丽中国——我是行动者"环保主题活动等。

（撰稿：曹　曦）

全省生态环境保护工作

工作综述

【工作综述】 2020 年，省生态环境厅在省委、省政府办公厅的指导帮助下，深入学习贯彻习近平新时代中国特色社会主义思想，特别是习近平生态文明思想和习近平总书记考察云南重要讲话精神，紧扣筑牢祖国西南生态安全屏障和成为全国生态文明建设排头兵的战略定位，统筹推进各项重点工作，圆满完成 2020 年及"十三五"生态环境保护目标任务。

【强化思想建设】 始终把学习贯彻习近平新时代中国特色社会主义思想、习近平总书记重要指示批示作为首要政治任务，不断强化政治思想建设。一是严守政治纪律和政治规矩，厅党组带头强化纪律规矩意识，增强"四个意识"、坚定"四个自信"、做到"两个维护"，始终同党中央在思想上、政治上、行动上保持高度一致，严明党的各项纪律，严格落实重大事项请示报告制度，工作中的重大问题及时向省委、省政府请示报告。二是深入学习习近平总书记考察云南重要讲话精神，用党的创新理论武装头脑、指导实践、推动工作。2020 年 1 月，习近平总书记考察云南发表重要讲话后，省厅迅速召开党组（扩大）会议传达学习，组织厅党组理论学习中心组集中学习。及时传达党的十九届五中全会，省委十届十次、十一次全会等精神，厅党组理论学习中心组集中学习 8 次。每次厅党组会、厅长办公会都将传达学习近期省委常委会会议、省政府常务会议精神作为第一议题。把 2020 年 12 月确定为"全省生态环境系统习近平生态文明思想集中学习月"，巩固学习成果，深化思想认识。三是坚决贯彻执行民主集中制，严肃规范党内政治生活。严格执行厅党组工作规则，严格议事程序和范围，"三重一大"事项一律提交会议集体讨论研究，全年召开厅党组会议 39 次、厅长办公会议 10 次，强化集体领导与决策。四是持续构建风清气正的政治生态，建设云南生态环境保护铁军。从构建"讲政治、讲学习、讲纪律、讲作风、讲廉洁"的政治生态要求出发，提升党员干部党性修养、能力素质、思想作风、廉洁品格，积极推进党建工作和生态环境保护工作深度融合，大力加强生态环境保护铁军建设。

【强化作风建设】 贯彻"群众路线没有休止符，作风建设永远在路上"。厅党组带头持之以恒落实中央八项规定及其实施细则精神，强化作风建设，组织开展各项专项整治，推动全系统作风持续改善。一是驰而不息正风肃纪，强化遵规守纪。盯住"关键少数"，督促各处室、直属单位主要负责同志进一步找准廉政风险点并制定防范措施；坚持抓早抓小，始终把纪律挺在前面，把严管与厚爱、激励与约束结合起来。二是持续整治形式主义、官僚主义，切实减轻基层负担。厅发文、会议和督查检查考核事项，均严格按照年初计划实施，发文、会议较 2019 年精简 5%以上，督查检查考核事项均在《云南省 2020 年督查检查考核计划》。三是提高政务服务水平，下放审批权限。进一步下放省级审批权，以 2018 年、2019 年两年省级审批项目数为基数进行测算，调整下放类别涉及的省级审批项目数约占 40%。四是认真办理群众信访投诉和"12369"环保投诉，切实维护人民群众生态环境权益。全年受理群众来信 219 件，接待群众来访 24 批 36 人次；"12369"环保投诉平台接报 6574 件，均按时限要求予以办理。

【助力绿色发展】 全面抓好重点工作，积极助力绿色发展。牢固树立"绿水青山就是金山银山"理念，以改善生态环境质量为核心，大力推进生态环境保护工作。一是坚决打赢打好污染防治攻坚战。地级以上城市空气质量优良天数达到98.8%。纳入国家考核的地表水断面Ⅰ～Ⅲ类水体和劣Ⅴ类水体比例分别达 83%、3%（不含程海湖中），出境跨界河流水质达标率 100%，九大高原湖泊水质整体改善。全省土壤环境质量总体稳定，重金属污染情况出现好转，土壤环境风险得到有效管控。二是全面推进生态环境保护督察工作。中央环境保护督察"回头看"反馈的 58 个问题已完成整改 56 个，剩余 2 个问题整改基本完成。省生态环境厅牵头的 2018 年、2019 年长江经济带生态环境警示片 13 个问题，11 个已完成整改，整改时限为 2021 年，剩余的 2 个问题有序推进。组织开展了重点区域大气污染防治专项督察，星云湖、杞麓湖保护治理和生态环境问题专项督察，赤水河流域（云南段）生态环境保护专项督察。三是积极服务全省经济社会发展。对"四个一百""五网"建设、"八大产业"和打造世界一流"三张牌"等重点项目，积极做好环评指导和审批服务。2020 年，省级审批建设项目环评文件 66 项，涉及投资 1814.19 亿元。四是认真筹备《生物多样性公约》第十五次缔约方大会（COP15）。组建工作专班，配合制订生态文明论坛、自然与文化多样性峰会活动方案，研究制订生物多样性示范现场考察工作方案，积极谋划一批生物多样性保护工程。五是强化生态环境执法监管。严肃查处环境违法行为，加强核与辐射安全监管，全省共办理环境行政处罚案件 2312 件，罚款金额 2.02 亿元。探索创新生态环境监管机制，抽调全省生态环境执法骨干、环境监测等方面专家 160 余人，分为10 个现场工作组对文山州开展为期 15 天的生态环境执法检查，努力将生态环境状况一次摸清、环境风险隐患一次排查、环境违法行为一次查处。六是加强自然生态保护工作。督促督办历年"绿盾"自然保护地强化监督问题整改，发布全国第一部《中国的生物多样性保护》白皮书，出版我

国第一部单独成编立卷的生态类综合性百科全书。七是深入推进生态文明体制改革。省委生态文明体制改革专项小组 2020 年计划完成改革事项 28项，已完成 17 项，剩余 11 项中有 10 项等待中央政策出台，正在推进 1 项。开展全面深化改革"回头看"总结评估和专项督察，跟踪督导改革事项落地。八是大力推进生态文明建设示范区创建。华坪县、大姚县被命名为第四批"绿水青山就是金山银山"实践创新基地，楚雄州、怒江州、昌宁县被命名为第四批国家生态文明建设示范市县。目前，云南省有 10 个国家生态文明建设示范市县、5 个"绿水青山就是金山银山"实践创新基地。

【统筹推进重点工作】 全面做好省委、省政府部署的其他重点工作。一是全力做好新型冠状病毒感染疫情防控。加强医疗废物处置、医疗污水、城镇污水、集中式饮用水水源地、核与辐射等环境监管，加强生态环境应急监测。制定全省生态环境系统应对疫情影响支持服务全省经济社会发展的若干措施，从实施环评审批特殊措施、积极支持相关企业正常生产等方面提出 17 条具体措施，统筹推进疫情防控与经济社会发展工作。二是持续推进脱贫攻坚。从项目、资金支持和生态环保行业指导等方面做好脱贫攻坚工作，扎实抓好农村环境综合整治、农村饮用水水源保护、"挂包帮"定点帮扶等工作，被定点帮扶的云龙县表彰为"优秀扶贫'挂包帮'单位"。2020 年，用于贫困地区生态环境治理资金共 8.95 亿元。三是加强对意识形态的领导。修订《厅党组意识形态工作责任制实施细则》，制定实施 2020 年意识形态工作要点，加强意识形态阵地管理，加强网络舆情监测及应对，召开 10 场例行新闻发布会。四是扎实抓好国家安全和平安建设工作。结合职责推进经济安全、生态安全、生物安全各项工作。印发实施《云南省生态环境领域涉黑涉恶突出问题专项整治实施方案》，省扫黑办、生态环境部扫黑办转办的 8 件生态环境领域"三书一函"案件均已办结。制定实施《2020 年云南省生态环境领域风险研判及防范应对措施》，加强"邻避"问题防范与化解，每季度召开涉滇生态环境保护舆情

预防分析研判会商会。五是大力推进法治建设。厅党组理论学习、中心组集中学习、专题学习习近平法治思想和中央全面依法治国工作会议精神，深入学习宣传《民法典》，组织开展"12·4"宪法日宪法宣誓等普法活动。推进《云南省生态环境保护条例》《云南省土壤污染防治条例》等立法工作。六是深入抓好安全生产工作。持续排查整治生态环境安全隐患，推进长江经济带尾矿库污染防治，开展危险废物专项整治三年行动，做好废弃危险化学品管理，积极应对突发环境事件。七是强化保密机要和网络安全。制定《厅密码电报使用和管理制度》《普通密码安全保密管理制度》举办年度国家安全及保密教育，开展4次计算机及网络保密安全检查，加强全省生态环境系统网络安全建设。全年无失泄密事件和网络安全事件发生，在省国家保密局组织的实地考核中被评为优秀。

（撰稿：办公室）

财务、科技与产业

【工作综述】 2020年，在厅党组领导下，厅有关处室、部门支持配合下，科技与财务处认真履行职责，严格审核把关各项经济业务，较好地完成了各项工作任务。

【资金保障】 以保障全省环保系统正常运转和发展的资金保障为核心，科技与财务处密切关注由生态环境部管理的专项资金支持方向，提前谋划储备项目，指导州（市）开展项目前期工作，在认真做好项目储备的同时，积极向生态环境部汇报云南省生态环境保护工作中存在的困难和问题，争取国家给予支持。受新型冠状病毒感染疫情影响，省人民代表大会推迟召开，在人民代表大会召开前，省级环境保护专项资金一直未能下达，科技与财务处通过积极沟通、协调省财政厅，在相关业务处室的配合下，圆满完成2020年中央和省级环保专项资金下达工作，有效推动了云南省环境保护及污染防治工作。下达2020年度中央水污染防治专项资金6.83亿元、土壤污染防治专项资金2.82亿元、农村环境整治资金2.13亿元、大气污染防治专项资金2700万元，2020年，省级环境保护专项资金（竞争立项）2.21亿元。

【确保垂改管理体制高效运行】 积极配合完成垂改工作，确保上划机构和人员队伍稳定。根据《云南省生态环境机构监测监察执法垂直管理制度改革实施方案》，将州（市）生态环境监测机构调整为省生态环境厅驻州（市）生态环境监测机构，经省环保机构监测监察执法垂直管理改革领导小组研究确定省驻州（市）生态环境监测站为省生态环境厅二级预算单位，2020年1月1日起纳入省财政统一管理，按国库管理制度拨付资金。省生态环境厅向省人社厅提出核定划拨人员工资申请，暂未得到批复，故财政一直未下达资金。为确保上划机构和人员能够正常开展工作和上划队伍的稳定，科技与财务处多次与省财政厅各处室电话沟通协调、上报请示，在春节前保证人员工资发放。在未得到编办批复前，按月上报财政厅申请提前拨付人员支出及公用经费，确保2020年按照新的垂改管理体制高效运行和国家明确省生态环境厅监测任务的完成。

【政府采购】 完善政府采购工作制度，突出政府采购程序，明确责任主体。拟订的《云南省生态环境厅政府采购管理办法》已完成征求意见和合法性审查。项目采购完成情况：截至11月30日，厅机关和所属单位共发布招标公告75个，厅机关厅发布招标公告31个，下属单位发布采购公告44个，共签订采购合同86份。年度预算政府采购资金11577.05万元，中央资金用于政府采购2818.97万元，实际支出资金14208.71万元，结余资金217.31万元，比近几年完成任务时间提前了2个月，为预算执行进度考核奠定了基础。全力推进预算执行。为切实加快预算执行进度，科技与财务处采取了多种措施提高预算执行率：为加快预算下达，2020年，因为新型冠状病毒感染疫情影响，预算资金下达较晚，3月部门预算批复后，第一批资金立即下达各单位；建立预算执行分析月报制度，每月初5个工作日内通报上月预算执行情况以及本月预计支出进度；针对执行较慢的单位，不定期下发通知，督促相应单位拟出加快预算执行进度的措施和计划，同时，加快已下达项目资金的政府采购执行，确保已下达项目在6月以内完成政府采购相关手续；7月开始，由处长和财务人员按月进驻各直属单位进行实地指导，针对各单位实际情况，提出不同解决措施，压实责任，确保形成支出；9月开始，对执行进度实行按日统计、按日分析，督促各单位加快支出，避免资金被收回，为2021年度预算安排资金打下良好的基础。

【全面推进长江生态环境保护修复驻点跟踪研究】 为贯彻习近平总书记在深入推动长江经济带发展座谈会上的重要讲话精神，加强长江生态保护修复工作，创新科研组织实施机制，促进科学研究与地方管理深度融合，生态环境部下发《关于开展长江生态环境保护修复驻点跟踪研究工作的通知》（环科财函〔2018〕206号），制定了《长江生态环境保护修复驻点跟踪研究工作方案》（以下简称《工作方案》）。2019年3月，昆明市政府主持召开昆明市开展长江生态环境保护修复驻点跟踪研究启动会以来，经市政府常务会研究同意，由昆明市生态环境局印发了《关于印发昆明市开展长江生态环境保护修复驻点跟踪研究工作方案的通知》（昆生环通〔2019〕122号），成立了以分管副市长为组长，市政府分管副秘书长、市财政局、市生态环境局、市滇池管理局、市水务局、滇投公司主要领导为成员的昆明市长江生态环境保护修复驻点跟踪研究领导小组并下设办公室。《长江生态环境保护修复驻点跟踪研究任务书》和《工作方案》通过了长江生态环境保护修复联合研究管理办公室组织的专家审核，确定开展5个课题研究，各研究项目正在有序推进中。一是滇池流域水质目标管理和总量控制优化方案研究。该项目通过开展湖体水质水动力的加密监测，构建完成滇池流域陆域-水体水环境数值模拟模型，核算滇池水环境容量，量化各入湖河流对滇池湖体各国控断面水质的贡献量，根据河湖水质响应关系提出主要入湖河流水质控制目标，并在此基础上提出入湖河流污染控制方案，构建流域水质目标管理系统。二是螳螂川—普渡河流域

总磷控制方案研究。针对螳螂川—普渡河总磷超标导致断面水质不达标的问题，对污染物来源进行解析，在此基础上提出有针对性的对策方案，为确保螳螂川—普渡河水质全面稳定达标，工作组提出了"滇池流域与螳螂川—普渡河流域上下游协同治理"的治理思路，围绕该思路制定了《螳螂川—普渡河水质提升方案》，该研究方案已经完成初稿编制，提交到昆明市政府。三是昆明市主城排水系统联动增效决策支持系统研究。昆明市主城排水系统联动增效决策支持系统研究项目针对昆明主城东片区、南片区排水系统现状，存在的水量分配不均匀、合流制溢流污染等问题，以提升排水系统运行效能为目标，综合运用监测与模型的分析手段，开展了排水系统现状运行分析评估，为提升排水系统的效能和排水系统工程决策提供了依据，制订了优化策略并提出工程改造设计方案建议。按照昆明市政府对昆明滇投公司工作任务的要求，滇投公司于2019年11月29日在昆明组织了该项目的专家验收会。四是编制昆明市《滇池保护规划（2018—2035年）》。《滇池保护规划（2018—2035年）》的主要研究内容是：明确和落实滇池保护近远期的水质目标；研究滇池流域用地、人口、滇池水质的变化历程，总结滇池治理历程及经验，分析滇池流域主要入湖河道水质变化情况；分析滇池流域现状污染负荷来源，提出滇池流域污染负荷控制目标。目前，编制完成《滇池保护规划（2018—2035年）》初稿，并组织专家进行了论证，正结合专家意见进行修改完善。五是滇池水体pH超标原因及控制策略研究。滇池属于高原浅水湖泊，水体pH受多种因素影响。由于滇池独特的地理位置和地质背景，滇池表现出高原湖泊偏碱性水体特征，滇池存在pH自然背景值偏高的问题。蓝藻的爆发与堆积是滇池水体pH超标的重要生物驱动因素，而光照、水温等外部环境因素可通过影响生物活动来对水体pH产生影响，是滇池水体碱化的间接因素。工作组结合研究结果分析，探索未来滇池pH变化趋势，并针对pH超标现状提出具有可实施性的管控措施及策略。

大理州牵头单位上海交通大学和中国环境科学研究院按照"边研究，边产出，边应用，边反

馈，边完善"的驻点研究工作要求，大理州多次组织召开工作协调会，并组织各驻点单位研究人员完善了驻点工作方案，以完成"一套清单、一个报告、一个综合解决方案、一套数据和一套项目库清单"为基础，围绕大理州的洱海水生态与局部生境修复技术、洱海典型湖湾藻华控制与生境恢复、洱海流域主要农业区面源污染控制、洱海流域库塘湿地提质增效及体系、洱海流域生态环境综合解决方案等方向开展针对性研究。各驻点单位组织形成了数十人的现场研究团队，长期于现场跟踪分析大理州生态环境问题，积极参与大理州环境问题诊断分析会议，利用跟踪监测和研究结果为大理州环保部门建言献策。

【开展水专项第三方评估自评价和科技成果凝练】 为全面总结和客观评估水专项实施以来取得的成绩和成效，国家水专项办委托国务院发展研究中心组织开展"十二五"水专项整体实施成效第三方评估工作。自评估主要包括科技创新水平、科技能力提升、水质改善、水生态改善、信息化水平、生态环境标准制定和对国家重大决策支撑贡献等方面。根据国家要求，积极组织滇池与洱海流域课题单位认真开展自评工作，全面总结水专项开展以来各阶段解决的流域突出问题，主要产出成果和取得的效果。各课题单位认真进行总结，并按时上报。

【积极推进环保科研项目申请】 支持直属单位向省科技厅申报环境科研项目，"云南典型生态区生态保护与修复技术研究与应用示范"纳入省科技厅重点研发项目，项目于 2020 年获得省科技厅资金 1060 万元支持。另外，还得到省科技厅云南省高原湖泊流域污染过程与管理重点实验室2020 年运行补助经费 70 万元。

【环保科普】 根据《云南省全民科学素质行动计划纲要实施方案（2016—2020 年）》，结合省生态环境科学研究院科普基地的特点，按照"完善基地设施、丰富科普内容、提升科普能力、扩大基地影响"的思路，大力做好打基础工作，对照国家环保科普基地建设标准和要求，从基地

特点和科普实际需求出发，固强补弱抓好基地软硬件建设。共投入建设、养护资金近 200 万元，建设院史室 1 个，更新大型科普宣传橱窗 3 次 36块，制作宣传册 2500 本、文化帽（伞）800 套，调整优化了植物标本室和植物培育温室，更新丰富了植物品种介绍及手段，对林间杂草进行了清理，对植物室外养殖区步道系统进行了优化，对灌溉及消防系统进行了提升，使科普基础条件得到较大改善。每年 6 月 5 日前后举办世界环境日公众开放活动，活动期间共吸引了来自学校、社区的 2000 余名环保热心公众参与。每年还组织参加年度世界环境日启动仪式和环保书画展。另外，接受社会预约，共先后接待了社会组织、驻地社区、学校师生员工参观 1000 余人，到院本部和花红洞基地开展生态文明教育学习，重点开展生物多样性建设情况科普，并参观基地环保科普教育长廊，引导公众与大自然和谐相处。

西双版纳原始森林公园结合自身实际，认真策划 2020 年科普宣传活动，一是发放《西双版纳国家重点保护鸟类》《鼷鹿保护》等科普资料 1000余份。二是以热带雨林科学体验馆项目带动科普宣传。热带雨林科学体验馆是国内第一家以热带雨林为背景、以湄公河为主题的水族馆，是亚洲最大的一座淡水鱼水族馆，主要以展示澜沧江-湄公河流域的土著鱼类和澜-湄流域自然风光为主题，项目投资 1.4 亿元。馆内展示物种主要有农业农村部审批的长江所中华鲟 1 种 30 尾，宜宾引进的长江鲟等物种 11 种 123 尾，泰国引进物种鱼类 7 种 95 尾，本地土著鱼 43 种 1200 尾，本地两栖爬行 30 种 62 尾（只、条）。馆内功能区主要设置包括：入口瀑布景观、生命的起源（声光电）、湄公河流域鱼类模型及科普墙、水底隧道、傣族文化和物品科技厅、澜沧江流域土著精品鱼类展示区、湄公河流域中大型鱼类展示区、球幕影院、声光电互动游乐设施等，该项目自运营以来，对科普宣传教育、生态保护宣传等方面发挥了重要作用。

省生态环境厅还积极配合省发改委开展全国节能宣传周和全国低碳日活动；与省科协、教育厅、民宗委联合开展云南省"大手拉小手——科技传播行动"科普报告活动；配合省科协等部门

联合举办云南省青少年科技创新大赛和云南省全国科普日活动。通过活动的开展，提高了公众环境保护意识，提升了科普基地社会知名度和影响力。对提高公众了解科学、运用科学发挥了促进作用，同时，对激发公众浓厚的科学兴趣与创造潜能也具有现实意义。

【工业企业清洁生产】 云南省工业企业强制性清洁生产审核工作，方案评估和清洁生产成果验收按照国家发改委和生态环境部第 38 号令，已下放州（市）生态环境部门负责，省厅主要开展指导和培训及抽查工作。2020 年 11 月，与省发改委联发《关于深入推进重点行业清洁生产审核工作的通知》，规范云南省强制性清洁生产审核工作的管理，保证强制性清洁生产审核技术工作的质量，不断提高云南省的清洁生产审核水平。

【项目管理】 一是建立省级环保专项资金项目审查专家库。为规范省级环保专项资金项目管理，做好省级环保专项资金项目审查工作，进一步提高省级环保专项资金项目申报质量，通过向有关单位征集专家，成立了省级环保专项资金项目审查专家库，专门服务于省级环保专项资金项目审查工作。二是推进省级环保专项资金（省对下）竞争立项工作。为进一步规范省级环保专项资金竞争立项工作流程，构建公开、公平、公正、透明的竞争立项工作模式，省生态环境厅联合省财政厅印发了《2020 年省级环保专项资金（省对下）竞争立项工作方案》，制定和完善了科学、合理的评分体系，在以往专家评审的基础上，增加了预算财务管理专家评审的方式，首次设置了评分公示及答疑环节，每个环节的得分、总分、扣分的原因等内容省厅都进行了公示，接受州（市）的质疑。如果质疑的理由充分，省厅就会进行复评，根据项目的得分来排序和综合评价提出资金安排计划。整个工作的科学性、公平性、合理性得到了提升。基础导向、质量导向在今年的省级对下项目安排中得到了很好体现。三是深入开展环保项目调研帮扶工作。针对云南省环保资金项目实施过程中的具体问题，特别是审计和国家指出的问题。为进一步提高环保项目实施效益，省

生态环境厅以 2019 年、2020 年生态环境资金和项目为重点，结合 2019 年以来各类审计和监督检查反馈的问题，突出资金到位、项目实施进度、存在问题、下步整改落实及推进措施等内容，及时安排了调研帮扶，通过各州（市）自查、调研和省级帮扶，汇总相关问题后督促整改。四是高效完成 2019 年中央环保专项资金绩效评价工作。通过根据《云南省中央水污染防治专项资金绩效管理办法》和《云南省中央土壤污染防治专项资金绩效管理办法》，省生态环境厅联合省财政厅制定了《云南省 2019 年中央环保专项资金绩效评价工作方案》，通过委托第三方机构的方式，成立了绩效评价工作组，于 2020 年 5 月 22 日至 6 月 30 日，对 2019 年中央环保专项资金项目开展了绩效评价工作，涉及评价项目 285 个、资金 19.07 亿元，编制完成《云南省 2019 年中央环保专项资金（省本级项目）绩效评价报告》《云南省 2019 年中央环保专项资金（水污染防治省对下项目）绩效评价报告》《云南省 2019 年中央环保专项资金（土壤污染防治省对下项目）绩效评价报告》，并印发各单位和州（市），同时督促开展整改落实工作。五是顺利完成 2019 年省级环保专项资金绩效自评工作。根据省财政厅《关于开展 2019 年度省级部门整体预算和项目预算自评的通知》要求，省生态环境厅于 2020 年 3 月 25 日至 4 月 30 日对 2019 年省级环保专项资金项目进行绩效自评，涉及项目 131 个、资金 5.645 亿元，编制完成《部门整体支出绩效自评报告》《省级环保专项资金省本级项目自评报告》《省级环保专项资金对下转移支付项目自评报告》《湖泊保护治理专项资金绩效自评报告》，并报送省财政厅。

【审计工作】 生态环境保护作为国家治理的重要任务，已成为审计及各类监督检查的重点领域，2020 年，科技与财务处积极协调各有关单位，从以下几方面配合顺利完成相关工作：一是配合审计署昆明特派办做好 2020 年一至三季度云南省贯彻落实国家重大政策措施情况对省生态环境厅的审计工作，谨慎对待发现问题，及时汇报审计情况，并根据审计报告反馈内容及省政府交办的整改事项，及时分解任务，督促落实整改，并汇

总形成整改报告报省政府办公厅。目前，正在配合审计署开展生态环保资金专项审计。二是配合省审计厅完成 2019 年度预算执行和其他财政财务收支及决算草案编制情况审计，并督促指导有关单位推进整改。审计报告指出省生态环境厅机关及直属单位存在 10 个问题，其中，8 个已完全整改，2 个未完全整改的问题，涉及历史遗留问题，有一定整改难度，现由科技与财务处协调省财政厅、省机关事务管理局等单位处理，近期将能完全整改。三是配合省审计厅开展厅主要领导的双责审计。省审计厅于 5—8 月对厅主要领导 2017—2020 年任职期间履行自然资源监管责任及经济责任情况进行审计，科技与财务处积极配合，协调各处室及直属单位完成审计进点会召开、办公后勤保障、审计需求资料调度、取证单回复等工作。预计审计组将于 11 月返回省生态环境厅进行审计报告的征求意见。四是持续督促有关州（市）进行 2019 年中央生态环保专项资金项目检查发现问题整改，以及科财司的整改要求，根据 6 月 11 日整改会商会议精神，逐条形成具体整改意见印发有关单位；于 7 月汇总业务处室审核意见后形成整改报告报生态环境部；于 8 月完善后续整改调度要求印发有关单位；按照州（市）上报后续整改情况及业务处室审核意见，于 9 月形成后续整改情况报送生态环境部。五是开展内部审计工作。根据厅党组决定，于今年 10 月聘请中介机构对省环科院、信息中心、宣教中心 3 个直属单位主要领导进行经济责任离任审计。目前，已形成审计报告初稿。

【扶贫工作】　落实《云南省环境保护厅关于贯彻落实打赢脱贫攻坚战三年行动实施意见的方案》，通过以下两个方面工作推进脱贫攻坚：一是加强资金分配管理，聚焦深度贫困地区。支持推动全省 88 个贫困县行业扶贫，开展农村污水治理，提升贫困地区人居环境质量。2020 年，云南省获得农村环境整治资金 24488 万元，其中，20218 万元用于补助贫困县，占比约达 82.56%，4270 万元用于补助深度贫困县。二是开展贫困地区农村污水综合治理，以流域横向生态补偿试点推动地区扶贫工作。通过开展流域生态补偿试点工作，将补偿资金植入贫困地区用于农村污水治理，加大贫困地区的脱贫攻坚。

【完成迪庆州生态环境建设工作总结】　根据省委工作领导小组和生态环境部要求，为全面总结迪庆州生态环境建设取得的成绩和存在的困难与问题，需要国家和省支持的需求方向等，到迪庆州开展调研，并结合有关厅局和机关有关处室提供生态建设相关材料，上报省委和生态环境部关于迪庆州生态建设有关情况的总结报告。分别从迪庆州基本情况、生态安全屏障建设、生态环境治理能力建设、生态振兴发展能力建设、存在的困难和意见与建议等方面进行全面总结，为国家和省加大对迪庆州的扶持与支持提供了支撑材料。

【存在问题】　一是在中央土壤资金 2019 年度检查发现问题整改过程中，存在部分地区整改重视度不够、紧迫感不强、工作不严不实、整改缺乏针对性的问题。二是在审计厅进行"双责"审计过程中，存在部分单位配合不顺畅、资料提交时间较晚、沟通困难等问题。三是项目管理方面。（一）项目管理责任没有压实。各州（市）财务部门和业务部门的管理职责划分不够清晰、业务部门项目监管责任没有压实。（二）项目管理的程序不规范。有的州（市）生态环境部门对上级相关文件精神落实不到位，随意调整、变更项目，有的历经多次变更后仍然存在问题。（三）申报项目质量不高。项目单位或编制单位对项目的调研不深入，基础情况不清楚，导致项目和实际工作结合不紧密；有些地方报的项目太大，财政资金支持难以全覆盖，影响了项目启动；有的项目申报资金无法支撑绩效目标，出现"小马拉大车"的现象。（四）绩效填报不规范、不及时。部分生态环境部门不重视绩效填报工作，未按要求在省级项目库内填报项目绩效信息，且绩效填报的质量也不满足要求。（五）项目推进缓慢，资金执行率不高。部分项目前期准备等基础工作不够扎实，导致资金下达后项目不能按计划实施，资金长期滞留。

【下一步工作计划】 一是加强工作统筹。根据年度工作计划，把各项工作有机地结合起来，厘清工作思路，加强部门协调，提高工作实效。积极加强云南省科技创新与研发能力，提高科技对环境保护的支撑作用；抓好环境科学技术成果的推广运用，鼓励有条件的地方创建环保科普基地；不断推进企业强制性清洁生产，规范清洁生产审核行为，强化清洁生产在行业节能减排和产业升级中的促进作用；总之，未来将进一步解放思想，求真务实，工作中勤于思考，努力做到工作想到前头，做到"有的放矢"，开创工作新局面。二是进一步加强与厅办公室协调沟通，做好需求资料通知、取证单转办、审计报告反馈工作。三是与有关处室配合做好2019年度资金检查发现问题的整改督促工作，按要求及时报送整改情况报告。四是根据内部审计及2019年财务内控检查发现问题，督促有关直属单位进行整改，指导直属单位加强内控建设指导。五是认真总结发现问题，进一步严格环保专项资金项目管理，统筹指导机关和直属单位预算、财务、基本建设、政府采购和内部审计工作。

（撰稿：科技与财务处）

【云南省环境科学研究院】 2020年，在厅党组的正确领导下，在厅各处室的大力支持下，坚持以习近平新时代中国特色社会主义思想为指导，深入学习贯彻党的十九届四中、五中全会精神和习近平生态文明思想，全面贯彻省委、省政府和省环境厅年度有关工作部署，以党的政治建设为统领，全面加强党的思想、组织、作风、纪律和制度建设，围绕中心，服务大局，积极主动做好疫情防控常态形势下的环保科研、服务支撑工作，全院上下齐心协力、努力工作，年度工作任务稳步推进、成效显著。

党委工作概述。深入学习贯彻习近平新时代中国特色社会主义思想、生态文明建设论述，深刻领会习近平总书记考察云南重要讲话精神，全面贯彻落实全国环保工作会议、全省生态环境局长会议部署，党建工作完成全面部署，党风廉政建设全面加强，理论学习中心组制度严格落实，基层党组织党务工作检查、督查、讲评实现常态化，支部规范化建设水平得到有效提升。党委向心力、凝聚力和党支部战斗力得到强化，党员干部形象作风得到进一步改善，全院党的思想、组织、作风、反腐倡廉和制度建设得到全面加强。为圆满完成年度工作任务提供了坚强的思想保证和有力的精神支持。

密切关注事业单位改革动向。院成立了改革工作领导小组，认真研究相关政策，周密布局改革前期准备，为保证改革工作顺利进行，科学制订了针对性调研方案，分别由厅、院领导带队，赴华东、华南、西南有关省（区、市）及省内有关单位，就事业单位改革工作开展调研，并完成院"十四五"发展规划编制，为未来事业单位改革推进和发展提供了借鉴，指明了方向。

统筹推进院年度重点工作。牢记"支撑、科研、服务"职能，落实"主动、精准、高效"要求，紧盯"国内一流、业内领先、省内引领"院建目标，围绕"六个着力"工作主线，以更有效的自我提升，更主动地探索开拓，紧跟形势，把握机遇，发挥优势，开拓创新，致力于为政府环境管理决策提供有力支撑。完成对厅管理决策支撑服务和各项科研、咨询业务180余项；助力地方环保事业发展，先后与楚雄、晋宁、云龙等县市及云投集团、中建三局西南公司、重庆大学产研院等国有企业、高校开展战略合作，深化生态文明建设、污染防治攻坚战等方面的重大课题研究。认真组织以云南省小流域有色采选土壤和底泥重金属污染整体风险管控技术与案例验证项目为代表的年度中央环保专项、省环保专项、省科技厅重大科技专项在研项目执行，项目进度与资金执行率得到有效保障。积极开拓应对气候变化、低碳发展、污染损害鉴定评估、环境健康、生态补偿等新型业务领域，发展势头良好。积极参与并有力支持全国第二次污染源普查云南行动，成绩得到上级肯定与认可。一是为云南省"十四五"生态环境保护规划编制提供强有力支撑。参与了12个前期研究和水、土、应对气候变化3个重点专项规划编制；配合省厅编制印发了《规划编制工作方案》；完成了省委"十四五"规划调研报告、云南省成为生态文明建设排头兵差距分析等多个报告；支撑完成了"十四五"规划前期研究课题和规划编制工作。二是积极做好 COP15 相关支撑。按照 COP15 大会省厅相关工作部署和安排，2020 年 5 月 22 日，正式发布全国首部生物多样性方面的白皮书《云南的生物多样性》；协助起草了《云南生物多样性观览初步工作方案》《云南形象与云南生物多样性示范框架方案》。三是全面支撑"十三五"污染防治攻坚战总结考核。协助完成了《中共云南省委　云南省人民政府关于2019 年度污染防治攻坚战工作情况的报告》《中共云南省委、云南省人民政府关于 2019 年度污染防治攻坚战成效考核自评情况的报告》等重要文件的起草，制定了《云南省污染防治攻坚战成效考核实施方案》及配套《云南省 2019 年度污染防治攻坚战成效考核指标评分细则》，设计了覆盖"三大保卫战""8 个标志性战役"关键指标的年终调度表，并启动调度工作。

加强科研平台能力建设。积极推进云南省高原湖泊流域污染过程与管理重点实验室、云南省重金属污染控制工程技术研究中心建设；洱海研究中心面对面研究服务支撑工作有力有效；异龙湖研究工作站挂牌成立；程海水环境保护与生态系统研究工作站申报省科技厅野外工作进展顺利。院智库建设机制得到进一步完善，工作成效和决策支持能力得到进一步提升，成果出口和推广得到应用进一步优化。成功举办年度智库论坛，取得丰硕成果，业内影响力和话语权得到了进一步提升。加大办公条件和基础设施的投入力度，云南省重金属污染控制研究中心、环境分析测试中心实验室完成改造改善和维修，信息管理网上签批系统建成投入运行；对外宣传窗口发挥作用，院发展纪实纪录片完成拍摄，40 多年发展成果作了全面沉淀；"中国昆明高原湖泊国际研究中心"项目建设可研报批稳步推进。

（撰稿：唐　诚）

政策与规划

【生态环境规划】　印发《云南省生态环境厅关于做好"十四五"生态环境保护专项规划前期工作的通知》和《云南省生态环境厅关于开展"十四五"生态环境保护规划前期研究工作的通知》，确定研究专题，召开智库专家征询研讨会，有序推动生态环境"十四五"规划前期研究工作。积极参与全省重大战略规划编制工作，主持《云南省国民经济和社会发展第十四个五年规划》"争当生态文明建设排头兵"篇章的编撰，协调确定"十四五"国民经济和社会发展规划相关指标，积极配合各有关厅局对全省各类综合性、区域性规划的生态环境保护部分进行审核。

【污染防治攻坚战】　云南省全面落实党中央、国务院关于污染防治攻坚战的决策部署，针对云南"亮点是气、焦点是水、难点是土"的实际，举全省之力打好蓝天、碧水、净土"三大保卫战"和九大高原湖泊保护治理、以长江为重点的六大水系保护修复等"8 个标志性战役"。经过不懈努力，污染防治攻坚战取得阶段性成果，完成既定目标任务，生态环境质量得到明显改善，人民群众的生活环境获得感、幸福感显著增强，厚植了全面建成小康社会的绿色底色和质量成色。一是坚决打赢蓝天保卫战。调整优化产业结构、能源结构、运输结构，加强扬尘污染防治和秸秆综合利用。二是着力打好碧水保卫战。以革命性举措推进九大高原湖泊保护治理，大力推进以长江为重点的六大水系保护修复，积极推进饮用水水源地保护，切实推进城市黑臭水体治理，扎实推进农业农村污染治理。三是扎实推进净土保卫战。推进土壤污染状况详查，完成 274 家涉镉等重金属重点行业企业整治任务，加强土壤污染管控和修复，推进固体废物污染治理。四是加强生态保护修复。全面开展国土山川"大绿化"，加强生态系统保护，强化生物多样性保护，积极开展生态文明示范创建。

【总量减排】　2020 年，国家下达云南省主要污染物总量减排指标四项：化学需氧量、氨氮、氮氧化物、二氧化硫。云南省坚持问题导向，采取有力措施，逐级压实责任，强化监督问责，推动主要污染物总量减排各项工作开展。水主要污染物总量减排方面，持续推进《水污染防治行动计划》，扎实开展劣 Ⅴ 类国控省控断面、黑臭水体、工业园区污水处理设施、入河排污口、饮用水水源地保护等专项整治行动，强化城镇污水处理提质增效，加强农业农村污染防治等。大气主要污染物总量减排方面，深入打好蓝天保卫战，不断调整优化产业结构，推进产业绿色发展；加快调整能源结构，构建清洁低碳高效能源体系；积极调整运输结构，发展绿色交通体系等。根据生态环境部审核结果，四项主要污染物总量减排指标（二氧化硫、氮氧化物、化学需氧量、氨氮）全部完成国家下达任务。

【生态环境统计】 组织完成 2019 年度排放源统计年报、2020 年度排放源统计季报和 2019 年度环境管理统计调查工作。指导各州（市）完成 2021 年重点排污单位名录更新，对重点排污单位名录进行信息公开。完成 2016—2019 年污染源统计数据省级数据更新。向省统计局等部门提供绿色发展、资源环境和应对气候变化等统计报表数据。印发《防范生态环境统计造假、弄虚作假相关文件精神传达学习工作方案》，组织学习防范生态环境统计造假、弄虚作假相关文件精神，按照《关于防范生态环境统计造假、弄虚作假有关责任的规定（试行）》明确省级责任人员名单。

（撰稿：综合处）

法规与标准

【工作综述】 2020 年，是打赢污染防治攻坚战的决胜之年，法规与标准处在云南省生态环境厅党组的高度重视和坚强领导下，以习近平新时代中国特色社会主义思想和党的十九大精神为指导，全面贯彻落实习近平生态文明思想和法治思想，按照全国生态环境保护工作会议和全省生态环境局长会议的部署和要求，紧紧围绕改善云南省生态环境质量，坚决打好污染防治攻坚战，把云南建设成为中国最美丽省份的核心任务，切实抓好思想政治建设和党风廉政建设，扎实推进各项业务工作。"七五"普法规划总结验收圆满完成，生态环境损害赔偿制度改革工作稳步推进，生态环境法治建设不断深化，云南省生态环境地方性法规立法步伐加快，生态环境标准体系建设明确方向，行政复议应诉工作依法依规，合法性审查工作持续推进。

【圆满完成"七五"普法验收工作】 2020 年，是"七五"普法规划收官之年，根据中共云南省委宣传部等部门要求，积极准备迎检工作，梳理总结形成"七五"普法规划总结验收自检自查报告；全面收集整理"七五"普法工作台账，圆满完成了"七五"普法规划总结验收工作。强化 2020 年度普法工作。制定印发了《云南省生态环境厅 2020 年普法和法治宣传工作方案》，明确了 2020 年普法和法治宣传工作的主要任务、责任分工及工作要求。与省法学会联合打造澄江法治宣传工作示范点，挂牌成立"澄江市抚仙湖保护法律服务站"，组织律师成立了"抚仙湖保护法律服务团"，开展了青年普法志愿者法治文化澄江行暨世界环境日法治宣传活动，通过形式多样的环境法治宣传，不断提高广大群众的遵法、守法意识。认真开展好普法宣传"六进"活动。对能投集团 100 余家下级公司进行了"企业生态环境保护法律法规及规章制度解读"专题授课，对 138 家民营企业负责人进行了生态环境保护相关法律法规解读，增强了企业生态环境保护责任意识和依法防治意识。汇编印刷并发放《生态环境工作实用手册》2000 余册，既为各级生态环境行政执法人员依法行政、依法执法提供了理论"武器"，也方便了各单位对生态环境领域法律法规的使用学习。

【全力推进生态环境损害赔偿制度改革落地】 制定指导意见，作出明确要求。印发《关于进一步做好 2020 年生态环境损害赔偿制度改革工作的指导意见》，对云南省 2020 年生态环境损害赔偿制度改革工作提出要求。加强培训，提升工作能力和水平。组织省高院、省检察院、省公安厅及各州（市）工作负责人参加国家 2020 年度生态环境损害赔偿制度改革培训班，提升了工作水平和能力。不断完善关键配套制度，推动落实改革各项工作任务。立足生态环境系统工作实际，省生态环境厅起草了《云南省生态环境系统生态环境损害赔偿工作管理办法》《云南省生态环境损害赔偿案卷评查办法》《云南省生态环境损害赔偿典型案例通报办法》等，对规范工作流程、加强案卷归档管理以及建立案卷评查和典型案例通报机制等提出进一步工作要求。加强生态环境损害鉴定评估能力建设，为案例实践提供技术保障。会同省司法厅共同开展了生态环境损害司法鉴定登记评审专家库人员重新遴选工作，更新完善云南省生态环境损害鉴定评审专家库，吸收高资质、高水平人才进入鉴定队伍，强化损害鉴定评估能力，为生态环境损害鉴定评估提供技术保障，推动案件办理。案例实践取得成效，各地生态环境损害赔偿案例有序开展。临沧市办理的富友矿业有限责任公司生态环境损害赔偿案，案件程序完整，具有示范性，受到生态环境部通报表扬。昆明市办理的跨境倾倒烂菜叶环境污染生态环境损害赔偿案，在检察机关公诉案件审查起诉阶段与赔偿义务人协商达成赔偿协议，具有典型示范意义，被《中国环境报》作为典型案例进行了公开报道。

【全面统筹，抓好生态环境法治建设】 统筹开展2020年度依法治省和法治政府建设工作，印发省生态环境厅《2020年度全面依法治省工作方案》及《法治政府建设重点工作计划》。切实做好考评督察反馈意见整改，按照"问题导向、目标倒逼、责任到人、坚决整改"的原则，分别制订2019年度依法治省工作考评反馈问题及中央法治政府建设实地督察反馈意见的整改方案，明确了整改责任部门、责任人及整改时限；强调了工作要求，建立了整改销号制度，确保逐项整改见成效。积极有效推进行政执法"三项制度"落实。制定印发《云南省生态环境厅重大行政执法决定法制审核办法》，对重大行政许可、重大行政处罚、重大行政强制等重大行政执法决定的范围进行了明确，规定了法制审核的工作程序、办理时限及需要提交的材料等。按照程序对提交法规处的重大行政执法决定开展审核并出具法制审核意见，确保省生态环境厅作出的重大行政执法决定合法适当，为决策提供法治保障。严格重大行政决策事项制定程序，印发《云南省生态环境厅重大行政决策事项标准》，明确了省生态环境厅重大

行政决定事项的范围，进一步完善依法行政、民主决策机制，提高重大行政执法决定质量和效率。

【推动完善最严密的法制体系】 聚焦打好污染防治攻坚战，科学编制立法计划，使《云南省生态环境保护条例》和《云南省土壤污染防治条例》双双列入省政府2020年立法计划行列。其中，《云南省生态环境保护条例》历经5轮征求意见，数易其稿，最终敲定初稿；顺利推动《云南省土壤污染防治条例》进入立法审查程序；配合开展了《云南省饮用水水源地保护条例》的立法调研。全面开展地方性法规、规章清理。按要求两次对省生态环境厅牵头起草省人大审议通过并出台实施的各项生态环境保护领域的地方性法规和以省政府名义制定实施的各项生态环境保护领域的政府规章进行了全面清理，清理出4项地方性法规，对其中2项法规、1项规章提出修订建议，建议废止1项规章。

【理顺生态环境标准管理工作】 加强云南省环境问题研究，结合实际，制定并发布实施《云南省生态环境标准体系建设实施方案》，明确了下一步生态环境标准体系建设的主要任务。公开征集标准制（修）订项目建议。为充分掌握云南省地方生态环境标准制（修）订需求，在生态环境系统内征集标准制（修）订项目建议的同时，向社会公开征集标准制（修）订项目建议，为下一步地方生态环境标准的制（修）订打下了基础。

【不断推进环境健康工作】 严格履行健康云南行动推进委员会成员单位职责，配合省卫生健康委制定了《健康云南行动（2020—2030年）》，将贯彻落实《云南省打赢蓝天保卫战三年行动计划实施方案》《云南省水污染防治工作方案》《云南省土壤污染防治工作方案》，打赢水、气、土污染防治攻坚战相关工作目标与要求列入了健康环境促进行动篇章。贯彻落实好《健康云南行动（2020—2030年）》，对涉及省生态环境厅的"加强大气、水、土生态环境保护；加强环境污染对人群健康影响监测与评价；推进饮用水工程和安全基础设施建设；开展居民环境与健康素养宣传

调查"4项工作任务进行细化和分工，制定了《省生态环境厅关于贯彻落实健康环境促进行动工作方案》。根据 2020 年 1 月 17 日省中医药工作联席会议要求，结合省生态环境厅职能职责，按照《云南省贯彻落实〈中共中央 国务院关于促进中医药传承创新发展的意见〉政策起草工作方案》分工，就"强化中药材道地产区环境保护"提出了"加强土壤生态环境监管、严格环境污染执法、强化生物安全"三项措施，助力云南省道地中药材创新发展。为贯彻落实《云南省尘肺病防治攻坚行动实施方案》，遏制云南省尘肺病发生，保障劳动者职业健康权益，现就贯彻落实《云南省尘肺病防治攻坚行动实施方案》涉及省生态环境厅工作任务进行了细化，制定了《云南省生态环境厅关于印发落实尘肺病防治攻坚行动工作任务细化方案》，组织报送了 5 期工作进展情况。

【做好行政复议、行政应诉工作】 依法办理行政复议案件。2020 年度，共接到 2 起行政复议申请，分别是关于申请撤销大理州生态环境局行政处罚决定书和申请变更昆明市生态环境局行政处罚决定书的行政复议申请，目前已审查立案，制作了行政复议答复通知书，通知大理州和昆明市生态环境局提出书面答复。组织做好行政应诉工作。2020 年，办理了 1 起申请人何永东政府信息公开申请的答复意见行政复议案件，积极与督察办沟通，按期向生态环境部回复了行政复议答复书。

（撰稿：罗 洁）

生态环境保护督察

【工作综述】 2020 年，云南省以狠抓中央环境保护督察及"回头看"反馈问题整改为主线，统筹开展省级生态环境保护督察，同步完善省级督察制度体系，建立精细化调度和督促督办机制，持续抓好生态环境保护督察相关工作。深入推进第一轮省级环境保护督察反馈问题整改落实，督促指导州（市）做好省级督察"回头看"整改后续工作。为适应迎接中央生态环境保护督察进驻

和组织开展全省生态环境保护例行督察工作需要，建立了督察工作人选库。充分发挥好生态环境保护督察"利剑"作用，围绕污染防治攻坚战"8 大标志性战役"及其他重点领域，组织开展一批专项督察，助推打好打赢污染防治攻坚战。截至 2020 年 12 月，第一轮中央环境保护督察反馈的 4 个方面 52 个问题已全部完成整改。"回头看"及高原湖泊生态环境问题专项督察反馈的 58 个问题，已完成整改 51 项，剩下 7 项任务正在抓紧收尾；督察交办的 1998 件投诉举报问题，完成整改 1989 件，正在整改 9 件。

【中央生态环境保护督察】 2020 年，云南省环境保护督察工作领导小组办公室先后协调召开督察整改推进会 8 次，发出督办函 23 份，针对不同问题持续预警、提醒，强力推进督察反馈问题整改。一是全面推进"回头看"问题整改。针对自然保护地、高原湖泊环境治理、中小水电、有色金属等重点领域、重点行业和重点区域存在问题，组织召开整改工作推进会议，同时加大现场督察力度，督促指导重点问题加快整改。4 月 27 日，"回头看"整改情况报告经省委、省政府主要领导同意，在云南省"一台一网一报"向社会公开。二是对难点事项进行重点突破。针对抚仙湖九龙国际会议中心项目和拉市海省级自然保护区马场问题整改滞后、昆明市污泥处置项目整改进展缓慢、昭通市主城区垃圾焚烧发电项目主体工程进展滞后等问题，通过强化调度、现场盯办、重点督办等方式，督促加快整改。三是建立精细化调度机制。对 2020 年剩余整改任务倒排工期、挂账督办，由各州（市）政府制订时间进度计划表，将未完成的每项任务剩余工作量细化到每个月，进一步压实整改责任。四是大力推进群众投诉举报问题整改。对 2018 年中央督察"回头看"交办的 1998 件投诉举报问题，均逐一制订了整改方案并加快整改，对超期未完成整改的事项，进行全省通报。及时印发指导性文件，推进投诉举报问题整改验收。五是组织开展实地督查。由省委督查室、省政府督查室牵头，对昆明、昭通、红河、西双版纳、德宏、丽江、怒江和迪庆 8 个州（市）开展了环境保护实地督察，推动问题整

改落实。六是加大业务培训和信息公开力度。组织开展生态环境保护督察培训，安排专人到有关州（市）培训授课。召开新闻发布会，系统介绍全省环境保护督察工作情况和成效。"洱海保护治理""罗平锌电重金属污染治理"和"丽江拉市海问题整改"等正面典型案例，得到中央生态环境保护督察办公室认可。

【省级生态环境保护督察】　一是持续推进第一轮省级环境保护督察及"回头看"反馈问题整改。对第一轮省级环境保护督察反馈问题中超期未完成整改的事项向全省进行了通报，采取有效措施推动省级环境保护督察反馈问题中的难点事项整改落实。省级环境保护督察"回头看"报告报经省政府审批同意后，向州（市）进行了反馈，共反馈各类生态环境问题 284 个，同步移交生态环境损害责任追究案件 21 件。督察反馈主要内容在省级主要媒体和州（市）"一台一报一网"进行了公开。认真梳理第一轮省级环境保护督察及"回头看"反馈问题中应于 2020 年完成整改的剩余事项，并在全省生态环境局长会议上进行交办，有力促进问题整改。截至 2020 年 12 月，第一轮省级环境保护督察及"回头看"反馈的 1055 个整改事项，已完成整改 951 项，正在整改 104 项。二是制订印发 2020 年省级生态环境保护专项督察年度计划，3—4 月，组织对西双版纳、临沧、红河、文山等州（市）重点区域开展大气污染防治专项督察；6 月，对玉溪市星云湖、杞麓湖保护治理开展专项督察；9 月，对赤水河流域（云南段）生态环境保护情况开展专项督察。三是印发《云南省生态环境保护督察实施办法》，明确规定省生态环境保护督察实行例行督察及"回头看"、专项督察、日常督察 3 种方式，对各州（市）党委、政府、省级有关部门、省属国有企业开展常态化督察。配套出台《云南省生态环境保护督察工作规范》，在省级层面建立了省级生态环境保护督察制度。

（撰稿：杨繁松）

【区域督察第一办公室】　2020 年，建立督察工作制度，夯实督察基础，以州（市）为单元

将昆明、昭通、曲靖、文山 4 个州（市）督察任务分解落实到人，按周、月调度对应区域中央生态环境保护督察"回头看"反馈意见问题、长江经济带生态环境突出问题，建立整改信息数据库；通过预警、通报、约谈、督办、现场督察等方式统筹推进中央生态环境保护督察"回头看"问题整改、长江经济带移交生态环境突出问题整改和省级生态环境保护督察工作。截至 2020 年 12 月底，涉及对应区域中央生态环境保护督察"回头看"反馈问题整改 56 项，完成 54 项；涉及对应区域中央生态环境保护督察"回头看"交办投诉举报件 1252 件，完成 1249 件；涉及牵头的 2019 年长江经济带生态环境突出问题 6 个，完成整改 5 个，牵头的 2019 年金沙江流域生态环境警示片披露问题 2 个，完成整改 2 个。

开展 2019 年省级生态环境保护督察"回头看"及专项督察后续工作，分别对文山州、普洱市反馈了督察意见，共指出问题 85 条，移交了问责案件 8 件；于 2020 年 4 月组织对文山市开展大气污染专项督察，向文山州反馈督察意见 12 条，移交问责案件 1 件；于 2020 年 9 月开展赤水河流域（云南段）生态环境保护专项督察。年内出动人员 423 人次、现场抽查检查整改点位 218 个，对昆明市污泥处置问题整改滞后、昭通市垃圾焚烧项目推进慢下达了《督办函》，持续对重点、难点整改事项进行跟踪问效，压紧压实地方整改责任，倒逼整改有效落实。

（撰稿：刘建平）

【区域督察第二办公室】　2020 年，区域督察第二办公室（以下简称区域督察二办）根据《云南省落实中央环境保护督察总体方案》（云办发〔2016〕64 号）等要求，聚焦推动中央环保督察及"回头看"、省级环保督察及"回头看"、专项督察 3 个层面的反馈问题整改，以打击和查处违法违规问题为主线，围绕《2020 年全省生态环境保护工作要点》，以加强思想建设、能力建设和作风建设为基础，内强素质、外树形象、高起点抓筹划、高标准抓落实，以解决突出生态环境问题、改善生态环境质量、推动高质量发展为目标，夯实生态文明建设和生态环境保护政治责任，强

化督察问责、形成警示震慑、推进工作落实。

抓基础、精研判，勤调度、重落实。每月收集研判中央环保督察"回头看"及高原湖泊环境问题专项督察反馈问题整改进展情况，并向督察例会进行通报。截至 2020 年 11 月底，2016 年第一轮中央环境保护督察反馈问题整改事项：红河州 39 项、玉溪市 31 项、西双版纳州 26 项，已全部完成；普洱市 23 项，已完成整改 21 项，未完成整改问题均达到时序进度。2018 年中央环保督察"回头看"反馈问题：红河州 20 项、玉溪市 22 项、西双版纳州 10 项、普洱市 11 项，已经全部完成整改。2018 年中央环保督察"回头看"期间，分别向红河州、玉溪市、普洱市、西双版纳州 4 个州（市）转办群众投诉件 121 件、104 件、37 件、68 件。截至 11 月底，已全部完成整改。按照"每季度一大调，每月一小调"的原则收集研判省级环保督察以及"回头看"反馈问题整改进度。截至 2020 年 11 月底，2017 年省级环境保护督察反馈问题：红河州 37 项，已完成 30 项；玉溪市 54 项，已完成 49 项；普洱市 55 项，已完成 53 项；西双版纳州 59 项，已完成 55 项。未完成整改问题中，玉溪市有 1 项、西双版纳州有 4 项未达到时序进度。2019 年省级环境保护督察"回头看"反馈问题整改事项：红河州 31 项，已完成整改 16 项，普洱市 33 项，已完成整改 17 项，未完成整改问题均达到序时进度。

完成了省级环境保护督察"回头看"及整改方案审核工作。2019 年省委、省政府第一生态环境保护督察组分别对昭通市和楚雄州贯彻落实省级环境保护督察整改情况开展"回头看"工作，针对长江流域（昭通段）水污染防治和固体废物管理重点工作情况开展专项督察。督察结束后，区域督察二办征求两地党委和政府对督察报告的意见，交接省级环境保护督察"回头看"及生态环境问题专项督察反馈意见，同时移交 3 份生态环境保护督察责任追究问题案卷。随后，参与指导昭通、楚雄、红河、普洱 4 个州（市）省级环境保护督察"回头看"及专项督察指出问题的整改方案的审核。

积极开展督察反馈问题实地督导检查工作。区域督察二办先后 9 次采取实地督察等方式，高

位推动三个层面的反馈问题整改。2020 年 3—4 月，先后与普洱市、玉溪市、红河州政府召开督察反馈问题整改工作推进会。6 月，与区域督察三办赴玉溪市开展星云湖、杞麓湖生态环境问题专项督察，分别与江川区、通海县政府召开两湖整改问题推进会；与澄江市政府召开小水电清理整改工作现场推进会。7 月，对西双版纳州和红河州中央环境保护督察"回头看"反馈问题整改工作开展督导检查。10 月，对红河州中央环境保护督察"回头看"反馈问题整改情况进行抽查检查并召开问题整改座谈会；到玉溪开展生态环境保护督察抚仙湖村落污水治理和规划违法违规反馈问题验收整改现场检查，与市湖管局和生态环境局召开"十三五"抚仙湖规划中期评估调整项目分析专题会议，并向市政府分管领导就年终全面完成整改工作相关事宜反馈意见。

对中央环保督察群众投诉举报件整改不实突出案例调查和处理。2019 年，在云南省审计厅关于开展红河州领导干部自然资源资产责任审计中，发现个旧市及大屯镇相关人员在办理 2016 年中央环保督察组转办的官家山剪子口垃圾填埋场环境污染事件及其衍生事件中，涉嫌整改不到位，可能埋下环境安全隐患的问题。按照厅主要领导批示，区域督察二办牵头组建督察组，于 2020 年 1 月赴个旧市进行全面调查并形成调查报告。据此，红河州相关责任部门对存在的环境问题进行了全面彻底整改，红河州纪委监委对案件办理责任落实不到位、违反工作纪律的人员给予了追责问责，促进了督察问题整改工作，纠正了工作作风。

完成了红河州蒙自市大气污染防治专项督察。为深入贯彻省政府关于坚决打赢污染防治保卫战的一系列重要决策部署，推动红河州各级党委政府及相关部门落实大气污染防治责任，进一步改善大气污染防治重点区域环境空气质量，巩固大气污染防治成效，区域督察二办牵头组成督察组，于 2020 年 4 月中旬对红河州蒙自市大气污染防治工作开展了专项督察。先后暗查在建建筑工地 12 个、重点企业 3 户、城区周边露天砂石场 2 个、秸秆焚烧火点 6 处。针对督察反馈的问题，及时指导蒙自市委、市人民政府制订了整改方案。

完成了玉溪市星云湖、杞麓湖生态环境问题

专项督察。根据《2020 年云南省级生态环境保护专项督察工作计划》和 2020 年省生态环境厅第三次厅长办公会要求，为推动玉溪市及有关地方党委政府湖泊生态环境治理责任落实，进一步改善星云湖、杞麓湖水生态环境质量，区域督察二办牵头组建督察组于 2020 年 6 月对玉溪市开展专项督察，现场检查点位 101 个，查阅资料台账 800 余份，制作现场检查记录 10 份，谈话、询问记录 9 份。针对督察反馈的问题，及时指导玉溪市委、市政府制订了整改方案，推进整改。

承担了省委、省政府对红河州和西双版纳州中央生态环境保护督察"回头看"反馈问题整改落实情况实地督察。根据省委办公厅、省人民政府办公厅《关于开展中央生态环境保护督察"回头看"反馈问题整改落实情况实地督察的方案》，区域督察二办牵头相关省级职能部门组成督察第四组，于 2020 年 7 月 20—31 日对红河州和西双版纳州贯彻落实中央生态环境保护督察"回头看"反馈问题整改工作情况进行了实地督察。累计派出 53 人次，现场检查点位 83 个。9 月 4 日，省环境保护督察领导小组办公室向红河州、西双版纳州反馈了实地督察中发现的问题，提出了督察建议。

对红河州中央生态环境保护督察整改情况开展跟踪督察。2020 年 10 月中旬，区域督察二办配合生态环境部西南督察局对红河州 8 个县市中央生态环境保护督察整改情况开展跟踪督察，现场检查 20 个点位，并向红河州交办 16 个突出环境问题。督察结果暴露出红河州相关职能部门和部分县市在生态环境保护督察反馈问题整改和日常环境监管方面还存在盲目乐观、松懈麻痹、监管盲区、工作部署不细致、责任不落实；暴露出部分企业和单位守法意识淡薄等问题。10 月 23 日，区域督察二办以《关于切实抓好生态环境部西南督察局对红河州跟踪督察交办问题整改落实的通知》（云环督字〔2020〕90 号）致函红河州人民政府，要求提高政治意识和站位，持续提升生态文明建设的责任感和使命感；严肃认真抓好跟踪督察反馈问题整改；抓紧完成中央生态环境保护督察反馈问题整改。

（撰稿：邓　讯）

【区域督察第三办公室】　2020 年，生态环境保护区域督察第三办公室（以下简称区域督察三办）认真贯彻落实党中央、国务院关于生态环境保护督察的总体要求和省委、省政府的决策部署，围绕《2020 年全省生态环境保护工作要点》和《2020 年下半年全省生态环境保护工作要点》，对照《生态环境保护区域督察第三办公室 2020 年度工作目标责任书》，坚持党建与督察业务工作深度融合，紧紧围绕支部规范化达标创建和"两改一督"，密切联系区域 4 个州（市），团结协作、创新实践、求真务实、脚踏实地，狠抓工作执行和任务落实，圆满顺利地完成了年度各项任务。

初建处室，明确职责分工。根据《中共云南省委机构编制委员会关于调整省生态环境厅内设机构和人员编制的批复》（云编〔2019〕7 号），设立省区域督察三办，行政编制 5 人。2019 年 8 月 30 日，区域督察三办主要领导到位，搭起了基本架子，2020 年 4 月人员全部到位、满编。按照《中共云南省委机构编制委员会办公室关于明确省生态环境厅部分内设机构职责的批复》（云编办〔2020〕79 号），区域督察三办的主要职责是负责对保山市、德宏州、怒江州和临沧市区域范围内党委和政府及有关部门生态环境保护法律法规、标准、政策、规划执行情况，生态环境保护党政同责、一岗双责的落实情况，以及生态环境质量责任等落实情况进行督察，承担省生态环境厅交办的其他工作事项。

扎实开展了 2 次生态环境保护专项督察。为认真落实省委、省政府关于坚决打赢蓝天、碧水保卫战的一系列重要决策部署，根据厅党组要求，针对全省部分城市环境空气质量出现恶化和星云湖、杞麓湖水质持续得不到有效改善等情况，开展了 2 次专项督察。一是开展了临沧大气专项督察。3 月 30 日至 4 月 22 日，区域督察三办牵头对临沧市临翔区大气污染防治开展了专项督察，完成了《2020 年临沧市临翔区大气污染防治专项督察报告》撰写和意见反馈，临沧市制订了专项整改方案，并按整改要求推进整改。此次专项督察进一步压实了交通、住建、农业等行业主管部门的环境保护责任，整改措施得到有效落实，环境空气质量持续改善。2020 年，临翔主城区空气质量轻度污染天数 2 天，督察后还未出现污染天气情况。二是认真配合开展了玉溪星云湖、杞麓湖专项督察。6 月 9—12 日、15—20 日，针对玉溪市星云湖、杞麓湖近年来水质改善不明显，"十三五"脱劣目标难以实现，保护治理形势严峻等问题，区域督察三办全员参与配合区域督察二办分两个阶段对玉溪市星云湖、杞麓湖生态环境问题开展了专项督察，并牵头承担起草了《玉溪市星云湖、杞麓湖生态环境问题专项督察报告》。

开展了督察整改问题定期调度和分析研判。为切实摸清 4 个州（市）各类环境保护督察整改情况的底数，做到"心中有数"，区域督察三办指定专人负责，明确责任分工，适时衔接掌握 4 个州（市）各类环境保护督察反馈问题整改情况，并建立了处务会通报分析、每月专题研判、难点问题随时研判的办内分析研判制度，坚持利用每月召开的督察工作例会报告分析研判情况，对整改推进缓慢的州（市）和省级牵头部门、整改难度较大的事项及时提出科学整改的措施建议。从调度和分析研判的情况看，区域督察三办联系的 4 个州（市）涉及各类环境保护督察问题整改工作稳步推进、总体可控，对照整改措施和目标，特别是涉及中央环境保护督察"回头看"反馈的 37 个问题整改年底前全面完成整改任务可以顺利实现。各类环境保护督察的具体整改情况如下：一是 2016 年中央环境保护督察反馈问题整改情况。4 个州（市）涉及第一轮中央环境保护督察反馈问题整改事项共 97 项（保山 24 项、德宏 22 项、怒江 26 项、临沧 25 项），截至 11 月底，已完成整改 94 项，未完成但达到时序进度的 3 项（保山 1 项、怒江 2 项），这 3 项均属长期坚持类和关注类，因整改方案未明确具体整改完成时限，但相关州（市）仍在持续推进整改，按照省里确定的完成整改的基本原则，年底前可以画上一个阶段性句号。二是 2018 年中央环境保护督察"回头看"反馈问题整改情况。4 个州（市）涉及中央环境保护督察"回头看"反馈问题整改共 37 个，截至 12 月底，已完成整改 35 个，已验收销号 23 个，正在整改问题 2 个。三是 2017 年省级环境保护督察反馈问题整改情况。4 个州（市）省级环境保护督察反馈问题共 160 项，截至 12 月底，已

完成整改 151 项，未完成 9 项。在未完成的 9 项中，达到时序进度的 2 项，未达到时序进度的 7 项。四是 2019 年省级环境保护督察"回头看"反馈问题整改情况。德宏州省级环境保护督察"回头看"反馈问题 23 个［其他 3 个州（市）还未开展省级"回头看"］，德宏州已完成整改 10 个，达到时序进度要求的 13 项。五是 2020 年临沧市大气专项督察反馈问题整改情况。临沧市省级大气专项督察反馈问题 13 项，已完成 11 项，2 项达到时序进度要求。

积极督促推进长江经济带突出环境问题整改。长江经济带突出生态环境问题整改，区域督察三办联系的 4 个州（市）只涉及怒江州的"云南金鼎锌业一冶炼厂渣库问题"和"兰坪县康华电解锌厂渣库问题" 2 个整改事项，省级牵头单位是云南省生态环境厅，整改完成时限为 2021 年。通过多次现场督导检查，结合最近调度的情况，总体评估，"云南金鼎锌业一冶炼厂渣库问题"的整改推进还比较顺利，但"兰坪县康华电解锌厂渣库问题"的整改因企业停产多年、资金筹措困难、推进缓慢、整改滞后的问题还不能有丝毫放松，必须加大督促督办力度。区域督察三办已将"兰坪县康华电解锌厂渣库问题"整改作为工作重中之重来持续加以推进，2020 年初以来，厅主要领导、分管领导以及区域督察三办人员先后 4 次赴实地调研、检查督办。区域督察三办还上报了《关于长江经济带生态环境突出问题整改中的兰坪县康华电解锌厂渣库问题整改的有关请示》，相关厅领导均批示在污染防治资金、环评审批、技术支撑方面给予积极支持。

积极指导相关州（市）起草督察反馈问题整改方案。在完成德宏州省级环境保护督察"回头看"、临沧市大气专项督察和玉溪市星云湖、杞麓湖专项督察的意见反馈后，在州（市）着手制订整改方案之初，主动介入、靠前服务，采取"沉到州市"与"请到厅里"结合的方式，面对面地指导服务，结合反馈问题与州（市）政府及有关部门逐条逐项研究整改目标、整改措施、整改要求、责任单位、完成时限等内容，先后指导德宏州、临沧市和玉溪市完成了相关督察反馈问题整改方案的撰写和报审。从州（市）反映的情况看，

这 3 个整改方案针对性强、直面问题、科学可行、实事求是，达到了既有效防止地方政府搞"一刀切"，又有效杜绝了整改方案避重就轻、回避整改等问题。另外，3 月 13 日、20 日，还牵头完成了德宏州、红河州省级生态环境保护督察"回头看"督察意见的反馈工作。

深入开展了投诉举报件"三个一次"清查工作。中央环境保护督察"回头看"交办投诉举报件 1998 件，涉及区域督察三办联系 4 个州（市）的共 96 件已全部完成整改，各州（市）均完成了验收销号。为防止问题反弹，区域督察三办又指导 4 个州（市）完成了以"一次梳理分析工作、一次查缺补漏工作、一次现场复查工作"为重点的"三个一次"梳理核查工作。通过现场抽查，结合平时调度掌握分析研判的情况，截至统计时，该类问题已完成整改，进入验收销号阶段。

扎实开展了实地检查督导和指导帮扶工作。2020 年以来，先后 8 次组织人员赴相关州（市）采取实地督察、抽查检查、查阅台账、召开整改推进会、实地督导反馈会等方式，高位推动问题整改。

初步建立了 4 个州（市）的环境保护问题动态库。为全面梳理掌握 4 个州（市）的突出生态环境问题，积极与省评估中心建立起协作关系，重点围绕 4 个州（市）的生态环境状况趋势分析、产业布局现状、环境保护基础设施建设及运转情况等，梳理 4 个州（市）可能存在的突出环境问题、区域性、阶段性的个性问题，初步建立了 4 个州（市）的生态环境保护问题动态库。

（撰稿：办公室）

【区域督察第四办公室】 2020 年，区域督察第四办公室（以下简称区域督察四办）立足处室新成立实际，以生态环境保护督察为工作重心，以服务生态环境保护工作为大局，以推进联系州（市）督察整改工作为牵引，狠抓督察各项工作落实，圆满完成了 2020 年各项工作任务，以实际行动展现新气象、新担当、新作为。

做好处室、人员定责定岗工作。落实厅党组安排部署，配合起草了区域督察办公室工作职责。2020 年 2 月 11 日，省环境保护督察工作领导小组办公室印发了《厅督察机构办文办会办事工作规定及工作职责》，明确了省生态环境保护区域督察办公室工作职责；2020 年 6 月 3 日，中共云南省委机构编制委员会办公室批复了省生态环境厅部分内设机构职责，明确区域督察四办的职能职责。按照职能职责及工作任务，区域督察四办第一时间对办内人员进行分工，明确岗位职责，根据人员调动情况和工作实际，两次对人员分工进行优化调整。并根据省厅关于修改完善厅机关内设机构职能职责细化方案的要求，提出岗位设置及人员配备建议，为处室工作开局起步打下坚实基础。

建立完善生态环境保护督察整改信息库。以州（市）为单元，认真梳理片区内涉及 4 个州（市）的生态环境突出问题，按照中央环境保护督察及"回头看"和省级环境保护督察及"回头看"整改事项、群众投诉举报件"件件清"、长江经济带和金沙江流域生态环境突出问题等类别，建立本区域内整改信息库，形成 4 个州（市）"两改一督"相关材料汇编手册，对督促完成整改任务起到了很好的探索引领作用，做到区域内事项底数清、整改情况明、进度掌握准。定期对 4 个州（市）内的各类整改进展情况进行调度，对存在问题进行分析研判，确定下一步督察督促重点。

开展省级生态环境保护专项督察。2020 年初，区域督察四办拟制本区域内专项督察计划，并制订了专项督察方案。2020 年 4 月，牵头对西双版纳州重点区域大气污染防治工作开展了专项督察，通过暗察暗访和实地督察相结合的方式，共调阅资料 600 余份，现场抽查点位 27 个，制作谈话询问笔录 17 份，发现了一批西双版纳州在大气污染防治工作中存在的突出环境问题，形成专项督察报告和责任追究案卷一份，并指导西双版纳州编制了督察整改方案。2020 年 9 月，配合区域督察一办，对赤水河流域（云南段）生态环境保护情况开展了生态环境保护专项督察，并参与修改完善赤水河流域（云南段）生态环境保护专项督察报告。

推进生态环境保护督察整改事项督促督办。采取多种方式对负责的 4 个州（市）开展指导督促工作，有效推动了地方突出环境问题的整改。一是督促盯办，确保完成整改任务。紧盯区域内 4 个州（市）中央环境保护督察"回头看"反馈意见问题整改情况，逐项做好分析研判和督促提醒，精准推进督促整改。截至 2020 年 12 月，2018 年中央环境保护督察"回头看"反馈问题中，涉及楚雄州 13 个问题、丽江市 18 个问题、大理州 18 个问题、迪庆州 10 个问题，各州（市）已全部上报完成整改。"回头看"期间，交 4 个州（市）办理的 292 件投诉举报件已全部完成整改。二是现场推进，切实解决突出生态环境问题。针对负责区域内部分重点难点问题开展现场核查 20 余次，多次召开整改工作现场推进会，和地方一同想办法、明措施，有效地解决了地方在整改过程中存在的困惑和难点，切实解决了一些突出生态环境问题。2020 年内，"洱海水环境综合整治"和"丽江拉市海生态环境问题整改情况"均作为省"督察整改看成效"正面典型案例报送中央生态环境保护督察办公室，"楚雄州三峰山州级自然保护区云台山风电场拆除 66 台风机设施"整改成效明显，被多家媒体正面宣传报道。三是实地督察，高位推动突出生态环境问题整改。参与省委、省政府牵头的实地督察，对迪庆州和丽江市党委、政府整改落实中央环境保护督察"回头看"反馈问题情况、环境保护督察移交的投诉举报件整改情况、长江经济带和金沙江流域生态环境警示片披露问题整改进展情况、第一轮省级生态环境保护督察反馈问题整改进展情况等进行全面的实地督察，累计现场检查点位 55 个，通过采取不同手段，高位推动，压实各级生态环境保护责任，有效推进了区域内生态环境问题整改。四是指导帮扶，推进省级生态环境保护督察整改。在充分征求丽江市、曲靖市对督察报告的意见基础上，完成了丽江市、曲靖市督察报告和问责案卷的反馈和移交工作，并多次组织召开整改方案讨论会，针对方案中不科学、不合理的内容，多次提出修改意见和建议，指导帮助地方完善修改整改方案。针对丽江市上报的省级生态环境保护督察"回头看"整改方案，先后研提修改意见和建议共 36 条；针对曲靖市上报的整改方案，先后研提修改意见和建议共 38 条；针对楚雄州上报的整改方案，先后研提修改意见和建议共 12 条。针对省级生态环境保护督察及"回头看"反馈问题，实行"一州市一清单"的精细化调度，严格督促各地党委、政府落实"党政同责""一岗双责"。针对未达到序时进度的整改事项，确保每一项都做到"情况清、原因明"。

抓好长江经济带和金沙江流域生态环境突出问题整改。多次对联系州（市）长江经济带和金沙江流域生态环境突出问题整改情况进行现场督促，抓实抓细长江大保护专项督察反馈问题的整改工作，并按照要求开展了长江经济带和金沙江流域警示片披露问题整改"回头看"，指导督促 4 个州（市）推进整改。截至 2020 年 12 月底，牵头的 1 个 2019 年长江经济带生态环境警示片披露问题（大理州剑川鹏发锌业）已整改完成并已组织通过省级验收，4 个 2019 年金沙江流域生态环境警示片披露问题已全部完成整改，其中 1 个通过省级验收。

配合有关部门开展现场督察工作。积极配合省发改委、省工信厅、省自然资源厅、省水利厅、省林草局和厅固化处等有关处室开展生态环境问题现场督导检查和验收确认 10 余次；配合省林草局、厅科财处等单位和部门提供相关材料；派员参与了厅党组巡察；根据安排，参加对普洱市开展的非法侵占林地种茶毁林等破坏森林资源违法违规问题专项整治省级调研指导（验收）销号现场确认；完成了云南省第二次污染源普查工作办公室交办的工作，完成普查收尾，积极推进开展普查成果应用。

抓好处室自身建设。一是建立完善各项制度。制订了区域督察四办 2020 年工作计划，签订了《2020 年度工作目标责任书》。紧贴人员出差多的实际，建立完善了处室例会和支部例会相结合的工作制度，明确了信息、保密、档案、卫生、疫情防控任务分工，形成"AB 角"分工制度。每月梳理 4 个州（市）整改情况和存在问题，定期报送工作周报，按时报送工作总结，参加每月督察工作例会。二是加强业务能力培训。全员参加了 2020 年 5 月举办的春季省级生态环境保护督察培训班和 2020 年 7 月举办的云南省生态环境保护督察培训班，多次组织办内人员集中学习培训，多次与其他区域督察办公室进行业务交流学习，有效提升了办内人员思想政治水平和督察业务能力，全员入选了全省督察人才库。

（撰稿：李建宾）

行政审批、环境影响评价、排放管理

【工作综述】 2020年，云南省以"放出活力、管出公平、服出便利"为导向，持续深化生态环境领域"放管服"改革，推动生态环境高水平保护，促进经济高质量发展。一是进一步下放省级环评审批权限，2020年5月，印发了《云南省生态环境厅审批环境影响评价文件的建设项目目录（2020年本）》，以2018年、2019年两年省级审批项目数为基数进行测算，调整下放数量约占40%。同时，按照省政府要求，将煤矿开采建设项目环评文件审批权限上收省厅行使。二是积极探索环评审批告知承诺制。2020年2月，制定印发《云南省生猪养殖建设项目环评审批告知承诺制试点实施方案》（云环通〔2020〕14号），开展生猪养殖建设项目告知承诺制试点工作。同时，将《产业结构调整指导目录（2019年本）》中鼓励类项目以及环境影响总体可控、受疫情影响较大、就业密集型等民生相关的44类项目，纳入试点范围以告知承诺方式实施审批。三是积极推进环境影响评价区域评估。配合出台《关于印发云南省工程建设项目区域评估操作规程的通知》，引导鼓励在中国（云南）自由贸易区试验区各片区、各类开发区、工业园区等有条件的区域内开展环境影响评价区域评估，通过对区域空气、地表水、地下水、土壤等环境质量进行统一监测评估，开展区域生态调查，评估成果供区内建设项目编制环境影响评价文件时共享使用，减轻企业负担，缩短环评文件编制时间。四是强化宏观管理，加强规划环评工作。坚持把规划环评作为推进高质量发展和高水平保护的重要抓手，切实加大综合规划和专项规划环评推进力度，规范规划环评审查工作，积极主动参与经济社会发展综合决策。将空间管制、总量管控和环境准入成果融入规划，切实发挥优化规划目标定位、功能分区、产业布局、开发规模和结构的作用。五是在加强新型冠状病毒感染疫情防控和生态环境保护的同时，创

新审批方式，优化环评文件审查形式，积极做好环评服务，制定印发《关于在新型冠状病毒感染的肺炎疫情防控期间做好建设项目环评审批服务工作的通知》《关于疫情防控期间推行建设项目环评审批网上申请办理的通告》，推行"互联网+政务服务"模式、采取先开工后补办、告知承诺制审批、豁免环评等简化措施，积极支持保障疫情防控相关项目建设，统筹推进疫情防控与经济社会发展工作。六是规范统一政务服务。按照"省级统筹、标准统一、自上而下"原则，编制了建设项目环境影响评价审批、建设项目环境影响登记表备案、建设项目环境影响后评价备案、排污许可4项省、州（市）、县（区）三级统一的办事指南，规范办结时限、受理条件、办理流程、申请材料等要素工作。实行建设项目环境影响评价审批集中到省政务服务中心窗口办理，纳入投资项目在线审批监管平台。七是加强统筹协调，持续开展环评文件质量考核、抽查复核和专项检查，规范环评领域从业行为，促进环评提质增效。组织开展省级审批环评文件编制机构的日常考核，从环评文件编制质量、效率和技术单位内部管理等方面进行综合评价，提高环评文件编制质量，确保环评制度的有效性和公信力。制定印发《云南省生态环境厅关于进一步加强环评文件质量专项检查的通知》，在全省范围内组织开展2020年环评文件质量和编制单位专项检查。八是强化信息化服务。按照省政府提出的审批服务便民化、"互联网+政务服务"的部署，将全省环评审批管理系统和全国排污许可管理系统两项行政许可政务服务入口和办理数据等全部整合至云南省政务服务网，环境影响登记表实现"一部手机办事通"查询。全面推动企业和群众办事线上"一网通办"，避免企业重复注册，重复填报，实现"一次登录、全网通办"。2020年，全省共审批建设项目环评文件4831项。

【规划环境影响评价】 坚持规划引领，切实加大综合规划和专项规划环评推进力度，规范规划环评审查工作，积极主动参与经济社会发展综合决策。加强与规划编制部门、审批部门的沟通衔接，通过开展规划环评，将空间管制、总量管

控和环境准入成果融入规划，切实发挥优化规划目标定位、功能分区、产业布局、开发规模和结构的作用。进一步加强规划环评质量监管工作，加快建立规划环评落实情况监管机制，制定印发《云南省规划环境影响评价监管工作方案》，推动规划环评落实。2020年，全省生态环境行政主管部门共对18项规划环评文件组织审查。

【建设项目环境影响评价】 实行环评动态管理和联络员制度，对重大基础设施、民生工程和重大产业布局项目，特别是云南省八大重点产业、"四个一百"、"双十"工程、"双百"工程、工业转型升级"3个100"和打造世界一流"三张牌"等领域重点项目，坚持提前介入，开辟重点项目环评绿色通道，做到"即到即受理、即受理即评估、评估与审查同步"。对符合生态环境保护要求的项目加快环评审批，对需报生态环境部审批的项目，专人汇报协调争取支持。在积极服务经济建设的同时，严格执行环评制度，按照"依法管理，守住底线，严控风险，提高效率"的工作原则，把改善环境质量和维护群众环境权益作为环评的重要前提。严格落实《建设项目环境保护管理条例》"五个不批"的要求，对项目类型及其选址、布局、规模等不符合环境保护法律法规和相关法定规划等的建设项目环评文件，一律不予审批，把好环境准入关。

【排污许可管理】 云南省各级生态环境部门上下联动、多措并举、合力推进全省排污许可工作。省生态环境厅成立以主要领导任组长的云南省固定污染源排污许可清理整顿和2020年排污许可发证登记工作领导小组，制订印发全省实施方案、工作计划、包保帮扶实施方案、技术复核方案等系列文件。全省各级生态环境部门上下联动、多措并举、合力推进全省排污许可发证登记工作。建立帮扶机制，按照"省厅综合调度、包保组重执行、州（市）抓落实、省级技术组全力支撑"的职责分工和"分地区包保、分行业指导、工作上指导、技术上托底"的原则，因地制宜，实施"点对点"精准帮扶机制。建立调度机制，按周确定工作目标、按日精准调度，全面掌握并综合研

判全省发证登记情况。建立培训机制，成立由省环境科学学会和省评估中心骨干力量组成的技术组，采取线上线下联合推进，提供政策咨询和技术支持。建立宣传机制，制作《云南省排污许可宣传手册》、排污许可制度宣传片等宣传材料，通过电台、"两微"平台、现场发放等多种方式，在全省范围内广泛宣传排污许可相关政策和要求。2020年4月，提前1周完成全省33个行业固定污染源清理整顿工作。截至2020年9月13日，全省今年共计56849家企业纳入发证登记，其中，发证4513家、限期整改通知书1444家、登记37487家、特殊情形标记13405家（包括永久关闭、禁止核发、在建、长期停产等情形）。云南省发证数量居全国第13位。

【生态环境准入清单管理】 强化统筹衔接，积极推进长江经济带战略环境影响评价云南省"三线一单"编制，按照生态环境整体性、系统性及其内在规律要求，对全省生态环境结构、功能、传输等空间差异性特征进行梳理研究，明确提出生态环境保护底线要求，合理划分水、大气、土壤、生态环境系统分区，结合管理和区域环境属性，形成综合环境管控单元，提出了各个管控单元在空间管制、总量管控和环境准入方面差异性的管控要求。2020年11月，省人民政府印发《关于实施云南省"三线一单"生态环境分区管控的意见》（云政发〔2020〕29号），省级"三线一单"编制发布工作顺利完成，全省共划分的1164个生态环境管控单元，分为优先保护单元（383个）、重点管控单元（652个）、一般管控单元（129个），实施差别化生态环境管控措施，初步构建了生态环境分区管控体系。目前，"三线一单"成果已运用在砚山工业园区、新平工业园区等规划环评和瑞丽至孟连高速公路、丽江市南瓜坪水库工程等重大项目环评工作中，突出分区管控，强化生态环境准入管理，环评制度在优布局、控规模、调结构、防风险等方面的作用得到更好发挥。

【环评专家库建设与管理】 强化云南省环评专家库建设和管理，配合生态环境部建设涵盖国

家、省、市三级评估专家信息的专家库，便于基层生态环境部门选取专家，提升技术评估工作的科学性、公正性和规范性，提高全省环评技术支撑力量。

（撰稿：蓝　平）

【云南省生态环境工程评估中心】　云南省生态环境工程评估中心（原云南省建设项目环境审核受理中心、云南省环境工程评估中心）是2003年7月经云南省机构编制委员会《关于成立云南省建设项目环境审核受理中心的批复》（云编办〔2003〕105号）成立的云南省生态环境厅（原云南省环境保护局、云南省环境保护厅）直属正处级公益二类事业单位，根据省编办〔2019〕228号文件，2020年4月正式更名为云南省生态环境工程评估中心。承担省级建设项目环境影响评价文件技术评估，强化水、大气、土壤、固废等环境要素在生态环境管理方面的技术服务能力，配合云南省生态环境厅组织开展环评编制单位日常管理和环评文件技术复核，承担排污许可证管理、"三线一单"编制等技术支持。内设办公室、项目管理与信息部、评估一部、评估二部、评估三部、环境规划与验收调查部、水与大气咨询部、土壤与固废咨询部8个部门。现有在职工作人员78人。其中，正高级工程师5人（二级教授1人，青年拔尖人才1人），高级工程师33人，工程师23人，中职以上职称占78%；博士2人，硕士58人，研究生以上学历占77%。

建设项目环境影响评价文件技术评估。对选址区域环境敏感、生态环境脆弱的建设项目，主动服务，提前介入，从项目所处区域环境承载力、选址环境可行性、环境影响预测、环境保护措施、环境风险等方面进行充分论证，严把环境准入关，避免因选址不当造成严重不利生态环境影响。提前介入玉昆钢铁、合盛硅业、云景林纸、尖峰水泥、东郊生活垃圾焚烧发电等重大敏感项目，提前识别制约因素，提供解决建议，助推重大项目落地。优化评估流程，严格按20天评估时限，按时保质保量完成省级建设项目环评文件技术评估工作。2020年，共受理环评技术文件报告书（表）159份，出具技术评估意见116个，现场踏勘近90人次，召开技术评审会126次。开展2020年全省环评文件质量专项检查工作，抽查复核环评文件320份。协助审查省级工业园区规划环境影响评价报告书19项，对化工园区申报材料提出审查建议，协助审查全省64个产业园区优化提升方案，形成各园区优化提升方案审核分析材料。审查危废经营许可原料变更分析报告8个，审查危险废物经营许可证核发项目5个。

"三线一单"技术支持。完成与省自然资源厅、省林草局最新国土"三调"数据、优化调整后的生态保护红线、天然林、自然保护地、公益林等数据对接工作，按照《2020年"三线一单"动态更新项目》的要求，开展了生态空间、水环境管控、大气环境管控、综合环境管控单元划定落图及数据处理工作。配合云南省生态环境厅完成《关于加快实施云南省"三线一单"生态环境分区管控的意见》《云南省"三线一单"生态环境准入清单》编制工作，于2020年9月底通过省政府常务会议审议，省政府办公厅于2020年11月5日印发实施。向生态环境部提交了赤水河流域"三线一单"情况报告、赤水河流域"三线一单"成果实施相关材料、云南省"三线一单"成果实施台账，参加生态环境部"三线一单"调度会9次。同时，完成了财政课题"云南省生态保护红线管控办法"的验收工作。

排污许可管理技术支持。编制全省新增名录库建立工作方案，清理整顿系统中2020年全省排污许可共纳入62785家，其中，发证8341家（含限期整改1411家），登记38147家，特殊情形标记13361家，待分类匹配2936家。开展文山、玉溪、楚雄、怒江等州（市）发证登记的技术帮扶工作，累计开展60天175人次下沉帮扶及技术复核，组织线上线下培训13次，培训人员900余人；开展发证前及质量复核，共审核340家，抽查率达20%。优化省级技术培训体系，负责20个行业的技术支持，开展5个行业现场调研，组织培训州（市）核发人员、第三方技术支持人员、企业人员8次共692人。完成12个行业排污许可申报填报指南编制工作，累计浏览下载730余次。

核与辐射安全监管技术支持。开展云南省国家核技术利用辐射安全管理系统数据质量核查、核技术利用辐射安全与防护考核、废旧金属回收熔炼企业辐射安全监管情况调研等工作，完成55家省级监管单位辐射安全管理系统数据质量核查与反馈工作，抽查231家核技术利用单位的辐射安全管理系统数据质量并反馈和指导地州进行整改。组织核技术利用辐射安全与防护考核27场，实际参考人数4716人，考核通过人数2006人，通过率42.54%。

水生态环境管理技术支撑。完成967个乡镇级、26个"千吨万人"级饮用水源划分报告的技术审核、复审、复核、报批文件审定、重大行政决策支撑文件出具、划定方案批复等工作；完成19个县级以上饮用水水源地保护划定（调整）方案审查，基本完成全省1506个水源地的矢量数据整合，协助完成云南省"十四五"304个省控监测水功能区断面设置工作。对14个州（市）申报的168个中央水污染防治资金项目进行技术指导，并对推荐入库约100个可行性研究报告进行技术复核，推荐入库项目总投资65.37亿元。编制入河排污口评估流程、入河排污口设置论证技术审查要点及现场检查要点，出具入河排污口论证报告技术评估意见共12个，完成针对全省生态环境管理部门的入河排污口设置管理技术审核及工作技术培训。完成普洱、德宏、西双版纳、楚雄、大理等州（市）工业园区水环境管理调研座谈，对10个典型园区进行现场检查，建立14个州（市）园区水环境管理档案信息，开展针对全省生态环境管理部门的工业园区环境管理技术培训。完成《云南省工业集聚区水环境管理指导意见》（初稿）、《云南省工业园区污水依托城镇集中污水处理设施处置可行性评估技术指南》（初稿）、《云南省饮用水源保护条例》及其释义（初稿）、云南省重点流域"十四五"生态环境规划——饮用水源地保护专章，以及7个州（市）水污染防治资金执行情况现场检查和专项报告初稿编制等工作。

土壤生态环境管理技术支撑。完成12个土壤污染防治（涉镉类）中央项目储备库入库申报技术帮扶审查和云南省涉镉等重金属重点行业企业排查整治工作，确定需要纳入整治清单进行治理的27家企业名单，并逐一对有风险隐患的15个

污染源进行风险识别，形成云南省第二阶段污染源整治清单。配合完成《云南省地下水污染防治实施方案》编制工作，以及全省16个州（市）共计12709个加油站地下油罐的防渗改造调度工作。收集全省地下水水文地质调查和54个国控地下水考核点位监测现状资料，对昆明市官渡区南郊六甲村口和楚雄市鹿城镇谢家河村两个国家考核水质极差点位进行实地踏勘、调研，并协助制订整改计划。完成42个2021年中央水污染防治（地下水）专项资金拟支持项目技术审核排序、25个地下水污染防治类项目中央项目储备库入库申报技术帮扶审查，以及地下水污染防治试点示范项目申报技术帮扶工作。配合云南省生态环境厅完成全省2019年度畜禽养殖粪污资源化利用考核工作和云南省禁养区规范调整工作。

固体废物与化学品生态环境管理技术支撑。开展云南省重金属污染源调查及环境风险评估，完成污普、环统、重点排污单位、全口径、土壤重点监管、重金属减排、涉镉、涉铊等10个口径企业清单资料信息的整合及信息校核，确定915家涉重金属在产企业清单，完成"云南省重金属环境风险防控信息化系统"的开发并投入全省16个州（市）填报使用；开展长江经济带尾矿库污染防治工作，编制完成全省尾矿库突发环境应急预案、环境风险评估及污染防治方案模板编制，制定在用、停用、废弃、闭库和在建尾矿库污染治理工作要点，完成240余人次的现场技术帮扶指导及50余座尾矿库环境风险鉴别、应急预案编制及污染防治方案的制定。完成全省588座尾矿库的风险评估、应急预案、污染防治方案的编制或制定，完成污染整治543座；完成土壤污染防治（固废类）中央项目储备库入库申报技术审查（共10个项目）、电石法聚氯乙烯行业企业编制并实施用汞强度减半方案审查、全省全口径涉重金属重点行业1363家企业清单核实等工作。同时，受云南省生态环境厅委托，对云南省生态环境系统人员开展长江经济带尾矿库污染防治工作技术培训。

（撰稿：宋 奇 张家友）

生态环境监测

【工作综述】 2020 年，是全面建成小康社会和"十三五"规划的收官之年，也是污染防治攻坚战取得阶段性成效的决战之年。云南省生态环境监测工作以"生态环境的高水平保护助推经济社会高质量发展，助推全面建成小康社会"为主线，加快推进生态环境监测网络建设为重点，紧扣全省环境保护打好蓝天、碧水、净土"三大保卫战"和"8 个标志性战役"的工作重点，提高监测数据质量，不断打牢环境监测数据支撑作用。在省生态环境厅党组的坚强领导和各级生态环境监测部门协同努力下，圆满完成 2020 年各项生态环境监测工作任务。

强化全省环境监测工作，确保按质、按量完成目标任务。2020 年是"十三五"收官和"十四五"开局之年，面临环境监测体制、机制全面改革的新形势。为确保环境监测不因事权划分、机构上划出现监测数据断档，落实《关于省以下环保机构监测监察执法垂直管理制度改革试点工作的指导意见》等有关要求，印发了《2020 年云南省生态环境监测工作方案》，按照国家要求，组织对环境质量新老点位并行监测。明确各州（市）生态环境局、厅驻州（市）生态环境监测站的监测任务、分工及数据上报等要求，组织开展好全省生态环境质量监测工作，并加强对各地监测任务完成情况的调度和督查。

积极谋划，推进全省生态环境监测网络建设。为全面说清全省环境质量状况及变化趋势，科学支撑"十四五"生态环境保护工作，在现有省控环境空气、地表水监测断面（点位）基础上，编制《云南省"十四五"省控环境空气、地表水环境质量监测网优化调整工作方案》，组织开展"十四五"省控环境空气、地表水质量监测网优化调整工作，形成优化调整结果。初步设置地表水监测断面 306 个、环境空气质量自动监测点位 111 个，较"十三五"初期分别增加了 31.9%、56.8%。同时，按照生态环境部统一部署开展"十四五"地下水环境质量考核点位优化调整工

作，拟设置"十四五"地下水考核点位 74 个，较"十三五"增加了 33.3%，考核点位州市覆盖度从"十三五"期间的 43.8% 增加到 100%。

强化服务支撑，全力做好新型冠状病毒感染疫情期间应急监测工作。新型冠状病毒感染疫情发生以来，认真落实党中央、国务院、省委、省政府和厅党组对新型冠状病毒感染疫情防控的系列决策和部署，制定印发《云南省生态环境厅关于转发生态环境部办公厅关于做好应对新型冠状病毒感染肺炎疫情生态环境应急监测工作的通知》《云南省应对新型冠状病毒感染肺炎疫情生态环境应急监测工作方案》，统筹全省应对疫情环境应急监测工作。组织专业技术人员 82 人，成立生态环境监测应急值守队伍，全面启动对全省 16 个州（市）环境空气、地表水及集中式饮用水水源地等应急监测，加强对定点医疗机构、接纳定点医疗机构医疗污水的城镇污水处理厂污水收集、处理、排放等的日常监管。疫情期间，共对 106 家定点医疗机构、14 家医疗废物集中处置单位、134 家城镇污水处理厂及饮用水源地开展应急监测 11542 次，累计出具监测数据 30 万余个，累计向生态环境部、省委、省政府应对疫情工作领导小组指挥部报送疫情防控期间环境应急监测信息 107 期，为筑牢生态环境安全屏障，全面打赢防疫阻击战保驾护航。

全力推进长江经济带水质自动站建设。按照国家推长办和生态环境部对云南省长江经济带水质自动监测能力建设要求，克服新型冠状病毒感染疫情、雨季提前等不利因素，推进各地水质自动监测站建设进度。组织专项工作组，按照"一站一策"要求，赴 26 个县区 41 个水站开展实地调研，帮助地方解决存在的问题；向生态环境部和省发展改革委报送工作进展 10 期，向各相关州（市）通报建设进展 7 期，督促各地加快推进水站建设工作。长江经济带 41 个水站按期完成通水、通电、通信、通路和场地平整、站房及设备安装，并与中国环境监测总站联网。

加大技术培训、持证上岗考核力度，切实提升队伍综合能力。针对基层监测队伍技术力量薄弱的现状，结合环境监测垂直管理新要求，通过"滇沪合作"等渠道，持续抓牢县（市、区）环

境监测队伍的能力培训和持证上岗工作。组织"全省生态环境监测工作培训班""2020年度沪滇合作环境监测管理及技术培训班""恶臭污染环境监测技术""环境监测机构资质认定内审员"等培训共10期，累计培训1320人次。建立持证上岗考核专家库，已入库专家68人。已完成24个监测机构持证上岗考核，累计考核500人次，考核项目400余项次，合格率95%。

加大环境监测宣传，公开监测信息。6月3日，召开《2019年云南省环境状况公报》新闻发布会，向新闻媒体介绍2019年度环境质量状况，回答新闻媒体关心、关注问题，主动接受社会舆论的监督；按月公开地表水、空气、重点流域水质、九大高原湖泊水质及全省主要城市集中式饮用水水源地水质等环境质量监测信息；按季度公开重点企业自行监测信息、执法监测信息；新型冠状病毒感染疫情期间，通过厅官网、"两微"宣传平台及"两微矩阵"等方式向社会发布应急监测信息7期，及时向公众发布应急监测工作情况和全省环境质量状况。

【环境监测网建设】 落实《云南省生态环境监测网络建设工作方案》中"全面设点、国土空间环境质量监测全覆盖"的要求，建成包含157个空气自动监测站（国控站46个、省控站111个）、516个地表水监测断面［国控断面（点位）210个、省控断面（点位）306个］、224个县级及以上集中式饮用水水源地监测点、1477个土壤环境质量监测点位和814家重点污染源监测以及城市噪声、酸雨和农村生态环境质量监测在内的全省生态环境质量监测网络，初步实现了生态环境监测全省国土空间的全覆盖。

【环境质量状况】 2020年，云南省16个州（市）政府所在地城市环境空气质量优良天数比例为98.8%，较2019年提高0.7个百分点；全省地表水水质优良（Ⅲ类及以上）的断面占82.4%，比2019年提高1.1个百分点；水质重度污染（劣于Ⅴ类）的断面占4.3%，比2019年上升0.8个百分点；达到水环境功能要求的断面占82.7%，比2019年提高0.6个百分点；26个出境、跨界河流监测断面，均达到水环境功能要求，达标率与2019年持平；48个州（市）级城市饮用水水源取水点共监测了46个，均达到饮用水源功能（Ⅲ类）的要求，达标率100%，与2019年相比，上升2.1个百分点；182个县级城镇集中式饮用水源地180个达到饮用水源功能（Ⅲ类）要求，占98.9%，与2019年持平。2个水源未达到饮用水源功能（Ⅲ类）的要求。

【污染源监测】 组织对已核发排污许可证中重点管理企业污染源自动监控设施安装联网情况进行了清查，对清查中发现存在自动监控设施应装未装、应联未联问题的205家重点排污单位，督促所在州（市）完成自动监控设施安装联网工作；组织纳入国家考核的424家重点排污单位调整自动监控数据上传方式为直传国家和省级平台的方式，云南省自动监控数据有效传输率已上升至99%，全国排名从23位上升至第8位；对796家企业完成执法监测并向社会公布监测信息；强化自行监测监督，组织各州（市）督促已核发排污许可证的企业在核发排污许可证后3个月内编制自行监测方案、开展自行监测以及向社会公布自行监测信息。组织开展自行监测帮扶指导工作，对昆明、曲靖、玉溪、红河、大理、文山、怒江7个州（市）开展现场帮扶调研。

【环境监测质量管理】 加强监测数据质量管理，贯彻落实《云南省深化环境监测改革提高环境监测数据质量的实施方案》的各项任务和要求，督促全省各级生态环境部门严格执行技术规范，不得出现擅自更改评价范围、增减或挑选评价指标、选择性或以偏概全发布环境质量评价结果等行为；对生态环境部生态环境监测司转办的"红河州异龙湖国控水站涉嫌受到人为干扰问题""昆明市碧鸡广场国家空气城市站涉嫌受到人为干扰问题"进行调查核实，形成有关《调查情况报告》并报送生态环境部监测司。在全省进一步加强对国家水站、空气站管理规定的学习和宣贯，组织对辖区内各级水站、空气站开展专项排查，坚决杜绝人为干预行为的发生；编制了《云南省生态环境厅 云南省市场监管局关于开展2020年度生态环境监测机构"双随机、一公开"联合抽查工作方案》及《工作计划》，与省市场监管局等厅局共同组织对全省各级生态环境监测站和社会检测机构开展随机检查。

【县域生态环境质量监测评价与考核】 督促各县（市、区）按时、按质将2020年季度数据上报国家，圆满完成2019年度46个国家重点考核县的生态环境质量考核工作，争取国家转移支付资金59.75亿元；完成了2019年度云南省129个县（市、区）县域生态环境质量监测评价与考核工作。2019年，云南省县域生态环境质量"总体稳定"，129个县（市、区）县域生态环境质量为"基本稳定"的有111个县，占86.0%；发生"变化"的有18个县（市、区），占14.0%。其中，生态环境质量"一般变好"的有2个，为石屏县、洱源县；"轻微变好"的有12个，为西畴县、建水县、南涧县、景东县、屏边县、弥渡县、牟定县、维西县、华坪县、德钦县、盐津县、楚雄市；"一般变差"的有1个，为晋宁区；"轻微变差"的有3个，为临翔区、金平县、会泽县。

（撰稿：吴　昊）

【云南省环境监测中心站】 2020年，在云南省生态环境厅党组的正确领导下，云南省生态环境监测中心坚持以习近平新时代中国特色社会主义思想为指导，全面贯彻落实习近平总书记考察云南重要讲话精神，围绕中心，服务大局，为推动监测事业高质量发展、深入打好污染防治攻坚战、打赢疫情防控阻击战、助力云南打造全国生态文明建设排头兵提供坚实支撑。

坚持将政治建设摆在首位。增强"四个意识"、坚定"四个自信"、做到"两个维护"，加强组织建设，云南省生态环境监测中心各支部和驻州（市）监测站12个党支部顺利完成达标创建工作。参加和承办"2020年度万名党员进党校"两期，培训党员330余人次。扎实开展扶贫帮扶"双联系、一共建、双推进"，深入联系扶贫点了解现状，帮扶困难，帮助解决扶贫点党支部党员活动室、文化建设、绿化改造等，建档立卡25户90人全部脱贫。

省以下生态环境机构监测监察执法垂直管理制度改革。

2020年，中心按照1个总体工作方案、6个配套工作方案、4个延伸方案和授权管理要求，配合省厅与16个省厅驻州（市）监测站反复沟通，逐事逐项跟进，2020年6月1日前，顺利完成现场挂牌和行政公章、财务印章授印等工作，达成既定目标。党组织建设工作：完成党员信息及组织关系转移；党员领导干部入党材料审核；"云岭先锋"App接转；党费收缴、使用和管理清查。完成驻州（市）监测站支部换届和成立（4个站）。2020年9月，组织开展16个驻各州（市）监测站党建和党风廉政建设专项检查。人事：完成51卷领导班子成员人事档案审核移交；指导16个省厅驻州（市）监测站完成岗位设置、调整报批。资产划转：完成财务审计报告；固定资产统计和资产清查审计报告初审及上报。2020年6月，16个省厅驻州（市）生态环境监测站核定编制530人，实有496人，其中，在职党员261人，专业技术人员235人。

职责。云南省生态环境监测中心：充分发挥组织协调、质量管理与技术指导作用，受省级生态环境主管部门委托，协助管理驻市监测机构业务、人力资源、经费和资产等。驻州（市）生态环境监测站：以承担生态环境质量监测为主，同时为当地政府提供生态环境管理需要的监测技术服务。指导地方出台相关政策，因地制宜探索通过业务委托的方式协助承担市级生态环境监测业务。

优化云南省生态环境监测网络的规划布局。优化和完善水、气、土壤、地下水等环境要素监测点位（断面）设置。编制《关于开展"十四五"省控环境空气、地表水环境质量监测网优化调整工作方案》并组织实施，完成"十四五"省控环境空气、地表水环境质量监测网优化调整；确定云南省"十四五"地下水环境质量考核点位并上报。

"十四五"生态环境监测规划。组织完成云南省生态环境监测基础信息统计调查，编制《云南省"十四五"生态环境监测规划研究报告》，开展云南省"十四五"生态环境监测规划编制工作，推进云南省"十四五"污染减排综合工作方案编制。

环境空气监测。开展第三方运维绩效考核，编制《云南省县区空气站运维考核情况的报告》，完成省控空气质量自动监测数据的初审、复审和入库。拓展完善全省环境空气质量预报预警业务领域，更新云南省大气污染物排放清单，开展16个州（市）政府所在地臭氧7天趋势预报业务工作。编制《云南省"十四五"环境空气质量改善规划》，组织开展全省州（市）政府所在地的环境空气挥发性有机物（非甲烷总烃）监测。针对云南省2020年春季南部区域环境空气质量下降情况，从污染过程、污染原因、未来趋势等方面编制两期《云南省近期环境空气质量分析研判及预测》专报，会商省气象台、气象服务中心编制《2020年东南亚生物质焚烧影响云南省环境空气质量的分析报告》，说明云南省受东南亚周边国家生物质焚烧影响的情况。

水环境质量监测。围绕国家考核任务，落实好国控断面地表水采测分离工作。完成2020年全省地表水及饮用水水源地数据审核与评价，对水质滞后断面加强数据研判及时汇报。完成41个长江经济带水质自动站建设、验收工作。组织完成珠江流域（云南段）水质自动站建设的选址论证及其他相关技术支持。推进云南省高原湖泊、长江流域云南段和珠江流域水生态调查监测工作。完成云南省"十四五"国家地表水环境质量监测网断面桩埋设。

土壤监测。推进重点行业企业用地土壤污染状况调查，创建云南省工作、质量监督模式，工作总体进度位居全国前列，质量管理工作全国领先，被国家确定为成果集成试点省份。开展土壤重金属高背景值区域划定及高背景值对主要农产品影响调查，完成高背景值区4430个农产品样品采集、制备及分析，编制《高背景值对主要农产品影响调查报告》；下发《云南省耕地土壤污染成因排查和分析试点项目实施方案》，完成耕地土壤污染成因排查和分析试点工作；下发《云南省2020年国家网土壤环境监测工作方案》《云南省2020年重点监管企业周边土壤环境监测工作方案》，完成土壤环境质量和年度重点监管企业周边土壤例行监测。

县域生态环境质量考核与生态地面监测。完成46个国家重点生态功能区县域生态环境质量监测评价与考核；完成云南省129个县（市、区）生态环境质量监测评价与考核；开展白马雪山国家级自然保护区生态监测，开展低空无人机监测，成功获得白马雪山生态监测样地3D影像及多光谱监测数据。

农村环境质量监测和地下水监测。完成云南省农村环境质量监测断面（点位）、"千吨万人"水质监测点位核实，审核上报前3个季度农村环境质量监测数据。下发《云南省2020年污染企业和地下水型水源地保护区地下水监测现状调查及水质试点监测实施方案》，以昆明市为试点完成第一期地下水试点监测。

污染源普查和环境统计。完成云南省第二次全国污染源普查生活源、集中式污染治理设施的汇交数据、公报数据的核实上报。按照生态环境部要求，在云南省第二次全国污染源普查成果基础上，开展2016—2019年云南省生态环境统计年报数据更新工作，完成2019年度环境统计数据上报。

污染源与应急监测。深化污染源监督性监测，制定《企业污染源自行监测检查的方案》和《重点污染企业质控抽测方案》，实施云南省重点行业污染源和固定污染源废气VOCs监督性监测、规模以上入河（湖）排污口监督性监测。加强生态环境应急监测，开展云南省各级生态环境监测机构应急监测能力评估前期工作，完善《应急监测工作预案》、编制《地震环境应急监测方案》，加大日常演练密度与强度。

疫情生态环境应急监测。编制《云南省应对新冠病毒感染肺炎生态环境应急监测工作方案》，在组织完成新型冠状病毒感染疫情防控期间环境空气、地表水及饮用水水源地监测例行工作的基础上，重点组织开展各州（市）城市集中式饮用水水源地、医疗废水处理设施出口、城镇污水处理厂出口疫情防控特征指标生物毒性、活性氯、粪大肠菌群监测，形成日报制度及时上报。

监测质量管理。严格落实《关于深化环境监测改革提高环境监测数据质量的意见》，确保生态环境监测数据真、准、全。完成云南省环境监测人员持证上岗考核专家库的更新，积极推进环境监测人员持证上岗考核。完成管理体系文件改版工作。会同市场监管部门深入开展生态环境监测质量管理专项行动，为保持打击和查处监测数据弄虚作假行为做好技术支撑。

荣誉。生态环境部授予全国农用地土壤污染状况详查表现突出集体称号和个人称号。国务院第二次全国污染源普查领导小组办公室授予表现突出的集体和个人称号。1 人荣获云南省"三八红旗手"称号。4 人受到厅党组"优秀共产党员"表彰，1 人受到厅党组"优秀党务工作者"表彰，8 人受到省厅"模范之星"表彰。

（撰稿：徐晓东）

大气环境污染防治

【工作综述】 大气污染防治始终坚持以问题为导向，分解落实责任，强化监督问责，采取有力的措施，依法加强大气环境质量管控。一是在调整优化产业结构，推进产业绿色发展方面。加快城市建成区重污染企业搬迁改造，加快落后产能淘汰和过剩产能压减，强化"散乱污"企业综合整治，深化工业污染源达标排放整治，推进重点行业污染治理升级改造，开展挥发性有机物治理，加强工业炉窑综合治理。二是在加快调整能源结构，构建清洁低碳高效能源体系方面。开展煤炭减量化及清洁高效利用，加强燃煤锅炉综合整治，提高能源利用效率，发展清洁能源和新能源。三是在积极调整运输结构，发展绿色交通体系方面。优化调整货物运输结构，加强机动车环保监管，加强非道路移动机械环保监管，强化移动源污染防治，加快油品质量升级。四是在优化调整用地结构，推进面源污染治理方面。开展防风固沙绿化工程，推进露天矿山综合整治，加强扬尘综合治理和秸秆综合利用。五是在应对污染天气方面。实现"7 天预报"能力，开展中期、长期环境空气质量预测预判。强化细颗粒物（$PM_{2.5}$）和臭氧（O_3）协同控制，推进挥发性有机物（VOCs）和氮氧化物（NO_x）协同减排。狠

抓春夏两季大气污染综合治理攻坚，在重点管控时段，督促有关州（市）落实错峰建设、限产限排、降雨增湿等差异化管控措施。

【空气环境质量总体持续保持优良】 云南省 16 州（市）政府所在地城市二氧化硫（SO_2）、二氧化氮（NO_2）、一氧化碳（CO）、臭氧（O_3）、可吸入颗粒物（PM_{10}）、细颗粒物（$PM_{2.5}$）浓度平均值分别为 8 微克/立方米、15 微克/立方米、1.0 毫克/立方米、119 微克/立方米、33 微克/立方米、21 微克/立方米。其中，二氧化硫（SO_2）、二氧化氮（NO_2）、一氧化碳（CO）、可吸入颗粒物（PM_{10}）达到《环境空气质量标准》（GB 3095—2012）一级标准；臭氧（O_3）、细颗粒物（$PM_{2.5}$）达到二级标准。2020 年，优良天数比率总体保持稳定。2020 年，全省环境空气质量优良天数比率为 98.8%。

【大气污染防治】 一是调整优化产业结构，推进产业绿色发展。云南省 16 个州（市）政府所在地城市建成区及周边水泥、平板玻璃、焦化、化工、有色、钢铁等重污染企业搬迁改造或关闭退出，已完成 14 个州（市），完成率 87.5%（云南曲靖钢铁集团双友钢铁有限公司原地转型升级，计划 2023 年完成；昆明市主城区的中国铜业有限公司王家桥片区 3 家重污染企业 2023 年才能完成搬迁）。"散乱污"企业及集群综合整治 2325 家，累计完成 2161 家，完成率约为 92.9%（大理州 161 家、文山州 3 家未完成）。燃煤电厂超低排放改造工程 13 台，累计已完成 12 台，完成率约为 92.3%，预计年底全面完成（云南能投曲靖发电有限公司 4 号机组正在进行改造，预计 2020 年 12 月 31 日前完工）。工业企业无组织排放治理项目 226 个（含钢铁、建材、有色、火电、焦化、铸造 6 个行业），已完成 200 个，约为完成率 88.5%，预计年底全面完成（文山 17 个、怒江 6 个、临沧 3 个未完成）。二是加快调整能源结构，构建清洁低碳高效能源体系。燃煤小锅炉淘汰，113 个县级城市（城镇）建成区每小时 10 蒸吨及以下燃煤锅炉 550 台，累计已淘汰 550 台，完成率 100%。全省非化石能源占一次能源消费比重预

计达 46%（全国目标任务为 18%），居全国首位。全省 16 个州（市）政府所在地城市已划定高污染燃料禁燃区，并向社会进行了公告，完成率 100%。三是加强移动源污染防治。国Ⅲ排放标准老旧柴油货车淘汰，累计已淘汰国Ⅲ排放标准老旧柴油货车 48655 辆，完成率 162.2%。油品质量自 2019 年 1 月 1 日起，率先全面供应符合国Ⅵ（B）标准的车用汽油、国Ⅵ标准的车用柴油。比国家要求自 2023 年 1 月 1 日起，全面使用国Ⅵ（B）标准汽油要求提前了整整 4 年，这在全国是第一家。对全省 14 家生产、销售企业 44 辆柴油货车、6 台柴油机开展环保一致性核查，系族抽检率 29%、合格率 95.5%，完成了"省直有关部门在生产销售柴油车型系族的抽检合格率达到 95% 以上"的目标任务。全省机动车排放检验机构 316 家，拥有汽、柴油检测线共 997 条。为此，举办 6 次机动车排污监管培训班。到文山、昭通、迪庆、红河、玉溪、曲靖、昆明、楚雄、丽江、普洱、西双版纳 11 州（市）对 55 家检验机构现场抽查，针对存在问题，印发通知全面排查，要求依法依规查处环境违法行为。各州（市）累计开展机动车排放检验机构现场检查 911 家次，共处罚金 380 万元，责令 45 家检验机构停止检测。据省级平台统计，累计共检测车辆 989 万辆次，其中，合格车辆 822 万辆，合格率约为 83.1%。省级与国家级平台联网率为 100%，州（市）级与省级平台联网率为 100%，检验机构与州（市）级平台联网率为 97.2%（曲靖 2 家、保山 1 家、文山 3 家新建未联网，红河 2 家、文山 1 家停检）。加强移动源排放遥感监测能力建设，截至统计时，已建成国家、省、州（市）三级联网监控平台，昆明、曲靖、玉溪、楚雄、保山、丽江、西双版纳、德宏 8 州（市）建成机动车排气污染遥感监测设备并完成与省级机动车遥感监测平台联网工作，累计建成 3 套机动车固定式遥感监测设备，10 套黑烟车抓拍设备，完成率 50.0%，预计年底基本完成。非道路移动机械摸底调查和编码登记，目前，全省 129 个城市（城镇）建成区摸底调查和编码登记数量为 11534 台，核发环保登记号码数量为 6567 台。州（市）政府所在地城市建成区禁止使用高排放非道路移动机械区域，已划定 16 个，完

成率 100%。四是优化调整用地结构，推进面源污染治理。全省 129 个城市（城镇）建成区正在落实建筑施工工地做到工地周边围挡、物料堆放覆盖、土方开挖湿法作业、路面硬化、出入车辆清洗、渣土车辆密闭运输"六个百分之百"。

积极应对气候变化

【编制完成全省温室气体排放清单】 向生态环境部先后上报了《2019 年度控制温室气体排放目标责任自评估报告》和 2019 年度 8 个重点行业 238 家企业第三方核查结果，参加了全国火电企业碳排放权交易工作，配合省财政厅开展 2017—2019 年省级低碳发展引导专项资金绩效评估。2020 年 6 月，完成《云南省应对气候变化规划（2021—2025 年）》编制研究报告，8 月，完成全省非二氧化碳温室气体排放控制研究。指导有关州（市）开展低碳工业园区、低碳社区试点示范，组织全省 16 个州（市）参加了全国"低碳日"宣传活动。

根据《中共云南省委全面深化改革委员会关于做好 2020 年督察评估工作的通知》（云改委发〔2020〕2 号）要求，在各州（市）人民政府上报自查材料的基础上，组织专家到红河、楚雄、西双版纳 3 个州开展实地调研，2020 年 9 月，按时上报了落实《云南省建立碳排放总量控制制度和分解落实机制工作方案及云南省落实全国碳排放权交易市场建设实施方案》的督察评估报告。

根据中共云南省委印发《中国（云南）自由贸易试验区总体方案》要求，结合《中国（云南）自由贸易试验区总体方案任务分工》（云自贸组办发〔2019〕3 号）第 96 项提出的"推动碳排放权交易资源储备"试点任务，2019 年 12 月，制定印发《中国（云南）自由贸易试验区"推动碳排放权交易资源储备"实施方案》，2020 年 10 月，编写完成《云南省碳排放权交易资源调查及开发潜力评估报告》，2020 年 11 月，制定完成自贸区《碳排放权交易资源储备管理办法（试行）》。目前，正在组织昆明、红河、德宏 3 个州（市）积极开展工作，计划于 2021 年 8 月完成

《中国（云南）自由贸易试验区碳排放权交易资源储备经验案例评估报告》。

（撰稿：张小萍）

水生态环境污染防治

【工作综述】 2020 年，云南省水生态环境工作坚持目标导向、问题导向、结果导向，切实加强水生态环境保护，坚决打好水污染防治攻坚战，全力推进 2020 年及"十三五"目标任务完成，各项工作取得积极进展。2020 年，水生态环境处围绕碧水保卫战，协调推进"九大高原湖泊保护治理""以长江为重点的六大水系保护修复""饮用水水源地保护""城市黑臭水体治理"等涉水标志性战役。继续以改善水环境质量为核心，持续开展考核断面水质按月通报预警，对水环境质量达标滞后地区采取约谈、会商、督办等方式进一步压实地方主体责任，积极改善断面水质；全力推进湖泊保护与治理"十三五"规划及不达标水体达标方案的实施；部署落实长江流域国控劣 V 类断面整治、工业园区污水处理设施整治、城市黑臭水体整治和长江（云南段）入河排污口排查整治等工作；在深入推进"千吨万人"饮用水水源地清理整治工作的基础上，围绕"划、立、治"三项重点工作，稳步开展其他乡镇级集中式饮用水水源保护区划定及环境问题排查整治工作；继续强化工业污染防治、城镇污染治理、农业农村污染防治、船舶港口污染控制、水资源节约保护等重点工作任务；定期召开省水污染防治专项小组成员单位工作调度会，推动以改善水环境质量为目标的各项工作落实。同时，持续加大资金投入力度，促进流域水质改善，其中，中央水污染防治专项资金合计下达 9.67 亿元。

【水环境质量持续改善】 云南省共监测的265 个国控省控河流断面，水质达到 Ⅲ 类标准以上、水质优良的断面有 229 个占 86.4%，比上年上升 1.9 个百分点；劣于 V 类标准、水质重度污染的断面有 10 个占 3.8%，比上年上升 1.5 个百分点；达到水环境功能要求的断面有 244 个占

92.1%，比上年提高 1.5 个百分点。26 个出境、跨界河流监测断面均达到水环境功能要求，达标率 100%，与上年持平。

【河流总体水质为良好】 六大水系中，红河水系、澜沧江水系、怒江水系、伊洛瓦底江水系水质为优；长江水系水质良好；珠江水系水质轻度污染。六大水系主要河流受污染程度由大到小依次为：珠江水系、长江水系、澜沧江水系、怒江水系、红河水系、伊洛瓦底江水系。

【主要湖库水质总体稳定】 九大高原湖泊中，抚仙湖、泸沽湖符合 Ⅰ 类标准，水质优；阳宗海、洱海符合 Ⅲ 类标准，水质良好；滇池草海、程海（氟化物、pH 除外）符合 Ⅳ 类标准，水质轻度污染；滇池外海、星云湖、异龙湖符合 V 类标准，水质中度污染；杞麓湖劣于 V 类标准，水质重度污染。抚仙湖、泸沽湖、滇池草海达到水环境功能要求。与上年比较，星云湖由劣 V 类好转为 V 类，杞麓湖由 V 类下降为劣 V 类。除九大高原湖泊外，其他开展水质监测的 57 个湖库中，52 个水质优良，约占 91.2%。

全省县级以上集中式饮用水水源水地质总体稳定。2020 年，按单因子评价，41 个水源地水质满足或优于 Ⅲ 类水质要求，水质达标率为 100%；全省 181 个县级城镇集中式饮用水水源地开展了水质监测，178 个水源地满足或优于 Ⅲ 类水质要求，水质达标率为 98.3%。

【地表水生态环境监管】 按月分析研判国考断面水质。按月对纳入国家考核的断面水质进行分析研判预警，向相关州（市）人民政府下发地表水断面水质情况预警函，要求水质呈下降趋势或未达年度水质目标的地表水断面所在州（市）认真分析水质超标原因，制订整改方案，采取切实可行的治理措施，确保断面水质稳定达标；巩固长江流域劣 V 类国控省控断面整治专项行动成果。以昆明市"富民大桥""通仙桥"、楚雄州"西观桥" 3 个断面为重点，全力推进劣 V 类水体消劣成果巩固工作。楚雄州"西观桥"断面水质为 Ⅳ 类；昆明市"富民大桥""通仙桥" 2 个断面

水质为Ⅴ类；开展 2019 年度、"水十条"实施情况考核。按照《云南省水污染防治工作方案实施情况考核规定（试行）》，对 16 个州（市）2019 年度"水十条"工作完成情况进行考核。2019 年，水污染防治行动计划实施情况好的有昆明、昭通、保山、红河、文山、西双版纳、怒江、迪庆 8 个州（市）；实施情况较好的有德宏、丽江、临沧 3 个州（市）；需加快实施进度的有曲靖、玉溪、楚雄、普洱、大理 5 个州（市）。

【饮用水水源地保护】 以乡镇级集中式饮用水水源地保护范围划定为重点，打好饮用水水源地保护攻坚战。印发《云南省水源地保护攻坚战专项小组办公室关于进一步加强乡镇级集中式饮用水水源保护工作的函》（云污防水源〔2020〕2 号），细化了乡镇级饮用水水源保护区"划、立、治"工作的主要目标任务和时限。并会同全省 16 个州（市）人民政府组织县（市、区）人民政府开展乡镇级饮用水水源保护区划定工作。组织召开了覆盖全省 129 个县的集中式饮用水水源地环境保护技术培训会，指导地方解决集中式饮用水水源地"划、立、治"工作中遇到的技术难题和工作难点；两次组织涉及跨界的 7 个州（市）以及相关县（市、区）人民政府召开了跨州（市）水源保护区划分协商会，加快推进跨界水源保护区划定工作；组织开展 1283 个水源保护区划定方案省级技术审查，指导各地履行重大行政决策相关程序。按省人民政府办公厅关于批转文件要求，由省生态环境厅冠以"经省人民政府批准"行文对上报的划定方案进行批复。11 月底，云南省全面提前完成饮用水水源保护区划定及批复。对水质不达标的文山州县级水源地东瓜林和腊拱开展现场调研，督促地方积极整改，认真分析水质超标原因，提出对策措施，力求改善不达标水源水质；对全省县级以上水源开展 2018 年度水源环境状况评估；继续推进《云南省饮用水水源保护条例》立法工作。2020 年，按单月单因子评价，全省 43 个州（市）级城市饮用水水源共监测了 41 个（丽江黑龙潭断流未监测、昆明柴河水库水位下降无法正常供水未监测），41 个水源水质满足或优于Ⅲ类水质要求，水质达标率为 100%；全省

181 个县级城镇集中式饮用水水源开展了水质监测，178 个水源满足或优于Ⅲ类水质要求，水质达标率约为 98.3%。

【九大高原湖泊生态环境监管】 制发《2020 年度云南省生态环境厅九大高原湖泊生态环境监督工作要点》，指导相关州（市）围绕九湖流域水环境质量改善、水污染源管控、任务措施落实、环境违法违规行为查处为重点，综合运用严格环境准入、强化风险防范、严格环境执法、推进督察整改、加大科技支撑等措施，扎实开展九大高原湖泊生态环境监管；组织各州（市）及时修编湖库水华预警防控预案，持续加强蓝藻水华预警监测。支持中国科学院开展的水污染防治相关课题和项目在云南落地实施，协助开展星云湖、杞麓湖省级环保督察，协助省财政厅绩效评价组开展"云南省级财政支持九大高原湖泊治理绩效评价"与省河长办共同按月调度九大高原湖泊保护治理情况，统筹推进九大高原湖泊保护治理；切实履行洱海保护治理工作领导小组办公室具体职责，督促落实领导小组议定事项，密切跟踪、调度工作进展。2020 年，洱海国家考核湖心点位水质为Ⅱ类，水质优；洱海全湖平均水质为Ⅲ类，水质良好。

【工业园区污水处理设施专项整治行动】 进一步贯彻落实《长江经济带工业园区污水处理设施整治专项行动工作方案》，继续推进工业园区污水处理设施整治专项行动。按时完成 2020 年长江经济带工业园区污水处理设施专项整治调度系统填报工作。全省所有具备集中治理条件的园区，均已采取自建或依托方式，实现污水集中治理。对无企业入驻或污水产生量极少的片区，按照实事求是的原则，由企业按建设项目"三同时"要求，通过自建污水处理设施处理达标后排放。

【入河排污口设置管理】 落实"互联网+监管""放管服"等政务服务工作要求，顺利完成入河排污口设置审批事项进入云南省政府服务平台，基本可实现全程网办；加强与地方联系沟通，指导地方做好入河排污口设置审批和建立入河排污

口名录。持续开展长江（云南段）入河排污口排查整治，初步完成入河排污口排查，其中纳入国家试点的赤水河流域（云南段）排查入河排污口164个；认真做好入河排污口审批工作，自2019年5月29日省水利移交该事项以来，共接到入河排污口申请14件，完成审批8件，其余6件正在组织开展技术审查工作。

【黑臭水体整治环保专项行动】 联合住建厅于6—7月对昆明、昭通、曲靖、玉溪、保山、普洱、丽江、临沧8个城市进行了现场帮扶督导。通过对纳入全国城市黑臭水体整治监管平台的33条水体、两部委预警城市名单中公众举报的7条信息、卫星遥感识别的7条疑似黑臭水体、长江经济带生态环境警示片问题涉及的2个城市进行现场排查监测，布设监测点共计125个，监测水体54条。排查工作结束后，及时会同住建厅采取约谈、通报、跟踪督办等方式压实地方政府责任，黑臭水体整治工作成效得到进一步巩固。

【重点流域水生态环境保护"十四五"规划】 自2020年1月起，会同省水利厅共同组织各州（市）人民政府编制《云南省重点流域水生态环境保护"十四五"规划》，编制过程紧紧围绕"突出的生态环境问题在哪里、问题症结在哪里、相应对策在哪里、具体落实在哪里"（简称"四个在哪里"），做实做细编制各个阶段工作。省级规划文本已编制完成，待国家规划发布后印发。

【水污染防治专项资金项目管理】 组织开展2020—2021年水污染防治中央项目储备库入库申报工作。累计完成技术指导项目180个，其中，符合（含基本符合）入库条件的项目140个，不符合入库条件项目40个。建立云南省生态环境厅水生态环境专家库，目前已完成第一轮专家信息录入，累计录入专家人数约110人。开展中央资金项目调研帮扶工作。联合厅科财处、省评估中心组成调研帮扶技术组，分四次对西双版纳、红河、玉溪、楚雄、大理5个州（市）进行了现场帮扶指导。对于不符合资金支持方向的项目提出整改意见，并形成调研帮扶指导报告提交厅科财

处汇总报分管厅领导。

（撰稿：孙凤智）

土壤生态环境污染防治

【工作综述】 2020年，云南省深入贯彻落实《土壤污染防治法》《土壤污染防治行动计划》，坚持目标导向、综合施策，推进土壤、农业农村、地下水生态环境保护各项重点工作落地见效。一是持续推进土壤污染防治。推进土壤污染状况详查，基本掌握全省重点行业企业用地污染的分布及其环境风险。完成274家涉镉等重金属重点行业企业整治任务，持续推进第二阶段污染源整治。制定公布第三批云南省土壤污染重点监管单位名录，督导重点监管单位依法履行土壤污染防治义务。配合农业农村部门完成全省耕地土壤质量类别划定。建立全省土壤污染状况调查、风险评估和效果评估报告审查管理体系，实现疑似污染地块、污染地块空间信息与国土空间规划"一张图"管理。持续推进土壤污染治理与修复技术应用试点项目。二是推进农村环境整治。开展农村生活污水治理现状摸底调查，全面掌握农村生活污水治理现状。出台云南省农村生活污水治理专项规划编制指南，指导全省各县（市、区）编制完成县域农村生活污水治理专项规划。持续推进农村环境整治试点示范，全面完成"十三五"期间农村环境整治任务。组织开展农村黑臭水体排查，建立农村黑臭水体清单，启动农村黑臭水体治理试点。会同省农业农村厅组织开展畜禽养殖禁养区调整落实情况自查。三是稳步推进地下水污染防治。印发《云南省地下水污染防治实施方案》，全面部署地下水污染防治工作。开展国控地下水极差点位现场踏勘，并推动整改。圆满完成地下油罐防渗改造。

【土壤污染防治】 一是高质量推进土壤污染状况详查。按照国家统一要求和部署，高质量推进全省重点行业企业用地调查工作，完成全省3034个土壤污染重点行业企业用地基础信息调查和风险筛查，264个采样地块土壤和地下水样品采

集和成果总结,基本掌握了全省重点行业企业用地污染的分布及其环境风险情况。二是扎实推进耕地周边涉镉等重金属重点行业企业排查整治。完成274家涉镉等重金属重点行业企业整治任务;以超筛选值农用地为重点排查区域,持续推进第二阶段污染源整治,建立污染源排查清单336家,建立整治清单15家,并组织实施整治。三是严格土壤污染重点监管单位环境监管。制定公布第三批云南省土壤污染重点监管单位名单,建立土壤污染重点监管单位环境管理调度工作机制,压实州(市)属地监管责任和企业主体责任,组织对104家云南省土壤污染重点监管单位开展现场监督检查,规范和指导重点监管单位依法履行土壤污染防治义务。四是配合实施农用地分类管理。配合农业农村部门全面完成全省129个县(市、区)耕地土壤质量类别划定工作,并将耕地土壤环境质量划分结果上报国家。按照生态环境部《关于下一阶段农用地安全利用等有关目标任务的函》要求,根据耕地土壤环境质量类别划分结果,分解细化各州(市)受污染耕地安全利用任务,经省人民政府同意后印发各州(市)人民政府。制定并印发《云南省严格管控类耕地种植结构调整或退耕还林还草工作实施方案》,明确省负总责,县市落实,因地制宜全力推进受污染耕地安全利用和种植结构调整或退耕还林还草、治理修复等工作。2020年,受污染耕地安全利用率81.2%,达到国家下达云南省80%左右的目标。五是严格建设用地准入管理。联合省自然资源厅印发《关于进一步做好建设用地污染地块再开发利用联动监管的通知》和《云南省建设用地土壤污染状况调查、风险评估、风险管控及修复效果评估报告评审指南》,进一步加强全省建设用地污染地块再开发利用监督管理,落实建设用地污染地块信息共享和联动监管机制,建立全省土壤污染状况调查、风险评估和效果评估报告审查管理体系,有效防范人居环境风险。建立并公布《云南省建设用地土壤污染风险管控和修复名录》。完成疑似污染地块、污染地块空间信息与国土空间规划"一张图"汇总,实现"一张图"管理。2020年,云南省污染地块安全利用率为100%,超额完成国家下达云南省不低于90%的目标。六是推进土壤污

染治理与修复技术应用试点项目。加快推进全省土壤污染治理与修复技术应用试点项目,印发《关于切实加快推进土壤污染治理与修复应用试点项目进度的函》,组建省级试点项目技术组,实施"一对一"技术帮扶,实行周调度和通报机制,督导各州(市)加快推进试点项目进度。完成15个土壤污染治理与修复技术应用试点项目成果总结工作,初步形成一批经济有效、可推广应用的土壤污染修复、风险管控措施及模式,为在更大范围实施土壤污染风险管控和修复奠定技术基础。七是强化宣贯,积极推动土壤污染地方立法。配合省人大常委会组织开展了《土壤污染防治法》执法检查,有力地推动法律的贯彻实施。制定并实施《土壤污染防治法》宣传工作方案,以制作宣传视频、投放公益广告、开设宣传专栏、发布精品网课、发放宣传手册、开展问卷调查、组织业务培训等形式多样的方式开展宣传,切实提高政府有关部门依法履行土壤污染防治监管能力、企业依法履行土壤污染防治义务的自觉性和社会公众参与意识。

【农村生态环境保护】 一是加强组织领导,认真研究部署。将农村生活污水治理作为农业农村污染治理攻坚战的重要内容,重点研究、重点部署、重点推进。印发《农村生活污水治理实施意见》《云南省农村生活污水治理模式及技术指南》等指导文件。召开工作推进会,每月进行专题研究,全面安排部署农村生活污水治理工作。二是开展现状调查,切实摸清底数。组织开展两轮农村生活污水治理现状摸底调查,建立调查全过程质量控制体系,建成全省农村生活污水治理基础信息填报系统,强化培训和全过程技术指导,全面掌握农村生活污水治理现状。三是编制专项规划,强化梯次实施。出台《云南省农村生活污水治理专项规划编制指南》,指导全省129个县(市、区)编制完成县域农村生活污水治理专项规划,以规划为引领,梯次推进农村生活污水治理。全省12.7万个自然村中,4.26万个自然村完成生活污水治理。其中,纳入城镇和乡镇污水管网自然村3885个,建成集中或分散污水处理设施自然村6891个,污水得到有效管控自然村31790个。

受益 136.38 万户，488.06 万人。四是量化考核目标，分类组织推进。研究制定"一类县农村生活污水治理率明显提高、二类县农村生活污水乱排乱放得到有效管控、三类县农村生活污水乱泼乱倒明显减少"的考核目标和一类县治理率达到50%、二类县达到20%、三类县达到10%的考核量化指标，建立定期调度和通报机制，督促各地分类分区实施，确保全面完成三年行动考核目标。2020 年，全省 9 个一类县、31 个二类县、89 个三类县农村生活污水治理率全部达到考核指标要求。五是深入开展调研，强化帮扶指导。实现全省 16个州（市）实地帮扶、调研和抽查的全覆盖，组织开展定期线上线下培训，以问题为导向，帮扶指导各地理清思路、明确目标、精准施策、科学梯次推进工作。同时，指导各地做好项目储备，开展中央农村环境综合整治专项资金和省级生态环境专项资金项目入库申报，多渠道争取资金支持。六是强化试点示范，凝练治理经验。会同住房和城乡建设、农业农村、水利等部门，持续推进农村环境综合整治试点示范，全面完成国家下达云南省"十三五"期间新增的 3500 个建制村环境综合整治任务。采取县级自查，州（市）级复核和省级抽查结合方式，组织开展整治成效评估，总结凝练好的经验做法，汇编印发《云南省农村生活污水治理模式及技术指南（试行）》，供各地学习借鉴。七是高质量完成全省农村黑臭水体排查。有序推进农村黑臭水体排查，建立全省农村黑臭水体清单，并启动农村黑臭水体治理试点工作。全省建立 94 个农村黑臭水体治理清单。八是开展畜禽养殖禁养区调整落实情况自查。会同省农业农村厅转发《关于开展畜禽养殖禁养区调整落实情况自查的通知》，指导各地依据《中华人民共和国畜牧法》《畜禽规模养殖污染防治条例》等法律法规，逐一对已划定禁养区是否还存在超出法律法规划定情况、是否已调整超出法律法规划定禁养区、是否印发公布并落实调整后的禁养区划定方案、实际调整是否与调整后划定方案一致、是否存在"无猪市""无猪县"等方面进行自查。涉及禁养区划定调整的 44 个县（市、区）均依据相关法律法规进行调整。云南省划定禁养区 4968片，划定面积 52931.64 平方千米。

【地下水污染防治】　一是加强工作对接，摸清地下水现状底数。主动与自然资源部门展开工作对接，收集全省地下水水文地质调查和 54 个国控地下水考核点位监测现状资料。二是制订方案，引领防治。按照生态环境部要求，省生态环境厅联合省自然资源厅、水利厅、农业农村厅等部门，研究制定印发《云南省地下水污染防治实施方案》，明确目标任务和责任分工，全面部署全省地下水污染防治工作。稳步推进化工等重点污染源周边地下水环境状况调查评估，推进全省地下水环境状况数据库建设。三是开展国控地下水极差点位现场踏勘。按照"水十条"考核要求，根据54 个国控地下水考核点位基础信息及监测数据，组织对昆明市官渡区南郊六甲村口和楚雄市鹿城镇谢家河村两个国考水质极差考核点位进行实地踏勘，分析研究原因，并积极组织制订整改计划。四是强力推进地下油罐防渗改造，确保全面完成改造任务。按照生态环境部和《关于进一步加快推进加油站地下油罐防渗改造工作的通知》（云污防通〔2018〕9 号）要求，圆满完成全省 12709个地下油罐防渗改造，完成率 100%。

（撰稿：庞建明）

固体废物管理

【工作综述】　2020 年，云南省以习近平新时代中国特色社会主义思想为指导，全面贯彻党的十九大和十九届二中、三中、四中全会精神，深入贯彻落实习近平生态文明思想和全国生态环境保护大会精神，以有效防范化解危险废物环境风险、保障生态安全为目标，全面强化固体废物环境风险管理，健全危险废物环境监管体系，推动完善危险废物相关领域监管衔接机制，持续开展危险废物专项整治，严厉打击涉危险废物环境违法行为，加快推进固体废物信息化，着力提升固体废物环境监管能力、处置能力和风险防范能力，努力促进全省经济社会可持续发展。云南省全年未发生因固体废物污染环境而造成不良社会影响事件，有效维护了人民群众身体健康和生态环境安全。

【固体废物污染防治】 一是全省需完成的185个堆存场所的环境整治已全部完成，完成率为100%。二是组织开展了2019年全省危险废物申报登记，及时通过全国固体废物管理信息系统向国家报送产废数据，根据汇总，全省11090家危险废物产生单位（含医疗机构）开展危险废物申报登记，涉及全省370个行业，36类危险废物。三是完成对全省16个州（市）危险废物规范化管理工作情况进行考核，现场抽查107家危险废物产生企业和经营企业，并对各州（市）进行考核评级。四是完成危险废物管理计划、申报登记、省内转移联单、跨省转移联单等电子化管理并按要求与国家系统联网，逐步推行网上审批和电子联单制。

【重金属污染防治】 全省完成1367家全口径清单企业基础排放量核算工作，核定铅、汞、镉、铬、砷五项重金属污染物2013年排放基数312303.3千克。2020年重点行业重点重金属污染物排放总量较2013年下降了13.6%，完成了国家下达云南省12%的减排目标。

【切实提高审批效能】 2020年以来，共办理危险废物经营许可事项71项；受理跨省转出169份，跨省转入申请231份；按照国家要求，按时完成废弃电子产品拆解的审核。

【医疗废物监管】 截至2020年底，全省16个州（市）正常运行的医疗废物集中处置设施20个，医疗废物集中处置核准能力156.8吨/日，全省累计处置医疗废物39605.79吨，实际日处理量约108.5吨/日，做到"应收尽收""应处尽处"。2020年，全省未发生医疗废物处置过程次生环境污染事件。

【长江经济带尾矿库污染治理】 有序推进尾矿库污染防治工作，截至2020年底，全省纳入应急管理部门监管清单内的588座尾矿库，尾矿库环境风险评估、环境应急预案、污染防治方案制定完成率100%，完成国家下达的年度目标任务。

（撰稿：赵雪梅）

【云南省固体废物管理中心】 云南省固体废物管理中心成立于2012年，隶属于云南省生态环境厅，承担全省固体废物、有毒化学品环境管理及重金属污染综合防治技术支撑，建设管理全省危险废物、重金属、有毒化学品数据库。内设办公室、综合信息管理室、固体废物与化学品管理室、危险废物与重金属管理室4个部门，现有在职工作人员22名。其中，正高级工程师4名，副高级工程师7名，工程师4名；在读博士3名，硕士6名，本科11名。

固体废物污染治理攻坚战。2020年，在云南省生态环境厅党组领导下，云南省固体废物管理中心坚持以习近平生态文明思想为指导，巩固打赢污染防治攻坚战的阶段性成果，完成相关厅（局）和各州（市）政府工作情况调度，经汇总城镇生活垃圾无害化处理率达到99.65%，州（市）政府所在地城市污水处理厂污泥无害化处理处置率达到90%以上，乡镇和村庄生活垃圾基本实现全收集全处理，固体废物污染治理攻坚战实施方案确定4个方面的8个指标和51项具体任务全部完成；参与省工信厅组织的专项督导，研究推进各项目标任务的工作措施。

危险废物专项整治三年行动。组织各州（市）生态环境局开展危险废物产生、转移、贮存、利用、处置等环节的环境风险排查治理，配合省生态环境厅完成《云南省危险废物专项整治三年行动实施方案》编制，建立危险废物环境重点监管单位清单，纳入清单管理单位221家；对全省危险废物处置单位、重点行业企业、危险化学品产生单位、化工园区开展危险废物专项整治工作，排查化工园区及涉危险废物单位504家，形成《危险废物专项整治三年行动问题清单》；编制完成《云南省危险废物产生现状调查、利用处置能力和设施运行情况评估报告》。

医疗废物管理技术支持。配合省生态环境厅完成《云南省生态环境厅关于加强新型冠状病毒感染的肺炎疫情医疗废物处理处置工作方案》《云南省生态环境厅关于关于进一步加强疫情防控期间医疗废物处理处置监管工作的通知》《云南省生态环境厅关于加强危险废物（医疗废物）环境管理的指导意见》等文件编制，参与疫情医疗废物处置工作指导帮扶。

重金属污染防治技术支持。开展重金属减排评估，完成"十三五"重金属减排评估考核目标，全省核定1367家涉重金属重点行业全口径清单企业，2014—2020年实施重金属减排工程数550个（关闭企业514家，实施治理项目36个），削减重金属59690千克，新改扩建审批项目新增排放量17192千克，全省累计净削减重金属排放量42498千克，实现13.6%的削减率。落实《汞公约生效公告》提出的"2020年氯乙烯单体生产工艺单位产品用汞量较2010年减少50%"要求，核查3家电石法聚氯乙烯生产企业用汞情况，实现低汞触媒高效应用，完成了我省电石法聚氯乙烯企业单位产品用汞量减半目标。

危险废物许可证审批技术支持。开展危险废物经营许可证现场审核工作，配合省生态环境厅完成《云南省生态环境厅关于进一步规范危险废物收集经营许可管理的通知》编制。截至2020年底，全省累计核发危险废物综合经营许可证94个，核准经营规模431.6万吨；医疗废物经营许可证20个，核准经营规模4.68万吨；危险废物收集证126个，核准经营规模188.04万吨。

危险废物跨省转移管理技术支持。完成网上受理跨省转移申请及数据审核汇总工作。共受理申请363份，运行跨省转移转移电子联单50919份，转移量766556.10吨。

危险废物申报登记技术支持。全省共13329家企业开展2019年度危险废物申报登记，申报危险废物产生量332.20万吨，自行利用量188.88万吨，自行处置量54.47万吨，委托利用量63.33万吨，委托处置量22.88万吨，共涉及429个行业共37类危险废物。

有毒化学品环境管理技术支持。开展年持久性有机污染物统计工作，对废弃物焚烧、制浆造纸、水泥窑共处置固体废物、铁矿石烧结、炼钢生产、焦炭生产、再生有色金属生产、遗体火化8个行业182家企业的二噁英排放源进行核查，配合省生态环境厅完成《云南省2020年持久性有机污染物统计调查报告》编制。

废弃电器电子产品拆解情况审核技术支持。按季度开展云南华再新源环保产业发展有限公司、

云南巨路环保科技有限公司2家拆解企业拆解处理情况审核工作。2020年共计规范拆解处理废弃电器电子产品1213362台（套）。其中，"废电视机"682846台，"废冰箱"184567台，"废洗衣机"314579台，"废空调"1734套，"废电脑"29636套。

（撰稿：毕婷婷）

自然生态保护

【生态状况评估】　组织实施云南省2015—2020年生态状况变化遥感调查评估及云南省2000—2020年生态状况变化遥感调查评估，完成生态系统类型3081个点位野外调查。

【自然保护地监管】　积极推进以国家公园为主体的自然保护地体系建设，配合林草部门完成全省自然保护地整合优化预案上报。制定印发《"绿盾2020"自然保护地强化监督实施方案》，开展自然保护地人类活动遥感监测核查，对违法违规问题整改滞后州（市）下发督办函，推进自然保护地违法违规问题整改。配合国家开展国家级自然保护地问题整改情况核实调研，完成520个点位现场核实。会同林草、农业农村等部门联合开展非法侵占林地种茶毁林等破坏森林资源违法违规专项整治工作。开展执法检查，推进涉自然保护区"小水电"清理整改。

【生态保护红线监管】　制定《云南省生态保护红线监管平台建设实施方案》，推进生态保护红线监管平台建设。与省自然资源厅共同组织开展生态保护红线评估调整，完成州（市）和全省生态保护红线评估成果审核，形成《云南省生态保护红线评估成果》上报国家。

【生物多样性保护】　2020年5月22日，云南省生态环境厅联合省人民检察院、省林业和草原局、省政府新闻办公室、国家林业和草原局驻云南省森林资源监督专员办事处及中国科学院昆明分院共同发布了《云南的生物多样性》白皮书，

发表了《生物多样性保护倡议书》。出版《云南大百科全书·生态》和《云南省生物物种红色名录（2017版）》，组织翻译《云南省生物多样性保护条例》，开展云南生物多样性网上博物馆建设。

（撰稿：宋成文）

生态文明建设

【重谋划，抓统筹协调】 按照吃透上情、摸清底数、结合省情的思路，紧扣"国土空间管控、绿色发展机制、绿色生活创建、构建现代环境治理体系、筑牢西南生态安全屏障"等重点改革事项，充分发挥生态文明体制改革专项小组办公室平台的作用，在广泛听取成员单位意见的基础上，积极向省委改革办建言献策，将事关云南省生态文明制度建设的重点事项列入省委改革台账，专项小组办公室在年初印发了《省委生态文明体制改革专项小组办公室关于认真贯彻落实〈省委全面深化改革委员会2020年工作台账〉等4个文件精神的通知》，进一步明确各成员单位责任和完成时限以及月调度需报送材料和协调事项。按照生态文明体制改革环保先行的要求，一改过去单打独斗的工作局面，将事关生态环境保护的改革任务，纳入省生态环境厅年度工作要点进行安排部署，压实厅内各牵头处室工作责任，确保各项改革任务有效推进。

【重调度，抓工作推进】 专项小组办公室按照"月调度，季检查、年总结"的工作思路，加强各项改革任务的协调、调度，确保各项改革任务圆满完成。按照2020年省委全面深化改革委员会下发的改革要点和改革台账要求，生态文明体制改革专项小组的改革任务为28项，其中，由省生态环境厅牵头完成的3项、配合参与的9项。截至统计时，专项小组的28项改革任务共完成11项，余下17项中有11项等待中央政策出台，正在推进的6项改革任务中，3项已进入省委、省政府审议程序，3项为年底提交工作报告。省生态环境厅牵头的"制定云南省污染防治攻坚战考核办法"已上报省政府待审议。另外，省生态环境厅自加压力新增的改革任务（28项之外），"成立云南省生态环境保护委员会"已完成，"制定《云南省生态环境保护督察实施办法》"已通过省政府常务会审议，待省委常委会审议。

对于事关生态环境部门能力和治理水平提升的《云南省关于现代环境治理体系的实施意见》此项改革任务，积极配合省发展改革委，认真分析影响云南省生态环境治理领域的"七大体系"建设的制约因素，力争在解决云南省生态环境治理体系的关键和核心问题上有所突破，目前，该实施意见已通过省政府常务会、省委深改委会议审议，将于近期印发。

【重督察，抓跟踪问效】 按照《中共云南省委全面深化改革委员会关于做好2020年督察评估工作的通知》（云改委发〔2020〕2号）要求，专项小组办公室负责全面深化改革"回头看"总结评估工作。在省生态环境厅主要领导亲自关心下，生态文明建设处提前谋划、精心组织，成立了全面深化改革"回头看"总结评估课题组，在广泛咨询、论证的基础上，编制总结评估工作方案。工作方案围绕党的十八届三中全会以来已出台的各项改革措施，以党的十九大以后的改革制度为重点，从政策出台的针对性、成效性、创新性、示范性和完善性五个方面进行量化打分、分级评估，采取牵头部门自查、自评、课题组综合评判的方式，对各项改革措施进行了全面、系统的梳理和评判，完成了《中共云南省委生态文明体制改革专项小组全面深化改革"回头看"总结评估报告》综合报告和精要版，上报省委改革办。总结评估报告显示：截至2019年底，省委生态文明体制改革专项小组已完成118项改革事项，专项小组改革任务完成率为100%。在专项小组已完成的118项改革任务中，生态文明建设制度类11项，自然资源资产产权制度类5项，国土空间开发保护制度类16项，环境治理制度类23项，资源有偿使用和生态补偿制度类13项，资源管控制度类28项，生态文明建设绩效评价考核和责任追究制度类16项，环境保护执法制度类6项。在这些改革事项的推进过程中，"多规合一"试点改革、自然资源资产负债表编制试点、领导干部自然资源资产离任审计、生态环境损害责任追究等一批改革事项先行先试，为改革制度的全面落地奠定基础；环境保护督察制度、环境监管执法、河长制湖长制、农田水利改革、国家公园体制改革、生物多样性保护、集体林权制度改革等一批在全国范围内具有标志性、引领性的重点改革取得突破，受到上级领导和部委的表扬和肯定，云南省生态文明制度建设的"四梁八柱"已基本构建。

【重点项目督察评估】 为进一步了解掌握改革政策所产生的成效，组织实施了《云南省建立碳排放总量控制制度和分解落实机制工作方案及云南省落实全国碳排放权交易市场建设实施方案》及《云南省生态环境监测网络建设工作方案》的督查评估。向各州（市）及省直有关责任单位下发《关于加快推进生态文明体制改革相关督察评估工作的函》，明确了各责任单位自检自查和材料报送的要求。组建工作专班，制订工作评估方案，派出两个调研检查组，抽查了昆明市、曲靖市、红河州、楚雄州和西双版纳州贯彻落实成效的情况。形成了《云南省建立碳排放总量控制制度和分解落实机制工作方案及云南省落实全国碳排放权交易市场建设实施方案》督察评估报告和《云南省生态环境监测网络建设工作方案》督察评估报告，上报省委改革办。

【重宣传，抓经验推广】 为加大生态文明体制的社会认知度和参与度。专项小组办公室向省委改革办推荐了《腾冲市积极探索绿水青山就是金山银山的转换模式》《深化生态文明体制改革切实加强生物多样性保护》宣传稿件，均被采用。

【生态文明建设示范区创建】 树亮点，重点推进国家级生态创建工作。按照省生态环境厅党组的安排和部署，始终把争创国家生态文明建设示范市县和"绿水青山就是金山银山"实践创新基地作为生态创建工作的重点。在今年第四批国家生态文明建设示范市县和"绿水青山就是金山银山"实践创新基地的争创进程中，在时间紧，又面临新型冠状病毒感染疫情防控的不利条件下，

派出工作组，对拟申报的12个州（市）、县，逐一进行实地调研和资料、材料准备的指导，工作重心前移，坚持好中推优，确保遴选和推荐地区的特色和亮点，公平、公正开展遴选和推荐工作。择优推荐的楚雄州、怒江州、保山市昌宁县、楚雄州大姚县、丽江市均获得国家生态文明建设示范市县和"绿水青山就是金山银山"实践创新基地的命名。国家级生态创建数量超过前三年，取得历史性突破。华坪县"两山"实践创新基地的典型经验和做法，被生态环境部、中宣部作为本年度10个重点典型示范案例，给予重点宣传、报道。截至统计时，全省有10个州（市）获得国家示范区的命名，占全国示范区数量的3.8%（与全国平均水平持平）；5个县（市、区）获得了"两山"基地称号、占全国"两山"基地数量的5.7%，在西部地区排名前列。

抓基础，打牢生态文明建设的根基。始终把生态创建作为争当全国生态文明建设排头兵、建设最美丽省份重要抓手，推进生态环境高水平保护和经济社会高质量发展的重要检验，贯穿全年工作的始终，扎实推进省级生态文明州（市）、县（市、区）和乡镇（街道）创建工作。按照"数量有突破，质量有提升"总要求，抓紧、抓实生态创建的各个环节。2020年，生态文明建设处共受理全省41个地区的创建申请，已通过厅长办公会审议并上报政府待命名的创建地区有8个，申报材料不符合要求退件的8个，不具备现场复核要求的5个；已完成现场复核工作流程，拟提交厅长办公会审议的20个。完成了580个（乡镇、街道）资料审查和抽查、检查工作（2018年、2019年余留下来的）。截至统计时，全省共有1个州、21个县（市、区）和615个乡镇（街道）获得省人民政府命名，3个州（市）、44个县（市、区）、580个生态文明乡镇（街道）待省政府命名。全省已命名和待命名的生态文明县（市、区）共计65个，占县域总数的50.4%；已命名和待命名的生态文明乡镇（街道）共计1195个，占乡镇（街道）总数的85%。提前完成了省委、省政府《关于全面加强生态环境保护坚决打好污染防治攻坚战的实施意见》（云发〔2018〕16号）明确提出的"到2020年，省级生态文明县（市、区）创

建比例达到50%以上，省级生态文明乡镇（街道）创建比例达到80%以上"目标任务。

破难点，理顺省级生态创建管理流程。针对长期困扰省级生态创建命名的难题，从年初开始，主动作为，多次协调省人社厅积极向国家人社部反映生态创建命名的问题。经多方努力，2020年9月22日，全国评比达标表彰工作协调小组办公室下发了《关于对第二批全国创建示范活动保留项目工作方案进行备案的通知》（国评组办函〔2020〕1号），公布了《全国创建示范活动保留项目目录（第二批）》，其中，云南省"省级生态文明建设示范区"列入保留项目。在省生态环境厅主要领导的协调下，省政府将对已上报的州（市）、县（市、区）给予命名，省级生态创建命名有章可循。针对生态创建过程中各地长期反映的问题，经认真调研、论证，结合"放管服"和为基层"减负"的要求，于2020年8月出台了《云南省生态环境厅关于进一步完善生态文明建设示范区创建管理工作的通知》（云环发〔2020〕12号），明确了生态创建的申报主体和申报条件、申报材料和流程、评判标准和要求、现场复核的方法、公示和举报查处、监督管理以及乡镇（街道）的生态创建等要求，确定了专家技术评估要点，强化了部门意见在生态创建中的作用，确立了综合评判的六项基本原则。该通知下发在业内引起关注。2020年8月31日，"云南发布"微信公众号以"好中选优！生态文明建设示范区和'两山'基地创建这样干"为题进行发布，成为网络热点。生态文明建设处修订了《云南省生态文明建设示范市县建设指标体系》和《云南省生态文明建设示范市县管理规程（暂行）》，待厅长办公会审议后，便可下发实施。为保证生态创建的质量，组建了更加广泛、适用的专家库，建立了"专家评估的回避制度"，生态创建正以前所未有的面貌，助推生态文明建设排头兵和最美丽省份建设。

聚焦点，抓实生态创建培训、宣传工作。为有效提升云南省生态文明创建水平，规范生态文明创建工作的管理，精准评判各地生态创建的成效，2020年7月6日，在昆明召开了云南省生态文明建设示范区创建工作研讨会，邀请各方代表

为云南省生态文明建设示范创建工作建言献策；并于9月召开了2020年生态文明建设示范区创建工作培训会议（以训代会），重点对生态管理创建工作进行安排部署，谋划明年的工作计划。一系列工作举措，扭转了过去被动的工作局面，各地争创生态文明建设示范区的热情日趋高涨。为大力宣传各地生态创建典型经验和做法，在明确各地上报材料必须附有特色、亮点报告的同时，还要求上报宣传材料。生态文明建设处制订生态创建的宣传计划，在厅网站和"两微"平台上定期发布宣传稿件，宣传各地"绿水青山就是金山银山"实践创新基地和生态文明建设示范区创建工作的特色亮点；并专题召开新闻发布会，向社会各界介绍云南省"绿水青山就是金山银山"实践创新和生态文明建设示范区创建的典型做法和成功经验，进一步扩大生态创建的社会知晓度和参与度。

（撰稿：生态文明建设处）

核安全与辐射环境管理

【工作综述】　2020年，云南省生态环境厅深入贯彻落实全国生态环境系统会议精神，认真履行辐射环境安全监管职责，强化辐射环境安全管理工作，完成核安全与放射性污染防治"十三五"规划实施情况终期评估及"十四五"规划前期研究、优化全省辐射环境监测网络及监测点位、完成废旧金属回收熔炼企业辐射安全监管工作专题调研、开展国家核技术利用辐射安全管理系统数据核查、完成核技术利用单位监督检查等。全省辐射环境质量总体保持稳定，环境电离辐射水平处于本底涨落范围内，环境电磁辐射水平低于规定的电磁环境控制限值，重点辐射污染源周围辐射环境水平安全、正常。2020年，全省未发生辐射事故。

开展完成核安全与放射性污染防治。"十三五"规划实施情况终期评估及"十四五"规划前期研究工作。组织全省16个州（市）开展终期自评估工作，向生态环境部报送了云南省自评估报告。开展核安全与放射性污染防治云南省"十四

五"规划编制前期工作,向生态环境部报送云南省核安全与放射性污染防治"十四五"规划编制有关材料,组织拟定云南省"十四五"期间核安全与放射性污染防治规划提纲。

创新方式,配合开展疫情防控工作,支持企业复工复产。转发《关于做好新型冠状病毒感染的肺炎疫情防控中医疗机构辐射安全监管服务保障工作的通知》(环办辐射函〔2020〕51号),指导全省各级生态环境部门为医疗机构疫情防控工作提供服务保障。优化核与辐射安全行政事项办理,采取告知承诺、专家函审、视频会议等"不见面"方式,开展政务服务和行政审批工作。协调省内3家辐照企业配合开展医用一次性防护服辐照灭菌工作。

落实"放管服"改革工作要求,服务经济社会发展。将500千伏以下交直流输变电项目、电磁辐射项目、丙级非密封放射性物质工作场所项目环境影响评价文件审批下放各州(市)生态环境局。完成500千伏白邑输变电工程(二期工程)、500千伏天星输变电工程等全省"四个一百"重点项目环评文件审批。2020年,共计办理核与辐射类行政许可审批131项。其中,辐射类建设项目环境影响评价审批27项,辐射安全许可35项,放射性同位素转让审批69项。

组织开展废旧金属回收熔炼企业辐射安全监管工作专题调研。印发了《关于开展废旧金属回收熔炼企业辐射安全监管工作专题调研的通知》,要求各州(市)生态环境局将废旧金属回收熔炼企业纳入辐射安全监管,组织各州(市)生态环境局开展完成了辖区内废旧金属回收熔炼企业监管情况自检自查。深入昆明、曲靖、玉溪3个州(市)废旧金属回收熔炼企业开展现场调研,探索废旧金属回收熔炼企业监管方法。

组织开展州(市)核与辐射类建设项目环境影响评价文件技术复核。印发了《云南省生态环境厅关于开展2020年度核与辐射类建设项目环境影响报告书(表)技术复核工作的通知》,组织从2019年11月1日至2020年9月30日州(市)生态环境局审批的核与辐射类建设项目环境影响报告书(表)中抽取19份开展复核。

加强核安全文化建设。组织开展完成了全省"4·15"全民国家安全教育日核安全系列宣传活动。组织昆明市生态环境局开展了核安全文化建设试点工作,探索建立核安全文化建设长效机制。

【核安全与辐射环境安全监管】 一是加强核技术利用辐射安全监管。组织开展全省油(气)田测井用放射源运输和使用管理情况专项检查和省内3家辐照企业辐射安全生产专项检查。组织开展了全省核与辐射安全隐患排查。对省级监管核技术利用单位开展辐射安全监督检查工作。二是按照生态环境部部署安排,组织完成云南省2018年和2019年国控大气辐射环境自动监测站现场整体验收,向生态环境部报送了现场整体验收意见表。组织完成云南省核技术利用辐射安全与防护考核工作现场线上考核工作,2020年,共组织开展了23场现场线上免费考核,共有核技术利用单位辐射工作人员3894人参加了考核,有效减轻了企业负担。三是组织完成全省辐射环境监测与应急自评估工作,向生态环境部报送自评估报告。制定《2020年云南省辐射环境监测网络监测点位设置方案》,明确2020年建成云南省辐射环境质量监测点位189个,监测点位范围覆盖全省16个州(市),监测对象包括环境γ辐射、空气、水体、土壤、环境电磁辐射五个类别,进一步完善优化全省辐射环境监测网络及监测点位。四是配合生态环境部西南核与辐射安全监督站完成云南省辐射环境安全监管工作调研,梳理准备了云南省近年来辐射环境监管工作台账资料,为做好第二轮中央生态环境保护督查核与辐射安全监管打下了基础。配合生态环境部西南核与辐射安全监督站对全省2个历史铀矿点及3家辐照企业进行了辐射安全日常监督检查。

【核与辐射事故应急】 一是印发《云南省生态环境厅关于印发2020年辐射事故应急演习计划的通知》,组织对普洱、大理、丽江、迪庆4个州(市)演习方案进行研究讨论,提高州(市)辐射事故应急演习质量。二是组织开展了云南省城市放射性废物库防范恐怖袭击自检自查,联合省辐射环境监督站开展核与辐射事故反恐应急专项演练。三是组织开展《生物多样性公约》第15次缔约方大会（COP15）期间核与辐射安全监管领域风险预判，研究制订了对策措施，做好应急处置准备，提升突发核与辐射恐怖袭击事件应急处置能力。

【电磁辐射环境管理】 一是联合省通信管理局组织召开了 2020 年通信基站环境保护工作座谈会，进一步推动云南省通信基站环境保护工作，督促通信运营商和铁塔公司落实《通信基站环境保护工作备忘录》要求。二是以确保辐射环境安全为核心，严把电磁辐射类行政许可源头关。把握关键环节，严格审核材料，依法依规办理电磁辐射类行政许可事项，确保辐射环境安全可控。2020 年，共计办理电磁辐射类建设项目环境影响评价审批 8 项，其中，输变电工程项目 6 项，雷达项目 2 项。

【铀（钍）矿和伴生放射性矿监察管理】 一是积极配合生态环境部西南核与辐射安全监督站对云南省铀矿冶退役治理工程进行辐射安全日常监督检查，并对州（市）级监管的核技术利用单位开展抽查，及时消除铀矿企业辐射安全隐患。二是加强伴生放射性矿开发利用辐射安全监管和电磁辐射环境监管。印发了《云南省生态环境关于发布云南省第一批伴生放射性矿开发利用企业名录的通告》，加强全省伴生放射性矿开发利用企业环境辐射监管。

（撰稿：谢清忠）

【云南省辐射环境监督站】 云南省辐射环境监督站成立于 1989 年，经过 31 年的建设和发展，云南省已经建立了相对完善的辐射环境监测网络和体系。云南省辐射环境监督站（以下简称省辐射站）现有人员编制 30 人；办公用房、实验室使用面积共计 1520 平方米，其中，办公用房 560 平方米、实验室面积 960 平方米；实验室主要开展总铀、总钍、镭-226、钾-40、铯-137、锶-90、总 α、总 β、沉降物、气溶胶、生物样、土壤中的 γ 核素分析，总 α、总 β、个人和环境 X-γ 辐射累积剂量、环境 X-γ 辐射剂量率、α/β 表面污染、中子剂量率、空气中氡及子体、氡析出率、工业

辐照企业贮源井水中氯化物、pH、电导率等项目分析，为国家及云南省辐射环境管理提供监测数据和技术支持；配备大型 γ 能谱仪、α 谱仪、液闪谱仪、中子测量仪、高压电离室、表面沾污仪、氡测量仪、电磁辐射频谱分析仪、工频场强测量仪、综合场强测量仪等仪器设备；通过了生态环境部辐射环境监测能力评估，具备相应的辐射环境监测能力，实验室获得国家级检验检测机构资质认定，认证项目包括电离、电磁、噪声、水质四大类 42 项检测能力。

云南省辐射环境监督站主要履行组织开展全省辐射环境监测，收贮废弃放射源（物），管理城市放射性废物库，参与核与辐射事故应急处置，开展辐射安全检查等职能职责。一是组织开展全省辐射环境监测。目前，云南省辐射环境监测网络是以人工监测为主、辐射环境自动监测站监测为辅的国控网和省控网"双网"运行模式，互为补充，数据共享，共 142 个监测点位，其中，国控点 53 个、省控点 89 个，覆盖全省 16 个州（市），6 个辐射环境自动监测站 γ 辐射剂量率做到了实时发布，每年发布《云南省辐射环境质量报告书》，为政府决策提供了科学有效的依据。二是收贮废弃放射源（物），管理城市放射性废物库（以下简称放废库）。省辐射站负责完成全省放射性废源（物）的及时收贮，并负责对放废库的运行管理。放废库位于云南省昆明市安宁市青龙镇，占地面积 52.5 亩，1988 年建成并投入使用，2008 年在原地改扩建，建成后的废物库设计运行期为 30 年，建筑面积 1008.25 平方米，有效库容为 800 立方米，贮源采用半地下式，废物库内总共有 28 个库坑。三是参与核与辐射事故应急处置。省辐射站是云南省辐射事故应急分队，是云南省核与辐射反恐应急处置力量之一，是生态环境部辐射事故处置后备队伍之一，负责应急监测调度平台的运行和维护；负责节假日、敏感时期辐射应急分队值班值守工作；配合组织开展各种情景的应急演练，并推进应急演练工作的常态化。

【完成国控网、省控网辐射环境监测工作】 按照生态环境部和省生态环境厅要求，根据《2020 年度云南省辐射环境监测方案》《2020 年质

量保证工作方案》,省辐射站先后派出专业技术人员20批次60余人,行程13万余千米,覆盖16个州(市)及昆明所辖全部县(市、区)圆满完成2020年全省辐射环境质量监测、重点辐射源监督性监测、辐射工作场所监测。一是开展了国、省控辐射环境监测网的运行和维护,对142个国、省控监测点进行了维护和监测,共获取、上报有效监测数据60余万个,基本掌握了全省辐射环境质量的现状和变化趋势。二是完成了除国、省控监测点外100个电磁环境质量点的现场监测工作。省辐射站对全省129个县(市、区)完成了电磁辐射监测网络的运行、维护工作。三是强化监测数据分析研判,确保辐射环境安全。通过全面的监测和数据汇总、整理、分析、研判,向生态环境部和省生态环境厅编制上报了一、二、三、四季度辐射环境质量季报,客观反映了全省的辐射环境状况。四是开展实验室间放射性测量比对。参加生态环境部核与辐射安全中心组织的土壤中锶-90、土壤中γ核素项目实验室间放射性测量比对,2020年,全国辐射环境监测质量考核,完成了气溶胶中钋-210、气溶胶中总α、气溶胶中总β、沉降物中γ核素分析。完成对重点辐射源的监督性监测任务。五是省辐射站对云南华源核辐射技术有限公司、云南核应用技术有限公司、昆明龙辉灭菌技术开发有限公司3个生态环境部监管的核技术利用单位及云南省城市放射性废物库开展了监督性监测,重点辐射源周围辐射环境安全。六是完成辐射环境自动监测站的运维工作。按照生态环境部要求,省辐射站组织对云南省现有的昆明、临沧、保山、芒市、蒙自、西双版纳6个自动站进行了持续的运行和维护,6个自动站全年运行良好,数据获取率在95%以上,样品采集率达到100%。七是完成质量保证工作的筹划与实施。按照《2020年质量保证工作方案》,省辐射站扎实开展质量保证工作,确保监测数据真、准、全,根据生态环境部通报,云南省国控网现场监测和实验室分析数据报送率为100%,居全国第17位,有效数据获取率为97.6%,居全国第19位。

【完成技术报告编制】 省辐射站按时完成《2019年云南省辐射环境质量报告》《2019年全国辐射环境监测工作年鉴(云南省部分)》编制并上报省生态环境厅、生态环境部辐射环境监测技术中心,客观、真实、全面地反映云南省辐射环境质量现状,为辐射环境管理提供技术依据。配合省厅编制下发《2020年云南省辐射环境监测网络点位设置方案》。

【完成放射性废源(物)收贮和城市放射性废物库的运行、维护和管理】 一是实现全省放射性废物及时高效收贮。2020年,省辐射站共免费收贮丽江、普洱、德宏、曲靖、昆明、玉溪、大理、红河8个州(市)29家单位产生的废旧放射源51枚、放射性废物26.3千克。二是切实加强城市放射性废物库管理。特别是在2020年发生新型冠状病毒感染疫情和安宁市"5·9"青龙镇突发山火期间,切实加强安保工作,加强对放废库的维修、维护、保养。三是及时消除安全隐患。对城市放射性废物库进行了防雷设施设备检测,使之保持良好状态,并对库区内影响安全的高大乔木进行了加固、修枝,及时消除了安全隐患。四是开展了城市放射性废物库运行维护综合一体化管理。五是开展采购放射性废物收贮专用车辆前期工作。

【顺利通过核安全导则达标验收相关工作】 一是城市放射性废物库安全防范系统升级改造项目通过生态环境部验收(终验)。2020年5月,省辐射站参加了由生态环境部辐射源安全监管司(简称"核三司")组织在北京召开的"广西、云南两省(区)城市放射性废物库安全防范升级改造工程项目"视频验收会议,云南省放废库小周界安防项目通过了验收(终验)。二是按照核安全导则《城市放射性废物库安全防范系统要求》(HAD 802/01—2017),完成了"云南省城市放射性废物库安全防范系统达标升级改造项目",并于11月11日顺利通过生态环境部组织的《城市放射性废物库安全防范系统要求》达标评估。三是对城市放射性废物库1、2、3号库及附属设施进行建筑的可靠性检测(鉴定)。检测(鉴定)报告显示,受检建筑可靠性综合评定为二级,不影响正常使用。

【开展库存废旧放射源及放射性废物清库前期准备工作】 开展了城市放射性废物库清库前期准备工作,主要对库存废旧放射源及放射性废物数据进行收集汇总,并与中核清源公司对清库事宜进行了初步对接。

【顺利通过实验室资质认定扩项评审】 按RB/T 214—2017《检验检测机构资质认定能力评价:检验检测通用要求》,为满足国控网辐射环境监测需求,通过编写放化分析规程、方法确认、人员能力确认、实验室间比对等,形成了氚、铅-210、钋-210 检测项目分析能力,并于 2020 年 8 月顺利通过国家认监委 2020 年计量认证扩项现场评审,取得氚、铅-210、钋-210,3 个检测项目 4 个标准(方法)资质认定。

【完成 2019 年、2020 年辐射环境应急监测能力建设及演练专项资金项目建设工作】 完成辐射环境应急监测能力建设及演练专项资金采购的仪器、设备到货验收及项目验收工作,将采购的仪器设备安装调试到位并投入使用,形成监测能力,进一步提升了辐射环境应急响应能力,加强了辐射事故应急现场监测分析能力。

【完成辐射监测能力建设其他工作】 一是开展云南省辐射环境监测网络电子围栏智能监测一期项目建设。完成云南省辐射环境监测网络电子围栏智能监测一期建设项目初调,开展了辐射环境监测"电子围栏终端"操作和使用现场培训,并投入试运行。二是开展云南省国控辐射环境监测网络数据汇总中心维修维护及自动站的建设工作,并完成现场验收。配合生态环境部核与辐射安全中心、省生态环境厅及建设单位完成了 2018—2019 年 10 个州(市)自动站、10 个边境自动站及 1 个背景自动站建设项目的建设、初验及终验工作。三是积极推进辐射环境监测信息化建设工作,配合省生态环境信息中心开展云南省生态环境大数据建设项目(第二批)初步设计项目相关核与辐射安全大数据应用调研及需求分析工作,积极提出核与辐射相关大数据建设意见和建议。

【强化基础研究,云南省第二次全国污染源普查伴生放射性矿普查结硕果】 2020 年,省辐射站全面完成了云南省第二次全国污染源普查伴生放射性矿普查工作,编制完成了《云南省第二次全国污染源普查伴生放射性矿普查成果分析报告》被国务院第二次全国污染源普查领导小组办公室评为"优秀专题报告一等奖",3 人被表彰为"第二次全国污染源普查表现突出个人"。

【核与辐射事故应急专项演练工作】 根据《云南省核安全与放射性污染防治"十三五"规划及 2020 年远景目标》,持续加强辐射事故应急演练。一是圆满完成 2020 年度核与辐射事故应急专项演练。2020 年 7 月,按照《云南省生态环境厅辐射事故应急响应预案》及程序,省辐射站在云南省城市放射性废物库圆满完成了 2020 年度核与辐射事故应急专项演练,以实兵、实车、实装、无脚本的方式,叠加多重事故风险,突出实战性,检验了省辐射站应急分队的辐射事故应急响应和处置能力,积累了实战经验。二是为普洱市、大理州、迪庆州、丽江市生态环境局开展辐射事故应急演练提供了技术支持和指导。三是切实加强节日、大型活动、重要敏感时点辐射事故应急准备及反恐安保,做好值班备勤工作。

【辐射环境监测与应急评估工作】 按照生态环境部西南核与辐射安全监督站《关于印发辐射环境监测与应急工作评估指标与评分表的函》要求,开展省辐射站自评估工作,并配合省生态环境厅完成了对州(市)的评估工作。经综合评估,云南省 2020 年辐射环境监测与应急工作评估总得分 90 分,居西南第 2 位。

【"十三五"规划终期评估及开展"十四五"规划编制工作】 一是全面总结云南省"十三五"核安全与放射性污染防治工作,配合省生态环境厅完成《核安全与放射性污染防治"十三五"规划及 2025 年远景目标》实施情况终期评估。二是配合省生态环境厅完成生态环境部《核安全与放射性污染防治"十四五"规划》重点项目筛选上报,上报"边境核与辐射反恐及应急能力建设"

"辐射环境监测能力建设" "城市放射性废物库安保系统升级改造" "核与辐射安全监管信息化建设" 四个重大项目选题。三是按照省生态环境厅统一安排和部署,配合开展云南省生态环境保护 "十四五" 规划辐射环境规划有关工作。

【专业技术学习、培训、交流和宣传工作】
持续开展专业技术学习、培训和交流活动,完成了 2020 年辐射环境监测上岗证考核取证、组织参加核与辐射安全与防护中级培训及其他业务技术培训工作,配合省生态环境厅开展了 "4·15" 国家安全教育日活动和 "6·5" 世界环境日活动。

【州(市)辐射环境监测机构的技术指导】
省辐射站积极开展对 16 个州(市)辐射环境监测工作的技术指导,2020 年上半年,为普洱市辐射环境监测中心能力建设提供技术支持。配合省厅举办全省核与辐射安全监管监测人员培训班,全省 16 个州(市)及 120 个县(市、区)生态环境部门负责同志和相关人员 155 人参加了培训,开展了辐射环境监测及仪器设备实操培训,对 107 台辐射环境监测仪器设备进行了状态检查和操作使用讲解,达到了提高全省辐射安全监管监测人员业务素质,提升核与辐射安全监管监测能力的目的。

【其他工作完成情况】 一是圆满完成 2020 年中层干部岗位及科室其他岗位、专业技术职务竞聘工作,聘用了 11 名中层干部、30 名科室其他岗位人员和 30 名专业技术人员。二是切实做好日常行政工作。严格信息报送程序和信息保密要求,2020 年,共发布 25 篇工作信息至省生态环境厅网站,上报 23 篇省生态环境厅政务信息。严格管理专业技术、行政、财务、人事等档案资料,加强档案管理,确保档案资料的安全。扎实做好安全生产工作,不定期对办公室、实验室、废物库等工作场所进行安全检查,切实做好防火、防盗等安全生产工作。三是积极招聘专业技术人才。配合省生态环境厅对外公开招聘了 1 名事业编财务人员。四是持续做好新型冠状病毒感染疫情防控工作。根据省委、省政府及生态环境厅的部署安排,省辐射站严格按照疫情防控要求,持续做好新型冠状病毒感染疫情防控工作,切实落实各项疫情防范措施,未发生疫情情况。

(撰稿:林立峻)

生态环境监察与应急

【机构设置及职责分工】 根据 2019 年 7 月省委编制委员会《关于调整省生态环境厅内设机构和人员编制的批复》(云编〔2019〕7 号),同意在省生态环境厅机关增设内设机构 "生态环境执法局",将云南省生态环境执法总队更名为云南省生态环境应急办公室。按照 2020 年 6 月省编办《关于明确省生态环境厅部分内设机构职责的批复》(云编办〔2020〕79 号),明确生态环境执法局的职责为:监督生态环境政策、规划、法规、标准的执行。拟定生态环境保护综合执法工作办法并组织实施。组织实施建设项目环境保护设施同时设计、同时施工、同时投产使用制度。组织协调生态环境保护领域重大案件和跨州(市)行政区域执法的督办查处。指导全省生态环境保护综合执法队伍建设和业务工作。承担省级执法事项,组织开展执法稽查和应急调查。

【工作综述】 2020 年,生态环境执法工作全面贯彻落实党的十九大、十九届三中、四中、五中全会精神和习近平生态文明思想,紧紧围绕污染防治攻坚战阶段性目标任务,以改善环境质量为核心,以解决群众关心的突出环境问题为重点,按照生态环境部和省生态环境厅 2020 年生态环境保护执法工作要点,在环境监管执法、污染防治专项行动、环境保护定点帮扶、环境风险防范、环境应急处置等各项工作中基本完成了年度任务。

【生态环境执法情况】 2020 年,在疫情防控和环境监管双重压力下,云南省执法机构精心部署,周密安排,全省共出动监管执法 15022 人次,检查企业 45066 家次。同时,优化监管执法方式,建立生态环境监管执法正面清单,对保障民生、污染少、吸纳就业能力强、重大工程项目及先进装备制造业等企业一般不进行现场执法检查或减少现场执法频次，共对1216家正面清单内企业利用在线监控、视频监控、投诉举报等方式开展非现场检查1616家次，通过非现场方式发现问题100个，查处清单内企业环境违法案件10件，清单内减免处罚33次，清单外减免处罚72次，服务企业2722家次。

【生态环境行政处罚情况】　2020年，共办理环境行政处罚案件2312件，罚款金额2.02亿元；共办理查封扣押、限产停产、移送适用行政拘留等配套办法案件150件，其中，查封扣押50件、限产停产30件、适用移送拘留66件、涉嫌环境污染犯罪移送公安机关4件。有力打击了在新型冠状病毒感染疫情防控期间主观故意、恶意排污的污染环境违法行为。

【建设项目"三同时"】　规范行政区域内生态环境保护部门涉及建设项目"三同时"及自主验收违法违规问题的查处工作，采取业务培训、案卷评查、专项稽查等方式，切实加强对行政区域内"三同时"及自主验收监督检查和处理处罚工作的监督和指导，督促各地对"双随机"检查过程中发现的涉及建设项目"三同时"及自主验收工作程序性、实体性违法违规行为，依法依规处理处罚，并按照"双随机、一公开"工作有关要求，将环境违法信息纳入社会诚信档案，及时向社会公开抽查和查处结果，接受社会监督。2020年，全省共查处违反环境影响评价案件639件、违反"三同时"案件194件，处罚金额6381万元。

【生态环境保护专项执法行动】　一是全面开展蓝天保卫战执法检查。加强废气重点排污单位的监督管理，现场核查涉嫌废气超标排放企业69家，立案查处5家，共处罚金17万元；持续开展垃圾焚烧发电行业专项整治活动；开展对使用消耗臭氧层物质企业监督执法检查，对1家涉嫌非法销售ODS行为进行了查处。二是扎实开展碧水保卫战。全面开展饮用水水源地环境保护清理整治工作，对全省311个饮用水水源地存在的522

个环境问题开展整治；开展入河排污口排查整治专项行动，共排查出入河排污口174个，并制订"一口一策"整治方案；开展县级以上饮用水水源地疑似图斑核查工作，在国家饮用水水源地监管平台通报云南省7个州（市）13个县级以上饮用水水源地存在的17个疑似图斑进行核查；九湖流域环境执法常态化，出动环境执法人员8876人次，检查九湖流域企业4735家次，查处环境违法企业405家，共计罚款2103.1万元。三是坚决打好净土保卫战。开展全省104家土壤环境重点监控企业纳入"双随机"重点抽查执法检查，对7家涉嫌环境违法企业进行了立案调查，对2家下发了责令整改通知书，严厉打击有毒有害物质非法排放行为；深入开展非法处置危险废物专项执法检查，共查处危险废物环境违法案件63起，罚款520.19万元，适用移送公安机关12起，抓捕嫌疑人15人；对电解铝企业开展专项检查，对全省10家电解铝企业检查发现环境问题13个。四是扎实开展清废行动。制定下发《打击固体废物环境违法行为专项行动云南工作方案》，生态环境部共向云南省交办疑似问题650个，经现场核实确认190个，云南省自主排查发现问题89个，合计问题279个。年内已全部完成清理整改。生态环境部挂牌督办的14个问题和省级挂牌督办的2个问题也已经完成清理整改。五是深入开展长江"三磷"专项排查整治行动。按照国家长江修复攻坚战的整体部署，对磷矿、磷化工企业和磷石膏库（简称"三磷"）组织开展全面排查整治，全省共排查出188家"三磷"企业（矿、库），发现存在环境问题109家，已全部完成整改。六是统筹协调参加各项执法监督检查。根据国家蓝天保卫战强化监督检查安排，从7月开始，全年共抽调了10批75名业务骨干参加了国家组织的蓝天保卫战夏季臭氧污染防治和重点区域秋冬季监督帮扶，9名同志受到生态环境部执法局通报表扬。

【生态环境执法能力建设】　为提升执法人员的业务水平，2020年，针对各地新进或转隶人员开展了2期176名执法人员岗位培训。推荐县区执法机构主要负责人5人参加了国家组织的在线岗位培训。选送70人赴浙江大学参加业务提升培训，组织 50 名执法骨干到上海参加滇沪合作项目执法业务交流学习。积极推进大练兵活动。组织全省 943 人执法人员参加部执法局组织的执法大练兵知识竞赛活动，全面提升执法人员法制理论水平。规范环境执法证的管理使用，2020 年，对培训合格的 252 名执法人员发放了环境执法执法证，对 586 人环境执法执法证进行了年审，对调离执法岗位和退休人员的环境执法执法证及时进行了注销。

【执法稽查】 2020 年，执法局对昭通市生态环境局及其昭阳、镇雄分局，红河州生态环境局及其个旧、建水分局，大理州生态环境局及其大理、剑川分局开展稽查。共查阅现场执法记录 491 份，执法案卷 211 卷，投诉举报件 628 件，并调阅 "双随机、一公开" 工作、生态环境保护执法大练兵和其他行政执法相关文件。

（撰稿：鲁 杰）

【云南省生态环境应急调查投诉中心】 2020 年 2 月，根据中共云南省委机构编制委员会办公室〔2020〕39 号文件批复成立云南省生态环境应急调查投诉中心，为公益一类、正处级事业单位，人员编制 30 名。主要职责为：负责省级 "12369" 环保举报平台管理；协助调查、处置重特大突发环境事件和跨州（市）界环境污染事故；为生态环境风险防控提供技术支持。

妥善应对突发环境事件。2020 年，云南省未发生特大（Ⅰ级）、重大（Ⅱ级）、较大（Ⅲ级）突发环境事件，发生 3 起一般（Ⅳ级）突发环境事件，分别是 "3·25" 永武高速元谋段粗苯罐车泄漏事件；"4·3" 安宁市危险化学品运输车泄漏事件；"6·4" 昆明市东绕城高速洛羊收费站附近油罐车侧翻事件。事件经有效处置，未引发群体性事件和负面网络舆论。向生态环境部报送了《突发环境事件信息分析报告（季度）》4 期。

严格环境风险管控。印发了《2020 年全省环境应急管理工作要点的通知》，对全省应急管理工作提出了明确的要求。与云南省财政厅联合印发《云南省生态环境违法行为举报奖励办法（试行）》的通知。与 4 个上下游省份对《跨省流域上下游突发水污染事件联防联控机制协议》协商达成一致意见，并按审批程序报批。

扎实做好 "12369" 应急值守工作。严格落实领导 24 小时带班，应急值守人员 24 小时值守。云南省 "12369" 环保举报热线、微信及网络平台共受理投诉 6575 件，不在职责范围内 1728 件。其中 "12369" 热线举报 1296 件，网络举报 522 件，微信举报 4743 件，其他举报 14 件。按时办结率达 100%。

（撰稿：冉再玲）

对外交流与合作

【推动与周边国家的生态环境交流合作】 2020 年 7 月 30 日，与生态环境部对外交流与合作中心、澜沧江-湄公河环境合作中心联合举办了 "澜湄流域绿色经济发展带：生物多样性与可持续基础设施圆桌对话" 视频会议；向省外办提交了 "关于云南省澜沧江-湄公河合作规划" 相关材料和意见。

根据《中国云南-老挝北部合作工作组办公室关于印发中国云南-老挝北部合作工作组第十次会议任务分工方案的通知》（云发改澜湄〔2020〕144 号）要求，制定印发了《关于落实中国云南-老挝北部合作工作组第十次会议议定事项厅内任务分解方案的通知》并积极推进相关合作事项。作为环境、气象与水利小组牵头单位，完成中国-老挝北部合作工作组第十一次会议的情况汇报、议题建议和参会方案等工作。

按照《云南省参与中缅经济走廊建设实施方案（2020—2030 年）》要求，细化分工涉及生态环境领域合作事项，完成《缅甸曼德勒省环境管理培训方案》（初稿）编制。

2017 年 12 月，圆满实施完成大湄公河次区域环境合作生物多样性保护廊道建设云南示范一期、二期项目。参加 "大湄公河次区域经济合作第 24 届部长会"。

【组织实施国际环境公约履约云南示范项目】 全球环境基金赠款 "中国生活垃圾综合环境管理

项目"昆明示范项目、全球环境基金赠款"建立和实施遗传资源和相关传统知识获取与惠益分享的国家框架项目"云南试点示范项目、全球环境基金赠款"中国聚氯乙烯生产汞削减及最小化示范项目"云南省地方履约能力建设子项目等项目进展顺利。

【积极推进泛珠、沪滇、滇台等双边和多边区域环境保护合作】　落实联席会议精神。制定下发《云南省生态环境厅关于印发泛珠三角区域合作行政首长联席会议、污染联防联治合作框架协议和环境保护合作联席会议第十五次会议任务分工的通知》，向省泛珠办和泛珠三角区域环境保护合作联席会议秘书处报送 2019 年以来相关交流合作情况报告。完成"2020 年澳门国际环保合作发展论坛及展览"的前期准备工作，因新型冠状病毒感染疫情影响取消该活动；组织厅代表团和 6 家省内环保企业参加香港举办的网上"国际环保博览 2020"及"亚洲环保会议"；组织技术人员赴广东省环境辐射监测中心开展实验室氡、铅-210、钋-210项目的分析和质控技术交流学习及全国第二次污染源普查伴生放射性污染普查工作调研。

2020 年 9—11 月，云南省生态环境厅、上海市生态环境局严格把控疫情防控要求，创新工作方式，通力协作圆满完成在上海举办的环境监测等 5 个环境管理专题培训班，培训全省生态环境系统的管理和技术人员共 260 余人。9 月 21—25 日，组织厅机关相关处室、直属单位、省水利厅、相关州市生态环境局共 15 人赴上海，在饮用水水源环境管理工作中的先进经验和典型做法、《上海市饮用水水源保护条例》立法工作经验、水污染防治项目储备库建设与管理、水功能区划等管理工作经验方面开展为期 5 天的交流学习。2020 年，按照省委督察室、省政府督察室"75 条措施"贯彻落实情况立项督查要求，在省委台办的指导支持下，在省自然资源厅、省农业农村厅等单位的协同配合下，完成了省委督查室贯彻落实"75 条措施"立项督查工作。并对标云南省人民政府办公厅关于印发的《关于促进云台经济文化交流合作若干措施》（云政办发〔2019〕51 号）中的第

29 条措施，把云台土壤污染防治交流引入云南省土壤污染防治工作中，依托与台湾土壤及地下水环境保护协会建立的良好合作关系，积极开展了引进台湾先进技术和经验，鼓励支持台湾土壤治理与修复科研机构参与云南省土壤污染防治试点示范项目工作。

【加强对外交流学习】　做好来访接待和外事活动。接待商务部研究院国际发展合作研究所王泺所长一行，开展生物多样性保护领域开展对外合作情况和《生物多样性公约》第十五次缔约方大会（COP15）云南省相关工作情况座谈交流。接待生态环境部对外合作与交流中心副主任翟桂英一行，开展云南国际环保合作、工业园区环境管理、水源地保护、黑臭水体治理和土壤修复等相关工作情况交流座谈。组织参加第六届中国云南-以色列创新合作论坛，并作专题发言。协调省生态环境科学研究院和省生态环境宣传教育中心人员参加英国驻重庆总领事馆和英国有关机构联合举办的"不二星球-中英共话生物多样性"网络研讨会。

根据因公临时出国（境）相关文件及分管厅领导批示，重新修订并印发《云南省生态环境厅因公临时出国（境）管理规定（试行）》。举办 2020 年因公临时出国（境）管理培训，解读当前因公临时出国（境）有关政策和组织实施流程要求等。

研究制定《云南省边境城市生态环境对外合作调研实施方案》，完成红河州生态环境领域对外交流合作情况开展专题调研。

积极推动乐施会（香港）云南办事处和省生态环境科学研究院在适应气候变化型乡村示范方面开展合作，完成项目建议书。

组织申请 2021 年亚洲开发银行知识合作技援项目，完成了两个申报项目。配合省公安厅做好境外非政府组织管理工作。

（撰稿：王志伟）

【云南省生态环境对外合作中心】　2020 年，围绕云南省生态环境中心工作，努力拓展双边环保国际合作与交流，生态环境对外交流与合作工

作取得积极进展。一是深入推进国际金融组织贷款项目实施，云南省环境保护国际公约履约能力得到加强。全球环境基金"中国生活垃圾综合环境管理项目"昆明示范项目、全球环境基金"建立和实施遗传资源及其相关传统知识获取与惠益分享国家框架项目"云南试点示范项目、全球环境基金"中国聚氯乙烯生产汞削减及最小化示范项目"云南省地方履约能力建设子项目实施进展顺利。二是积极开展双边环境合作，主动融入和服务国家"一带一路"倡议和云南省面向南亚东南亚辐射中心建设。

环境保护国际公约履约工作。环境保护国际公约是国际社会为保护人类赖以生存的地球共同承诺、签署的国际条约（或议定书），属于国际法的范畴。按照生态环境部国际履约工作部署，结合云南省实际情况，认真组织开展《关于持久性有机污染物的斯德哥尔摩公约》《生物多样性公约》《名古屋议定书》《关于汞的水俣公约》等环保国际公约在云南的履约工作。一是根据生态环境部对外合作与交流中心与云南省生态环境厅和昆明市人民政府共同签订的实施协议及工作大纲，深入推进全球环境基金"中国生活垃圾综合环境管理项目"昆明示范项目。积极推进昆明空港、西山垃圾焚烧发电厂技改合同（包括新增利用结余资金合同）的采购和实施，截至 2020 年 12 月 31 日，昆明空港厂 2 项技改活动采购已完成合同签订，进口设备已到货并完成安装，昆明西山厂 7 个技改合同均完成实施并验收；开展昆明生活垃圾焚烧发电厂二噁英连续采样、分析示范及技改后绩效监测和验证；配合生态环境部对外合作与交流中心和世界银行检查评估组开展项目实施期最后一次检查和综合评估；完成项目实施完工报告初稿及 21 篇经验总结报告。二是按照云南省生态环境厅和生态环境部对外合作与交流中心签订的实施协议及工作大纲，深入推进全球环境基金"建立和实施遗传资源及其相关传统知识获取与惠益分享国家框架项目"云南试点示范项目。在项目示范地西双版纳州组织召开项目指导委员会第六次会议，听取项目整体执行情况汇报，并对下一阶段的工作提出了要求；积极组织开展示范项目宣传活动，结合"5·22"生物多样性日和

"6·5"世界环境日，在"两微"新媒体平台上宣传遗传资源及其相关传统知识获取与惠益分享有关知识并组织开展项目宣传活动；推进项目示范地西双版纳州有关管理制度建设，《西双版纳州生物遗传资源获取与惠益分享管理办法（草案）》经 3 次修改论证后已送西双版纳州政府审查；启动《西双版纳傣族自治州环境保护条例》《西双版纳傣族自治州傣医药条例》的修订工作，将遗传资源及其相关传统知识获取与惠益分享有关内容纳入修订范畴；组织开展示范项目协议谈判及实施示范，借鉴国内外获取与惠益分享管理流程和协议模板，通过与当地企业和社区交流，编制了适合云南省省情的生物遗传资源、傣医药传统知识获取与惠益分享协议模板。截至 2020 年 12 月 31 日，云南试点示范项目已实现两份惠益分享协议；加强项目实施管理，编制并向生态环境部对外合作与交流中心上报云南试点示范项目 2020 年工作进展报告及资金执行情况报告表、季度进展报告及资金支付申请等。三是根据 2019 年 5 月云南省生态环境厅与生态环境部对外合作与交流中心签署的项目转赠合同，组织实施云南省地方履约能力建设子项目。指导省内低汞触媒使用未达标企业编制汞使用减半技改方案，审定后由云南省生态环境厅、云南省工业和信息化厅联合上报生态环境部、工业和信息化部；根据现场调研及资料收集，编制完成《云南省电石法聚氯乙烯生产企业 2019 年用汞信息调查结果总结报告》；开展省内电石法聚氯乙烯生产企业、汞触媒生产和回收企业调查并上报企业调查表。

政府间双边环境合作。长期以来，云南省一直积极开展广泛的双边和多边环境合作，合作领域涉及农村环境治理、环境宣传教育、环境管理培训和能力建设等。2020 年 7 月，受生态环境部对外合作与交流中心委托，组织实施绿色澜湄计划——缅甸杀虫剂类化学品与可持续水质管理能力建设研究项目。根据项目目标任务，结合国际新型冠状病毒感染疫情实际，一是组织开展中缅"杀虫剂类化学品与可持续水质管理"专题研讨会，对水环境管理法律政策体系建设、水环境管理质量改善、地表水监测体系、化学品环境管理和生物农药使用、植物病虫害防治技术等内容进

行了广泛的交流讨论。二是在云南省生态环境对外合作中心的门户网站上开设"国际环境合作网络学校"专栏。栏目分设课程概况、授课视频、课件下载、互动交流4个模块，所设栏目均设置中文和英文内容。该项目进一步加强了中缅两国在水环境管理领域的交流合作，提升了缅甸农药化学品和水质综合管理能力。同时，推动了中国生态环境管理标准及技术方案走出去，促进了跨境区域的生态环境保护。

（撰稿：沈佩瑾）

生态环境宣传教育

【工作综述】 2020年，生态环境宣传教育工作以习近平新时代中国特色社会主义思想为指导，大力宣传习近平生态文明思想和全国、全省宣传部长会议、生态环境保护大会和生态环境宣传工作会议精神，按照2020年全国生态环境保护工作会议和全省生态环境局长会议的部署，创新方法、提高水平，做好全省生态环境宣传教育和舆论引导，营造人人关心、支持、参与生态环境保护的良好社会氛围，为全省打赢污染防治攻坚战提供坚强舆论保障。

【积极开展新闻宣传工作，加强舆论引导】
制定印发《云南省生态环境厅2020年例行新闻发布计划》，围绕省生态环境厅重点工作成效及特色、亮点共组织召开例行新闻发布会7场。其中，结合新型冠状病毒感染疫情防控的要求，采用网络发布的形式，于3月22日召开"2019年云南省生态环境执法工作情况"新闻发布会，取得较好的效果。积极协调将生物多样性日新闻发布和污染源普查新闻发布纳入省新闻发布计划，并协同省政府新闻办组织召开。协调厅领导参加省新闻办召开的6场省级新闻发布会。协调组织厅领导接受专访和发表署名文章，厅长以"切实加强生态环境保护全力推动中国最美省份建设"为题，在"学习强国"云南频道发表署名文章。协调相关处室负责人针对3—4月云南省空气质量波动、部分地区空气污染等问题举行集中采访活动，面

对媒体主动发声，积极答疑解惑。协调相关处室（单位）接受日常采访25批次，接待媒体记者30余人次。围绕全省生态环境重大会议及活动开展伴随式采访7次。全年向省委宣传部报送新闻线索和素材7批次共8条。积极主动向云南省新闻信息综合发布平台"云南发布"提供重要党务政务信息稿件208条信息，被选用并发布49条。

【提高舆情应对能力，有效引导社会舆论】
按照《关于建立涉滇生态环境保护舆情预防分析研判会商机制的通知》（云环通〔2019〕106号）要求，每季度组织召开一次舆情预防分析研判会商会，分析涉滇生态环境舆情态势。制定《云南省生态环境厅网络舆情应对处置预案》。持续开展舆情监测，全年共编辑制作《舆情信息》2期，《云南省生态环境舆情动态》22期，《云南省生态环境舆情专报》9期，《云南生态环境舆情月分析报告》6期，《云南生态环境舆情季度分析报告》3期，并向生态环境部报送了相关舆情处置情况。积极配合相关处室（单位）及时妥善处置负面舆情。定期参加省委网信办召开的网络舆情联席会议，听取省网信办对舆情风险点的研判，开展网络舆情信息交流。

【提升新媒体宣传实效，开展好网络宣传】
充分发挥"两微"快速、高效的传播优势，围绕重点工作和热点话题，转发深度报道、解读政策文件、推出原创稿件，同时策划推出十多个系列宣传内容。官方微信发布信息2179条，官方微博发布信息2186条。官方微信的粉丝人数达到11500人，官方微博的粉丝人数达到82635人。创新新媒体产品形式，采用生动简洁的方式表达生态环境专业内容，丰富传播样式，提升传播有效性。推出一图读懂55条，推出H5共5条，制作长图28张，推出云南"绿水青山就是金山银山"实践创新故事2条、云南生态环保故事14条、环保漫画5条、知识问答28条，部分内容在生态环境部"两微"作为优质内容推送。做好"6·5"环境日、国家安全日、COP15等重大活动的网络传播，共推出环境日云南篇主题栏目9条，国家安全主题栏目23条，COP15我们在行动主题栏目

19 篇。制定印发《云南省生态环境系统政务微信、微博账号评价指数计分及榜单发布方案（试行）的通知》，进一步加强对全省"1+16"[省厅+16 个州（市）]"两微"矩阵平台管理。每周定期统计全省环保"两微"矩阵每日更新情况和转发情况。

【策划好重大主题宣传，不断提高传播感染力、影响力】 会同省文明办、省委教育工委、省教育厅、团省委、省妇联、省文联在昆明市博物馆组织开展 2020 年"6·5"环境日系列活动启动仪式暨云南省第二届生态环境书画摄影展。印发《云南省生态环境厅关于做好 2020 年"6·5"环境日宣传工作的通知》，指导各级生态环境部门开展了一系列形式多样、内容丰富的生态环境宣传活动。做好新型冠状病毒感染疫情防控的宣传工作。制定《开展新型冠状病毒感染的肺炎疫情防控宣传工作方案》《云南省生态环境厅开展爱国卫生"七个专项行动"宣传工作方案》，编制《云南省生态环境部门关于新型冠状病毒感染的肺炎防控手册》。利用重要时间节点，围绕 30 多个主题内容开展宣传。组织厅直属单位、州（市）生态环境局开展《让中国更美丽》和《环保人之歌》传唱活动，在传唱基础上选报了 17 首优秀演唱视频参加全国生态环境系统歌咏比赛，其中，13 首获奖（2 首荣获一等奖），省生态环境厅获优秀组织奖。组织开展长江经济带生态环境警示片的拍摄工作。与省文明办联合开展 2020 年"美丽中国，我是行动者"主题系列活动相关征集工作，推荐的 3 名志愿者入选全国百名最美生态环保志愿者。

【推动公众共同参与，支持社会力量参与生态环境保护】 与省住建厅联合印发《云南省 2020 年环保设施和城市污水垃圾处理设施向公众开放工作实施方案》，共同确定云南省第四批向公众开放单位名单，并向生态环境部推荐。持续组织指导好前三批环保设施向公众开放工作。受新型冠状病毒感染疫情影响，2020 年设施开放以线上开放为主，全省目前已公布的 54 家开放单位中，30 家设施单位进行了线上开放，制作了新媒体产品 32 个，组织线上活动 27 次，线上参与 100 余万人次。22 家设施单位进行了现场开放，组织现场活动 25 次，线下参与 1500 余人次。组建云南省环保 NGO 微信交流群，加强与社会组织的沟通交流。

【开展宣传教育培训，加强宣教队伍建设】 9 月 15—17 日，在昆明举办了 2020 年云南省生态环境系统宣教工作培训班，以环保宣教工作为重点，围绕新闻发布、媒体应对、舆论宣传和引导、舆情应对、全媒体时代的生态环境宣传、公众开放活动的组织等内容进行培训和强化，进一步拓展全省生态环境系统宣传工作人员的工作思路，提高业务水平。

（撰稿：贺蕊）

【云南省生态环境宣传教育中心】 2020 年，省生态环境宣传教育工作始终坚持以习近平新时代中国特色社会主义思想和党的十九大精神为指导，大力宣传贯彻习近平生态文明思想和党的十九届四中全会精神，按照 2020 年全国和全省生态环境保护工作会议要求，精心组织重大宣传活动，制作推广优质宣传产品，为打赢污染防治攻坚战，促进生态环境高水平保护和经济高质量发展创造更加浓厚的舆论氛围。

"6·5"环境日主题宣传活动。承办"美丽中国 我是行动者——保护生物多样性 共建最美彩云南"、2020 年"6·5"环境日主题活动暨云南省第二届生态环境书画摄影展活动。在全国范围内征集到作品 3218 幅，评选出 600 余幅优秀作品，于 6 月 5—23 日在昆明市博物馆展出，累计参观人数 7400 余人次；推出了云南省第二届生态环境书画摄影展数字展馆，在云南环保宣教网进行线上展出。

生态环境公众宣传。以"云南生态环境绿色讲堂""云南生态环境保护流动讲堂""云南生态环境流动展"为载体，在社区、学校、企业等地开展了 12 次生态环境宣教活动。指导环保民间组织开展生态环境主题宣传活动，与昆明市环境保护联合会携手开展"生物多样性图片展"活动；与省环境保护产业协会、云南民族文化艺术促进会联合举办云南省生物多样性图片暨生态环境漫画展。

"云南省土壤风险防范意识能力建设项目"专项宣传。在云南环保宣教网开设"云南省土壤风险防范意识能力建设"专栏；设计制作发放一批土壤相关知识的宣传册、帽子、围裙、环保袋、海报等宣传品；制作土壤污染防治系列短视频9个，投放至网站及七彩公交频道进行宣传；邀请嘉宾至云南广播电视台录播访谈节目3期；配合云南省人大开展《土壤污染防治法执法》检查问卷调查工作；组织举办了8期土壤风险防范意识能力培训，开发土壤风险防范意识能力培训网络课程平台，推送至全省各州（市）生态环境局及分局学习使用。

生态环境媒体宣传。全年在《中国环境报》组稿刊发了5个地方读本专版、发表稿件180篇；在中国环境网、"中国环境"App、中国环境微信公众号发表稿件281篇、视频9个；在《云南日报》《云南政协报》等省内媒体刊发了5个专版；在云南环保宣教网、绿色云之南微信公众号、今日头条平台累计推出生态环境信息4025条；编印了5期生态环境科普期刊。《云南勾画全国最美丽省份模样》等5篇新闻作品被省委宣传部评为"宣传云南头条工程奖"三类奖，《云南"1+2"政策推动流域生态补偿》等3篇新闻被省委办公厅、省政府办公厅、省委宣传部评为驻滇新闻单位"宣传云南好新闻奖"优秀奖；《云南推进生态环境损害赔偿制度改革》被云南省委政法委员会评为"云南省政法优秀新闻作品（文字类）"三等奖。录制访谈节目2个，摄制好家风微视频1部；演唱视频《让中国更美丽》获"全国生态环境系统歌咏比赛"三等奖。在云南环保宣教网推送云南生态环境视频新闻19条、《大自然在说话》系列宣传片11部；完成各类活动及会议影视拍摄60余次，累计采集视频素材约1.5TB。

生态环境舆情监测工作。全年累计上报《舆情信息》49期、《舆情月报》11期、《舆情专报》6期、《舆情季报》3期，疫情防控期间上报生态环境动态信息80期。增加全网舆情监测频次和短视频舆情监测功能，实行24小时舆情值班制度，及时向省厅提供舆情研判原始素材。

生态环境系列专题培训。组织举办了1期全省环保设施向公众开放培训、2期全省生态环境教育专题培训、8期土壤风险防范意识能力培训，承办2020年全省县级生态环境分局局长岗位培训。

环保设施向公众开放工作。摄制了3家设施单位向公众开放的线上视频；在"6·5"环境日期间采取线上线下相结合的形式组织开展集中开放活动；指导昆明三峰再生能源发电有限公司和文山州砚山分局生态环境监测站2家开放单位进行宣教能力提升；指导环保社会组织申报"环保设施向公众开放NGO专项基金"；按照国家部署完成第三阶段相关州（市）（怒江、德宏、迪庆、临沧）开放工作；对全省2017年以来公众开放情况进行全面总结，向生态环境部推荐上报了优秀案例和优秀讲解员。

生态环境文化产品。组织编写《云南省生物多样性知识读本》及《云南省环境教育地方读本》（小学版）。编印《生态环境漫画集》，被生态环境部评为优秀生态环境宣传产品。按《云南生态环境年鉴》编撰工作部署，完成了2018卷和2019卷相关资料的收集整理。

厅领导及上级机关交办的工作任务。配合厅宣教处编制并发放《云南省生态环境系统新型冠状病毒疫情防控手册》，供全省生态环境部门干部职工学习、使用。配合做好2020年生态环境警示片拍摄工作。配合COP15云南省筹备办开展宣传活动，做好WG 2020-2会议会场布展筹备，配合完成COP15大会吉祥物作品、云南省生物多样性保护委员会会徽作品的评审工作。配合省污普办组织开展2020年度云南省第二次污染源普查宣传报道，制作第二次污染源普查专题汇报片。

（撰稿：李成金）

生态环境保护信息化建设

【工作综述】　一是强化环境信息基础能力建设，为云南省生态环境厅应用系统稳定运行提供基础设施条件。机房运维工作不断规范化、标准化、流程化；保障全省生态环境业务专网、厅局域网网络互联互通；新建云平台，完成重要系统迁移，做好相关运维管理工作。二是云南省生态环境厅数据资产管控平台数据收集和数据开放共享取得阶段性进展，初步建成"云南省固定污染源统一数据库"。基于云南省生态环境厅数据资产管控平台数据资源采集、分析、处理和数据统一管理等支撑能力，加强数据汇聚整合能力、拓展各项业务数据整合、支撑生态环境管理。2020年7月，完成了云南省固定污染源统一数据库的建设工作，实现了部省数据的联通、厅内业务系统数据协同。三是完成云南省生态环境大数据建设项目初步设计（第二批）方案编制，推进立项申报工作。完成了云南省生态环境大数据建设项目初步设计（第二批）10个方案编制，并积极推进面向省发改委的立项申报工作，修改完善云南省生态环境大数据建设项目立项建议书及可行性研究报告。四是网络安全工作稳妥可靠。贯彻落实网络安全工作责任，明确各部门（单位）网络安全职责、要求，深入落实网络安全等级保护制度，保障省生态环境厅政府门户网站安全，认真开展日常安全监测巡查，切实做好重大活动期间网络安全保障和应急处置工作，网络安全设备运行情况良好，未发生重大安全事件，认真落实数据备份措施，配合厅办公室完成保密安全检查。五是电子政务运维保障工作扎实有力。全年IT运维故障处理及时有效，保障了全省视频会议系统、网络终端和办公自动化系统的稳定运行。污染源自动监控中心运维管理稳步推进，保障平台的稳定运行和数据的完整性、实时性、一致性、真实性，推进新增企业与监控中心的联网工作。机动车排气污染监控运维管理工作平稳进行，省级机动车排气污染监控管理平台与16个州（市）监控管理平台100%联网，机动车遥感监测及黑烟车抓拍联网工作有序推进，全省累计建成3套遥感监测和9套黑烟车抓拍设备，同步实现数据三级传输。六是网站信息公开工作积极有效。完成省厅门户网站IPv6改造工作，配合厅办公室做好网站普查工作和门户网站信息公开工作；认真开展网站安全保障和巡检工作，定期进行网站设备巡检，确保网站的安全和运行通畅。七是持续推进信息化基础能力建设。做好应用系统建设和管理，推进系统整合，确保应用效能，集成门户累计集成19个

系统，2020年新集成8个。八是配合相关处室做好各项信息化支撑。配合省厅有关处室认真做好"一网通办"和"一部手机办事通"数据对接工作。配合厅办公室梳理信息化管理制度，形成《云南省生态环境厅信息化建设项目管理办法（试行）》和《云南省生态环境系统数据资源共享与交换管理办法（试行）》，于2020年10月印发并执行。

【信息化资金投入】 2020年，省级环境保护专项资金共计投入960万元用于环境信息化建设及运维，内容包括机房与网络运维、全省环保专网租赁、OA系统及视频会议系统运维、厅机关大楼互联网及电子邮箱租赁、省厅政府门户网站运维、"数字环保"应用集成门户运维、云南省生态环境厅环境保护税涉税信息共享平台运维、2020年度资源环境数据中心系统运维、云南省生态环境厅数据资产管控平台（二期）建设等。

【环境信息基础能力建设和保障】 2020年，继续夯实环境信息基础能力。机房运维工作不断规范化、标准化、流程化；全年处理事件和故障21次，各设施和设备均运行良好，未发生因机房设备故障原因引起的信息安全事件，编写《云南生态环境信息中心机房与网络运维工作流程（草稿）》。全省环保专网连通率为98.31%，专网支撑应用系统的连通率为99.1%；省生态环境厅到各州（市）生态环境局的链路带宽由原来的50MB提升至100MB，州（市）生态环境局到县区分局、州（市）生态环境局直属单位的链路带宽由原来的10MB提升至20MB；实时监控环保专网197个节点212条线路的连通情况，协助州（市）、厅直属各单位完成环保专网运维及保障工作。结合实时监测及实际运维情况，按时向生态环境部信息中心报送《云南省生态环境业务专网运行情况月报》，编写《生态环境业务专网向电子政务外网整合项目建议书（技术设计）》。加强互联网运维工作，升级负载均衡AD 7.0.5版本到AD 7.0.8版本，封堵所有安全设备135、137、138、139、445端口。完成电子政务外网运维，保障电子政务外网支撑业务系统的正常运行。为解决环保专网基

础云平台（老平台）资源紧张、授权不足的问题，完成5台Lenovo SR950服务器的VMware虚拟化授权采购，完成新建云平台（新平台）搭建，新增云南省固体废物（医疗废物）环境管理信息化平台。开展"僵尸"系统清理，共涉及办公自动化系统（老版）、排污费征收全程信息化管理系统、云南省环境监察移动执法系统、云南省辐射环境监管信息系统等11个系统。将用户数多、使用频率高、数据量大和运维压力大的业务系统从VMware老平台迁移到新平台上，迁移中未出现数据丢失情况。共开设虚机429台，保障了80多个应用系统，45个数据库的安全、稳定运行。

【环境信息资源共享建设】 基于云南省生态环境厅数据资产管控平台的数据资源采集、分析、处理和数据统一管理等支撑能力，加强数据汇聚整合能力、拓展各项业务数据整合、支撑生态环境管理。截至2020年底，已收集包括水环境、气环境、声环境、污染源、核与辐射、环境监管、机动车、自然环境等数据资产共计3.5亿余条。在数据开放共享方面，面向厅评估中心、昆明、保山、丽江、普洱、文山、红河等州（市）开放接口234个，接口累计被调用600余万次，日均调用5万余次。在数据应用方面，本着为提升数据价值、提升数据获得感，根据用户位置、关注点定向推送信息，实现"数据找人"的目标，构建"云南省生态环境数据资源中心"微信小程序，通过资产概况、数据使用指南、发现、应用等功能为各级环境管理人员提供数据服务。完成云南省固定污染源统一数据库建设，推进数据汇集工作。

云南省生态环境厅数据资产管控平台数据收集和数据开放共享取得阶段性进展。完成了"云南省固定污染源统一数据库"的建设工作，实现了部省数据的联通、厅内业务系统数据协同，已完成12个省级自建系统数据汇聚。

【生态环境大数据建设】 完成云南省生态环境大数据建设项目初步设计（第二批）方案编制，包括标准规范和组织保障体系、安全保障与运维管理体系、大数据管理平台建设、大气污染防治大数据应用建设、水污染防治大数据应用建设、监察执法大数据应用建设、核与辐射大数据应用建设、"三线一单"大数据应用建设、污染源监管大数据应用建设、环境信用大数据应用建设共10个初设方案。修改完善云南省生态环境大数据建设项目立项建议书及可行性研究报告。配合厅办公室，积极推进面向省发改委的立项申报工作，提交了生态环境大数据建设项目（一期）项目建议书与（一期）可行性研究报告，并持续优化改善方案。

【网络与信息安全运维工作】 深入落实网络安全等级保护制度，完成云南省污染源监测综合管理平台系统等级保护2.0三级测评和云南省生态环境厅企业服务政务信息系统整合平台等级保护2.0二级测评，梳理了省厅32个系统等保等级评估，完成了11个系统的等保二级备案并取得备案证明。按照等级保护2.0要求对《云南省生态环境厅网络与信息安全管理制度总则》《云南省生态环境厅网络与信息安全保障机构体系》《云南省生态环境厅网络与信息安全应急预案》等共23个制度进行修编。认真开展日常安全监测巡查，完成11次厅内业务系统基线检查，基线合规率约为70%，未发现高、中危漏洞；进行了2次漏洞扫描工作，完成了对高危漏洞的修复；完成4次厅内业务系统及终端安全事件应急处置；完成厅内网络与信息系统风险评估和关键信息基础设施和重点单位国外网络安全产品摸排；对重要网络安全设备、系统及数据库进行日志存储与分析；及时处置省网络与信息安全信息通报中心的通报预警。切实做好重大活动期间网络安全保障和应急处置工作，在公安部护网期间省生态环境系统未被攻破，在全国"两会"和省"两会"期间无安全事件发生，网络安全设备运行情况良好，未发生重大安全事件。新增4台华为TaiShan 200K服务器用于信创服务端适配。智慧环保国产密码应用项目新增1台格尔安全认证网关，接入生态环境业务专网。互联网入侵防御系统、互联网Web应用防护系统、上联生态环境部入侵防御系统、下联生态环境部入侵防御系统、专网数据库审计系统、安全审计系统等均运行正常。认真落实数据备份措施。对重要的业务信息、系统数据及软件系统，制定了备份策略和恢复策略，实现了分类存储。对重要数据库通过备份一体机每周周一至周六进行增量备份，周日进行完整备份，备份数据保留3周。配合完成保密安全检查，未发现异常。

【电子政务运维管理】 全年IT运维故障处理及时有效，保障了全省视频会议系统、网络终端和办公自动化系统的稳定运行。完成厅机关办公电脑办公软件WPS 2016版至WPS 2019版的升级和电脑操作系统下发补丁安装，完成2020国家软件正版化工作全覆盖检查落实工作。办公自动化系统运行稳定，开展国产化适配工作。

【网站信息公开工作】 网站管理水平和服务功能不断提升。完成了省厅门户网站IPv6改造工作，配合省厅办公室做好网站普查工作。年底在省政府办公厅对全省政府网站开展的第一季度至第三季度的检查工作中厅门户网站检查均为合格。积极配合厅办公室做好省厅门户网站信息公开的工作，配合各处室根据工作职责调整网站页面、栏目、图片修改等，共完成81次。进一步加强网站信息错别字、链接可用性、栏目更新等方面的检查工作，截至2020年底，网站共发布信息2240条（篇），向生态环境部网站报送云南生态环境政务信息329条（篇），被采用的信息5条（篇），网站总点击数3172216次，英文网站发布信息181条（篇），省政府阳光政府四项制度网站发布重点工作通报信息172条，政务信息在线回答群众咨询和投诉5条，网站依申请公开收到并回复申请件39条，领导信箱答复群众意见和建议65条，网上咨询答复153件，发布民意征集公示1条，完成云南省排污许可专题专栏的改版工作。积极开展网站安全保障和巡检工作，定期进行网站设备巡检，确保网站的安全和运行通畅。加强网站发布管理系统的日常安全监测，利用政府网站综合防护系统对网站开展24小时实时监控工作，确保网站发布管理系统安全运行和数据安全性，共拦截攻击29.65万次；开展网站安全扫描，根据安全扫描报告结果及时对网站存在的问题进行完

善，共完成安全扫描和报告22份。

【环境信息应用系统建设】 持续推进应用系统建设和管理工作，完成云南省生态环境厅数据资产管控平台、会议培训管理系统（二期）、云南省机动车排气污染监控管理平台升级改造、2019年度"数字环保"应用集成门户运维、云南省生态环境厅门户网站运维服务（十期）、云南省环境信息中心2019年软件测评、网站信息公开服务外包（六期）、云南省生态环境厅企业服务政务信息系统整合平台、2019年"智慧环保"软件测评、2019年"智慧环保"监理等项目的验收工作。通过应用系统集成门户推进系统整合。开展了应用系统集成门户集成标准规范制定、应用系统一站式登录整合及统一资源管理。持续开展系统整合，已集成19个系统，包括数据中心及"一张图"（3个系统）、污染源管理（5个系统）、工作服务（1个系统）、环保政务（6个系统）、环保质量管理（3个系统）、云平台管理（1个系统）。新集成8个系统，分别是云南省第二次全国污染普查成果运用及"一张图"、生态环境大数据资源中心、云南省生态环境厅企业政务整合平台、云南省生态环境厅重点任务督查督办管理平台、云南省固定污染源统一数据库、云南省生态环境保护厅环境保护税涉税信息共享平台、云南省第二次全国污染源普查支撑系统、云南省环境监测数据综合管理系统。对云平台资源统一管理，针对云平台上各信息系统、服务器、数据库及网络端口进行登记管理，对操作系统、数据库、中间件开展日常运维与升级，定期巡检数据备份与数据管理服务。

【重点污染源监控工作】 完成2020年新增企业与监控中心的联网工作，保障云南省重点污染源自动监控系统平台的正常稳定运行。污染源企业的联网企业和监控点不断增加，云南省污染源监测综合管理系统已完成联网企业787家，监控点1661个，其中，联网合格企业632家，监控点1323个；全年新增联网企业175家，监控点391个。因企业破产、拆除在线设备等原因从系统移除7家企业，23个监控点。完成新增企业与监控中心的联网工作，并对新联网和更换自动监控

设备的企业出具联网测试报告，共出具 40 份联网测试报告。跟进污染源自动监控设施运维管理系统运维工作，云南省污染源监测综合管理平台共计接入企业 630 家，监控点 1313 个，其中，293 家企业已填报现场端运维电子台账，210 家企业未填报现场端运维电子台账，停产 162 家，电子台账填报完成率为 62.61%。完成对云南省重点污染源监测信息管理系统升级改造的工作，持续跟进全国污染源监测信息管理与共享平台数据填报工作。确保传输有效率，完成企业现场数据传输核查工作改变了考核企业的数据传输方式，从原来的省级平台统一收集数据后向国家平台转发数据转变为企业端直传数据至国家平台，数据传输有效率从 93.21% 提升到 99.37%。

【机动车排污监控管理工作】 机动车检测工作有序进行，省级机动车排气污染监控管理平台与 16 个州（市）监控管理平台 100% 联网，全省共有 322 家机动车检验机构，拥有汽、柴油检测线共 1024 条，较 2019 年增加 45 家检验机构，增长率为 16.2%。通过云南省机动车排气污染监控平台的统计，2020 年，共检测车辆 488.4 万次，合格率为 85.11%，检测量较 2019 年共增加 5.8 万次，增长率为 1.2%。机动车遥感监测及黑烟车抓拍联网工作有序推进，全省累计建成 3 套遥感监测设备，9 套黑烟车抓拍设备，并同步实现数据的传输，通过省级机动车遥感监测平台共接收上传 362.4 万条遥感监测数据和 1879.9 万条黑烟车抓拍数据。配合厅大气处和各州（市）生态环境局加快推进非道路移动机械摸底调查和编码登记工作，截至 2020 年底，全省累计登记 11879 台非道路移动机械，累计核发环保登记号码 6637 辆。积极配合厅大气处开展移动源污染防治、机动车检验机构现场调研工作，持续做好云南省机动车排污监控的技术支持工作。

【环境信息相关技术培训】 积极组织开展培训班，提升干部职工的认知水平和业务能力。举办 2020 年机动车排污监控管理技术培训班，着重对机动车污染物排放检测技术、柴油车 OBD 远程监控、I/M 制度、新车查验及"天、地、车、人"一体化监控平台等内容进行讲解，进一步加强了云南省机动车排气污染防治工作，提升了云南省机动车排污监控管理水平，为各州（市）今后开展机动车排污监控工作指明了方向。在厅对外合作处支持下，成功在上海承办"2020 年沪滇合作生态环境信息化技术培训班"，对厅机关处室、直属单位和各州（市）负责生态环境信息化工作的 50 余名业务工作骨干，采取集中学习、信息系统演示、实地考察等多种形式相结合的方式，集中学习上海市在生态环境信息化工作方面的先进理念和工作经验。

【环境信息相关技术支持工作】 一是积极配合省生态环境厅有关处室认真做好"一网通办"和"一部手机办事通"数据对接工作。截至 2020 年底，政务服务数据资源汇聚共推送 133919 条，电子证照数据归集共推送 8715 条，政务服务事项办件数据归集汇聚共推送 68450 条。对省生态环境厅"一部手机办事通"拟上线的"建设项目环境影响登记表备案"事项和"建设项目环境影响登记表备案"查询业务需求说明书进行重新确认；根据省政务服务管理局修改后的业务需求说明书，再次进行修改和确认并完成历史数据和实时数据的推送，共推送数据 116251 条。二是配合生态环境厅办公室梳理信息化管理制度配合完成的《云南省生态环境厅信息化建设项目管理办法（试行）》和《云南省生态环境系统数据资源共享与交换管理办法（试行）》于 2020 年 10 月印发并执行。

【项目申报与项目储备】 2020 年，信息中心积极组织项目申报和储备。紧紧围绕保障省生态环境厅电子政务体系有效稳定运行和应用系统升级维护两方面，完成了 2021 年省级环保专项资金项目预算申报，上报资金总预算为 1200 万元，其中，基本运行保障 930 万元，应用系统升级维护 270 万元。

（撰稿：胡 雁 李 媛 孔雁波 段 坤）

各州（市）生态环境保护工作

昆明市

【工作综述】 2020 年，在云南省生态环境厅和昆明市委、市政府的坚强领导下，昆明市生态环境工作深入贯彻落实习近平新时代中国特色社会主义思想和党的十九大精神，深入贯彻落实习近平生态文明思想，深入贯彻落实习近平总书记考察云南重要讲话精神，按照全国、全省生态环境局长会议的安排部署，全市生态环境系统深入开展"改革攻坚年"主题活动，坚决扛起生态文明建设的政治责任，牢固树立绿色发展理念，紧盯污染防治攻坚战阶段性目标任务，围绕中心、服务大局，聚力攻坚抓保护、压实责任强督察、全力筹备 COP15，着力打好蓝天、碧水、净土污染防治攻坚战，以高水平保护促进经济社会高质量发展。

2020 年，昆明市生态环境系统稳步推进生态环境机构监测监察执法垂直管理制度改革、生态环境保护综合行政执法改革，完成机构编制上划、人员转隶工作。启动了国家、云南省生态文明建设示范市创建工作。成立了昆明市委书记、市长任双组长的昆明市生态文明建设示范市创建工作领导小组。成立了昆明市生态环境保护委员会，昆明市 14 个县（市、区）先后成立了生态环境保护委员会。推进联合国《生物多样性公约》第十五次缔约方大会（COP15）筹备。昆明市生态文明建设和环境保护工作取得了良好成效，生态环境质量持续改善。

【政务信息】 印发《昆明市生态环境局政务信息报送工作方案》，下达报送任务，积极做好政务信息的搜集整理工作，报送政务信息 70 余条。《昆明市生态环境局政务信息公开指南》在网站上发布，依申请公开环境保护政府信息进入昆明市级行政审批窗口环保窗口，按时限办理依申请公开事项 21 项。网站公开信息 1659 条，公开行政许可 131 项、重点领域工作 456 项，公布人大、政协提案办理结果 24 条。"昆明市生态环境"微信发布信息 1815 条，"昆明市生态环境"微博发布信息 3428 条，粉丝 25 万余人，微博、微信在云南省生态环境系统矩阵中稳定排名第 1 位。

【生态环境信访】 改进信访投诉工作机制，对"12345"市长热线交办件逐一处理、逐一回复、督促落实，着力解决群众反响强烈的环境突出问题，切实维护群众环境权益。围绕 COP15 大会筹备，切实加强风险隐患排查和应急演练，保障昆明市环境安全。2020 年，办理信访投诉转办件 52 件。无非正常上访、到省市相关部门大规模集体上访的情况发生。2020 年 3 月，昆明市生态环境局荣获"2019 年全国生态环境信访工作表现突出集体"称号。截至 12 月底，全市共计办理"12345"和"12369"环境污染投诉件 1842 件，办结率 100%。

【财务、科技与产业】 开展以水、土、气为要素的环境科研，开展《昆明市长江生态环境保护技术与方案研究》《昆明臭氧气象特征和颗粒物后向轨迹分析》等科研项目 20 余项，昆明市生态环境科学研究院荣获第九届"昆明市市长质量奖"。切实推进大气、水主要污染物总量减排工作。根据昆明市发改委下达昆明市生态环境局争取国家和云南省项目资金目标任务 40000 万元。2020 年，昆明市生态环境局积极加大争取上级资金的支持力度，争取上级资金 46386 万元。

【政策与法规】 组织编制《昆明市大气污染防治条例》，经过了人大论证、政协协商、领导小组会议、公平竞争审查、社会风险评估等，先后经昆明市政府常务会、市委常委会、市人大常委会审议后报云南省人大常委会审查通过，于2021年3月1日起正式施行，通过立法实现大气污染防治的权威性、强制性、可操作性。"十三五"期间，修订出台了《昆明市机动车排气污染防治条例》《昆明市餐饮业环境污染防治管理办法》等地方性法规规章。建立环境行政执法与刑事司法衔接工作制度，出台了《昆明市生态环境保护行政执法与刑事司法衔接工作办法（试行）》《关于保护滇池流域生态环境加强行政执法与检察公益诉讼协作配合的办法》《昆明市生态环境局关于减轻和免除行政处罚的实施意见（试行）》。

【生态环境保护督察】 加强统筹调度，每月调度整改落实进展情况，每季度组织召开1次整改落实情况调度会，适时向昆明市政府常务会、市委常委会汇报整改落实情况。制定《昆明市整改落实中央、省生态环境保护督察反馈和交办问题验收销号办法（试行）》，进一步规范整改验收销号工作。对部分重点难点问题制订了推进工作方案，明确1名市级领导统筹协调整改工作。下发整改提醒通知（函）12份，督办通知3个、督办函13个，开展整改滞后、未完成整改事项、"件件清"群众举报投诉件现场督察、调度、销号验收35次。组织开展了第二轮市级生态环境保护监督检查。中央、云南省环境保护督察交办的投诉问题，已全部完成整改验收。反馈问题，全部按时序推进。制定了《昆明市生态环境局关于开展2020年环境监察稽查工作的通知》，对五华、官渡、盘龙、呈贡、晋宁、寻甸、高新、空港8县区进行环境监察稽查，重点稽查了昆明市各县区开展"建设项目和污染源现场监督检查工作、生态和农村环境监察工作、环境违法行为查处工作、环境污染和生态破坏纠纷调解处理工作"等内容。

【行政审批】 帮助企业渡过难关，制定《昆明市生态环境系统关于支持企业有效应对疫情稳定经济增长的实施方案》，从实施环评审批特殊措施、优化环境监管执法方式、加大服务指导帮扶力度三个方面着手，采取11条措施支持企业应对疫情、稳定经济增长。全面贯彻排污许可管理制度，实现固定污染源排污许可全覆盖，提升企业履行环保手续的守法自觉。完成固定污染源排污许可清理整顿10569家。大力优化营商环境，制定实施《蓝天碧水净土森林覆盖指数优化提升营商环境实施细则》《蓝天碧水净土森林覆盖指数存在问题整改落实方案》，推进营商环境"红黑榜"工作。减轻和免除行政处罚，出台《昆明市生态环境局关于减轻和免除行政处罚的实施意见（试行）》，对轻微违法行为免除处罚。受疫情防控等不可抗力影响的不予处罚、主动消除危害的减轻处罚，落实"六稳""六保"工作，全力支持企业有效应对疫情稳定经济增长。2020年，审批环评51个、排污许可证252个、辐射安全许可证345个，均在承诺时限内办结。

【环境监测】 印发《2020年昆明市生态环境监测工作方案》，编制《昆明市环境质量月报》《昆明市河长制水质监测月报》《滇池水质月报》等各类监测专报，对空气质量、水环境质量进行月排名。重点做好应对新型冠状病毒感染疫情生态环境应急监测、垃圾焚烧企业监督性监测等重点监测工作。

昆明市作为两个开展全面普查试点的省会城市之一，共核定普查对象数11234个（不含移动源），其中，工业源普查对象6448个、畜禽规模养殖场普查对象2940个、生活源普查对象1487个、集中式污染治理设施普查对象344个，以行政区为单位的普查对象数量15个；摸清了昆明市各类污染源基本情况和排放情况，健全了重点污染源档案和污染源信息数据库。2020年9月，获得"第二次全国污染源普查表现突出集体"称号，《云南省昆明市第二次全国污染源普查技术分析报告》获"优秀技术报告二等奖"。

【大气环境治理】 按照"预防为主、防治结合"的原则，印发实施《2020年昆明市大气污染防治工作目标任务》，着力解决以颗粒物（PM_{10}、

PM$_{2.5}$）、二氧化氮（NO$_2$）和臭氧（O$_3$）为主控污染物的大气污染问题。《昆明市大气污染防治条例》于 2021 年 3 月 1 日起正式施行，通过立法实现大气污染防治的权威性、强制性、可操作性。加强统筹调度，强化科学监测预警预判，开展周通报、月排名，发布空气质量周通报 43 期、预判周报 43 期、预警通知 9 期。开展春夏季大气污染防治攻坚行动，抓好火电厂超低排放、抓好燃煤锅炉淘汰、机动车遥感监测。加强主城区非道路移动机械的污染控制，昆明市政府印发实施《关于划定高排放非道路移动机械禁止使用区域的通告》，对高污染燃料、机动车、非机动车使用区域进行划定，减少大气面源污染。与国内知名科研院所合作开展《昆明市环境空气臭氧污染来源解析及细颗粒物-臭氧协同防治路径研究》，印发实施《昆明市环境空气质量提升保障及臭氧防控工作方案》。2020 年，昆明主城空气质量优良率 100%，昆明市环境空气质量达到国家二级标准。

【水生态环境治理】　严格贯彻落实水污染防治行动计划，深入推进以滇池治理、长江流域（昆明段）大保护为重点的水污染防治。印发实施《2020 年度昆明市水污染防治工作目标任务》，昆明市政府与各县（市、区）政府签订了《2020 年度昆明市各县（市、区）地表水断面目标责任书》。按月进行水质调度及通报，发送水质预警 13 次，水质通报 10 次。每日通过昆明市水环境质量平台，发送国考断面水质超标预警信息。加大劣 V 类断面整治提升，组织召开了昆明市政府螳螂川—普渡河流域水污染防治推进会。推进入河排污口溯源整治，针对昆明市水务局移交的 377 个入河排污口信息名录，开展进一步深入核查工作，并编制完成《昆明市入河排污口核查报告》和昆明市入河排污口信息表和名录，组织监测力量对金沙江干流及主要支流 165 个无责任主体入河排污口开展水质监测。持续推进集中式饮用水水源地攻坚战，制定《昆明市 1000 人以上乡镇级集中式饮用水水源地保护区划定工作方案》，完成了"千吨万人"饮用水水源地及"1000 人以上乡镇级饮用水水源地"划定工作，强化水源地风险防控能力建设。2020 年，滇池全湖水质 IV 类，阳宗海水质稳定保持 III 类。纳入国考（省考）的 25 个地表水断面水质全部达标，达标率 100%，优良水体 20 个，优良率 80.0%，劣 V 类水体全面消除。

【土壤生态环境治理】　强化"土十条"实施调度管理，印发实施《2020 年度昆明市土壤污染防治工作目标任务》，加强土壤污染重点监管单位监管、建设用地土壤污染风险防控、典型污染场地治理与修复示范，开展 23 个地下水国考点监测工作。制定《昆明市建设用地土壤污染状况调查报告评审办事指南（试行）》，完成 495 个重点行业企业用地土壤污染状况基础信息调查。完成地下加油罐防渗改造 1630 个，改造完成率 100%，停工停产 16 个。抓好新修订《中华人民共和国固体废物污染环境防治法》（以下简称《固体废物污染环境防治法》）的贯彻落实，持续推进固体废物及重金属污染治理攻坚战，制定了《昆明市固体废物及重金属污染治理攻坚战考核实施细则》。完成工业固废堆存场所整治 9 家、"清废行动"问题点位整治 18 个。加快东川区 10 个重金属项目建设，完工 6 个、正在开工建设 4 个。出台了《昆明市城镇污水处理厂污泥处置环境影响跟踪监测技术规范》《昆明市城镇污水处理厂污泥处置环境监察规范》《昆明市城镇污水处理厂污泥处置环保竣工验收技术规范》3 个地方标准。加强土壤污染重点监管单位监管、建设用地土壤污染风险防控、典型污染场地治理与修复示范，完成 495 个重点行业企业用地土壤污染状况基础信息调查，土壤环境保持稳定。开展农村环境综合整治，"十三五"期间，完成整治行政村 157 个，任务完成率 105%。成立农村生活污水治理专项工作领导小组，编制印发《推进昆明市农村生活污水治理的实施方案》，统筹推进农村生活污水治理。开展农村生活污水现状调查，及时录入"云南省农村生活污水治理信息管理系统"，指导各县（市、区）编制完成《县域农村生活污水治理专项规划（2020—2035 年）》。完成农村黑臭水体排查，形成昆明市农村黑臭水体清单报省生态环境厅备案。

【固体废物管理】　开展涉重金属排查整治工作，动态更新涉重金属全口径清单，加强医疗废物处置的监督管理、危险废物专项整治行动工作，持续提升固体废物监督管理工作。持续推进固体废物及重金属污染治理攻坚战，制定了《昆明市固体废物及重金属污染治理攻坚战考核实施细则》。疫情防控期间，切实加强新型冠状病毒医疗废物处理处置环境监管，收集处置医疗废物 9000 余吨。

【城市环境管理】　　城镇污水处理。截至 2020 年底，滇池流域已建成 28 座城镇污水处理（水质净化）厂，设计处理能力为每日 222 万立方米，投入运行的城镇污水处理（水质净化）厂 27 座，处理能力为每日 217 万立方米，2020 年，合计处理水量为 69763.72 万立方米，合计日均处理 190.61 万立方米，平均负荷率达 87.84%。

生活垃圾处理。截至 2020 年底，全市投入使用的生活垃圾处理设施共 11 座，其中焚烧发电厂 5 座，卫生填埋场 5 座，综合处理厂 1 座；滇池流域实现生活垃圾收集、无害化处置全覆盖，县城及乡镇镇区所在地生活垃圾得到无害化处理，全市城镇生活垃圾无害化处理率达到 100%。

【自然与生态保护】　　全面推进昆明市容市貌提升改造，抓好生物多样性展览展示、5G 智慧城市建设，统筹推进酒店、交通、安保后勤运营及食品安全监管、医疗保障、志愿服务、宣传等工作。牵头制定了《COP15 昆明市保障工作方案》。根据联合国"气候中和"政策和 COP15 东道国协议，完成了 COP15 碳中和行动方案编制。根据 COP15 平行活动的安排，编制全球城市和地方政府生物多样性峰会方案。抓好展览展示，完成中国科学院昆明植物所生物多样性体验园项目规划方案等编制。完成 WG2020-2 会议清算审计工作。

【生态文明建设】　　创建文明城市印发了《生态环境整治指挥部办公室关于印发 2020 年创建全国文明城市指标任务分解的通知》，制定了《生态环境整治指挥部创建全国文明城市工作实施方案》《生态环境整治指挥部 2020 年创建全国文明城市指标任务》。开展生态环境主题实践、环境保护志愿服务、环境保护公益、美丽中国志愿服务等活

动，完成图片资料、说明报告、评价文件等台账资料的上报、审核、整改等工作。圆满完成了第六届全国文明城市创建工作任务，被中央文明委授予"全国文明城市"荣誉称号。

创建生态文明建设示范市。印发实施《昆明市创建国家生态文明建设示范市工作方案》，编制《昆明市国家生态文明建设示范市规划（2020—2035 年）》。昆明市政府与各县（市、区）及市级各部门签订《国家生态文明建设示范市目标责任书》。编制省级申报材料，接受省级专家评审和现场复核。

全面开展绿色创建、生态创建。全市累计创建 1 个国家级生态文明建设示范县（石林县），10 个云南省生态文明县（市、区）；36 个国家级生态乡镇（街道），71 个云南省生态文明乡镇（街道）；2 个国家级生态村（社区），24 个云南省生态文明村（社区），1120 个市级生态村（社区）。

【核与辐射安全监管】　　2020 年，共办结辐射安全许可 345 件，其中新办 94 件。在辐射安全许可审批办理过程中，结合国家核技术利用辐射安全管理系统数据质量核查整改工作，对申报系统中的单位信息数据进行更新、完善，较大地提高了国家管理系统的数据质量。安排部署昆明市核与辐射隐患排查核查工作，定期开展核技术利用单位监督检查工作，开展核安全文化宣传试点工作。根据国家、省、市对生态环境工作的新要求，再次修订并印发了《昆明市辐射事故应急预案》。

【环境监察与应急】　　2020 年，昆明市共检查重点、特殊监管对象、一般污染源、其他执法事项 1140 家次，向社会公开双随机监管信息 505 条。开展"千吨万人"水源地、"三磷"专项排查整治等专项行动，对昆明市"三磷"专项排查整治核查开展验收，对 120 家核技术利用单位进行现场检查。出动环境监察人员 1000 余人巡查河道 3000 余次，上报河道巡查专报 37 期。疫情防控期间，执法人员、监测人员深入疫情防控一线，对 125 家定点公立发热门诊医院、城镇污水处理厂进行现场监督检查，确保环境安全。加大

"12345"交办件受理和办理力度，着力解决群众反响强烈的环境突出问题。制定了《监督执法正面清单》《监督执法正面清单企业名单》，对6类834家企业，免除现场执法检查，减少对企业的打扰，全力保障企业生产。2020年，办理行政处罚案件1082件，罚款8002万元。2020年3月，昆明市生态环境局荣获"2019年全国生态环境信访工作表现突出集体"称号。印发实施《昆明市环境空气重污染应急预案》，统一预警分级，做好重污染天气应急工作。围绕COP15大会筹备，切实加强风险隐患排查和应急演练，保障昆明市环境安全。

【环境宣传教育】 圆满完成COP15第一阶段会议服务保障工作扶荔宫、宝丰湿地成为展示昆明生物多样性保护成果的靓丽名片。《昆明宣言》、昆明生物多样性基金举世瞩目，在世界舞台上惊艳亮相，不断提升了昆明的国际影响力。围绕COP15大会筹备，举办"我承诺 我践行 做最美昆明人"为主题的"6·5"世界环境日、国际生物多样性日、生物多样性保护环保公益海报征集大赛等6场主题宣传活动，共计组织2.09亿人次参与，为COP15大会举办营造良好氛围。举办了"回眸'十三五'奋进新昆明"生态文明建设专题发布会等7次新闻发布会。发布《2019年度昆明市生态环境状况公报》。承办了生态环境部在昆明举办的高校环保社团物种资源保护宣传专题交流会。在掌上春城开设"昆明环保"专栏，在昆明日报和昆明电视台发布空气质量。与新媒体模式的宣传互动，利用"云开放"线上+线下形式，推进环保设施和城市垃圾污水处理设施向50余万公众开放，大力促进环保公众参与。加强疫情防控宣传工作，及时发布疫情防控工作部署、政策法规和疫情防范知识，微信、微博推送信息18885条，发放宣传资料35000余份，形成全民参与的抗疫合力。昆明市生态环境局新媒体在全市网格综合传播指数政府部门榜单中排名稳居第二，微博单项稳居第一，被评为"2021年昆明市十佳政务新媒体"。创新建立环保义务监督员制度，制定《昆明市环保义务监督员管理办法（暂行）》，鼓励市民自愿义务协助开展生态环境保护和环境

污染监督工作，发展环保义务监督员200余名，拓宽社会公众对环保工作监督的渠道。制作《小习惯改变大环保》《呵护绿水青山 建设美丽昆明》公益宣传片，在全市3150辆公交车、238条线路、4110个移动电视上播放。不断丰富《昆明环境》版面内容，编辑完成4期，刊发环保方面的稿件189篇、图片98幅，提高了办刊质量。

【环境保护信息化建设】 建立全市污染源自动监控系统、环保移动执法系统，实现污染监控管理和环保执法信息化管理，推动"数字环保"向"智慧环保"的转变。

生态环境局主要领导干部
赵 文 局党组书记、局长（2019.02—）
高志刚 局党组成员、副局长（2019.04—）
虎 龙 局党组成员、副局长（2019.04—）
赵永勤 局党组成员、纪检监察组组长
（2020.07—）
艾发伟 局党组成员、副局长（2020.06—）
陈 军 局党组成员、副局长（2019.06—）
施学东 局党组成员、副局长（2020.08—）
闫 琨 局党组成员、生态环境监测站站长
（2020.09—）
邹银伟 局督察专员（2020.08—）

（撰稿：李晓雅）

【盘龙区】 2019年3月11日，昆明市盘龙区深化党政机构改革领导小组印发了《昆明市盘龙区深化区级机构改革实施方案》（盘改发〔2019〕1号）组建昆明市生态环境局盘龙分局，不再保留盘龙区环境保护局。2019年3月18日，昆明市生态环境局盘龙分局举行挂牌及授印仪式，昆明市盘龙区环境保护局正式更名为昆明市生态环境局盘龙分局。2019年8月30日，中共昆明市委机构编制委员会核定昆明市生态环境局盘龙分局行政编制9名，设局长1名（正科级）、副局长2名（副科级），督察专员1名（副科级）；内设机构2个。2019年11月20日，盘龙区生态环境监察、监测机构上划市级，作为昆明市生态环境局盘龙区分局的所属事业单位。盘龙区环境监察大队更名为盘龙区生态环境保护综合执法大队，

核定编制数为 30 名；盘龙区环境保护监测站更名为昆明市生态环境局盘龙分局生态环境监测站，核定编制数为 15 名。盘龙区生态分局 2019 年实有内设科室：综合科、监督管理科（加挂行政审批科牌子，2019 年 10 月 31 日撤销自然生态与城市环境保护科，原科室工作职责并入监督管理科行使）、污染控制科、政策法规与宣传教育科。

根据《昆明市盘龙区深化党政机构改革领导小组关于印发〈昆明市盘龙区深化区级机构改革实施方案〉的通知》（盘改发〔2019〕1 号）精神，对盘龙区生态分局的工作职责进行了调整。整合分散的生态环境保护职责，统一行使生态和城乡各类污染排放监管与行政执法职责，加强环境污染治理，将区环境保护局的职责，区发展和改革局的应对气候变化和减排相关职责，市国土资源局盘龙分局的监督防止地下水污染职责，区水务局的编制水功能区划、排污口设置管理、流域水环境保护职责，区农林局的监督指导农业面源污染治理职责等整合，组建市生态环境局盘龙分局，作为昆明市生态环境局的派出机构。主要职责是，贯彻执行生态环境政策、规划和有关标准，统一负责生态环境监测和执法监督工作，监督管理污染防治、核与辐射安全，组织开展环境保护督察等。

排污总量控制。2020 年，昆明市政府下达盘龙区的总量减排项目为昆明市第四水质净化厂和第五水质净化厂的化学需氧量和氨氮。

水环境质量。2020 年，盘龙区纳入国考、省考、市考的水质监测断面均达到考核标准，水质达标率 100%，优良水体达标率为 80%，县级及以上城市集中式饮用水水源水质优良比例为 100%。国考金汁河王大桥断面年均水质达Ⅲ类、松华坝水库年均水质达Ⅱ类；市考盘龙江、金汁河、马溺河、牧羊河、冷水河、金钟山水库共计 8 个市级考核监测断面年均水质均达到考核目标要求。

环境监测。2020 年，盘龙区空气环境质量有效监测天数 366 天，优 200 天，良 165 天，轻度污染 1 天（为臭氧因素造成），空气质量优良率 99.73%，达到国家年浓度二级（良好）标准要求，环境空气质量综合污染指数 3.05。较 2019 年优级天数增加 18 天，空气质量优良率上升

0.83%，综合污染指数下降 9.76%，全市综合排名第 2 位。

环境监督管理。严格执法、加强监管，严厉打击环境违法行为。以危险废物、废弃危险化学品、辐射企业为重点，加强重大危险源管控。开展挥发性有机物（VOCs）专项整治。制定了《昆明市生态环境局盘龙分局挥发性有机污染物专项排查整治工作方案》并开展挥发性有机物（VOCs）专项整治工作。2020 年，出动 673 车次、2370 人次，完成企业现场检查 948 家次。其中，检查工业企业（个体户）119 家次，下达整改通知 14 家，下达处罚决定书 8 家次；检查施工工地 232 家次，下达整改通知 28 家，下达处罚决定书 25 家次；检查餐饮企业 529 家次，下达整改通知书 60 家次，下达行政处罚决定书 2 家次；检查汽修行业 36 家次，下达处罚决定书 15 家次；检查医疗单位 32 家次，对 5 家医疗卫生企业下达行政处罚决定。对 1 个个体户危险废物非法储存行为进行行政处罚。完成 27 个建设项目"三同时"检查，检查辐射企业 63 家次。对昆明贵骏汽车销售有限公司等 67 家次企业环境违法行为下达了行政处罚决定，其中一般程序 56 家次，简易程序 11 家次，收缴罚款 311.61 万元。

环境保护宣传。一是全面整合网络、电视、报刊等媒体资源，利用政府网定期公开生态建设类信息，发布创文、创生态文明各类信息，公示重要事项，处理微博投诉等，在全社会形成正向引导。二是以习近平生态文明思想为引领，多形式、多渠道弘扬生态文明理念和精神，提升公众环境保护意识。全年共开展宣传活动 25 场次，发放宣传材料 14000 余份，宣传布袋 8500 余个，发布简报、信息 107 期。三是加强环保法律法规政策普及，提高社会生态文明法治水平。积极宣传宪法和中国特色社会主义法律体系及生态环境保护相关法律法规。邀请省、市专家开展《中华人民共和国民法典》（以下简称《民法典》）《土壤污染防治法》及《固体废物污染防治法》《中华人民共和国水污染防治法》（以下简称《水污染防治法》）等法制专题培训 5 场，利用新媒体平台设置普法宣传栏目，开展法律法规宣传及"以案释法"普法宣传活动 14 场次，制作《环境保护常

云南生态环境年鉴 2021

用法律法规及规范性文件汇编》300 余份下发企业及各街道办事处，开展法制宣传六进工作，组织执法人员、企业及义务监督员开展生态环境保护法律宣讲活动。四是发动人民群众共商共治共建共享生态文明成果。围绕"美丽中国——我是行动者"主题，广泛宣传习近平生态文明思想，加大信息公开力度，畅通信访渠道，广泛动员、发动群众积极参与生态环保工作，志愿履行环境保护义务。组建环保义务监督员队伍，参与对企业规范排污行为的日常监督；积极动员全区学校、小区、社区和家庭开展绿色细胞创建活动，2019年，创建省、市级"绿色学校"9 家、"绿色社区"2 家、"绿色家庭"5 家。2020 年，创建市、区级"绿色学校"18 家；开展环保宣传进企业活动，组织污染投诉问题集中的企业周边居民群众进企业，参与企业污染问题共商共治，效果明显。辖区醋酸纤维公司 2016 年中央环保督察及 2017年省环保督察工作中接到大量污染举报及投诉问题，形成多件重复投诉。面对问题，政府不回避，企业勇担当，对能整改的问题立即整改，调整了高噪声设备装卸作业时间，安装了冷却塔和丙酮回收风机隔声降噪房，对夜间照明灯光照射面进行了调整，期间多次邀请和组织周边居民住户进到企业生产一线了解其生产过程和环保问题整改情况，通过企业"搭台"、环保"唱戏"，让居民群众对自己的合法环保权益有了最大知情权，让企业和群众之间建立了正向积极的沟通方式，所有环保问题迎刃而解，在今年中央环保督察工作中涉及该企业的投诉问题仅 1 件。

排污口设置管理。盘龙区目前共有 5 个入河排污口，分别是昆明市第四水质净化厂、昆明市第五水质净化厂（2 个排口）、滇源集镇污水处理站、阿子营集镇污水处理站。4 个污水处理厂（站）均由昆明滇池水务股份有限公司管理运维，盘龙区分局主要工作职责为监督检查设施运行情况，对出水水质达标情况进行监管。2020 年，无新增设置排污口情况。

流域水环境保护。一是全面开展生态治理，努力确保流域安全。先行先试开展综合生态治理项目，建成生态湿地共 42 个，湿地总面积为4038.48 亩，完成生态清洁小流域治理 5 个，生态清洁小流域面积约 80 平方千米。二是全面实施截污治污，有效缓解生态压力。在 4 个涉农集镇均建成集镇生活污水处理厂，集镇生活污水处理设施覆盖率 100%；建成农村生活污水处理设施 195座，设施覆盖率达到 93%，完成 211 个村庄截污工程，正在推进 73 个村，农村生产生活垃圾集中收运处置率达到 100%。三是全面开展综合整治，切实改善村容村貌。深入推进"七改三清"、农村人居环境整治，集中治理脏、乱、差问题，形成工作常态，努力做到村庄面貌"净、丽、美"。开展花卉、鱼塘、汽修厂、洗车场综合整治，关停取缔水源区一级区内修理厂、洗车厂 36 家，整治取缔百合花种植 1.06 万亩，村庄面貌得到有效改善。

地下水管理。制定了《盘龙区 2020 年度水污染防治工作实施方案》，按照《昆明市 1000 人以上乡镇集中式饮用水水源地保护区划定工作方案》（昆生通〔2020〕66 号）要求完成松华街道双玉社区龙潭水水源地保护区划定工作，制定《盘龙区松华街道双玉社区龙潭饮用水水源保护区划定及保护管理工作方案》，持续做好饮用水水源地环境保护专项行动，加强松华坝集中式饮用水源地保护，积极开展"千吨万人"饮用水水源地保护问题排查整治工作。严格落实河道和水源地巡查机制，每周开展巡查工作，10—11 月，按照市生态环境局"确保全年滇池水质达标军令状"要求，由局班子带队，组成 3 个检查小组，对盘龙江、牛栏江（盘龙江段）、冷水河、牧羊河、金汁河、马溺河开展集中巡查。加强村庄污水处理设施环境监管，将滇源污水处理站等水源区 4 座集镇污水处理设施纳入区重点源监管清单，定期开展环境监察。通过综合施策，2020 年 1—10 月全区 10个水质考核断面均达到考核目标要求。

2020 年，盘龙区地表水：国考断面金汁河王大桥考核目标为Ⅳ类，年均水质Ⅲ类，达到考核标准；市级城市集中式饮用水水源地松华坝水库年均水质稳定保持Ⅱ类；盘龙江、金汁河、马溺河、牧羊河、冷水河、金钟山水库 8 个市级考核断面：年均水质均达到考核目标要求。盘龙区所有水质考核断面 100% 达标。

生态环境分局主要领导干部

邹银伟　党组书记、局长（2020.06—）

92

周　波　党组书记、局长（—2020.07）
杜　涛　党组成员、副局长（2020.06—）
王美雁　党组成员、副局长（—2020.07）
陈正祥　党组成员（—2020.07）
张　帅　督察专员（—2020.07）

（撰稿：办公室）

【五华区】　抓好中央、省环保督察问题整改。截至 2020 年 10 月底，2016 年中央环境保护督察整改任务（108 号全部内容）中涉及五华区的共有 11 项，已完成 8 项并申请市级主管部门验收销号，剩余 3 项反馈问题已完成整改，正在对接市级主管部门验收销号工作；2017 年省环境保护督察整改任务中涉及五华区的共有 19 项，已完成整改并申请市级主管部门验收销号 15 项，剩余几项反馈问题已完成整改正在对接市级主管部门验收销号工作；2018 年中央环境保护督察"回头看"反馈意见问题整改任务中涉及五华的共有 20 项，已完成整改并申请市级主管部门验收销号 15 项，剩余 5 项反馈问题已完成整改正在对接市级主管部门验收销号工作。2018 年中央环保督察"回头看"向五华交办的 32 批次 118 件投诉举报件已全部通过市级验收，2017 年省环保督察涉及五华的 43 件交办件全部通过市级验收，2016 中央环保督察向五华区交办投诉举报件 127 件，125 件通过市级验收，剩余 2 件已完成整改待再次验收。

打好蓝天保卫战。一是制定实施《2020 年昆明市五华区大气污染防治目标任务》，按照"预防为主、防治结合"的原则，通过调整优化产业结构，推进产业绿色发展；加快调整能源结构，构建清洁低碳高效能源体系；积极调整运输结构，发展绿色交通体系；优化调整用地结构，推进面源污染治理；实施重大专项行动，大幅降低污染物排放；强化区域联防联控，有效应对污染天气；健全最严制度体系，完善环境经济政策；加强基础能力建设，严格环境执法督察；加强信息公开，动员全社会广泛参与深入推进大气污染防治。确保 2020 年全区空气质量优良天数比率达到 98%以上，力争实现 99%，全面完成国家、省、市下达的大气污染防治工作目标任务，达到国家、省、市的考核要求。2020 年 1 月 1 日至 10 月 26 日，五华区有效监测天数 300 天，其中，优级天数 170 天，良级天数 130 天，未出现轻度污染天数，空气优良率为 100%。二是以"全面布点、重点突出"为原则，依托辖区各街道办事处布设了 10 个空气质量监测微型站，建设城市网格化空气监测系统，打造"大气环境天网系统"，推进测管联动。三是为有效应对昆明市环境空气臭氧污染，持续改善区域大气环境质量，不断提高五华区空气质量优良率，在全区范围开展挥发性有机物重点企业排查，截至 2020 年 10 月，昆明市生态环境局五华分局共计检查涉及挥发性有机物企业 219 家，其中，制药行业 2 家，印刷行业 11 家，家具行业 6 家，汽修行业 197 家，塑料行业 3 家，其中，对存在环境违法行为的 26 家企业进行处理，立案处罚 9 家，取缔 2 家，下达整改通知 15 家，配合区政府相关部门关停、搬迁印刷行业 2 家，按照《中华人民共和国大气污染防治法》（以下简称《大气污染防治法》）的相关规定，要求 77 家企业涉及 VOCs 排放的企业自行委托监测，并上报监测数据。同时，对 114 家不规范企业提出整改，要求安装或加强污染治理设施的维护和管理，保证污染治理设施正常运转，确保废气达标排放。

打好碧水保卫战。一是全面深化"三级河长四级治理"体系，制定《五华区打赢碧水保卫战三年行动实施方案》，构建分级管理、属地负责，各部门各司其职、齐抓共管的工作格局。全年共开展专项整治 3 次、出动人力 80 余人次，并定人定责，坚持河道巡查，全区共巡河 2700 余次，对巡查中发现的问题，及时限期整改。二是开展集中式饮用水水源地保护工作。按照集中式饮用水水源地保护规划的相关要求，切实做好红坡水库监管，全面整改落实中央环境保护督察"回头看"和省通报的水源地突出环境问题及自查出的问题。2020 年 1—10 月红坡水库水质达《地表水环境质量标准》（GB 3838—2002）Ⅲ类水标准。三是严厉查处水污染环境违法行为。2020 年，共查处涉水污染案件 2 件，共处罚金 27 万元，目前未收到缴款。四是根据职责不断推进长江流域水生态环境保护，实施五华区沙朗河沿线集中整治，启动五华区海源寺地下水摸底调查评估，目前正在编制初稿。

打好净土保卫战。根据《五华区打赢净土保卫战三年行动实施方案》（五政发〔2019〕7号），将土壤污染防治作为落实环保督察整改的重要内容，对重点工作任务进行责任分解，确保工作落到实处。按照云南省生态环境厅关于土壤污染状况详查和农用地土壤污染状况详查点位核实工作要求，五华区共确定土壤污染重点行业企业32家、土壤污染问题突出区域2块，均在高分辨遥感影像上确定了空间位置，共计划定详查单元65个，核实农用地详查点位193个。对11家场地进行环境调查和风险评估，8家通过评审，剩余3家现已完成现场调查及土壤取样。云南昆钢机械设备制造建安工程有限公司，按照《云南昆钢机械设备制造建安工程有限公司原团山钢铁厂片区土壤污染修复治理工程实施方案》要求进行污染地块修复，现已经完成修复并通过省级专家验收。按照昆明市生态环境局转发的相关文件，对"绿网"提供的7家疑似污染地块进行现场核实。经过核实，上述除1家紧固标准件厂不属于五华区管辖外，剩余6家企业符合疑似污染地块相关要求，已上报土壤污染源管理系统。由于上述企业多为破产企业，现阶段尚未开展土壤现状调查。同时，按照土壤防治三年攻坚要求，昆明市生态环境局五华分局已委托有资质的第三方编制监测方案。一是完成对重点污染企业云铜锌业及鑫兴泽周边土壤污染现状调查，调查显示，周边土壤环境不容乐观。二是按照化肥农药减量要求，确定沙朗河流域为调查单元，现阶段该项监测工作正顺利进行。三是完成沙朗卫生院、厂口卫生院用地土壤现状调查，并通过昆明市生态环境局评估中心组织的专家评审。

严把项目准入关。严格按照新的《建设项目环境影响评价分类管理名录》进行审批，对于符合《建设项目环境影响登记表》备案条件的，耐心指导企业上网进行备案，进一步规范便民窗口服务程序。按照国家产业政策及市政府下达的污染物排放总量计划，凡涉及 SO_2、COD_{Cr}、NO 及国家控制的项目，均要求进行备案。凡产生噪声并建在敏感区的项目，严格要求对噪声进行治理达标后再予审批，特别是城区餐饮业油烟处理设施，一律要求选用低噪声设备，尽量杜绝噪声扰民。耐心细致指导建设单位按照新规做好"三同时"自主验收，严格控制高能耗建设项目建设。结合《昆明市城市中水设施建设管理办法》，加强对新、改、扩项目的中水回用管理。凡有废水排放的，新、改、扩项目须按有关规定的要求进行再生水的循环利用，达到上述办法中规定的，一律要求建设中水处理设施。凡新建项目一律要求将环保投资落到实处，否则不予审批。截至统计时，共完成登记表网上备案2472件，报告书、表审批38件。所审批项目的环境影响评价报告评价执行率100%，未发生违法、越权审批现象。

严厉打击环境违法行为。一是加强污染源监督管理，对2家国控重点企业每月现场监察1次，对2家废水在线监控企业每月现场监察1次。强化昆明市第九污水水质净化厂监督管理，每月对其水质进行监督性监测1次。定期检查重点企业污染治理设施运行情况，并调取在线实时监测数据，根据排放数据研判，监督企业达标排放。二是继续强化污染源的监督管理，按照昆明市生态环境局确定的重点污染源监察方案，对污染源按照监管频次进行监督检查，确保污染源达标排放，对48家环境违法企业行为进行立案处罚。截至10月26日，五华区环境行政处罚案件办理完成48件，开单金额272万元，罚款入库数272万元。三是开展重点污染源的监督性监测工作。完成1家国控、2家省控等重点企业监督性监测14次，监测结果均达标。四是努力维护人民群众的环境权益。全年共处理"12345"区长热线办交办案件2355件；市环境监察支队转办件44件；"12369"信访系统转办件289件；新闻媒体督办件30件；五华区信访系统转办件60件；其他途径转办件14件，处置率、回复率及满意率均达到100%。同时，坚持24小时值班制度，及时处置环境突发事件和群众投诉案件。五是全面开展"散乱污"企业综合整治，着力解决"散乱污"企业污染问题。2020年上半年，四合华通物流公司已关停取缔、昆明厚银商贸有限公司、水泥制管厂已完成升级改造，圆满完成了"散乱污"企业综合整治验收工作。

大力推行清洁生产审核，引导、鼓励企业走生态环保之路。在有色冶炼、化工、电镀、垃圾焚烧等重点行业及"双超双有"企业推行强制性清洁生产审核。列入云南省生态环境厅 2018 年清洁生产审核的云南铜业股份有限公司西南铜业分公司、云南云铜锌业股份有限公司和富民薪冶有限公司五华分公司已完成清洁生产审核及验收，昆明鑫兴泽环境资源产业有限公司将在异地搬迁全面完成后实施强制性清洁生产审核。

督促重点企业开展自行监测，推动环境信息公开。督促国控企业及重点企业按自行监测方案做好自行监测及信息发布工作。五华区核发国家重点排污许可证的 8 家企业已按照自行监测要求编制自行监测方案，并按要求在全国污染监测信息管理与共享平台上发布自行监测信息。

加强辐射安全管理，全面规范辐射安全管理工作。一是开展常规检查、换证、宣传等工作。对云南省中医院、东方动物医院、拜博口腔医院等涉及Ⅱ类、Ⅲ类射线装置的 40 家核技术应用单位开展现场检查，进一步强化监督检查及宣传教育，强化核技术利用单位主体责任，进一步规范和提高企业辐射安全管理水平。同时，督促持辐射安全许可证的单位进行许可证年检换证。二是开展非密封放射性物质工作场所辐射安全专项检查。联合省、市生态环境部门对昆明医科大学第一附属医院、昆明医科大学第二附属医院、云南省第二人民医院、云南省阜外心血管病医院 4 家医院开展非密封放射性物质工作场所安全专项检查，对医院法律法规执行情况、辐射安全与防护管理制度和辐射事故应急预案制订修订及落实情况、辐射安全与防护设施运行管理情况进行了现场检查。三是继续做好电磁辐射投诉处理工作。2020 年，共接到"12345"市长热线和市危废所转办通信机站投诉 8 件，均按时限办结。

加强危险废物日常监督管理。一是加强工业危险废物污染防治工作。加强危险废物产生单位和经营单位规范化管理，对危险废物转移联单进行审核备案，杜绝危险废物非法转移。完成五华区 3 家危险废物经营单位、2 家收集单位、1 家重点产废单位、5 家其他产废单位危险废物规范化管理年度考核工作。二是加强危险废物转移的报批管理，规范各产生单位对危险废物的处置。督促 449 家涉危单位 3 月 31 日前在云南省危险废物申报登记及转移报批系统上完成上年度的危险废物申报登记工作，完成申报登记后方可进行本年度危险废物的转移申请工作。三是加强对危险废物社会源的管理。继续对汽车修理、印刷、机械加工、零星表面处理等产生危险废物的单位进行排查，规范小型企业危废处理渠道，进一步加强危废管理。四是加强工业固体废物及危险废物（含医疗废物）监管。加强对工业固体废物、危险废物（含医疗废物）存量、源头及处置的日常环境监察，并形成常态化工作，开展长江经济带固体废物专项大排查行动，认真梳理排查数据及情况，对存在问题立即进行整改，杜绝一般工业固体废物、危险废物（含医疗废物）违法倾倒、堆存及处置。

实施工业固体废物堆存场所综合整治。督促云南铜业股份有限公司西南铜业分公司加快推进普吉渣场综合整治，截至 10 月，长沙有色院已编制完成《普吉渣场场地环境调查报告（送审稿）》，准备在 11 月初开展评审；持续推进原位风险管控可行性研究。中国地质大学（武汉）技术团队已编制完成《普吉渣场原位风险管控可行性研究报告》，待内部审议后预计 11 月可提交给云南铜业股份有限公司西南铜业分公司。三是进行普吉渣场日常生态环境管控。对西南铜业进一步加强管理，每周收集渣场渗滤液，并送检分析。从 4 月份加强了渣场内部雨水导排沟渠的日常清理工作，确保雨季雨水导流通畅。为加强对普吉渣场的生态环境治理管控力度，将在普吉渣场分批次，开展新增绿化工作，提升渣场的绿化覆盖程度。截至 10 月，普吉渣场共计新增绿化 5.3 万平方米。同时，公司针对未绿化的区域全部用防尘盖土网进行覆盖，提前避免春冬季节的扬尘产生。

加强环境应急管理，进一步提高环境突发事件应急处置能力。认真学习和领会《五华区突发环境污染事件应急预案》的内容，积极参加环境应急管理、重点行业企业环境风险等培训。依托环保信访举报热线，搭建突发事故应急处置平台。积极筹划与重点企业共同开展环境应急处置演练，提高紧急情况下人员快速反应和处置突发重大环境污染事故的能力。完成《五华区突发环境污染事件应急预案》修编工作，五华区政府办已印发实施。同时，加强对风险企业的应急能力管理，督促企业编制和完善应急预案，开展应急演练，并实行应急预案备案制度，全年新备案6家，到期修订备案1家。

积极消减污染排放。一是实施排污许可证分类管理，有序核发排污许可证。按照《昆明市生态环境局关于印发〈昆明市固定污染源排污许可清理整顿和2020年排污许可证登记工作实施方案〉的通知》和《昆明市生态环境局关于印发〈昆明市2020年下半年排污许可发证登记工作计划〉的通知》要求，上半年，共完成33个行业排污许可证清理整顿工作，核发重点管理排污许可证3户，简化管理排污许可证6户，登记管理87户。完成2020年纳入排污许可管理的87+4个行业发证企业名单筛选和管理级别核定，并发放告知书155份，实现《固定污染源排污许可分类管理名录（2019年版）》规定的所有行业排污单位排污许可管理全覆盖。二是扎实抓好省、市级重点减排项目。2020年，五华区大气主要污染物省级重点减排项目为云南铜业股份有限公司西南铜业分公司冶炼烟气治理项目和云南云铜锌业股份有限公司冶炼烟气治理项目，要求于2020年12月31日前完成应急减排工程建设。2家应急减排工程方案已报市生态环境局备案，并已组织实施。三是开展涉重金属企业基础排放量核算，将重金属减排指标分解落实到相关涉重企业。根据昆明市《土壤污染防治目标责任书》要求，将重金属减排目标任务分解落实到云南铜业股份有限公司西南铜业分公司、云南云铜锌业股份有限公司、富民薪冶工贸有限公司五华分公司等有关涉重金属重点行业企业，编制辖区《重点重金属污染物减排计划（2018—2020年）》，明确相应的减排措施和工程，建立企事业单位重金属污染物排放总量控制制度。加强对云南铜业股份有限公司西南铜业分公司等3家涉重企业现场检查和监督性监测，强化企业主体责任，确保重金属排放在可控范围。

积极开展环境监测工作。一是完成10家重点企业上、下半年各一次监督性监测。二是每月完成沙朗河天生桥、红坡水库、翠湖湖心3个点、

25个项目的地表水监测；每月完成入滇河道泰和园界桩、洪园居委会、大石桥、红联商场、环西桥5个断面、6个项目水质监测；完成对辖区三多水库、青龙水库、西北沙河水库3个点、25个项目地表水全项目监测及1月、7月超标项目复测工作。三是完成36家次废水监督性监测；10家次噪声监督性监测；10家次废气监督性监测。四是按月完成一点一项目的大气降尘监测。五是完成1—10月逢雨必测11项目降水监测任务。六是完成每季度一次功能区噪声4个点位24小时噪声监测工作。七是开展2019年五华区质量报告书编写工作。八是完成五华区农村日处理能力20吨及以上的生活污水处理设施陡坡、西北沙河、姚家冲污水处理站采样工作。九是对昆明市长江入河排污口（无责任主体）22个点位进行监测（有责任主体）4个点位进行监测。十是进行云南省环境监测持证上岗考核11人62项目的考试工作。十一是配合完成执法监测工作、污染事故调查、应急监测等其他上级主管部门安排的工作。

积极开展综合治理。一是重点围绕农村生活污水收集处理率、农村饮用水源合格率、垃圾无害化处理率、粪便综合利用率等指标，深入开展农村环境综合整治，按计划累计完成9个建制村的农村环境综合整治任务。其中，2017年完成了陡坡、龙庆、桃园3个建制村的整治任务，2018年完成了东村、大村2个建制村的整治任务，2019年完成了新民、厂口2个建制村的整治任务，2020年上半年完成了三多、瓦恭2个建制村的整治任务。二是完善生活污水现状调查，查清底数。以2019年为调查基准年，完成2019年农村生活污水治理基础信息调查，调查结果将作为农村生活污水治理2020年考核基数。三是开展农村环境综合整治自查自评，以2019年建制村农村环境综合整治为重点，对"十三五"农村环境综合整治成效进行自查自评，并完成系统录入。四是开展农村生活污水治理工作排查检查。重点针对生活污水收集是否到位、是否存在生活污水乱排乱放、生活污水处理设施质量是否达标、管护是否到位、使用是否正常等方面，对西翥街道办事处已建成的农村生活污水处理设施开展排查检查，梳理问题清单、制订整改方案并明确了整改措施及完成

时限。五是完成《云南省昆明市五华区农村生活污水治理专项规划》编制，并于 9 月 29 日区政府办公室正式发文实施。六是按省、市工作要求，开展农村黑臭水体排查并完成系统上报。七是申请专项工作经费，对五华区西翥办事处已建成的农村生活污水处理设施开展水质监测。八是第二次全国污染源普查通过市级、省级和国家验收。共普查污染源单位 558 家，其中，调查工业源 408 家；集中式污染治理设施 17 家，其中，规模以上企业 3 家；生活源锅炉 25 台；入河排污口 32 个；移动源 33 家；农业源 43 家，编制完成污染源普查工作总结报告和数据分析报告。九是认真组织开展了"美丽中国建设志愿活动"、"5·22"国际生物多样性日、"6·5"世界环境日、"6·17"全国低碳日、环保法律"六进""垃圾分类"为主题等系列宣传活动，为全区生态建设创造良好的社会氛围。全年共组织各类环保宣传 15 次，发放环保宣传资料 10000 余册、环保购物袋 8000 余个，接待群众咨询 200 余人次，参与宣传活动的人员 11000 余人次。全年共接到人大建议 3 件、政协提案 5 件，并按照要求完成全部建议及提案。

积极开展文明城市创建工作。一是制订本年度"创文"工作计划，并根据新的指标测评体系，细化分解创建目标任务，拟订年度实施方案，督促各成员单位认真开展辖区黑臭水体排查、垃圾无害化处理、城市空气质量、水环境质量、绿地建设、城乡环境卫生整治、生态环境保护主体宣传等方面的工作。二是在 2019 年文明城市创建生态环境整治工作基础上，深入查找分析创建工作中存在的突出问题和薄弱环节，认真梳理、反复研究，不定期开展自检自查和整改工作，特别是对示范点位及静态指标的整改工作，做到标准不降、要素齐全、对标对表，及时发现问题、迅速整改，确保各项指标高标准达标。三是根据五华区《创建全国文明城市任务分解》，生态环境整治指挥部涉及的档案资料指标已达到考核要求，辖区内未发生重大、特大环境事件，大气污染防治和水环境综合整治（水污染防治）工作各年度的任务考核均通过上级考核达标，未发生负面清单的情形。四是围绕重点区域，强化扬尘防治，确保了辖区环境空气质量优良率达到测评指标。

积极引导企业开展复产复工。根据《昆明市生态环境局关于生态环境领域内企业复工复产疫情防控工作方案》的要求，2020 年上半年，对辖区内的重点企业进行复工复产备案管理，并要求云南铜业股份有限公司西南铜业分公司、云南云铜锌业股份有限公司和富民薪冶工贸有限公司五华分公司报送疫情防控承诺书、复工复产备案和企业复工开工计划疫情防控具体方案。截至 6 月，五华辖区企业复产复工率达 100%，小微企业复产复工率达 85%。同时，为认真贯彻落实各级领导关于安全生产工作的指示批示要求和讲话精神，深刻吸取事故教训，昆明市生态环境局制定了《2020 年企业复工复产环境安全提示书》并发放给相关企业，要求企业建立健全和落实环境安全生产责任制、制订落实复工复产方案、组织风险隐患排查、开展环保设施隐患排查检查、确保污染物稳定达标排放、进行环境安全教育培训、制定《突发环境事件应急处置预案》并进行演练。

积极开展安全生产工作。将危险化学品环境管理登记、辐射安全检查专项行动、危险废物规范化管理考核等工作与安全隐患大整治大排查工作结合起来，认真开展安全生产各项工作；按时上报五华区应急局和昆明市生态环境局要求上报的各类报表、材料；积极、主动地配合其他业务部门一起严格对辖区企业的安全生产工作进行检查、监管，排除一切安全隐患，2020 年，没有发生环境安全事故。

积极开展扫黑除恶工作。一是制定《昆明市生态环境局五华分局扫黑除恶专项线索摸排工作方案》，认真开展生态环境领域涉黑涉恶问题线索排查整治工作，按照工作措施，争取在第一时间发现和上报生态环境领域涉黑涉恶问题线索。二是利用干部职工大会和微信工作群发布扫黑除恶专项斗争相关政策解读信息及问题线索举报方式，公布受理电话、邮箱、通信地址，便于干部群众来电、来信、邮件反映问题线索。三是将扫黑除恶工作与环保执法工作结合起来，扎实开展生态环境领域涉黑涉恶问题线索排查整治工作。同时，按照生态环境领域涉黑涉恶排查重点，积极组织辖区管理服务对象、企业开展排查生态环境领域涉黑涉恶问题提供线索。对排查发现的问题线索一律按照"四个不放过"（不查不放过、不查清不放过、不处理不放过、不整改不放过）的要求，制定处置措施，依法处理，确保排查工作不留死角、不存盲区。

积极开展脱贫攻坚工作。一是根据五华区委、区政府安排，定点结对帮扶对象是禄劝县乌东德镇大松树村龙潭组、街子组共 13 户。2020 年，因突遇疫情影响，通过一对一电话回访的形式了解 13 户定点结对帮扶对象的情况，实际问题跟踪反馈工作。13 户定点结对帮扶对象情况稳定，但因受疫情影响，收入水平均出现不同程度下滑。下一步，将实地开展一对一扶帮扶工作。二是积极响应五华区扶贫办号召，采取"以购代捐""以买代帮"的方式向寻甸谷丰种养殖专业合作社购买大米 20 袋，共计 200 千克；向昆明牯岭裕电子商务有限公司购买面条 90 把，帮助农民走出滞销困境，以消费扶贫巩固脱贫成果，助力脱贫攻坚。三是选派 1 名驻村干部参与脱贫攻坚帮扶工作。

生态环境分局主要领导干部

向　阳　局党组书记、局长

林　杰　局党组成员、监测站站长

保新生　局党组成员、执法大队负责人

（撰稿：办公室）

【西山区】　全力打好蓝天保卫战。2020 年，西山区碧鸡广场空气质量监测点有效监测天数为 354 天，其中，优级天数 172 天，良级天数 181 天，轻度污染天数 1 天，空气质量优良率均为 99.72%。一是实施重大专项行动，大幅降低污染物排放。强化区域联防联控，有效应对重污染天气。二是明确落实各方责任，动员全社会广泛参与，推进大气污染防治工作。三是开展"散乱污"企业综合整治。结合日常环境监察和环境信访处理加大对辖区范围内"散乱污"企业排查整治力度；四是开展挥发性有机物治理工作。对汽车维修 4S 店，工业 VOCs 排放企业现场调研及执法检查。

全力打好碧水保卫战。西山区共涉及 2 个国考点、12 个市考点。除螳螂川（中滩闸门）断面化学需氧量均值超标外，其余 13 个断面均达到了 2020 年水质保护目标，达标率为 92.9%，2 个集中式饮用水水源地水质达标率 100%。一是开展水质加密监测工作及预警工作。二是于 2020 年 8 月 3 日起会同第三方开展螳螂川（西山段）石龙坝、小鱼坝桥等断面专项排查整治工作。沿线排查 36.5 千米，共排查排口 260 个，有水排口 42 个，超标排口 24 个，涉及总磷超标排口 20 个，排查出环境违法企业 21 家并立案查处。三是对西山区国控重点第一、第三水质净化厂和环统重点 14 家企业中涉及排水的 3 家企业进行现场检查，检查污染治理设施运行正常，外排废水稳定达标。四是加大对滇池流域入湖河道支流沟渠巡查整治力度，严厉查处环保违法行为，确保河道巡查全覆盖、巡查范围无死角、发现问题快速查处。五是开展对河道、集中式饮用水水源地、自然生态保护地的巡查整治工作。

全力打好净土保卫战。一是制定印发《2020 年昆明市西山区土壤污染防治工作目标任务》，与 5 家企业签订土壤污染防治责任书。二是督促辖区 32 座加油站完成地下油罐改造及自主验收工作，1 座加油站已完成拆迁。三是积极开展辖区 6 个地下水考核点位优化调整及现状调查、恶化原因分析工作；四是工业固体废物处置利用率达 100%。

全力以赴抓好环保督察整改。按照昆明市委、市政府和西山区委、区政府的安排部署，西山区高度重视环保督察整改工作，全区各级各相关部门严格落实环境保护"党政同责""一岗双责"要求，全面推进中央、省环境保护督察及"回头看"交办投诉问题和反馈意见问题整改落实。一是 2020 年制定印发了《关于认真做好各级生态环境保护督察和推动长江经济带突出问题涉及西山区 2020 年需整改完成并上报验收销号的通知》。二是 2016 年以来，西山区委、区政府主要领导先后 100 余次深入现场检查调研，区委常委会、区政府常务会议研究环境保护及督察整改相关事项 115 次，协调推动生态文明建设及环保督察问题整改等工作；出台生态文明建设和环境保护相关规定、标准规范、制度方案等重要文件 110 余份；形成了全区上下统筹"一盘棋"的工作局面。三是及时召开工作推进会进行安排部署，对推进不力、超期未完成的交办件和反馈意见进行研究、安排，制定并下发督办通知。2020 年，共下发各类通知 37 份、交办书 76 份、函 8 份。四是积极与昆明市生态环境督察办公室对接，每月定期汇报工作进展情况，对已完成整改问题，及时上报材料申请市级验收。

完成全国人大水污染防治法执法检查反映问题及 2019 年长江经济带生态环境警示片披露问题整改。西山区 2019 年涉及的长江经济带生态环境突出问题共 9 个（包括重复反馈问题），有 8 个问题已完成整改并通过省市部门验收，滇池蓝藻爆发问题整改时限为 2021 年 10 月底。昆明市磷川矿业有限责任公司"三防"措施不到位，含磷废水直渗地下问题现已完成整改，并于 2020 年 9 月 10 日通过市级验收，10 月 23 日通过省级验收，11 月 26 日通过省级复核；胜威化工有限公司含磷扬尘及磷溶水未全面收集的问题现已完成整改，并于 2020 年 9 月 10 日通过市级验收，11 月 26 日通过省级复核；云南磷化集团海口磷业有限公司占用三汁箐水库未做防渗问题现已完成整改，并于 2020 年 12 月 18 日通过市级验收，12 月 29 日通过省级验收。

严格执法、加强监管，严厉打击环境违法行为。一是加大《中华人民共和国环境保护法》（以下简称《环境保护法》）及配套办法执法力度，持续深入开展环保专项行动，从严从重查处各类环境违法行为，累计监察辖区内环统重点企业 74 次，进行日常、一般污染源、专项行动监察企业共 874 家次，共出动执法人员 2767 人次，执法车 994 辆次，查处环境违规违法案件 64 件，下发限期整改通知书 44 份，建立完善案件审查机制。二是共办理各类交办、来信、来访、来电等投诉案件 5912 件，做到件件有受理，件件有回复，信访投诉办结率、回复率 100%。

认真做好联合国《生物多样性公约》第十五次缔约方大会（COP15）筹备工作。2019 年 2 月经国家批准，COP15 定于 2020 年在昆明市举办。西山区以高标准质量为目标，全力服务保障好联合国《生物多样性公约》第十五次缔约方大会，制定下发《关于印发〈生物多样性公约〉第十五次缔约方大会昆明市西山区保障工作方案的通知》，并按照市筹备办和西山区工作职责，统筹推进 12 个工作组工作。

全力支持企业复工复产。一是共办理行政许可 31 件。实施环评审批承诺制扶持措施，支持企业有效应对疫情稳定经济增长，办理 4 件告知承诺制审批。主要涉及市政工程以及粮食制造业。二是积极开展西山区危险废物网上申报登记及管理计划备案工作，共审核通过申报登记 335 家，管理计划备案 63 家，驳回申报登记 46 家，管理计划 30 家。三是按照省（区、市）《固定污染源排污许可清理整顿和 2020 年排污许可发证登记工作实施方案》要求，共计清理整顿 112 个行业 458 家，发放排污许可证 137 张，排污登记 279 家，总体完成率 100%。

强化安全生产监管，保障人民群众生命财产安全。一是建立健全环境应急预案体系建设。继续推进应急管理队伍建设、保障体系建设，牵头编制了《昆明市西山区突发环境事件应急预案》《昆明市西山区大坝水库突发环境事件应急预案》。二是进一步加强尾矿库安全生产和环境安全的监督管理，对西山区辖区内 6 家 9 座尾矿库进行执法检查。三是强化危险化学品企业专项执法检查工作。共对辖区内 33 家涉危险化学品，20 家危险废物企业进行检查。四是加大矿山开采企业监管力度。对辖区内云南磷化集团海口磷业有限公司、云南磷化集团有限公司尖山磷矿分公司进行检查。五是新型冠状病毒感染疫情期间，对 6 家医疗机构（卫生服务中心）和辖区内水质净化厂开展了现场检查，督促其严格执行医疗废物转移联单制度，建立完善医疗废物处置台账，确保医疗废水处理设施做到稳定达标排放，规范处置废水处理污泥。

多渠道开展环境保护宣传教育活动。一是 2020 年 8 月 25 日下午，在西山区海口工业园区管委会举办了以"文明西山·绿色经济"为主题的法律宣讲会，会议邀请了海口工业园区 93 家重点企业及环保义务监督员参加培训。二是 2020 年 12 月 1 日，加强提高行政执法人员执法业务水平，进一步规范生态环境行政执法工作，邀请昆明市生态环境局法规处陈处长，对五华分局各科室及执法人员进行生态环境行政执法培训。三是利用微博平台宣传发布、转发新冠疫情资讯、扫黑除恶、工作动态、《中华人民共和国宪法》（以下简称《宪法》）、《民法典》等392余条，利用微信公众号宣传发布30余条。

生态环境分局主要领导干部

欧秀川　党组书记、局长（2020.01—09）

龙　磊　党组书记、局长（2020.09—12）

张子鉴　党组成员、副局长

曾广飞　督察专员（2020.06—12）

（撰稿：办公室）

【官渡区】　水环境状况。2020年度，列入考核的14条河道15个考核断面中，有10条河道（盘龙江、新宝象河、马料河、大清河、老宝象河、小清河、虾坝河、姚安河、金汁河、枧槽河）11个考核断面（金汁河有2个断面）水质达标；2条河道（海河、广普大沟）水质不达标（为劣V类）；2条河道（五甲宝象河、六甲宝象河）断流。

大气环境状况。2020年1月1日至12月31日，官渡区博物馆环境空气质量国控监测点应监测天数为366天，有效监测366天（通过数据审核）。其中，优级197天，良好169天，空气质量优良率为100%。PM$_{10}$浓度均值为44.5微克/立方米；2020年目标值≤45.5。PM$_{2.5}$浓度均值为23.2微克/立方米；2020年目标值≤24.0。NO$_2$浓度均值为27微克/立方米；2020年目标值≤29。SO$_2$浓度均值为8微克/立方米；2020年目标值≤9。(CO) 95百分位浓度均值为1毫克/立方米；2020年目标值≤1.2。(O$_3$) 90百分位浓度均值为126微克/立方米；2020年目标值≤110。官渡区环境空气质量综合指数为3.13；2020年目标值≤3.20。官渡区2019年和2020年环境空气质量优良率达到100%。

土壤环境状况。官渡区境内土壤类型复杂多样，主要土壤类型有红壤、紫色土、水稻土、石灰岩土、沼泽土5类，以红壤分布最为广泛，约占总面积的50%。全区土壤环境质量状况参照市土壤环境质量状况以无污染、轻微污染和轻度污染为主。

声环境状况。2020年，官渡区城市区域环境噪声监测一次，共布设41个1200米×1200米的网格点位。区域环境噪声监测覆盖面积为59.04平方千米，昼间平均等效声级范围为45.2~66.0分贝，平均等效声级为57.1分贝。官渡区区域环境噪声（昼间）平均等效声级低于《声环境质量标准》（GB 3096—2008）Ⅱ类区噪声限值。

环境保护"党政同责""一岗双责"责任制工作。在官渡区政府12次常务会议上研究部署全区生态文明建设和环境保护工作。按照《昆明市和云南滇中新区各级党委（党工委）、政府（管委会）及有关部门生态环境保护工作责任规定（试行）》要求，区政府与区属各街道、部门签订《官渡区环境保护"党政同责""一岗双责"责任书》，进一步明确了地方党委、政府对环境保护负总责，环保部门统一监管，各有关部门和单位各司其职的工作机制，坚决扛起生态文明建设政治责任。

十大污染防治攻坚战。为确保全面打赢污染防治攻坚战，制定下发《关于全面加强生态环境保护坚决打好污染防治攻坚战的实施意见》及滇池流域保护治理及修复、城市黑臭水体治理、生态保护修复整治等10个专项攻坚方案，并在全区生态环境保护大会上，组织各单位签订污染防治攻坚战军令状。按照十大污染防治专项作战方案，进一步压实环境责任，强化攻坚力度，坚持标本兼治，集中解决一批突出环境问题，以重点突破带动整体推进，不断提升全区生态环境质量。

蓝天保卫战开展情况。一是加强组织领导。官渡分局作为区大气污染防治指挥部办公室，认真传达市级污染防治领导小组各项会议精神，向官渡区大气污染防治工作指挥部各成员单位发布预警、预报、通报、通知，安排部署全区大气污染防治具体工作，针对不同的大气污染成因开展行之有效的应急措施。明确年度空气质量总体目标，形成大气污染防治攻坚合力，强化扬尘污染控制和工业企业大气污染治理，确保空气质量不断改善。二是形成监管合力。健全联席会议制度，强化区域联防联控，全区各级部门有效履行大气污染防治工作职能职责，多次开展专项整治工作，重拳出击、严处重罚，保持监管高压态势。三是完善监控手段。利用3D可视激光雷达技术对几千米至几十千米范围内大气环境实时、快速监测，通过数据分析研判精准锁定污染源头，快速分析污染成因。官渡区8个空气自动站正常运行，实时发布各街道空气质量监测数据，为大气污染防治工作提供科学依据。四是持续开展雾炮车、高空雾炮器喷雾作业。持续使用降尘雾炮车、高空雾炮器进行区域扬尘治理。

碧水保卫战开展情况。一是开展河道沿线水环境综合整治专项行动。加强水环境综合整治工作，加大执法、巡查力度，深入开展打击违规、违法排污专项行动。针对辖区重点河流，先后开展海河黑臭水体整治提升专项行动，共出动执法人员200余人次、执法车50余辆次，封堵疑似排污口10余个。通过综合整治行动，河道沿线的排污企业达到了建设标准化、排污规范化、管理服务优质化的目标。二是按时保质完成水环境质量监测任务。每月按时完成地表水共61个断面的水质监测分析工作，形成水质监测专报，为全区河道治理工作提供有力的技术支持；按时按质完成昆明市环境监测总站组织的水环境项目比对实验，强化监测人员监测能力；对辖区内部分排污企业和餐馆进行监督性监测，确保排放废水指标达标。三是加大河道监测频次。定期开展地表水、黑臭水体等水质监测分析工作，通过分析水质变化情况，为全区河道治理和黑臭水体整治工作提供技术支撑。

净土保卫战开展情况。根据国务院《土壤污染防治行动计划》，官渡分局积极制订土壤污染防治工作方案，启动土壤污染防治工作；禁止在重金属污染重点防控区新建重金属项目；在土壤环境保护优先区和环境敏感区禁止新建可能对土壤造成污染的项目以及污染物集中处理处置项目；禁止在居民区、学校、医疗和养老机构等周边新建有色金属冶炼、焦化等行业建设项目；对未利用地按照科学有序的原则进行开发，未达到开发利用相应土壤环境质量标准要求的，不能进行开发，防止造成土壤污染。官渡区布设了3个土壤污染地块实时监测点位。涉重金属建设项目一律不予审批，2020年，与官渡区环境统计中涉及危废产生的3家企业，中国铁建高新装备股份有限公司、昆明铁路局北车辆段、昆明全新生物制药有限公司，分别签订《土壤污染防治责任书》。配合市生态环境局，提供基础资料，编制《昆明市

土壤污染防治与修复规划》，待生态环境市局出台《昆明市土壤污染防治与修复规划》，将制定相应的《官渡区土壤污染防治与修复规划》。目前，官渡区未发生向未利用地非法排污、倾倒有毒有害物质的环境违法行为。全区土壤环境质量持续改善，生态系统实现良性循环。

生态环境保护督察工作。认真履行相关职能职责，组织各成员单位全力办理中央、省、市环保督察各项工作，按时反馈整改问题的办理情况，并配合相关单位和部门查处督导件，按照时间及相关要求，圆满完成此次监督检查转办件的调查处理及上报材料工作。截至2020年12月31日，官渡区涉及2016年中央环境保护督察整改任务有9项，已完成7项，达到时序进2项。2017年云南省环境保护督察整改任务有13项，已完成12项，达到时序进度1项。2018年中央环境保护督察"回头看"反馈意见问题整改任务有15项，已完成12项，达到时序进度3项。2019年昆明市环境保护督察反馈整改任务有14项，已完成11项，达到时序进度3项。

深化机构改革工作。2020年3月31日，根据组织安排，任命李刚为昆明市生态环境局官渡分局局长。5月22日，任命彭福忠为昆明市生态环境局官渡分局副局长。

环境宣传工作。利用区级各有关部门组织宣传活动的机会，大力开展生态环境保护宣传活动；同时，按照《昆明市生态环境局关于认真做好2020年"6·5"世界环境日宣传工作的通知》要求，及时制订方案，开展了"扫黑除恶"、"6·5"世界环境日、生态环境保护"五进"、"大手拉小手"、"妇女儿童之家"等一系列生态环境保护宣传活动，累计向社会各界人士发各类宣传册（画）品35000余份。大力动员官渡区人民、企事业单位共同参与环境保护，积极推进官渡区生态文明建设工作，用实际行动捍卫"绿水青山就是金山银山"的绿色发展理念，为建设"美丽官渡、生态官渡、幸福官渡"聚民心，搭台子，共同营造生态文明良好氛围，竭力提升社会各界对官渡区生态文明建设的"知晓率、参与率、满意率"。

建设项目管理工作。2020年，昆明市生态环境局官渡分局严格按照上级有关要求，落实建设

项目环境影响评价工作。定期将环境影响报告表（书）的环评文本、批复在信息公开网站上向社会全面公布。加强环境影响评价工作的公开、透明，方便公民、法人和其他组织获取环境保护主管部门环境影响评价信息，加大环境影响评价公众参与公开力度。全年共办理行政许可44件，登记表备案3035件。

环境违法行政处罚。2020年度，依法依规严肃查处未批先建、超期未验收、违法排污等环境违法行为，对生态环境违法行为实行"零容忍"。年度完成行政处罚案件61件，累计金额400余万元，圆满完成双指标任务。

环境监察、应急管理、依法行政工作。一是"网格化"环境监察。按照《昆明市官渡区环境监管网格化实施方案》要求，构建覆盖全区、责任到人、执法有序的网格化环境监管体系，实现"联动式执法、全方位覆盖、网格化定位"的监管目标。2020年度，共对辖区污染源开展环境监理335频次。其中，现场检查重点污染源99频次，一般污染源36频次。二是"常态化"应急管理。修订完善《官渡区突发环境事故应急预案》，进一步规范隐患排查、应急响应、应急处置、应急保障和应急演练等工作。建立健全24小时值班制度，对多个信访投诉渠道（"12345"市长热线、微博、微信、信访平台等）开展24小时在线监管，做到"第一时间受理、第一时间查处、第一时间回复"，保证环境污染隐患第一时间排除，环境违法行为第一时间遏制。截至2020年12月31日，接到投诉举报2517件，办结率均100%，回复率100%，满意率100%。三是"精细化"立案惩处。以入滇河道水环境综合整治、环保专项行动工作为契机，加大执法监察力度，依法查处违法建设、违法生产、违法排污等环境违法行为，对生态环境违法行为实行"零容忍"。2020年，共下达行政处罚决定书61件，完成行政诉讼案件出庭2件，收到法院判决书2份（结案2件）。

"双随机、一公开"工作。为进一步加强环境执法，创新环境监管机制，在网格化管理的基础上，按照"双随机、一公开"工作的要求，制定并实施《昆明市官渡区环境监管"双随机、一公开"实施方案》。依据随机抽取的结果，在日常环境监管的基础上，进一步对污染排放企业开展环境监察工作。通过这一方式的开展，更加公开、透明、多样式地实现环境监察工作。制订抽查工作方案及工作计划，实现日常环境监管同"随机"抽查工作的有效结合。完成了本部门4个抽查类别10个抽查事项工作，共抽查企业17家并公示。完成了联合"双随机"3个抽查类别7个抽查事项工作，共抽查企业3家并公示。完成了市级信用平台共计抽查10次的抽查任务，累计抽查执法检查对象158户次，并对158个检查结果进行公开。

抗击新型冠状病毒感染疫情工作。新型冠状病毒感染疫情发生以来，昆明市生态环境局官渡分局立即响应，全身投入疫情环境风险的防控。一是加大对辖区医疗机构的监管，建立日查日报的工作机制。二是为有效杜绝新型冠状病毒感染疫情的扩散传播，进一步强化和督促医疗机构的医疗废弃物处置及医疗废水处理工作，多次对官渡区辖区内的4家医疗救治定点机构的医疗废弃物处置及医疗废水处理工作进行检查。重点落实医疗废物的产生、防护、收集、转运、处置及台账的建立情况；落实医疗废水收集、消毒及污染治理设施的维运情况。三是对辖区内第二、第十、第十一，3家污水处理厂的中控、在线及维运情况进行现场查看，要求污水处理厂加大处理力度，强化杀菌消毒工作，确保出水水质粪大肠菌群数<100个/升。

积极开展COP15筹备工作。按照昆明市局和官渡区委、区政府统一安排，由昆明市生态环境局官渡分局负责官渡区COP15筹备工作领导小组办公室相关工作。筹备期间，官渡分局多次组织召开协调会，积极传达上级会议、文件精神，及时报送周报、月报；配合市局在官渡区关上宝海公园组织开展生物多样性主题宣传活动；加紧筹备，有序推进，为今年聚首昆明，共商全球生物多样性保护大计奠定坚实的基础。

环境监测队伍能力建设工作。一是2020年6月，经云南省市场监督管理局批准，资质证书单位名称变更为昆明市生态环境局官渡分局生态环境监测站，具备水和废水（含大气降水）、环境空气和废气、噪声三大类共72个项目的检测能力。

二是开展监测人员持证上岗考核工作，从事监测分析、数据综合分析与评价、质量管理的人员按照国家与省环境监测人员持证上岗考核管理办法的规定，经云南省生态环境厅考核合格，持证上岗。三是严格执行《质量管理手册》标准。对环境监测数据实行严格的"全程序质量控制"，对所有样品的采集、分析、数据处理、监测结果的综合分析以及报告的审核，做到规范化、制度化、标准化。四是充分发挥环境监测对环境管理的支撑能力。根据环境监测技术规范的要求，进行河道水质采样分析，计算各个相关污染指标指数，为辖区河道治理工作提供有力的技术支持。

节能减排工作。官渡区高度重视节能减排工作，将第二水质净化厂、第六水质净化厂和第十水质净化厂列为省级重点减排企业，全年共处理水量9596.8553万吨，COD削减量18297.94吨，氨氮削减量1914.09吨，圆满完成2020年减排目标任务。

农村面源污染治理工作。加强农药经营使用宣传，提高农药经营者和使用者科学意识，向农户及农药经营单位宣传"科学安全使用农药""禁限用农药目录"，共9500份。截至2020年12月11日，累计加强农药经营单位督促检查15家，开展田间生产农药使用情况调查10次81个农药品种，未发现高毒高残留农药及禁限制使用农药的情况。实施产地蔬菜农残抽样检测468批次，10批次结果待出，已检测458批次合格率为100%。蔬菜秸秆累计产生4900.1吨，秸秆还田及清运综合利用处置4577.5吨，综合利用处置率93%，废旧农膜产生量110.6吨，回收量106.4吨，回收率96%；农药包装袋废弃物处置5943.5千克，回收5280.8千克，处置率89%。通过上述措施2020年度实现化肥、农药零增长。

政务信息公开工作。畅通信息发布、信访投诉平台，指定专人负责环境环保官方微博、微信的日常维护，快捷有效地将环境投诉件做到"第一时间接收、第一时间处理、第一时间回复"，办结率均达100%，得到群众的一致好评。

奖励及表彰。2020年度个人表彰情况：史明、方志华、史航、罗文勇、赵勇、李传刚、李红芳、郭英、杨艳丽被评为"优秀工作者"。

生态环境分局主要领导干部
李　刚　党组书记、局长
彭福忠　党组成员、副局长
孙路昆　党组成员、大队负责人
郭　英　党组成员、监测站站长

（撰稿：陈靖承）

【呈贡区】　水环境质量。水环境质量优于上年。洛龙河白龙潭交汇黑龙潭处断面平均水质达Ⅱ类，江尾下闸断面平均水质Ⅲ类，马料河照西桥断面平均水质Ⅲ类，梁王河海康庄园南300米断面平均水质Ⅲ类，捞渔河三板桥断面断流。白龙潭水库平均水质达Ⅱ类，松茂水库、关山水库平均水质Ⅲ类。吴家营三眼地下水井水质达地下水Ⅱ类标准。

空气环境质量。呈贡新区空气自动站有效监测天数328天，其中，优级天数198天，良级天数128天，轻度污染2天（臭氧超标），环境空气质量优良率99.39%、同比提高7.41个百分点，环境空气综合指数2.79、较上年下降0.29，在全市主城五区排名第1。二氧化硫、二氧化氮、细颗粒物和臭氧分别下降20.0%、19.2%、8.7%和11.3%，一氧化碳、可吸入颗粒物分别上升12.5%、9.7%。

声环境质量。建成区昼间平均等效声级53.5分贝，达国家二级标准。道路交通噪声昼间平均等效声级65.2分贝，较上年下降0.5分贝，达"4A"类声环境功能区一级标准。

污染减排。呈贡污水处理厂、洛龙河污水处理厂、洛龙河水质净化厂正常运行、达标排放。其中，呈贡污水处理厂全年共处理污水489.32万吨，削减化学需氧量1126.74吨，氨氮118.62吨。洛龙河污水处理厂共处理污水2235.11万吨，削减化学需氧量2516.28吨，氨氮568.65吨。洛龙河水质净化厂共处理污水631.16万吨，削减化学需氧量1060.02吨，氨氮142.09吨。

环境保护督察整改。截至2020年底，第一轮中央、省环保督察交办群众投诉件71件、反馈问题64个，已全部按时限完成整改并通过验收。中央生态环境保护专项督察东川区尾矿库严重污染金沙江反馈问题涉及呈贡区整改任务 20 项，已完成整改 14 项，其余 6 项按计划稳步推进。国家生态环境保护第一轮统筹强化监督反馈呈贡区问题 2 个，已立行立改。昆明市第一轮生态环境保护监督检查反馈呈贡区问题 9 个，已按时限要求完成阶段性整改目标。

生态文明体制改革。完成制订生活垃圾分类工作方案、第二次全国污染源普查、探索编制自然资源资产负债表 3 项年度生态文明体制改革要点任务。

"十四五"生态环境保护规划编制。完成《呈贡区"十四五"生态环境保护规划》初稿编制。

环境保护"一岗双责"。制定《2020 年度环境保护工作"一岗双责"责任状》，由区政府与 17 个区级部门、6 个街道签订责任状。按照区政府安排，完成区人大调研呈贡区 2019 年度环境质量状况和环境保护目标完成情况，以及区政府向区人大专题报告工作。成立呈贡区生态环境保护委员会，进一步加强对全区生态环境保护工作的统筹领导。

环保审批、验收。会同呈贡区审批局审批建设项目环境影响报告表（书）15 件，登记备案 229 件，自主验收项目 19 个，审批备案项目信息全部在网上公示，环境影响评价制度和"三同时"制度执行率 100%，无高耗能、高污染企业。

排污许可管理。进一步规范排污许可管理，充分利用第二次全国污染源普查成果，按时完成全区固定污染源排污许可清理整顿、排污许可发证登记工作，共登记排污企业 136 家，核发排污许可证 12 家。

环境监察。狠抓事中事后监管，严厉打击环境违法行为。对呈贡污水处理厂、洛龙河污水处理厂、洛龙河雨水处理厂现场监察各 12 次、垃圾焚烧发电厂现场监察 24 次、云南白药公司现场监察 2 次、9 所高校监察各 2 次，对其他一般污染源现场监察 136 家次。依托云南省环境执法系统抽查双随机企业 183 家次。为切实做好呈贡垃圾焚烧发电厂环保监管，邀请专家深入垃圾焚烧发电厂和周边住宅小区进行现场"诊断"，查找分析存在问题，提出解决办法措施，并组织呈贡垃圾焚烧发电厂有关负责人到嵩明中国海螺创业控股有限公司垃圾焚烧发电厂学习取经。

环境监测。对洛龙河、马料河、捞渔河、梁王河 4 条入滇河流共 7 个监测断面、吴家营地下水每月监测 1 次，白龙潭水库、松茂水库、关山水库 3 个水库每半年监测 1 次，对 9 个小型库塘监测 1 次。雨季对洛龙河、马料河水质调查监测 8 次，提出措施建议 10 余条。按照《滇池水质达标军令状》要求，10 月下旬以来，对洛龙河江尾下闸国考断面加密监测 5 次，对牛屎沟、龙王庙沟入湖口水质调查监测 9 次。开展河道排污口监测，每月对 3 家污水处理厂（有责任主体）入河排污口水质监测 1 次；对 14 个无责任主体入河排污口监测 1 次。呈贡新区空气自动站、6 个街道 7 个 PM_{10} 空气自动站 24 小时连续监测。按季度对功能区声环境进行噪声监测，对呈贡建成区 27 个网格点、13 条主要道路进行昼间噪声监测。开展执法监督监测，对呈贡污水处理厂、洛龙河污水处理厂、洛龙河水质净化厂各监督监测 12 次。云南白药公司外排废水、噪声、废气监督监测 4 次，垃圾焚烧发电厂外排废水、噪声、废气监督监测 2 次，对九所高校、重点企业中水处理站及纳入昆明市环境统计的重点工业源废水监测 2 次。对 3 家城镇污水处理厂开展新型冠状病毒感染疫情应急监测 14 次。

环境违法行为查处。共立案处罚 61 家，罚款入库金额 117.74 万元，无行政诉讼情况。积极支持企业复工复产，严格执行《昆明市生态环境局关于减轻和免除行政处罚的实施意见（试行）》，对 27 家企业免于行政处罚，累计金额 42 万元。

环保投诉处理。坚持 24 小时举报受理制度，共受理群众环境污染投诉 933 起，处理率、回复率 100%。

污染防治专项攻坚战。按照《呈贡区全面加强生态环境保护坚决打好污染防治攻坚战的工作方案》，全面完成呈贡区滇池流域保护治理及修复专项攻坚战、集中式饮用水水源地保护专项攻坚战、城市黑臭水体治理专项攻坚战、农业农村面源污染治理及滇池流域规模化畜禽养殖整治专项攻坚战、固体废物和重金属污染防治专项攻坚战、柴油货车污染治理和黄标车淘汰专项攻坚战、城市扬尘综合治理专项攻坚战、油烟污染和噪声扰民整治专项攻坚战、冷库专项整治攻坚战、农业用地和农业设施专项整治攻坚战 10 个专项攻坚战目标任务。

蓝天保卫战。以 PM_{10}、$PM_{2.5}$ 和 O_3 为重点，多管齐下，整治大气污染。加强指挥调度，强化监测预警，发出调度指令 38 个，发布空气质量预警 12 次。强化建筑施工工地巡查督查，现场检查 361 家次，发现整改问题 108 个。加强对呈贡垃圾焚烧发电厂、云南白药公司等工业点源监管，开展"散乱污"企业、露天秸秆焚烧、餐饮油烟、汽修行业挥发性有机物（VOCs）污染等专项整治。加强空气质量监测评价分析，8 个空气自动监测站、1 个激光雷达站运行正常，配合市级部门在彩云路与拥政街交汇区域建设固定式机动车尾气遥感监测系统 1 套。加强调查研究，撰写《呈贡区大气污染防治形势及对策措施》及时上报区政府。

碧水保卫战。加强新建项目和现有企业管理，防止不达标污水排入河流、水库等地表水体。合力抓好黑臭水体整治，配合区水务局研究制订整治方案，调查监测水质和评价整治效果。巡查 4 条入滇河道、8 条沟渠各 10 次。加强水环境质量监测和水质分析研究，针对洛龙河溶解氧超标问题，组织技术人员分析历年来洛龙河水质情况，掌握水质变化规律和变化趋势，提出应对措施，形成《洛龙河水质调查分析报告》上报区政府。

净土保卫战。加强土壤污染调查，核减补增企业 3 家，协同上级有关部门完成辖区疑似污染地块或污染地块城乡规划清单梳理、疑似土壤污染地块排查，完成原呈贡垃圾填埋场、呈贡垃圾焚烧发电厂 2 家企业土壤取样、数据核对等工作。经排查，辖区内无疑似污染地块。全面完成辖区加油站 53 个地下油罐防渗设施改造。

固废危废辐射监管及环境安全管控。开展环境安全隐患排查整治，检查产废单位 149 家次。通过《云南省危险废物网上申报系统》报批危险废物转移联单 127 家次，省内转移危险废物 248 吨。经排查，全区共产生危险废物 15528.21 吨，均交由有资质的单位处置，危废、医废处置率达 100%。辖区内无全口径重金属企业。对持有辐射安全许可证的 17 家医疗单位全覆盖检查 46 家次，

完成 2019 年辐射单位年度评估。开展垃圾焚烧发电厂环境事故应急演练 1 次。全年未发生重大环境污染和生态破坏事件。

环境统计。经调查统计，2019 年度呈贡区污染物排放情况为：废水排放总量 1723.72 万吨，排放化学需氧量 72.89 吨、氨氮 34.26 吨、总氮 74.85 吨、总磷 1.16 吨、二氧化硫 321.29 吨、氮氧化物 184.44 吨。

环保宣传教育。积极组织和参加"6·5"世界环境日、世界低碳日等宣传活动。开展环保志愿服务 5 次、环保公益活动 2 次。利用政府门户网站、"呈贡环保"微博、微信扩大环保宣传覆盖面。以街道为网格点，聘请环保义务监督员 15 名，开展集中培训 1 次、环保义务监督活动 2 次。邀请法律顾问深入企业开展《固体废物污染环境防治法》等法律知识和环保知识讲座 2 次，参加企业 20 余家，80 余人次。

生态环境分局主要领导干部

马希贤　党组书记、党支部书记

缪文彬　组织委员、副局长、大队长
　　　　　（—2020.04）

王玉枝　党组成员、纪检委员、副局长

孔德娇　党组成员、副局长

邵永强　生态环境保护综合执法大队负责人

（撰稿：办公室）

【东川区】　根据《昆明市生态环境局关于开展 2020 年度"作风和绩效"评价考核工作的通知》和《昆明市生态环境局工作目标任务考核实施细则》（昆生环党组〔2020〕38 号）有关要求，结合东川区生态环境工作实际，制定了《昆明市生态环境局东川分局 2020 年主要工作目标任务》〔昆生环（东）〔2020〕16 号〕。

基层党组织建设。2020 年，昆明市生态环境局东川分局基层党建工作以习近平新时代中国特色社会主义思想为指导，深入学习贯彻党的十九大和十九届二中、三中、四中全会精神，全面贯彻中央和国家机关党的建设工作会议及省直机关、市直机关党的建设工作会议精神，落实省、市、区委决策部署要求，以党的政治建设为统领，以"围绕中心、建设队伍、服务群众"为核心任务，

启动实施"智慧党建"三年行动计划，以机关党建"十项工程"为抓手，着力深化理论武装、夯实基层基础、推进正风肃纪，建设"模范机关"，推动机关单位各项工作走在前、作表率，以党建促生态环境中心工作，服务东川区社会经济高质量发展。

党风廉政建设。全年，在中共昆明市生态环境局党组的坚强领导下，在东川区委、区政府和区纪检监察部门的指导下，东川分局党组深入学习贯彻党的十九大、十九届中央纪委四次全会、省纪委十届五次全会、市纪委十一届五次全会和区委四届六次全会精神，以习近平新时代中国特色社会主义思想为指引，增强"四个意识"、坚定"四个自信"、做到"两个维护"，紧密结合工作职责，强化班子队伍建设，严格落实全面从严治党主体责任，深入扎实开展惩防体系建设各项任务，营造风清气正的政治生态环境，推动全面从严治党进一步向基层延伸，党风廉政建设和反腐败工作取得了新成效。

确保本区域生态环境质量达到考核要求。一是空气质量。2020 年 1—10 月，东川区空气自动站应测 305 天，实测有效天数 298 天，空气质量为优级天数为 195 天，良好级天数为 103 天，轻度污染 2 天，空气质量达标率 99.3%，细颗粒物（$PM_{2.5}$）年均浓度为 17 微克/立方米，预计能够完成东川区 2020 年度大气生态环境约束性指标。二是水环境质量。截至 2020 年 11 月，东川区主要河流小江的姑海、板河口、小江桥、小江入金沙江口断面，支流小清河断面水质均达水环境保护目标，断面水质达标率为 100%，新桥河断面水质类别为Ⅳ类，未达Ⅲ类水环境保护目标，断面水质达标率为 0%，由第三方监测的国控金沙江蒙姑断面水质评价结果为Ⅱ类，断面水质达标率为 80%，其中，3 月水质类别为Ⅲ类，超标项目为化学需氧量，超过Ⅱ类水质标准 0.07 倍，小江四级站断面水质评价结果为Ⅲ类达水环境保护目标，断面水质达标率为 100%。东川区集中式饮用水水源地大菜园水源地、野牛水库水源地水质均达水环境保护目标，水质达标率为 100%。

严厉打击违法行为，严肃查处违法案件。截至 10 月底，东川区生态环境综合行政执法大队共开展专项执法行动 3 次，共检查污染源排放单位 500 余家（次），已立案查处环境违法行为 49 件，下达责令改正违法行为决定通知书 43 份，已处罚金额 106.345 万元，已下发行政处罚事先告知书拟处罚金额 86.4 万元，执法大队已立案调查建议法规科处罚金额 263 万元。上半年没有行政诉讼案件。

完成中央和省环保督察反馈意见和交办问题的整改工作。截至 2020 年 6 月 20 日，涉及东川区的 2016 年中央环境保护督察整改任务（108 号全部内容）有 22 个，已完成 15 项，达到时序进度 6 项，长期坚持 1 项，未达时序进度 0 项，尚未启动 0 项。2017 年省环境保护督察整改任务有 22 项，已完成 9 项，达到时序进度 5 项，长期坚持 8 项，未达时序进度 0 项，尚未启动 0 项。2018 年中央环境保护督察"回头看"反馈意见问题整改任务有 10 项，已完成 8 项，达到时序进度 2 项，未达时序进度 0 项，尚未启动 0 项；专项督察反馈意见问题 26 项，已完成 13 项，正在推进 13 项，尚未启动 0 项。

分类建立与定期更新辖区内自然生态保护地、集中式饮用水水源地、地表水监测点位、地下水考核点位、长江入河排污口和行业企业污染源等档案。东川区建立并更新了集中式饮用水水源地"一源一档"；东川区无地下水考核点位；入河排污口设置情况。东川区通过审批设置共 6 个入河排污口，分别为：东川区国祯污水处理厂、东川区小江固体废物治理有限公司、云南金沙矿业股份有限公司汤丹公司、昆明市东川金水矿业有限责任公司龙头山尾矿干堆场、云南金沙矿业股份有限公司因民公司（黑箐沟尾矿库）和昆明市东川区盛鑫工业园区投资有限责任公司（四方地与碧谷工业园区污水处理厂）。其中，云南金沙矿业股份有限公司汤丹公司入河排污口已封堵停用，云南金沙矿业股份有限公司因民公司（黑箐沟尾矿库）入河排污口因利用尾矿充填处理措施后停用。东川分局通过污染源在线监控、日常巡查和每季度一次例行检查对排污口进行监管。全面完成了全国第二次污染源普查工作，工业企业完成报表填报 225 家，并完成一企一档工作。

开展辖区内行业企业（含核安全和辐射环境

安全）现场监督检查工作。开展了汽修场所专项执法检查，共检查辖区汽修场所 73 家，处罚汽修场所 21 家；开展了小水电站清理整顿专项排查，共检查辖区小水电站 30 座，对发现问题已要求企业立即整改；开展了选矿厂、有色金属冶炼厂专项排查整治，共检查选矿厂 20 余家，有色金属冶炼厂 30 余家，其中，大部分企业长期停产，为"僵尸"企业，发现问题的企业已要求其整改；对辖区内 3 所医院 X 射线机使用情况进行了现场检查，发现问题的处置率达 100%。

对辖区内河道、集中式饮用水水源地、自然生态保护地的巡查不得少于 2 次。对辖区内河道、集中式饮用水水源地每季度进行 1 次巡查，自然生态保护地每半年进行 1 次巡查。对东川区红土地镇轿子山自然保护区进行了 1 次现场检查。除在野牛水库检查发现有附近村民散养的牲畜（牛、羊）进入二级保护区现象外，其余河流、饮用水水源地、自然保护区均未发现问题，针对野牛水库发现问题已要求管理人员加强管理，发现问题的处置率达 100%。

按照环境监测处"环境监测方案"的要求，按期对地表水、地下水考核点位、长江入河排污口、集中式饮用水水源地进行监测，发现问题的处置率达 100%。每月定期对地表水、集中式饮用水水源地水质开展常规监测，全年，未出现水质超标情况。

按照环境监测处"环境监测方案"的要求，开展辖区内执法监测、应急监测和监督性监测等监测工作，发现问题的处置率达 100%。东川分局生态环境监测站按照监测方案要求对辖区内生产的重点排污单位、涉重金属行业企业、尾矿库及其他存在污染排放的单位和根据生态环境管理需要开展监测的排污单位开展了执法监测。2020 年 1—10 月，共开展监督性执法监测 69 次，其中，一季度监测 22 家，二季度监测 19 家，三季度监测 28 家，出具监督性监测报告 69 份，所有被监测的涉排企业外排污染物均达到排放标准，并将监测结果按要求在"全国污染源监测信息管理与共享平台"进行了填报；开展投诉执法监测 21 次，出具监测报告 21 份，发现问题的处置率 100%。

开展应对气候变化、温室气体减排、工业炉窑大气污染综合治理和重点企业碳排放报告与技术核查等相关工作；推进汽车 4S 店、一类汽车维修企业、加油站挥发性有机污染物 VOCs 等收集治理工作。根据《工业炉窑大气污染综合治理市级重点抽查企业名单》，东川区涉及工业炉窑大气污染综合治理企业有昆明金水铜冶炼有限公司、昆明川金诺化工股份有限公司。昆明金水铜冶炼有限公司目前正在进行技改。昆明川金诺化工股份有限公司已编制污染综合治理方案，正在开展整改工作。东川重点企业碳排放涉及华新水泥（昆明东川）有限公司、昆明川金诺化工股份有限公司、昆明金水铜冶炼有限公司。相关排放报告台账已上报市局。

按要求完成辖东川区内污染土地治理与修复、污染地块调查评估、加油站地下油罐防渗设施改造工作。东川区现开展的重金属土壤修复试点项目共 2 个，分别为：东川区小龙潭村重金属污染农用地土壤治理与修复工程和云南省昆明市东川区重金属污染农田土壤修复治理示范工程，项目各申请中央资金 1000 万元。其中，小龙潭村重金属污染农用地土壤治理与修复工程目前施工方已进场作业，完成土地平整、地面副作物清理等 400 亩场地清理工作，完成 100 亩土地翻耕工作，准备完成翻耕后开展下步种植工作。云南省昆明市东川区重金属污染农田土壤修复治理示范工程已完成第一季作物种植，目前，正在进行第二季玉米、大蒜的种植，已完成 55.23 亩严 A、严 B、严 C 及安空地块玉米种植地块的铺设地膜、玉米种植、灌溉、玉米幼苗开膜、喷洒除虫农药和追肥工作，完成 351.88 亩安 A、安 B、安 C 及严 C 部分地块大蒜种植区域的垄沟作业、大蒜种植（包括铺草）、基肥（复合肥）施撒、灌溉、喷洒除草农药工作。

完成农村环境综合整治和生活污水收集处理或资源化利用任务。到 2020 年底，辖区内自然村生活污水得到收集处理或资源化利用的比例达 30% 以上。东川区共 1014 个自然村，目前已完成 88 个，离 30%（304 个村）的工作目标还有差距。

2020 年 5 月 31 日前编制完成县域农村生活污水治理专项规划。《东川区县域农村生活污水治理专项规划（2020—2035年）》已编制完成。

确保完成省、市下达的污染减排任务。一是大气减排情况。云南华新水泥（东川）有限公司2000吨/日新型干法窑烟气脱硝项目正常运行，2020年生产熟料75.734695吨，按照排放平均浓度计算SO_2排放量为272.05吨，NO_x排放量为522.09吨；按照2020年排污许可证执行报告SO_2排放量为6.5吨，新增减排量为SO_2为0.22吨，NO_x为-179.55吨。截至2020年11月4日，脱硝设施运行时长为6854.02小时，脱硝系统运转率在80%以上，综合脱硝率为65.65%，预计能够达到减排任务的要求。华新水泥（东川）有限公司2020年总量减排核查核算表、电子台账及相关证明材料已准备完毕，预计能够完成年度目标任务。二是水污染减排情况。截至2020年10月，昆明市东川区国祯污水处理有限公司设施正常运行，总处理水量为271.6597万吨，负荷率为44.5%。目标任务完成困难，原因是东川区城市污水管网不配套，污水处理厂进水量较少，达不到每日2万吨处理水量要求。

按授权范围和时限要求，办理各项行政许可和管理服务事项。

2020年1—11月，昆明市生态环境局东川分局共审批建设项目环评文件36件。其中，环境影响报告书4件，环境影响报告表32件；告知承诺制审批4件，一般审批方式32件；由昆明市生态环境评估中心评审10件，东川局自行组织评审26件。2020年1—11月，东川区内建设项目环境影响登记表备案66件。

做好2020年县域生态环境质量评价与考核工作。东川区县域生态环境质量监测评价与考核工作共分为国家级考核和云南省省级考核，考核工作为按季度报送的监测数据（环境空气、地表水、饮用水水源地水质监测及国控企业的监督性监测工作）及年底资料汇编两大类。现已完成考核，考核结果为基本稳定。

及时处理各类投诉、举报，问题和建议。截至统计时，共受理环境信访举报101件，办结101件，办理回复率达到100%。

按照属地政府要求，会同或配合有关部门编制辖区内生态环境保护相关规划、功能区划及各类方案等，完成本级人大建议、政协提案的办理工作。市生态环境局东川分级积极配合区政府和有关部门编制辖区内各类相关规划、功能区划及各类方案等，为做好生态环境保护相关规划编制工作，已与第三方编制单位进行接触，正开展"十四五"环境规划及重金属防治、水污染防治规划编制工作；10月31日，东川分局严格按照要求完成了人大建议、政协提案的办理工作。

落实环保义务监督员制度，辖区内新增环保义务监督员不少于15名。截至统计时，东川区辖区范围内阿旺镇、碧谷街道、铜都街道、红土地镇、汤丹镇、乌龙镇、拖布卡镇、因民镇和舍块乡共上报东川分局备案15名环保义务监督员。

加强沟通协调，每年向属地县（市、区）政府、管委会请示汇报工作不得少于6次，完成年度资金争取任务目标。2020年，东川分局向区政府争取项目资金1626.21万元，其中，东川区农村生活污水专项规划资金55.00万元、县域生态考核支付转移资金50.00万元、无主尾矿库编制经费25.00万元、农村生活污水治理示范项目1496.21万元。2020年，东川分局向上争取资金6000.00万元，其中，2019年度第二批中央水污染防治资金1700.00万、2019年度中央土壤污染防治专项资金2000.00万、昆明市财政局关于下达2020年土壤污染防治资金2300.00万。

对辖区内的重点排污单位开展生态环境保护法律政策普法宣传工作不少于2次；组织开展环境污染事故应急演练不少于1次。2020年，共开展生态环境集中宣传8次，包括重点企业宣传2次。政策法规科针对区重点企业昆明川金诺化工股份有限公司采取培训讲座、设置展板和发放宣传材料相结合的方式举行法律宣讲，公司领导及部分负责人共计40余人参加；针对区重点企业华新水泥（昆明东川）有限公司开展了环保相关法律法规和《固体废物污染环境防治法》的宣讲学习，通过法律+案例、培训+提问的方式加强宣传效果，公司领导和各部门负责人全部30余人参加了讲座。监察大队组织了为期3天的环保管理培训班集中宣讲，就环保相关法律、执法工作、排污许可证办理等方面的知识进行了集中讲解。监测站组织了水源地应急演练1次，并将过程制作成视频向全区企业进行推广。8月28日，昆明市生态环境局现场指导东川分局和东川区各相关部门共同参与了"2020年昆明市东川区集中式饮用水源地突发水环境污染事件应急演练"。

坚持季度工作报告制度，及时报送各类工作情况。严格按照市局要求，向市局办公室报送了第二、三季度工作报表、上半年生态环境工作总结和下半年工作计划、2020年工作总结和"十三五"工作总结。

逐步推行财务内控精细化管理和绩效考核，切实加强票据管理和固定资产管理。按市局要求完成预算支付进度，按时上报财务资料和报表。2020年初，预算下达指标金额为1213.02万元。其中，社会保障和就业支出99.12万元，卫生健康支出58.30万元，节能环保支出1006.06万元，住房保障支出49.54万元。调整预算下达数为993.56万元，截至2020年11月16日，实际预算支出数806.78万元。预算实际执行率为81%。执行进度相对低的主要原因为：委托业务费、办公费、维修费等费用正在结算中，故一部分预算资金还未形成支出。下一步，分局将加快资金支出力度，力争于2020年11月30日按要求达到预算支出进度。完成了2019年绩效自评工作、票据年检工作、资产管理工作，资产上划工作已接近尾声。按要求完成了·2019年决算及公开、2020年预算公开的相关工作，并完成了2021年预算填报工作。

保质保量完成政务信息报送、宣传、保密、消防、安全等工作任务。通过公众号"东川环保"积极发布东川分局工作信息和生态环境相关报道，积极做好对外宣传，2020年，投稿省级采用4条，市级媒体采用11条，区级媒体采用14条。

按时整改完成各类工作检查过程中发现的问题。首先，中央、省环境保护督察整改任务进展情况。2016年中央环境保护督察整改任务22项，完成15项，达到时序进度6项，长期坚持1项；2017年省环境保护督察整改任务22项，完成10项，达到时序进度4项，长期坚持8项；2018年中央环境保护督察"回头看"整改任务10项，完成8项，达到时序进度2项；2016年中央环境保护督察交办件涉及东川19件（含两区管委会转交

的武定源壹矿业问题），全部完成区级自查自验工作，并于2020年8月20—21日通过市级验收组验收。2017年省环保督察交办件有2件，均为全市公共件，东川区已按要求进行整改通过验收；2018年中央环保督察"回头看"交办件涉及东川区26件，全部完成整改通过区级自查自验，并通过省、市级验收组现场验收。其次，"4·3"央视曝光问题整改完成情况。投入1500多万元对央视媒体报道6个问题进行整改，目前已全部完成整改。一是完成黄水箐尾矿库坝体外挡墙裂缝修复。二是完成黄水箐尾矿库外排生产废水在线监测系统架设。三是完成同心村废石料堆场平整，清理渣土20000立方米，覆土10000余立方米，种树5000棵，植草10000平方米。四是完成福金工贸有限公司堆料场挡墙修建整改。五是完成猴跳岩尾矿库闭库，并通过专家验收。六是完成永春弃渣场库区187个喷淋喷头洒水降尘及渣场坝体稳定性检测。中央环保督察组现场督察指出问题整改完成情况。投入约1.2亿元，对中央环保督察组到现场督察发现的4类13个问题进行整改，目前已全部完成整改。再次，中央环保督察专项督察反馈问题整改完成情况。针对专项报告反馈26个问题，截至统计时，城区污水处理厂运行不正常的问题、小江流域生态破坏严重和环境污染风险突出的问题、小江河道采砂厂长期无序非法开采的问题和固体废物沿河随意倾倒等21项问题已完成整改，正在推进整改的5项。最后，整改验收情况。在2016—2018年中央、省环保督察存在问题中，工业园区总体规划或规划修编未执行环境影响评价制度的问题、部分建制村尚未完成环境综合整治的问题、畜禽养殖规模化企业配套不完善的问题、应开展环境治理的矿山未得到有效恢复治理和黄标车淘汰工作进度较慢等31个问题通过市级验收。2019年，专项督察中尾矿库防渗设施建设不到位的问题、东川区因民镇、汤丹镇部分选矿厂尾矿库风险隐患突出整改不到位的问题、金水矿业鹦哥嘴、人占石矿洞环境污染整改不到位的问题和昆明福金工贸有限公司尾矿堆放"三防"措施不到位的问题通过市级验收。

认真完成市局交办的其他工作任务。2020年以来，东川分局除完成年度主要工作目标任务外，

对于市局交办的其他工作任务，如疫情期间开展医疗废物大排查和整治工作、危险废物固废大排查工作、长江经济带尾矿库污染防治工作和危化品专项整治工作等均积极完成。

争取目标落实情况。2020年，东川分局二季度招商引资考核结果为"红榜"即第一名，同时，"五个一百"项目行动计划也考核为第二名。根据中共昆明市东川区委办公室、昆明市东川区人民政府办公室关于印发《〈东川区2020年重点工作考核"红黑榜"实施方案〉的通知》（东办通〔2020〕22号）年度内考核获得"红旗"的单位，每获得一面"红旗"在年度目标管理综合考核总成绩中加分3分。

存在困难和问题。一是监管压力大，执法人员少。东川区共有3个工业监管片区，分别为汤丹片区、因民片区（含拖布卡镇、舍块乡、因民镇）、铜都片区（含铜都街道、碧谷街道、四方地工业园区、天生桥工业园区、乌龙镇、阿旺镇、红土地镇），现东川区生态环境保护综合执法大队共有在岗在编执法人员5名，难以满足当前执法工作任务的需求。二是新法更新快，执法水平低。《中华人民共和国环境影响评价法》（以下简称《环境影响评价法》）、《固体废物污染环境防治法》等政策法规不断更新，执法人员在日常工作中仍然依据以往的经验、老办法开展执法监管工作，现场记录、询问笔录制作、调查取证、违法行为查处等执法能力需不断提升，对新法律、政策的学习还需加强。同时，新法颁布实施后，自由裁量权与法律责任、处罚条例对应问题急需解决。三是监管任务重，执法设备少。现东川分局共有3辆公务用车，其中，1辆因维修成本过高已停用，现有2辆车需用于日常环境监测、出差、执法监管等。现多以租车方式满足日常用车需求，在近途使用车辆处理环境投诉等应急问题时，租车使用成本过高。四是硬件设备差，监管能力弱。现东川区已要求有条件和能力的重点排污企业安装在线监控，同时已有2家选矿企业施行尾砂充填项目，但对在线监测设备硬件、软件监管、尾砂充填监管能力方面存在空缺。五是年度任务重，企业停产多。现东川区工业企业大部分处于停产状态，加之部分已处罚的案件罚款还未缴纳，导

致入库金额数难以完成。六是进水量不足，设施不健全。城市污水处理厂负荷率较低的原因是东川区城市污水管网不配套，污水处理厂进水量较少，达不到每日2万吨处理水量要求，年度水污染减排任务难以完成。七是区级经费少，扶贫工作苦。区级驻村队员补助经费不能按时足额发放，且兑付程序烦琐，很多时候十分影响驻村队员工作积极性。

生态环境分局主要领导干部

张劲毅　党组书记、局长
李加红　党组成员、副局长
张五一　党组成员、副局长
肖　靖　党组成员、副局长

（撰稿：杜欣隆）

【晋宁区】　2020年，是全面建成小康社会的决战之年。昆明市生态环境局晋宁分局在晋宁区委、区政府的正确领导下，在昆明市生态环境局的关心指导下，认真学习贯彻习近平新时代中国特色社会主义思想和习近平生态文明思想，坚持污染防治和生态保护并举原则，强化建设项目环境管理，严厉查处环境违法行为，努力改善全区生态环境质量，经济社会健康持续发展的环境基础不断夯实。

脱贫攻坚。2020年4月28日印发了《昆明市生态环境局晋宁分局关于成立挂钩包村联户帮扶工作领导小组的通知》。指导木鲊村17户45人抓好农业生产废弃物资源化利用、农村污水治理等工作落实，教育引导农民群众进一步增强文明意识、环境意识，全面提升村容村貌治理水平。

大气污染防治。制定实施《昆明市晋宁区打赢蓝天保卫战三年行动实施方案》《昆明市晋宁区人民政府关于印发昆明市晋宁区2020年大气污染防治工作目标任务的通知》，完成加油站油库油气回收治理改造工作。加大对辖区大气重点污染源的监督检查力度，有效预防和控制工业污染源排放、餐饮油烟等对区域环境空气质量的影响。2020年1—12月，晋宁区城区环境空气质量总体评价为优良，轻度污染1天（PM$_{2.5}$超标），城区环境空气质量优良率为99.7%。

水污染防治。制定印发了《昆明市晋宁区打

赢碧水保卫战三年行动实施方案》，突出抓好以滇池、8 条入滇河道、4 个集中式饮用水水源保护区及二街河的水环境综合整治工作，努力提升和改善辖区水环境质量现状。一是对集中式饮用水水源地每月至少开展一次现场监察。每月对辖区内的 9 条河道及其支流沟渠进行巡查。二是完成 31 座加油站 130 个油罐的防渗改造工作。三是全区 8 个乡镇（街道），生活污水处理设施覆盖率已达 100%；125 个涉农建制村，生活污水处理设施覆盖率已达 100%；辖区 494 个涉农自然村中，472 个自然村已建有污水处理设施，覆盖率达到 95.55%。其中，滇池流域共有 401 个涉农自然村，污水处理设施覆盖率已达 100%。

晋宁区 2020 年度地表水纳入国考、省考及市考的断面共计 13 个。9 条地表水河道有 6 条达标，4 个饮用水水源地中有 3 个达标（双龙水库 5 月、9 月水质为 Ⅳ 类未达标，柴河水库未供水计为达标）。辖区已消除劣 Ⅴ 类水体，河道水质污染负荷总体呈下降趋势，区域水环境质量呈好转趋势，水环境综合整治效果显著。

土壤污染防治。制定印发了《昆明市晋宁区打赢净土保卫战三年行动实施方案》《昆明市晋宁区 2020 年土壤污染防治工作目标任务》，不断加大土壤和重金属污染防治力度。一是积极配合市级开展 44 家重点行业企业用地污染状况调查。二是抓好涉重点重金属减排任务的落实，经核算，2020 年，晋宁区重点行业重点重金属排放量比 2013 年下降 38.33%，超额完成市级下达 13% 的目标任务。

污染减排。按照《昆明市环境污染防治工作领导小组办公室关于转发〈云南省 2020 年度大气、水主要污染物省级重点减排项目的通知〉的通知》，2020 年，减排项目、减排材料均已完成报送。

声环境质量。2020 年度昼间等效声级算术平均值为 50.8 分贝，夜间等效声级算术平均值为 41.4 分贝。对照城市区域声环境质量总体水平等级划分，城区声环境质量昼间平均等效声级在 50.1~55.0，质量等级为二级，对应评价为较好；夜间平均等效声级在 40.1~45.0，质量等级为二级，对应评价为较好。根据 2020 年度道路交通噪声监测数据统计分析，各测点等效声级值范围 55.2~70.2 分贝，23 个测点等效声级加权平均值为 62.0 分贝，对照道路交通噪声强度等级划分，城区道路交通噪声昼间平均等效声级 ≤68.0 分贝，强度等级为一级，对应评价为好。

行政审批。2020 年，共受理建设项目环境影响评价项目审批 46 件，办结 46 件，办结率达 100%。项目审批未出现降低环评文件级别、越级审批、违反法规政策审批的情况。

全面贯彻排污许可管理制度，实现固定污染源排污许可全覆盖。一是完成《固定污染源排污许可分类管理名录》33 个行业固定污染源的应发证和登记工作，完成许可证核发 13 件、排污登记 427 件。二是完成 87 个行业和 4 个通用工序的发证和登记工作，完成核发许可证 153 件、排污登记 623 件。2020 年至统计时，共完成核发许可证 166 件、排污登记 1050 件。

宣传教育。2020 年，积极利用"6·5"世界环境日、食品安全宣传周等主题活动开展环境保护法律集中宣传活动，共举行集中宣传活动 9 次，发放《中华人民共和国环境保护法》《环境保护随手可做的 100 件小事》环保袋、环保围裙等宣传资料共计 7000 余份。利用环境监察人员对晋宁工业园区各企业进行日常监察的契机，组织宣传人员深入辖区各企业开展环境保护宣传教育活动，发放各类环保宣传资料共计 3500 余份。

教育培训。2020 年，参加的业务技能方面培训主要有：全国重点污染源系统培训、生态环境机构资质认定内审员培训、检验检测结果质量控制技术与方法培训、云南省核与辐射安全监管监测培训等，进一步提升了业务骨干的专业素质能力。

环境执法。2020 年，已完成年度"双随机、一公开"检查任务。出动环境监察人员 1200 余人次，结合环境信访投诉案件的办理和中央、省环境保护督察和"回头看"等各类督察、巡视反馈问题意见的整改等重点工作，充分运用移动执法终端和移动执法系统等信息化执法工具，对辖区内 18 家重点排污单位及涉磷、涉重金属、涉危险废物等企业开展污染源现场监察。2020 年度，共下发《责令改正违法行为决定书》80 余份，《行政执法事项提示书》50 余份。查处环境违法案件84 起，罚款总计 496.67 万元，移送行政拘留案件3 起，严厉打击了辖区内的环境违法行为，确保了晋宁区的环境安全。

环境监测。积极开展辖区内国控、省控重点污染源、纳入环统管理的工业企业、一般性工业污染源的监督性监测工作。对县城污水处理厂、4 个环湖截污水质净化厂、工业园区 2 个污水处理厂共 7 家排污单位进出口开展监测，并及时将监测数据上报省重点污染源监控平台。截至统计时，累计出具各类监督监测报告 93 份。

环保督察。一是印发了《晋宁区贯彻落实中央环境保护督察反馈意见问题整改方案》等文件、方案，全面抓好整改落实并长期坚持。二是加强提醒、催办和督办。按照"一个问题、一套方案、一名责任人、一抓到底"的要求，推进整改工作。三是高标准、严要求全力做好中央、省环保督察期间的各项工作。三年环保督察期间的交办件及反馈意见问题均接受了市级验收组的验收。

信访办理。2020 年度，共受理环境信访案件161 件。晋宁分局对环境信访案件坚持做到受理一桩，落实一桩，处理一桩，回复一桩，调查处理、回复率 100%。

表彰情况。一是昆明市生态环境局晋宁分局2019—2021 年继续保持"昆明市文明单位"称号。二是周智芳荣获"国家级第二次全国污染源普查表现突出个人"，浦茜荣获"省级第二次全国污染源普查表现突出个人"。

生态环境分局主要领导干部
陈贵洪 党组书记、局长 （2019.06—）
殷国凯 副局长 （2020.04—）
张晓聪 副局长 （2020.03—）
王　全 监测站站长 （2020.12—）
肖　尧 督察专员 （2020.06—）

（撰稿：何明耿）

【安宁市】 健全生态环境保护工作机制。落实生态环境保护"党政同责""一岗双责"责任制，认真抓好环境监察、监测改革，持续推进环保体系建设，2020 年 2 月 28 日，中共安宁市委机构编制委员会办公室印发了《关于调整各街道办

事处机构编制事项的通知》（安编办通〔2020〕5号），同意在八街、县街、连然、金方、太平新城、温泉、青龙、草铺、禄脿 9 个街道办事处经济发展办公室加挂"生态环境办公室"牌子。于2020 年 12 月 16 日组建了安宁市生态环境保护委员会，进一步明确市级各部门生态环境保护工作职责，助推全市生态文明建设工作。

全面巩固提升环境监测能力。一是安宁市现共建有环境空气自动站 4 座、水质自动站 9 座，2020 年，共完成水质监测有效数据 12.4 万余个，完成环境空气质量监测有效数据 66.6 万余个。二是目前共有 234 台生态环境监测设备，1 辆应急监测车、2 辆监测业务用车，通过认证项目数 86 项。2020 年，共完成企业监督性（执法性）监测 148家次，指令性监测 42 家次，完成有效监测数据6678 个。三是安宁市重点排污企业共安装在线自动监测系统 79 套，其中，废水在线监测系统 25套，废气在线自动监测系统 54 套，监测系统均与省、昆明市、安宁市三级环境监控中心联网。四是申请中央资金 326 万元完成水环境预警—溯源—应急监管能力项目建设，建立工业污染源废水 14 个类别指纹库，实现精准溯源、靶向监管。完成螳螂川下游河道水质监测研究工作，通过精准、全面的监测数据，可知下游河道是否具有农灌功能。

持续打好蓝天保卫战。一是印发了《安宁市2020 年大气污染防治工作目标任务的通知》《关于进一步加强全市春季扬尘污染防治强化管控工作的通知》《昆明市生态环境局安宁分局关于加强无组织粉尘、扬尘污染控制工作的通知》等，狠抓重点行业减排，强化工业污染治理，集中整治扬尘污染，确保全市主要污染物排放总量不断下降，大气污染得到有效控制。二是开展城市扬尘污染控制、机动车污染防治调整能源结构，增加清洁能源供应、加大燃煤锅炉整治力度、加强工业大气污染治理、推进挥发性有机物污染治理、产业绿色发展转型升级、提高大气环境管理能力等举措，进一步强化安宁市大气污染防治工作。2020 年共开展现场大气环境整治专项检查 56 家次，查处涉嫌违反《大气污染防治法》案件 40起，共处罚 320500 元；督促 14 家重点工业源挥

发性有机物企业编制了《特殊气象条件应急响应"一厂一策"实施方案》；督促云南弘祥化工有限公司等4家企业进行环保技术改造；督促昆钢龙山冶金溶剂矿拆除5座石灰立窑，关闭废气排放口，减轻对主城区环境空气影响。三是积极推进大气主要污染物总量减排工作，12个省级大气减排项目进展顺利；完成主城区15台燃煤锅炉和4家企业工业炉窑大气污染综合治理重点项目。2020年全年安宁市主城区空气质量优良率99.5%，空气质量为轻度污染的2天，未出现重度污染天气。

持续打好碧水保卫战。一是印发了《2020年安宁市水污染防治工作目标任务》，严格执行《安宁市水环境治理三年（2020—2022）攻坚工作方案》，积极深入开展螳螂川流域水环境综合整治工作，提升改善水环境质量。二是疫情期间共出动人员96人次、车28辆次，对各医疗机构及城镇污水处理厂开展现场检查。三是稳步推进农村环境综合整治工程。已完成一期项目30个行政村主体工程建设和二期项目7个行政村主体工程建设。四是分门别类深入推进"三磷"企业专项排查整治，同时，邀请第三方对整治工作开展技术指导及初验，目前41家"三磷"企业已全部通过昆明市核查验收。五是全市共建有9座水质自动监测站点，提升了流域水资源调度与水环境管理能力，及时掌握实时水质数据与水质变化趋势。六是按照《安宁市水源地保护攻坚战实施方案》《安宁市集中式饮用水水源地保护工作方案》要求，开展了水源地环境保护排查及环境综合整治工作，组织开展了"千吨万人"、乡镇级集中式饮用水水源保护区划界工作，5个"千吨万人"水源地划界方案已取得省厅批复，5个乡镇级水源地划界方案已取得省级部门批复。七是积极协调推进水主要污染物总量减排工作，预计完成水减排指标任务要求的90%。通过以上工作措施，进一步强化了全市水环境治理力度，提升和改善了水环境质量，截至2020年12月31日，安宁市集中式饮用水水源地车木水库取水点水质为Ⅱ类水，达到Ⅱ类水质目标要求；国控断面鸣矣河通仙桥、省控断面螳螂川温泉大桥、交界断面螳螂川青龙峡水质均为Ⅴ类，均达到Ⅴ类水质目标要求。

持续打好净土保卫战。一是2020年继续组织实施《安宁市三年净土保卫战实施方案》，开展土壤污染防治与管控工作。二是开展土壤污染状况详查，2020年，已对确定的土壤污染重点行业企业29家、土壤环境影响突出的工业园区（工业集聚区）1个、土壤污染问题突出区域1块进行了核实。三是对《安宁市箐门口水库水源区七〇五研究所五工厂原址污染场地修复效果评估报告》进行了技术审查，经专家组现场踏勘审核，认为箐门口水库水源区七〇五研究所五工厂原址污染场地修复效果达到了修复目标，可安全利用。四是组织全市14家尾矿库企业完成《"一库一策"污染防治方案》《尾矿库应急预案及风险评估报告》编制工作。五是持续推进红云氯碱土壤修复二期工程整治项目，向云南红云氯碱有限公司送达了《关于加快推进云南红云氯碱有限公司土壤污染修复工程（二期）的函》，积极督促其落实环保主体责任，加快开展二期项目前期基础资料准备工作。该治理项目已经完成编制、评审工作，并取得发改部门投资备案。六是2020年出动39人次开展尾矿库企业环境风险隐患排查，检查尾矿库企业19家次，并于2020年底完成16个尾矿库污染整治验收工作。

突出重点，严厉打击环境违法行为。一是配齐环境执法设备。配置4辆环境监察车、2辆环境监测车、1辆应急值班车开展环境执法工作，同时，配发便携式移动执法电脑、打印机、手持终端、执法记录仪等环境执法设备，公平、公正、透明执法。二是加大环境查处力度。将工业企业环保手续、污染防治设施配套建设及正常运行情况、在线设施运行情况、废水有效收集利用情况、危险废物处置情况等作为检查重点，依靠"双随机、一公开"执法手段，以定期检查、随机抽查、联合检查、专项检查等方式，加大各类工业企业日常环境监管力度，共组织开展"三磷"整治、弃土场专项检查、餐饮油烟污染专项整治、集中式饮用水水源地专项排查、机动车维修行业整治、工业炉窑整治、无证无手续专项等专项行动10余次，共出动979人次开展现场环境监察386家次，针对检查时发现的环境问题，共下达《环境监察现场处理决定书》37份，下达《限期整改通知书》15份，开展约谈7家次；对各类环境违法行为进行立案查处84起，共处罚4637442.91元。同时，将案件查处情况及时进行公示公开，主动接受社会监督。

聚焦难点，强力推进解决环境问题。坚持问题导向，不断推动生态环境突出问题逐步整改落实。一是统筹推进环保督察反馈问题落实整改。中央、省环保督察"回头看"交办的67个投诉问题全部完成整改并通过昆明市级验收。中央、省环保督察"回头看"反馈意见问题涉及安宁市的整改项目共44项均全部完成整改。二是督促推进长江经济带生态环境突出问题落实整改。2018年，长江生态环境问题警示片披露问题涉及安宁市1个问题（天安杨家箐渣场渗滤液收集池问题）已完成整改并通过昆明市核查验收。云南长江经济带生态环境自查问题涉及安宁市共5个问题（金方钢渣、龙凤箐渣库、石正明临时钢渣堆场、武春华电石渣堆场、易门箐铁矿风险问题），已全部完成整改并通过自查自验，并通过昆明市验收。三是督促推进中央生态环境保护专项督察长江大保护反馈问题落实整改。中央生态环境保护专项督察长江大保护反馈问题涉及安宁市共2个问题（吴家箐渣库渗滤液、广昆铁路复线吴家村弃渣场问题），其中，1个问题（吴家箐渣库渗滤液）已完成整改并通过昆明市验收，剩余1个问题（广昆铁路复线吴家村弃渣场问题）目前正按照整改方案明确的整改时限（2021年12月31日前完成整改），开展整改落实工作。

明确要点，落实环境风险防控措施。一是为强化全市危险废物监督管理工作，印发《2020年度危险废物管理计划编制与备案工作的通知》，完成危险废物申报登记218家，开展年度危险废物管理计划编制备案36家。2020年，共转移危险废物2290批次，辖区内安全转移处置危险废物16942.02吨，省内安全转入利用处置危险废物5312.908吨，辖区内安全转出危险废物28760.735吨，辖区跨省转移危险废物2620.93吨。二是严格按照《昆明市生态环境局关于持续推进报送新型冠状病毒感染的肺炎疫情医疗废物处置情况的通知》及疫情防控相关工作要求，对全市新型冠状病毒感染定点收治医院医疗废物产

生处置情况进行现场检查，强化疫情防控措施，筑牢疫情环境安全防控墙。三是制定《安宁市核安全文化建设试点工作方案》，并于2020年4月15日在柳树社区广场及草铺街道农贸市场开展核安全文化宣传活动，营造核安全文化建设氛围。2020年，共出动69人次，开展核技术应用单位现场检查27家次，开展废旧金属回收熔炼企业辐射管理监督检查6次、射线装置退役检查2次、放射源收储现场检查2次。四是加强环境安全隐患防范及排查整治工作，强化环境应急管理，健全完善应急管理机制，积极开展各类环境矛盾纠纷排查及信访工作，确保环境安全。

聚焦热点，深化"放管服"改革。一是严格执行建设项目环境管理。按照《环境保护法》《环境影响评价法》等有关法律法规，依法依规做好建设项目环保审批工作。2020年，共审批建设项目环评116件。其中，报告表项目112件、报告书项目4件；全市涉及重点管理排污许可证核发企业共28家、简化管理排污许可证核发企业75家；企业自行上网登记备案1016家；指导建设方开展建设项目环评登记表网上备案443件。二是优化环评审批流程。对环境影响报告书、报告表审批时限分别压缩为14天、7天（不含技术评估）。实行容缺受理，在申请材料主件（环评文件）齐全且符合法定条件、次要申请材料有缺有误的情况下，先行"容缺受理"并一次性告知补正材料。三是疫情期间推行"不见面"环保审批，通过网上办、掌上办、预约办、邮寄送达等方式办理各类环保行政许可，线上受理环评报告书（表），并通过微信、电话等线上方式，指导环评技术单位和企业开展报告修改、审批。开辟绿色审批通道，对防疫急需的医疗卫生、物资生产等建设项目，实施环评应急服务保障措施，完成云南多扶工贸有限公司防疫物资生产建设项目的容缺受理工作。在做好"放管服"改革，优化审批服务环境的同时，对各建设项目加大事中事后监管力度，督促企业认真履行环保主体职责，落实"三同时"制度，严查各类环境违法行为。四是做好营商环境考核评估工作。"蓝天碧水净土森林覆盖"指标在第三期"红黑榜"考核位列第1，"建筑施工许可"指标在第三期"红黑榜"该指标位

列第 3。五是严格执行环境应急值班制度，2020年，共出动 826 人次妥善处理各类环境投诉 328件，处理率达 100%，做到"件件有处理、案案有结果，处理率 100%"，有效维护社会安定团结。

强化意识，全面开展生态环境宣传。工作中认真落实信息宣传目标任务，提高公众生态环境保护意识及参与度。一是 2020 年共编写报送政务信息 143 篇。其中，对外新媒体发布工作简讯 271篇，含"中国环境"微信公众号发布 5 篇；《云南省政协报》发布 3 篇；《昆明日报》发布 1 篇；"绿色云之南"微信公众号发布 38 篇；"昆明生态环境"微信公众号发布 18 篇；"魅力安宁"微信公众号发布 33 篇。二是开通了"绿色安宁"微信公众号，共对外发布宣传信息 218 条，在连然、金方和县街新建固定生态环保宣传栏 3 个。三是组织开展"安宁市 2020 环境保护及生态文明建设专题培训班"，全市 45 名党政干部参加培训。四是结合生物多样性日、世界环境日、低碳日等重要节日，开展环境保护主题宣传教育活动 8 次，共组织开展生物多样性知识答题竞赛活动 2 次，开展环保志愿者服务活动 9 次。2020 年，累计发放宣传环保布袋 2500 个、环保围裙 1300 个、发放环保知识手册 10000 余本。五是积极开展全国文明城市复审生态环境宣传教育及生态文明环境保护主题活动，制订宣传教育实施方案，并投入20 万元积极开展创文宣传教育工作。

生态环境分局主要领导干部

陶春阳　党组书记、局长

朱永喜　党组成员、副局长

　　　　（2020.03—2020.06）

崔晓明　党组成员、副局长（2020.04—）

陆大尧　党组成员、副局长（2020.06—）

马艳琼　监测站站长（2020.12—）

（撰稿：办公室）

【富民县】　2020 年，在富民县委、县政府，昆明市生态环境局的正确领导下，昆明市生态环境局富民分局深入贯彻落实党的十九大精神和习近平生态文明思想。紧紧围绕建设"山水园林卫星城、休闲康养目的地"目标，践行共抓大保护、不搞大开发和生态优先、绿色发展理念。以生态文明建设为统领、改善环境质量和筑牢长江上游生态安全屏障为核心、环境保护和优化服务经济发展为主线，扎实做好全县生态文明建设、污染防治及减排、环境执法、环境监测等重点工作，全县环境质量不断改善。

机构设置。核定行政编制 8 名，现有公务员 5名，局领导班子配备了局长 1 名（正科级），副局长 1 名（副科级），督察专员 1 名（副科级）；局机关内设科室 5 个。下属事业单位有两个，即县环境保护监测站，机构规格副科级，核编 10 个，现有事业编制人员 9 人；县生态环境保护综合执法大队，机构规格未明确，核编 15 个，现有事业编制人员 15 人。

生态环境体系建设。2020 年，县委、县政府主要领导召集生态环境专题会议 1 次，县委副书记、县政府副县长召集生态环境保护专题会议 4次，县政府常务会研究生态环境保护工作 7 次，县委常委会研究生态环境保护 2 次，县委书记、县长现场调研 2 次，副县长现场督促 5 次。县委、县政府主要领导先后 15 次批示生态环境保护工作，对生态环境工作提出明确要求；县委目督办、县政府目督办分别将长江经济带环境污染问题整改、农村生活污水治理和大气污染防治纳入督办。

环境整治。2020 年，申请中央环保专项资金300 万元完成富民县永定街道兴贡、北邑、瓦窑 3个行政村 23 个自然村农村环境连片整治，受益面积 32.43 平方千米；投资 200 万元，完成富民大桥上段螳螂川沿岸烂泥田、石坝 2 个村庄实施生活污水整治，污水收集处理率达 90%；投资 185万元，实施富民县农村环境综合整治示范村项目建设，对则核、麦场两个建制村实施生活污水治理。

环境质量。2020 年，富民县环境空气有效监测天数为 357 天，其中，优级天数 222 天，良级天数 135 天，空气质量优良率为 100%，达到目标任务考核要求。螳螂川—普渡河国控地表水断面富民大桥年均值已达 V 类水标准，出境断面宜格电站年均值已达 IV 类水标准；集中式饮用水水源地——拖担水库、石楼梯测点每月一次监测和龙闸坝水库、黄坡水库、新桥水库每半年一次的监测任务，100% 达到 II 类水标准。2020 年，富民县水质达标率 100%。

生态环境宣传。2020 年，在富民县政务公众信息网上公开环保信息 434 条，其中，部门动态 253 条，公示公告 1 条，饮用水水源地环境保护 4 条，政府特许经营权交易 3 条，执法机关罚没财物处置领域 2 条，环境保护 170 条，财政预决算 1 条。通过市生态环境局富民分局官方微博，定期推送环境保护工作动态和环境知识，普及环保法律法规。2020 年，共发布官方微博信息 546 条，重点工作通报信息 409 条。以"美丽中国·我是行动者"为主题的"6·5"环境日宣传活动，共发放《环境保护法》等法律法规宣传手册 1000 余份、环保布袋 500 余个、环保笔记本 200 余本。

水污染防治。加强县城污水处理厂监管，2020 年，富民县城污水处理厂运行正常，共处理水量 251.48 万吨，化学需氧量平均进水浓度 196.79 毫克/升，氨氮平均进水浓度 17 毫克/升，化学需氧量削减 454.27 吨，氨氮削减 40.36 吨，100% 完成减排任务。完成大营街道新桥水库水源地、赤鹫镇龙潭口水源地、款庄镇抗旱应急工程 3 个"千吨万人"饮用水水源地保护区划分工作。完成罗免镇龙闸坝水库、东村镇中民龙潭、南部抗旱深井、款庄镇青平水库、散旦镇门前地龙洞 5 个乡镇级饮用水水源地保护区划分工作。

大气污染防治攻坚。2020 年，大气污染防治攻坚：一是加大主要污染物减排力度，加强水泥行业减排管理，华新水泥投运率 100%，综合脱硝率 73.96%，金锐水泥投运率 100%，综合脱硝率 68%。圆满完成富民县固定污染源排污许可清理整顿和 2020 年排污许可发证登记工作，共完成核发排污许可 63 家，其中，重点管理 23 家，简化管理 40 家，共完成排污登记 381 家。完成 2019 年富民县环境统计，纳入统计企业数 47 家。二是加大扬尘专项整治，出动执法人员 216 人次，对县城周边非煤矿山、采石场、钛白粉厂、磨粉厂、建筑工地等易产生扬尘企业开展排查整治。召开专题会 3 次，发放告知书 80 余份，检查相关企业 78 家次，督促整改问题 6 个。同时，对部分厂区存在原辅材料未覆盖、道路洒水抑尘不到位的，现场督促企业严格按照"六个百分之百"采取围挡、覆盖、洒水、硬化、清扫、冲洗等有效措施

进行立行立改。对涉嫌环境违法的 3 家企业立案 3 查处，累计处罚金额 24 万元。三是开展工业炉窑治理专项行动。督促富民县和平化工有限责任公司钛渣厂完成电炉烟气除尘改造及厂区无组织粉尘整治。完成 21 家加油站油气回收治理工作。四是推进汽车维修企业挥发性有机污染物治理。督促汽修行业完善审批手续，共审批汽车修理厂 8 个，备案 12 个，并对在喷漆过程中产生的挥发性有机污染物 VOCs 等进行有组织排放，通过环保治理设施处理后达标排放。

土壤污染防治攻坚。2020 年，开展涉镉等重金属重点行业企业排查整治，富民县没有列入污染源整治清单的企业。与 4 家重点监管企业签订土壤污染防治责任书，督促企业严格落实土壤污染防治责任。开展化肥农药使用量零增长工作，实施永定、大营、罗免、赤鹫化肥减量增效示范区建设 1000 亩。加强废弃农膜回收利用，回收率达 14.8%。完成 9 个非正规垃圾堆放点排查整治，100% 完成整治任务。投资 637 万元实施《富民县螳螂川沿岸复合污染农用地土壤污染治理与修复技术应用试点项目》，对螳螂川沿岸污灌区选取 360 亩氟重金属复合污染农用地进行修复示范。

环保专项行动。2020 年开展"三磷"企业整治。市级下发"三磷"名单 2 家，分别是富民县云富磷酸盐有限责任公司、富民县和平化工有限责任公司，通过排查，共查出问题 6 个，已经整改完成，通过市级验收。"清废行动"。对生态环境部交办的 13 个疑似点位开展现场核查工作，其中 1 个点位为生态环境部列入挂牌督办。根据存在的问题，富民县积极配合市生态环境局实施行政处罚 30 万元。按照时限要求，严格督促企业进行整改，企业已投入整改资金 1100 万元并完成整改，6 月 11 日通过市级专家组验收，8 月 21 日通过省级验收销号。《长江经济带》警示片反馈问题整改。警示片反馈问题共涉及富民县两家企业的 4 个问题，其中，富民世翔饲料添加剂有限公司厂区无组织排放问题整改工作已完成，已计划开展无组织、有组织排放监测；磷石膏堆场存在安全隐患问题已完成整改，并通过省、市级验收销号；其中，富民万达实业有限公司扬尘及淋溶水污染严重的问题已按整改方案进行整改，废气排放口

和厂界无组织排放已达到排放标准，并通过省、市级验收销号。

环境管理。2020年，坚持"党政同责、一岗双责"，依法履行环境保护职责，强化并压实精准治污、科学治污、依法治污责任；坚持问题导向，严重执行专项作战方案；坚持标本兼治，坚持并强化长效监管机制，解决一批突出环境问题，坚决打好"十大专项攻坚战"，完成螳螂川富民县大桥水环境整治项目的验收与审计工作，确保螳螂川—普渡河国控地表水断面富民大桥水体年均值达V类水体，保障富民县的空气环境质量优良率达99%以上。

生态环境执法。2020年，出动436人次，检查企业179家次，共查处各类环境违法问题110件，其中责令改正58件，实施行政处罚52件，累计处罚金额528万元。共受理环境保护类信访、投诉案件51件，办结51件，其中，涉废水影响共6件，废气13件，工业企业和建筑噪声18件，固体废物1件，其他13件。受理率100%，处理率100%。

污水处理。2020年，建成哨箐工业园区污水处理站，集中处理哨箐工业园区企业的污水，东元食品加工园片区企业污水经自行处理达到入管标准后接入富民污水处理厂集中处理，其余片区企业自行建设污水处理设施，处理达标后排放。对全县砖瓦行业进行清理整治，淘汰不符合产业政策的砖瓦企业10家。开展"散乱污"企业及集群综合整治行动，对1家下发了限期整改通知，督促2家完成了关闭关停工作。

环保督察整改。2020年环保督察整改，认真履行县领导小组办公室职责，制定印发了《中央环境保护督察反馈意见问题2020年整改任务清单》及《富民县整改落实中央、省、市生态环境保护督察反馈和交办问题验收销号办法（试行）的通知》。对推进缓慢整改项提醒催办4次，上报中央、省环境保护督察反馈意见整改情况12次。反馈问题整改情况：截至2020年12月底，涉及富民县2016年中央环保督察、2017年省环保督察、2018年中央环保督察"回头看"反馈问题整改任务共计50项，现已全部整改完成并通过市级验收。交办件整改情况：截至2020年12月底，

2016年中央环保督察、2017年省环保督察、2018年中央环保督察"回头看"交办投诉问题整改任务共计47项，现已全部整改完成并通过市级验收。

信访办理。2020年，受理环境保护类信访、投诉案件51件，办结51件，其中，涉废水影响共6件，废气13件，工业企业和建筑噪声18件，固体废物1件，其他13件。受理率100%，处理率100%。通过积极推进政务信息公开，鼓励公众积极参与环境保护，切实保障了人民群众的环境知情权、参与权、监督权和表达权。

辐射管理。2020年，对富民县辖区内18家涉源单位进行了全面检查。其中，15家核与辐射应用单位，2家废旧金属熔炼单位，1家射线装置销售单位。放射源11枚，其中，Ⅳ放射源5枚，Ⅴ类放射源6枚（其中5枚已暂存）。射线装置19台，其中，Ⅱ类工业探伤射线机1台，Ⅲ类医用射线装置18台；辐射安全许可证持证率100%。

污染物减排。2020年，狠抓工业污染防治，对全县涉及的小型造纸、电镀行业进行全面清查，对不符合国家产业政策1户下发整改通知书。加大巡察力度，严厉查处违法行为，出动436人次，检查企业179家次，共查处各类环境违法问题110件，其中，责令改正58件，实施行政处罚52件，累计处罚金额528万元。加大地下水污染防治工作力度，完成21家加油站地下油罐防渗改造工作。加强县城污水处理厂监管，2020年，富民县城污水处理厂运行正常，共处理水量251.48万吨，化学需氧量削减454.27吨，氨氮削减40.36吨，100%完成减排任务。

螳螂川水环境整治工程。2020年，争取到中央水污染防治专项补助资金1亿元，开展螳螂川富民段水环境达标综合整治工程，实施螳螂川富民段环河截污水管网工程、农村分散式生活污水处理、农村垃圾收集清运处理、入河面源污染控制生态缓冲带建设、河道生态综合整治、富民县污水处理厂提质工程、环境保护站监测能力建设等工程，截至2020年底，已完成工程总量的95%，正在进行扫尾验收工作。

生态环境分局主要领导干部

陆金华　党组书记、局长

王丽蓉　副局长

王明成　督查专员
李　敏　党组成员、环境监察大队副大队长
朱锡安　党组成员、环境监测站站长

（撰稿：办公室）

【宜良县】　1950 年，县人民政府设建设科。1980 年，成立城乡建设办公室。1984 年 1 月，更名为宜良县城乡建设环境保护局，设宜良县环境监测站和宜良县环境保护办公室。1999 年 9 月，成立宜良县环境保护局，属县政府直接领导的一级局，内设办公室、环境管理科、环境监察科和环境监测站。2003 年 11 月，环境监察科更名为宜良县环境监察大队，为行使行政职能列入参照公务员管理的事业单位，由县环保局管理。2006 年 7 月，内设科室环境监测站与局机关剥离，作为局机关的下属事业单位管理，机构名称定为宜良县环境监测站。2014 年 4 月，成立法规宣教科。2019 年 2 月，组建昆明市生态环境局宜良分局作为昆明市生态环境局的派出机构，不再保留宜良县环境保护局。2019 年 3 月，昆明市生态环境局宜良分局正式挂牌成立，核定行政编制 9 名，设局长 1 名、副局长 2 名，副科级督察专员 1 名；内设机构 2 个，下属宜良县生态环境保护综合执法大队、昆明市生态环境局宜良分局生态环境监测站 2 个事业单位。

党建工作。昆明市生态环境局宜良分局党组于 2020 年 3 月 24 日成立，党组设有党支部 1 个，党支部配备书记 1 名，副书记 1 名，委员 3 名。建立"不忘初心、牢记使命"的制度，把"不忘初心、牢记使命"作为加强党的建设的永恒课题和全体党员、干部的终身课题，形成长效机制。着力打造宜良分局特色党建品牌"绿水青山党旗红，生态铁军争先锋"，成功被命名为昆明市 2020 年度"五星级"党支部。

党风廉政建设。多形式党风廉政警示，对内坚持每周例会学习、观看廉政影片、讲授廉政党课、现场警示教育、落实企业廉政监督；对外开展以案释法，廉政家访。完善制度建设，制定党组议事规则、三重一大决策、案件审查、廉政风险防控、带薪年休假、干部职工考勤管理规定、党员积分制、工作目标任务评价考核等制度办法。

狠抓干部作风治理，签订"七严格""十严禁"承诺书，积极运用监督执纪"四种形态"中的"第一种形态"，不定期对干部职工进行谈心谈话，在重要节假日前提出廉洁纪律要求。

环境质量。2020 年，宜良县城环境空气质量优级天数 222 天、良级天数 133 天，优良率为 99.2%，创 2013 年以来最好县城环境空气质量。其中，空气质量综合指数为 2.82，同比削减 5.7 个百分点；$PM_{2.5}$（细颗粒物）平均浓度 22 微克/立方米，同比削减 4.3 个百分点；PM_{10}（可吸入颗粒物）平均浓度 39 微克/立方米，同比削减 4.9 个百分点。集中式饮用水水源地水质达标率 100%；纳入考核的地表水水质达标率为 100%。声环境质量达到相应功能区声域环境质量标准。

生态环境监测。做好小鱼洞、九龙池水库 2 个县级集中式饮用水水源地以及南盘江、西河等地表水水质监测。按照全面深化河长制工作要求，开展宜良县境内 22 条河流纳入水质监测范围监测，全面了解县域重要流域和水源地水质量环境状况。全面做好空气自动监测站的日常运行维护管理以及酸雨监测等工作，及时动态掌握县城区空气环境质量变化状况。完成国控企业、污水处理厂等重点污染源监督性监测工作。积极开展环境执法、环境隐患排查和环境应急监测工作，为环境执法提供坚强数据保障。共计完成监测报告 113 份。

生态环境执法。规范行政执法行为，制定下发《昆明市生态环境局宜良分局关于成立环境行政执法案件审议委员会的通知》，坚持实行集体议案。召开了 32 次案件审查委员会，对 40 件行政许可、62 个行政处罚案件进行研究。依法打击环境违法行为，出动执法人员 720 余人次，检查扬尘、工业企业等污染源 230 余次。依法申请人民法院强制执行案件 10 件；1 件行政复议、2 件行政诉讼案件均胜诉；受理办结信访投诉件 94 件，办结率 100%。

生态环境管理。创新服务方式，简化事前审批，优化营商环境，共审批环境报告文书 40 个，环境影响登记表备案 740 个，办理排污许可简化管理 37 个，排污登记 531 个，基本实现固定污染源排污许可全覆盖。完成宜良县全国第二次污染源普查工作，对全县境内所有的污染源单位和个体经营户进行普查，共计普查工业源 317 个、农业源 272 个、生活源 126 个、污水处理厂 1 个、移动源 31 个。

生态文明体制改革。2020 年 11 月 2 日，调整宜良县生态环境保护督察工作领导小组，明确书记、县长为双组长，将领导小组办公室设在县政府办。2020 年 12 月 17 日，成立了生态环境保护委员会，设立了绿色发展、生态环境质量提升改善、自然资源保护与修复、城市污染防治、农业农村污染防治、河湖水库生态环境保护与修复、工业企业污染防治 7 个专项小组，明确各行业领域的生态环境保护工作责任，完善生态环境保护委员会工作制度，进一步加强统筹协调和部门联动，促进宜良县"大环保、大执法、大监督、大督查"工作机制形成。压实乡镇（街道）生态环境保护职责，各乡镇（街道）均已加挂生态环境办公室牌子，落实了乡镇（街道）生态环境保护工作分管领导，明确并备案乡镇（街道）的生态环境保护工作专职人员共计 23 名，兼职人员共计 2 名。制定《宜良县生态环境监测监察机构垂直改革工作实施方案》，完成了生态环境分局人财物上划工作。

环保法律法规学习宣传贯彻。组织开展"6·5"环境日集中宣传活动，生态环境保护宣传"法律五进"活动。建立环境信息共享机制和环境信息通报机制，每季度向县委常委会、县政府常务会汇报环境质量状况，每月通报县城空气质量及宜良县水环境质量监测信息，及时公开污染源监管信息、环境案件处罚、相关政策信息，实现多部门信息共享。落实环保义务监督员制度，招募 23 名环保义务监督员，成功组建了宜良县第一支环保义务监督员队伍。

督察问题整改。全力推进环保督察问题整改，中央、省环境保护督察涉及宜良的 45 个交办问题，反馈涉及宜良的 57 个问题，全部完成整改。开展"三磷"企业排查整治，昆明东昇冶化有限责任公司、云南弥勒磷电化工有限责任公司宜良老湾箐磷矿、云南弥勒磷电化工有限责任公司的宜良对歌山海巴磷矿"三磷"整改问题等 4 家通过验收。顺利通过昆明市生态环境保护督察检查。

县域生态环境质量监测评价与考核。昆明市生态环境局宜良分局牵头，与宜良县林草局、水务局、住建局等相关职能部门完成了宜良县 2020 年生态环境质量、环境保护、环境管理三大类指标共 20 项细化指标的资料收集、数据录入和汇总上报工作，圆满完成宜良县生态环境质量监测评价与考核的全部工作。2019 年，宜良生态环境质量考核为"基本稳定"。

生态环境分局主要领导干部

郭勤良　局长

董家林　副局长

李定芳　督察专员

（撰稿：吕丽婷）

【嵩明县】　2020 年，嵩明县在市委、市政府的正确领导下，在上级生态环境部门的帮助指导下，紧紧围绕全县经济社会发展大局，以改善生态环境质量为核心，打赢污染防治攻坚战，圆满完成了各项目标任务，助推县域生态环境质量明显改善。

地表水、空气质量状况。嵩明县主要河流断面水质达到Ⅲ类以上，"一江八河"水质同比明显改善；全县级集中式饮用水水源地平均水质达Ⅱ类，水质良好。嵩明县空气质量优良天数 364 天，优良率为 100%；区域环境噪声监测点位 130 个，达标率 96%。

打赢蓝天保卫战。严肃查处大气污染物排放超标企业，关闭拆除凤凰橡胶和高深橡胶两家废气排放超标企业；开展禁燃区内 4 家企业燃煤锅炉淘汰和取缔服务行业蜂窝煤，拆除禁燃区内 10 蒸吨以下燃煤锅炉；完成嵩明县 20 家加油站油气回收系统和双层罐技术改造。

打赢碧水保卫战。取缔"十小"企业，责令关停张指挥塑料颗粒加工厂和广东中恒生物科技有限公司云南分公司两家不符合产业政策企业。全县范围完成 178 套农村氧化塘建设，现全县共有 163 个自然村覆盖生活污水处理设施，有效处理生活污水自然村占比 35.28%；完成牛栏江流域崔家庄断面上游 5 个村委会、21 个自然村的环境综合治理。

加大河道整治和保护力度。全面排查沿河生

活源、工业源排口，编制《牛栏江流域入河排口调查报告》，各乡镇（街道）因地制宜实施治理。取缔非法设置的排污口，规范排污口设置，全县共设入河排污口17个，其中，4个集镇污水处理厂排口，1个第一污水处理厂排口，均已编制排污口设置论证报告并通过评审，其余12个为村庄混污排口，对17个入河排污口水量水质进行监测监管。推进肠子河水环境综合整治工作，申报利用中央资金1150万元，完成沿河生态湿地项目建设，收集处理周边村庄生活污水。

打赢净土保卫战。积极开展辖区内4家疑似污染地块企业的调查工作。经调查、检测和专家评估后，土壤检测值皆在筛选值范围内。另外，昆明滇润香料有限公司疑似污染地块由市评估中心调查，完成整改验收。组织召开重点行业企业地块调查记录现场确认会，圆满完成40家企业现场确认和补充资料的收集完善工作。进一步核实嵩明县行业企业用地土壤污染状况调查对象清单，明确1家（云南星耀生物制品有限公司）不纳入重点行业调查，4家（昆明滇润香料化工有限公司、嵩明杨桥新兴造纸厂、嵩明县天文造纸厂和云南大力神金属构件有限公司）纳入重点行业调查。开展"涉镉等重金属重点行业企业污染整治"（第二阶段）现场检查工作，全县共涉及6家企业。

主要污染物减排。嵩明县持续推进污染物减排工作，提高全县生态环境质量，助力打赢污染防治攻坚战。一是鼓励企业开展清洁生产，全县共有57家企业通过清洁生产审核。二是第一污水处理厂完成化学需氧量（COD_{Cr}）削减量786.77吨，氨氮（NH_3-N）削减量88.72吨，对比目标值：化学需氧量（COD_{Cr}）削减量593.2吨、氨氮（NH_3-N）削减量81吨，超额完成减排目标任务。三是狠抓落实污泥无害化处置工作。全县城镇污水处理污泥稳定化、无害化和资源化处置工作主要涉及嵩明荣净污水运营有限公司、嵩明北控江源水务有限公司。嵩明县第一污水处理厂由嵩明县荣净污水运营有限公司运行管理，2020年第一污水处理厂处理污水325万吨，共产生湿污泥（含水率80%）1565.5吨，污泥安全处置率达100%；嵩明县第二污水处理厂由北控江源水务有

限公司运行管理，共计处置含水率60%污泥2563.62吨，折算为80%含水率污泥约为4272.7吨，污泥安全处置率100%。四是实施农业农村面源污染削减工程。其一，嵩明县牛栏江水环境综合整治工程子项目——四营及干海子农业面源污染消减示范工程，削减总量：COD 5.69吨/年、TN 1.21吨/年、TP 0.34吨/年。其二，牛栏江重点流域水污染防治工程子项目——古城农田废水末端处理工程，有效削减：COD 3.09吨/年、TN 0.52吨/年、TP 0.04吨/年。其三，嵩明县肠子河流域水环境综合整治工程，实现污染物削减总量：COD 157.67吨/年、TN 12.35吨/年、TP 3.66吨/年。五是开展重金属减排工作。研究制定了《嵩明县重金属污染物减排计划》；分析了全县重金属污染现状及排放量，其中，涉及重金属污染物排放企业17家，主要是皮革鞣制加工、金属表面处理及热处理加工和铅锌冶炼3个行业。2020年，17家重金属排放企业中11家已关闭，其余留存发展企业，涉及重金属污染物均按危险废物管理，交由具有危险废物经营许可资质的单位处置；完成了省、市下达的较2013年重金属排放总量削减13%的目标任务。

项目审批。在项目选址、环评审批等全过程坚持集体决策，严把关口，从源头上控制新的污染源产生。全年共审批建设项目60个，项目总投资115.3亿元，其中，环保投资1.9亿元，环评执行率100%。

排污许可。一是高质量完成第二次全国污染源普查工作，全面推进排污许可证核发。对660家排污单位逐个确定管理类别，简化管理类、登记管理类及重点管理类发证完成率100%。因工作表现突出，昆明市生态环境局嵩明分局被国务院第二次全国污染源普查领导小组办公室表彰为"表现突出集体"单位，王世艳被表彰为"表现突出个人"。二是细化排污许可工作，落实畜禽养殖行业排污登记。完成60家畜禽养殖企业排污登记，其中，涉及规模化养殖场22家，包括10家养牛场、12家养猪场。

环境执法。一是持续开展环境违法行为整治工作，加大对运输、倾倒废弃菜叶的环境违法行为的打击力度，在冷库厂区及出口处安装在线视

频监控系统，对废弃菜叶清运情况进行实时监控；制定《夜间巡查打击非法倾倒废弃菜叶专项行动方案》，组织人员在全县主要路段、重点区域开展夜间机动巡查检查。共计立案查处倾倒废弃菜叶3起，有效震慑非法倾倒废弃菜叶的行为。排查整治肠子河沿岸畜禽养殖企业，排查养殖企业11家，立案处罚3家。二是全县24家医疗机构皆与具备医疗废物处置资质的云南正晓环保有限公司签订《2021年医疗废物处置协议》，合法处置医疗废物。2020年，共转移无害化处置医疗废物155.71吨。三是规范化管理一般工业固体废物，2020年共转移无害化处理处置危险废物3025.29吨。四是按照"双随机、一公开"监管模式开展企业现场监察495家次，其中，"双随机"抽查监察企业93家次，各类环境违法行为立案查处61起，罚款入库共计511万元。五是开展杨林监狱工业厂房片区、家具园区及职教园区等重点区域的排查整治行动，共排查企业97家次，立案查处环境违法行为15起；同时，对职教园区的院校和企业安装了16套在线视频监控系统，有效监控中水回用设施的运行情况。

重点整治中央环境保护督察"回头看"反馈问题。积极推进园区环保督查整改工作落到实处，2016年中央环境保护督察、2017年省环境保护督察、2018年中央环境保护督察"回头看"期间，分别收到21个、7个、30个投诉交办件，全部按时限要求办理完成，并通过昆明市环保督察工作组的现场验收。

环境监测。适时开展园区区域环境质量监测，加强污水处理厂及相关重点企业监督性监测管控，及时掌握园区区域环境情况，加强设施设备特别是在线监测设施设备的维护管理，确保处理水质稳定达标及上传数据的准确性及稳定性。截至2020年底，累计获取地表水、空气和声环境质量监测、污染源监督性（执法）监测以及农田灌溉用水、长江经济带入河排污口水质监测数据11746个，为掌握嵩明县环境质量状况和打击违法排污行为提供了科学数据支撑。

生态环境分局主要领导干部

王怀良　局党组书记、局长（—2020.03）

黄日忠　局党组书记、局长（2020.03—）

李琼芬　局党组成员、副局长

姚志永　局党组成员、副局长

杜亚雷　局党组成员、生态环境监测站站长

江　虎　督察专员

（撰稿：李　宇）

【石林彝族自治县】　2020年，设办公室（含审计科）、环评监督管理科、政策法规宣教科、生态环境综合执法大队、生态环境监测站。干部职工30人，其中，公务员5人、参公管理人员11人、专业技术人员10人、工人4人。地址在昆明市龙泉路101号。9月，被生态环境部授予"全国第二次污染源普查表现突出集体"称号。

环境质量。2020年，石林县大气环境PM_{10}平均值为27微克/立方米，优良率达99.7%，环境空气质量综合指数为2.46。经查，无疑似污染地块及污染地块，土壤环境质量保持稳定。全面完成主要污染物总量减排工作，昆明市海螺水泥有限公司2500吨/日。新型干法窑烟气脱硝设施运行正常，投运率100%，平均脱硝率63.3%。石林县污水处理厂治污设施运转正常，全年处理水量724.9万立方米，完成COD削减量1207.8吨，氨氮削减量123.7吨。通过对22个集中式饮用水水源地环境安全隐患排查，未发现违法排污情况。每月对黑龙潭水库、团结水库进行水质监测，达Ⅱ类水标准。隔月对团结、月湖、长湖、三角水库、威黑水库、进行水质监测，达Ⅲ类水标准，水质达标率为100%。每月对巴江河、普拉河断面进行监测，达Ⅲ类水标准。石林县综合水质排名名列昆明市前茅，未发生重大环境污染和生态破坏事故。

巩固生态成果。结合全国文明城市创建工作，开展了"世界地球日""生物多样性日""2020年新时代文明实践暨'6·5'世界环境日环保志愿服务主题活动""低碳日"等宣传活动。到石林台湾农民创业园开展"送法进园区"环境保护宣讲会，组织150家企业学习贯彻新《固体废物污染环境防治法》。起草《石林县国家生态文明建设示范县巩固提升工作方案》，将生态文明建设工作纳入党政实绩考核。全面完成第二次全国污染源普查工作。

项目审批。深化"放管服"改革工作，严格执行建设项目环境影响评价制度，把好环境准入关，环境影响评价文件进行网上审批，无违法审批建设项目。2020年，累计备案建设项目环评登记表233份，审批环评报告书7份、报告表55份，新上建设项目环境影响评价申请执行率达100%。开展生猪养殖建设项目环境影响报告书行政审批告知承诺制改革试点工作，完成7个项目的告知承诺行政许可。完成1502家企业排污许可清理核发及登记工作。

环保专项行动。强化环境监管，开展好水、土、气污染防治攻坚工作。一是污染源日常检查共出动执法人员538人次，执法车辆240余次，开展日常检查和巡查共计122户次，制作《现场责令改正决定书》96份。开展专项行动，检查36户涉及挥发性有机物企业，17户砂石骨料企业，2户磷矿企业。淘汰落后产能企业8家，完成了设备拆除工作。二是核查石林县自然保护地1538个点位，对省（区、市）调度的7个点位进行核实和整改。三是加强对环境违法行为的打击力度，震慑一批环境违法犯罪行为。立案调查案件56件，申请听证2件，查封扣押2件，移交法院强制执行1件，催缴罚款211.3万元。四是全面办结中央、云南环境保护督察反馈意见问题48个。五是全年共受理来人来访、信函、电话投诉43件，全部按时限结案并回访，投诉处理率达100%，回访满意率达100%。办理县人大代表议案、建议3件，受理率、办复率和满意率均达100%。

向上争资及生态修复。2020年，完成向上争取资金3041万元，完成目标任务3500万元的86.89%。其中，争取国家和省级资金共3010万元，市级资金31万元。完成石林县历史遗留废渣综合治理及地块风险防控工程建设，投资1500万元；石林县上蒲草村环境综合整治工程、石林县和摩站村环境综合整治工程完成建设并投入使用，共计投资185万元；完成石林县农村生活污水治理项目（石林县黑龙潭水库径流区水质改善提升项目和石林县西河沿线村庄污水治理项目）的策划包装工作。

生态文明体制改革。成立石林县生态文明建设委员会及生态环境保护委员会，高位推进全县生态文明建设和保护工作。出台《石林县生态环境监测监察垂直管理改革实施方案》，7个乡镇（街道）挂牌成立生态环境保护办公室，组建石林县生态环境综合执法大队，配备生态环境执法及监测设施设备，制定了水、大气、土壤污染防治年度目标任务，以深化生态文明体制改革为纲领，深入推进污染防治攻坚战、环境信息公开等改革工作，强化环境监管，加大环境执法力度，不断提升生态文明建设质量和水平。

生态环境分局主要领导干部

李建春　局　长（2020.12—）

（撰稿：邢红丽）

【禄劝彝族苗族自治县】　根据机构改革工作和昆明市生态环境局要求，2019年3月20日上午，昆明市生态环境局禄劝分局正式挂牌成立，禄劝彝族苗族自治环境保护局正式更名为昆明市生态环境局禄劝分局。根据2019年8月30日中共昆明市委机构编制委员会下发的《中共昆明市委机构编制委员会关于组建昆明市生态环境局各县（市）区、开发（度假）园区分局的通知》（昆编〔2019〕23号），组建昆明市生态环境局禄劝分局，作为市生态环境局的派出机构，主要职责是贯彻落实党中央、省委、市委关于生态环境保护工作的方针政策和决策部署，为属地党委和政府履行生态环境保护责任提供支持强化现场生态环境执法监督，现有生态环境保护许可等职能上交市级生态环境部门，在市级生态环境部门授权范围内依法承担部分生态环境保护许可具体工作，昆明市生态环境局禄劝分局具体职责按照昆明市生态环境局职责执行。按照《中共昆明市委办公室、昆明市人民政府办公室关于印发〈昆明市生态环境机构监测监察执法垂直管理制度改革工作方案〉的通知》（昆办发〔2020〕1号）文件精神，昆明市积极推动生态环境机构监测监察执法垂直管理制度改革，加强党组织建设。按照属地管理原则，建立健全党的基层组织，市生态环境部门基层党组织接受属地党的机关工作委员会和本级生态环境局党组领导。市生态环境局派出各县（市、区）分局纳入各县（市、区）纪委监委监督范围，并明确派驻纪检监察组监督。2019年3月19日，中共禄劝彝族苗族自治县委下发《中共禄劝彝族苗族自治县委关于设立禄劝彝族苗族自治县人民政府办公室党组等单位党组（党委）的通知》（禄通〔2019〕2号），禄劝县委设立中国共产党昆明市生态环境局禄劝分局党组。2020年1月起，市生态环境局禄劝分局及下属单位的公务员、机关工勤、参公人员工资和目标考核奖励等福利待遇均由市级财政保障，生态环境监测站事业人员市级财政仅仅保障工资，年度目标考核奖励等未纳入市级财政保障。2020年4月14日，禄劝县委、县政府办公室转发了《中共昆明市委办公室、昆明市人民政府办公室关于印发〈昆明市生态环境机构监测监察执法垂直管理制度改革工作方案〉的通知》（昆办发〔2020〕1号），并明确了垂直管理制度改革工作县级的相关事权。乡镇（街道）生态环境保护工作。2020年底，禄劝县17个乡镇（街道），全部设置生态环境保护机构，成立生态环境保护办公室，在乡镇村镇规划建设服务中心加挂生态环境办公室牌子，相应职能职责由村镇规划建设服务中心履行。

环境监管和环境执法。一是履行疫情防控环境监管责任，加强医疗机构环境安全防控监督检查。履行疫情防控环境监管责任，加强医疗机构医疗废物、废水及城镇污水处理厂污水的收集、污染治理设施运行、污染物排放监管。对全县25家卫生医疗机构及3个疫情防控留观隔离点的医疗废物处置情况及医疗污水处理情况进行监督检查，要求各单位建立健全台账，完善制度管理，确保按规定处置医疗废物。二是积极开展生态环境专项行动，确保全县生态环境质量安全。围绕"打好污染防治攻坚战，提升全县生态环境质量"的总目标，积极组织生态环境专项行动：（一）组织和参与跨部门联合执法，系统推进水污染防治，着力解决螳螂川—普渡河流域禄劝段水质不达标问题。（二）围绕云龙水库、桂花箐水库一级二级保护区开展16次集中式饮用水水源地现场监察。同时对照"千吨万人"集中式饮用水水源地环境问题清单，对涉及禄劝的8个乡镇级水源地开展环境问题排查，按照"一个水源地、一套整治方案、一抓到底"的原则制订整治方案，明确整治

责任、整治措施和整治时限。（三）开展省级工业园区污染防治专项排查，按照排污的类型分别进行现场监督检查，对重点排污单位进行监督性监测，对超标排放的企业依法进行查处。（四）围绕大气污染防治和保障水环境治理的目标，开展建筑施工扬尘、餐饮油烟污染、农村畜禽养殖污染专项联合执法行动，进一步对砂石料加工点、建筑施工项目、畜禽养殖户开展监督检查，对存在环境违法行为的8家企业进行了立案查处。（五）开展轿子雪山国家级自然保护区监察，重点围绕"绿盾2020"行动核查出的问题，以及2019年开展的自然保护区及风景名胜区疑似人类活动点工作开展工作。（六）开展加油站、汽修厂挥发性有机污染物VOCs收集治理工作，围绕25家运营的加油站及辖区12家一、二类机动车维修企业以和油气回收装置的安装运行情况进行检查整治。（七）开展中小型水电站清理整顿工作，清理整顿30座中小型水电站，目前已全部销号。（八）完成12个尾矿库污染防治工作。

抓实抓细日常监督监察，严格查处环境违法行为、认真办理信访投诉。一是抓实抓细日常监察，严格查处环境违法行为。2020年来，共计出动执法人员400余人次，对禄劝辖区内的工业企业开展环境监察300余次，目前无环境事故发生。二是严厉打击违法行为，严肃查处违法案件，共下达责令整改决定书37份，办理环境违法案件31件，罚款138.895万元（其中，免于行政处罚2家）。接到群众来信来访及上级转办件83余件，处理率100%。三是把"双随机、一公开"与日常监察、巡查工作相结合，建立健全以"双随机、一公开"监管为基本手段、以重点监管为补充、以信用监管为基础的新型监管机制。

加强辐射安全管理，做好企业应急备案工作。一是加强辐射安全监督管理工作，对全县各使用射线装置的核技术利用单位开展执法检查，确保每一枚放射源安全受控，切实减少辐射事故隐患。二是做好应急预案备案工作，确保能及时处理突发环境事件。2020年，共登记备案企业突发环境事件应急预案18份。

主要污染减排项目完成情况。一是化学需氧量、氨氮减排任务，"禄劝污水处理厂"减排项

目，要求确保设施正常运行，负荷率、浓度不低于上年国家认定标准。2020 年，全年处理水量 392.5 万吨，耗电量为 91.67 万千瓦时，絮凝剂耗量 0.94 吨，脱水干污泥量 501.62 吨，吨水耗电量 0.24 千瓦时/吨。完成 COD 削减量 780.49 吨，氨氮削减量 193.74 吨。污泥处理处置方式及去向由禄劝环卫站填埋。二是大气省级减排一个，即昆明崇德水泥有限公司 4000 吨/日新型干法窑烟气脱硝项目，要求：确保正常运行，脱硝系统投运率 80% 以上，综合脱硝效率不低于 40%，完善在线监测和中控系统。2020 年，共生产熟料产量 121.42 万吨，生产设备运行时间 5668.78 小时，脱硝设施运行时间 4597.3 小时。脱硝系统投运率 81.10%。依据产排污系数计算 NO_x 平均排放浓度为 363.27 毫克/立方米，综合脱硝率为 54.59%。目前，可确保完成年度减排任务。三是发放排污许可证 8 家，其中简化管理发证 6 家，重点管理 2 家，登记管理 234 家。

大气污染防治。根据《昆明市人民政府关于印发 2020 年昆明市大气污染防治工作目标任务的通知》（昆政发〔2020〕12 号）精神，为进一步提升禄劝县城区环境空气质量，全面实现县委、县政府明确的空气质量改善目标，结合现阶段大气污染防治工作实际，每月按时报送《禄劝县大气污染防治目标任务工作进展调度表》。

水污染防治。一是为贯彻落实国务院《水污染防治行动计划》《云南省水污染防治工作方案》《昆明市人民政府关于印发 2020 年昆明市水污染防治工作目标任务的通知》《禄劝彝族苗族自治县水污染防治工作实施细则》。每月按市生态环境局水处要求按时报送"水十条"相关资料。二是根据黑臭水体整治工作职责分工，各相关单位密切配合，积极开展黑臭水体排查识别工作，定期对掌鸠河、南塘河县城段污水排放情况进行巡河检查。经过排查工作，暂未发现农村黑臭水体。

环境监测。一是水质和空气质量监测。地表水监测断面共有 3 个，分别是鲁溪大桥、背水桥、洗马河（转龙通共德村）。集中式饮用水水源地云龙水库 1—12 月平均水质达到Ⅱ类水标准、桂花箐水库水质为Ⅲ类水达标，地表水国控断面普渡河桥平均水质为Ⅲ类达标，相比 2019 年提升一个

水质类别，县域水环境质量基本保持稳定。截至 12 月底，禄劝县城区环境空气质量有效监测天数共 341 天，优良天数 341 天，优良率 100%，环境空气质量综合指数 2.80，细颗粒物（$PM_{2.5}$）平均浓度为 24.0 微克/立方米，已达到昆明市 2020 年度生态环境约束性指标任务考核标准，空气质量继续保持优良。二是湖库断面有则黑水库、封过水库、双化水库共 3 个，则黑水库和封过水库每年 1 月、7 月监测 1 次，双化水库每月监测 1 次。三是污染源自行监测管理和监督性监测工作。主要对云南铜业集团钛业有限公司、禄劝昶龙食品有限公司、云南国祯环保禄劝污水处理厂、崇德水泥厂、禄劝丽康垃圾储运有限公司、禄劝金航辰生农牧发展有限公司 6 家正常生产重点污染源企业自行监测进行监督管理，同时开展监督性监测。四是噪声监测。对县城区域环境噪声监测、道路交通噪声监测、功能区噪声监测。五是重点区域地表水、底泥重金属专项监测和长江经济带排污口监测。

建设项目审批。按授权范围和时限要求，办理各项行政许可和管理服务事项。2020 年，完成审批环境影响报告表（书）17 个项目，企业自行完成环境影响登记表备案 156 个项目。

农村人居环境提升。编制了《禄劝彝族苗族自治县农村生活污水治理专项规划》，指导开展全县农村污水治理工作，截至统计时，全县 2601 个自然村，有 481 个自然村完成污水处理，农村生活污水治理率为 18.49%。

加油站地下油罐改造。禄劝县原有加油站总数 31 座，拆除并移除罐体的 8 座，完成加油站地下油罐防渗改造（包括拆除）29 座，未完成改造 2 座，已于 2020 年 7 月 1 日下达责令关停通知书。完成加油站地下油罐防渗改造 100% 的任务。

环境宣传。2020 年 6 月 5 日，昆明市生态环境局禄劝分局联合禄劝县人民检察院、华新水泥有限公司，在民族广场共同开展"6·5"世界环境日主题宣传活动。中国的宣传主题是"美丽中国 我是行动者"，昆明的宣传主题为"我承诺 我践行 做最美昆明人"。此次宣传活动通过悬挂横幅、设立展板，发放环保手册 2000 余份、环保宣传围裙 1000 余条、环保抽纸 2000 余盒，现场

提供法律法规政策咨询等多种形式开展，并深入重点企业崇德水泥厂进行环保法律法规宣传。

各级环保督察整改落实。2016—2018年，禄劝县共办理中央、省环境保护督察投诉交办问题和反馈问题55个，其中，投诉交办问题13个（2016年2个，2017年3个，2018年8个），现已全部完成整改，通过市级验收；涉及禄劝县的中央、省环保督察反馈意见问题为42个（2016年10个，2017年22个，2018年10个），截至统计时，42个反馈意见问题已全部完成整改。

县域生态环境质量监测评价与考核工作。编制禄劝污水处理厂、普渡河桥断面、新房子电站断面的水质监测报告和每月禄劝县空气质量报表，并于每季度末形成县域生态环境质量监测季度报告通过系统报送数据到昆明市环境监测中心进行现场考核。已完成2020年县域生态环境质量监测评价与考核工作3个季度的监测季度报告报送工作。

巩固提升省级生态创建达标成果，争创国家生态文明建设示范县。巩固省级生态文明县创建成果，争创国家生态文明建设示范县。成立了创建国家生态文明建设示范县工作领导小组，协调编制禄劝彝族苗族自治县国家生态文明建设示范县规划，加强创建工作技术指标及业务培训，积极与省生态环境厅请示对接和沟通，掌握国家生态文明建设示范市县创建申报流程和各项指标。

脱贫攻坚工作。按照禄劝县委、县政府2020年脱贫攻坚工作安排部署、脱贫攻坚周工作例会等会议确定的重点目标和重点任务要求，结合部门职责，做好分局领导脱贫包村工作，认真开展"挂包帮、转走访"、问题排查整改、脱贫攻坚普查入户调查以及巩固脱贫成效等工作。

生态环境分局主要领导干部

胡玉祥　党组书记、局长

文国红　党组成员、副局长

段　珲　党组成员、监测站站长

松　卿　副局长

杨平锋　督察专员

（撰稿：李　梅）

【寻甸回族彝族自治县】　昆明市生态环境局寻甸分局于2019年3月20日正式挂牌成立，根据《中共昆明市委机构编制委员会关于组建昆明市生态环境局各县（市）区、开发（度假）园区分局的通知》（昆编〔2019〕23号）的规定，昆明市生态环境局寻甸分局行政编制为9名，设局长1名（正科级）、副局长2名（副科级）、督察专员1名（副科级）；内设机构2个。根据《中共昆明市委机构编制委员会关于上划各县（市、区）生态环境监察、监测机构的批复》（昆编复〔2019〕34号）和《中共昆明市委机构编制委员会关于同意组建昆明市生态环境保护综合行政执法队伍的通知》（昆编办通〔2019〕64号）的规定，昆明市生态环境局寻甸分局下设2个事业单位，其中，寻甸县生态环境保护综合行政执法大队（列入参公管理）编制为15名，昆明市生态环境局寻甸分局生态环境监测站编制为15名。截至2020年12月31日，实有在职在编人员37名，其中，局机关11名，综合执法大队13名，生态环境监测站13名。

环境质量状况。2020年，寻甸县城建成区空气质量（境外输入污染物、臭氧等自然因素除外）达标率为100%（按GB 3095—2012《环境空气质量标准》日均值二级标准评价）；县城建成区声环境质量总体平均值为49.7分贝，城市区域声环境质量等级为一级，评价为"好"；牛栏江（寻甸段）出境断面（河口）断面水质总体达到Ⅲ类水保护要求，清水海集中式饮用水源水质总体评价为Ⅱ类。

生态环境保护宣传。为增强全民环保意识，共同创造一个美好家园，在全社会形成保护环境人人有责的良好氛围，结合"6·5"世界环境日和"五进"等活动，开展多形式、多层次的环保宣传工作，2020年共开展环保宣传5次，发放宣传材料4000余份，环保袋1200余个，围裙400个；组织企业开展3次环境污染事故应急演练，新增环保义务监督员17名。

建设项目监督管理认真贯彻执行《云南省建设项目环境保护管理规定》，严格执行建设项目环评审批和"三同时"制度及国家产业政策规定，严格控制科技含量低、资源消耗高、环境污染大的项目建设，从源头上控制环境污染，2020 年共审批环境影响报告书（表）59 个（6 个为告知承诺审批项目），登记表备案项目 453 个，对选址不符或技术评估未通过的 14 个项目不予审批，环评执行率达 100%。

环境监察。按照"全覆盖、零容忍、明责任、严执法、重实效"的总体要求，全面深入排查环境风险隐患，对各类突出的环境问题查处到位、整改到位、信息公开到位。2020 年，寻甸分局针对执法过程中环境违法行为，共计下达 39 份《寻甸县环境监察现场处理决定通知书》和 42 份《寻甸回族彝族自治县环境保护局责令改正违法行为决定书》，并对 62 起严重环境违法行为进行行政处罚。共受理群众投诉 95 件，所有投诉件均在办结期限内办结，处置率、回复率达 100%。

环境保护督察。2020 年，坚持每月调度中央、省环保督察整改工作进度。2016 年中央环境保护督察牵头 75 件交办件、2017 年省环境保护督察牵头 5 件交办件和 2018 年除中央环境保护督察"回头看"期间牵头 26 件交办件已全部完成整改，并通过市、县验收销号。按照《昆明市整改落实中央、省生态环境保护督察反馈和交办问题验收销号办法（试行）》的规定，2018 年中央环境保护督察"回头看"确认完成销号的反馈问题外，寻甸县共涉及 44 个中央、省环境保护督察反馈问题，其中，24 个问题完成市县级验收销号；18 个问题完成县级整改验收销号；2 个问题与市级牵头单位对接后不需开展县级验收销号。

大气环境污染防治。认真贯彻落实《实国务院大气污染防治行动计划》《云南省大气污染防治行动实施方案》《昆明市大气污染防治行动计划实施细则》的相关要求，切实加强寻甸县大气污染防治工作。一是做好扬尘污染控制；二是开展机动车（船）污染防治；三是推进工业企业大气污染治理，逐步改善全县大气环境质量；四是调整优化产业结构；五是加快能源结构调整；六是开展工业炉窑、砖瓦行业、挥发性有机物（VOCs）和餐饮油烟污染专项整治；七是加强基础能力建设，严格环境执法。

土壤生态环境污染防治。寻甸县纳入土壤调查地块 14 个，涉及企业 12 家，2020 年，已完成土壤相关信息调查工作，并完成企业对地块土壤调查信息的确认工作，有 1 个疑似污染地块，即云南天浩稀贵金属股份有限公司，由市生态环境局通过招投标请第三方开展土壤环境风险调查，调查报告初稿已完成；全县共有 48 家加油站，其中完成地下油罐防渗改造工作 42 家、迁建 1 家、关停 3 家、1 家拆除、1 家原址重建。

水生态环境污染防治。一是做好工业水污染防治工作；二是认真开展城镇水污染治理；三是做好农业农村污染防治，建立人居环境长效管护机制，强化环境监管执法，严厉查处焚烧秸秆、规模化养殖场未落实环保措施等环境违法行为；四是强化森林生态系统建设，加强森林资源的保护，积极推进退耕还林、陡坡地生态治理、乡土速生林培育等工程；五是强化"三线一单"约束，执行最严格的限制性措施和环境保护措施，着重解决好发展与保护的协调问题。深入落实河（湖）长制，加强流域空间管理，实施生态修复，加大湿地建设力度，提高流域自净能力。2020 年，寻甸县共争取中央资金 2254.09 万元，其中，昆明市寻甸县塘子街道聂鼠龙河水环境综合整治项目 1054.09 万元、牛栏江七星桥至河口段水环境综合整治项目 400 万元和金沙江流域普渡河一级支流木板河上游先锋镇段水环境治理工程 800 万元，塘子街道聂鼠龙河水环境综合整治项目和牛栏江七星桥至河口段水环境综合整治项目正在建设、先锋镇段水环境治理工程正在开展招投标工作；《寻甸县农村生活污水治理专项规划（2020—2035）》已通过专家评审，并按专家意见修改完善；编制完成《寻甸县中心村生活污水治理项目（一期）》（11 个中心村）和《寻甸县清水海饮用水水源保护区农村生活污水治理项目（一期）》（16 个重点村）的可研，并按要求上报，积极争取上级资金支持；完成寻甸县 1000 人以上乡镇级饮用水水源地划分工作，通过县政府常务会后按程序报市生态环境局；2020 年，在小江流域建设水质自动监测站 1 座，"四通一平"已通过工程验收，站房及设备验收正在申请阶段。

排污许可证的年检及核发。严格贯彻执行排污许可及排污许可证年检制度，认真落实国家排污许可证改革制度，做好国家排污许可证与云南省排污许可证的更换工作，2020 年，以全国第二次污染源普查调查成果为基础，本着"固定污染源全覆盖"的原则，完成云南省排污许可证核发 2 家和国家排污许可证核发 783 家，并完成 18 家企业的排污许可证年检。

信访工作。2020 年，受理群众投诉 95 件，所有投诉件均在办结期限内办结，处置率、回复率达 100%，做到了件件有回音，事事有结果，及时回应群众诉求，切实维护群众环境权益。

生态环境分局主要领导干部

刘　荣　党组书记（2020.04—2020.12）

刘　荣　局长（2020.06—2020.12）

范树琼　副局长（2020.03—2020.12）

马　源　副局长（2020.06—2020.12）

秦　玮　督察专员（2020.03—2020.12）

马理博　生态环境保护综合执法大队负责人
　　　　（2020.09—2020.12）

（撰稿：马　源）

【昆明高新技术产业开发区】　2020 年 4 月 10 日，昆明市生态环境局高新分局完成了挂牌和授印，核定行政编制 3 名（含分局局长 1 名），主要职能职责是贯彻落实党中央、省委、市委关于生态环境保护工作的方针政策和决策部署，为高新区党工委、管委会履行生态环境保护责任提供支持，强化现场生态环境执法监督，在市级生态环境部门授权范围内依法承担部分生态环境保护许可具体工作。

全力推进分局组建工作。根据《中共昆明市委机构编制委员会关于组建昆明市生态环境局各县（市）区、开发（度假）园区分局的通知》（昆编〔2019〕23 号）、《中共昆明市委办公室昆明市人民政府办公室关于印发〈昆明市生态环境机构监测监察执法垂直管理制度改革工作方案〉的通知》（昆办发〔2020〕1 号）和《昆明市生态环境局关于成立市生态环境局高新分局组建工作组的函》的相关要求，并结合《昆明高新技术产业开发区条例》以及国家、省（区、市）关于促进开发区改革和创新发展的实施意见等各项规定，通过聚集市生态环境局和昆明高新区力量高质高效推进机构改革，建立健全生态环境保护机构，

强化生态环境保护队伍规范化建设，加强高新区生态环境保护能力建设，推动生态环境监管责任落实，推动生态环境保护管理体制改革，形成污染防治监管和保护生态环境的强大合力，促进高新区生态文明建设。

综合治理，坚决打赢蓝天保卫战。制定《昆明高新区 2020 年大气污染防治工作目标任务》，对目标任务进行细化分工，落实各部门责任，强化措施，持续保持大气污染防控工作的高压态势；建立高新区大气污染防治联席会议制度，定期召集各成员单位研究推进大气污染防治工作，并结合每周、每月空气质量通报，及时下达空气质量分析研判通报；强化城市扬尘防控力度，加大对建筑工地、道路路面洒水等扬尘防控力度，严格落实网格化包保监管责任，制定《高新区建筑工地扬尘污染防治实施方案》，确保职能到位、责任到人，使扬尘防治工作有序开展；加强工业大气污染治理，通过对区域内重点企业开展挥发性有机物专项治理、废气达标排放检查和"散乱污"区域专项整治等工作，督促园区各企业严格落实大气污染防治主体责任；不断提高大气环境管理能力，做好大气自动监测站点的运行维护和日常管理，加强联合行动、联合检查，持续开展大气污染防治专项行动。2020 年，高新区环境空气质量总体保持优良，未出现重度污染天气，空气质量优良天数比率为 99.2%，环境空气综合指数为 2.66。

保障流域达标，全力打好碧水保卫战。制定《2020 年昆明高新区水污染防治工作目标任务》，分解细化工作目标任务，严格执行省、市水污染防治工作要求，确保 2020 年辖区 4 条入滇河道水质达到考核目标，切实打好园区水污染防治攻坚战；督促高新区水质净化厂做好水污染物的减排工作，增加配套管网、提高污水进水浓度，确保高新区水质净化厂正常运行；按照省、市关于做好新型冠状病毒感染疫情期间医疗污水、城镇污水管理工作的要求，对辖区医疗机构、高新区水质净化厂开展检查，督促做好污水收集、处理、消毒工作，并按日上报工作情况；加大地下水污染防治工作，圆满完成了辖区 9 个加油站地下油罐防渗改造目标任务；加强对企业排污的监督检

查力度，强化工业废水排放管理，对违规偷排、超标排放等行为"零容忍"。2020年，园区新运粮河平均水质为Ⅲ类，梁王河和南冲河平均水质为Ⅱ类，均达到市级考核目标，与去年同期相比水环境质量有所提升。

突出生态治理重点，深入开展净土保卫战。制定《2020年昆明高新区土壤污染防治工作目标任务》（昆高开委通〔2020〕49号），细化分解2020年工作目标任务，有效推进土壤污染防治工作落实；对园区产生工业固废和涉重金属排放的重点行业企业开展专项整治，严格核查企业工业固体废物特别是危险废物产生、贮存、转移、处置情况，督促企业履行主体责任；开展辖区重点行业企业用地土壤污染状况调查工作，摸清辖区内重点行业企业用地土壤污染底数，完成辖区7家企业土壤污染状况资料核实及确认；全面排查辖区工业企业污染场地，督促辖区相关企业开展场地环境调查和风险评估调查工作。

生态环保督察整改工作落实到位。制定《昆明高新区整改落实中央、省生态环境保护督察反馈和交办问题验收销号工作实施方案》（昆高开委通〔2020〕56号）、《昆明高新区贯彻落实昆明市第一生态环境保护监督检查组反馈意见整改实施方案》（昆高开委通〔2020〕72号），每月按时报送昆明高新区贯彻落实中央、省、市环境保护督察及"回头看"反馈意见问题进展情况报告，认真落实《关于进一步加强中央、省环境保护督察反馈意见问题和长江经济带警示片环境问题整改落实的通知》要求，增强环境保护和争当生态文明建设排头兵的责任感和紧迫感，把中央环境保护督察"回头看"及高原湖泊环境问题专项督察反馈意见整改作为一项重大政治任务、重大民生工程和重大发展问题，以铁的纪律和"钉钉子"精神抓好整改落实，确保所有问题整改到位，不留死角和盲区。

环评服务助力园区经济发展。强化项目环评跟踪服务，对省（区、市）级管委会重大重点项目，开辟绿色通道，主动服务，提前介入，全力做好云锗砷化镓、闻泰手机、回旋医药、通盈药业等10多个省（区、市）重点招商引资项目的环评跟踪服务工作，全年共接待环评咨询服务200

余人次；与高新区行政审批局建立沟通对接机制，进一步优化行政审批流程，提高行政审批效率，全年共审批建设项目环境影响报告表31件，核发排污许可证单位10家，登记管理单位100多家；积极营造良好营商环境，全面落实环评豁免管理和环评告知承诺制审批，大力推进重点建设项目和企业复工复产，全年纳入环评告知承诺制审批的项目共10个，直接豁免环评登记表备案的项目共100多个。在2020年昆明市营商环境"红黑榜"第三期评价测评中，高新区"蓝天碧水净土森林覆盖指数指标"在全市排名第1。

污染源普查工作成绩显著。高新区污染源普查工作按国家、云南省和昆明市普查办的统一部署，从2017年底开始，在时间紧、任务重的情况下，认真组织普查工作，严格执行此次普查工作的内容、标准和要求，重点把握动员、培训、清查、普查、录入、汇总、审核验收各环节工作，共普查污染源单位136家，其中，调查工业源125家，集中式污染治理设施5家，移动源6家，全面完成第二次全国污染源普查的各项工作任务，并顺利通过昆明市第二次全国污染源普查领导小组办公室验收。在第二次全国污染源普工作中，昆明市生态环境局高新分局金颖获"国务院第二次全国污染源普查表现突出个人"荣誉称号。同时，昆明市生态环境局高新分局获云南省第二次全国污染源普查"表现突出集体"荣誉称号。

园区环境安全得到保障。加强污染源事中事后监管、环境监管"双随机"抽查、重点排污企业动态管理清单、辖区环保网格化管理等工作，主动与市环境监察支队、昆明市危废所和高新区执法大队进行联动执法，开展"无手续、无证"违规企业排查整治、危险废物环境安全专项整治、打击环境领域违法专项检查行动等，全年共出动100多人次，检查各类生产企业50家次，办结环境信访94余起，完成行政处罚案件14件，共计处罚金额159.48万元，其中，区级办结7件，处罚金额114万元；联动昆明市生态环境执法监督局办理7件，处罚金额45.48万元；加强环境应急和辐射安全管理，完成重点风险源企业环境应急预案备案工作，全年共61家企业完成突发环境事件应急预案备案工作，完成23家单位危险废物规范化考核工作，考核达标率为100%，审核危险废物申报登记管理系统90件；对高新区核技术利用单位开展排查整治，确保高新区辐射安全许可证持证率和辐射安全申报注册率达到"双百"。

环境宣教力度不断加大。充分利用主题活动日契机，采取多种手段，多措并举，使得辖区企业和群众的环保意识不断增强；利用"5·22"生物多样性日、"6·5"环境日、"6·17"低碳日及环境保护志愿者服务活动，向辖区居民宣传环境保护法律法规、生物多样性保护、创建文明城市等相关知识，把环保宣传进社区、进企业、进学校、进乡村、进机关"五进"活动有机融入"创文"工作中；举办了昆明高新区生态环境大讲堂活动，进一步提高园区生态环境系统及重点企业环保专管员生态环境管理能力，指导企业落实生态环境保护主体责任，全力打好污染防治攻坚战，为园区经济建设保驾护航；持续推进ISO 14001环境管理体系工作，不断提升园区环境管理水平。

圆满完成"十四五"生态环境保护规划。为进一步加快高新区推进生态文明建设，为园区生态环境保护提供科学理论指导和行动指南，由昆明市生态环境局高新分局牵头，加强对"十四五"规划编制工作的组织领导，凝聚各方共识，汇集各方智慧，高质量编制出了适应高新区发展的"十四五"生态环境保护规划。昆明高新区"十四五"生态环境保护规划科学提出了高新区"十四五"时期的发展目标、工作思路、重点任务，为高新区加快推进高质量发展发挥了重要作用。

全力以赴，迎接COP15大会。切实履行高新区生物多样性领导小组办公室职能职责，认真组织、指导和协调管委会各相关部门开展好高新区服务保障工作，确保与省、市COP15大会筹备办和管委会各部门保持信息畅通；制定《高新区迎接〈生物多样性公约〉第十五次缔约方大会社会宣传系列活动工作方案》进行任务分解，明确各部门工作任务、工作要求，切实开展好高新区各项宣传工作，营造浓厚的社会舆论氛围，提高公众对COP15大会的知晓率、参与度、互动性；充分利用噪声显示屏、新闻媒体、网络、微博、展板、杂志等宣传平台，制作宣传标语，创新宣传载体和宣传方式，大力开展生物多样性宣传，营造浓厚的氛围和声势。

线上监管，助力企业复工复产。对园区企业在复工复产中环保手续办理、环境执法监管、生态环境诉求等方面进一步提高效率，减轻企业负担，服务好企业发展；对高新区驻区规模以上企业疫情期间长期停产导致生产设备和环保设施运行不正常的问题，指导帮助30多家单位做好复工复产环境保护设施的运行管理和环境安全隐患排查；疫情防控期间，严格执行"双随机、一公开"执法监管制度，统筹安排对企业的监督检查，采取非现场监管的方式，以减少对企业的影响，助力企业复工复产。

生态环境分局主要领导干部
刘志伟　局长（2020.06—）

（撰稿：办公室）

【昆明经济技术开发区】　扎实推进大气污染防治。制定《2020年昆明经济技术开发区大气污染防治工作目标任务》，以扬尘污染防治为重点，积极开展大气污染防治工作。2020年，昆明经开区空气质量自动监测站（实验小学站点）有效监测366天，优级天数203天，空气质量优良率98.36%；空气质量总体保持优良，达到国家二级标准，未出现重度污染天气。

深入实施水污染防治。每月对辖区内新宝象河、马料河、洛龙河的水质进行监测，三条河流均达水质保护目标要求，水环境综合质量排名前列。

着力落实土壤污染防治。制订经开区土壤污染防治工作方案，与重点企业签订土壤污染防治目标责任书，督促企业开展风险隐患排查及自行监测。

全面贯彻排污许可管理制度。2020年，共核发固定污染源排污许可证54家，排污许可登记管理657家，全面完成排污许可清理整顿发证、登记工作任务。办理企业排污许可证年检79件，办结率为100%。

加大主要污染物排放监管力度。每月对倪家营水质净化厂、普照水质净化厂进行监督检查，确保水厂各项环保设施正常运行。2020年，普照水质净化厂完成化学需氧量削减量5307.34吨，氨氮削减量481.33吨；倪家营水质净化厂完成化学需氧量削减量6228.6吨，氨氮削减量416.1吨。

加强危险废物监督管理。2020年，完成申报登记审批362家、管理计划审批191家，累计产生危险废物3475.76吨，处置率为100%。

加强环境风险措施防控。完成辖区29家风险企业应急预案备案工作，督促5家较大风险企业开展应急演练，2020年全区无重大环境污染事件、生态破坏事件发生。

圆满完成全国第二次污染源普查工作。昆明市生态环境局经开分局被评为"第二次全国污染源普查表现突出集体"。

优化审批服务环境。疫情期间对属于医疗卫生、物质生产、医药用品制造行业以及环境影响评价审批正面清单中17大类44小类行业实行告知承诺制审批。2020年，共审批建设项目环境影响报告书（表）191项（其中，实行告知承诺项目32项），办理环保意见10余项，办结率为100%，切实做好项目落地环保行政审批等工作。

认真落实"放管服"改革工作要求。积极开展《昆明经开区控制性详细规划优化完善环境影响报告书》编制及昆明经开区区域评估相关工作，按照生态文明建设的总体要求，不断深化行政审批制度改革，加强事中事后监管，加大环境执法力度，逐步扭转重审批轻管理、重事前评价轻事后评估的局面。

提升环境管理服务质量。聘用环保义务监督员24名，提升生态文明建设工作透明度及公众参与度，共发放《顾客满意度调查表》150余份，综合得分100分，满意度为100%。

配合完成国家生态工业示范园区命名相关工作。2020年12月21日，昆明经开区获得国家三部委正式批文，成功创建成为国家生态工业示范园区。

加强生态文明宣传教育。2020年，共计组织开展生态环境宣传活动12次，累计参加活动的环保志愿者共计930人、企业代表90余人，共发放环保宣传材料10000余份。

坚决落实环保督察反馈问题整改。昆明经开区共接收中央、省环保督察及中央环保督察"回头看"转办件57件，反馈全市共性问题37个，已全部完成整改，并通过市级验收。

持续开展"黑作坊"排查整治工作。共计排查辖区黑作坊企业507家（其中，倪家营片区65家，白水塘片区442家），其中，列入引导规范企业共计203家，列入查处整治企业共计172家，列入关停取缔企业共计132家。

规范环境监管行为。制定《昆明经济技术开发区环境保护局关于全面推行行政执法公示制度执法全过程记录制度重大行政执法决定法制审核制度的工作方案》，严格执行行政执法公示、执法全过程记录、重大行政执法决定法制审查等制度。

提升执法水平，加大环境监察执法力度。2020年，依法查处环境违法行为共计78件，罚款总金额535.355万元，入库金额502.955万元。办理《环境保护法》五个配套办法案件3件（查封扣押2件，行政拘留1件），实施行政拘留1人，另有3个案件移交法院强制执行，涉案金额约50万元。共受理环境污染投诉517件，办结率为100%。

加强核与辐射安全监管。与辖区放射源销售、使用单位签订目标责任书，加强辖区内5家使用放射源及15家Ⅱ类、Ⅲ类射线装置销售、使用单位现场检查。

生态环境分局主要领导干部

王　辉　局长（2020.10—12）

（撰稿：办公室）

昭通市

【抓实理论学习，凝聚思想共识】 昭通市生态环境系统始终把贯彻落实习近平新时代中国特色社会主义思想、习近平生态文明思想、习近平总书记考察云南重要讲话精神和党中央、国务院关于生态环境保护决策部署作为增强"四个意识"、坚定"四个自信"、做到"两个维护"的具体行动，在思想上、政治上、行动上同以习近平同志为核心的党中央保持高度一致，扛起生态环境保护政治责任，坚决贯彻落实习近平总书记关于云南要努力成为全国生态文明建设排头兵的指示。坚定不移贯彻新发展理念，促进经济结构转型升级，以生态环境高水平保护推动经济社会高质量发展。全面推进"四个一"行动，谱写最美丽省份昭通篇章。

【加强组织领导，压实环保责任】　成立了书记、市长任双主任的全市生态环境保护委员会。市委书记、市长率先垂范，带领市级相关领导、市直相关部门负责人多次深入赤水河、白水江、金沙江等重点流域及昭阳区垃圾焚烧发电项目施工现场、三善堂存量垃圾治理整改项目建设现场、城区垃圾压缩分类处理进行现场督促检查。召开全市环保委员会暨全市生态环境保护工作电视电话会议，市长出席会议，对打好打赢污染防治攻坚战进行安排部署。2020 年 7 月，市长率队到生态环境部西南督察局专题汇报生态环境问题整改工作。昭通市委常委会、市政府常务会议、专题会议若干次专题研究生态环境保护、赤水河生态修复治理、省环保督察"回头看"整改方案等工作。市政府分管领导高频次研究、高强度抓实生态环境保护工作。召开全市生态环境局长会议及半年工作推进会议，对全市生态环境系统提高生态环境保护水平，坚决打好打赢污染防治攻坚战，全力推动经济社会高质量发展各项任务进行全面部署。

【强化污染防治，改善环境质量】　持续推进蓝天、碧水、净土"三大保卫战"和生态保护修复治理等"8 个标志性战役"。制定了《昭通市 2020 年重点排污单位名录》。蓝天保卫战方面，开展重污染企业搬迁改造、关闭退出及重点行业污染治理超低排放升级改造，常态化开展扬尘污染治理，全市县城道路清扫保洁率达到 70%以上。加快煤改气、煤改电，淘汰县城建成区 10 蒸吨/时及以下燃煤锅炉 10 台，全部完成淘汰任务。检验机动车 202864 辆，有效减少了机动车尾气污染物排放。启动实施了昭通市机动车尾气遥感监测系统建设项目，启动建设 1 套水平式遥感监测系统和 1 套黑烟车抓拍系统。积极向国家申报了昭通市天地车人系统建设项目，项目已入国家库。1—11 月，昭阳中心城市空气质量稳中有升，优良率达到 99.7%。碧水保卫战方面，持续推进"一个 U 盘下达河长令"，严格入河排污口设置标准，

推进昭阳中心城市黑臭水体治理示范城市建设，开展地下水污染治理。编制了全市县域农村生活污水治理专项规划，完成污水治理自然村 1048 个。完成农村黑臭水体排查行政村 1227 个，完成率 99.5%。19 个集中式饮用水水源地水质达标率为 100%。2020 年 1—11 月，全市地表水 39 个监测断面达标率为 92.3%，国控、省控、长江经济带监测断面达标率为 100%，纳入国家考核的 4 个断面和纳入省考核的 5 个断面水质达标率均为 100%。2020 年 1—11 月，国家地表水考核断面水环境质量状况较好的前 30 个城市中，昭通排名 27 位。净土保卫战方面，扎实开展涉重金属、工业固废排查整治。完成省级反馈的 90 个重点行业企业地块清单用地核查，89 个地块基础信息调查工作及风险筛查。对境内 5 家土壤环境重点监管企业开展土壤环境监测、定期排查安全隐患。组织开展全市尾矿库风险评估及污染整治，制定了《昭通市尾矿库污染防治工作方案》，完成 10 个尾矿库风险评估、应急预案备案、防治工作方案编制工作。完成 2020 年度重点重金属排放量比 2013 年下降 9%的减排目标并通过省级认定。

【健全整改机制，抓实整改工作】　一是完善验收机制，推动问题整改落实。市委、市政府印发通知，明确对督察整改问题开展集中验收督导，从 2018—2019 年的每半年验收一次，调整到 2020 年的每季度验收一次。制定《昭通市生态环境保护督察问题整改验收销号工作规程（试行）》，明确每个问题验收牵头单位，根据问题整改落实情况及时开展验收销号。二是加强包保督导，跟踪问题整改落实。市政府领导分别挂钩一个县（市、区）生态环境保护督察整改问题，做到整改不完成，包保不脱钩。三是建立会商机制，倒逼问题整改落实。今年以来，市委、市政府召开 10 余次专题会议研究部署整改工作。对全市 11 个县（市、区）划分四个片区召开调度会议。2020 年 10 月下旬，市政府召开全市调度会议，对环保督察整改工作进行再调度再部署。11 月 28 日，召开全市生态环境系统环保督察问题整改调度会，对全系统环保督察问题整改工作情况进行调度部署，全力冲刺环保督察整改问题销号。截至统计时，

中央环保督察及"回头看"等督察反馈的 242 个问题，完成整改 228 个，完成率约为 94.2%；2019 年省级环保督察"回头看"反馈的 29 个问题，自省督察组于 2020 年 3 月 26 日向昭通市反馈意见以来，完成整改 18 个，完成率约为 62%。

【坚持生态优先，推进示范创建】 积极配合自然资源和规划部门开展生态保护红线评估调整，推进全市生态保护红线监管平台建设。制定了《昭通市长江流域横向生态保护补偿总体实施方案》。不断加强水土流失、石漠化、矿山开发治理，加大退耕还林、自然保护地监管、生物多样性保护等工作力度。已成功创建国家级生态文明示范县 1 个（盐津县）、省级生态文明示范县 3 个（盐津县、绥江县、水富市），昭阳区、鲁甸县、巧家县、彝良县、永善县创建省级生态文明示范县已通过市级技术审查，于 2020 年 5 月上报省厅。镇雄县、威信县、大关县创建省级生态文明示范县于 2020 年 6 月完成市级技术审查并及时上报省厅。

【综合保护赤水河，一江清水出昭通】 一是提高政治站位。全面贯彻落实习近平总书记、韩正副总理关于赤水河保护重要指示批示精神，落实省委、省政府主要领导调研赤水河保护治理座谈会要求。成立了书记、市长任双组长的赤水河流域（云南段）生态环境保护和综合治理工作领导小组加强组织领导，政协主要领导任组长的督导工作组，多次深入赤水河等重点流域调研指导生态环境保护。二是印发了《赤水河流域（云南段）生态治理修复保护实施方案》，明确要求深入实施流域生态治理"九大攻坚行动"。制定了《昭通市赤水河流域乡镇生活垃圾热解处理项目建设运营试点方案》，以垃圾热解为突破口全方位推动赤水河流域保护治理。昭通市生态环境局结合部门职责，印发了《赤水河流域（云南段）生态治理修复保护细化方案》，成立了局长任组长、相关副局长任副组长的市局领导小组，统筹全市生态环境系统切实履行生态环境部门职责，扎实推进赤水河流域（云南段）生态环境保护。三是流域生态保护补偿机制积极构建，云、贵、川三省政府签订了《赤水河流域横向生态补偿协议》，三省每年共同出资 2 亿元，作为赤水河流域水环境横向补偿资金，云、贵、川三省出资比例为 1∶5∶4，补偿资金等分配比例为 3∶4∶3。2019—2020 年，共争取上级资金 18756 万元（其中，中央资金 9659 万元，省级资金 1100 万元，三省生态补偿资金 8000 万元）。其中，赤水河流域横向生态补偿资金 8000 万元主要用于：镇雄县赤水源洗白集镇污水管网建设工程 2304 万元；镇雄县赤水源镇板桥村、银厂村，果珠乡鱼洞村、拉埃村农村生活污水治理和果珠乡生活垃圾无害化处置工程 2304 万元；威信县县城污水管网改扩建工程 2872 万元，威信县县城饮用水源保护项目 100 万元，威信县环保能力建设项目 100 万元，市级赤水河流域保护专项资金 320 万元。镇雄县与威信县签订了《赤水河流域（石坎河支流）横向生态保护补偿协议》，协议约定两县各出资 620 万元共 1240 万元加上上级奖励两县的资金总和，两县按照上下游 6∶4 进行分配，其中，镇雄县 744 万元、威信县 496 万元。镇雄县、威信县分别获得 5352 万元、3568 万元补偿资金。四是加强修复治理。流域内复垦复绿土地 1028 亩，清理河道 86 千米，拆除沿河违建 3000 余平方米，清理转运垃圾 720 余吨。2018 年以来，在赤水河流域共组织开展了 8 次"双随机"环境监管抽查，派出执法人员 180 余人次，抽查企业 77 家次，发现 60 余个环境问题，均已按相关规定责令限时整改完成。扎实推进"查、测、溯、治"各项责任落实，生态环境部反馈昭通市赤水河流域入河排污口 164 个（镇雄 153 个，威信 11 个），实地核查为 174 个，制订整改方案并开展整改相关工作。17 座小水电站拆除完成，已对拆除电站进行复土种草生态修复。加大镇雄县硫黄冶炼废渣治理力度，稳步推进实施黑树镇王家沟、坡头镇海塘生态恢复工程。探索创新融资模式，统筹推进赤水河流域县乡村三级"两污"处理设施建设，系统规划 17 个流域乡镇"两污"项目，启动镇雄县垃圾焚烧发电项目、威信县第二垃圾填埋场项目建设。在流域 17 个乡镇推进生活垃圾热解处理设施建设，2020 年 12 月底实现全覆盖。省、市两级生态环境部门多次开展实地调研，梳理完成流域"问题、政策、项目"

三张清单。主动与两省三市衔接，协同推进综合治理和联合执法，扎实做好赤水河流域生态环境保护工作。7月12—16日，由昭通市生态环境综合行政执法支队牵头，从各分局抽调业务骨干开展流域生态环境保护专项执法。9月21—27日省生态环境厅牵头，省、市、县三级联动，抽调执法业务骨干开展赤水河流域（云南段）联合交叉检查，更加精准找到了问题的"病根"。配合编制《赤水河流域（云南段）保护治理与绿色高质量发展规划》。中国年赤水河流域生态文明建设协作推进会于2020年10月28日在昭通顺利召开，会议通过了赤水河流域生态文明建设《昭通共识》。赤水河流域（云南段）5个地表水监测断面和考核断面清水铺，2018年、2019年及2020年1—11月水质均达到Ⅱ类水标准，水质总体良好。

【严格监管执法，守护绿水青山】 稳步推进《昭通市扬尘污染防治条例》地方立法。印发了《昭通市生态环境监管联动执法工作方案》《昭通市生态环境局生态环境执法工作年度考核实施细则》《2020年环境监察稽查方案》等文件。8月25—27日，组织开展生态环境综合行政执法业务培训，着力提高全市生态环境监管执法水平。持续开展"双随机、一公开"执法检查，加强生态环境监管执法。截至11月30日，共办理环境行政处罚案件187件（其中，4个配套办法案件8件：查封扣押6件、限产停产案件1件，移送公安机关行政拘留1件），罚款金额2722.5万元；其中，市本级办理行政处罚案件31件，罚款金额1015万元。对渔洞水库水源保护区开展11次现场环境监察，编辑11期监察报告上报市政府。共受理环保信访投诉登记654件，办结599件，办结率91.6%。积极开展"5·18"巧家地震环境应急处置。强化核与辐射环境监管，辐射安全许可证发证率100%。完成144家次核技术利用单位辐射安全许可证新办、变更、延续和注销工作。完成辐射类环评审批项目11个（其中，输变电项目10个，医疗卫生项目1个）。制定了《昭通市生态环境局辐射事故应急响应预案》，着力提升全市辐射环境应急处置水平。

【优化环评审批，服务"六稳六保"】 深化"放管服"改革，规范政务服务事项清单。编制完成长江经济带战略环境评价昭通市"三线一单"。制定了《昭通市生态环境局审批环境影响评价文件的建设项目目录（2020年本）》。加大综合规划和专项规划环评推进力度，将空间管制、总量管控和环境准入要求融入规划。截至11月30日，全市共完成建设项目环境影响报告书（表）审批和环境影响登记表备案1546个，其中，生态环境部审批1个（重庆—昆明高速铁路报告书），省生态环境厅审批4个（镇雄县生活垃圾焚烧发电项目、苹果蒸馏酒厂项目、云南醉明月酒业有限公司酿酒项目、云南云铝海鑫铝业有限公司年处理7000吨炭渣资源化利用项目），市局审批49个，各分局审批和备案1492个。现单体规模为全球最大的有机硅产业项目落户昭通市昭阳工业园区龙海硅基新材料片区，园区规划环评已获得省生态环境厅审查意见函，项目环评报告正在有序推进。2020年，全省"四个一百"重点项目涉及昭通市共46个，审批完成27个，完成率约为58.7%。截至11月30日，完成368家排污许可证的核发、2240家排污登记，基本实现了固定污染源排污许可全覆盖，为推动排污许可证后续管理奠定了坚实基础。按照关于"六稳六保"部署要求，落实环评审批正面清单，提高工作效能，支持复工复产，促进经济社会平稳发展。常态化开展疫情防控环境监管执法、环境监测。累计处理医疗废物2001.4吨，日均处理7吨，其中，处理涉疫医疗废物42吨。抓实涉疫领域环评审批，通过电子邮件送达审批结果5件，网上办理2件，对云南天宇医疗器械有限公司Ⅱ类医疗器械一次性使用医用口罩及医用防护服生产销售项目采取先开工后补办手续。

【加强项目建设，抓实财务管理】 2020年，新组织上报中央项目库14个（其中，水污染防治项目7个，农村环境整治项目4个，大气污染防治项目3个），总投资约3亿元。上报省级项目库11个（其中，水污染防治项目1个，大气污染防治项目2个，土壤污染防治项目1个，农村环境整治项目7个）。截至统计时，共争取到上级资金

3160万元，涉及项目4个（其中，大气污染治理2个、水污染治理1个、土壤污染治理1个）。召开全市环保项目申报、建设项目管理及财务管理业务培训会议。委托昆明海元会计师事务所对全市生态环境系统进行检查，做好财务监管。有序推进2019年20个项目资金落地，督促指导昭阳、鲁甸、镇雄对2017—2018年中央财政生态环保专项资金监督检查发现问题的整改落实。

【强化环保宣传，营造良好氛围】 以"6·5"世界环境日等为契机，开展系列生态环境保护宣传活动。上线昭通市民广播电台《政风行风》热线直播节目，就大家关心的热点问题与听众进行在线交流。市生态环境局召开新闻发布会6次，各分局召开新闻发布会14次。编印《生态环境保护知识学习手册》7500册，供各级各部门进行专门学习，并开展学习情况测试。加强门户网站、"两微"平台管理。门户网站公示各类信息共588条，微信公众号发布信息1221条，微博发布信息1974条。大力开展环保宣传教育进企业、进学校、进机关、进社区、进农村、进家庭、进公共场所"七进"活动。

【及早谋划推动，科学编制规划】 及早谋划全市生态环境保护"十四五"规划，2019年专题研究规划编制工作，成立了以局长为组长的"十四五"规划编制领导小组及编制组，安排专项经费推动落实。对"十三五"规划相关指标完成情况进行评估，对"十四五"规划编制进行全面安排部署。2019年12月形成第一稿，并召开了技术审查会。2020年7月，向市领导小组办公室提交了修改完善的第二稿规划。10月，再次收集资料修改完善后向省生态环境厅作专题汇报，争取技术指导。自编制工作启动以来，市生态环境局多次深入基层实地调研，多次召开"规划"技术研讨座谈会、专题会，就"十四五"规划基本思路、主要指标、重大项目等问题进行探讨和安排布置，目前，正在进行第四稿修订完善中。"规划"共7个章节，提出了到2025年近期目标和到2035年远景目标展望。其间拟实施包括环境质量改善工程、现代环境治理体系构建工程、生态保护与修复工程、生物多样性保护工程和其他工程，共计投资约536亿元。

【落实管党治党责任，营造风清气正环境】 坚持以习近平新时代中国特色社会主义思想为指导，自觉在思想上政治上行动上与以习近平同志为核心的党中央保持高度一致。制定了《昭通市生态环境局2020年党建工作要点》《昭通市生态环境局2020年党建工作重点任务实施方案》等文件。严格执行"四个不直接分管""末位表态""三重一大"制度，2020年以来，共召开局党组会议16次，局务会议13次，研究重大事项110余项（专题研究党建、党风廉政建设和意识形态10次）。持续深入开展"不忘初心、牢记使命"主题教育，市局机关各科室、下属事业单位65名科级及以下干部职工撰写了"不忘初心、牢记使命"专题对照检视教育材料。坚持"德才兼备、以德为先，任人唯贤"选人用人标准，提拔正科级干部8名（提任分局局长2名：永善分局、水富分局）、副科级干部5名（事业副科1名），会同属地党委组织部门对昭阳分局、巧家分局、盐津分局主要负责人进行调整。有序推进全市生态环境系统公务员（参公）职级晋升工作。纵深推进生态环境领域改革。全市生态环境机构监测监察执法垂直管理制度改革基本完成，已实现各县（市、区）生态环境分局机构、编制、人员整体上划，2020年1月起由市财政承担全市生态环境系统各项经费保障。生态环境综合行政执法改革有序推进。生态文明体制改革和"放管服"改革持续深化。重点学习了《习近平谈治国理政》第三卷及《民法典》《中华人民共和国公职人员政务处分法》《中国共产党纪律处分条例》等政策法律法规。组织全体干部职工观看《政治掮客苏洪波》《围猎：行贿者说》等反腐警示专题片并撰写心得体会，以案为鉴，吸取教训，进一步增强干部职工遵守政治纪律和政治规矩自觉性，筑牢清正廉洁思想防线。认真组织开展领导干部违规借贷整治专项行动，均未发现存在违规借贷行为。扎实开展煤炭资源领域腐败问题专项整治。全面落实中央八项规定精神，推动作风建设纵深发展。

【要事】 昭通市生态环境局召开优秀党务工作者、优秀共产党员表彰大会。1月21日，昭通市生态环境局召开优秀党务工作者、优秀共产党员表彰大会。王进、邓贵声、周梅、曹前隆4位同志获得"优秀党务工作者"表彰；张选碧、李文友、申洪静、蒋世东、柴小梦、龙兴江、马照伦、夏凤高、李琼薇、杨慧10位同志获得"优秀共产党员"表彰。

疫情就是命令，生态环保系统响应迅速行动有力。新型冠状病毒感染疫情形势严峻、牵动人心，责任重于泰山，昭通市生态环境局党组及时行动，抓好落实，把履职尽责疫情防控作为当前最重要的工作来抓。第一时间响应——1月24日（大年三十），在接到省生态环境厅《转发生态环境部办公厅关于做好新型冠状病毒感染的肺炎疫情医疗废物环境管理工作的通知》和参加昭通市疫情防控指挥部召开的紧急会议后，局主要领导对全市医疗废物环境管理工作作出部署，及时开展工作，于24日晚9时形成医疗废物处置专项报告报省生态环境厅和昭通市卫健委。

昭通市召开环保委员会暨全市生态环境保护工作电视电话会议。为确保新型冠状病毒感染疫情防控和生态环境保护工作"两促进、两不误"，2月24日，昭通市召开全市环保委员会暨全市生态环境保护工作电视电话会议，总结成绩、分析问题，安排部署下步生态环境保护重点工作。市委副书记、市长、市环保委员会主任郭大进出席会议并作重要讲话。市政协副主席、市财政局局长、市环保委员会副主任郝流勇，市政府秘书长、市环保委员会委员郭晓东出席会议。副市长、市环保委副主任段登位主持会议并提出工作要求。会议播放了昭通生态环境问题警示片，市生态环境局局长、市环保委员会办公室主任童世新通报了全市2019年生态环境工作情况并提出下步工作建议。

省委、省政府第一生态环境保护督察组向昭通市反馈"回头看"及专项督察情况。为深入贯彻落实习近平生态文明思想和云南省委、省政府关于生态环境保护督察的重要决策部署，2019年10月16—25日，省委、省政府第一生态环境保护督察组对昭通市贯彻落实省级环境保护督察整改情况开展"回头看"，针对长江流域（昭通段）水污染防治重点工作情况开展专项督察。经省政府批准，督察组于2020年3月26日向昭通市委、市政府进行反馈。督察组副组长王天喜通报督察意见，昭通市委书记杨亚林作表态发言，市长郭大进主持反馈会，督察组有关人员，昭通市委、市政府领导班子成员及有关部门主要负责同志等参加会议。

昭通市生态环境局开展"4·15"生态环境安全主题宣传活动。2020年4月15日是第5个全民国家安全教育日，为普及生物多样性知识和生态环境安全知识，提升广大人民群众环境保护意识。根据市委统一安排部署，昭通市生态环境局迅速行动，制定了《昭通市生态环境局2020年生态环境安全宣传活动方案》。4月16日，昭通市生态环境局在省耕公园开展生态环境安全主题宣传活动。在活动现场，环保工作宣传员向广大市民发放《昭通市机动车尾气污染防治宣传资料》《环保随手99事》《美丽中国，我是行动者》等环保宣传资料200余份，赠送环保袋50余个，并通过环保宣传员沿湖捡拾垃圾等形式开展宣传。通过此类宣传，进一步提高广大群众对生物多样性保护、生态环境安全等相关知识的深入了解，增强了群众环境保护意识，达到了预期宣传效果。

昭通市生态环境局传达学习市委四届六次全体（扩大）会议精神。5月9日上午，昭通市生态环境局召开全体干部职工会议，及时传达学习贯彻市委四届六次全体（扩大）会议精神。局党组书记、局长童世新主持会议并作讲话。市生态环境局班子成员、机关各科室及下属事业单位全体干部职工参加会议。

昭通市生态环境局积极发挥党员先锋带头作用，全力开展巧家5.0级地震生态环境应急工作。2020年5月18日21时47分昭通市巧家县小河镇发生5.0级地震，市生态环境局党组高度重视，严格按照市委、市政府的安排部署，结合部门职责扎实开展生态环境应急工作，组织巧家、鲁甸分局开展工矿企业环保污染防治设施受损情况排查，开展集中式饮用水水源、地表水水质监测。在环境应急中，生态环境部门充分发挥基层党组织的战斗堡垒作用和党员先锋带头作用，广大党员干部主动请缨，冲锋在前，克服余震、滚石、道路不通等困难，出色地完成了环境现场监察、监测等工作，为防止环境次生灾害的发生作出了应有的贡献，确保灾区生态环境安全。

云南省生态环境厅驻昭通市生态环境监测站正式挂牌。5月22日上午，云南省生态环境厅驻昭通市生态环境监测站举行挂牌仪式。云南省生态环境监测中心站站长施择出席仪式并讲话，昭通市生态环境局局长童世新以及局领导班子成员、科室相关负责人和云南省生态环境厅驻昭通市生态环境监测站全体干部职工参加仪式。省生态环境监测处副处长刘娜主持挂牌仪式。

昭通市生态环境局上线昭通广播电台《政风行风》热线直播节目。5月25日，昭通市生态环境局党组书记、局长童世新一行上线昭通人民广播电台《政风行风》热线直播节目，就大家关心的环境质量、环境问题整改、环评审批、环境执法、污染防治、生态文明建设等热点问题与听众进行在线交流。

昭通市召开生态环境保护督察整改暨监察执法工作推进会。6月4日，昭通市生态环境局召开全市生态环境保护督察整改暨监察执法工作推进会。市生态环境局局长童世新强调并部署重点难点工作，副局长孟世成对相关工作进行了安排，市纪委监委驻市住建局纪检监察组组长李波传达学习《云南省纪检监察机关查处诬告陷害行为及失实检举控告澄清工作办法（试行）》。会议对2019年以来全市生态环境保护督察整改及监察执法信访应急工作进行了通报。对财务管理、排污许可证核发工作、土壤和生态文明建设工作、水污染防治工作等重点工作进行了安排部署。

昭通向环保督察整改发起攻坚之战。6月29日，副市长段登位主持召开昭通市生态环境保护督察问题整改调度电视电话会，对生态环境保护督察反馈、交办尚未整改完成问题进行再部署、再安排，向环保督察整改发起攻坚之战，扎实推进生态环境问题整改各项工作，确保生态环境问题如期整改销号，推动生态环境持续好转。

东莞市生态环境局与昭通市生态环境局建立对口帮扶协作长效机制。为进一步落实党中央关于开展东西部对口帮扶部署要求，8月27日，召开东莞市生态环境局·昭通市生态环境局对口帮扶协作工作座谈会并签订《广东省东莞市·云南省昭通市对口帮扶生态环境保护协议书》，建立帮扶昭通市生态环境保护工作协作长效机制。座谈会上，两地生态环境局局长分别介绍两个城市生态环境保护管理情况，围绕完善治污责任体系、全面打赢污染防治攻坚战、坚持绿色发展理念、强化执法监管和发动社会参与等方面工作进行了全方位的交流。东莞市生态环境局局长蒋亚军、昭通市生态环境局局长童世新共同签署《广东省东莞市·云南省昭通市对口帮扶生态环境保护协议书》。

昭通市生态环境局举办全系统财务工作培训会暨财务管理存在问题约谈会议。根据2020年9月财务大检查的反馈情况，为不断提升全市生态环境系统财务管理能力，10月28日，昭通市生态环境局举办全系统财务工作培训暨财务管理存在问题约谈会议。市纪委监委驻市住建局纪检监察组李波组长到会指导并提出具体工作要求，党组成员、副局长虎尊鹏对存在问题、下步工作进行了安排部署。科技与财务科、生态环境综合行政执法支队、辐射环境监督站、环境科学研究所及各分局财务分管领导、财务人员、项目管理人员共50余人参加会议。

昭通市生态环境局迅速贯彻落实上级重要会议精神。11月30日上午10点，云南省生态环境厅召开全省生态环境系统贯彻省政府主要领导调研省生态环境厅重要讲话精神视频会议。昭通市生态环境系统相关人员在分会场参加会议。省厅会议结束后，昭通市生态环境局党组书记、局长童世新立即就贯彻落实会议精神进行安排部署。当日下午，召开中共昭通市生态环境局党组2020年第15次会议，专题研究部署省政府主要领导调研省生态环境厅重要讲话精神及省生态环境厅厅长岳修虎讲话要求。

生态环境局主要领导干部

童世新　党组书记、局长
田　敏　党组副书记、副局长
陈泽平　党组成员、副局长
虎尊鹏　党组成员、副局长
张　宁　党组成员、副局长

（撰稿：吕国斌）

【昭阳区】 大气污染防治。昭阳区环境约束性指标为：城市空气质量优良天数比例 97.9%，细颗粒物年平均浓度 35 微克/立方米。2020 年，城市空气质量优良天数比例为 99.72%，与 2019 年相比提升 0.55 个百分点。

水污染防治。一是饮用水水源地保护工作。完成了渔洞水库水源地、大龙洞饮用水水源地的评估工作；完成了 5 个"千吨万人"及 7 个乡镇级集中式饮用水水源地保护区划定工作。二是加油站地下油罐防渗改造工作。昭阳区辖区内有加油站 73 座，已经全部完成油气回收和地下油罐防渗改造工作，其中，民营加油站 25 座、中石化 23 座、中石油 19 座、中海油 6 座。

第二次全国污染源普查。全面完成第二次全国污染源普查档案的整理归档工作，掌握昭阳区各类污染源及污染物排放情况，全面查清昭阳区工业、集中式污染治理设施、生活源锅炉、入河排污口、畜禽养殖 5 类污染源的数量和分布，纳入污染源普查对象共计 578 个，其中，工业源 337 家（新增 1 家）、农业源 35 家、集中式污染治理设施 6 家、移动源 72 家、生活源（行政村）128 个。

实施排污许可证核发。完成 120 家企业全国排污许可证申领、370 家登记的工作。

危险废物管理工作。一是完成 2019 年度危险废物申报登记办结 272 家，转移量辖区内转移 256.21 吨，转出辖区（省内）1239.4 吨；危险废物管理计划在线备案 56 家。二是印发了《2020 年度昭阳区危险废物规范化管理督查考核工作方案》，对辖区内 9 家重点危废产生单位和 8 家危险废物经营单位开展危险废物规范化管理考核。

严格落实建设项目环境影响评价制度。一是共受理项目环评 52 件，已审批完成 52 件，其中，环境影响报告书 7 件、环境影响报告表 43 件。转报市局审批意见 14 件。企业环境影响登记表备案 249 个。完成窗口在现解答咨询服务 418 件。二是实现全省环评审批信息系统实时报送。与区市场监督管理局建立了互通信息的管理联动机制。编制《环境影响评价管理系统环评及验收网上申报系统操作指南》发送给企业。三是建设项目环评报告书、报告表审批时限已分别由法定的 60、30

个工作日压缩到 20、15 个工作日。

加强环境执法力度，严格污染源的"双随机"监察和不定期巡查。切实履行监察职能，严格污染源的"双随机"监察和不定期巡查。开展环保部门"双随机"抽查并联合其他部门开展"生态环保领域，跨部门双随机"抽查，督促各污染源单位建立污染治理设施运行台账，确保全区各污染源治理设施正常运行。

认真处理环境信访案件、维护群众环境权益。共接待信访案件 107 起，包括大气、污水、噪声、固废及其他类别环境污染的信访投诉，现已基本完成调查处理。

加强执法力度，严肃处罚环境违法。立案调查 25 家，下发《处罚决定书》25 份，共处罚款 326.0626 万元，涉及屠宰、医疗机构、危险废物收储等多个行业。

开展环境安全大排查大整治专项行动。一是对 7 家次危险废物经营单位和 100 余家次废物废水产生单位进行了现场检查。共排查环境安全隐患 52 条，已完成整改 48 条，现场提出整改措施和建议 40 余条，对 2 家企业危险废物存在的环境违法行为共处罚款 4 万元。二是检查粉尘涉爆等企业 20 余家次，排查出环境安全隐患 32 条，已完成整改 29 条，现场提出整改措施和建议 20 余条，对 2 家企业粉尘防治存在的环境违法行为共处罚款 8 万元。三是检查危险化学品经营企业 10 余家次，排查出环境安全隐患 10 条，现场提出整改措施和建议 11 条，对 1 家危险化学品经营企业产生危险废物存在的环境违法行为共处罚款 2 万元。

以环保督察整改为契机，解决突出环境问题。2015 年以来，五次环保督察反馈问题及移交信访件共 385 件，截至 2020 年，整改完成 369 件，整改完成率 95.8%，未完成整改的 16 件均在整改时限内。

开展环境监测，为环境保护提供科学数据支撑。完成水、气、声环境常规监测 180 余次，并出具报告。

优化环境，做好环保工程，扎实开展生态创建。一是生态区、生态乡镇建设。2015—2020 年，共 92 个村被命名为"昭通市生态文明村"，完成全区 15 个省级生态乡镇的创建工作。省级生态文明区申报材料于 2019 年 11 月 15 日通过了昭通市生态环境局组织的技术审查，修改完善上报省厅组织审查。二是县域农村生活污水治理专项规划的编制。完成了《昭通市昭阳区县域生活污水治理专项规划（2020—2035 年）》，该规划于 2020 年 5 月 30 日通过昭通市生态环境局组织的技术审查，并于 2020 年 10 月 30 日印发。三是土壤污染状况详查工作。梳理更新全国污染地块土壤环境信息管理系统地块名单，昭阳区疑似污染地块有 3 处开展调查评估。与昭阳区自然资源局建立联动机制，沟通交换土壤重点监督行业企业地块相关信息。四是 2020 年实施建设项目有《昭通市昭鲁大河水污染防治工程（昭阳段）》《昭阳区苏家院镇人民政府迤那村孔家营社污水收集处理工程》。申报项目有《牛栏江流域昭阳段水污染防治项目》《昭阳区"千吨万人"饮用水水源地保护工程》《昭阳区苏家院镇坪子村农村生活污水治理工程》。

加强宣教，提高全民环保意识。组织完成"6·5"世界环境日、"法律进乡村"和"科技周"完成爱国卫生专项行动等宣传。

生态环境分局主要领导干部
周清煊　党组书记、局长（2020.09—）
郭　林　党组成员、副局长（—2020.09）
刘宪春　党组成员、副局长
杨金铼　党组成员、副局长
王　进　党组成员、副局长
李代平　党组成员、副局长（2020.11—）

（撰稿：梁　蕾）

【鲁甸县】　2020 年，昭通市生态环境局鲁甸分局内设办事机构 4 个（办公室、环境整改办公室、污染防治股、综合股）；下设机构 2 个（鲁甸县生态环境综合行政执法大队、昭通市生态环境局鲁甸分局生态环境监测站）。截至 2020 年末，有职工 35 人。

宣传教育。2020 年，昭通市生态环境局鲁甸分局强化环保宣传教育工作。召开新闻发布会 2 次，环境保护访谈录 2 次，对全县 12 个乡镇和 40 多家重点企业进行环保法律知识进行集中培训 1 次。在龙树镇承办了全市生态环境系统"6·5"环境日系列宣传活动启动仪式，发放各类宣传教育手册 1700 余册，现场解答环境热点问题 17 个，开展了保护生态环境植树活动。

环境监管。2020 年，昭通市生态环境局鲁甸分局着力强化环境监管与服务工作。一是加大污染管控环境质量持续巩固。水环境。截至 12 月 31 日，对全县地表水重点监测河流 5 条，设置监测断面 12 个，监测采样 80 个，获取监测数据 1840 个，达到《地表水环境质量标准》（GB 3838—2002）表 1 中 II 类标准水样 12 个，占监测水样的 15%；III 类标准水样 64 个，占监测水样的 80%；IV 类标准 4 个，占监测水样的 5%；全部水样均达到上级部门的考核控制要求。与 2019 年相比，水质 III 类和 IV 类比例均持平，总体水质稳中向好。对水源地地下水监测点 1 个，监测水样 5 个，获取监测数据 195 个，均达到《地下水质量标准》（GB/T 14848—2017）表 1 中 III 类标准，合格率为 100%。气环境。截至 12 月 31 日，空气自动站全年监测 364 天，有效监测 351 天，其中，优良天数 350 天（优 277 天，良 73 天），优良率约为 99.7%，轻度污染 1 天。声环境。截至 12 月 31 日，鲁甸县区域声环境质量为"一般"，区域环境监测点位 107 个，其中，昼间合格 80 个，合格率约为 74.77%，夜间合格 72 个，合格率约为 67.3%。二是严格环境执法监管。截至 12 月 31 日，共出动环境执法人员 362 人次，排查了龙树河流域和县城集中式饮用水水源地周边环境保护情况；检查化工、涉重、冶炼等企业 96 家次，其中，国控企业 3 家、涉重企业 6 家、水泥企业 1 家、电石企业 1 家，并对食品加工企业、养殖场企业、砂石料加工等企业进行了检查。督促 17 家乡镇卫生院办理了辐射安全许可证。8 家重点企业组织了突发环境事件应急演练；19 家企业进行了突发环境事件应急预案备案。受理"12369"环保投诉信访举报案件 30 件，办结 30 件；实施行政处罚案件 13 件，共处罚金 87.08 万元。2020 年，办理政协委员提案 1 件，协助办结人大代表建议 3 件。

项目建设。2020 年，昭通市生态环境局鲁甸分局加强基础设施建设。一是水污染防治全面展开。投入资金 2000 万元，实施了文屏镇、桃源乡、茨院乡、梭山镇、乐红镇 5 个乡镇 47 个行政村的生活污水管网项目建设；投入资金 110 万元，实施了梭山镇青岗坪和新街镇坪地营自动水质监测站建设；投入资金 1675 万元，实施昭鲁大河水污染防治工程建设。二是土壤污染防治稳步推进。投入 3200 万元，实施了江底镇仙人洞历史遗留冶炼废渣堆场治理。

项目审批。2020 年，昭通市生态环境局鲁甸分局做好环境保护服务工作。一是开展重点企业信用评价和重点企业排污许可证发放工作。截至 12 月 31 日，核实企业排污许可管理类别做好排污许可证申报或登记 148 家，完成危险废物规范化考核现场检查 7 家。二是采用网络受理等方式开展环评审批服务，精准服务相关行业企业复工复产。截至 12 月 31 日，共审批项目 22 个，其中，报告书 3 个、报告表 19 个、备案 64 个。

生态环境分局主要领导干部

雷　旭　党组书记、局长
孙吉明　党组副书记、副局长
马旭东　党组成员、副局长
彭　卫　党组成员、副局长
戴昌鼎　党组成员、副局长

（撰稿：饶　磊）

【巧家县】　机构改革后，昭通市生态环境局巧家分局（简称"市生态环境局巧家分局"），隶属县市双重管理。内设办公室、污染防治股、综合股、整改办公室等 4 个股室，下属生态环境综合行政执法大队（参公管理事业单位）和环境监测站（事业单位）。2020 年，人员编制：机关行政编制 11 人，其中，行政编制 9 人，机关工勤编制 2 人。年末，实有行政人员 10 人，超编制 1 人；参公管理事业编制 10 人，年末实有 9 人，空编 1 人；事业单位编制 10 人，实有 10 人。

生态环境质量状况。全县乡镇集中式饮用水水源地水质达标率、出境断面水质优良率、重要湖（库）监测水质优良率均稳定保持 100%，主要河流水质优良率达到 100% 以上，城镇污水处理率提高到 80% 以上，城乡生活垃圾无害化处理率提高到 80% 以上；县城空气质量优良率下降为

92.9%，同期下降 4.3%；土壤环境质量得到有效监控并保持稳定，耕地及工矿建设用地的土壤污染风险得到有效防控；氨氮削减 63.1 吨，化学需氧量削减 576.44 吨，控制在上级下达的约束性指标范围内；加大环境监察主要污染物排放总量执法，完成市级下达任务；全面推进农村人居环境综合整治，完成 589 个自然村 38.8% 污水治理率。积极争取各级项目资金的投入，力争打赢污染防治攻坚战。

环保督察整改。2020 年，昭通市生态环境局巧家分局加快推进环保督察各项整改任务。中央环保督察"回头看"期间巧家县共有 9 个方面 20 个问题，其中，17 个已通过市级验收。省委、省政府环境保护督察反馈问题涉及 37 项整改任务，已完成 31 项，达到时序进度 4 项，未达时序进度 2 项。

环境监察执法。2020 年，着力提升环境监管执法工作规范化、痕迹化、信息化水平，全面推进移动执法系统应用，持续加大生态环境执法力度。全年，共开展现场监察 86 次，出动环境监察人员 198 人次，检查企业 56 家次，下达《行政处罚决定书》17 份，罚款金额 191.6 万元。2020 年，全县未发生环境污染事故。群众信访举报环境违法行为 38 起，查处 38 起，处理率 100%，维护了人民群众的环境权益。

污染防治攻坚。继续打好大气、水、土壤污染防治"三大战役"攻坚战，进一步强化涉及水、土、气、固废企业的污防设施日常督促和指导，全面做好主要污染物减排力度。巧家县省级重点减排项目有两个，均正常运行。年内氨氮削减 63.1 吨，化学需氧量削减 576.44 吨，控制在市级下达的约束性指标任务内；同时，对全县 22 家小糖坊加大监管力度，协助完成全县 22 家小糖坊排污许可证办理工作。2020 年内，对 10 家射线装置单位存在的环境安全隐患进行现场检查，均正常运行。加强对涉及水、土、气、固废企业的污防设施日常督促和指导工作，完成排污许可证登记 190 家。全国第二次污染源普查工作，从 2017 年 11 月始，在时间紧、任务重的情况下，严格执行普查工作的内容、标准和要求，重点把握动员、培训、清查、普查、数据录入、汇总、审核、档

案整理等各环节工作，经过制订方案、成立机构、委托第三方服务机构、选聘普查员和普查指导员、入户清查及数据录入、普查定库等一系列工作。截至 2020 年底，全面普查结束，巧家县共普查工业源 240 家，农业源规模上畜禽养殖 8 家，移动源 24 家，集中式污染治理设施 2 家，入河排污口 7 个。经过全国第二次污染源普查工作的深入开展，社会公众、普查对象也对污染源普查有了深刻的认识，把污染源查清楚，加强监管，解决环境污染问题，也是广大百姓所期望的，而且通过开展污染源普查工作，弘扬了环境文化，提高了全社会支持、参与、监督环境保护的积极性。

环评行政审批。严格按照环评法等相关要求督促新办和补办建设项目环境影响评价手续，严格履行承办时限，切实提高服务质量，全程跟踪服务，简化审批手续，提高审批效率。全年，审批环评报告表 9 件，同时，做好白鹤滩水电站移民安置点"一水两污"、交通等重点工程项目的环评服务工作，完成项目审批 9 个，通过技术审查会项目 25 个。

生态文明建设。积极推进生态文明县创建工程，巧家县生态文明县创建 2019 年已通过市级审查待省级评审，为美丽巧家建设奠定良好基础。完成县域生态环境质量监测评价与考核，2019 年，巧家县评价结果为基本稳定，下达一般性转移支付资金 1.2 余万元。

环境监督监测。全面加强巧家县境内水源的监测监督。做好金沙江 2 个点位，大龙潭、龚家沟常规监测，农村环境质量饮用水水源地、炉房水库季度常规监测；县城 2 个监测点噪声监测；对昊龙公司 4 次监督性监测，对县第一污水处理厂监督性监测；农村"千吨万人"饮用水水源地水质监测和农村环境质量监测。

生态环境宣传。围绕安全日、"6·5"世界环境日、"5·22"国际生物多样性日等活动，由市生态环境局巧家分局牵头利用"5·22"国际生物多样性日、"6·5"世界环境日等活动，组织开展专题宣传活动，大力宣传并解读《环境保护法》《云南省生物多样性保护条例》《固体废物污染环境防治法》等法律法规，并在挂钩移民村组织 200 名村民及群众召开生态环境保护宣传会，宣讲生

态环境保护活动主题，并组织村民及志愿者 21 人现场捡拾垃圾。此次活动共发放移民宣传手册 1000 余册，环保袋 600 余个，捡拾垃圾 55 千克，接受群众咨询 30 余人次，解答疑难问题 6 个，全面提升移民群众的环境保护意识，进一步增强群众的生态环境保护意识，提高公众参与环境保护的热情，营造生态环境保护宣传声势和良好的舆论氛围。

重大项目建设。继续开展农村人居环境综合整治项目，对全县 16 个乡镇 1519 个自然村开展农村生活污水治理，牵头制定《巧家县农村生活污水治理实施方案》，同时，委托第三方编制《巧家县域农村生活污水治理专项规划（2020—2035 年）》，规划已报县人民政府批准并印发。年内完成 589 个自然村 38.8% 污水治理率。加速推进水污染防治项目工程，2018 年争取中央水污染防治项目专项资金 500 万元，开展了金沙江流域水污染治理项目 5 个，2020 年完成初验；2018 年中央水污染防治项目专项资金 586 万元，用于药山镇污水收集处理项目，2020 年完工待验收；2019 年中央水污染防治专项资金 306 万元，用于包谷垴乡生活污水处理项目，2020 年项目已完成土建工程的 80%，一体化采购已完成待安装调试。

生态环境分局主要领导干部

海达辉　党组书记、局长（—2020.11）
李芳燃　党组书记、局长（2020.11—）
徐吉贵　党组副书记、副局长
姚　志　副局长
杨凌峰　副局长
徐　灿　副局长

（撰稿：冉启会）

【镇雄县】　2020 年，昭通市生态环境局镇雄分局坚持以习近平生态文明思想为指导，认真贯彻落实中央及省、市、县各项生态环境保护决策部署，以改善环境质量为核心，以污染防治为重点，以责任落实为抓手，以督察监督为手段，以能力建设为保障，全力推进各项工作。

打好污染防治攻坚战。全年共争取中央、省级污染防治资金 5160 万元。淘汰县城建成区 10 蒸吨/时及以下燃煤锅炉 7 台，县城空气质量优良

天数比例 99.1%，同比上升 13.6%。全县 11 个地表水环境监测断面水质达标率 90.9%。4 个县级、10 个乡镇级集中式饮用水水源地水质达标率 100%。完成全县 10 个"千吨万人"、17 个"百吨千人"水源地保护区划定工作，完成县城集中式饮用水水源地赤水源铁厂取水口上游污染防治项目建设。基本实现城市污水管网全覆盖，城镇生活污水处理率 96.63%。完成地下油罐防渗改造 60 座，完成率 100%。

推进重点企业污染减排。2020 年，重点减排企业云南华电镇雄电厂 1#、2# 机组累计发电 366488 万千瓦时，累计耗煤 1812001 吨，脱硫设施投运率 100%，脱硫效率 98.13%，脱硝设施投运率 100%，脱硝效率 83.33%，累计减排二氧化硫 85136 吨，累计减排氮氧化物 10599 吨；三和水泥厂脱硝设施运行正常，减排氮氧化物 460.728 吨；县污水处理厂共处理污水 1186.508 万吨，减排化学需氧量 2336.4 吨、氨氮 193.4 吨。

深化生态文明体制改革。积极开展赤水河流域生态环境调研，草拟《赤水河流域（镇雄段）2020 年生态环境保护治理与绿色发展方案》和《2020 年中国赤水河流域生态文明建设协作推进会镇雄县调研筹备方案》。积极探索赤水河流域生态补偿机制。配合开展赤水河流域（云南段）督察执法联合交叉检查。推进生态文明体制改革，生态环境机构监测监察执法垂直管理制度改革基本完成，县级生态环境部门的人、财、物已上划市级，新管理体制稳步推行。生态文明县创建已通过市级评估，待省级专家组审核。完成《镇雄县"十四五"生态环境保护规划》编制工作。

严格环保监管执法。一是进一步落实"放管服"改革要求，推进环评制度改革。2020 年，企业排污登记 330 个，指导 144 个建设项目完成环境影响登记表备案工作、完成 47 个建设项目环评审批，共有 20 家企业自主完成竣工环境保护验收。二是深入推进新《环境保护法》及四个配套办法的实施，全面推行"双随机、一公开"工作机制。共出动执法人员 967 人次，检查企业 265 家次，立案查处环境违法案件 26 件，处罚款 241 万元，移送公安机关拘留 1 件。行政处罚案件全部录入"12369"环境执法系统和行政执法信息共享平台。三是深入开展环保领域问题排查，强化环境信访矛盾化解。共接到环境信访举报件 241 件，已调查处理回复 220 件，办理中 21 件。四是持续推进与县检察院、县公安局等部门联合建立行政执法与刑事司法信息共享平台，畅通部门信息沟通，建立重大案件会商和联合督办等机制。

认真做好环境监测工作。2020 年，全县环境质量总体保持稳定。编制生态环境质量状况简报 4 期，完成 2019 年度环境质量报告编制。开展常规监测，完成全县三大水系 3 个国控断面、1 个省控断面水质按月监测 12 期、7 个市控断面逢单月监测 6 期，县城饮用水水源地水质按季度监测 4 期，县城城区降尘、硫酸盐化速率监测 12 期，城区降水逢雨必测，共获得常规环境监测数据 5000 余个；开展县城声环境质量监测，设置区域环境噪声监测点位 117 个、功能区环境噪声监测点 7 个、交通噪声监测点位 21 个，每季度监测 1 期，获得有效监测数据 610 个；开展 3 家重点污染源企业监督性监测，获得有效监测数据 1334 个。建成并运行罗坎凤翥白水江水质自动监测站。

强化生态环境宣传教育。积极开展生态环境宣传教育，营造浓厚生态环保工作氛围。紧紧围绕"美丽中国，我是行动者"主题，联合县公安局在县城五一路开展"6·5"环境日宣传活动；树牢"绿水青山就是金山银山"理念，结合森林防火、脱贫攻坚、人居环境提升、爱国卫生专项行动开展生态环境保护宣传。通过"镇雄生态环境"官方微博及"镇雄环保"微信公众号加强生态环境保护宣传，共发布信息 185 条。组织全县乡镇（街道）及 35 家县直部门开展生态环境保护知识学习测试活动。组织订阅《中国环境报》80 份。报送环保信息 50 余条，省级媒体采用 2 条，市级媒体采用 2 条，县级媒体采用 34 条。

强化环保督察整改。2015—2020 年，先后接受了生态环境部西南督查局环保督察，中央环保督察，省委、省政府环保督察，中央环保督察"回头看"、省级生态环境保护督察"回头看"及水污染防治专项督察，赤水河流域（云南段）生态环境保护专项督察等 6 次环保综合督察。前 5 次环保综合督察反馈问题共 124 个，已整改完成 115 个，完成率约为 92.74%；整改中 9 个。交办投诉举报件 50 件，已整改完成 48 件，完成率 96%；整改中 2 件。2020 年末，赤水河流域（云南段）生态环境保护专项督察反馈问题 20 个。

加强赤水河流域环境保护。扎实推进赤水河流域保护治理各项工作。赤水河流域（镇雄段）5 个地表水监测断面水质达到地表水 Ⅱ 类水标准，水质总体良好。一是全力抓好小水电站拆除及生态修复，拆除小水电站 9 座。二是加快补齐"两污"处理设施短板。生活垃圾焚烧发电项目一期建设已完成总工程量的 69%；9 座生活垃圾热解站建设项目中大湾、花朗、鱼洞、坡头镇仁和村、坡头镇坡头村等 5 座已点火运行；落实 1450 万元资金启动泼机、赤水源、林口 3 个垃圾中转站项目。县城污水处理厂提标改造及扩建项目已完成总工程量的 35%；14 个乡镇集镇污水处理及配套管网建设项目中，赤水源镇已完成总工程量的 78%，泼机镇已完成招标，剩余 12 个乡镇集镇污水处理项目已纳入镇雄县赤水河流域水环境综合治理与保护 PPP 项目实施；赤水源和果珠农村人居环境综合整治项目已完成总工程量的 92%；红石桥水库和文笔山水库 2 个饮用水水源地污染治理工程已完成。三是有序推进历史遗留硫黄矿渣整治。黑树镇王家沟整治项目一期完成总工程量的 88%，二期于 10 月完工；坡头镇海塘整治项目已完成总工程量的 34%；落实 1100 万元资金优先实施母享柏杨林桥边和坡头周家湾 2 个点位治理。四是积极推进流域绿色高质量发展。配合开展流域沿线煤矿整治工作，关闭退出煤矿 4 处、非煤矿山 44 个。

加强环境风险管控。一是完成 2019 年县域生态环境质量监测评价与考核工作，开展 2020 年县域生态环境质量监测评价与考核工作。二是完成第二次全国污染源普查。三是积极开展爱国卫生"7 个专项行动"，巩固国家卫生县城创建成效。四是加强医疗废物、废水的监督和指导，抓实疫情防控相关环保工作，确保疫情防控期间环境安全。

圆满完成脱贫攻坚目标任务。挂联的金钟社区 273 户 1384 人、白鸟村 587 户 2821 人全部脱贫出列。一是进一步充实脱贫攻坚力量，各再委派 1 名党组成员到挂联村开展脱贫攻坚工作。二是按

《镇雄县脱贫攻坚"六个专项行动和一个保障"工作方案》开展"一月一走访、一月一研判、一月一解决"。共组织开展"三讲三评"和"自强、诚信、感恩"等活动 80 余场次。三是认真围绕"一收入、四保障、三提升"补齐工作短板。金钟社区完成危房改造 35 户，搬迁 1 户，新硬化村组路 1.2 千米，实施连户路 1.7 万平方米，新铺设饮水管道 4 千米，新建活动场所 1 个，组织劳务输出 635 人次；白鸟村实施危房改造 37 户，实施饮水工程项目 1 个，组织就业培训 3 次共 164 人，转移就业 3973 人。四是全力配合开展国务院验收、省级验收、第三方普查工作；认真完善脱贫攻坚档案资料，巩固提升脱贫成效。

生态环境分局主要领导干部

邹才源　党组书记、局长
马　山　党组成员、副局长
王兴攀　党组成员、副局长
夏富强　党组成员、副局长
申　彧　党组成员、副局长（2020.03—）
申　彧　工业园区环保分局局长
　　　　　　　　　　　　　　　（—2020.03）

（撰稿：翟　江）

【彝良县】　2020 年，昭通市生态环境局彝良分局以习近平生态文明思想为指导，在市生态环境局的指导和帮助下，紧紧围绕县委、县政府中心工作，严格环境执法监管，大力推进环境问题整改，扎实推进污染防治，做好环境监测服务，全县环境质量进一步改善，各项工作均取得了明显成效。

严格项目准入关，主动做好审批服务。一是严把项目准入关，积极主动为企业做好服务。严格执行国家和省的高污染、高耗能行业准入门槛，切实强化节能、环保指标约束，严控高污染、高耗能行业新增产能。截至统计时，共审批建设项目 10 个（报告书 1 个、报告表 9 个），指导企业或个人填报建设项目登记表备案 120 余个，环评审批执行率达 100%，现场实地选址 60 余个。二是做好公示和行政事项办事指南编制工作。将彝良分局的行政许可项目分别进入政务大厅通用系统和投资系统受理、审批、办结，并按照相关规定

在县政府门户网站对建设项目审批信息进行公示。

扎实推进污染减排，按时完成环境统计。一是按要求完成各类统计报表。按照《"十三五"环境统计技术要求》，完成污水处理厂、垃圾处理厂及重点工业源企业环境统计报表，为污染减排工作提供数据支撑。二是完成尾矿库风险隐患排查工作，督促彝良驰宏矿业有限公司按时开展尾矿库风险评估，制订完善尾矿库污染防治方案，现已提交市级组织专家进行审查。三是开展彝良县2020年度集中式饮用水水源地环境状况评估工作，完成1个县级集中式饮用水水源地评估数据及15个乡镇饮用水水源信息调查数据填报。四是积极开展农村生活污水治理工作。与云南蓝恒环保科技有限公司签订了《彝良县十五乡镇农村污水治理专项规划编制合同》，委托该公司编制彝良县15个乡镇的生活污水治理专项规划，现专项规划已通过市级审查并报省级备案，9月10日由县人民政府印发实施。五是有序推进农村人居环境整治工作。现已完成牛街镇南厂村和洛泽河镇虎丘村农村环境综合整治工作。六是拟定《彝良县农村黑臭水体排查工作方案》，开展全县农村黑臭水体排查及清单编制工作。七是开展危废申报、排污许可登记。指导辖区内危废产生企业按要求开展2020年度危险废物申报登记，对已申报登记的企业信息进行认真审核上报；督促指导云南天力煤化有限公司、彝良滇池水务有限公司、彝良驰宏矿业有限公司等重点企业制订完善2020年度自行监测方案；核实全县近300家大中小型企业管理类别，指导企业登录全国排污许可证管理信息平台，按流程申领排污许可证或完成排污许可登记。八是根据市级下发的2020年重点排污单位名录，对重点排污单位自动监控数据传输有效率基数进行核对，定期对国发平台中重点企业信息进行管理、维护。

加强监测能力建设，做好监测服务工作。一是重点落实基础技术工作。委托昭通市质量技术监督综合检测中心完成了实验室仪器年度检定工作。完成云南省计量信息管理系统填报和全国生态环境监测基础信息统计调查系统填报工作。二是按时完成县辖区内常规监测任务。协助第三方监测机构按时完成县城集中式饮用水水源、云贵桥断面、欧家小河断面、污水处理厂、驰宏公司的水质检测及驰宏公司、污水处理厂在线比对监测。其中，云贵桥和欧家小河水质类别为Ⅲ类，牛街河断面水质类别为Ⅱ类，达标率为100%；花渔洞集中式饮用水水源地水质类别为Ⅱ类，达标率为100%。截至统计时，彝良县城环境空气质量自动监测站运行有效天数为358天，空气质量优良天数358天（其中，优的天数为314天，良的天数为44天），优良率为100%，县城环境空气质量达到了《环境空气质量标准》（GB 3095—2012）二级。三是做好县域生态环境质量监测评价与考核工作。已录入上报2020年国家重点生态功能区县域生态环境质量监测评价与考核相关监测数据。

严格环境执法检查，维护群众环境权益。一是严格环境执法检查，顺利开展"双随机、一公开"，严厉打击各类环境违法行为。2020年，彝良县生态环境综合行政执法大队共出动执法人员260余人次，检查企事业单位80余家，下发责令整改决定书27份，立案查处环境违法案件15件，下发行政处罚决定书16份（其中一件为一案双罚），罚款金额132万元。二是督促小发路煤矿、昌盛煤矿、云成炭素公司完成煤矸石问题整改和验收销号。三是加强洛泽河流域重大建设项目环境执法检查，严厉打击向河道倾倒固体废弃物、随意排放废水的环境违法行为。四是认真开展环境信访、污染纠纷的调查处理工作。2020年以来，共受理各类环境信访事项37件，已全部办结。五是安排专人分别负责、有序推进安全生产工作和综治维稳工作。完成突发环境事件应急预案备案登记27家，排查环境隐患50处，处理环境热点信访案件5件，处理涉黑涉恶案件线索1件，未出现一起因环境污染引发的安全生产事故及群体性社会矛盾。六是加强医疗机构排污监管，做好新型冠状病毒感染疫情防控。为应对新型冠状病毒感染疫情的蔓延，完成对全县22所公立医院、10家民营医院及1个新型冠状病毒感染留观站进行了现场环境检查，督促医疗机构做好医疗废物收集转运和医疗废水处理工作。

加强统筹协调，扎实推进环境问题整改。2015—2019年，中央及省级五次环保督察反馈和移交全县生态环境问题共 121 个，整改完成 119 个，整改完成率约为 98%，其中，中央环保督察及"回头看"反馈问题及移交信访件共 47 个，整改完成 47 个，整改完成率 100%。

强化项目建设，稳步推动生态环境建设。一是扎实推进生态文明示范县创建。彝良县省级生态文明县创建工作已顺利通过市级技术审查，待省级检查验收。同时，完成了荞山、角奎、龙海等 13 个乡镇的省级生态文明乡镇创建工作。二是狠抓重点项目建设工作。总投资 2000 万元的洛泽河流域（彝良县段）重金属污染治理续建项目顺利通过市级竣工验收。三是加强项目申报。组织开展了彝良县角奎镇农村环境治理项目、白水江流域（彝良段）农村生活污水治理等污染防治工程申报。目前，已完成调查、可行性研究报告编制及专家评审工作，待上报省厅审查入库。四是完成"十四五"生态环境保护规划编制工作。五是开展乡镇集中式饮用水水源地保护区划分，为饮用水源地保护提供依据。

抓实脱贫攻坚工作，坚决打赢脱贫攻坚战。2020 年以来，严格按照户脱贫 5 条、村出列 7 条标准，全身心投入上寨村脱贫攻坚工作。一是强化帮扶力量。根据县委统筹安排，下派 4 名优秀同志驻村上寨、茶坊，积极配合乡村两级开展脱贫攻坚工作。二是强化统筹工作。扎实开展入户遍访，主动服从安排，积极担当作为，尽心尽力扶真贫、真扶贫。三是强化经费保障。划拨工作经费 6 万元帮助上寨村委会开展河道整治、为特困户置办简易家具及支持驻村干部工作等，助力决战决胜脱贫攻坚。四是奋力攻坚、冲刺决战，全力配合上寨村顺利通过脱贫成效考核。

生态环境分局主要领导干部
陈金松　党组书记、局长
李申波　党组成员、副局长
张少坤　党组成员、副局长
覃天莉　副局长

（撰稿：邵明剑）

【威信县】　昭通市生态环境局威信分局是昭通市生态环境局的派出机构，正科级单位，机关内设 4 个股室，即局办公室、综合股、污染防治股，环境整改办；共有行政编制 8 名，机关工勤编制 1 名，实有行政人员 8 人，机关工勤人员 1 人；威信分局下属事业单位 2 个，威信县生态环境综合行政执法大队属参照公务员法管理的事业单位，参公编制 10 名，实有人员 5 名；昭通市生态环境局威信分局生态环境监测站共有事业编制 19 名，实有事业人员 18 人，当前空编 1 名，全局在编在岗 32 人，借用 8 人，临聘 7 人，共 47 人；监察大队在编 5 人，5 人都能参与现场执法，其中，1 人为法律专业（自考大专）；全局有执法车 1 辆。

单位职能职责。一是整合分散的生态环境保护职责，统一行使生态和城乡各类污染排放监管与行政执法职责。二是加强环境污染治理，将县环境保护局的职责，县发展和改革局的应对气候变化和减排职责，县国土资源局的监督防止地下水污染职责，县水务局的编制水功能区划、排污口设置管理、流域水环境保护职责，县农业局的监督指导农业面源污染治理职责等整合。三是拟订并组织实施全县生态环境政策、规划和有关标准，统一负责生态环境监测和执法监督工作，监督管理污染防治、核与辐射安全，组织开展环境保护督察等。四是承办威信县政府和昭通市生态环境局交办的其他事项。认真贯彻省、市生态环境会议精神和县委、政府决策部署，深入推进蓝天、碧水、净土污染防治工作，以历次环保督察整改、验收为抓手，全面加强环境保护工作和监察执法力度，环境质量稳步提升。

环境监测。2020 年，会同市环境监测站、昭通市蓝环环境检测有限公司完成全县水质分析工作。一是开展了 12 次省控断面邓家河、铜城、白水水质监测。二是完成 6 次市控断面金竹林水质监测。三是完成 12 次赤水河流域两合岩、石坎、倒流水、河坝渡口断面横向生态补偿监测。四是完成 5 次县控断面马牛光沟水质监测。五是完成县城饮用水水源地水质全分析 4 次采样送检工作。六是完成县域内 3 个水质自动站建设工作。七是开展对长安镇饮用水水源地污染源和桂香沟水库环境调查。全年检测数据显示，邓家河、铜城、金竹林、倒流水、河坝渡口、马牛光沟断面水质均达《地表水环境质量标准》（GB 3838—2002）

Ⅱ类水标准；石坎断面水质为Ⅲ类；两合岩监测断面水质为劣Ⅴ类；后山水源、回凤水库、后山水源地水质综合类别为饮用二级；地表水考核监测断面水质达标率100%；完成对威信县水务产业投资有限公司12次的监督性监测，监测结果均达标。八是完成实验室化学试剂及标准样品的购置，完成现场仪器、送检仪器的检定，完成实验室标准化改造。开展实验室资质认定前期准备工作、方法确认和文本编制。2020年，威信县环境空气质量总有效天数为334天，优良天数为328天，轻度污染6天，优良率98.2%。年均值：二氧化硫：16微克/立方米，二氧化氮：15微克/立方米，一氧化碳：0.9毫克/立方米，臭氧：61微克/立方米，PM_{10}：39微克/立方米，$PM_{2.5}$：24微克/立方米。以上均达到《环境空气质量标准》（GB 3095—2012）中二级标准。

环境监察执法。2020年，全年共出动执法人员332人次，现场检查企业101家，一般行政处罚案件共计13件，罚款金额96.02万元，适用四个配套办法案件1个。

环境监管。2020年，一是按月开展"双随机、一公开"环境监管工作，根据"双随机"环境监管工作的要求，同步开展跨部门"双随机、一公开"工作，随机抽取排污企业、随机匹配执法人员开展环境现场检查工作，2020年，共抽取35家企业开展"双随机"检查，其中，重点污染源企业3家，出动执法人员98人次，检查材料及时上传移动执法系统，提出整改问题32个。二是开展生猪代养场环境保护专项执法工作。为确保威信县生猪产业健康持续发展，提高农村人居环境质量，2020年4—5月，威信县生态环境综合行政执法大队对全县第一批建设的24个生猪代养场环境保护工作开展专项执法检查，检查内容主要包括环保设施建设及运行、管理情况。对检查中存在的环境问题形成问题清单，及时反馈相关职能部门和所涉乡镇、村委，并向县人民政府提交了此次专项执法检查工作情况报告。三是开展危险废物环境监管。按照重点产废单位重点监管、一般产废单位随机抽查原则，不断加强全县危险废物规范化管理，疫情期间加强医疗机构废水及医疗废物环境管理，对全县确诊病例收治医院、5个临时隔离点定期开展现场检查，确保医疗废物按要求进行处置。对云南能投威信能源有限公司、中国石油天然气股份有限公司浙江油田分公司天然气勘探开发事业部危险废物实施重点监管，结合"双随机"及日常环境监管，同步开展一般产废单位危险废物环境监管工作。

信访举报。建立健全信访办理制度，完善信访调查处理流程。2020年，受理群众信访投诉53件，已处理50件，正在办理3件。

环评审批。2020年，昭通市生态环境局威信分局认真贯彻《环境影响评价法》，严格执行规划环评和建设项目环境影响评价制度，完成环评项目审批12个，建设项目环境影响登记表备案138个。对不符合产业政策、环保政策和规划环评要求、严重污染破坏环境、无总量指标来源的建设项目一律不予审批。组织以乡镇为单位进行生猪代养场项目专项备案培训，规范各乡镇村组生猪代养场项目备案67个。

污染减排。2020年，云南能投威信能源有限公司烟气脱硫系统总计运行5673.97小时，脱硫系统投运率达100%，平均脱硫效率为98.87%，脱硝系统投运率达100%，平均脱硝效率为90.44%，1—10月实现脱硫56662.46吨，脱硝6332.32吨。可达到市级下达的"加强管理，控制燃煤硫分，脱硫系统投运率100%，综合脱硫效率90%以上"和"确保正常运行综合脱硝效率不低于70%"的减排要求。2020年，县城污水处理厂正常运行360天，预计污水处理量为351.84万吨，日均处理污水量为0.98万吨，污水处理负荷率为98%。县城污水处理厂化学需氧量平均进水浓度为294.5毫克/升，平均出水浓度21毫克/升；氨氮平均进水浓度为39.174毫克/升，平均出水浓度1.3毫克/升。实现化学需氧量总量减排962.28吨，实现氨氮总量减排133.26吨。

饮用水水源保护。2020年以来，一是持续加强县城集中式饮用水水源达标建设。2020年，威信县有在用县级集中式饮用水水源地3个。以上水源地均于2012年划定饮用水水源保护区，昭通市人民政府于2012年9月29日以《昭通市人民政府关于全市县级城镇集中式饮用水水源保护区划分方案的批复》（昭政复〔2012〕67号）批复执行。2020 年 1—11 月，后山柳尾坝、回凤水库综合类别为Ⅱ类，桂香沟水库水质综合类别为Ⅲ类，桂香沟水库和回凤水库营养状态为贫营养，全县达到或优于Ⅲ类水质的饮用水水源个数为 3 个，比例为 100%。二是开展乡镇集中式饮用水水源保护区划定工作。全县有乡镇集中式饮用水水源地 12 个，2020 年，昭通市生态环境局威信分局委托云南沐昇环保科技有限公司编制全县 12 个乡镇饮用水源保护区划定方案，按照《云南省人民政府关于修改〈云南省重大行政决策程序规定〉的决定》（省政府令第 217 号）履行了公众参与、风险评估、专家论证、合法性审查等程序报送省人民政府。2020 年 11 月 30 日，云南省人民政府以《云南省生态环境厅关于批复昭通市昭阳区大山包镇勒力寨水库等 121 个集中式饮用水水源保护区划定方案的函》（云环函〔2020〕636 号）批复执行。

污染防治。深化大气污染防治工作。一是淘汰 10 蒸吨/时以下燃煤小锅炉 1 台。二是成立饮食服务业油烟污染专项整治小组，在威信县城范围内开展了油烟集中整治行动，检查各类餐饮店铺 625 家，责令整改经营商铺 48 起，查处餐厨垃圾管理不规范商家 26 家，取缔存在油烟扰民现象的烧烤摊点 9 家。开展机动车排气污染防治工作。一是加强对已建成的机动车尾气检测线监管维护，确保正常运行。二是加速淘汰黄标车，2020 年，威信县共淘汰黄标车 313 辆（137 辆脱检车、105 辆正常状态车、71 辆柴油货车）。全面开展扬尘治理工作。一是编制并发布实施《威信县工程建设工地扬尘管理办法》，加强施工扬尘治理和监管，积极推进绿色施工。二是制订县城规划区施工扬尘治理方案，开展施工扬尘治理专项执法行动，严格要求县城建成区及周边地区工程建设施工现场全封闭，设置围挡墙、施工围网、防风抑尘网，严禁敞开式作业，施工现场道路进行地面硬化。三是要求渣土、砂石料、混凝土运输车辆进出施工工地进行清洗，渣土、砂石料运输过程采取密闭措施，并按照指定路线运输。四是加大城镇建成区内防风抑尘作业力度，全面采用道路机械化清扫等低尘作业方式；大型煤堆、料堆实现封闭存储，建设防风抑尘设施。完成高排放非

道路移动机械禁止使用区划定。已制定《威信县高排放非道路移动机械禁止使用区划分方案》，2020 年，完成非道路移动机械登记审核 80 个。开展工业污染源达标排放整治工作。一是持续推进工业污染源达标排放，依法对辖区内工业企业进行监管。云南能投威信能源有限公司开展了脱硫、脱硝设施改造，改造后脱硫、脱硝效率分别达到 98%、90% 以上。凯宾红叶工贸公司对大气污染设施进行了技术改造，安装了烟气脱硫塔设施。二是通过排污许可清理整顿工作，督促辖区内建材等重点行业企业完成污染治理设施整改。2020 年，威信县纳入全国污染源自行监测信息管理与共享平台考核的重点排污单位污染源 2 家，分别是云南能投威信能源有限公司、威信凯宾工贸有限公司，已全部依据排污许可证要求制订企业自行监测方案上传备案，并开展自行监测及信息公开。三是根据《昭通市生态环境局关于 2020 年排污许可证发证登记工作计划的通知》，配合市生态环境局完成排污许可登记企业 249 家，排污许可证核发 32 家，完成率 100%。

环保宣传。2020 年，昭通市生态环境局威信分局将紧扣重点时段、重点区域，利用好"两微"、电视广播等多媒体开展形式多样的宣传活动，做到环保宣传入机关、入学校、入企业、入基层。制作展出新《环境保护法》专题展板 20 块，在扎西体育馆电子视频上滚动播出环境保护宣传教育专题片。同时，在扎西体育馆广场组织开展环保法规知识咨询服务活动，发放环保宣传资料和环保物品 4000 余套，增强了群众保护环境、爱护家园的意识，在全县营造了保护环境、人人有责的浓厚氛围。

生态环境分局主要领导干部

王应勇　党组书记、局长

魏仁贵　副局长

罗墨龄　副局长

李宗伟　副局长（2020.07—）

（撰稿：陈晓东）

【**盐津县**】　蓝天保卫战方面。划定高排放非道路移动机械禁止使用区，开展非道路移动机械申报登记和编码工作，其中，申报登记非道路移

动机械 60 辆，发放环保登记码 60 个；以抑尘、控车、减排等为重点开展全力攻坚，制定印发《盐津县改善环境空气质量工作方案》，坚持每月调度，强力推进问题整改。加强机动车环保检测工作。2020 年，共检测车 16758 辆，合格车 16542 辆，合格率约为 98.71%。完成持久性有机污染物统计调查。

碧水保卫战方面。一是生态环境部通报 2020 年 1—11 月国家地表水考核断面水环境质量状况排名前 30 位城市及所在水体，盐津横江断面排名 27 位。二是保障饮水安全。完成《盐津县 16 个乡镇级集中式饮用水水源保护区划定方案》编制并获得省厅批复，按照"边划定边排查"的原则，对 16 个乡镇级饮用水水源地进行问题排查。同时与相关部门协调，完成盐津县县城集中式饮用水水源地信息采集，开展水环境质量状况评估工作并编制评估报告。三是扎实推进地下油罐和油气回收治理。完成地下油罐更新改造和安装油气回收装置加油站 21 家，完成率 100%。四是削减"废水"。2020 年，盐津县完成化学需氧量削减量 379.89 吨，氨氮削减量 52.35 吨。五是编制盐津县农村生活污水治理专项规划，完成污水治理自然村 112 个；排查农村黑臭水体行政村 81 个，经排查盐津县无黑臭水体。

净土保卫战方面。一是加强对化工、畜禽养殖等重点行业企业的环境监管力度，增加日常现场检查频次，督促行业企业加强环境管理，严格依法达标排放，有效预防重金属、有机污染物等超标排放引发土壤突发环境事件。二是完成盐津红原化工有限责任公司疑似污染地块土壤环境调查和涉镉重金属污染排查工作。

环保督察整改。盐津县历次环保督察反馈问题 81 个，完成整改 76 个，正在整改 5 个，通过市级验收 73 个，正在申请验收 3 个，完成率约为 93.8%；交办信访举报件完成整改 23 件，已全部完成整改并通过市级验收，完成率 100%。

环境影响评价。深化"放管服"改革，规范政务服务事项清单。始终坚持"提前介入，突出重点，跟踪督办，强化服务"，优化环评流程，加快环评审批，真正发挥环境影响评价制度从源头控制污染和防止生态破坏的作用。2020 年，共审批环境影响评价文件 24 个，其中，报告书 1 个，报告表 23 个，环境影响登记表网上备案 61 个。同时，针对小电站的整改要求，对盐津县 6 个需进行整改的电站进行现状评价备案登记，其中，市级备案 3 个、县级备案 3 个，均已完成。完成 11 家企业的排污许可证核发和 120 家排污单位的排污许可登记。

环境执法。一是严格执法监管，深入开展排查整治。严格落实"双随机、一公开"抽查制度，在污染源日常监管"双随机"工作中，建立了 71 家企业的企业库，共抽取 53 家企业对其环保审批手续、污染治理设施、排污许可证办理等情况进行检查；牵头组织跨部门"双随机"1 次，检查企业 6 家，参加其他部门组织的"双随机"检查 1 次，检查企业 1 家。坚持日常执法和集中查处相结合，确保盐津县辖区内的污染治理设施正常运行，发现问题要求排污单位及时进行整改，防止偷排、漏排污染物行为发生。全面深入开展各类专项排查整治。2020 年以来，重点组织开展环境安全隐患排查、核与辐射安全隐患排查、饮用水水源地等各类专项检查整治共计 56 次。二是强化应急管理，及时解决投诉纠纷。组织开展《盐津县突发环境事件应急预案》的更新修订，督促 17 家企业完成《盐津县突发环境事件应急预案》备案，落实物资储备。开展汛期环境安全隐患整治工作，制定印发了《关于做好汛期环境安全工作的通知》，重点加强沿河企业的日常监察频次，杜绝环境安全事件的发生。认真对待和解决群众日常污染投诉，并认真做好回复工作。2020 年，共受理并办结环境信访案件 86 件。三是严惩违法行为，震慑环境违法企业。依法从严处理环境违法行为，充分运用环境保护法律法规赋予的合法手段，不断规范现场监督检查、案件处理处罚、案件移交移送等，2020 年，共出动环境执法人员 195 人次，检查企业 65 家，发出《责令改正违法行为决定书》13 份，行政处罚 6 件，罚款 81 万元。

环境监测。盐津县县城环境空气监测数据由空气自动监测站与云南省省环境监测站联网实时传输，环境空气质量优良率为 97.2%。对豆沙关省控断面、北甲瓦厂社县控断面、长江经济带断面燕子坡铁路桥水质监测各 12 次，水质均符合《地表水环境质量标准》（GB 3838—2002）Ⅱ类标准限值。对油坊沟水库、豆芽沟 2 个集中式饮用水水源地水质监测各 4 次，水质均符合《地表水环境质量标准》（GB 3838—2002）Ⅱ类标准限值（河流总氮除外，油坊沟水库总氮作为参考指标单独评价）。完成盐津县污水处理厂和污水处理站在线仪器比对监测各 4 次，比对结果均符合《水污染源在线监测系统（COD_{Cr}、NH_3-N 等）运行技术规范》（HJ 355—2019）要求；对盐津县污水处理厂、污水处理站监督性监测各 12 次，水质均达到《城镇污水处理厂污染物排放标准》（GB 18918—2002）规定的一级 B 标准。完成盐津县辖区内日处理能力 20 吨以上的农村生活污水监测及桃子村、石门村农村环境空气质量、水源地水质及地表水监测。盐津县县城区域内噪声监测均符合《声环境质量标准》（GB 3096—2008）Ⅱ类环境噪声限值。

盐津县第二次全国污染源普查工作。盐津县第二次全国污染源普查已基本结束，共建立档案 137 个。其中，工业源 97 个，农业源 18 个，集中式 2 个，移动源 20 个；管理类 7 个，污染源类 22 个，财务类 1 个，声像实物类 1 个。普查基本掌握了盐津县各类污染源数量、结构和分布状况，各类污染物产生、排放和处理情况，以及污染治理设施建设和运行情况等，并形成污染源普查结果"一张图"，为持续改善盐津县生态环境质量提供了有力支撑。

生态环境保护。完成盐津县国家重点生态功能区县域生态环境质量监测评价及云南省盐津县域生态环境质量监测评价考核资料汇总及上报工作。盐津县 9 个乡镇已成功创建省级生态文明乡镇，仅余盐井镇也已通过省级公示待命名。顺利完成盐津县水质自动监测站建设。积极争取抗疫国债资金 3000 万元用于盐津县垃圾热解无害化处理项目建设，目前，豆沙镇、柿子镇等 8 个乡镇垃圾处理站已投入运行，盐井镇、普洱镇 2 个乡镇正在开展前期工作。争取到中央水污染防治资金 617 万元用于油坊沟水库集中式饮用水水源地规范化建设和盐津县横江流域（盐津段一期）水污染防治。

环保知识宣传。2020 年，昭通市生态环境局盐津分局以环境宣教工作以生态环境保护中心工作为主线，以宣传环保法律法规政策和环保工作动态、提升全社会环保理念为目标，多措并举，有序推进，宣教工作取得积极成效。一是以培训为载体，针对涉污企业开展环境法制培训。组织盐津县企业进行了环境保护相关法律法规培训。二是以活动为载体，开展主题鲜明的环保宣教。以"4·22"世界地球日、"5·22"生物多样性日、"6·5"世界环境日等活动开展环境保护宣传工作，2020 年，共展出展板 4 块、宣传标语 5 条，发放宣传单 1500 余份，在盐津县县城各电子屏和出租车顶灯箱上循环滚动环保标语和环保小知识。全年召开新闻发布会 1 次。

绿色护考行动。2020 年，开展了中高考期间噪声隐患排查，在重点区域张贴了《关于做好高、中考期间噪声污染防治工作的通知》7 份，向KTV 娱乐场所、建筑施工工地、铝合金加工等单位发放通知 10 余份。安排专人值守并加大学校周边巡查频次，及时处理环境污染问题，为考生营造了良好环境。

生态环境分局主要领导干部

魏　霞　党组书记、局长
张　勇　党组成员、副局长
张健华　党组成员、副局长
陈珉民　党组成员、副局长

（撰稿：办公室）

【大关县】昭通市生态环境局大关分局共有编制 33 名，在职在编人员 25 人（驻村 3 人），班子职数 1 正 2 副，2020 年来，昭通市生态环境局大关分局在县委、县政府的正确领导下，在市生态环境局关心指导下，深入学习贯彻习近平新时代中国特色社会主义思想和党的十九大精神，进一步提高政治站位，增强"四个意识"、做到"两个维护"，坚决扛起生态环境保护的政治责任。紧紧围绕县委十三届七次全会、十六届人民代表大会第五次会议精神，坚持环境保护与经济发展并进，持续加大环境执法监管力度，切实抓好各类环保督察和重点环境问题整治，积极推进大气、水、土壤污染防治，各项工作取得明显成效。

落实全面从严治党。一是积极向县委和县委组织部汇报请示，4月份，中共大关县委批准成立了昭通市生态环境局大关分局党组。按照党建工作总体要求，认真落实全面从严治党主体责任和支部书记抓党建第一责任人职责，制定了《2020年党建工作计划》《模范机关创建工作方案》和《党支部开展"三亮三比"活动方案》，组织党员干部学习政治理论、强化理论武装，提升党性修养和宗旨意识，巩固"不忘初心、牢记使命"主题教育成果。全面落实好"三会一课"、党员领导干部参加双重组织生活、党员活动日、民主评议党员等党内政治生活制度，为有力推进生态环境各项工作任务落实提供坚强的组织保障。二是严格落实2020年全市生态环境局长会议和全市生态环境系统全面从严治党工作会议精神，坚持把党风廉政建设和反腐工作作为分内之事，应尽之责，把党风廉政建设作为党的建设和政权建设的主要内容，与领导班子、领导干部目标管理紧密结合，与生态环境业务工作同研究、同部署、同落实、同检查、同考核。按照"谁主管、谁负责，一级抓一级、层层抓落实"的原则，主要领导与市局和县政府、主要领导与分管领导、分管领导与股室负责人分别签订《目标责任书》，层层压实责任，紧盯项目建设、环评审批、环境执法等关键环节，加强了干部职工廉政教育，有力有序推进党风廉政建设各项工作落实，为推进生态环境工作提供坚强的纪律保障。

全面压实工作责任。认真落实生态环境保护"党政同责、一岗双责"和《中共大关县委 大关县人民政府关于全面加强生态环境保护坚决打好污染防治攻坚战的实施意见》，把生态环境工作纳入全县综合大考核，考核分值占比为9%，进一步量化考核指标，细化工作任务，明确责任单位责任，将生态环境目标责任制考评结果纳入各级各部门考核评价体系，推动全县相关部门全面落实生态环境保护职责。

全力打赢疫情防控阻击战。自新型冠状病毒感染疫情发生以来，全体干部职工提前返岗，领导班子靠前指挥，举全局之力，采取强力措施，做好应对疫情预防和控制工作，及时、有序、高效无害化处置疫情医疗废物，防止疾病传播，助力全县打赢新型冠状病毒感染防控阻击战。一是加强医废监管。全面加强对医疗废物的监管，督促医疗废弃物处置机构对辖区内定点医院和6个隔观点的医疗废物收集、运输、贮存和无害化处置，确保医疗废物得到安全无害化处置立数据台账。二是加强环境监测监管。对县城空气质量、饮用水水源、断面水质实施监测。三是全面开展排查工作。安排6名职工到木杆镇参与疫情防控"卡点"工作，安排3名职工参与县城疫情防控"卡点"和巡逻工作，4名驻村工作队员全程参与挂钩村疫情防控工作，结对帮扶责任人两天一次电话访问贫困户健康状况，机关办公室每天收集干部职工健康状况，准确掌握贫困户返乡情况，接触人群和家庭成员健康状况，同时注意自身防护。四是加大宣传工作力度。在机关大门显示屏全天播放宣传标语，全体职工通过电话向帮扶户宣传新型冠状病毒感染疫情的防控工作，并做到不造谣、不信谣、不传谣。对全局公共区域及办公用品进行消毒，干部职工上下班全程佩戴口罩，扫码上下班，并自行做好体征监测，切断疫情传播渠道。

坚决打好脱贫攻坚战。脱贫攻坚工作启动以来，市生态环境局大关分局始终把脱贫攻坚工作作为一项重大的政治任务，全面贯彻落实全县脱贫攻坚工作的有关要求和任务，把脱贫攻坚工作纳入议事日程，主要领导亲自抓、分管领导具体抓，明确专人负责日常扶贫工作的筹划和落实。严格按照县级要求派驻工作队，同时做好对驻村工作队员的关心爱护，明晰机关、驻村工作队、结对帮扶责任人工作职责，有力有序推进脱贫攻坚工作任务落地见效。顺利通过云南省第三方评估验收及全国脱贫攻坚普查。

稳步推进环境监测。一是地表水环境质量监测。开展了10次岔河断面和大桥断面水质监测，10次水质监测结果均达到《地表水环境质量标准》（GB 3838—2002）Ⅲ类或优于Ⅲ类次数，达标率100%。二是环境空气质量监测。监督配好大关翠华空气自动站点维护，保证监测质量。2020年，大关县自动空气站有效监测天数为350天，优良天数为349天，其中，优天数253天，良天数96天。轻度污染天数为1天，主要污染物为臭氧，优良天数达标率约为99.7%，同比持平。三是污染源监督性监测。大关县城污水处理厂监督性监测，按照国考、省考方案，市监测方案实施每月1次，全分析每季度1次，2020年，有效监测10次，达标排放率100%；昭通昆钢嘉华水泥建材有限公司监督性监测，有效监测2次，达标排放率100%。在线系统比对监测，按照国考、省考方案，市监测方案实施每季度比对监测1次，2020年，共比对3次，在线比对合格3次。四是饮用水水源地水质监测。开展了4次饮用水水源地出水洞水质监测，4次水质监测结果均达到《地下水环境质量标准》（GB/T 14848—93）Ⅲ类限值，达标率100%。五是县域生态考核工作。大关县属于国考和省考双重考核县，按照考核工作要求，每季度上报云南省国家重点生态功能环境质量监测评价考核监测报告，累计上报6本，年底上报考核汇总资料2本。

从严进行环境执法。以"规范执法、严格执法、文明执法、公正执法"为主线严肃查处环境违法行为。认真履行生态环境现场监察及投诉信访受理办结职责。一是2020年，大队对辖区范围内的企业和项目环保设施运行、达标排放、在线监测系统安装使用等情况开展了现场监察，总共出动210人次开展70余次现场监察，立案查处环境违法企业7家，罚款53.3万元，并对7家企业下发了责令改正违法行为决定书。开展3次"双随机"环境现场监察，检查企业33家，在检查过程中发现1家环境违法行为的企业。二是受理环境信访件16件，其中，办结13件，办结率81.25%，正在积极办理3件。

积极开展专项行动工作。在县委、县政府的统筹安排下，和多个部门协同开展各项专项行动。一是于2020年5月开展了大关县核与辐射安全检查，此次专项行动共检查涉源企业1家、核技术利用单位17家。二是联合住建、市场监管等部门对全县洗车行业开展专项整治，要求业主完善污染防治设施和环保手续。三是协同公安、文旅等部门对县城酒吧开展环境噪声治理，要求业主完善噪声污染防治设施和相应的环保手续。

大力推动污染物减排工作。按照《昭通市环境保护局关于印发2020年度大气生态环境约束性

指标计划的函》《昭通市环境保护局关于印发2020年度水环保约束性指标计划的函》等文件要求，切实开展好大关县2020年减排工作：一是昭通昆钢嘉华水泥建材有限公司2500吨/日新型干法窑实施烟气脱硝工程。根据昆钢嘉华水泥建材有限责任公司脱硝设施运行情况及在线监测数据，截至10月底，综合脱硝效率达74.81%，其中，氮氧化物产生量为1241.425吨，氮氧化物削减量为939.905吨、排放量为301.52吨。二是大关县污水处理厂。根据2020年污水处理厂运行情况及在线监测数据，截至10月底，污水厂排放口各项指标均达到一级B排放标准，未发生水污染及安全生产事故。共处理污水115.08万吨，削减COD 190.5吨、氨氮20.1吨，圆满完成减排任务。

依法开展环境影响评价审批。截至2020年11月4日，共受理县级审批建设项目环境影响评价文件24个，其中，环境影响报告书3个、环境影响报告表21个，办结率100%，建设项目环境影响登记表备案系统备案登记121个。

开展排污许可登记。按照全市统一安排，积极配合市生态环境局完成大关县排污许可证登记、发放工作。2020年，发放、登记92家。

切实落实河长制。按照市、县河长制相关巡河制度要求，已配合县长、副县长、河长办完成大关河、关河全段巡河检查，并将巡河过程中发现的问题及时召开巡河问题反馈会，将巡查发现问题进行交办，同时研究部署保护治理措施。

积极开展生态细胞创建。一是成功创建市级生态文明村75个（木杆镇所辖村/社区不纳入）创建成功率100%。二是成功创建省级生态文明乡镇创建9个，创建成功率100%。三是启动省级生态文明县创建工作。2020年6月21—22日，市级技术评估组到大关县开展省级生态文明县创建市级评估，并通过市级技术审查。8月22日，申请省级验收复核，目前资料正在复核中。

加强生物多样性保护。一是加强生物多样性宣传。5月22日是国际生物多样性日，通过电子屏幕、显示屏等进行宣传，进一步让广大人民群众提高保护生物多样性意识。二是继续深入学习和领会《中共中央办公厅 国务院办公厅关于甘肃祁连山国家级自然保护区生态环境问题督查处

理情况及其教训的通报》精神，深刻吸取甘肃祁连山国家级自然保护区生态环境问题的教训，深入云南乌蒙山国家级自然保护区三江口片区和罗汉坝片区开展监督检查，重点关注采石、采砂、采矿、设立码头、开办工矿企业、挤占河（湖）岸，以及核心区缓冲区内旅游开发、水电开发8类问题，切实加强自然保护区的综合管理，加强执法检查力度，严厉打击涉及自然保护区的各类违法违规行为。

加快推进农村人居环境整治工作。一是完成2019年7座垃圾热解站后续建设以及验收工作。二是编制完成农村生活污水治理规划。三是狠抓项目建设。开展金沙江流域洛泽河（大关段一期）农村污水治理项目，目前，完成招投标工作，预计11月中旬开工建设。四是积极申报项目，争取资金。已编制7个可行性研究报告，并通过省级专家技术指导，拟争取中央和省级资金6828.54万元，其中，2个项目建议录入中央项目库，争取中央资金支持。五是强化舆论导向，全面促进污水治理。通过脱贫攻坚遍访、清理核查、农村人居环境现场检查等方式，将农村生活污水治理工作宣传到户，讲解到人，充分发挥群众优势，引导群众利用沼气池、天然湿地、氧化塘、三级化粪池、农灌等方式规范处理生活污水。目前，全县农村生活污水无乱排乱放现象。

加快水源地保护攻坚战节奏。一是"千吨万人"饮用水水源地保护区划定情况。根据《昭通市水源地保护攻坚战专项领导小组办公室关于印发昭通市水源地保护攻坚战实施方案的通知》（昭污防通〔2019〕9号）要求，大关县水务局、昭通市生态环境局大关分局和各乡镇人民政府开展了"千吨万人"水源地基本情况排查工作，经排查，大关县无"千吨万人"饮用水水源地。二是县级集中式饮用水水源地保护区划定情况。大关县人民政府于2012年组织集中式饮用水水源保护区划定工作，由县环保局根据国家《饮用水水源保护区划分技术规范》（HJ/T 338—2007）要求，划定好保护区范围，制定了《大关县县城集中式饮用水源地保护区划分报告》，于2012年8月通过县人民政府初审后上报昭通市人民政府审核并批复。三是乡镇级饮用水水源地保护区划定情况。

根据《昭通市水源地保护攻坚战专项小组办公室关于加快推进乡镇级饮用水水源保护区"划、立、治"工作的通知》（昭污防水源〔2020〕3号）要求，大关县已组织完成了10个乡镇级饮用水水源保护区划定工作，共划定水源保护区22.747平方千米，其中，一级保护区2.192平方千米，二级保护区20.555平方千米。

积极开展危险废物专项整治。根据《昭通市生态环境局关于做好全国危险废物专项整治三年行动有关工作的通知》（昭环通〔2020〕59号）要求，大关县已建立完善区域内危险废物产生单位清单、危险废物环境重点监管单位清单，无拥有危险废物自行利用处置设施单位清单。下步工作中要强化事中事后监管，打击环境违法行为。

涉镉等重金属重点行业企业污染源排查整治工作。按照《昭通市生态环境局关于印发〈昭通市涉镉等重金属污染源2019—2020年度整治计划〉的通知》（昭环通〔2019〕52号）文件精神，加强涉重金属行业污染防控，已完成大关县玉碗金鑫选矿厂、鲁甸县云香有限责任公司大关人和铅锌矿分公司污染源整治验收工作。

持续做好各级环保督察及"回头看"反馈问题整改。昭通市生态环境局大关分局2020年配合完成市委、市政府关于环保督察整改验收督导3次验收工作，合计申请验收33个问题（包含中央环保督察"回头看"反馈问题2个，省级环保督察反馈问题27个，省级环保督察"回头看"反馈问题3个，省级环保督察"回头看"交办信访件1件）；并积极配合督查组完成对省级生态文明县创建情况，向人大报告环境状况及环境保护目标完成情况，工业园区集中式污水治理设施建设情况，县城垃圾填埋场渗滤液处理工程建设运行情况，县城污水处理厂提标改造推进情况，大关县人民医院医疗废物转运情况等进行资料查阅和现场督察。

生态环境问题整改验收工作。一是向市生态环境局申请长江经济带生态环境问题验收，对大关天达化工有限公司、大关县水务产业投资有限公司、云南大鹏硅业有限公司未经水行政主管部门、环保部门许可擅自设置入河排污口的整改情况进行现场验收。二是配合县政府督查室对历次反馈环保问题、群众关注的热点难点问题进行现场检查；收集各单位上报整改情况，形成清单报县政府督察室。三是按照市政府交办的历次生态环境保护督察尚未整改完成问题，梳理大关县中央环保督察，中央环保督察"回头看"、省委省政府环保督察反馈未整改完成问题；撰写调度通知，将问题转办各牵头单位。四是迎接省委省政府赴大关开展中央生态环境保护督察"回头看"反馈问题整改落实情况督察，现场督察玉碗白岩脚垃圾填埋场存量垃圾清理情况及垃圾热解站手续完善和运行情况，县城垃圾填埋场垃圾渗滤液处理项目建设运行情况等。五是草拟《大关县贯彻落实省委省政府生态环保督察"回头看"第一督察组交办举报环境问题的整改方案初稿》及《大关县贯彻落实省委省政府环保督察"回头看"及水污染防治专项督查反馈问题整改方案初稿》，并按程序上报印发。

生态环境分局主要领导干部

陈文智　局长

徐　静　副局长

杨　春　副局长

（供稿：张　垚）

【永善县】　2020年，昭通市生态环境局永善分局在市局党组和永善县委、政府的正确领导下，紧紧围绕全县经济社会发展大局，以改善环境质量为核心，切实做好环保督察反馈问题整改、环评服务、污染防治、总量减排、环境执法、生态创建等工作，圆满完成了既定的目标任务，一年来，全县环境质量状况持续改善，境内主要河流断面达到Ⅲ类水质以上，达标率100%；城市集中式饮用水水源达到Ⅱ类水质标准，达标率为100%；空气环境质量监测连续24小时监测形成常态，空气优良率达99.7%，区域环境噪声达到国家Ⅱ类标准，交通干线噪声达到国家Ⅳ类标准。

机构改革。昭通市生态环境局永善分局于2019年3月18日正式挂牌。2020年，整合了属地原环保、发改、水利、农业、国土等部门的相关职责，实现多部门生态环境监管职能的有机统一，构建了新时代生态环境监管体系，强化生态环境保护工作。使生态环境保护管理体制更加顺畅，工作更加高效，为全县生态环境保护提供有力的保证，为书写永善生态环境工作新篇章，开创生态保护新局面奠定坚实基础。

污染综合防治。蓝天、碧水、净土"三大保卫战"及"8个标志性战役"深入持续开展。一是抓好空气环境整治，指导县域两家机动车检测机构升级改造，督促18763辆机动车开展尾气检测，淘汰柴油货车5辆，注销77辆柴油货车道路运输证。城镇扬尘污染防治常抓不懈，空气环境质量监测连续24小时监测形成常态，环境空气优良率达99.7%。二是抓好水环境保护。对县城饮用水水源地每季度开展现场监测执法，确保饮用水水源地不受污染破坏；每月对县城污水处理厂开展监理，确保污水处理厂正常运行，达标排放；督促大兴、黄华、桧溪、务基青龙集镇污水处理厂正常运营；加大金沙江沿岸生活污水、生活垃圾治理和畜禽养殖业粪便污染治理。2020年，云荞水库饮用水水源地水质保持在Ⅱ类水质标准，达标率100%，金沙江马家河坝和永善出境断面（倒流子）水质稳定保持在国家地表水Ⅲ类标准，达标率100%。三是强化固体废物监管，狠抓固体废弃物规范处置，土壤污染详查扎实推进，农业面源污染、水土流失综合治理深入开展，确保全县土壤环境安全事故连续保持"零发生"，主要污染物减排全面完成，全国第二次污染源普查圆满完成。

主要污染物减排。2020年，该局按照市局下达的主要污染物减排任务，科学制订减排计划，实行了污染物减排动态管理，一年来，督促指导永善县污水处理厂处理污水量为234.3万吨，削减化学需氧量677.38吨，氨氮109.53吨，全面完成上级下达的主要污染物减排任务。

环保督察反馈问题整改。2015年以来，永善县共接受了西南环保督察、中央环保督察及"回头看"、省级环保督察及"回头看"、固体废物督察、水源地专项督察、省级实地督察6次生态环境保护督察，反馈整改问题121个，目前已全部完成整改，销号118个，销号率为97.5%。未销号的3个问题主要涉及城乡污水、垃圾处理问题，县级层面已完成整改，正在与市级主管部门对接申请验收销号，目前正在开展验收相关工作。由永善分局牵头整改的11个长江经济带问题，已全部完成整改。全县环保督察整改工作得到上级的充分肯定。

生态创建和生态质量考核。按照《永善县省级生态文明县创建实施方案》要求，永善县成功创建省级生态文明乡镇 15 个、市级生态文明村 97 个。省级生态文明县创建申报材料已报省生态环境厅，待省厅现场复核及审查通过后报省人民政府命名。国家和省重点生态功能区县域生态环境质量监测评价与考核工作提交完成。

污水治理成效明显。加强集镇和村级污水治理基础设施建设，提升生活污水有效治理能力，减少对金沙江入河水质污染。2020 年，该局完成长江上游水污染防治资金 1800 万元项目建设，建成沿江村级污水治理设施 14 个并投入使用。争取环保专项资金 800 万元，实施了黑石罗水库水源地径流区（永善茂林段一期）村庄生活污水治理工程，强化金沙江流域生活污水、生活垃圾治理，基本实现了村村有垃圾房、垃圾池。治理设施的投入使用，减少了沿江乡镇生活污水对库区水质的污染。

环境影响评价。2020 年，昭通市生态环境局永善分局深入推进"放管服"改革，严把项目环境准入关，围绕建立完善政府服务清单，落实"最多跑一次"事项，重新梳理办事指南、流程放置于政务服务窗口。优化项目建设审批流程，建立健全行政审批股室与其他内设机构协同联动机制，实现了"一个窗口对外"的办理方式。在服务好建设项目落地永善县的同时，严格落实"三线一单"制度，严把项目环评准入关，控制新污染源产生。2020 年，共审批报告书 3 件，报告表 27 件，办理建设项目环境影响登记表备案 165 件。为大关县经济社会发展增添了后劲。

饮用水水源保护。按照《永善县集中式饮用水源地保护实施方案》，推进县级集中式水源地云荞水库的保护，制作安装了标识标牌、水库岸线围栏、公路界碑界桩、原住居民生活垃圾、污水治理设施等，加强水源地的保护和建设；加强水源日常巡查，清理了云荞水库库区垃圾；定期开展水质监测，一年来，云荞水库饮用水水源水质达到国家《地表水环境质量标准》（GB 3838—2002）Ⅱ类标准，达标率为 100%。完成县域"千吨万人"蒿枝坝水库水源地和大兴、桧溪等 9 个

乡镇级水源地保护的划定工作，实现水源地保护的"划、立、治"管理目标。

环境执法。一是加强辐射污染防治管理。督促 29 家使用辐射源单位定期对放射源装置进行安全评估，报废 7 台不合格医用射线装置。二是开展环保"双随机"执法、专项检查、紧抓信访线索等环境执法活动，生态破坏行为得到有效遏制。2020 年以来，已累计出动执法检查 280 余人次，检查企业数 130 家次（其中"双随机"检查 42 家次），共立案查处环境违法行为 20 件，已办结 17 件，其余 3 件正在办理之中，共处罚款 145 万多元。三是强化环境信访办理。2020 年，共接到来信、来电等信访举报 29 件，其中，4 件不符合不予受理，受理 25 件，办结 25 件，做到了件件有结果、有回音，有效维护了辖区群众环境权益。

环境宣传教育。为倡导人民群众用实际行动为绿色发展和生态文明建设贡献力量，营造全民参与环保、支持环保的氛围，永善县多措并举开展环境保护宣传活动。一是组织县生态环境保护委员会成员单位召开了两场新闻发布会。二是利用"永善环保"微信公众号刊载编辑、转载宣传中央、省市各类环境保护和生态文明建设文章。三是进企入村入户宣传。以环境执法检查、脱贫攻坚为契机，深入企业、社区、农村，同企业职工、社区群众面对面地宣传习近平生态文明思想，教育企业坚持新发展理念，引导群众发展绿色经济，在增收致富的基础上，保护好人类共同家园。四是借助"6·5"世界环境日宣传，深入乡镇、社区、县城广场等地搭建咨询台，以宣讲、解答等多种形式开展环保系列宣传活动。2020 年"6·5"世界环境日宣传期间，参与环保宣传活动群众达 12000 余名，现场解答群众提出的问题 300 余条，发放各类宣传资料 20000 余份，系列环境宣传活动的开展，有效提高了人民群众的环保意识。

脱贫攻坚。在县委政府的坚强领导下，该局结对包保职工和莲峰镇松田村两委按照上级的安排部署稳步推进各项扶贫工作。在户脱贫方面。一是开展人居环境整治，投入 2 万余元购置 430 个垃圾桶发放给群众，动员全村群众对区域内所有路域、沟、群众房前屋后和家中环境卫生进行

常态化清扫。一年来,先后清运垃圾 20 车 150 余吨,硬化院坝 120 户近 5000 平方米、串户路 5331 平方米,新建改建卫生厕所和无害化厕所 381 户,拆除危旧房复垦复绿 116 户 548 间 6294 平方米。二是实施花椒提质增效 500 亩、完善生猪养殖入股分红,开展就业培训,动员劳动力转移就业 1500 余人,落实社会保障 30 余人次等措施。抓实控辍保学,认真落实低保、临时救助和社会救助等措施,全面提升贫困群众家庭收入。三是动员建档立卡户,19 户非建档立卡户对房屋进行新建和改造,组织易迁进城搬迁 45 户。通过实施一批农村饮水安全巩固提升项目,解决全村 18 个村民小组、惠及农户 707 户 2924 人的饮水困难。目前,全村建档立卡脱贫户 432 户 1837 人,目前已全部脱贫,均达到"两不愁三保障"的目标。贫困村出列方面:(一)全村贫困发生率由 65.21% 降至 1.61%。(二)全村实现组组通公路。(三)电网工程全覆盖。(四)网络宽带覆盖到松田村委会、小学和卫生室,全村 18 个村民小组均已实现中国移动 4G 网络全覆盖。(五)全村广播电视覆盖率达到 100%。(六)已建标准卫生室 1 个,配备合格乡村医生 2 名。(七)新建村级活动场所丰富了群众的日常生活和增添了群众的生活乐趣。通过一系列扶贫措施的落实,松田村实现了脱贫目标。

机关党建。一是加强思想建设。认真传达学习党的十九大精神,深入推进"两学一做"学习教育常态化;利用"三会一课"、党员义工、党员主题活动、谈话谈心、廉政警示教育等形式,引导党员干部增强"四个意识"、坚定"四个自信"。二是加强组织建设。严格落实"智慧党建"工作要求,加快推进基层党建标准化建设;狠抓服务型党组织建设,夯实党建工作群众基础;注重培育选树典型,发挥典型示范引领作用。严格执行"三重一大"集体决策制度,切实提高党组织的凝聚力。三是加强队伍建设。每周开展集体学习,精心举办环保讲座,定期开展"每月一法"活动,强化政治理论和法律法规学习,积极参加上级部门组织的环保业务技能培训,着力提高干部职工综合素质。四是加强作风建设。落实党风廉政建设"两个"责任,签订了党风廉政建设责任书,创

建了党风廉政文化墙;贯彻中央八项规定,持之以恒纠正"四风",开展了整治"微腐败"、深化"红包"治理和整治违规插手干预工程等活动。

生态环境分局主要领导干部

迟驰骋　党组书记、局长

傅奕心　党组成员、副局长

梁华元　党组成员、副局长

梁子根　党组成员、副局长　(—2020.11)

(撰稿:皮正云)

【绥江县】　昭通市生态环境局绥江分局内设办公室、环境问题整改办、污染防治股、综合股;下属事业单位:绥江县生态环境综合执法大队、市生态环境局绥江分局生态环境监测站。设局长 1 名,副局长 3 名,现有在编干部职工 26 人。

环境质量状况。2020 年,县域空气质量优良率 96.9%,开展地表水环境质量监测 12 期,县城集中式饮用水水源地水质监测 4 期,水质达标率为 100%。

污染防治攻坚战。年内,完成城市建成区禁燃区划分报告;继续开展"散乱污"企业综合整治工作;完成非道路移动机械摸底调查工作发放环保登记号码 24 家。开展了工业企业无组织排放管控工作,督促新沙建材厂完成厂房全封闭并安装了除尘设施。县城建成区燃煤锅炉淘汰已经全面完成,淘汰燃煤锅炉 4 台套。完成县级饮用水水源 2019 年度评估工作。农村集镇饮用水水源完成 4 个集镇及 3 个乡镇以下集中式饮用水水源保护区划定报告编制,已报市政府审核。组织开展了入河排污口排查整治工作,已经基本完成排查。配合水务部门开展了金沙江三大水系修复攻坚战,配合住建部门开展了城市黑臭水体整治攻坚战。完成了黄沙坡、倒流子两个长江经济带水质自动监测站建设。联合农业部门开展了畜禽规模化养殖场粪污资源化利用情况大检查,检查养殖场 18 家,并对存在问题的养殖场分别发出整改通知书,责令限期整改;按照《昭通市废铅蓄电池污染防治行动工作方案》,完成辖区铅蓄电池生产、原生铅和再生铅等重点企业排查工作。继续深入开展绥江县打击固体废物环境违法行为暨排查整治专项行动。

环境监管执法。年内，对辖区内排污企业开展4次"双随机、一公开"抽查，开展2次跨部门执法检查，按季度配合完成市支队开展"双随机、一公开"执法检查，累计检查企业50余家次。共立案查处7件，共处罚款71万元，查封扣押1件。

生态环境监测。年内，完成省控点环境空气质量监测，获监测数据2154个。完成全县3个地表水监测断面监测，获监测数据720个。完成县城集中式饮用水水源地监测，获监测数据381个。开展重点排放企业污染源监督性监测企业2家。开展排污许可证清理整顿工作，完成排污许可登记97家，登记率达100%。

环境法规宣教。年内，"6·5"世界环境日、"低碳日""生物多样性国际日"和《中华人民共和国反间谍法》（以下简称《反间谍法》）、《中华人民共和国安全法》（以下简称《国家安全法》）等法律法规宣传。宣传期间昭通市生态环境局绥江分局组织开展了法律法规咨询、进社区志愿活动、"禁噪"专项行动保中高考。向群众发放农村生态环境保护知识手册、生态环境宣传进社区、三大保卫战宣传折页、生活垃圾分类处理宣传折页、环保宣传无纺布袋等1000余份。

积极开展示范县创建。5月，省生态环境厅对绥江县创建省级生态文明示范县进行了公示。启动了绿水青山就是金山银山国家级"两山"理论实践示范基地创建工作。积极响应县委、政府号召开展绥江县全国文明县城创建活动，分局所有干部职工亮明志愿者身份、亮明党员身份入村、社区开展文明创建志愿活动，并严格按照一周一整治、一月一活动、一月一研判、一月一督查、十天一报送的"五个一"工作机制，形成全国文明县城创建工作常态化制度化。

农村人居环境提升行动。2020年内，制定了《农村生活污水治理工作方案》，细化了《农村生活污水治理工作任务清单》，编制了《农村生活污水治理实施方案》，完成上级下达58个农村生活污水治理任务建设工作。其中，采用太阳能和电能双动力地埋式一体化污水处理设备建设完成6个，采用三合一化粪池（氧化塘）模式建设完成52个。完成了绥江县铜厂河饮用水水源地规范化建设及环境保护工程建设工作。

抓实环评服务。2020年内，严格控制高耗能、高污染等项目建设，认真做好新形势下环评审批管理工作，共办理环评备案登记表47份，办理报告表4份，报告书1份。

污染减排。年内，水泥生产线总计运行6279小时，总共生产水泥熟料82.86万吨，总共生产水泥99.95万吨；脱硝系统累计运行6279小时，SNCR脱硝系统投运率达99.9%，实现脱硝1108.43吨，脱硝效率达到75%以上。绥江县城污水处理厂稳定运行，共削减化学需氧量612.77吨、氨氮85.76吨。

环保督察问题整改。截至2020年末，中央、省级环境保护督察及"回头看"环境问题80个，累计完成整改79个，完成率为98.75%。

疫情防控。开展医疗废物排查监管专项行动，加强定点医疗机构和防控隔离观察点监管。加强污水处理厂环境监测，确保达标排放。深入基层开展排查，对所挂钩村、社区共计15个组2224人次进行了排查，真正做到底数清、情况明。对排查出的16户重点人群及其密切接触者实行居家观察14天。派出30名干部职工开展社区楼栋值守，切实把好"进出门关"。加强宣传引导，在重要路口、小区入口、楼栋口等全覆盖张贴疫情防控通告，积极引导群众做好正面防控工作，共设置宣传标语18幅，发放各类宣传资料600余份。

爱国卫生运动。积极开展爱国卫生运动，定期对机关办公区开展大扫除，开展"除四害"活动。组织干部职工对网格化村、社区区域开展环境卫生综合整治，设置宣传专栏3个、宣传标语41幅，设置停车位65个，开展宣传活动9场，发放宣传手册1000余册，投入资金3万余元。认真开展包街区卫生值守，2020年内，共投入人力1000余人次，同包街商户签订《门前五包责任书》18份。

自身建设。年内制定《昭通市生态环境局2020年理论学习中心组学习计划》。组织学习《习近平谈治国理政》《习近平新时代中国特色社会主义思想三十讲》。开展集中学习10次，上党课3次，观看警示教育片2次。开展"学习强国"App学习。

生态环境分局主要领导干部

杨　彬	局长
杨与平	副局长
范俊飞	副局长
徐明安	副局长

（撰稿：邓雁才）

【水富市】　2020年内，昭通市生态环境局水富分局内设办公室、环境整改办公室、污染防治股、综合股，核定编制6名，实有人员5名。水富市生态环境综合行政执法大队（参公管理事业单位），核定编制10名，实有人员9名，其中，工勤人员1名；昭通市生态环境局水富分局生态环境监测站，核定编制12名，实有人员11名，高级工程师3名，中级工程师4名，初级工程师3名，管理人员1名；年末，实际在岗人员25名，大专以上学历24人，其中本科以上学历19人。

宣传培训与公开。在"6·5"世界环境日活动期间，通过"云岭先锋"、支部党员QQ群、微信群、校讯通等推送环保知识信息4000余条，制作户外大型宣传广告牌2块，悬挂宣传横幅标语58条，学校班级开展了以"美丽水富，我是行动者"为主题的故事班会课。开展环境设施公众开放日活动，邀请市人大代表、政协委员、社区干部、群众代表20余人实地观摩了云南水富云天化有限公司荣誉室、废水资源化利用减排项目建设现场、在线监测设施及污水处理等各个工序流程。开展生态环境保护法律法规培训，主要就中央生态环境保护督察工作作了介绍，并就如何做好迎接中央第二轮第二批生态环境保护督察准备进行讲解；重点对企业进行了建设项目环境保护行政审批事项办理等相关知识培训。组织全市生态环境保护委员会成员单位、各乡镇（街道）的全体干部职工参加了谱写中国最美丽省份昭通篇章生态环境保护知识测试。主动在政府门户网站、新媒体发布信息，截至统计时，共发布信息380条，全年共召开新闻发布会4次。9月23日，配合市实施品牌和质量强市成员单位举办了一期以"建设质量强国　决胜全面小康"为主题的宣传活动，发放公民生态环境行为规范、生态环境及节能减排知识等资料1000余份，通过咨询服务、发放宣传材料等形式，向公众宣传生态环境法律法规和生态环境知识。

环境问题整改。持续推进历年来环境问题整改和验收工作，先后接受了3次昭通市督查验收，完成91个环境问题整改，其中89个通过验收。制定印发《关于组织全面开展生态环境问题排查的通知》《关于对全市生态环境问题开展清查排查的通知》按照重点内容组织开展生态环境问题全面排查整治，建立问题清单台账。

行政审批与排放许可管理。审批建设项目6个，登记备案项目49个；对照《固定污染源排污许可分类管理名录（2019年版）》等相关要求，完成97家排污企业排污许可发证和登记工作，其中，发证30家、登记管理67家，实现固定污染源排污许可发证和登记率100%。

污染防治。持续开展牛皮滩集中式饮用水水源地保护区的日常巡查，严禁保护区内新建排污口、违法建设项目和违法养殖等。完成向家坝镇水清坝水库、两碗镇木槐溪、太平镇小庙溪3个镇级饮用水水源地保护区划分工作，10月，获云南省生态环境厅批复。制定印发《水富市改善环境空气质量综合整治工作方案》《大气污染防治专项执法检查方案》，确定工程项目建设施工扬尘污染管控、移动源污染治理、道路扬尘管控、露天焚烧治理、加强工业污染源管控、开展餐饮油烟污染治理、加强烟花爆竹的管控7个方面的工作措施，明确整治工作负责单位和配合单位及整改相关工作要求，开展为期3个月的集中整治，2020年内，出动366人次排查中餐、火锅、夜宵店274家，发放宣传资料80余份，跟踪检查10余次，安装油烟净化器267家，安装率达97.4%。完成高排放非道路移动机械禁止使用区划定工作，开展高排放非道路移动机械的环保号码申报登记工作。完成《水富市高污染燃料禁燃区划定方案》，高污染燃料禁燃区范围为水富市中心城区云富街道办事处所辖的兴化路社区、团结路社区、人民路社区、田坝社区、双江社区、安江社区。制定印发《水富市2020年度危险废物规范化管理考核工作方案》，对照《云南省危险废物规范化管理督查考核工作评级指标》，识别出全市主要产废单位23家，对域内8家产废单位进行了现场检查考核，8 家企业均考核达标，11 家医疗机构医疗废物委托昭通金盛医疗废物处置有限责任公司进行规范处置，全市涉危废物均按要求开展了危险废物转移的网上申报，按照有关规定进行规范处置。加强尾矿库污染防治工作，完成马延坡砂石加工系统尾矿库黄沙水库环境风险调查评估工作，结论：马延坡砂石加工系统尾矿库正在开展回采闭库工作，周边无环境敏感目标，环境风险较小。

农村人居环境整治。编制完成《水富市农村污水治理专项规划（2020—2035）》并通过评审，9 月 3 日，水富市人民政府以"水政办发〔2020〕35 号"文件正式印发。对照《云南省农村人居环境整治三年行动考核评估办法》要求，完成生活污水治理的自然村 29 个，治理率 32.2%，自然村生活污水乱泼乱倒减少率 77.63%，完成水富市 90 个自然村黑臭水体排查，村庄生活污水处理设施正常运行比例 100%。

生态环境治理。2020 年内，完成水富市生态环境智慧监测平台建设项目，大气颗粒物 PM_{10}、$PM_{2.5}$ 和臭氧来源解析研究项目，太平镇农村生活污水治理工程（一期）、横江流域水富段水污染治理（二期）工程项目，云富街道新寿村大田、田坝片区农村生活污水处理共计 5 个项目可行性研究报告编制，并通过立项入项目库。完成田坝片区 3 个项目可行性研究报告，实施方案的编制、评审、批复等项目前期相关工作并录入中央资金项目库。启动实施横江流域（水富段一期）环境综合整治项目，项目总投资 720.44 万元，主要建设内容污水收集处理和镇级饮用水水源环境保护工程，生活污水主要实施点为两碗镇成凤村石罗集镇和新坛村庙口新农村建设点、太平镇古楼村和二溪村集镇。镇级饮用水水源环境保护工程 3 个，即太平镇小庙溪、两碗镇木槐溪、向家坝镇水清坝水库集中式饮用水水源，年底完成工程量约 70%。金沙江流域（水富段）水污染防治工程通过竣工验收。

辐射管理与污染源普查验收。2020 年，完成 7 家医疗机构和 1 家企业涉源装置现场检查，并录入国家核技术利用辐射安全监管系统。新增 X 射线装置（DR）3 台，即向家坝镇、两碗镇和太平镇卫生院各 1 台。4 月，昭通市验收组对水富市第二次全国污染源普查工作开展现场验收，验收组对照第二次全国污染源验收标准，采取听汇报、查档案、现场提问等方式逐条逐项进行检查核对，同意通过验收。

生态建设核查。2020 年内，联合市林草局对铜锣坝自然保护区内存在的问题进行了核查。查明 2019 年自然保护区监督检查问题台账中涉及水富市铜锣坝自然保护区农业生产活动问题（点位序号：53-Q-056-NT-0003）已整改完成，涉及土地已恢复为林地，种上了竹子。按照云南省县域生态环境质量监测评价与考核工作实施方案，完成水富县域生态环境质量监测评价与考核上报工作。

环境执法监管。制定《水富市城市噪声污染专项整治工作实施方案》《水富市餐饮油烟管理专项整治行动实施方案》，组成专项工作组，开展了噪声和油烟专项整治，召开联席会 3 次，商讨、研判、解决问题。噪声整治专项巡查 230 余次，宣传、批评教育 700 余人次，下发整改通知书 9 份，停工整改 3 份。在云南省环境监管平台建立录入辖区内 34 家污染源一企一档，对辖区内 18 家重点企业和 16 家一般企业，实行"双随机、一公开"监管，共检查重点企业 15 家、一般企业 10 家，出动执法人员 50 人次，提出监察要求 100 余条，公开信息 25 条。开展排污许可证证后监管、大气污染防治专项执法检查、执法大练兵等专项行动，实现排污许可制度全面推行，确保辖区内企事业单位持证排污、按证排污。年内查处违法案件 8 件，已办理环境违法案件 7 件，其中，实施行政处罚 6 件，实施查封 1 件，责令限期整改 1 件，实施行政处罚 6 件，共处罚款 117 万元。

信访及政协委员提案办理。公开、完善、畅通环保举报渠道，受理环境信访投诉 28 件，办结 24 件，规定时限内信访办结率 100%；正在办理 4 件。其中，通过"12369"平台、市长信箱等渠道的网络投诉件 21 件，占全部信访的 75%。从污染类型分析，主要集中在大气、噪声和固废方面的投诉，占全部信访的 85%。办理完成在水富市第一届政协委员会第二次会议上委员双家英等提出"关于整治高滩新区罗岩养猪场猪粪污水污染环境的提案"，委员周旭提出"关于中滩溪流域生态修复的提案",并书面回复政协委员。

环境应急预案与演练。备案辖区内 7 家企业突发环境事件应急预案,其中 1 家为到期修订备案。2020 年备案企业中,1 家企业环境风险为较大,其余为一般风险。参与云南水富云天化有限公司应急演练。

环境质量监测。编制完成《2019 年度水富市环境质量报告书》。2020 年,对水富市环境空气共开展日报监测 366 天,其中,有效监测天数 355 天,优良天数 325 天,优良率 91.5%。金沙江三块石、横江横江桥 2 个国控断面水质均达到《地表水环境质量标准》(GB 3838—2002)Ⅱ类标准。完成金沙江牛皮滩饮用水水源地水质监测、水富县城污水处理厂监督性监测、云南水富云天化有限公司排放废水、废气监督性监测各 4 期,水富金明化工监督性监测工作布点现场踏勘工作和废水监督性监测 1 期及全年县城降水采样分析工作。完成《水富市城市规划区声环境功能区划分技术报告(2019—2029)》划定的区域声环境噪声、道路交通噪声监测工作,共计点位 131 个。完成家声医院执法检测工作,邵女坪库区应急检测工作,配合执法大队完成多次噪声检测执法工作。

困难帮扶与新冠疫情防控。2020 年内,抽调 1 名工作人员驻村,开展扶贫走访、脱贫攻坚成效巩固研判问题整改、走访慰问、动态管理等工作,解决古楼村田坝片区人畜饮水管道费用 1.2 万元,走访慰问送价值 0.96 万元的大米和食用油。新冠疫情防控期间,入户排查安江社区住户 5000 余户次,张贴告知书 200 余份,累计排查返乡人员 447 人。单位办公场所适时消毒,人人戴口罩、勤洗手、不扎堆,严格遵守疫情防控相关规定。

生态环境分局主要领导干部

李宪群　党组书记(—2020.11)、
　　　　局长(—2020.05)

陈绍兴　党组书记、局长(2020.11—)

郑　静　党组成员、副局长

夏晓燕　党组成员、副局长

李长虎　党组成员、副局长(—2020.10)

(撰稿:吕福聪)

曲靖市

【工作综述】　2020 年,曲靖市生态环境局在市委、市政府的坚强领导下,坚持以习近平新时代中国特色社会主义思想为指导,围绕市委、市政府中心工作,切实抓好环保督察整改、污染防治攻坚、生态环境领域改革等各项工作,不断加强保障能力建设,全力保障生态环境安全,环境保护各项重点工作取得明显成效,生态环境质量持续向好,人民群众生态环保获得感不断增强。

【政务信息】　曲靖市生态环境局发挥政务信息主渠道作用,积极做好政务信息工作,围绕生态环境保护领域重点工作,认真编制、报送信息。按时高质完成全年政务信息约稿任务,主动及时报送重点工作信息,切实提高信息质量,提升政务信息综合参考价值。通过曲靖市生态环境局门户网站宣传依法行政工作的新思路、新举措、新成绩,及时报送依法行政信息。2020 年,主动公开政务信息 230 条,其中,环境执法信息公开 192 条,政务公开 23 条,党务公开 15 条。

【生态环境信访】　曲靖市加强投诉举报平台管理,适应新形势下的信访工作。依托"全国生态环境信访投诉举报管理"等平台及时解决群众关心的热点环境问题,2020 年,全市共接到举报投诉 744 件,受理 510 件,不受理 234 件,其中,微信举报 597 件,网络举报 84 件,电话 46 件,来信举报 4 件,来访举报 12 件;举报投诉中涉及水污染投诉 131 件,大气污染投诉 333 件,噪声污染投诉 409 件,固体废物污染投诉 107 件,生态破坏投诉 29 件,其他投诉 41 件。

【财务】　曲靖市积极组织申报中央、省级环保专项资金项目,主要涉及水污染防治、土壤污染防治、大气污染防治、农村环境整治等方面。1—12 月,争取各级资金 17047.14 万元,其中,中央资金 14566 万元,省级资金 890 万元,市级资金 1591.14 万元。

【科技与产业】　按照《曲靖市固体废物污染防治攻坚战实施方案》有关"提高固体废物综合利用水平"任务要求，积极实施后所煤矿"煤矸石综合利用项目"。为科学指导全市循环经济产业园区建设发展，2020年底，经招标委托西北综合勘察设计研究院编制《曲靖市循环经济产业（环保产业）园规划》，现该规划已编制完成。

【规划、计划与投资】　为全面贯彻落实国家关于健全生态保护补偿机制和以共抓大保护、不搞大开发为导向推动长江经济带发展的决策部署，2020年11月，曲靖市生态环境局与昆明市生态环境局在曲靖召开长江流域横向生态保护补偿工作座谈会。两地生态环境部门相关人员以及省生态环境厅驻曲靖市生态环境监测站主要负责人参加了会议。会议紧紧围绕工作目标、健全机制、两地横向生态保护补偿等主要内容进行了深入的交流和探讨，对以高锰酸盐指数、氨氮、总磷3项指标为重点考核指标，以《地表水环境质量标准》（GB 3838—2002）Ⅲ类为水质目标，国考断面以国家考核数据作为考核依据等达成一致意见。通过座谈，强化了政策协同和区域沟通协调，为建立上下联动、合作共治的平台，形成"成本共担、效益共享、责任共负"的流域生态保护和治理长效机制奠定了良好基础。

【政策与法规】　全面做好《曲靖市文明行动促进条例》《曲靖市集中式饮用水水源地保护条例》《曲靖市建设工程施工现场管理条例》等法律法规普法工作。加强规范性文件监督管理，建立规范性文件清理长效机制。主动开展规范性文件清理工作，不执行失效的规范性文件。未发生过规范性文件因违法或者不当被纠错的情况。2020年清理《曲靖市人民政府关于印发曲靖市贯彻〈排污费征收使用管理条例〉及配套规章的实施办法的通知》（曲政发〔2003〕95号）、《曲靖市市级排污费环境保护专项资金管理办法（试行）》（曲靖市人民政府公告92号）等4个规范性文件。

【生态环境保护督察】　2016年6月以来，曲靖市先后接受了中央环境保护督察、省级环境保护督察、中央环境保护督察"回头看"等一系列督察，曲靖市压实各级各部门环境保护"党政同责、一岗双责"，建立月季调度、联席会议、督察督办与通报、整改落实考核"四项制度"，扎实抓好交办反馈问题整改。2020年，曲靖市组织对中央环保督察及"回头看"、省级环保督察前三个批次反馈问题整改验收开展"百日攻坚"行动，发出提醒函、预警函85份，通过提醒督办，层层压实责任、扎实抓好问题整改。截至2020年底，中央和省前三次环保督察反馈的125个问题完成整改124个，454件投诉件全部完成整改。2019年省级环保督察"回头看"反馈交办的34个问题和87个投诉举报件整改方案已印发，正在实施整改中，整改均达到时序进度。

【行政审批】　2020年，全市共审批建设项目环评文件368个，涉及项目总投资达4122346.52万元，其中，环保投资126364.66万元，登记表备案1771个。按国家及省的总体部署，统筹安排排污许可清理整顿和2020年发证登记工作，有序推进排污许可清理整顿、发证登记、"回头看"工作。配合做好国土空间规划编制工作，依法开展国土空间规划体系"三级三类"规划环境影响评价，推进曲靖市"三线一单"编制实施，进一步优化国土空间管控。

【环境影响评价】　2020年，曲靖市持续优化环评审批服务，提高环评审批效率，执行环评审批正面清单，实施环评审批绿色通道。结合疫情防控要求，对疫情急需的医疗卫生、物资生产、研究试验三类建设项目及对关系民生的部分项目，依据实际情况豁免环评审批手续，简化民生等重点领域项目审批，试点对环境影响小、风险可控的项目，简化环评手续或纳入环境影响登记表备案管理。2020年，曲靖市生态环境局创新环评文件技术评估模式，通过现场视频录像、视频会审、专家函审等方式进行，提高评估效率。同时加强环评质量管理，开展2020年环评文件质量及环评单位专项检查，加大对环评编制单位、编制人员的信用管理，规范环评市场，提高环评文件编制质量。曲靖市进一步深化"放管服"改革，持续推进简政放权，强化事中事后监管，协同推进经济高质量发展和生态环境高水平保护。

【环境监测】 2020 年，曲靖市持续加强监测网络建设，构建涵盖大气、地表水（含水功能区和农田灌溉水）、地下水、饮用水水源、土壤、噪声、重金属防控区等环境要素以及城市和乡村的环境质量监测网络，充分发挥生态环境监测作为环境监管的基石作用。积极开展重点行业重点污染物监测工作，配合做好应对新型冠状病毒感染应急监测工作。持续推进长江经济带（曲靖段）水质自动监测站建设工作，曲靖市涉及 4 个县（市、区）5 个点已全部建成并联网。开展珠江流域水质自动站选址工作，计划新增的 10 个水质自动站已全部完成选址论证报告。目前，全市已累计建成大气环境质量自动监测点 13 个、酸雨监测点 10 个、市级以上地表水监测点 61 个、饮用水水源地监测点 106 个、水质自动监测站 8 个、土壤环境质量监测点 121 个、城市噪声监测点 1397 个，130 家企业安装污染源在线监测设施 284 套（其中，水 64 套，气 220 套），初步建成融"监测、预警、指挥、执法"四位一体的智慧环保管理体系。2020 年，曲靖市切实提高环境监测质量，加强对各级生态环境监测机构的管理，严格管控监测数据的合格率、准确度、精密度。强化污染源自动监控设施管理工作，继续做好污染源自动监控设施现场巡查及督促整改工作。统筹做好由省环境科学研究院作为第四方进行污染源自动监控设施现场巡查工作，对辖区内的污染源自动设施运维单位进行 2019 年度运维工作考核，依法及时查处污染源自动监控设施违法行为。有序推进县域生态环境质量监测评价与考核工作。完成 2019 年度环境统计工作。

【大气环境治理】 2020 年，曲靖市全面打响蓝天保卫战，以煤、尘、车、源为主攻方向，按照时序有力推进大气主要污染物省级重点减排项目 74 个。集中开展燃煤锅炉综合整治，加快推进县级建成区燃煤锅炉淘汰工作，圆满完成县级建成区 71 台 10 蒸吨/时以下燃煤锅炉淘汰任务。加强工业炉窑综合整治，建立各类工业炉窑管理清单，按照"淘汰一批，替代一批，治理一批"的原则，分类推进工业炉窑结构升级和污染减排。加强机动车污染排放监管和治理，建成机动车尾气排放遥感抓拍设备 2 套，截至 2020 年底，曲靖市范围内共建成 41 个机动车检测站，129 条环保检测线。积极推进重点行业污染治理升级改造，强化火电、钢铁行业超低排放改造，集中对采石采砂、焦化等行业进行深度治理、转型升级、取缔关闭等，建立管理台账，有毒有害气体、粉尘、烟尘等有组织排放治理成效明显。持续巩固"散乱污"企业综合整治，2020 年，全市 76 家"散乱污"企业已全部按照"关停取缔类、整合搬迁类、升级改造类" 3 个类别逐一销号。环境约束性指标完成核查核算，二氧化硫、氮氧化物均完成省下达的指标。进一步强化挥发性有机物治理，大力推进源头替代，有效减少 VOCs 产生，全面落实标准要求，强化无组织排放控制。

【水生态治理】 曲靖市持续打好碧水保卫战，全面落实河湖长制，实施截污、清污、减污、控污、治污工程，保障水环境质量稳定。2020 年，曲靖市盯紧水环境质量这一核心，按月分析研判国考、省考断面水质工作，持续推进劣Ⅴ类、不达标断面整治行动，地表水环境质量基本稳定，国控、省控地表水断面水质优良率为 88.9%，6 个省控湖库断面水质优良率达 100%。深入推进饮用水水源地保护攻坚战，申请并安排中央水污染防治资金和省级竞争立项资金共计 4498 万元，用于会泽毛家村水库、沾益白浪水库、花山水库等集中式饮用水水源地水污染防治项目。2020 年，紧紧围绕《曲靖市水源地保护攻坚战实施方案》，在开展"千吨万人"饮用水水源地清理整治工作的基础上，围绕"划、立、治"三项重点工作，稳步开展乡镇级集中式饮用水水源地保护区划定及环境问题排查整治工作。18 个县级及以上集中式饮用水水源地达到或优于Ⅲ类水质标准的比例为 100%，饮用水水源水质总体保持稳定。强化水固定污染源环境管理，落实"放管服"要求，制定《曲靖市江河、湖泊新建改建或者扩大入河排污口审批办事指南》，审批设置入河排污口 6 个。开展《曲靖市重点流域入河排污口排查整治方案》编制工作。开展长江经济带工业园区污水处理设施整治专项行动，有序推进重点流域"十四五"规划要点编制，委托第三方技术单位开展《曲靖市重点流域生态保护"十四五"规划要点》编制工作。

【土壤生态环境治理】 2020年，曲靖市全面推进"土十条"实施，争取到2020年中央土壤污染防治专项资金3373万元，专门支持土壤修复治理、废渣处置等重点项目。8家涉镉等重金属重点行业企业污染源排查整治工作全面完成并验收销号，完成12块疑似污染地块（包括9块关闭搬迁企业疑似污染地块）初步调查工作，落实2块暂不开发污染地块风险管控措施。强化土壤污染重点监管企业环境管理，开展重点行业企业用地土壤污染状况调查，完成208家重点行业企业用地地块信息采集、43家重点行业企业用地土壤样品采集分析。加快推进土壤污染防治试点项目，会泽县者海镇耕地土壤污染修复治理项目（一期）、会泽县者海镇耕地土壤污染修复治理项目（二期）完工并完成成果评估。强化土壤污染防治项目管理，推进陆良县西桥片区重金属污染防治、会泽县者海镇片区土壤修复、宣威市历史遗留锌废渣处置等土壤污染防治项目。持续推进固体废物污染治理，实施《曲靖市固体废物污染治理攻坚战实施方案年度实施计划与市级部门责任清单》，分类施策、压茬推进历史遗留铅锌废渣、磷石膏、煤矸石、浸出渣、冶炼废渣、含铬芒硝等固体废物整治，"十三五"期间全市累计整治固体废物3800余万吨。开展地下水环境状况调查，完成曲靖市10个工业园区地下水污染状况调查项目实施方案编制和审查审批、项目招投标、取样分析等工作。

【固体废物管理】 曲靖市按《云南省生态环境厅转发生态环境部办公厅关于开展危险废物专项治理工作的通知》（云环通〔2019〕136号）等文件要求，结合全市危险废物规范化管理核查工作，同步组织开展全市危险废物专项治理工作。截至2020年12月，全市已按进度要求基本完成危险废物专项整治排查及App现场填报工作，共完成危险废物专项整治App数据填报81条企业信息，排查阶段共发现13家企业存在相关问题，下阶段将重点督促企业履行主体责任，确保排查问题整治到位，严防危险废物非法转移、随意倾倒、填埋等违法行为，确保按时限完成整治工作。新型冠状病毒感染疫情发生以来，曲靖市生态环境局在正常调度有关医疗废物收集、处置信息，安排部署各分局对全市医疗机构的医疗废物收集处置工作开展专项检查基础上，先后多次组织深入有关医疗机构及医疗废物集中处置单位，对医疗废物分类、转移及处置情况开展检查，确保全市医疗废物日进日清，得到及时处置。2020年，全市共集中收集、处置医疗废物4048.69吨，其中，涉疫废物98.49吨，有效防止了因医疗废物引发交叉感染、疫情传播，为全市疫情防控工作做出了贡献。同时，积极落实"一手抓疫情防控，一手抓固体废物污染防治攻坚战"部署，在抓好疫情防控工作的同时，多措并举，在省生态环境厅的帮扶指导下，全市加大督导力度，推动全市"清废行动"挂牌督办问题整治工作。截至9月底，全市"清废行动"交办的20个问题（40个点位）均已按整治技术方案完成整治工作，共整治历史遗留冶炼废渣1300余万吨，对全市遗留冶炼废渣环境风险实现了有效管控。2020年12月，生态环境部已组织对全市挂牌问题整改工作开展了现场核查。根据《云南省生态环境厅关于做好尾矿库污染防治相关工作的通知》（云环通〔2020〕65号）有关要求，曲靖市在完成全市尾矿库初步调查基础上，对其中10座重点尾矿库组织开展环境风险评估及污染防治方案编制。截至12月，已督促相关企业落实污染防治措施，完成整治工作并通过验收，及时消除尾矿库环境风险隐患。

【城市环境管理】 曲靖市于2020年4月30日印发了《曲靖市中心城区环境噪声污染防治专项整治行动方案》（曲环通〔2020〕30号）。2020年5—8月，开展建设工程施工现场环保专项执法行动。强化部门协调联动，推进社会生活、交通等噪声污染防治。加强对企业和建设项目现场管理，深化工企、施工噪声污染防治。一是对噪声排放超标的企业纳入管委会限期治理项目名单，实施挂牌督办，本周期内未发现企业噪声排放超标情况。二是实行夜间建筑施工作业审批制度，在城市市区禁止夜间进行产生环境噪声污染的建筑施工作业，对于抢修、抢险作业和因生产工艺要求或者特殊需要必须连续作业而进行夜间建筑施工作业的，必须具备环境保护局与规划建设局同时审批许可证明。要求娱乐活动做到增添隔音降噪设施，均取得了明显效果。同时，经开区综合执法局、环境保护局、社会事业局安排人员持续定期巡查经开区重点区域，重点监察娱乐场所、建筑工地以及大型商业娱乐活动场所等；公安分局交警大队加强道路巡逻，加大对改装车辆的整治处理。2020 年，对麒麟区、沾益区、马龙区、经开区四个中心城区共检查建设工程 294 个，其中约谈 15 个，责令整改 2 个，发放《施工噪声污染防治告知书》80 份，暂无挂牌督办、行政处罚等情况。

【自然与生态保护】　2020 年，曲靖市积极推进绿盾行动，按照《云南省生态环境厅　云南省农业农村厅　云南省林业和草原局〈关于调度"绿盾"自然保护地强化监督进展的〉函》要求，曲靖市生态环境局联合相关部门对曲靖市"绿盾2017""绿盾 2018""绿盾 2019"自然保护地强化监督中发现的 183 个违法违规问题进行排查。截至 2020 年 10 月底，已完成整改 177 个，整改中 6 个，整改率为 97%。加强生物多样性保护工作。配合省厅做好 COP15 大会筹备工作，组织相关部门提供大会宣传材料，2020 年 12 月召开了全市第一次生态多样性联席会议。加快生态文明示范区建设。全市已有 101 个乡镇完成省级生态乡镇创建（其中，47 个已取得省政府批复，54 个已经审查并公示）。麒麟区和马龙区已创建为云南省生态文明区，待省政府命名，罗平县、陆良、富源、师宗、会泽县已完成省级生态县创建报告上报省生态环境厅技术审查，宣威市生态县创建报告已完成，正待上报省生态环境厅。

【生态文明建设】　持续推进 2020 年全市生态文明体制改革 32 项任务落实，完成 2014—2019年以来市直相关部门牵头的 169 项生态文明地体制改革任务及市生态环境局牵头的 40 项任务完成情况评估工作。麒麟区和马龙已创建为云南省生态文明区。全市共创建 101 个国家级、省级生态乡镇，其中，4 个乡镇获得国家级生态乡镇命名，43 个乡镇获得省级生态乡镇命名，54 个乡镇已通过省生态环境厅技术审查并公示，待省政府命名。1 个行政村被命名为国家级生态村，1154个行政村被命名为市级生态村。罗平县、陆良县、富源县、师宗县、沾益区、会泽县已完成省级生态文明建设示范县（县）创建的相关文本编制工作，已报省生态环境厅等待资料审查和现场复核。"绿盾 2017""绿盾 2018""绿盾 2019"中发现的183 个违法违规问题完成整改 176 个，整改率为96%。完成长江经济带（曲靖段）4 个水质自动监测站建设。

【核与辐射安全监管】　曲靖市积极推进辐射安全监管工作。2020 年，依法开展辐射安全许可工作，办理辐射安全许可证 99 件。加强废旧金属回收熔炼企业辐射安全监管，印发《曲靖市生态环境局关于进一步加强废旧金属熔炼企业辐射安全监管的通知》，开展废旧金属回收熔炼企业辐射安全问题整改工作，督促企业开展辐射自行监测，及时整改存在问题。积极开展 2020 年放射源安全专项检查工作，完成国家核技术利用辐射安全管理系统数据质量核查工作，开展核安全与放射性污染防治"十三五"规划及 2025 年远景目标中期评估工作。

【环境监察与应急】　2020 年，曲靖市进一步夯实生态环境执法工作机制，持续开展生态环境执法稽查，强化突出环境问题约谈预警机制，开展案卷交叉评查工作，同时充分发挥环境自动监控管理平台作用。2020 年，持续推进"双随机、一公开"，创新执法工作、加大执法力度，对534 户企业开展了污染源随机抽查工作，抽查执行情况及时进行了信息公开。加强多部门联合执法力度，曲靖市生态环境局与市住房和城乡建设局、市农业农村局、市水务局、市市场监督管理局联合开展"双随机、一公开"，抽查城镇污水处理厂2 家、畜禽养殖企业 4 家、涉排水企业 2 家、涉消耗臭氧层企业 3 家。积极推进各类专项执法工作，按照新冠疫情防控要求，加大对医疗废弃物、污水处理的检查力度。组织开展采石采砂企业环境问题专项整治、电解铝行业专项执法检查等专项执法行动，各类环境监管执法取得成效。顺利完成长江经济带"三磷"专项排查整治工作，全市29户"三磷"企业（其中，黄磷企业14户，磷肥企业10户，磷矿企业5户），均按照"三个一批"整治目标要求，分别核查、分类整治，取缔淘汰9户、整治规范7户、改造提升13户，通过省级验收审核。通过生态环境保护执法，切实解决一批突出环境问题，办理省生态环境厅、市生态环境局交（转）办的群众反映强烈生态环境问题9件。认真贯彻落实生态环境保护督察交办反馈问题整改要求，加强对桃源小河流域环境监管，2020年，曲靖市生态环境局2次牵头，与麒麟区、富源县、罗平县人民政府及市水务局等部门组成联合执法检查组，开展麒麟区恩洪小河、富源县竹园小河、罗平县桃源小河流域联合环境执法检查工作。共出动264人次，检查企业62家，查处3起环境违法案件，其中，包括责令改正3件，行政罚款3件。严格执行《环境保护法》及配套办法，强化环境行政执法与刑事司法衔接，做到有案必查、违法必究、执法必严。2020年，全市共办理环境行政处罚案件85件，处罚金额904.4万元，其中查封扣押4件、限产停产1件、移送行政拘留5件，环境污染犯罪1件，有效打击了生态环境违法行为，保障了群众的合法环境权益。加大信息公开，在行政处罚系统、市生态环境局等官方网站对环境违法行为进行曝光，2020年，全市85件违法案件全部进行信息公开，有效震慑了环境违法行为，增强了企业落实防治环境污染和危害的责任主体。

【对外交流与合作】 曲靖开展"生态文明建设实践珠源行"宣传工作。为充分发挥《中国环境报》面向社会各阶层读者宣传生态环境意识的积极作用，创建曲靖市珠江上游生态文明实践基地，曲靖市人民政府与中国环境报社签订了《共创珠江上游生态文明实践基地战略合作协议》。为建立完善区域大气污染防治协作机制，曲靖与昆明等5个州（市）签订了《大气污染联防联控框架合作协议》。

【环境宣传教育】 2020年，曲靖市进一步加大环境宣传教育工作力度，不断提高公众关注环保、参与环保的热情和积极性，扩大环境宣传覆盖面，扎实有效地推进全市法制环境宣传教育工作。曲靖市生态环境局2020年先后利用"6·5"世界环境日、全国低碳日、环保开放日、"12·4"宪法日等重点宣传日开展环保领域法律法规宣传，累计悬挂宣传标语横幅50余幅，布置宣传展板100余块，发放各类宣传资料30000余份。组织微博、微信公众号和"曲靖M""掌上曲靖"等新媒体及时对生态环境宣传活动进行线上宣传报道，2020年，在媒体发布"美丽曲靖，我是行动者！"倡议书、曲靖市2019年环境质量公告等。开展"生态文明建设实践珠源行"宣传工作，开展"美丽中国·我是行动者"共建最美曲靖集中签名志愿服务活动、曲靖市"绿色回收循环使用"美丽中国建设、"电磁辐射科普"等志愿服务活动。积极做好《环境保护法》《大气污染防治法》《水污染防治法》《土壤染防治法》《曲靖市创文促进条例》《曲靖市集中式饮用水水源地保护条例》等法律法规普法工作。严格对照曲靖市创建全国文明城市工作任务分解的各项指标，建立健全工作机制，完成了各项创文工作，履行包保职责到创文包保社区麒麟区白石江街道长河社区和瑞东社区（单位所在地）开展志愿服务700余人次，安排长河社区创文帮扶资金6万元。

【环境保护信息化建设】 通过多年努力，曲靖市的环境信息化建设从弱到强，逐步实现了从"数字环保"到"智慧环保"的跨越，先后投资709.6万元完成了一期项目（184万元）、二期项目（208万元）、三期项目（308万元）及环保光纤专网（9.6万元）等信息化工程。目前已形成"1-2-3-4-N"结构，即"一个中心、二个门户、三大体系、四大平台、21个系统"。其中，"一个中心"是指环境数据中心；"二个门户"是指一个外网信息发布与服务网站，一个内网信息公开与决策网站；"三大体系"是指环境信息标准规范体系、安全保障体系、运行维护体系；"四大平台"

包括环境自动监控管理平台、环境监察移动执法平台、环境应急指挥管理平台、综合业务 OA 办公平台。

生态环境局主要领导干部

黄光耀　党组书记、局长
柳　江　党组成员、副局长
栾云春　党组成员、副局长
包祥英　党组成员、副局长
张玉华　党组成员、副局长
安兴荣　副局长
沈贵宝　党组成员、综合行政执法支队
　　　　支队长

（撰稿：陶丽萍）

【麒麟区】　2020 年，曲靖市生态环境局麒麟分局在区委、区政府的坚强领导、市生态环境局的精心指导下，牢固树立"绿水青山就是金山银山"的工作理念，以打好打赢污染防治攻坚战为重点，注重在解决突出环境问题、强化执法监管、狠抓环保督察整改、推进生态文明体制机制改革等方面下功夫，不断提高生态环境保护工作效能，全区生态环境保护各项工作取得积极成效。

环境质量状况。根据空气环境自动监测站实时监测结果，2020 年，曲靖中心城区空气质量优良率 99.7%，与上年同期相比，环境空气质量小幅提升；对全区控制断面的监测结果显示，麒麟区地表水水质稳中趋好，城市集中式饮用水水源地潇湘水库和水城水库全年水质均达到或优于Ⅲ类，满足水功能区划的水质标准要求；中心城区区域环境噪声昼间达到二级标准，评价为"较好"；县域生态环境质量已经持续四年保持稳定。

扎实推进蓝天保卫战。深化挥发性有机物污染治理。推进重点行业 VOCs 深化治理，组织中心城区包装印刷、汽车及零部件制造、汽修等涉挥发性有机物排放的企业参加挥发性有机物治理培训，开展挥发性有机物整治专项执法行动，严厉打击违法排污行为，确保企业达标排放；推进重点行业污染治理升级。通过综合治理手段和网格化管理措施，持续加强辖区内越钢钢铁、麒麟煤化工、盛凯焦化、石林燃化、雄业水泥等重点排污行业企业大气污染防治，深化在线监测设备安装运维，强化重点减排项目监测管理，实时掌握大气排放达标情况；夯实污染天气应急减排措施。对麒麟区范围内钢铁、水泥、涂装、制药、印刷等行业企业进行全面梳理，完成中心城区 12 家企业应急减排清单编制工作，细化措施要求，科学指导企业提前有序调整生产，推动企业绿色发展。

全力打好碧水保卫战。消除饮用水水源地环境安全隐患。落实饮用水水源地"划、立、治"三项重点任务，按照"一水源一方案"原则，排查梳理麒麟区水源地环境问题，完成农村"千吨万人"饮用水水源地保护区划分方案编制，制定出台《白泥坡水库、青峰水库等 10 个饮用水水源地环境问题整治方案》，确保水源保护区环境问题整治工作有力推进。大力实施污染治理及生态修复项目。扎实推进水污染防治，积极争取水污染防治专项资金 5860 万，完成桂花河污染治理及水环境修复项目建设，推进九龙河、北门河、竹园小河、南盘江（三宝段）等污染治理及水环境修复项目，通过项目带动生态环境质量提升，促进生态保护和修复。建立健全水生态环境保护监测体系。以执法监测为重点，以例行监测为基础，定期对全区省控断面、市控断面和其他区控断面开展水环境监测评估，稳步推进河长制监测，为水环境综合决策治理提供了技术支撑。

有序开展净土保卫战。开展重点行业土壤污染状况调查。全面落实《土壤污染防治行动计划（2020—2035）》，强化土壤污染风险管控和修复，完成辖区内 43 家企业用地信息采集工作和 10 家高度关注企业的现场土样采集及信息录入，有效管控土壤环境风险，制订危险废物专项检查工作计划，对辖区内所有重点产危单位及危废经营单位许可证、贮存场所的现场管理情况、危险废物的申报经营情况开展重点排查，督促辖区内 2 家涉重企业，做好重金属、危险废物、固体废物管理工作。

农村环境整合整治。积极开展农村生活污水处理设施建设，编制完成《麒麟区县域农村生活污水治理专项规划》，8 个镇、街道，77 个行政村 556 个自然村 92803 户农村生活污水基础信息已录入云南省农村污水治理信息平台。因地制宜推广畜禽粪污综合利用，对 114 个规模养殖场进行配套土地、还田利用、粪肥检测、处理设施装备配套等情况进行检查，规范和引导畜禽养殖场做好养殖废弃物资源化利用工作。

排污许可证管理。按照"环节最简、流程最优、材料最少、时限最短、服务最佳"的原则，进一步精简优化流程、事项，推进建设项目环评审批规范、高效。审批报告表（书）项目28个，登记表项目161个，完成排污许可发证117家，排污许可登记633家。开展"全国核技术利用辐射安全申报系统"培训工作，检查核技术利用单位36家，出具辐射安全许可现场核查报告4份，完成环境风险应急预案管理备案企业150家。

环境监察执法。坚持严管严控，持续保持执法高压态势，严厉打击生态环境违法犯罪行为，同时统筹考虑疫情对经济社会发展的影响，准确把握推进生态环境保护工作的节奏和力度，继续通过环境监察、群众来访、信访等途径发现查处环境违法案件，加快解决污染严重、百姓关切、影响恶劣的突出环境问题，有效维护合法合规企业权益，为守法企业创造公平竞争环境，推动节能环保产业发展壮大，不断提升生态环境治理成效。2020年，共开展环境监察773次，检查企业773家次，发出责令改正通知书18份，行政处罚立案查处19件，查封（暂扣）2件，合计罚款1131559元，拘留3人，通过"12369"热线电话等渠道处理投诉案件474件，调查处理率为100%。

生态环境保护督察。2016年以来，中央环保督察及"回头看"、省级环保督察及"回头看"反馈交办麒麟区进行整改落实的环境问题共225个（含重复举报件），目前整改完成212件，176个问题已通过市人民政府验收。2016年中央环保督察、2017年省级环保督察、2018年中央环境保护督察"回头看"反馈交办已全部完成整改，2019年省级环保督察"回头看"反馈交办的47个问题已整改完成34个。

环保宣传教育。倡导绿色低碳生活方式，开展生态文明细胞工程创建，营造全社会爱护生态环境、共建绿色家园的良好氛围。截至统计时，全区共创建国家级生态乡镇2个，省级生态文明乡镇5个，实现镇（涉农街道）生态创建全覆盖，

累计创建各级"绿色社区"54个、"绿色学校"86所、市级生态村56个、省级环境教育基地1个。以环保法制教育培训、绿色系列创建、"6·5"世界环境日、创文志愿服务等活动为载体，组织开展各类志愿服务活动30余场，累计参与群众上万余人，发放各类宣传资料3000余份，发布工作动态信息15条，公众和企业的生态环保意识不断增强。

环保队伍建设。充分发挥生态环境系统走在前、作表率的示范带动作用，建立常态化学习培训、文明单位创评、微型党课大家讲"三个载体"，认真贯彻落实党风廉政建设责任制的相关要求，制定出台《麒麟区生态环境系统"强素质、转作风、树形象"主题活动实施方案》，营造了良好的团结干事氛围，确保中央和省委、市委、区委决策部署有效落实及生态环境部门业务工作有序开展。

生态环境分局主要领导干部

蔡　辉	党组书记、局长
李　娉	党组成员、副局长
杨　睿	副局长
刘　文	党组成员、大队长
段　莹	党组成员、党支部书记、自然生态与监测科科长
陶云川	党组成员、监测站站长
魏　玮	督察员

（撰稿：李　康）

【宣威市】　2020年，宣威市生态环境工作坚持以习近平生态文明思想为指导，坚决扛起生态环境保护的政治责任，以改善环境质量为核心，以环保督察反馈交办问题整改为抓手，全市生态文明建设和生态环境保护工作稳步推进，生态环境质量持续改善。

空气质量。2020年，宣威市城区环境空气质量有效监测352天，其中，优243天，良109天，在有效监测天数内，城区环境空气质量优良率100%，6项污染物（PM_{10}、$PM_{2.5}$、二氧化氮、二氧化硫、一氧化碳、臭氧）小时平均浓度稳定达到国家二级标准。环境空气质量综合指数2.32，较2019年上升0.08。

水环境质量。国控厂房大桥断面水质稳定达地表水Ⅲ类及以上标准，龙潭河断面稳定达地表水Ⅲ类及以上标准，可渡河腊龙断面水质稳定达地表水Ⅲ类及以上标准，北盘江旧营桥断面均值为Ⅴ类，未达功能区划要求；省控西泽河土格樟断面水质稳定达地表水Ⅲ类及以上标准；市控断面双河小岔河断面、可渡河杨柳断面、前屯水库大坝断面稳定达地表水Ⅲ类及以上标准；城市集中式饮用水水源地偏桥水库水质稳定达地表水Ⅱ类标准。

声环境质量。市区共布区域环境噪声网格测点 106 个，覆盖人口 40 万人。监测数据显示，市区区域环境噪声、各类功能区和城市道路交通噪声昼间和夜间等效声级年均值均达标。2020 年，各区域环境噪声昼间等效声级 48.9 分贝，比 2019 年下降 2.5 分贝；城市道路交通噪声共设测点 30 个，覆盖路段总长 89.0 千米，2020 年，城市道路交通噪声昼间等效声级 62.9 分贝，比 2019 年下降 3 分贝。

环保督察反馈交办问题整改落实成效明显。2020 年，宣威市各级各部门认真贯彻习近平生态文明思想，进一步提高政治站位，扎实推进中央、省级生态环境保护督察反馈交办问题整改。截至 2020 年底，2016 年中央环保督察反馈问题 20 个，完成整改 18 个，交办 25 件举报件全部完成整改；2017 年省环保督察反馈问题 27 个，完成整改 25 个，交办 6 件举报件全部完成整改；2018 年中央环保督察"回头看"反馈问题 11 个、发现突出环境问题 5 个、交办 28 件举报件均已完成整改；2019 年省级环保督察"回头看"反馈问题 16 个，已完成整改 12 个，整改率达 75%；2019 年省级环保督察"回头看"交办举报件 19 件已全部完成整改，整改率为 100%。

污染防治攻坚战向纵深推进。一是全面推进蓝天保卫战。持续推进"散乱污"企业综合整治，完成全市 11 家"散乱污"企业综合整治自查自验工作；全面推进城乡煤改电、煤改气行动，完成城市建成区 33 个 10 蒸吨/时及以下燃煤小锅炉整治工作；实施全市 69 个采石采砂企业环境综合治理，进一步加强对采石采砂企业的监管；督促云南宣威磷电有限责任公司完成北部渣场和马桑树渣场环境问题整改；严格施工扬尘监管，督促建筑施工工地防扬尘做到六个百分之百。二是着力打好碧水保卫战。推进污水处理厂提标改造工程，该工程于 2020 年 8 月启动建设，力争 2021 年 6 月建成投用；完成全市 20 个乡镇级"千吨万人"集中式饮用水水源地环境综合整治工作；推进城市集中式饮用水水源地偏桥水库环境综合整治；推进金沙江流域（宣威段）4 个入河排污口的整治工作；为防止旧营桥断面水质继续恶化，开展革香河（宣威段）环境综合整治专项行动；开展工业园区生态环境问题排查，目前，全市 3 个工业园区中化工、钢铁、食品等行业企业均全部按环评要求建成生产废水、生活废水处理设施；采用控源截污、内源控制等方式，开展城市黑臭水体治理，目前，各项工作正有序推进。三是稳步推进净土保卫战。完成 89 个锌废渣堆置点（含"清废行动"挂牌督办的 20 个堆置点）的风险管控工作；开展农村人居环境综合整治工作，2020 年，累计清理农村生活垃圾 18.8 万吨、村内水塘 4478 个、沟渠 9821.9 千米、淤泥 4.12 万吨，规范畜禽散养 5.9 万户，清理畜禽养殖粪污等废弃物 6.7 万吨，新建集镇生活垃圾处理场 5 座，配备垃圾桶、垃圾箱、垃圾房、垃圾池共 6615 个，乡（镇、街道）生活垃圾实现全收集处理，全市"十三五"期间新增的 60 个建制村已全面完成农村环境综合整治目标任务；持续推进农业面源污染治理，全市全年化肥使用总量为 5.04 万吨（折纯），较 2019 年下降 3.85%，较好地实现了化肥使用量负增长的目标任务，主要农作物病虫害绿色防控覆盖率达到 35% 以上，秸秆综合利用率达到 93% 以上，地膜回收率 87%，有效解决了农业面源污染问题，推动了农业发展方式向绿色、生态转变。四是完成第二次全国污染源普查。第二次全国污染源普查工作通过了国家污普核查组的抽查，全市共普查企业 1444 家。五是开展城区环境噪声污染专项整治工作。明确城区 6 个街道为整治目标，共组织开展噪声专项整治行动 9 次，出动人员 451 人次，车辆 94 辆次，重点整治建筑施工噪声、歌厅等公共场所噪声、室外商业经营活动产生的噪声和城区交通噪声等 7 种噪声扰民问题。全市噪声污染问题得到有效管控。六是开展重点行业固定污染源排污许可清理整顿工作。结合第二次全国污染源普查结果，对全市 2018 年以来投入运行的排污单位进行摸排，开展牲畜、家禽饲养、火电等 33 个重点行业固定污染源排污许可清理整顿工作，共清理办结固定源排污企业 202 家，为推进排污许可发证登记工作夯实基础。

生态环境执法监管持续强化。严格贯彻落实"双随机"抽查制度，加强环境保护日常监管能力。共出动环境执法人员 800 人次，现场检查企业 132 家，查处违法企业 17 家，处罚金额 254.66 万元；抓好群众关心关注环境问题办理，受理并办结环境信访案件 331 件，办理检察建议 3 件，主办人大建议 1 件、政协提案 2 件，协办政协提案 3 件。

生态文明建设稳步推进。截至 2020 年底，宣威市共创建曲靖市级生态村 279 个，省级生态文明乡镇（街道）17 个，创建国家级"绿色学校"1 所、省级 8 所、曲靖市级 69 所、宣威市级 130 所；2020 年开展创建的 11 个省级生态文明乡镇申报材料已呈报省生态环境厅待审查命名；省级生态文明市创建申报材料正在编制中；宣威市 2019 年县域生态环境质量监测评价与考核结果为"基本稳定"。

行政服务效率得到提升。疫情防控期间，进一步深化生态环境领域"放管服"改革，优化营商环境，积极服务招商引资项目，努力实现审批更简、服务更优。共办理建设项目环境保护审批 110 件、固体废物污染防治设施竣工环境保护验收 32 项、生态环境保护可行性审查意见 20 项、辐射安全许可现场核查 22 项，出具 634 项环境保护方面的意见和证明；做好 2020 年新增的重大项目的服务跟踪告知工作，完成企业电子文档建立，按要求实现"一企一档"，按时办结率达 100%；共依法公示、公告了建设项目环评审批相关信息 139 件次。

生态环境分局主要领导干部

苏元光　党组书记、局长

李兴栋　党组成员、副局长

赵映山　党组成员、副局长（—2020.01）

徐　菲　党组成员、副局长

徐　健　监察大队大队长

（撰稿：办公室）

【沾益区】　2020 年，曲靖市生态环境局沾益分局深入贯彻落实习近平生态文明思想，牢固树立"绿水青山就是金山银山"理念，在沾益区委、区政府的坚强领导下，在曲靖市生态环境局的指导帮助下，紧紧围绕全区经济、社会建设中心工作，以打赢污染防治攻坚战为主线，圆满完成各项既定任务。

曲靖市生态环境局沾益分局负责对全区的环境保护工作实施统一监督管理。曲靖市生态环境局沾益分局垂管后内设办公室、法规宣教科、行政审批科、自然生态监测科、污染防治科（水、气、土科）、督察室 6 个科室，下属参公管理单位有曲靖市生态环境保护综合行政执法支队沾益大队，事业单位有曲靖市生态环境局沾益分局环境监测站。年末在职在编人员共 32 人，其中，行政编制 7 人，参公管理 12 人，事业编制 13 人。曲靖市生态环境保护综合行政执法支队沾益大队 12 人（现已全部参公管理），其中，大队长 1 名（高配副科级），副大队长 2 名（股所级）；曲靖市生态环境局沾益分局环境监测站 13 人，其中，有环境监测高级工程师 7 人，工程师 4 人，助理工程师 2 人，下设综合管理室、环境监测室两个职能科室。

环境质量。2020 年，沾益区深入贯彻落实习近平生态文明思想，大力推进生态文明建设，扎实推进污染治理，空气质量持续改善，环境安全得到有效保障，连续多年未发生重大以上环境污染和生态破坏事故。辖区重要地表水 2 个国控监测断面主要水质指标均达到或优于国家地表水环境质量标准Ⅱ类标准，3 个市控考核断面水质主要指标均能达到或优于Ⅲ类水质标准，南盘江（金龙桥）水质主要指标均能达到或优于Ⅳ类水质标准；市级城市集中式饮用水水源地和县级城市集中式饮用水水源地水质主要指标均能达到或优于Ⅱ类水质标准；沾益城区环境空气质量优良率在 98% 以上。城区环境噪声总体水平为二级，城区 20 条道路交通噪声强度等级为一级。全区生态环境质量保持稳定并持续向好发展。

污染防治。污染防治攻坚战成效显著，紧紧围绕污染防治攻坚战阶段性目标任务，突出精准治污、科学治污、依法治污，着力抓重点、补短板、强弱项，坚决打好蓝天、碧水、净土"三大保卫战"。一是蓝天保卫战。2020年，沾益区紧紧围绕《曲靖市沾益区蓝天保卫专项行动计划（2017—2020）》，结合沾益区打赢蓝天保卫战三年行动实施方案，印发《关于贯彻落实2020年春夏季大气污染防治攻坚行动视频会议精神的通知》，持续推进"散乱污"工业企业、露天矿山、柴油货车污染等综合整治，组织开展沾益区挥发性有机污染物综合治理工作，对涉及挥发性有机污染行业进行现场核查；全面推进污染减排重点工作，根据市级下达的环境约束性指标，实施东源曲靖能源有限公司3号、4号机组超低排放改造项目。开展了辖区内非道路移动机械摸底排查，截至2020年11月底，完成非道路移动机械编码登记81辆。二是碧水保卫战。2020年，沾益区国考和省考地表水断面水质达标率和优良率持续提升：其一，通过"划、立、治"强化饮用水水源保护，完成花山街道花山水库、炎方乡麻塘水库、清水河水库3个饮用水水源地保护区划分方案编制，正在上报省人民政府审批；其二，印发《曲靖市沾益区南盘江龚家坝断面水质不达标整改方案》，对龚家坝汇水区乡镇人民政府、街道办事处及区直有关单位工作任务按月调度，并将调度情况按时上报；其三，印发《曲靖市沾益区〈牛栏江流域（云南部分）水环境保护规划（2009—2030年）〉实施情况中期评估报告涉及问题整改方案》；其四，开展沾益区长江入河排污口排查整治工作，按时上报排查整治情况；其五，开展乡镇集中式饮用水水源地基础信息核实，确定下一步将要开展水源地保护区划定的水源地名单；其六，开展沾益区2019年度市级、区级集中式饮用水水源环境状况评估和基础信息填报工作，编制完成西河水库、白浪水库和清水河水库饮用水水源环境状况评估报告并上报。目前，全区1个市级水源地，2个区级水源地，2个"千吨万人"水源地水源条件良好。农村生活污水治理率达到30.88%，农村生活污水得到有效管控。三是净土保卫战。2020年，沾益区严格按照《曲靖市沾益区土壤污染治理与修复规划（2017—2020年）》，持续开展"清废行动"，加大工业固体废物无害化处置力度，完成辖区内57家产废单位、经营单位

危险废物申报登记工作，完成15家重点监管单位危险废物规范化管理考核工作。制定《沾益区重金属行业污染防控工作方案》，与4家土壤重点监管企业签订《土壤污染防治责任书》，2020年，共完成33个重点行业固定污染源排污许可证核发清理整顿工作，87家固定污染源排污许可证核发清理整顿工作。大力推进农业农村面源污染防治，扎实开展农村生产废弃物资源化利用。编制完成《沾益区农村生活污水治理专项规划（2020—2035年）》，印发《曲靖市沾益区2020年农村生活污水治理工作推进方案》，先后争取各级环保专项资金实施盘江方城社区农村环境综合整治、白浪水库水源地整治、花山街道松林社区传统村落环境整治等3个环保整治项目，持续加大农村环境综合整治力度。

环保督察。2020年，沾益区持续开展环保督察反馈问题整改工作，严格按照"五个不放过"要求，实行定期调度、挂牌督战、督查核查工作机制，推动2016年中央环保督察、2017年省级环保督察、2018年中央环保督察"回头看"反馈105项问题全面完成整改并通过上级验收备案销号，2019年省级环保督察"回头看"18项问题正在按时序整改，长江经济带生态环境警示片披露的瑞昌饲料磷石膏渣违法堆存环境问题整改完成并通过省级验收，环保问题整改工作取得阶段性胜利。

项目监管和项目审批。深入开展优化营商环境，深化"放管服"改革工作，在服务中推进管理，在管理中优化服务。把好项目选址关，积极参与新建、改扩建项目选址，做到项目选址的科学性和合理性。贯彻落实一次性告知制度、首问首办负责制度、马上办制度等，强化干部职工转变作风，主动担当作为，全面提升服务水平。认真落实限时办结制度，审批时限最大限度进行压缩。在推进疫情防控期间，统筹做好经济社会发展和生态环境保护关系，严格执行有关政策措施，采取差异化生态环境监管措施，做到差异化监管，为企业复工复产提供最大限度支持与帮助。2020年共审批建设项目36个，总投资21.75亿元，其中环保投资5001.32万元。完成17个项目的竣工环境保护验收备案，总投资3.96亿元，其中环保

投资6548.63万元。

环境执法。严厉打击环境违法行为，积极开展各种专项行动，确保辖区环境安全。2020年，继续开展全区"散乱污"企业综合整治工作、危险化学品企业专项执法检查、开展"三磷"企业专项排查整治、采石采砂行业专项整治等专项行动。先后对全区危险废物产生单位、危险化学品生产企业单位进行了全面排查。通过一系列专项行动和现场监督检查，对检查出的违法违规项目进行全面清理，依法下达整改要求、行政处罚等，对全区环境违法行为起到了震慑作用，消除了相关环境安全隐患，确保全区环境安全。对辖区内涉及化工、涉危、涉重的企业全部要求编制环境突发事件应急预案并到区、市级环保部门备案，要求企业定期或不定期地开展应急演练。

信访工作认真处理环境信访投诉问题和行政处罚案件。2020年，沾益区严格执行《环境保护法》及配套办法，切实加大环境违法行为打击力度，共办理微信投诉50件；办理"12369"网站环境投诉举报、电话举报84件；办理其他举报32件，办理市政府转办10件，环境信访投诉处理率达100%。共办理环境行政处罚案件9起，罚款金额共计73.6万元。

生态文明建设。进一步加强生态文明建设，严格规划产业空间布局、县域生态环境质量考核工作。2020年，完成沾益工业园区总体规划环评批复。在项目选址时，严格按照规划合理布局，科学选址。认真核实沾益区畜禽养殖禁养区划定范围，配合国土资源部门完成沾益区生态保护红线划定工作；按照2020年县域生态环境质量考核工作要求按时完成生态环境质量监测报告上报工作。完成2019年环境统计及环境管理统计工作，共计统计全区正常运行企业78家。

污染源监测。不断扩大污染源监测网络覆盖面，2020年，沾益区严格落实上级文件要求，积极开展监测工作。提前建成德泽大坝断面水质自动监测站。扩大污染源自动监控设施安装覆盖面，2020年，全区12家重点排污单位均已完成污染源自动监控设施安装任务，有10家数据已联网传输至省、市监控中心；严格落实排污许可证管理要求，2020年，完成17家排污单位自行监测方案审

核工作，并要求企业按照方案开展自行监测，及时在新系统中公开监测信息，接受社会监督。

宣传教育。认真落实《全国环境宣传教育工作纲要（2016—2020年）》，通过日常宣传与世界环境日等重要节点宣传相结合，持续推动环保宣传进社区、进企业、进学校，同时有序推进生态区创建工作，完成生态区创建专题片拍摄工作，完成生态区创建汇编工作，目前正在有序进行后期申报工作。通过手机信息平台，发送污染防治攻坚战宣传短信2000余条，地球日、"6·5"世界环境日、节能减排日、生物多样性日、宪法宣传日等重要节日到人员流动较大的地方共发放《环境保护宣传读本》约1000本、宣传资料2000份、环保购物袋近1000份。

辐射监管。依法全面规范辐射监管，2020年，收贮云南大为制焦有限公司已停用的8枚废旧放射源，对辖区有关单位辐射安全管理制度、应急预案、年度评估报告执行情况等进行了全面检查，对发现的问题及时下达整改通知，督促企业按时完成整改任务，确保辐射环境安全。

环境监测、监察垂直管理改革。圆满完成环境监测、环境监察垂直管理改革任务。按照省、市确定的基本原则和工作节奏，进一步理顺环境监管层级关系，妥善处理好改革中的人、财、物和事权划分，确保改革工作整个过程人心不散、工作不乱，截至2020年12月20日，曲靖市生态环境局沾益分局已完成人员上划、上编工作，并经市委组织部、市人社局、市编办审核通过；按市局的统一安排进行工资及资产的上划工作，圆满完成改革任务。

生态环境分局主要领导干部
吴启飞　党组书记、局长
李仕堂　党组成员、副局长
卢昆林　党组成员、副局长
丁新礼　党组成员、副局长
廖泽维　综合行政执法大队大队长

（撰稿：陈丽红）

【马龙区】　2020年，马龙区深入贯彻落实党的十九届四中、五中全会精神以及习近平总书记考察云南重要讲话精神，坚持以习近平生态文

明思想为指导，牢固树立"绿水青山就是金山银山"的理念，坚持绿色发展，以改善环境质量为核心，严格环境监管执法，坚决打好污染防治攻坚战，着力解决突出环境问题，污染防治工作取得明显成效，全区生态环境质量持续改善。2020年，马龙区环境空气质量、水环境质量、城区声环境质量全面达到功能区要求，城区空气质量长期以优良为主，空气优良率达99.5%，$PM_{2.5}$平均浓度为14微克/立方米。城区集中式饮用水水源地黄草坪水库水质保持Ⅱ类标准，马龙河及主要河库水质达地表水Ⅲ类以上水质标准，城市功能区环境噪声达标率为93.6%，重点行业重点重金属排放量比2013年下降27.43%。

机构设置。曲靖市生态环境局马龙分局是曲靖市生态环境局派出机构，列入曲靖市马龙区人民政府工作部门，为正科级，设8个内设机构，包括：办公室、综合科（生态环境保护督察办公室）、法规宣教科技科、水生态环境科、大气环境科、土壤生态环境科、行政审批与辐射管理科、自然生态与监测科。曲靖市生态环境局马龙分局行政编制5名。设局长1名，副局长3名，督察员1名（副科级）。内设机构职数8名。

中央、省级环境保护督察反馈问题整改。自2016年6月以来，马龙区先后收到2016年中央环保督察、2017年省级环境保护督察、2018年中央环保督察"回头看"问题反馈、2019年省级环境保护督察"回头看"及煤焦化行业专项等四轮环境保护督察累计共性和个性问题并列入整改任务数70项，交办投诉举报件29件，共计99项。2020年是中央环保督察及"回头看"、省级环境保护督察等前三轮环保督察反馈问题整改验收销号的收官之年，马龙区涉及前三轮环保督察累计反馈共性和个性问题并列入整改任务数55项，交办投诉举报件22件，共计77项。截至统计时，55项反馈问题已完成整改54项，正在按序时进度整改1项（由于矿山开采生态环境修复进展缓慢，整改期限到2022年），投诉举报件22件均办结。77项问题2020年以前已验收销号42项，目前，马龙区2020年要完成验收销号的35项任务已完成自查自验，并通过市级验收。2019年省级环境保护督察"回头看"及煤焦化行业专项督察反馈

整改问题15项，交办投诉举报件7件，共计22件。目前已完成整改10项，5项正在按时序进度整改，交办投诉举报件7件均办结。

生态文明建设。马龙区高度重视生态文明建设，2013年，编制了《马龙生态县建设规划（2012—2020年）》，并于2013年11月经县人大常委会批准实施。经过多年的努力，在区委、区政府的高度重视下，全区生态创建工作取得实效。马龙区共创建市级生态文明村70个，省级生态文明乡镇（街道）10个，其中，已命名8个，待命名2个。2017年10月底，马龙区在全市率先通过省级生态文明区的考核验收，目前已完成了公示。2019年，市生态环境局马龙分局积极开展市级文明单位创建，并获得命名。

2020年，开展了"全民国家安全教育日"法治宣传教育活动、2020年"世界水日""中国水周"送法下乡宣传活动以及"6·5"世界环境日等系列宣传活动。深入社区、机关、学校、企业、农村、家庭开展环保法律法规宣传，邀请社会各界人士及辖区内12家重点污染企业的环保管理人员80余人到区环境监测站及污水处理厂现场参观，通过互动式、参与式的生态环境体验教育，直观地向大家展示了环境监测和污水处理的过程，通过组织开展形式多样内容丰富的环境保护宣传活动，取得了良好的宣传效果。

主要污染物减排。根据环境统计数据，2019年，马龙区累计排放二氧化硫6140.9799吨，其中，生活源排放270.816吨，工业源排放5870.1639吨；排放氮氧化物3201.7082吨，其中，生活源排放24.134吨，工业源排放3177.5742吨；排放COD 1850.716吨，其中，生活源排放1850.716吨；排放氨氮214.177吨，其中生活源排放214.177吨。2020年，环境统计数据正在开展统计。认真督促落实主要污染物总量减排工作，2020年，省市下达重点大气污染物总量减排项目7个，其中工程减排2个，目前，云南云翔玻璃有限公司700吨/日优质浮法玻璃生产线烟气脱硫脱硝除尘设施已建成投运并完成验收；管理减排5个；污水处理管理减排1个，减排任务按序完成。

环境影响评价。在建设项目审批中，严格依

据主体功能区划、水功能区划、生态功能区划等要求，认真落实产业政策、清洁生产、节能减排等有关规定，与相关部门共同把好建设项目准入关。同时深化生态环境领域"放管服"改革，优化营商环境，积极服务招商引资项目，努力实现审批程序更简、服务更优，认真落实涉企检查报审制度，进一步规范涉企检查行为。严格环评审批，与相关部门共同把好建设项目准入关。2020年，共审批建设项目环境影响评价项目87项。积极开展马龙区固定污染源排污许可清理整顿和2020年排污许可发证登记工作，按照"核发一个行业、清理一个行业、规范一个行业、达标一个行业"的总要求，已完成33个行业固定污染源排污许可登记办理工作，办理登记项目126家。完成了2020年纳入排污许可管理涉及的87个行业和4个通用工序项目排污许可发证工作，办理登记项目124家。申报办理排污许可证的企业，总计127家，其中，因为产业政策等原因不发证企业38家，应发证企业89家，其中存在问题需要整改后才能发证的41家，已发证48家。在加强环评管理的同时，强化服务意识。积极指导企业开展环境影响评价，对马龙海生润新材料有限公司、云南现代家具制造产业园等重点项目做好环评指导服务工作，积极配合省生态环境厅完成云南曲靖钢铁集团呈钢钢铁有限公司260万吨转型升级钢铁项目环评审批工作。做好生态环境保护"三线一单"编制工作。认真配合完成曲靖市"三线一单"编制工作并推进分区管控工作。

环境执法。严格执行《环境保护法》及4个"配套办法"的相关要求，继续以"网格化"监管、"双随机、一公开"为抓手，结合专项执法工作，不断加大执法力度。认真开展了长江"三磷"企业专项排查整治工作，同时督促对存在的生态环境问题进行了整改。开展了辖区内采石采砂环境保护专项执法检查工作。扎实开展双随机抽查工作，对辖区内的重点监管企业和一般监管企业进行了双随机抽查检查，共抽查检查68家企业，出动检查人次500余人。严格查处环境违法行为，2020年，共对5起环境违法行为实施查处，其中对1户企业实施了限制生产、1户企业责令停产，对4户违法企业实施了行政处罚，共处罚款

78.306万元。

环境信访。充分发挥"12369"环保热线的监督作用，认真做好环保热线值守和环境信访案件的办理，调处一般纠纷、办理群众来信来访。2020年共接到各类（信访平台转办件、上级部门转办件、来信来访、微信举报、"12369"环保举报热线举报、"12345"政务平台反映问题）群众来信来访事件100余件，已全部办结，办结率100%。

全面推进蓝天保卫战。印发了《曲靖市马龙区环境污染防治工作领导小组办公室关于切实做好城区大气污染防治改善环境空气质量的通知》，要求责任单位各履其职，强化污染源管控；开展了餐饮行业"油烟排放"专项整治工作，结合创文完成城区及集镇油烟整治230户；做好钢铁行业超低排放改造工作，指导辖区内钢铁企业编制超低排放实施方案；督促全区9家挥发性有机物重点治理企业开展了挥发性有机物治理工作；落实总量减排任务，开展了云翔玻璃厂、呈钢钢铁厂、县城污水处理厂等8家省级重点减排企业的主要污染物减排工作。

着力打好碧水保卫战。完成1个城市集中式饮用水水源地黄草坪水源地保护区划定，对5个"千吨万人"饮用水水源地保护区开展了"划、立、治"工作；完成全区8个乡镇级饮用水水源地保护区划分工作。加强饮用水水源地监管，累计开展水环境安全隐患排查及集中式饮用水水源地环境安全专项排查检查60余次，编制了饮用水水源地突发环境事故应急预案。严格控制工业污染，加强工业污水治理，建成工业园区污水处理站4座。

稳步推进净土保卫战。制定并印发了《曲靖市马龙区固体废物污染治理攻坚战实施方案年度实施计划与区级部门责任清单》，督促相关部门认真落实；加强对企业监管，区政府与马龙区鹏泉环保有限公司签订了《土壤污染防治目标责任书》并督促落实相关责任；督促辖区内危险废物产生单位（包括医疗卫生机构）及经营单位完成了年度危险废物申报登记工作。加强固体废物及危险废物监管。抓好污染防治项目实施。争取中央土壤污染防治资金3000余万元开展了王家庄永发历

171

史遗留锌废渣堆置场地污染管控治理、云水机械厂原厂址污染场地修复治理，按时完成生态环境部挂牌督办的王家庄永发历史遗留锌废渣堆置场地污染整治工作。编制了《马龙区县域农村生活污水治理专项规划（2019—2030）》，争取水污染防治专项资金6710万元，开展马龙河流域污染防治及松溪坡水库周边农村污水治理工作，建设污水处理系统74座。

第二次污染源普查工作。圆满完成了全国第二次污染源普查工作，完成了辖区内451个污染源的入户调查、数据采集、污染源核算、档案建立等工作，编制了污染源工作报告及污染源普查技术校核报告，曲靖市生态环境局马龙分局受到国务院第二次污染源普查领导小组"表现突出集体"表扬。

环境监测。加强环境监测管理。全年共监测177次，其中，例行监测3次，调查性监测31次，监督性监测17次，减排监测12次，环境现状监测101次，年检监测4次，应急监测5次，执法监测2次，比对监测2次。完成了牛栏江、马龙河、马过河水质自动监测站的升级改造工作。编制了12家企业的监督性监测方案。督促指导16家企业完成自行监测方案的编制。

创文及脱贫攻坚工作。组织开展了2020年创建全国文明城市"清洁家园·文明出行"志愿服务活动；"六一"儿童节，到挂联村何家村小学开展慰问活动，为全校学生送去了190个书包和文具；印发了《曲靖市生态环境局马龙分局贯彻落实〈曲靖市文明行为促进条例〉工作实施方案》。按照脱贫攻坚工作要求，选派2名干部加入驻村工作队，深入扶贫联系村积极开展扶贫帮扶工作，帮扶挂联干部经常主动到贫困户家中开展形式多样的帮扶。目前已落实帮扶资金4万元，落实创文联系点何家村工作经费1万元。

生态环境分局主要领导干部
付　华　党组书记、局　长
李振恒　副局长
高祝文　副局长
杨　雯　副局长

（撰稿：尹家善）

【富源县】　2020年，曲靖市生态环境局富源分局以习近平生态文明思想为指导，在曲靖市生态环境局党组和县委、县政府的领导下，以中央和省级生态环境保护督察反馈交办问题整改、打赢污染防治攻坚战和创建省级生态文明县为重点任务，坚持以人民为中心的发展思想，立足新发展阶段，完整、准确、全面贯彻新发展理念，构建新发展格局，坚持源头管控、防治结合，突出精准、科学、依法、系统治污，加快推进经济社会全面绿色转型，着力解决生态环境突出问题，坚决打好污染防治攻坚战，不断提高生态环境治理体系和治理能力现代化水平，县域生态环境质量明显提高，生态环境给人民群众带来的幸福感和获得感明显增强。

生态环境保护督察。中央、省级环境保护督察前三轮交办反馈问题共98个，完成整改98个。富源县涉及省级生态环境保护督察"回头看"及煤焦化行业环境问题专项督察交办反馈问题27个，完成整改22个，达到整改序时进度5个。

生态环境质量。县城空气自动监测站2020年有效监测天数360天（优251天，良109天），县城中心城区环境空气质量优良率100%。每季度对2个省控断面、1个市控和6个县控断面地表水进行监测，水质达标率为100%。每月对东堡龙潭、响水河水库和硐上水库3个县城集中式饮用水水源地进行监测，水环境质量达到Ⅱ类水质要求，水质达标率为100%。2020年，监测的县城集中式饮用水水源、地表水监测断面、重点污染源结果能够满足县域生态环境质量考核要求，个别指标稳中向好。对县域内的22个道路交通噪声监测点开展监测，对县城的101个区域噪声监测点和7个功能区噪声监测点开展监测，各功能区均达到《声环境质量标准》（GB 3096—2008）要求，昼间、夜间城市声环境质量状况较好。

污染防治。一是全面推进大气污染防治工作。按照《富源县打赢蓝天保卫战三年行动实施方案》要求，全面开展大气污染防治工作。完成非道路移动机械审核和编码登记。开展全县挥发性有机物排污企业排查，确定4个企业为挥发性有机物重点排放企业，明确要求企业安装污染治理设施，减少VOCs排放量，均做到达标排放。为有效应对富源大气污染防治，编制了《富源县重污染天气应急减排清单》，要求企业编制备案重污染天气应急响应操作方案。二是全力打好碧水青山保卫战。《富源县南盘江北盘江水系保护修复攻坚战行动方案》和《富源县饮用水水源地保护攻坚战行动方案》实施工作有序开展，为切实保障全县群众饮用水安全，积极开展水源地环境问题排查，完成了17个"千吨万人"饮用水水源地环境保护区划工作，完成7个乡镇集中式饮用水水源地保护区划修编调整工作。三是土壤环境质量状况调查有序推进。完成8家重点企业用地现场取样。全面开展涉重金属行业排查，建立7家涉重金属行业档案。四是加强危废物监管。督促指导56家医院签订危废处置合同。监督企业及时更新危废网上动态信息，如实申报年度危险废物产生、贮存、利用和处置情况，每月对危废动态管理系统申报情况进行审核，实现危险废物申报100%，危险废物转移100%。五是农村人居环境整治工作稳步推进。完成富源县行政村及自然村的现场调查工作，《富源县农村生活污水治理规划》通过审查，后所镇农村环境综合整治工程有序推进。六是加强核与辐射监管。开展全县辐射安全专项检查，收贮废放射源3枚，完成辐射安全状况评估报告23家，报废4个医疗退役设备，完成7家辐射安全许可证延期核查。七是加强排污许可证核发管理。建立了固定污染源排污许可核发清单，完成957个企业的排污登记。八是开展全县堆煤货场专项整治。对全县的堆煤货场进行全面排查，不断规范煤炭产品经营秩序，有效治理区域扬尘污染，不断提升人居环境。目前，全县206家堆煤货场已清理完成148家。

环评审批。坚持预防在先，防治结合原则，加强建设项目环评审批的生态化监管，既把好项目生态环境保护准入关，又为富源经济社会发展腾出空间。审批建设项目环境影响评价32个，登记表备案116个。

环境监管。一是环境违法"零容忍"。查处违法排污企业7家，共处罚金86万元，同期相比，环境违法行为明显下降。二是群众诉求不懈怠。共接到各类群众信访件189件，办结189件，办结率100%。

生态文明建设。一是完成大河镇、竹园镇、十八连山镇、老厂镇省级生态乡镇创建工作，省级生态文明县创建已上报省级待审查。二是积极开展自然保护区保护和生物多样性调查，编制完成《富源县生物多样性综合调查工作项目实施方案》。

党风廉政建设。严格落实全面从严治党新要求，推动全面从严治党向纵深发展。组织召开2次专题会议研究部署党风廉政建设和反腐败工作，将2020年度党风廉政建设和反腐工作进行任务分解，列出重点科室权力清单，建立健全廉政风险防控机制，主要领导与分管领导和科室负责人均签订了党风廉政责任书。2020年4月15日，县委第五巡察组对分局党组工作指出了三大方面11个问题，根据巡察组整改工作意见和建议，制订了整改方案。紧紧围绕县委第五巡察组反馈意见，建立工作机制，真抓真改、立行立改，逐一对照检查，逐一明确目标，逐一落实责任，逐一建立台账，逐一整改落实，逐一对账销号，切实将各项整改任务落实到位。

生态环境分局主要领导干部

张卫东　局长

张晓辉　副局长

温绍荣　副局长

（撰稿：崔晋鸣）

【陆良县】　2020年，曲靖市生态环境局陆良分局在县委、县政府、市生态环境局的坚强领导下，认真贯彻落实习近平生态文明思想和习近平总书记考察云南重要讲话精神，按照市委、市政府《关于全面加强生态环境保护坚决打好污染防治攻坚战实施方案》，驰而不息打好蓝天、碧水、净土保卫战，制定了一系列的工作方案和工作机制，扎实解决突出生态环境问题，全县生态环境质量持续改善。

陆良县中心城区2020年环境空气质量达《环境空气质量标准》（GB 3095—2012）二级标准，优良天数比例为100%；南盘江陆良段天生桥出境断面水质达《地表水环境质量标准》（GB 3838—2002）Ⅲ类标准；陆良城区集中式饮用水源地——永清河水库、北山水库水质达《地表水环境质量标准》（GB 3838—2002）Ⅱ类以上水质标准，水质达标率100%；完成了全县土壤污染详查点位核实工作，26家企业实行全县土壤环境重点监控，管控西桥老工业片区污染地块330亩，土壤环境风险得到有效管控。

环保督察。以环保督察整改为契机，下大力气解决突出环境问题，保障生态环境安全。一是中央和省级环保督察及"回头看"前3轮督察交办反馈问题126个，完成了整改验收，实现整改清零。2016年中央环境保护督察反馈的24个问题，交办的33件投诉举报件全部办结并通过验收。2017年省级环境保护督察反馈的19个问题，交办的8件投诉举报件全部办结并通过验收。2018年中央环境保护督察"回头看"反馈的10个问题，交办的突出环境问题4个，28件投诉举报件完成了整改验收。二是2019年省级环保督察"回头看"反馈的18个问题，已完成整改12个，正在整改6个。

污染防治。一是强力推进大气污染综合治理，9家重点企业进行了重污染天气应急预案及操作方案编制备案，8家重点行业实施挥发性有机物综合治理，完成建成区内10蒸吨/时燃煤锅炉拆除报废16台，停止使用6台，煤改气2台。对排气口超过45米高架源及建材、火电、焦化、铸造等重点行业无组织排放进行了排查及督促企业开展深度治理。二是扎实抓好水污染治理，完成陆良县板桥镇大坝冲水库等8个"千吨万人"饮用水水源保护区，大莫古集镇水厂4个乡镇级饮用水水源保护区划定。开展饮用水水源保护区环境整治，县级集中式饮用水水源地一级保护区内违规建设"农家乐"1处；取缔保护区内桉油炼制点5个；投入资金10万余元对保护区内荒地补植补绿。2个乡镇饮用水水源设立了隔离网，12个乡镇级饮用水水源均设置了饮用水水源标识。完成2家企业入河排污口审批。陆良中金公司废弃菜叶无害化处理项目完成了废水处理站建设和应急池建设，废水排放达《污水排入城镇下水道水质标准》C等级标准，进入第二污水处理厂处理。三是认真落实土壤污染防治，完成了全县土壤污染详查点位核实工作，核定78个详查单元，核实农用地详查1184个详查点位，开展25家重点行业企业用

地土壤污染状况详查，26家企业纳入了全县土壤环境重点监控企业名单，排查整改非正规垃圾堆放点19个，38家企业完成了危险废物申报登记，有序推进废弃农膜回收利用，全县设置12个废弃农膜回收点，开展县域农村生活污水治理专项规划及农村黑臭水体排查工作，6个疑似污染地块录入全国污染地块土壤环境管理信息系统。排查尾矿库环境安全隐患8家。管控西桥老工业片区污染地块330亩，土壤环境风险得到有效管控。

固定资产投资。全年入库项目6个：陆良化工实业有限公司周边污染耕地修复治理项目、陆良中金环保科技有限公司液体有机肥生产建设项目、陆良县西桥工业片区环境综合整治项目、玻璃深加工项目、陆良复烤厂燃煤锅炉改造项目、15000吨年耐磨钢球生产线技改项目。完成入库数1.39亿元，出数1.39亿元，完成固定资产投资任务。

环保宣教。充分利用各种宣传工具、新闻媒体，加强环保知识、绿色创建等工作成效的宣传，紧紧围绕打好污染防治攻坚战，加强生态环境宣传，发布各类信息71条。被省级网站采用1条，市级网站采用19条，县级网站采用51条，切实加强环境保护和生态文明理念宣传。"6·5"世界环境日，在县城、各乡镇（街道）、国祯污水处理厂、云南锐达民爆公司等举行了宣传活动，共发放各类宣传资料2000余份，摆放展板20块，进一步增强了公众环境保护意识。

环境管理。加强环境监管服务，严把项目环保关，以"三线一单"管理为重点，把好项目准入关，从源头控制环境污染和生态破坏，同时深入贯彻落实"放管服"改革工作落实精神，不断优化审批权限，提升环境管理效能，抓改革、求创新、促管理，审批建设项目环境影响报告表35个，对9个建设项目环境影响报告书提出初审意见，对选址不合理的企业劝退和不予办理6家，指导和审核《建设项目环境影响备案登记表》328家。核查医疗单位辐射安全许可证33家、放射源使用单位1家，对存在问题的15家涉源单位共44个问题进行督促整改，检查废旧金属回收熔炼辐射安全监测装置4家、指导废旧金属回收熔炼企业正确规范使用辐射监测设备。办理固定污染源

排污许可证 191 家，督促指导办理排污许可登记管理 1577 家。对重点行业、涉重、涉化、涉危企业进行突发环境事件应急预案备案管理，21 家企业突发环境事件应急预案进行了备案。

环境监管执法。加大环境监管执法，开展污染源现场监督检查 210 余场次，出动检查人员 573 多人次，检查相关企业 210 余家，做相关现场监察记录 210 余份，双随机抽查企业 31 家。对在检查和抽查中发现环境隐患的企业下达了责令改正通知书 17 份，行政处罚环境违法行为 6 起，罚款金额 72 万元。受理解决群众来电来信来访及污染投诉 407 件。4 家企业执行了四个配套办法，其中移送司法机关 1 家、停产整治 2 家、查封（扣押）2 家。办结人大建议 4 件、政协提案 6 件，见面率 100%，代表满意率 100%。

总量减排。二氧化硫、氮氧化物排放总量与 2015 年相比分别下降 5%、3%，达到二氧化硫、氮氧化物排放总量与 2015 年相比分别下降 3.19%、0.99% 指标要求；"十三五"期间化学需氧量、氨氮累计减排量分别为 2770.85 吨和 369.17 吨，完成化学需氧量、氨氮减排 2526.65 吨和 301.56 吨目标任务。

环境监测。持续加强监测网络建设，空气自动站和水质自动站稳定运行，数据有效上传。15 家重点企业全部安装在线监测设施。扎实开展环境监测，开展酸雨、地表水质量例行监测，建成区功能区噪声监测、重金属污染防治专项监测、重点排污企业监督性监测及重点减排企业监测，出具监测报告 107 份，获取水、气（环境空气、固定源）、声等各类监测数据共 10325 个。

生态创建。按照《陆良生态文明县建设规划（2018—2021 年）》，积极开展生态文明县创建，认真组织开展省级生态文明县创建，对照省级生态文明县的 6 项基本条件和 22 项建设指标，现已达到省级生态文明县创建要求，有关材料已经报请云南省生态环境厅对陆良县创建省级生态文明县进行技术评估和考核验收。

机关党建。认真落实"三会一课"、民主生活会、党员民主评议、谈心谈话、领导干部双重组织生活会等制度，进一步深化"主题党日""党员积分制"等活动，扎实开展"不忘初心　牢记使命"主题教育，单位开展"强素质　转作风　树形象"活动；到社区开展"双拥双报到"服务。深化作风和纪律建设，到同乐社区开展党风廉政警示教育活动；组织党员干部到文山麻栗坡红色革命教育基地开展爱国主义教育活动；深入扶贫点开展帮扶慰问工作，有力地推动了各项工作。

生态环境分局主要领导干部

李华贵　党组书记、局长

杨坤林　副局长

曾荣阔　副局长

王云生　副局长

（撰稿：念富云）

【师宗县】　2020 年，全县生态环境保护工作以改善环境质量为核心，以环保督察反馈问题整改为抓手，全面加强污染防治和环境治理，切实解决影响可持续发展和群众反映强烈的突出环境问题，严厉打击各类环境违法行为，努力化解各类环境风险，保障全县经济社会可持续发展。

环境管理。切实强化生态环境监管，确保县域生态环境安全。一是严格环境准入。坚持"预防为主"的原则，严格执行建设项目并联审批制度，对不符合环保法律法规、不符合有关规划和产业政策的项目，坚决不予审批。2020 年，累计完成报告表审批 16 个，登记表备案 323 个。二是强化项目环境管理。严格按照"核发一个行业、清理一个行业、规范一个行业，达标一个行业，实现固定污染源排污许可全覆盖"要求，结合师宗县第二次全国污染源普查及工商、税务、电力等部门数据，深入开展牲畜饲养、制糖业、屠宰及肉类、酒的制造、人造板等 33 个行业清理排查，共计确定符合申报条件企业 222 家，为圆满完成全县固定污染源排污许可清理整顿和排污许可发证登记工作奠定了坚实基础。三是坚持执法与服务相结合。根据企业所属行业特点，有针对性地制订检查方案，对排查出的问题和隐患通过集中约谈、预警函等方式一次性告知企业，提醒企业按照法律法规和规章标准的要求，积极整改存在的问题和隐患，引领企业对照法规要求和标准规范自检、自查、自改，强化环保自律意识，做到"先提醒，后检查、处罚"，为地方经济健康发展保驾护航。2020年11月25日，对师宗县战略装车点及民科煤业片区的中国铁路昆明局集团有限公司昆明车务段师宗线路管理站师宗站、云南省师宗民科煤业有限公司等企业主要负责人进行了集体约谈，进一步传导压力、敲响警钟。

环境质量。通过扎实有效的工作，全县环境保护各项重点工作取得明显成效，环境质量状况稳定向好。一是水环境质量情况：全县主要地表水为珠江水系的南盘江、子午河。根据监测，南盘江、子午河水质均能满足规划功能Ⅲ类地表水环境质量要求，国控断面设里桥水质均达地表水环境质量Ⅱ类标准。全县集中式饮用水水源东风水库、大堵水库水环境质量现状除东风水库总氮超标外，其余监测项目均满足规划Ⅲ类水体功能标准，状况总体为良好。二是环境空气质量情况：根据县城区环境空气质量自动监测站监测，县城区环境空气质量优良率达100%。三是土壤环境质量情况：2020年，全县未发生因耕地污染导致农产品有害物质超标且造成不良社会影响和污染地块再开发利用不当且造成不良社会影响的事件，土壤环境质量为清洁状态，土壤环境总体安全。

污染防治。坚持目标导向、问题导向，全力打好污染防治攻坚战。一是全面推进蓝天保卫战。着力抓好工业企业达标排放，加强对钢铁、水泥、焦化等工业企业大气污染防治设施运行监管，有序推进云南天高镍业有限公司无组织排放超低排放改造。圆满完成4个省级大气主要污染物重点减排项目阶段性减排目标和县城建成区10蒸吨/时以下燃煤锅炉淘汰。完成43台非道路移动机械摸底调查及信息填报。县城区环境空气质量优良率均达100%。二是着力打好碧水保卫战。完成12个"千吨万人"饮用水水源地保护区划分方案报批和1个乡镇级饮用水水源保护区划定方案编制上报。有序推进"千吨万人"饮用水水源地环境问题整治工作。强化日常监管，确保县污水处理厂进水量达到设计规模并有效处理县城生活污水，圆满完成2020年市级下达重点水污染物总量减排目标。三是稳步推进净土保卫战。完成县域内4家焦化企业（1家在产，3家已关停）重点行业用地调查样品采集、工业园区地下水环境质量状况

调查及疑似污染地块土壤污染初步调查和风险评估。深入开展工业固体废物及堆存场所、涉重金属重点行业企业、非正规垃圾堆放点排查整治，规范工业固体废物和危险废物处置，加大固体废物综合利用水平，提高固体废物监管水平，完成3家重点危险废物产生单位、1家危险废物经营单位的规范化考核，针对发现隐患问题督促其限期整改。完成第二批涉镉等重金属重点行业企业环境调查，经排查，师宗县须整治企业清零。全面完成《曲靖市土壤污染防治工作方案》终期考核各项目标任务。

环境监察。严格环境监管执法，严格执行网格化环境监管制度，全面落实"双随机、一公开"环境监管，切实强化重点区域、重点领域和群众反映强烈、主观恶意违法行为的查处力度，严厉查处无证排污等违法行为。强化按日连续处罚、查封扣押、限产停产、移送适用行政拘留等手段的综合运用，持续开展环境隐患大排查、生态环保领域扫黑除恶等工作。2020年，共查处各类环境违法行为31起，其中，下达行政命令22起（责令改正违法行为决定书20起，责令停止生产1起，责令限制生产1起），立案行政处罚8起，共处罚金71.66万元；查处各类环境信访案件86起；完成排污许可证筛查，引导企业办理排污许可证，累计发放排污许可证告知书560余份；完成核技术利用辐射安全和防护现场监督检查20家次，完成应急预案备案10家；全县未发生任何环境安全事故。

宣传教育。始终把宣传作为开展环保工作的重要抓手。一是广泛深入宣传。长期在师宗电视台、电台投放环保公益广告，以"6·5"世界环境日、全国节能宣传周等为契机，大力宣传倡导实行低能量、低消耗、低开支、低代价的低碳生活方式，引导市民从自己做起、从家庭做起、从点滴做起，形成节约能源资源和保护生态环境的生活理念、消费模式，进一步增强了广大市民能源忧患意识、节约意识、环保意识和责任意识。二是省级生态文明县创建工作有序推进。完成省级生态文明县创建相关文本资料上报，待省生态环境厅组织省级专家评审。三是强化环境信息公开。特别是涉及行政处罚、环评审批、环境质量

等企业和群众比较关心的问题均全面公开。2020年，依托师宗县人民政府、曲靖市生态环境局网站累计公开各类环境信息40余条。

农村环境综合整治。深入开展农村生活污水治理，完成师宗县县域农村生活污水治理专项规划文本编制并通过县人民政府批复。全面开展农村黑臭水体排查识别，上报农村黑臭水体1条。截至2020年底，全县786个自然村，176个生活污水排放点得到有效管控，535个未完成治理乱泼乱倒点得到有效管控，污水乱泼乱倒减少率增长88.44%；完成251个自然村污水治理，生活污水治理率为31.93%；完成30个行政村农村环境综合整治任务；122套村庄生活污水处理设施都正常运行，村庄生活污水处理设施正常运行比例达到100%。

环保督察。坚决扛起环保督察整改政治责任，把整改成效作为做到"两个维护"的检验标尺。截至2020年底，2016年中央环境保护督察反馈的22项问题，完成整改22个，验收销号22个，交办的3件投诉举报件全部办结并上报验收销号；2018年中央生态环境保护督察"回头看"反馈的11项问题，完成整改11个，验收销号11个，交办发现突出环境问题4个，完成整改并验收销号4个，交办的5件投诉举报件全部办结并上报市级验收销号；2017年省级环保督察反馈的20个问题，完成整改19个并上报市级备案销号，未完成但达序时进度1个，交办的4件投诉举报件全部办结并上报备案销号；2019年省级环保督察"回头看"反馈的18个问题，完成整改15个，达时序进度3个，交办的2件投诉举报件全部办结。

生态环境分局主要领导干部

李建芳　局长

徐泽谦　副局长

秦月波　副局长（—2020.07）

周瑞璘　副局长

赵中云　副局长

（撰稿：宋红星　张梦丽）

【罗平县】　2020年，曲靖市生态环境局罗平分局在县委、县政府的正确领导下，在省、市生态环境保护部门的关心和支持下，以习近平生态文明思想为指引，以污染防治攻坚战为统领，以解决突出生态环境问题为突破，以改善生态环境质量为目标，深入贯彻落实中央和省、市关于生态文明建设和环境保护各项工作要求，为全县经济社会发展提供了有力的环境保障。

环境管理。一是严格建设项目环评审批。克服疫情影响，服务经济发展，累计审批建设项目38个，环境影响登记表备案169个，为上级出具项目初审意见2份。项目审批个数与去年同期相比基本持平，新建项目环保"三同时"制度执行率达100%。二是严格排污许可证管理。扎实做好排污许可证清理核查工作，完成数据筛查4565条，形成数据清单582条，发放《限期申领排污许可证》《办理排污登记告知书》400余份，帮助600余家排污企业完成许可证登记，督促90余家应办证企业及时向市局申报办证。三是加强在线监测监管。严格遵照省、市环保部门的要求，切实加强对污染源的监督管理，确保国控企业在线监测有效数据上传率，自行监测公布率，监督性监测公布率达到"三条红线"要求。

污染防治。一是坚决打赢蓝天保卫战。完成30家有烤漆工艺的汽车修理企业VOCs挥发性有机物污染治理，建城区100余家餐饮企业油烟污染得到整治，全县33家砂石料厂污染综合治理有序推进，并成功召开市级现场工作会。二是持续打好碧水保卫战。完成12个农村集中式饮用水源地保护区划定，清理整治保护区环境问题14个；桃源小河沿河洗煤洗矸厂、板桥小河沿河洗姜户得到规范整治，水质稳定向好；清理取缔万峰湖罗平水域钓台钓棚158户19000余平方米，2021年1月7日，国家最高检官宣，"万峰湖专案"结案；工业园区污水处理厂建成并稳定投运，学田污水处理厂提标改造艰难中推进。三是扎实推进净土保卫战。大力推进农村"两污"治理，实现农村生活垃圾收集、转运、处理全覆盖，垃圾发电项目即将点火投运，垃圾减量化、资源化率不断提升；累计实施农村生活污水治理工程91个（覆盖113个自然村），全县农村人居环境质量逐步改善。

污染减排。一是水污染物减排情况。罗平县学田污水处理厂，污水处理率达85%以上，化学需氧量 COD 减排 1368.59 吨，氨氮减排 160.61 吨。较 2019 年降低 11.4% 和 2.9%。二是气污染物减排情况。曲靖际丰水泥有限公司干法窑烟气脱硝系统投运率达 100%，脱硝效率 60%。罗平县锌电股份有限公司回转窑尾治理项目正常运行，脱硫系统投运率 80% 以上，综合脱硫效率 70% 以上。

环境监察。一是加大环境执法力度。积极探索行政执法与刑事司法衔接联运机制，结合环境监管网格化工作、双随机工作、环境执法大练兵活动、中央和省、市环保督察反馈问题整改等工作，切实加大环境执法力度。全年累计出动执法人员 460 余人次，出动 120 余车次，检查企业和个人经营户共 120 余家次。共对 20 项环境问题下达责令改正违法行为决定书，对 5 家环境违法企业进行立案查处，严厉打击了企业环境违法行为。二是认真做好来信来访工作。充分发挥 "12369" 环境投诉热线作用，完善 24 小时值班制度，随时受理群众投诉，全年共接收处理群众来信来访及 "12369" 投诉 22 起（含上级转办件 3 件），调处污染纠纷 1 起，有效地维护了群众的环境权益，促进了社会稳定。

环境监测。按时间进度完成国控、省控及县控重点污染源监督性监测、污染减排企业监测、污染源在线比对监测。做好县域内地表水、县城环境空气及声环境质量的例行监测。城区空气质量优良率为 100%；取得地表水监测数据 2600 个，县域内主要河流地表水水质达到或优于国家地表水环境质量标准；县城集中式饮用水水源龙王庙水库水质达到 II 类水功能区要求；长家湾重金属污染防控区域大气、水环境质量均达到标准要求；对县城建成区开展功能区、道路交通、区域声环境等声环境质量监测，为环境管理提供了翔实的数据基础。

环境保护。一是积极开展县域生态环境质量考核工作。完成 2019 年度县域生态环境质量考核工作及 2019 年度第四季度和 2020 年第一季度到三季度县域生态环境质量季度监测报告的填报及上报工作。二是积极推进 2019 年度环境统计工作。完成了规上企业 38 家的环境统计工作，并通过国家的审核。三是创新开展 "6·5" 世界环境日宣传教育活动。联合云南罗平锌电股份有限公司、罗平县融媒体中心共同举办活动主题为 "美丽中国，我是行动者——保护环境·责任在我" 的 "6·5" 环保宣传进企业教育活动。组织全县 28 家重点排污企业到罗平锌电股份有限公司参观渣库并发放宣传资料 200 余份。通过发放宣传资料让企业熟知环保小常识，让低碳生活、绿色文明理念、生态环境领域扫黑除恶等内容进一步深入人心。

生态环境分局主要领导干部

陈亚斌	党组书记、局长
刘德才	党组副书记、副局长
丁树菊	党组成员、副局长
庞凌壬	党组成员、副局长
王年兵	党组成员

（撰稿：王年兵）

【会泽县】 2020 年，会泽县生态环境保护工作始终以习近平生态文明思想为指导，树立 "绿水青山就是金山银山" 理念，以环境保护督察反馈问题整改落实为契机，按照 "提前介入，主动服务；提高效率，依法审批；守住底线，严控风险" 工作思路，围绕 "水、土、气" 三大污染防治攻坚战的深入推进，着力抓实抓细会泽生态环境保护与修复工作。

环保问题整改。2016 年 7 月、2017 年 11 月和 2018 年 6 月中央环境保护督察、省委省政府环境保护督察和中央环保督察 "回头看" 期间，共反馈给会泽的问题有 94 个（件），现已全部完成整改。2018 年 12 月，市级验收组对会泽县具备整改验收销号条件的 55 个问题进行了验收；2020 年向第三方提交验收问题 39 个，全部通过验收销号。

坚决打好蓝天保卫战。一是督促会泽滇北水泥有限公司、会泽金源水泥有限公司、会泽县磷源化工有限公司等 3 家重点企业认真落实碳排放报告、核查、管理制度。二是认真开展工业炉窑治理专项行动，强化工业企业无组织排放管控，推进重点行业污染治理升级改造。目前，共排查企业 7 家，督促 4 家企业建立健全深度治理措施；督促 2 家企业制订深度治理整治方案，于 12 月底前完成整治任务。三是督促指导会泽滇北工贸有限公司水泥厂和会泽金塬水泥有限公司认真落实大气污染物排放总量控制制度。经核查，2家企业脱硝系统投运率均达100%，综合脱硝效率达50%以上。四是按时序推进会泽县8家单位10台10蒸吨/时燃煤小锅炉淘汰工作。截至统计时，10台10蒸吨/时燃煤小锅炉已全部淘汰。五是认真组织开展高污染燃料禁燃区划定工作，方案编制工作现已完成，待审核后组织实施。六是督促云南驰宏锌锗股份有限公司会泽冶炼分公司、会泽金塬水泥有限公司、红云红河烟草（集团）有限责任公司会泽卷烟厂3家企业制订重污染天气应急响应操作方案，现已通过审查，待修改完善后备案。七是积极组织县城区5家二类汽车维修企业开展挥发性有机物综合治理，提升汽车修理与维护行业VOCs治理能力。八是着力抓好机动车排放检验监管和非道路移动机械低排放控制工作。同时，积极配合县公安局、交通运输局做好老旧柴油货车淘汰等移动源污染防治工作。截至统计时，会泽县空气自动站共有效监测312天，优217天、良95天，环境空气质量优良率100%。

坚决打好碧水保卫战。一是完成14个农村集中式饮用水水源地保护区划定工作；积极推进5个"千吨万人"饮用水源地规范化建设；按时序推进19个集中水源地整治工作。二是督促县城污水处理厂推进重点水污染物总量减排工作。截至统计时，会泽县污水处理厂处理水量641.53万吨；进口化学需氧量浓度平均值为172.45毫克/升，进口氨氮浓度平均值为21.70毫克/升；减排化学需氧量936.45吨，减排氨氮128.61吨。据核算，县污水处理厂全年处理水量约为841.53万吨，减排化学需氧量1228.39吨，减排氨氮168.70吨，能如期完成市级下达的任务。三是认真落实"河长制"工作，全面摸清县域内3条主要河流入河排污口信息统计和审核工作。四是配合金钟街道，合力推进毛家村水库集中式饮用水水源地水环境保护整治项目。五是结合农村人居环境提升工作，加大项目包装和储备力度。目前，以礼河水环境治理项目已列入中央资金项目储备库。截至统计时，经监测显示以礼河水文站、毛家村水库大坝和牛栏江江底大桥3个县域生态考

核断面年平均值达水质要求；娜姑二级电站、硝厂河、金乐水库、牛栏江黄梨树、小江和跃进水库、长海子水库2个自然保护区等监测断面水质均达相应地表水功能区要求；会泽县毛家村水库、金钟龙潭2个县级集中式饮用水水源地水质达标率100%。

坚决打好净土保卫战。一是土壤污染防治项目推进情况。依法依规，按时序推进会泽县多金属污染农用地土壤风险管控技术应用试点项目、会泽县者海区域污染农用地风险管控（一期）项目和会泽县者海镇阿依卡—简曹河—钢铁河重金属污染综合治理工程。二是着力抓好农村生活污水治理规划。以农村生活污水减量化、分类就地处理、循环利用为导向，先后完成3个街道20个乡镇360个村委会3844个自然村生活污水现场调查工作。结合实际，将农村生活污水治理分近期、中期、远期等阶段进行科学规划。截至统计时，会泽县农村生活治理率为28.54%，超目标值13.54个百分点，设施正常运行率99.46%。

环境保护执法。环境执法工作进一步强化：一是加强对县境内重点企业、重点流域的排查整治力度。二是围绕打击固体废物非法堆存倾倒处置专项行动的开展，加大对生态环违法行为的查处打击力度。三是严格落实"12369"环境信访投诉有效办结机制。截至统计时，受理群众来电、来访和网络举报86件；对23家企业开展了"双随机、一公开"抽查检查。

环评审批。严格执行《环境影响评价法》和《建设项目环境保护管理条例》等法律法规，按照"提高效率，依法审批"的工作原则，在项目选址、排污许可证申领、登记等方面，积极开展服务工作。2020年，共办理审批项目35个，参与建设项目选址200余场次，备案登记183余件，解答服务对象咨询400余人次。

生态文明创建。2020年，会泽县共创建生态文明乡镇16个；2019年开启大海乡、矿山镇等7个生态乡镇创建工作，完成118个生态村创建工作并获市级命名，生态文明乡镇建设规划编制工作已完成95%；生态文明县创建申报工作正按时序推进。

生态环境分局主要领导干部
朱　全　党组成员、副局长
蔡荣德　党组成员、副局长
周少华　副局长
董地华　综合执法大队大队长

（撰稿：杨秀珠）

【曲靖经济技术开发区】　2020 年是全面建成小康社会和"十三五"规划的收官之年，是污染防治攻坚战取得阶段性成效的决战之年。曲靖经开区分局始终坚持以习近平新时代中国特色社会主义思想为指导，深入贯彻习近平生态文明思想，不断提高政治站位，在思想意识上强化政治引领，在干事创业中彰显担当，充分发挥党员先锋模范作用，严抓党风廉政建设，进一步转变工作作风，压实工作责任，狠抓各项工作落地见效。

环境质量稳中向好。2020 年，经开区生态环境质量总体稳中向好。水环境市控监测断面达标率从以前的 80% 到现阶段的 100%，提高了 20 个百分点。空气质量持续稳定，优良率 98.3%，且优良天数中，优级天数占比逐年增高。土壤环境安全可控，涉重金属指标含量均在国家标准限值范围内。声环境功能全部达标。对 122 个区域噪声点位、20 个城市道路交通点位以及 7 个声环境功能区开展声环境质量监测，经开区范围内声环境质量达到相关标准要求。

坚持以污染防治为抓手，全面提升经开区生态环境质量。2020 年，曲靖经开区持续以改善经开区生态环境质量为核心，全面实施蓝天、碧水、净土等 7 个污染防治专项行动。经过不断努力，经开区生态环境质量总体稳中向好，人民群众对良好生态环境的获得感、满意度显著增强。一是强化组织领导。成立了以经开区党工委、管委会主要领导任组长的污染防治工作领导小组和环境保护督察工作领导小组，并牵头编制了区域声环境功能区、饮用水源地保护区、烟尘控制区等 7 个环境保护专项规划、15 个生态环境保护配套实施方案。目前，正在筹备生态环境保护委员会。二是以"钉钉子"精神抓好三大污染防治攻坚战。水污染防治方面，完成了白石江河排污口清理、南海子污水处理厂提升改造以及上西山、老西山

两个"千吨万人"饮用水水源地突出环境问题清理整治工作。在全市范围内率先完成地下油罐改造工作。积极开展农村生活污水治理工作，完成《曲靖经济技术开发区农村生活污水治理专项规划》以及罗小村等 4 个自然村农村生活污水治理设施建设实施方案编制工作。全面落实河长制工作要求。大气污染防治方面。划定完成曲靖经开区高污染燃料禁燃区和烟尘控制区。全面开展高架源、挥发性有机污染物、油气回收改造、道路非移动机械、燃煤小锅炉和工业炉窑综合整治工作，积极配合开展大气污染物源解析工作。强化建筑施工现场管理，督促相关企业落实好"六个百分之百"。土壤污染防治方面，不断强化土壤污染源头预防和监管，持续落实《曲靖经济技术开发区重金属减排计划》以及 2019 年重金属减排自评估工作。扎实开展废旧铅酸蓄电池污染防治工作，有效防范土壤污染环境风险。配合开展农用地详查工作，切实抓好质量示范城市创建工作。完成《南海子工业园区土壤污染状况调查项目实施方案》的编制、技术审查以及招标工作，目前正在按方案按时序推进。

坚持问题导向，抓好环境保护督察反馈问题整改。经开区先后接受了中央、省级环境保护督察及"回头看"共四轮督察。前三轮中，经开区共涉及反馈问题 45 个、信访举报件 21 件、交办的环境突出问题 2 个，总计 68 个（件）。已完成整改 67 项，正在整改 1 项（已完成征求意见，待党工委会议研究决定后即可印发）。其中，已完成市级验收销号 67 项。省级环保督察"回头看"中，经开区涉及反馈问题 9 个。交办投诉件 2 件。其中，反馈问题已经完成整改 6 个，交办投诉件已经全部完成整改。

强化法治建设，依法推进环境监管执法。一是建立健全依法行政机制。建立案件审查委员会，开展自由裁量权讨论审计机制，全面落实行政执法公示制度、执法全过程记录制度、重大执法决定法制审核制度，完善行政与司法联动，与经开区公安分局形成联席会议制度。二是强化执法检查。按照"双随机、一公开"要求，结合专项执法检查，采取日查夜检、交叉互检等形式，对经开区工业企业污染防治工作开展全面监督检查。

2020年1—10月，共实施行政处罚7起，其中，《环境保护法》四个配套办法典型案例2起，共计处罚16.36万元。三是抓好环境风险防范工作，经开区分局开展了涉铊污染安全隐患调查、建筑工地污染防治专项检查、无证无照经营专项执法检查、危化品企业专项执法检查、洗车和汽修场所污染防治情况专项排查等工作。中高考期间，还深入企业噪声点源，针对开展中高考期间考点周边环境综合整治。为切实解决餐饮油烟扰民问题，经开区分局专门制订整治工作方案，全面开展排查整治，累计排查餐饮服务单位300余家，责令150余家餐饮服务单位规范安装了油烟净化设施，基本实现"应装尽装"。四是认真做好环境信访投诉处理。按照"有诉必接，有接必查，有查必果，有果必复"的要求，认真处理好市民反映的环境问题，切实解决好人民群众关注的环境热点、难点问题。"十三五"期间，累计处理投诉320余起"12369"热线、"12345"热线、微博、微信环境投诉。五是危险废物和核技术利用安全可控。经开区始终将危险废物监管和核技术利用作为环境风险防范重点，定期对经开区范围内的30家涉危废单位开展申报和核查工作，对7家核技术利用单位开展评估和指导。"十三五"期间，经开区危废和核技术利用单位安全可控。

完善审批服务，进一步优化营商环境。持续做好"放管服"工作，全面落实经开区"先建后验"制度。截至统计时，完成了年产3.6GW（1GW等于100万千瓦，全书特此说明）单晶硅棒及硅片项目等24个建设项目报告书（表）的技术审查及审批工作；曲靖隆基年产30GW单晶硅棒和切片标准厂房等21个建设项目登记备案工作以及7个工业建设项目"先建后验"联合预审工作。

全力做好疫情防控，落实疫情期间应急监测工作。一是全员行动，深入一线，全面开展疫情摸排和防控工作。疫情期间，经开区分局9名干部职工切实发挥党员冲锋在前的先锋作用，全员分为3个小组分别到三元名城小区、史家河安置小区以及西苑社区开展排查和防控。二是为切实做好医疗废物和医源废水防控工作，切断二次传染的可能。经开区分局先后多次到隔离点、治疗点以及城市污水处理厂开展检查指导。三是按照开展经开区地表水、空气环境质量应急监测工作，累计开展20余次地表水水质监测工作，重点对传染病医院、西城污水处理厂等可能受疫情影响的外排水开展余氯等指标的监测工作；对上西山水库和老西山水库两个集中式饮用水水源地开展了生物毒性、活性氯等指标的监测，确保疫情期间饮用水水质安全。

抓好经开区突出环境问题整治工作。一是开展饮用水水源地环境问题排查整治。联合街道、社区以及相关职能部门对西河水库水源保护区所涉及的两个"千吨万人"饮用水水源地环境问题排查及整治工作。共查出居民生活、农业种植、生猪散养等7个问题，已制订整治方案，开展整改工作。二是"散乱污"企业综合整治工作。通过排查，经开区最终确定关停取缔"散乱污"企业2家，整合搬迁"散乱污"企业1家，并对"散乱污"企业分类处置进行了公示。截至2020年已全部完成。三是建立经开区环境保护领域投诉热点预警机制。通过对中央环保督察及"回头看"和省级环保督察及"回头看"反馈交办问题的认真分析，经开区环保督察办提出的《曲靖经济技术开发区环境保护督察工作领导小组办公室关于建立生态环境领域投诉热点预警机制的通知》方案，对夜间施工、社会生活噪声、餐饮油烟等投诉热点开展预警，要求各责任单位对照生态环境保护责任清单认真履行好各自单位生态环境保护工作职责，不折不扣抓好生态环境领域投诉的处理。

生态环境分局主要领导干部
郭　亮　党支部书记、局长
王凤芸　党支部副书记、副局长
平述煌　党支部组织委员、副局长

（撰稿：办公室）

玉溪市

【工作综述】　2020年是"十三五"收官之年，也是极不平凡、极其不易的一年。面对发展形势的深刻复杂变化，特别是新型冠状病毒感染疫情的严重冲击等多重压力叠加；面对污染防治的爬坡攻坚克难，特别是"十三五"生态环境质量的决战收官，全市生态环境保护工作在习近平生态文明思想的指引下，牢固树立"绿水青山就是金山银山"理念，把推动生态环境高水平保护和经济社会高质量发展作为全局工作的主线，把全面建成小康社会的生态环境指标作为全局工作的目标，保持方向不变、力度不减，扎实做好"六稳"工作，全面落实"六保"任务，为"十三五"画上了圆满的句号。

【机构概况及人员编制】　玉溪市生态环境局于 2019 年 1 月成立（原为"玉溪市环境保护局"，成立于 1998 年），是玉溪市人民政府工作部门（正处级）。2020 年 2 月启动垂改，实行以省生态环境厅为主的双重管理，各县（市、区）生态环境机构为玉溪市生态环境局的派出分局，由市生态环境局直接管理；2020 年 9 月完成各县（市、区）分局及所属单位人员的划转和工资发放。市生态环境局机关共设置 11 个内设机构和机关党委（人事科），包括：办公室、财务科、生态环境保护督察办公室、法规宣教科（执法监督科）、生态保护科、水生态环境科、大气环境科、土壤生态环境科、核安全与环境管理科、行政审批科（环境影响评价与排放管理科）、生态环境监测科、机关党委（人事科）；3 个直属事业单位；10 个派出机构。2020 年末，全市生态环境系统人员编制 416 名，其中，行政编制 112 名，事业编制 295 名（含参公事业编），工勤编制 9 名。在职在编实有 357 人，其中：行政人员 104 人，参公管理人员 82 人，事业人员 132 人，工勤人员 39 人。离退休人员 69 人，其中：离休 0 人，退休 69 人。

【蓝天保卫战】　着力打好蓝天保卫战，圆满完成了蓝天保卫战三年行动各项重点攻坚任务。淘汰县级城市建成区 10 蒸吨及以下燃煤锅炉 38 台套；完成钢铁行业超低排放改造项目 56 个；完成工业炉窑综合治理项目 37 个；完成工业企业无组织排放深度治理 23 项；2020 年夏季挥发性有机物治理攻坚行动取得明显实效，25 家重点企业全面启动 VOCs 治理工艺提升改造；率先建成使用黑烟车智能监控识别系统；全市 22 家机动车排气污染检验机构 73 条检测线共检测 402626 辆次，机动车尾气检测工作稳步走在全省前列。2020 年，中心城区环境空气质量一级 245 天，二级 117 天，超标 3 天，与去年同期相比一级天数增加 34 天，二级天数减少 23 天，超标天数减少 10 天。中心城区环境空气质量优良天数比率为 99.2%（"十三五"目标为 99%）；易门县、新平县环境空气质量优良天数比率为 100%。全市环境空气质量呈持续向好态势。

【碧水保卫战】　着力打好碧水保卫战，按照"保护好优良水体、整治不达标水体、全面改善水环境质量"的总体思路，以"三湖两江"保护治理为重点，强化精准施策，狠抓控源截污，严格执法监管；全市共建成 10 个水质自动监测站点，站点覆盖全市 3 个高原湖泊以及南盘江、元江、曲江、绿汁江等主要地表水体，初步形成地表水水质自动监测网；履行好市级河（湖）长联系部门职责，加强全市河流国控及省控断面水质监测，加大"三湖"水质监测的密度和频次，分析研判水环境形势，尤其是认清杞麓湖尚未脱劣的严峻形势，对水质下降情形及时预警通报，拉好警报，提好建议；澄江市、江川区在湖泊保护治理方面做了大量的工作，也取得了较好的成绩；强化集中式饮用水水源地保护区环境监管，开展饮用水水源地规范化建设，完成 26 个"千吨万人"、42 个乡镇级饮用水源地保护区划定并得到省政府批准；按照实施乡村振兴战略总要求，制定实施《玉溪市推进农村生活污水治理的实施意见》，各县（市、区）按期完成农村生活污水处理专项规划编制，全市完成 654 个行政村黑臭水体排查，完成 6131 个自然村生活污水治理信息管理系统录入工作；积极组织县区开展"十三五"农村环境整治成效自查自评工作，已累计完成整治村 229 个，超额完成省级下达玉溪市整治任务数。抚仙湖总体保持 I 类水质，星云湖水质为 V 类，杞麓湖水质为劣 V 类；纳入国家、省级考核的地表水水质优良（达到或优于 III 类）比例为 72.7%（"十三五"目标为大于 62.5%）；纳入国家、省级"水十条"考核的丧失使用功能（劣 V 类）水体比例为 9.1%，达到省级确定的水环保约束性指标要求；地级城市和县级城市集中式饮用水水源地水质全部达到或优于Ⅲ类，县级以上集中式饮用水水源地达标率为 100%。

【净土保卫战】　着力打好净土保卫战，顺利完成 17 家重点行业企业用地土壤污染状况调查工作；圆满完成 11 个疑似污染地块场地土壤污染状况调查工作；重金属削减率 15.91%，已完成 2020 年重金属污染物削减 9% 的任务指标；完成 10 个企业涉镉等重金属污染源整治任务并上报销号；全市 6 县 2 区 1 市完成耕地土壤环境质量类别划分工作，完成了"一图一表一报告"的编制工作；完成省级下达受污染耕地安全利用面积 33.899 万亩，严格管控类面积 2.226 万亩任务指标，完成污染地块安全利用率大于 90% 的任务指标；机构改革职能调整后，首次启动地下水污染成因调查；加强固体废物污染防治和资源化综合利用，深入开展"清废行动"并圆满收官；加强固体废物全过程规范化监管，严厉打击非法转移、倾倒、处置危险废物和工业固体废物行为，提高环境风险管控能力。

【8 个标志性战役】　推进抚仙湖星云湖杞麓湖保护治理、两大水系保护修复、水源地保护、城市黑臭水体治理、农业农村污染治理、生态保护修复、固体废物污染治理、柴油货车污染治理"8 个标志性战役"。"8 个标志性战役"总体指标任务 597 项，已完成 539 项，完成率 90.28%。2020 年须完成重点硬性指标任务 218 项，已完成 216 项，完成率 99.08%。

【服务经济社会】　坚持把人民群众的身体健康和生命安全放在第一位，做好"六稳"工作、落实"六保"任务，统筹推进疫情防控和经济社会发展生态环境保护工作，为疫情防控取得决定性胜利贡献了环保力量。深化"放管服"改革，优化营商环境，构建亲、清政商关系。对防疫急需的临时性医疗卫生、物资生产、研究实验等 3 类项目实施环评手续豁免；全市实施豁免的登记表项目 10 个，采用告知承诺制审批的项目 14 个。

对关系民生且纳入《固定污染源排污许可分类管理名录（2019 年版）》实施排污许可登记管理的相关行业，以及社会事业与服务业，不涉及有毒、有害及危险品的仓储、物流配送业等 10 大类 30 小类行业的项目，不再填报环境影响登记表；对属于产业结构调整指导目录中的鼓励类项目以及环境影响总体可控等行业，实施环评告知承诺制审批，包括工程建设、社会事业与服务业、制造业、畜牧业、交通运输业等多个领域，共涉及该行业名录中 17 大类 44 小类。紧盯加快转变经济发展方式，落实新型基建和交通、水利、能源等领域投资的环评审批服务工作；紧盯红塔区"三城"和澄江市"三个国际城市""三个抚仙湖"等重点工作加强服务，抓紧抓实市委市政府决策部署要求；紧盯重点建设项目推进，做好 405 项市级"四个一百"和 136 项"五网"重点建设项目的服务工作，保障重点建设项目落地见效。2020 年，全市共审批建设项目环评文件 338 项；对 842 个建设项目进行了登记表备案；审批输变电和核技术利用建设项目环评文件 18 项；在"全国排污许可证管理信息平台"核发国家统一排污许可证 705 家，进行排污登记的企业 3032 家，超前优质完成国家规定的集中核发任务。

【小康社会生态环境指标】　玉溪市全面建成小康社会统计监测指标体系的 52 项指标，涉及生态环境指标 5 项。经核算，5 项指标能全部圆满完成。2020 年，全市主要污染物排放总量累计减少指数达 78.7%（要求 ≥66.2%）；单位 GDP 二氧化碳排放累计降低可达 18% 以上，达到目标要求；空气质量指数经合成计算目标值为 100%，达到目标要求；一般工业固体废物综合利用率达 74.31%（要求 ≥73%）；地表水质量指数经合成计算目标值为 100%，达到目标要求。

【第二次全国污染源普查】　在党中央、国务院的统一领导下，紧跟省委省政府和市委市政府的安排部署，全市各级各部门积极努力，历时三年圆满完成了玉溪市第二次全国污染源普查工作任务，摸清了各类污染源的基本情况、主要污染物排放数量、污染治理情况等，建立了重点污染源档案和污染源信息数据库。为加强污染源监管、改善环境质量、防范环境风险、服务环境与发展综合决策提供了重要依据。2020年9月27日，国务院第二次全国污染源普查领导小组办公室印发了《关于表扬第二次全国污染源普查表现突出的集体和个人的决定》，通报表扬了在第二次全国污染源普查工作中表现突出的集体。市生态环境局、市农业农村局、市生态环境局红塔分局、市生态环境局新平分局、市农业环境保护和农村能源工作站5个集体和18名个人获得国务院第二次全国污染源普查领导小组办公室殊荣。

【生态文明体制改革】　组织开展完成了《云南省生态环境监测网络建设工作方案》《云南省建立碳排放总量控制制度和分解落实机制工作方案》落实情况的自查评估工作、玉溪市生态文明体制改革工作全面深化改革"回头看"总结评估报告。2014—2020年列入市委改革台账的生态文明体制改革任务共110项，已完成70余项，完成率63.6%，出台生态文明体制改革方面的成果或文件50余类（个），其余事项属于国家和省还未出台具体方案或指导意见暂未推进。完成全市生态保护红线的调整评估、上报工作。持续抓好"绿盾"自然保护地强化监督工作，完成历年"绿盾"行动发现问题的整改。积极配合省级相关部门做好联合国《生物多样性公约》第十五次缔约方大会相关工作，组织两轮展览展示有关素材征集工作。印发《玉溪市生态文明建设规划（2019—2025年）》。澄江市开展"绿水青山就是金山银山"实践创新基地申报工作，通海县、江川区开展省级生态文明县创建工作。截至2020年底，获得命名的国家级生态文明建设示范县1个（华宁县），省级生态文明县3个，国家级生态乡镇4个，省级生态文明乡镇（街道）62个，市级生态村538个。生态环境机构改革和垂直管理工作有序推进；市委市政府和9个县（市、区）党委政府均成立了生态环境保护委员会；完成各县（市、区）分局及所属单位308名人员的划转、工资发放、人事档案移交审核工作以及各县（市、区）分局及所属单位的各类资产、债务债权、结余结转资金、财务收支等的审计工作；市生态环境局

选举产生了第一届机关委员会和机关纪律检查委员会。

【环保督察】　2016年以来，中央、省委省政府生态环境保护督察组对玉溪市开展了中央环境保护督察、省级环境保护督察、省级抚仙湖环境保护专项督察排查、中央环境保护督察"回头看"、省级星云湖杞麓湖生态环境问题专项督察共5次督察工作。市委、市政府始终以习近平新时代中国特色社会主义思想为指导，深入贯彻落实习近平生态文明思想，全市上下坚决扛起政治担当、历史担当、责任担当，夯实生态文明建设和环保督察反馈问题整改的政治责任，抓紧抓实各级环保督察反馈意见问题整改。截至2020年12月底，各级环境保护督察反馈意见问题160个，已完成整改157个；各级环保督察投诉举报件涉及玉溪市共294件，已全部完成整改。

【环境监管执法】　加大环境监管和环境执法力度，保持严厉打击环境违法行为的高压态势，推动最严格的源头严防、过程严管和后果严惩制度落到实处。全面依法开展规划环境影响评价，紧盯全市"三线一单"编制和落地，从决策源头预防生态环境的破坏。深入开展环境安全隐患和危险化学品、危险废物大排查，密切关注环境风险源。继续加大环境违法案件和环境信访投诉案件的查处力度，有力化解矛盾纠纷。2020年，全市累计出动环境监察人员7258人次，检查企业2747家次，立案查处各类环境违法案件160件，罚款1587万元。全市共办理四个配套办法案件25件；全市共接到群众信访举报投诉783件，办理783件；完成全国核技术利用辐射安全监管系统150家技术利用单位信息维护完善工作；对全市32家核技术应用单位的辐射安全许可证到期进行延续、变更、注销；新办辐射安全许可18家；收贮废旧放射源3家12枚。认真开展环境应急管理工作，严格落实《企业事业单位突发环境事件应急预案备案管理办法（试行）》，备案企业事业单位突发环境事件应急预案293户，组织开展了"2020年玉溪市突发环境事件综合应急演练"。认真执行《玉溪市生态环境局"双随机、一公开"

优化营商环境工作制度》，采取"分类管理，不同权重"的原则，采用电子表格相关函数随机抽取检查对象和执法人员，确保执法公正。2020年，全市抽查重点企业533家次，一般排污企业464家次，特殊监管对象14家次，建设项目184家次，其他执法事项监管367家次。2020年，污染源得到有效监管，信访矛盾得到有效化解，环境风险得到有效管控，全市未发生重特大环境污染事件，人民群众环境权益得到有效维护。

【环境法制】 加强依法行政工作，推进法治政府建设。完成《玉溪市生态环境局权力清单和责任清单》（2020年版本）修订工作和7项行政许可事项工作手册、办事指南修订工作。参与了《玉溪市飞井水库饮用水水源保护条例》立法调研工作；组织开展《玉溪市噪声污染防治管理办法（试行）》规范性文件修订工作。全面推行生态环境保护行政执法"三项制度"相关要求，持续推进生态环境保护综合行政执法改革，加强环境保护行政执法力度，加大对危害疫情防控行为的行政执法力度。组织开展2020年度案件评查工作，对28件行政处罚案件、157件行政许可证案卷进行了全面评查，经过评查行政处罚案卷28件均为优秀；行政许可案卷116件为优秀，合格41件。制定印发《玉溪市生态环境损害事件报告办法（试行）》《玉溪市生态环境损害鉴定评估管理办法（试行）》等七个配套办法，全力推进全市生态环境损害赔偿制度改革落地见效。为进一步规范行政处罚案件的调查取证、处理处罚决定、案卷归档等工作，生态环境部从2019年全国各地推选和抽选的大练兵案卷中，组织专家逐一评析，形成《2019年生态环境保护执法大练兵典型案卷汇编》。2020年8月4日，《生态环境部办公厅关于印发〈2019年生态环境保护执法大练兵典型案卷汇编〉的函》，公布了全国入选优秀案件20个，玉溪市作为云南省唯一入选的州（市）榜上有名。

【环境宣传教育】 以习近平新时代中国特色社会主义思想为指导，深入贯彻习近平总书记考察云南重要讲话精神，认真学习领会习近平生态文明思想，做习近平生态文明思想的坚定信仰者、忠实践行者、不懈奋斗者。大力开展新闻宣传、舆论监督和环境宣传教育工作，通过玉溪市生态环境局微信公众号、微博及现场督导检查等方式加强疫情防控信息宣传报道。全年政务信息报送386条，在中国环境报微信公众号宣传报道2条，玉溪环保微信、微博公众号分别转发编发信息800条、3670条。开展"6·5"环境日系列宣传活动，发布2019年玉溪市环境状况公报，制作环保设施和污水处理设施"云视频"开放宣传片、"文明城市环保志愿者在行动"和"一对一"法律帮扶工作宣传、举办新闻发布会等，在全市营造全民参与生态环境保护工作、争当全省生态文明建设排头兵的浓厚氛围。

【三湖水质综合】 紧紧围绕水污染防治行动计划、省九大高原湖泊保护治理攻坚战实施方案、"十三五"规划收官目标，认真落实中央和省、市有关部署要求，坚持一湖一策、精准施策、系统治理，全力推动"三湖"保护治理各项措施落实落地。通过整体保护、系统修复和综合治理，"三湖"保护治理成效显著。2020年，抚仙湖水质保持Ⅰ类，水质状况优，水体营养状态贫营养，与2015年和2019年相同，与2019年相比，抚仙湖叶绿素a、总磷、综合营养状态指数、高锰酸盐指数分别下降25.0%、12.5%、8.19%、7.14%。2020年，星云湖水质持续向好，十七年来，星云湖首次实现水质脱劣，水质改善为Ⅴ类，圆满完成星云湖保护治理水质阶段性目标，与2019年同期相比，总磷、叶绿素a、综合营养状态指数比上年同期分别下降51.3%、8.26%、1.96%。杞麓湖水质达到国考目标。杞麓湖湖心水质COD 47.1毫克/升≤50毫克/升，其他指标为Ⅴ类，满足国考目标要求。

【三湖水质监测分析】 认真发挥好生态环境部门职能作用，加大"三湖"水质监测的密度和频次，及时分析研判湖泊水环境形势，拉好警报，提好建议。制定印发了《玉溪市2020年"三湖"水华预警防控预案》《星云湖、杞麓湖2020年水质应急加密监测方案》《玉溪市"三湖"径流区初期雨水取样及监测组织方案》，组织做好水质加密监测及水质分析研判。全年发布《三湖水质加密监测快报》54期，对国考、省考及主要入湖河流断面水质出现下降的县（市、区）发布《水质预警通报》13期，发布《星云湖、杞麓湖水质分析研判报告》3期。

【"三湖"流域环境执法】 认真组织开展了抚仙湖、星云湖、杞麓湖流域环境执法工作。2020年，出动监察人员2004人次，共检查企业、项目646家次，对检查发现的50个环境违法行为进行立案查处，处罚款436.35万元，办理四个配套办法案件8件，其中，查封扣押1件、移送拘留6件、环境污染犯罪1件，有效打击和震慑了环境违法行为。

生态环境局主要领导干部

张金翔　党组书记、局长

黄朝荣　党组成员、副局长

矣家宁　党组成员、副局长

李春文　党组成员、副局长

马　青　党组成员、纪检监察组组长

杨雪波　党组成员、副局长

（撰稿：陆泽华）

【红塔区】 2020年，红塔区始终坚持以习近平生态文明思想为指导，全面贯彻落实生态环境保护重大决策部署，做好各项环境管理工作。2020年，红塔区未发生重特大环境人为损害事件。

水环境质量状况。国控、省控地表水环境功能区达标率。红塔区国控、省控断面共计7个，涉及水体4个，玉溪大河（矣读可，Ⅴ类）、清水河（清水河口，Ⅱ类）、东风水库（4个点位，Ⅲ类）、飞井水库（1个点位，Ⅲ类），除清水河（清水河口）外，其余3个水体6个断面均为省控。2020年，上述4条水体水质均达到功能区划要求，达标率100%。

空气环境质量状况。2020年，红塔区中心城区按新标准的6个指标（SO_2、NO_2、PM_{10}、CO、O_3、$PM_{2.5}$）统计：2020年，中心城区环境空气质量一级245天，二级117天，超标3天，与去年同期相比一级天数增加34天，二级天数减少23天，超标天数减少10天，细颗粒物（$PM_{2.5}$）平均浓度为20微克/立方米，中心城区环境空气质量优良天数比率为99.2%，比2019年提高2.8个百分点。

生态文明体制改革。持续深化自然资源资产和空间保护制度改革。红塔分局健全源头预防、过程控制、损害赔偿、责任追究的生态环保体系，坚持"多规合一"，制定构建现代环境治理体系的措施。一是严格落实环境保护"党政同责""一岗双责"具体要求，改革生态环境监管体制，制定实施《红塔区贯彻落实云南省各级党委、政府及有关部门环境保护工作责任规定（试行）的实施意见》《玉溪市红塔区党政领导干部生态环境损害责任追究实施办法（试行）》，推进党委、政府、部门、企业共同参与的环境管理和治理体系建设，积极构建红塔区环境保护责任清晰的大环保格局，进一步强化党政领导干部生态环境和资源保护职责。二是积极探索编制自然资源资产负债表，制定《玉溪市红塔区开展自然资源资产负债表编制工作的实施方案》，稳步推进试点编制工作。三是健全环保信用评价、信息强制性披露、严惩重罚等制度，强化信息公开。

环境影响评价。2020年，红塔分局落实玉溪市2020年市级"四个一百"重点建设项目和五大基础设施网络建设项目工作责任，结合该局工作职能，提前介入，对符合规划建设项目开辟审批绿色通道。继续完善国家"互联网+监管"平台检查实施清单，对国家公布的涉及该局23项"互联网+监管"检查实施清单进行认真梳理核实，认领填报，共办理环评审批事项41个，总投资44.47亿元，环保投资0.9亿元，指导帮助建设单位完成登记表备案94个。

水污染综合防治。红塔区共有"千吨万人"水源地2个，调整后区划方案已报送上级政府部门。截至统计时，红塔区红旗水库、合作水库、飞井水库水质均达到或优于三类。编制《玉溪市红塔区县域生态环境风险调查评估报告》，严格产业政策和"环评"准入制度，防控高污染型产业、企业项目建设。组织玉溪北控水质净化有限公司和玉溪市第二污水处理厂开展国家新版排污许可证申领工作，目前红塔区境内两户城镇污水处理厂均已取得国家新版排放污染物许可证。

土壤污染综合防治。针对各乡街道自主排查的固体废物堆存点位制定区级整改方案，督促相关单位完成整治方案制订工作，及时开展整治工作，深入推进重点行业企业用地土壤污染状况调查。严格落实危险废物转移联单制度，截至统计时，辖区内企业共填报转移联单1308份，转移各类危险废物总计4925.95吨。

大气污染综合防治。持续调整优化产业结构，严格防控"两高"污染项目建设，开展"散乱污"企业综合排查整治及验收工作（其中，关停取缔类48户，升级改造类1户），继续巩固工业污染治理成果，4户钢铁、2户水泥企业共10个脱硫、脱硝减排项目稳定运行，加快推进钢铁行业2019—2020年度超低排放治理改造、工业炉窑综合治理。

污染减排。辖区钢铁脱硫、水泥脱硝项目正常运行，系统投运率在80%以上，钢铁脱硫综合效率、水泥脱硝综合效率达到省市要求，完善在线监测和中控系统，加强污水处理厂监管，确保正常运行。根据《玉溪市2020年各县区生态环境约束性指标计划》，红塔区2020年度主要污染物排放总量控制目标为：二氧化硫排放总量控制在15724.36吨以内，比2019年的17019.55吨下降7.61%；氮氧化物排放总量控制在2701.69吨以内，与2019年相同。化学需氧量排放总量控制在3744.22吨以内，比2019年的4006.66吨下降6.55%；氨氮排放总量控制在382.02吨以内，比2019年的467.47吨下降18.28%。现根据红塔区2020年度全口径核查核算表预计数，初步测算四项污染物排放量如下：2020年红塔区二氧化硫排放量为2318.53吨，低于排放总量控制的15724.36吨，氮氧化物排放量为419.71吨，低于排放总量控制的2701.69吨；化学需氧量排放量1184.91吨，低于排放总量控制的3744.22吨，氨氮排放量26.68吨，低于排放总量控制的382.02吨。

监管执法。继续加大现场监察力度和执法力度。采取抓重点区域、重点企业、重点项目，查重点问题、重点隐患的方式全面强化环境监管执法，累计出动监察人员750人次，检查各类排污企业、单位250家次。立案查处各类环境违法案件35件，累计处罚金额154.2028万元。妥善处理各类污染投诉和纠纷，化解矛盾，维护社会稳定。严格执行环境信访工作制度，积极妥善处理污染信访案件。2020年，共接到各类污染投诉、信访案件172件，调查处理172件。

生态环境分局主要领导干部

王光晶　党组书记、局长

杨　曦　党组成员、副局长

陈锦骥　副局长

（撰稿：唐梓豪）

【江川区】　2020年，市生态环境局江川分局工作在区委、区政府的正确领导和省市生态环境部门的指导下，深入学习贯彻习近平生态文明思想，牢牢把握生态环保中心工作和重点任务，以打赢污染防治攻坚战为重点，抓实环境保护督察整改，加大环境监管力度，积极推进生态文明建设，提升服务水平，改善环境质量，保障了辖区环境安全。2020年，星云湖保护治理"十三五"规划项目及星云湖山水林田湖草生态修复试点工程治理项目完工18项，完成投资24.13亿元。完成建设项目环评文件审批22个，环境影响登记表备案42个。加大环境执法力度，出动执法人员383人次开展182场次现场环境监察。全年，主城区环境空气质量一级天数276天、二级天数83天，环境空气优良率99.72%。

污染防治攻坚战。全面履行区污染防治工作领导小组办公室职责，统筹各职责部门推进蓝天、碧水、净土保卫战和"7个标志性战役"各项工作。一是打好蓝天保卫战。淘汰了建成区3台燃煤锅炉、认真落实施工工地"六个百分之百"措施、持续推进秸秆禁烧、淘汰黄标车1653辆；打好柴油货车攻坚战，进一步调整和优化运输结构，推进国Ⅲ以下排放标准柴油货车淘汰更新，开展非道路移动机械登记等工作，大气环境质量持续稳定，2020年，县城空气质量优良率达99.72%。二是打好碧水保卫战。以改善水环境质量为重点，打好星云湖保护治理攻坚战、珠江水系保护修复攻坚战、水源地保护攻坚战、生态保护修复攻坚战。星云湖保护治理"十三五"规划项目和抚仙湖山水林田湖试点项目18项完工，2个乡镇级及

2个"千吨万人"饮用水水源地保护区划定方案获批，林业生态持续改善，森林覆盖率持续提高，积极谋划"十四五"农村生活污水治理。编制完成了《江川区农村生活污水收集治理专项规划（2020—2035年）》，开展了江川区农村生活污水收集治理工程（一期）前期工作，完成了报批工作。县级、乡镇级及"千吨万人"饮用水水源地水质达标率100%，星云湖水质实现脱劣目标。三是打好净土保卫战。全力推进固体废物污染治理攻坚战、农业农村污染治理攻坚战，开展了固体废物污染排查整治、农用地筛查，完成疑似污染地块调查工作。

第二次全国污染源普查。 严格按照"全国统一领导，部门分工协作，地方各级负责，各方共同参与"的原则，精心组织、周密部署、多措并举、全面互动，已完成了单位清查和普查表填报、数据录入、数据审核、污染源普查数据库基本定库等工作，污染源普查工作全面完成，4月份通过了市级验收。

生态文明建设。 江川区71个村已于2015年全部命名为市级生态村。大街街道、江城镇、前卫镇、安化乡、九溪镇已成功命名为"云南省生态文明乡镇"。大街街道、江城镇创建国家级生态文明乡镇已经公示待命名；路居镇、雄关乡创建省级生态文明乡镇已通过考核待省命名。省级生态文明区创建通过市级考核，正在申请省级评估验收。共创建市级"绿色学校"29所、省级"绿色学校"15所；市级"绿色社区"7个、省级"绿色社区"4个，涌现出一批绿色创建先进个人和环保小卫士。生态文明体制改革稳步推进，制定出台《玉溪市江川区关于贯彻落实生态文明体制改革总体方案的实施意见》《关于健全生态保护补偿机制的实施意见》《江川区推行环境污染第三方治理的实施意见》等改革意见方案。国家县域生态环境质量考核圆满完成，环境质量评定为基本稳定。认真落实自然保护地存在问题整改。

建设项目管理。 加强项目环评管理，严格落实"三同时"制度，严格执行项目分级审批规定和目录，全面优化精简审批流程，提高审批效率，对重大项目和民生工程开启绿色通道，主动服务。对42个建设项目环评登记表进行网上备案，对22个项目环评报告表（书）进行审批。严格落实"三同时"制度，严格执行项目分级审批规定和目录，全面优化精简审批流程，提高审批效率，对重大项目和民生工程开启绿色通道，主动服务。

监察执法。 严格执行《环境保护法》及四个配套办法和"双随机"执法制度，"零"容忍查处各项环境违法行为。充分发挥检察院、法院、公安局、生态环境局等多部门共同打击环境违法犯罪行为联动机制，严厉查处环境违法行为。按照"双随机、一公开"抽查要求，结合日常检查，对辖区内排污单位执行环保法律、法规和各项环保制度的情况进行监督检查，及时查处环境违法行为，及时制止环境违法行为的继续。2020年，累计出动环境监察人员383人次，检查企业182家次，形成环境监察现场记录182份，查处环境违法案件20件，罚款金额200.2万元。大力开展污染安全隐患排查和环境应急管理，严防环境安全事件。大力开展"千吨万人"集中式饮用水源地排查整治、长江流域"三磷"企业综合整治、"清废行动"等专项行动，着力解决环境问题。大力开展"三湖"专项监察，严格管控污染源，加强河道巡查。

各级环保督察整改。 认真履行区环保督察工作领导小组办公室工作职责，每月对环保督察组反馈意见整改情况进行调度推进，对整改进展缓慢问题及时向区委、区政府报告并督促整改。同时，全力抓好该局牵头整改问题的整改。截至2020年12月底，2016年中央环保督察反馈问题11项，完成整改11项；2018年中央环保督察"回头看"反馈问题13项，完成整改13项；2017年省级环保督察反馈问题30项，完成整改30项。星云湖生态环境问题专项督察反馈问题20项，已全部完成整改。督促各整改责任单位持续抓好工作，巩固整改成果，防止问题反弹。

环境信访。 广泛收集群众诉求，坚持24小时开启"12369"环保举报热线，第一时间受理，限时办理并将办理结果第一时间回复信访人，做到件件有落实，事事有答复。2020年来，共受理各类投诉33件，处理率为100%，结案率为100%。及时化解矛盾，消除不稳定因素，维护和保障了群众的环境合法权益，促进社会的和谐发展。

环境监测。区环境监测站能力建设已达到西部地区三级站标准，实验用房 1585.42 平方米，办公用房 317 平方米，仪器设备及辅助设备 106 台（套），环境空气自动监测站 1 个，环境监测车 1 辆，具备监测能力 3 大类 64 项。制定了《江川区县域生态环境质量评价与考核专项监测方案》，将地表水、集中式饮用水地、环境空气、重点污染源等监测断面、排放口的监测全面系统地纳入县域生态考核监测。按照监测方案完成了集中饮用水源地水质监测（地下水）、12 条主要入湖河流、城区环境空气质量监测、国控源及在线比对、国控源污水处理厂排污口监测、减排监测及环境统计等县域生态考核环境技术支撑工作。

声环境质量。根据《玉溪市江川区城市区域环境功能区区划（2017—2025 年）》，城区设置声环境质量监测网格 116 个，设置功能区噪声监测点位 7 个，设置交通噪声监测点位 21 个。根据监测结果，城区环境噪声平均值昼间为 50.8 分贝，夜间为 40.6 分贝，均达功能区标准。

污染减排。进一步加强磷化工、造纸、水泥、规模化畜禽养殖等重点行业污染治理设施的监管，加大在线监测和中控系统现场检查力度，确保治污设施、在线监测装置长期稳定正常运行。加强重点排污单位的监管，做好重点排污单位自行监测和监督性监测结果公布工作。南、北片区污水厂保持稳定运行。

排污许可证。按照国家排污许可证管理名录规定，分行业实施新版排污许可证，配合市生态环境局完成包装行业、通用工序锅炉行业、电镀行业、屠宰行业、食品行业、调料行业、化工行业排污许可证的核发工作。对已办理新排污许可证的企业，督促企业实施网上申报排污许可证季度执行报告制度，全国第二次污染源普查出的固定污染源 200 余家企业全部完成排污许可登记。

危废管理工作。全区涉及危废工业企业均纳入系统管理。对危险废物从源头上管控，督促涉危企业建设危废管理制度及设施，定期抽查、管理计划备案。

环境应急预案。编制了《江川区突发环境事件应急预案》，组织全区突发环境事件应急指挥部成员单位以及企业负责人观摩突发环境事件应急演练。对企业进行分类处理，督促存在较大环境安全风险的 38 家企业均编制了突发环境事件应急预案并经环保部门备案。认真落实《突发环境事件信息报告办法》（环境保护部令第 17 号），加强应急值班，严肃值班纪律，及时上报信息。2020 年，辖区内未发生重大环境污染和生态破坏事故。

环境宣教。把环境宣传教育工作作为深入推进生态文明建设、努力提升全区环境保护工作水平的重要举措，早谋划、早部署，突出重点，务求实效，环保宣传教育工作取得了较好成效。以"6·5"世界环境日为契机，开展"四清"保洁活动、环保咨询活动等，对《环境保护法》《水污染防治法》《大气污染防治法》《云南省星云湖保护条例》《环境影响评价法》等法律法规进行深入广泛宣传，举行《水污染防治法》宣传贯彻会，邀请法律专家为辖区企业及环保工作人员宣讲，利用国家宪法日暨全国法制宣传日、"三下乡"、科普宣传周等活动，大力普及环境保护知识和法律法规，增强广大群众的环境保护意识和环境保护法治观念。新修订的《云南省星云湖保护条例》（以下简称《条例》）颁布实施以来，通过微信公众号等新媒体平台推送《条例》相关知识，对《条例》进行广泛宣传，以"河长清河"行动为契机，加强对星云湖沿湖、入湖河道沿河村落村民的宣传，共计发放《条例》手册、《山水林田湖草》宣传折页、《条例》宣传挂历等宣传材料 1 万余份。

机构改革。完成生态环境机构监测监察执法垂直管理制度改革，人员和编制已划转市级管理。区环境监测站名称规范为玉溪市生态环境局江川分局生态环境监测站、区环境监察大队名称规范为江川区生态环境保护综合行政执法大队。成立了江川区生态环境保护委员会，由区委、区政府主要负责同志任主任，区党委、区政府有关负责同志任副主任，有关部门主要负责同志为成员，办公室设在市生态环境局江川分局。

人大建议、政协提案。办理人大建议 6 件。

生态环境分局主要领导干部

张润斌　党组书记、局长

张春丽　党组成员、副局长

叶彦强　党组成员、副局长

周凌空　党组成员、大队长

李红章　监测站站长

（撰稿：陈海莺）

【澄江市】　2020 年，玉溪市生态环境局澄江分局在玉溪市生态环境局、澄江市委、市政府的正确领导下，紧紧围绕澄江市经济社会发展大局，以改善生态环境质量为核心，以管控生态环境风险为底线，以强化生态环境执法为抓手，坚持污染防治与生态保护并重，严格监管与优质服务并举，较好地完成了年度目标任务。澄江市2020 年抚仙湖水质稳定保持Ⅰ类，饮用水水质稳定保持Ⅱ类，空气质量优良率在 98% 以上，污染源监测达标率为 100%。2020 年公布的 2019 年国家重点生态功能区县域生态环境质量监测、评价与考核结果，澄江市为基本稳定。

环境影响评价。2020 年，玉溪市生态环境局澄江分局完成建设项目环评文件审批 20 个，环境影响登记表项目备案 241 个，完成建设项目环境影响登记表网上备案 241 个。

生态创建。2020 年，澄江市推进生态创建工作。践行"绿水青山就是金山银山"生态文明理念，在创建省级生态文明县基础上，开展国家"两山"实践创新基地创建，委托云南省环境科学研究院为"两山"实践创新基地创建工作技术服务单位，组织、总结、提炼澄江市经验，根据《"两山"实践创新基地建设管理规程（试行）》修改完善申报材料。2020 年 4 月，向云南省生态环境厅报送澄江抚仙湖"两山"实践创新基地（第四批）申报材料。

污染物总量减排。2020 年，澄江市主要污染物总量减排情况为：云南澄江华荣水泥有限责任公司 1 号 2000 吨/日新型干法窑脱硝效率70.11%，氮氧化物减排量 910.51 吨，脱硝系统投运率 100%；氮氧化物减排量 778.53 吨，脱硝系统投运率 100%；2 号 2000 吨/日新型干法窑生产线脱硝效率 70%，氮氧化物减排量 651.22 吨，脱硝系统投运率 100%。澄江市污水处理厂全年处理水量 520.6455 万吨，污水处理负荷 95%，进水化学需氧量平均浓度 333.77 毫克/升，出水化学需氧量平均浓度 19.28 毫克/升，累计化学需氧量削

减量 1584.27 吨；进水氨氮平均浓度 32.8 毫克/升，出水氨氮平均浓度 0.84 毫克/升，累计水（废水）中氨氮含量削减量 164.37 吨。

集中式饮用水水源地保护。2020 年，玉溪市生态环境局澄江分局开展西龙潭饮用水水源地保护。编制完成了《西龙潭县级饮用水源地环境保护规划》并通过省环境评估中心专家技术审查、通过澄江市政府常务会批准实施。编制完成东大河水库、梁王河水库水源地保护区划分报告，开展饮水水源地环境整治、警示标志设置等。制定《澄江市 2020 年县级以上集中式饮用水水源地保护监察工作方案》，全年出动车辆 20 辆次、人员40 余人次，对西龙潭及周边区域存在的企业每月不少于 1 次现场监察；完成 4 个季度饮用水源点水质监测，监测结果表明，西龙潭饮用水源点水体监测指标均达到地表水Ⅱ类及以上标准，符合集中式饮用水源标准。

环境监测。2020 年，澄江环境监测站依法开展环境监测。开展抚仙湖流域 44 条主要入湖河道水质监测 12 次，出具监测报告 12 份；开展南盘江流域（澄江段）水质监测 12 次，出具监测报告12 份；开展西龙潭饮用水源点监测 4 次，出具监测报告 4 份；开展 7 家省级重点监控企业（澄江市污水处理厂、澄江市禄充污水处理厂、云南澄江华荣水泥有限责任公司、云南澄江天辰磷肥有限公司、澄江磷化工华业有限责任公司、云南澄江盘虎化工有限公司、云南澄江冶钢集团黄磷有限公司）及县控企业污染源监督性监测；配合云南省监测中心站对抚仙湖开展每月 3 天水质例行监测；开展"千吨万人"农村水源地监测 4 次，出具监测报告 4 份；开展酸雨监测 15 期，开展主要河道的初期雨水监测 6 期。全年出具各类监测报告 148 份、环境简报 21 期、发出水质预警报告12 期。

农村环境质量监测。2020 年，澄江环境监测站开展澄江市农村环境质量监测。环境空气质量监测点为海口镇人民政府，每季度开展监测 1 次，每次连续监测 5 天，每天 20 小时；农村饮用水监测点为马吃水水库、老母猪箐龙潭，每季度开展 1次监测。2020 年，农村环境质量监测任务全部完成。

项目建设管理。澄江市抚仙湖"十三五"规划项目通过实施"流域产业结构调整减排、主要污染源控制治理、入湖河流清水产流机制修复、环湖生态系统修复、流域综合监管体系建设"五大类工程方案措施，大大消减污染物排放量和入湖量。通过山水林田湖草项目的实施可以修复矿山面积 1.19 万亩、新增水源涵养面积 10.99 万亩、流域植被覆盖率提高至 37.78% 以上、整治土地 1.75 万亩、节水增效农田面积 11.6 万亩，3 条黑沟、15 条水土流失严重入湖河流得到治理，抚仙湖湖体水质稳定保持 I 类水质，流域湿地面积增加 4744 亩，湖泊缓冲带恢复和修复比例达到 90% 以上，流域生物多样性指标数稳步提升。抚仙湖山水林田湖草生态保护修复工程试点及"十三五"规划项目共计实施 36 个，截至 2020 年底，项目完工并初验 34 个，完工率达 94.44%。

东大河水库饮用水源地环境综合整治工程。东大河水库饮用水源地环境综合整治工程于 2018 年 7 月 10 日开工建设，主体工程于 2020 年 11 月 20 日按照初设调整内容建设完成，完成投资约 10537 万元。完成建设内容为：林业生态建设工程，宜林荒山地造林 2121 亩，封山补植造林 606 亩，封山育林实施森林管护 22069.5 亩，封山育林工程碑 2 块，标志牌 11 块；水土流失防治工程，王高庄磷矿开采迹地水土流失治理 1.2 平方千米，拦沙坝建设 6 座；入库面源污染控制工程，王高庄磷矿开采区末端治理工程建立塘表湿地系统 18.55 亩，烂泥箐面源污染末端治理工程建立塘表湿地系统、东大河水库生态净化带建设工程建立塘表湿地系统 88.76 亩，东大河水库生态净化带建设工程周边建立绿化带 73.87 亩，澄江市职业高中校内水环境整治；水源地保护应急措施，水库周边垃圾清除 100 吨，水源地管理设施（移动式除藻设备）完善 1 项，水库周边隔离防护设施完善 1 项。项目实施后，生态效益增加，可削减主要污染物负荷量总氮 10.61 吨/年、总磷 2.49 吨/年、化学需氧量 201.87 吨/年，治理水土流失 1.2 平方千米（磷矿开采迹地治理）。其中，通过林业生态工程建设，可逐步控制坡耕地流失污染，提高森林质量，维护流域生态系统的稳定性；通过水土流失防治工程实施，可治理水土流失污染，

消除王高庄磷矿开采迹地的生态破坏与环境隐患；通过入库面源污染控制工程建设，从途径或末端有效削减入库污染物；通过水源地保护应急措施实施，可消除水库及其周边较为急迫的环境污染，提高水源地管理水平。

澄江市西龙潭与梁王河水库饮用水源地环境综合治理工程。澄江市西龙潭与梁王河水库饮用水源地环境综合治理工程位于澄江市西龙潭饮用水源地保护区及梁王河水库流域区范围内。项目区范围 4.6 万平方米，范围涉及龙街街道办事处梁王社区 2 个小组。工程主要建设内容为生态隔离带 1.1 千米，梁王河 2 千米河道综合整治，入库河口湿地建设，湿地建设 30 亩。2018 年 5 月 9 日项目开工建设，2019 年 12 月完成主体建设，2020 年 11 月完成初验。项目实施后，可削减入库污染物化学需氧量 44.25 吨/年、总氮 14.15 吨/年、总磷 0.94 吨/年，有效改善水库水质和水源地生态环境，改善区域生态景观。

环保执法。2020 年，玉溪市生态环境局澄江分局开展环保执法。加强与公安局、检察院、法院、农业局等部门执法协调联动。全年检查企业、项目 348 次，出动 1044 人次，下达监察、检查记录 348 份；建设项目"三同时"执行率 100%；完成中高考期间各考点环境噪声污染管控，对县域范围内 22 套射线装置、6 枚放射源进行监督检查，完成春节、国庆节等重大节假日期间环境监督和环保宣传，完成全市 17 家企业污染源在线监测、视频监控运维考核，开展重点行业企业和危险废物经营单位排查 18 家次，出动 144 人次；完成 4 个季度"双随机"监察。2020 年，立案 16 起，行政处罚 16 起，移送公安机关 2 起 2 人，处罚金额 68.27 万元。加强执法力度打击震慑环境违法人员，保障生态环境安全。

环境监管随机抽查制度。2020 年，玉溪市生态环境局澄江分局在污染源日常环境监管领域推广随机抽查制度。制订实施方案，明确澄江市污染源日常监管领域推广随机抽查制度重点排污企业库、一般排污企业名单和监察人员库。按照随机摇号抽查制度要求，每家企业随机摇号确定 2 名执法人员，完成 2020 年"双随机"监察工作，检查企业 67 家次，出动监察人员 201 人次。

环保督察转办件及反馈问题整改。2020 年，澄江市推进中央环保督察、省级环保督察及中央环保督察"回头看"转办件、反馈问题整改验收。2016 年，中央环保督察制度化、常态化后，澄江市共接受督察 3 次（中央环保督察、省级环保督察、中央环保督察"回头看"），接上级转办件 40 件、反馈问题 64 项；玉溪市生态环境局澄江分局组织开展 9 次自查自验，保障问题整改到位。截至 2020 年末，40 件转办件全部完成整改通过自查自验并通过玉溪市级验收，整改完成率 100%，64 项反馈问题中 62 个通过自查自验并通过玉溪市级验收、验收率 96.87%。

施工场地噪声治理。2020 年，玉溪市生态环境局澄江分局开展施工场地噪声治理。联合应急管理局、住房和城乡建设局、城市管理局等部门对全市 19 家在建项目施工场地开展联合检查。出动车辆 20 余辆次、人员 80 余人次，对建设施工项目"六个百分之百"（即施工现场围蔽、砂土覆盖、施工路面硬化、洒水降尘、车辆冲洗、裸露场地绿化或覆盖）督察落实，督促各项目业主、施工方落实项目施工规范、噪声管控、环保手续办理、扬尘治理和水污染防治、安全生产等，澄江市城市建成区噪声污染得到有效遏制。

环境执法大练兵活动。2020 年，玉溪市生态环境局澄江分局持续开展环境执法大练兵活动。大练兵活动出动 1040 余人次，检查企业 348 家次。抽调执法人员 4 名、3 批次参加生态环境部组织的长江流域入河排污口专项排查、云南省生态环境厅组织的交叉执法检查，成绩显著，得到生态环境部、云南省生态环境厅及玉溪市级主管部门肯定。

污染事故和纠纷调处。2020 年，玉溪市生态环境局澄江分局开展污染事故和纠纷的排查、调解及查处。全年受理各类投诉信访件 159 件次，所有投诉件和信访件均已办结，结案率 100%，群众满意率 100%。

餐饮住宿行业监管。2020 年，玉溪市生态环境局澄江分局开展抚仙湖径流区餐饮住宿业专项整治。向经营户开展政策宣传教育，指导规范安装使用污染治理设施，加大对全市 3300 余家餐饮住宿经营户巡查检查力度，全年出动检查人员 420 余人次，检查 1600 余家次，发出责令整改 110 余份，督促完成 260 余个问题整改，完成餐饮住宿业 794 户环保备案。

"三磷"专项整治行动。2020 年，玉溪市生态环境局澄江分局开展"三磷"专项整治行动。完成澄江龙凤磷业有限责任公司"三磷"整治玉溪市级验收；加强云南澄江磷化工广龙磷酸盐厂、澄江磷化工金龙有限责任公司 2 户长期停产企业监管，督促企业完成废水、固废及危废处置，有效防止污染环境。"三磷"专项整治行动涉及 7 家企业全部按期完成整改。

东溪哨片区环境综合整治提升行动。2020 年 5—9 月，玉溪市生态环境局澄江分局组织开展东溪哨片区环境综合整治提升行动。行动为期 100 日，开展东溪哨片区园区企业及园区公共部分环境问题排查整治。向单位、企业及相关责任人发出环境问题整改通知书 124 份，按照"边生产、边整改"原则，督促企业落实整改并及时组织验收销号。东溪哨片区各企业存在的相关问题均已整改验收销号。

核与辐射安全隐患专项排查。2020 年，玉溪市生态环境局澄江分局组织开展核与辐射安全隐患专项排查。对澄江市现有 9 家正在使用核技术的单位进行拉网式排查，对辐射安全许可证到期及重大环境安全隐患、各单位设置辐射安全管理机构、管理人员、规章制度、管理台账、应急预案及"六防"措施、警示标志等情况进行检查督促，出动 36 人次，发现问题 2 次，已责令企业立行立改，有效保障澄江市核与辐射安全。

"查大风险、防大事故"百日行动。2020 年，玉溪市生态环境局澄江分局组织开展"查大风险、防大事故"百日行动，主题为"全面提升环境安全风险防范能力"。行动覆盖生态环境行业所有区域、所有行业领域、所有生产经营单位，重点突出非煤矿山、尾矿库、化工企业和危险废物经营企业、烟花爆竹企业、建筑施工和重点建设项目等易发生事故的高风险企业、部位和设施。此次行动出动监察执法人员 90 余人次，对 30 余户企业开展专项检查，发出《责令整改决定书》12 份，消除安全隐患，有效预防环境安全事故发生。

打击危险废物环境违法犯罪行为专项行动。

2020年，玉溪市生态环境局澄江分局开展打击危险废物环境违法犯罪行为专项行动。联合公安、检察院制订工作方案，排查检查东溪哨工业园区化学原料和化学制品制造业企业7个（黄磷企业5个、磷肥企业1个、乙炔气体生产企业1个）及危险废物经营单位1个，出动72人次，检查企业24家次。

汽车修理行业专项整治。2020年，玉溪市生态环境局澄江分局联合澄江市公安局开展汽车修理行业专项整治。重点检查危险废物收集是否规范、是否建有"防渗漏、防雨淋、防流失"暂存间、是否与有资质处置单位签订危险废物处置合同、是否建立规范的危险废物处置台账、是否按相关规定申报转移、是否规范设置危险废物标识、是否存在随意倾倒危险废物违法行为、设置有喷漆房的修理厂喷漆车间是否安装使用污染治理设施、是否正常使用维护等情况。出动执法人员30余人次，检查汽车修理厂36个、摩托车修理店5个，发现问题采取现场指导、责令限期整改等方式处理，规范澄江市汽车修理行业危险废物收集处置及污染治理设施安装、使用、维护等。

酒吧规范整治专项行动。2020年，玉溪市生态环境局澄江分局开展酒吧规范整治。定期、不定期检查城区酒吧、娱乐场所。全年检查240余家次、出动监察人员40余人次，督促经营者规范经营，加强噪声管控。3月25日召集澄江市酒吧经营户开展生态环境保护相关法律法规培训会；对澄江市正常经营的64家酒吧发出履行生态环境保护、办理相关环保手续告知书，督促酒吧落实噪声污染防治措施，依法办理相关环保手续。符合生态环境保护相关法律法规的酒吧58家办理相关环保手续并签订《履行生态环境保护承诺书》。

生态环境分局主要领导干部

李锐光　党组书记、局长（—2020.05）
杨　旭　党组书记（2020.05—）
梁　磊　局长（2020.05—）
李忠贵　党组成员、副局长
李　婷　党组成员、副局长
陆泽华　党组成员、综合行政执法大队长
马彦华　党组成员、监测站站长

（撰稿：赵丽华）

【通海县】　2020年9月，玉溪市生态环境局通海分局及所属事业单位上划玉溪市生态环境局管理。截至2020年底，玉溪市生态环境局通海分局核编11人，其中领导职数4人，实有在职在编人员11人；通海县生态环境保护综合行政执法大队、玉溪市生态环境局通海分局生态环境监测站和通海县湖泊生态保护办公室为通海分局下属事业单位。截至2020年底，执法大队核编12人，实有7人；生态环境监测站核编15人，实有11人；湖泊生态保护办公室核编6人，实有6人。一年来，生态环境系统围绕市、县各项目标任务，突出重点，责任到人，狠抓落实，各项工作稳步推进，较好地完成了各项工作任务。

杞麓湖水质状况。2020年，杞麓湖水质综合类别为劣Ⅴ类，水质重度污染。主要污染指标为总氮、化学需氧量、总磷、五日生化需氧量、高锰酸盐指数。营养状态指数为70.83，处于中度富营养状态。

杞麓湖水污染综合防治。抓好杞麓湖流域水污染综合防治"十三五"规划环保类项目的建设。截至2020年10月，生态环境局负责的4个项目已完工，完工率100%，累计完成投资80528.68万元。截至2020年12月底，《杞麓湖流域水环境保护治理"十三五"规划》14个项目，开工建设14项，完工14项，开工率100%，完工率100%，累计完成投资14.42亿元；积极推进规划外其他重点项目的实施。完成了《通海县县域农村生活污水治理专项规划》编制工作，通过专家评审并开工建设，截至2020年12月底，完成河西镇下回村、兴蒙乡白沙洼、九龙街道大梨社区、四街镇石邑村项目建设，累计完成投资3500万元。实施完成了杞麓湖8340米柔性围隔工程建设，提升水体自净能力；积极做好材料上报及项目资金申报等工作，一年来，累计上报国家、省市项目及资金申报31次，累计争取资金6000万元；认真组织并按时完成了"十三五"终期评估编制工作，并经专家评审通过。

污染减排。2020年，通海县有6个减排项目，其中：省级减排项目3个，其他减排项目3个。县政府调整县污染减排工作机构，设立办公室，细化分解各项目标任务。生态环境部门加强与工信、住建等部门的协调配合，认真落实责任制，加强现场监管，加强对减排项目的现场督促指导，按期完成减排目标和资料报件。其中，通海北控环保水务有限公司设施运行正常，处理污水288.14万吨，全年处理负荷率达78.9%，削减COD 417.37吨，氨氮52.9吨。通海山秀水务发展有限公司处理污水227.65万吨，全年处理负荷率达62.3%，削减COD 178.77吨，氨氮35.46吨。云南省通海秀山水泥有限公司设施正常运行，脱硝系统投运率100%，综合脱硝效率达75%。农村生活垃圾处置项目削减新增量COD 4.31吨，氨氮0.43吨。15个农村污水处理项目，新增COD削减量18.53吨，氨氮2.75吨。13个关停淘汰项目，新增二氧化硫削减量73.75吨，氮氧化物17.442吨。完成2020年主要污染物总量减排工作目标任务。

大气污染防治。2020年，持续推进蓝天保卫行动，并将各项任务分解推进。新建（改建、扩建）项目提出符合大气污染防治的环保治理设施要求并纳入环评验收审核内容。在新核发的排污许可证中增设VOCs排量的排放要求。督促石化、印染、汽修、黄标车、油墨和涂料制造、家居家装、塑胶生产、10蒸吨/时以下燃煤锅炉等行业企业提质改造，2020年完成中心城区4台燃煤锅炉改生物质燃料改造任务；超低排放改造完成穆光、聚元、智群和秀山水泥4个企业工业窑炉和无组织排放项目改造，完成市局考核目标任务；及时填报企业信息采集表，进一步掌握大气排放企业的基本情况。开展环境空气质量监测，通海县人民政府所在地2020年环境空气质量保持优良，优良比例达到99.7%，达到国家二级标准，未出现重污染天气，在保持2019年水平的基础上逐步改善。

土壤污染防治。根据《通海县土壤污染防治工作方案》，持续推进涉镉等金属重点行业企业排查整治，对5家电镀企业进行排查整治；对照污染源普查数据库核实可能新增的土壤污染防治重点行业企业，筛选、核实明确通海县搬迁、关闭的土壤污染防治重点行业企业；对全县41个重点行业企业地块（10个在场企业地块，30个关闭搬迁企业地块，1个垃圾填埋场地块）进行风险筛查结果纠偏；开展"清废行动"，对疑似固体废物堆存点位进行排查；配合市生态环境局开展通海县47户重点行业企业用地土壤污染信息调查工作；更新建立本行政区域疑似污染地块名单，并通知督促企业开展地块初步调查。

环保督察。2016年7月以来，中央、"回头看"督察、省环保督察和省杞麓湖生态环境问题专项督察反馈意见问题共涉及通海县84项，截至2020年12月31日，各级环保督察共计反馈问题84项，已全部完成县级自查自验并上报市级验收，通过市级验收84项。

建设项目管理。2020年办理34个建设项目环评审批手续，其项目总投资291530.5万元，其中，环保投资7109.84万元，工业类23项目、非工业类11个项目。登记表备案项目40个，项目总投资217596万元，其中，环保投资2031万元。依据《建设项目环境保护管理条例》《建设项目竣工环境保护验收暂行办法》2020年竣工环境保护企业自主验收完成31个项目，并在全国建设项目竣工环境保护验收信息系统上传验收材料。

危险废物管理。制定印发《2020年通海县危险废物规范化管理考核工作方案》，组织相关单位编制2020年度危险废物管理计划。抽查危险废物产生单位9户。完成2019年度危险废物申报登记270家。危险废物管理工作逐步进入规范化管理。

排污许可证管理。做好新老排污许可证衔接，推进固定污染源排污许可"全覆盖"管理，开展排污许可登记工作、配合玉溪市生态环境局开展排污许可证的核发。截至2020年12月底，全县境内排污许可证核发77户，登记备案571户。

环境统计和水源地管理。完成2019年环境统计调查、测算、汇总及反馈数据的修改、上报工作；强化饮用水源保护，完成2019年地级以下城市水源地数据采集系统的填报和评估工作，完成2019年乡镇级饮用水源地数据采集系统的填报及评估工作，完成"千吨万人"水源地河西镇琉璃河水库和通海县13个乡镇级饮用水水源地的保护区划定方案并报云南省人民政府，并相继取得省政府批复。

环境执法。加强重点污染源的环境监管，防范环境污染事件的发生。全年现场执法共出动363

余人次，检查排污单位 142 家次。对检查发现的企业环境违法行为，共下达《责令改正环境违法行为决定书》16 份，责令相关企业停止环境违法行为进行环保整改。对发现的环境违法行为，立案查处 10 件，罚款 156.88 元。

来信来访。全年接待（处理）群众来信来访 89 件（次），处理率 100%。中、高考期间，出动监察人员 20 人次，分别对中、高考考点和 3 个住宿点及周围环境进行巡查和现场检查。

环境监测。按照《2020 年通海县生态环境监测工作方案》要求，开展各项监测工作。每天对县城环境空气 24 小时自动连续监测，每月对杞麓湖七条主要入湖河流及市控断面、县控断面水质进行监测，每季度对秀山沟水库水质、农村饮用水源河西镇琉璃河水库、农村环境空气质量河西镇碌溪村、2020 年云南省重点排放企业监督性监测和县域生态环境质量进行监测，同时做好应急执法监测等水质监测工作，对执法监察等工作中发现的违法排污行为及时采样监测。根据《2020 年通海县国家及云南省重点生态功能区县域环境质量监测、评价与考核监测工作方案》要求，完成县级自查报告及相关数据材料的收集整理、汇编，按时上报省生态环境厅。

生态文明建设。开展省级生态文明县申报创建工作，2020 年 1 月，通过市级考核审查，已报省生态环境厅等待技术评估和考核验收。

宣传教育。结合"6·5"世界环境日、"三下乡""科普宣传日""杞麓湖雷霆行动""宪法日"等活动的开展，加强环保知识及相关环保法律法规的宣传。引导全县乡镇（街道）、部门及企业订阅《中国环境报》70 余份，使各级领导干部及职工及时了解全市的环境状况及环保法律法规、相关政策。同时，结合中央环保督察反馈意见整改及环评审批、环境执法、现场监察等日常工作的开展，及时向企业相关人员宣传新环保法律法规及相关政策，进一步提高企业的环保法制意识及责任意识。一年来，共发放环保手提袋、围裙、环保宣传扑克、环保知识小册子等宣传材料 3400 余份，引导公众树立绿色文明的意识。

污染源普查。自 2017 年开展，为期 3 年的第二次全国污染源普查工作全面完成，通海县污染源普查通过市生态环境局组织验收。杨瑶被国务院第二次全国污染源普查领导小组办公室评为"第二次全国污染源普查表现突出个人"，蒋雨沁被云南省第二次全国污染源普查领导小组办公室评为"云南省第二次全国污染源普查表现突出个人"。通海县第二次全国污染源普查领导小组办公室评为"云南省第二次污染源普查表现突出集体"。

生态环境分局主要领导干部

储汝学 党组书记、局长

李 刚 党组成员、副局长

杨永云 党组成员、副局长

王光跃 党组成员、副局长

余 恒 环境监察大队大队长

周继林 环境监测站副站长（主持工作）

（撰稿：王庆峰）

【华宁县】 2020 年，玉溪市生态环境局华宁分局坚持以改善生态环境质量为核心，实行最严格的环境保护制度，生态环境质量持续优化，环境保护各项目标任务顺利推进，完成部级挂牌督办问题——华宁县有色金属工业公司氧化锌冶炼渣 1 号堆场整改并通过省市验收。

县域生态环境质量。在 2019 年省生态环境厅、省财政厅对全省各县（市、区）县域生态环境质量监测评价与考核中，华宁县考核为"基本稳定"；国家对云南省 46 个重点生态功能区县城生态环境质量监测评价与考核，华宁县考核为"轻微变差"。

大气环境质量。2020 年，有效开展县城环境空气质量监测 345 天，其中，一级 217 天，二级 127 天，超标 1 天（$PM_{2.5}$ 超标），空气优良率为 99.7%（实况），比去年同期上升 0.8 个百分点，未出现重污染天气。

水环境质量。2020 年，组织开展南盘江及其支流、曲江及其支流地表水水质监测 12 次，水质均达功能区要求；完成辖区内县城及乡镇集中饮用水源点、白龙河水库监测 40 次，其中，县城及盘溪大龙潭 24 次，白龙河水库及乡镇饮用水点 16 次，县城集中式饮用水水质达标率为 100%。

农村环境质量试点监测。按照《全国农村环

境质量试点监测技术方案》的有关技术要求，在华溪镇华溪社区下拖卓村开展农村环境质量试点监测，对环境空气质量、饮用水水源地水质和地表水水质开展监测4次。

行政审批事项。2020年，共审批项目27个（报告书8个，报告表19个），总投资17.46亿元，环保投资0.85亿元。其中，工业类项目审批17个，非工业类项目审批9个，环境治理项目审批1个。累计完成建设项目环境影响登记表备案项目64个，备案项目总投资252.06亿元，环保投资0.71亿元。

排污许可证核发和危险废物转移申报。配合玉溪市生态环境局进一步推进企业排污许可证发放登记工作，加快促进固定污染源排污许可制度改革。2020年，完成207家企业排污许可登记，协助玉溪市生态环境局完成新发排污许可证企业19家，全县排污许可证持证单位30家。共申报医疗废物13.20吨，处置13.20吨；其他危险废物共申报52.80吨，委托处置、利用47.00吨，贮存5.80吨；共申报转移危险废物3107.41吨。

农村环境综合整治。2020年4月24日，玉溪市生态环境局、市财政局、市住建局对宁州街道冲麦村传统村落环境综合整治工程进行现场验收，2020年9月27日，玉溪市生态环境局下发了竣工验收意见。青龙镇整乡推进环境综合整治工程进入国家项目库，获中央水污染资金补助900万元；华宁县村镇生活污水综合整治项目已进入国家项目库立项，项目涉及43个村镇的污水处理设施以及管网建设，工程估算总投资32171.58万元。

环境宣传教育。2020年第47个"6·5"世界环境宣传日，在华宁电视台播放环保宣传片《垃圾分类》《保护生物多样性 中国在行动》，"智慧华宁"App推送微电影《新生》《出击》，华宁新闻手机台微信公众号推送微视频《低碳环保科普宣传—节约用纸 保护环境》。在各乡镇（街道）中心小学及华宁县第三中学、第五中学开展环保科普宣传。开展知识学习，对学习情况进行测试。

环境保护信息化建设。充分发挥政府网站作为环境保护信息发布重要平台的作用，提高公众对环境保护工作的参与程度。全年共公开环保信息167条，被省市采用37余条。推进环境监察执法、核查与审批信息、环境监测信息公开，及时公开行政处罚信息、超标企业名单及处理情况、行政处罚文书等，对违法环境案件相关信息及时进行了公示。

水污染综合防治。2020年，南盘江盘溪大桥断面水质综合评价为Ⅳ类；曲江九甸大桥水质综合评价为Ⅱ类，达到考核要求。青龙镇整乡推进环境综合整治工程（中央水污染专项资金900万元）9月30日开工建设。南盘江华宁段盘溪大桥水污染治理项目（中央水污染专项资金1203万元）和曲江九甸大桥华溪段重点区域水环境综合整治项目（中央水污染专项资金1000万元）11月24日开工建设。全县所有乡镇级及以上饮用水源地保护区划方案已获得省生态环境厅批复。2020年以来，组织开展南盘江及其支流、曲江及其支流地表水水质监测12次，水质均达功能区要求；加强县城和各乡镇饮用水源监测，县城及各乡镇饮用水水质达标率均为100%。

大气污染防治。完成5家"散乱污"生产企业淘汰关闭，淘汰燃煤小锅炉1台；专题研判空气质量变化趋势发布空气质量专报33期，向县污染防治工作领导小组成员单位发出大气污染工作提醒函8份。

土壤污染防治。落实《土壤污染防治目标责任书》，制定《华宁县固体废物污染治理攻坚战工作方案》，华宁县有色金属工业公司氧化锌冶炼渣1号堆场被列入2019—2020年度问题堆存场所环境整治清单，国家生态环境部将其列入"清废行动"部级挂牌督办事项问题，制定《华宁县有色金属工业公司氧化锌冶炼渣堆场整改工作方案》，清运氧化锌冶炼渣9万吨至周边砖厂进行综合利用，完成问题渣场整改并通过省市验收。

污染减排工作。华宁县2020年化学需氧量排放总量为1114.33吨，净新增削减量92.68吨；氨氮排放总量为159.96吨，净新增削减量16.56吨；二氧化硫排放总量为628.1吨，新增排放量12.68吨，新增削减量48.39吨；氮氧化物排放总量为609.61吨，净新增削减量11.92吨。2020年华宁县省级重点减排项目2个，华宁玉珠水泥有限公司三号线综合脱硝效率66.70%，华宁县污水处理厂处理负荷率 99.77%（2019 年负荷率 93.81%），达到考核目标要求。

"散乱污"企业综合整治。制定印发《华宁县"散乱污"企业综合整治工作方案》最终明确关停该县"散乱污"企业 5 户，即华宁县法果陶制品砖开发有限公司、华宁县甸尾劈开砖厂、华宁县上村红砖厂、华宁县莲花塘砖厂和华宁县向阳煤矿红砖厂。2020 年 1 月 17 日，组织华宁县"散乱污"企业综合整治现场验收会，工作组对关停企业进行了现场验收。

环境执法监察。抽取一、二、三、四季度 43 户环境监管对象，结合"双随机"抽查做好各类专项排查整治。一是组织开展清废行动，对部级挂牌督办点华宁县有色金属工业公司氧化锌冶炼渣 1 号堆场，按时完成整改工作。二是按照"三磷"行动专项整治工作要求完成"三磷"行动专项整治任务，县内 7 户黄磷企业、3 户磷化工企业、3 户磷矿，已全部完成验收。三是开展建筑施工场地专项整治，对县城在建 12 个施工场地开展专项排查，针对检查发现的问题发放要求整改通知 8 份。四是组织开展环境安全事故隐患大排查、固体废物专项检查、放射源专项检查、危险化学品企业专项检查、核与辐射安全隐患排查等各类专项检查整治。2020 年共出动环境监察人员 190 人次，下达现场监察记录 91 份。立案查处各类环境违法案件 11 件，作出行政处罚决定 10 份，停产整治决定 1 份，移送公安拘留 1 件，罚款 105.916 万元。

环保督察工作。2016 年，中央环保督察涉及华宁县整改问题共 17 项，均完成整改验收；完成中央环保督察领导小组交办的 6 件举报件后续问题整改并通过验收。2017 年，省级环保督察涉及华宁县整改问题共 17 项，均已完成整改验收；省级环保督察期间涉及华宁县的转办投诉件共报件 4 件（2 件重复件），全部办结并通过验收。2018 年，中央环境保护督察"回头看"反馈意见问题涉及华宁县整改问题共 4 项，均完成整改验收。

环境应急体系和重点污染源在线监控系统建设。2020 年，华宁县共 17 户企业完成突发环境事件应急预案备案。

环境污染投诉。2020 年，共接到各类环境污染投诉 89 件，调查处理 89 件，处理率为 100%。

生态环境分局主要领导干部

李艳萍　党组书记、局长
张志洪　党组成员、副局长
李春生　党组成员、副局长

（撰稿：潘彦霏）

【峨山彝族自治县】　2020 年，在县委、县政府的正确领导下，在市生态环境保护局指导下，玉溪市生态环境局峨山分局坚持以习近平新时代中国特色社会主义思想为指导，贯彻党的十九大精神，践行绿色发展理念，全面落实习近平生态文明思想以及关于生态文明建设的决策部署，统筹推进生态环境保护各项目标任务，为推动国家生态文明示范县创建，打好峨山县"8 个污染防治标志性战役"，全面打赢污染防治攻坚战，贡献生态环境部门应有的力量。

生态环境保护督察整改验收。牵头推进环保督察反馈意见问题整改，巩固整改成效，圆满完成反馈意见问题整改和市级验收工作。中央环保督察整改任务共 13 项涉及峨山县，中央环保督察"回头看"及高原湖泊环境问题专项督察整改任务共 9 项，省委省政府环保督察整改任务 25 项，截至 2020 年底，已全部完成整改，并通过市级验收。积极做好第二轮中央生态环境保护督察准备工作。

推进生态文明建设新发展。积极推进国家生态文明示范县创建，筹备国家生态文明示范县创建规划编制。持续巩固塔甸、小街国家级生态乡镇和待生态环境部审核命名的富良棚乡、大龙潭乡、双江街道国家级生态乡镇创建成果。推进塔甸大西、岔河安居、富良棚雨果和甸中八字岭、栖木墀五个传统村落整治项目建设。做好生态保护红线日常监督管理。

碧水保卫战。认真贯彻落实《水污染防治法》"水十条"，实施《峨山县水源地保护攻坚战实施方案》《峨山县"两江"治理保护攻坚战实施方案》《峨山县两大水系保护修复攻坚战实施方案》，持续开展曲江永昌桥国控断面水质超标整改，对曲江永昌桥国控断面、小寨村桥（参考省控）断面、化念水库大坝（省控）水质监测，按《地表水环境质量标准》（GB 3838—2002）评价，2020年，曲江永昌桥国控断面年均水质类别为Ⅲ类水质，优于年度水质考核目标（Ⅳ类），小寨村桥（县域生态考核）断面年均水质类别为Ⅲ类水质，优于年度水质考核目标（Ⅳ类），化念水库大坝（省控）年均水质类别为Ⅱ类水质，优于年度水质考核目标（Ⅲ类）。加大集中式饮用水水源地保护，完成大龙潭乡大麻栗树水库、小街街道舍郎水库、小街街道老熊箐水库、化念镇化念水库、甸中镇镜湖水库5个"千吨万人"饮用水水源保护区和旧寨箐水库、大西水库、彝龙坝水库3个乡镇集中式饮用水水源地保护区划定。2020年11月，8个饮用集中式饮用水水源地保护区划定方案获云南省生态环境厅批复。实施饮用水源环境监测制度，每季度开展县城集中式饮用水水源地水质监测，每年开展乡镇农村饮用水水源地水质监测，按《地表水环境质量标准》（GB 3838—2002）测评，2020年峨山县新村水库和绿冲河集中式饮用水水源地年均水质类别为Ⅱ类，达年度水质目标；舍郎水库、老熊箐水库、镜湖水库、化念水库、大麻栗树水库"千吨万人"饮用水水源地水质均达年度水质目标。抓好农业面源污染治理，完成《峨山县农村生活污水治理专项规划（2020—2035）》编制，并印发实施，完成县域573个自然村农村生活污水现状和治理需求调查，农村污水治理工作有序推进各项考核指标均达标，已顺利通过国务院大检查及省级考核验收。实施《峨山县农业农村污染治理攻坚战作战方案》，监督、指导农业面源污染治理，实施猊江流域农村环境连片综合整治，完成实施方案编制和项目选址。

蓝天保卫战。贯彻执行《大气污染防治法》《峨山县打赢蓝天保卫战三年行动实施方案》《峨山县"散乱污"企业综合整治工作方案》《峨山县燃煤锅炉综合整治实施方案》。开展道路扬尘、建筑施工场地扬尘、餐饮、烧烤油烟污染专项整治，会同双江街道、县城市管理局开展烧烤摊油烟专项整治，引导和督促业主安装油烟净化装置，进一步规范餐饮行业油烟排放。深入开展峨山县"散乱污"企业综合整治。淘汰峨山县建成区每小时10蒸吨以下燃煤锅炉3座。开展碳排放核查企

业一家。2020年，县城环境空气质量监测有效天数为361天，一级天数245天，二级天数115天，超二级天数1天，县城环境空气优良率为99.7%。

净土保卫战。深入实施《峨山县固体废物污染治理攻坚战工作方案》，强化土壤污染管控与修复，配合市生态环境局对存在可能污染性的地块进行整理，该县玉溪银河化工责任有限公司和峨山滇中德昌工贸有限责任公司编制完成土壤初步调查报告，并上传至全国污染地块管理系统，其中，云南峨山滇中德昌工贸有限公司焦化厂区地块苯并（a）芘超第二类用地标准的风险筛选值，已纳入玉溪市污染地块管理名单。2020年，未发生因耕地土壤污染导致农产品质量超标造成不良社会影响事件，未发生因疑似污染地块或污染地块再开发利用不当且造成不良社会影响的事件。

主要污染物总量减排。切实采取有力措施，开展年度主要污染物总量减排工作。加大在线监测和中控系统现场检查力度，确保治理设施、在线监测设备长期稳定正常运行。进一步完善城镇污水收集管网，完成县城老旧小区雨污分流管网改造建设2150米。挖掘水主要污染物减排潜力，新增农村生活污水处理设施13套核实减排量。建立健全污染减排项目档案，按规定时间报上级核查。峨山宏峰建材有限责任公司2000吨/日新型干法烟气脱硝、峨山天大工贸有限公司焦炉烟气治理项目和峨山县污水处理厂1万吨/日污水处理设施3个，管理减排型省级重点减排项目设施运行正常，减排核查核算相关材料已按要求上报。

县域生态环境质量评价与考核。市生态环境局峨山分局牵头，林草、自然资源、农业农村、住房和城乡建设等部门配合，收集汇总评价与考核资料，按期开展峨山县地表水（永昌桥断面、小寨桥断面、矣读可断面、峨通交界断面、化念水库大坝）水质、县城在用集中式饮用水水源地（新村水库、绿冲河）水质，县城环境空气质量和污染源监督性监测（峨山宏峰建材有限责任公司、峨山县污水处理厂），完成2020年四个季度监测报告、年度考核材料上报。

噪声污染防治。认真执行《中华人民共和国噪声污染防治法》，以《云南省峨山县城市声环境功能区划分（2019—2029）》准则，进一步加强

交通、建筑施工、社会生活、工业企业等噪声污染防治。开展城市区域声环境质量、城市道路交通声环境质量和城市功能区声环境质量监测，强化工业企业噪声监督管理。会同县公安局、县城市管理局开展绿色中高考护考行动，发出《关于在高考期间加强环境噪声污染监督管理的通告》，排查考场及考生集中居住地周边噪声污染隐患，采取限期整改、责令其停止作业等措施，做好源头防控。全年共接到社会生活噪声污染投诉11件，办结11件。

优化环评服务，强化源头管控。严守生态保护红线、环境质量底线、资源利用上线和环境准入负面清单，继续推行环境影响登记表备案管理，落实并联审批要求，进一步提高环评审批效率。以县委县政府重点项目建设为重点，积极与省、市生态环境部门对接，跟进、指导项目环评报告编制，2020年11月13日，云南省生态环境厅批复云南玉溪玉昆钢铁集团有限公司产能置换省级改造项目环境影响报告书。全年共审批建设项目20个，其中，环境影响评价报告书2个，环境影响评价报告表18个，指导建设单位完成网上备案系统登记表备案53个。

危废转移、排污许可证和强制性清洁生产。加强危废转移和排污许可证管理，督促峨山县人民医院、峨山县中医医院等医疗机构按要求完成医疗废物转运、处置79083.283千克。强化排污许可证管理，配合市局核发排污许可证17家。督促开展强制性清洁生产，将峨山宏峰建材有限公司纳入2020年强制性清洁生产审核企业。

生态环境监管。严格执行"双随机、一公开"制度，认真落实重大执法决定法制审核、行政处罚案件查处分离制度，对环境信访和环境污染纠纷，及时调查，第一时间化解。开展环境安全隐患大排查、大整治、"绿盾2020"等专项行动，摸排生态环境问题隐患，抢先化解矛盾纠纷，排除问题隐患。2020年，共出动监察人员865人，查处环境违法行为5起，督促整改并处罚款2起，处罚金额95.59万元，处罚金额比去年增长82.95万元，增长率656.25%，实施四个配套办法案件3起。全年未发生较大（Ⅲ级）以上级别环境污染事故和重大违反环保法律法规的案件。

环境信访和污染投诉。把人民群众关心关注的生态环境问题作为重要工作抓好抓实，切实维护人民群众环境权益，2020年，共接到群众污染投诉48件，接诉响应率100%、办结率82.5%、满意率100%。

生态环境保护宣传。以习近平生态文明思想、新发展理念、环保法律法规为重点，充分利用"世界环境日""地球日"等契机，借助县人民政府门户网站、微信工作群等网络新媒体，加大生态环境保护宣传力度，营造全民参与保护生态环境的浓厚氛围。全年共推送环保小课堂12期，开展生态环境保护政策法规宣传18次，发放《生态文明建设·环保法规政策知识汇编》等环保法律法规宣传资料8410份、环保购物袋1280个。全面公开环境空气质量日报、环境违法案件查处、环境影响评价审批、环境质量等信息193条，保障公众对环境保护的参与权、知情权和监督权。

环境监测。认真开展县城环境空气质量监测与空气质量指数（AQI）的分析、城镇集中式生活饮用水源地、永昌桥断面、小寨桥断面、矣读可断面、峨通交界断面和化念水库大坝地表水水质监测、省级重点排污单位监督性、自动监测设备比对监测。2020年，共开展新村水库和绿冲河水源地水质监测8次，永昌桥、化念水库、小寨桥、矣读可、峨通交界断面水质监测41次，均达年度水质目标。派出技术人员126人次，开展监测共52次，其中，监督性监测16次、例行监测25次、应急监测7次、委托性监测2次、比对监测2次，出具环境监测报告52份，采集样品178组，取得有效监测数据1866组，此期间未收到被监测单位和其他单位的意见和投诉。分析研判地表水、县城环境空气质量等环境质量状况，为县委、县政府决策提供科学依据。

招商引资、争取上级资金和固定资产投资。全力做好招商引资、争取上级资金和固定资产投资工作，2020年，完成招商引资年度目标任务；完成固定资产投资2590万元，完成年度目标任务的64.75%；向上争取资金完成0万元。

监测监察执法垂直制度改革。认真落实《中共玉溪市委办公室 玉溪市人民政府办公室关于印发〈玉溪市生态环境机构监测监察执法垂直管理制度改革工作方案〉的通知》精神，开展峨山县监测监察执法垂直制度改革有关工作，2020年底基本完成人财物上划，明确玉溪市生态环境局峨山分局为玉溪市生态环境局的派出机构，由市生态环境局直接管理。峨山彝族自治县环境监测站名称于2021年1月21日规范为"玉溪市生态环境局峨山分局生态环境监测站"，主要职能调整为执法监测，随市生态环境局峨山分局一并上收到市生态环境局，具体工作接受市生态环境局峨山分局领导。按《玉溪市生态环境局峨山分局职能配置、内设机构和人员编制规定》，组织开展生态环境保护各项工作。

加强自身建设。严格落实党风廉政建设责任制，制作《玉溪市生态环境局峨山分局党风廉政建设工作手册》发放至4名班子成员，方便学习党规党纪，记录谈心谈话、党风廉政建设安排部署情况。进一步完善权力清单制度，抓好关键岗位和重点环节的廉政风险排查，共梳理甄别风险岗位6个，查找岗位廉政风险点65个，制定防控措施65条。认真开展党内政治生活，严格执行民主集中制，抓实抓牢党风廉政建设和机关效能建设，结合岗位特点，组织分管领导、股室负责人分析研究党风廉政建设工作。充分运用监督执纪"四种形态"，加强党员干部日常监管，督促党员干部作风转变，2020年主要领导与班子成员、班子成员与股室、站、队负责人开展谈话。认真落实党建工作责任制，把全面从严治党落到实处。充分发挥市生态环境局峨山分局党支部战斗堡垒作用，引领生态环境保护、新型冠状病毒感染疫情防控常态化、爱国卫生"7个专项行动""绿水青山"志愿者行动等工作高质量发展。进一步加强领导干部生态环境保护业务水平和能力建设，组织和选派环保干部职工参加全国、省、市环保业务培训，有效提高环保干部职工业务水平和执法技能。深入开展"不忘初心、牢记使命"主题教育问题整改，落实整改措施。2020年9月28日，监测站戴锦娇同志荣获第二次全国污染源普查表现突出的个人荣誉称号。

生态环境分局主要领导干部

李艳刚　党组书记、局长

李江浩　党组成员、副局长

曾玲琼　党组成员、副局长

刘一贤　副局长、综合行政执法大队大队长

（撰稿：普　玲）

【元江哈尼族彝族傣族自治县】　根据《中共云南省委办公厅、云南省人民政府办公厅印发〈关于市县机构改革的总体意见〉的通知》（云办发〔2018〕46号）和《中共玉溪市委办公室、玉溪市人民政府办公室关于印发〈元江县机构改革方案〉的通知》（玉室字〔2019〕10号）文件要求，组建玉溪市生态环境局元江分局，2020年9月正式上划市级管理，作为玉溪市生态环境局的二级预算单位。玉溪市生态环境局元江分局内设4个机构，分别为局办公室、行政审批与生态保护股、污染防治和生态监测股、法规宣教和核辐射管理股，下属元江县环境监察大队和玉溪市生态环境局元江分局生态环境监测站两个事业单位，其中：元江县环境监察大队是参公管理单位，玉溪市生态环境局元江分局生态环境监测站是全额拨款事业单位。2020年，玉溪市生态环境局元江分局总编制数为30人，其中，9名行政编制、1名工勤编制、20名事业编制，目前实有在编人员26人，缺编4人。局机关共有在职人员9人，局长李剑东，副局长方江龙；环境监察大队共有在职人员7人；环境监测站共有在职人员10人，其中：副高级工程师5人、工程师3人、助理工程师2人。设有独立党支部，党员11人。

城乡环境综合整治。着力推进农村环境综合整治，全县完成贫困地区农村人居环境整治示范村项目31个，涉农的77个村委会（社区）和740个村（居）民小组全部达到人居环境1档村庄标准。完成《元江县农村生活污水治理专项规划》编制工作，农村生活污水无乱排乱放的自然村比例达100%，污水治理率达到34.93%。推进农村生活垃圾治理，村庄生活垃圾处理设施覆盖率达100%。持续推进县城污水处理厂管网完善工程，全县共建成污水管43.2千米，其中年内完成污水管铺设3千米。

污染减排。2020年，紧紧围绕省、市下达的减排目标任务，从抓污染治理促减排、抓环评把关促减排、抓监测监控促减排三个方面入手，扎实推进污染物排放总量削减工作的开展，着重抓好省、市级重点减排项目。全年县污水处理厂共处理生活污水 250.97 万吨，COD 削减量 361.07 吨，NH_3-N 削减量 68.16 吨；2020 年元江县永发水泥有限公司的 1000 吨/日新型干法窑烟气脱硝项目脱硝率为 81.1%。2500 吨/日新型干法窑烟气脱硝项目脱硝率为 76.0%。两条生产线都达到了脱硝系统投运率 80% 以上。金珂集团生产二厂 2020 年化学需氧量削减量为 25.83 吨，氨氮为 0.71 吨，达到减排要求。

污染治理。大气污染防治持续发力。打好蓝天保卫战，发布《元江县人民政府关于禁止在县城建成区销售燃放烟花爆竹的通告》，划定元江县城区高污染燃料禁燃区。加强对重点排污企业废气达标排放现场监察，年内各重点排放企业均运行正常，废气达标排放。着力改善大气环境质量状况，加强严格施工扬尘监管，建筑施工工地扬尘污染措施"六个百分之百"达标率 90% 以上。加强机动车污染防治工作，加快推进非道路移动机械摸底调查和编码登记工作。加强秸秆综合利用和氨排放控制，制订全面禁止秸秆焚烧管理办法，加大重点区域监管力度，推广农作物秸秆堆沤还田、直接还田等技术模式，有效提高秸秆及畜禽粪便的资源化利用效率。水体污染防治持续发力。扎实推进集中式饮用水源保护区划定工作，3 个"千吨万人"和 5 个乡镇级集中式饮用水水源保护区划定方案编制完成。年内元江未发生重大水污染事件。土壤污染防治持续发力。扎实推进"清废行动"，开展各类非正规垃圾堆放点排查，完成非正规垃圾堆放点销号 7 个，完成率 100%；重点污染源工业固体废物综合利用率达到 80% 以上，无乱排乱放。实施了元江县土壤污染状况详查工作，完成县域内 258 个采样点 60 个详查单元的划分。委托云南省核工业二〇九地质大队对现存疑似污染的元江县铜厂冲铜矿电解车间周围地块进行土壤污染状况调查工作，初步调查结果为可开展后续再开发利用工作。

环境管理。坚持把建设项目环境管理作为控制新污染源的重要手段，严把建设项目审批准入门槛，杜绝高能耗、高污染项目进入。持续做好"放管服"改革服务，推进项目建设。2020 年，全县共审批建设项目环评文件 34 个，项目总投资 165113 万元，其中，环保投资 4432 万元；完成建设项目环境影响登记表备案 132 个项目，项目投资 577535 万元，其中，环保投资 12139 万元；对 4 个建设项目的固体废物污染防治设施进行了竣工环保验收。帮助实行排污许可登记的企业进行网上填报，完成 191 家企业排污许可登记手续办理工作，圆满完成 2020 年排污许可登记工作。

巡察工作。根据中共元江县委巡察工作统一部署，2020 年 5 月 11—30 日，县委第四巡察组对玉溪市生态环境局元江分局开展巡察"回头看"，并于 2020 年 6 月 30 日反馈巡察问题。市生态环境局元江分局对县委第四巡察组的反馈意见高度重视，成立了玉溪市生态环境局元江分局巡察反馈问题整改工作领导小组，由局长李剑东为组长、其他班子成员为副组长、股室、直属单位负责人及财务人员为成员，认真制定了《玉溪市生态环境局元江分局落实县委第四巡察组反馈意见的整改方案》和《玉溪市生态环境局元江分局巡察反馈意见整改清单》，将县委第四巡察组反馈的 3 个方面 13 个问题细化为具体问题进行整改，提出整改措施 46 条，实行分类施治、明确专人、限时整改、定期督查，明确了 2 个巡察整改工作专项小组，分别负责有关整改任务的措施落实和督查推进。目前，市生态环境局元江分局已完成整改 12 个，剩余 1 个长期类整改问题正在整改推进中，整改工作已取得阶段性成果。整改期间，局主要领导认真履行巡察整改第一责任人职责，先后主持召开领导班子（扩大）、专项小组协调会议 9 次研究落实巡察整改任务，废止、修订或制定 41 项规章制度；充分运用专题学习、党课报告、集中研讨等多种形式加强党的政策理论学习，开展全体干部职工集中学习 3 次，党支部专题学习 2 次，参学人员达 48 人次；严格落实谈心谈话制度，年内主要领导面向全体干部职工开展廉政谈话 2 次，开展节前廉政提醒 4 次；其他班子成员对分管领域开展廉政谈话 2 次，谈话人员实现全覆盖。切实以专项整治为载体促进巡察反馈意见的整改落实。

环境信访。2020 年，玉溪市生态环境局元江分局共受理群众信访件 30 件。根据受理渠道划分，受理上级转办 8 件、"12369" 电话举报 17 件、来访信访件 4 件、网络举报 1 件；根据污染种类划分，涉及水污染 6 件，大气污染 16 件，噪声污染 8 件。所有信访件均按要求反馈及答复，办结率达 100%。环境投诉案件数较上一年下降，办理过程中未出现延时，满意率均达 100%。

环境宣传教育。深入宣传习近平生态文明思想、广泛组织开展宣传活动，大力弘扬生态文化和生态道德，倡导生态价值观念，以 "3·5" 志愿日、"3·8" 妇女节、"4·22" 地球日、"5·22" 生物多样性日、"6·5" 环境日为契机，开展巾帼志愿服务活动，发放《玉溪环境》《环境保护宣传手册》等环保宣传资料 5000 余份，发放环保布袋 2000 个，展出环保政策、环保知识展板 30 块，营造全社会共同参与生态文明建设和环境保护的良好氛围。

生态文明体制改革。2020 年，共组织召开生态文明体制改革专题统筹协调会 3 次，开展自查 2 次，对发现存在的问题，及时制订整改方案，集中抓好整改。根据县委全面深化改革领导小组年度工作要点及元江县生态文明体制改革实施方案，及时梳理年度生态文明体制改革工作台账，2020 年列入县委改革台账的生态文明体制改革任务共 36 项，涉及牵头部门 13 个，责任部门 17 个。截至 2020 年底，涉及的 36 项改革事项已完成 12 项，有 3 项正在推进，其余事项均为国家、省、市级尚未出台相关文件或作出相关工作部署，但改革任务责任部门已按照改革工作要求积极推进，并取得了实质进展。

环境现场监察执法。按照网络化环境监管要求，结合 "双随机" 抽查制度对辖区内污染源、放射源、射线装置、建设项目 "三同时" 和排污许可证进行现场监察。2020 年共开展现场监察 213 家次，出动执法人员 639 人次，对检查中发现的违法行为坚决给予查处，全年共立案查处 17 件环境违法行为案件，实施罚款 17 件，共处罚款 1340651.46 元，向 14 家企业下发了责令改正违法行为决定书，向 19 家企业下了整改通知。对全县辖区内 9 家使用放射源和射线装置单位现场监察。全年有 1 件行政诉讼案件，没有听证和行政复议案件，17 件行政处罚案件均在元江县人民政府信

息门户网站进行了公开，并在生态环境部案件信息网上进行了填报。加强突发环境事件应急预案管理，2020 年完成 26 家企事业单位突发环境事件应急预案的编制并通过专家评估和备案。

环境专项执法。集中开展环保专项整治，开展 "查灾害、除隐患" 专项行动、危险化学品、危险废物排查整治、安全生产专项整治三年行动计划、岁末年初生态环境安全生产风险隐患大排查大整治等专项执法检查工作，对检查中发现的环境安全隐患问题提出相应的整改要求。深入开展辖区内尾矿库污染防治专项执法检查工作，重点对辖区内 5 家尾矿库环保手续办理情况、配套污染防治设施建设运行情况、应急预案的编制备案和开展演练情况、环境监测工作的开展情况和是否存在偷排、漏排、违规设置排污口等涉嫌环境违法行为的情况进行认真细致的检查。开展冶金行业领域企业环境安全隐患排查整治工作，对元江县洼垤铁合金有限公司炉渣临时贮存场提出整改要求，督促整改到位。

疫情防控。坚持守土负责，抓紧抓实疫情防控相关环保工作。玉溪市生态环境局元江分局开展医疗废物和医疗废水处置专项检查工作，成立专项执法检查组，共出动执法车辆 16 车次，出动执法人员 48 人次，检查相关医疗机构 16 家，主要检查医疗废物处置和医疗废水处理情况。经检查，全县 16 家医疗机构中，除曼来镇（含东峨）中心卫生院和龙潭乡辖区内 7 个卫生室医疗废物进行自行焚烧外，其余医疗机构均收集后交由玉溪易和环境有限公司进行处置。疫情防控期间，元江县委党校和华逸酒店产生的垃圾（医疗废物）已交由玉溪易和环境有限公司进行处置。在检查的 16 家医疗机构中，未建设医疗废水处理设施的有 3 家，即咪哩卫生院、青龙厂分院和曼来镇分院；元江县疾病预防控制中心虽已建成医疗废水处理设施，但尚未投入使用；其余 12 家医疗机构均已建有医疗废水处理设施，并已投入使用。现场检查时，12 家医疗废水处理设施均处于正常运行中。

环境监测。落实县域生态环境质量监测评价与考核，已完成 2020 年涉及考核中生态环境质量考核数据及纸质材料，2019 年考核结果为 "基本

稳定"。按照年初制定的《2020年元江县生态环境监测方案》，认真开展环境监测业务工作，共完成监测报告157份，统计监测数据10481个，公开环境空气质量信息53期。做好疫情期间生态环境应急监测工作，制定了《元江县应对新型冠状病毒感染肺炎疫情应急监测方案》。疫情期间出具39份监测报告产生1037个数据，上报玉溪市环境监测站应急监测信息15次。对元江县北控环保水务有限公司、元江县永发水泥有限公司两家企业自行监测情况进行帮扶指导，共取得帮扶监测数据227个。开展了持证上岗考核工作，申请标样考核115项，合格114项，合格率99.1%；申请操作演示和实样测试26个项目共64个项次考核，全部合格，合格率100%；基本理论考核16项，合格率达100%。

环境空气质量。对县城环境空气质量实施每天24小时不间断连续自动监测，2020年共发布环境空气质量周报53期，全年有效数据天数358天，其中，环境空气一级天数为238，二级天数119天，优良率为99.7%；超标天数1天；空气首要污染物为$PM_{2.5}$，质量级别为一级，质量描述为优。

环保督察。以落实环境保护督察整改工作为契机，切实推动解决生态环境突出问题。目前，2016年中央环保督察涉及该县整改任务共14个，细化为19项，已全部完成整改并通过验收。2017年，省委省政府环境保护督察涉及该县整改任务共20个，已完成整改验收19个，剩余1个问题为元江县生活垃圾处理厂未通过环评验收正在按照时序进度进行整改。2018年，中央环境保护督察"回头看"涉及元江县10个问题，已全部完成整改并通过验收。7件各级督察污染投诉转办件完成验收销号工作。

扶贫工作。积极开展"挂乡包村帮户"工作，重点帮扶挂钩联系曼来镇旦弓村委会，按组织部要求选派1名驻村扶贫工作队员到曼来镇团田村委会驻村，印发了《玉溪市生态环境局元江分局2020年脱贫攻坚帮扶工作方案》和《玉溪市生态环境局元江分局贯彻落实"千名领导挂千村、万名干部抓振兴"责任制实施意见》，由4名科级以上领导干部组成4个小组，共27人，立足脱贫攻

坚工作实际，先后4次，深入大拉史大寨、大拉史中寨、小拉史、吗伏洞、旦弓5个村民小组，开展调查研究、帮扶慰问，结合联系点（旦弓村委会）特色，落实村（组）帮扶，扎扎实实开展"千名领导挂千村、万名干部抓振兴"工作。

生态环境分局主要领导干部

李剑东　　局长

夏　婷　　副局长（—2020.09）

方江龙　　副局长

温卫进　　环境监察大队大队长

（撰稿：桂继发）

【新平彝族傣族自治县】　2020年，新平县城环境空气质量优良率100%（实况），比2019年上升5.28个百分点，$PM_{2.5}$年均浓度16微克/立方米，比2019年年均浓度下降11.1%；县城集中式饮用水水源地水质达标率100%；乡镇（街道）集中式饮用水水源地水质达到或优于Ⅲ类水质标准占88.89%，比2019年提升6.54个百分点；主要河流监测断面达标率87.5%，优良水体断面比率79.17%；县城区域声环境质量昼（夜）声环境功能区达标率100%；2019年县域生态环境质量监测评价与考核为"基本稳定"。

中央环保督察工作。按照《新平县贯彻落实中央环境保护督察组反馈意见整改方案》，明确整改措施、整改目标、整改时限，明确责任部门和责任人，狠抓落实，取得阶段性成效。2016年中央环保督察涉及新平县19个整改事项，截至2020年12月，完成整改19项，通过市级验收19项，完成率100%。2018年中央环保督察"回头看"涉及新平县4个整改事项，完成整改4项，通过县级自查自验4项，2项整改问题通过市级验收。各级环保督察期间，转办群众举报件12件，及时办结12件，通过市级验收12件。

中央环保督察"回头看"工作。按照中央环保督察"回头看"反馈意见，新平县印发了《新平县贯彻落实中央环保督察"回头看"反馈意见问题整改方案》，对涉及新平县4个问题，以方案引领抓好问题整改落实，明确办理时限、整改措施、责任单位、责任人，截至2020年12月，完成整改4项，通过县级自查自验4项，2项整改问

题通过市级验收。

省级环保督察工作。根据云南省委、省政府第一督察组《玉溪市环保督察的反馈意见》，新平县印发了《新平县贯彻落实省委省政府第一环境保护督察组督察反整改方案的通知》，并对涉及新平县的 15 个方面 22 项问题分解落实到各责任单位，明确整改时限、目标和整改措施。截至 2020 年 12 月，整改完成 22 项，通过了县级自查自验 22 项，18 项整改问题通过市级验收。

农村生活污水专项治理。2020 年，新平县实施了漠沙镇整乡推进综合治理红河水系那板箐河项目等 6 农村环境综合整治工程。截至 2020 年 12 月，完成戛洒镇大平掌小组传统村落环境综合整治项目、漠沙镇曼蚌村农村环境综合整治工程、中央第二批水污染防治专项漠沙丙南小组、曼鸟小组、戛洒老寨、坝达小组、水塘镇现刀、南秀小组四个农村污水治理项目建设并投入试运行，推进漠沙镇整乡推进综合治理红河水系那板箐河项目。积极引导乡镇整合各类资金，开展人居环境整治，截至 2020 年 12 月 31 日，全县完成农村生活污水治理 1396 个村，治理率 95.36%，比 2019 年的 11.64%，提升 83.72 个百分点，其中，农村生活污水得到有效管控的自然村 735 个，生活污水有效管控率 50.2%，比 2019 年的 3.8%，提升 46.4 百分点。

污染减排。2020 年，强化污染减排项目管理，钢铁行业 3 个脱硫管理减排项目烟气收集率、同步运行率均达到 100%，综合脱硫效率达到 95.5% 以上。水泥行业烟气脱硝管理减排投运率 100%，综合脱销效率 75.84%。新平县城污水处理厂 2020 年处理水量 270.29 万吨，平均日处理 7834.64 吨，完成 COD 消减 622.22 吨，氨氮消减 91.67 吨。推进钢铁行业超低排放。完成仙福钢铁（集团）公司 360 平方米烧结机脱硫脱硝超低排放项目建设并投入运行，完成仙福钢铁（集团）公司、红山球团工贸有限责任公司无组织排放深度治理。

蓝天保卫战。2020 年，开展"散乱污"整治工作，关停取缔企业 2 家，完成升级改造 12 家，淘汰 10 蒸吨/时以下燃煤锅炉 2 座。依法划定非道路机动车低排放控制区 13.15 平方千米，推进非道路移动机械摸底调查和编码登记工作，完成

车辆信息采集 235 辆，登记发牌 199 辆。加强建筑施工扬尘防控，落实建筑施工扬尘防控"六个百分之百"要求。完成仙福钢铁（集团）公司 360 平方米烧结机脱硫脱硝超低排放项目，完成仙福钢铁（集团）公司、红山球团工贸有限责任公司无组织排放深度治理。全面完成推进柴油货车污染治理攻坚行动各项任务，县城空气质量稳定变好。2020 年全年，环境空气自动监测有效天数 354 天，其中按标况评价一级（优）263 天，二级（良）91 天，超标 0 天，环境空气质量优良率 100%。

碧水青山行动。2020 年，全面完成城市黑臭水体治理、生态保护修复、水源地保护等攻坚战作战任务。完成 4 个"千吨万人"以上饮用水水源地、8 个乡镇级集中式饮用水水源保护区划定，启动实施 4 个"千吨万人"水源地规范化建设项目。完成《新平县农村生活污水专项治理规划》，梯次推进农村生活污水治理，截至 12 月 31 日，全县完成农村生活污水治理 1396 个村，治理率 95.36%，比 2019 年的 11.64%，提升 83.72 个百分点，其中，农村生活污水得到有效管控的自然村 735 个，生活污水有效管控率 50.2%，比 2019 年的 3.8%，提升 46.4 百分点。主要河流（戛洒江、平甸河）地表水监测断面水功能区达标率 87.50%，优良水体比率 79.17%。其中，戛洒江水功能区达标率 100%，优良水体比率 83.33%；平甸河水功能区达标率和优良水体比率均为 75%。主要河流出境（省控）段面水功能区达标率达到 100%，优良水体比率达到 95.83%。

净土安居行动。2020 年，全面完成固体废物污染治理攻坚战、农业农村污染治理攻坚战作战任务。进一步加强工业固体废物和堆存场环境监管，实施工业固体废物综合整治，完成新平瀛洲水泥有限公司脱硫石膏堆场固体废物堆存点 3 个问题整治验收。开展"清废行动"，推进重点企业土壤污染防治工作，继续开展测土配方施肥，提高化肥利用，减少土壤污染。主要农作物化肥、农药使用量实现负增长，农药、化肥利用率均达到 40% 以上，秸秆综合利用率达 91.94%。持续开展农产品产地土壤环境质量例行监测、耕地质量等级调查评价工作，建立耕地质量检测点 20 个，

耕地质量等级评价调查点 69 个。全县化肥用量比上年同期减 16233 吨，测土配方施肥面积 44.9 万亩，推广柑橘树精准施肥 40 万亩，推广使用水肥一体化技术 2.4 万亩，推广有机肥替代化肥 6630 吨。

生态环境监管执法。2020 年，深入推进网格化监管和"双随机"执法制度，使网格化监管与"双随机"抽查制度有机结合。组织开展重金属、危险废物、化学品环境风险排查整治，开展"双随机"、网格化执法监管，对生态和农村、固体废物、散乱污、危险化学品、饮用水源地、违建别墅、安全生产、尾矿库污染防治、河道采砂等专项执法检查。2020 年，共出动环境监察执法人员 292 人次，检查企业 142 家次，下达监察记录 98 份，下达责令整改决定书 5 份。针对企业实施环境违法行为进行立案查处 3 起，下达行政处罚决定书 3 份，共计罚款 65.53 万元。其中，移送公安机关 1 件，向县人民法院申请强制执行 1 起。

隐患排查治理。2020 年，玉溪市生态环境局新平分局对辖区内重点企业进行全面排查，现场检查企业的应急预案编制、应急制度建设、应急机构设置和应急设施及应急物资储备等情况，对存在的问题提出整改意见，2020 年新增、修编突发环境事件应急预案并备案 18 家企业，19 个预案，累计完成 69 家企业编制 70 个突发环境事件应急预案。高度重视环境污染事故和污染纠纷的调查处理工作，建立健全以政府信息公开为载体维护群众环境权益长效机制，充分发挥"12369"环保举报热线和网络平台作用，畅通群众信访渠道。2019 年，全县共受理环境污染举报件 18 件，已调处完 18 件，调处率达 100%。

在线监控系统管理。2020 年，玉溪市生态环境局新平分局强化污染源在线监测监控系统的建设和管理，确保正常运行，做到在线率、在线运行良好率和准确率达到上级环境保护部门要求。加强督导检查，要求企业做好在线设备的保养和维护工作，确保在线设施正常运行，并保证通信联网畅通，按时上报数据。定期对在线监测数据与人工监测数据进行比对，发现监测系统异常情况时，及时告知第三方运营商，确保监测系统稳定运行。组织专人汇总在线监控数据，对自动监测发现的超标问题，立即组织监察人员到现场实地查看，分析超标原因，迅速采取有效措施解决超标问题。截至 12 月，新平县共有 12 家企业安装了污染源自动监控系统（含视频监控），共有 33 个监测点位，国控、省控重点污染源自动监控实现全面覆盖。

深化"放管服"改革。2020 年，玉溪市生态环境局新平分局继续深化"放管服"改革，优化项目审批程序，严格执行环境影响评价及"三同时"制度，严把项目准入关，强力推进新平县"相对集中行政许可权"改革试点工作，推行一站式惠民"互联网+政务服务"平台，提高审批效率。截至 12 月，共审批建设项目环评文件 34 项（报告书项目 8 项、报告表项目 21 项），其中，工业类项目 4 项、非工业类项目 30 项，项目总投资 129306 万元，环保投资 6482.5 万元；完成登记表网上备案 85 项，新扩改建项目环境影响登记表备案率 71.42%。

环境质量监测。2020 年，玉溪市生态环境局新平分局制定了《2020 年新平县生态环境监测工作方案》，按时推进饮用水、地表水、县城声环境质量、县城环境空气质量、农村环境试点、重点污染源监督性监测及县域生态考核监测等监测工作。全年共编制监测报告 90 份，出具监测数据 11700 个，其中，例行 35 份、监督 34 份、委托 17 份；水质监测数据 5240 个，废气及环境空气监测数据 1429 个（其中，重点源废气 1500 个，农村环境空气 60 个），噪声监测数据 4900 个，并按要求对应公开的监测数据进行了网上公开。为县域环境质量改善和环境监管提供了数据支撑，同时保障了公众的环境知情权。

环境保护宣传教育。2020 年，玉溪市生态环境局新平分局制定《玉溪市生态环境局新平分局 2020 年"6·5"环境日中国主题宣传活动方案》，组织开展以"美丽中国，我是行动者"为主题，集中宣传活动、送法上门活动、"美丽中国，我是行动者"主题宣传进企业活动、环保·科协·法制进乡镇、进学校、进社区活动，共悬挂宣传布标 6 块次，发放《中华人民共和国环境保护法律法规全书》132 本，环保宣传资料 50000 余份，受宣传人数达 20000 余人。同时，组织指导各乡镇

（街道）规划和环保中心结合当地实际，开展形式多样的"6·5"环境日宣传活动。

生态环境分局主要领导干部

张诚民　党组书记、局长
陈天义　党组成员、四级调研员
马学应　党组成员、副局长
陶　天　党组成员、副局长
马光福　党组成员、副局长
陶晓睿　县环境监察大队大队长
翁学贵　生态环境监测站站长

（撰稿：杨云林）

【易门县】　2020 年，易门县生态环保工作在县委、县政府的坚强领导下，在县直有关部门、乡镇（街道）党（工）委政府和社会各界的大力支持下，坚持以习近平生态文明思想为指导，坚持方向不变、力度不减，突出精准治污、科学治污、依法治污，坚决打赢污染防治攻坚战和蓝天、碧水、净土保卫战，确保生态环境质量持续稳定向好，主要污染物排放继续减少，环境风险有效控制，生态环境保护水平与全面建成小康社会目标相适应，污染防治攻坚战阶段性目标任务圆满完成。

环境空气质量总体保持稳定。2020 年 1 月 1 日—12 月 31 日，县城建成区环境空气一级天数 250 天，二级 88 天，超标 0 天；细颗粒物（PM$_{2.5}$）平均浓度为 21 微克/立方米，二氧化硫（SO$_2$）平均浓度为 18 微克/立方米，城市环境空气质量优良天数比率为 100%，全县环境空气质量保持稳定优良。

水环境质量持续保持稳定。2020 年，易门县大龙口集中式饮用水水源地水质符合饮用水源功能要求，水质达标率为 100%，满足考核要求（Ⅱ类）；10 个乡镇级及以下饮用水源水质达Ⅲ类及以上，满足饮用水功能要求；绿汁江大桥国考断面的全年水质监测结果达到考核要求（Ⅱ类）；岔河水库、龙泉水库、南屯水库、大谷厂水库水质达Ⅲ类，扒河大谷厂水管所水质达Ⅱ类，阿姑水文站断面水质达Ⅲ类，满足水功能要求。

声环境质量稳中趋好。2020 年，对县城区域和城市道路交通共计 84 个监测点位进行监测。根据监测结果，昼间县城区域声环境质量等级为"二级"，昼间城市道路交通噪声环境质量等级为"一级"，与 2019 年相比保持稳定。功能区环境噪声昼间达标率为 94.2%，夜间达标率为 95.3%，满足美丽县城考核要求。

固体废物得到有效处置。2020 年，危险废物转移 52065.9546 吨，其中，省内转移 43793.9431 吨，跨省转移 8272.0115 吨。一般工业固体废物定点堆放，符合环境保护贮存标准。

生态环境质量持续优化。国家级森林公园、主要饮用水水源地、三个自然保护区、国家公益林、绿汁江、扒河流域等重要生态环境功能区得到较好保护，全县生态建设和环境保护意识明显增强，2019 年在全省县域生态环境质量评价考核中评为基本稳定。

污染物排放总量控制。2020 年，全县各项指标均按进度稳步推进。2020 年，易门县 12 家陶瓷企业已全部完成脱硫系统的升级改造，并安装在线监测；易门铜业有限公司冶炼烟气治理工程建成运行，淘汰 20 台燃煤小锅炉，符合目标要求。易门县污水处理厂全年处理水量 282.6226 万吨，化学需氧量削减量 423.23 吨，氨氮削减量 62.18 吨，企业化学需氧量削减量 2.60 吨，企业氨氮削减量 0.09 吨，全县化学需氧量总削减量为 425.83 吨，全县氨氮总削减量为 62.27 吨。

水污染防治。2020 年，绿汁江大桥国控断面水质（月均值）达考核要求，大龙口集中式饮用水水源符合饮用水源功能Ⅱ类要求，水质达标率为 100%；《玉溪市易门县农村生活污水治理专项规划（2020—2035 年）》获得批准实施，农村生活污水治理有规可循，积极申报龙泉街道、浦贝乡、绿汁江沿江农村生活污水治理工程项目。完成 8 个集中式饮用水水源保护区划工作。

大气污染防治。2020 年，制定印发实施《易门县 2020 年燃煤锅炉和一段式煤气发生炉淘汰工作方案》，持续推进"煤改气"等清洁能源替代、燃气煤锅炉淘汰工作。淘汰 16 家企业的 2 台一段式煤气发生炉和 18 台 10 蒸吨/时以下燃煤锅炉。完成 12 家陶瓷企业的 22 套在线监测系统安装并通过验收。持续开展"散乱污"和企业扬尘整治，强化洒水降尘和物料覆盖，划定非道路柴油移动机械低排放控制区。县城环境空气质量优良率100%。

土壤污染防治。2020年，配合开展土壤污染状况调查。一般工业固体废物和危险废物得到规范处置，固体废物处置利用率逐年提高。2020年，危险废物转移52065.9546吨，其中，省内转移43793.9431吨，跨省转移8272.0115吨。一般工业固体废物定点堆放，符合环境保护贮存标准。冷水箐土壤污染治理与修复示范工程项目土建部分已全部完成。

建设项目环境管理。2020年，实施环评审批和监督执法"两个正面清单"，支持企业复工复产和经济社会发展秩序加快恢复。严格落实"放管服"改革要求，助力优化营商环境。2020年，依法对66个建设项目作出环境影响评价行政审批，登记表自主备案项目29个，督促项目业主自主验收项目35个；严格落实疫情期间审批规定，"告知承诺"类项目2个，支持抗疫的"三类项目"暂缓审批的3个，豁免登记表备案10余个；督促县辖区内的5所中小水电完成整改、销号、现状评价工作，"环评"和"三同时"制度得到进一步加强和落实，执行率达到100%。

环境监察与管理。加强环境监管，严格落实"双随机"网格化监管和"一公开"制度，2020年共出动监察人员1962人次，现场检查企业166户831家次，形成现场监察记录489份，下达改正违法行为决定书43份；立案查处16件，罚款262.8万元。全县2家3枚V类放射源，11家14台Ⅲ类射线装置受控率达100%。办理群众来信来访及市县信访部门交办的案件103件，办结率达到100%。

环境信访及污染纠纷、投诉处理。坚持群众利益无小事，以人为本、执法为民的执法理念，对群众举报的环境信访事项，做到有举报必查处，有举报必回复，及时解决群众反映强烈的环境投诉、信访、污染纠纷等问题。2020年，易门分局进一步加强了"12369"环保举报热线运行管理，24小时受理群众环境污染投诉举报。同时密切关注媒体的舆情，及时、有效、妥善处理生态环境热点、敏感问题，把不良影响降低到最低程度。办理群众来信、来访及市县信访部门交办的案件

103件，办结率达到100%。保障了县域环境安全、维护了群众合法环境权益和社会稳定。

环保督察。充分发挥县环保督察办的牵头抓总作用，完成中央、省环保督察反馈意见问题的年度整改任务。2020年，完成剩余25个反馈问题和2件举报件的整改验收工作。至此全县42个反馈问题和34件举报件已全部办结并通过验收。

环境监测。努力抓好监测能力建设，制定实施《易门县2020年生态环境质量监测方案》和《2020年易门县生态环境监测工作方案》。2020年，监测站已具备水、气、声三大类环境要素63个项目的环境监测能力，对县城区、大椿树工业园区、韩所村开展空气质量季度监测，对绿汁江和扒河3个断面、集中式饮用水水源地开展定期监测；开展国控、省控、市控重点污染源监督性监测，积极开展环境质量状况、监督性监测、比对监测等监测工作。全年共出具监测报告95份。其中，污染源监督性监测39份，县域水和声环境质量监测49份，空气质量监测7份。

自然与生态保护。积极推进农村环境综合整治试点工作。组织实施了易门县大龙口水源径流区、绿汁镇腊品村、小街乡歪头山传统村落保护和十街"整乡推进"农村环境综合整治工程项目。目前，绿汁镇腊品村项目通过市级验收；小街乡歪头山传统村落保护项目已完工，正在开展工程决算；易门县大龙口水源径流区项目，完成总工程量的60%；易门县十街乡"整乡推进"项目，完成总工程量的80%。稳步推进以国家公园为主体的自然保护地体系工作，国家级森林公园、主要饮用水水源地、三个自然保护区、国家公益林、绿汁江、扒河流域等重要生态环境功能区得到较好保护，2019年，县域生态环境质量与评价考核为基本稳定，全县生态建设和环境保护意识明显增强。

环境宣传教育。开展"美丽中国，我是行动者"主题宣传活动，深入传播《公民生态环境行为规范（试行）》，广泛宣传"污染防治攻坚战"、生态文明建设、环保生活小知识、节能减排小窍门、生态环境保护法律法规等宣传，使广大群众将"绿色消费、低碳生活"的环保理念融入点滴生活，引导群众养成"绿色、健康、低碳、

环保"的生活方式和生活习惯，让广大群众成为美丽中国的行动者主力军。

综合目标考评工作。进一步落实党建"一岗双责"责任制，按照全面落实党要管党、全面从严治党和新时代党的建设总要求，认真谋划部署机关党建各项任务，制订印发党建工作计划，明确党建工作重点任务项目清单及抓党建责任清单。加强党建文化和廉政文化阵地建设，将"党员政治生日"列入活动内容，常态化落实"三会一课""两学一做"学习教育、党员积分制管理、党员志愿服务等工作。召开党建暨党风廉政建设工作推进会，开展"庆祝建党 99 周年"系列活动。

脱贫攻坚。2020 年，玉溪市生态环境局易门分局脱贫攻坚工作以"两不愁、三保障、一达标"为总目标，坚持精准扶贫基本方略，坚持脱贫攻坚与巩固提升并举，全力协助绿汁镇腊品村委会将脱贫攻坚工作抓紧抓实抓细，坚决打赢打好脱贫攻坚总攻战。拨付 5 万元的扶贫及人居环境整治专项资金，全局干部 3 次到联系点开展扶贫联系及人居环境整治工作。

生态环境分局主要领导干部

杨世余　　局长
吴永光　　副局长
拔丽华　　副局长
周世国　　副局长
李学明　　县环境监察大队大队长
王立宏　　县环境监测站站长

（撰稿：普丽琴）

保山市

【工作综述】　2020 年，在保山市委、市政府和省生态环境厅的正确领导下，保山市生态环境保护工作以习近平生态文明思想为指导，牢固树立绿色发展理念，统筹做好疫情防控和"六稳六保"工作，坚决打赢打好污染防治攻坚战，筑牢西南生态安全屏障，协同推动经济高质量发展和生态环境高水平保护，生态环境质量稳中有升，人民群众生态环境获得感显著增强。

【人力资源】　保山市生态环境系统机构数 22 个，其中，行政编制 59 人、实有人数 88 人，工勤 21 人；事业编制数为 135 人、实有人数 119 人（高级工程师 9 人，工程师 45 人）。保山市生态环境局行政编制 25 人，实有人数 33 名，离退休 7 人。下设派出机构 8 个，直属单位 13 个。

【体制改革】　加快推进生态环境机构监测监察执法垂直管理和综合行政执法改革工作，制定"1+6"配套文件，完成 5 个县（市、区）、3 个园区生态环境分局管理体制改革，统一上划 61 名公务员、103 名事业人员、17 名机关工勤人员及经费、资产。办理生态损害赔偿案例 3 件，完成生态文明体制改革 12 项。

【水环境】　2020 年，全市境内三大水系 12 条主要河流、13 个集中式饮用水水源地水质按《地表水环境质量标准》（GB 3838—2002）评价，13 个国控、省控监测断面中，永保桥断面水质为 I 类、占 7.69%，红旗桥、木城、沙坝、湾甸、龙江桥、猴桥、瓦窑河口、凉亭桥断面水质为 II 类、占 61.54%，柯街、和顺桥断面水质为 III 类、占 15.39%，北海湖水质为 IV 类、占 7.69%，主要污染物为溶解氧，石龙坪断面水质为劣 V 类、占 7.69%，主要污染物为生化需氧量、氨氮、总磷；22 个地表水功能区监测断面中，翠华、桥头和北庙水库、河西水库、蒋家寨水库断面水质为 I 类、占 22.74%，珠街、瓦窑、道街坝、旧城、老营、腾冲、打苴、腾龙桥、猴桥、习谦、木城、北海断面水质为 II 类、占 54.55%，狮象索口、小马桥水质为 III 类、占 9.09%，丙麻、达丙大桥、杨家桥水质依次为 IV 类、V 类、劣 V，各占 4.54%，其中，达丙大桥、杨家桥未达到国家、省级水质目标要求，占 9.09%，主要污染物为氨氮、高锰酸盐指数；保山中心城区（隆阳区）龙泉门、龙王塘、北庙水库和大海坝水库、小海坝水库、施甸县蒋家寨水库、小坝，腾冲市观音塘、小西马常，龙陵县铁厂河、熊洞水库，昌宁县河西水库、清灵寺 13 个县级及以上集中式饮用水水源地（含备用水源地 5 个）水质类型均保持 II 类以上，达到水环境功能区划 II 类要求，其中龙王塘水质类别为 I 类。

【大气环境】 2020 年，保山市 5 县（市、区）城区环境空气质量均采用 24 小时连续自动监测，结果用《环境空气质量指数（AQI）技术规定（试行）》（HJ 633—2012）评价，全市环境空气质量优良天数总体保持稳定。保山中心城区优 267 天、良 96 天、轻度污染 3 天，优良率达 99.2%；施甸县优 318 天、良 41 天、轻度污染 1 天，优良率达 99.7%；腾冲市优 287 天、良 73 天、轻度污染 2 天，优良率为 99.4%；龙陵县优 218 天、良 83 天、轻度污染 3 天，优良率达 99.0%；昌宁县优 298 天、良 58 天，优良率达 100%。

【声环境】 2020 年，保山中心城区区域环境噪声监测，以 600 米×600 米网格布点 122 个，昼间平均等效声级值为 49.2 分贝、下降 3.5 分贝，用《环境噪声监测技术规范城市声环境常规监测》（HJ 640—2012）评价，昼间区域环境噪声总体水平等级为一级。噪声等效声级值在 55 分贝以上的面积有 5.76 平方千米、占 13.11%，覆盖人口 4.01 万人、占 11.83%；城区昼间交通噪声监测路段总长 100.887 千米，无超标路段，昼间交通噪声平均等效声级值为 62.5 分贝，噪声强度等级评价为一级。功能区噪声监测Ⅰ类区（居民住宅区）全年平均等效声级值昼间、夜间分别为 33.0 分贝、28.2 分贝，超标率均为 0；Ⅱ类区（混杂区）昼间、夜间分别为 47.2 分贝、40.0 分贝，超标率分别为 1.04%、3.12%；4 类区（交通干线两侧）昼间、夜间分别为 59.8 分贝、52.8 分贝，超标率分别为 1.56%、48.4%。

施甸县、腾冲市、昌宁县城区昼间区域环境噪声总体水平等级为一级，昼间交通噪声强度等级评价为一级；龙陵县城区昼间区域环境噪声总体水平等级为二级，昼间交通噪声强度等级评价为三级。

【生态文明】 按照“数量有突破、质量有提升”总要求，对标对表，巩固提升保山市国家生态文明建设示范市和腾冲市“绿水青山就是金山银山”实践创新基地创建成果。昌宁县荣获国家生态文明建设示范县，生态文明建设示范创建走

在全省全国前列。完成保山市、施甸县、龙陵县、昌宁县《环境总体规划（2020—2035 年）》编制工作，主要污染物总量减排年度任务顺利完成，推进 21 个大气、8 个水污染物省级重点减排项目实施。

【污染防治】 水污染防治。积极探索建立全市流域生态保护补偿机制，开展《保山市流域生态补偿实施方案》编制。强化水源地保护，12 个“千吨万人”和 55 个乡镇饮用水水源地保护区划定批准实施，按月、季度定期对县级及以上集中式饮用水水源地开展水质监测。实施 12 个“千吨万人”饮用水水源地环境保护及大盈江、枯柯河流域水环境整治项目。开展东河流域水环境调研，排查分析石龙坪断面水质下降的原因。巩固中心城区三条黑臭水体整治成果，对 24 个点位水质每半月进行一次监测。大气污染防治。建成腾冲猴桥边境口岸大气辐射环境自动监测站。开展铸造、建材等 24 户 44 个项目工业炉窑治理，完成 5 户水泥脱硝除尘改造，建成 12 户硅冶炼除尘设施（投运 7 户、停产整治 5 户），建成投运 1 户有色金属冶炼除尘脱硫设施，拆除 4 户稀土冶炼。开展中心城区 8 户重点企业挥发性有机物专项整治，完成 68 户汽车维修挥发性有机物治理任务，全市 209 座加油站建成运行油气回收设施，油罐车、储油库全部安装油气回收装置，督促建筑工地落实“六个百分之百”。淘汰县级以上城市燃煤锅炉 16 台、老旧柴油货车 462 辆，建成 1 套机动车遥感监测系统，1 套机动车排污监控平台并实现国家、省、市三级联网，全市 13 户机动车站 43 条检测线检测车辆 190133 次。中心城区划定非道路移动机械控制区并抽检机械 30 台，编码登记非道路移动机械 472 辆。土壤污染防治。完成 7 个采样地块现场勘查复核、布点采样任务，38 家涉镉等重金属企业排查整治完成率 100%。全市 39 个尾矿库对应完成环境风险隐患排查评估、应急预案备案、污染防治方案编制。推进农用地分类管理，严格建设用地土壤环境准入管理，完成 6 块疑似污染地块和 1 块污染地块安全利用核查。完成县（市、区）农村生活污水治理专项规划编制、农村环境综合整治和农村黑臭水体排查。全市组织 482

家危险废物产生单位进行申报登记，安全转移危险废物 1276 批次 3483.69 吨、集中处置医疗废物 1202.77 吨。

【环保督察】 中央环境保护督察反馈涉及保山市整改问题 24 个、已整改 23 个、按时序推进 1 个；交办保山市投诉举报件 11 批 19 件，已全部整改完成。省委、省政府环境保护督察反馈 4 个方面 35 个问题，已整改 33 个、按时序推进 2 个；交办保山市投诉举报 51 件，已全部整改完成。

【行政执法】 坚持铁腕治污，运用按日连续处罚、查封扣押、限产停产等手段依法从严处罚环境违法行为，推广"双随机、一公开"等监管，全市出动执法人员 2632 人次，开展"双随机"监管 229 家次、非"双随机"监管 429 家次，共查处 51 起（限产停产 2 起）、罚款 561 万元。开展 12 个"千吨万人"水源地环境问题排查整治，发现问题督促整改 15 个；开展"绿盾 2020"行动强化自然保护地问题整改进展核查调度，29 个历史遗留问题整改完成 17 个、正在整改 12 个。完成全市 165 座小水电环保清理整改、154 家辐射安全和防护状况评估工作。

【行政审批】 全面落实"放管服"政策，简化审批程序，严把环评关，市级出具建设项目环境影响评价行政许可决定书 42 份（辐射类 5 份），总投资 239 亿元；全市网上办理登记表备案 1057 份，总投资 521 亿元；实施固定污染源"清理发证"，核发排污许可证 209 个、登记 3030 个，颁发辐射安全许可证 49 家（申请 8 家、重新申领 17 家、延续 1 家、变更 22 家、注销 1 家）。更新 2020 年重点排污监管单位名录 62 家，实现排污许可重点管理企业全覆盖，完成重点排污（污染源）企业监督性监测和第二次全国污染源普查总结验收工作，发布《保山市第二次全国污染源普查公报》。

【环境信访】 认真做好"12345"政务热线平台转办件处理、"12369"环境保护举报热线电话接听工作，确保服务电话 24 小时畅通，做到事有回音、件件有落实。全市共接到群众来信、来访来电环境污染投诉 768 件，办结 768 件、办结率 100%。办理依申请政府信息公开 4 件、网站领导信箱 42 件、政务微信 2 件、政务微博 5 件、建议提案 6 件。

【宣传教育】 开展"美丽中国·我是行动者——讲好保山生态环境铁军故事"演讲比赛，组织线上线下法律业务培训 19 期，开展生物多样性日、节能宣传周等宣传活动 9 场次，发放宣传品 1500 多份、宣传单 6000 多份。完成主题采访报道 1 次、伴随式采访 6 次，制作新媒体产品 10 个，四类环保设施向公众开放覆盖率为 100%。加强"一站两微"管理，主动公开生态环境信息 567 条、承诺书 217 份，发布微博 785 条、微信 748 条，报送信用有效信息 23 次、1239 条数据，自主申报信用信息 51 条。

【信息化建设】 加快环境监管能力现代化建设，投资 1654.23 万元建成"智慧环保"项目，包括控制中心、11 个微型大气监测点、1 个水质监测点、1 个非甲烷总烃监测点、1 个机动车遥感监测点、3 个高空视频点、2 套自动取样设备和生态环境"一张图"、生态环境展示平台、生态环境质量监测系统等 12 个应用系统，实现了纵向接通省、市、县三级生态环境监测监控数据，横向对接市直相关部门矢量监测数据互联互通。

【奖励表彰】 保山市生态环境局、保山市生态环境局昌宁分局被国务院第二次全国污染源普查领导小组办公室表扬为突出集体，《让中国更美丽》MV 被生态环境部评为二等奖。2020 年全省危险废物规范化管理考核为优秀。

生态环境局主要领导干部

赵贵品　党组书记、局长
杨志华　党组成员、纪检监察组组长
武立辉　党组成员、副局长
薛　众　党组成员、副局长
李明彦　党组成员、副局长

（撰稿：穆加炼）

【隆阳区】 根据《隆阳区深化机构改革实施方案》（隆发〔2020〕5号）要求，整合原环境保护和国土、农业、水利等部门污染防治和生态环境保护执法职责。保山市生态环境局隆阳分局，在职在编41人，其中，行政编制12人、工勤3人；事业编制数为25人、工勤1人，下设隆阳区生态环境保护综合行政执法大队、保山市生态环境局隆阳分局生态环境监测站2个事业单位。

大气环境。2020年，保山中心城区空气质量有效监测366天，其中，优267天、良96天、轻度污染3天，优良率达99.2%，细颗粒物（PM$_{2.5}$）浓度平均值为19微克/立方米，完成环境空气质量约束性指标时序任务。

水环境。隆阳区2大水系3条主要河流2个国控、2个省控、1个市控监测断面中，永保桥国控断面水质为Ⅰ类，沙坝国控断面、瓦窑河口省控断面水质均为Ⅱ类，石龙坪省控断面、双桥市控断面水质均为劣Ⅴ类。保山中心城市（隆阳区）龙泉门、龙王塘、北庙水库3个集中式饮用水水源地水质监测结果龙王塘Ⅰ类、北庙水库和龙泉门Ⅱ类，符合《地表水环境质量标准》（GB 3838—2002）饮用水水质标准，达标率为100%。

声环境。隆阳区噪声监测点位共122个。中心城区区域环境噪声昼间平均等效声级值为49.2分贝、下降3.5分贝；城市主要交通干线道路交通噪声昼间平均等效声级值为62.5分贝、下降1.6分贝，均达到国家《声环境质量标准》（GB 3096—2008），城区声环境质量保持良好。

固体废物。全区土壤环境质量总体保持稳定，完成危险废物申报登记267家、备案168家，涉镉企业问题整改1家，重点尾矿库污染防治方案、应急预案编制6家。开展重点行业企业用地调查及土壤采样工作，全区受污染耕地安全利用率100%。对城区13家医院、3家集中隔离医学观察场所进行检查，建立医疗废物报告，实时掌握医疗废物产生转运情况，实现从源头到末端全程监控。

大气污染防治。全面落实《大气污染防治目标责任书》，强化区域联防联控，开展扬尘防治、工业企业污染治理、机动车污染监管，秸秆综合利用等专项治理工作。进一步巩固"散乱污"企业综合整治成果，持续抓好企业整改验收和复检复查。完成中心城区高污染燃料禁燃区和禁止使用高排放非道路移动机械区域的划定工作，完成非道路移动机械摸底、编码及检查抽查工作，淘汰转出营运柴油货车151辆。

水污染防治。完成板桥镇老虎洞、辛街乡大坝水库2个"千吨万人"水源地和13个乡镇级集中式饮用水水源地保护区划定方案编制及报批工作，开展"千吨万人"水源地、东河流域排污口等专项排查整治。争取获得中央水污染环保专项资金3850万元，涉及9个项目。开展不达标水体整治，印发《隆阳区东河流域坝区段水污染治理实施方案》，明确治理目标、各部门治理责任。2020年，化学需氧量、氨氮排放量分别为7077吨、727吨，完成上级下达指标任务。

土壤污染防治。全面落实土壤污染防治行动计划，完成涉镉等重金属行业企业问题整改、尾矿库突发环境事件专项应急预案和尾矿库污染防治方案编制。印发实施《隆阳区农村生活污水治理专项规划》，全区1640个自然村，657个完成农村生活污水治理工作，累计建成农村生活污水治理设施148座，覆盖226个自然村，431个自然村污水得到有效管控，治理率达40.12%。列入2020年农村环境整治清单的33个建制村整治任务，已全部完成，完成率100%。

环保督察。持续推进各级生态环境保护督察问题整改工作，中央第七生态环境保护督察组反馈隆阳区问题20个，已完成整改19项、正在推进1项；2016年中央环境保护督察组督察云南省期间转办隆阳区投诉举报件10件，已全部办结；省委省政府环境保护督察反馈隆阳区29个问题，已完成整改27项、正在整改2项；2017年省环境保护督察组督察保山市期间共转办隆阳区投诉举报件37件，已完成整改35件、正在整改2件。

环境执法与信访。完善移动执法系统企业库，纳入"双随机"日常动态监管企业46家。2020年，共受理环保投诉418起，办结率100%；出动执法人员980人次，检查辖区企业303家，开展"千吨万人"水源地环境问题排查整治、尾矿库污染执法检查、小水电站检查、生态环境领域扫黑除恶、勐波罗河流域入河排污口排查整治、高黎贡山自然保护区周边企业排查、饮料行业整治等各类专项行动 10 个，立案调查环境违法企业 14 家，限期整改到位 14 家，停厂整治 1 家，累计处罚金额 94.02 万元。

环境影响评价。深入推进"放管服"改革，行政审批项目精简 46%，审批提速超过 75%，列入全区简政放权试点单位。2020 年共备案环境影响登记表 264 个，审批环境影响报告表（书）75 个，规范确认 82 个建设项目环境影响评价执行标准，环评执行率 100%；继续推进排污许可证制度实施，核发排污许可证 59 家，登记 615 家，禁止核发、长期停产、永久关闭 137 家，完成率 116%；圆满完成第二次全国污染源普查任务并通过市级验收。

环境监测。对标对表做好饮用水、地表水、噪声的例行监测工作，共获得成果数据 5000 多个。开展重点行业企业监督性监测，建立环境监测与环境执法协同联动机制，配合完成重点环境污染投诉案件执法监测 18 家，为环境执法监管提供技术支持。

宣传教育。充分利用"6·5"环境日、科技活动周等，开展多形式、新内容的保护生态、爱护环境宣传教育和知识普及活动，共计发放宣传物品 1 万余件。主动公开空气、水质环境信息及建设项目环境影响评价、竣工环保验收、行政处罚信息、重点企业污染源监督性监测信息 354 条。

生态环境分局主要领导干部

万　敏　党组书记、局长
李　聪　党组成员、纪检监察组组长
姜　娴　党组成员、副局长
杨春勇　党组成员、副局长
杨山川　副局长
段曰星　副局长（2020.05—）
张　明　党组成员、综合行政执法大队长

（撰稿：王　文）

【施甸县】　2020 年，施甸县认真落实党的十九大、十九届五中全会精神和习近平新时代中国特色社会主义思想、习近平生态文明思想及习近平总书记考察云南重要讲话精神，坚定不移地践行"绿水青山就是金山银山"理念，以全力打好污染防治攻坚战为主线，着力提升监管服务质量，解决突出环境问题，有效防控环境风险，深化体制机制改革，协同推进经济高质量发展和生态环境高水平保护，取得了积极成效。

人力资源。保山市生态环境局施甸分局核定编制 24 人，其中，行政编制 4 人、事业编制 20 人；实有在职在编 31 人，其中，行政编制 9 人、工勤 2 人、事业编制 20 人，下设施甸县生态环境保护综合行政执法大队、保山市生态环境局施甸分局生态环境监测站 2 个事业单位。

环境质量。2020 年，施甸县城区全年环境空气质量优良天数达 359 天，优良率为 99.7%，其中优 318 天，良 41 天，轻度污染 1 天。开展地表水环境质量监测 25 次，城市集中式饮用水水源地水质监测、"千吨万人"集中式饮用水水质监测、声环境质量监测各 4 次，全县地表水、饮用水、声环境质量均达标。做好监督性监测和应急监测，开展污染源监督性监测 28 次、应急监测 47 次，不断提升监测能力建设。

蓝天保卫战。开展扬尘治理 7 家次，对县城 24 台非道路移动机械进行摸底调查和编码登记、对县域工业污染防治设施及重点企业在线监测进行执法监管 4 次，认真组织开展 VOCs 整治专项执法行动，完成汽修行业、干洗业、家具制造业等 53 家企业核查督促整改。完成"散乱污"企业综合整治，关闭黏土烧制红砖炉窑企业 4 家。认真落实信息公开制度，定期公开各类环境空气质量信息，全程参与中央环保督察"回头看"环境投诉案件处理过程，曝光环境违法行为，公开接受社会监督。

碧水保卫战。开展饮用水水源地交叉执法检查、污水处理设施监督性检查，完成蒋家寨水库、银川水库饮用水水源地保护区划分工作，开展 13 个乡镇级集中式饮用水源地保护区划分工作，争取银川水库水源地环境整治项目专项资金 377 万元、摆榔乡大中水库水源地整治项目资金 150 万元。

净土保卫战。督促施甸县博胜有色金属电冶有限公司、施甸县冠盛矿业有限公司污染地块管理系统信息填报、编制尾矿库环境风险应急预案及尾矿库污染防治方案。

环境执法。2020年，共执法检查112次，出动监察人员384人次，全力做好疫情期间医疗机构综合废水环境监测工作，对全县56家医疗机构医疗废物、危险废物、污水处理设施和核与辐射安全监管开展大排查。稳步推进"双随机、一公开"监管工作，中央环境保护督察云南反馈施甸21项，已全部整改到位，适时开展巡查，巩固整改成果，防止反弹。加大巡查监管执法力度，2020年依法查处各类环境违法行为3件，处罚金额共计15.6万元，受理和办理环境信访投诉95件。

环境影响评价。深入推进"放管服"改革，共审批建设项目环境影响报告书（表）16个、网上办理登记表备案80个。协助上级生态环境部门审批建设项目环境影响评价4个。

宣传教育。利用会议、标语、板报、电视广播、新闻、传单等群众喜闻乐见的宣传方法对群众、企业进行环保政策、法规的宣传，"6·5"环境日期间出动宣传车11次，发放宣传单3000份，张贴标语50条，受教育群众、职工10000人次，设立咨询台、受理群众环保请求10条，解答群众咨询环保法律、法规50人次。

生态环境分局主要领导干部

段德斌　党组书记、局长
李建伟　党组成员、副局长（—2020.05）
何忠云　党组成员、副局长
吴荣昌　党组成员、副局长
颜立波　副局长（2020.05—）

（撰稿：饶长城）

【腾冲市】　2019年3月，机构改革，更名为保山市生态环境局腾冲分局，为保山市生态环境局的派出机构，列腾冲市人民政府工作部门序列。实有干部43名，下设腾冲市生态环境保护综合行政执法大队、保山市生态环境局腾冲分局生态环境监测站2个事业单位。

环境质量。全市地表水和饮用水达标率100%，中心城区空气质量优良率99.4%。受污染耕地安全利用率、污染地块安全利用率、主要污染物排放总量控制完成省、市下达目标任务。未发生较大（Ⅲ级以上）突发环境事件。科学规范

开展环境监测，获取监测数据1.5万个，编制监测报告51份，为生态环境保护工作提供了数据支持。

生态文明。新总结推广清水乡三家村中寨司莫拉佤族村等4个"绿水青山就是金山银山"实践创新基地示范点，示范点共15个，巩固提升"绿水青山就是金山银山"实践创新基地创建工作成果。"绿水青山就是金山银山"实践创新宣传工作得到认可，应邀开展工作经验交流2次。

污染防治。强化水污染防治。抓好污水处理厂主要污染物总量减排项目，完成2020年度减排目标任务。开展排污许可登记，完成企业登记1358家。争取中央水污染防治资金1197万元，推进北海环湖截污工程项目建设。加大饮用水水源地保护，完成2个县级集中式饮用水水源地规范化建设，水质达标率100%。加快农村集中式饮用水水源地保护区划定，完成3个"千吨万人"、12个乡镇水源地编制划定方案并通过省厅评审批复。强化土壤污染防治。编制实施《腾冲市农村生活污水治理专项规划（2020—2035年）》（腾政办发〔2020〕47号），24家涉镉等重金属企业完成整改22家、正在整改2家，23座尾矿库全部完成治理。强化大气污染防治。完成腾冲市腾越水泥有限公司2500吨/日新型干法窑烟气脱硝项目，组织开展核技术利用与辐射环境专项检查。淘汰完成10蒸吨/时燃煤锅炉10台，完成工业炉窑大气污染综合治理7家。

环境执法与信访。出动环境监察执法人员420人次，监察企业150家次，立案查处环境违法案件12件，处罚金225.07万元。组织开展新型冠状病毒感染疫情期间医疗机构和定点隔离观察点监督管理，检查医疗机构14家、定点隔离观察点11家。加大环境信访投诉办理，收到信访投诉94件，办结率10%。

环境影响评价。以"主动上门服务、指导业主复工前落实环保主体责任、执行项目审批绿色通道、日常巡查和环境监察与加强企业环境突发应急监管和查处投诉有机结合"四项暖心行动，帮助企业复工复产。指导业主完成建设项目环境影响登记表备案310个、受理建设项目环境影响报告书（表）47个、确认环境影响评价执行标准

80 余个、出示建设项目环境影响评价初审意见 8 个。

宣传教育与政务信息。积极参加科技、文化、卫生"三下乡"活动，加强生态环境保护知识宣传，精心组织"6·5"环境日主题活动，拍摄生物多样性保护专题宣传片 1 部，联合开展"打卡高黎贡山，保护珍稀物种"主题宣传活动 1 次。按照《腾冲市全面推进基层政务公开标准化规范化工作实施方案》相关要求，及时编制、全面落实试点领域标准指引，有一级公开事项 4 项、二级公开事项 18 项，主动公开环境保护政府信息 196 条。

生态环境分局主要领导干部
赵定才　党组书记、局长
许元培　党组成员、副局长
杨映丽　党组成员、副局长
钏有达　党组成员、副局长（2020.05—）
王丽云　副局长

（撰稿：杨宗庆）

【龙陵县】　保山市生态环境局龙陵分局行政编制 4 人、事业编制 20 人，实有人员 25 人（中共党员 14 人），下设龙陵县生态环境保护综合行政执法大队、保山市生态环境局龙陵分局生态环境监测站 2 个事业单位。

环境质量。2020 年，龙陵县城环境空气质量优良率达 99%，$PM_{2.5}$ 年平均浓度 20 微克/立方米，PM_{10} 年平均浓度 33 微克/立方米，达到约束性指标要求。全县土壤环境质量保持稳定，农用地和建设用地土壤环境安全基本保障，土壤环境风险基本控制。

生态文明。2020 年，龙陵县将生态文明建设工作纳入年度综合考评，生态文明建设工作占党政实绩考核比例达 20%。全县累计创建国家级"绿色学校" 1 所、省级生态文明乡镇 10 个、省级"绿色社区" 4 个、省级"绿色学校" 7 所、省级环境教育基地 2 个、市级生态文明村 119 个、市级"绿色学校" 23 所，省级生态文明县创建通过省级现场考核验收。编制完成《龙陵国家生态文明建设示范县规划（2017—2020 年）》，积极开展两山基地创建，巩固基地创建成果。

污染防治。开展《龙陵县声功能区划分（2019—2029）》编制工作，完成声功能区划分报告编制及报批。认真开展乡镇集中式饮用水水源地管理，5 个"千吨万人"饮用水水源地保护区划分方案获批实施。完成全县 35 家小水电清理整治工作，保留类和整改类 32 家、退出类 3 家，其中开展环境影响后评价 12 家、现状评价 6 家、自主验收 7 家、立行立改 7 家。完成涉镉等重金属行业企业污染源整治，排查涉镉等重金属重点行业企业 4 家、列入整治清单 2 家。调整优化运输结构，发展绿色交通体系，印发《龙陵县柴油货车污染治理攻坚战实施方案》，加大柴油货车污染防治力度，10 辆砼车抽检合格率 100%。加大城区燃煤小锅炉淘汰力度，组织对县城建成区 10 蒸吨/时及以下燃煤锅炉进行排查，逐步推行集中供热设施，加强燃煤锅炉准入管理。严把项目环评审批关，完成建成区高污染燃料禁燃区及高排放非道路移动机械禁止使用区划定工作，共划定禁燃区和禁止使用区面积 10.664 平方千米。

监测与信访。完成铁厂河、熊洞水库集中式饮用水水源地水质监测 8 次，"千吨万人"水源地水质监测 20 次，怒江木城、腾龙桥、河冲河断面水质监测 20 次，垃圾处理厂渗滤液处理站、污水处理厂、海螺水泥、硅行业等监督性监测 55 次、比对监测 11 次。2020 年，共受理环境类信访投诉 72 件，其中来访投诉 12 件，来信 15 件起，来电 18 起，"12369"电话投诉 27 件，均办结，办结率 100%，主要涉及大气、噪声等类别。

环境影响评价。严格按照环境影响评价法律法规开展环境影响评价工作，2020 年，全县共审批建设项目环境影响评价报告书（表）14 件，网上办理登记表备案 195 件。

宣传教育。利用"6·5"环境日开展新时代文明实践环保志愿服务、生态环境保护科普知识进校园等宣传，发放环保宣传单 2000 余份、环保宣传手册 1000 余份、无纺购物袋 1000 余个，接受及解答群众咨询 50 余次，悬挂环境日宣传主题布标 2 条。

政务信息。不断强化党务政务公开，公开政府信息 99 条，努力提高工作透明度，有效维护党员、群众的知情权和参与权。办理人大代表建议 4

件，做到件件有答复，事事有交代，答复率100%。

生态环境分局主要领导干部

廖光从　党组书记、局长

赵兴龙　党组成员、副局长

杨永明　党组成员、副局长

张忠德　副局长

（撰稿：曾晓义）

【昌宁县】　2020年，昌宁县以打好蓝天、碧水、净土"三大保卫战"为重点，严格落实环境保护制度，全面加强环境执法监管，努力提升县域环境质量，夯实生态文明创建基础，县域生态环境质量保持稳定，2019年县域生态环境质量考核评价为"基本稳定"。

机构概况。保山市生态环境局昌宁分局核定编制25人，其中，行政编制5人、事业编制20人；实有人数33人，其中，公务员11人、工勤2人、专业技术10人、事业管理10人。下设昌宁县生态环境保护综合行政执法大队、保山市生态环境局昌宁分局生态环境监测站2个事业单位。

污染治理。2020年，督促昌宁贞元硅业公司开展无组织排放治理，脱硫设施运行正常。登记非道路移动机械181台、抽检柴油货车24辆，编制实施《昌宁县农村生活污水治理专项规划》。完成昌宁县松山锡矿尾矿库环境风险隐患排查整治工作，县域73家挥发性有机物重点排放企业调查工作，1个"千吨万人"、11个乡镇饮用水水源地保护区划定方案获云南省生态环境厅批复。全面落实河（湖）长制，27条主要河流、72座水库"清五乱"工作全面完成，昌宁县入选全国第一批水系连通及农村水系综合整治试点县、河西水库进入省级美丽河湖候选名单。开展土壤疑似污染地块排查，完成6家涉重行业企业用地土壤污染状况调查、5家涉镉企业排查整治工作，建立全口径涉重金属重点行业企业清单和第二次全国污染源普查扫尾工作。医疗废弃物进行规范处置，全县土壤环境保持稳定。

环境影响评价。审批建设项目环境影响报告书（表）6个，豁免环境影响评价手续4个，确认建设项目环境影响评价执行标准10个，完成建设项目选址20个、咨询40个、意见25个。指导44家排污许可企业填报排污许可申报系统。

行政执法。按照"网格化环境监管""双随机、一公开"要求，出动执法人员577人次，对190家企事业单位开展现场执法检查、对16家卫生医疗机构和3个健康监测点进行监督检查，现场交办问题56个。完成29家企业突发环境事件应急预案备案，查办环境违法案件4起，处罚金额9.6万元。受理各类环境信访投诉件41件、办结率10%。办理人大代表建议2件，政协委员提案2件。

生态创建。持续巩固提升生态文明县创建质量，国家生态文明建设示范县创建的"六大领域"、10项任务、9项申报条件、32项创建指标全部达标，昌宁县获得第四批"国家生态文明建设示范县"命名。争取到位环保专项资金2165万元，完成17个建制村农村环境综合整治。

环境监测。按照生态环境监测方案要求，完成国控、省控、市级专项监督等企业监督性监测及县城垃圾填埋场、城区噪声环境质量、流域地表水、集中式饮用水源、县城区环境噪声等常规性监测工作，出具监测报告213份。县城集中式饮用水水源地水质达Ⅱ类标准，流域地表水水质达Ⅲ类标准，城区环境空气质量优良率达100%，城区噪声等效声级值范围符合环境噪声功能区划要求。

宣传教育。利用世界地球日、"6·5"环境日、世界水日等节日，深入学校、企业、农村、社区开展宣讲、观摩和展示，推进环境保护宣传教育。推进县城污水处理厂、垃圾填埋场和环境监测站环境设施向公众开放工作。

生态环境分局主要领导干部

周富军　党组书记、局长

徐家秀　党组成员、副局长

李春虎　党组成员、副局长

郭丽婷　党组成员、副局长（2020.05—）

张雪红　副局长

王国平　党组成员、综合行政执法大队长

（撰稿：王连泽）

【腾冲边境经济合作区】 2020 年，保山市生态环境局腾冲边合区分局为保山市生态环境局派出行政机构，为正科级单位，设置编制 1 个，实有人数 4 人，其中在职在编 1 人，借用 3 人。

行政审批。监督入园企业完成建设项目环境影响评价报告书（表）5 个，网上办理登记表备案 14 个。完成 16 家企业申领或延期换证工作（核发排污许可证 6 家、延期换证 10 家），申报登记备案 66 家。

污染防治。强化古林、腾药、东药等企业污水处理站日常运行监管，全面淘汰燃煤锅炉，加强固体废物和危险废物规范化管理，开展执法检查 100 余人次。

生态环境分局主要领导干部

张 锦 局长

（撰稿：张 锦）

楚雄彝族自治州

【工作综述】 2020 年，楚雄州深入贯彻落实习近平生态文明思想和习近平总书记考察云南重要讲话精神，牢固树立"绿水青山就是金山银山"和"共抓大保护，不搞大开发"理念，不折不扣贯彻落实习近平总书记考察云南时提出的"争当全国生态文明建设排头兵"的重要指示精神，统筹做好疫情防控和生态环境保护工作，坚决打好污染防治攻坚战，着力打造"滇中翡翠"和"最美中国彝乡"，生态环境保护工作实现了"十三五"圆满收官，有三个方面的突出亮点：一是楚雄州被生态环境部授予第四批"国家生态文明建设示范州"荣誉称号，大姚县被生态环境部命名为第四批"绿水青山就是金山银山"实践创新基地，实现楚雄州在生态文明建设和生态环境保护方面获得国家级名片的历史性突破。二是颁布了《楚雄州乡村清洁条例》，使楚雄州在提升人居环境和推动乡村振兴方面做到有法可依。三是环境质量持续改善，2017 年以来大气环境约束性指标考核连续三年优秀，2018 年以来，楚雄市环境空气质量优良率连续三年 100%。2019 年水生态环境约束性指标和土壤污染防治工作被省考核为

"优秀"等次，2019 年度全省 129 县市县域生态环境质量监测评价与考核结果"轻微变好"的 12 个县市中，楚雄州 2 个县市位列其中。2019 年龙川江西观桥国考断面水质提前一年脱劣达标的基础上，2020 年稳定达到Ⅳ类考核目标。

【大气环保约束性指标】 2020 年，楚雄州制定下发《楚雄州打赢蓝天保卫战三年行动工作方案》（楚政通〔2018〕41 号），如期完成 2019 年省下达淘汰 7 家落后企业和减压过剩产能淘汰产能 18.43 万吨的目标任务。全州 9 县市城市建成区 10 蒸吨/时及以上燃煤锅炉共 68 台全部淘汰完成，10 县市完成高污染燃料禁烧区划定工作。全州建成投产新能源项目 37 项，总装机 215.1 万千瓦。全州新能源汽车保有量 1401 辆，累计充电枪 767 个，建成充电站 9 座。全州共计 20 家机动车检测站建成 61 条环检线，检测机动车 232532 辆，合格 208064 辆，合格率 89.48%。开展建筑施工扬尘专项整治，楚雄市道路清扫保洁面积 675.17 万平方米。淘汰国Ⅲ及以下柴油货车 2025 辆，超额完成省下达的淘汰目标。全州 10 县市建成了环境空气自动监测站。2020 年度，全州二氧化硫、氮氧化物排放总量较 2019 年度分别减少 1073 吨、876 吨，二氧化硫、氮氧化物排放总量分别为 22581 吨、10116 吨，如期完成"十三五"减排目标和 2020 年度减排目标任务。楚雄州政府所在地楚雄市环境空气优良率 100%，$PM_{2.5}$ 年均值 18 微克/立方米，全面完成年度环境质量目标。

【水环境约束性指标】 2020 年，全州化学需氧量、氨氮排放量分别为 18813.4 吨、2403.74 吨，其中，化学需氧量和氨氮减排量分别为 1152.694 吨、170.03 吨。与 2019 年相比，化学需氧量和氨氮减排比例分别为 3.99%、4.94%，完成省下达年度目标。与 2015 年相比，化学需氧量和氨氮累计减排比例分别为 27.73%、24.37%，超额完成"十三五"期间总量控制目标。全州重点工程化学需氧量和氨氮减排量分别为 738.18 吨、122.96 吨，较 2015 年累计重点工程化学需氧量和氨氮减排量分别为 5814.32 吨、714.63 吨。2020 年，楚雄州生活源主要水污染物化学需氧量

和氨氮新增排放量分别为370.12吨、45.03吨。2020年，楚雄州纳入国家省级"水十条"考核地表水优良（达到或优于Ⅲ类）水体比例66.7%，楚雄市西观桥断面水质达到Ⅳ类，已阶段性脱劣，劣Ⅴ类水体比例为0，完成省下达目标。

【打好以长江为重点的两大水系保护修复攻坚战】 2020年，楚雄州深入实施以长江为重点的两大水系保护修复攻坚战，制定实施《楚雄州河湖长制交办督办工作规程（试行）》等一批制度，完成1000平方千米以下219条（段）河流管理范围的划定工作，治理水土流失面积499平方千米，占省下达任务的124.65%。完成7个水库风景区和4条河道景观带州级美丽河湖评定工作。持续开展清河行动、河湖"清四乱"等16项专项行动，68个"四乱"问题和127个河道非法采砂问题已全部完成整改。全州各级河湖长共巡河7.57万次、州级河湖长共巡河46次。设置补偿考核点位13个，全面完成2018年、2019年金沙江流域横向生态补偿考核清算补偿工作。加快污水处理厂建设，楚雄市第一、二污水厂已经完成提标改造和新增6万吨/日处理能力工程建设。全面完成37个入河排污口规范设置管理工作。新建12个水质自动监测站点完成监测仪器比对验收监测和联网工作。编制完成"十四五"水生态保护规划要点。

【打好水源地保护攻坚战】 2020年，楚雄州25个县级以上饮用水水源地水质达标率为100%，完成85个乡镇级和12个"千吨万人"饮用水水源地保护区划定工作。实施姚安县大麦地水库、双柏县李方村、月牙埂水库等饮用水水源地规范化建设。争取补助资金2.75亿元，实施5个饮用水供水保障项目，城镇供水普及率达98.03%。定期公布饮用水源水质信息，保障公众知情权。推进农村饮水安全巩固提升特别是脱贫攻坚村饮水保障工作，重点围绕12个"千吨万人"饮用水水源地保护区内环境问题进行排查整治。实施从源头到水龙头的全过程控制，加强水源水、出厂水、末梢水的全过程管理。

【打好城市黑臭水体攻坚战】 2020年，楚雄州全面开展城市黑臭水体排查，全州无城市黑臭水体。加强控源截污，加快县城生活污水收集处理系统"提质增效"，推进农村生活污水治理，推动城镇污水管网向周边村庄延伸覆盖。加强内源治理，科学实施清淤疏浚，加强水体及其岸线的垃圾治理，防止水体受到污染。强化生态修复，落实海绵城市建设理念，从源头解决雨污管道混接问题，减少径流污染。

【打好农业农村污染治理攻坚战】 2020年，楚雄州大力发展节水农业，新增节水灌溉面积6.21万亩，年节约水量1429.64万立方米。全面完成粮食生产功能区和重要农产品保护区245万亩的划定工作。完成禁养区限养区的划定和禁养区内养殖场户关闭或搬迁，全州主要河流和水库无网箱养殖户。州、县两级成立政府主要领导任组长的金沙江禁捕工作领导小组，全面开展金沙江禁渔专项行动。加大生活垃圾治理力度，所有自然村实现垃圾收费和保洁员全覆盖，农村生活垃圾有效治理率达到100%。梯次推进农村生活污水治理，编制完成10个县市农村生活污水治理专项规划，共建成乡镇污水处理设施96座，污水处理厂（站）44个，建设污水管网701.32千米，69个乡镇实现生活污水有效治理，生活污水处理设施平均覆盖率为74.19%。全州化肥施用量14.83万吨，比上年下降4.59%；农药使用总量2259.21吨，比上年减少1.11%，农田残膜回收率达83.64%，农作物秸秆综合利用率达89.62%。累计创建畜禽标准化示范场国家级6个、省级27个，组织申报部级示范场1个、省级示范场4个，粪污综合利用率达90.66%，规模养殖粪污处理设施装备配套率达98.46%，大型规模养殖场粪污处理设施装备配套率达100%。深入推进"厕所革命"，全州93个乡镇镇区建成二类公厕295座，883个建制村所在地建成三类公厕1132座，乡镇镇区公厕提升改造322座，实现乡镇和建制村公厕全覆盖。

【打好生态修复攻坚战】 2020年，楚雄州严格水域岸线用途管制，实施河道绿化和景观绿带 44.89 千米，完成江河流域和库坝周边退耕还林等绿化面积 4197.7 亩，实施闸坝改造 3 道、堤防生态环境提升等工程建设 51.39 千米，金沙江、元江流域 797250 万亩全部纳入森林管护。2020年，省对州（市）森林和草原防灭火目标责任制考核为"优秀"等次，全省排名第 1 位。扎实开展林草有害生物防治，无公害防治面积 28.8409万亩，无公害防治率达 96.25%。加强湿地保护恢复，全州湿地保护率为 74.28%。对金沙江、礼社江、龙川江干热河谷及全州中高山石漠化区的 7县市开展石漠化综合治理。全州共完成营造林 72万亩、森林管护面积 3341.23 万亩、新一轮退耕还林任务 3.43 万亩、陡坡地生态治理 1.3 万亩、绿色廊道建设面积 10485.9 亩，105 个行政村被认定为省级森林乡村。完成了 122 株一级古树、667株二级古树、3081 株三级古树挂牌保护工作。加强生物多样性保护，投入资金 180 万元，持续推进黑冠长臂猿、绿孔雀、苏铁等珍稀濒危野生动植物及极小种群物种监测，推进绿孔雀栖息地保护恢复项目的实施。加强新型冠状病毒感染疫情防控期间野生动物管控，共退出禁食野生动物养殖场所 64 家，处置人工养殖禁食野生动物 17411头（只、条），共补偿资金 1024.62 万元，禁食野生动物退出处置和资金兑现率均达 100%。办理野生动物案件 421 件。

【打好固体废物污染治理攻坚战】 2020 年，楚雄州认真开展固体废物排查整治，8 个固体废物堆存场所问题已完成整治销号，长江经济带固体废物大排查发现问题 11 项已整改完毕，一般工业固体废物综合利用率达到 74% 以上。加快推进重金属污染治理，完成双柏县鑫鑫工贸有限责任公司 1 号、2 号堆场整治工作，牟定县铬污染土壤修复三期、四期项目主体工程已完工，牟定郝家河农用地修复治理项目已完工，牟定县镉渣项目已完成总验收，全州重金属减排量全面完成目标任务。加强重金属污染防控，对 50 家企业开展危险废物规范化管理检查考核。强化尾矿库环境风险管控，69 座尾矿库已全部完成风险评估、应急预案备案、污染防治方案编制和污染治理。加快推进固体废物减量化资源化和综合利用，积极推动

估算总投资 43.5 亿元的 24 个基地规划新建项目落地牟定县"大宗固体废弃物综合利用基地"，落地项目 2 个。加强固体废物集中处置能力建设，投入 344 万元支持楚雄亚太医疗废物处置有限公司二期改扩建项目，医疗废物集中处置率达99.84%；城市生活垃圾无害化处理率为 100%，农村生活垃圾有效治理率达到 100%；牟定县建筑垃圾消纳场建设工程、姚安县智慧城乡环卫一体化 PPP 项目、大姚县建筑垃圾填埋场建设项目正在开展前期工作；估算总投资 3 亿元的 2 个生活垃圾焚烧发电厂建设项目规划新增垃圾焚烧处理能力 600 吨/日；楚雄市日处理 150 吨餐厨垃圾处理厂项目已经完成前期工作。

【打好柴油货车污染治理攻坚战】 2020 年，楚雄州加快老旧车辆淘汰和深度治理，全州已淘汰国Ⅲ及以下柴油货车 2025 辆，完成下达任务的117%。全面加强机动车尾气排放管工作，建成 20家 61 条机动车尾气排放检测线，检测车辆21.3763 万辆，合格率 82.11%；建成机动车尾气治理维护站 18 户，治理维护车辆 13270 辆。加快非道路移动机械摸底调查和编码工作，登记非道路移动机械 225 台。加快推进机动车尾气排放遥感监测项目建设，建成 1 套机动车黑烟抓拍系统和 1 套机动车遥感监测系统并投入运行，共抓拍黑烟排放车辆 823 辆。推进重点行业挥发性有机物治理工作，挥发性有机物空气自动监测站已建成投运。加快新能源清洁能源基础设施建设，累计建成充电站 9 座，充电桩（枪）747 个。加快新能源和清洁能源车辆推广应用力度，共投放新能源和清洁能源公交车、出租车 1514 辆。全面供应符合国Ⅵ标准的车用汽柴油，推广使用国Ⅵ油品 71.75 万吨，同比增长 2.35%；开展车用汽、柴油抽检，合格率为 97.9%。

【打好土壤污染防治攻坚战】 2020 年，楚雄州土壤污染防治目标是受污染耕地安全利用类面积 5.851 万亩，严格管控类面积 0.431 万亩，共计 6.282 万亩。先后研究制定《楚雄州土壤污染防治工作方案》《楚雄州打好土壤污染防治攻坚战行动计划》《楚雄州净土安居专项行动计划

（2017—2020）》《楚雄州固体废物污染防治攻坚战作战方案》等文件，与各县市政府签订《土壤污染防治目标责任书》，深入开展土壤污染防治攻坚战，实现了全州 58509 亩安全利用类受污染耕地、4310 亩严格管控类受污染耕地措施全覆盖，全面完成省下达的受污染耕地安全利用率指标，污染地块准入管理机制基本形成，污染地块安全利用率达到 100%，全州土壤环境风险得到基本管控，土壤环境质量总体稳定。全州建立污染地块 1 个、疑似污染地块 6 个，已开展环境调查等相关工作，并将调查报告按时上传全国污染地块土壤环境管理信息系统并向社会公开，疑似污染地块及污染地块均未再开发利用，区域内无获得建设工程规划许可证的疑似污染地块和污染地块。顺利完成农用地土壤状况详查，划定详查单元 147 个，核实农用地详查点位 1226 个，完成楚雄州境内 1226 个详查点位的样品采集和流转工作。圆满完成重点行业企业用地信息采集企业地块 219 个、重点行业企业用地初步采样 11 个，上传借力地块 3 个，工作任务完成率 100%。重金属净削减量为 961.402 千克，削减率为 14.04%，超额完成《楚雄州土壤污染防治目标责任书》重金属削减 12% 的考核目标任务。

【构建生态环境保护经济政策体系】 2020 年，楚雄州围绕全州 2020 年生态环保投资增长 10% 以上的工作目标，加快推进项目实施，完成固定资产投资 8.35 亿元，完成全年目标任务的 245%。全面谋划生态环保项目，认真梳理归并 "十四五" 金沙江流域水污染防治重大项目 1 个，总投资 16.6 亿元。组织全州 10 县市纳入 "十四五" 生态环境保护规划项目总计 301 个，总投资 311.02 亿元。全年争取环保专项资金 8690 万元，省财政下达生态功能区转移支付 34931 万元，筹措投入各级财政生态环保专项资金 7.11 亿元。完成了纳入 2018 年、2019 年度金沙江流域横向生态补偿断面的考核工作，考核清算补偿资金分别为 13517 万元、6485 万元。全州 10 县市全面实行阶梯水价制度，污水处理费已纳入水价中一并收取，全面完成农业水价综合改革。认真落实绿色信贷、绿色债券、环境污染强制责任保险等政策制度，

财政部 PPP 综合信息平台管理库中楚雄州共有生态环境和保护项目 12 个，投资总额 629347.8 万元，累计到位资金 65748.00 万元。州级财政项目支出预算中安排 850 万元工作经费用于支持州、县市生态环境局通过购买服务等方式开展生态环境监督、治理和保护等工作。

【构建生态环境保护法治体系】 2020 年，楚雄州委州政府和 10 县市党委政府均已成立了生态环境保护委员会，州人大常委会颁布实施《楚雄彝族自治州乡村清洁条例》。规范权责清单，对州级生态环境权责清单进行清理，保留州级生态环境行政职权 6 类 175 项，其中，行政许可 5 项、行政处罚 150 项、行政强制 8 项、行政检查 8 项、其他行政职权 4 项。深化综合行政执法改革，印发实施《楚雄州深化生态环境保护综合行政执法改革实施方案》《楚雄州生态环境综合执法队伍改革方案》，全州综合行政执法队伍增加参公管理编制 23 名，对空编岗位进行了公开选调工作，完成了各分局财务审计、上划人员档案移交等工作。扎实推进生态环境损害赔偿制度改革，邀请省级专家对全州 10 县市及相关单位 325 人次进行了生态环境损害制度改革工作培训，确定楚雄矿冶有限公司牟定郝家河铜矿和楚雄市陡石崖石场作为全州开展生态环境损害赔偿制度改革工作推进实施的第一批 2 个案例，《云南楚雄矿冶有限公司牟定郝家河铜矿矿井涌水生态环境损害案件鉴定评估报告》完成现场调研、收资和报告编制初稿，在完成鉴定评估报告后组织磋商。

【构建生态环境保护社会行动体系】 2020 年，楚雄州印发了《2020 年公共机构节能和生态环境保护工作要点》《楚雄州州级党政机关公务用车油耗定额标准（试行）》等文件，督促各党政机关带头使用节能环保产品。在《楚雄日报》、楚雄州广播电台、楚雄州电视台、云南楚雄网等州级媒体设立专栏，及时发布年度环境质量状况公报和生态环境信息。全年州本级公开生态环境相关政府文件 6 件，解读政策文件 6 件次，回应群众诉求 10 件次，"12369" 信访举报热线 210 件次，受理依申请公开 3 件。开展网上调查 2 场次，

公开生态环境专项督查信息 8 条，公开人大代表建议、政协提案 2 件，公开行政执法信息 5 条，主动公开政府生态环境信息 326 条。组织州、市两级生态文明体制改革专项小组成员单位和"绿色学校"、"绿色社区"、环境教育基地、重点企业等 60 家单位 165 名工作人员，在楚雄市桃源湖广场集中开展 2020 年 "6·5" 环境日集中宣传活动，发放宣传资料 25000 册、环保购物袋 30000 个、开展政策业务咨询 150 人次。统筹协调州生态环境局官方网站，新媒体微博、微信宣传平台管理运营，发布网站信息 423 条，通过微博平台发布信息 2822 条，微信平台发布信息 1634 条。

【改革完善环评审批服务体系】 2020 年，楚雄州强化环境质量管理，深化生态环境"放管服"改革。下放审批权限，明确州县审批权限，编制建设项目环境影响报告表的项目全部下放县市分局审批，州级仅保留环境影响较大需编制环境影响报告书项目的审批。减少审批报件，建设项目环评审批报件由原来的报告书（表）、行政许可申请书、技术评估意见、下级部门审查意见和"三同时"承诺书 5 个报件压缩后仅保留行政许可申请和环评报告书（表）2 个报件。压缩审批时限，承诺在收到环境影响报告书及申请后 30 个工作日内做出审批决定，办理时间由国家规定的 60 天，压缩至 30 天；收到环境影响报告表及申请后，由国家规定的 30 天压缩至 15 天内作出审批决定。开展环评告知承诺制改革试点，对生猪养殖项目实行环评告知承诺制试点，以告知承诺方式实施审批。全年共审批建设项目环评 224 个，登记备案建设项目环评 1522 个，项目总投资 1043.17 亿元，其中，环保投资 31.96 亿元。核发辐射安全许可证 34 个，核发排污许可证 494 个，固定污染源排污登记 2975 家，全面落实企业治污责任和"一证式"管理。核发危险废物经营许可证 1 个，受理生猪养殖项目 13 个。

【推动形成绿色发展方式和生活方式】 2020 年，楚雄州统筹布局生产空间、生活空间和生态空间，编制长江经济带"三线一单"，划定生态保护红线面积 7444.76 平方千米，划分生态环境管控单元 94 个。持续推动加快产业绿色转型升级，继续加大淘汰和化解落后过剩产能力度，全面开展钢铁、水泥、电解铝、平板玻璃等项目摸底排查公示，关闭煤矿矿井 2 对，退出产能 8 万吨。大力推进节能环保产业发展，加快发展清洁能源和新能源建设，建成投产新能源项目 37 项，总装机 207.2 万千瓦，已建成的风电和太阳能发电项目在规模上均位于全省前列。严格用水总量控制，强化取水日常监管，全州用水总量 9.87 亿立方米，万元工业增加值用水量 27.9 立方米，工业企业重复用水率达 95% 以上，楚雄市第一污水处理厂免费提供回用水约 27.4 万吨。全州共建设节水型示范县 7 个，节水型企业 79 个，节水型学校 47 个，节水型小区 72 个，州、县机关建成节水型单位比例分别达到 90%、65%。推进绿色制造体系建设，建成国家级"绿色园区"1 个、国家级"绿色工厂"6 个、绿色供应链管理示范企业 3 个，9 个绿色设计产品已入选国家绿色制造名单。深入推进绿色创建活动，全州受国家级表彰"绿色学校"2 所，累计创建省级"绿色学校"111 所、省级"绿色社区"25 个、省级环境教育基地 11 个、省级森林乡村 105 个、州级"绿色学校"300 所、"绿色社区"9 个、环境教育基地 8 个。

【推进生态文明建设示范创建】 2020 年，楚雄州加大生态文明建设投入力度，先后投入污染防治、城乡环境综合治理、生态环境保护建设等财政资金 33.83 亿元，加强生态细胞工程建设，全州 10 个县市全面启动省级生态文明县市创建工作，楚雄、双柏、牟定、南华、姚安、大姚、永仁、元谋、武定 9 个县市通过省级验收待命名，全州 103 个乡镇中有 101 个创建省级生态乡镇获得命名或通过公示，创建州级生态村 227 个。全州创建国家卫生县城 3 个、国家卫生乡镇 3 个、省级卫生城市 1 个，大姚县被命名为"云南省美丽县城"，楚雄市紫溪彝村等 3 个村被授予"全国生态文化村"称号。2020 年 10 月 9 日，生态环境部发布 2020 年第 40 号和第 41 号公告，授予楚雄彝族自治州为第四批"国家生态文明示范市县"称号；命名楚雄彝族自治州大姚县为第四批"绿水青山就是金山银山"实践创新基地。

【全面完成生态环境监测任务】 2020年，楚雄州根据《云南省生态环境厅驻州（市）生态环境监测站上划接收工作实施方案》的通知要求，坚持机构改革上划与环境监测业务工作两不误，制定印发《2020年楚雄州生态环境监测工作方案》，采用国家总站、省监测中心站、省厅驻楚雄州站、县站4级联合协作的方式，共同完成监测工作任务。加强空气质量监测，楚雄州内共有2个国控、9个省控环境空气自动监测站运行正常，委托第三方运维，监测仪器设备每天24小时连续自动监测，并实时上传数据，全年共获取环境空气质量日均值监测数据23000余个。酸雨监测频次为"逢雨必测"，全年楚雄市城区共计监测降水45场次，获取监测数据540余个。楚雄州共有采测分离监测断面16个，其中包括"十三五"国考断面6个，"十四五"新增国控断面10个，监测频次为每月一次，共完成采测分离监测工单181个，分析样品4667余个，共获取监测数据7500余个。全州现有集中式饮用水水源地25个，其中、州（市）级城市集中式饮用水水源地3个，县级城镇集中式饮用水水源地22个，监测频次为州（市）级每月一次，县级每季度一次，共获取水源地监测数据8600余个。

【切实加强生态环境监管执法】 2020年，深化生态环境机构"三项改革"工作，全州综合行政执法队伍增加参公管理编制23名，对空编岗位进行了公开选调工作，完成了各分局财务审计、上划人员档案移交等工作。开展打击固体废物环境违法专项行动，国家交办楚雄州56个疑似点位中有7个问题点位，全州自查发现问题点位3个，已全部整改完成。开展三磷专项排查行动，楚雄州"三磷"企业共计6家，存在问题企业2家，已经整改完成通过州县验收。联合楚雄州公安局、州人民检察院开展严厉打击危险废物环境违法犯罪行为专项行动，摸排线索12条，涉嫌环境犯罪移交公安机关立案侦查案件1件。严格落实"双随机、一公开"执法检查，数据库内录入楚雄州执法人员81名、重点排污单位73家、一般排污单位216家，全年通过"双随机"方式累计抽查一般排污单位550家次、重点排污单位327家次、特殊监管对象104家次、其他执法事项监管322家次，信息公开数量为1303家次。全年共办理行政处罚案件38件，罚没款数额350.62万元，当年已执行案件30件，结案26件。全州共受理环境信访264件，办结241件，按时序正在办理中23件。积极参加国家、省组织的蓝天保卫战专项帮扶、检查、督察工作，全州共参加蓝天保卫战专项帮扶工作2批次共6人，均到山东菏泽开展蓝天保卫战重点帮扶工作。

【圆满完成第二次全国污染源普查】 2020年，楚雄州根据《全国污染源普查条例》和《关于开展第二次全国污染源普查的通知》（国发〔2016〕59号）要求，如期完成第二次全国污染源普查任务。各类普查对象数量：2017年末，全州普查对象数量4424个（不含移动源），包括工业源2680个，畜禽规模养殖场519个，生活源1170个，集中式污染治理设施44个；以行政区为单位的普查对象数量11个。污染物排放量：2017年，全州水污染物排放量化学需氧量44172.08吨，氨氮1608.14吨，总氮5560.90吨，总磷549.25吨，动植物油1173.22吨，石油类3.59吨，挥发酚3千克，氰化物5.74千克，重金属（铅、汞、镉、铬和类金属砷）32.84千克。2017年，全州大气污染物排放量二氧化硫10237.3吨，氮氧化物18818.12吨，颗粒物22622.47吨。本次普查对部分行业和领域挥发性有机物进行了尝试性调查，排放量9946.84吨。

生态环境局主要领导干部
莫绍周　党组书记
曹　波　局长
马国伟　党组成员、副局长
黄丕刚　党组成员、副局长
施燕梅　党组成员、副局长

（撰稿：鲁爱昌）

【楚雄市】 楚雄州生态环境局楚雄市分局坚定贯彻习近平生态文明思想，切实履行生态文明建设和生态环境保护政治责任，攻坚克难，全力推进生态环境各项工作取得较好成效。污染防治攻坚战取得阶段性胜利，龙川江西观桥断面水体

221

稳定在Ⅳ类，生态文明创建取得明显成效，环境监督管理更加严格高效，生态环境保护督察反馈问题整改严格落实，实现了"十三五"圆满收官。

城区环境空气质量状况。2020年，楚雄市城区环境空气质量监测有效天数为366天，其中，"优"为264天，"良"为102天，空气质量优良率为100%。

集中式饮用水水源地质量状况。2020年，九龙甸水库和西静河水库水质类别为Ⅱ类，达到Ⅱ类水环境功能类别要求，水质状况为优；团山水库水质类别为Ⅲ类，达到Ⅲ类水环境功能类别的要求，水质状况为良好。楚雄市城市集中式饮用水水源地水质优良率和达标率均为100%。

地表水质量状况。2020年，龙川江西观桥监测断面水质类别为Ⅳ类，水质状况为轻度污染，符合Ⅳ类水环境功能区划要求；青山嘴水库水质类别为Ⅲ类，水质状况为良好，符合《云南省楚雄彝族自治州青山嘴水库管理条例》中Ⅲ类水质目标要求和Ⅳ类水环境功能区划要求；尹家嘴水库水质类别为Ⅳ类，水质状况为轻度污染，未达到Ⅲ类水环境功能区划要求，主要污染指标为化学需氧量和总氮。

城区酸雨质量状况。楚雄市城区酸雨监测共设监测点位1个，为楚雄州环境监测站实验楼顶，监测方式为每天上午9时到第二天上午9时为一个采样监测周期，"逢雨必测"。2020年，楚雄市城区共计监测降水45场次，降水pH范围为5.01~6.96，仅2月出现酸雨2场次，酸雨频率为4.4%。

声环境质量状况。2020年，楚雄市区域环境噪声昼间平均等效声级为48.4分贝，城市区域声环境质量等级为一级（好）；道路交通声环境监测点位27个，昼间平均等效声级为64.5分贝，噪声强度等级均达到一级标准（好）。

打好污染防治攻坚战。全力打好蓝天、碧水、净土"三大保卫战"和饮用水水源地保护等"7个标志性战役"。划定中心城区高污染燃料禁燃区，全面淘汰工业、生活燃煤锅炉，建成机动车排放联网检测监管平台，整治"散乱污"企业，加油站双层罐防渗改造，滇中有色等企业大气污染源保持达标排放；全力推进龙川江水环境综合治理，完成城区排水口整治，龙川江干流哨湾段、鱼坝生态湿地恢复工程投入运行。加强农业面源污染防治，完成禁限养区内规模化畜禽养殖场的关闭和搬迁。加强饮用水水源地保护，完成乡镇饮用水水源地保护区划定。加强土壤污染防治，配合省、州开展土壤污染状况详查，开展长江经济带固体废物大排查专项行动，加强医疗废物监管及处置。做好生活垃圾无害化资源化处理工作。2020年10月28日，省生态环境厅、省财政厅公布2019年度云南省县域生态环境质量监测评价与考核结果，楚雄市首次被评价为轻微变好。

全力打赢蓝天保卫战。认真落实大气污染物减排指标，确保城市环境空气质量优良率达到州政府下达的考核任务。一是巩固"散乱污"企业整治成效。二是推进工业窑炉综合治理工作。三是加强施工扬尘监管，严格管控渣土运输车辆。四是加快汽车尾气综合整治。6家机动车检测机构将尾气检测纳入了联网监管平台，检测机动车尾气92076辆，合格率91.75%。五是实施大气污染联防联控。针对每年楚雄市建成区轻度及以上污染天气出现的时间主要集中在3—5月及11—12月的实际情况，市生态文明建设及污染防治攻坚工作领导小组下发了《关于加强春季大气污染综合防治的通知》，协调乡镇和各职能部门重点防控、精准防控。

深入推进碧水攻坚战。围绕龙川江水体功能达标，制定了《楚雄市2020年龙川江西观桥断面水体达标工作实施方案》，按月对水环境治理进行调度研判和分析预警，挂图作战。一是加强城市污水处理设施运行监管。2020年，楚雄市第一、第二污水厂共处理城市污水4769.81万吨，日均处理污水13.02万吨，化学除磷设施稳定运行，尽最大努力削减污水厂入河污染物。二是开展生态修复。川江哨湾湿地、渔坝湿地恢复工程稳定运行，生态湿地生态环境效益明显发挥。三是加强农村环境保护，推进农业面源污染防治。楚雄市畜禽养殖禁养区共划定面积224.41平方千米，其中划定饮用水水源地保护区禁养区3个、乡镇中心集镇主要饮用水水源地14个、自然保护区禁养区2个、风景名胜区1个、城镇居民区禁养区15个，以及青山嘴水库禁养区。划定禁养区依据充分，划分中严格执行禁养区划分技术规范，楚雄市无超出法律法规禁养规定超划的禁养区。启动了农村生活污水治理专项规划编制工作，完成了农村黑臭水体、农村现有污水处理设施状况以及治理需求调查。组织 15 个乡镇开展农村水环境治理工作业务培训 2 次。全市纳入农村生活污水治理考核的 2525 个自然村，完成治理 2042 个（其中，污水得到有效管控 1833 个），治理率为 80.87%（生活污水有效管控率 72.59%）。四是实施工业污染源全面达标排放计划。以改善环境质量为核心，充分发挥环境标准引领企业升级改造和倒逼产业结构调整的作用。加大水环境监管执法力度。2020 年，西观桥水质综合类别为 IV 类，达到水功能区划要求。五是完成了乡镇饮用水水源地保护区划定工作。3 个农村"千吨万人"乡镇饮用水水源地和 9 个乡镇水源地环境区划方案已获得省生态环境厅批复。六是加强水污染物排放的监督管理。

持续打好净土持久战。一是开展工业企业污染地块调查。完成了 7 家重点行业用地土壤污染状况调查企业地块基础信息确认，滇中有色公司用地采样方案已完成审核。有效防止污染地块土壤或地下水污染物扩散，保护地块周边环境保护敏感目标，降低危害风险。二是加强对重点土壤污染防治企业管理。楚雄滇中有色实施了重金属减排项目，合计削减铅、砷、汞排放 986.7 千克，为"十四五"涉重企业发展拓展了总量空间。三是完成尾矿库生态环境安全评估工作。

国家生态文明建设示范市创建。为贯彻落实省委、省政府关于加快推进生态文明建设的决策部署，充分发挥生态文明建设示范区的示范引领作用，2020 年，楚雄市成功创建省级生态文明市。2020 年 4 月，楚雄市成立了国家生态文明建设示范市创建工作领导小组，争取到国家生态文明建设示范市创建工作经费 50 万元。全市已创建省级以上生态文明乡镇 15 个，其中，国家级 3 个、省级 12 个，创建州级生态村 154 个，生态文明乡镇、州级生态村创建率分别达 100%；9 月国家生态文明建设示范市创建启动，编制完成《国家生态文明建设示范市规划》，国家生态文明建设示范市专题片拍摄工作有序推进。

环境管理。严格执行新环评分类管理名录，积极服务"六稳""六保"，纳入环评管理项目大幅减少，完成建设项目环评审批文件 41 件、备案 605 件，企业自主环保竣工验收 54 家。规范排污单位自行监测，加快排污许可管理制度全面执行，按时完成所有固定污染源排污许可登记及发证工作。严格生态环境风险防控，完成突发环境事件应急预案备案 26 家，全年未发生重特大突发环境事件；加强对纳入辐射监管系统的 52 家单位的监管，完成楚雄市核安全与放射性污染防治"十三五"规划及 2025 年远景目标实施方案提出的 112 条问题的整改。

环保督察等反馈问题整改。2016 年以来，中央环保督察、省环保督察等 7 项督察共反馈、交办楚雄市整改问题共 118 项，已完成整改 117 项，整改完成率 99.15%。

环境执法。一是强化现场检查。2020 年，依法开展现场检查 150 家次，出动检查人员约 350 人次。二是及时办理环境信访、投诉件 123 件。三是开展 2021 年国家统一考试期间环境噪声整治的护考工作。四是规范环境行政行为。下发责令限期整改通知书 6 份，现已完成整改 6 份，约谈存在问题的 7 家企业负责人。立案查处环境违法行为 3 件，罚没金额 26.72 万元。五是提升依法治理工作水平。进一步调整充实依法治市领导小组，制订印发《依法治市工作计划》，并将环境执法案件集体讨论决策纳入作为局领导班子重要议事日程，明确给予环境执法经费保障，继续续聘法律顾问，发挥法律顾问在环境执法过程中的监督作用，进一步提升了全局环境行政处罚的决策水平。开展 3 名环境保护行政执法证件到期换证和 5 名新申请行政执法证工作，严格做到持证上岗执法。

宣传教育。2020 年印发了《楚雄州生态环境局楚雄市分局关于开展 2020 年度环保主题宣传工作的通知》，确定考核对象、数量和要求，明确将考核结果纳入作为年终综合绩效的依据。组织全市有关单位、重点企业征订《中国环境报》。组织开展了以纪念"5·22"国际生物多样性日、"6·5"世界环境日和全国低碳日宣传咨询服务活动。宣传活动期间，全市共发放各类宣传单 10 余万份，环保手册5万余本、环保袋4000余个，展出宣传展板800余块，悬挂标语条幅300余条，现场接待群众咨询生态环境问题200余人次，10万余人受到教育，营造了深厚的舆论氛围。开展环境普法宣传，累计咨询解答生态环境类问题1300次，10万余人受到普法教育，群众的环境法律意识得到进一步提高。按照省州绿色创建工作领导小组关于申报创建省级绿色单位的有关要求，楚雄市三街镇蚂蟥箐完小、楚雄市子午镇旧关明德小学、楚雄市北路幼儿园3所申报创建省级"绿色学校"和鹿城镇灵秀社区申报创建省级"绿色社区"通过省生态环境厅组织专家评估验收命名。截至2020年，全市共创建国家级"绿色学校"2所、省级"绿色学校"32所、省级"绿色社区"5个、省级环境教育基地1个；州级"绿色学校"105所，"绿色社区"2个，环境教育基地1个；市级环境教育基地1个。

建议提案办理。2020年，楚雄州生态环境局楚雄市分局承办市人大九届四次会议提案3件，协办市人大九届四次会议提案2件；共承办州政协十届四次会议提案1件、市政协九届四次会议提案2件，协办市政协九届四次会议提案5件。

生态环境分局主要领导干部

姚光彩　局党组书记、局长

殷建华　副局长

何晓岚　局党组成员、副局长

鲁爱昌　副局长

徐　宇　局党组成员、副局长

陶豫萍　局党组成员、副局长

（撰稿：李　丹）

【双柏县】　2020年，楚雄州生态环境局双柏分局在县委、县政府和州生态环境局的正确领导下，坚持以习近平生态文明思想为指导，认真贯彻落实全国、全省、全州及全县生态环境保护大会精神，以生态环境质量改善为主线，认真抓好污染防治攻坚战、环保督察反馈意见问题整改、机构改革等各项生态环境保护工作，取得了较好成效。

污染防治。2020年度，全面完成双柏县3家企业4台10蒸吨/时及以下燃煤锅炉淘汰工作；认真配合交通等部门开展老旧柴油货车淘汰工作，完成了38台非道路移动机械的信息录入及编码登记。全面完成2020年度县、乡两级饮用水水源地基础现状调查和环境保护状况评估、新增县级饮用水水源地及6个乡镇级饮用水水源地的保护区划定及报批、入河排污口移交以及全县2个入河排污口报批等工作完成企业自行监测方案审核6家、信息录入6家。组织对行政辖区范围内的农村黑臭水体开展排查，完成《双柏县农村污水治理专项规划》编制并认真抓好农村生活污水治理工作的推进，经过努力，截至2020年末，双柏县已累计实施农村环境综合整治项目21个，56个自然村建设了生活污水集中和分散处理设施，396个自然村污水得到有效管控，生活污水乱泼乱倒减少率由2019年底的12.45%降至2.51%。进一步加大固体废物产生、收运、贮存、利用和处置的监管，全县生态环境质量持续保持稳定。

疫情防控。抓疫情日常防控，及时组建疫情防控领导工作组，筑牢政治责任和工作责任；强化医疗废物处置监管，加强日常监督管理；强化工作落实，做好防控细节，全力做好单位内部、责任包保区域疫情防控。以"六稳"促"六保"。全力完成固定资产投资任务，围绕"六稳""六保"工作，着力优化营商环境，开辟环评审批"绿色通道"，优化审批流程，缩短审批时限，共审批建设项目13个，总投资5.15亿元；备案项目81个，总投资25.79亿元。

生态创建。巩固提升省级生态文明创建成果，积极争创国家生态文明建设示范县，双柏县2019年和2020年均被列入生态环境部国家生态文明建设示范县创建备选名单，并通过省级技术核查。2020年度完成38个州级生态文明村（社区）申报工作，9月21日通过州级现场核查，全县85个村（居）委会均已完成创建州级生态文明村（社区）工作。深入推进生态文明体制改革各项工作，及时谋划改革要点、议题计划，定期召开会议研究部署生态文明体制改革工作，完善生态文明体制改革台账和督促相关单位制定出台相关改革文件。

执法监管。2020年，共开展企业检查70余家次，下达限期整改通知书20份，下达责令改正违法行为决定书 4 份。加大信访矛盾纠纷排查调处力度，共受理环境信访举报投诉 34 件，已办结 34 件。全面落实"双随机、一公开"环境执法制度。对 1 起环境违法行为进行立案查处，罚款 3 万元。全县高质量、高标准完成排污许可证核发任务，发证 23 户，企业排污许可登记、发证全覆盖。

环保督察。紧盯党中央、国务院和省委、省政府交办的各类环保问题整改不放松，2016 年以来，党中央、国务院和省委、省政府先后组织开展了中央第一轮环保督察，省委、省政府环保督察，长江经济带生态环境保护审计，水源地保护专项行动、中央环保督察"回头看"，长江经济带生态环境自查问题，省委、省政府生态环境保护督察"回头看"及固体废物专项督察 8 个环保专项督察审计，截至统计时，双柏县涉及反馈生态环境保护问题 84 个，已整改完成 83 个，正按时序进度推进整改 1 个，整改完成率为 98.81%。

宣传教育。利用文化科技卫生"三下乡""6·5"环境日宣传等活动，加大生态文明知识、政策和法律法规宣传，累计发放宣传图册 2000 余册，悬挂县城内标语、展板共 120 块，编发生态环境保护信息 56 条，其中，楚雄日报采用 9 条，双柏信息采用 9 条，政务信息采用 8 条。

环境监测。扎实做好例行监测任务，认真做好季度饮用水水源地、地表水、农村环境质量试点、城区声环境质量监测和重点污染源监督性监测工作；努力提升环境监测能力，2020 年，共完成 6 人 34 个项次持证考核；完成 8 个项目扩项认证工作和 1 个项目方法变更工作，截至 2020 年，双柏站共具备 3 类 59 个项次监测分析能力。2020 年度，每月对省控地表水断面元江口开展 30 个项目常规监测 1 次，完成绿汁江流域双柏段沿岸入水口特征污染物加密监测 5 次。对布设的 7 个声功能区噪声点位开展监测 1 次，完成污染投诉纠纷监测工作 1 次。

信息公开。2020 年，楚雄州生态环境局双柏分局按照环境信息公开工作的相关要求，依法在"双柏县人民政府门户网站"上公开发布各类环境保护类信息 53 条，其中，公开发布工作动态信息 10 条、公开环境保护信息 27 条、公开财政审计报告 1 条，公开行政执法信息 11 条，公开其他信息

4 条。

脱贫攻坚。按照县委、政府的要求和安排，选派出驻村工作队员 2 名驻村开展脱贫攻坚工作，持续做好所联系的尹代箐村委会下辖 8 个村民小组 124 户贫困户 416 人、麻栗树 18 个村民小组 129 户贫困户 424 人的扶贫帮困工作，抓好脱贫帮扶措施的落实，改善村民的基础设施建设，增加贫困人群家庭收入，确保联系村及所有建档立卡贫困户能如期脱贫。

民生建设。投资 800 万元的双柏县马龙银矿历史遗留废渣处置场风险防控工程、投资 2300 万元双柏县绿汁江流域农村环境综合整治项目、投资 500 万元的双柏县礼社江流域农村环境综合整治项目、提前下达双柏县 2020 年第八批中央统筹整合涉农资金 500 万元项目和投资 545 万元的双柏县集中式饮用水水源地水污染综合防治工程项目已于 2020 年 12 月完成项目时序进度，充分发挥项目投资效益，为打赢污染防治攻坚战奠定坚实基础，为"十四五"生态环境规划开好局起好步。

生态环境分局主要领导干部

白志平　党组书记

赵秀梅　局长

范少美　党组成员、副局长

李　铭　党组成员、副局长

（撰稿：王美凤）

【牟定县】　2020 年，楚雄彝族自治州生态环境局牟定分局认真贯彻落实中央和省、州、县党委、政府各项决策部署，以"生态保护优先"为目标，以"打好污染防治攻坚战"为抓手，聚焦环保督察"回头看"各类问题整改，全力推进生态环境保护各项工作。牟定县生态环境质量总体状况保持稳定，县域生态环境质量轻微变好。

机构设置。楚雄彝族自治州生态环境局牟定分局隶属楚雄彝族自治州生态环境局的派出机构，正科级单位。内设办公室、宣传法规股、污染防治股、自然生态股 4 个股室（股所级），下辖参公管理事业单位 1 个：牟定县生态环境保护综合行政执法大队，事业单位 1 个：楚雄州生态环境局牟定分局生态环境监测站，年末有干部职工

32人。

新型冠状病毒感染疫情防控工作。一是强化组织领导。深刻认识做好疫情防控工作的重要性和现实紧迫性，及时成立由局长任组长，副局长任副组长，各股室长为成员的疫情防控工作领导小组，压紧压实各股工作责任和工作职责，增强合力，全力打赢疫情防控阻击战。二是加大宣传力度。制作布标，悬挂规范宣传标语，进一步提高全民防控意识。落实专人开展外来人员登记、扫码、体温监测、办公场所消毒、全体干部职工身体健康状况摸排登记等工作。三是落实挂包责任。由局长亲自率队，结合扶贫工作分别多次带队深入挂包的新桥镇大村村委会，协助做好重点人员排查和疫情防控宣传等工作。四是积极开展疫情期间环境监测与监察。通过监测与监察，牟定县城市空气质量为优，省控地表水、三个饮用水水源地符合水环境功能区划，污水处理厂所测污染物达标排放。群众饮用、用水较为安全，没有环境污染事件发生，全县辖区环境较为安全。

脱贫攻坚。楚雄州生态环境局牟定分局脱贫攻坚挂点村委会新桥镇大村村委会，国土面积3.6平方千米，辖区4个自然村，7个村民小组。全村总人口162户631人，大村村委会共识别纳入建档立卡贫困人口9户43人，2020年全部脱贫。

环境质量指标完成情况。县级和乡镇集中式饮用水水源地水质符合国家地表水环境质量Ⅲ类及以上标准。县城居住声环境区平均值昼间小于55分贝，夜间小于45分贝。县城交通干线噪声平均值昼间小于70分贝，夜间小于55分贝。辐射环境（核与辐射环境水平）符合国家《电磁环境控制限值》（GB 8702—2014），达标。

污染防治指标完成情况，主要污染物排放量。COD、NH_3-N（氨氮）、SO_2（二氧化硫）、NO_x（氮氧化物）、挥发性有机物排放量总量控制符合省控指标。区域开发等战略环评、项目环评、规划环评率达到100%。工业用水重复利用率大于40%。工业固体废弃物综合利用率大于60%。6个乡镇污水处理厂项目已基本建成。全州农村污水设施建设项目试点新桥镇闻知村中心村污水处理厂已建成投入运行。县城生活垃圾无害化处理率达到了100%。重点源主要污染物排放达标率达到

了100%。危险废物、医疗废物和放射性废物得到安全处置，强制性清洁生产审核项目完成率达到100%。

环境管理指标完成情况。一是环境监管能力规范化、标准化建设方面：环境监察、监测、宣教、信息、应急等环保能力建设进一步加强，环境监察监测编制人员各增加至10人。二是加强乡镇和重要生态功能区环境管理工作。三是基本建成突发环境风险防范预警系统。四是国控重点污染源自动在线监控设施建成运行率100%。

蓝天保卫战。全力打好蓝天保卫战。认真落实"气十条"，全面开展"散乱污"企业及集群综合治理巩固行动，抓好机动车特别是柴油货车污染防治，加强工业企业废气达标排放和城市扬尘监控，推进燃煤锅炉淘汰，落实大气污染减排措施，确保大气环境质量目标实现。完成了2020年的燃煤锅炉淘汰任务，牟定县2家机动车排放检测已建成并投入使用，非移动道路机械管理工作正常开展。

碧水保卫战。全力打好碧水保卫战。全面落实"水十条"，持续推进地下油罐防渗改造工作，强化饮用水水源地保护，完成中峰水库"千吨万人"水源规划方案编制并通过审核及合法性审查。做好龙川河、紫甸河、普登河等重点流域水污染防治工作，推进紫甸河水质自动站建设，全面推动河湖长制工作从"有名"向"有实"转变，深入开展联合执法、河湖"清四乱"等专项行动。

净土保卫战。全力打好净土保卫战，协调推进"土十条"。一是完成了县域农村生活污水治理专项规划编制工作，完成乡镇级饮用水水源地划定方案编制。二是完成了企业用地调查工作。三是持续推进污染地块土壤修复防治工作。

环保督察抓。好各类环保督察发现问题整改。坚持问题导向，强化问题整改。牟定县93个各级环保督察整改问题已全部整改完成，通过县级自检自验和州级验收工作。

生态环境监管。一是强化网格化生态环境监管体系，不断完善监管方式。按照源头严控、过程严管、违法严惩的工作要求，切实加大环境监管执法力度。二是突出重点区域、重点流域和重点行业的环境风险排查和管控，全面开展"双随

机"工作，加强生态环境保护行政执法工作。三是加强常规执法力度，及时排查风险隐患。加强对重点行业、重点企业、在建项目、辐射环境安全的现场监管。持续开展入河排污口、固体废物、尾矿库污染防治及"未批先建"和"久试未验"等专项执法行动，严厉惩处各种破坏生态、污染环境的违法违规行为。共检查企业215家次，发出整改文书及函48份。四是抓实环境信访办理。畅通"12369"环境举报热线，受理群众举报投诉及其他信访事项62件，办结率100%。2020年，牟定县辖区环境安全，没有出现重大环境污染事故。五是开展重点领域环境问题综合整治。基本完成长箐4家采石企业生产粉尘扬尘无组织排放整治工作，4家采石企业按照整治要求，石料系统和生产线建设了彩钢瓦屋面密闭，实现了厂房化生产，加强了现场管理，整治工作取得了积极成效。

生态环境监测。一是全面开展各类环境质量监测。获取空气自动监测站数据52283个、省控断面水质数据576个、集中式饮用水水源地数据768个、噪声数据2352个。县城集中式饮用水水源地龙虎水库水质达Ⅱ类、中屯水库水质达Ⅲ类，水质状况为优良，主要河流紫甸河和古岩河水质类别均为Ⅱ类，水质状况为优。普登河考核断面统一由生态环境局委托第三方开展评估监测，全年共开展监测12次，监测结果均满足要求。对龙川河开展了4期监测，龙川河出境断面水质达Ⅳ类，符合水功能区划要求。县城7个功能区噪声监测点位均符合功能区要求。环境空气质量数据有效天数360天，优良天数360天，优良率100%。二是开展重点排污单位执法监测，共对7家重点企业开展了相关监测，据监测数据分析，均做到达标排放。三是加快生态环境监测网络建设。紫甸河、龙川河、普登河等重点河流列入水质自动监测站建设范围，紫甸河水站进入调试阶段。四是强化环境监测能力建设。保障经费投入，确保环境监测数据"真、准、全"，切实守住环境监测数据质量底线。五是完成2020年县域生态环境质量监测评价与考核监测数据上报等审核工作，完成县污水处理厂在线设备比对工作，全面开展监测人员监测项目持证考核工作。

行政审批服务。全年共行政许可建设项目环评文件23个，转报、协调州局审批项目环评文件5个，出具项目环境影响评价执行标准5个，督促、指导完成项目自主验收项目12个，环境影响登记表备案项目54个。

项目工作。一是加大项目申报和储备力度。全年共谋划项目29个，总投资144408.65万元。二是强化在建项目的调度和监管。切实加强传统村落农村环境综合整治项目的指导和监督检查。三是加强项目竣工验收工作。联合县级相关部门对安乐乡小屯村、蟠猫乡母鲁打村、江坡镇江坡大村3个传统村落和戌街乡戌街村农村环境综合整治项目开展了县级验收工作。

污染源普查。完成牟定县第二次全国污染源普查工作。共普查234个工业企业对象，普查规模畜禽养殖场30个，其中生猪养殖场17个，肉牛养殖场9个，蛋鸡养殖场4个，行政村填报84个，集中式污染治理设施6个，其中，生活垃圾集中处理场1个，农村集中式污染处理设施5个，城镇污水处理厂1个，加油站9个。牟定分局1人被表彰为全国污染源普查先进个人。

生态环境规划。开展了牟定县"十四五"生态建设与环境保护规划相关工作，成立了"十四五"规划编制工作领导小组，委托第三方编制牟定县"十四五"生态建设与环境保护规划，同时，上报了"牟定县农村生活污水治理专项规划"。

生态创建及生态文明建设。一是大力推动绿色创建。广泛开展"绿色学校"、"绿色社区"、环境教育基地创建活动，继续开展生态文明示范区创建工作。创建省级"绿色学校"6所，省级环境教育基地3个，州级生态村89个，州级"绿色学校"17所，省级"绿色社区"2个，州级环境教育基地1个。二是完善主体功能区规划，划定并严守生态保护红线、永久基本农田红线和城镇开发边界三条控制线，划定生态保护红线面积310.25平方千米，占全县面积的21.44%。三是全面推进战略环境影响评价、规划环境影响评价和建设项目环境影响评价联动工作，编制长江经济带"三线一单"，严格控制龙川江流域、集中式饮用水水源地等敏感区域高风险项目。生态文明县待省级公示命名。

生态环境分局主要领导干部
李晓宏　党组书记、局长
吴青海　党组成员、副局长（—2020.05）
金秀琼　党组成员、副局长
果美琼　党组成员、副局长
钟锡彪　党组成员、副局长（2020.09—）
（撰稿：刘　梅）

【南华县】　健全机制，强化组织领导。一是加强组织领导，南华县及时成立南华县生态保护委员会，调整充实了南华县环境污染防治工作领导小组。全面贯彻落实党中央、国务院关于生态环境保护的决策部署和省委、省政府、州委、州政府工作安排，组织领导、统筹推进全县生态环境保护工作，研究制定生态环境保护重大政策措施和规划计划，推进生态环境保护工作体制机制改革创新，协调解决工作中的重大问题。二是严格落实"党政同责、一岗双责"的生态环境保护责任制。制定了《水、大气、土壤污染防治行动计划实施方案》，细化关于推行环境保护党政同责、一岗双责制度的实施意见等制度，将考核目标责任纳入乡镇和县级部门综合绩效考评体系，层层压实工作责任。三是县委常委会、县政府常务会和县人大常委会定期听取全县环境保护工作情况汇报，及时学习宣传生态环境保护重大政策文件，对环保督察整改等相关重大生态环境保护问题召开会议进行专题研究。年内，县委、县政府主要领导对生态环境保护工作作出批示8次，先后46次深入现场检查调研，召开65次专题工作会议，确保各项工作落到实处。

5月28日，云南省生态环境厅厅长张纪华一行到南华县调研三峰山州级自然保护区云台山风电场拆除及修复整改工作。通过现场调研、查看整改工作图文资料和听取情况汇报，厅长张纪华对三峰山州级自然保护区云台山风电场拆除及修复整改工作给予充分肯定，并就下一步工作，他要求要进一步增强"四个意识"、坚定"四个自信"、做到"两个维护"，加强环境监督管理力度，严守生态功能保障"基线"、环境质量安全"底线"，坚决杜绝不符合政策和违反法律法规的项目在自然保护区落地建设，切实巩固整改工作成效。

楚雄州生态环境局党组书记莫绍周、州生态环境局局长曹波、州生态环境局副局长施燕梅、南华县人民政府县长何文明、县人民政府副县长李俊、县政府办主任孔兴刚、州生态环境局南华分局局长李昌、县林业和草原局局长陈小龙等领导陪同调研。

污染源普查工作。通过各有关部门积极配合和广大普查工作者的共同努力，历时2年多，南华县污染源普查工作圆满完成，普查数据通过国家审核认定，基本摸清当前全县工业源、规模化畜禽养殖场、生活源、集中式污染治理设施、移动源等不同污染源总体分布和排放基本情况及动态变化信息，全面掌握污染源底数，建立了全面系统反映固定污染源状况的信息数据库，为科学治污、精准治污、长效治污夯实基础，为南华打好打赢污染防治攻坚战、建设"天蓝、地绿、水清、河畅、民富"的美丽新南华提供科学有效的数据支撑。普查工作者砥砺实干、攻坚克难的精神受到生态环境部通报表彰1人、省级表彰3人。

环保督察整改。对各级环保督察反馈问题，严格落实各级环保督察反馈问题整改工作要求，制订南华县各项具体整改方案，坚持问题导向，强化督促，压实整改责任，倒逼责任落实、巩固整改成果、强化督导检查、加强宣传教育，采用牵头落实、通报、约谈等措施，严格按照"一个问题、一套方案、一名责任人、一抓到底"的要求，逐项抓好整改，今年共向相关问题整改牵头单位发送《整改工作提醒函》7份。目前，各级环保督察反馈问题涉及南华县90个问题，已整改完成89个，整改率达98.9%。

碧水保卫战。加强组织领导，强化龙川江水体达标环境综合整治工作。严格落实《南华县小天城断面水体达标工作方案》和《龙川江南华县龙川镇段以及县城排水河道东小河、西小河河长制工作网格化管理保护实施方案》等方案要求，结合"河长制"工作，开展网格化管理，对龙川江沿岸排污情况进行全面排查，将排查出问题交由相关责任单位进行整改。加大资金投入，强化基础设施建设。县污水处理厂提标改造项目、南华县龙川江上游毛板桥水库周边农村生活污水治理工程、县城截污管网改造等项目正有序推进中。

《南华县域农村生活污水治理专项规划（2020—2035）》已通过专家评审。2020年，地表水水质比2019年同期有较大改善，达到国控、省控考核断面标准，优良率为68%，水质达标率为95%。强化日常监管监测，确保饮用水源地环境安全。南华县共有兴隆坝水库、龙山水库、老厂河水库3个县城集中式饮用水水源地，均完成环境保护区规划划定，2020年，饮用水水源地达标率为100%。

蓝天保卫战。紧盯企业脱硫脱硝升级改造工作，持续开展"散乱污"企业综合整治工作，拆除建成区内10蒸吨/时以下燃煤锅炉6台，完成脱硫脱硝改造砖厂13家。强化机动车排放检验环保监管工作，实施在线监管，实行每月环检线监管调度，加强非道路移动机械的日常监管；完成禁燃区划定工作，南华县县城建成区高污染燃料禁燃区划定方案已在南华县人民政府网站上进行公布。2020年，城区环境空气质量优良率为100%。全县可吸入颗粒物（PM_{10}）浓度较2018年下降31.2%，细颗粒物（$PM_{2.5}$）浓度较2018年下降29.4%。

净土保卫战。认真落实《南华县土壤污染防治工作方案》，认真开展重点行业企业用地土壤污染状况调查清单核实工作。在疫情期间突出抓好医疗垃圾的集中处理，实现医疗垃圾的定点收集、密闭运输和无害化处理，实行工业危险废物转移联单制度，南华县危险废物处置率达98%。加快南华县化工厂历史遗留砷渣处置工程项目扫尾工作，该项目已通过省、州环保专项验收，正在开展覆土复绿、政府审计、工程总验等工作。

深化改革。严格按照省、州要求完成南华县生态环境保护机构改革，完成了上划人员核实和锁定工作，及时成立了生态环境综合行政执法大队。进一步深化"放管服"改革，2020年，完成环评报告表审批项目11个，登记表备案111个，督促企业完成自主验收备案21个。新办辐射安全许可证4家，注销7家。协助州局办理排污许可证25家，364家小规模企业完成排污许可登记证网上填报，为企业复工复产提供帮助。

生态文明建设。争先进位抓落实，生态文明创建工作取得实效，2020年1月，一街乡、罗武庄乡和马街镇创建省级生态文明乡镇通过验收公示，待命名。目前，全县10个乡镇中，五街镇申报国家级生态文明乡镇已通过技术评审待公示命名，其余9个乡镇申报省级生态文明乡镇正待命名，128个村（社区）均已通过州级生态村命名。省级生态文明县创建通过验收正待公示命名。

环境监管执法。严格执法抓监管，确保环境安全促进社会和谐稳定。一是扎实开展环境法治工作。加大对重点企业、自然保护区和医疗机构的日常监管监察力度，严厉打击环境违法犯罪行为。2020年疫情发生以来，加强环境安全日常监管，检查县城污水处理厂、饮用水水源地和医院医疗废物转运共20余次，确保南华县环保安全，为疫情防控。二是有效调处污染纠纷。实行"12369"环境投诉热线24小时值班制度，及时调处污染纠纷，依法进行处理，2020年受理环境信访54件，完成办理回53件，结案率98%。有力维护了社会和谐稳定，切实提高广大人民群众对生态环境的满意度。三是强化环境执法。严格按要求开展大练兵工作，认真查处环境违法违规行为，2020年共查处案件4件，共计罚款23.6万元。加强辐射监管，一年来，南华县辖区内未发生辐射安全事故。

环境监测能力建设。配齐配强监测队伍，强化业务技术能力，完成省州对南华县监测站的能力验证和质量控制考核，顺利通过省级标准化验收。每月对地表水进行1次监测，对3个县级饮用水水源地进行每月应急监测和季度例行监测，同时，按要求开展交通噪声、功能区噪声监测。小天城水质自动监测站将由云南省生态环境厅统一委托第三方进行运行维护，按省州要求进行监测数据平台管理。认真开展常规监测，为环保科学决策和环境执法提供真实、翔实的数据。完成了2019年环境统计工作，扎实开展2020年县域生态环境质量监测评价与考核工作。

加大宣传，夯实环境宣传教育。强化宣传引导，努力营造全民参与生态环境保护的氛围。2020年，向州生态环境局上报环境保护相关信息50余条，生态环境宣传工作做到传统媒体和新媒体宣传矩阵全覆盖。2020年"6·5"环境日宣传周期间，共制作宣传展板350块、悬挂标语横幅530余条（幅）、播放环境公益视频90余场次；

发放宣传资料及倡议书 25000 余份、环保袋 6000 余条、宣传扇 1200 把，围裙 500 余个、发放学生环保作业本 10000 余本、上环保课 130 节、开展绿色校园活动 140 余场次。通过环保宣传进企业、进社区、进校园等活动，使"绿水青山就是金山银山"的绿色发展理念深入人心，形成人人参与生态环境保护的良好氛围。

生态环境分局主要领导干部

李　昌　党组书记、局长
鲁思军　党组成员、副局长
鲁丽君　党组成员、副局长
祁文平　党组成员、副局长
唐　梅　副局长（挂职）

（撰稿：办公室）

【姚安县】　地表水环境质量状况。姚安县开展监测的出境河流断面为渔泡江左门乡地索坡脚、蜻蛉河光禄镇吴海王家桥，石者河适中乡培龙桥 3 个断面，监测频次为每月一次，监测项目包括《地表水环境质量标准》（GB 3838—2002）表 1 中的基本项目及电导率，依据《地表水环境质量标准》（GB 3838—2002）、《地表水环境质量评价办法（试行）》（环办〔2011〕22 号）和《云南省地表水水环境功能区划（2010—2020 年）》进行评价和判定。渔泡江左门乡地索坡脚断面：该点位为国控断面，全年共进行 12 次采样监测，年度水质类别综合评价Ⅱ类，水质状况为优，水质状况优于渔泡江Ⅲ类水环境功能区划要求。蜻蛉河光禄镇吴海王家桥断面：该点位为省控断面，全年共进行 6 次采样监测（1—6 月因断流未开展监测），监测次数达不到要求，不参与评价。石者河适中乡培龙桥断面：该点位为州级金沙江流域横向生态保护修复补偿点位，全年共进行 12 次采样监测，年度水质类别综合评价Ⅳ类，水质状况为轻度污染，水质状况达到Ⅳ类水环境功能区划要求，但未达到金沙江流域横向生态保护修复补偿Ⅲ类水质要求。

县城集中式饮用水水源地水质状况。姚安县开展监测的县城集中式饮用水水源地为改水河水库、大麦地水库，监测频次为每季度一次，监测项目为 61 项，评价标准为《地表水环境质量标准》（GB 3838—2002）。改水河水库：全年共进行 4 次采样监测，年度水质类别综合评价Ⅱ类，水质状况为优，水质状况优于Ⅲ类水环境功能区划要求。大麦地水库：全年共进行 4 次采样监测，年度水质类别综合评价Ⅲ类，水质状况总体为良，水质状况符合Ⅲ类水环境功能区划要求。

城区环境空气质量状况。姚安县开展监测的城区环境空气质量点位为县国家综合档案馆六楼楼顶，采用自动法监测，连续 24 小时监测，监测项目为二氧化硫、二氧化氮、PM_{10}、$PM_{2.5}$、臭氧、一氧化碳 6 项指标，评价标准为《环境空气质量标准》（GB 3095—2012）及修改单，评价方法为《环境空气质量评价技术规范（试行）》（HJ 663—2013）和《环境空气质量指数（AQI）技术规定（试行）》（HJ 633—2012）。2020 年，城区环境空气监测有效天数 363 天，265 天为"优"，98 天为"良"，空气质量优良率为 100%，$PM_{2.5}$ 浓度均值为 13 微克/立方米，与上年相比下降 7.7%。

城市声环境质量状况。城市声环境常规监测是为掌握城市声环境质量状况，主要包括功能区声环境监测、区域声环境监测和道路交通声环境监测。其中，功能区声环境监测的目的是评价功能区监测点位的昼间和夜间达标情况，反映城市各类功能区监测点位的声环境质量随时间的变化状况；区域声环境监测的目的是评价整个城市环境噪声总体水平，分析城市声环境状况的年度变化规律和变化趋势；道路交通声环境监测的目的是反映道路交通噪声源的噪声强度，分析道路交通噪声声级与车流量、路况等的关系及变化规律，分析城市道路交通噪声的年度变化规律和变化趋势。2020 年，姚安县共设功能区声环境监测点位 4 个，监测频次为每季度监测一次，功能区声环境质量昼、夜平均等效声级达标率均为 100%；姚安县设城市区域声环境质量监测点位 100 个，监测频次为每年一次（昼间），昼间平均等效声级值 56.0 分贝，评价结果为"一般"；姚安县设城市道路交通声环境质量监测点位 15 个，监测频次为每年一次（昼间），昼间平均等效声级值 65.6 分贝，评价结果为"好"。

重点污染源监测。姚安县列入重点污染源监

测的企业是姚安县污水处理厂、楚雄源泰矿业有限公司姚安分厂和姚安县城市生活垃圾填埋场，监测频次为每季度一次。姚安县污水处理厂监测情况：监测点位为污水处理厂总排口，每季度监测1次，每次监测1天，采3组水样，监测项目为18项，评价标准为《城镇污水处理厂污染物排放标准》（GB 18918—2002）。从2020年监测数据综合分析，姚安县污水处理厂排放的污染物浓度能达到《城镇污水处理厂污染物排放标准》（GB 18918—2002）一级标准的B标准，姚安县污水处理厂2020年为达标排放。楚雄源泰矿业有限公司姚安分厂：监测点位为楚雄源泰矿业有限公司姚安分厂燃煤锅炉废气排口，每季度监测1次，每次监测1天，采3组样，监测项目为3项，评价标准为《锅炉大气污染物排放标准》（GB 13271—2014）。因楚雄源泰矿业有限公司姚安分厂燃煤锅炉2020年初已申请报停并获得批准，不具备监测条件，2020年，全年未开展监测。姚安县城市生活垃圾填埋场监测情况：监测点位为姚安县城市生活垃圾填埋场渗滤液处理站总排口，每季度监测1次，每次监测1天，采3组水样，监测项目为14项，评价标准为《生活垃圾填埋场污染控制标准》（GB 16889—2008）。从2020年监测数据综合分析，姚安县城市生活垃圾填埋场渗滤液处理站全年为达标排放。

县城酸雨质量状况。2020年，姚安县未开展县城酸雨质量状况监测。

县城降尘质量状况。2020年，姚安县未开展县城降尘质量状况监测。

县城硫酸盐化质量状况。2020年，姚安县未开展县城硫酸盐化质量状况监测。

环保项目争取和建设。2020年，向省生态环境厅申报了县城集中式饮用水水源地大麦地水库、改水河及备用水水源地马游水库径流区环境保护、姚安县前场镇王朝村委会环境综合整治、蜻蛉河流域（长江上游）环境治理修复、姚安县监测站标准化建设、姚安县大麦地水库水源地保护及综合整治6个项目，并进入省环保资金项目库。目前，正在开展栋川镇龙岗村委会、光禄镇草海村委会草海彝村、前场镇、适者乡石者河流域农村环境治理4个项目实施方案编制和施工图设计，

计划总投资6000万元。姚安县蜻蛉河流域城区段环境综合整治项目可行性研究报告已编制完成，计划总投资1.47亿元。2020年，完成了投资750万元的蜻蛉河流域环境综合治理项目，完成投资360万元的姚安县大麦地水库水源地保护及综合整治项目，完成110万元渔泡江地索和蜻蛉河王家桥自动监测站建设项目。

生态创建。《姚安生态文明县建设规划（2015—2022年）》已发布实施，全县9个乡镇已经有8个成功创建省级生态乡镇，完成了77个生态示范村创建工作。

开展大气污染治理。一是强化城市扬尘污染治理，严格要求施工业主落实大气污染防治主体责任，建筑工地做到"六个百分之百"；二是完成5台燃煤锅炉淘汰任务；三是强化机动车污染防治，完成了393辆黄标车淘汰工作任务；四是完成了加油站25个地下油罐更新改造；五是对县机动车尾气在线监测平台适时进行监管调度；六是加强秸秆焚烧管理。根据县环境空气自动监测站监测数据预警，下发了《关于禁止露天焚烧秸秆的督办通知》，对县农业农村局、各乡镇人民政府提出了加强对露天焚烧秸秆进行管理的督办要求。

开展水污染防治。一是落实水污染减排指标。姚安县污水处理厂减排项目按照省、州级重点减排项目进行监管。2020年1—12月共计运营366天，累计处理水量186.88万吨，日均处理水量达到5061吨，产生脱水污泥900.1吨，有效处置900.1吨，处置率100%。处理后的水质达到一级B标标准。共计COD削减393.71吨，氨氮削减52.69吨。目前，正在实施提标改造工程。二是加强重点流域水污染治理。鉴于蜻蛉河、石者河水质类别有下降的趋势，对这两条河流的流域实际情况开展了综合分析和研判。县委、县政府组织开展了工作调研并对蜻蛉河、石者河水体达标工作作了安排部署。三是统筹抓好城乡生活污水治理工作。《姚安县农村生活污水治理专项规划（2020—2035年）》通过了省生态环境厅的审核验收，县人民政府批准颁布实施。《姚安县前场镇空心树水库等6个乡镇级水源地保护区划定方案》（报批稿）已经省生态环境厅审查通过。姚安县污水处理厂提标改造和姚安县第二污水处理厂及配

套管网工程、县供水管网完善工程和污水管网完善工程已启动实施。

开展土壤污染防治。一是着力整治生活垃圾污染。全县共计投入城乡人居环境治理项目资金约6000万元，已配置到位小型勾背式垃圾清运车辆33辆，移动式垃圾收集箱600多个，垃圾转运车辆覆盖33个村居委会355个自然村，全县建成5座垃圾终端处理设施；建成县城垃圾填埋场渗滤液处理站1座；建成蛉丰、草海2座生活垃圾分类试点（低温碳化）工程。二是切实加强危险废物管理，全县80家危险废物申报登记企业共产生危险废物249.81吨，自行利用量165.22吨，委托利用量0.54吨，委托处置量102.38吨。三是切实加强医疗废物管理。全县共有医疗卫生机构121家，产生医疗废物108家均与楚雄亚太医疗废物处置有限公司签订了医疗废物集中处置协议。四是加强农业面源污染防治。完成畜禽养殖禁养区划定12个，关停搬迁禁养区畜禽养殖场6个，实施畜禽养殖场粪污资源化综合利用项目25户。坚决打好污染防治"7大标志性攻坚战"。制定并印发了《姚安县水源地保护和农业农村污染治理等7个攻坚战实施方案的通知》（姚政办通〔2020〕1号），对水源地保护、农业农村污染治理、固体废物污染治理、以长江为重点的两大水系保护修复、城市黑臭水体治理、生态保护修复、柴油货车污染治理7个攻坚战相关工作进行了分解落实。

环保审批服务。为营造姚安县优良的营商环境，县局为企业项目落地和技改开辟了环保审批绿色通道，提前介入，创新环评管理方式，不断优化审批服务流程，确保在法定审批时限的基础上压缩一半审批时间。一是县局建立健全了建设项目预审服务制度，在工作中坚持提前介入、主动服务，通过积极参加项目的联合选址现场踏勘、查阅资料等方式，为姚安县经济效益、生态环境效益同步发展积极出谋划策。在项目选址上，根据有关法律法规的规定和部门职责，明确提出项目选址应该避开的环境敏感区，告知建设单位应该办理的相应手续，以及建设和运营过程中应该注重的主要事项，为项目顺利落地提供保障。2020年，县局共参与重点项目选址踏勘26人次，主动为项目提供准确的业务指导。二是在项目获

得核准后，及时指导和帮助建设单位做好环境影响评价前期准备工作，提供"环评审批申办所需材料一次性告知单"，告知环评类别、审批程序、审批权限部门，对上级审批权限的项目积极帮助对接协调，提高建设单位办理环境影响评价的效率。三是在县局审批权限范围内的项目，采取边受理边公示，边公示边审查的方式尽力节约时间，报告表30个工作日的法定时限压缩为15个工作日以内，既保证了审批程序的合法性，又有效缩减了审批时间。2020年，共指导环境影响登记表网上备案179个项目；按时限受理审批新建项目10个，总投资达193726.03万元，环保投资达1662.91万元。四是积极支持推进新冠疫情防控工作，认真执行生态环境部制订的环评免填登记表正面清单、环境影响评价审批正面清单、监督执法正面清单，最大限度地便利项目开工建设。对复工复产重点项目、生猪规模化养殖等项目，创新环评管理方式，公开环境基础数据，优化管理流程，采取承诺制审批方式，主动做好环评审批服务。2020年，对姚安县医疗废弃物收集转运站建设项目、姚安县教师进修学校方舱医院改扩建2个项目，采取了承诺制形式及时完成审批，配合项目申报争取上级资金支持姚安县医疗建设。五是深化生态环境领域"放管服"改革，积极推进事中事后的依规依证监管，充分发挥环境制度管理效能。督促和协助姚安县15家企业按规范要求取得了楚雄州生态环境局核发的排污许可证，协助130家小微企业完成排污许可证登记管理工作，规范了姚安县排污单位的治污责任和按证排污行为，进一步促进事中事后监管的法治化、制度化、规范化。

生态文明思想和环保法规宣传教育。为学习贯彻落实习近平生态文明思想，牢固树立和贯彻创新、协调、绿色、开放、共享的发展理念，2020年，围绕疫情防控、节约能源资源、保护生态环境、生态文明创建、园林城市创建、爱国卫生运动、护河爱河、环境卫生整治等工作主题，开展了一系列的宣传活动。在"三月维权宣传周""科技宣传周""6·5"环境日、低碳日等时间节点紧紧围绕宣传主题，通过悬挂标语、设置环保咨询台、发放环保宣传材料以及送法进企业、下

基层宣讲等方式，开展生态文明思想和环境法律法规宣传，共发放环保宣传资料 3500 余份、悬挂条幅 10 余条，营造了良好的宣传教育氛围，进一步培养了公众良好的环境伦理道德规范，倡导符合绿色文明的生活习惯、消费观念和环境价值观，增强企业环保守法意识，提高了全民环境意识和参与环境保护的自觉性，促进了全县人民与自然的和谐发展，营造美好的生活环境。

环境执法监管。依据国务院办公厅印发《关于推广随机抽查规范事中事后监管的通知》（国办发〔2015〕58 号）、原环保部办公厅《关于在污染源日常环境监管领域推广随机抽查制度的实施方案》（环办〔2015〕88 号）和《云南省污染源日常环境监管领域推广随机抽查制度的实施方案》，制定了《姚安县污染源日常环境监管随机抽查制度》确立了 2020 年度环境监管名单，积极开展执法监管。疫情防控期间，重点对县医院、县中医院、县妇幼保健院开展了医疗废物环境监督执法检查，并指导医疗机构做好医疗废物收集、运送、贮存、处置工作方针。针对蜻蛉河、石者河水质情况开展了畜禽养殖行业专项整治工作，对前场镇畜禽养殖环境污染开展了现场调查、法律法规宣传和规模畜禽养殖场环境污染整改情况现场核查工作；对姚安县海波生猪养殖基地开展现场执法检查并下发责令改正违法行为决定书；针对石者河水质监测情况和存在的环境隐患，对楚雄源泰矿业有限公司开展多场次现场检查并下发整改通知。2020 年，共对相关企业和项目开展现场执法检查 68 场次，办理行政处罚案件 4 件。办理各类环境信访投诉 32 件，办理"一部手机治理通"交办事项 85 项；"12369"环保投诉电话畅通；受理政协提案 1 件、人大代表议案 2 件。

生态环境保护督察反馈问题整改。2016 年 7 月至 2019 年 11 月，中央、省分别开展了生态环境保护督察和生态环境保护督察"回头看"工作，各级生态环境环保督察涉及姚安县共 74 个整改问题。其中，2016 年中央环保督察反馈问题 18 个（完成整改 18 个），2017 年省环保督察反馈问题 19 个（完成整改 18 个、正在整改 1 个），2018 年中央环保督察"回头看"反馈问题 7 个（全部完成整改），长江经济带生态环境保护审计反馈问题

5 个（全部完成整改），集中式饮用水水源地反馈问题 14 个（全部完成整改），自查长江经济带生态环境警示片关联性和衍生性问题 1 个（全部完成整改），2019 年省生态环境保护督察"回头看"反馈问题 8 个（完成整改 7 个、正在整改 1 个），针对全县生态环保督察反馈问题和交办件办理进行 5 次督办和通报，积极做好环保督察涉及姚安县整改事项、交办件现场验收销号工作。截至 2020 年 12 月 31 日，各级生态环境环保督察涉及姚安县共 74 个整改问题，已经完成整改 72 个（通过验收 72 个、正在整改 2 个），其中，省环保督察反馈问题 1 个、省环保督察"回头看"问题 1 个。

生态环境分局主要领导干部

李忠林　党组书记、局长
陈晓波　党组成员、副局长
庞翠平　党组成员、副局长
吴建勇　副局长

（撰稿：包德花）

【大姚县】　2020 年初以来，大姚分局坚持以改善环境质量为核心，以环保督察整改为抓手，推动污染防治攻坚战和"7 个标志性战役"深入开展，环评服务、污染防治、总量减排、环境执法、生态创建等工作落到实处，圆满完成各项目标任务。县城环境主要污染物二氧化硫、二氧化氮、PM$_{10}$、TSP 日均值均满足《环境空气质量标准》（GB 3095—1996）中的二级标准，环境空气质量优良率达 100%；县城区域环境噪声、道路交通噪声监测结果满足《声环境质量标准》（GB 3096—2008）要求，2019 年度县域生态环境质量考核评价为保持稳定。

污染防治攻坚战。开展碧水、蓝天、净土三大攻坚战和"7 个标志性战役"，打好污染防治攻坚战。大气污染防治方面，推进重污染行业过剩产能退出，继续开展每小时 10 蒸吨及以下燃煤锅炉淘汰，加强汽车尾气检测监督管理，汽车尾气监测系统联网运行。水污染防治方面，完成县城集中式饮用水水源地 15 个环境问题整治任务，3 个集中式饮用水水源地水质达标率 100%。截至 2019 年 10 月 31 日，大姚县污水处理厂正常运行

243 天，污水处理总量 197.9612 万立方米，平均日处理 8147 立方米，负荷率 81.47%。总电耗 508525 千瓦·时，每立方米耗电 0.27 千瓦·时，絮凝剂总耗量 784.5 千克，脱水污泥量 989.2 吨，干泥量 230.1 吨。依据在线监测系统测定值，2019 年 1—10 月，大姚污水处理厂 COD 进水平均浓度值 267.56 毫克/升，出水平均浓度值为 20.93 毫克/升，去除率为 92.17%，总去除量为 488.23 吨，完成楚雄州水污染防治专项小组办公室下达年削减量 630.52 吨的 77.43%；NH_3-N 进水平均浓度值为 35.41 毫克/升，出水平均浓度值为 1.62 毫克/升，去除率为 95.42%，总去除量为 66.89 吨，完成州下达任务削减量 96.22 吨的 69.52%。土壤污染防治方面，确定 4 家企业支持配合做好考核，完成重点企业行业用地土壤污染状况调查尾款库清单核实工作，按时完成生态环境部"卫星遥感影像"App 反馈大姚县 7 个"清废行动"疑似问题核实上报，投入项目资金 140.07 万元，完成云南中原矿业有限公司大姚龙街清厂洼电解铜厂堆浸渣场遗留的 2963 吨（过磅）浸渣清运整治任务。转移医疗废弃物 104.5 吨。全县土壤环境风险得到基本管控。

第二次全国污染普查。完成了所有企业的专网审核及核算，完成了污染源普查名录与第四次经济普查名录、年用电在 1 万度及以上的企业名录、"散乱污"企业名录的比对工作，于 2019 年 8 月 27 日通过州污普办对大姚县进行的普查数据汇总建库阶段州级质量核查工作。第二次全国污染源普查工作圆满收官。通过对工业污染源、农业污染源、生活污染源、集中式污染防治设施、移动源污染源普查作汇总分析，废气污染物方面，二氧化硫排放量为 144.846719 吨，氮氧化物排放量为 82.225114 吨，颗粒物排放量为 1309.358762 吨，挥发性有机物排放量为 68.088358 吨。废水污染物方面，化学需氧量排放量为 129.70 吨，氨氮排放量为 1.93 吨，总氮排放量为 6.62 吨，总磷排放量为 1.27 吨。

主要污染物减排。科学制订减排计划，把减排任务分解到具体项目，实行了污染物减排动态管理。落实了水减排项目 2 个、气减排项目 2 个，消减了化学需氧量 638.5 吨、氨氮 98.2 吨、二氧化硫 362 吨、氮氧化物 47 吨。

自然生态保护。制定了《大姚生态县建设规划（2015—2020 年）》《大姚县"十三五"环境保护规划》等生态系统保护和修复重大工程实施规划，建立多元化生态补偿机制，全县共区划界定公益林面积 206.02 万亩，占林业用地面积的 45%，其中，国家级公益林面积 140.22 万亩，省级公益林 65.8 万亩，分别占全县林地面积的 30.3% 和 14.2%。2019 年，争取生态效益补偿资金 2652.44 万元（补偿资金 1709.3 万元、管护资金 943.14 万元、生态护林员资金 400 万元）。启动生物多样性保护工作，编制生物多样性保护行动方案。加强生态保护红线划定区管护工作，大姚县华山州级自然保护区总体规划核定保护区面积为 1231.4 公顷，其中，核心区 493.4 公顷，占保护区总面积 40.06%，实验区面积 738 公顷，占保护区总面积 59.94%。

环评服务管理。按照统一监督、分级审批原则，参照《建设项目环境保护分类管理名录》，对县境内 2 个建设项目环境影响报书、11 个建设项目环境影响报告表依法进行了审批，认真做好建设项目环境影响登记表网上备案宣传指导工作，指导企业自主申报完成网上备案项目 106 个；对 2018 年"四个一百"重点项目环评情况进行再次清理，指导建设单位完成备案工作。按照《排污许可证管理暂行规定》及其《固定污染源排污许可分类管理名录（试行）》分年度、分行业逐步推行实施。需办理排污许可证 5 家，申领排污许可证 5 家。开展了环保违法违规建设项目清理整顿"回头看"，推进了环保领域"放管服"改革。

环保督察反馈问题整改。对标各类督察反馈涉及的 73 个环保问题，其中，中央环保督察反馈问题 17 个，中央环保督察"回头看"反馈问题 7 个（交办信访件举报件 6 件），省环保督察反馈问题 17 个（交办信访件举报件 6 件），省委环保督察回头看 8 个，长江经济带生态环境保护审计反馈问题 6 个，集中式饮用水水源地环境保护专项行动排查发现问题 14 个，省委巡视反馈问题 4 个。全面推行一问题一整改方案、一整改方案一个整改专班、一个专班一个整改联动机制、一问题一督查通报机制、一整改一报告的组织、责任、机制等工作机制体制，坚决抓好生态环保各类问题的整改销号。截至 2019 年 12 月 31 日，完成整改 67 个，整改完成率为 91.8%；达到整改时序进度 6 个，占 8.2%，其中，2 个问题均属中央环保督察、省委环保督察提出，为重复类，达到整改时序进度问题实际为 4 个，整改完成率位列全州第 1。

环境监管执法。严格生态环境保护"双随机、一公开"执法，加大对环境污染重、污染物排放多或环境风险大的重点企业环境监管执法力度。共检查企业 65 家次，提出环境违法限期整改 12 家次。办理行政处罚案件 8 件，罚款 3.57 万元。接待环境信访案件 42 件，其中，"12369"环保举报热线 13 件，结案率达 100%，回复率 100%。未发生信访人赴楚赴昆进京越级信访案件，无信访办理被通报、催办现象。

生态示范创建。发布实施《大姚生态文明县建设规划（2015—2020 年）》，大姚县省级生态文明县创建工作进行了省级技术评估和验收，顺利通过省级验收待命名。1 个国家级生态乡镇（昙华乡）、12 个省级生态乡镇已经获得命名。成功获得命名的省级"绿色学校"9 所、州级"绿色学校"6 所，获得省级命名的"绿色社区"3 个。

环境监测。开展了辖区饮用水源、地表水监测、县城大气环境和声环境质量的常规性监测及云南金碧制药有限公司、大姚县污水处理厂两家国控省控企业的监督性监测工作。完成了凉风坳风电场信访案件噪声期监测工作。及时上报 2019 年大姚县县域生态质量监测评价与考核中监测数据。完成蜻蛉河和渔泡江水质自动检测站选址，县城空气自动检测站投入运行并有效传输数据。开展大坝水库、石洞水库、大坡水库集中式饮用水水源地监测 61 项，3 个水库水质均达到《地表水环境质量标准》（GB 3838—2002）中Ⅲ类水质标准限值，达标率为 100%；境内主要河流渔泡江朵腊河底（大理州宾川县拉乌河入水口上游 100 米）断面水质达到《地表水环境质量标准》（GB 3838—2002）中Ⅲ类水质标准；蜻蛉河赵家店乡政府断面水质达到《地表水环境质量标准》（GB 3838—2002）中Ⅳ类水质标准，与 2019 年相比均

无明显变化。

环境宣教。开展环保世纪行、"6·5"世界环境日宣传等活动，在全县广泛开展"四个一"宣传活动，制作发放环保宣传资料和手册 5000 余份、环保袋 5000 余个，现场解答群众提出的各类环境问题 2000 余人次，努力营造全社会关心、支持和参与环境保护的良好氛围。利用电子政务、报刊、媒体网络、环保网站、电台等及时宣传环保工作动态，依法公开环境影响评价、环境监测、总量减排、排污许可、危废转移、行政处罚、复议、应诉等环境信息 284 条。被云南省环境宣教中心表彰为 2019 年度"绿色传播"先进单位。

环保治理。投资 500 万元的金碧镇农村环境综合整治项目已完善项目方案编制，即将组织实施。石羊镇大中、柳树村委会 300 万元农村环境综合整治项目已完成项目招投标，开工建设。完成 19 个加油站 54 个地下油罐防渗改造。

生态环境分局主要领导干部
钟学能　党组书记、局长
文学江　党组成员、副局长
毛玉华　党组成员、副局长
徐宗斌　副局长

（撰稿：杨云昌）

【永仁县】　2020 年，永仁县生态环境保护工作坚持以习近平生态文明思想为指导，认真落实中央和省州县部署，统筹抓好生态环境保护和地方经济发展，围绕改善环境质量这一核心任务，以建设"绿色生态县"为目标，全力做好环保督察整改，坚决打好污染防治攻坚战，努力推进生态文明建设，严格建设项目管理，强化环境监测执法，积极投身到全县"一城一门一区"建设中，各项工作取得新进展。

生态创建。以《永仁生态县建设规划（2015—2020 年）》为指导，紧紧围绕生态文明县创建目标，积极开展生态创建。目前，全县共创建省级"生态乡镇"7 个、州级"生态村"63 个、州级"绿色学校"13 所、省级"绿色学校"7 所、州级环境教育基地 2 个、省级环境教育基地 1 个。先后通过了云南省生态环境厅组织的永仁县创建省级生态文明县技术评估和考核验收，2020

年 5 月,省生态环境厅网站进行了命名前公示,目前,永仁县正筹备启动两山理论实践创新基地创建工作。

环保督察整改。坚持党政合力抓整改,县委、县政府印发了环境保护督察反馈意见整改实施方案,对各项整改任务均明确了县级牵头责任领导、销号牵头单位、整改时限、整改目标以及整改措施。建立并实施领导包案、定期督导、问责追究等工作机制,县级领导对中央、省环保督察及"回头看"涉及的问题,实行全覆盖包案并全过程督导。定期督查整改情况,专题通报督查结果。同时,对所有督察反馈问题实行台账式、清单式管理;对已完成整改的反馈问题,不定期开展"回头看",确保不反弹。截至 2020 年底,环境保护督察反馈永仁县的 59 个环境问题、16 个举报件全部完成整改,整改完成率 100%。认真落实生态环境联合执法检查问题整改工作。

污染防治。打好水污染防治攻坚战。加强饮用水水源地环境监管,对县城集中式饮用水水源地和县域主要河流的水质等进行定期监测,县城集中式饮用水水源地,地表水水质监测均达标,金沙江,尼白租水库,永定河周边环境综合整治项目有序推进,大河波西、麦拉自动水站建成投入试运行。完成农村饮用水水源地,农村污水规划;直苴水库径流区重金属处置项目全面完工,工业园区固体废物得到有效管控。强化污染减排工作,加强对永仁县污水处理厂的监管,确保永仁县污水处理厂正常运行,进出水浓度稳定。打好大气污染防治攻坚战。实施《永仁县大气污染防治行动实施方案》,严把环评关,进一步提高高耗能、高污染行业的准入门槛。认真开展工业大气污染治理,强力推进工业企业环境污染整治,完善环保设施,确保达标排放。打好土壤污染防治攻坚战,加强重点企业环境监管,确保企业在生产工艺、原材料堆放、厂区环境卫生等方面不出问题,及时消除土壤污染隐患。加强医疗废物处置监管,确保县域医疗废物由有资质的机构统一处置。强化县域生态环境质量监测评价与考核,2019 年度县域生态环境质量监测评价与考核"国考""省考"结果均为"基本稳定"。截至统计时,2020 年,"国考""省考"相关材料已报送。

从 2020 年环境监测结果来看,2020 年,全县环境质量整体保持稳定。

环评审批。完善制度,简化程序,强化服务,做好环评审批服务,全力抓好重点项目环评服务工作。2020 年,主动深入部门、深入企业,积极主动地帮助部门、企业协调环保领域问题,指导纳入排污许可管理的 26 家排污单位完成了排污许可证申领,指导 106 家单位开展了排污登记。对 9 个建设项目环境影响报告表进行了审批,督促 13 家建设单位对已竣工的 13 个建设项目开展了自主验收;指导 78 个建设项目进行了网上备案。全县没有一个项目因环评审查、审批服务工作不到位影响项目落地、开工和生产运行。

污染源普查。严格按照第二次全国污染源普查工作时间节点完成污染源普查工作,2020 年底已经全面完成第二次全国污染源普查工作,相关材料已收集归档并移交县档案局。

环境执法。按照源头严控、过程严管、违法严惩的工作要求,切实加大环境监管执法力度。突出重点区域、重点流域和重点行业的环境风险排查和管控,全面开展"双随机"工作,全年抽查企业 37 户,对存在的环境风险隐患责令限期整改。严厉打击环境违法行为。2020 年,办理环境行政处罚案件 2 件,处罚金 15.01 万元。全年共受理群众环境诉求 41 件,办结 41 件,办结率 100%。

环境监测。楚雄州生态环境局永仁分局生态环境监测站按照上级有关部门的要求严格按照标准(方法)进行监测工作,2020 年,生态环境监测站对境内 3 个地表水断面、1 个县城集中式饮用水水源地进行了常态化监测,监测指标均达到 Ⅲ 类以上标准;对 5 个乡镇水源地进行了监测,监测指标均达到 Ⅲ 类以上标准;设置 120 个点位对县城噪声开展了监测,永仁县城区域的环境噪声昼间平均值:48.5 分贝,达到 0 类标准值(0 类指康复疗养区等特别需要安静的区域),永仁县城市区域声环境质量昼间为一级,评价结果为较好。道路交通噪声昼间加权平均值:61.3 分贝,达 4A 类标准值(4A 类标准高速公路、一级公路、二级公路、城市快速路、城市主干路、城市次干路、城市轨道交通、内河航道两侧区域),永仁县城道路交通噪声强度等级为一级，评价结果为好。永仁县城环境空气自动监测站正常运行，全年县城空气质量优良率达到100%。截至统计时，完成监测报告55本，未发生不检验出报告、篡改检验结果、出具虚假报告等违法违规行为，为执法监管和科学决策提供数据支撑。

大比拼。认真对照全县"干在实处，走在前列"大比拼工作目标，从严从实推进各项工作目标任务落实落细落到位，大比拼各项目标任务顺利完成：2020年，县域生态环境质量监测评价工作稳步推进，全县环境质量整体保持稳定；创建省级生态文明乡镇7个；先后通过了省生态环境厅组织的永仁县创建省级生态文明县技术评估和考核验收，2020年5月，省生态环境厅网站进行了命名前公示，目前，永仁县正筹备启动两山理论实践创新基地创建工作；县城区空气环境质量优良天数比例达到了100%。

党风廉政建设。认真贯彻落实中央八项规定和省、州、县有关改进作风的相关要求，认真落实党风廉政建设的各项规章制度，严格执行财务制度，在送往迎来中严格执行有关规定，不铺张浪费，不搞特殊化。完善信息公开制度，开辟党务政务财务公开专栏，定期公示党员干部关注的重大事项以及党组、党支部活动情况、生态环境政策法规、办事规则以及财务情况等事项，全面接受社会监督。

意识形态。强化党员干部思想政治工作，结合实际抓好意识形态教育管理，增强"四个意识"、坚定"四个自信"。把意识形态工作纳入党组及党支部重要议事日程、纳入党建工作责任制、纳入领导班子和领导干部目标管理，切实将意识形态工作抓实抓细。加强网络意识形态和信息化工作，做好网络舆情监测和处置。

疫情防控。"疫情就是命令，防控就是责任"，为有效应对新型冠状病毒感染疫情防控工作，严格落实生态环境保护监管责任，楚雄州生态环境局永仁分局进一步提高政治站位、强化责任意识、立足部门职责，切实加强医疗废物、医疗废水、城镇污水及集中式饮用水水源地等重点行业环境监管工作，将疫情防控各项工作落实落细，为打赢全县疫情防控攻坚战贡献应有的力量。确实保障人员健康和环境安全。

生态环境分局主要领导干部
杨礼华　党组书记、局长
杨忠华　党组成员、副局长
雷茂盛　党组成员、副局长
梁江凌　党组成员、副局长

（撰稿：冯明富）

【元谋县】　2020年，在州生态环境局和元谋县委政府的领导下，在全县各级各部门的支持关心下，元谋分局深入贯彻落实习近平生态文明思想和习近平总书记考察云南重要讲话精神，认真践行"绿水青山就是金山银山"的发展理念，切实履行生态环境部门工作职责，抓好生态环境保护工作。

生态文明建设。2020年，全县10个乡镇全部开展了生态文明乡镇创建，成功创建国家级生态乡镇1个、省级生态乡镇10个，全县生态文明乡镇实现全覆盖，成功创建生态文明行政村71个。

建设项目环境管理。2020年，服务建设项目环评咨询50件次，环境影响登记表网上备案142件次，受理建设项目环评文件18件，完成审批18件，出具准予行政许可决定书18份。

水污染防治。一是推动重点河湖保护治理规划编制，委托有资质技术单位对班果河等7条河流8个重点河段的河道治理项目进行规划编制。二是完成勐岗河、蜻蛉河两条流域面积1000平方千米以上河流河道划界和丙间、麻柳等10座小（一）型以上水库划界确权工作。三是认真落实"河湖长制"。强力推进"一河（库、渠）一策"实施，开展"清四乱""清水"专项行动。四是加强对集中式饮用水水源地的监测监管。按季度对丙间水库和麻柳水库开展水质监测工作，2个水库水质均达到Ⅲ类，达标率为100%。五是积极开展重点流域水生态环境保护"十四五"规划，2020年谋划项目27个。六是争取2020年省级环保专项资金655万元，推进元谋县集中式饮用水水源地径流区水污染防治工程项目建设。七是加强县城污水处理厂监管，保证元谋县污水处理厂正常稳定运行处理生活污水。

大气污染防治。一是全面完成14台10蒸吨/

时及以下燃煤锅炉淘汰工作任务。二是全面完成"散乱污"企业综合整治工作。三是加强对机动车尾气排放监管，完成机动车尾气检测监管系统平台抽查检测车辆13820辆。四是加强非移动道路机械管理，2020年，共登记非道路移动机械302台。五是加强柴油货车污染治理，淘汰国Ⅲ及以下排放标准的老旧柴油货车160辆。全年环境空气质量优良天数比例达100%。

土壤污染防治。一是开展疑似污染地块调查报告编制工作。完成1个相关信息核实和录入确认工作。二是完成境内4个尾矿库基础信息核实和调查工作。三是严厉打击固体废物倾倒违法行为。四是完成《元谋县农村生活污水治理专项规划》编制。五是有序开展排污许可证核发工作。完成9家医疗单位名录核实工作；完成2020年必须核发排污许可证33个行业的清理整顿工作。六是完成危险废物申报登记54家，共产生危险废物17188.5047吨，其中，自行处置0.30吨、委托利用6.68吨、委托处置17184.5497吨、贮存0.972吨。

环境监察。2020年，共出动执法车辆90台次，组织环境执法人员330人次，对全县153家企业进行环境监察，共排查出环境问题172个，针对企业提出整改措施220个，发放责令改正环境违法行为通知书6份，对涉及环境违法的3家企业作出行政处罚，罚款金额6.9万元。派出执法人员18人次参与县砂石资源开采秩序联合执法及胶筐厂联合执法排查专项整治活动，检查买卖砂点28个，胶筐厂15个，排查问题30个，提出整改措施30个。派出执法人员51人次对18家废旧品收购站进行环境监察，提出整改措施20条；对10个乡镇生活垃圾存放点进行检查，交办整改问题7个。

环保信访。全年办理政协提案交办件3件，办结率100%。全年回复检察院的建议书5件。受理人民群众来信来访、"12369"投诉、上级转办、领导批示件投诉污染纠纷共91件，91件投诉污染纠纷案件已经办理完毕，办结率100%。

环保督察反馈问题整改。一是中央环保督察反馈20个问题，完成整改20个。二是省环保督察反馈19个问题，完成整改18个，未完成整改

问题1个。三是中央环保督察"回头看"反馈7个问题，完成整改7个。四是省环保督察"回头看"反馈6个问题，完成整改6个。

环境监测。一是加强环境空气质量监测：环境空气自动站运行正常，环境空气质量优良天数比例达100%。完成酸雨监测工作30余次。二是加强水环境质量监测：完成地表水元谋县金沙江大湾子断面、龙川江江边断面水质监测，完成县城集中式饮用水水源地丙间水库、麻柳水库和农村"千吨万人"饮用水水源地挨小河水库常规项目监测，完成元谋县污水处理厂每季度一次的监督性监测。三是加强声环境质量监测：完成元谋县城市功能区声环境质量监测12个监测点、1152组监测及数据审核，完成县城建成区环境113个点位、城市道路交通23个点位噪声监测及数据审核。

环保宣传。加大生态环境宣传力度，制订了《2021年环境宣传教育工作计划》，精心组织筹划"6·5"世界环境日宣传活动，组织全县32个部门、乡镇、学校、企业紧扣"美丽中国我是行动者"活动主题，开展内容丰富的宣传活动，年内共组织参加集中宣传教育活动12场次、发放环保购物袋、法律法规手册、环保知识手册等各类宣传资料1201份，宣传布标6条，接受现场咨询356人次。

生态环境分局主要领导干部

董　奎　党组书记、局长
李虹苡　党组成员、副局长
张孝德　党组成员、副局长
李金文　党组成员、副局长
严全洪　党组成员、副局长

（撰稿：办公室）

【武定县】　2020年，武定县县城环境空气质量优良率达100%，同比2019年上升2.3个百分点，PM$_{2.5}$浓度均值为16.868微克/立方米，同比2019年上升0.32%，浓度达标率100%。

武定县城4个集中式饮用水水源地（即石门坎水库、麦良田龙潭、石将军龙潭、恕德龙潭）水质达标率为100%。全县土壤环境质量总体稳定。县域100个区域噪声、20个交通噪声昼、夜均达《声环境质量标准》（GB 3096—2008），达

标率为100%。四项污染物控制在州下达目标内，县城污水处理化学需氧量、氨氮削减量同比2019年分别增加17.36%和减少13.6%。各类生态环境保护督察反馈的75项问题完成整改73项，整改率达97.3%，县级层面2020年底前需完成整改事项已全部整改完成。武定县省级生态文明县创建于2020年5月21—28日由省生态环境厅公示待命名。

污染防治攻坚。保卫蓝天，开展蓝天保卫战三年行动，对2019年已关停取缔的12家"散乱污"企业进行跟踪督查及"回头看"，完成3台燃煤锅炉淘汰任务，至此，武定县17台10蒸吨/时及以下燃煤锅炉全部完成淘汰。督促重点行业企业脱硫及除尘改造工程建设，督促全县在建项目建筑施工工地和14家采选厂落实抑尘防尘措施，深入开展油、路、车治理和机动车污染防治，淘汰国Ⅲ及以下排放标准的老旧柴油车92辆，完成任务的103%，建成机动车尾气检测联网系统，全年共检验机动车23144辆，合格率86.46%。对全县非道路移动机械进行摸底调查和编码登记。保卫碧水，18座59个地下油罐改造任务全面完成，编制完成县域农村生活污水治理专项规划和乡镇16个饮用水水源地保护区划定方案，完成武定县2个排污口设置排查整治工作。保卫净土，对行政区域内土壤污染重点行业企业及其空间位置、土壤污染问题突出区域进行了逐一核实，经核实，武定县无污染地块和疑似污染地块。配合州生态环境局完成涉及武定县的2家企业用地调查采样工作。该县12家涉重金属企业减排完成核算评估工作，164家医疗危废产生单位全部实行集中处置。

生态文明建设。编制完成《武定县生态环境空间管控总体规划》，年内实施农村环境综合整治项目3个，组织武定县最后剩余的35个行政村和2个社区成功创建为州级生态村。截至统计时，该县11个乡镇135个村（社区）全部开展生态乡镇和生态村创建申报，申报创建率达100%，已命名为国家级生态乡镇1个、待命名2个、省级生态乡镇6个、待命名5个、州级生态村135个；创建省级"绿色学校"9所、省级"绿色社区"4个，州级"绿色学校"36所，州级"绿色社区"

2个。省级生态文明县创建通过省级验收公示待命名。2020年1月，圆满完成污染源普查工作。生态环境宣传进学校、进企业、进社区、进机关，"6·5"环境日宣传期间，设置咨询台18个，解答群众现场咨询约300余人次，共发放环保购物袋3000个，食盐、围裙、纸杯等物品2000件，展出展板15块、悬挂布标20条，各种知识宣传手册、折页、宣传单18000余份。宣传规格高人数多，党政同责不断提升，公众环保意识不断提高。

生态环境执法监测。一是菜园河、水城河、勐果河3个水质自动监测站于9月通过州级验收，2021年1月13日通过省级验收后与国家联网投入正式运行，对水质9个常规项目进行24小时进行实时监控。完成10家重点污染源企业监督性监测（其中，3家进行加密监测）。完成县城100个区域环境噪声、20个交通噪声每年一次的监测和县城功能区7个监测点每季度一次的监测，上报监测数据672个。全年办理建设项目环境影响评价审批25项，总投资18.44亿元，环保投资4643.28万元，占总投资的2.5%，网上环境影响登记表备案项目200余个、收到建设项目环境保护竣工验收材料15个。208家排污许可发证登记企业、16座尾矿库污染防治相关工作全面完成，10家辐射安全管理单位上报了年度评估报告，4家企业申报开展强制性清洁生产审核，开展环境安全隐患排查和"未批先建""久试未验"建设项目排查，排污许可证后监管、辐射安全监管、危险废物环境执法专项检查等，加大对重点企业监管力度，全年监察企业76家97次，形成监察记录34份，查处环境违法案件5件（其中，移送公安机关采取行政拘留1件），受理环境信访55件，办结率100%。二是严格落实环保督察、长江经济带生态环境保护审计、集中式饮用水水源地环境整治、中央环保督察"回头看"系列整改方案。落实生态环境职能，采用牵头落实、通报等制度切实开展整改工作，推进各项整改工作加快完成。各类交办整改任务75项完成整改74个，整改完成率98.6%。其中，2016年中央环保督察反馈问题20个完成整改20个，2017年省环保督察反馈问题18个完成整改18个，2017年长江经济带生态环境保护审计反馈问题 4 个方面全部完成整改，2018 年中央环保督察"回头看"反馈问题 8 个全部完成整改，中央环保督察"回头看"交办举报件 9 件全部办结，2018 年集中式饮用水水源地环境保护专项行动排查发现问题 7 个全部完成整改，2019 年长江经济带自查问题 1 个完成整改，2019 年省级生态环境保护督察"回头看"反馈意见问题 8 个完成整改 7 个。剩余 1 个问题正在按时序进度推进整改。

疫情防控。外在发力，全力做好新型冠状病毒感染疫情防控全县医疗废物、废水等处置情况监督检查工作，开展疫情应急监测 3 次，设置绿色通道做好行政审批服务，小区值守 20 人/60 次，有效防范外部输入；内强管理，成立疫情防控工作组，落实个人身体健康情况报告、每天体温测量、"绿码出行"、消毒灭菌、舆论宣传和信息报送等工作。

脱贫攻坚。楚雄州生态环境局武定分局 24 名干部职工与 174 户建档立卡贫困户建立了结对帮扶关系，在人少事多的情况下仍按中共武定县委安排"尽锐出战" 4 名驻村工作人员（实职副科 1 名）长期驻村开展工作。2020 年，投入项目资金 28 万元解决了 19 户入户道路硬化和 900 多米机耕路硬化，实现了全村家家户户入户道路硬化全覆盖。在疫情期间筹集资金 5 万元为全体村民购置大米、食用油解决群众生活所需。协调资金 4.6 万元为村委会更新办公设备改善办公条件。安排爱心超市资金 8.6 万元，通过积分兑换物品形式调动群众参与脱贫攻坚和人居环境提升工作。因地制宜，带动实施乡村特色旅游产业、特色农副产品销售等，2020 年，实现旅游收入 340 万元，人均增收 2225 元。带动全村 513 户共种植苹果 1260 亩、核桃 800 亩、板栗 600 亩，实现总产值 78 万元，人均增收 510 元；种植玉米、洋芋、反季蔬菜等实现收入 162 万元，人均增收 1006 元。2020 年出栏肥猪 2000 头、牛 210 条、本地黑山羊 960 只、武定壮鸡 32000 羽。实现产值 147 万元，人均增收 962 元。投资 200 万元实施农村环境综合整治项目 1 个，投资 100 万元建设传统村落环境整治项目 1 个，投资 150 万元建设传统村落保护项目 1 个，实施中低产田改造项目 1 个，投资 200 万元实施了农村抗震安居工程省级示范村项目 1 个，投资 33 万元安装太阳能路灯 60 盏，投资 30 万元安装太阳能杀虫灯 146 盏。通过项目的实施，进一步夯实了发展基础。充分利用危房改造、教育、健康、饮水、民政兜底、金融扶贫等各项政策，落实行业扶贫，真正实现"两不愁三保障"。2020 年，武定县插甸镇水城村委会脱贫出列经国家、省级验收通过。

生态环境分局主要领导干部

李星详　党组书记、局长

晏锦贤　党组成员、副局长

李自辉　党组成员、副局长

张永银　党组成员、副局长

（撰稿：罗景熙）

【禄丰县】 2019 年 2 月，按照《中共楚雄州委办公室 楚雄州人民政府办公室印发〈禄丰县机构改革方案〉的通知》（楚办字〔2019〕16 号）精神，组建成立楚雄州生态环境局禄丰分局，作为楚雄州生态环境局的派出机构和禄丰县人民政府组成部门，不再保留禄丰县环境保护局，下设禄丰县生态环境保护综合行政执法大队、楚雄州生态环境局禄丰分局生态环境监测站两个事业单位，其中禄丰县生态环境保护综合行政执法大队为参公管理事业单位。

环境保护规划编制。立足禄丰县经济社会发展动态和生态环境特征，"多规合一"科学编制和完善生态文明建设规划，编制完成《楚雄州禄丰县生态环境保护"十四五"规划》，成为禄丰县在"十四五"时期生态文明建设和环境保护的重要纲领和指南，并在实施生态文明建设中，坚持以生态文明建设规划为基准，统筹推进各项生态建设工作。编制完成《禄丰县西河水库饮用水水源地环境保护区划》《禄丰县东河水库饮用水源地环境保护区划》，组织协调西河水库饮用水源地环境保护规划保护区跨境（武定、元谋）工作。《禄丰县 7 个"千吨万人"饮用水源地环境保护区划》通过省生态环境厅审批并获得批文。按照《云南省县级农村生活污水治理规划编制指南（试行）》于 2020 年 6 月编制完成《禄丰县农村生活污水治理专项规划（2020—2035）》并由县人民政府发布实施。组织全县1547个自然村对农村生活污水治理信息进行统计，及时上报了生活污水现状表及治理需求计划。截至2020年12月，全县农村污水治理率达到54.17%（其中，有效管控率45.12%），远超云南省农村人居环境整治三年行动中"二类县完成生活污水治理的自然村比例达到20%"的考核目标。

深化生态文明体制改革。深入推进生态文明体制改革，切实贯彻落实《云南省各级党委政府及有关部门环境保护工作责任追究办法（试行）》，确保生态环保"党政同责、一岗双责"，明确各级各部门的环境保护工作责任，有力提升全县环境保护工作水平。2020年8月，县委、县人民政府印发《禄丰县生态环境损害赔偿制度改革实施方案》，建立健全环保责任追究制度、环境损害赔偿制度、资源有偿使用机制和生态补偿机制。

绿色创建。紧紧围绕打造全省生态文明建设先行示范区推进生态环境保护，统筹推进生态创建、绿色系列创建。截至2020年12月，金山镇、一平浪镇、和平镇、黑井镇等13个乡镇已获得省级生态乡镇命名；全县165个行政村100%获得州级生态文明村命名。全面推进省级生态文明县创建，2020年10月16日，技术报告已通过省生态环境厅预审，待省人民政府命名。截至2020年底，全县共有省级"绿色学校"7所，州级"绿色学校"8所，省级"绿色社区"1个，省级环境教育基地2个，州级环境教育基地2个。

大气污染防治行动。狠抓重污染行业过剩产能退出，推进工业重点污染源、挥发性有机污染和加油站、储油库、油罐车油气回收治理，建立健全非道路移动源污染管控库，加强城市扬尘和小微企业分散污染源监管整治，加大工业片区环境空气质量控制力度，减少工业企业废气对城市及周边居民的影响。扎实落实机动车尾气排放定期检验制度，建设了机动车尾气排放监管平台多级联网项目，实施联防联控机制。

采取有效措施管控县城区扬尘污染影响，自2020年3—12月，持续开展对县城区所有在建的房屋建筑和市政基础设施工程、穿越城区货运车辆、县城区建材市场、开展扬尘防治专项检查；

同时，以加大县城区街道清扫保洁力度和洒水作业频次、入城货车增设洗车点、对城郊公路加大日常养护和损坏路段修复频次等措施同步治理城区扬尘。以督促德钢、煤化工加强物料存储管理、加大出入车辆清洗力度、加大厂区及周边清扫力度、加强物料输送管理、加强生产工艺升级管理等措施进一步对县城区重点企业厂区扬尘增强管控，齐头并进加强长田收费站至入城广场沿线企业扬尘整治及县城区周边砂石矿山扬尘管理，规范砂石料运输行为。

水污染防治。2020年度，持续加强对饮用水源的监测力度，对城区饮用水水源地中村大滴水水库水质和县城区备用饮用水水源地东河水库每个季度监测1次，对辖区内14个乡镇17个饮用水源点进行每年监测1次，联合武定县对禄丰城区集中式饮用水水源地（西河水库）上游工业污染源进行了现场检查，对所存在的问题及隐患提出了整改要求。黑井大树村水质自动站、勤丰关山场水质自动站于2020年3月动工，10月，验收投入使用，监测过程全部自动化、数字化，并连接至上级监测网络。通过对龙川江、北甸河断面水生态环境质量状况进行24小时监测，水质自动站的建成进一步提升禄丰县水质自动监测预警能力，为打好打赢污染防治攻坚战提供重要支撑。

土壤污染防治。按照《禄丰县土壤污染防治工作方案》严格环境准入把关，防止新建项目对土壤造成污染，将建设用地土壤环境质量要求纳入用地管理，切实做好土壤风险管控、污染防治，有序推进土壤污染治理与修复，建立了3个疑似污染地块信息系统和重点污染源周边和问题突出区域土壤状况信息库。2020年度，进一步严格执行危险废物联单转移制度，共办理了642个危险废物移出、移入审批手续，做到"每车一单"管理，有效防范危险废物污染土壤环境，全县土壤污染加重趋势得到初步遏制，土壤环境质量总体保持稳定，土壤环境风险得到基本管控。进一步规范了医疗废物申报登记、危险废物网上申报和管理工作，2020年，禄丰县共产生医疗废物189.32吨，其中，186.78吨感染性及损伤性医疗废物由楚雄亚太医疗废物处置有限公司集中处置，2.54吨病理性废物由禄丰县殡仪馆焚化处置，集中处置率达 100%。

农村环境综合整治。全县共完成农村环境综合整治项目 21 个，全部满足生活污水处理率到达 60% 以上；生活垃圾无害化处理率到达 70% 以上；畜禽粪便综合利用率到达 70% 以上；饮用水卫生合格率到达 90% 以上 4 项指标，对全县农村综合整治工作起到了较好的试点示范作用。

污染减排。继续从抓污染治理促减排、抓环评把关促减排、抓监测监控促减排三个方面入手，圆满完成了污染物总量减排任务。2020 年，云南德胜钢铁有限公司烧结烟气脱硫装置管理减排项目综合脱硫系统投运率 100%，综合脱硫效率达 95.7%；楚雄德胜煤化工有限公司球团烟气脱硫管理减排项目综合脱硫系统投运率 100%；综合脱硫效率达 98.6%。禄丰县污水处理厂共处理生活污水 582 万吨，日均处理量为 1.59 万吨；进水 COD 浓度为 211.04 毫克/升，进水氨氮浓度为 23 毫克/升，出水 COD 浓度为 20.85 毫克/升，出水氨氮浓度 1.11 毫克/升，2020 年减排 COD 1106.9 吨、氨氮 127.4 吨。超额完成了楚雄州生态环境局下达的比 2013 年下降 13% 的重金属减排任务，禄丰县重金属减排量为 678.18 千克，比 2013 年下降 62.5%。

各级环保督察问题整改。各项反馈问题整改取得实效，中央环保督察及"回头看"、省级环保督察及"回头看"、长江经济带生态环境保护审计、集中式饮用水水源地环境整治、长江经济带警示片披露、长江经济带生态环境自查等问题整改列入重点项目、重要工作挂图作战、高效推进、全面落实，全县各类交办整改任务 111 项完成整改 108 项。

环评审批。2020 年，共完成环评审批项目 46 个，项目总投资 240488.43 万元，其中，环保投资 5506.93 万元。办理环境影响登记表备案 150 个，项目总投资 30.7926 亿元，其中，环保投资 1.9683 亿元；办理排污许可证预审函 76 个，共计受理承诺件 359 件，公共服务事项 150 件，其他事项 2413 件，按时办结率 100%，按时完成行政审批网上办件率 90% 以上，投资项目提速率 80%。

核与辐射安全。全县辖区内 20 枚铯-137（137Cs）、1 枚氪-85（85Kr）放射源、30 台在用三类医用射线装置及 2 台在用工业用射线装置合法合规在受控范围内使用。

环境执法监管。2020 年，全县范围内共制作下发现场监察记录 142 份，出动执法人员 426 人次，发出环境安全隐患问题整改通知 36 份。中高考期间对环境噪声污染源开展巡查及对考点及考生住宿区周围环境噪声进行管制 10 余人次。对采砂石行业开展现场检查 40 余次，制作现场检查记录并送达《履行生态环境保护责任的提示告知书》48 份，严格督促采砂石厂履行生态环境保护主体责任。2020 年，共立案查处环境违法行为 7 起，处罚款 82.465 万元。办理《环境保护主管部门实施查封、扣押办法（环境保护部令 29 号）》案件 1 件。办理涉嫌环境犯罪移交案件 1 件。办理不予行政处罚案件 1 件。

环境应急管理。2020 年，共办理各类群众来信、各级转办、来访及网上平台举报、"12369"投诉、楚雄治理通等信访、举报件 120 余件；开展楚雄隆基硅材料有限公司切割液事故性泄漏事件和彩云镇樟木箐自然保护区地表水油污事件处置等突发事件环境应急处置 6 次，科学有序处置了突发环境事件。全年共完成突发环境事件应急预案备案 35 个。

环境监测。2020 年，禄丰县环境空气自动站全年共运行 365 天，有效天数 361 天。空气质量状况优 225 天，良 136 天，优良率 100%。总体来看，县城环境空气质量相对较好，能达到适宜生活的标准要求。2020 年，完成城区饮用水水源地水质月监测 4 次，省控断面螺丝河桥、小江口地表水月监测 12 次，出境断面勤丰北甸河水质监测 12 次、龙川江出境断面各 12 次。经综合分析评价，监测结果表明：饮用水水源中村西河水库水质符合国家集中式饮用水水源 II 类水质要求；星宿江国控断面水文站、省控点螺丝河桥、小江口水质符合云南省地表水功能区划要求的 IV 类水质要求，广通河基本达到云南省地表水功能区划要求的 IV 类水质要求，北甸河水质已有较大改善。2020 年，对 101 个区域环境噪声监测点进行监测，禄丰县区域环境噪声昼间平均等效声级为 51.7 分贝，区域环境噪声总体水平等级为二级（较好）。道路交通噪声昼间平均等效声级为 62.6 分贝，道路交通噪声强度等级为一级（好）。

生态环境分局主要领导干部

何于胜　党组书记、局长（—2020.05）

贾进辉　党组书记、局长（2020.09—）

龚青云　党组成员、副局长

冯继科　党组成员、副局长

杨　耀　党组成员、副局长

杨　俊　党组成员、副局长

（撰稿：刘诗园）

红河哈尼族彝族自治州

【工作综述】　2020年，在省生态环境厅的精心指导下，红河州生态环境系统坚定不移贯彻落实习近平生态文明思想，切实提高政治站位，坚决扛起生态环境保护政治责任，以生态文明建设引领红河高质量跨越式发展，按照"保护优先、发展优化、治污有效"的工作思路，全面加强生态环境保护工作，坚决打好污染防治攻坚战，不断改善环境质量。红河州生态环境局被国务院污染源普查领导小组办公室通报表扬为"表现突出的集体""固定污染源排污许可全覆盖表现突出集体"；被省生态环境厅通报表扬为"先进单位"；2020年，红河州环境行政处罚案卷质量评查在全省排名第1；全州13个县市全部创建为"中国天然氧吧城市"，红河州成为全国第一个"天然氧吧州"，全国第二个"天然氧吧城市"。

【主要河流水环境质量】　2020年，红河州境内南盘江水系、元江（红河）水系18条主要河流的31个监测断面的监测结果为：水质优符合Ⅰ~Ⅱ类标准的断面14个，占45.2%；水质良好符合Ⅲ类标准的10个，占32.2%；水质轻度污染符合Ⅳ类标准的6个，占19.4%；水质中度污染符合Ⅴ类标准的0个；水质重度污染劣于Ⅴ类的1个，占3.2%。水质优良的断面24个，优良率77.4%。根据《红河州地表水水环境功能区划（2010—2020年）》要求，31个断面中，水功能达标的断面有29个，占93.5%。

【湖泊（水库）水环境质量】　2020年，全州开展湖泊（水库）水环境质量监测的有：异龙湖、长桥海、大屯海、个旧湖、北坡水库和三角海6个湖泊共8个监测点中，监测结果为：水质优符合Ⅰ~Ⅱ类标准的0个，水质良好符合Ⅲ类标准的0个，水质轻度污染符合Ⅳ类标准的1个，占12.5%，水质中度污染符合Ⅴ类标准的3个，占37.5%，水质重度污染劣于Ⅴ类的4个，占50.0%。水质优良0个，优良率0%。8个监测点水质均未达到《红河州地表水水环境功能区划（2010—2020年）》要求，达标率为0。

【城镇饮用水主要水源地水环境质量】　2020年，红河州22个城镇饮用水水源地水环境质量保持良好。按照《地表水环境质量评价办法（试行）》（环办〔2011〕22号）评价，22个城镇饮用水水源地水环境质量均达到或优于Ⅲ类标准，其中水质符合Ⅰ~Ⅱ类标准的14个，占63.6%；符合Ⅲ类标准的8个，占36.4%。

【大气环境质量】　2020年，红河州城市环境空气质量优良天数比例增高，13个县市政府所在城市年度环境空气质量均符合国家环境空气质量二级标准，全州平均优良天数比例为98.9%。其中，蒙自市有效监测366天，优良天数357天，优良率97.5%；个旧市有效监测358天，优良天数350天，优良率97.8%；开远市有效监测天数352天，优良天数350天，优良率99.4%；建水县有效监测351天，优良天数342天，优良率97.4%；石屏县有效监测360天，优良天数359天，优良率99.7%；弥勒市有效监测356天，优良天数353天，优良率99.2%；泸西县有效监测358天，优良天数358天，优良率100.0%；河口县有效监测360天，优良天数360天，优良率100.0%；屏边县有效监测356天，优良天数354天，优良率99.4%；金平县有效监测358天，优良天数351天，优良率98.0%；元阳县有效监测356天，优良天数356天，优良率100.0%；红河县有效监测354天，优良天数354天，优良率100.0%；绿春县有效监测353天，优良天数345天，优良率97.7%。

【降水和酸雨】 2020 年，红河州开展降水和酸雨监测的有：蒙自市、开远市、个旧市和弥勒市，其中：蒙自市市区降水 pH 平均值 7.07，全年无酸雨出现；个旧市市区降水 pH 平均值 5.41，酸雨出现频率 18.5%，酸雨 pH 平均值 4.80；开远市市区降水 pH 平均值为 6.92，全年无酸雨出现；弥勒市市区降水 pH 平均值为 6.82，全年无酸雨出现。

【声环境质量】 2020 年，红河州开展区域声环境监测的县市有蒙自、个旧、开远、弥勒，城市声环境质量总体良好，蒙自市昼间等效声级平均值为 50.5 分贝；开远市昼间等效声级平均值为 52.3 分贝；个旧市昼间等效声级平均值为 53.7 分贝；弥勒市昼间等效声级平均值为 50.9 分贝，4 个城市功能区昼间等效声级平均达标率 100%。全州开展功能区环境噪声质量监测的有：个旧市、开远市、蒙自市和弥勒市，蒙自各类功能区昼间、夜间等效声级年均值达到相应功能区噪声标准要求，各类功能区瞬时值略有超标；个旧市除四类区的夜间等效声级年均值出现超标外，其余各类功能区昼间、夜间等效声级年均值达到相应功能区噪声标准要求，一、二、四类功能区时段值略有超标；开远市各类功能区昼间、夜间等效声级年均值达到相应功能区噪声标准要求，其中二类功能区瞬时值略有超标；弥勒市各类功能区昼间、夜间等效声级年均值达到相应功能区噪声标准要求。

【生态文明体制改革】 2020 年，红河州及 13 县市均成立生态环境保护委员会，进一步明确各级各部门生态环境保护职能职责。完善法律体系，颁布实施《红河哈尼族彝族自治州大屯海长桥海三角海保护管理条例》《异龙湖保护管理条例》《红河州生态环境损害赔偿制度改革实施方案》等，同时制定相应实施办法确保落实。不断深化生态文明体制改革，进一步落实生态文明体制"1+6"改革方案，搭建"四梁八柱"建设美丽红河，加快推动建立最严格的环境保护制度。

【生态文明创建】 2020 年，红河州积极推进生态创建工作，石屏、屏边、泸西、开远、元阳、河口 6 个县市创建省级生态文明县市通过省级验收，蒙自、弥勒、建水、绿春、红河、金平 6 个县市创建省级生态文明县市通过州级验收。全州启动国家级生态文明示范州的申报工作。开远市、石屏县启动"绿水青山就是金山银山"实践创新基地创建工作，河口县启动国家生态文明建设示范县创建工作。

【自然与生态保护】 2020 年，红河州着力加强自然保护区监管，切实加强生物多样性保护工作，积极做好《生物多样性公约》第十五次缔约方大会展览展示相关工作。制定印发《"绿盾 2020"自然保护地强化监督红河州工作方案》，全州 9 个自然保护区存在的问题均得到整改。涉及整改问题 11 个（其中，"绿盾"自然保护地违法违规问题 8 个，自然保护区小水电清理整改问题 3 个）。经认真梳理核查，涉及问题已完成整改。

【行政审批】 2020 年，红河州进一步深化"放管服"改革，认真落实"六个一"行动，在建设项目审批上坚持一手抓管理，一手抓服务。进一步完善政务服务办事指南，推进"马上办、网上办、一次办"改革，完善绿色审批通道，真正为经济发展服务，力求减少环节、减少程序，加快工作节奏，提高办事效率，真正做到方便群众办事，服务群众办事。完成建设项目环境影响评价审批 155 项，总投资 194 亿元。积极配合省生态环境厅完成建设项目环境影响评价文件预审工作 2 项，协助环境影响评价单位开展环评工作，出具建设项目执行环境标准确认函 7 项。

【排污许可】 2020 年，红河州认真做好固定污染源排污许可清理整顿和排污许可发证登记工作。制定印发《红河州固定污染源排污许可清理整顿和 2020 年排污许可发证登记工作实施方案》，按照完成覆盖所有固定污染源的排污许可证核发工作目标，形成共计 3851 家固定源基础信息清单，33 个行业清理整顿发证登记企业 1528 家。完成排污许可证发证 280 张，登记企业 2165 家，管控大气污染物排放口 1036 个、水污染物排放口

106个。

【政务信息】 2020年，红河州认真做好生态环境保护信息编辑发布工作。全州共收集到各县市、各部门上报信息52条，红河州生态环境局"两微"平台分别采用信息21条、42条，被省生态环境厅采用转发信息5条。2020年，微博平台发布信息2194条，微信平台发布信息1253条。

【环境宣传教育】 2020年，红河州认真组织开展"6·5"环境日大型宣传活动。围绕州委提出的"保护优先、发展优化、治污有效"的工作思路，为坚决打赢"6个标志性战役"，抓实环保督察整改，提升生态环境治理能力，让绿水青山就是金山银山的理念得到深入认识和实践。州生态环境局与州文明办、州教育体育局、团州委、州妇联、州法院、林草局、蒙自分局联合举办法制宣传活动，为群众宣传生态环境保护法律法规和环保科普知识。向过往群众发放宣传单、宣传册33000余张，环保购物袋等宣传物品3600余个，海报1008张；充分调动和鼓励广大市民了解环保、支持环保、参与环保的积极性和主动性。

【计划与投资】 2020年，红河州紧紧围绕国家相关政策和环保工作重点，积极主动向省生态环境厅汇报工作情况，不断加强项目储备工作，全力争取项目资金支持，争取上级补助到位资金18189万元，其中中央环保专项资金13589万元；省级环保专项资金2100万元；州级环保专项资金2500万元。

【大气环境治理】 2020年，红河州持续推进蓝天保卫战，加强城市扬尘综合治理，常态化抓好建设工地扬尘管控，围绕施工工地、停车场、道路等重点区域开展排查。抓好大气主要污染物总量减排工作。全面完成2019年度大气约束性指标任务，经省级考核为优秀。二氧化硫、氮氧化物排放总量分别为12.5240万吨、4.2119万吨，与2019年相比减排比例分别为0.61%、0.14%。抓好蓝天保卫战重点攻坚任务落实。完成67台10蒸吨/时及以下燃煤锅炉淘汰任务，累计淘汰10

蒸吨/时及以下燃煤锅炉91台。排查"散乱污"企业203家并全部完成整治。新注册登记柴油车辆排放检验合格率99.3%。13个县市全部完成高排放非道路移动机械禁止使用区域划定并公布实施。滇南中心城市蒙自、个旧、开远环境空气质量优良率分别保持97.5%、97.8%、99.4%。

【水生态环境治理】 2020年，红河州着力推进碧水保卫战，打好以异龙湖为重点的河（湖）库水污染综合防治攻坚战。《异龙湖流域水环境保护治理"十三五"规划》29个项目已全面完工，累计完成投资13.52亿元，项目完工率100%，排云南省九大高原湖泊前列。2018年11月以来，全湖平均水质已达V类。整改完成省委第一巡视组对异龙湖保护治理机动巡视反馈的16个问题。按照"划、立、治"规范化管理要求，完成134个集中式饮用水水源地保护区（"千吨万人"水源地32个、其他乡镇级饮用水水源地102个）划定工作，划分保护区面积518.40平方千米。组织开展城市集中式生活饮用水水源地水质监测信息公开工作，实现城市集中式生活饮用水水源地水质信息网络公开。12个"千吨万人"饮用水水源地38个问题全部完成整治整改。认真开展农村生活污水综合治理，制定《红河州农村生活污水治理排查实施方案》，农村生活污水治理率为38.77%，有效管控率为32.14%，13个县市已全部达标。进一步规范入河排污口的分类处置、审批和管理，完成223个入河排污口信息公示牌的制作设立。

【土壤环境及固体废物治理】 2020年，红河州稳步推进净土保卫战，打好个旧等地区固体废物及重金属污染防治攻坚战。坚持严控增量、减少存量，完成"清废行动"40个部级挂牌点位和82家工业固体废物堆存场所整治。完成纳入第一阶段涉镉等重金属重点行业企业污染源排查整治工作清单的69家污染源整治。组织开展重点行业企业用地土壤污染状况调查，完成589个重点行业企业地块信息采集工作。建立红河州"污染地块土壤环境管理系统"，纳入疑似污染地块共61个。

【环境执法】 2020年，红河州强化重点领域现场执法检查，严查严处百姓反映强烈、影响群众健康和环境安全的环境违法行为。切实做到超标排污不停、行政处罚不止，对环境违法行为"零容忍"，不断提升铁腕治污力度。全州立案并下达行政处罚决定书224件，处罚金额共计1514.3499万元，移送公安机关行政拘留案件16件。

【核与辐射安全监管】 2020年，红河州根据《环境影响评价法》《建设项目环境影响评价分级审批规定》《放射性同位素与射线装置安全和防护条例》等规定，严格按照审批程序和办理时限开展工作；共受理辐射安全许可证104家，办理完成76家，其中，新申领15家，重新申领27家，延续换证15家，变更13家，注销5家。开展核技术利用单位工作场所安全现场检查，杜绝辐射污染事故发生。全州辖区共有249家核技术利用单位，其中，放射源使用单位18家，共62枚放射源（Ⅰ类1枚，Ⅳ类32枚，Ⅴ类29枚）。射线装置使用单位234家（3家同时为放射源使用单位）。

【环保督察问题整改】 2020年，红河州积极推进各级环保督察反馈问题整改。中央环境保护督察反馈问题共39项，已完成整改39项，组织验收35项；督察期间受理的49件信访件已全部办结。中央环境保护督察"回头看"及高原湖泊环境问题专项督察反馈问题共20项，已完成整改20项，组织验收19项；督察期间受理的121件信访件已全部办结并完成组织验收。省级环境保护督察反馈问题共37项，已完成整改36项，1项正有序整改，组织验收26项；督察期间受理的97件信访件已全部办结。省级环境保护督察"回头看"反馈问题共31项，已完成整改22项，9项正有序推进，组织验收7项；督察期间受理的112件信访件已全部办结。

【生态环境信访】 2020年，红河州认真做好"12369"环保热线、环保微信举报平台及污染投诉的查处工作，加大对环境举报案件的查处力度。共接到各类环境信访件1146件，立案查处1041件，立案率90.8%，不受理105件（非环保部门职能类或重复投诉）。结案1028件，结案率98.8%。水污染115件，大气污染484件，噪声356件，固废22件，其他64件。重大节假日期间及全国、省"两会"期间红河州未发生因环保领域问题导致的社会群体性事件。

生态环境局主要领导干部

李悦江　党组书记、局长

刘　梅　党组成员、副局长

陈志远　党组成员、副局长

张　嫦　副局长

（撰稿：李　松）

【蒙自市】 2020年以来，在红河州生态环境局及市委、市政府的正确领导下，紧紧围绕习近平总书记考察云南时提出的"努力成为生态文明建设排头兵"的战略定位目标，深入贯彻落实习近平生态文明思想，贯彻落实全国、省、州生态环境保护大会精神，牢固树立"绿水青山就是金山银山"的绿色发展理念，把生态文明建设贯穿于经济发展的各方面和全过程，持续推动生态文明建设、加强环境保护的重大决策部署落地见效，以改善环境质量为目标，积极推进全市生态文明建设，大力实施大气、水、土壤污染防治行动计划，着力解决影响和损害群众健康的突出环境问题，努力开创环境保护工作新局面。2020年，红河州生态环境局蒙自分局按照要求设7个内设机构：办公室、综合科、法规宣教科、规划财务科、自然生态保护科、水和土壤生态环境科、大气环境科；下属事业单位有蒙自市生态环境执法大队和蒙自市生态环境执法监测站，全局共有干部职工32人。

空气质量状况。按照《环境空气质量标准》（GB 3095—2012）、《环境空气质量评价技术规范（试行）》（HJ 663—2013）和《城市环境空气质量排名技术规定》评价，2020年1月1日至12月31日有效监测天数366天，其中，优为254天（占比69.4%），良为103天（占比28.1%），轻度污染为7天（占比1.9%），中度污染为2天（占比0.6%），优良率97.5%。同比2019年优良率保持不变。SO_2 平均值 12 微克/立方米，同比下降 14.3%；NO_2 平均值 9 微克/立方米，同比下降 10.0%；PM_{10} 平均值 34 微克/立方米，同比下降 10.5%；$PM_{2.5}$ 平均值 26 微克/立方米，同比保持不变，CO 第 95 百分位数 0.9 微克/立方米，同比保持不变；O_3 日最大 8 小时 90 百分位数 116 微克/立方米，同比下降 13.4%。全市环境空气质量达到国家二级标准。

水环境质量状况。根据红河州生态环境局地表水质量环境监测情况通报蒙自市 2020 年水环境质量情况：五里冲水库水质均为 II 类（达标），菲白水库水质 III 类，长桥海水质因施工暂停评价，南湖水库水质为 V 类。

生态环境状况。按照县域生态环境质量考核目标要求达"基本稳定"或"基本稳定"以上。根据蒙自 2020 年监测结果：蒙自 2020 年生态环境属于"基本稳定"。

环境风险状况。按照年度责任目标要求，辖区内不能发生较大以上突发环境事件，实行生态环境保护"一票否决"制。到统计时，全市危险废物产生单位 204 家，纳入管理的使用放射性装置单位 40 家，放射源使用单位 1 家，危险废物和辐射安全总体可控。2020 年，全市未发生环境污染事故。

开展生态创建。2020 年来，积极开展生态创建工作。全市已经成功创建 9 个省级生态乡镇；蒙自市省级生态文明乡镇占比达到 81.81%；文澜镇、新安所镇、草坝镇、芷村镇 4 个乡镇创建国家级生态文明乡镇资料已提交省生态环境厅。2020 年，共计创建 8 所省级"绿色学校"，5 个省级"绿色社区"，17 所州级"绿色学校"，78 个村委会和 15 个社区被命名为"州级生态村（社区）"，同时，蒙自市全面启动省级生态文明市创建工作。规划为引领，持续推进生态文明建设工作。

大气污染联防联治行动。2020 年，根据《红河州打赢蓝天保卫战三年行动计划实施方案》的要求，扎实开展蒙自市大气污染联防联治行动。积极开展大气污染联防联治行动。按照《滇南中心城市核心区环境空气质量联防联治应急响应措施》市级各部门各司其职开展工作。发出《关于蒙自市大气环境综合治理巡查情况的通报》5 次，

涉及整改问题 48 个。派发《蒙自市大气污染防治专项督察反馈问题整改白色责任单》32 份，涉及 13 个乡镇（街道）、9 家单位、10 家企业共 74 个问题；深化工业污染治理。扩大重点污染源监控范围，将蒙自市重点企业纳入重点监控，督促安装自动在线监控设施；启动钢铁行业超低排放改造计划；加大环境监察力度，对重点企业在线数据以及物料堆放扬尘治理措施情况进行检查，对蒙自市重点工业企业中根据行业类别开展无组织排放治理工作，降低粉尘污染。同时，开展重点区域企业综合治理。制定《雨过铺片区工业企业综合治理方案》，深入排查企业存在环境污染的问题，确保片区工业企业达标排放。强化高污染禁燃区管控。按照已划定的面积为 18.3 平方千米高污染禁燃区的工作要求，2020 年完成高污染禁燃区管控区内 10 蒸吨/时及以下 48 台燃煤锅炉拆除整改工作。2020 年来，开展高污染禁燃区专项宣传 10 次，146 家经营场所，发放资料 3000 余份。开展辖区内非道路移动机械摸底调查登记工作。召集相关部门召开商讨会，分解任务，在非道路移动机械摸底调查登记系统已注册 90 余辆。秸秆综合利用。督促辖区内 13 个乡镇（街道）制订完善秸秆禁烧工作方案，均与所属的村（居）委会签订秸秆禁烧责任书，层层压实禁烧任务。开展工业炉窑治理行动。根据相关文件要求，积极开展工业炉窑治理行动。2020 年 12 月，已完成企业改造煤气炉使用清洁能源 1 家，完成工业炉窑治理工作 3 家，准备验收；淘汰 1 家企业冲天炉；同时督促辖区内 5 家隧道窑砖厂开展无组织排放治理；实施挥发性有机物专项整治工作。通过前期辖区内化工、工业涂装、包装印刷等重点挥发性有机物排放工业企业的排查，共有企业 8 家，根据上级有关文件要求建成区范围内的企业必须变迁。制定《蒙自市机动车维修业挥发性有机物污染专项整治工作方案》，对 3 家 4S 店执法检查，并根据违法情况对 2 家 4S 店各处罚 1 万元，并督促 3 家 4S 店新装、更换活性炭装置并建立运行台账；印发《关于开展机动车维修行业挥发性有机物（VOCs）污染专项检查的通知》，联合交通运输局对全市 83 家有烤漆房的机动车维修企业进行全面检查和政策的宣传，确保整治工作落实到位。

水污染防治行动。2020年，加强饮用水水源地保护工作。完成五里冲水库集中式饮用水水源地环境状况评估，保护区划分、标志设置、一级保护区隔离防护工程等指标完成率均为100%，综合评估得分100分；积极推进"千吨万人"饮用水水源地保护区划定工作，2020年，蒙自市已经编制完成了鸣鹫镇"千吨万人"以及其余5个乡镇6个饮用水水源地保护区划方案，并获得云南省生态环境厅批复。加强入河排污口规范设置和监管。每月对依法审批的2个排污口、重点生产企业污水产排、水源保护地等开展检查，共出动执法人员160人次。推进农村污水治理工作。已完成《蒙自市农村生活污水治理规划》编制，300个自然村完成农村生活污水治理，污水治理率为43.35%，治理率达到二类县市20%的考核要求；全市建有污水处理设施5个，正常运行的有5个，正常运行率为100%；2020年已完成农村环境综合整治项目20个。农村生活污水管控率35.55%。强化工业污染防治。认真开展工业园区污水处理设施整治专项行动，其中，蒙自经济技术开发区存在2个管网不完善问题，现已完成整改并通过竣工验收。加强新型冠状病毒感染疫情医疗污水、城镇污水及集中式饮用水水源地环境监管，严防污染扩散和保障饮水安全。按照《新型冠状病毒污染医疗污水应急处理技术方案》（试行）有关要求加强污水处理设施运行管理，强化消毒灭菌，对污水外排口开展水质监测，确保污水达标排放。截至统计时，共开展检查15次，检查点位34件次，发现问题15个，报送日调度信息51期。

土壤污染防治行动。2020年，大力开展固体废物整治工作。编制《蒙自市涉镉等重金属重点行业企业排查整治工作计划》《蒙自市工业固体废物堆存场所环境整治工作方案》。整治企业6家，7个问题。完成6个排查整治方案的编制，实施整治工作企业5家；落实重点重金属减排指标和措施。严格按照重点行业重点重金属排放量较2013年削减不低于7.8%的要求进行重金属管控。全面排查涉镉等重金属重点行业企业，建立全口径涉重金属行业企业清单；进一步优化涉重金属行业的空间布局，积极推进"蒙自矿冶有限责任公司含锌重金属矿井涌水治理回用工程""冶炼行业烟气制酸废稀酸资源化利用协同减排重金属污染物新技术示范工程"等重金属减排项目建设。明确淘汰云南省蒙自电镀厂落后产能等减排措施和工程。核算蒙自市重金属减排工作，2020年，完成削减17.46%。稳步推进重点行业企业用地土壤污染状况调查。贯彻落实《云南省重点行业企业用地土壤污染状况调查工作方案》，已完成州局确定3家重点行业企业的用地详细调查工作。积极治理污染地块。土壤污染防治法实施以来，全市有疑似污染地块6块，完成土壤污染初步调查6块，正在调查1块，确定已修复治理污染地块1块，不需要治理4块；稳步推进工业固体废物堆存场所环境整治工作。完成了"蒙自铿实墙体材料有限公司"和"蒙自矿冶有限公司阿尾尾矿库"堆存场所环境整治问题，并通过州级验收。完成个旧市移交的3个工业固体废物堆存场所的安全管控工程。争取项目资金治理污染地块。云南蒙自果园土壤污染治理修复示范一期项目总投资3000万元。2020年12月，项目主体工程已完工，投入资金2048万元，已经完成《云南蒙自果园土壤环境质量调查与风险评估项目》验收并通过项目验收。

强化项目和实施。2020年，正在实施蒙自市长桥海水库扩建工程及"两河"水生态治理PPP项目、五里冲水库二级保护区综合治理移民避险解困搬迁项目、云南蒙自果园土壤污染治理修复示范一期项目、庄寨水库环库污水治理工程等一批环境保护项目。2020年，计划争取中央及省级项目4个，分别是：红河州蒙自市西北勒乡整乡推进农村环境综合整治项目，计划项目总投资612.63万元；红河州地级市集中式饮用水水源地五里冲水库水污染防治工程，计划项目总投资22700万元；滇南中心城市蒙自坝区"一海两河"水污染防治项目，计划项目总投资26205万元；云南蒙自果园土壤污染治理修复示范二期项目，计划项目总投资4000万元。

环境执法与监管。2020年，严格执行新环保法，深入开展环保专项行动，严厉打击环境违法行为。持续抓好中央、省环境保护督察"回头看"各项整改、"散、乱、污"企业综合整治、大气污染联防联治巡查、持续抓好"双随机、一公开"

监管等 11 项专项执法监管工作。开展各项环保专项行动期间，共检查企业 318 家次，出动执法人员 954 人次，制止 50 余次秸秆焚烧违法现象。环境信访案件共 146 件，处理完成 146 件。其中，水污染 15 件，大气污染 76 件，噪声污染 50 件，其他 5 件。同时，2020 年共立案查处环境违法案件 26 起，收缴罚款 238.408 万元。

环境风险防控。2020 年，严格执行建设项目环境影响评价制度，严格规范建设项目审批，严格落实"四个一律不批"的政策措施，认真执行"先评价、后建设"制度；强化建设项目环保审查、日常监管和竣工验收工作，认真执行"三同时"建设管理制度。共计完成审批、审查项目 64 项；截至 12 月 31 日，完成网上登记表备案 846 项，总投资 278.45 亿元，环保投资 2.43 亿元，主要涉及房地产、畜禽养殖、餐饮、娱乐、洗浴场所、汽车修理等。同时，督促指导企业完成排污许可申报 78 家，并取得红河州生态局的审核及发证，完成 112 家排污登记备案工作。开展 5 家企业排污许可证年检工作；协助州局对颁发重点企业行业排污许可证 25 家，并开展日常监管。

环保宣传教育。2020 年，面向社会公众开展环保法制宣传教育工作，努力提高广大人民群众的环境保护意识。结合"创建全国文明城市""三下乡""世界水日"等时机，开展内容丰富、多种形式的环保法律法规宣传活动；明确公众在环境保护领域的权利义务，鼓励、支持公众维护自身合法权益、节约资源和保护环境，通过广泛开展环境法律知识宣传，提高全社会依法保护、改善环境的法制意识。累计发放环保袋 3000 余个、环保围裙 3000 余个、环保扇子 600 余把、环保宣传单 3000 余份，累计向 70 余名市民提供环保法律法规咨询。

环境保护督察反馈意见问题整改落实下。2020 年，蒙自市委、市政府不折不扣抓好中央、省级环境保护督察反馈意见问题的整改。蒙自市涉及各级环保督察反馈意见问题共 79 项，目前已完成整改 59 项，达到时序进度且需长期坚持的 17 项。

脱贫攻坚。2020 年，按照国家和省、市、县对贫困户、贫困村进行识别和建档立卡的工作要求。红河州生态环境局蒙自分局在职在编工作人员 32 人严格执行扶贫识别标准，挂钩联系期路白乡的莫别村委会菲扎村和白猛孔村委会松树脚村、大坡脚村、山尖石岩村、大丫口村、烂木桥村、铺基底村、麻栗箐共 8 个自然村的 150 家贫困户纳入帮扶范围。

红河州生态环境局蒙自分局积极推进生态保护脱贫工程。依据工作职责，积极实施生态保护脱贫工程，研究制定"蒙自市期路白苗族乡农村环境连片综合整治工程"项目。工程建设总投资概算 602.87 万元，争取到农村环保专项资金 400 万元，用于挂钩联系的期路白苗族乡移民搬迁点生活污水收集、治理、建设。安排五里冲水库周边 5 个自然村开展农村环境综合整治工作。整治内容主要包括农村生活污水和生活垃圾治理、畜禽粪便综合利用以及饮用水水源地保护等。成立以局党组书记、局长为组长、分管副局长为副组长、局属科室长、环境监察大队大队长、环境监测站站长为成员的脱贫攻坚工作领导小组，下设办公室在局办公室。全面指导全局脱贫攻坚工作。根据工作实际，积极投身脱贫攻坚工作。脱贫攻坚工作制定了考核办法，督促工作落实，并将考核结果纳入局年度考评工作中。积极协助配合宣传《蒙自市完善城乡居民医疗救助制度实施办法》文件精神。结合开展入户走访活动，及时宣传市级新出台的各项优惠政策，确保建档立卡贫困户家喻户晓。将医疗救助优惠的政策宣传落实到位，着力实现贫困群众"病有所医"的目标。开展针对建档立卡贫困户有针对性地开展健康教育活动，努力宣传提高贫困户对慢性非传染性疾病的认识，增强对各类慢性疾病的危险因素和早期症状及预防控制措施的了解，培养健康生活方式行为能力，达到提高健康水平，减少因病返贫的目的。共安排扶贫相关资金 2.8 万余元；安排工作车辆 134 辆次；走访挂钩联系贫困户工作 6 次；参加走访工作人员 296 人次。

生态环境分局主要领导干部

李　强　局长

潘　娟　副局长

姚　强　副局长

杨　率　副局长

金惠英　副局长

（撰稿：刘玥潇）

【个旧市】　2020 年，个旧市深入学习党的十九大精神，全面贯彻习近平生态文明思想，坚持"绿水青山就是金山银山"的绿色发展理念，认真落实国家和省、州党委及政府关于生态文明建设和生态环境保护的系列重大决策部署，按照"保护优先、发展优化、治污有效"的工作思路，坚持精准治污、科学治污、依法治污，坚决打好蓝天、碧水、净土三大污染防治攻坚战和"7 个标志性战役"，不断提高政治自觉和思想自觉，扛起生态文明建设的主体责任。

中央和省级环保督察反馈意见问题整改工作。2016 年，中央环境保护督察整改工作取得阶段性成效，涉及个旧市 18 个问题已全部完成整改；2017 年，省委省政府环境保护督察整改工作顺利开展，涉及个旧市整改任务 26 项已完成 25 项，未达到时序进度 1 项；2018 年，中央环境保护督察"回头看"整改工作有效推动，中央第六环境保护督察组"回头看"现场交办的涉及个旧市主要问题已整改完成，涉及个旧市 8 个问题已全部完成整改。加快推进 2019 年省委省政府环境保护督察"回头看"整改工作，26 件转办件均已办结完毕，13 个问题整改工作已完成 12 项，达到时序进度 1 项。

重金属污染防治工作。扎实推进重金属污染防治项目建设。制定了《个旧市固体废物及重金属污染防治攻坚战作战方案》，明确了辖区内 64 处工业固体废物堆存场所的整治措施，依托大屯工业片区、冲坡哨工业片区、泗水庄工业片区、黑神庙工业片区、八抱树—老虎山工业片区、双河流域、工业固体废物、冶炼废渣重金属等 10 个治理项目，主要通过清运、原位管控等措施对全市约 2700 万吨历史遗留冶炼废渣进行风险管控，项目主体工程已完工。完成了倘甸双河流域耕地土壤环境质量类别划定试点项目，对 42000 亩农用地开展精细化、小尺度土壤质量类别划定，促进农用地安全利用。实施了《个旧市农田土壤污染治理修复技术应用试点项目》等试点示范项目，通过"土壤改良+低累积牧草选育+农艺调控"，

在安全利用的前提下为促进区域农民增产增收提供技术支撑。

大气污染防治工作。贯彻落实《大气污染防治法》和大气污染行动计划，加强工业污染、建筑施工、道路扬尘、非煤矿山、燃煤锅炉等多污染源综合防控；完成 1437 辆黄标车及老旧车辆淘汰任务；完成 13 个结构减排项目和 1 个管理减排项目。开展"散乱污"企业排查整治，取缔关停 7 家涉气污染企业；划定个旧市高污染燃料禁燃区，加强监督管理，进一步改善大气环境质量；开展燃煤锅炉整治，推动工业炉窑除尘设施升级改造，加强对工业挥发性有机物治理，切实落实好国家和省州有关大气污染防治行动计划各项措施。扎实开展滇南中心城市大气污染联防联治工作，及时预警加强防控巡查，2020 年，个旧市城区环境空气质量优良率达到 97.8%，鸡街、沙甸、大屯 3 个重点乡镇、街道环境空气质量优良率分别达到 97.8%、98.6%、98.6%，环境空气质量切实得到有效提升。

水污染防治工作。依托河长制工作不断强化治河护河责任落实，深入开展水体治理保护，加强对水环境监察监测。编制完成《个旧市主城区集中式饮用水水源地突发环境事件应急预案》，为个旧市提供可操作的城区饮用水水源地环境事件应对方案和措施。完成 2 个农村"千吨万人"和 2 个乡镇级饮用水水源地保护区划定，并取得省政府批复。实施了个旧市倘甸双河河道含重金属底泥清淤治理等工程，累计清除含重金属底泥 28 万余立方米，有效削减河道重金属污染负荷，遏制了灌溉造成的土壤污染趋势。加快建设冲坡哨、老虎山冲污水处理厂，对工业片区地表径流进行收集处理，防控工业片区对周边土壤的污染风险。

土壤污染综合防治工作。配合省、州开展土壤污染状况详查，确定土壤污染重点行业企业 162 家，划定详查单元 114 个，核实农用地详查点位 877 个，开展协同调查点位土壤样品的采集和流转 7 个；组织开展重点行业企业用地调查工作，确定土壤污染重点行业企业 165 家，由第三方公司云南有色地质局 308 队开展全市 165 家重点企业用地污染现状调查，辖区内所有重点行业企业用地土壤污染状况调查均已完成；与 14 家重点行业企

业签订了《土壤污染防治责任书》，并督促企业履行有毒有害物质排放控制、土壤污染隐患排查、土壤污染自行监测等义务，并按照规定公开土壤环境监测及监测结果；开展土壤污染综合防治先行示范区建设。《个旧市省级土壤污染综合防治先行区建设方案》已取得红河州生态环境局批复，正在加快推进建设。

强化环境监察监测工作。一是认真组织开展环境监察工作，共出动执法人员 2553 人次，开展现场检查 408 家次，巡查 443 家次，其中联动执法检查企业共 22 家次。行政处罚 34 件，处罚金 241.5 万元。受理各类环境信访事项 213 件，其中"12369"举报热线 128 件；群众来信来电来访 85 件（次）。信访事项处理率 100%，办结率 100%。辖区内未发生特别重大、重大突发环境事件、重金属污染事件和较大突发环境事件。二是全面完成环境监测工作任务，完成环境空气、水质、噪声、土壤等常规监测任务和污染源监督性监测、突发环境事件应急监测等监测任务。全年共出具监测报告 198 份，提供监测数据 2 万余个，完成环境监测统计周报 53 份、月报 24 份、年报 1 份。三是纳入个旧市污染源在线监控平台重点监控企业由上年度的 38 家 59 个排放口，增加至 45 家 69 个排口。共出具日报 163 份，周报 30 份，超标通报 79 份，月报 11 份，季报 3 份，年报 1 份。针对数据异常问题企业共反馈情况报备 1550 份。共检查企业 56 家次，检查排放口 75 个次，发现问题 185 个，均已完成整改。下达企业自查整改通知 20 份，收到企业问题整改报告 78 份。数据传输率由 2020 年 2 月的 78.6%，上升至 12 月份的 99.5%。四是组织危险废物经营单位和产生单位开展危险废物申报工作；督促有关企业制订《2020 年度危险废物管理计划》；督促企业执行危险废物转移联单制度；开展危险废物规范化管理考核工作；组织辖区内的危险废物经营许可证持证单位（含综合经营、医疗废物和收集经营许可证）开展年度危险废物经营情况报送工作；按《红河州环境保护局"十三五"危险废物规范化管理 2017 年度督查考核工作方案》，确定危险废物规范化管理考核单位 50 家，其中，抽查经营单位 20 家，产废单位 23 家，现场检查考核达标企业

38 家，基本达标 5 家。

生态环境目标任务完成情况。城区环境空气质量优良率 97.8%；2020 年，城市集中式饮用水水源地水质达标率 100%。地表水考核断面，国考断面蔓耗桥（红河）达到Ⅱ类标准，省控断面水体中主要重金属指标平均值总体呈下降趋势。土壤指标方面：全面完成 64 堆 2700 万余吨历史遗留冶炼废渣治理。噪声监测指标方面：全市 7 个功能区声环境监测点，除 4 类区的夜间等效声级年均值出现超标外，其余各类功能区昼间、夜间等效声级年均值达到相应功能区噪声标准要求，Ⅰ、Ⅱ、Ⅳ类功能区瞬时值略有超标。100 个区域噪声监测点位 98 个达标。

生态环境分局主要领导干部
林海涛　党组书记、局长
杨亚南　副局长
沈旭东　党组成员、副局长
张　杰　党组成员、副局长

（撰稿：蔡　蕊）

【开远市】　2020 年以来，红河州生态环境局开远分局以习近平生态文明思想为指导，以改善生态环境质量为核心，以推动生态环境高水平保护和经济社会高质量发展为主线，按照"保护优先、发展优化、治污有效"的工作思路，努力为建成中国最美丽省份增添红河光彩贡献开远力量，在红河州生态环境局、开远市委、市政府的坚强领导下，团结奋进、真抓实干，全面推进生态环境保护工作取得优异成绩。

2020 年，红河州生态环境局开远分局作为红河州生态环境局的派出机构，接受红河州生态环境局领导，承担开远市生态环境保护委员会办公室职责，根据红河州生态环境局授权范围内依法承担部分生态环境保护许可具体工作。红河州生态环境局开远分局设 7 个内设机构：办公室、综合科、法规宣教科、规划财务科、自然生态保护科、水和土壤生态环境科、大气环境科。下设 2 个事业单位：开远市生态环境执法监测站、开远市生态环境执法大队。共有工作人员 37 人。

污染防治攻坚战。2020 年，红河州生态环境局开远分局坚定不移打好污染防治攻坚战，狠抓

治污有效，提高生态质量、促进生态修复。坚持方向不变、力度不减，突出精准治污、科学治污、依法治污、责任治污，坚决打好大气污染联防联治、柴油货车污染治理、"散乱污"企业排查整治、湖（河）库水污染综合防治、以"两污"为重点的农业农村污染防治、固体废物及重金属污染防治"7个标志性战役"。聚焦打赢蓝天保卫战。强化大气污染综合治理，着力打好滇南中心城市大气污染联防联治和柴油货车污染治理2个标志性战役。加强统筹协调，部门联动，巩固大气污染联防联治成果，突出抓好源头治理、联动处置、责任追溯，实现环境空气质量持续向好。聚焦打赢碧水保卫战。按照"截、控、拆、调、绿、补、治、管"八字方针，抓好水污染治理工作。着力打好城市集中式饮用水水源地和乡镇"千吨万人"水源地保护和以"两污"为重点的农业农村污染防治2个标志性战役。注重加强饮用水水源保护地规范化管理，强化农业源污染防治，全面提升优良水体比例。聚焦打赢净土保卫战。着力打好固体废物及重金属污染防治和"散乱污"企业综合整治2个标志性战役。推进污染地块安全利用，有序开展治理与修复技术应用试点。统筹固体废弃物处理场所建设，严厉打击固体废物环境污染违法行为，坚决遏制非法转移、处置和倾倒固废的案件发生。

大气环境。2020年，环境空气理论监测天数366天，有效监测天数352天，优良天数350天，优良率99.4%。相比2019年同期，同比提高0.5个百分点。

水环境。2020年市辖区范围内，水质监测断面全部达标，城市集中式饮用水水源地水质全部达标。

中央和省环保督察反馈问题整改。2020年，红河州生态环境局开远分局全力抓好中央和省环保督察反馈问题整改工作，定期调度环保督察各项问题整改进展，组织开展环保督察整改落实情况专项督查，督促各企业落实各项整改措施。截至2020年，中央环保督察组督察云南反馈意见问题、云南省委、省政府环境保护督察红河州反馈意见问题涉及开远共46个，已完成整改46个。

环境准入监督管理。2020年，红河州生态环境局开远分局扎实做好环境准入的监督管理工作，助力开远市经济社会高质量发展。积极做好"放管服"改革实施工作，优化营商环境持续向好，认真开展政务服务事项要素查缺补漏，对行政许可事项进行"十同"事项要素规范，进一步完善政务服务办事指南，确保本系统内省、州、市事项要素及办事指南统一。推进"马上办、网上办、一次办"改革，真正做到方便群众办事，服务群众办事。按照"应进必进"的原则，所有审批事项全部进驻服务中心和在线审批监管平台集中办理，切实推行首问负责、一次性告知、限时办结、政务公开、一站式服务、阳光审批等各项制度。2020年，完成建设项目环境影响评价审批18项，总投资125652.30万元，其中，涉及环保投资2792.16万元。积极配合红河州生态环境局完成建设项目环境影响评价文件预审工作20项，协助环境影响评价单位开展环评工作，出具建设项目执行环境标准确认函7项。2020年，按照国家、省、州统一安排部署，积极推进排污许可证核发工作。

环境执法。2020年，红河州生态环境局开远分局铁腕执法保民生，重拳打击环境违法行为，确保开远市生态环境持续向好。周密制定《2020年环境监察计划》，严格落实"双随机"抽查制度，对全市污染源按照重点排污单位、一般排污单位和特殊监管对象分类进行随机抽查和现场检查。建立污染源监管名单及监察人员名单库，每季度随机抽取监察企业及监察人员名单，落实了抽查留痕制度，规范使用移动执法设备，采取随机抽查、巡查、监察监测联合执法检查对全市4家重点源、2家特殊源、97家一般源污染防治设施运行情况进行检查，现场制作《污染源现场监察记录》，对随机抽查发现的环境违法行为，严格依法查处。2020年，共计出动执法人员644人次，检查企业312家次，制作现场监察记录及巡查记录312份，针对检查发现的问题提出整改建议936条，查处30起环保违法违规案件，共处罚款209.17万元，其中，移送公安机关涉水环境污染刑事案件1起，行政拘留3人，罚款50万元。在案件查处过程中，对涉案单位进行督促整改，对涉案人员进行法制教育。无行政复议案件和行政诉讼案，未发生行政复议变更、撤销案件。2020

年，共受理群众来信、来电、来访、网络舆情等污染投诉104起，其中涉水8起、涉气52起、涉声36起、其他8起，处理率达100%。所有办结的案件无一例上访，未因为污染投诉和环境影响纠纷引发群体事件发生。

生态文明创建。2020年，红河州生态环境局开远分局统筹协调深入推进开远市生态创建国家级生态文明市工作，按照《开远生态市建设规划（2014—2020）》加快推进全市生态文明建设的各项工作，夯实省级生态文明市创建成果，拓宽生态文明建设的宽度，着力推动以生态文明建设带动城市转型，使生态文明融入城市建设、融入群众生活，推动个旧市向国家级生态文明市迈进。在市委、市政府的领导下，在红河州生态环境局的具体指导下，在全市各个部门的配合下，补齐短板，突出亮点，牵头做好开远市"绿水青山就是金山银山"实践创新基地建设工作。

疫情防控。2020年，红河州生态环境局开远分局严格按照中央、省、州、市要求做好"新冠肺炎"疫情防控工作。按照《红河州生态环境局关于印发新型冠状病毒感染肺炎疫情防控工作措施的通知》《开远市人民政府办公室关于印发开远市应对新型冠状病毒感染的肺炎疫情联防联控工作机制的通知》要求落实各项工作，压实责任，做好医疗废物的监管，督促医疗机构、医疗废弃物集中处置单位落实有关规定，确保医疗废弃物的无害化处置等工作。对开远市辖区内的160家次医疗卫生机构、医疗废物集中处置单位（红河州现代德远环境保护有限公司）、隔离观察点、污水处理厂、环卫站、258个废弃口罩收集点，进行专项执法检查，对辖区内5个水源开展了应急监测，出动机动车辆88车次。2020年，督促处置单位收集、处置医疗废物253.43吨，当天收运的医疗废物当天完成处置，确保医疗机构医疗废物不积压、不造成二次污染。

第二次全国污染源普查。2020年，红河州生态环境局开远分局开展开远市第二次全国污染源普查工作成效明显。红河州生态环境局开远分局牵头完成了开远市第二次全国污染源普查各个阶段工作，接受了州普查办、州农业污染源普查领导小组办公室联合州档案局组成的验收组的检查

验收，通过检查验收，总分位列全州第1名，总体评价为优秀。10月，开远市第二次污染源普查工作领导小组办公室荣获国务院普查办通报表扬。

生态环境分局主要领导干部
岑　伟　党组书记、局长
朱　彦　党组成员、副局长
马　莉　党组成员、副局长
尹江涛　党组成员、副局长
段亚成　党组成员、副局长

（撰稿：李传磊）

【弥勒市】　2020年，弥勒分局生态环境保护工作在州生态环境局、市委、市政府的坚强领导下，以习近平新时代中国特色社会主义思想为指导，深入学习贯彻习近平生态文明思想，深入践行新发展理念，坚持"保护优先、发展优化、治污有效"工作思路，落实"立足红河、融入滇中、弥泸一体、加速发展"的战略思路，全面加强生态环境保护，持续打好蓝天、碧水、净土保卫战，省级生态文明市创建通过省级现场复核，污染防治攻坚战取得阶段性成效，全市生态环境保护工作迈上新台阶。

机构设置。红河州生态环境局弥勒分局为红河州生态环境局的派出机构，接受红河州生态环境局领导。红河州生态环境局弥勒分局内设办公室、综合科、法规宣教科、规划财务科、自然生态保护科、水生态环境科、土壤生态环境科、大气环境管理科。下设2个事业单位：弥勒市生态环境执法监测站、弥勒市生态环境执法大队。全局现有干部职工26人，其中，党员14名。

水环境质量安全稳定。划定乡镇级饮用水水源保护区水源点共20个，其中，城镇集中式饮用水水源地洗洒水库纳入云南省县域生态环境质量监测评价与考核，水质达地表水环境质量标准Ⅲ类，达标率为100%。纳入国家及省州考核的江边桥、锁龙桥、扯龙桥、雨补水库4个监测断面，水质功能区达标率为100%。其他纳入指令性监测断面共9个，水质功能区达标率为90.9%。

空气环境质量持续向好。设立城区环境空气自动监测点位1个（行政中心），2020年有效监测天数354天，优天数204天，良天数147天，优

良率达 99.2%。轻度污染 3 天，首要污染物主要为臭氧 8 小时滑动平均值（O₃-8h），占比 39.3%。细颗粒物（PM₂.₅）平均浓度为 14 微克/立方米，可吸入颗粒物（PM₁₀）平均浓度为 34 微克/立方米，二氧化硫（SO₂）平均浓度为 5 微克/立方米，二氧化氮（NO₂）平均浓度为 6 微克/立方米，一氧化碳（CO）95 百分位数为 1.0 毫克/立方米，臭氧 8 小时滑动平均值（O₃-8h）百分位数为 133 微克/立方米，均达到《环境空气质量标准》（GB 3095—2012）二级标准。

声环境质量状况保持良好。根据声环境功能区划，全市设置功能区噪声监测点位 7 个，全年声环境功能区噪声昼夜达标率均达 100%。设置道路交通噪声监测点位 20 个，涵盖整个城区 16 条主要交通要道，路段总长 36.5 千米，交通噪声昼间平均等效声级为 66.5 分贝，昼间强度符合一级，评价为"好"，平均等效声级小于 70.0 分贝路段占 80.1%。设置区域环境噪声监测点位 100 个，覆盖全市建成区，昼间平均等效声级为 50.9 分贝，昼间总体水平等级符合二级，评价为"较好"，区域声环境功能区达标率 97.0%。

环境监测。按照省州要求落实好弥勒生态环境监测网络建设工作方案，加快推进监测能力建设，加大资金投入力度，健全完善环境监测网络，全市 12 家重点监管企业安装在线监控设备，实行 24 小时监控，开展强化工业企业污染源监督性监测 25 次，确保污染物达标排放。加强行政中心环境空气自动监测系统及江边桥水质自动监测系统的维护管理，全面开展"千吨万人"以上饮用水水源地及市控断面水环境质量监测，积极开展环境噪声监测，全面掌握环境质量变化。充分发挥环境监测在环境执法中的技术支撑作用，快速锁定环境污染纠纷、环境执法过程中证据链，2020 年，开展联动监测 10 次。

全面推进蓝天保卫战。积极开展工业废气污染治理，完善工业炉窑大气污染综合治理管理体系，全面完成弥勒市河湾水泥厂、弥勒市冶金建材公司 2 户工业炉窑改造任务，进一步实现工业行业二氧化硫、氮氧化物、颗粒物等重点污染物排放持续下降。强化挥发性有机物管理，全面完成 59 户"散乱污"企业排查整治工作任务，并顺利通过州级组织现场验收。积极开展燃煤小锅炉设施整治，制定印发《弥勒市燃煤小锅炉设施整治工作方案》，全年注销燃煤小锅炉 19 台。强化城市扬尘综合管控，认真落实建筑工地"六个百分之百"。统筹推进油、路、车污染治理，强化机动车尾气监测监督检查，科学划定弥勒市高排放非道路移动机械禁止使用区，编码登记非道路移动机械 36 台。

着力推进碧水保卫战。强化饮用水水源地保护，积极开展城市集中式饮用水水源地环境状况评估，持续巩固城市集中式饮用水水源地环境整治成效，每季度公开一次城市集中式饮用水水源地水质监测信息。全面完成 20 个"千吨万人"及乡镇级饮用水水源地保护区划定，并获省生态环境厅批复执行，新增一级保护区面积 3.6678 平方千米、二级保护区面积 24.617 平方千米。进一步强化入河排污口监督管理，积极开展入河排污口规范化建设，分别制作完成 5 个入河排污口及 5 个"千吨万人"饮用水水源地标识牌，全面推进 15 个乡镇及以下饮用水水源地标识牌制作。扎实推进乡镇"两污"建设，完成东山镇等 5 个乡镇污水处理厂建设，有序推进竹园镇等 3 个乡镇污水厂建设。组织编制《弥勒市农村生活污水治理专项规划》，梯次推进农村生活污水治理。认真落实河（湖）长制，全面推行各级河长手机 App 巡河，切实开展"清四乱"问题专项整治。积极配合推进河流管理保护范围勘测划定、美丽河湖建设。

稳步推进净土保卫战。全力推进落实《土壤污染防治行动计划》，强化土壤污染状况详查，完成 28 家重点行业企业土壤污染状况详查，其中对 8 家企业地块完成土壤样品实验室检测分析。分别与 2 户企业签订《土壤污染防治责任书》，督促履行有毒有害物质排放控制、土壤污染隐患排查、土壤污染自行监测等义务，并按规定公开土壤环境监测信息。全面开展尾矿库排查整治，辖区 7 座尾矿库均已停产多年，并设置截排水沟，库内已种植农作物或进行植被复绿，环境风险可控。强化危险废物监督管理，认真落实"防扬散、防流失、防渗漏"等措施，组织 96 户企业完成危险废物申报登记，出具转移联单 220 份，省内转移

71 件，省内批准转移危险废物 6300 余吨，环境风险管理得到加强。强化耕地污染防治，全面开展耕地环境质量类别划分，建立农用地分类清单，加强耕地土壤污染风险管控和安全利用，积极采取种植结构调整和退耕还林还草等措施进行管控利用，完成 23.45 万亩受污染耕地安全利用和种植结构调整。

加大生态环境执法力度。全面落实生态环境监督执法正面清单，压实分局内部疫情防控责任，强化疫情期间医疗结构医疗废弃物监督检查全覆盖。压实"放管服"改革任务，积极主动服务"六稳"工作、落实"六保"任务，全面落实环评审批和监督执法"两个正面清单"，精准服务企业复工复产，纳入生态环境监督执法正面清单企业 19 家，开通审批绿色通道。深入开展污染源日常监管"双随机"抽查执法，以实施环境监察执法大练兵活动为契机，对辖区内 84 家企业现场执法检查 243 家次，出动执法车辆 400 车次，出动执法人员 500 余人次。认真组织开展危险废物环境违法犯罪、违规林下种植、"三磷"企业等专项整治，切实加大执法力度，立案查处环境违法行为 62 起，责令整改 62 起，实施行政处罚 34 起。举一反三、以点带面，有效化解 235 件环境信访投诉，有力解决了一批突出环境污染问题。

加强生态环境监督管理。强化源头管理，制定重点污染物减排计划，抓实主要污染物重点减排项目。2020 年，污水处理厂处理污水 947.76 万立方米，削减化学需氧量 1937 吨，削减氨氮 216 吨，已按时按质完成州级下达目标任务。全面完成州级下达目标任务。巡检司电厂、河湾水泥厂、吉成新型建材、吉成能源煤化工脱硫脱硝设施投运率和综合脱硝效率均完成州级下达目标任务。

审批管理。深化"放管服"改革，加快政府职能转变，全力支持企业复工复产，积极主动服务全市重点项目建设，进一步提升营商环境。完成"三线一单"编制初稿，扎实推进中小水电站环境影响后评价清理排查整治。2020 年，完成建设项目环境影响评价预审及审批 73 项，办理建设项目环境影响评价备案 250 项，开通绿色通道，实行专家网上函审 11 场次，组织专家现场踏勘 30 场次，指导企业自主完成建设项目竣工环保验收

61 项。强化排污管理，落实好"摸、排、分、清"的工作任务，实现固定污染源排污许可全覆盖。2020 年以来，全面摸清已完成排污许可证核发任务的火电、造纸等 33 个行业排污情况，全面落实《固定污染源排污许可分类管理名录（2019 年版）》规定的所有行业排污单位排污许可证核发或排污信息登记工作，发放排污许可证 127 张，实行登记管理 889 户。

督察整改。环保督察整改有力推进，分局高度重视各级环保督察反馈问题整改，始终坚持问题导向，细化工作措施，明确责任人，积极开展月调度季总结，各项整改工作有序推进。2016 年，中央环保督察指出的两类 11 个问题，现已完成整改验收 11 个；2017 年，省级环保督察反馈的 15 个问题，现已全部完成整改并开展了市级自查自验收，其中通过州级验收 8 个；2018 年，中央环保督察反馈的 4 个问题，现已全部完成整改并通过验收；2019 年，省级环保督察反馈指出的 3 个问题，现已完成整改并开展自查自验 2 个，通过州级验收 1 个，地下热水资源整治问题整改达时序进度。2020 年，生态环境部西南督察局跟踪督察指出的污水处理厂及蚂蟥沟问题，投资 21.3 万元完成农场村污水预处理池及管网改造，并对蚂蟥沟进行清淤，现各项问题已得到有效整改。

积极开展生态示范创建。加快推进生态文明体制改革，深入推进省级生态文明市创建，积极营造创建氛围，各项创建工作取得显著成效，并先后通过州级技术审查、省级预审及现场复核。全市 12 个乡镇均创建为省级生态文明乡镇，累计创建省级"绿色社区" 4 个、省级"绿色学校" 9 所、州级生态文明村 117 个、州级"绿色学校" 14 所，西三镇可邑村被命名为第一批省级环境教育基地。全力推进农村人居环境整治。强化村庄规划编制与管理，围绕村庄规划整治"三张图"，制定了《弥勒市农村生活污水治理专项规划（2020—2035 年）》，建成 5 个乡镇污水处理站，正在加快建设 3 个污水处理站，全市自然村生活污水治理率达 40.09%、有效管控率达 37.11%。全面开展村庄清洁行动，达到农村人居环境"1档 8 条"标准村庄达 100%。全面实行畜禽养殖禁（限）区划定管理，划定禁养区面积 67.14 平方

千米。

积极开展环保宣传教育。红河州生态环境局弥勒分局结合利用"6·5"世界环境日、低碳日、生物多样性保护宣传周，结合市级相关部门以"美丽中国，我是行动者"为主题，集中开展世界环境日大型环保宣传活动，联合弥阳镇政府、俊峰社区和牛背社区及村小组干部，对甸溪河开展清河行动，并向沿岸群众发放宣传资料，清理河岸边的垃圾，深入挂钩扶贫村及学校开展环保宣传。2020年，共发放环保宣传单、宣传手册及生态读本等46000余份，环保袋15000余个，展出展板10块，悬挂横幅40余条，结合新时代文明实践中心建设，推动生态环境"六进"宣传活动。

生态环境分局主要领导干部

何　华　党组书记、局长

姜金涛　党组成员、副局长（—2020.11）

钟　磊　党组成员、副局长（—2020.12）

白金莲　党组成员、副局长

杨金猛　副局长（2020.12—）

（撰稿：谷正秀）

【建水县】　2020年，红河州生态环境局建水分局深入贯彻落实党的十九大精神和习近平生态文明思想，认真践行习近平总书记考察云南时重要讲话精神，牢固树立绿色发展理念，以改善生态环境质量为核心，以解决生态环境领域突出问题为重点，持续推进各级环保督察反馈问题整改，全面打好污染防治攻坚战，不断完善生态文明建设和生态环境保护制度体系，协同推进建水县跨越式高质量发展，全县生态环境质量持续改善，环境风险得到有效管控。

水环境质量。2020年，建水县城镇集中式饮用水水源地水质达到《地表水环境质量标准》（GB 3838—2002）Ⅲ类标准以上。东风水库、尖山水库等6个"千吨万人"饮用水水源地水质均达到或优于Ⅲ类，全县饮用水水源地水质达标率100%。团山桥入境断面（省控）、燕子洞出境断面（国控）水质为Ⅲ类；曲江河马脖子电站、大兴桥断面水质监测达到Ⅳ类标准以上。地表水环境质量满足云南省地表水环境功能区划要求，水环境质量持续改善。

空气环境质量。2020年，建水县城环境空气质量有效监测天数351天，优良天数342天，占比97.4%，轻度污染9天，占比2.6%。优良天数比例比去年上升0.5%。主要污染因子$PM_{2.5}$年均浓度值25微克/立方米，比上年无变化，二氧化硫年均浓度值11微克/立方米，比上年下降8.3%；氮氧化物年均浓度值10微克/立方米，比上年无变化。PM_{10}年均浓度值48微克/立方米，比上年下降7.7%。

大气污染防治。按照《建水县城区大气污染防治联防联治工作实施方案》，依法划定并公布禁止使用高排放非道路移动机械区域，持续开展建筑施工、机动车、道路运输等废气粉尘排放整治。启动烧烤行业禁煤专项行动，基本完成原煤、蜂窝煤改电、改机制炭等清洁能源替代工作，督促餐饮业主安装油烟净化设施。制定出台《建水县柴油货车污染治理攻坚战实施计划与部门责任清单》，完成州级下达的国Ⅲ以下排放标准老旧柴油货车319辆淘汰任务。2020年，共检测机动车23383辆次，首检合格率90.28%。督促红河州紫燕水泥有限公司、云南红塔蓝鹰纸业有限公司等20吨/时以上燃煤锅炉的企业安装废气排放自动监控设施，实施在线实时监控。淘汰建成区11台燃煤锅炉，完成建水县合兴矿冶有限公司等9座工业炉窑大气污染综合治理。建立8家工业企业无组织排放整治工作清单、3家工业源和7家施工扬尘源"一厂一策"企业基本信息库。

水污染防治。一是开展"千吨万人"饮用水水源地环境问题清理整治。按照"一个水源地，一套整治方案，一抓到底"的要求，6个"千吨万人"饮用水水源地问题已全部整改完成。天华山水库等8个乡镇级饮用水水源地划定方案已通过省生态环境厅批复实施。二是印发实施《建水县农村生活污水治理专项规划（2020—2035）》，截至2020年12月31日，全县农村生活污水治理率40.24%，管控率34.06%。三是开展豆制品加工及洗涤行业专项排查整治行动，摸排39家豆制品加工作坊和14家洗涤企业（店）污染治理情况，规范企业合法生产，确保达标排放。

土壤污染防治。对县内采选矿、冶炼等废渣堆场进行排查并划分风险等级，全面查清污染源，编制"一场一策"整治方案。全县列入《云南省工业固体废物堆存场所环境整治方案》的固体废物堆存场所共 9 个，群星化工烧锅寨渣场、阳红星放马坪货场已整改完成并通过验收。争取上级资金 1451 万元，实施水县曲江石岗坡工业固废修复整治项目、建水县涉镉等重金属排查整治（29家）与尾矿库污染治理（19 座）项目。督促企业按照"一企一档""一库一策"整治方案，全部完成污染防治整治任务。

排污许可证管理。开展固定污染源排污许可清理整顿工作，按照"摸、排、分、清"四个步骤，摸清全县固定污染源污染物底数，排查无证、分类处置、整改清零。发放固定污染源排污许可清理整顿告知书 700 余份，指导企业完成排污许可网上登记 859 家，核发排污许可证 59 家。

生态环境保护和建设。成立建水县创建省级生态文明县工作领导小组，组织编制《建水生态县建设规划》《建水县创建省级生态文明县工作实施方案》，以规划为引领，明确工作任务，积极开展省级生态文明县创建工作，创建资料已通过州生态环境局审查，待省生态环境厅技术评估。创建李浩寨三尖山生态城生态文明教育实践基地。

建设项目环境管理。建立项目部门联动会审机制，实行多部门联合踏勘现场和并联审批制度，严把环评审批关。2020 年，完成项目环评审批 50个，其中，州批 24 个、县批 26 个；登记备案 189个，新建项目环评执行率达到 100%。

辐射安全监管。强化辐射环境监管，加强安全隐患排查、日常监督检查和废旧、闲置放射源收贮。全县纳入医疗射线装置使用单位管理 30家，放射源使用单位 3 家。

环境监测。定期开展 15 家重点排污单位执法监测；团山桥、燕子洞、马脖子电站、大兴桥、跃进水库、青云水库、东风水库、尖山水库、天华山水库、红旗水库、老红山水库、洗马塘水库和弥勒地石岗坡机井水质监测；城市环境空气质量监测站 24 小时连续监测县城区环境空气。

环境监察。全面实施环境保护网格化监管，组织参加危险化学品泄漏事故应急演练，开展医疗机构废弃物专项整治深入推进执法大练兵活动，不断强化环境行政执法与刑事司法联动衔接，严厉打击环境违法行为。全年出动监察人员 1050 人次、车辆 350 辆次，现场检查企业 540 家，查处环境违法企业 81 家，其中，违法行为改正 15 家，责令整改 66 家，立案查处 35 件，9 件 11 人移送公安行政拘留，罚款金额 155.82 万元。

环境宣传教育。开展"美丽中国，我是行动者"系列宣传活动，组织 11 家部门在文安府广场共同举办了以"美丽中国，我是行动者"为主题的宣传活动，发放各类宣传资料 1000 余份，接受群众咨询建议 20 余人次，受益群众 3000 余人。

环境信访工作。2020 年，全县共接到各类环境信访投诉 178 件，其中，来信 24 件、来访 23件、其他来电 71 件、"12369"来电 10 件、网络系统 18 件，每件都按信访工作程序要求依法依规办理。

环保督察整改。截至 2020 年底，中央和省级环境保护督察反馈的 56 个问题，全部完成整改，交办的 60 件举报件，全部办结。

党组织建设。组织党员深入学习党的十九届五中全会精神，学习党章党规条例，以"基层党建创新提质年"为抓手，依托"三会一课"开展教育，严肃党内政治生活，加强党性锻炼。2020年召开党组会议 17 次，支委会 11 次，主题党日11 次，党员大会 7 次，党组理论中心学习 8 次，上党课 4 次。以县委第六巡察组进驻巡察为契机，以组织生活会为平台，认真查摆局党组、班子成员自身存在的问题，制定整改措施，解决思想认识、工作定位、工作作风等问题；以作风整改为抓手，抓服务、抓落实。始终坚持"热情服务在前，严格执法在后"，建立督办、便民服务工作制度，规范内部事项办理流程，提高办事效率，打造一支忠诚干净担当的生态环保铁军。

生态环境分局主要领导干部

王立辉　党组书记、局长

袁　清　党组成员、副局长

徐龙剑　党组成员、副局长

熊继伟　党组成员、副局长

（撰稿：章　媛）

【泸西县】 2020 年，泸西县坚持以习近平新时代中国特色社会主义思想为指导，深入践行习近平生态文明思想和党的十九大精神，以改善生态环境质量为核心，围绕打赢污染防治攻坚战的目标任务，切实开展水、大气、土壤污染防治及"散乱污"企业专项整治，全县生态环境质量持续改善。

环境质量。城市集中式饮用水水源地和地表水监测断面水域环境达到或优于Ⅲ类标准，水质达标率达100%，达到上级下达任务指标。全年空气优良率100%，超过上级下达任务指标2.8个百分点。其中，细颗粒物（PM$_{2.5}$）16微克/立方米，二氧化硫（SO$_2$）年均浓度值为6微克/立方米，二氧化氮（NO$_2$）年均浓度值为8微克/立方米，一氧化碳（CO）95百分位数为0.9毫克/立方米，臭氧（O$_3$）日最大8小时90百分位数为125微克/立方米，可吸入颗粒物（PM$_{10}$）年均浓度值为25微克/立方米。全县无重金属污染防治地块，农用地和建设用地土壤状况基本安全。全年未发生突发环境污染事件，县域生态环境安全可控。

环评审批。强化生态环境空间管控，加快国土空间规划、生态"三线一单"等相关规划编制，严格执行环境影响评价制度，注重源头把关，对不符合要求的项目不予环评审批，2020年，全县辖区内累计审批（备案）建设项目环评188个，项目总投资152.94亿元，涉及环保投3.1亿元。其中，审批类项目24个（省级1个、州级18个、县级11个），项目总投资66.35亿元；备案类项目158个，项目总投资86.27亿元。

监管执法。开展整治生态环境违法行为专项执法行动和联合执法行动，2020年，共出动环境执法人员152人次，专项检查全县医疗、污水处理厂、医废暂存点和医疗废水治理站，督促医疗单位整改医废暂存点标识不规范、台账记录不规范等问题4个；持续开展洗葱行业专项整治，拆除手续不合法洗葱厂12家，行政处罚排污口设置不规范的洗葱厂11家，协调组织省州专家对21家洗葱厂提供的入河排污口论证报告进行了评审并督促其整改，整改工作正在有序推进中；强化"双随机"监管，全年共出动环境执法人员1013人次，检查企业403家次，下发环境现场监察笔录252份，下达一般环境行政处罚决定书16份，行政处罚金额72.7万元，办理配套案件1件，移

送行政拘留案件2件；全力化解矛盾纠纷，分类处理信访来访件137件次，处理率100%，多部门联合对全县酒吧、KTV、烧烤店等扰民场所进行查处。

环保督察。聚焦中央和省级环保督察及"回头看"反馈意见问题整改，加大整改力度。截至2020年底，2016—2019年中央和省级环保督察及"回头看"交办的33个问题，已全部整改完成；督察期间交办的20件信访举报件，已全部办结。

总量减排。泸西县水务产业投资有限公司全年完成化学需氧量削减量1147.1吨、氨氮削减量191.29吨，分别占目标任务的102.65%、103.38%。泸西工业园区污水处理厂在线监测设施正试运行。红河天宝水泥有限公司大气污染排放在线监控设施正常运行。

污染防治。坚持"保护优先、发展优化、治污有效"的工作思路，协调推进"三大保卫战"和"6个标志性战役"，着力抓重点、补短板、强弱项，确保各项工作按照污染防治攻坚战成效考核指标完成。一是大气污染防治稳中有进。持续强化全县"散乱污"综合整治，关停非法土瓦窑砖厂14家。年初与城区在建工程项目负责人签订《泸西县城区项目施工现场扬尘治理责任书》，全年开展扬尘专项整治4次。加快推进环保安全综合技改项目、大为焦化技改项目、长润冶炼铁合金矿热炉技改建设项目。抓实营运黄标车和老旧车辆淘汰，加强柴油货车污染检测，淘汰国Ⅲ排放标准老旧柴油货车141辆，印发并严格组织实施《泸西县人民政府关于划定高排放非道路移动机械禁止使用区的通告》相关规定。二是水污染防治成效明显。完成泸西县板桥河水库集中式饮用水水源地水环境综合治理工程可研编制和乡镇9个"千吨万人"饮用水水源地保护区划定工作，持续开展水源保护区环境集中整治，组织对板桥河水库及农村饮用水水源地巡查514次。全力推进河（湖）长制，开展"清河行动"，清理河道130余千米。全面开展白马河、赤甸河等9条河流河湖管理范围划定。规范已有入河排污口管理，完成全县6个入河排污口标识牌安装；开展排污许可证核查，完成核实排查企业241家，完成排污申报登记148家，不予发放排污许可证91家。

编制完成《泸西县农村生活污水治理专项规划》，建成 6 个传统村落环境综合整治项目和 1 个整乡推进环境综合整治项目，全县污水治理率提升至 43.17%。三是土壤污染防治有序推进。完成农村生活垃圾收运设施项目（二期）建设，进一步增加农村垃圾收运设施配置，生活垃圾焚烧发电项目投产使用，城市生活垃圾无害化处理率达 93%，乡村垃圾收运处置率逐年提高。实施固废综合利用计划，开展工业固体废物及堆存场所全面排查工作，工业固体废物利用率达 743%。规范危险废物管理工作，全面检查涉危废企业 130 家，一次性转移 12 家、关停 10 家，对剩余 108 家单位中的 2 家重点企业、46 家产废单位进行检查考评，并督促限期完成整改。开展农业污染防治，全年牲畜粪便资源化利用率达 87.5%，规模畜禽养殖场（小区）配套建设废弃物处理设施比例达 93.5%，农作物秸秆综合利用率达 85.2%，化肥减少量 0.5825 万吨，农药减少量 6.1 吨。

生态修复。完成陡坡地治理 0.4 万亩，退耕还林 0.5 万亩，通道面山绿化 1.25 万亩；观音山国家森林公园总体规划获国家林草局批复，成功申报云南泸西白石岩国家石漠公园；完成 3 个非煤矿山地质环境治理恢复项目，制订 5 个非煤矿山地质环境治理恢复方案，实施 3 个砂石料场治理、4 个增减挂钩非煤矿山复垦复绿项目，全县森林覆盖率提升至 43.01%，被中国气象局授予"中国天然氧吧"称号。全力推进绿化项目，2020 年增加城区绿化面积 3 公顷，县城建成区绿地率达 40.3%，县城建成区人均公园绿地面积 14.35 平方米。

生态环境分局主要领导干部

梁　冲　党组书记、局长（2020.03—）

张弘妮　副局长

金富平　党组成员、副局长

雷思静　党组成员、副局长

（撰稿：纪阳照）

【石屏县】　2020 年，红河州生态环境局石屏分局继续践行习近平总书记"绿水青山就是金山银山"理念，统筹推进疫情防控、生态环境保护及经济社会发展各项工作，紧紧围绕县委、县政府中心工作，深入开展生态环境保护各项工作，为推进全县生态文明建设、经济社会全面协调可持续发展创造良好的发展环境。

持续深化大气污染治理，坚决打好打赢蓝天保卫战。一是加强"散乱污"企业整治。对"散乱污"企业进一步开展拉网式排查，实行清单式、台账式、网格化管理，确保整治到位。二是加强污染源监管。加强现有污染源的监督管理，深化大气污染专项治理，全面淘汰豆制品工业园区燃煤小锅炉。三是加强扬尘污染防治。四是加强餐饮食油烟污染防治。加大对县城建成区内餐饮企业的检查力度，依法查处、整治餐饮服务业的违法违规行为。

全面强化水污染防治，坚决打好打赢碧水保卫战。一是强化饮用水水源地保护。在完成县级地表水饮用水水源地环境问题清理整治工作的基础上，开展石屏县"千吨万人"和乡镇级饮用水水源地保护区区划。截至 2020 年底，完成黄草坝水库、大坝水库 2 个"千吨万人"和 6 个乡镇级饮用水水源地保护区区划方案编制，按程序报省人民政府。二是公示并印发《红河在石屏县农村生活污水治理专项规划》。三是加强农村环境综合整治项目实施。为改善乡村群众生活生产条件、创造良好人居环境，石屏县计划在 9 个乡镇开展污水处理设施和公共服务设施配套建设。

深入实施土壤环境保护，坚决打好打赢净土保卫战。一是配合州生态环境局开展了重点行业企业用地调查，强化污染地块管理，开展涉镉等重金属重点行业企业排查，将石屏县盟吉升矿产品加工有限公司作为全省第二批涉镉等重金属企业整治清单上报。二是严格建设用地土壤污染风险管控和修复。三是加强地下水污染防治，完成全县 22 家加油站完成地下油罐防渗改造，完成率 100%。四是配合农业农村部门完成石屏县耕地土壤质量调查，全县范围内未发生因耕地土壤污染导致农产品质量超标且造成不良社会影响的事件。

全面实施排污许可证发放制度，有效控制污染物排放总量。一是持续推进水、大气主要污染物总量减排工作，按要求完成年度水、大气环保约束性指标任务。二是全面实施排污许可证发放制度，顺利完成固定污染源清理整顿和 2020 年排污许可登记工作，截至2020年底，全县辖区内共有29家排污单位领取了新版排污许可证。三是顺利完成第二次全国污染源普查工作，普查成果为全县社会经济发展提供了数据支撑。

持续加强环保督察反馈问题整改。石屏县把贯彻落实省、州党委、政府领导重要批示精神和督察反馈问题整改工作作为重大工作任务，及时成立了由县委书记任组长，县长任常务副组长，相关县级领导任副组长的县环境保护督察问题整改工作领导小组，制订专项整改方案，对标对表逐一整改销号问题，做到"一个问题、一套方案、一个专班、一抓到底"，全方位推进督察反馈意见问题的整改落实。截至2020年9月，第一轮中央环境保护督察涉及石屏县的16个问题已全部整改完毕；中央环境保护"回头看"反馈石屏的问题共4项已全部整改完成；省委、省政府第三环境保护督察组反馈意见问题共12项，已完成整改8项，4项反馈问题正积极整改。

组织实施环境监管"网格化"管理。牵头草拟制定并印发了《石屏县环境监管网格化管理实施方案》，将重点企业落实到具体责任人，做到环境监管"全面覆盖、横向到边、纵向到底、领导挂帅、层层履职、责任到人"，加大污染源监督管理。增加现场检查频次，不定期地进行明察和暗访。全面梳理全县各类重点企业，按照"全覆盖、零容忍、明责任、严执法"的要求，"边排查、边整改"的原则，对石屏县辖区内生态环境领域开展"强监管严执法年"专项行动，加大环境执法力度，深入排查整治环境安全风险隐患，严厉打击环境违法犯罪行为，遏制较大以上环境安全事故发生。2020年以来，共检查企业132家次，出动环境监察人员约365人次，提出监察意见230条，查处环境违法行为4起，下达环境违法行为限期整改通知书10份，责令改正违法决定书4份，共处罚金36.3万元。结合石屏县实际，在全县开展汽车修理行业专项整治，督促企业履行环境保护主体责任，提高大气污染物治理水平和管理经营水平，稳定运行污染物治理设施，确保污染物达标排放，推动全县空气环境质量进一步改善。石屏县截至2020年底，工商共登记备案汽车修理厂109家，2020年，环境执法监察大队对县

城区20家修理厂进行专项整治，专项整治期间，召开会议统一安排部署，为企业做好指导服务，排查企业存在的环境问题，督促企业加强对存在问题的整改，进一步提高企业生产管理水平和污染物治理水平，促进行业健康发展。

强化危险废物安全专项整治。一是积极做好石屏县《危险废物安全专项整治三年行动实施方案》的制定完善，细化明确责任目标，全力推进各项工作落实。二是指导社会源危险废物产生单位落实危险废物规范化管理要求，建立规范危险废物管理台账，督促社会源危险废物产生单位落实管理责任，依法将危险废物交由有相应危险废物经营许可证的收集单位或利用处置单位，打击非法收集、转移、处置、倾倒危险废物环境违法行为。

开展"双随机"抽查工作。将行政区域内列入污染源动态信息库的污染源和辖区内排污企业单位作为随机抽查对象，重点对被抽查单位防治污染设施运行情况，污染物排放情况、污染源信息公开等情况作为监管内容。制定了《随机抽查事项清单》，在现场检查工作实施前，随机抽查名单严格对被抽查单位保密，坚决防止跑风漏气、失密泄密现象发生。同时，进一步加大处理处罚力度，对随机抽查发现的环境违法行为，发现一起，查处一起，依法从严从重处理处罚。截至2020年底，州局对石屏县共抽取检查企业10家次，出动执法人员约60人次；县局自行随机取检查企业22家次，出动执法人员约70人次。同时，严格按照"双随机、一公开"要求，在每年"双随机"工作完成后及时在政府网进行公示，接受公众反馈、监督。

切实做好环境信访工作。由于群众环保意识不断提高，环境信访投诉呈逐年增加趋势，截至2020年底，共接待信访投诉86件，及时做到了件件有回音，件件有结果，未出现久拖不决或越级上访的环境投诉件。

创新环保服务方式，加强环评工作指导和服务。严把项目审批关，2020年，县局共审批建设项目环境影响报告表13个，网上备案环境影响登记表193个。在审批过程中，缩短审批周期，全面提高环评审批效率。为推进项目建设，在满足

相关政务公开要求的情况下，主动压缩法定环评审批时限，将环评审批报告书和环评审批报告表办理时限，分别由法定的 60 个工作日和 30 个工作日，缩短为 30 个工作日和 15 个工作日，助推项目尽快落地投入建设。实行"一次性"告知和"一站式"服务，开辟重大建设项目和环保产业项目审批绿色通道，并作出"首问负责、限时办结、特事特办"等服务承诺，主动深入项目单位做好服务，与企业进行面对面对接，听取企业在项目建设过程中遇到的环保问题，为项目建设单位提供相关政策法规的咨询服务，推进环评审批工作由事后监督向事前、事中、事后监督的转变。加强信息公开，全力推行阳光环评。一切从方便群众办事出发，细化服务措施，充分发挥政务大厅环保窗口的作用，做到"一次性告知""一条龙服务"，改进服务方式和方法。以信息公开栏和门户网站为平台，对环评审批、执法监察等信息全面公示，提升工作透明度，保障群众的环保知情权、参与权和监督权。

监测工作有序开展，为生态环境保护监管提供数据支撑。

一是 2020 年，县局通过政府服务采购，委托第三方有资质的社会环境监测机构云南众测检测技术有限公司对异龙湖入湖河道、补水水库、河段长考核断面、湿地及湖周污染设施开展水质监测及分析评价，为科学治理异龙湖、河流提供基础数据。二是做好例行地表水、饮用水、重点污染源的监测分析，配合各部门提供监测数据或评价结果，每月及时将辖区内水质、大气环境状况等信息公开在石屏县人民政府网站上公布，做好环境质量信息公开。三是做好环境空气质量监测。2020 年 1—10 月石屏县环境空气质量达标天数比例（AQI 优良率）为 99.7%，PM$_{2.5}$ 日均浓度为 18 微克/立方米，低于州政府下的任务指标 35 微克/立方米。四是指导和督促企业信息公开，对已取得排污许可证的企业指导和督促按时在全国污染源监测信息管理与共享平台进行信息公开。

生态环境分局主要领导干部
李桥光　党组书记、局长
陈冬鸣　党组成员、副局长
王祖平　党组成员、副局长

苏秋萍　副局长

（撰稿：王梦荧）

【红河县】　2020 年，红河州生态环境局红河分局在县委、县政府和州生态环境局的正确领导下，坚持以习近平新时代中国特色社会主义思想为指导，认真贯彻落实习近平生态文明思想，树牢"绿水青山就是金山银山"理念，坚决打好污染防治攻坚战，强力推进中央和省级环保督察问题整改，坚持依法行政，严厉打击各类环境违法行为，积极维护人民群众环境权益，着力改善生态环境质量，助力经济高质量发展。

机构人员。红河州生态环境局红河分局为红河州生态环境局的派出机构，正科级。局机关内设办公室、综合科、污染防治科、自然生态保护科、规划财务科、法规宣教科 6 个科室，共核定行政编制 5 名，现实有行政人员 8 人，工勤人员 1 人。局下设 2 个事业单位，分别为：红河州生态环境局红河分局生态环境执法大队，核定事业编制 10 名，现实有事业人员 8 人；红河州生态环境局红河分局生态环境执法监测站，核定事业编制 10 名，现实有事业人员 10 人。

污染防治攻坚战。制定出台了《红河县全面加强生态环境保护坚决打好污染防治攻坚战的实施方案》，加快补齐环境质量短板，提升群众幸福感、获得感。一是强化大气联防联治工作。制定《红河县工业企业无组织排放治理清单》，联合组织住建等相关部门深入工地和企业开展排查整治工作。完成了建成区内 6 台 10 蒸吨/时及以下燃煤小锅炉淘汰任务。制定《扬尘治理监督实施方案》，督促建筑工地严格执行全面推行"六个百分之百"标准。加强道路扬尘综合整治，加大城市道路清扫保洁、喷雾降尘和洒水冲洗力度。城市环境空气质量总体达到优良指标。二是加强水环境管理。地表水断面红河大桥处、红河与元阳交界处、木龙河大桥处水质均达到Ⅲ类；俄垤水库和红星水库水质为Ⅲ类，水质均达标。对标乡镇级饮用水"划、立、治"工作要求，编制完成了 13 个乡镇级集中式饮用水水源地保护区划，得到省生态环境厅批复。三是强化土壤污染管控。完成对县域土壤污染重点行业企业及空间位置、土壤污染问题突出区域进行逐一核实调整，补充划定了农用地土壤污染状况详查单元。认真组织开展了重点行业企业用地土壤污染状况调查工作，目前确定的重点行业企业名录有 1 家（红河鑫精矿业有限公司），无疑似污染地块。四是"散乱污"企业整治有序推进。落实《红河县"散乱污"企业综合整治工作方案》，联合组织相关部门开展拉网式排查，上报州级"散乱污"企业 5 家。截至统计时，5 家"散乱污"企业已全部办理环保手续，升级整改完成验收，待州级验收。五是农业农村污染治理稳步推进。甲寅镇阿撒村和大羊街乡小妥赊村 2 个传统村落环境综合整治项目和浪堤镇"整乡推进"农村环境综合整治项目已竣工并进入试运行阶段。《红河县县域农村生活污水治理专项规划（2020—2035）》已编制完成，县委常委会、县人民政府常务会已审定并批复实施。完成 2019 年农村生活污水治理基础信息调查及系统录入，截至统计时，全县 826 个自然村中，已完成污水治理的自然村 235 个，生活污水治理率 28.45%。全县纳入乡镇（街道）污水管网自然村 24 个，完成集中或分散污水处理设施建设自然村 29 个，污水得到有效管控自然村为 182 个，生活污水有效管控率 22.03%，生活污水乱泼乱倒减少率 40.61%。污水处理设施正常运行的为 35 个，设施正常运行率 100%。六是柴油货车污染治理扎实推进。加快机动车污染防治，完成全县 18 家加油站油气回收改造，淘汰 154 辆黄标车，完成机动车注销 252 辆，淘汰国Ⅲ及以下排放标准柴油货车 88 辆，完成了高排放非道路移动机械禁止使用区划定。

环境监管执法。持续打击环境违法行为，着力解决与老百姓密切相关的突出生态环境问题。一是积极开展了生态环境问题、"散乱污"企业、畜禽养殖废弃物资源化利用问题、无证无照经营等专项排查，以及危险化学品领域安全工程三年行动、清废行动等一系列生态环境专项执法行动，有效打击整治了县域有关企业单位生态环境污染行为。二是畅通信访投诉渠道，依法查处环境污染纠纷。2020 年，共接到各类环境信访件 20 件，已全部办结。其中，来访投诉 4 件、电话投诉 8 件、"12369"环保举报热线 2 件、"12369"环保

举报管理平台微信举报 2 件、来信投诉（转办）4 件；涉及水污染的 4 件、涉及大气污染的 4 件、涉及噪声污染的 7 件、涉及固体废物污染的 1 件、其他 4 件。一年来未发生群体性上访事件，未发生重大信访突出问题。三是加强环境应急管理工作，提高应急能力。按照应急管理工作相关要求，依据应急备案法律法规，2020 年，红河县累计 44 家企业进行突发环境事件应急预案备案，一年来无突发环境事件发生。四是实施污染源日常监管领域双随机抽查工作。2020 年，共抽查一般排污单位 91 家次，重点排污单位 2 家 24 次；共做现场检查（勘察）笔录 92 份，巡查表 22 份，出动执法人员 235 人次，下发责令改正违法行为决定书 6 份。查处违法案件 8 件，下达行政处罚决定书 8 份，共处罚金 26.969 万元。

环保督察整改。目前，涉及红河县的各级环保督察反馈问题 32 个，均已完成整改，并开展了自查自验工作，待上级复查销号。其中，中央环保督察涉及红河县整改问题 14 个，中央环保督察"回头看"及高原湖泊环境问题专项督查涉及红河县整改任务 1 个，省级环保督察涉及红河县的整改任务 15 个，省级环保督察"回头看"整改任务 2 个。通过整改，县域生态环境短板进一步得到补齐，红河县森林覆盖率从低于 49.1% 达到 57.27%；垃圾填埋场已进行环保竣工验收，渗滤液处理设施运行保持正常；2018 年至 2020 年统计时，完成污水管网建设 3 千米，正在进行二期管网改造工程，污水管网不断得到完善；持续推进乡镇"两污"项目建设，浪堤镇建成生活垃圾热解站 1 座、污水处理站 1 座，乐育镇建成垃圾转运站 1 座、污水处理站 1 座，均已投入运营。

生态文明建设。红河县认真贯彻落实党中央、国务院关于加快推进生态文明建设的决策部署，积极开展生态创建工作，加强生态环境保护和治理修复，构建绿色安全屏障。在巩固生态文明乡镇创建工作的基础上，有序推进省级生态文明县创建工作，省级生态文明县按照创建的 6 项基本条件、22 项考核指标均达考核要求，已顺利通过省级预审和现场复核，待省政府下文命名。通过开展生态文明村、乡镇、县的创建工作，全方位强化了生态文明宣传，营造了浓厚的生态创建氛

围，为下一步争取创建国家级生态文明示范县打下了坚实的基础。

行政审批服务。按照"放管服"要求，全面梳理行政审批事项，精简环评审批流程。2020年，完成审批建设项目环境影响报告书1项，报告表9项，登记表备案70项。完成排污登记54家，核发排污许可证15家。环评审批管理效能有效提升，为实体经济营造了更好的发展环境。

环境法规宣教。以"三下乡"、"6·5"世界环境日、低碳日、省级生态文明县创建、安全生产月宣传咨询活动等为契机，积极开展了一系列丰富多彩、形式多样的环保宣传教育活动，共发放法律宣传单3000余份、环保知识手册1700余份、环保文具袋1500余个、环保围裙1200余个、环保购物袋1600余个、悬挂宣传标语8条。大力普及生态文明知识、倡导绿色生活方式、培育生态文明理念，提高公众的环境保护意识，积极引导公众参与环境保护工作，让生态文明理念广泛传播、深入人心。

表彰奖励。2020年9月，李刚被国务院第二次全国污染源普查领导小组办公室评为"第二次全国污染源普查表现突出个人"；10月，李正伟被云南省第二次全国污染源普查领导小组办公室评为"第二次全国污染源普查表现突出个人"；11月，胡艳被红河县扶贫开发领导小组办公室授予"先进个人"称号。

生态环境分局主要领导干部
龙海丽　党组书记、局长
李庚有　党组成员、副局长
石龙博　党组成员、副局长
杨天走　副局长

（撰稿：杨海德）

【屏边苗族自治县】　2020年，屏边分局在州生态环境局和屏边县委、县政府的正确领导下，牢固树立和践行"绿水青山就是金山银山"发展理念，坚持以习近平生态文明思想为指导，坚决落实各级关于生态环境保护决策部署，坚持方向不变、力度不减，紧紧围绕打好打赢污染防治攻坚战、服务经济高质量发展，坚持精准治污、科学治污、依法治污，统筹打好蓝天、碧水、净土三大保卫战，完成了各级环保督察及"回头看"问题整改，确保全县生态环境质量总体稳定并持续向好。

生态环境保护督察，聚焦整改解决突出环境问题。在中央环保督察期间，针对红河州的反馈意见共有50项，涉及红河县共性问题共15项，目前已整改到位15项。在中央环境保护督察"回头看"期间，反馈红河县的问题1个，已整改落实1个，接到的信访转办件4件，1件不属实，其余3件已按时限办理完毕并通过州级验收。省级环境保护督察期间反馈意见问题涉及屏边县共14项。截至2020年12月底，已完成整改13项，未完成的1项（该项为立行立改，并长期坚持）。在省委、省政府环境保护督察及"回头看"期间，反馈意见问题2项，整改完成2项，接到信访转办件2件，办结2件。

行政审批，严格把好建设项目审批关。开展2020年排污许可发证和登记工作，认真组织本区域内的企业进行排污许可证申请核发或登记，落实环保主体责任，做到依法申领，按证排污，屏边分局督促排污单位完成网上许可证网上申报，2020年，指导和服务32家企业完成申报登记工作。依据项目管理流程，严把审批关，共审批建设项目环境影响报告表7个，出具初审意见3个。

环境监测能力建设，完成好环境质量监测。2020年，以常规监测为基础，以污染源监督性监测为重点，积极开展各类环境监测工作，并积极争取机会，多次安排监测人员外出参加培训，环境监测能力进一步得到提升。一是水环境质量监测。2020年度，共对集中式饮用水水源地开展4次监测。从季度分析监测结果看，2020年度，均达到Ⅱ类水质标准以上，达到国家规定的集中式生活饮用水地表水源地一级保护区要求；对三岔河汇入处、红河（新街段）、新现河与蚂蚁河交汇口三个省控断面进行每月例行监测，监测项目共25项，2020年1—12月共监测12次，从监测结果看，三个断面的水质均达到Ⅲ类水质标准以上；对县域内南溪河与各个乡镇交接处：白寨桥、南溪河与四岔河交汇处、南溪河与金厂河交汇处，进行每个季度一次的水质监测，监测项目共24项，2020年共监测4次，从监测结果看，三个断面的水质均达到Ⅲ类水质标准以上。二是空气质量监测。2020 年 1—12 月，共计 366 天，有效监测天数为 356 天，其中，优 317 天，良 37 天，轻度污染 2 天，有效监测率 97.3%，优良率 99.4%。

污染防治攻坚战，着力推进污染防治攻坚战。2020 年，屏边分局根据屏边县污染防治五大攻坚战要求，持续推进各项工作。一是积极开展餐饮油烟净化装置安装监管工作。成立了领导小组和联合工作组，由州生态环境局屏边分局、县住建局、县市场监督管理局、县卫生健康局、县水务局、屏边供电局抽调人员组成的联合工作组对县城区餐饮服务业进行摸底排查工作，发放《安装油烟净化器通知书》240 份。截至统计时，县城区共涉及餐饮服务业 261 家，已安装油烟净化器的 130 余家。二是编制完成《屏边县乡镇级水源地保护区划定方案》《屏边县农村污水治理专项规划》。目前，红河支流沿线水环境综合整治工程——新现河一期已开工建设，甘蔗地、麻栗寨已建设完毕，对门坡、桥头寨正在施工中。

生态文明建设，继续做好生态创建工作。2019 年 11 月，红河县成功创建国家生态文明建设示范县，2020 年 2 月，州委、州人民政府决定对屏边县成功创建国家生态文明建设示范县给予 1000 万元奖补资金。2020 年，按照国家生态文明建设示范县创建指标要求，编制完成了《屏边县巩固提升国家生态文明建设示范县创建成果实施方案》，着力巩固"国家生态文明建设示范县"创建成果。命名了屏边县第一中学、屏边县第六中学、白云中心校白云小学、和平中心校和平小学、新现中心校新现小学、新华中心校新华小学 6 所学校为县级"绿色学校"。

生态环境监察，持续加大监管执法工作。一是 2020 年积极开展蒙屏高速公路（屏边段）的全线排查、城区洗车场的排查整治和易制毒化学品生产使用排查工作等，依法查处了各类环境违法行为，依法查处环境违法行为 3 件（查封 1 件，行政处罚 2 件，罚款金额 9 万元）。二是切实加大应急管理工作。督促屏边天生桥电站有限责任公司、屏边零开加油站、屏边县旭丰石材有限公司等 7 家企业完成了《突发环境事件应急预案》的编制、修订、评审、备案等工作。及时妥善处置

腊哈地火车站山洪灾害导致存在的生态环境风险事件。三是办好群众的信访投诉。严格落实信访工作要求，认真对待每一件投诉，努力解决群众关心的热点、难点问题。2020 年，共收到"12369"热线平台网络投诉 3 件，办结 3 件，微信举报 2 件，办结 2 件；"12369"电话投诉 3 件，办结 3 件；来人来访 2 件，办结 2 件；政府转办 2 件，办结 2 件；信访局转办 1 件，办结 1 件；州级转办 1 件，办结 1 件；一般来电 1 件，办结 1 件；来信 1 件，办结 1 件。共计 16 件，办结 16 件，办结率 100%。

生态环境宣传教育，持续加大生态环境保护宣传力度。积极参与县"爱国卫生月"、"5·12"防灾减灾日等主题宣传活动，并在全国第 49 个"6·5"世界环境日之际，制定了《州生态环境局屏边分局开展 2020 年"6·5"世界环境日宣传工作方案》，并按照方案开展落实宣传工作。共发放生态环境保护宣传资料 3500 余份，环保袋 2500 余个，围裙 3000 余条，扇子 1000 余把，小风扇 200 余个，毛巾 800 余条，海报 100 张。

生态环境分局主要领导干部

李星桩　　局长

邓林锋　　副局长

张建林　　副局长

（撰稿：毕　杰）

【元阳县】　红河州生态环境局元阳分局内设机构 6 个：办公室、综合科、法规宣教科、规划财务科、自然生态保护科、污染防治科；下设事业单位 2 个：生态环境执法监测站、生态环境执法大队。机关行政编制 5 名，设局长 1 名，副局长 3 名，所属事业单位事业编制 29 名。2020 年，在县委、县政府的坚强领导下，在州生态环境局的有力指导下，元阳县生态环境保护工作始终坚持以习近平生态文明思想为指导，认真践行"绿水青山就是金山银山"的理念，以提高全县生态环境质量为核心，把生态环境保护工作作为一项重要政治任务，聚焦全县三大污染防治攻坚战"7 场标志性战役"，持续推进蓝天、碧水、净土保卫战，全力整改中央、省委历次生态环境督察反馈问题，全县生态环境质量持续改善，工作成效

显著。

环境质量状况。2020年，元阳县城区（南沙）环境空气质量自动监测站有效监测天数356天，其中，优良天数356天，优良率100%，与去年同期相比优良率上升1.1%；SO_2平均值8微克/立方米，同比下降11.1%；NO_2平均值9微克/立方米，同比下降10.0%；PM_{10}平均值32微克/立方米，同比下降41.8%；$PM_{2.5}$平均值18微克/立方米，同比下降21.7%，所有指标均在州级下达的控制范围内。元阳县地表水环境断面监测设置点位有藤条江（国控）、南沙大桥（州控）2个监测点位。经监测，藤条江大桥地表水断面年均水质达到《地表水环境质量标准》（GB 3838—2002）Ⅲ类标准；南沙大桥地表水断面水质达到《地表水环境质量标准》（GB 3838—2002）Ⅲ类标准，满足功能区划要求。城镇集中式饮用水大鱼塘水源地水质达到《地表水环境质量标准》（GB 3838—2002）Ⅲ类或优于Ⅲ类水质标准，麻栗寨河集中式饮用水水源地水质达到《地表水环境质量标准》（GB 3838—2002）Ⅱ类标准或优于Ⅱ类水质标准，满足饮用水水质要求，达标率100%，全县区域水环境质量总体保持良好。

环境保护宣传。2020年，元阳县充分利用"4·22"地球日、"安全生产月""节能宣传周和全国低碳日"等节日加大对《环境保护法》及四个配套办法、"水气土"污染防治法、全国第二次污染源普查知识等宣传力度。以"6·5"环境日为契机，面向社会集中开展以"蓝天保卫战，我是行动者"为主题的宣传活动，普及生态环境保护政策法规和科学知识，弘扬生态文化，进一步增强公众生态环境保护意识，以实际行动减少能源资源消耗和污染排放，自觉践行绿色生产和生活方式，共同建设美丽家园。通过设立环保宣传咨询服务平台，展出环保低碳宣传展板，发放知识宣传资料等方式，大力宣传活动主旨，有效调动公众了解环保、支持环保、参与环保的积极性和主动性，增强民众生态环境意识。活动中共发放宣传手册4000余册，法律法规宣传单2000余张，张贴宣传挂图20余张，现场回答市民提问100余人次。利用哈尼梯田"两山"实践创新基地建设之机，进一步强化县城、景区及公路沿线

的环境宣传功能，充分利用户外广告展现全县优美生态环境和人与自然和谐共生的良好形象，广大民众和游客的环境保护意识不断增强。

坚决打赢污染防治攻坚战。2020年，元阳县坚持以"最高标准、最严制度、最硬执法、最实举措、最佳环境"为原则，全面贯彻落实《元阳县全面加强生态环境保护坚决打好污染防治攻坚战的实施方案》，坚决打赢蓝天、碧水、净土保卫战，全面打好城市大气污染防治攻坚战、水污染综合防治攻坚战、固体废物及重金属污染防治攻坚战、"散乱污"企业排查整治攻坚战、以"两污"为重点的农业农村污染防治攻坚战、柴油货车污染治理攻坚战、哈尼梯田保护和治理攻坚战"7个标志性战役"。

建设项目环境管理。采取提前介入、超前研究、联合审查、跟踪服务和开辟绿色通道等措施，找准问题症结，综合施策，严格项目建设"选址关、审批关、验收关"，从源头上有效防治新污染源产生。加快审批涉及全县经济社会发展的重大项目和民生项目，确保项目快速落地。2020年，共出具建设项目环境影响审查意见3个、建设项目环境保护选址意见19个、审批建设项目环境影响报告表5个、报告书1个。项目环评执行率和环保"三同时"执行率达100%。

各级环保督察反馈问题整改。针对中央、省级环保督察及"回头看"反馈涉及的具体问题，认真研究制订元阳县整改总体方案，以目标、问题和结果为导向，坚持反馈问题得不到整改不放过、整改达不到生态环保要求不放过，高位推动整改工作，并取得阶段性成效。中央环境保护督察涉及元阳县整改任务共13项，已全部完成整改；中央环境保护督察"回头看"及高原湖泊环境问题专项督察涉及元阳县整改任务共4项，已全部完成整改；省级环境保护督察反馈意见问题涉及元阳县共14项，已全部完成整改；省级环境保护督察"回头看"反馈问题涉及元阳县共5项，已全部完成整改。各级环保督察期间受理的群众投诉案件已全部办结。

生态文明建设。2020年，元阳县认真贯彻落实习近平生态文明思想，坚决按照中央"五位一体"总体布局，深入践行"绿水青山就是金山银山"的

绿色发展理念，切实把生态文明建设的责任扛在肩上、抓在手上，持续推动中央、省、州关于生态文明建设和加强环境保护的系列重大决策部署落地见效。持续巩固生态文明创建成果，坚持绿色发展理念，努力打造"绿水青山就是金山银山"元阳样板。全县共创建省级"绿色学校"3 所、省级"绿色社区"1 个、县级"绿色社区"3 个；州级生态村 120 个、省级生态乡镇 14 个，哈尼梯田遗产区被生态环境部命名为第二批"绿水青山就是金山银山"实践创新基地，省级生态县通过考核验收，红河州生态环境局元阳分局荣获生态环境部第二届"中国生态文明奖先进集体"荣誉称号。

环境监察执法和信访案件。2020 年，继续保持严厉打击环境违法行为的高压态势，让企业自觉守法。巩固提升环境执法大练兵活动成果，深入推进环境执法"双随机"，开展全县环境污染隐患大排查工作，严厉打击违法行为，关闭、停产、处罚一批环境违法企业，整改一批突出环境污染隐患企业，有效预防和遏制了环境污染事件发生。制定《元阳县突发环境事件应急预案》，做好突发环境事件预警及应急处置，确保不发生重大环境污染和生态破坏事件，保障环境安全。全年共检查企业 79 家次、出动执法人员 278 人次，对环境违法企业立案查处 4 家，作出行政处罚决定书 3 份，作出责令改正违法行为决定书 3 家、作出责令停产整治决定书 1 家，罚款人民币共 16 万元。年内元阳县辖区内未发生较大以上突发性环境污染事件。加大对"12369"环保热线、环保微信举报平台等的环境举报案件查处力度。全年共接到各类信访件 22 件，立案查处 22 件。重大节假日期间及全国、省、州、县"两会"期间未发生因环保领域问题导致的群体性事件。

生态环境分局主要领导干部

罗成会　党组书记、局长

林正华　副局长

孔疆丽　副局长

李继光　副局长

（撰稿：李　松）

【河口瑶族自治县】　2020 年，红河州生态环境局河口分局坚持以习近平生态文明思想为指导，认真贯彻习近平总书记考察云南重要讲话精神，全面落实中央、省、州关于生态环境保护的一系列方针政策，围绕生态环境保护目标任务，强化污染源头防控，着力生态环境治理，坚决打好打赢污染防治"6 个标志性战役"，协同推进"区县"经济高质量开放发展和生态环境高水平保护，让蓝天成为国门河口的"标配"，让碧水成为国门河口的"名片"，让绿色成为国门河口的"底色"。

大气污染防治。健全完善重污染天气应急响应机制，制定了《河口县重污染天气应急预案》并印发实施。制定《河口县人民政府关于划定禁止使用高排放非道路移动机械区域的通告》，明确非道路移动机械种类及高排放标准。以"美丽县城"建设、国门人居环境暨爱国卫生"7 个专项行动"为依托，开展联合执法行动，对县城及周边的建筑施工工地、停车场、货场进行重点排查整治。治理淘汰老旧柴油货车，完成了年度任务。强化挥发性有机物污染治理，完成剩余 12 座加油站油气回收改造验收工作。2020 年，河口县城空气质量有效监测天数 360 天，优良天数 360 天，优良率为 100%。

水污染防治。推进水污染治理、水生态修复、水资源保护"三水共治"。落实污染物减排措施，持续加强重点污染源污染防治设施运行监管，完成减排任务。强化集中式饮用水水源地环境保护，完成县级集中式饮用水水源地环境状况调查评估工作、乡镇级共 10 个集中式饮用水水源地保护区划定及"千吨万人"饮用水水源地保护区标示牌设置工作。稳步推进农村生活污水治理。编制完成《河口瑶族自治县县域农村生活污水治理专项规划（2020—2035）》并印发实施。推进入河排污口优化和规范化建设，完成 8 个入河排污口标示牌设置工作。2020 年，河口县优良水体比例保持 100%。

土壤污染防治。加强固体废物产生、收运、贮存、利用和处置全过程监管。开展打击危险废物环境违法犯罪行为专项行动，妥善转移、处置境外输入固体废物 1 起。推进危险废物规范化管理。完成危险废物规范化管理自检自查工作，经州级考核结果为 B（良好）。持续推进工业固废堆存场所环境风险排查。全面排查县域范围内的工业固体废物堆存场所，共对 3 家重点企业煤炉炉渣堆放场所进行排查核实，未发现非法堆放情况，未发现重大环境安全隐患。2020 年，河口县无土壤污染事故发生，无新增污染地块，土壤环境质量状况总体保持良好。

噪声污染防治。严格执行建设项目环境影响评价及"三同时"制度，要求企业认真落实环境噪声污染防治措施。及时查处各类噪声污染举报投诉案件，2020 年，共处理环境噪声问题投诉 6 件［社会生活噪声（固定设备）4 件，社会生活噪声（娱乐场所）1 件，建筑施工噪声 1 件］，查处率 100%，办结率 100%，做到了件件有回音、事事有结果。

优化营商环境。认真贯彻"区县融合"发展思路，在持续优化营商环境、做好项目审批服务的同时严格执行环境准入制度，依法审批各类建设项目，对不符合国家产业政策的项目一律不予审批，坚决做好污染源头防控工作。2020 年，共审批建设项目 9 个，未审批高耗能、高排放、资源型项目，切实从源头上减少污染物排放，维护生态环境安全。

环境执法监管。严厉打击环境违法行为，妥善处理生态环境信访投诉，努力解决群众关心的热点、难点问题。2020 年，共立案查处环境违法行为 5 起，其中，行政处罚 4 起、查封 1 起，行政罚款金额 10.5 万元。受理并有效调处信访投诉 20 件，及时消除了环境安全隐患，有效维护了群众环境权益。加强日常执法监管。认真落实环境执法"双随机、一公开"制度，开展生态环境保护责任落实检查共 38 家次，确保了无环境污染或生态破坏事件发生。强化医疗废物监管。认真落实疫情防控工作要求，对医疗机构医疗废物产生、贮存、转移及污水处理设施运行等情况进行现场检查。强化辐射环境安全管理，加强对重点单位的放射性同位素与射线装置辐射安全监管，确保安全防护措施落实到位。

污染源普查。扎实开展第二次全国污染源普查，查清了河口县 104 个普查对象［其中，工业企业及产业活动单位 39 个、入河（库）排污口 8 个、生活锅炉源 1 条、集中式污染治理设施 4 个、规模化畜禽养殖场 11 个、加油站 14 个、行政村 27 个］数量、行业和分布情况，建立普查对象档案及信息数据库，并通过了州级验收，圆满完成普查目标任务，为打好打赢污染防治攻坚战提供科学支撑。

生态环境保护督察。按照生态环境保护督察反馈意见问题整改要求，坚持从严、从快、从实抓整改，对问题实行清单制管理，强化挂账督办、跟踪问效，整改一个、销号一个。完成了剩余的 5 个符合时序进度的中央、省级生态环境保护督察及其"回头看"反馈意见问题整改自查自验工作，并报上级部门验收。

生态环境分局主要领导干部
吕　奇　局党组书记、局长
陆　军　局党组成员、副局长
唐万芬　副局长

（撰稿：盘国海）

【金平苗族瑶族傣族自治县】　2020 年，金平县生态环境保护工作，在省、州生态环境主管部门的业务指导下，以习近平新时代中国特色社会主义思想为指导，深入贯彻习近平生态文明思想和习近平总书记考察云南重要讲话精神，大力开展环保督察反馈问题整改、打好污染防治攻坚战，积极推进生态文明创建、加大生态监测与执法监管、全力做好生态环境保护工作。

中央生态环境保护督察反馈意见整改。中央生态环境保护督察反馈意见问题涉及金平县生态环境保护、自然保护区违法违规需关注加强类的 12 项问题，其中，全州共性问题 11 项，个性问题 1 项。个性问题涉及金平分水岭国家级自然保护区内 6 个点位擅自搭建棚屋行为的问题，已全部拆除，并恢复原貌，整改完成。

中央生态环境保护督察"回头看"及高原湖泊环境问题专项督察反馈意见整改。涉及金平县整改任务 2 项，其中，个性问题 1 项，共性问题 1 项，个性问题涉及金平分水岭国家级自然保护区金竹林隧道至元阳公路涉及缓冲区道路建设情况，需恢复道路两旁植被，已整改完成；共性问题为中小水电站安装下泄生态流量在线监控装置、运行 3 年以上中小水电站开展环境影响后评价、制定流域梯级联合调度方案等整改任务，已完成整改。

2017年，省级生态环境保护督察反馈问题整改。涉及金平县整改问题13项，其中，全州共性问题有11项，个性问题有2项（分水岭保护区林下草果种植和涉及保护区7个矿权退出问题）。按照整改时限要求，2020年12月30日前，需完成整改6项由相关责任单位稳步推进，取得了实质性进展，完成整改任务。

2019年，省级生态环境保护督察"回头看"反馈问题整改。涉及金平县整改问题3项，完成整改2项，达到时序进度1项。一是垃圾渗滤液处理站整机设备长期不运行的问题，已完成渗漏液处理站整机设备修复和废水在线监测设备安装，整机设备正常运行，完成整改。二是垃圾处理场环境保护竣工验收问题，完成垃圾填埋场破损土工膜修复工作，11月8日，组织完成自主验收。三是县城市集中式饮用水水源地环境安全隐患突出问题，完成马鹿塘水库和白马河水源地取水许可证审批，完成铺设白马河取水口上移输水管道5.48千米。

实施好蓝天保卫战行动计划。一是空气环境质量。2020年，县城空气质量有效监测天数358天，空气质量优良天数352天，环境空气优良率98%。二是锅炉节能减排工作。金平县建成区涉及淘汰锅炉1座（金平金运有限责任公司承压蒸汽锅炉），该公司已制订煤改电技改方案，于2020年11月30日自行拆除主要部件，完成2020年底淘汰任务。

实施碧水保卫行动。一是国控、省控断面水质稳定达标。2020年，国控断面那发出境（Ⅱ类）、龙脖渡口（Ⅲ类）水质达到地表水功能区划考核要求，省控断面金平桥、勐拉桥、农厂吊桥（县域生态考核断面）水质均达到了考核要求。二是饮用水水源地水质稳定达标。金平县主要供水水源地为马鹿塘水库水源地，备用水源为白马河水源地，2020年，共进行监测4次，根据监测数据水质达到考核要求，达标率100%。三是做好水污染省级重点减排项目监管。水主要污染物省级重点减排项目为金平县城市污水处理厂，2020年，处理污水235万吨，化学需氧量削减334.87吨；

氨氮削减53.35吨，完成全年主要污染物减排项目任务。四是县域农村生活污水治理专项规划。完成《金平县县域农村生活污水治理专项规划》编制工作并通过省级评审，经县人民政府批准实施并将专项规划上报省生态环境厅备案。

实施净土保卫战。一是实施重金属减排计划。与重点企业签订了《土壤污染防治责任书》。按照目标责任书要求，完成土壤污染状况初步调查及尾矿库污染防治工作。二是开展尾矿库污染防治。金平县辖区共涉及尾矿库13座（重点尾矿库4座、已销库的尾矿库1座、回采销库及停用的尾矿库7座、停止建设的尾矿库1座）。2020年已完成13座尾矿库污染防治方案编制和工程治理。三是完成县辖区44地块重点行业企业用地基础信息采集再核实确认工作。

省级生态文明县创建。制订《金平县创建省级生态文明县实施方案》，并按照方案强力推进生态创建工作。截至2020年底，全县97个建制村中有91个建制村获得州级生态文明村称号；全县13个乡镇中金水河镇已创建为国家级生态乡镇，其余12个乡镇创建为省级生态文明乡镇。省级生态文明县创建已通过州级技术评估审查和省生态环境厅组织的专家预审，2020年11月5—6日完成省生态环境厅专家现场复核工作。

生态环境监测情况。一是完成重点排污单位执法监测工作。二是完成国家生态县考核断面（农场吊桥）水质监测。三是开展马鹿塘水库饮用水水源地、白马河备用水源例行监测。四是完成县政府环境空气质量监测点位（国家重点生态区域县考核环境空气监测点）监测工作。

污染源企业执法监管和执行好"双随机"抽查。开展环境安全隐患排查整治活动，强化环境监管，对在检查中发现的违法排污、环评审批等存在环保问题的企业，责令企业主及时进行整改，消除隐患。2020年，共出动检查人员136人次，检查企业58家次。

加强环境执法监管，严肃查环境违法行为。2020年，对9户企业环境违法行为进行立案查处，已结案9件，罚款人民币60.7075万元；做好群众来信来访工作，及时处理群众投诉的污染事件。2020年，共受理群众投诉18件，已全部办理结案，办结率 100%。

建设项目环境管理。2020 年，完成建设项目环境影响评价审批 28 个，总投资 50475.27 万元，其中，环保投资 1116.739 万元；完成建设项目环境影响登记表备案 89 个，总投资 28.9574 亿元，其中，环保投资 0.4099 亿元。完成建设项目环境影响评价下级审查 11 个；完成建设项目环境影响评价确认 10 个。

新型冠状病毒感染疫情防控。严格贯彻落实上级关于疫情防控工作的部署安排及各项措施，做好医疗废、医疗物污水处理设施运行的监管，督促医疗机构落实有关规定，确保医疗废弃物、医疗污水的无害化处置等工作。2020 年，对 22 个公立、民营医疗机构（城区 7 个、乡镇 15 个）及 14 个医学留验观察站（城区 3 个、乡镇 11 个）采取不定期检查，共检查 101 家次，出动 72 人次。

排污许可清理整顿及发证登记。2020 年，金平县清理整顿发证清单 2 家，已完成 2 家；清理整顿登记清单 8 家，已完成 8 家；完成污登记清单 84 家，排污许可发证 17 家。

生态环境分局主要领导干部

胡选平　党组书记、局长
陶小华　党组成员、副局长
李国跃　党组成员、副局长
胡兴华　副局长

（撰稿：石　磊）

【绿春县】　2020 年，红河州生态环境局绿春分局坚持以习近平新时代中国特色社会主义思想和生态文明思想为指导，深入贯彻国家和省、州环保工作会议精神，积极落实县委全会要求，以打好打赢蓝天保卫战、碧水保卫战、净土保卫战为重点，狠抓环保督察整改，加大环境执法力度，加快生态文明县创建，深入推进生态文明体制机制改革，生态环境各项工作取得明显成效。

县域生态环境质量持续改善。2020 年，县城区环境空气有效监测天数为 354 天，环境空气质量优良天数 346 天，环境空气质量优良率为 97.7%。可吸入颗粒物（PM_{10}）年均浓度值 24 微克/立方米，标准值为微克/立方米 ≤70 微克/立方米；细颗粒物（$PM_{2.5}$）年均浓度值 13 微克/立方

米，标准值为微克/立方米 ≤35 微克/立方米；二氧化硫（SO_2）年均浓度值 7 微克/立方米，标准值为微克/立方米 ≤60 微克/立方米；二氧化氮（NO_2）年均浓度值 4 微克/立方米，标准值为微克/立方米 ≤40 微克/立方米；一氧化碳（CO）24 小时均浓度值 1 微克/立方米，标准值为微克/立方米 ≤4 微克/立方米；臭氧（O_3）24 小时均浓度值 90 微克/立方米，标准值为微克/立方米 ≤160 微克/立方米。全县 2 个河流监测断面、3 个河长制监测断面地表水水质均达到 III 类标准，水质比例为 100%。县城区集中式饮用水水源地水质达到 II 类、III 类标准，达标率为 100%。城市区域声环境质量总体水平为二级，区域声环境质量为好。全县林业用地面积 385.4 万亩，占全县面积的 82.96%，森林覆盖率为 70.46%，居全州第一，林木绿化率 74.91%。商品林 250.9 万亩，活立木蓄积量达 2129 万立方米，居全州第一。

持续打好蓝天保卫战。一是加强扬尘综合治理。严格施工扬尘监管，建立健全城市建筑工地扬尘污染防治网格化监管机制，着力解决城市扬尘污染问题。建筑施工工地做到周边围挡、物料堆放覆盖、土方开挖湿法作业、路面硬化、出入车辆清洗、渣土车辆密闭运输"六个百分之百"。加大县城区道路清扫保洁、喷雾降尘和洒水冲洗力度，大力推进道路清扫保洁机械化作业，提高道路机械化清扫率。严格渣土运输车辆规范管理，渣土运输车辆采取密闭或其他防治物料遗洒漏措施。二是加强县城区油烟整治。配合市监、住建等部门开展了露天烧烤和餐饮行业油烟专项整治，整治露天烧烤经营摊点 21 家，餐饮业安装油烟净化器 132 台，有效控制了县城区油烟污染。三是开展了非道路移动机械信息采集工作，以绿春县人民政府名义下发了《关于划定禁止使用高排放非道路移动机械区域的通告》，并在县电视台公告 15 天，禁止非道路移动机械在县城区域（从云梯酒店至大寨岔路）通行。四是开展了燃煤锅炉专项整治。加快燃煤锅炉淘汰改造，淘汰 10 蒸吨/时以下燃煤锅炉 6 台，完成率 100%。

持续打好碧水保卫战。一是强化城镇集中式饮用水水源地专项检查，编制完成了绿春县 8 个乡镇 11 个饮用水水源保护区划定方案，经县人民

政府批准报州级备案。二是开展了入河排污口排查工作，投入 2 万元工作经费完成了 4 个建制镇入河排污口信息公示牌制作设立工作。三是扎实推进农村生活污水治理工作。编制完成了绿春县域农村生活污水治理专项规划，并报县人民政府批复实施。结合美丽乡村建设，生态文明村、宜居村创建工作，完成农村生活污水治理自然村 200 个。

持续打好净土保卫战。一是全面加强医疗废物监管。对全县 111 家医疗机构（综合医院、各乡镇卫生院、农村卫生室）医疗废物产生处置情况进行了监督检查，全县医疗废物统一送红河州现代德远环保科技有限公司处置，处置率达 100%。二是不断规范生活垃圾处置。认真督促县城生活垃圾填埋场规范填埋作业，有效防范了渗滤液外泄等环境风险。三是开展固定废物环境管理排查工作。排查工业固体废物产生企业 4 家，各企业按固体废物管理有关要求规范处置。四是着力推进农业面源污染治理工作。督促县农科部门实施高效节水灌溉工程、测土配方施肥、绿色防控技术和秸秆就地还田、沤制有机肥等技术，有效减少了农业面源污染。

加强环评和排污许可管理。一是严把审批关。严禁新上淘汰类、限制类项目，禁止高耗能高污染高排放企业进入该县。2020 年，全县审批环境影响报告书 1 个，报告表 6 个，备案环评登记表 50 个。二是强化排污许可管理工作，完成排污登记 58 家，完成率为 100%。

加强环境监管执法。认真开展了"双随机"执法检查、环境安全隐患排查、环评审批事中事后监管、排污许可制度执行情况监督检查等执法活动，累计开展执法 10 次，检查企业 45 家。出动环境执法人员 12 人次，开展了为期 14 天的河道采砂专项执法检查工作，排查河道砂石点 25 家，并下达了办理环评手续通知书。加强环境信访工作，及时处置环境违法行为，确保社会稳定。2020 年，共受理群众来信来访 7 起，处理 7 起，处理率达 100%。

污染源普查。认真做好绿春县第二次污染源普查收尾工作。一是加强普查信息修改完善，完成数据定库。完成县域所有污染源（其中，工业

源 27 个；农业源 20 个规模化畜禽养殖场和 4 份综合表，集中式污染治理设施 3 个；生活源 71 个行政村，4 个入河排污口；移动源 11 个加油站）的填报和产排量核算，普查数据得到上级普查机构的认可和定库。二是认真编制完成普查工作总结和数据分析报告，全面对绿春县第二次全国污染源普查工作进行了总结和普查数据的纵、横向合理性分析。三是规范普查档案管理工作，顺利通过上级组织的检查验收。

生态文明建设。全力抓好生态文明建设工作。一是有序推进省级生态文明县创建工作。成立了由书记和县长任"双组长"的绿春县创建省级生态文明县工作领导小组，制订了切实可行的创建工作方案，构建了党委领导、政府负责、环保统筹、部门协作、全县群众参与的创建工作格局。县委、县政府先后召开 8 次专题会议研究部署省级生态文明县创建工作。安排创建专项工作经费 105 万元，全力保障生态文明县创建工作。绿春县省级生态文明县创建工作顺利通过省级现场复核。二是开展"绿盾 2019"自然保护区监督检查专项行动，对绿春县黄连山国家级自然保护区全面开展排查，对国家级自然保护区遥感监测情况进行核查，黄连山国家级自然保护区的环境问题全部完成整改，销号率 100%。三是黄连山国家级自然保护区获得"省级生态文明教育基地"称号。

全力推动环保督察问题整改工作。认真做好中央、省委省政府环保督察反馈问题整改工作。在中央环保督察反馈意见问题整改清单中，绿春县涉及 15 个反馈意见问题及 1 个信访件已整改完成。在省委省政府环保督察反馈意见问题整改清单中，绿春县涉及 16 个整改问题已整改完成。

扎实做好精准脱贫工作。一是实施精准帮扶。紧扣"两不愁三保障"脱贫标准，切实帮助贫困户解决实际存在的困难和问题，帮扶责任人及时与帮扶对象取得联系，定期走访了解情况，明确帮扶措施，切实开展帮扶工作。二是强化驻村帮扶队员力量。先后推选有农村基层工作经历且工作认真负责的 2 位同志投入脱贫攻坚第一线开展驻村帮扶工作，并加强驻村工作队员管理，杜绝驻村干部出现"空岗"现象。三是深入开展宣教工作。通过举办宣讲培训班、发放宣传材料、上

口设置论证报告的技术评审、公示及审批工作。三是开展重点污染源日常监管，全国污染源监测信息管理与共享平台联网企业 11 家，对企业开展监督性监测 8 家。文山市污水处理厂全年化学需氧量削减 3426.3 吨，氨氮削减 320.1 吨。

蓝天保卫战。积极推进 2020 年度春夏季大气污染防治攻坚行动工作，督促重点企业认真落实时段管控要求，联合相关部门对文山市周边开展垃圾、秸秆焚烧专项检查和建城区 2020 年度大气污染防治攻坚行动专项督查。推进采石企业环境管理提升和环境问题整治，督促企业落实环保设施建设，开展日常督促检查。完成省级重点减排项目及主要污染物总量减排，2020 年，二氧化硫和氮氧化物排放总量控制在 3374 吨、1290 吨以内，比 2019 年的 5372 吨、1434 吨分别减少 37.2%、1%。预计削减二氧化硫 2005.13 吨、氮氧化物 819.8 吨。关停文山铝业有限公司淘汰 12 台熔盐炉，关停拆 9 家砖厂，完成云南天冶化工有限公司清洁能源替代工程。加强有组织和无组织排放管控，工业炉窑大气污染综合治理共 9 家企业，6 家基本完成，3 家停产。启动汽修行业挥发性有机物专项治理，安装治理设施 40 余家。完成非道路移动机械低排放控制区划定，完成两套黑烟抓拍装置主体建设，安装油罐车油气回收装置 317 辆、完成 41 家加油站油气回收改造工作。

净土保卫战。一是土壤污染防治工作。完成金驰和盛禾砒霜厂地块治理修复工作以及天龙和永安公司地块初步调查，将化工厂地块纳入全州统筹开展初步调查。对 5 家涉镉等重金属重点行业企业排查整治。完成全市 23 家重点行业企业基础信息采集、重点行业企业用地土壤污染现状调查风险等筛查结果纠偏和 4 个中高关注度地块采样调查工作。完成 361 家危险废物经营和产生单位网上申报登记和审核工作，对 22 家单位开展了危险废物规范化检查考核工作。完成 5 座尾矿库环境污染防治工作。二是开展农村环境治理工作。完成农村生活污水治理 506 个村，其中，纳入城镇管网建设 2 个村，设施治理 18 村，有效管控 486 村，治理率达 49.41%，污水管控村 486 个，管控率 48%。未完成污水治理且乱泼乱倒得到管控的自然村数 107 个。三是开展自然保护地监管

工作，完成 2 个自然保护地人类活动遥感监测新发现问题线索实地核查工作，完成"绿盾"专项行动 40 个自然保护地重点问题整改工作。四是推进生态文明体制改革，推动生态文明体制改革领域完成制订方案类 26 项，印发 13 项，调研起草 2 项。完成推动落实类 13 项。

环境审批。一是认真开展项目选址，参加项目选址 31 次，否决或暂缓审批 3 个项目。二是严格执行环境影响评价制度，共审批编制环境影响报告书的项目 6 个，报告表 55 个，登记表网上备案 406 个，涉及项目总投资 82 亿元，其中，环保投资 1.92 亿元。完成 11 座投入生产或运营 3 年以上中小水电站项目开展环境影响后评价工作。三是开展排污许可证清理整顿工作。涉及固定污染源的企业有 419 家，完成固定污染源登记 259 家，完成重点管理和简化管理发证 82 家，完成率 100%。存在问题需要限期整改的企业有 28 家，完成整改 7 家。四是开展优化营商环境工作。实行"一次性"告知、"一站式"服务、不见面审批，开辟重大建设项目和环保产业项目审批绿色通道，实施环评免填登记表正面清单，豁免部分项目手续办理，压缩审批时限，报告表审批由法定的 60 个、30 个工作日统一缩短至原环保部规定的 22 个工作日，审批时限分别提前 38 和 8 个工作日。对防疫急需临时性的医疗卫生、物资生产、研究试验等 3 类建设项目，按照实际情况豁免环境影响评价手续。

环境执法。一是强化监管执法，切实维护群众的环境权益。2020 年，共立案调查环境违法企业 4 家，下发责令整改通知书 37 份，环境违法行为得到进一步遏制。二是以"双随机"抽查工作，为依托对企业开展环境安全隐患排查，每季度抽取开展现场监察单位和检查人员，共检查企业 121 家，其中，重点企业 33 家，一般企业 88 家，对企业存在问题下发整改通知并督促整改。三是加强环境应急管理工作。督促相关编制和完善企业内部环境应急预案并报备，共有 18 家企业编制了《突发环境事件应急预案》并进行了备案，其中较大风险预案 2 家，一般风险预案 16 家，覆盖了全市的重点监控企业。四是处理环境信访 74 件，办理答复 73 件，1 件正在办理中，切实维护了群众

的环境权益。五是认真开展采石企业和砖厂行业专项执法检查，共检查砖厂企业 16 家，下发责令改正通知书 11 份，下发责令改正违法行为决定书 1 份。

环保督察。根据"一个问题、一套方案、一名责任人、一抓到底"的要求，明确责任单位、责任人、整改目标、整改措施和整改时限，狠抓环境问题整改。文山市涉中央环境保护督察整改任务共 25 项（其中 2 项关注加强类），已全部完成整改并通过市级初验；中央环境保护督察"回头看"整改任务共 13 项，已全部完成整改并通过市级初验。文山市涉省级环境保护督察整改任务共 25 项，已完成整改 22 项，验收 20 项，未完成整改但达到序时进度 1 项，未达到序时进度 2 项。文山市涉省级生态环境保护督察"回头看"整改任务共 31 项，已完成整改 21 项，验收 12 项，未完成整改但达到序时进度 10 项，未达到序时进度 0 项。

环境监测。对城区大气环境质量 6 项指标、地表水环境质量、城市集中式饮用水水源地水质、农村环境质量、农村饮用水水源地、重点排污企业、城市功能区噪声、区域噪声、交通噪声、降尘等开展监测，完成环境质量监测报告 112 份。2020 年，文山市城区环境空气质量达到国家二级标准，空气质量优良率为 99.5%；盘龙河监测断面达到国家地表水Ⅲ类标准。暮底河水库等重点集中式饮用水水源地水质达标率为 100%，综合水质达到国家地表水Ⅲ类标准；全市土壤环境质量总体保持良好。

扶贫工作。一是鼓励外出务工 97 人，其中，7人省外，17 人省内州外，73 人州内。二是为推动产业发展，薏仁种植 300 余亩、红椿种植 90 余亩、八角种植 260 余亩、养殖牛 30 余头、鸡 3000 余只。三是为增加收入巩固两不愁三保障，新修白石岩老村产业路 6000 米。四是州级资金和物资开展帮扶。协调 100 吨水泥给小街镇。协调文山云东建筑工程有限公司为该村修建一条全长约 4.6 千米产业发展路，涉及农耕土地 800 余亩，直接惠及群众 220 人，预计每年产生经济效益 20 万元左右。

生态环境分局主要领导干部

雷　涛　党组书记、局长
赵兴旺　党组副书记、副局长
张正龙　党组成员、副局长
吴应波　党组成员、副局长
胡洪刚　党组成员、督察员

（撰稿：王　娟）

【砚山县】　2020 年，砚山县局党组深入学习贯彻落实党的十九大精神、习近平新时代中国特色社会主义思想、习近平总书记系列重要讲话精神和中央、省委、州委、县委以及州局决策部署，坚持"绿水青山就是金山银山"理念，转变工作作风，提高工作标准，以保护和提升环境质量为核心，攻坚克难、履职尽责，全面加强生态环境保护，全力打好污染防治攻坚战，各项生态环境保护工作顺利推进。

生态环境信访。增强环境信访工作实效，共收到信访举报 41 件，办理结案 38 件，解决污染纠纷 4 起，补偿金额 14.21 万元。

环保项目。一是积极争取《"千吨万人"红舍克一级保护区污染防治工程项目》，对红舍克水库保护区内红舍克及小鱼塘村进行生活污水收集处理，争取到中央水污染防治专项资金 578.505万元，项目由砚山县水务局实施，项目预计 8 个月内完工。二是争取大气污染防治专项资金 250万元，支持文山海螺水泥有限责任公司实施全厂区无组织排放治理。项目总投资 2215 万元，一期改造项目于 2018 年 11 月组织实施，包括原燃材料堆棚及混合材堆棚封闭、滚筒式皮带配重封闭、水泥包装车道封闭、转运站封闭等项目，并于2020 年 1 月全部完成，共投入资金 1015 万元。二期改造项目皮带廊道封闭于 2020 年 8 月份开始施工，于 2021 年 1 月 15 日完成项目改造，该项目共投入资金 1200 万元。文山海螺水泥有限责任公司全厂区无组织排放治理项目的实施完成，实现了全厂作业区无组织排放管理，减少了公司无组织排放对大气及周边环境污染。

机构改革。州生态环境局砚山分局人、财、物上划完成。2020 年 1 月，文山州生态环境局砚山分局共 45 名在职工作人员划转由文山州生态环境局统一管理，划转人员工资福利待遇均按州级标准执行，由州级财政统一保障，州生态环境局统一核发。同时，州生态环境局砚山分局党组由砚山县党委按照《中国共产党章程》《中国共产党党组工作条例》有关要求进行设置，按照属地管理原则开展工作。各县市分局资产已整体划转至州级，并完成档案移交和资产清查及财务收支专项审计。

自然生态。积极推进生物多样性保护工作。认真履行砚山县生物多样性保护委员会联席会议办公室职责，定期召开联席会议，研究制定砚山县年度生物多样性保护重点目标任务工作，统筹协调推动全县生物多样保护工作，第一阶段性项目按期推进取得了阶段性成效。完成了省级环境保护督察反馈问题"生物多样保护工作推进缓慢"的整改复验工作；按《文山州生物多样性保护实施方案（第二阶段）重点工作任务分解方案》要求各成员单位履行工作职责，进一步深入推进全县生物多样性保护工作；按州级要求积极开展COP15砚山特色材料收集并上报。全县11个乡镇均开展了生态文明乡镇创建，获省级生态文明乡镇命名3个（江那镇、阿猛镇、盘龙乡），通过省级技术评估7个（八嘎乡、蚌峨乡、者腊乡、干河乡、维摩乡、阿舍乡、稼依镇），获州级命名生态文明村82个。2019年底，省级生态文明县创建工作通过省级考评，并于2020年5月21日在省生态环境厅网站公示。

污染防治攻坚战。认真履行县环境污染防治工作领导小组办公室职责，落实《砚山县全面加强生态环境保护坚决打好污染防治攻坚战实施方案》各项目标任务和举措，报请县人民政府组织召开全县污染防治攻坚战工作推进会，统筹调度推进全县污染防治"7个标志性战役"，全县污染防治工作取得明显成效。

大气污染防治。一是积极应对污染天气情况，按照《砚山县污染天气控制线工作方案》《砚山县重污染天气工作方案》，共启动三级响应措施6次、二级响应措施4次、一级响应措施2次，积极应对污染天气。二是扎实做好大气主要污染物减排工作，共有省级重点减排项目4个，关停落后产能企业1家（砚山县平远震容冶炼有限责任公司），上报削减二氧化硫450吨、氮氧化物5090.68吨。三是加强工业企业大气污染综合治理，督促6家工业炉窑企业开展全厂区无组织治理改造，督促57家加油站完成油气回收装置改造，18家汽修企业完成安装并投入使用挥发性有机物治理设施。四是抓好城市扬尘和油烟管控，积极推行建筑施工工地防尘设施标准化，加大巡查力度，县城机械化机清扫率达79.35%。制定印发《砚山县餐饮业油烟污染治理实施方案》，推广高效油烟净化设施。五是协调推进机动车污染治理工作，现场监督检查机动车排放检验机构2家3次，共开展汽车检测46181辆，合格36369辆，合格率为78.8%。六是完成高排放非道路移动机械禁行区和砚山县高污染燃料禁燃区划定和发布实施。

水污染防治。一是按照《文山州2020年度县（市）国考、省考、州考地表水水质达标率考评方案》认真开展自检自查，县域内路德水库纳入省考，考核类别为Ⅱ类，已完成纳入省级考核的地表水断面优良水体比例达100%。二是强化饮用水源保护，完成了5个"千吨万人"和7个乡镇级集中式饮用水水源地保护区划定并取得省生态环境厅批复，5个"千吨万人"共划定保护区面积74.301平方千米，7个乡镇级集中式饮用水水源地共划定保护区面积42.766平方千米，正在开展"千吨万人"饮用水水源保护区环境综合整治工程前期准备工作。三是完成水生态环境约束性减排任务，上报削减化学需氧量712.52吨、氨氮119.13吨。

土壤污染防治。一是抓好土壤环境质量详查和评估。配合完成农用地土壤污染状况详查和重点行业企业用地土壤污染状况详查工作，农用地土壤污染状况详查现处于成果集成阶段。二是加强建设用地风险管控。涉及疑似污染地块1个（砚山县砚华松香厂原厂址），经委托场地调查，确定不属于污染地块，2020年，全县暂无其他疑似污染地块或污染地块。三是加强危险废物监管和固体废物堆渣场治理，贯彻落实《砚山县固体废物污染治理攻坚战工作方案》，实现固体废物过程监管，重点行业重点重金属排放量比2013年下降12%目标。四是推进县域农村生活污水治理，完成砚山县县域农村生活污水治理专项规划编制，规划共覆盖全县11个乡镇984个自然村，截至统计时，全县已完成污水治理的自然村 343 个，农村生活污水治理率 32.92%。

生态环境监管服务。做好生态环境行政审批服务工作。一是提升重大建设项目落地建设环评要素保障能力，共完成 6 个报告书、47 个报告表审批，指导填报 612 个表备案。二是加快推进排污许可清理整顿和 2020 年排污许可发证登记，核发新版国证 65 家，登记 267 家。

严格生态环境行政执法。一是严格执行"双随机、一公开"监管机制，共抽取污染源企业 38 家，已全部开展现场监察并进行公开。二是加强日常生态环境执法检查，共出动执法人员 1000 余人次，检查企业 500 余家次。三是落实饮用水水源地环境保护工作执法任务，组织对县城集中式饮用水水源开展水源地专项执法检查 2 次，共出动执法人员 60 人次，查处违法行为 2 起共处罚金 600 元。四是加大环境违法行为的查处力度，对检查发现的环评"未批先建"、污染防治设施不正常运行、通过渗坑违法排放水污染物等 22 家企业依法立案查处，下发行政处罚决定书 17 份，共处罚款 132.5 万元，适用行政拘留 6 件 6 人次，其余 5 件正在按程序办理中。五是增强环境信访工作实效，共收到信访举报 41 件，办理结案 38 件，解决污染纠纷 4 起，补偿金额 14.21 万元。六是开展法制审核审查 14 次。七是砚山分局生态环境监测站 2020 年共出具了 77 期环境监测报告，对砚山县 12 个重要湖库、11 个乡镇饮用水水源地、10 余家重点企业开展了相关监测，为环境管理提供了有效的技术支撑。

加强核与辐射安全监管。通过建立健全核与辐射环境监管体系、开展现场检查核查、法律法规宣传教育等措施，加强核与辐射环境安全监管，切实保障公众健康。全县 23 个核技术利用单位共 43 台射线装置、1 个放射源使用单位共 2 枚放射源均办理辐射安全许可证，持证率达 100%。2020年，砚山县未发生辐射安全事故。

环保督察整改。高度重视环境保护督察整改工作，牵头起草印发了《砚山县贯彻落实省级生态环境保护督察"回头看"及矿山开发环境整治专项督察反馈意见整改方案》，多次在县委常委会、县政府常务会上报告环保督察整改情况，健全问题整改台账，实行整改"销号制"，每月调度 1 次环保督察整改工作情况并上报，加强跟踪督办，确保各项整改工作高质量、按序时完成。一是中央环境保护督察整改情况。涉及反馈问题共 19 项，其中整改落实类 17 项，关注加强类 2 项（省督查办已不再调度关注加强类问题整改情况），截至 2020 年底，17 项整改落实类已全部完成整改；督察期间群众投诉转办件共有 5 件，已全部完成整改。二是中央环境保护督察"回头看"整改情况。涉及反馈问题共 6 项，截至 2020 年底，已全部完成整改；"回头看"期间群众投诉转办件共有 10 件，已全部完成整改。三是省级环境保护督察整改情况。涉及反馈问题共 16 项，截至 2020 年底，已全部完成整改；督察期间群众投诉转办件共有 10 件，已全部完成整改。四是省级生态环境保护督察"回头看"整改情况。涉及反馈问题共 19 项，截至 2020 年底，已完成整改 12 项，未完成但达到序时进度 7 项；"回头看"期间群众投诉转办件 2 件，已全部完成整改和县级验收。

积极开展环保宣传教育工作。一是主动宣传生态环境保护工作的进展和成效，开展三月法制、疫情防控、部门普法、"6·5"世界环境日等 11 次集中宣传，发放各类宣传资料 3000 余份。二是持续做好四类设施向公众开放工作，砚山分局生态环境监测站为全州环保系统唯一的全国环保设施向公众开放单位，利用世界环境日、科技工作者日、科技活动周等，联合砚山国祯污水处理有限公司、砚山海创环境工程有限公司采取云开放等多种形式，开展了 6 次向公众开放活动。

生态环境分局主要领导干部
高铁玲　党组书记、局长
赵奎基　副局长
何茂怀　党组成员、副局长
卢定金　党组成员、副局长
权儒文　党组成员、督察员

（撰稿：孙泽纯）

【西畴县】　2020 年，西畴县环境空气质量良好，优良天数比例为 100%；主要河流水质均达到《地表水环境质量标准》（GB 3838—2002）Ⅲ类比例为 100%；城镇集中式饮用水水源地水质均能满足集中式饮用水水源地水质要求；城市声环境质量总体较好；辐射环境状况良好。

生态环境信访。畅通群众信访渠道，共受理环保信访案件5件，办结5件，未出现群众因环境污染问题引发的纠纷事件。

环保项目。加大项目申报力度，启动了历史遗留重金属污染治理，完成了西畴恒鑫矿业历史遗留重金属污染治理。

机构改革。生态环境分局人、财、物上划完成。2020年1月，西畴分局在职工作人员划转由文山州生态环境局统一管理，划转人员工资福利待遇均按州级标准执行，由州级财政统一保障，州生态环境局统一核发。西畴分局党组织设置党支部。西畴分局资产已整体划转至州级，并完成档案移交和资产清查及财务收支专项审计。

自然生态。一是认真履行"绿盾"自然保护地监管责任。启动了登录、激活管理账号，实现省州县三级联动、实时更新、数据审核上报等全州各类自然保护地监管平台上线试运行的工作。二是积极推进生物多样性保护工作。认真履行县生物多样性保护委员会联席会议办公室职责，定期召开联席会议，研究制定年度生物多样性保护重点目标任务工作，统筹协调推动全州生物多样保护工作。完成了中央环境保护督察反馈问题"生物多样性保护环境问题未整改到位"的整改验收工作和省级环境保护督察反馈问题"生物多样保护工作推进缓慢"的整改复验工作；向COP15省筹备组报送华盖木、"六子登科"石漠化治理等特色材料作品。三是积极推进生态文明创建。创建省级生态文明乡镇6个（已通过技术评审和命名公示，现待省政府命名）。

污染防治攻坚战。认真履行县环境污染防治工作领导小组办公室职责，落实县委县人民政府关于全力打好污染防治攻坚战的要求，在做好本部门牵头落实工作任务的同时，认真履行县环境污染防治工作领导小组办公室职责，推进了水源地保护攻坚战、固体废物污染治理攻坚战、珠江红河水系保护修复攻坚战、生态保护修复攻坚战、农业农村污染治理攻坚战、城市黑臭水体防治攻坚战、柴油货车污染防治攻坚战"7个标志性战役"实施，各标志性战役实施方案均已出台，各

项工作顺利推进。

大气污染防治。县城空气质量优良率100%，细颗粒物 PM_{10} 平均浓度21微克/立方米，细颗粒物 $PM_{2.5}$ 平均浓度12微克/立方米；通过开展蓝天保卫战重点攻坚任务，全年完成二氧化硫减排16.8吨、氮氧化物减排3.26吨。开展高排放非移动道路机械禁用区划定，完成了西畴县宏康冶炼厂工业炉窑大气污染综合治理，推进了汽车修理行业挥发性有机物治理，巩固"散乱污"企业整治成效，实施大气污染联防联控，全年发布预警预告函1期。

水污染防治。全县完成化学需氧量新增削减量68.38吨，氨氮新增削减量4.45吨，完成了年度减排目标任务；涉及地表水考核断面1个，全年水质达标率100%。全县水环境状况良好，河流断面（畴阳河、鸡街河）水质达到地表水Ⅲ类标准，水质达标率为100%。县城集中式饮用水源（小桥沟水库）、备用水源（龙正水库）水质达标率100%。根据县河长办安排，西畴分局主要挂钩联系盘龙河流域新马街乡段和江东水库，全年共对责任断面开展巡查13次，围绕饮用水水源地保护区"划、立、治"的要求，完成8个乡镇级集中式饮用水水源地保护区划定；完成"千吨万人"集中饮用水水源地江东水库划定，已争取专项资金350万元正在开展整治工作。严格落实雨污分流制，提高污水处理能力，结合现场执法检查，对县域内43个入河排污口开展了水质监测。

土壤污染防治。一是实施了西畴县盘龙河流域—原西畴县恒鑫选矿有限公司历史遗留重金属污染治理工程。完成历史遗留废渣清运，场地得到有效管控。二是争取中央专项补助资金200万元，对恒昌、天赐等5家涉镉等重金属重点行业企业开展土壤污染调查、环境水文地质调查等工作，查明土壤环境、地下水环境、地表水环境污染现状，明确周边农用地不存在重金属污染，场地风险可控。三是完成全县5座尾矿库污染防治工作，尾矿库污染防治措施全部落实到位，消除了尾矿库重大环境污染隐患。四是完成全县1711个自然村农村生活污水基础信息调查工作，县级自筹50万元，完成《西畴县域农村生活污水治理专项规划》编制审批备案。五是督促指导辖区263

家产废单位开展危险危废申报登记，规范了危废堆存场所，州级考核评级为优秀。

生态环境监管服务。一是积极做好环境质量例行监测、污染源监督性监测工作，全年共完成环境质量监测任务 20 余次，撰写相关报告 40 余份。二是着力提高监测人员业务技能，积极参加上级部门组织的业务培训，学习环境监测理论知识，组织监测人员多采样进行实验操作，进一步提高监测人员工作水平。

环境监察执法。一是出动执法人员 280 余人次，开展"双随机"抽查 96 家，适时深入集中式饮用水水源地和清废行动整治点位开展监督检查。二是办理环境行政执法案件 3 件，处罚金额为 6.7 万元。

核与辐射安全监管。全县共有核与辐射利用技术单位 5 家，其中，云南文山英茂糖业有限公司持有铯-137 放射源 4 枚，医用射线装置的单位 4 家，用于医疗诊断的Ⅲ类射线装置共 11 台，县内核与辐射技术利用单位均办理了相关辐射安全许可证，各单位操作人员均配备了防护用品，工作场设置了警示标志、屏蔽防护设备及安全连锁装置，辐射环境质量保持安全稳定。

环保督察整改。2016 年中央第一轮环保督察反馈意见整改任务 21 项，已完成 21 项。2017 年省级环保督察反馈意见整改任务 23 项，已完成 22 项，达时序进度 1 项。2018 年中央环保督察"回头看"反馈意见整改任务 9 项，已完成 9 项；涉及中央环保督察转办 3 件，涉及省委环保督察转办信访件 8 件，均已全部办结。2019 年省环保督察"回头看"整改任务 25 项，完成 17 项，达到序时进度 8 项。2020 年，西畴县人民政府组织相关人员对西畴县环保督察整改落实情况开展督查 3 次，重点对两污处理设施建设与管理、矿山生态恢复治理、水电整改等进度不理想的整改事项进行通报，对未完成的所有环保督察整改事项进行任务派单，进一步明确了整改时限、整改措施、整改要求，压实了整改责任。

环保政策法规宣传。以"三月法制宣传月"、科普宣传周、"6·5"世界环境日为契机，通过召开环保座谈会、上街摆摊设点、悬挂横幅、发放宣传资料等方式，强化生态环境宣传力度，引导和动员社会各界积极参与生态环境保护实践，推动健全全民行动的现代环境治理体系。累计组织宣传活动 5 次，发放各种宣传资料 1100 余份，接收群众咨询 200 余次。开展排污许可制度宣讲及培训 2 期，累计培训对象 70 余人。

生态环境分局主要领导干部

徐　芳　党支部书记、局长
李正清　党支部纪检委员、副局长
田云昌　副局长
杨祖顺　副局长
陈昌鹤　督察员

（撰稿：龚光敏）

【麻栗坡县】　麻栗坡县城区环境空气质量保持良好水平，空气质量优良率为 100%；地表水质量执行《地表水环境质量标准》（GB 3838—2002），城区集中式饮用水水源地水质达到Ⅲ类及以上水质，马龙水库水质达到Ⅱ类水质；麻栗坡县主要河流盘龙河达到Ⅱ类水质、八布河达到Ⅲ类及以上水质。城市声环境质量较好；辐射环境状况良好。

生态环境信访。2020 年，共接到群众投诉举报件 7 件，办结 7 件，现均已办结并给予当事人回复，办案率、回复率、群众满意率均达 100%。

环保项目。2019 年，申请到中央水污染防治资金 2015 万元，用于八布乡集镇污水收集处理工程，项目正在建设中；2020 年，申请到中央水污染防治资金 2046 万元，用于红河流域麻栗坡县国控断面一级支流猛硐河水污染防治工程建设。"十三五"期间，共投资 732.67 万元，实施了小河洞水源地上游——龙山脚、马达村村落环境综合整治工程项目和麻栗坡县小河洞集中式饮用水水源地上游村落环境综合整治工程（5 片区）2 个工程项目。

机构改革。麻栗坡县环境保护局成立于 2002 年 4 月，局党支部于 6 月成立，2019 年 3 月，机构改革组建文山州生态环境局麻栗坡分局，作为文山州生态环境局的派出机构，不再保留麻栗坡县环境保护局。文山州生态环境局麻栗坡分局设 5 个内设机构和 2 个下属单位，分别为办公室、水生态与监测股、大气与核辐射股、土壤与自然生态股、法规与行政审批股，下属事业单位为麻栗坡县环境监察大队和生态环境监测站。全局共有编制35人，实有干部职工26人。党支部为中国共产党文山壮族苗族自治州生态环境局麻栗坡分局支部委员会，设支部书记1人，支部副书记1人，支部委员3人，党员共有17人，党员比例达到65.38%。

自然生态。一是省级生态文明县创建取得成效。麻栗坡县共创建州级生态文明村93个，完成创建任务的100%。省级生态乡镇创建规划文本已通过专家审查，于2020年3月全部通过公示，完成创建任务100%。二是生态文明体制改革深入开展。2020年，全县涉及生态文明体制改革事项共25项41个具体任务，目前已完成10个具体任务，6个具体任务正在推进中。三是圆满完成污染源普查工作。麻栗坡县第二次全国污染普查工作已完成并通过州污普办的验收考核，对普查成果进行了技术分析，撰写技术分析报告及普查工作总结，对所有资料进行整理归档，建立了规范的普查档案，考核为优。

大气污染防治。组织督促麻栗坡县各部门推动落实蓝天保卫战各项工作任务。一是抓工业污染整治工作，麻栗坡县2家企业12500千伏安矿热炉脱硫设施已改造完成，县建城区涉及10蒸吨/时以下燃煤锅炉在册1台，已改造成燃生物质锅炉。二是抓非道路移动机械工作，完成非道路移动机械摸底调查、编码登记信息采集工作，完成城区高污染燃料禁燃区的划定工作；抓柴油货车尾气检测工作，2020年，麻栗坡县共检测柴油货车1478辆次，合格率为70.97%。三是大力提倡绿色出行理念，积极推广新能源汽车，配齐并投入运用新能源公交车6辆，配套建设公共充电桩10桩13枪。

水污染防治。定期开展考核断面水质监测预警，积极推动未达标水质整改。一是结合河长制工作，开展城区饮用水水源地巡查工作，强化饮用水安全保障全过程监管，2020年，共开展饮用水检查12次，未发生饮用水污染事故。二是围绕"划、立、治"三项重点任务开展10个乡镇级集中式饮用水水源地排查整治工作，2020年，10个乡镇级饮用水水源地保护区划定方案已获云南省

生态环境厅批复，正在开展规范化建设及风险应急预案的编制。三是加强城镇污水处理监管，麻栗坡县污水处理厂运行正常。2020年，污水处理厂正常运行，共完成污水处理量124.33万吨，平均日处理量为3396.89吨，运行负荷率85%；化学需氧量进水浓度159.45毫克/升，比上年度提高4%，氨氮进水浓21.09毫克/升，比上年度下降16.64%，共削减化学需氧量181.19吨，比上年增加20.89吨；削减氨氮23.77吨，比上年减少3.6吨。

土壤污染防治。开展重点行业企业用地土壤污染状况调查。完成了麻栗坡县37个地块及10个尾矿库的资料收集对比及野外的实地调查，录入重点行业企业用地信息管理系统，并全部通过州、省、国家技术办的审核验收，风险筛查结果审核纠偏已完成；完成了年度重金属减排核算，已完成2020年县辖区重点行业重金属排放量较2013年下降12%的目标；对辖区内的4个尾矿库开展环境风险评估，并完成应急预案、污染防治方案编制工作和环境污染治理工作；积极开展2020年农村生活污水基数调查和治理需要调查，麻栗坡县1977个自然村中，已完成污水治理自然村699个，农村生活污水治理率达35.36%；污水得到有效管控自然村641个，农村生活污水有效管控率32.42%；有污水治理设施自然村55个，设施正常运行率100%，设施建设费用整合财政资金2571.6万元。

生态环境监测。有序开展县域环境监测工作，2020年，共出具监测报告70份。

生态环境监管服务。2020年，共审批环评报告28个，通过建设项目环境影响登记表备案系统备案111个，建设项目竣工环境保护验收备案23个。清理排查麻栗坡县120个行业共计149家企业，并按要求开展排污许可工作，已全部完成排污许可发证、登记管理工作。

环境监察执法。一是严厉打击辖区内环境违法行为，2020年，立案查处环境违法行为12件（含查封扣押1件），结案12件，共处罚金53.935万元。二是开展"散乱污"企业专项整治。及时印发工作方案，召开工作协调会议，确定了应办而未办理土地、环保、工商、质监等相关审批

（备案）手续，需要补办手续的"散乱污"企业17家。全县累计整治"散乱污"企业17家，完成整改任务12家，停产5家。三是开展生态环境领域非法活动专项整治。对矿产资源领域、森林资源领域开展了排查，出动车辆40余辆次，监察人员120余人次，发放扫黑除恶宣传手册10余份，重点排查了采选企业、非煤矿山（石场）、尾矿库、自然保护区、饮用水水源地等区域，未发现环境违法行为。

核与辐射安全监管。推进核与辐射安全监管及应急能力建设。结合实际制定了《辐射事故应急预案》，健全了辐射事故应急响应体系和应急机制，及时控制和消除突发辐射事故危害。2020年，麻栗坡县核技术利用单位没有发生核安全与辐射事故。

环保督察整改。及时调整充实麻栗坡县环境保护督察领导小组，为做好环保督察反馈问题的整改提供保障。全面压实整改责任，并整合县委督查室、县政府督查室、县纪委监委等部门力量，适时对各部门整改情况进行专项督查，确保按时完成整改任务。截至2020年12月，涉及麻栗坡县的中央环境保护督察整改任务共19项，已完成并通过州级验收13项，已完成并通过县级验收6项，未达到序时进度0项，整改完成率100%；中央环境保护督察"回头看"整改任务共5项，已完成并通过州级验收2项，已完成并通过县级验收3项，未达到序时进度0项，整改完成率100%；省级环境保护督察整改任务共21项，已完成整改19项，通过县级验收16项，完成待县级验收3项，未完成但达到序时进度2项，整改完成率90.48%；省级生态环境保护督察"回头看"整改任务共22项，全县已完成15项，已完成并通过县级验收11项，已完成待县级验收4项，达到序时进度7项，未达到序时进度0项，整改完成率68.18%。

环保政策法规宣传。认真做好"6·5"世界环境日、"安全生产月"等宣传活动。设立咨询台；发放宣传资料，对生态环境法律法规等知识进行宣传。2020年，共发放宣传手册、图册、环保袋9000余份，悬挂宣传横幅5条，接受咨询300人次，受教育群众3000余人。

生态环境分局主要领导干部
张兴敏　党支部书记、局长
易启云　党支部副书记、督察员
韦开波　纪律委员、副局长
袁光勇　宣传成员、副局长
蒋　俊　副局长

（撰稿：张　梦）

【马关县】　2020年，马关县进一步加强生态环境保护，坚决打好污染防治攻坚战，落实环境保护统一监督管理职责，严厉打击环境违法违规行为，切实抓好环保督察整改、环境监管执法、环保项目建设、环境监测管理等各项工作的开展，全县生态环境质量总体保持良好。2020年1月至12月，全县生态环境质量总体保持良好，县级集中式饮用水水源地水质达标率100%，县城空气质量优良率达99.4%，小白河、响水河三个监测断面河流水质保持地表水Ⅲ类水质标准，主要污染物减排化学需氧量（COD）和氨氮（NH_3-N）分别减排743.45吨、85.52吨。

综合管理。一是将生态环境保护纳入对14个乡镇（场）、66个县级部门（单位）的目标责任制考核。对照《马关县2020年度生态环境保护目标责任制考核二级考评方案》完成了非实地考核工作。二是加强沟通协调，落实环保责任。部门相互配合，齐抓共管，努力做到设关不设卡，生态环境部门不断加强与发改、工信商务、自然资源、住建、农科、林草等相关部门的联动，各负其责，严把环保准入关和监管关，为全县经济健康发展创造了良好空间。

环保项目。通过调查环境风险点、积极编制方案上报，争取中央、省、州支持，2019年第四季度、2020年第一季度，共获批大丫口水源地污染防治工程、大水河段历史遗留采矿弃渣治理示范、"千吨万人"饮用水水源地保护工程等6个项目，共获得中央、省、州土壤污染防治专项、水污染防治专项资金补助4743万元。

机构改革。继续推进省以下生态环境机构监测监察执法垂直管理制度改革。根据《文山州生态环境机构监测监察执法垂直管理制度改革实施方案》和配套的人员划转、资产审计等方案，州生态环境局马关分局43名干部职工（含8名退休人员）已划转至州生态环境局管理，在职人员已于2020年1月从州级起薪；1名人员已调出。经县人民政府常务会议研究，同意将文山州生态环境局马关分局截至2019年12月31日账面价值约388.95万元的固定资产上划至州生态环境局。

生态文明体制改革。生态文明体制改革专项小组办公室切实履行职责，督促专项小组各成员单位落实最严格的生态环境保护制度和生态环境损害赔偿制度，继续打好固体废物污染治理攻坚战、水源地保护攻坚战、柴油货车污染治理攻坚战，进一步深化环境监测改革提高环境监测数据质量，不断增强边疆民族地区生态文明治理能力。2020年，共组织完成改革事项15项，其中，方案出台类6项，推动落实类9项，未完成改革25项（待上级出台后抓好贯彻落实）。

"放管服"改革。优化环评审批方式，指导项目建设单位、辐射安全许可证申领单位分别通过"云南省投资项目在线审批监管平台"和"全国核技术利用辐射安全申报系统"开展"不见面"方式进行审批。简化经营许可，疫情期间，建设单位新建医疗废物处置主体设施及其配套污染治理设施全面建成后，经生态环境部门审核达到运营条件的，即可开展应急处置，疫情结束后再按程序核发医疗废物经营许可证；危险废物经营许可证持证单位，许可证到期、危险废物生产设施设备与原发证情形一致的，可自动延续经营许可至疫情结束。

疫情防控。持续落实省、州关于做好新型冠状病毒感染疫情医疗污水、城镇污水及集中式饮用水水源地环境监管工作等相关文件要求，加强对医废处置单位、定点医疗机构、城镇污水处理厂等的环境监管服务，实现医疗机构及设施的环境监管服务"全覆盖"、医疗废物及废水的及时有效收集转运和处理处置。制定印发《马关县应对新型冠状病毒感染的肺炎疫情医疗废物管理应急预案》《马关县应对新型冠状病毒感染的肺炎疫情生态环境应急监测预案》以及生态环境部门应对新型冠状病毒感染疫情联防联控工作方案。推行"云南抗疫情""云南健康码"二维码，进入单位办公场所严格实行来访登记制度，完成疫情防控

网格化管理人员排查、来马返马人员情况报告有关工作，生态环境干部职工严格执行县政府疫情防控的通告、做好个人防护、注意个人卫生、保持工作环境良好环境卫生、减少人员聚集，并宣传到各自所挂钩的贫困户。

爱国卫生。生态环境部门深入推进国家卫生县城、省级园林县城、省级慢性病综合防控示范区和美丽马关建设工作，加强网格化管理责任区域堵咒河板子街交界至花枝格交界河道的全民整治，组织开展健康教育、单位环境卫生整治和检查评比、工间操活动和马关县2020年全民健身日中长跑活动；对照《马关县创建"无烟党政机关"考核标准》，开展无烟党政机关创建，被马关县爱国卫生运动委员会领导小组命名为"无烟党政机关"。

自然生态。组织开展国家重点生态功能区县域生态考核工作，相关的考核资料已上报至省生态环境厅。同时，省级生态功能区生态考核的相关资料已按时完成。2019年，国家重点生态功能区县域生态环境质量考核监测评价结果为基本稳定。继续开展生态创建工作，在巩固97个州级生态村（行政村）、9个省级生态文明乡镇的基础上，开展省级生态文明县创建的申报工作。

水污染防治。打好碧水保卫战，组织实施马关县集中式饮用水水源地——大丫口水库污染防治工程，该项目已获得中央水污染防治资金1503万元，县级配套资金6000万元，工程各项内容正有序推进。制定印发《马关县千吨万人饮用水水源地环境整治方案》，涉及3个乡镇7个整改事项正在有序推进。督促指导13个乡镇场编制乡镇集中式饮用水水源地规划及应急预案，划定集中式饮用水水源地保护区。完成全县1564个自然村农村生活污水排放基本情况、治理现状、治理需求的全面调查和农村黑臭水体排查。委托第三方编制完成《马关县农村生活污水治理专项规划》并通过专家评审，县人民政府已发布实施。

大气污染防治。打好蓝天保卫战，组织开展春夏季大气污染防治、工业炉窑大气污染、重点行业挥发性有机物综合治理专项行动，研究制定《马关县2020年度春夏季大气污染防治攻坚行动方案》《马关县城区餐饮服务业油烟整治实施方

案》并严格组织实施，强化施工扬尘监管和机动车尾气污染防治，严控城区及周边秸秆焚烧，开展城市周边矿山企业的扬尘治理和城区餐饮、烧烤行业等油烟污染治理。推进工业炉窑全面达标排放，实现涉工业炉窑行业二氧化硫、氮氧化物、颗粒物等污染物排放指标下降。督促全县运营加油站对储油库安装油气回收装置，汽修行业（含喷漆工艺）进行源头替代或末端治理，并建立监督管理台账。完成非道路移动机械排放控制区划定工作，发布《马关县人民政府关于划定非道路移动机械排放控制区的通告》。加强"散乱污"企业整治，通过采取关停取缔、限期搬迁、停产整治等措施，完成整治14户。

土壤污染防治。打好净土保卫战，组织220家企事业完成2019年度危险废物和一般工业固体废物申报工作。积极争取获得中央土壤污染防治资金1548万元、省级环保专项资金755万元，启动建设历史遗留工矿污染场地风险调查评估项目、南北河大水河段历史遗留采矿弃渣治理示范项目、南北河流域历史遗留采矿渣及周边土壤污染情况调查评估项目。加强长江经济带尾矿库污染防治，督促企业制订尾矿库污染防治方案、应急预案和环境风险评估报告，纳入尾矿库污染防治30座，已全部完成环境风险评估、应急预案备案、污染防治方案编制和治理。配合文山州生态环境局完成全县54个地块、2个填埋场和39个尾矿库的重点行业企业用地土壤污染状况调查和3个高（中）关注地块进行采样调查。加大涉重金属行业污染防控力度，开展涉镉等重金属排查整治，严格涉重项目重点重金属总量管控，未发现新增的重点区域和污染源。组织开展重点行业疑似污染地块排查，马关县2020年，无新增疑似污染地块、无污染地块再开发利用项目；建立污染地块名录，已确定大丫口选矿厂地块为污染地块，并上传污染地块信息系统和采取了相应的风险管控措施。

生态环境监管服务。一是进一步做好环评管理服务工作。防疫急需临时性的医疗卫生、物资生产、研究试验等3类建设项目，豁免环境影响评价手续。对关系民生且纳入《固定污染源排污许可分类管理名录（2019年版）》实施排污许可登记管理的食品制造、纺织服装、文教体育、仪器仪表制造等行业建设项目，社会事业与服务业类项目，不涉及有毒有害及危险品的仓储、物流配送项目等执行环评免填登记表正面清单。拓展环评告知承诺制改革试点，防疫急需的医疗卫生、物资生产、医药用品制造、研究试验类建设项目，继续采取告知承诺的方式办理环评审批手续。全年完成建设项目环评审批26个，督促完成建设项目登记表网上备案230个、业主自行验收网上备案共28个。二是进一步做好排污许可证管理服务工作。采取线上指导和线下服务相结合的方式，指导服务排污单位申报排污许可证。全面开展排污许可清理整顿和发证登记工作，先后对2020年前应发证的33个行业及2020年应发证的"87+4"个行业进行全面梳理排查，累计梳理企业500余家，按照名录纳入排污许可管理企业累计343家，其中纳入发证范围的企业有51家，已全部由州生态环境局完成许可证核发工作，符合业主自主申报登记的企业219家（不含46家关停企业）已全部完成自主申报。

环境监察执法。积极贯彻落实《文山州生态环境部门应对疫情影响支持服务全州经济社会发展的若干措施》，实施环评审批特殊措施，积极支持相关企业正常生产；优化环境监管，对企业实行"柔性执法"，减少对企业的干扰打扰；加大服务指导帮扶力度，切实解决企业实际困难。一是多措并举，促进企业复工复产、达标达产。疫情防控期间和常态化情况下，创新环境执法方式，实行监督执法正面清单，对相关企业实行柔性执法，发挥激励导向作用，支持重点企业有序稳妥复产稳产达产，服务污染防治攻坚，对企业开展知法、守法告知30余次。二是严格开展环境监察执法。继续推进环境监管"双随机"工作，确定随机抽查事项有5项，建立2个数据库，一个污染源信息库录入一般和重点污染源共154户；一个环境执法人员信息库，录入9名执法人员，完成了新型冠状病毒感染疫情期间及其常态化期间双随机监管工作。同时，联合工信部门开展了2家新汽车达标销售随机现场检查工作。加大对各类环境违法行为的查处力度，保持对环境违法行为"零容忍"的高压态势，对2件环境违法案件进行行政处罚并已结案，处罚金额合计10万元。

重视环境信访办理，全力维护人民群众环境合法权益，办理信访投诉举报案件54件。加强应急防控，源头遏制环境突发事故风险源，完成29家企业突发环境污染事件应急预案报备工作。对全县矿产采选行业环境安全隐患开展排查，加大对停产停建、已关闭企业的巡查力度，全面摸清问题底数，建立排查问题台账，对84家采选矿行业企业进行了排查，并对检查发现的问题形成责令改正通知书要求企业限期整改。落实各类专项执法检查，完成了尾矿库专项排查、打击非法开采矿产资源专项检查、砖厂行业专项检查、汛期环境安全隐患排查等工作。

核与辐射安全监管。对全县8家放射源使用单位及医疗单位射线装置、非密封性放射物质使用单位开展日常监督检查。组织开展马关辖区内辐射环境安全日常监督检查，确保全县核与辐射环境使用安全。配合第三方完成国控大气辐射环境自动监测站（马关站）建设项目并通过省、州验收。

生态环境监测。根据检验检测机构资质认定生态环境监测机构评审补充要求，修编《文山州生态环境局马关分局生态环境监测站质量手册》《程序文件》、记录表格等管理体系文件并严格执行。加强与第三方运行维护机构的联系，做好县城环境空气自动监测站的日常管理。完成南北河、小白河、响水河3条河流3个监测断面和县城集中式饮用水水源地1个点位每月1次和3个"千吨万人"集中式饮用水水源地3个点位的地表水环境质量每季度1次的环境质量常规监测。全力做好重点污染源监督性监测，对委托第三方监测的污染源监督性监测进行时时跟踪，做好质量控制，共监测企业18家次，未发现超标情况。做好环境统计工作，组织并指导全县正常生产企业37家开展2019年度环境统计申报工作。全年监测能力建设投入4.71万元，并已争取到360万元即将开展生态环境监测站实验室改造。

督察整改环保督察整改。县环境保护督察整改工作领导小组办公室切实履行职责，推进中央和省环保督察反馈问题整改。中央环保督察反馈问题整改落实类问题23个、关注加强类问题2个，整改完成率100%；中央环保督察"回头看"反馈问题10项，整改完成率100%；省环保督察反馈问题28项，已完成整改25项，达到序时进度2项，未达序时进度1项（保护区的总体规划未获批），整改完成率89%；省环保督察"回头看"反馈问题25项，完成整改14项，11项问题正在推进整改中，整改完成率为56%。加强长江经济带生态环境问题警示片反映问题整改工作，并举一反三对马关县国能矿业有限公司进一步排查，督促制订整改方案并报省厅组织评审报州政府备案，警示片反映问题已达整改进度。及时推进省生态环境厅对文山州马关县开展执法检查反馈问题整改工作，环境执法检查反馈问题共138家企业（项）359个问题，各项整改工作按时序推进。督办文山州生态环境警示片曝光环境问题，督促马关沙嘎底润峰矿业有限公司完成了2个存在问题的整改工作。

环保政策法规宣传。加强生态环境宣传教育，在三月法制宣传月、"4·15"全民国家安全教育日核安全宣传、"全国科技工作者日""6·5"环境日宣传、安全生产月、"12·4"宪法宣传周等期间，开展了环保科普咨询、环境大接访、环境监测技术咨询、生态环境法律法规宣传等活动，共展出宣传展板共20余块，接待群众咨询环保问题200余人次，解答群众科普知识、辐射安全知识等300余条，发放环保法律法规、科普宣传资料4100余份。

生态环境分局主要领导干部
胡榜惠　党组书记、局长
蒋宗雪　党组副书记、副局长
彭　波　党组成员、副局长（—2020.04）
晏孝俊　党组成员、副局长
高志聪　副局长

（撰稿：沈朝波）

【丘北县】　2020年，丘北县城市环境空气质量良好；主要河流水质均达到《云南省地表水水环境功能区划（2010—2020年）》要求；城镇集中式饮用水水源地水质均能满足集中式饮用水水源地水质要求；声环境质量总体较好；辐射环境状况良好。

生态环境信访。抓好信访案件工作，切实维

护群众环境权益。充分发挥"12369"环保热线作用，畅通投诉渠道，对投诉的环境问题及时处理、及时回复，鼓励群众举报环境违法行为，营造全社会高度关注、广泛支持环保的良好舆论氛围。

环保项目。强化环保项目实施，推进普者黑流域生态环境保护与治理。一是建设完成普者黑湖泊仙人洞村环境提升改造工程，并按要求移交景区管护局运行管理。二是继续推进普者黑旅游度假区基础设施建设项目——湿地公园湿地保护与恢复工程，计划投资 7189 万元，在增产水库河、响水河入湖河口建设湿地 2923 亩、在湿地公园周边及上游 32 个村落开展环境综合整治，对八道哨乡政府所在地 52 户酿酒养殖户进行示范性环境整治。已完成了增产水库河污水处理应急工程、增产水库河及响水河河口湿地土方工程、水生植物种植工程、幸福村 3 个村寨的农村污水管网工程建设，累计完成工程值 4800 万元。三是做好普者黑湖泊流域农村连片环境综合整治工程——八道哨乡一期、普者黑临水污染源治理工程移交运行管理工作，并结合景区餐饮住宿等服务业综合整治，进一步加强旅游服务行业环境综合整治一、二期工程已建户用污水处理设施的使用和管理，确保工程效益的发挥。

机构改革。州生态环境局丘北分局人、财、物上划完成。2020 年 1 月，文山州生态环境局丘北分局共 17 名在职工作人员划转由文山州生态环境局统一管理，划转人员工资福利待遇均按州级标准执行，由州级财政统一保障，州生态环境局统一核发。同时，州生态环境局丘北分局党组织设置完成。按照属地管理原则开展工作。丘北分局设置党组。分局资产已整体划转至州级，并完成档案移交和资产清查及财务收支专项审计。

自然生态。稳步推进生态创建工作。根据省州有关生态乡镇、生态县创建的要求和决策部署，稳步推进丘北县生态乡镇、生态县创建工作。2020 年，腻脚乡、八道哨乡、新店乡、舍得乡、平寨乡、官寨乡、树皮乡、天星乡、温浏乡省级生态乡镇创建申报通过省生态环境厅评审并已进行公示，待省人民政府命名，生态县创建工作在有序开展。

污染防治攻坚战。认真实施大气、水和土壤污染防治行动计划，环境质量总体情况良好。通过监测，丘北县空气优良天数为 99.4%，县域生态考核断面普者黑、旧城龙潭水质均达到《地表水环境质量标准》（GB 3838—2002）中Ⅲ类标准以上，完成化学需氧量削减 365.3 吨，氨氮削减 44.8 吨，超额完成目标任务。

大气污染防治。深入推进蓝天保卫战，扎实开展 2020 年春夏大气污染防治工作，抓实抓好建筑施工工地、渣土运输、秸秆禁烧等扬尘污染管控和工业企业大气污染整治，开展挥发性有机物排放源清单摸底调查，深入推进汽车修理行业和辖区加油站挥发性有机物污染治理，完成辖区所有加油站油气回收装置安装改造，督促城区有喷漆工艺的汽修厂完善环境影响评价审批手续和开展水性涂料替代油性涂料并安装末端治设施，确保县城环境空气质量稳定达标。

水污染防治。加大县城饮用水水源地旧城龙潭、普者黑湖、摆龙湖水质环境保护力度，完成县城集中式水源地旧城龙潭、摆龙湖和 9 个乡镇级集中式饮用水水源地保护区划方案编制，按水源地保护"划、立、治"要求，完成旧城龙潭、摆龙湖一级保护区围栏、标志牌、界桩等保护措施安装设置工作；完成丘北县辖区内 29 座加油站地下油罐防渗改造工作；加强对垃圾处理场及医疗废弃物存放点渗滤液进行防渗处理；推进农村综合环境整治工作，完成丘北县农村生活污水治理专项规划编制，深入开展县域农村污水治理现状调查，对全县 95 个行政村 1241 个自然村污水治理现状深入摸底排查，摸清底数为推进全县农村污水治理专项规划编制和农村环境综合整治打实基础。

土壤污染防治。开展涉镉等重金属重点行业企业排查整治，已争取资金 246.05 万元开展六独铜矿尾矿库风险评估和场地调查工作。目前已完成地质勘查和环境监测工作，根据初步调查评估结果，编制《丘北县六独铜矿尾矿库环境风险管控实施方案》，六独铜矿尾矿库已经闭库并完成风险管控；加强重点企业土壤环境监管。加强丘北县生活垃圾填埋场、丘北县污水处理厂、丘北县六独铜矿 3 家土壤环境重点监管企业环境监管，进一步压实土壤污染防治工作责任，有效推动落实土壤污染防治工作；推进工业固体废物堆存场所环境整治。持续推进"清废行动 2019"问题点位丘北县茶花寨金矿固体废物堆存场所整治，按照《丘北县茶花寨金矿固体废物整治项目实施方案》督促企业按时按质开展整治工作。已完成整治并通过县级验收，目前已将解挂材料上报至生态环境部待核查后销号解挂；加快推进尾矿库整治。根据长江经济带尾矿库污染防治的相关要求，对全县 2 座尾矿库开展风险隐患排查，分别编制《风险调查评估报告》《尾矿库突发环境事件应急预案》《尾矿库污染防治方案》，完成 1 座尾矿库闭库，1 座尾矿库正在开展治理。

生态环境监管服务。在建设项目环评审批工作中，严格按照《环境保护法》《环境影响评价法》《建设项目环境保护管理条例》《建设项目环境影响评价分类管理目录》等法律法规要求进行分类指导，坚持"一手抓管理，一手抓服务"，确保项目在申报、等级确定、环评文本审批等过程中，均能高效、准确地完成。在环评审批办理过程中，不断完善服务工作，提升服务质量，以简化、便民、快捷的思路，减少企业及业主办理的繁复手续及往返负担。2020 年以来，已办理建设项目环境影响报告表审批手续 43 件、环境影响报告书 2 件，指导项目业主建设项目环境影响登记表备案 403 件，均在办理时限内提前办理完成，达到办理效率 100%。

环境监察执法。扎实开展环境监察执法工作，着力改善区域环境质量。一是实施环保守法告知。制定了《重点排污单位环保守法告知书》《建设项目环境保护提醒书》，对辖区内重点排污企业进行告知，要求企业严格执行建设项目环境影响评价和"三同时"制度、保障治污设施正常运行、杜绝超标排污、规范危险废物处理处置、杜绝环境污染和生态破坏事故、接受执法检查等方面履行主体责任。二是加大对两污项目的环境安全督促整改力度。督促污水处理厂做好汛期、节假日期间管理，确保污水处理系统全时段稳定运行；督促垃圾填埋场安排专人 24 小时值守，加大对垃圾渗滤液收集池的监控，做好渗滤液收集池的管理，防止渗滤液外溢、外渗和堤坝坍塌造成环境安全事故。三是加强城区大气污染防治监管。对城区

周边砂石料堆售点开展污染防治设施建设及使用情况检查，对 7 家砂石料堆场环境违法行为下发了责令改正违法行为决定书，并对整改情况进行了实地检查。四是抓好信访案件工作，切实维护群众环境权益。充分发挥"12369"环保热线作用，畅通投诉渠道，对投诉的环境问题及时处理、及时回复。五是出动环境执法人员 200 人次，检查企业 100 余家次，下达《责令改正违法行为决定书》28 份，立案查处 2 家，下达《处罚决定书》1 份，罚款 10 万元。

核与辐射安全监管。全县持有辐射安全许可证的核技术使用单位共 21 家，Ⅲ类射线装置 39 台，Ⅱ类射线装 1 台，辖区内无放射源使用单位。全年共开展辐射安全许可现场核查 7 家，报废备案登记Ⅲ类射线装置 7 台。组织开展核与辐射环境安全监督检查 13 次，共提出 41 条整改意见，严格督促核技术利用单位按时完成整改工作，切实消除辐射安全隐患。加强辐射事故应急管理工作，建立完善重要节假日、会议期间应急值班备勤制度，确保在接到应急指令时，能够及时报告和处置，组织修订印发《文山州生态环境局丘北分局辐射事故应急响应预案》提高辖区内的辐射事故应急反应能力。2020 年，丘北县未发生辐射安全事故。

环保督察整改。巩固和深化环境保护督察反馈问题整改。自中央环保督察组 2016 年开展环保督察以来，高度重视中央环保督察和省委省政府环保督察"回头看"反馈和交办问题的整改，做到第一时间调查、第一时间处理、第一时间反馈，做到件件有着落、事事有回音并做好巩固确保不反弹，整改工作取得了明显的成效。一是中央环境保护督察组反馈意见问题中涉及丘北县的 16 个问题，已完成整改 11 项，达到序时进度 5 项。督察组转办的 5 件转办件中，经核查 2 件属实，完成整改 1 件，1 件已完成县级自查自验，已报上级验收。二是 2018 年中央环境保护督察组"回头看"反馈意见涉及丘北县整改任务 7 项，已完成整改 4 项，达到序时进度 3 项。收到督察组转办件 9 件，经核查 6 件属实，完成整改 3 件，截至统计时，剩余均 3 件已完成县级自查自验，待报上级验收。三是 2017 年省委、省政府环保督察反

馈问题涉及丘北县22项，已完成整改19项，达到序时进度3项。收到督察组转办件8件，经核查全部属实，已整改并完成县级自查自验。四是生态环境部水源地专项督察反馈的摆龙湖县城集中式饮用水水源地还有一艘机动船，已经清理吊走整改完成。五是省委省政府环保督察"回头看"及矿山开发环境整治专项督察涉及丘北县问题21项，目前正在整改中，此外，转办的3件信访投诉件已完成县级自查自验。

环保政策法规宣传。加大环保宣传力度，公民环保意识进一步增强。开展以"美丽中国，我是行动者"为主题的宣传活动，并邀请进行了全程采访报道，在"云上普者黑"发布宣传情况，向群众讲解生态环境保护法律法规及相关知识并采取悬挂环保宣传标语、张贴环保宣传海报、向群众发放印有环保标语的围裙、环保袋、帽子等方式开展环保宣传。现场发放环保法律法规读本、环保宣传手册、环保袋、围裙、帽子共计300余份，现场解答群众提出的环保问题30余人次。

生态环境分局主要领导干部

饶正学　党组书记、局长
张跃平　党组成员、副局长
周卫华　党组成员、副局长
贺兴丽　副局长
熊华荣　党组成员、副局长

（撰稿：彭正荷）

【广南县】　2020年，广南辖区地表水断面水质均优于Ⅲ类水质标准，县级集中式饮用水水源地达标率100%，"千吨万人"集中式饮用水源水质达标率98.9%；县城区空气监测点有效天数349天，优良天数349天，优良率为100%。土壤风险平稳可控，城市声环境质量总体较好；全州辐射环境状况良好，县域生态环境质量"保持稳定"。

生态环境信访。注重以群众满意为目标，高效率、高标准推进群众生态环境信访工作，认真做好生态环境信访整改的"后半篇文章"，推进生态环境信访从"答复型"向"落实型"转变，有效保障人民群众环境合法权益，完成办理环境信访案件24件，办结率100%。

环保项目。组织、参与建设项目现场勘查选址52处（点）；审批建设项目环境影响报告书1个、报告表23个、备案10个项目环境影响后评价；指导监督各行业完成环境影响评价登记表备案45个；督促、指导7个建设项目自主完成竣工环境保护验收。严格执行持证排污制度，规范排污许可申报管理，完成"87+4"个行业的分类处置、排查无证工作，发放告知书320份，重点管理实际发证量19家，简化管理实际发证量14家，登记管理实际登记量200家。

机构改革。完成文山州生态环境局广南分局人、财、物上划。划转人员工资福利待遇均按州级标准执行，由州级财政统一保障，州生态环境局统一核发，并完成资产整体划转至州级。

污染防治攻坚战。打好污染防治攻坚战。年内，及时印发实施《广南县全面加强生态环境保护坚决打好污染防治攻坚战实施方案》，成立广南县环境保护委员会，切实加强组织领导，稳步推进"7个标志性战役"及蓝天、碧水、净土"三大保卫战"取得实效。

水污染防治。启动西洋江、八宝河、驮娘江及其支流综合治理工作，完成"广南县重点流域八宝河沿河19个村和西洋江流域上游18个村环境综合连片整治"项目实施方案编制，项目顺利纳入中央环保项目库。完成国家下达的年度考核断面水质目标任务；加强工作力度，巩固县级集中式饮用水水源地（东风水库、板宜水库）环境问题综合整治成果，圆满完成县域辖区4个"千吨万人"饮用水水源地保护区划定，以及15个乡镇级饮用水水源地保护区划定工作；编制《县域农村生活污水治理专项规划》，将2607个自然村纳入全面整治范围。

土壤污染防治。制定《广南县土壤污染防治工作方案》《广南县土壤修复规划和方案》，与云南木利锑业有限公司、广南那丹锑矿等28家重点行业企业签订《土壤污染防治目标责任书》；利用生态功能区转移支付资金3300万元，建成板蚌、珠琳等8个乡镇9个垃圾热解项目，交付乡镇使用，并积极汇报，协助寻求资金，拖动项目正常运转。开展土壤污染状况详查，补充划定农用地土壤污染状况详查单元，划定详查农用地土壤污染状况单元 83 个，核实农用地详查点位 801 个，完成工业固体废物堆存场所排查 38 个，重点行业企业 21 家、工业园区 1 个、确定土壤污染问题疑似地块 1 块、确定涉镉等重金属的重点区域 7 个点。

大气污染防治。全面统筹开展油、路、车治理，柴油货车超标排放专项治理，推进全县涉气"散乱污"企业清理整治，完成 4 个企业 6 台燃煤小锅炉清理淘汰，关停取缔"散乱污"企业 12 家，升级改造 5 家，全部通过州级验收销号；严控城区空气质量底线，2020 年，广南县城区空气监测点有效天数 349 天，优良天数 349 天，优良率为 100%。

噪声污染防治。完成县城城区声功能区划，组织完成城区噪声监测工作，科学布置监测点位，完成 122 个点位监测，2020 年，县城城区环境噪声达标区覆盖率达到 70% 以上。

环境监测。组织开展好各类环境监测工作，出具监测数据成果，为工作决策和环境管理提供依据。完成城区集中饮用水水源地东风水库、板宜水库水质常规监测 12 次，断面监测点板蚌河、清水江水质监测 12 次，共完成污水处理厂监测 12 次，广南东糖糖业有限公司监测 4 次，广南县那榔酒业有限公司监测 4 次，完成云南壮乡水泥股份有限公司监测 4 次，配合环境执法和环境管理的需要，完成应急监测 10 次。

监管执法。全面落实环境监管执法"双随机、一公开"工作制度，建立健全 2020 年广南县环境监管场主体名录库、广南县环境监管执法人员名录库，严格按照抽查比例开展抽查，开展核辐射源企业和涉尾矿库企业环境专项检查，完成辖区企业环境监管执法检查年度工作任务。大力推进"扫黑除恶"专项斗争工作，全面开展生态环境领域涉黑涉恶排查，实现最严环保执法制度，全年办理环境违法行政处罚案件 3 件，罚款 25.75 万元，办理《环境保护法》及四个配套办法典型案件 1 件。

环保督察整改。抓好中央环保督察及"回头看"、省环保督察反馈问题整改工作。全县涉及 2016 年中央环保督察反馈意见问题 17 项，完成整改并通过州级验收 15 项，剩余 2 项为关注加强类

问题，不再调度；涉及 2018 年中央环保督察"回头看"反馈意见问题 5 项，现已全部整改完成，已通过州级验收 1 项，剩余 4 项正申请州级验收；涉及省级生态环境督察整改任务共 23 项，已完成整改 13 项，达到序时进度 8 项，未达到序时进度 2 项；省级生态环境督察"回头看"于 2020 年 9 月开始调度，共涉及整改事项 21 项，现已完成 4 项，其余 17 项正有序推进。中央环保督察及"回头看"期间投诉案件已全部通过州级验收销号，省级环保督察期间转办案件正逐一报州，申请验收销号。全面推进省级环境执法检查整改工作，完成县级整改方案征求意见，待下步政府专题研究后印发实施，组织召开了县域砖瓦、油站等 4 个行业整改专题工作会议，重点领域和突出行业问题整改已启动，整改工作有序推进。

环保政策法规宣传。扎实开展环境保护宣教"七进"活动，牢固树立"绿水青山就是金山银山"理念，积极倡导简约适度、绿色低碳的生活方式，增强广大人民群众和领导干部环保理念和环保意识、节约意识和生态意识。2020 年，发表环境保护倡议电视讲话 2 次，发放倡议书 2 篇，宣传活动发放环保宣传资料和物品 20000 余份、展出展板 100 余块、标语横幅 150 余条，"两微"原创发稿 8 篇，阅读量 4939 人次，"两微"转发 52 篇阅，读量 6400 人次，答疑群众 600 余人次。

生态环境分局主要领导干部

王登远　党组书记、局长

黄建平　党组成员、副局长

黄秋荣　党组成员、副局长

雷廷艳　党组成员、副局长

梁大伟　党组成员、督察员

（撰稿：刘正武）

【富宁县】　2020 年，富宁县空气质量优良率 100%，质量二级，无酸雨出现；2 个国控断面水质均达到国家地表水标准Ⅲ类以上，1 个省控断面水质达到国家地表水标准Ⅲ类。县城区集中饮用水水源地——法常水库水质达到Ⅲ类，腊拱水源点、东瓜林水源点水环境质量除总大肠菌群指标外均保持在Ⅲ类水质及以上；城市声环境质量总体较好；全县辐射源得到有效控制，辐射环境

状况良好。

生态环境信访。科学研判可能引发群众集中反映的高频事件、高频区域，针对疑难、重点问题开展溯源检查。加强预警分析，针对困扰群众的疑难环境问题，坚持主动治理，切实做到"接诉即办""未诉先办""应办尽办"。全年共接群众举报25件，结案率100%，群众满意度98%。

环保项目。加快推进清华洞水库流域历史遗留锑矿渣整治工程建设，累计完成投资3706万元，已完成主体工程量的70%；大力实施农村环境治理项目，投入1200万元启动建设清华洞一、二级保护区范围内及周边的16个村小组农村环境综合整治工程项目，部分村小组工程已进入收尾阶段；法常水库上游常法村农环整治项目已竣工并通过验收。

机构改革。文山壮族苗族自治州生态环境局富宁分局为文山州生态环境局的派出机构，正科级行政机关，机关行政编制10名，设局长1名，副局长3名，督察员1名（副科级）。内设办公室、水生态与监测股、大气与核辐射股、土壤与自然生态股、法规与行政审批股5个机构，下设环境监察大队（参公管理）、生态环境监测站2个事业单位。环境监察大队事业编制12人，设大队长1人，副大队长2人。生态环境监测站事业编制14名，设站长1人，副站长2人。

自然生态。加强对涉及驮娘江省级自然保护区鸟王山片区的鸟王山茶园风景区建设项目的监管指导，确保建设项目不影响到自然保护区生态环境。指导完成了13个乡镇和102个村委会的生态创建工作。牵头完成了2020年县域生态环境质量考核监测数据材料上报工作。完成"绿盾2020"专项行动点位核查工作。与县林草局、驮娘江自然保护区管理局及相关乡镇人民政府一起联合对省厅下达的8个卫星点位进行实地核查，确保生态自然环境保护工作得到修复和巩固，8个点位都已完成治理和巩固工作，并上报省州销号处理。

污染防治攻坚战。认真履行县环境污染防治工作领导小组办公室职责，落实县委、县人民政府关于全力打好污染防治攻坚战的要求，召开了富宁县环境污染防治工作推进会，推进了珠江红河水系（富宁段）保护修复攻坚战、水源地保护攻坚战、城市黑臭水体防治攻坚战、农业农村污染治理攻坚战、生态保护修复攻坚战、固体废物污染防治攻坚战、柴油货车污染防治攻坚战"7个标志性战役"实施，各标志性战役实施方案均已出台，各项工作顺利推进。

大气污染防治。加强日常监管，与辖区内废气排放企业签订《重点企业环保守法承诺书》，严控工业废气排放，确保企业大气污染防治工作措施落实到位。牵头制定了《富宁县淘汰10蒸吨及以下燃煤锅炉实施方案》，加快淘汰富宁县10蒸吨/时以下燃煤锅炉。全年完成富宁县城建成区内11台10蒸吨/时以下燃煤锅炉和城市建成区外共16台10蒸吨/时以下燃煤锅炉拆除工作。开展挥发性有机物整治，储油库、加油站和油罐车必须按照国家有关规定安装并正常使用油气回收装置要求，完成了25个加油站油气回收改造工程，改造完成率100%。开展春夏季大气污染防治攻坚行动，预防出现污染天气。制定了《富宁县关于打好2020年度春夏季大气污染防治攻坚行动的实施方案》，有序推进大气污染防治攻坚行动。利用政府信息公开网站、微信、QQ等平台向社会公众发放《春节期间禁止燃放烟花爆竹的倡议书》，倡导全县居民文明新风，提高环保意识，营造人人行动，共同守护富宁县蓝天的社会氛围。

水污染防治。在巩固县级及以上饮用水水源地环境问题整治成果的基础上，切实推进"千吨万人"以上饮用水水源地环境整治。持续巩固强化县城集中式饮用水水源地（法常水库、东瓜林水源点和腊拱水源点）"划、立、治"工作。全面排查"千吨万人"乡镇级水源地，完成金竹坪水库保护区划定工作，并有序推进保护区标牌设立和环境治理各项工作。对南利河大桥和谷拉河大桥2个国控断面的水质自动站实时监控，确保其正常运行，对省控断面进行人工取样监测。2020年，国控断面南利河大桥水质达到国家《地表水环境质量标准》（GB 3838—2002）Ⅲ类，国控断面谷拉河大桥水质达到国家《地表水环境质量标准》（GB 3838—2002）Ⅱ类，省控断面谷拉乡政府大桥水质均达到国家《地表水环境质量标准》（GB 3838—2002）Ⅲ类。持续推进主要污染物减排，2020年，富宁县污水处理厂处理水量为340万吨，削减化学需氧量464吨，削减氨氮40吨。

土壤污染防治。强化农用地、建设用地土壤污染风险管控，完成涉镉等重金属重点行业企业排查整治行动，经排查，富宁县无涉镉等重金属重点行业企业。完成尾矿库污染防治风险排查工作。根据排查统计，富宁县有尾矿库8座，其中，铁矿尾矿库5座，钛砂矿尾矿库2座，金矿尾矿库1座。使用现状为：有3座尾矿库正在使用或者间断使用，5座停用库已完成尾矿库污染治理工作，正在报州级审查销号。严格危险废物管理，全县医疗废物实现收集、转运率100%，完成危险废物申报172家。

生态环境监管服务。严格项目审批，2020年，共审批及备案项目73个，环境影响评价执行率达100%。积极参加县政务管理组织各类项目投资项目并联审批现场踏勘共7次26个项目，所审批的建设项目环评涉及的申报材料均通过县政务服务中心窗口进行受理。严格执行排污许可证制度，2020年，共发证放排污许可证30家。

环境监察执法。不断加大监管执法力度，实现监管执法全覆盖。开展了环境隐患排查、环境安全大检查、"河长制"巡河检查等执法检查及"双随机"抽查检查。2020年，共出动环境执法人员213人次，共检查企业71家。加强环境应急管理工作，全年办理企业突发环境事件应急预案登记备案22家。高度重视环保信访工作，2020年共接到群众举报25件，其中，大气污染9件，水污染7件，固体废物污染2件，噪声污染6件，其他1件。结案率100%，群众满意度98%。

核与辐射安全监管。对全县放射源和放射线装置全部登记造册，实行台账式管理；全年共抽查26家核技术利用单位，25家申领辐射安全许可证，1家正在申请办理。全县射线装置使用单位放射场所有相应的辐射防护设施，并按期对使用场所进行辐射环境监测，结果值均小于《电离辐射防护与辐射源安全基本标准》（GB 18871—2002）公众剂量限值和职业限值，辐射源得到有效控制，全年未发生辐射环境污染事故，未接到公众信访投诉案件，辐射环境安全。

环保督察整改。牵头抓好环保督察问题清单的整改落实。中央环保督察反馈问题，富宁县涉及21个问题，已全部整改完成。中央环保督察"回头看"反馈意见13个问题中，富宁县涉及7个问题，其中，禁养区畜禽养殖划定及关闭搬迁工作滞后和黄标车未淘汰到位2个问题在反馈前已完成整改，须制订整改方案持续推进整改的只有5个问题，5个问题已全部整改完成。2017年，第一轮省委环保督察反馈问题，富宁县涉及22个问题，目前已整改完成20项，正在整改2项。2019年，省委环保督察"回头看"反馈问题31个，富宁县涉及19个，已完成整改10个，正在整改9个。

环保政策法规宣传。加强对习近平生态文明思想的宣传教育，将习近平生态文明思想纳入党组理论学习中心组学习，"绿水青山就是金山银山"的绿色发展观在全局上下已形成共识。开展以"美丽中国，我是行动者"为主题的"6·5"世界环境日集中宣传活动，通过展板、宣传车、宣传手册、宣传单、宣传围裙等形式，大力宣传《环境保护法》《大气污染防治法》《水污染防治法》《环境保护税法》等法律法规和环境污染防治、环保生活常识等内容，向全民普及环境保护法律法规、低碳减排知识，不断提升社会各界对"绿水青山就是金山银山"的认识和理解。2020年，共发放宣传资料4000余份，宣传海报700余份，环保袋5000余个，宣传工作取得了良好效果。

生态环境分局主要领导干部
徐可珂　党组书记、局长（—2020.03）
梁　荣　党组副书记、督察员
农绍卫　党组成员、副局长（2020.03—12）
韦登格　党组成员、副局长
宁健茗　党组成员、副局长

（撰稿：代　超）

普洱市

【工作综述】　2020年，普洱市生态环境保护工作高举习近平新时代中国特色社会主义思想伟大旗帜，深入学习贯彻习近平生态文明思想，牢固树立"绿水青山就是金山银山"的发展理念，坚定"生态优先、绿色发展"的战略定力，坚决扛起新时代生态文明建设和生态环境保护新使命，认真贯彻落实党中央、省委、市委重大决策部署，奋力争当生态文明建设排头兵，努力在高水平保护中促进高质量发展，在高质量发展中体现高水平保护。

【环境质量】 2020年，全市地表水监测断面优良水体比例达95.5%，国家地表水考核断面水环境质量改善情况全国排名第13位，县级以上城镇集中式饮用水水源水质达标率100%，地级及以上城市空气质量优良天数比例达97.2%。土壤环境清洁安全，污染地块安全利用率100%。普洱市中心城区区域环境噪声总体水平等级为二级，区域声环境质量较好。全市森林面积4729.8万亩，天然林面积1113.5万亩，森林蓄积量3亿立方米，森林覆盖率达74.59%。

【蓝天保卫战】 稳步推进产业、能源、运输、用地"四大结构调整"，扎实开展工业炉窑、移动源、挥发性有机物"三大污染源头"整治专项行动，强化实施散煤、散尘、"散乱污"企业等"三散"污染治理，积极启动应对污染天气"一整套"管控措施，不断提升治理成效。截至统计时，已累计取缔整治"散乱污"企业53家、完成率100%，淘汰10蒸吨/时及以下燃煤锅炉91台、完成率100%，完成274座加油站油气回收治理、完成率100%，完成国Ⅲ及以下排放标准老旧柴油货车淘汰781辆、完成率112%，国Ⅵ标准车用汽柴油实现"全覆盖"。开展思茅区大气污染来源解析，完成主要路段黑烟抓拍点位建设，建成城市空气自动监测站11个，大气辐射环境监测站2个，为有效应对污染天气提供科技支撑。

【碧水保卫战】 按照水环境质量"只能更好、不能变坏"的要求，以"守好Ⅱ类饮用水、护好Ⅲ类地表水、治好劣Ⅴ类水体"为总体原则，分流域、分区域、分阶段有序推进碧水保卫战各项工作。2020年，坚持饮用水水源地水质稳定保持Ⅱ类标准不让步，完成133个乡镇及以上集中式饮用水水源地保护区划定，全面完成"千吨万人"饮用水水源地14个环境问题整治，确保群众喝上"干净水、放心水"。坚持国控、省控地表水断面优于Ⅲ类水体比例不下降，糯扎渡电站库区13558.78亩非法养殖网箱和5067个捕捞渔具全部拆除清零，实现重要流域水质"长治久清"。坚持强基础补短板，2020年新投入4.8亿元实施思茅河道清淤疏浚、控源截污、提标改造、生态修复等工程建设，加速思茅河劣Ⅴ类水体"脱劣"进程。

【净土保卫战】 加快推动普洱中心城区垃圾焚烧发电厂项目建设，加紧小型生活垃圾热解炉试点示范，建成投运普洱市金盛医疗废物处置有限公司医疗废物集中处置中心日处理5吨异地搬迁建设项目，实现固体废物收集、运输、处置全过程监管、全方位规范，提升固废、危废处置能力和管理水平。强化土壤污染源头管控，全面开展土壤污染状况详查，实施重点行业企业用地调查，开展涉镉等重金属行业企业排查整治，降低土壤污染环境风险。加强对污染企业遗留场地管控，加强对重点土壤污染企业管控，推行企业全生命周期管理，对企业核心区域、一般区域及厂界进行动态监测、科学评估、及时预警和全面管控。2020年，完成38个工业固体废物堆存场所环境整治、完成率100%，完成36家涉镉等重金属重点行业企业排查整治、完成率100%，完成全市1378个农用地详查点位土壤分析测试和114个重点行业企业基础信息采集工作，完成7块疑似污染地块初步调查，累计投入2627万元开展土壤修复治理，土壤污染趋势得到有效防控。

【7个标志性战役】 打赢水源地保护攻坚战，全面推进水源地"划、立、治"，划定"千吨万人"和乡镇级饮用水水源地保护区面积465.0475平方千米，设立界牌标识510块。打赢澜沧江、李仙江、怒江"三大水系"保护修复攻坚战，全面开展水污染治理、水生态修复、水资源保护"三水共治"，启动美丽河（湖）建设，河湖"清四乱"新锁定的85个问题全面整改销号。打赢城市黑臭水体治理攻坚战，全面抓住

"内外源同治、左右岸同建、上下游同管"三个关键，开展中心城区 469 个居民小区和 43 个城郊村庄雨污分流改造，完成改造 401 个小区、13 个。城郊接合部完成思茅河及 8 条支流清淤 12.03 万立方米。打赢农业农村污染治理攻坚战，全面实施化肥、农药、粪污"三减"和农村污水、垃圾"两治"，化肥农药使用量连续五年实现零增长、超额 40% 完成目标任务。打赢生态保护修复攻坚战，全面统筹山水林田湖草系统治理，大力推进国土绿化行动，完成营造林任务 172.5 万亩，完成绿色廊道工程造林 9954.9 亩。打赢固体废物污染治理攻坚战，全面加强固体废物减量化、资源化、无害化"三化"管理，完成 55 个体积在 500 立方米以上的垃圾堆放点和 2 个河流漂浮垃圾点的整治销号、完成率 100%，争取中央资金 4329 万元建设医疗废物收集转运系统，城镇生活垃圾无害化处理率达 98.9%、完成率 102%。打赢柴油货车污染治理攻坚战，全面实施清洁柴油车、清洁柴油机、清洁运输、清洁油品"四大"清洁行动。

【自然生态保护】　研究建立普洱市流域横向生态补偿机制，探索生物多样性保护国际合作交流机制，实施普洱市中老越跨境生态廊道区域生物多样性保护示范项目，加快跨境廊道地区生物多样性廊道，联合开展巡护和监测培训等。景东县在国内率先编制县级自然资源资产负债表，探索资源环境核算新机制，采用"报告式"的方式核查森林、草地、耕地和水资源等情况，计算自然资源实物存流量、价值存流量，将负债表作为干部生态政绩考核、离任审计和生态补偿的重要参考依据。申报设立哀牢山—无量山国家公园，积极探索实践国家公园管理体制机制。建立普洱市生物多样性保护院士专家工作站。

【环境监管执法】　强化重点行业、重点区域、重点流域督促检查。以"千吨万人"水源地为重点，组织开展集中式饮用水水源地环境保护专项行动；以持续改善水环境质量为重点，组织开展思茅河及其 8 条支流专项整治工作；以涉危险化学品危险废物企业、生活垃圾填埋场、轻工

纺织行业、采石行业等为重点，持续开展督促检查。2020 年，全市共实施一般环境行政处罚案件 47 件，共处罚款 536.75 万元。共查处实施行政处罚配套办法的案件 5 起，均为限产停产。妥善处理环境信访投诉 616 件。

【营商环境】　两次组织召开优化营商环境工作会议，由全部班子成员带队深入 10 县区企业走访调研，不断提高全市生态环境系统服务企业和项目建设的能力。实现固定污染源排污许可证全覆盖，发放排污许可证发证 443 家，登记 1300 家，发证率 100%，登记率 100%。通过采取审批权下放、压缩审批时限、审批流程标准化等措施，提高审批效率，激发市场活力，对疫情防控项目和生猪养殖项目开辟"绿色通道"，对 44 个行业应编制报告书、报告表的建设项目实行告知承诺审批，对 33 个行业应开展登记表备案的建设项目免于登记。严格禁止"一刀切"，切实保障企业合法权益。落实监督执法正面清单，推动正面清单制度化、常态化，实施双随机、一公开，开展部门双随机检查 494 家次，包含一般排污单位 257 家次、重点排污单位 131 家次、特殊监管对象 12 家次，其他执法事项监管 94 家。建立健全主动服务机制，实现高效服务。针对"双百"项目，积极协调省生态环境厅调研组到景谷县调研指导，市生态环境局主要领导率队到景谷县调研，多次组织召开"双百"项目环境影响评价会商会，积极为项目出谋划策。

【深化改革】　全力推进生态文明体制改革。成立普洱市生态环境保护委员会。推进生态环境损害赔偿工作，办结普洱利新通建设工程有限公司轻质燃油泄漏污染生态环境损害赔偿案件，生态环境部移交的 55 件案件线索均已核实并完成上报。2020 年第 42 期《云南改革快报》以《景东县打造生物多样性保护"国际范儿"》为题报道了景东县生态文明体制改革和生物多样性保护工作取得的经验和成效。全面完成生态环境机构改革各项工作，设立了 10 县区分局党组，配齐班子成员，机构改革以来，共招考、遴选 34 人，干部队伍不断充实。

【生态文明示范创建】 启动国家级和省级生态文明示范市申报工作，全市共创建908个市级生态村，32个乡镇获得省级生态文明乡镇命名，63个乡镇进入省级生态文明乡镇拟命名公示名单（创建率达92%）。10县区创建省级生态文明县已全部完成现场复核，西盟县、景东县和景谷县已进入拟命名省级生态文明县公示名单。

【新型冠状病毒感染疫情防控】 加强医疗废物环境监管，迅速对普洱金盛医疗废物处置中心及全市各级医疗机构医疗废物管理情况进行全面监督检查，消除环境风险隐患，确保医疗废物安全处置。加强对医疗废水和城镇污水环境监管，确保设施运行正常，出水稳定达标。加强医疗机构辐射安全管理监督指导，做好辐射安全监管服务保障。加强集中式饮用水水源地监督管理，保障人民群众饮水安全。切实做好环境应急监测，及时分析研判监测数据，全力保障生态环境安全。新型冠状病毒感染疫情以来，全市生态环境系统对70余家医疗机构、11座城镇污水处理厂、9个县城生活垃圾填埋场、14个集中式饮用水水源地、30余家企业以及各县区检查站和留验点进行了现场监督检查，全力做好疫情防控环境监管工作，切实保障生态环境安全，助力打赢疫情防控阻击战。

【污染源普查】 完成普洱市第二次全国污染源普查工作。2017年末，全市普查对象数量2531个（不含移动源），化学需氧量29240.55吨，氨氮1288.28吨，总氮7337.88吨，总磷786.19吨。《普洱市第二次全国污染源普查技术报告》获得云南省第二次全国污染源普查优秀技术报告二等奖。《思茅区第二次全国污染源普查数据分析技术报告》获得云南省第二次全国污染源普查优秀技术报告三等奖。普洱市生态环境局及普洱市生态环境局景谷分局为受国务院普查领导小组表扬的第二次全国污染源普查表现突出的集体；普洱市生态环境局宁洱分局、普洱市生态环境局镇沅分局、普洱市生态环境局孟连分局、普洱市生态环境局西盟分局为受云南省普查领导小组表扬的第二次全国污染源普查表现突出的集体。

【监测能力建设】 全市共建成11个空气自动站、6个国家水质自动站，2个国控大气辐射环境自动站，形成48个地表水监测断面、16个城镇集中式饮用水水源地水质监测点位、"千吨万人"饮用水水源地监测点位、123个城市区域声环境质量监测点位、24个城市道路交通声环境质量监测点位、7个城市功能区声环境质量监测点位、13个辐射环境监测点位的生态环境监测网络。完成"十四五"省控环境空气、地表水环境质量监测，核安全与放射性污染防治。省政府办和市政府办分别印发《云南省核安全与放射性污染防治"十三五"规划及2025年远景目标实施方案》《普洱市核安全与放射性污染防治"十三五"规划及2025年远景目标实施方案》，市级方案涉及6项重点任务和1项重点工程，13个职能部门及各县区人民政府，2018年8月完成中期评估，2020年5月完成终期评估。

【核与辐射监管】 制定《普洱市核与辐射安全隐患排查实施方案（2020—2022）》共派出136人次对31家核技术利用单位开展现场检查。完成辐射环境监测与应急工作自评估，组织开展"2020年普洱市生态环境局辐射事故应急演习"。

【环境宣传教育】 开展"4·15"国家安全教育日、"5·22"生物多样性日、"6·5"环境日、低碳日、美丽中国我是行动者、《公民生态环境行为规范（试行）》以及环境保护公益活动等系列主题宣传实践活动。推进10县区环保设施和城市污水垃圾处理设施向公众开放工作，全年开放17场次，社会各界2000余人参加开放活动。加强生态环境保护宣传报道。普洱市生态环境局"两微"平台共发布信息3602条，媒体共采用环保信息242条。其中，人民网2条、新华网1条、中国网3条、"人民日报"网络端2条、中国环境17条、"云南日报"2条、"普洱日报"40条、其他媒体采用175条。

生态环境局主要领导干部

王　杰　党组书记

何　伟　局长

李　勇　党组成员、副局长

李从勇　党组成员、副局长
李文知　党组成员、副局长
（撰稿：王　冰　罗红云）

【思茅区】　2020年，思茅区生态环境工作坚持以习近平生态文明思想为指导，全面落实中央、省、市生态文明建设和生态环境保护工作决策部署，圆满完成污染防治攻坚战阶段性目标任务，狠抓环保督察整改，生态环境质量持续改善，深入开展生态保护修复，持续推进深化改革，加强风险防控，强化核与辐射安全监管，人民群众生态环境获得感显著增强。

思茅区生态环境质量状况保持稳定。一是空气质量状况。思茅区主城区设大气自动监测点2个，2020年1—12月，思茅区主城区环境空气质量出现污染天气11天（其中，臭氧超标6天，颗粒物超标5天），空气优良率为96.99%。各项指标均值满足二级空气质量要求。二是水环境质量状况。水质经监测，思茅区地表水环境省控监测断面集中式饮用水水源地有5个，水质全部达标；国控地表水水质监测断面2个，澜沧江—思茅港断面水质全年均达标，思茅河—莲花断面水质未达标。三是声环境质量状况。思茅区道路交通噪声点位数为24个；区域噪声点位数为123个；功能区噪声设7个点位。2020年1—12月，昼间等效声级值及夜间等效声级平均值，均在达标区监测数据范围内。四是土壤环境状况。根据全市土壤环境质量状况调查结果，思茅区土壤环境质量状况在土壤污染分级标准中为一级，土壤环境污染等级为安全，污染水平为清洁。五是生态环境状况。思茅区森林覆盖率达72.64%，有省级自然保护区2个。生物多样性和生态系统服务价值达751.72亿元，负氧离子含量高于七级标准。生态环境质量总体保持稳定。六是环境风险状况。木乃河、箐门口、梅子湖等水库周边农村面源污染及公路横穿水源地存在环境风险；大开河、南岛河咖啡加工污水处理设施未完善，对大开河、南岛河及普文河地表水存在环境污染风险。

持续推进生态环境机构改革。2020年10月12日，成立思茅区生态环境保护综合行政执法大队，普洱市生态环境局思茅分局局长兼任思茅区生态环境保护综合行政执法大队大队长，执法职责整合基本到位，完成生态环境监测监察执法垂直管理制度改革任务。

严格建设项目源头管控，不断优化营商环境。采取加强技术指导、公开透明审批、压缩审批时限、加强事中事后监管等措施，全力营造公平、公开、公正、透明、有序、高效的营商环境，全面实现"一网通办"。2020年，共审批建设项目环境影响评价文件71个，其中环境影响报告表71个。完成建设项目环境影响登记表备案162个，完成建设项目竣工环境保护验收备案22个。

狠抓环保督察整改。2019年省级环保督察"回头看"及专项督察反馈意见问题涉及思茅区共20个，其中，省级生态环境保护督察"回头看"反馈意见问题12个，思茅河水环境治理专项督察反馈意见问题8个。思茅区根据省级环保督察"回头看"及专项督察反馈意见问题于2020年7月1日印发了《思茅区贯彻落实省级生态环境保护督查"回头看"及思茅河水环境治理专项督查反馈意见问题整改方案》（思办发〔2020〕33号），要求各部门认真按照方案内容完成各项问题整改。2020年，完成整改11项，并通过市级验收。

坚决打赢蓝天保卫战。根据《思茅区蓝天保卫专项行动计划（2017—2020年）》，下发《思茅区2020年大气污染防治行动实施方案》。严格按照方案开展秋冬季大气污染综合治理攻坚和蓝天保卫战秋冬季监督工作。督促建筑施工场地制订扬尘治理方案，按照"六个百分之百"做好建筑工地扬尘管理；全面落实禁烧限放要求，加强低空面源污染治理，全面禁止露天焚烧枯枝落叶、垃圾等行为；下发《关于思茅主城区禁放烟花爆竹的通告》，规范管理烟花爆竹燃放区域和行为；加强餐饮油烟、露天烧烤等污染治理，定期开展餐饮服务业和露天烧烤摊点违法经营专项检查；完成51座加油站油气回收装置和油罐防渗改造；完成"散乱污"企业整治；排查治理工业炉窑17台。同时强化污染天气应对能力，健全污染天气应急措施，重点控制主城区扬尘污染，建立生态环境、气象等部门会商研判预警机制。

碧水保卫战取得重要进展。一是深入开展集

中式饮用水水源地规范化建设。重新调整完善《思茅区大寨水库千吨万人饮用水水源保护区划分方案》，2020年10月已通过省生态环境厅批准；开展背阴山水库、泡猫河水库、大力气水库、大坝河水库和螺丝塘地下水源点5个乡镇级饮用水水源地的划分工作，并通过省生态环境厅批准；开展黑臭水体相关调查调度工作，组织农村黑臭水体排查培训和排查，完成56个行政村农村黑臭水体排查；开展工业园区水环境质量调度工作，对园区管网、涉水企业资料、污水处理设施等全方面调度现状和进度；开展水污染重点减排企业削减量月调度，督促污水处理厂每月完成相应的减排任务。二是配合市级部门采取点面综合防治、截污控源和清淤补水等多项措施对思茅河及八条支流开展污染防治工作，存在问题及时发函向有关部门提出，使断面水质呈现好转趋势。出动200余人次排查思茅河及八条支流入河排污口，每月不少于一次对思茅河进行监测，关停延河排污企业3家。三是积极争取水污染防治资金支持。争取到5795万元中央水污染防治资金，重点实施南屏镇中寨、丁家箐、柏支寺小组截污项目（2201万元），南屏镇刀管寨、跌马河、光坡、大荒地小组截污项目（1731万元），普文河流域炭房村民小组咖啡废水综合治理项目（363万元），以及野鸭湖环境综合整治项目（1500万元），目前各项目正在稳步推进中。

净土保卫战扎实稳步推进。一是严格落实"土十条"各项重点工作，开展重点行业企业用地地块信息采集工作和土壤污染状况调查。二是加强涉重金属行业污染防控。规范危险废物的收集、经营、转移管理，严控土壤环境风险，与山水铜业、金盛医疗签订《企业土壤污染防治责任书》，加强涉重金属行业监管。三是开展工业固体废物堆放场所环境整治，推进土壤污染治理修复。完成思茅区非正规垃圾堆放点排查整治和思茅区原供销社疑似污染地块核查，加快实施倚象镇污染场地及周边农田污染土壤治理与修复项目工程。四是强化建设用地准入管理，未发生因污染地块再开发利用不当造成不良社会影响的事件。

加大对环境违法行为打击力度，一批生态环境问题得到解决。强化"双随机、一公开"环境监管工作，进一步规范企业监察管理。2020年，共出动环境监察执法人员800余人次，组织开展环境风险源调查、环境执法大练兵、环保隐患专项排查整治、思茅河排污口排查及思茅河、普文河流域水污染防治攻坚战、中心城区大气污染防治联合行动、医疗废物排查等专项检查，对排查出的存在环境风险隐患的企业，制订了整改方案，明确了整改时限，落实了部门和人员责任，预防和遏制了环境污染事件发生，建立了风险防范长效机制。对辖区企业及商户进行现场检查，根据存在的问题对普洱市思茅区六顺镇高笕槽采石有限公司、云南裕久建筑劳务有限公司、普洱天富养殖有限公司等25家企业及商户下发了《责令改正违法行为决定书》。立案查处13起环境违法案件，罚款113.36万元。同时强化企业突发环境事件环境应急预案管理，督促企业完善突发环境事件应急预案备案制，共完成备案企业30家，促进企业环境安全主体责任的落实。

关注民生，切实加强环境信访纠纷调处。2020年，思茅区生态环境保护综合行政执法大队共接到群众多渠道投诉环境污染纠纷事件100余起。通过开展执法联合行动，下发《责令改正违法行为决定书》及口头要求整改等方式，对所有群众投诉件进行了完善的处理，信访投诉处理率达到100%。同时，认真办理市、区党代表提案、人大代表建议、政协提案共4件，有效化解了社会矛盾纠纷，维护了群众环境合法权益。

完成2020年全国第二次污染源普查工作。按照省、市要求，按时按质完成思茅区第二次全国污染源普查各阶段的工作任务。2人被评为市级第二次全国污染源普查"先进个人"称号。

完成2020年思茅区生态功能区县域生态环境质量考核工作。2019年，思茅区生态环境质量考核结果为环境质量保持不变，思茅区得到县域生态转移支付资金1999万元。

认真抓好主要污染物减排工作。加大对辖区内2个污水处理厂和2个水泥厂企业日常监管力度，确保4家减排企业环保设施正常运转，督促企业按要求完成减排任务。认真贯彻省、市水污染源在线监控设施技改升级有关通知要求，督促普洱市5家重点水环境排污单位在规定时限内完成在线监控设施技改升级。根据普洱市生态环境局主要污染物总量减排工作进展情况通报，2020年1—12月，2座污水处理厂均完成COD（化学需氧量）和氨氮（NH₃-N）削减量；普洱西南水泥有限公司和云南尖峰水泥公司2家水泥企业脱硝设备运行正常，均按期完成减排任务。

积极推进农村人居环境改善工程，编制完成《普洱市思茅区农村生活污水治理专项规划（2020—2035）》。为解决全区56个行政村659个村民小组的农村生活污水和黑臭水体，普洱市生态环境局思茅分局根据《普洱市生态环境局普洱市农业农村局关于转发云南省农村人居环境整治工作领导小组办公室关于组织开展县域农村生活污水治理专项规划的函》（普环函〔2019〕115号）文件精神，投资42.5万元，委托云南利鲁环境有限公司编制《思茅区农村生活污水治理专项规划（2020—2035）》。2020年7月2日，市生态环境局组织专家对该规划进行评审通过。2020年9月22日，通过区委常委会会议同意该规划实施。下一步积极向上级争取项目资金支持对农村生活污水进行截污治理，不断改善农村人居环境。

做好生态文明体制改革工作。根据区委改革办2020年工作任务安排，区生态文明体制改革办组织召开小组专项会1次，讨论《区委全面深化改革委员会2020年工作要点》（征求意见稿）、《区委全面深化改革委员会2020年督察评估工作方案》（讨论稿）和《生态文明体制改革台账》，共征集修改意见11条。同时按照国家绿色经济发展规划有关要求，认真组织编制《思茅区"十四五"生态文明建设》课题，并已提交该课题初稿。

加强核与放射性安全管理，有效防范化解风险。高度重视核与辐射安全监管。一是对辖区内30家涉源单位进行8次排查，完成《思茅区核安全与放射性污染防治"十三五"规划及2020年远景目标实施的自查评估报告》。二是对思茅区32家放射源和射线使用单位，督促全部办理辐射安全许可证，并将持证单位信息录入国家核技术利用辐射安全监管系统内，有效保障辐射安全。三是督促思茅区核技术利用单位认真完成市辐射环境监测中心现场核查存在28项问题按期整改完成；四是开展第一轮次"国家核技术利用辐射安全管理系统数据质量核查"工作。组织全区持辐射安全许可证单位对"全国核技术利用辐射安全申报系统"内的单位基本信息、活动种类和范围、台账明细、监测仪器和防护用品、辐射安全管理机构、辐射工作人员等信息开展自查和核查，对系统核查55项存在问题（省级问题清单9项、市级问题清单7项、区级问题清单39项）按期完成全部整改。并根据《普洱市生态环境局关于开展国家核技术利用辐射安全管理系统数据质量核查整改工作的函》提出的整改要求，完成第二轮次"国家核技术利用辐射安全管理系统数据质量核查"工作。

不断夯实环境监测站基础建设。完成监测站《质量手册》《程序文件》《作业指导书》等质量管理体系换版工作。2020年，共出动监测人员396人次，完成监测任务132次，出具监测报告132份。同时按期完成思茅区区域声环境声质量和思茅区城市功能区声环境质量监测工作，为环境监管提供了强有力的技术保障。

积极推进生态环境保护信息公开。以"思茅区政府信息公开门户网站"为政务信息公开主阵地，及时公开生态环境工作项目审批、各类环境违法行为及处罚情况、环境空气质量等信息。对辖区3家国控重点污染源企业污染物排放浓度、排放流量、数据传输有效率等信息在"重点污染源企业自行监测信息公开平台"上向社会全面公开。同时在主城区内设置了10块LED环境质量显示屏，每日滚动播放思茅城区空气质量情况，向社会公开，接受群众和社会的共同监督。2020年，共公开各类信息85条。

生态环境保护宣教工作力度加大。普洱市生态环境局思茅分局与市局联合，结合"生物多样性日""世界环境日""低碳日"等活动日开展形式多样的生态环境保护主题宣传和实践活动，设置生态环境保护科普展板，向参观群众宣传生态环境保护法律法规，讲解生态环境保护知识，发放生态环境保护宣传手册和科普读本，让群众深入了解生态环境保护的重要性，增强市民参与生态环境保护的自觉性，让社会各界关心、支持和参与生态文明建设，传播生态文明理念。继续开展"一图一故事"宣传，持续推动环保设施向公众开放，引导环保社会组织积极参与生态环保工作。

强化作风和能力建设，着力打造生态环境保护铁军。旗帜鲜明讲政治，狠抓作风和纪律建设，着力打造规范化、专业化的生态环境保护人才队伍，不断提高环境治理效能。深入贯彻落实全面从严治党要求，认真执行中央八项规定及厉行节约各项规定和区政府廉政工作会议精神，严格公务用车管理和"三公经费"支出，认真抓好《廉政准则》的贯彻落实，严格遵守《廉政准则》"8个严禁、52个不准"。严格落实思茅区"四办"工作机制、"五个到哪里"工作机制和重点项目"1+7"工作机制，确保廉洁自律各项工作规定落地生根。同时，领导干部认真执行区委、区政府重大事项请示报告制度、"禁酒令"及公职人员履职尽责相关规定，积极组织干部职工参加景东监狱现身教育和观看反腐教育片，到法院旁听，用身边事警示自己，让干部职工时刻紧绷反腐倡廉这根弦，筑牢拒腐防变思想防线，全力打造生态环境保护铁军。

扎实开展"挂包帮"精准脱贫工作。严格按照上级要求组织开展各项扶贫挂钩工作，较好地完成各项脱贫攻坚工作任务。一是积极选派1名工作人员脱岗到挂钩村思茅镇莲花村驻村开展脱贫挂钩工作。二是共组织单位职工深入挂钩联系贫困户家中开展"挂帮包""转走访"90人次，走访贫困户45户。完成2户（李汝春、罗树春）贫困户和四类人员的危房拆除重建。三是大力提升人居环境。开展人居环境"红黑板"工作；与村两委班子组织400户村民到倚象学习人居环境提升经验；支持2万元推进老黄寨小组、苦竹林小组、那么田小组、丫口田小组人居环境提升工作，为建设社会主义新农村，创建平安和谐社会夯实基础。目前，全村11个村民小组结合实际情况，制定了村规民约，共建设了约400间农户无害化卫生厕所，无害化卫生厕所完成率达到85%，满足了群众如厕需求。四是抓产业发展。与村两委班子抓好草地贪夜蛾、竹脊蝗虫防治等工作，2020年，莲花村反季节甜笋种植面积3000亩，年产值约1000万元，茶叶3000多亩，产值约1000万元。五是开展建档立卡贫困户动态管理工作。

开展扶贫对象动态管理工作2次，通过贫情分析，"三评四定"等规范程序，进一步做到贫困户识别精准。六是认真开展档案规范管理工作。严格按照档案管理要求，对村集体档案及贫困户档案进行规范性归档，做到了档案完备。2020年，全村45户161人建档立卡贫困人口实现"两不愁三保障"，达到脱贫标准。

生态环境分局主要领导干部

杨国民　党组书记、局长

叶　锶　党组成员、副局长

丁绍繁　副局长

孙佰龙　副局长

（撰稿：李培英）

【宁洱哈尼族彝族自治县】　2020年，宁洱县生态环境保护工作紧紧围绕市生态环境局和县委、县政府的中心工作，以生态文明建设为统领，以改善生态环境质量为核心，以推动生态环境高水平保护和经济社会高质量发展为主线，坚决打好污染防治攻坚战，狠抓生态环境工作任务落实，各项工作圆满完成。普洱市生态环境局宁洱分局有行政编制7名、机关工勤编制3名、生态环境保护综合行政执法大队编制10名、生态环境监测站编制10名，年末，机关有在职干部职工13人、县生态环境保护综合行政执法大队6人、县生态环境监测站8人。

环境状况。规范烟花爆竹售卖，县城建成区范围严禁燃放；加强建筑工地管理，渣土车治理成效明显，餐饮油烟、秸秆焚烧管控有效，城区空气质量优良率达98.6%，没有出现pH小于5.6的降雨情况。集中式饮用水水源地水质达标率为100%；地表水2个监测断面把边江断面（省控）和小黑江1号桥断面（省控）水质达到Ⅲ类或优于Ⅲ类，达标率为100%。没有被纳入国家、省级"水十条"考核地表水丧失使用功能（劣Ⅴ类）水体。土壤污染分级标准中为一级，污染等级为安全，污染水平为清洁。声环境达标准限值。县域生态环境质量监测评价与考核，宁洱县为"基本稳定"，2020年，云南省财政厅下达转移支付资金4188万元，其中，用于民生保障与政府基本公共服务1161万元，用于生态建设1825万元，用于环境保护 1202 万元。

污染防治。协调推进"三大保卫战"和"7个标志性战役"。一是大气污染防治方面。做好城区空气环境质量管控，加强对工地扬尘、烧烤油烟、秸秆焚烧等综合整治，完成建成区内 8 台 10 蒸吨及以下燃煤锅炉淘汰改造工作。二是水污染防治方面。开展澜沧江流域普洱大河（宁洱段）水环境污染隐患大排查整治工作，对城区 5 条河流涉水工业企业、重点建设项目、农村生活污水、畜禽养殖、餐饮业、宾馆污水治理情况和各河段水环境情况进行排查整治，整治雨污混合口 62 个；完成西洱河上游民政工业园区木材加工厂水污染隐患整治；扎实开展河长清河行动，重点对河底淤泥、两岸垃圾、河（湖）水面漂浮物清理和卫生保洁。2020 年，开展李仙江（宁洱段）县级河长巡河 6 次，乡镇级河长巡河 62 次，村级河长巡河 650 次；开展硝水水库、板脚坟山水库和大鱼塘水库县级湖长巡库 18 次，乡镇级湖长巡库 108 次，村级河长巡库 216 次；加强对河道、水库日常监督管理。争取到第二批中央水污染防治资金 1102 万元，对新民村七队八队（圆宝山片区）、新民村一、二、三组（新民街片区）和新塘村大何家寨新搬迁点进行截污整治，2020 年底，生活污水主管管道已全部铺设完成，在做入户分管管道铺设。开展农村黑臭水体排查，未排查出黑臭水体。严格排污许可制度，结合第二次全国污染源普查数据，完成第一批次 33 个行业、第二批次 "87+4" 个行业 326 家排污许可证核发登记工作，其中重点管理 61 家（已发证 44 家）、登记管理 217 家、禁止或关闭 48 家。按省、市部署开展固定污染源排污许可全覆盖 "回头看" 底单完整性检查工作，确保实现固定污染源全覆盖，实现 "应发尽发" "应登尽登" 的工作目标。三是土壤污染防治方面。投资 20 万元，完成勐先镇宣德村大箐组、窝铺田组、凹子组、下宣德组土壤污染调查，并开展了现状采样检测，采样检测结果为该区域土壤污染程度以基本适宜为主，污染水平为尚清洁。全县共排查全口径涉重金属重点行业企业 5 家，其中在产企业 2 家，停产企业 3 家，全部通过排污申报系统上报生态环境部；纳入尾矿库整治工作的 4 家企业完成了《尾矿库风险评

估报告》《突发环境应急预案》《尾矿库整治方案》三本书的编制及备案工作，完善了企业整治 "一企一档" 归档工作。强化涉重金属行业污染防控，开展重金属行业企业排查整治，组织开展长江经济带固废大排查，严格危险废物和化学品管理，有效控制环境风险。四是污染物总量控制任务圆满完成。2020 年，省、市未给宁洱县下达二氧化硫与氮氧化物的减排指标。2020 年，普洱天恒水泥有限责任公司脱硝设施投运率 99.98% 以上，综合脱硝率达 54.16%；县城污水处理厂正常运行，共处理生活污水 351.51 万吨，负荷率达 96.3%，脱泥 1314 吨，削减化学需氧量 528.6 吨、氨氮 76.4 吨。均达到国家、省、市总量减排目标任务要求。

生态保护。一是重新评估并调整划定生态保护红线，划定生态红线面积 833.05 平方千米，占宁洱县总面积的 22.72%；严守耕地保护红线，积极实施耕地占补平衡，耕地面积 288.27 平方千米，占土地面积的 7.86%；配合省级编制 "三线一单" 工作。二是以创建国家森林城市为载体，大力实施中心城区绿化、集镇村绿化、"三沿" 绿化、生态屏障等造林绿化工程，森林面积达 469.67 万亩，森林覆盖率达 77.37%；累计完成水土流失综合治理目标任务 32.48 平方千米，编制完成 18 个历史遗留采石矿山生态复垦方案。三是编制完成《宁洱县松山水库饮用水水源保护区划定（调整）方案》《宁洱县农村生活污水治理专项规划（2020—2035）》《宁洱县 8 个乡镇级集中式饮用水源地保护区划定方案》《宁洱县县域生态环境风险调查评估报告》。四是推进备用水源建设，完成同心镇大凹子村中寨水库建设，并纳入乡镇级（县城备用水源）饮用水水源地保护区划方案。五是积极开展生态文明创建工作，9 个乡镇已创建为省级生态文明乡镇，省级生态文明县通过复核。六是农村环境整治成效明显。完成对磨黑镇星光村、曼见村、庆明村、团结村、把边村、江西村 6 个村连片村庄环境综合整治项目县级初验和困鹿山、那柯里、蚌扎和上宣德 4 个传统村落改造及普洱茶集团板山土壤整治项目市级验收工作。加快推进农村生活污水治理，上报完成农村生活污水治理的建制村 27 个，年内实施投入试

运行 2 个。农村人居环境整治"三年行动"通过验收，岔河村被评为省级"美丽村庄"，温泉、团结、恩永、石中 4 个村被评为市级"美丽村庄"。七是做好项目储备，编制上报《澜沧江流域普洱大河漫海国控断面流域水污染防治工程项目》《红河流域跨界出境河流李仙江（把边江段）省控断面流域水污染防治工程项目》2 个中央水污染防治项目和《宁洱县宁洱镇温泉河沿岸农村生活污水治理项目》《宁洱县宁洱镇东洱河、西洱河沿岸农村生活污水治理项目》《宁洱县磨黑镇、勐先镇关于把边江上游沿岸农村生活污水治理项目》《宁洱县磨黑镇、同心镇傣族村落农村生活污水治理项目》4 个省级农村生活污水治理项目。

环境执法。开展集中式饮用水水源地环境保护、打击固体废物环境违法行为、"绿盾 2020"自然保护区监督检查、普洱大河沿线化工企业和涉水企业专项执法检查等环保专项执法行动。持续强化辐射安全监管，开展全县放射源和射线装置使用单位安全检查；组织完成具备辐射安全许可证的核技术利用单位 10 家（其中，工业企业 4 户，医疗机构 6 户）通过全国核技术利用辐射安全申报系统提交 2019 年安全和防护状况年度评估报告；完成普洱福通木业有限公司、普洱绿潮木业有限公司 2 家使用放射源企业 2 枚放射源由暂存申请为正式收储工作，确保辐射环境安全。2020 年，下达环境行政处罚决定书 4 份，行政处罚金额 32.6056 万元，有力打击和震慑了环境违法行为；处理环境纠纷、来信来访投诉案件 36 件（其中，水污染 8 件，大气污染 21 件，固废物污染 1 件，噪声污染 6 件），宁洱县及时组织相关部门调查处理，查处办结 36 件。妥善处理普洱市思茅区等 5 县（区）耕地占补平衡宁洱项目部梅子镇分点柴油泄漏引起突发事件造成环境污染，迅速组织人力进行补救，因补救措施得当，未造成重大环境污染事件。严格贯彻落实污染物排放许可制度和环境损害赔偿制度，依托一报（党报）一台（电视台）一网（政府官方网站）曝光突出环境问题、环境违法行为，完善信息公开制度，加强突发环境事件信息公开，对涉及群众切身利益的重大项目及时主动公开，公开了"双随机"企业名单、饮用水源、地表水、空气环境质量、重点污染源等基本信息。

宣传教育。一是充分利用社会的舆论监督作用，对破坏生态环境的环境违法行为进行整治，开通网站，热线电话等投诉举报窗口，2020 年共处理环境纠纷、来信来访投诉案件 36 件。二是做好环保设施和城市污水处理设施向公众开放参观工作，积极开展面向公众的多形式生态环境保护主题宣传教育。三是广泛开展环境保护宣传。充分利用"5·22"生物多样性日、"6·5"世界环境日等环保节日，以主题宣传活动线上线下相结合，利用电视台、广场显示屏、宣传图册、广告牌等媒介广泛宣传生态环境保护工作，发放宣传手册、环保购物袋累计 1500 余份，安装户外宣传广告牌 100 余块，进一步提高群众环境保护意识，公布"12369"环保举报电话，并不断加强和改进"12369"环保举报电话和网上信访系统。

环评审批。严格落实"放管服"改革要求，持续优化营商环境，缩短审批时限。做好"互联网+政务服务"以及"一部手机办事通"建设和上线要求，切实规范审批流程、简化程序，推进政务事项"应上尽上""掌上办""指尖办"。2020 年，宁洱县共备案登记表项目 208 个，审批建设项目环评文件 24 个，并严格按照云南省建设项目环评审批系统管理要求上报项目审批文件。

环境监测。一是积极推进生态环境监测网络建设，县城污水处理厂、云南天恒水泥有限责任公司、云南盐化集团磨黑制盐分公司 3 家重点污染源企业在线监控系统正常运转，实现数据时时上传。二是加强环境监测能力建设，监测站实验室面积 800 多平方米，基本达到西部地区三级监测站标准化建设要求，推动宁洱县生态环境监测工作走上科学化、标准化、规范化轨道。选送 2 名专业技术人员到云南省生态环境监测中心站跟班学习 3 个月，并参加持证上岗考核，有力提升监测能力整体水平。三是对 4 家国控企业每季度 1 次全指标监测（其中，对 1 家国控企业每月 1 次监督性监测）；对县城垃圾填埋场开展 3 次应急监测；对城区五河两库每半年开展 1 次监督监测；对辖区重点污染源每年 1 次监督性监测，全年共出具环境监测报告 49 份。

环保督察。中央、省环保各类巡视巡查督察

反馈问题整改按时序推进，截至2020年底，中央环保督察反馈问题20项（加强类18项、关注类2项）已全部完成整改；中央环保督察"回头看"及高原湖泊专项督查反馈问题9项已全部完成整改，验收销号4项，3项已报市级部门组织验收销号；省级环保督察反馈问题13项已全部完成整改，验收销号完成1项，9项已报市级部门组织验收销号；省级生态环境保护督察"回头看"反馈问题9项，已完成整改4项，验收0项（其中，1项已报市级部门验收销号申请，其余2项验收销号资料完善中），未完成但达到时序进度5项。制定《省委第一巡视组专项巡视普洱市生态环境保护工作反馈问题宁洱县整改方案》，明确整改目标、整改措施、整改责任人、整改时限，立行立改，截至2020年底，宁洱县涉及反馈意见问题整改共24项，完成整改7项。其中，应于2020年12月底前完成整改的5个问题，已全部完成整改，未完成但达到时序进度17项。

生态环境分局主要领导干部

王兴华　局长

杨美频　副局长

秦宏伟　副局长

（撰稿：董　晓）

【墨江哈尼族自治县】　2019年4月，机构改革后，普洱市生态环境局墨江分局（原墨江哈尼族自治县环境保护局）为普洱市生态环境局的派出机构，正科级建制，列入县政府工作部门序列，不计入县人民政府机构限额。统一行使生态环境监督执法职责，切实履行监管责任，全面落实大气、水、土壤污染防治行动计划，完成辖区内生态环境保护工作。构建政府为主导、企业为主体、社会组织和公众共同参与的生态环境治理体系，实行最严格的生态环境保护制度，严守生态保护红线和环境质量底线，坚决打好污染防治攻坚战，全力保障生态环境安全。内设办公室、法规宣教与行政审批股、生态保护与环境监测股、污染防治股，墨江县生态环境保护综合行政执法大队（原墨江哈尼族自治县环境监察大队）、普洱市生态环境局墨江分局生态环境监测站（原墨江哈尼族自治县环境监测站）2个事业单位。2020

年底，普洱市生态环境局墨江分局及其下属事业单位，共有干部职工21人。其中，局机关8人，有3名实职领导，局长兼党支部书记1人、副局长2人；墨江县生态环境保护综合行政执法大队5人；普洱市生态环境局墨江分局生态环境监测站8人。

生态环境保护工作综述。2020年，在县委、县人民政府的坚强领导下，在省生态环境厅、市生态环境局的精心指导和帮助下，全面贯彻落实习近平总书记考察云南的重要讲话精神、党的十九大、十九届二中、三中、四中、五中全会精神、2020年国家、省、市生态环境会议精神以及县第十二届党代会第五次会议、县第十六届人民代表大会第四次会议精神。以习近平新时代中国特色社会主义思想为指导，紧紧围绕县委、县政府的中心工作，以污染防治攻坚战、生态创建、环保督察和省委第一巡视组专项巡视普洱生态环境保护工作问题整改为抓手，创新工作方法、强化措施，扎实工作。通过努力，2020年度，生态环境保护各项工作取得了显著的成绩。

建设项目环评及环保"三同时"管理。一是严格按照国家、省、市、县对行政审批制度改革涉及的调整、承接、取消、下放要求，做好行政许可事项、权责清单事项和政务服务事项的梳理，并按时限要求录入监管事项动态管理系统；精简办事程序，优化服务流程，按时按质完成部门"最多跑一次""马上办"等事项的清单梳理。二是墨江县实现全省各级环评审批网上申报、网上办结及信息通过管理系统实时报送和环境影响登记表网上备案。三是严格建设项目环评制度和"三同时"制度，从源头上控制新污染源产生。2020年，按时限要求完成各项公示共16次；办结建设项目环境影响报告表审批8个；出具建设项目环境影响报告书初步审查意见3个、标准确认函7个；指导项目业主完成建设项目竣工环境保护验收项目13个；完成建设项目环境影响登记表备案271个。

生态环境监管。一是持续保持生态环境执法高压态势。2020年度，依法对辖区内的污染源、建设项目、限期治理项目、生态环境、环境污染事故与污染纠纷进行现场监察68次、138人次。

共查处不正常运行水污染防治设施案 3 件,共计罚款 35 万元。二是强化环境信访查处工作,保障群众环境权益。保持"12369"环保举报热线 24 小时畅通,做到群众投诉的"每一个问题"都有回音、"每一个案件"都有结果。2020 年度,处理来信来访环境污染案件 41 件,调查办结 41 件(其中,大气污染 12 件、水污染 9 件、噪声污染 16 件、其他 4 件),调查处理率 100%,按要求顺利办理完结 1 件政协提案。三是环保督察问题整改情况。(一)中央环境保护督察反馈意见问题整改情况。2016 年中央环境保护督察反馈意见问题整改,截至 2020 年 12 月底,涉及墨江县的整改任务 23 项已完成整改 21 项;达到序时进度 2 项,(共性类问题:城镇污水管网、乡镇村庄"一水两污"建设问题和城乡规划总体落后;建设管理水平较低,环境"脏、乱、差"现象比较普遍)。(二)云南省委、省政府环境保护督察反馈问题整改情况。2017 年省委、省政府环境保护督察反馈问题整改方面,墨江县共涉及 28 个需整改问题,截至 2020 年 12 月底,完成整改 27 个,达到序时进度 1 个,即普洱市贯彻落实中央环境保护督察反馈意见问题整改总体方案(普办发〔2017〕2 号)中部分规定有时限的整改事项未按期完成。(三)中央环境保护督察"回头看"及高原湖泊环境问题专项督察反馈问题整改情况。2018 年中央环境保护督察"回头看"及高原湖泊环境问题专项督察反馈问题整改方面,涉及墨江县需整改问题 9 个。截至 2020 年 12 月底,完成整改 8 项,1 项整改任务达到序时进度要求,即中央环境保护督察及"回头看"交办的投诉举报件(墨江县矿业有限责任公司违法排污等问题)。(四)云南省委、省政府生态环境保护督察"回头看"及专项督察反馈问题整改工作情况。省级生态环境保护督察"回头看"整改任务共 11 项,截至 2020 年 12 月底,全县已完成 9 项,其余 2 项整改任务达到序时进度,即城市污水处理提质增效工程设施建设及乡镇"两污"设施建设滞后问题,县级环境监测能力建设仍然滞后。(五)省委第一巡视组专项巡视普洱市生态环境保护工作反馈问题整改情况。巡视组反馈普洱市共 30 个问题,其中,墨江县涉及 25 项。截至 2020 年 12 月底,全县已完

成整改 21 项,其余 4 项整改任务达到序时进度。

水污染防治。一是 2020 年,墨江县常林河水库县级集中式饮用水水源水质达到《地表水环境质量标准》(GB 3838—2002)Ⅱ类,达标率为 100%。省级考核的地表水断面有 2 个:阿墨江(忠爱桥)、李仙江(三江口电站下方约 500 米处)。经监测,2020 年,2 个省级考核断面水质年度均值达到《地表水环境质量标准》(GB 3838—2002)Ⅱ类,达标率为 100%。为全面掌握县域地表水和各电站库区水环境质量,《2020 年墨江哈尼族自治县环境质量报告书》现已完成初稿编制工作。二是扎实推进水污染防治行动重点工作。投入 2117.61 万元完成县级集中式饮用水水源地常林河水库、回冲水库环境问题整治工作。分类有序推进乡镇级饮用水源地"划、立、治"工作,划定红豆树千吨万人饮用水水源地保护区 1.216 平方千米(云环函〔2020〕505 号)。严格按照《通关镇红豆树水库饮用水水源地存在问题整改工作方案》,设立完成红豆树水库保护区标识标牌 21 块,圆满完成 5 个存在问题的整治工作。还划定了 27 个乡镇级饮用水水源地保护区 15.1762 平方千米(云环函〔2020〕631 号)。2020 年,因极端气候影响,投入资金 2687.25 万元,实施抗旱应急脱贫攻坚饮水保障项目 22 件。全县 2305 个村民小组饮水有保障,农村饮水安全有保障的自然村比例达 100%。三是 2020 年,墨江污水处理厂正常运行,由于正在进行提标改造,处理水量比 2019 年少,2020 年,墨江污水处理厂水污染物总量减排待上级认定。

大气污染防治。一是县城环境空气自动站运行正常,目前可监测二氧化硫、二氧化氮、一氧化碳、臭氧、PM_{10}、$PM_{2.5}$ 六个指标。2020 年,墨江县北回归线环境空气自动站共监测 366 天,有效天数 351 天,其中,空气质量优良天数 350 天(优 279 天,良 71 天,)轻度污染 1 天,空气质量优良天数比例达 99.7%,细颗粒物 $PM_{2.5}$ 均值为 13.67 微克/立方米。圆满完成大气环保约束性(环境空气优良率不低于 97.2%、$PM_{2.5}$ 年均值≤35 微克/立方米)。二是完成墨江雅邑红砖厂、墨江龙潭龙毅红砖厂"散乱污"企业综合整治和关闭墨江县糖业烟酒有限责任公司县城定点屠宰场

及普洱墨江力量生物制品有限公司，预计新增削减：SO_2 27.4059 吨，NO_x 5.5633 吨（待上级认定）。

土壤污染防治。按照相关规定及要求，积极推进农用地土壤污染状况详查。墨江县在"全国污染地块土壤环境管理系统"中登记疑似污染土地共 1 块，即墨江新茂矿业有限公司新安铅锌矿选矿厂址。2020 年，墨江县新茂矿业有限公司新安铅锌矿选矿厂疑似污染地块初步调查报告已通过市级审查。

排污许可证管理。进一步加强污染源监督管理，规范排污行为，严格落实排污许可证制度。截至 2020 年 12 月 31 日，墨江县核发排污许可证 34 家，登记备案 117 家，注销 1 家排污许可证，圆满完成排污许可证核发工作。

生态环境监测。充分发挥环境监测职能，为墨江县环境管理和经济建设提供服务。一是 2019 年，墨江县县域生态环境质量监测、评价与考核结果为"基本稳定"。2020 年，县域生态监测、评价与考核工作稳步推进。二是饮用水水源监测情况。完成墨江县饮用水水源常林河水库 3 个季度水质监测任务，监测项目均符合《地表水环境质量标准》（GB 3838—2002）表 1 中Ⅱ类标准及表 2 中补充标准，达到集中式生活饮用水地表水源地一级保护区要求。三是地表水水质监测情况完成忠爱桥、三江口电站下方约 500 米 2 个省控断面 1—11 月水质监测任务，监测项目均值符合《地表水环境质量标准》（GB 3838—2002）Ⅱ类标准。

生态乡镇、村（社区），"绿色学校"创建。截至 2020 年 12 月底，墨江县已创建省级生态乡镇 2 个，即联珠镇和通关镇；新安镇等 12 个乡镇已完成生态文明乡镇创建，进入拟命名公示名单。创建市级生态村（社区）133 个，覆盖全县 15 个乡镇。创建省级"绿色学校" 5 所、环境教育基地 1 个、"绿色社区" 2 个。市级"绿色学校" 7 所、"绿色社区" 1 个。建立健全生态文明建设工作体制机制。2020 年 12 月 28 日，制发了《中共墨江哈尼族自治县委办公室 墨江哈尼族自治县人民政府办公室关于印发〈墨江哈尼族自治县生态文明建设示范创建工作实施方案〉的通知》（墨办发〔2020〕28 号），明确了各乡镇人民政府、县直属各职能部门的工作职责和任务，按照上级相关要求，生态文明建设示范创建工作正有序推进中。

规划进展情况。2020 年 8 月，该局委托云南省生态环境科学研究院作为技术支撑单位，编制《墨江县生态环境保护"十四五"规划》，规划编制单位于 2020 年 9 月初开展了规划编制的资料收集工作和现场调研工作，召开了资料收集协调会，并开展对墨江县境内重点流域、饮用水源地、土壤环境调查等现场调研活动。按照《墨江哈尼族自治县"十四五"专项规划编制工作方案》的规定及要求，目前，规划编制单位已完成规划初稿。

圆满完成墨江县全国第二次污染源普查工作。2016 年末，正式启动墨江县全国第二次污染源普查工作，以全面覆盖、突出重点、典型代表为原则，全县选调了 106 名普查员、28 名指导员开展了清查建库、入户调查、数据核实等污染源排查有关工作，共清查工业源 419 家、农业源 379 家、生活园 25 家、集中式污染治理设施 3 家，最终普查建库工业源 70 家、农业源 53 家、集中式污染治理设施 2 家、移动源 25 家。在各方的努力下，墨江县于 2020 年按时按质完成全国第二次污染源普查工作，并通过验收（普污普〔2020〕15 号）。

全力做好疫情防控生态环境保护工作。做到"守土有责、守土尽责、守土担责"，制定了医疗废物、医疗污水等管控方案，严格管控医疗机构、城镇污水处理厂和集中式饮用水水源地，强化协调沟通，配合开展疫情期间环境监测工作。疫情防控期间，出动执法和监测车辆 44 次，执法人员 156 人次，对医疗机构、墨江污水处理厂、常林河水库、留验站、废弃口罩等进行现场督查，通过采取有力的防控措施，保障了疫情防控期间辖区内生态环境安全，圆满完成疫情生态环境保护工作，为墨江县疫情防控工作作出了积极的贡献。

生态环境分局主要领导干部

李胜功　局长

李加学　副局长

魏　宾　副局长

（撰稿：张学林）

【景谷傣族彝族自治县】 1981 年初，在景谷县爱国卫生运动委员会设 1 人兼管环境保护工作。1981 年 3 月，建设科从县计委分设为县政府的职能部门，在科内设 1 人负责环境保护工作。1982 年 12 月，成立首届景谷县环境保护委员会。1983 年 12 月，景谷县级机构改革时成立了县城乡建设环境保护局（一级局）。1985 年 12 月 25 日，成立景谷傣族彝族自治县城乡建设环境保护局，在局内设环境保护办公室（股所级），设 3 人负责环境保护工作。1988 年 1 月 6 日，县政府批准成立景谷傣族彝族自治县环境监测站，为股所级科学技术事业单位，编制 6 名。截至 1996 年 10 月 14 日，环境保护工作均隶属县城乡建设环境保护局，环境保护人员增至 6 人。1996 年 10 月 15 日，县委批准成立环境保护局（二级局）；于 1997 年 5 月 12 日，县编委下发景编字〔1997〕04 号文，成立环境保护局，编制 5 名，于 5 月 13 日举行景谷傣族彝族自治县环境保护局成立挂牌仪式。2001 年 7 月 20 日，成立景谷傣族彝族自治县环境监理站，为股所级自收自支事业单位，编制 4 名。2002 年 5 月，景谷县环境保护局定为事业单位，参公管理。2006 年 1 月，县环境监理站更名为景谷县环境监察大队，隶属环境保护局，为股所级自收自支事业单位。至 2008 年，环境保护局设有办公室、污染控制股、宣教法规股、生态保护股，直属环境监测站、环境监察大队 2 个事业单位，有专职环境保护人员 9 人，临时工 3 人，乡镇未设置专门的环境管理机构，由乡镇人民政府指定 1 人协助环保部门做好各乡镇的环境保护工作。2011 年 7 月，机构改革后，景谷傣族彝族自治县环境保护局为景谷傣族彝族自治县人民政府工作部门，正科级单位。设有办公室、宣教法规与自然生态保护股、环评与污染控制股，直属环境监测站、环境监察大队 2 个事业单位。2014 年 12 月 5 日，自治县委编办下发景编〔2014〕48 号文，增加景谷傣族彝族自治县环境监测站编制 4 名，环境监测站编制 10 名。2015 年 9 月 22 日，景谷傣族彝族自治县环境监察大队，经云南省公务员局批准为参公管理。截至 2015 年 9 月 28 日，机构改革后，环境保护局机关有行政编制 7 名，工勤编制 1 名，其中局长 1 名（正科）、副局长 2 名（副科）。设有办公室、综合室，直属环境监测站、环境监察大队（参公管理）2 个事业单位，2017 年 5 月 2 日，自治县委编办下发景编办〔2017〕7 号文，增加景谷傣族彝族自治县环境监察大队编制 2 名，环境监察大队编制 6 名，2017 年 6 月 30 日，自治县委编办下发景编办〔2017〕9 号文，增加景谷傣族彝族自治县环境监察大队编制 4 名，环境监察大队编制 10 名。截至 2019 年 3 月，机构改革后，组建了普洱市生态环境局景谷分局，作为普洱市生态环境局的派出机构，于 2019 年 3 月 15 日举行了揭牌仪式，局机关有行政编制 8 名，其中局长 1 名（正科）、副局长 2 名（副科）。设有办公室、法规宣教与行政审批股、生态保护与环境监测股（核安全和辐射环境管理股）、污染防治股，直属环境监测站、环境监察大队（参公管理）2 个事业单位。2019 年 12 月 4 日，市委编办下发普编办〔2019〕51 号文件，景谷傣族彝族自治县环境监测站更名为普洱市生态环境局景谷分局生态环境监测站，2019 年 12 月 19 日，市委编办下发普编办〔2019〕58 号文件，同意组建普洱市生态环境保护综合行政执法队伍，景谷傣族彝族自治县环境监察大队更名为景谷县生态环境保护综合行政执法大队。2020 年 8 月 26 日，县委编办下发景编办〔2020〕14 号文件，将除永平镇外其余 9 个乡镇、村镇规划建设服务中心更名为××乡镇生态环保和村镇建设服务中心，并承担乡镇环境保护等职责。2020 年 9 月 28 日，市生态环境局党组下发普环党组发〔2020〕53 号文件，任杨祺海为景谷县生态环境保护综合行政执法大队大队长，2020 年 10 月 12 日，市委编办下发普编办〔2020〕123 号文件，核定生态环境保护综合行政执法大队为副科级事业单位，核定编制 10 名，其中，设专职副大队长 1 名（按副科级配备）。2020 年底，局机关在编在岗人员 7 人，生态环境保护综合行政执法大队在编在岗人员 5 人，生态环境监测站在编在岗人员 9 人，临时工 9 人。

环境质量总体评价。2020 年，全县环境质量总体良好，主要河流水环境功能达标率为 87.5%，城市饮用水水源地水质达标率保持在 100%，景谷傣族彝族自治县中心城区环境空气优良率为 95.5%。

大气环境质量。2020年1月1日至2020年12月31日，总天数366天，有效天数361天，优良天数354天，其中，优208天、良146天，优良率98.1%。

地表水境环境质量。景谷县境内设有地表水国控监测断面1个（威远江储木场），省控监测断面1个（小黑江波云河口）。2020年，威远江储木场断面、小黑江波云河口断面水质均值符合《地表水环境质量标准》（GB 3838—2002）表1Ⅱ类标准。

饮用水境环境质量。景谷县建城区主要饮用水源地为曼转河水源地和龙洞河水源地。2020年，集中式饮用水水源地曼转河水库和龙洞河水质均符合《地表水环境质量标准》（GB 3838—2002）Ⅱ类标准。

污染物排放情况。2019年，全县废水排放总量2162.419万吨，其中，工业源排放量1390.034万吨、生活源排放量771.846万吨、集中式治理设施排放量0.5381万吨。全县化学需氧量排放总量4343.8048吨，其中，工业源排放量1600.9978吨、生活源排放量2742.787吨、集中式治理设施排放量0.02吨。全县氨氮排放总量347.6513吨，其中，工业源排放量52.8633吨、生活源排放量294.748吨、集中式治理设施排放量0.04吨。全县二氧化硫排放量2919.7244吨，其中，工业源排放量2720.0494吨、生活源排放量199.675吨。全县氮氧化物排放量1157.8453吨，其中，工业源排放量1139.4933吨、生活源排放量18.352吨。全县烟（粉）尘排放量2387.9506吨，其中，工业源排放量2312.7056吨、生活源排放量75.245吨。

加快推进污染防治攻坚战。全力打好蓝天、碧水、净土"三大保卫战"，按照《关于全面加强生态环境保护坚决打好污染防治攻坚战的实施意见》及"7个标志性战役"工作方案，及时召开工作推进会议，听取"7个标志性战役"工作开展情况，认真分析工作中存在的困难和问题，结合实际，部署下一阶段工作，加强统筹协调，狠抓工作落实，各项指标任务有序推进，生态环境质量稳步提升。2020年，全县环境质量总体良好，主要河流威远江和小黑江水质年均值达标率为

100%，县城集中式饮用水水源地水质达标率保持在100%，城区环境空气优良率达98.1%。

大气污染防治方面。紧紧围绕环境空气质量提升来开展工作，制定工作方案，积极安排部署。召开县大气污染防治工作领导小组办公室会议、景谷轻度污染天气应急工作部署会议、景谷县开展大气环境质量管理大排查大整治部署会、景谷县加强环境空气质量管理工作推进会议等相关工作会议，以建筑施工扬尘污染控制、道路运输车辆管理、餐饮油烟污染治理、高污染燃料禁燃区划定和管理、农作物秸秆焚烧管理、机动车尾气排放污染防治、烟花爆竹燃放管理、企业大气污染治理等为重点，开展大气污染大排查、大整治专项行动，按期完成县城建成区燃煤锅炉淘汰改造整治工作，环境空气质量不断提升。

水污染防治方面。一是加强饮用水源地保护，继续推进县级饮用水源地曼转河水库饮用水水源地环境保护整治工作，重点加强对曼转河饮用水源地一级保护区存在农业种植的整治；开展乡镇集中式饮用水源地保护区划定及存在问题整治工作，全县有乡镇集中式饮用水源地16个，其中，农村"千吨万人"饮用水源地4个、千人以上饮用水源地12个。2020年，完成16个乡镇集中式水源地保护区划定方案，并通过省级审批。2020年，县城集中式饮用水水源地曼转河水库和龙洞河监测因子符合《地表水环境质量标准》（GB 3838—2002）Ⅱ类，永平镇下邦弄水库、永平镇昔木水库、凤山镇景短箐、勐班班扭河4个"千吨万人"集中式饮用水水源地监测因子符合《地表水环境质量标准》（GB 3838—2002）Ⅲ类。二是开展威远江保护治理，召开全县生态环境保护重点工作会议，推进落实《景谷傣族彝族自治县2019年国家地表水考核断面威远江储木场水质达标方案》《景谷傣族彝族自治县关于开展威远江流域水环境污染隐患大排查整治工作的通知》，要求各相关部门及涉及乡镇加大对威远江流域环境综合整治工作力度，明确责任分工，重点开展两岸垃圾及河湖水面漂浮物清理、采砂治理、农村环境整治、企业达标排放等工作，积极开展威远江水环境污染综合治理，确保地表水国控断面威远江储木场水环境质量达标，全面完成水污染防治

工作任务。同时，争取中央水污染防治专项资金1922万元，实施澜沧江支流威远江（景谷县民利-江东段）储木场国控断面流域综合治理项目。2020年，威远江储木场国控断面水质均值符合Ⅱ类标准，达到考核要求，小黑江波云河口省控断面水质符合Ⅱ类标准，达到考核要求。三是抓好农村生活污水治理，聘请第三方，按省、市要求开展县域农村生活污水治理专项规划，完成全县10个乡镇村组现场踏勘、资料收集等工作及《景谷傣族彝族自治县农村生活污水治理专项规划（2020—2035年）》编制，现已通过市级组织评审，并批准组织实施；完成农村生活污水治理现状调查和10个乡镇农村生活污水治理基础信息系统填报工作。目前，景谷10个乡镇137个建制村，共1664个自然村，已完成污水治理自然村数550个，生活污水治理率33.05%。完成县级农村黑臭水体排查，组织10个乡镇，对景谷县137个建制村的农村黑臭水体进行了全面排查。经核查，景谷县无农村黑臭水体。四是抓好减排工作，召开减排会议，安排布置2020年减排工作，重点为确保县城市生活污水处理厂和工业园区污水处理厂2个污水处理厂正常运行，完成上级下达的减排任务。五是加快推进县城城市生活污水处理厂提标改造及二期建设，对原规模1万立方米/日的一期工程处理工艺提升改造，由现运行的CASS工艺更改为MBR膜工艺，建设完成后出水标准达到《城镇污水处理厂污染物排放标准》（GB 18918—2002）一级A标准；新建处理规模1万立方米/日，工艺采用MBR膜工艺的二期工程，建成后污水处理厂规模达到2万立方米/日。

土壤污染防治方面。加强风险管控，完成了老松香厂地块、兴发林化搬迁后原地块疑似污染地块土壤污染状况初步调查，并上传到省级审核，完成云南景谷矿冶有限公司1号地块土壤污染状况初步调查，根据调查结果督促指导景谷矿冶有限公司开展污染场地环境调查及评估、场地环境整治、硫酸铜液处置等工作，协助市级完成重点行业企业用地土壤污染状况调查现场踏勘和采样工作。

噪声污染方面。制定《景谷城市建成区环境噪声功能区划定工作方案》，并按照方案开展工作。目前，已经完成景谷城市建设控制区声环境功能区划分工作，该规划已通过省级专家评审，报县人民政府批准实施，并报省、市进行了备案。

抓好疫情防控生态环境保护工作。认真履行环保职责，坚决打好新型冠状病毒感染疫情防控阻击战，严格管控医疗机构、城镇污水处理厂和集中式饮用水水源地，强化协调沟通，配合开展疫情期间环境监测工作。对全县医疗机构医疗废物收集、贮存、运送、处置，医疗废水处理，集中隔离留验点（景谷县威江园酒店、景谷县乐天酒店）进行监督检查，督促医疗废物处置单位安全规范处置医疗废物，有效防范环境风险，要求集中隔离留验点规范生活垃圾和生活污水处置方式，有效隔断病毒通过生活垃圾、污水传播的途径，助力打赢疫情防控阻击战。

生态文明创建。按照《景谷傣族彝族自治县生态县建设规划（2013—2020年）》要求，扎实开展生态文明村、生态文明乡镇、生态文明县创建工作。截至2020年，共创建市级生态文明村136个、省级生态文明乡镇9个，创建省级"绿色学校"6所、市级"绿色学校"10所、省级"绿色社区"1个、县级"绿色学校"22所。省级生态文明县创建已通过省级现场核查，进入拟命名公示名单。

生态环保宣传。积极组织开展2020年"6·5"环境日、低碳日主题宣传及环保设施向公众开放活动，广泛传播生态文明理念，让群众深入了解生态环境保护的重要性，增强市民参与生态环境保护的自觉性，提升生态环境保护意识，进一步凝聚污染防治攻坚合力，打好污染防治攻坚战，持续改善区域环境质量，推动形成美丽景谷共建、共享的浓厚氛围。

环境审批。强化源头管控，严格执行建设项目分类管理、分级审批规定，抓好重点项目环评要素保障，办理建设项目环境影响登记备案表136个、报告表43个。同时，抓好景谷林产业"双百"项目、景谷红狮水泥有限公司日产3000吨新型干法水泥熟料生产线改建项目、利用生物质（桉树皮）年产3万吨木质纤维试验项目等重点建设项目环评办理工作，助推项目落地。做好排污许可证核发，按行业、时限要求，统计拟发证企业清单上报市局，积极组织各企业负责人员参加排污许可登记申报培训，做好企业排污许可证申报材料审查，核发排污许可证企业 41 家。

环境监管执法。开展环境监察 148 次，出动执法人员 370 人次，检查企业污染防治设施 518 台（套），确保污染治理设施正常运行和污染物稳定达标排放。及时调处环境污染纠纷，处理群众来信来访和污染纠纷 86 件，立案查处环境违法案件 4 起，处罚金 32.4 万元，约谈企业 9 家。做好县城生活垃圾填埋场渗滤液泄漏事故处置和云南云景林纸股份有限公司废渣场固体废物（白泥）外泄事故处置。

核安全和辐射环境管理。举办核与辐射安全监管人员培训 2 期，完成核技术利用辐射安全监管项目审批 20 家，申领辐射安全许可证 15 家，现场检查核技术利用单位的辐射环境 18 家，检查放射源单位 5 家，监督检查使用射线装置单位 15 家，收储放射源 1 枚。

环境监测。按照《2020 年普洱市生态环境监测方案》开展环境质量监测、重点排污单位执法监测。一是做好地表水监测，对威远江储木场断面、小黑江波云河口断面水质开展监测 24 次，监测结果水质均值符合《地表水环境质量标准》（GB 3838—2002）表 1 Ⅱ类标准。二是开展县城集中式饮用水水源地水质监测，对曼转河水库和龙洞河水质开展监测 4 次，监测期间，水质类别达到了 Ⅱ类，水质达标率为 100%。三是做好应急监测，按要求对县城生活垃圾填埋场渗滤液泄漏事故及云南云景林纸股份有限公司废渣场固体废物（白泥）外泄进行应急监测。四是认真做好其他监测任务，完成景谷水务产业投资有限公司减排监测及云南云景林纸股份有限公司比对监测、农村"千吨万人"饮用水水源地水样采样任务，配合市级完成景谷县重点行业企业土壤采样现场质控工作。五是按照《2020 年普洱市生态环境监测方案》制定重点排污单位执法监测方案，并将执法监测完成情况上报云南省生态环境厅驻普洱市生态环境监测站，同时将执法监测数据报送普洱市生态环境局进行公示。

县域生态环境质量监测评价与考核。制发 2020 年度县域生态环境质量监测评价与考核工作实施方案，召开动员部署会，对县域生态环境质量监测评价与考核工作进行部署安排，按照省生态环境厅要求，完成 2020 年第一、二、三、四季度饮用水及地表水监测数据上报，组织上报县域生态考核年度考核材料。

环保督察反馈问题整改。2016 年中央环保督察反馈意见问题 22 项整改任务（整改落实类 20 个，关注加强类 2 个），目前，已整改完成 22 项，并全部完成县级自查自验；2017 年省环保督察反馈意见问题 10 项整改任务，已整改完成 10 项，并全部完成县级自查自验；2018 年中央环保督察"回头看"反馈意见问题 10 项整改任务，已整改完成 10 项，并全部完成市级验收；2019 年省环保督察"回头看"及专项督察反馈意见问题 11 项，已整改完成 8 项，达到时序进度 2 项，未达到时序进度 1 项。2016 年中央环境保护督察转办问题清单 5 件 3 个问题，2020 年已全部完成县级自查自验；2017 年省环境保护督察转办问题清单 4 件 6 个问题，2020 年已全部完成县级自查自验；2018 年中央环保督察"回头看"转办问题清单 8 件 3 个问题，2020 年已全部完成市级验收；2019 年，省环保督察"回头看"转办问题清单 5 件 2 个问题，2020 年已全部完成自查自验。

生态环境分局主要领导干部

杨祺海　局长

朱世康　副局长

陶夏夏　副局长

（撰稿：祁安菊）

【景东彝族自治县】　2020 年，普洱市生态环境局景东分局在景东县委、县政府和市生态环境局的正确领导下，紧紧围绕景东县生态环境保护和脱贫攻坚、扫黑除恶等社会经济发展中心工作，坚持用习近平生态文明思想武装头脑、指导实践、推动工作，坚决把生态文明建设重大部署和重要任务落到实处，把污染防治攻坚战放在全局工作的突出位置，系统谋划、全面部署，全县生态环境质量继续呈稳中趋好态势，全民环保意识明显提升，污染防治攻坚战成效显著。

组织机构。普洱市生态环境局景东分局，作为普洱市生态环境局的派出机构，实行以市生态环境局为主的双重管理体制，仍作为景东县人民政府的组成部门。普洱市生态环境局景东分局，内设办公室、法规宣教与行政审批股、生态环保与环境监测股、污染防治股。下设景东县环境保护综合行政执法大队（副科级），生态环境监测站（股所级）。总编制数 29 个，现在职在编 25 人，其中派驻脱贫攻坚驻村工作队 7 人。

环境质量状况。一是空气环境质量。根据景东县环境空气自动监测站统计数据，2020 年，环境空气自动监测有效天数 350 天，其中，优级天数 275 天、良级天数 74 天，环境空气优良率为 99.7%。PM$_{2.5}$ 平均浓度为 14 微克/立方米，PM$_{10}$ 平均浓度为 31 微克/立方米，NO$_2$ 平均浓度为 14 微克/立方米，SO$_2$ 平均浓度为 7 微克/立方米，CO 平均浓度为 1.3 微克/立方米，O$_3$ 平均浓度为 71 微克/立方米。全年空气质量综合指数为 243，空气质量等级为优。二是地面水环境质量。根据川河入境和出境断面、川河景东水文站处省控断面、者干河大街三营处县域环境质量监测断面水质监测报告，各项指标均符合《地表水环境质量标准》（GB 3838—2002）Ⅲ类限值标准，地表水水质达标率 100%。根据县城集中式饮用水水源地菊河水质监测报告，各项指标均符合《地表水环境质量标准》（GB 3838—2002）Ⅱ类限值标准，集中式饮用水源地水质达标率 100%。三是土壤环境质量。2020 年县域内未发生过土壤环境污染事件。受污染耕地安全利用率达到 90%，污染地块安全利用率低于 90%。四是声环境质量。根据《普洱市景东彝族自治县城市声环境功能区划分方案》，以景东县城市总体规划（2014—2030）县城建设用地布局规划图为基础，景东县声功能区划分为 14 个区划单元，其中，1 类区 4 个，2 类区 9 个，3 类区 1 个。共设置监测点位 142 个，其中，区域监测点位 103 个（1、2、3 类）、交通干线监测点位 39 个（4A 类）。经监测，景东城市环境噪声达标区覆盖率达 70% 以上，功能区 100%。其中，1 类功能区昼间达标率 96.77%，夜间达标率 96.77%；2 类功能区昼间达标率 97.06%，夜间达标率 91.18%；3 类功能区昼间达标率 100%，夜间达标率 100%；4a 类功能区昼间达标率 81.25%，夜间达标率 84.38%。

污染减排完成情况。一是城市污水处理。2020 年，景东城市污水处理厂共处理污水 335.33 万吨，运行负荷率为 91.62%，化学需氧量（COD）和氨氮（NH$_3$-N）削减量分别为 597.94 吨、101.77 吨。全面完成年度减排目标任务。二是制糖终端废水治理。景东恒东公司制糖终端废水治理污染减排技术改造项目 2019/2020 榨季项目正常运行。总排口监测数据均达到《制糖工业水污染物排放标准》（GB 21909—2008）的各项指标限值要求。

污染防治工作。污染防治攻坚战成效显著。县环境污染防治工作领导小组下设的“7 个标志性战役”专项小组办公室分别设在县水务局、市生态环境局景东分局、县住房和城乡建设局、县农科局、县林草局和县交通运输局，领导小组各成员单位深入贯彻落实习近平生态文明思想，严格落实生态环境保护“党政同责”“一岗双责”责任制和《景东县全面加强生态环境保护坚决打好污染防治攻坚战的实施意见》，重点解决人民群众聚焦的生态环境问题，完成《景东彝族自治县县域农村生活污水专项规划（2020—2035）》和《18 个乡镇级集中式饮用水水源地和县级备用饮用水水源地保护区划定方案》编制工作。2020 年，全县主要污染物排放总量实现大幅减少，环境风险得到有效管控。景东县作为云南省 46 个国家重点生态功能区考核县之一，为全省国家重点生态功能区县域生态环境质量监测评价与考核工作作出了积极贡献。根据生态环境部和云南省生态环境厅发布的县域生态环境质量的通报，景东县 2019 年度国家考核结果为基本稳定，云南省考核结果为轻微变好，是全市唯一获“轻微变好”的县份。2020 年，上级下达景东县重点生态功能区转移支付资金 5348 万元。2014 年以来，共获得约 4 亿元的生态功能区转移支付资金，极大促进了景东县的经济社会发展。

建设项目环境影响评价工作。严守生态红线，严格环境准入，优化营商环境。主动服务，健全防控机制，完善环评集体审批、信息公开制度。2020 年，完成建设项目环评审批 136 个（其中，备案表 119 个，报告表 17 个），项目现场勘察 147 个，已完成自主验收 29 个，项目咨询工作 526

人次。

环境监管执法。一是高度重视环境污染纠纷的调查处理，发挥好"12369"环保举报平台作用。2020年，共受理投诉案件63件，其中，来电49件、来访12件、来信2件，水污染11起、固体废物污染5起、大气污染31起、噪声污染14起，其他2起，处理率和回复率为100%，所调查处理的案件无1例越级上访。二是严格执行"双随机、一公开"制度，加大执法力度，严格查处环境违法行为。2020年，共检查企业65家，出动执法人员230余人次；下达环境违法行为责令改正决定书5份，立案查处环境违法案件4起，罚款46万元。三是有计划、有步骤地开展2020年环境执法大练兵，以及开展疫情期间医疗机构危险废物处置、企业突发环境事件应急预案编制备案等专项检查，河道采砂行业专项执法检查和联合公安及文化部门开展夜查等专项行动。严格落实各项生态环境保护管理制度，加强环境监管，严格执法，确保该县环境安全。

脱贫攻坚工作。2020年，该单位帮扶对象为安定镇迤仓村和文井镇速南村，其中，安定镇迤仓村为深度贫困村。局领导班子紧紧围绕"两不愁、三保障、571"标准开展脱贫攻坚工作。派驻安定镇迤仓村1名第一书记和3名工作队员，单位共结对帮扶69户237人；派驻文井镇速南村1名第一书记和2名工作队员。经过历年帮扶，安定镇迤仓村贫困发生率由最初的33.54%下降至1.83%；文井镇速南村：贫困发生率由最初10.5%下降至0.87%。帮扶成效显著，顺利通过国家脱贫成效考核。

环境保护督察整改工作。2016年以来，先后开展了中央环境保护督察、省委、省政府环境保护督察，中央、省委省政府环保督察"回头看"。截至2020年底，2016年中央环境保护督察反馈意见问题涉及景东县的14项整改任务，已完成12项，达到时序进度2项；2017年省委、省政府环境保护督察反馈意见问题涉及景东县的19项整改任务，已全部完成；2018年中央环境保护督察"回头看"及高原湖泊环境问题专项督察反馈意见问题涉及该县的9项整改任务，已全部完成整改；2019年省级生态环境保护督察"回头看"及思茅河水环境治理专项督察反馈整改事项涉及该县的整改任务有12项，已完成整改10项，未完成2项。

生态文明示范创建工作。截至2020年底，景东县13个乡镇中获得省级生态文明镇命名的有11个，166个行政村中获得市级生态村命名的有156个；共创建"绿色学校"10所，其中省级3所、市级7所；省级"绿色社区"共4个。省级生态文明县创建工作已通过云南省生态环境厅组织的公示程序，完成省级生态文明县的创建工作。2020年，县委、县政府成立了"绿水青山就是金山银山"理论实践创新基地创建工作领导小组，领导小组下设办公室在市生态环境局景东分局，该办公室在普洱市内率先启动"绿水青山就是金山银山"理论实践创新基地申报创建工作。2020年9月17日，中国环境科学研究院在景东县召开景东县"绿水青山就是金山银山"理论实践创新基地创建项目调研工作座谈会。中国环境科学研究院研究员张风春、博士杜乐山、博士刘海鸥莅临会议进行调研座谈；县人民政府县长胡其武，县委宣传部部长余婷婷，县人大常委会副主任罗成海，县政协副主席罗曼及县直有关部门负责人参加会议。

第二次全国污染源普查工作。圆满完成第二次全国污染源普查工作。景东县纳入最终数据审核情况为：工业源98家、农业源25家、生活源1家、集中式污染治理设施3家、移动源30家。生态环境部、国家统计局、农业农村部于2020年6月8日共同发布《第二次全国污染源普查公报》，云南省生态环境厅、省统计局、省农业农村厅于2020年9月28日共同发布《云南省第二次全国污染源普查公报》。

环境宣传教育。2020年，联合景东县玉屏社区、景东县华卓幼儿园，在县人民大会堂举行一心向党迎新春"携手脱贫致富、共建绿色家园"文艺晚会。结合"4·15"全民国家安全教育日核安全宣传、"6·5"环境日、"科普宣传周"、"国家宪法日"等重要节点，开展生态环境保护和法治宣传活动，发放宣传资料10000余份。运用微信公众号、政务微博等新媒体做好生态环境保护知识线上科普宣传。通过"线上线下"的全覆盖模式向市民宣传普及《宪法》《民法典》《国家安全法》、新时代生态环保理念以及生态环境保护相关法律法规。加强与新闻媒体的合作，进一步推行环保公众参与、阳光执法、阳光评审等机制，深入开展环境法制宣传教育，在全县积极营造"环境保护，人人有责"的氛围。

生态环境分局主要领导干部

谢添翔　党组书记、局长

施学安　副局长

施俊良　副局长

（撰稿：杨　刚）

【镇沅彝族哈尼族拉祜族自治县】　2020年，普洱市生态环境局镇沅分局内设办公室、法规宣教与行政审批股、生态保护与环境监测股（核安全和辐射环境管理股）、污染防治股4个股室。核定行政编制7名，其中，局长1名（正科级）、副局长2名（副科级）。至年末，实有干部职工7人，其中行政工作人员5人、工勤人员2人。2020年，普洱市生态环境局镇沅分局以习近平新时代中国特色社会主义思想、党的十九大、十九届二中、三中、四中、五中全会精神、习近平生态文明思想为指导，坚决贯彻落实党中央国务院和省委、省政府、市委、市政府、县委、县政府关于生态文明建设和环境保护的重大决策部署，全面加强县域生态环境保护，坚决打好污染防治攻坚战，较好地完成了各项工作任务，促进了全县生态环境持续向好。

县域生态环境质量状况。2020年，镇沅县生态环境质量稳中有进。主要河流水质（勐统河、河西小学）Ⅲ类及优于Ⅲ类水质达标率100%，县城集中式饮用水源地（湾河水库）Ⅱ类及优于Ⅱ类水质达标率100%，无劣Ⅴ类水体；县城建成区空气质量优良率达100%，$PM_{2.5}$浓度17微克/立方米；重点污染源排放达标率100%。

蓝天保卫战。一是纳入整治的9家"散乱污"企业全部完成整治。二是县城建成区纳入整治的8台燃煤锅炉，已全部拆除。三是全县29家加油站全部完成地下油罐防渗改造和油气回收治理改造。四是建立工业炉窑管理档案，重点企业昆钢嘉华脱硝设施已完成升级改造。五是淘汰22辆排放不达标柴油货车。

碧水保卫战。一是完成全县109个行政村、1448个自然村生活污水现状调查。编制完成《镇沅县农村污水治理专项规划》，县人民政府已印发实施。编制《镇沅县者东镇农村污水治理工程可行性研究报告》，并按照程序上报项目入库，目前市级已经提交省级。编制完成《普洱市镇沅县农村生活污水治理勐统河上游片区连片打包项目可研报告》《红河水系李仙江支流阿墨江上游镇沅县者干河沿岸村庄连片打包项目实施方案》，可研报告、方案现已经提交省级，待省级提交国家进行审核。二是完成了按板镇闪桥水库水源地等9个乡镇级集中式饮用水水源保护区划定工作，并按照省人民政府重大行政决策程序规定（省政府令第217号）履行了公众参与、风险评估、专家论证、合法性审查等程序，于2020年11月27日取得云南省生态环境厅批复。三是深入推进县污水处理厂等3个企业入河排污口排查整治。四是积极推进农村环境综合整治。完成振太镇文索村杨家组传统村落环境整治项目和市级终验。

净土保卫战。一是涉镉污染源排查整治工作有序开展，完成涉镉等重金属重点行业企业第一阶段及第二阶段污染源排查整治工作，完善第一阶段企业"一源一策"污染源风险管控材料。二是完善全国污染地块土壤环境管理系统信息，并建立共享用户，积极开展排查工作，经排查，镇沅县为无疑似污染地块县。三是配合完成重点行业企业用地土壤污染状况调查工作，完成镇沅华硕贵金属发展有限公司地块布点采样方案编制并完成市级审查。

行政审批和行政许可。2020年，共办理项目环评手续130个，其中，报告表24个、登记表97个、协助上级审查报告书9个。完成固定污染源排污许可申报127家。其中，排污许可申报登记95家，需申报排污许可证32家（已领许可证20家、整改后再核发许可证12家）。

主要污染减排。全县2020年水减排重点工程为镇沅县污水处理厂，依据镇沅县污水处理厂减排材料，镇沅县2020年COD削减量为356.22吨，氨氮削减量为54.56吨，与上年国家初核数据相比，新增COD削减量44.80吨、氨氮削减量6.99

吨。2020年处理生活污水156.7509万吨，日均处理污水量为0.4294万吨，运行负荷率为85.89%。镇沅县2020年大气减排重点工程为普洱昆钢嘉华水泥建材有限公司4000吨/日水泥生产线。依据企业上报的减排材料，1—12月实际生产熟料156.15万吨、水泥175.11万吨，脱硝运行时间6701.22小时，生产运行时间为6701.22小时，脱硝项目投运率为100%，NO_x综合排放浓度为192.63毫克/立方米，综合脱硝率为66.78%，满足考核要求。

环境执法监管。2020年，共处理企业环境违法行为3件，立案3件，已办结2件，正在办理1件，罚款总额为25万元；共接到各类信访投诉42件，办结42件；开展"双随机"抽查企业36家次，实施"双随机"监管污染源108人次。

核与辐射安全。监管企事业单位中共涉及放射源企业1家，含2枚放射源；正在安装或使用Ⅲ类射线装置的医疗卫生机构8家。2020年，放射性污染治理取得较好成效，辐射环境质量保持良好，管辖区域内无核技术利用辐射事故发生。

环境监测。2020年，开展恩乐河、勐统河、湾河水库、民江村饮用水源等水质监测32次；开展镇沅县污水处理厂、云南黄金公司镇沅分公司、普洱昆钢嘉华建材有限公司、镇沅县垃圾填埋场等重点管理企业监测共24次。严格完成省、市、县2020年度监测工作方案规定的监测任务。

环保宣教。2020年，充分利用"5·22"生物多样性日、"6·5"世界环境日等时间节点开展宣传活动，开展城市污水处理环保设施公众开放日活动。通过发放宣传资料，讲解污染防治工作的重要性，引导群众走进生态环保、认识生态环保，营造良好社会氛围。

脱贫攻坚工作。2020年，聚焦全国脱贫攻坚普查"收官战"，严格落实"四个不摘"要求，抓细、抓实挂钩帮扶工作。一是强化组织领导，压紧压实帮扶责任。分局主要负责人共主持召开帮扶工作专题会议4次，到村主持召开脱贫攻坚工作推进会议8次，分局23名工作人员联系帮扶112户建档立卡户。二是强化驻村工作队员管理，促进作用发挥。分局选派2名驻村工作队员，实现与局务工作完全脱钩。同时，加强对工作队员的管理培训和服务保障，让驻村工作队员提升素质、安心履职、有效发挥作用。三是精心选派包村工作队员，助力全面决胜脱贫攻坚。3月，根据县委安排，选派3名优秀人员作为包村工作队员，分局参照驻村工作队员的管理方式对包村工作队员进行管理，助力决战决胜脱贫攻坚，全面建成小康社会。2020年，共拨付挂钩村扶贫经费1.1万元，安排驻村工作队员工作经费、生活及通信补助2万余元。慰问困难党员、贫困户30户共6000元。

生态环境分局主要领导干部

张庆辉　局长
罗正荣　副局长
方斗林　副局长

（撰稿：李东华）

【江城哈尼族彝族自治县】　根据《普洱市生态环境局江城分局职能配置、内设机构和人员编制规定》，市生态环境局江城分局设内设机构4个，分别是：办公室、法规宣教与行政审批股、生态保护与环境监测股、污染防治股。机构规格为正科级。行政编制8名（包括1名工勤人员），设局长1名（正科级）、副局长2名（副科级）。行政人员实有6名，其中，局长1名、副局长1名、二级主任科员1名、四级主任科员1名、一级科员1名、机关工勤1名。机构改革后，江城分局下设2个事业单位，分别是江城县生态环境保护综合行政执法大队（参公管理）和普洱市生态环境局江城分局生态环境监测站。江城县生态环境保护综合行政执法大队核定编制10名，执法大队现有人员4名，二级主任科员2名、一级科员2名。普洱市生态环境局江城分局生态环境监测站，机构规格为股所级，设站长1名，核定编制10名，目前在岗8名，副高级工程师1名，工程师5名，助理工程师2名。

党建工作。普洱市生态环境局江城分局党支部以"永远在路上"的执着推动全面从严治党向纵深发展，持之以恒深化作风建设，持续推进党建工作的开展。2020年，共开展党组理论学习中心组学习3次，召开支部党员大会3次、支部委员会11次、党课3次，开展"党支部主题党日"

活动 11 次，制定下发了《普洱市生态环境局江城分局 2020 年党建和反腐败工作要点》，明确了任务，落实了责任。专题研究党建和反腐败工作 1 次。按照党建一把手"一竿子"插到底工作要求，党组书记与班子成员、股室负责人签订责任书 6 份，干部职工签订廉政承诺书 18 份，班子成员与家庭成员签订家庭廉洁承诺书 3 份，全面细化和落实环保系统党建工作责任。共召开干部职工大会 11 次，其中，3 次会议专题学习了党纪法规、典型案例，经常性对广大干部职工发出警示；坚持批评与自我批评常态化，开展廉政谈话、交心谈心 2 轮，局党组书记与班子成员谈，共 4 人次；班子成员与分管股室负责人谈，共 12 人次。

环境质量。2020 年，普洱市生态环境保护局江城分局内设：办公室、法规宣教与行政审批股、生态保护与环境监测股、污染防治股、综合行政执法大队，下设生态环境监测站。全局干部职工 18 人，在职 17 人，退休 1 人。2020 年，江城县 PM_{10}、$PM_{2.5}$ 浓度分别为 39 微克/立方米、24 微克/立方米，二氧化氮年日平均值 10 毫克/立方米；空气质量优良天数达到 94.1%；集中式饮用水源地水质达标率 100%，地面水水质达标率 100%；区域环境噪声平均值为 52.22 分贝；交通干线噪声平均值为 61.29 分贝；重点排污单位废水、废气达标排放率为 100%；按时按量完成县域生态环境质量监测评价与考核工作，2020 年，下达江城县生态功能区转移支付补助资金 5678 万元，主要用于改善民生以及城市环境综合治理、节能减排、生态修复及污染防治等生态环境保护支出，有效保障了全县生态环境质量持续改善。

生态环境保护督察"回头看"问题整改。中央环保督察和"回头看"问题整改验收销号：江城县共涉及 10 项，已完成 10 项（其中 2 项为中央环保督察长期坚持整改项）；省委、省政府环督察和"回头看"反馈问题的整改：江城县涉及省级环境保护督察整改任务共 28 项，截至 2020 年 12 月底，全县已完成 28 项；省级生态环境保护督察"回头看"整改任务共 9 项，2020 年 12 月底，全县已完成 5 项，未完成但达到时序进度 4 项。

污染减排。江城县污水处理厂 2020 年度 COD 进口浓度平均为 188.755 毫克/升，出口浓度 20.7 毫克/升，共削减 COD 180.97 吨；氨氮进口浓度平均 24.23 毫克/升，出口浓度 0.8 毫克/升，共削减氨氮 23.57 吨，平均运行负荷率为 88%，达到约束性指标要求。

污染防治。一是蓝天保卫战。开展燃煤烟气、城市扬尘、柴油货车尾气、秸秆禁烧、餐厨油烟"五气共治"工作，完成全县范围内仅存的 1 家燃煤锅炉企业和 1 家"散乱污"企业淘汰与综合整治；完成加油站油气回收改造 11 座，完成率 100%；全面实施机动车国六排放标准，完成了全县 245 辆黄标车治理淘汰任务。二是碧水保卫战。落实河（湖）长制工作要求，关停采砂洗砂点 71 处；完成全县 15 座加油站 51 个地下油罐防渗改造及油气回收治理，完成率 100%；完成县级集中式饮用水水源地（苘麻河水库）保护区划定工作；编制完成《江城县 6 个乡（镇）集中式饮用水水源地保护区划定方案》和《幺等水库径流区村落环境综合整治方案》；完成了《江城县县域农村生活污水治理专项规划实施方案》的编制和审查工作，印发了《江城县县域农村生活污水治理专项规划》。完成了《勐烈河（出境河流）勐烈湖上游 8 个自然村农村生活污水治理项目工程设计及工程量概算实施方案》的编制工作。三是净土保卫战。完成农用地土壤污染状况详查，工业固体废物综合利用率达 100%；3 家尾矿库开展风险评估，制定《应急预案》和《尾矿库污染防治方案》；6 家医疗机构医疗废物由专业第三方集中处置；完成第二次全国污染源普查，建立了普查名录库 91 家。

环评管理。"互联网+政务服务"及网上环境影响登记服务，完成环境影响评价报告表审批项目 13 个，配合完成企业自主验收项目 7 个，登记表网上备案 105 个。

环境执法。开展河道采砂石和香蕉套袋清理整治专项执法行动，出动执法人员 90 人次，检查企业 46 家次。下达《责令改正环境违法行为决定书》1 份，立案查处并行政处罚 4 家，处罚金额 7.55 万元。2020 年，接到各类环境信访案件共 10 件，其中，举报废气 1 件、废水 1 件、噪声 8 件，目前 8 件信访均已办结完成，2 件正在办理中。

环境监测。县域环境质量监测及污染源监测。根据《普洱市生态环境监测工作方案》，对水质断面和集中式饮用水源进行按月、按季监测，对重点污染源江城县污水处理厂每月进行水质采样监测1次，对嘉禾胶厂、云胶等重点工业企业每季度或季节性生产期采样监测1次，对纳入环境统计的重点污染源按年适时进行监测。做好土卡河国家级水质自动监测站和县城空气质量自动监测站建设及维运工作，完成国控大气辐射环境监测站普洱市勐康口岸站建设。

县域生态环境质量监测评价与考核。根据《江城哈尼族彝族自治县2020年度县域生态环境质量监测评价与考核工作实施方案》，完成县域生态环境质量监测评价与考核工作。2020年，下达江城县生态功能区转移支付补助资金5678万元，用于污染防治资金351.59万元，自然生态保护资金586.2964万元，能源节约利用5万元，环境保护支出1665.071万元，合计2607.9574万元，占上级下达江城县生态功能区转移支付资金5678万元的46%。

环保宣教。以生物多样性日、"6·5"环境日、安全生产宣传月活动为平台，大力宣传生态环境保护、生态文明创建、生物多样性保护、污染攻坚战、营商环境等知识，发放相关宣传资料3500余份。完善网络舆情监控及应对工作制度，2020年，接到、处置网络舆情3件。

省级生态县创建。云南省生态环境厅于2020年7月组织江城县生态文明创建现场复核，按专家复核意见进行了专项整改，完善申报资料，上报了《江城县人民政府关于创建省级生态文明县现场复核整改情况报告》。

生态环境分局主要领导干部
陶应春　局长（2020.07—）
杨静涛　局长（—2020.07）
普　安　副局长

（撰稿：普兆燕）

【澜沧拉祜族自治县】　2020年，普洱市生态环境局澜沧分局为政府职能部门，正科级，设办公室、自然生态保护股、污染监督控制股、宣教法规股和环境影响评价股，下辖环境监察大队（参公管理）、生态环境监测站2个事业单位。县生态环境局定编制10人，其中，行政编制9人、工勤编制1人，现有在职职工9人；县环境监察大队定事业编制10人，现有在职职工6人；县生态环境监测站定事业编制13人，其中，专业技术人员编制11人、工勤编制2人，现有在职职工10人。市生态环境局澜沧分局认真学习贯彻习近平生态文明思想，按照全国、全省、全市生态环境保护大会的部署要求，坚持"绿水青山就是金山银山"理念，全面加强生态环境保护，打好污染防治攻坚战，全县生态环境保护工作取得成效。

环境质量状况。2020年，县城区环境空气质量均符合《环境空气质量标准》（GB 3095—2012）一级标准，空气环境质量优。全年监测降水数量112个，pH范围在6.67~8.05，无酸雨出现。地表水环境质量，县城集中式饮用水水源地监测达标率均在《地表水环境质量标准》（GB 3838—2002）Ⅱ类标准内，县控地表水下允河、小黑江水质监测在《地表水环境质量标准》（GB 3838—2002）Ⅲ类，水质标准达标率100%。县城声环境质量，澜沧县城区道路交通昼间平均等效声级63.2分贝，道路交通夜间平均等效声级54.6分贝，道路交通噪声监测昼间交通噪声达标率100%，夜间交通噪声达标率50%。澜沧县县城区区域噪声监测昼间平均等效声级值51.7分贝，达标率96.2%。夜间平均等效声级值44.3，达标率100%。

污染减排。2020年，县污水处理厂累计减排化学需氧量468.8吨，完成79.8%；氨氮52.9吨，完成81.2%；澜沧三环建材有限公司3000吨/日新型干法窑烟气脱硝项目综合设施脱硝率达59.1%；完成燃煤小锅炉淘汰16台，顺利完成减排工作；锡盛达有色金属综合回收有限公司烟气脱硫工程加快推进，完成考核目标。

环保督察整改。2020年，根据各级环境保护督察及督察"回头看"反馈意见问题整改有关工作要求，县委、县政府高度重视，制定印发《澜沧县贯彻落实中央环境保护督察反馈意见问题整改总体方案》《澜沧县贯彻落实省委　省人民政府环境保护督察反馈意见问题整改方案》《澜沧县贯彻落实中央环境保护督察"回头看"及高原湖泊环境问题专项督察反馈意见问题整改方案》《省级生态环境保护督察"回头看"及思茅河水环境治理专项督察反馈意见问题整改措施》，逐项分解任务，层层压实责任，及时跟踪问效，整改工作取得一定成效。中央环保督察反馈意见中涉及澜沧县整改任务 21 项，完成整改 20 项，达到时序进度 1 项；省环保督察反馈意见中涉及澜沧县整改任务 21 项，全部完成整改；中央环境保护督察"回头看"反馈意见问题整改任务有 8 项，完成整改 7 项，达到时序进度 1 项，无未达到时序进度和尚未启动整改项目；省生态环境保护督察"回头看"反馈意见问题整改任务 13 项，完成整改 5 项，达到时序进度 9 项，无未达到时序进度和尚未启动整改项目。

碧水保卫战。2020 年，完成《云南省普洱市澜沧拉祜族自治县上允镇多依林水库饮用水源地保护区划分方案》及矢量数据。按照《云南省重大行政决策程序规定》完善重大行政决策程序，将水源地保护区划分方案等相关资料按规范报送县人民政府，上报云南省人民政府批复，取得《云南省生态环境厅关于批复普洱市思茅区倚象镇大寨水库等 7 个集中式饮用水源保护区划定方案的函》。重视水源保护区内的村组生活污染源的农村环境综合整治工作，4 月，组织人员到饮用水源保护区内的 4 个村民小组进行实地踏勘、收集资料，已编制农村生活污水治理可研报告，并申报中央生态环境专项资金项目申请库。为顺利完成澜沧县乡镇级集中式饮用水源保护区划定工作，2 月、6 月分别开展乡镇级饮用水水源地确认工作，确认 28 个水源点（不含上允镇和勐朗镇），完成《普洱市澜沧县糯扎渡镇金厂河饮用水水源保护区划定方案》等 28 个水源地保护区划定方案，按照《云南省重大行政决策程序规定》完成意见征求及公众调查等公众参与、风险评估报告、专家论证、集体讨论等重大行政决策程序，10 月，按规范上报普洱市人民政府。

蓝天保卫战。环境空气质量预警和应急预案启动工作，澜沧县在 2019 年印发《澜沧县轻微污染天气应急联动工作方案》，2020 年，通报环境空气质量 3 次、发预警函 4 次，召开环境空气质量防控工作推进会议 2 次。环境空气应急联防联控期间，开展联合检查 2 次、县气象局发布空气质量预报分析 6 期、县住建局要求城区施工单位全面落实"六个百分之百"、县城市行政综合管理执法局购买雾炮车 2 辆并下发执法检查整改通知 6 份、龙吉顺有限公司澜沧分公司加强道路保洁工作并开展城区不间断洒水、喷雾降尘作业。"散乱污"整改，2020 年，排查企业 27 家、上报 9 家，通过整改完成关停 3 家、技改 2 家、完善土地手续 3 家、停产并持续整改 1 家，开展资料归档销号工作，要求停产企业加快环境整治工作，恢复正常生产前必须完成在线监测设备安装并联网。加强对重点工业污染源在线监测监管工作，大气重点污染源云南中云上允糖业有限公司、云南中云勐滨糖业有限公司、澜沧三环建材有限公司废气排放口均安装在线监测系统，并正常运行，无超标排放情况发生。

净土保卫战。工业固废堆存场所环境整治，2020 年，发放企业整治通知书 1 份，要求澜沧县锡盛达有色金属综合回收有限公司对其工业固废堆场进行整改，整治措施是完善防流失、防扬散、防渗漏措施，年内，企业已完成整改。重点行业企业土壤污染调查，纳入调查 13 家重点企业，企业尾矿库 13 个，5 月，已按要求完成信息确认和"一企一档"资料收集工作。重金属涉镉企业的排查和问题销号，2020 年，全县排查涉镉企业 13 家（在产 9 家、关停及历史遗留 4 家），均无环境隐患问题，完成新排污许可证申报，已按要求完成排污许可登记（证）和涉镉企业问题排查整改销号工作，销号率 100%。尾矿库污染防治，经排查全县重点企业有尾矿库 11 个，完成环境风险评估报告 11 家、应急预案报备 10 家，除环境风险较高的 2 家尾矿库外暂不涉及污染防治方案，年底已完成尾矿库污染防治"一库一档"销号工作。中央土壤污染防治项目，2020 年，成功申报《澜沧铅矿区基于碳调理的农田土壤重金属污染控制工程》（二期项目 707 万元），正在细化建设内容和项目绩效，年底前已完成前期工作《澜沧县竹塘乡原铅锌冶炼厂生产场地及周边土壤污染状况调查项目方案编制项目》（20 万元），已完成招投标等前期工作和项目现场勘查工作，项目正在有序实施中。

环境执法监管。2020 年，解决与老百姓密切相关的突出生态环境问题，认真执行《环境保护法》等环保法律法规，主动适用按日连续处罚、查封扣押、限产停产、移送行政拘留等手段，持续打击环境违法行为。针对重点行业和领域，组织环保专项执法检查，开展环境安全隐患排查整治、"执法大练兵"和"双随机、一公开"抽查。年内开展现场环境执法监察 199 次，出动环境执法人员 525 人次，车辆 199 辆次，检查企业 199 家次；建立"双随机"监管动态信息数据库 1 个，污染源 58 家；建立执法人员信息数据库 1 个，环境执法人员 3 人，开展"双随机"抽查 65 家次，下达限期整改通知共 2 份，限期整改函 3 份；查处环境违法行为 8 件，处罚金额 87.19 万元。按照《澜沧县突发环境事件应急预案》对突发环境事件的应急处置指导作用，加强对全县重点企业的应急预案管理，督促各风险企业申报环境风险源、编制完善应急预案，重点加强工业园区、尾矿库、饮用水源等重点部位环境风险防范工作。保持"12369"环保热线的 24 小时畅通，认真处理环境污染事故、纠纷和环境信访案件。接到环境信访案件 27 件，结案 27 件，信访参与调查处理率 100%，结案率 100%。

环评审批制度。2020 年，依据环保法律法规，严格落实环境影响评价和环保"三同时"制度，严格建设项目环境准入，从严控制高能耗、高排放等"两高"项目的审批，预防污染源产生，坚持抓好建设项目的审批及验收备案工作。全年审批 91 个建设项目，其中，报告表 23 个、环境影响登记表备案项目 68 个。根据省市统一部署，排污许可证核发由普洱市生态环境局统一核发，澜沧县负责上报发放范围，并进行企业的受理和初审工作。年内指导 135 家企业完成排污许可的登记、申领工作，基本完成排污许可证行业全覆盖。

生态环境宣传。2020 年，澜沧分局制定《澜沧县 2020 年"6·5"世界环境日宣传活动实施方案》，组织开展了一系列内容丰富、形式多样的纪念宣传活动。利用广播电视、微信、微博等媒体平台开展广泛宣传，在"6·5"期间通过澜沧电视台、微信、微博向全县广大人民群众宣传环境保护以及生态文明建设方面的知识，发放环保袋800 个、宣传单 3000 份。开展宣传展板进学校活动，制作 35 套《公民生态环境行为规范（试行）》和生态环境保护知识展板到学校，向广大师生和家长开展宣传，大力弘扬生态文明理念，普及生态环境科学知识。通过一系列宣传活动，在全县掀起了新一轮环保宣传高潮，进一步提高了公众的环境意识、参与意识。

第二次全国污染源普查工作。2020 年，根据《国务院关于开展第二次全国污染源普查的通知》《云南省人民政府关于做好第二次全国污染源普查工作的通知》《普洱市人民政府关于做好第二次全国污染源普查工作的通知》和《澜沧县第二次全国污染源普查工作方案》的要求，由市生态环境局澜沧分局牵头组织开展污染源普查工作。全县污染源普查工作基本完成普查阶段各项工作，完成对全县 87 家工业企业、4 个集中式污染处理设施、2 个入河排污口、2 个生活源锅炉、31 家规模化畜禽养殖、48 家移动源加油站和 157 个行政村的污染物核算工作，并完成验收。

澜沧县农村生活污水治理专项规划编制工作。2020 年 1 月，通过招投标委托中建鸿腾建设集团有限公司进行澜沧县农村生活污水治理专项规划编制工作，完成《澜沧县农村生活污水治理专项规划（2020—2035）》编制工作，已报县人民政府，待县人民政府印发。

全力做好脱贫攻坚。2020 年，按照县委组织部的要求，市生态环境局分局从"派优派强"的角度选派驻村工作队员 4 人、驻组包户工作队员 16 人，加强驻村扶贫工作力量，完成对营盘村各村民小组的挂包，强化工作措施，全力推进脱贫攻坚工作。年内，分别投资 3 万元为营盘村协调太阳能灯 50 盏、0.7 万元购买安保设施，春节慰问营盘村建档立卡户和非建档立卡户 9 万元，共计投资 12.7 万元。完成 2017 年、2018 年脱贫攻坚"补短板"雨污收集处理设施项目、银行贷款支持的 75 个农村环境综合整治项目、2018 年，中央统筹整合涉农资金农村环境整治项目，实施项目 184 个，涵盖全县 19 个乡（镇）、村、184 个自然寨，项目惠及 12599 户 46848 人，投入资金14551 万元。

生态环境分局主要领导干部

秦递武　党组书记、局长

石　永　党组成员、副局长（2020.10—）

刘志丰　副局长

（撰稿：李律呈）

【孟连傣族拉祜族佤族自治县】　2020 年，普洱市生态环境局孟连分局紧紧围绕市、县下达的目标任务，以服务经济社会科学发展为立足点，以改善环境质量为目标，以推进生态文明建设为主线，扎实推进污染防治攻坚战、生态环境保护督察、生态环境督察整改、生态环境监管执法等工作，着力解决危害群众利益和影响可持续发展的突出环境问题，全县生态环境保护各项工作取得了阶段性成效。

水污染防治工作。开展乡镇级饮用水源地保护区划定，加强水源地保护。组织完成了全县 6 个乡镇级集中式饮用水源地保护区划定方案编制，并上报市局待省政府审批；开展农村生活污水治理现状摸底调查及基础信息上报，督促各乡镇加快推进农村生活污水治理；组织完成《孟连县域农村生活污水治理专项规划》编制，并上报县政府待审批；组织各乡镇完成县域农村生活污水治理现状和治理需求摸底调查，推动咖啡产业废水整治，保护水生态环境；持续开展城镇生活污水污染减排，强化对孟连县污水处理厂的运行管理，按照减排目标任务，削减 COD、氨氮主要污染排放量；完成东密河集中式饮用水源地水质评估，投入市级下达 7 万元专项资金，在保护区内增设标志标识牌。制定印发《孟连县重点行业挥发性有机物综合治理实施方案》《孟连县新型冠状病毒医疗污水应急处置实施方案》《孟连县咖啡初加工企业废水治理方案》。

大气污染防治工作。严格贯彻落实孟连县轻微污染天气应急响应工作部署会议精神，启动轻微污染天气应急响应，保护城区环境空气质量；制定孟连县餐饮业油烟集中整治实施方案，推进县城建成区餐饮业油烟污染治理。

土污染防治工作。完成重点企业土壤现状调查信息核实。对孟连红烨矿业有限责任公司、孟连富华矿业有限责任公司、孟连县城市生活垃圾处理场 3 个地块污染现状调查信息进行核实，建立健全项目环评、验收等土壤调查。

环境执法工作。一是开展环境执法情况。开展环境执法监察 108 次，其中，监察一般排污单位 80 家次、监察重点排污单位 28 家次；出动执法人员 248 人次，车辆 115 辆次；行政处罚 4 件，罚款 108.51654 万元。二是开展环境信访工作情况。高度重视环境污染事故和污染纠纷的调查处理工作。在相关部门、乡镇的配合下，较好地协调解决了因环境污染引发的群体性环境污染纠纷案件。同时抓好督查督办，切实做到群众投诉的"每一个问题"都有回音，查处的"每一个案件"都有结果。据统计，截至 10 月 27 日，孟连县生态环境保护综合行政执法大队共接受各类环境信访案件 36 件，其中，县政府和市局转办 4 件、"群众来信、来访、来电"案件 25 起、"12369"环保热线群众举报的环境问题 11 起。群众举报环境问题均得到妥善处理，件件有落实，已办结 34 件，2 件正在办理中。三是中央环境保护督察反馈意见问题整改和中央环境保护督察"回头看"工作情况。县委、县政府高度重视，主要领导多次作出批示要求，县委常委会和县政府常务会多次专题研究部署，制定《孟连县贯彻落实中央环境保护督察反馈意见问题整改总体方案》和《孟连县迎接中央环境保护督察"回头看"工作方案》，逐项分解任务，层层压实责任，及时跟踪问效，整改工作取得了一定成效。截至统计时，中央环保督察及"回头看"反馈意见问题涉及孟连县 26 项整改任务已全部完成整改，其中，已验收 5 件（孟连工业园区尚未通过规划环境影响评价审查；2005 年底前注册营运的黄标车淘汰工作进度较慢，和国家要求差距较大；全省 2005 年底前注册营运的黄标车未淘汰到位；2016 年督察反馈追责问责没有做到动真碰硬；"黄标车"淘汰工作严重滞后）。中央环保督察及"回头看"孟连县收到普查转举报案件 2 件，已验收 1 件，另 1 件正有序开展整改。四是云南省环境保护督察和云南省环境保护督查"回头看"反馈意见问题整改落实情况。制定《孟连县贯彻落实省委、省政府环境保护督察反馈意见问题整改方案》，方案配发《孟连县贯彻落实省委、省政府环境保护督察反馈意见问题整改措施清单》整改任务 15 项，截至 2020 年 10 月底，全县已完成 10 项，未完成但达到序时进度 5 项，未达到序时进度 0 项，其中，已验收 3 项（孟连县工业园区为市级工业园区，存在园区规划审批在前、规划环评审查在后的问题；工业园区环保基础设施建设严重滞后，未建设集中式污水处理设施；"黄标车"淘汰工作严重滞后）。省级生态环境保护督察"回头看"整改任务共 9 项，截至 2020 年 10 月底，全县已完成 4 项，验收 0 项，未完成但达到序时进度 5 项，未达到序时进度 0 项。五是突发环境事件应急和管理工作开展情况。制定了《孟连县突发环境事件应急预案》《孟连县集中式地表水饮用水水源地突发环境事件应急预案》《辐射事故应急响应预案》；对存在环境风险的企业要求编制《突发环境事故应急预案》。截至 2020 年 10 月，共有 31 家企业进行了应急预案备案，目前备案的主要有橡胶初加工企业、加油站、金矿、糖厂、医院、加油站等。

建设项目环评工作。一是创造良好的营商环境，为孟连经济建设做好服务。根据营商环境改革的要求，以及"办事不求人、办事不见人、最多跑一次"的精神，热情、微笑做好服务，提升服务质量。做好网上审批、申报、公示工作，截至 2020 年 10 月，共审批项目报告表 9 个、登记表 109 个，完成率达到 100%。二是配合市级做好疫情期间的项目申报。坚决贯彻落实《云南省生态环境厅关于在新型冠状病毒感染的肺炎疫情防控期间做好建设项目环评审批服务工作的通知》（云环通〔2020〕11 号），因地制宜，结合疫情防控要求，切实做好环评审批服务，开通"绿色通道"，在疫情期间对医疗卫生项目采取告知承诺制，先建设后补办手续；积极推动普洱市森洁乳胶制品有限公司灭菌乳胶医用手套工厂项目建设，支持保障疫情防控相关工程项目建设。三是坚决打赢固体废物污染防治攻坚战，印发《孟连县固体废物污染防治实施方案》，并对全县的危险废物产废单位进行摸底调查，掌握底数。四是进一步跟进排污许可证核发工作，严格执行排污许可证制度。根据省、市的要求，结合孟连县的实际情况，按照市级下达的各项指标任务，召开行业培训会，"培训一个行业，清理、整顿完成一个行业"，快速推进排污许可证核发工作的进度，增强企业持证排污的思想意识，强化企业主体责任，进一步提升企业的环保业务能力。2020 年，涉及核发排污许可证有 118 个行业，共筛查企业 400 家，符合发证的有 50 家，登记 150 家；发证完成率 100%，登记完成率 100%。

生态环境工作。一是继续抓好孟连县第二次全国污染源普查工作，完成数据审核入库上报，做好污普总结工作，完善档案建设。根据《云南省第二次全国污染源普查领导小组办公室〈关于开展云南省第二次全国污染源普查工作验收〉的通知》文件精神，该县符合验收标准，于 2020 年 3 月 26 日通过了市级验收，下一步将做好该县普查公报的发布工作。二是做好全国重点污染源监测信息管理与共享平台管理工作，督促重点排污单位做好系统自行监测相关工作，并完成系统监督性监测填报工作。三是继续推进省级生态文明县创建工作。截至统计时，该县全县共有 36 个村，3 个社区被命名为市级生态村，6 个乡镇被命名为省级生态文明乡镇，完成省级生态文明县创建省级审查工作。四是开展核与辐射环境安全工作。全县辐射环境质量保持良好，核与辐射应急能力得到增强，核与辐射安全监管水平大幅提升，核安全、环境安全和公众健康得到有效保障，未发生过核与辐射环境事故；分别完成了德宝木业有限责任公司和孟连县疾控中心核辐射安全许可注销工作；督促完成了该县 6 家核技术利用单位年度评估报告工作。五是持续开展自然保护地监管工作，结合"绿盾 2020"自然保护地强化监督工作，配合林局针对孟连县的两个自然保护区进行巡查工作，未发现破坏、侵占保护区现象；深入开展生物多样性本底调查工作，组织实施《孟连县腊福大黑山生物多样性本底调查项目》，目前项目已完成基本调查，正在开展后期完善工作。

环境宣传工作。开展形式多样的环保宣传活动。开展生态环境保护主题宣传和实践活动"6·5"宣传活动 1 次；开展环保设施对公众开放活动（污水处理厂、空气自动站）2 次；与县团委、县妇联开展"5·22"生物多样性日主题宣传活动 1 次；与县团委、县妇联在机关单位开展"美丽中国，我是行动者"环保公益活动（清洗护栏、捡垃圾、净滩）3次；参与相关部门开展宣传活动（"4·5"全民国家安全教育日、安全宣传）2次；开展"美丽乡村，女子学堂"生态环境保护宣传"进农村"活动；在微信公众号发布信息21篇。

环境监测工作。一是县城集中式饮用水源地监测。根据饮用水源地监测规范，按季度开展了2次例行监测送样任务，监测结果均达到《地表水环境质量标准》（GB 3838—2002）Ⅱ类标准。二是地表水监测。县地表水监测断面有南垒河红星桥和南马河孟拉桥，属于国控点位，每月监测1次，南马河孟拉桥采用采测分离，市站主要完成南垒河红星桥的监测任务。按照规范要求，每月开展1次监测，克服了新型冠状病毒感染疫情带来的影响，及时完成了采样送样工作任务，共完成了12次监测，监测结果均达到《地表水环境质量标准》（GB 3838—2002）Ⅲ类标准。孟连县南马河孟拉桥站属于国家水质自动监测网，由国家和地方共同建设，该站的控制断面位于怒江水系南卡江支流南马河段，位于回江小组旁。由国家委托北京晟德瑞环境技术有限公司昆明分公司开展运维工作，现已正常运行。三是环境空气监测。根据云南省空气自动监测数据管理平台数据，按照《环境空气质量标准》（GB 3095—2012）评价，截至2020年10月12日，监测总天数286天，有效天数281天，优良天数270天，优良率96.1%。污染天气中3月有4天，4月有7天，其中，首要污染物为$PM_{2.5}$有9天，臭氧（O_3）有2天。四是县域生态考核监测工作。根据考核监测方案，按季度完成了2次县城集中式饮用水源地水源监测（61项）；重点污染源孟连昌裕糖业有限责任公司开展了4次监测（水），孟连水务产业投资有限公司完成2次全分析及比对监测，并完成了pH、化学需氧量、氨氮的4次监督性监测；对孟连县城市生活垃圾填埋场开展了2次监督性监测。根据国家重点生态功能区县域生态环境质量监测评价与考核监测数据质量控制要求，完成了第三方实验室的现场检查工作。根据国家及云南省县域生态考核监测报告上报要求，按季度完成了监测报告的上报工作，全力准备做好其他数据的上报准备工作。

生态环境分局主要领导干部

周　伟　局长

何昕蔚　副局长

汤道谨　副局长

（撰稿：夏铭珠）

【西盟佤族自治县】　根据《中共普洱市委机构编制委员会关于印发〈普洱市生态环境局西盟分局职能配置、内设机构和人员编制规定〉的通知》要求，普洱市生态环境局西盟分局于2019年4月正式挂牌组建，作为普洱市生态环境局的派出机构，正科级。内设4个职能股室（办公室、法规宣教与行政审批股、生态保护与环境监测股、污染防治股），加挂西盟佤族自治县环境污染防治领导小组办公室牌子。核定行政编制6名，工勤编制1名，现实有8人，其中，局长1人、副局长2人（包括脱岗驻村1人）、四级调研员1人、一级科员2人、工勤2人。市生态环境局直管（西盟分局代管）机构2个，其中，市生态环境局西盟分局生态环境监测站核定事业编制10名，现实有6人；县生态环境保护综合行政执法大队核定事业编制10名（参公管理），现实有2人（包括工勤1人）。

生态环境质量。2020年，通过开展环境质量监测工作，饮用水、空气、噪声等环境质量均符合现行国家标准；县城集中式饮用水源地水质各项指标满足集中式生活饮用水水源地的功能要求；环境空气质量级别为Ⅰ级，空气质量状况优良；区域环境噪声、交通噪声均达标。

全力打好蓝天保卫战。狠抓大气污染防治三年行动计划落实，建成县城环境空气自动监测站，建立污染源监管动态信息数据库，全面推进国Ⅲ及以下柴油货车治理，淘汰国Ⅲ及以下柴油货车58辆，完成全县196辆治理淘汰黄标车工作任务，非道路移动机械登记备案25辆。2020年，全县环境空气质量持续保持优良，环境空气优良率为99.2%，与上年同期相比下降0.5个百分点，完成市级下达的大气环保约束性指标。

全力打好碧水保卫战。深化河长制，"河（湖）长制"从"有名"向"有实"转变，2020年，三级河（湖）长开展巡河4072次、河长清河

40 余次、排查整治"四乱"问题 11 个。开展县级及乡镇级集中式饮用水水源地环境风险排查工作，完成 7 个乡镇级集中式饮用水水源地保护区划定。制定印发《西盟县城市黑臭水体治理攻坚战实施方案》，开展县城建成区和农村黑臭水体排查工作，经排查，县域范围内无黑臭水体。抓好主要污染物减排工作。加强对污水处理厂等重点工业企业的监管，确保废水、污水达标排放。2020 年，污水处理厂共处理生活污水 78.14 万吨，削减化学需氧量 157.61 吨、氨氮 25.15 吨，排放化学需氧量 19.77 吨、氨氮 1.41 吨，最终削减量以国家核算认定为准。

全力打好净土保卫战。落实国家土壤污染防治计划，加强城市面山、非煤矿山环境治理，严厉打击乱堆、乱放、遗撒危险废物等行为。制定《西盟县加油站地下油罐防渗改造工作实施方案（试行）》，督促西盟县 6 家加油站完成地下油罐防渗改造工作及环保验收。加大涉重金属等重点行业企业整治力度，将 2 家企业列入污染源整治企业清单，全面落实整改任务，2020 年 8 月已完成整治销号工作。做好疑似污染地块动态管理工作。2018 年 11 月，西盟县创建 2 个疑似污染地块，并实现动态管理，通过进一步核实分析，完善佐证资料，加强与各部门商讨研究，2 个疑似污染地块于 2020 年 5 月从污染地块系统中剔除。

建立完善保障措施。坚定不移贯彻新发展理念，立足生态文明体制创新，积极推进"多规合一"试点改革，印发了《努力成为生态文明建设排头兵的实施方案》，编制完成了《西盟县噪声环境功能区划分（2019—2029）技术报告》，积极开展生态红线划定和"三线一单"编制工作，实施绿色经济考评体系和考评办法。严格落实环境保护"党政同责""一岗双责"，印发了《西盟县党政领导干部生态环境损害责任追究实施办法（试行）》、转发了《普洱市各级党委、政府及有关部门环境保护工作责任规定（试行）》，制定出台了《西盟县领导干部自然资源资产离任审计工作规划（2016—2020 年）》《西盟县生态环境损害赔偿制度改革实施方案》等制度，将结果作为考核、奖惩、任免的重要依据，为依法治污、依法保护生态环境提供了重要的制度保障。

环境保护督察情况。2016 年，中央环境保护督察反馈问题涉及西盟县的均为全市共性问题，截至统计时，涉及的 21 个整改落实类问题和 2 个关注加强类问题，已完成全部问题整改并将长期抓好落实，整改问题佐证材料已报市生态环境局备案。2017 年，省委、省政府环境保护督察反馈问题涉及西盟县的整改任务有 32 个，其中，7 个为个性问题，其余为共性整改类问题，已基本完成 32 个问题整改或达到时序整改进度，每月底按时上报相关整改进展材料。2018 年，中央环保督察"回头看"涉及西盟县整改任务共有 7 项，已完成全部问题的整改工作。2019 年，省级环保督察"回头看"涉及西盟县整改任务共有 8 项，截至统计时，已完成 5 项整改，剩余 3 个问题整改达到时序进度要求。根据《普洱市环境保护督察工作领导小组办公室关于做好中央环境保护督察"回头看"及高原湖泊环境问题专项督察反馈意见问题整改验收工作的通知》（普环督办字〔2020〕15 号）要求，对黄标车淘汰、禁养区畜群养殖划定、关闭或搬迁工作滞后的问题、2016 年督察反馈追责问责没有做到动真碰硬、中小水电整改滞后等问题进行自查自验，并按要求对相应的自查自验问题整改工作申请市级部门验收销号。2020 年，省委生态环境保护专项巡视反馈问题涉及西盟县的整改任务有 24 个，于 2020 年 12 月印发了整改方案，县委政府及县属部门将问题整改纳入部门专项民主生活会整改，现处于整改推进中。

染源普查工作。西盟县内 52 个工业源、8 个农业源、2 个集中式污染治理设施，7 个移动源、36 个行政村生活源的污染物已全部完成核算，市第二次全国污染源普查领导小组办公室于 2020 年 3 月开展验收工作，4 月印发的验收意见中，西盟县得分为 100 分，提请市污普领导小组通过验收，并获云南省第二次全国污染源普查表现突出集体荣誉。

生态创建工作。2020 年 1 月，省生态环境厅生态文明建设处，组织相关专家对西盟县省级生态县创建工作进行现场复核；5 月，云南省生态环境厅将西盟县列入拟命名省级生态文明县名单。

农村环境综合整治情况。岳宋乡岳宋村永老寨传统村落环境整治项目（获中央支持传统村落项目资金 150 万元），目前已通过县级初验，待市级终验，累计拨付资金 107.4 万元；中课镇中课村、永不落村、嘎娄村、班箐村、窝笼村农村环境整治项目（获省级环保专项资金 500 万元）6月已通过市级终验；翁嘎科镇龙坎、英腊、英候、班弄、班岳农村环境连片整治项目（获省级环保专项资金 500 万元），目前已通过县级初验，累计拨付资金 496.98 万元。

环境执法工作。2020 年，建立了污染源监管动态信息数据库 1 个，环境执法人员信息库 1 个（环境执法人员 2 人），对辖区内一般排污单位监管 30 家次，重点排污单位 19 家次，对其他执法事项监管 3 家次，行政处罚 5.12 万元。

环境信访工作。坚持"热情接待、认真登记、迅速处理、及时回复"的原则，强化以事实为依据、以法律为准绳的办事能力，对群众环境投诉事件做到公平、公正、公开处理。2020 年，共受理来信、来访群众环境投诉案件 3 件，妥善处理回复 3 件，办结率为 100%。

环境影响评价工作。严格实行"环保一票否决权"制度，加强新、扩、改建项目的环境管理，落实"五个一律不批"和"三同时"管理规定，努力构建环评审批、服务、监管三大体系，提升环评管理水平。2020 年，共审批 110 个建设项目环境影响评价，其中，完成建设项目环评审批报告表 15 个、企业网上自行登记备案项目 95 个；完成环保竣工验收项目 7 个。

环境保护宣传情况。2020 年，组织开展各类环保宣传活动，累计发放各类宣传材料 3000 余册、环保袋 200 余个、环保围裙 100 余条，摆放各类宣传展板 50 余块，悬挂各类宣传标语 10 幅，解答各类环保咨询 50 余人次。报送、转发各类环保宣传信息 49 条。

生态环境分局主要领导干部

何明强　局长（2020.03—）

张强伟　副局长

聂启英　副局长

（撰稿：孙守泽）

西双版纳傣族自治州

【工作综述】 2020 年，西双版纳州生态环境系统深入贯彻落实习近平新时代中国特色社会主义思想和习近平生态文明思想，以习近平总书记考察云南重要讲话精神为指引，紧扣省生态环境厅、州委、州政府的重大决策部署，紧盯环境质量改善的目标，坚决打好污染防治攻坚战，抓紧构建环境保护"大格局"，切实提升环保督察与执法监管能力，全州生态环境保护工作取得重要进展。

【机构简介】 2020 年，根据《西双版纳州深化州级机构改革实施方案》要求，持续做好生态环境系统机构改革各项任务。一是批准设立了州生态环境局县市分局党组，设党组成员 3 名。二是划转增加了全州生态环境保护综合执法队伍编制 10 名，全部用于充实加强县市执法力量。三是调整了生态环境保护综合行政执法队伍机构编制，将西双版纳傣族自治州生态环境保护综合执法支队更名为西双版纳傣族自治州生态环境保护综合行政执法支队，机构规格为正科级；将景洪市、勐海县、勐腊县生态环境保护综合执法大队更名为景洪市、勐海县、勐腊县生态环境保护综合行政执法大队。四是在景洪澜沧江保护管理所基础上组建了州澜沧江流域生态环境保护中心，为州生态环境局所属正科级公益一类事业单位，按照"编随事走、人随编走"的原则，将景洪市澜沧江保护管理所 3 名在职人员连人带编划入州澜沧江流域生态环境保护中心。五是将州环境科学研究所（州辐射环境监督站）承担的核与辐射安全监督职能，与州生态环境局景洪分局生态环境监测站的职责整合，设立州辐射环境监督站，加挂州生态环境局景洪分局生态环境监测站牌子。六是将州环境科学研究所更名为州生态环境科学研究所，加挂州污染防治监控与信息中心牌子。调整后，州生态环境局及其县市分局所属事业单位 5 个，分别是州生态环境局所属事业单位 3 个：州生态环境科学研究所（州污染防治监控与信息中心）、州澜沧江流域生态环境保护中心、州辐射环境监督站（州生态环境局景洪分局生态环境监测站）；州生态环境局勐海分局所属事业单位1个：州生态环境局勐海分局生态环境监测站；州生态环境局勐腊分局所属事业单位1个：州生态环境局勐腊分局生态环境监测站。

机关行政编制40名（含县、市分局行政编制）、事业编制（参公）49名、事业编制47名。2020年底，州生态环境局在编人员120人（公务员36人、参公管理人员35人、事业单位人员46人、工勤人员3人）。其中，局领导5人，四级调研员2人；专业技术人员46人（公务员和参公管理人员未统计在内），具有正高级工程师职称1人、高级工程师职称8人、工程师职称19人、助理工程师职称15人、技术员1人、管理职员2人。

【地表水环境质量】　主要河流水质。澜沧江、普文河、罗梭江、流沙河、南阿河、南腊河、南览河、南果河、南安河9条主要河流的13个监测断面水质优良率100%。其中，水质符合《地表水环境质量标准》（GB 3838—2002）Ⅱ类标准的有9个监测断面，占69%；水质符合Ⅲ类标准的有4个监测断面，占31%；与2019年相比，Ⅱ类水质断面由2019年的7个增加为9个，Ⅲ类水质断面由2019年的5个减少为4个。

澜沧江。水质为优，其中，州水文站、勐罕码头、关累码头3个监测断面水质为Ⅱ类，优于《云南省地表水水环境功能区划（2010—2020年）》Ⅲ类水质要求。与2019年相比，水质保持在Ⅱ类。

普文河。水质为优，普文水文站断面水质为Ⅱ类，优于《云南省地表水水环境功能区划（2010—2020年）》Ⅲ类水质要求。与2019年相比，水质保持在Ⅱ类。

罗梭江。水质为优，小勐仑大桥断面水质为Ⅱ类，优于《云南省地表水水环境功能区划（2010—2020年）》Ⅲ类水质要求。与2019年相比，水质保持在Ⅱ类。

流沙河。水质为良，其中勐海水文站断面水质为Ⅲ类，达到《云南省地表水水环境功能区划

（2010—2020年）》Ⅲ类水质要求，与2019年相比，水质保持在Ⅲ类；民族风情园大桥断面水质为Ⅱ类，达到《云南省地表水水环境功能区划（2010—2020年）》Ⅲ类水质要求，与2019年相比，水质由Ⅲ类变为Ⅱ类。

南阿河。水质为良，东风三分场大桥断面水质为Ⅲ类，达到《云南省地表水水环境功能区划（2010—2020年）》Ⅲ类水质要求。与2019年相比，水质保持在Ⅲ类。

南腊河。水质为良，其中勐腊水文站、勐捧岔河2个监测断面水质均为Ⅲ类，达到《云南省地表水水环境功能区划（2010—2020年）》Ⅲ类水质要求。与2019年相比，水质保持在Ⅲ类。

南览河。水质为优，打洛江大桥断面水质为Ⅱ类，优于《云南省地表水水环境功能区划（2010—2020年）》Ⅲ类水质要求。与2019年相比，水质保持在Ⅱ类。

南果河。南果河水质为优，勐阿水文站监测断面水质为Ⅱ类，优于《云南省地表水水环境功能区划（2010—2020年）》Ⅲ类水质要求。与2019年相比，水质保持在Ⅱ类。

南安河。水质为优，那勾坝监测断面水质为Ⅱ类，优于《云南省地表水水环境功能区划（2010—2020年）》Ⅲ类水质要求。该监测断面为2020年新增监测断面，2019年未开展监测。

【城市饮用水水源】　景洪市城市集中式饮用水水源地（澜沧江）水质为优，12期监测中3期达到Ⅰ类标准、9期达到Ⅱ类标准。勐海县城市集中式饮用水水源地（那达勐水库）水质优良，4期监测中3期达到Ⅱ类标准、1期达到Ⅲ类标准。勐腊县城市集中式饮用水水源地（南细河）水质优良，4期监测中3期达到Ⅱ类标准、1期达到Ⅲ类标准。

【城市大气环境质量】　景洪市。江南、江北两个空气自动监测站，有效监测天数359天。其中，有221天空气质量为优，占61.56%；有109天空气质量为良，占30.36%；有18天空气质量为轻度污染，占5.01%；有5天空气质量为中度污染，占1.39%；有6天空气质量为重度污染，

占 1.67%。2020 年环境空气质量优良天数为 330 天，优良率为 91.92%，$PM_{2.5}$ 年均值 29 微克/立方米，PM_{10} 年均值 48 微克/立方米。

勐海县。空气自动监测站有效监测天数 346 天，其中，环境空气质量为优的天数有 225 天，占 65.03%；环境空气质量为良的天数有 101 天，占 29.19%；环境空气质量指数为轻微污染的天数有 20 天，占 5.78%。2020 年，全年环境空气质量为优良的天数有 326 天，全年优良率达 94.2%，$PM_{2.5}$ 年均值为 27 微克/立方米，PM_{10} 年均值 45 微克/立方米。

勐腊县。空气自动监测站有效监测天数 349 天，其中，环境空气质量为优的天数有 227 天，占 65.04%；环境空气质量为良的天数有 90 天，占 25.79%；环境空气质量指数为轻微污染的天数有 11 天，占 3.15%；有 8 天空气质量为中度污染，占 2.29%；有 13 天空气质量为重度污染，占 3.72%。2020 年，全年环境空气质量为优良的天数有 317 天，全年优良率达 90.83%，$PM_{2.5}$ 年均值为 30 微克/立方米，PM_{10} 年均值 51 微克/立方米。

【城市声环境质量】 一是交通声环境。（一）景洪市道路交通声环境昼间平均等效声级值为 67.8 分贝，根据《环境噪声监测技术规范 城市声环境常规监测》（HJ 640—2012）中道路交通噪声强度等级进行评价，景洪市道路交通声环境昼间强度为二级，评价为较好。（二）勐海县道路交通声环境昼间平均等效声级值为 65.3 分贝，根据《环境噪声监测技术规范 城市声环境常规监测》（HJ 640—2012）中道路交通噪声强度等级进行评价，2020 年，勐海县道路交通声环境昼间强度为一级，评价为好。（三）勐腊县道路交通声环境昼间平均等效声级值为 66.5 分贝，根据《环境噪声监测技术规范 城市声环境常规监测》（HJ 640—2012）中道路交通噪声强度等级进行评价，勐腊县道路交通声环境昼间强度为一级，评价为好。二是功能区声环境。（一）景洪市功能区声环境监测结果显示，2 类区（纳昆康小区）昼间平均等效声级值为 39.4 分贝，夜间平均等效声级值为 32.8 分贝；2 类区（水上世界游乐场）昼间平均等效声级值为 45.4 分贝，夜间平均等效声级值

为 41.5 分贝；4 类区（勐泐大道）昼间平均等效声级值为 55.9 分贝，夜间平均等效声级值为 47.8 分贝。根据《声环境质量标准》（GB 3096—2008）进行评价，三个功能区的平均等效声级值均能满足功能区声环境要求，功能区达标率 100%。（二）勐腊县功能区声环境监测结果显示，1 类区（县政府办公楼）昼间平均等效声级值为 51.6 分贝，夜间平均等效声级值为 42.9 分贝；2 类区（丽城主题酒店）昼间平均等效声级值为 45.3 分贝，夜间平均等效声级值为 39.1 分贝；4 类区（鑫珠主题酒店）昼间平均等效声级值为 57.4 分贝，夜间平均等效声级值为 50 分贝。根据《声环境质量标准》（GB 3096—2008）进行评价，三个功能区的平均等效声级值均能满足功能区声环境要求，功能区达标率 100%。三是区域声环境。（一）景洪市区域声环境昼间平均等效声级值为 51.2 分贝，根据《环境噪声监测技术规范 城市声环境常规监测》（HJ 640—2012）中城市区域声环境质量总体水平等级及《声环境质量标准》（GB 3096—2008）进行评价，2020 年，景洪市区域声环境质量昼间总体水平为一级，区域声环境质量为较好。（二）勐海县区域声环境昼间平均等效声级值为 52.6 分贝，根据《环境噪声监测技术规范 城市声环境常规监测》（HJ 640—2012）中城市区域声环境质量总体水平等级及《声环境质量标准》（GB 3096—2008）进行评价，2020 年，勐海县区域声环境质量昼间总体水平为二级，区域声环境质量为较好。（三）勐腊县区域声环境昼间平均等效声级值为 53.4 分贝，根据《环境噪声监测技术规范 城市声环境常规监测》（HJ 640—2012）中城市区域声环境质量总体水平等级及《声环境质量标准》（GB 3096—2008）进行评价，2020 年，勐腊县区域声环境质量昼间总体水平为二级，区域声环境质量为较好。

【绿色创建】 开展绿色创建工作，命名景洪市小街中心小学、勐腊县勐哈幼儿园 2 所学校为第十二批州级"绿色学校"。

【蓝天保卫战】 一是对全州大气污染防治统一监督管理，督促各部门落实大气污染管控措施。

采取日间排查、晚间突查的随机抽查方式，重点对景洪市施工工地扬尘、道路扬尘、垃圾秸秆焚烧、餐饮油烟管理措施落实等进行监督检查。二是全面完成"散乱污"企业整治和10蒸吨以下燃煤锅炉淘汰，基本完成非道路移动机械低排放控制区划定。三是安排专项资金支持农业农村部门推进秸秆综合利用、农业废弃物回收和规范处置项目建设。四是景洪市建立常设联合执法巡查工作机制，常年开展联合巡查。五是争取中央大气污染资金400万元，陆续建立西双版纳州大气质量网格化监测系统空气质量微站36套。六是新建安装黑烟车抓拍系统，对尾气排放检验不合格的机动车上路行驶等违法行为进行抓拍。

【碧水保卫战】 一是全面完成"千吨万人"和乡镇集中式饮用水水源地保护区划定工作，正在推进水源地保护区标志设立工作。二是全州2252个自然村中，已完成农村生活污水治理的自然村有678个，生活污水治理率30.11%，完成省下达该州考核目标任务。3个县市均已完成县域农村生活污水治理专项规划编制，并于2020年11月全部印发。西双版纳州2018年、2019年连续两年水生态环境约束性指标考核均为优秀。2019—2020年共争取农村生活污水治理项目资金6005万元。三是加大工业污水和城市生活污水建设和监管力度，江南第二污水处理厂、江北污水处理厂建成并投入试运营。

【土壤环境保护】 一是全州无疑似污染地块和污染地块，无违规出让用地的现象，无企业列入云南省土壤环境重点监管企业名单。二是完成了农用地、重点行业企业用地污染状况调查和涉镉涉重金属重点行业企业排查工作。三是实施了香蕉种植土壤污染治理与修复技术应用试点项目，推进勐海县产粮（油）大县土壤环境保护项目。四是提前完成省下达的加油站地下加油罐防渗改造工作。

【污染源普查】 共完成污染源普查对象1377个，核查核算工作与全省同步完成，完成率100%。西双版纳州生态环境局和西双版纳州农业农村局被国务院第二次全国污染源普查领导小组办公室表彰为"表现突出集体"，该州4名业务骨干表彰为"表现突出个人"。

【环境行政许可】 一是积极推进环境影响评价审批标准化工作，优化项目环境影响评价管理，全州共对173个建设项目进行了环境影响评价审批，项目总投资240.8亿元，其中，环保投资6.8亿元，环保投资占总投资的2.82%。二是核发排污许可证企业245家，限期整改53家，登记管理964家，主要是加油站、医院、橡胶制品业、林产化学品制造、黏土砖瓦及建筑砌块制造等行业。

【辐射安全管理与监督】 一是组织开展了辐射安全隐患排查工作，进一步加强全州放射性同位素与射线装置辐射安全和防护监督管理，规范监督检查程序，确保核技术应用单位辐射安全与防护设施的安全运行，避免辐射事故发生，保证辐射环境安全。二是每年组织全州辖区内所有核技术利用单位的相关工作人员进行辐射安全与防护培训学习，并取得合格证。全州生态环境系统共有10人参加了生态环境部举办的国家核技术利用辐射安全管理系统培训。三是全年共审批办理了32个辐射安全许可证。

【生态环境执法】 2020年，共出动环境执法人员2695人次，排查排污单位1172家次，立案查处环境违法行为23件，罚款金额119.7万元，均向社会公开；行政诉讼1件，申请法院强制执行1件，适用新环保法四个配套办法停产限产1件，全年无行政复议案件。全州共受理环境污染投诉418件，办结率100%，未发生因环境问题造成的群体性上访事件。西双版纳州内未发生重、特大环境污染事故。

【环境宣传教育】 一是开展"6·5"世界环境日宣传活动，共组织线下宣传活动20场（次），发放宣传品87600件、宣传材料43360件，制作网络传播产品1件。二是向全社会发布《西双版纳傣族自治州2019年度环境状况公报》。三是向公众开放环境保护设施。现场组织公众参观景洪市江南污水处理厂。通过"互联网+环境保护设施",在"西双版纳环保"微信公众号和官方微博上向公众发布"云参观——带您走进州生态环境局景洪分局生态环境监测站"。四是举办全州生态文明建设与乡村振兴专题培训班,约 220 余人参加了培训。五是依托于专家人才库,开办好"环保讲堂"活动。六是举办了以"美丽中国,我是行动者—保护生物多样性 共建最美西双版纳"为主题的学校宣传活动,共征集到参赛作品 1600 余份,评选出获奖作品 176 份。七是在"全国低碳日",向市民发布了《低碳生活绿色出行倡议书》,租赁全市公交车辆对市民免费出行,协调"哈喽出行"支持低碳日活动,向市民发放 1 万张共享助力车骑行减免券。八是加强新型冠状病毒感染疫情防控宣传力度,先后印发了工作简报 8 期、走在抗疫火线上的"环保勇士"——系列故事 10 期,其中,被《中国环境报》转载 4 期,被省生态环境厅全部转载。九是利用州政务网发布信息 465 条,通过"西双版纳环保"微信公众号和微博官方平台发布信息 1385 条。

【生态环境质量监测】 一是州生态环境局景洪分局生态环境监测站通过省级机构资质认定复审;州生态环境局勐海、勐腊分局生态环境监测站推进检验资质认定工作,完成考核持证项目 44 项。二是开展了大气颗粒物 $PM_{2.5}$ 实时在线来源解析监测。三是提升各县市土壤监测能力,完成了州及 3 个县市土壤分析实验室改造、购置土壤预处理设备、土壤分析设备等。四是发布 2020 年全州重点排污单位 10 家,并完成了在线监测数据实时直报工作。

【生态环境科研】 一是编制完成了《云南省西双版纳州"三线一单"技术报告》。二是完成了全州生态保护红线评估工作。三是审核完成了沿江排污口应急改造方案,编制了《景洪城区入河排污口应过渡整治方案》。四是完成了州内两县一市县域生态环境风险调查评估报告工作,并通过了省级验收。五是结合实际,开展了生态环境科学研究,编制完成了《西双版纳州水生态环境保护成果报告》《关于扶持生物质发电并网促进资源

综合利用的建议》《西双版纳州推进自然灾害防治能力建设重点工程情况》和《西双版纳州(景洪市城区)"十三五"环境空气质量变化规律分析及"十四五"变化趋势分析》等。

生态环境局主要领导干部
徐 昕 党组书记
阳 勇 局长
李志伟 党组成员、副局长
张国强 党组成员、副局长
王 东 党组成员、副局长

(撰稿:马 艳)

【景洪市】 2020 年,西双版纳州生态环境局景洪分局在州生态环境局的领导下,深入贯彻习近平总书记生态文明思想,坚持以生态优先、绿色发展为引领,以不破坏生态环境为前提,以改善环境质量为核心,全面强化大气、水、土壤污染防治,持续做好中央环保督察及省反馈问题整改和"回头看",坚决打好污染防治攻坚战,实现全市生态环境质量持续改善。

2020 年,景洪市委、市政府始终紧紧围绕以习近平同志为核心的党中央,把生态文明建设作为统筹推进"五位一体"总体布局和协调推进"四个全面"战略布局的重要内容,坚持人与自然和谐共生的基本方略,加快生态文明体制改革,贯彻创新、协调、绿色、开放、共享的新发展理念,推动形成绿色发展方式和生活方式,改善环境质量,建设蓝天、绿地、水净的美丽景洪。

环境质量现状。一是空气环境质量现状。2020 年,景洪市优良天数 330 天,轻度污染天数 18 天,中度污染天数 5 天,重度污染天数 6 天,无效监测天数 7 天,空气质量优良率为 91.92%。二是声环境质量现状。2020 年,景洪市功能区噪声、区域环境噪声、交通环境噪声全部达标。三是水环境质量现状。景洪市辖区内纳入国家考核的地表水断面 5 个,分别为澜沧江州水文站、勐罕码头断面、流沙河民族风情园大桥断面、普文河普文水文站断面、南阿河东风三分厂大桥断面。2020 年,水质优良(达到或优于 Ⅲ 类),无劣 Ⅴ 类以下水体。四是土壤环境质量现状。景洪市区域内无大型工矿企业,无工业污染,生态环境质

量较好，生物多样性丰富，生态植被好，农业自身污染水平较低，未发现耕地污染严重的情况，全年降雨未出现酸雨样本。

大气污染治理工作。一是加强统筹协调。2017 年 11 月开始，景洪市委、市政府成立了由市长任组长，常务副市长任副组长，相关单位主要领导为成员的大气污染源摸底排查工作领导小组，从各成员单位抽调 10 人组成排查小组，开展常态巡查，实施联防联控，办公室设在景洪分局，统一对大气污染防治工作进行统筹协调。2020 年，大气污染源摸底排查工作领导小组出动人员 2113 人次，车辆 696 车次，夜查 240 次，排查出污染源 393 个，其中，城区污染源 259 个、两园区污染源 134 个。污染源主要是焚烧垃圾 214 个（城区 125 个，两园区 89 个）、道路扬尘 92 个（城区 58 个，两园区 34 个）、施工工地扬尘 64 个（城区 55 个，两园区 9 个），未落实"六个百分之百" 12 个（城区 10 个，两园区 2 个），油烟污染 9 个（城区）。共下发问题清单至相关责任部门 164 份（市城管局 92 份、市交通局 36 份、嘎洒镇 13 份、市农业农村局 3 份、市水务局 4 份、市沙河投资开发公司 6 份、市住建局 1 份、农业和嘎洒镇 8 份、农业和城管局 1 份），向州环境污染防治工作领导小组办公室汇报 74 个。二是研究部署严格落实。2020 年以来，市委常委会、市人大常委会、市人民政府及常务会多次听取大气污染防治工作情况汇报。4 月 20 日，市委常委会、9 月 21 日，市人大常委会专题汇报大气污染防治工作开展情况，并就下一步大气污染防治工作作了部署安排；2 月 18 日，市政府召开春夏季大气污染防治攻坚行动会，11 月 16 日，市政府召开今冬明春大气污染防控工作推进会，研究部署重点时段大气污染防控工作。市政府领导和市委书记多次对大气污染防治工作进行现场检查，并提出相关整改要求。三是健全大气制度体系。根据中央、省、州大气污染防治有关工作要求，先后制定下发《景洪市环境空气质量监管与大气污染防控网格化管理实施方案》《景洪市 2020 年春冬季节重点时段大气污染防治实施方案》《景洪市 2020 年今冬明春大气污染防治攻坚工作要点》等专项工作方案，"点、线、面"全方位推进大气污染防治。及时修

订《景洪市重污染天气应急预案》和《景洪市污染天气应对工作方案》，提前做好污染天气应对工作。四是及时发布预警通知。2020 年初，按照《景洪市空气污染应急处置管理办法（试行）》要求，针对即将出现的污染天气第一时间发布预警至环保督察各成员单位，同时在雨林景洪手机台等相关网站进行发布。2020 年，共发布 3 次黄色预警，其中，2 月 28 日和 3 月 10 日景洪市环境保护工作领导小组办公室启动大气污染黄色预警，3 月 30 日，景洪市应急处置指挥部启动重污染天气黄色预警，预警天数达 42 天。市政府新闻办安排市广播电台、电视台、新闻网站等媒体发布了健康提示和预警信息。五是加大应急管控力度。3 月 11 日至 3 月 31 日污染天气应急期间，景洪市共出动 2300 余人次、850 余车次，检查车辆 6042 起，查处违章车辆 28 起，劝导车身不整洁或灰尘较大车辆清洗车身 663 辆，查获货车、渣土车、工程运输车辆交通违法 244 起，查获货车超载 6 起。检查工地 701 起，查处违章工地 35 起，处罚金额 176600 元，下发整改 39 份，处理投诉 30 起。清扫 1612 车次，洒水 1085 车次，喷雾 620 车次。清理夜间烧烤摊 62 处，对违规烧烤摊罚款 5000 元，制止焚烧垃圾行为 49 起，处罚金额 2000 元。检查涉气企业 177 家，发现问题 77 个，下发限期改正通知书 58 份，现场立行立改 19 个。3 月 30 日至 4 月 8 日，景洪市共出动 1000 余人次，200 余车次，检查车辆 2871 辆，查处违章车辆 19 起，劝导车身不整洁或灰尘较大车辆清洗车身 344 辆，查获货车、渣土车、工程运输车辆交通违法 173 起，查获货车超载 5 起。检查工地 206 处，清理夜间烧烤摊 44 处，制止焚烧垃圾行为 11 起。检查涉气企业 69 家，发现问题 4 个，要求现场立行立改 3 个，立案查处 1 个。六是持续开展专项治理行动。（一）开展餐饮油烟常态整治。在前期餐饮油烟治理的基础上，将餐饮油烟管控纳入日常管理，每天安排人员对城区内的餐饮油烟污染进行巡查。2020 年 1 月以来，共清理夜间烧烤 1312 起，现场要求正常使用污染治理设施 122 家。（二）开展建筑施工工地扬尘专项治理。将建筑施工工地扬尘治理作为一项重点工作长期来抓，开展"六个百分之百"检查，对扬尘治理不达标、

沿途抛撒滴漏、带泥行驶等违章行为一律实行严管重罚。2020年，累计下发停工42份，限期整改425份。检查车辆4871起，查处违章车辆394起，处罚金额67.57万元；检查工地6558起，查处违章工地270起，处罚金额270.55万元。（三）开展VOCs挥发性有机物专项治理。检查涉挥发性有机物企业200家次，涉及橡胶加工、人造板、制药加工、汽车维修、家具制造、红木加工6个行业，发现存在问题的66家，已全部整治完成。（四）开展重点行业无组织排放专项治理。共检查混凝土搅拌、砖瓦窑、水泥制造、砂石加工4个行业22家次，下发《责令改正通知书》18份。（五）加强火点管控。把烟花禁燃、森林防火、垃圾禁烧、秸秆综合利用作为火点管控的重点，相继出台《景洪市人民政府关于景洪城区禁止燃放烟花爆竹的通告》《景洪市森林草原防灭火指挥部关于禁止森林草原计划烧除的通知》《景洪市农村人居环境整治工作领导小组办公室关于落实秸秆禁烧巡查工作的通知》等相关文件，全年共制止垃圾和秸秆焚烧517起。七是加强基础能力建设。为更好地对环境空气质量进行监测，景洪市2020年依托中国铁塔版纳分公司技术和资源，在城市建成区安装建设了20个空气质量自动监测微站（可监测 PM_{10}、$PM_{2.5}$、臭氧和气象5参数）和3个高清摄像头，将城区以网格为单元，精准开展预警和防控处置工作。每日对环境空气质量情况进行通报和预报，共发布220余期，同时，每年公布景洪市环境质量状况公报，对生态环境质量进行全面的通报。八是加大宣传力度。每日对大气污染摸底排查工作和环境空气质量进行汇总，在雨林景洪手机台进行发布249余期。

水污染治理工作。配合开展橡胶厂污水治理，工业污水达标排放治理。2020年，景洪市辖区内有54家胶厂，其中1家未按照要求进行废水治理设施工程改造，已经注销排污许可证，3家搬迁未开展橡胶废水治理、已停产，其余全部完成橡胶废水治理工程。

集中式饮用水水源地保护。一是景洪市现有1个城市集中式饮用水水源地——澜沧江，取水口位于华能澜沧江水电股份有限公司景洪水电站坝址，该水源地已划分了保护区，2020年，正常使用。二是有序推进乡镇级饮用水水源地保护工作。全面排查乡镇及以上其他饮用水水源地，建立水源信息清单1份。开展乡镇级饮用水水源地保护专项行动1次。清理整治一级、二级、准保护区内违法违规行为，未发现污染水源的活动发生。

生态环境项目工作。一是2013—2016年，共13个农村环境综合整治项目，项目总投资2841.41万元。截至2020年11月已全部完工，已通过审计验收的6个，已通过市级初验的有2个，有5个全部通过审计。二是2020年争取到农村环境综合整治项目资金185万元，用于整治勐龙镇曼康湾和景哈乡曼贺缓村农村生活污水治理；争取到水污染防治专项资金1300万元，该项目涉及9个村寨的农村生活污水治理，已开工3个村寨，分别是勐龙镇勐宋大寨、曼加坡坎、景讷乡勐板村。三是为持续改善景洪市农村环境问题，向中央环保资金项目库入库了2个大气污染防治项目：景洪工业园区勐宽片区VOCs治理项目，西双版纳州景洪城市雾化增湿降尘项目；2个农村环境综合整治项目：景洪市江北街道办、勐龙镇农村生活污水治理项目，景洪市嘎洒镇农村生活污水治理项目；2个水污染防治项目：西双版纳州南阿河东风三分场大桥（国控监测断面）水污染防治项目、澜沧江二级支流普文河沿岸农村生活污水治理项目。四是完成了景洪市农村生活污水治理专项规划的编制，2020年11月18日由景洪市人民政府印发，以及完成"十四五"生态文明建设研究课题的编写。五是配合牵头部门开展爱国卫生"7个专项行动"中的乡镇企业垃圾排查和清理工作以及网格区"净餐馆"工作的排查和上报。

巩固提升生态文明建设工作。一是开展"十四五"生态文明建设研究。根据《景洪市人民政府办公室关于印发景洪市"十四五"规划编制工作方案的通知》（景政办发〔2020〕23号）、《景洪市人民政府办公室关于成立景洪市"十四五"规划编制工作领导小组工作专班的通知》（景政办发〔2020〕29号）文件要求，为加快推进景洪市"十四五"生态文明建设，积极协助全局开展"十四五"生态文明建设课题研究，完成景洪市"十三五"以来生态创建工作亮点取得的主要成效，提出"十四五"景洪市生态创建存在的主要问题、总体思路、主要任务、对策建议。二是根据党史工作规划要求，为反映1978年以来景洪市生态文明建设改革发展与成就，撰写完成反映景洪市生态文明领域1978年以来党史专题资料，暨改革开放时期景洪市生态文明建设发展与成就，提交中共景洪市委党史研究室。三是推进绿色系列创建。2020年3月25日，印发《西双版纳傣族自治州生态环境局景洪分局关于加大绿色系列创建工作的通知》（西环景发〔2020〕16号），明确2020年绿色系列创建工作要求、任务。

有序推进饮用水水源地保护工作。一是完善5个"千吨万人"饮用水水源地划定报批工作。2020年3月，根据《云南省水源地保护攻坚战专项小组办公室转发省人民政府办公厅关于完善饮用水水源保护区划定调整报批程序的通知》（云污防水源〔2020〕4号）文件要求，按照《云南省重大行政决策程序规定》（云南省人民政府令第217号）完成5个"千吨万人"饮用水水源地保护区划定调整方案报批程序，于2020年6月23日上报州政府转报省政府待批复（景洪市人民政府关于批复西双版纳州景洪市5个"千吨万人"饮用水水源保护区划定方案的请示景政报〔2020〕53号）。2020年10月30日，获得省厅批复云南省生态环境厅关于批复西双版纳州景洪市勐养镇曼么耐水库等11个集中式饮用水水源保护区划定方案的函（云环函〔2020〕567号）。二是加强水源监测预警应急体系建设。按照国家有关标准、技术规范，推进构建乡镇及以上集中式饮用水水质监测网络，完成县级及以上集中式饮用水水源每月监测1次（2020年12次），"千吨万人"级饮用水水源地每季度监测1次（2020年4次），确保城乡居民饮水安全；配合州级部门加强饮用水水源水质安全研判，及时发布水质预警信息。三是加大执法监管力度。建立全市集中式饮用水水源地日常巡查制度，对"千吨万人"级饮用水水源地每季度现场检查1次（2020年4次）；开展乡镇级饮用水水源地保护专项行动各1次，全面排查乡镇及以上其他饮用水水源保护区范围内环境违法问题，建立问题清单。四是合理划定县级、乡镇级饮用水水源保护区。委托第三方对景洪市勐养镇回广水库等9个乡镇级饮用水水源地，开

展保护区划定方案编制工作，于2020年8月7日，通过省级技术评审（初审），修改完善并上报州政府转报省政府。2020年11月30日，获得省厅批复《云南省生态环境厅关于批复西双版纳州景洪市景讷乡回岩叫箐等24个集中式饮用水水源保护区划定方案的函》（云环函〔2020〕641号）；委托第三方对景洪市曼点水库县级饮用水水源地开展保护区划定方案编制工作，目前完成编制待上报省级技术评审。五是推进景洪市农村饮用水水源地保护项目。围绕景洪市曼点水库水源保护区划定和14个乡镇级饮用水水源地保护区边界标志设立、预警应急体系建设、污染治理等内容，委托第三方编制《景洪市农村饮用水水源地保护项目》，现已上报市发改局待立项批复。

积极开展农村生活污水治理工作。一是全面摸清现状，精准施治。为全面掌握景洪市辖区内农村生活污水排放和治理情况，建立基础台账，做到底数清、情况明，先后印发《景洪市农村生活污水治理、黑臭水体现状专项排查工作方案》的通知（景污防办〔2020〕4号）、《西双版纳傣族自治州生态环境局景洪分局 景洪市水务局 景洪市农业农村局关于印发〈景洪市农村黑臭水体排查工作方案〉的通知》（西环景联发〔2020〕3号），要求各乡镇、农场、街道办以自然村（生产队）为单位，彻底摸清景洪市农村生活污水治理及黑臭水体现状、存在问题、治理需求，目前全面完成景洪市农村生活污水治理现状排查，完成景洪市自然村生活污水治理信息调查表、景洪市建制村治理基础信息调查表等基础台账建立，完成农村黑臭水体现状排查，建立基础清单1份。二是科学编制规划，分类施治。根据《云南省农村生活污水治理模式及技术指南（试行）》的要求，实行农村生活污水治理统一规划、统一建设、统一管理。由州生态环境局统一委托河北东鼎环保咨询有限公司科学编制《西双版纳傣族自治州景洪市农村生活污水处理专项规划》，9月21日通过市政府专题会议，2020年11月18日由市人民政府印发实施。三是争取上级资金，梯次推进。开展农村环境综合整治项目，以农业农村污染治理攻坚战为契机，以有效治理景洪市沿河村寨村民生活污水带来的环境污染问题为目标，申请中

央农村环境整治资金 185 万元，开展沿河 2 个村寨（勐龙镇曼康湾村、景哈乡曼贺缓村）生活污水收集处理工程。计划 2 年内完成建设，景哈乡曼贺缓村已开工建设，完成工程的 60%，勐龙镇曼康湾村调整土地性质完善相关手续后即可开工。依托州生态环境局申请水污染防治专项资金 1300 万元，开展景洪市勐龙镇、大渡岗、景讷乡、景哈乡等 9 个自然村的农村污水治理项目，现已完成项目前期工作。积极争取列入"十四五"规划，争取上级资金支持，开展农村生活污水治理示范项目建设。

扎实推进净土保卫战。严格落实土壤防治任务，推进净土保卫战。一是协助州局做好重点行业、企业用地调查信息采集"一企（库）一档"工作。二是配合州局开展香蕉种植土壤污染治理与修复技术应用试点项目。4 月 21 日，随同州生态环境局到勐罕镇曼飞龙村小组实地查看土壤重金属修复示范工程，勐罕镇曼贡、曼法村查看种植结构调整示范区工程；勐龙镇曼短、曼养村小组实地查看土壤酸化改良的香蕉枯萎病防控示范工程。2020 年，州生态环境局完成项目招投标工作，中标单位已进场施工，正在开展土壤污染治理与修复技术应用试点工作。

持续开展县域生态环境监测评价与考核工作。景洪市 2015 年度开始纳入云南省重点生态功能区县域生态环境质量监测评价与考核工作，2017 年度纳入国家重点生态功能区县域生态环境质量监测评价与考核工作。已完成景洪市 2020 年度国家重点生态功能区县域生态环境质量考核自查报告和省考监测数据的上报。

行政审批工作。一是 2020 年，共发放排污许可证登记管理 355 家，并协助州局发放排污许可证重点、简化管理 189 家，组织项目环评选址 100 次，发放《建设项目环评影响评价服务告知表》7 家。建设项目环境影响报告表竣工验收备案 20 家。二是认真完成建设项目环境影响登记表办理。2020 年，共备案建设项目环境影响登记表 174 家。

环境监察和环境执法工作。2020 年，共出动执法人员 897 人次，对景洪市辖区内 367 个排污单位（个人）和建设项目进行现场监察，同时结合环境执法"双随机、一公开"的工作制度，完成对一般排污单位监管 83 家次；重点排污单位监管 24 家次。已按时完成对景洪市辖区内国控企业（景洪市给排水有限公司江南污水处理厂和西双版纳金星啤酒有限公司、西双版纳州金盛医疗废物处置有限公司）每月 1 次现场监察，及辖区内一般排污企业的现场监察任务。一是开展景洪市污染源双随机抽查工作。根据《西双版纳州污染源日常环境监管领域推广随机抽查制度的实施方案》（西环发〔2018〕7 号）和《景洪市环境监察大队关于景洪市污染源日常环境监管领域随机抽查制度的实施方案》，按照相关比例规范抽查景洪市辖区内的污染源企业。已完善云南省环境监察管理平台"双随机"抽查系统，列入企业共计 118 户，检查人员 18 名。二是开展混凝土搅拌站行业扬尘污染专项整治行动。对全市辖区范围内的 11 家混凝土搅拌站进行检查，查看厂区砂石物料堆放情况，对未对厂区内易产生扬尘的物料进行密闭、未设置不低于物料高度围挡等未采取有效防治扬尘污染措施的企业下发整改通知书，责令企业立即改正违法行为。此次专项行动共出动人员 20 人次，车辆 8 辆次，下达整改通知书 8 份。三是开展 8 家新型冠状病毒感染治疗定点医院的医疗废物和医疗废水的处置情况专项督察。重点检查医疗废物的收集、暂存、转运管理和医疗废水的消毒处理情况。对 2 家医院下达了《西双版纳傣族自治州生态环境局景洪分局限期改正通知书》，2020 年，2 家医院均已按照要求进行了相应的整改。四是做好"绿色护考"工作。根据《西双版纳州招生考试委员会关于印发〈2020 年全国成人高校招生考试、云南省第 84 次自学考试下半年全国中小学教师资格考试西双版纳考区安全工作方案〉的通知》（西招考发〔2020〕7 号）文件要求，2020 年 10 月 16—31 日，景洪分局共出动 32 人次，在考试期间对各考点周围的 7 家建筑工地进行整治，下发考试期间停工通知书 7 份，消除建筑垃圾、确保通道畅通，消除建筑噪声，防止噪声污染，干扰考生考试，营造良好的考试环境。

环境信访工作。2020 年，共收到信访投诉 244 件，其中，来电投诉 151 件、网络投诉 60 件、来人来访 8 件、来信投诉 8 件、上级转办 17 件，已全部办结。对存在违法行为的企业和个人，共立案查处 6 件，其中，违反环评法或建设项目环境保护管理条例 3 件、违反水污染防治法 1 件、违反固体废物污染环境防治法 1 件、违反大气污染防治法 1 件，共计处罚金额 50.31 万元。

环保督察工作。2020 年底，中央、省环保督察及"回头看"34 个反馈问题和 101 件转办件，已全部整改到位，整改率为 100%，并报请州人民政府申请验收。

党风廉政建设工作。2020 年，州生态环境局景洪分局始终以习近平新时代中国特色社会主义思想为指导，增强"四个意识"、坚定"四个自信"、做到"两个维护"，深入贯彻党的十九大和十九届二中、三中、四中、五中全会精神，全面落实习近平总书记考察云南重要讲话和对云南工作的重要指示批示精神，把落实全面从严治党建设主体责任作为一项重大的政治任务来抓。根据年初全州生态环境系统党风廉政建设和反腐败工作安排部署会议精神、《中共西双版纳州生态环境局党组 2020 年度落实全面从严治党主体责任规定任务安排》和《中共西双版纳州生态环境局党组关于 2020 年党风廉政建设和反腐败工作主要任务分解方案的通知》要求，制定了《中国共产党西双版纳傣族自治州生态环境局景洪分局党组 2020 年党风廉政建设和反腐败工作主要任务分解》，召开动员部署会，将 15 项工作任务具体分解到各责任领导和责任股室，每半年专题研究 1 次党风廉政建设和反腐败工作。全年通过 7 次党组理论学习中心组学习、19 次"三会一课"、10 次全局干部职工大会贯穿学习习近平总书记系列重要讲话精神，深刻领会习近平生态文明思想，切实把思想和行动统一到党中央、省委、省政府和州委、州政府及市委、市政府的决策部署上来，为推动生态环境质量持续改善提供坚强的理论基础和思想保证。

生态环境分局主要领导干部

高雪昆　党组书记、局长（2020.02—）

莫瑞隆　党组成员、副局长（2020.07—）

管启明　党组成员、副局长（2020.02—）

（撰稿：杨四桃）

2020 年西双版纳州生态环境局景洪分局专业技术人员名录

序号	姓名	职务	技术职称	性别	民族	专技任职时间
1	段德兴	环境项目管理股股长（退休）	高级工程师	男	基诺族	2004 年 9 月
2	唐绘华	州辐射监督站工作人员	高级工程师	女	汉族	2012 年 9 月
3	张会梅	州辐射监督站工作人员	高级工程师	女	彝族	2013 年 8 月
4	马竞	州生态环境局景洪分局工作人员	工程师	男	回族	2003 年 8 月
5	管启明	州生态环境局景洪分局党组成员、副局长	工程师	男	汉族	2009 年 9 月
6	卢晓康	环境监察大队职工（退休）	工程师	男	汉族	2002 年 9 月
7	黄俊	州辐射监督站工作人员	工程师	男	汉族	2017 年 7 月
8	袁元	州辐射监督站工作人员	工程师	男	汉族	2017 年 7 月
9	曾崇喜	州辐射监督站工作人员	工程师	男	汉族	2015 年 7 月
10	陈云	州辐射监督站工作人员	工程师	男	汉族	2016 年 7 月
11	张华	州辐射监督站工作人员	工程师	男	汉族	2018 年 7 月
12	李春霞	州辐射监督站工作人员	工程师	女	汉族	2018 年 7 月
13	盘克金	州辐射监督站工作人员	助理工程师	女	瑶族	2016 年 7 月
14	赵苑宇	州辐射监督站工作人员	助理工程师	女	汉族	2015 年 12 月
15	罗小明	州辐射监督站工作人员	助理工程师	男	哈尼族	2010 年 6 月
16	朱龙翔	州辐射监督站副站长	助理工程师	男	汉族	2016 年 1 月

【勐海县】　勐海分局贯彻落实党中央、省委、州委关于生态环境保护工作的方针政策和决策部署，在履行职责过程中坚持和加强党对生态环境保护工作的集中统一领导。统一行使生态和城乡各类污染排放监管与行政执法职责，切实履行监管责任，全面落实大气、水、土壤污染防治行动计划，全面禁止洋垃圾入境。构建政府为主导、企业为主体、社会组织和公众共同参与的生态环境治理体系，实行最严格的生态环境保护制度，严守生态保护红线和环境质量底线，坚决打好污染防治攻坚战，筑牢生态安全屏障。

西双版纳州生态环境局勐海分局机关，内设5个股室（综合办公室、行政审批核辐射与综合股、水与土生态环境股、行政执法与环境保护督察股、生态监测与大气环境股），共有编制8人。分局设有2个下属单位：勐海县生态环境保护综合执法大队（参照公务员管理），共有编制10人；西双版纳州生态环境局勐海分局环境监测站（事业单位），共有编制10人。2020年，全局共有在职干部职工23人（其中，局机关5人，环境监察大队9人，环境监测站9人）。共有退休职工7人。设有1个党支部，共有23名党员（其中，退休党员4名），并设有工会、妇委会等组织。

提高站位、坚定笃行，用政治自觉践行生态文明。坚持以习近平生态文明思想为指导，牢固树立"绿水青山就是金山银山"的发展观念，紧紧围绕生态环境质量改善的核心目标，不断强化政治责任和使命担当，切实提升忧患意识和底线思维，坚定不移贯彻新发展理念，切实加强化忧患意识和底线思维，始终保持逆水行舟、不进则退的警醒，以铁的决心和铁的手腕，扎扎实实抓好生态文明建设，推动勐海县生态环境保护工作不断取得新成效。

坚决打赢污染防治攻坚战。一是强化政治担当、培养责任意识，压紧污染防治政治责任。充分发挥污染防治攻坚战领导小组职能作用，加强统筹协调，严格落实生态环境保护"党政同责""一岗双责"。2020年，勐海县污染防治攻坚战领导小组办公室向县委、县政府专题汇报工作12次，与11家成员单位和乡镇农场签订污染防治责任书23份，形成了领导重视、相关部门协同、共抓共建污染防治工作的良好局面，切实增强了党政主要领导和各有关部门的责任意识与担当意识。二是扎实开展工作、严格执法处理，坚决打好蓝天保卫战。（一）强化大气环境治理和巡查力度。实施大气污染分级管控，启动大气污染二级应对，编制完成《勐海县城市区域高污染燃料禁燃区划分报告》，开展建筑扬尘治理专项监督检查，配合开展州级蓝天保卫战专项督察。（二）加强空气质量监测。1月1日至12月28日，勐海县出现轻度污染天数20天，城市空气质量优良率为94.2%，定期在政务网公示空气质量监测周报51期。（三）深入推进重点行业大气污染防治工作。全面完成大益茶厂10蒸吨以下燃煤锅炉淘汰，完成715家餐饮业油烟净化设备的安装，对全县68个重点企业进行检查整改。（四）积极开展大气环境监管能力建设和应对气候变化等基础工作。建立全县大气质量网格化监测系统，计划在勐海城区、工业园区、各乡镇陆续建立12套空气质量微站。三是突出保护先行、提升治理功能，坚决打好碧水攻坚战。（一）开展农村"千吨万人"饮用水源保护区划分工作。完成1个县级、2个"千吨万人"和8个乡镇集中式饮用水水源保护区调整、划定方案审报工作。（二）稳步推进农村污水治理。编制《勐海县农村污水治理专项规划（2020—2035）》。积极申报水污染防治项目，争取曼恩村10个村小组污水治理项目资金718万元、农村环境整治涉农整合资金600万元。1月至12月，共采集12期417份样品，11个集中式饮用水源地水质良好，定期监测均保持在Ⅱ～Ⅲ类水质。（三）深入推动落实河长制，全面保护提升全县水域生态环境质量。四是难题皆有对策、靠干而不靠看，坚决打好净土保卫战。（一）完善机制政策。制定下发《关于成立勐海县土壤污染状况详查工作组的通知》《勐海县固体废物污染治理攻坚战实施方案》《勐海县人民政府办公室关于成立污染地块环境社会风险防范与化解工作领导小组的通知》等体制机制性文件，保障土壤固废工作的有序推进。（二）加强对尾矿库排查整治。辖区内9个尾矿库已全面完成风险评估、应急预案、污染治理方案编制工作及尾矿库治理，争取尾矿库奖补资金11.6万元。（三）配合开展完成全州重点行业用地土壤污染状况调查工作，涉及勐海县 14 家企业（单位）、21 个地块无土壤环境污染，对 47 个加油站实施地下油罐防渗改造及安装油气回收装置。（四）加大对土壤污染防治的资金投入。2020 年，共投入 315 万元实施 3 个土壤污染防治专项资金项目。开展"散乱污"企业专项整治行动，经过对全县 60 个汽修行业、6 个橡胶加工厂、1 个家具加工厂、1 个木材加工厂进行检查，发放 68 份环境保护专项整治通知书并提出整改要求。

不断强化环境监管执法效能。一是抓实环境保护督察反馈问题整改。先后制定出台勐海县中央环境保护督察、省环境保护督察和中央环境保护督察"回头看"3 个问题整改方案。对 33 个反馈的环保督察问题和 8 个环境问题举报件实行分类管理，强化落实。2020 年，涉及全县环境保护督察反馈问题 33 个已全部完成整改，交办的 8 个环境问题举报件均已全部办结。二是落实双随机抽查监管模式。共出动环境监察人员 305 人次，检查企业 101 家次，下达责令改正违法行为决定书 12 份，立案查处环境违法 5 起。三是开展重点行业环境保护专项整治行动。检查 35 家金矿采选、医疗等产废行业企业，发放通知书 60 份，下达责令改正决定书 3 份；叫停 2 家未批先建混凝土搅拌站违法企业。检查县域内的 4 家小水电站，要求违规企业进行整改；加强对非煤矿山的监督检查，联合 7 个部门，对全县 14 家企业开展专项检查，目前，企业正按照整改清单有序推进整改。四是做好"12369"环保举报受理。积极解决环保诉求，整治事关群众切身利益的突出化解问题，截至统计时，共受理群众环境投诉件 131 件，处理 131 件，办结率 100%，答复率 100%。

履行好疫情防控工作责任。一是加强医疗机构医疗废物和医疗废水的监督管理。印发《西双版纳州生态环境局勐海分局关于做好新型冠状病毒感染肺炎疫情防控期间医疗废物应急处置工作的紧急通知》，开展全县医疗机构医疗废水、医疗废物处置情况排查整治专项行动，共检查县城区医疗机构及乡镇卫生院 29 家次，出动监察人员 65 人次，共检查出存在问题 26 个，要求各医疗机构立行立改，并实行销号报备制度。二是积极开展各项疫情应急监测工作。对定点医疗机构开展医疗废水余氯监测 9 次，指导医院合理处置废水。定期对勐海县污水处理厂进行检查和抽测，协调保障勐海县空气自动站、水站运维人员在疫情期间的巡检工作，并做好数据监测工作。三是做好企业复工复产工作。对县城区 20 个建设项目施工建筑工地"六个百分之百"及疫情防控工作进行检查，杜绝大气污染事件发生。四是加大疫情网格化管理。自疫情开始，共计抽调 34 人次驻守边境卡点，2 人驻守定点隔离酒店，同时做好单位登记和健康检测工作，做好"云南健康码""国务院疫情防控行程卡"扫码登记等工作。

巩固党风廉政建设成果。一是强化压力传导。召开党风廉政建设工作会议 2 次，与各分管领导和股室签订党风廉政目标责任书 9 份。二是强化作风建设。健全完善党风廉政工作制度，充分运用各种形式，开展党员理想信念、党性、党风、党纪教育，提升党员党性修养，共组织分局党员教育 12 次。三是推动党风廉政建设工作。组织党员干部、积极分子前往打洛勐景来爱国主义教育示范基地参观学习，进一步调动干部职工的积极性。四是不断深化廉政风险防控机制建设。制定廉政风险防范措施，共梳理权力数 9 个，其中，评定高等级风险 8 个、中等级风险 1 个，共查找风险点 42 个，制定防控措施 37 条。认真开展谈心谈话，局主要负责人与班子成员开展谈心谈话 3 次，科级干部集体谈心谈话 1 次，各股室负责人和干部职工开展谈心谈话 2 次。五是坚持民主集中制原则，严格选拔任用程序，自觉遵守干部任免纪律，晋升二级主任科员 1 人、三级主任科员 5 人、四级主任科员 1 人；采取面向社会招聘的方式招录综合执法协勤人员 10 人，公开遴选公务员 3 人。

生态环境分局主要领导干部

朱连仙　局长

王海艳　副局长

张永强　副局长

（撰稿：让　莉）

【勐腊县】　勐腊县生态环境保护工作在县委、县政府及州生态环境局的坚强领导下，坚定不移地贯彻习近平生态文明思想和习近平总书记考察云南重要讲话精神，牢固树立"绿水青山就是金山银山"的发展理念，进一步提高政治站位，强化思想认识，坚决扛起生态文明建设和生态环境保护的政治责任，以推进碧水、蓝天、净土三大攻坚战为主线，切实保障生态环境安全，生态环境建设取得了显著成效。

内设机构。综合办公室、生态环境保护督察与行政审批股（执法一室）、自然生态与宣教股（执法二室）、水生态环境股（执法三室）、大气环境股（执法四室）、土壤生态环境股（执法五室）。分局下设一个事业单位：西双版纳傣族自治州生态环境局勐腊分局生态环境监测站。分局行政编制 6 人（含 1 名工勤编制），实有人数 6 人（四级调研员 1 名，科级干部 3 人），生态环境综合执法大队编制 13 人，实有人数 8 人，协勤人员编制 10 人，实有人数 10 人，生态环境监测站事业编制 12 人，实有人数 12 人（副高级 2 人）。退休人员 5 名。

环境质量。2020 年，勐腊县环境质量总体保持稳定。地表水环境质量状况良好，县级集中式饮用水源地南细河、曼旦水库水质为Ⅲ类或优于Ⅲ类。环境空气质量全年优良率为 90.8%。城市区域环境噪声满足限值要求。

党风廉政。一是"树立权力就是责任"的观念，实行一把手带头负总责，做到了重要工作亲自布置、重大问题亲自过问、重点环节亲自协调推进，定期向上级组织报告工作情况。二是领导班子带头严格执行民主集中制原则和"三重一大"议事规则，坚持重大决策和大额度资金使用等重大问题进行集体讨论决定，确保民主决策和科学决策。三是强化党风廉政建设责任制落实。班子成员严格落实领导干部"一岗双责"，加强对干部职工的思想作风、学风、工作作风教育，开展书记点评制和"听、谈、查"工作，及时组织干部职工收看警示教育片，定期召开会议进行工作部署，听取相关责任人近期工作情况汇报及下一阶段的目标打算，使党风廉政建设各项工作落实到了班子，细化到了业务股室，量化到了个人。认真学习廉政风险防控文件，根据工作岗位职责查找风险点，建立健全廉政风险防控管理机制。印发《2020年党风廉政建设和反腐败工作主要任务分解方案》，制定 10 项廉政风险防控清单，排查出高风险点 37

个，中风险点 7 个，制定防控措施 39 条。

统筹推进疫情防控、扶贫、创卫工作。一是成立了党员突击队和青年、团员突击队，设置了党员责任区和示范岗。会同县卫生健康局联合下发了《勐腊县关于加强医疗废物管理的通知》，制定了《关于做好新型冠状病毒感染的肺炎疫情污染防治的紧急通知》。及时客观发布疫情和防控工作信息，加强医疗废物处理的监督管理，对定点医疗机构、城镇污水处理厂、隔离观察点开展督查和指导工作。出动执法检查 70 人次，排查医疗机构 22 家，医疗废水应急监测 20 余次，下达监察笔录 3 份。二是专设网格化管理员对网格责任区进行分片区包干管理，多次组织工作人员对网格区住户进行地毯式入户排查，共排查 1500 余人次人员信息，发放宣传单 400 余份；抽调到新型冠状病毒感染相关医学观察隔离点 17 人次；参与"走边关" 1 次 17 人；看望疫情防控一线工作人员 4 次，解决疫情防控一线问题 2 件，解决经费1200 元，购买抗疫生活物资 32 件；走访边境一线建档立卡户 97 户，办实事 11 件；开展宣讲 9 场次，受众人员 308 人。三是强化责任意识，巩固脱贫成果。2020 年以来，先后深入挂钩点 170 人次，使勐捧镇景坎、曼回庄两个村委会 49 户 179 人建档立卡户和全县同步实现了脱贫摘帽，如期出列。四是认真开展勐腊县省级卫生县城的创建工作，开展志愿者服务 300 余人次，积极发动、组织全体干部职工参与到爱国卫生"7 个专项行动"中来。

环保督察。2020 年，研究制定了关于中央环境保护督察问题的通知，督办通知共 6 份，县委常委会、政府常务会议研究环保督察工作及环境专题会议 5 次，发布工作简报 16 期。两年来，通过各级各部门的努力，在中央环保督察"回头看"举报问题整改中投入资金共计 3109.72 万元。2020 年，完成中央环境保护督察"回头看"督察组交办该县 7 件举报件，共涉及 8 个问题整改任务，完成县、州两级验收工作。

环境监察。一是妥善处理环境信访，切实维护群众环境权益。2020 年，执法大队共接到各类环境信访案件 35 起（其中，来电 25 件、12369 平台 8 件、信访办转办 2 件），已办结 34 件，办结率 97%。二是坚决打击生态环境领域违法违规问题。2020 年，新办理排污申报登记注册证 3 家，年检 53 家，针对一批未批先建、"三同时"落实不力的建设项目，结合信访举报、工作委派、双随机等监察任务中发现的问题，出动执法人员 322 人次、监察企业 93 家次，下达监察记录、询问笔录 102 份。按照证据充分，适用法律准确，定性裁量适度，程序合法得当的要求，下达责令改正违法行为决定书 13 份、行政处罚事先告知书 8 份、处罚决定书 8 份，处以罚金 45.929 万元。三是推进环境保护各项排查整治工作。认真开展非法侵占林地种茶毁林等破坏森林资源违法违规问题专项整治行动。成立领导小组组织机构，开展近 5 年森林资源保护自查、自纠工作。通过门户网站、微信公众号、宣传展板等措施广泛宣传森林法、条例、生物多样性保护法律法规，及时向专项小组报送整治工作情况，抽调 1 名工作人员到专项整治工作领导小组办公室，积极配合交办的相关工作。及时排查森林火灾安全隐患，对挂钩的勐捧农场管委会开展森林草原防火工作情况进行了督导检查，排查问题 2 个，督促整改问题 2 个。开展 2019 年，云南省县域生态环境质量监测评价与考核，遥感抽查到勐腊县变化图斑核查工作。四是深入开展扫黑除恶专项斗争工作。开展行业乱象涉及环境保护方面整治工作，并以行业乱象整治综合治理为抓手，有效打击震慑环境污染犯罪行为，为全力打造"善美勐腊"提供坚实的生态环境保障。

生态文明体制建设。及时召开了生态文明体制改革专项小组工作会议，传达县全面深化改革委员会办公室相关会议精神，部署下一步生态文明体制改革专项工作小组工作任务。11 月，在全县深改会议专题汇报了打赢污染防治攻坚战工作开展情况。完成 2020 年度国家重点生态功能区县域生态环境质量考核工作。深入开展饮用水水源地保护环境安全隐患排查整治工作。进一步加强饮用水保护工作，对县级饮用水水源地和"千吨万人"饮用水源地进行划定。科学编制农村生活污水处理专项规划，待县人民政府统一印发组织实施，进一步提高农村生活污水治理，建设宜居乡村。

持续打好污染防治攻坚战。一是持续推进蓝天保卫战三年行动计划工作。编制了《勐腊县打赢蓝天保卫战三年工作行动计划》，共组织召开污染防治工作会议 10 次，开展蓝天保卫战重点区域强化监督工作。加强制胶行业臭气治理工作，完成辖区"散乱污"企业治理共 3 家。制定《勐腊县汽车维修挥发性有机物整治工作方案》《勐腊县环境空气重污染应急处置预案》和《勐腊县污染天气应对工作方案》。主动发布天气健康提示和橙色预警健康提示，及时应急启动重污染天气应急橙色预警 1 次，有力应对了重污染天气带来的危害。岁末年初，抓好大气污染防治专项整治工作，加强涉气行业监管执法，开展县辖区内的露天采石行业扬尘污染防治检查工作，按照县委政府部署，统筹协调好大气污染专项整治工作，加强分析问题清单和责任清单，制定工作举措，以铁心、铁肩、铁腕抓治理，坚决打赢大气污染防治翻身仗。制定并实施《全县非道路移动机械摸底调查和编码登记实施方案》，开展非道路移动机械摸底调查和编码登记工作，完成登记在册非道路移动机械 168 辆。组织开展 2020 年度重污染天气应急减排清单修订工作。完成应急减排清单的工业企业制定"一厂一策"实施方案共 76 家。二是筑牢土壤污染防治攻坚战。制定《勐腊县固体废物污染治理攻坚战实施方案》，狠抓涉重金属矿山污染防治清理整治工作，对勐腊县辖区尾矿库进行联合检查，有效防控了尾矿库的环境风险隐患。进一步规范勐腊县工业固体、医疗废物贮存、运输和处置。开展汽车修理厂危险废物规范贮存整改 76 家。完成地下油罐防渗改造工作，全县 38 座加油站已全部完成，完成率 100%。三是打好水治理攻坚战。对全县自然村生活污水现状和治理需求进行摸底调查，开展农村生活污水治理基础信息调查及农村黑臭水体排查工作。多次就勐腊县国考地表水断面"勐捧岔河"水质超标、县城污水收集排放情况进行排查整治，形成专报上报县委、县政府。责成勐腊县给排水有限责任公司对城区污水收集管道进行全面维护、维修和清掏。四是加强环境管理工作。完成 88 家企业环境统计填报，完成 168 个企业排污许可登记，完成率 100%。参加重大项目踏勘选址 65 人次，协助完成中央专项债项目储备申报工作，受理企业建设项目环境保护竣工自行验收备案 10 家，受理并完成危险废物管理信息平台转移 11 家，受理并完成 2019 年度危险废物信息管理登记 7 家，审查建设项目环境影响评价登记备案表共 98 份。

行政体制改革。印发实施内设机构主要职责，明确派出机构职责任务，突出行政执法，进一步夯实执法监管责任。推进公务员职务与职级并行制度，完成 2020 年第一次、第二次干部职级晋升 8 人，完成生态环境保护综合行政执法协勤员转聘、招聘 10 人，公开遴选招录 4 人，进一步壮大了行政执法干部队伍建设。

环境宣传教育。在国家安全教育日、防灾减灾日、世界环境日、安全生产月期间，积极开展习近平生态文明思想、生态环境保护、总体国家安全观、普法知识、安全生产、脱贫攻坚等多方面宣传活动。6 月 5 日，联合县林业和草原局、县森林公安局、国家级自然保护区勐腊管理所及尚勇管理所 5 个部门在勐腊县街心花园广场联合开展 2020 年"6·5"世界环境日暨打击非法侵占林地种茶毁林宣传活动，共发放宣传手册、图册、环保袋、扇子约 3000 余份，悬挂宣传横幅 2 条，接受咨询 30 余人次，受教育群众达 1000 余人。结合"挂包帮""转走访"阶段性工作，进挂钩的扶贫单位入户开展政策宣传宣讲，召开工作会议，宣讲"自强、诚信、感恩"主题党课，大力宣贯脱贫攻坚相关政策。

提升环境监测能力。不断进行生态环境监测质量体系文件的宣贯、环境监测理论知识和监测实操能力的学习，进一步提升监测业务能力，累计派出技术人员参训 17 人次，培训内容包含恶臭嗅辨及恶臭采样、内审员培训等方面，均取得相关培训合格证；开展南腊河流域水质成因调查现状监测，共获得有效参考监测数据约 100 个，为进一步分析水质成因提供了数据支撑；出动监测人员 45 人次，对县城 128 个监测点进行声环境质量监测；磨憨辐射自动监测站完成初步验收；县环境监测站顺利通过了新建站检验检测机构资质认证。

生态环境分局主要领导干部

王刚竑　局长

黄　奕　副局长

严　娅　副局长

（撰稿：梅院海）

大理白族自治州

【工作综述】　2020 年，在州委、州政府和省生态环境厅的坚强领导下，大理州生态环境系统始终坚持以习近平新时代中国特色社会主义思想为指导，深入学习宣传贯彻习近平生态文明思想，增强"四个意识"、坚定"四个自信"、做到"两个维护"，紧紧围绕"争当全国全省生态文明建设标兵"的目标，坚决扛起生态环境保护政治责任，勇于担当，负重前行，坚决打赢以洱海保护治理为重点的污染防治攻坚战，以生态环境高水平保护推动全州经济社会高质量发展。2020 年，全州环境空气质量总体保持良好，全州 12 个县市平均优良天数比例为 99.7%；2020 年，全州国考、省考的断面优良水体和劣 V 类水体比例分别为 90%、10%；全州 12 个县市 22 个地表水饮用水源地水质全部达标。生态环境部发布，洱海水质为优、中营养。城市声环境质量总体较好。

【生态环境信访】　畅通群众环境信访渠道，热情受理群众举报和投诉，做到热情接待、认真记录、全面调查、限期办理，及时化解矛盾和纠纷，并将信访处理情况及时反馈给信访人，对于投诉人不清楚的问题耐心解释。通过这些信访件的解决，增强了群众获得感、满意感、安全感。2020 年，大理州共受理信访投诉件 1134 件，其中，州级受理 105 件、"12369"环保举报管理平台受理 391 件，已全部办结。共接待群众来访 111 次，在信访投诉的办理中积极宣传和普及生态环境知识。

【财务、科技与产业】　大理州生态环境局通过积极协调州内各县市人民政府及相关部门，努力促进上级项目资金争取工作和大理州涉环保行业固定资产投资工作。2020 年，大理州争取到 14005.6 万元中央环保专项资金［包括中央统筹整合涉农（农村环境保护）资金 4100 万元、中央水污染防治资金 7190 万元、中央土壤污染防治专项资金 1165.6 万元和 1550 万元省级环保专项资金支持]；统计部门认可的 2020 年大理州涉环保行业固定资产投资完成额为 35.5 亿元，为大理州固定资产投资作出了应有的贡献。

【生态环境保护督察】　深入贯彻习近平生态文明思想，认真履行环境保护督察问题整改的政治责任，以洱海高水平保护统揽全州经济社会发展全局，深入推进生态文明建设和生态环境保护工作。2016 年中央环境保护督察涉及大理州的 32 个反馈问题、交办的 56 件群众投诉举报环境问题，均完成整改，并通过州级验收。2017 年省级环境保护督察反馈的 55 个问题、交办的 48 件群众投诉举报问题，均完成整改，并通过州级验收。2018 年中央环境保护督察"回头看"及高原湖泊环境问题专项督察，涉及大理州的 18 个反馈问题、交办的 144 件群众环境问题，均完成整改，并通过州级验收，反馈问题整改通过省级确认。督察整改工作取得了阶段性成效，2020 年 11 月 5 日至 6 日，西南地区生态环境系统"贯彻落实习近平总书记重要指示批示　推进生态环境保护督察整改坚决打赢污染防治攻坚战"现场会在大理召开。"洱海水环境综合整治"入选全国"督察整改看成效"典型案例。

【排污许可】　2020 年全年，全州发证 378 家，其中，重点管理 106 家、简化管理 272 家。

【环境影响评价】　2020 年全年，全州共完成审批建设项目环境影响评价文件 265 项，其中，州级审批建设项目环境影响评价文件 27 项，完成建设项目环境影响登记表备案 1614 项，涉及固定资产投资 1134.64 亿元。

【大气环境治理】　2020 年，大理州严格落实《大理州打赢蓝天保卫战三年行动实施方案》，地级城市大理市空气质量优良天数比率为 99.7%，其他 11 个县城空气质量持续保持优良，完成年度考核目标任务。大理州烟气脱硫、脱硝、除尘超低排放改造工程项目完工率达 100%。排查出 10 蒸吨及以下燃煤锅炉 95 台，淘汰 95 台，完成率 100%。大理州 12 个县市完成城市建成区高污染燃料禁燃区划定。排查大理州 1297 家企业，界定为"散乱污"企业 737 家，完成率 100%。淘汰黄标车 10236 辆、国三及以下排放标准的老旧货车 1632 辆，完成率均达 100%。全面完成大理州机动车遥感监测系统建设任务，并联网。建立了挥发性有机物排放源清单，完成油气回收装置改造加油站 257 座，改造率 100%。

【水生态环境治理】　大理州水生态环境工作按照"保护好水质优良水体、整治不达标水体、全面改善水环境质量"的总体思路，以改善提升水环境质量为核心，以水污染防治行动为主线，以保障民生安全为切入点，不断开拓创新，不断加强环境监测监察能力建设。2020 年，全州国考、省考断面优良水体和劣 V 类水体比例分别为 90%、10%，水环境质量总体保持稳定，并持续改善；县级及以上集中式饮用水水源地规范化管理水平不断提升，全州 12 个县市 20 个地表水饮用水源地水质全部达标；洱海保护治理取得阶段性成效，生态环境部发布，洱海水质为优、中营养。一是地表水环境状况。2020 年，大理州各级环境监测站分别对州内红河、长江、澜沧江等三大水系的 6 个湖泊、25 条河流进行了水环境质量监测，共设 61 个测点。监测结果执行国家《地表水环境质量标准》（GB 3838—2002），用《地表水环境质量评价办法（试行）》（环办〔2011〕22 号）评价，评价指标为《地表水环境质量标准》（GB 3838—2002）中表 1 除水温、总氮、粪大肠菌群以外的 21 项指标。大理州水环境质量总体评价结果如下：水质类别符合 I 类的测点有 1 个，占 1.6%；水质类别符合 II 类的测点有 26 个，占 42.6%；水质类别符合 III 类的测点有 26 个，占 42.6%；水质类别符合 IV 类的测点有 6 个，占 9.8%；符合 V 类水质标准的测点有 1 个，占 1.6%；劣于 V 类水质标准限值的测点有 1 个，占 1.6%。二是集中式饮用水水源地水质状况。全州 20 个县级及以上集中式饮用水水源地均已划定保护区，为水源地建立了一道坚实的防护网。全州第 1 阶段排查出的 25 个"千吨万人"水源地（指日供千吨或者供水人口达万人的水源）的保护区范围均已划定（其中，剑川县 1 个水源、大理市 5 个水源分别由州政府于

2013 年、2015 年批复，19 个水源由省政府于 2020 年 10 月 30 日批复）。第 2 阶段排查出的 2 个新增"千吨万人"和 68 个乡镇级水源地的保护区划定方案均已划定，省政府于 2020 年 11 月 30 日批复。2020 年，大理州 20 个（地级以上 6 个，县级 14 个）县级及以上集中式饮用水水源地水质年度达标率均为 100%。

【土壤生态环境治理】　2020 年，大理州紧紧围绕土壤污染防治工作方案和目标责任书任务要求，扎实做好省、州土壤重点监管企业落实污染防治责任，制订土壤环境自行监测计划并开展自行监测工作；强化土壤污染状况详查农用地调查成果运用，科学划定耕地土壤环境质量类别，受污染耕地安全利用；严把重点行业企业用地调查质量保证与质量控制，完成 203 个重点行业企业用地土壤污染状况调查及信息核实确认，风险筛查及结果纠偏，风险等级初步判定；建立生态环境、自然资源、住房建设、工业信息污染地块联合监管工作机制，创建疑似污染地块 54 块，污染地块 1 块，完成 13 个重点行业在产企业土壤污染状况调查及 15 个关闭搬迁疑似污染地块采样调查；全面推进乡村振兴战略，改善和提升城乡人居环境，农村环境综合整治取得新成效，"十三五"超额完成省级下达大理州农村环境综合整治目标任务 270 个，实际完成 281 个，完成率达 104.07%；因地制宜、分类实施，不断提升农村生活污水治理率，自然村生活污水治理率达到 29.61%，洱海流域村庄生活污水处理设施基本实现全覆盖，农村生活污水乱泼、乱倒率得到有效管控；加强地下水污染防治，编制地下水污染防治实施总体方案，完成 262 座加油站地下油罐防渗改造，完成率为 100%。以科技创新驱动农业绿色发展、高质量发展，打响大理"绿色食品牌"，以洱海流域为重点，强力推进农业面源污染防治"三禁四推"，农业面源污染减量行动取得新突破。2020 年度工作按计划如期完成，按期实现终期目标任务，全州未发生因耕地土壤污染导致农产品质量超标或因疑似污染地块（污染地块）再开发利用不当造成的不良社会影响，确保土壤环境安全。全州土壤环境质量总体稳定。

【固体废物管理】　2020 年，全面打响固体废物污染防治攻坚战，成立工作专班，开展生态环境、公安、检察院联合打击危险废物环境违法专项行动，全省首个地州率先探索实施多部门危险废物规范化联合考核，实现全州 12 个县市 6 个县市达到一级 A，构建了"管发展、管生产、管行业必须管环保"的大环保工作格局，进一步夯实危险废物责任制联合监管长效机制，截至 12 月 17 日，转移处置各类危险废物 36488.55 吨；建立卫生健康、生态环境医疗废物联合监管工作机制，医疗废物处置实现全州乡镇全覆盖，截至 11 月底，收集处置医疗废物 2159.23 吨、涉疫 28.69 吨；建立涉重金属重点行业企业全口径清单 51 家，完成 16 家涉镉等重金属重点行业企业污染源整治，实施 13 个重金属减排项目，国家、省核定削减重金属 3440.22 千克、削减率 15.06%，超额完成省下达州 9% 重金属减排目标任务 6 个百分点；全面完成大理州长江经济带 30 座尾矿库风险评估、应急预案、污染防治方案编制、污染治理等五个专项整治工作，完成率 100%，验收率达 100%。

【自然与生态保护】　一是自然保护地监管。加强自然保护地监管工作，在开展"绿盾 2017""绿盾 2018""绿盾 2019"的基础上，完成省厅对 94 个点位整改情况核查落实的调度工作，组织开展"绿盾 2020"工作，对大理市、剑川县、永平县新增加点位开展核查处理；对环保督察要求加快整改的 34 个点位（大理市 6 个、洱源县 2 个、剑川县 26 个）进行 2 次核查，并加快整改；对大理州各类自然保护地历年人类活动卫星遥感监测点位中涉及整改和需要二次核查的 100 个点位进行核查；配合完成生态环境部委托南京环科所开展的点位抽查。二是生物多样性保护。按照《大理州生物多样性保护实施方案（2014—2020年）》及《三年实施方案》，协调落实生物多样性保护工作，收集各部门贯彻落实情况，汇总形成了全州落实实施方案的总台账和工作报告。完成环境保护督察对生物多样性保护问题整改的验收，落实联合国《生物多样性公约》缔约方大会第十五次会议（COP15）筹备领导小组的工作安排，收集大理州展示素材按时报送省筹备办。

【生态文明建设】 一是生态示范创建。截至2020年12月，大理州创建国家级生态文明示范县1个：洱源县；创建省级示范县3个：大理市、洱源县、剑川县。持续推进生态示范创建工作，全力指导支持祥云县、鹤庆县、巍山县、漾濞县开展省级生态文明建设示范县创建工作。二是生态文明体制改革。2020年，大理州持续深化生态文明体制改革，共完成8个要点、8项改革任务，包括编制自然资源资产负债表、形成大理州自然保护地整合优化预案、开展绿色低碳生活方式试点建设、制定《苍山保护管理条例》相关配套实施办法、进一步理顺苍山洱海保护管理体制、推进完成生态环境保护综合行政执法改革、理顺洱海流域执法体制机制、研究制定《洱海保护管理条例》实施办法。

【核与辐射安全监管】 2020年，大理州共办理辐射安全许可69家，其中，延续23家、重新申领34家、新申领12家。截至2020年底，大理州持辐射安全许可证的单位共182家，其中，医疗机构162家、生产单位14家，其他6家。截至2020年底，大理州未发生辐射事故。

【环境监察与应急】 一是环境监察。健全以"双随机、一公开"监管为基本手段，以重点监管为补充的新型监管机制，在日常环境监管执法中，建立"两库一单一细则"，随机抽取检查对象，随机选派执法人员，及时公开"双随机"检查结果。2020年，出动执法人员5562人次，检查企业1757家次，其中，重点排污单位97家次、一般排污单位159家次，与其他部门联合开展"双随机、一公开"检查14次。二是环境行政处罚。2020年，全州共办理96件环境行政处罚案件，罚款金额888.13万元。全州共办理"四个配套办法"案件2件（移送公安拘留1件、查封扣押1件），有力地打击和遏制了全州环境违法行为。三是洱海流域环境执法监管。持续强化洱海流域环境监察执法，流域共出动2270多人次，立案10家，检查146家企业，洗车厂25家，洗涤厂14家，餐饮客栈94家，下发整改通知书122家。四是强化疫情防控常态化执法保障。加强新型冠状病毒感染疫情常态化防控期间环境监管，强化医疗废物及涉疫垃圾收集、转运、处置规范管理，按照"两个全覆盖""百分之百"要求开展医疗机构督促检查，确保各项生态环境措施落实到位，实现医疗废物、废水日产日清。五是开展执法帮扶服务。坚持开展执法帮扶行动，充分利用"互联网+监管"模式，依托"污染源自动在线监控平台"对复工复产的各重点排污单位污染物排放情况进行非现场检查，依托电话、微信等平台加强线上指导，指导和提醒受疫情影响企业落实污染防治主体责任，努力解决实际问题。2020年以来，利用电话、微信网络等方式服务企业23次，现场帮扶企业122家次，促使企业加强环保制度落实，减少环境违法行为发生。六是精准推进柔性执法。全州筛选出80家管理规范、环境绩效水平高的企业纳入正面清单，通过在线监控、视频监控等非现场检查清单内企业45家次。针对企业存在的环境问题，在依法实施行政执法的基础上，采取更多以整改为主、处罚为辅的人性化执法手段，鼓励企业积极整改。共下达责令改正环境违法行为通知35份，现场监察要求整改环境问题175家次，约谈环境问题企业121家次，许多轻微环境违法行为通过行政指导的方式予以有效解决。同意2家受疫情影响导致推迟复工复产的企业延期缴纳罚款。七是落实环境违法行为有奖举报制度。鼓励调动群众参与环境监管和违法行为举报，进一步规范"12369"环保热线接听、受理程序和信访处理程序，努力提高信访回复质量，保障人民群众的合理诉求。2020年，全州"12369"平台受理环境污染投诉举报1092件，均已办结。八是环境应急。受理企事业单位突发环境事件应急预案备案申请并予以备案，修订编制《大理白族自治州突发环境事件应急预案》。2020年，全州未发生突发环境事件。

【环境宣传教育】 2020年，大理环保微信和微博平台共发布1679条信息。以国家级、省级生态文明示范创建和绿色创建为抓手，不断提升民众生态环境意识。目前，全州已创建省级"绿色学校"60家，省级"绿色社区"21家，环境教育基地5家。开展"6·5"世界环境日"六个一"环保宣传系列活动。积极开展对外交流，由中国环境报社、云南省生态环境厅、大理州人民政府共同举办的以"增强全社会生态环保意识，深入打好污染防治攻坚战"为主题的 2020 年全国生态环境厅局长论坛，12 月 11 日在大理举行。加强对外宣传和舆论引导，在生态环境部"两微"平台、《中国环境报》《云南日报》《大理日报》、大理机关党建等主流媒体、新媒体刊登大理环境保护工作动态 9 篇，召开新闻发布会 2 次。

生态环境局主要领导干部

谭利强　局党组书记、局长
段　彪　局党组副书记、副局长
李　廿　局党组成员、副局长
朱智云　局党组成员、副局长
陈体韬　局党组成员、副局长
王春波　纪检监察组长、局党组成员
李月秋　局党组成员、副局长

（撰稿：张家云）

【大理市】　2020 年，州生态环境局大理分局全面落实习近平生态文明思想，牢固树立"两山"的理念，以坚守生态环境底线、改善生态环境质量为主线，围绕洱海保护治理及流域转型发展，以打好污染防治攻坚战为重点，深化治水、治气、治土、治废，狠抓环保督察整改，加大环境执法力度，深入推进生态文明体制机制改革，生态环境各项工作取得明显成效。

环境保护制度建设。2020 年，根据中央、省、州关于生态环境机构监测监察执法垂直管理制度改革工作相关要求，大理经济技术开发区生态环境保护局转隶至大理州生态环境局大理分局 5 名公务员、7 名事业单位人员。按照《大理市深化党政机构改革领导组关于印发〈大理市深化改革实施方案〉的通知》（大市机改发〔2019〕1 号）的精神，大理州生态环境局大理分局及下属大理市生态环境保护综合行政执法大队、生态环境监测站在编人员已转入大理州生态环境局。

环境保护督察。2016 年以来，中央和省级围绕洱海保护治理开展了 16 个批次的督察检查，市委、市政府始终高度重视督察反馈意见问题整改工作，成立了以市委、市政府主要领导任组长的督察反馈意见整改工作领导小组，将其作为一项重大政治任务、重大民生工程和重大发展问题抓紧抓实，以铁的措施、铁的纪律和钉钉子的精神全力抓好整改落实。截至统计时，540 项整改问题措施，已完成整改（含需长期坚持事项）484 项，整改率 89.6%。结合州级验收安排，完成中央环保督察 3 个批次、洱海保护督察 3 个批次的市级自查自验，同时通过验收查缺补漏。

主要污染物总量减排。2020 年，大理市认真对照州对市 2020 年主要污染物总量减排要求，根据省、州上级生态环境部门的安排部署，大理市列入重点减排项目涉气共 3 家水泥厂（2020 年 10 月前完成生产线拆除工作），3 家水泥厂已于 2019 年 12 月 31 日全面停产，大理水泥、红山水泥已基本完成拆除工作（红山水泥完成拆除，大理水泥完成拆除 90% 以上），滇西水泥宾川新厂已建成投产，老厂生产线已在拆除中，基本实现新厂、老厂平稳过渡。坚持以任务倒逼，明确每月削减目标，督促并指导企业有序推进减排项目。2020 年度，大理市二氧化硫、氮氧化物排放总量分别减少 70.062 吨、2603.93 吨，圆满完成 2020 年度减排目标任务。

核与辐射安全监管。一是加强监管，排除隐患。根据《关于开展核与辐射安全隐患排查工作的通知》，对大理市范围内的已核发辐射安全许可证的相关企业进行排查，要求各辐射技术利用单位基本建立健全放射装置规章制度，设置警示标志和管理工作台账，制定辐射事故应急预案，完善安全措施，强化个人剂量监测管理，定期组织进行突发环境事件应急演练，加强辐射设备的日常维护监管。二是组织辐射安全事故应急演练，精心组织交通、医疗、环境监测、监察、应急等部门进行辐射安全事故应急演练的各项工作。

水环境污染防治成效。强化措施，稳步推动水污染防治。围绕纳入国家考核的地表水断面、优良水体考核断面、劣 V 类水体消除目标任务和四级坝国考断面水质达标四大工作任务，系统分析、综合治理、科学决策，提出整体联动解决方案，以断面水体达标倒逼洱海流域水污染防治优化提升；强化水体保护，消除劣 V 类水体，抓实重点流域水污染防治，进一步强化饮用水水源地环境保护，打好水源地保护治理攻坚战。2020年11月，大理市白鹤溪等6个"千吨万人"饮用水水源地划定方案已经取得云南省生态环境厅批复。全市6个地级以上城市集中式饮用水水源各县监测指标均达标，符合或优于《地表水环境质量标准》（GB 3838—2002）Ⅲ类标准，总体水环境质量现状同期相比较稳定。

大气环境污染防治成效。突出重点，深入实施大气污染防治。进一步细化防治目标任务，按照市污防办印发《大理市打赢蓝天保卫战三年行动2020年工作实施方案》（大市污防办发〔2020〕1号）的年度目标任务要求，倒排工作计划，分析存在问题，做好蓝天保卫战日常调度工作，督促各责任单位要切实履职，认真梳理部门责任清单，做好日常痕迹资料的收集整理；继续抓好实施挥发性有机物（VOCs）专项整治。2020年1—12月州政府所在地大理市环境空气优良率99.7%，其中$PM_{2.5}$年均值16微克/立方米，与上年同期相比下降32%，下降7微克/立方米，与2015年同期相比下降45%，下降13微克/立方米；PM_{10}年均值为22微克/立方米，与上年同期相比下降41%，下降15微克/立方米，与2015年同期相比下降22%，下降6微克/立方米；SO_2年均值为6微克/立方米，与上年同期相比上升10%，上升1微克/立方米，与2015年同期相比下降25%，下降2微克/立方米；NO_2年均值为11微克/立方米，与上年同期相比下降20%，下降3微克/立方米，与2015年同期相比下降29%，下降5微克/立方米。

土壤环境污染防治成效。多措并举，全面推进土壤污染防治。按照《大理市2020年土壤污染防治工作实施方案》（大市污防办发〔2020〕2号）的要求，进一步建立健全土壤污染防治责任考核体系。根据全州土壤污染状况详查工作的统一部署要求，对大理市涉及的29家企业，开展重点行业企业用地调查工作，动态更新疑似污染地块名录。加强"全国污染土壤环境管理信息系统"运用，积极筹措资金支持土壤防治工作。

环境管理。2020年，根据国家环境保护部《环境影响评价法》和《建设项目环境保护管理条例》的要求，结合新近出台的《云南省建设项目环境影响评价分级审批规定》及《关于发布〈云南省生态环境厅审批环境影响评价文件的建设项目目录（2020年本）〉》的相关要求，在建设项目前置审查、环境影响评价、行政审批等程序上严格把关，杜绝不符合产业政策、不符合总体规划、不符合功能区划、不符合环保要求的产业和项目落户大理市。一是完成了13个建设项目的环境影响评价审批工作及109个环境影响登记表备案。二是推进排污许可发证登记工作，做到了"清理一个行业、规范一个行业"的要求。共发放335份排污单位《限时申领排污许可证》《办理排污登记告知书》，全面完成452家固定污染源登记工作，登记率达到100%。落实河长制成员单位责任，按照"一河一策"协助市级河长做好河长制工作。

环境执法监管。一是结合"双随机、一公开"检查机制，对全市17家重点排污单位按每季度不低于30%的抽查比例进行抽查，对纳入一般排污单位的企业以100%抽查比例、人员随机进行年度抽查。共开展双随机抽查6次，检查企业38家次。二是抓好环保专项整治行动，出动监察人员2330人次，参与洱海流域排污企业专项检查行动，规模化畜禽养殖场粪污资源化利用情况检查等。三是对环境违法行为实行"零容忍"，严格贯彻执行相关法律法规，加大环境执法力度，不断推进全市环境监察执法相关工作。共下发《现场整改通知书》174份，对6件环境违法案件进行立案查处，共罚款49万元。四是强化洱海流域环境执法，对洱海流域乡镇及以上污水处理厂、流域内重点排污单位进行每月1次例行检查，共检查污水处理厂144家次，重点排污单位126家次。处理有效环境信访投诉案件330起，备案《环境突发事件应急预案》45份。

环境监测。一是例行水质监测，完成西洱河地面水质3个测点9频次监测、洱海及入湖河流5个测点每月1次的监测、饮用水源地（三、五、六、凤仪水厂）4个测点每月1次的监测、水功能区1个测点11频次、4个测点6频次的监测、配合大理州站完成洱海湖湾8个测点6频次的监测。二是例行噪声监测，完成功能区噪声一、二季度7个测点24小时连续监测、交通噪声50个测点每年 1 次的监测、区域环境噪声 126 个测点每年 1 次监测。三是例行大气监测，完成 2 个国控站点（大理市环境监测站站点、大理古城站点）和大理市卫生局站点的环境空气质量监测工作，监测项目包括二氧化硫、二氧化氮、一氧化碳、臭氧、PM_{10}、$PM_{2.5}$ 及气象数据，全天 24 小时自动监测。四是完成农村环境质量监测，完成大理市 3 个村庄每季度 1 次的地表水和饮用水的水质监测工作和农村生活污水处理设施出水水质全年监测工作。五是加强污染源监测，完成对大理市水务产业投资有限公司污水处理厂、大理市水务产业投资有限公司污水处理厂（二期）、大理市第二污水处理厂（海东污水处理厂）、双廊下沉式再生水厂、挖色下沉式再生水厂、上关下沉式再生水厂、湾桥下沉式再生水厂、喜洲下沉式再生水厂、古城下沉式再生水厂、大理市凤仪污水及再生水厂、周城集镇污水处理厂、喜洲集镇污水处理厂一季度、三季度、四季度的减排监督性监测工作，二季度因疫情影响，而监测站无相关防护装备及能力，未开展监测；六是完成其他监测工作。完成楚大高速公路扩建勘察试验段 5 标段建设项目水质监测工作。在疫情防控期间，完成饮用水水源地应急监测工作 20 频次。上报大理市疫情防控期间环境应急监测信息 115 期。

环保宣传教育。一是全面完成县域生态环境质量考核工作。结合大理市污染物排放、空气质量、饮用水、地表水等监测数据，认真收集市级相关部门生态指标相关数据并录入系统。二是积极开展生态市、生态乡镇、生态村等生态文明创建工作。根据上级部门的工作统筹安排，着手准备国家级生态文明示范市的前期工作。三是圆满完成 2020 年生态文明体制改革相关工作。四是认真开展全市环保宣传教育工作。通过"6·5"世界环境日环保宣传、发放宣传资料、深入社区等方式，认真开展环境保护、洱海保护等宣传教育工作。

切实抓好项目建设。一是扎实开展截污、治污体系排查整改。以环洱海"百村"为重点，对发现问题及时督促整改。二是完成洱海沿湖村落污水收集提升改造工程和洱海沿湖村落污水处理站点与环湖截污系统对接工程竣工验收。三是完

成污水处理设施迁移，共搬迁移除一体化污水处理设施 63 座，确保生态廊道项目顺利推进。四是完成周城污水处理厂应急提升技术改造项目。五是完成委托第三方运营维护环洱海"百村"村落污水管网与设备。六是编制大理市农村污水治理专项规划，积极争取中央水污染防治和省对下资金，配合推动项目建设。

生态环境分局主要领导干部
李亚飞　党组书记、局长
彭　中　党组成员、副局长
张志锋　党组成员、副局长
王福兴　党组成员、副局长
张　怡　副局长
陈俊松　副局长

（撰稿：王瑞馨）

【弥渡县】　2020 年，州生态环境局弥渡分局在中共弥渡县委、县人民政府及州生态环境局的指导帮助下，坚持以打赢蓝天、碧水、净土"三大保卫战"和七大专项攻坚战为重点的污染防治攻坚战为重点，持续改善生态环境质量，实现"十三五"规划圆满收官，开展了主要污染物防控、建设项目环境影响评价、环境执法监管、环境监测、污染源普查、脱贫攻坚、疫情防控等工作。

认真抓好总量控制、污染减排工作。2020 年，弥渡县完成水污染物减排项目 4 个，经初步测算，弥渡县 2020 年度化学需氧量、氨氮排放总量扣减新增排放量，分别减少 91.54 吨、6.6 吨，与 2019 年相比，减排比例分别为 2.82%、1.59%。依据环境统计，弥渡县二氧化硫、氮氧化物排放量分别为 941.0058 吨、1359.7416 吨，2020 年，通过设施结构减排项目 2 个、锅炉煤改气项目 1 个、管理减排项目 6 个，预计全县二氧化硫、氮氧化物排放总量分别为 647.8356 吨、1912.7015 吨，与 2019 年相比，二氧化硫削减 31.15%、氮氧化物增加 40.67%［主要是由于 2019 年华润水泥（弥渡）有限公司二线未生产］。

持续打好污染防治攻坚战。一是持续强化水污染防治。完成县城集中式饮用水源桂花箐水库及 3 个"千吨万人"饮用水源保护区划定，已获

得省生态环境厅批复，完成 2 个新增"千吨万人"、4 个乡镇级饮用水源保护区划定报批工作；加强 6 个乡镇毗雄河断面、毗雄河出境考核断面、栗树营水库、县城集中式饮用水水源地的水质监测，积极协助第三方对礼社江龙树桥国控断面进行水质监测，礼社江龙树桥国控断面 2020 年年均值达Ⅲ类要求。二是扎实推进大气污染防治。印发了年度工作实施方案；县城空气环境质量持续保持优良；加快推进"散乱污"企业综合整治工作，关停取缔类 59 家、搬迁类 28 家、升级改造类 12 家，整改 8 家；县城建成区淘汰 10 蒸吨及以下燃煤锅炉 4 台，淘汰率达 100%；完成《核安全与放射性污染防治"十三五"规划及 2025 年远景目标》自评估工作；完成非道路移动机械摸底调查信息录入及高排放非道路移动机械禁止使用区的划定工作，完成率 100%。三是积极开展土壤污染防治工作。制定印发《弥渡县 2020 年土壤污染防治工作实施方案》，推进重点行业企业用地土壤污染状况调查工作；3 个尾矿库企业完成了风险评估、2 个尾矿库完成应急预案备案，开展尾矿库污染防治并通过县级验收。四是进一步加强固体废物污染防治。全县 6 个工业固体废物堆存场所，已完成整治 5 个，正在实施整治 1 个；实施农业生产固废资源化利用项目，进一步提高农业固体废物综合利用率。五是严格规范危险废物环境管理。全面掌握危险废物产生、贮存、处置利用情况，建立健全管理台账，完成了 142 家危险废物产生单位危险废物申报登记，完成了 2020 年危险废物规范化管理检查考核工作。六是统筹推进污染防治攻坚战。按照"一月一调度、一季一安排"的要求，坚持每月调度蓝天、碧水、净土"三大保卫战"和"7 个专项攻坚战"工作进展情况。

不断提升管理服务效能。协助恒中建筑有限公司取得青麦地矿山开发环评批复，完成正大养殖场等 21 个建设项目环评审批、107 个项目环评登记表备案，涉及项目总投资 9.87 亿元。全国固定污染源排污许可核发登记工作，提前完成固定污染源清理整顿 33 个行业 162 家企业、87 个行业 342 家企业排污许可发证和登记工作，顺利完成了目标任务。圆满完成第二次全国污染源普查任务，全面掌握各类污染源的数量、行业和地区分布情

况，建立健全了重点污染源档案、污染源信息数据库，以总分 104 分第一名的成绩通过州级验收，并代表大理州接受省级验收。

严格环境监管执法。集中开展清废行动、非煤矿山专项检查、砖瓦行业专项检查、汽修行业专项检查、危险废物专项检查、"散乱污"企业整治、娱乐场所噪声整治等工作，共检查企业 241 家，出动监察 942 人次。完成了 13 家企业突发环境事件应急预案、弥渡县突发环境事件应急预案备案工作。对 30 家企业环境违法行为进行了立案查处，下发了行政处罚决定书 30 份，处罚金额 264.25 万元，结案率 100%。

切实加强环境监测工作。完成了集中式饮用水水源、地表水、环境空气、重点污染源废水、废气监督性、重点减排项目监督性、噪声执法监测，疫情期间应急监测等监测任务 76 次，出具监测报告 76 份，出具监测数据 1962 个。制定《弥渡县联合中心城区城市核心区声环境常规监测方案（2020 版）》并完成常规监测工作；完成 1—4 季度河（湖）长制工作水质监测、县域生态环境质量考核监测工作。

有力推进生态保护工作。切实加强农村污水治理，编制印发《弥渡县农村生活污水治理专项规划》，下发《关于加快推进弥渡县农村生活污水治理的实施意见》，开展农村生活污水治理基础信息调查和系统录入工作。制定印发了《2020 年弥渡县生态环境工作暨生态文明建设考评实施细则》，明确责任，强化考核。完成生态文明体制改革要点 3 项改革任务。组织县财政局、县住建局对寅街镇大庄村、苴力镇大寺村实施的传统村落环境综合整治项目进行县级验收。争取中央水污染防治项目资金 1400 万元，对红岩、新街等 9 个自然村农村污水进行治理；申报中央、省水污染防治、农村环境治理项目 3 个，项目预算投资 8751.55 万元。抓好"十四五"生态环境保护规划编制，规划项目 26 个，总投资 69.70 亿元，梳理上报 17 个储备项目，资金 48.77 亿元。同时做好人大代表建议回复工作，2020 年，弥渡县十七届人大第四次会议代表建议，由该局承办 7 件，建议主要围绕加强农村生活污水治理为主。目前，建议办复率 100%，面商率 100%，人大代表满意

率100%。

从严、从实开展环保督察整改。召开整改工作推进会3次,下发整改通知3份。中央环保督察整改事项19项,已完成整改19项;省环保督察整改事项18项,已完成整改18项;中央环保督察"回头看"2件投诉举报案件均办结,已报州级销号。

落实新型冠状病毒感染疫情联防联控责任。抓实医疗废物监管、环境应急监测、内部防控、挂钩村疫情防控等各项工作,出动执法人员96人次,检查医疗单位24家次,收集医疗废物57.07吨,安全转移无害化处理52.69吨,开展县医院、县城污水处理厂、饮用水源地应急监测14次,为挂钩村提供口罩150个,消毒药剂25千克,助力打赢疫情防控阻击战。认真做好疫情期间环评审批服务工作,积极推行"网上办"和"不见面"审批,采取函审方式完成8个建设项目环评技术审查。

扎实开展生态环保宣传。充分发动全县各乡镇、各部门,借助各类媒体,以"5·22"生物多样性日、"6·5"世界环境日等为契机,在中、小学开展有奖征文活动,印发新《固体废物污染环境防治法》等宣传材料6000份,借助《法制弥川》、法制微课堂等节目以案释法,加大环境保护法律法规和政策的宣传力度,积极倡导绿色生产、生活方式,在全社会营造生态环境共建、共享的良好氛围。

生态环境分局主要领导干部

乍文举　党组书记、党支部书记、局长

杨明富　党组成员、副局长(正科)

熊　富　党组成员、党支部副书记、副局长

李　英　副局长

(撰稿:张桂嫦)

【祥云县】　2020年,大理州生态环境局祥云分局在大理州生态环境局、县委政府的领导下,坚决贯彻落实中央、省、州生态环境保护治理决策部署,紧紧围绕统筹推进打赢污染防治攻坚战的年度目标,结合祥云县生态环境保护工作开展实际,以污染防治和解决突出环境问题为重点,深化生态文明体制改革,加强生态文明建设,加强环保队伍建设,坚持环境保护与经济、社会协调发展,牢固树立"在发展中保护,在保护中发展,以发展促保护"的生态文明建设理念,着力推进绿色发展、循环发展、低碳发展,形成节约资源和保护环境的空间格局,走生态建设产业化、产业发展生态化之路,积极为祥云科学发展、和谐发展、跨越发展作贡献。

集中式饮用水源地水质状况。2020年,祥云县县城集中式饮用水源地小官村水库水质达Ⅲ类水质,水质达标率100%。

环境空气质量。2020年,祥云县优良天数355天,优良率为100%,未发生重污染天气。2020年,祥云县细颗粒物年均值浓度为14微克/立方米;可吸入颗粒物年均值浓度为31微克/立方米;二氧化氮年均值浓度为12微克/立方米;二氧化硫年均值浓度为9微克/立方米;一氧化碳日均值浓度为0.9毫克/立方米。

抓实环保督察反馈问题整改。结合祥云县《中央环境保护督察反馈意见问题整改方案》《省环境保护督察反馈意见问题整改方案》和《贯彻落实中央环境保护督察"回头看"及高原湖泊环境问题专项督察反馈意见问题整改方案》,对标对表,坚持项目化管理、清单化明责、精细化落实,狠抓真改,确保整改实效。全县中央环境保护督察19项反馈问题已全部完成整改;省环境保护督察24项反馈问题已完成整改23项,1项达到序时进度;中央环保督察"回头看"及高原湖泊环境问题专项督察5项反馈问题已完成整改4项,1项达到序时进度;中央环境保护督察以及"回头看"期间交办的17件群众投诉举报件已全部完成整改。2020年6月16日,大理州环境保护督察工作领导小组办公室组织州局相关单位就全县中央环保督察"回头看"及高原湖泊环境问题反馈整改情况进行检查验收。

水污染防治行动。2020年,完成了县城集中式饮用水水源保护区调整及划定(小官村、清水河水库)和"千吨万人"饮用水源保护区划定(三甲水库);开展农村生活污水治理工作,完成全县10个乡镇875个自然村的基础数据填报录入工作;完成《祥云县农村生活污水治理专项规划》编制及州级审查会议,并按专家意见修改完善后报请州级部门同意并印发实施；完成祥云县地下水污染防治申报项目筛选工作及调查报告、实施方案编制。

土壤污染防治行动。2020年，完成《祥云县土壤污染治理修复及重金属污染防治规划（2020—2025年）》《祥云财富工业园区及周边土壤状况调查及风险评估》《祥云县原土法炼锌集中区域土壤状况及风险评估》等文本编制；完成了大理州乔甸镇石碑村委会土壤重金属污染综合治理示范工程项目验收；持续推进固体污染防治攻坚战重点工作实施，督促云南祥云飞龙再生科技、云南祥云中天锑业、祥云县黄金工业有限责任公司3家重点企业，按时完成工业固体废物堆存场所环境整治任务。按省、州生态环境保护部门尾矿库污染防治安排部署，组织相关工作人员，对辖区内祥云县黄金工业有限责任公司尾矿库、云南祥云飞龙再生科技股份有限公司尾矿库、大理州红蜘蛛矿业有限公司尾矿库3个尾矿库开展现场检查，督促企业对在用、停用尾矿库环境风险隐患开展全面自查。3个尾矿库均完成风险评估及应急预案编制。

大气污染防治行动。持续开展大气污染防治行动计划相关工作，大力开展大白桥片区生态环境综合整治，共取缔108家采石、石材加工企业，关闭取缔大白桥片区石灰窑，对11家石灰生产加工经营户予以关停。完成县级城市建成区燃煤锅炉清理排查工作，淘汰9台燃煤锅炉，截至2020年底，已完成全县17台燃煤锅炉淘汰整治工作。完成年度全县碳排放强度核算。

农村环境保护。委托第三方编制《祥云县农村生活污水治理专项规划》文本并通过州级审查会议，按专家意见修改完善后报请州级部门同意并印发实施。开展农村生活污水治理工作，完成了全县10个乡镇875个自然村的基础数据填报录入工作。

生态文明体制改革。2020年，祥云县生态文明体制改革要点6个，改革任务6项，已启动6项，启动率为100%，6项改革任务均已按时序推进。

生态文明建设示范区创建。《祥云生态县建设规划（2015—2020年）》通过云南省生态环境厅评审后，全县生态县建设各项工作稳步推进，生态创建工作有序进行。目前，祥云县共有9个乡镇成功创建为"省级生态文明乡镇"、70个村被命名为"州级生态村"、5个村成功创建州级生态文明示范村。2020年，祥云县生态县创建通过省级专家审查并被列入省级生态县公示名单。

服务社会经济发展。2020年，共完成118个项目的审批、备案、依法公示工作。固定资产投资任务目标完成1832万元，完成61.07%；招商引资任务目标完成1亿元，完成100%；完成项目储备7个，争取项目3个（争取资金500万元），申报中央专项资金项目2个。

加大建设项目"三同时"环境监察力度。按照"属地管理"原则，对辖区内企业严格监管，对新开工建设项目，一律执行"三同时"制度。2020年，开展了建设项目环保"三同时"执法大检查行动，严肃查处"未批先建"、违反环保"三同时"制度等环境违法行为，在检查中发现，祥云县宏盛达新型建材厂等相关企业的环保手续未完善，根据《建设项目环境保护管理条例》依法实施行政处罚。督促项目单位办理竣工环保验收、排污许可证等相关环保手续，并按环评批复及要求落实环境保护设施和措施。

规范排污许可核发。全面落实《排污许可证管理暂行规定》《排污许可管理办法（试行）》《固体污染源排污许可分类管理名录（2017年版）》相关要求和规定，严格规范排污许可证管理。按省、州规定时限完成了全县33个行业680家排污单位的清理整顿及登记工作。

生态环境保护宣传教育。2020年，"6·5"环境日开展了以"美丽中国，我是行动者"为主题的摄影作品征稿活动、"法律进企业"活动、农村生活污水治理知识宣传进社区活动等系列活动。

生态环境行政处罚。2020年，结合中央、省、州环保督察组交办环境问题开展督办件办结"回头看"工作，以开展环境执法大练兵及专项执法工作为契机，以重大案件的查办为重点，进一步加大对环境违法案件查处力度，严厉打击各类环境违法行为。全年共出动环境监察650余人次，完成现场监察记录400多份，下达责令整改通知书130份，立案查处16件，结案15件，行政强制

1件，处理信访投诉案件140件、"12369"环保举报热线、"12345"政务热线交办件办结率100%；开展各类监测共计80余次。

生态环境分局主要领导干部

顾荣祥　党组书记、局长

朱国邦　党组成员、副局长

孔菁菁　党组成员、副局长

杨慧晶　党组成员、副局长

茂文玉　党组成员、一级科员

（撰稿：茂文玉）

【宾川县】　2020年以来，大理州生态环境局宾川分局贯彻落实习近平新时代中国特色社会主义思想、习近平生态文明思想，坚持"绿水青山就是金山银山"和"绿色发展"，坚决推进"环境优先、生态立县"战略，按照"源头严防、过程严管、后果严惩"总体思路，咬定"宾川天更蓝、水更绿、山更青、地更净"的目标，撸起袖子，狠抓落实，持续深入推进污染防治攻坚战，不断加快全县生态文明建设。截至2020年底，县城集中式饮用水水源地仙鹅水库水体环境质量达Ⅱ类，大银甸水库水体环境质量达到Ⅲ类，桑园河出境水质断面达到Ⅲ类；县城空气质量监测有效天数为357天，其中，优为282天、良75天、污染天气0天，优良率达100%。

碧水攻坚战深入开展。全县水环境质量不断改善，2020年1—12月，宾川县饮用水水源水质达标率100%，饮用水水源水质稳定，地下水质量保持稳定，出境断面水质达Ⅲ类标准，地表水优良水体比例达到100%。工业污染防治进一步加强，县工业园区共16家企业，无重金属、冶炼、化工等企业，均自建污水处理设施对污水进行处理。宾川县无"十小"企业。城镇污染治理有效推进，河道内的垃圾、漂浮物得到及时清除，完成县城39条巷道黑臭水体排查，完成投资1864.62万元的县污水处理厂配套管网改扩建项目，新建污水管网22.5千米，实施了投资2922万元的县污水处理厂提升改造项目。节水行动积极推行，全县规模以上工业企业均建立了节约用水管理制度，耀城财富中心、茂华盛景、金城印象、宾城首座等都安装了节水型坐便器、节流水

龙头、感应式水龙头等节水设施设备。农业农村污染防治扎实开展，全县所有规模化畜禽养殖均采取干清粪、雨污分流模式，设粪便堆场、尿液储存池，粪便和尿液作肥料进行综合利用，场区不允许设置污水排放口，并全部通过了环境保护竣工验收。2020年，全县实现畜禽粪污综合利用率预计达85%，规模养殖场设备配套率100%。船舶港口污染控制顺利推进，完善了《宾川县船舶污染事故应急预案》。水资源保护利用不断强化，最严格水资源管理制度全面落实。河（湖）长制"清四乱"专项行动扎实展开，按照"清存量、遏增量"目标，共排查乱占问题3个、乱堆问题3个。截至10月30日，6个"四乱"问题已全部销号。乡镇级饮用水水源地保护区的划定全面完成，委托中国冶金地质总局第一地质勘察院完成7个乡镇8个水源点保护区划定方案编制，共划定水源保护区19.134平方千米，其中，一级保护区1.316平方千米，二级保护区10.465平方千米，准保护区7.353平方千米。2020年11月30日，省生态环境厅以《关于批复大理州漾濞县漾江镇金盏河等70个集中式饮用水水源保护区划定方案的函》（云环函〔2020〕642号）同意了划定方案。小水电排查、评估、台账建立、"一站一策"制定报批有效、有序开展，完成整改类小水电站生态流量放流和监测设施建设、县级生态流量监控平台建设，退出类小水电电站取水许可证注销等工作。

蓝天保卫战持续推进。全县大气环境质量明显改善，2020年，全县环境空气优良率为100%，与上年同期相比空气优良率不变；1—12月年有效天数357天，空气质量优282天，良75天，无轻度污染、重度污染天数。完成大气水泥行业2个减排项目，二氧化硫、氮氧化物排放总量分别为0.0556万吨、0.0543万吨。依法关停狮子口石场，并实施生态修复。加大对天然气等清洁能源的推广使用力度，覆盖整个县城建成区。加强城市扬尘污染管理，降低扬尘。积极提升城区道路扬尘治理能力，加大防风抑尘作业力度，不断提高道路机械化清扫。深入开展VOCs前期整治调查，完成汽车修理、塑料生产、印刷、干洗等重点行业挥发性有机物调查。

净土保卫战积极推进。制定印发《宾川县2020年土壤污染防治工作实施方案》，召开宾川县污染防治攻坚战推进会议，对土壤污染防治工作进行安排部署。完成长江经济带固体废物存量排查、源头排查等，渔泡江宾川段流域100米范围内未发现危险废物和一般工业固体废物存量点。完成农产品加密协同监测（葡萄）样品20个采集任务，完成农产品产地土壤环境质量国控例行监测12个点位24个样品采样工作，完成测土配方施肥技术推广应用92.8万亩、有机肥推广应用15万亩、水肥滴灌技术措施推广应用11万亩。完成非正规垃圾堆放点排查整治。开展农用地分类管理，推进耕地土壤环境质量类别划定，完成Ⅰ类、Ⅱ类、Ⅲ类图斑划定及现场踏勘、边界核实。制定印发《宾川县受污染耕地安全利用工作方案（2019—2020年）》，完成受污染耕地安全利用措施落实。印发了《宾川县固体废物污染防治专项攻坚战实施方案》和《宾川县固体废物污染治理攻坚战专项作战方案年度实施计划与县级部门责任清单》，完成既定目标任务。2020年，宾川县未发生因耕地土壤污染导致农产品质量超标且造成不良社会影响的事件或因疑似污染地块或污染地块再开发利用不当且造成不良社会影响的事件。

环境执法监察及监测。一是全面落实国家环保法律法规和《国务院办公厅关于加强环境监管执法的通知》，着力强化环境执法监管，积极、及时向环境违法行为"亮剑"，对现场检查发现的环境违法行为和环境安全隐患，依法责令企业限时完成整改，对"未批先建""未验先投"等违反《环境保护法》《环境影响评价法》的环境违法行为依法进行行政处罚，从严从实监督管理全县生态环境，确保全县生态环境安全。二是深入开展专项执法检查。强化噪声污染防治工作，完成高考、中考期间考场周边噪声整治行动。深入开展非煤矿山企业专项执法检查。认真开展砖瓦行业环保专项执法检查，对砖瓦行业企业建设项目环评制度执行情况、大气污染防治设施建设和运行情况、大气污染物稳定达标排放情况进行检查并督促整改落实。加强新上项目执行"三同时"情况的监督检查，对未按照环境影响评价制度执行的，要求停止施工，责令建设方按照环评相关标准要求抓落实。加强节假日期间环境监管，建立了24小时值班制度，保持投诉电话的畅通，及时处理来电、来信、来访。认真受理污染纠纷，畅通"12369"环境污染举报投诉电话，做到"热情接待、认真登记、迅速处理、及时回复"，共调处解决环境污染投诉52起。三是完成环保督察反馈问题整改落实和验收。按照中央和省州环保督察有关工作要求，完成2016年中央环保督察反馈意见问题、2017年，省委、省政府环境保护督察反馈问题、2018年，中央环保督察"回头看"及高原湖泊反馈环境问题月报工作。围绕环保督察整改验收工作要求，完成涉及宾川县的17项中央环保督察反馈问题、17项省环境保护督察反馈问题、6项中央环保督察"回头看"及高原湖泊环境反馈问题的整改验收工作。

总量减排。一是进一步加强减排工作力度，严格落实污染减排目标责任制，认真开展县污水处理厂污染治理设施和在线监控设备运行监督检查，发现问题及时督促县污水处理厂整改到位，确保县污水处理厂污染治理设施、在线监控设施稳定正常运行和污染物达标排放。2020年12月31日止，县污水厂共运行363天，处理宾川县城区内污水369.0067万吨，日均处理水量1.0165吨。化学需氧量（COD）进水浓度为275毫克/升、氨氮（NH₃-N）进水浓度为34.7毫克/升，化学需氧量（COD）出水浓度为21.3毫克/升、氨氮（NH₃-N）出水浓度为2.35毫克/升，经核算：2020年1—12月COD减排量936.15吨，氨氮减排量119.37吨。二是完成重点监控企业污染源自动监测数据有效性审核和全县放射源清查行动工作，每月按时向州生态环境局上报县污水处理厂监督性监督报告，对全县18家使用Ⅲ类放射源的涉源单位进行了放射源与射线装置安全和防护状况年度评估。

生态环境保护。一是认真落实省委、省人民政府关于加强生态文明建设的决定精神和滇西北生物多样性保护工作要求，积极推进生态文明建设和生物多样性保护。二是完成《宾川县农村生活污水治理专项规划（2020—2035年）》编制。6月12日，完成《宾川县农村生活污水治理专项规划》县级审查。6月19日，完成州级技术审查。

7月24日，完成州级技术复审。11月30日，经县人民政府常务会议研究审定批准印发，形成《宾川县农村生活污水治理专项规划（报批稿）》。三是按照省州农村生活污水治理现状和需求调查工作的部署和要求，组织协调各乡镇完成农村污水治理现状、需求调查工作，完成数据梳理汇总、核查核实和系统上传，共录入上传云南省农村生活污水处理信息系统90个村（居）委会、768个自然村有关数据。四是完成2020年度农村环境整治示范建设任务。完成力角镇力角街环境综合整治，总投资478.96万元，建设内容为力角镇集镇污水处理厂建设。完成乔甸镇杨保村环境综合整治，总投资623.35万元，建设内容为乔甸镇集镇污水处理厂建设。完成钟英乡小松坪村环境综合整治，总投资145万元，建设内容为小松坪生活污水管网配套及污水处理设施建设。完成乔甸镇海稍村委大春树村环境综合整治，总投资190万元，建设内容为大春树村多塘系统污水处理设施建设。五是全面落实省州加快推进生态文明体制改革的部署要求，积极稳妥地推进全县生态文明体制改革工作，并全面完成2020年度改革目标任务。

环评审批。严格落实环境影响评价法律法规，严把建设项目环评审批关。一是按照《建设项目环境保护分类管理名录》规定，严把建设项目环境影响评价等级关，不降低评价等级。二是全面落实国家产业政策，对不符合国家产业政策的建设项目一律不批。三是从项目选址上严格把关，亲临现场进行勘查，对不符合规定和要求的一律不批。四是从环保投资与治污工艺上严格把关，对污染严重、能耗高、水耗大的粗放型经营项目和环保投资无保证、治污工艺不成熟的项目一律不审批或呈报。五是从项目污染物排放标准上把关，对达不到国家标准和地方标准的一律不批。六是按照建设项目环境影响评价文件分级审批规定严格把关，对不属于县级审批的项目，按要求及时呈报，不越权审批。对重点建设项目实施跟踪服务，坚持服务优先，对满足环境准入条件的项目，开辟环评审批"绿色通道"，有力推进了重点建设项目的顺利实施。完成全县小水电建设项目清理、排查及分类清理整顿工作，并上报州生态环境局。

环保宣传教育。积极加大宣传力度，强化生态环境保护外宣工作。进一步加大生态环境保护宣传教育，围绕生态环境保护工作，认真组织开展新闻、信息等宣传，大力弘扬工作中的好做法、好经验，凝聚生态环境保护工作正能量，为各项工作持续深入开展营造良好氛围。

监测能力建设。一是完成仙鹅水库例行水质监测的常规监测，并出具了相应的监测数据。二是完成河（湖）长制地表水（河道）、小（一）型、小（二）型水库、中型水库、饮用水源地、重点水库共34个监测断面的水质监测任务。三是完成县城集中式饮用水源地大银甸水库的环境调查及评估。四是完成县污水处理厂水质监测和监督检查。五是配合州环境监测站完成祥云县财富工业园区污染该县乔甸石碑村委会的每季度1次的5个点的水环境（地表水和地下水）质量指令性监测任务及每季度1次的大银甸水库水质监测任务。六是收集整理了《地表水环境质量标准》《环境空气质量标准》《环境噪声质量标准》《固体废弃物标准》等标准及相应的环境监测方法，进一步规范了实验室仪器、药品、档案的管理和各项规章制度。

"两学一做"学习教育和脱贫攻坚。一是全面落实"两学一做"学习教育制度常态化要求，从严从实开展好"两学一做"学习教育，深入持续组织党员干部深入学习《中国共产党章程》、学习习近平新时代中国特色社会主义思想、习近平生态文明思想，使全体党员深刻领会、准确把握《中国共产党章程》和习近平新时代中国特色社会主义思想、习近平生态文明思想的精神实质，认真撰写读书笔记和心得体会，组织党员干部认真开展学习讨论，确保"两学一做"学习教育从严走实，并取得明显成效。二是深入开展党费日、支部主题日、"三会一课"，进一步提高局党支部党建工作科学化、规范化水平，保障"两个作用"充分发挥。三是全面落实《宾川县脱贫摘帽工作方案》《宾川县关于在扶贫开发工作中实行"挂包帮、转走访"工作的实施意见》和《宾川县"干部基层百日行"活动实施方案》部署要求，抓实脱贫攻坚挂钩帮扶责任落实，派驻排营村委扶贫驻村工作队员3名，完成脱贫攻坚夏季攻势相关工作任务，确保排营村脱贫攻坚工作任务落实落地。

生态环境分局主要领导干部

张　从　党组书记、局长

周爱军　党组成员、副局长

何月秋　党组成员、副局长

陈　松　党组成员、副局长

（撰稿：张翠萍）

【巍山彝族回族自治县】　2020年，是全面建成小康社会和"十三五"规划的收官之年，是污染防治攻坚战取得阶段性成效的决战之年。巍山县的生态环境保护工作在县委、县政府正确领导和州局的帮助指导下，认真践行"绿水青山就是金山银山"的理念，切实加强生态环境保护，坚决打好污染防治攻坚战，全力构筑全县生态安全屏障，不断提高辖区环境整体质量，推动经济社会高质量发展，以生态环境的高水平保护助推全面建成小康社会。

坚决打赢蓝天保卫战。严格落实《巍山县打赢蓝天保卫战三年行动实施方案》，制定并下发了《巍山县重点行业挥发性有机物综合治理实施方案》《巍山县县城建成区高污染燃料禁燃区划分方案》《巍山县非道路移动机械摸底调查和编码登记工作方案》，提高挥发性有机物治理的科学性、针对性和有效性，协同控制温室气体排放，有效改善空气质量。开展"散乱污"企业综合整治，全县94家"散乱污"企业中，15家非砖瓦窑类企业已全面关停或整改到位；79家小砖瓦窑停止使用燃煤，砖瓦窑改气技改工作正稳步推进。巍山县2020年大气总监测天数365天，优良天数365天，优良率100%。

持续打好碧水保卫战。省考断面原巍南公路收费站西河断面水体达标率100%，达到年度考核目标。持续开展饮用水源地生态环境问题排查整治，完成磨房箐、锁水阁2个"千吨万人"集中式饮用区水源保护区划定工作，并投资233.2万元完成饮用水源地保护区隔离防护工程建设。认真做好黑臭水体排查工作，经排查，巍山县内无黑臭水体。积极推进农村生活污水治理，按时完成农村生活污水现状调查及专项规划编制工作。

扎实推进净土保卫战。完成农用地土壤污染状况详查工作，推进农用地详查成果运用。强化土壤污染重点监管单位监管，进一步加强污染地块管理工作。修订并下发了《巍山县畜禽规模养殖禁养区划定方案》，有效控制了畜禽规模养殖的污染问题。稳步推进重点行业企业用地调查，开展涉镉等重金属重点行业企业污染源整治，巍山县列入重金属土壤污染防治项目的4家企业已整改验收。四是强化污染防治攻坚战统筹协调调度。充分发挥污染防治攻坚战工作领导小组办公室的作用，建立污染防治工作部门联动机制，完善月调度制度，加强对"7个标志性战役"推进情况的调度和督促检查，及时向领导小组汇报攻坚战进展情况，研究协调解决存在的困难问题，全面完成污染防治攻坚战阶段性目标任务。

项目建设环评管理。一是深化"放管服"改革，动态管理各项清单。按照省、州、县简政放权、放管结合、优化服务的总体工作部署，积极进行局系统行政权力梳理、衔接、下放、归并、运转等工作。及时根据省、州关于调整行政权力事项的文件对权责清单、行政审批中介服务事项清单、政务服务事项清单进行修改，变更相应工作制度，确保简政放权彻底落实，对精简的行政审批事项放得下、接得住、管得好，持续优化营商环境。实施环评审批正面清单，全面落实"六稳""六保"。二是对照《建设项目环境影响评价分类管理名录》，对关系民生且纳入排污许可登记管理的行业，不涉及有毒、有害及危险品的仓储、物流配送业等10大类30小类行业的项目，豁免环评手续办理，不再填报环境影响登记表。对涉及工程建设、社会事业与服务业、制造业、畜牧业等领域17大类44小类行业试行环评告知承诺制。配合各单位完成36个债券项目申报，积极参与投资促进项目、州、县重大项目的现场踏勘，对项目的立项、选址、施工提前介入，主动提供环评审批服务，为大临铁路、大南高速、滇中引水等重点项目提供复工复产保障。三是创新工作方式，充分对接企业服务。受新型冠状病毒感染疫情影响，在日常审批工作中运用信息化手段辅助办公，创新环评管理方式，实现"不见面"审批。2020年，帮助企业在网上登记备案建设项目

199 个，线上受理 6 个建设项目环评文件审批，其中"不见面"审批项目 2 个。制作排污许可登记及变更的电子指南，建立巍山县固定污染源排污许可群，充分对接企业的办事需求，在线帮助企业解决填报问题，完成全县 214 家企业排污许可登记，指导 19 家企业网上申领排污许可证。

生态建设。巍山县 67 个村（居委会）创建成为州级生态村，10 个乡镇全部创建成为省级生态文明乡镇，2020 年，启动了省级生态文明县申报工作，于 11 月 12 日将申报资料报送省生态环境厅生态文明建设处，等待省级资料审查和现场核查验收。

环境监测。稳步开展各项监测任务，完成"十三五"国家环境空气、地表水监测工作。认真做好巍山县污水处理厂水污染物减排监测、污水处理厂监督性监测、巍山县水功能区断面监测、废水污染源自动监测设备比对监测及水污染防治州级考核断面监测工作任务。完成巍山县 2020 年县域生态环境质量监测、农村环境质量试点监测和重点污染源监督性监测。充分履行县级监测站的主责主业，积极配合执法部门做好执法监测。2020 年 7 月，巍山县生态环境监测站顺利通过云南省生态环境厅的标准化达标验收。国家和省对巍山县的县域生态环境考核均为"稳定"等次。

环境监察。树牢执法服务意识，在服务中强化监管。严格规范执法程序，坚决克服执法简单化、"以罚代改""一刀切"的倾向，采取现场指导、约谈整改等手段帮助企业落实环境保护措施。2020 年，环境监察执法大队落实和完善重点污染源现场检查制度，共出动监察人员 180 人次，对各类环境污染及环保设施运行情况进行监察，共查处案件 1 件，处罚金 1 万元，全年处罚金额和配套案件均较 2019 年大幅下降。认真开展"双随机、一公开"工作，全年共抽查了 10 家单位，对存在环境问题的企业提出相关整改要求。

环境投诉和纠纷处理。重视环境污染事故和污染纠纷的调查处理工作，努力维护群众环境权益。充分发挥"12369"环保投诉热线，及时办理环境信访案件，做到事事有着落、件件有回音。2020 年，"12369"接通率 100%，全年共出动了约 180 人次环境监察执法，解决了环境投诉和环境纠纷 48 件。处理率 100%，满意率 100%。

环境保护督察。巍山县委、县政府高度重视环境保护督察反馈问题整改工作。对标对表，全面完成中央环保督察以及省委环保督察反馈问题和交办件的整改，全县中央环保督察 17 个反馈问题、省级环境保护督察 18 个反馈问题及"回头看"专项督察 5 个反馈意见问题，均已于 2020 年 6 月完成整改并通过验收。

环保宣传。通过持续开展环保主题宣传活动，创建"绿色学校"等工作，公众环保意识进一步增强。围绕环境日主题积极开展多形式的主题宣传，2020 年，共计发放宣传彩页 5100 张、环保无纺布袋 4000 个。持续开展绿色创建，开展低碳生活环境法治宣传进校园活动，大仓镇大仓中学被授予省级"绿色学校"。2020 年，巍山环保政务微博共发送微博 1392 条，微博博文阅读量达 517507 次。

生态环境分局主要领导干部

罗忠智　党支部书记、局长

吴浩黎　副局长

刘熙彤　副局长

罗文俊　副局长

左敏娟　副局长

（撰稿：阿赛美）

【南涧彝族自治县】　2020 年，大理州生态环境局南涧分局在县委、县人民政府的正确领导下，在大理州生态环境局的关心指导下，坚持以习近平总书记考察云南重要讲话和对大理工作重要指示精神为引领，牢固树立"绿水青山就是金山银山"的理念，认真贯彻落实党的十九大、十九届二中、三中、四中、五中全会精神和党中央、国务院和省州党委、政府关于生态文明建设和环境保护的决策部署，把生态环境保护放在更加突出的位置，深入实施"生态立县、环境优先"战略，持续加大组织领导和推进力度，县域生态环境质量得到持续改善，2019 年，县域生态环境质量监测评价与考核结果为"轻微变好"，2019 年，领导班子考核和综合考评均为优秀；2020 年，县域生态环境质量监测评价与考核结果为"基本稳定"，2020 年领导班子考核和综合考评均为优秀，

2020年，局党支部被授予"先进基层党组织"。生态环境保护工作开创了新局面。

污染防治工作。紧紧围绕"天更蓝、地更绿、水更清"的目标，统筹推进打好大气、水、土壤污染防治攻坚战，生态环境质量持续改善。一是县城环境空气质量优良率达到100%，县城环境空气质量优良，空气质量级别为Ⅱ级，达到州人民政府的要求和工作目标，全县环境空气质量总体继续保持优良。二是全面完成2020年度全县土壤污染防治工作任务，结合提升城乡人居环境行动，深入推进农村环境综合整治工作，加强农村生活污水治理，净土保卫战工作有序推进。三是着力打好碧水保卫战，制定《南涧县2020年水污染防治实施计划》，开展水质达标和提升工作，省考地表水监测断面水质均达Ⅲ类及以上标准，县城集中式饮用水源地水质稳定Ⅲ类或以上水质标准。

污染减排工作。2020年，南涧县涉及水污染物减排的主要项目是污水处理厂全口径减排（南涧县污水处理厂）、城镇生活垃圾处置工程减排（南涧县生态垃圾处理场）、农村生活垃圾处置工程减排（无量山镇生活垃圾处理站、小湾东镇月亮山生活垃圾处理站）3个方面。共新增削减化学需氧量（COD）6.13吨、氨氮（NH_3-N）0.49吨。

环境监察执法。一是开展各项环保专项执法工作。在新型冠状病毒感染疫情期间，对南涧县各家医院及留验点医疗废弃物的台账记录、存放在储存间情况、消毒情况、转运情况进行了严格的现场执法检查；根据当地群众环境问题的举报，对南涧境内的南景、大南和宾南高速公路部分施工段进行现场检查工作。二是强化企业环境监管。2020年，共出动人员300多人次，现场检查笔录80多份，对南涧县城集中式饮用水源地母子箐水库和大龙潭水库开展每季度1次的监督检查工作；按要求开展"双随机"工作。三是开展2020年高考期间环境噪声治理工作。四是严厉查处环境违法行为，对6家违法排污企业进行了行政处罚，共处罚金57万元。五是认真处理环境信访案件、维护群众环境权益。畅通"12369"环保热线电话，进一步规范了信访工作程序，2020年，共计出动人员300多人次，处理群众来信来访案件131件，处理率达100%。

环保督察。南涧县共涉及2016年以来各级环保督察反馈问题42项，截至2020年底，共完成反馈问题整改42项。2020年，通过组织材料核实和现场核实42项。其中，2016年中央环境保护督察反馈问题19项，州级组织验收19项；2017年，省委、省政府环境保护督察反馈问题17项，州级组织验收17项；中央环境保护督察"回头看"及高原湖泊环境问题专项督察反馈问题6项，州级组织验收6项；中央环保督察"回头看"交办举报件1件，已按要求全面办结。

生态创建。一是申报创建省级生态文明县于2020年5月通过省生态环境厅公示，等待省政府命名。二是2020年12月，启动南涧县国家生态文明建设示范县创建工作，成立由县委书记、县长任组长的南涧县国家生态文明建设示范县创建工作领导小组，下设由县长任指挥长的创建指挥部。制定了《南涧县国家生态文明建设示范县创建实施方案》，在各乡镇、县级各部门的通力配合下，创建工作有序推进。

环评、排污许可证工作。一是严把建设项目环评审批关，从源头上杜绝新污染源产生。提前介入建设项目环评审批前期工作，严把环境准入关，2020年，审批建设项目环境影响评价报告表12件、登记表备案31件。二是加强排污许可证的初核工作。2020年发放《限时申领排污许可证办理排污登记告知书》165家，其中，办理排污许可证23家（重点管理7家，简化管理16家）、办理排污登记142家。

环境监测。一是南涧县环境监测站标准化建设于2020年6月通过了云南省生态环境厅组织的验收检查组的现场评审工作。二是完成了2020年国家重点生态功能区县域生态环境质量考核（国考、省考）环境质量监测数据审核、汇总、自查报告材料上报工作。三是配合做好小湾电站、多依井大桥、大龙潭水库、母子箐水库水质监测断面的采样工作，制订第三方质量控制计划，做好第三方质量控制工作。四是做好澜沧江水质自动监测站、南涧县环境空气自动监测站的运维管理工作。实时跟踪空气自动监测数据和水质自动站数据动态，掌握县城环境空气和澜沧江水质质量状况，以便说清环境空气质量和水质现状；配合完成国家重点生态功能区农村环境监测点无量山镇山花村的环境质量监测工作。五是完成监测站其他常规工作。

环保宣传。扎实抓好生态文明建设宣传教育，积极营造全民参与生态文明创建和环境保护的良好氛围。一是通过"6·5"世界环境日、全国科技者工作日宣传活动，结合"六一"儿童节慰问，深入得胜小学、街场开展环保宣传、环保法律法规咨询，受理环境问题投诉等。共发放环保知识手册10000余册和环保宣传帽10000余顶。二是利用环境监察大队日常监察到企业检查之机，开展环保知识进企业宣传活动，加强环境保护政策法律法规宣传，提高企业法律意识和对环境保护工作的认识，累计发放环保宣传册100余册。三是结合6月党组理论学习中心组学习和党支部主题党日活动，对全局干部职工进行"解放思想再讨论、敢想敢干再出发"动员，加强学习培训力度，强化干部队伍建设。四是通过"微南涧"公众号平台推送环境日宣传海报、环保小知识、倡议书，扩大宣传范围和影响力。通过系列活动，不断提高公众生态环保意识和参与积极性。

项目工作。一是为进一步加强环保专项资金项目的策划、争取和管理，成立大理州生态环境局南涧分局环保专项资金项目工作领导小组。二是2020年，争取到中央环保专项资金项目3个、资金1140万元，其中，南涧县城集中式饮用水水源地保护区及水源区环境集中整治项目1100万元、水环境应急监测资金20万元、土壤污染防治风险管控及治理修复项目20万元。三是加强项目储备工作。通过中央生态环境资金项目管理系统和云南省环保专项资金项目管理信息系统，申报了南涧县澜沧江支流——公郎河流域连片村落生活污水治理示范项目，该项目总投资估算1283万元，目前已通过省级初审，进入技术审核阶段。

自身建设。一是加强专业知识培训，注重队伍建设。采取自学和集中学习以及走出去、请进来等多种形式进行学习培训，提高全体干部职工的政治素质和业务能力。二是该局环境监测监察业务用房于2017年7月投入使用，结束了无独立办公场地的状况；2018年，完成了澜沧江国家水质自动监测站和县城环境空气自动监测站建设并投入使用；2019年1月，县环境监测站通过监测机构资质认定，环境监测站2020年6月通过了三级监测站标准化建设验收，3个站的建设能实时跟踪水质监测数据和环境空气监测数据动态，掌握县城环境空气质量情况和澜沧江南涧段水质状况，为生态环境管理提供科学依据。

生态环境分局主要领导干部

张　波　党组书记、局长
姚于华　党组成员、副局长
徐维光　党组成员、副局长
李翠东　党组成员、局机关党、副局长
熊绍琴　副局长

（撰稿：连仲琼）

【鹤庆县】　持续打好三大污染防治攻坚战。一是强化饮用水水源地监管。加大对县城集中式饮用水水源地西龙潭保护及监管的力度，2020年，西龙潭水质达到或优于Ⅲ类标准，水质达标率100%。完成2个农村"千吨万人"饮用水源地羊龙潭水库、燕子崖饮用水水源保护区划分，正在开展4个乡镇级饮用水源地划分。二是加强地表水监督监测。2020年，全县纳入国家及省级考核的5个地表水断面中，漾弓江中江断面、落漏河陈家庄断面水质为Ⅲ类，漾弓江北溪大桥断面水质为Ⅳ类（主要污染物为氨氮），漾弓江逢密桥断面、漾弓江龙兴村断面水质为Ⅴ类（主要污染物为氨氮、总磷）。三是实施农村环境综合整治。2015—2018年，全县共实施农村环境综合整治项目11个，2015年、2016年、2017年9个传统村落环境综合整治项目已完成建设并通过县级验收，2018年，传统村落环境综合整治项目已完成建设待验收。开展农村生活污水治理、农村黑臭水体排查工作，印发《鹤庆县农村黑臭水体排查工作方案》，完成全县9个乡镇114个行政村753个自然村农村生活污水现状与需求调查，编制完成《鹤庆县县域农村生活污水治理专项规划》。四是开展污染物总量减排。2020年，华润水泥一线、二线，凌云资源综合利用有限公司40万吨/年球团生产线、120万吨/年球团生产线，污水处理厂均如期完成污染物总量减排任务。五是制定2020

年工作方案。制定《鹤庆县打赢蓝天保卫战三年行动 2020 年工作实施方案》《鹤庆县 2020 年度土壤污染防治工作计划》，有序推进大气、土壤污染防治工作。完成非道路移动机械摸底排查，高污染燃料禁燃区划分，印发《鹤庆县臭氧污染防治工作实施方案》《鹤庆县工业窑炉大气污染综合整治方案》。开展尾矿库风险隐患排查工作，制定治理方案并形成"一库一策"。完成涉镉等重金属行业企业第二阶段污染现场排查、工业固体废物堆存场所环境整治、土壤疑似污染地块系统数据维护。

不断提升环评审批服务能力。一是严把建设项目环境影响评价质量关，对不符合产业政策、环保措施不到位等项目坚决不予审批。加快行政审批制度改革，推进自行网上备案登记。2020 年，全县共审批建设项目环境影响评价文件 32 项，涉及固定资产投资 189181.21 万元，其中，环保投资 5583.09 万元。全县共计核发新版排污许可证 37 份。二是加强重点项目服务。加强对全县绿色低碳水电铝项目、欧亚乳制品深加工项目、鹤庆县循环农业生态园项目、其亚水电铝项目等重点项目协调服务工作，确保重点项目按时开工建设。

稳步推进项目实施及前期储备。一是加快推进在建项目。完成鹤庆县北衙区域重金属污染土壤治理与修复工程中黄坪镇片区和西邑镇片区农田及周边土壤污染状况调查评估；锅厂河上游历史遗留废渣整治工程、重度、中度、轻度 695 亩农田修复示范工程；工程部分于 2020 年 6 月通过县级及州级验收，正在开展项目效果评估。完成新华手工艺品加工废水处理工程结算审计并通过县级验收。二是积极进行项目申报储备。根据中央、省、州、县要求，积极谋划储备各类污染防治项目，开展龙开口镇金沙江沿岸农村环境综合整治整乡推进、漾弓江跨界水质提升农村环境综合整治、六合乡六合村小尤龙农村环境综合整治等项目实施方案编制。完成符合要求的各类水、土壤、大气污染防治及农村环境综合整治项目进入中央环保专项项目库申报工作，争取到 2020 年中央水污染防治资金 1020 万元、土壤污染防治资金 70 万元。

不断加大环境监测执法力度。一是开展了大气常规监测、大气降水监测、地表水监测、噪声监测、排污申报监测、环境管理监督监测和其他服务监测。协助第三方共同完成河长制第一、二、三季度 65 个监测断面监测，县域生态监测 6 个断面每月 1 次的监测。1—9 月，共出具监测报告 65 份。二是对各类建设项目环境保护"三同时"执行情况进行重点清查。严格按照"双随机、一公开"制度要求对全县重点监管污染源单位进行现场抽查检查。做好突发环境事件应急预案，修订完善了《大理白族自治州生态环境局鹤庆分局突发环境事件应急响应预案》，2020 年，全县 23 家企业备案突发环境事件应急预案。组织开展环境污染隐患排查工作，及时处置突发事件、处理环境问题投诉举报件。做好新型冠状病毒感染疫情防控期间全县各医疗单位医疗废物处置情况检查。2020 年，全县累计出动执法人员 1425 余人次，"双随机"抽查企业 25 家次，日常巡查检查企业 275 家次，立案查处环境违法行为 3 件，共处罚金 3.425 万元，受理处置各类信访、投诉 81 件，有力地打击和遏制了全县环境违法行为。

持续推进生态文明示范建设。坚持把生态文明建设示范创建作为推进生态文明建设的重要载体和抓手，推进鹤庆县生态文明创建层次和水平不断提升。全县已成功创建全国国家级 8 个省级及以上生态乡镇（其中 1 个为全国环境优美镇，1 个为国家级生态乡镇），根据《云南省生态文明州市县区申报管理规定（试行）》，已具备申报云南省生态文明县的条件，并于 2020 年 4 月启动省级生态文明县创建工作。

深入开展生态环境保护宣传。不断加大生态环境保护宣传力度，以世界环境日为契机，围绕 2020 年世界环境日主题，开展了生态环境保护集中宣传。通过摆放展板、发放 5000 余份环保宣传用品、召开生态环境保护座谈会、在《鹤庆通讯》开设专栏发布《鹤庆县 2019 年环境质量公报》等方式，呼吁广大群众着力践行人与自然和谐发展理念，广泛凝聚社会共识，激发公众热情，共同履行环保责任，营造全社会关心、支持、参与生态环境保护的良好氛围。

全力完成环保督察反馈问题整改。2016 年，中央第七环境保护督察组对云南省开展环境保护督察，向鹤庆县交办群众举报投诉件 4 件，已完成整改 4 件，反馈意见问题涉及鹤庆县 22 项，完成整改 22 项；2017 年省委、省政府第一环境保护督察组对大理州开展环境保护督察，反馈问题涉及全县 18 项，完成整改 17 项，未达到序时进度 1 项；2018 年，中央第六环境保护督察组进驻云南省转交鹤庆县办理 11 件，已完成整改 11 件，反馈意见问题涉及鹤庆县 6 项，完成整改 6 项。于 2020 年 6 月 22 日完成各级环保督察有关环境问题整改情况州级验收。

生态环境分局主要领导干部

李丽宏　党组书记、局长

张　栋　党组成员、副局长

王金梁　党组成员、副局长

苏灿斌　党组成员、副局长

（撰稿：李　烁）

【洱源县】　2020 年，洱源县生态环境保护工作坚持以党的十九大精神为指引，深入学习贯彻习近平新时代中国特色社会主义思想，贯彻落实习近平生态文明思想，牢固树立践行"绿水青山就是金山银山"的生态理念，始终坚持以生态文明建设和洱海保护治理为第一要务，立足生态环境职能，充分发挥保护洱海主力军和生力军作用，以污染防治为重点，全力推进生态文明建设，不断改善环境质量，为全县经济社会平稳较快发展提供环境支撑和保障。

执法监管情况。对各类建设项目、企业、各类环境投诉案件，以及已建成的污水处理设施进行了 209 次现场检查，共出动 800 多人次，下达整改通知书 45 份，并对已查实的环境违法行为立案 1 起。联合洱源县环保治安大队及各乡镇环保站对流域各乡镇餐饮客栈等服务行业的环保设施运行及污水排放等情况进行了专项抽查，检查企业共 25 家，检查污水处理厂（站）18 家次，检查洗车厂共 5 家，检查洗涤厂共 3 家，检查餐饮客栈共 48 家，对存在的问题累计下发整改通知书 25 家。联合洱源县公安局和洱源县人民检察院在洱源县境内开展了严厉打击危险废物环境违法犯罪行为专项行动工作，共检查产生危险废物企业 33 家，其中，涉及在线监测废液的污水处理厂 9

家、涉及医疗废弃物的医院 16 家，涉废机油等产生危废企业 6 家，修理厂 2 家。对检查中存在记录台账不规范、标识标牌不规范、贮存不规范等问题的企业下达了 7 份整改通知书，要求限期整改完成。受理各类信访、举报和"12369"热线案件共 37 件，处理 37 件，其中，噪声污染投诉 10 件、大气污染投诉 9 件、水污染投诉 6 件、固废投诉 11 件、其他投诉 1 件。

落实"放管服"改革。严格建设项目审批工作。优化审批流程，缩短环评审批时限。对县政府重大工程项目、"跑项争资"需出具环保手续的项目实行审批"绿色通道"，助推重大项目落地。全年共审批环评文件 11 个，作出行政许可 2 个，其中，报告书 2 个、报告表 11 个。配合全县重点项目申报前期工作准备材料 23 份。加强环评审批改革。重点围绕简化办事程序、精简办事材料、压缩办事时限、提高办事效率等方面提出了一系列环评改革措施。优化网上备案"一次不跑"改革清理前置条件，优化总量管理，下放审批权限，简化办事程序，实行环评审批统一受理，完善审批制度，缩短审批时间，提高审批效能。指导企业进行建设项目环境影响登记表备案 378 份。认真落实疫情期间生态环境部《关于统筹做好疫情防控和经济社会发展生态环保工作的指导意见》（环综合〔2020〕13 号）文件要求，对社会事业与服务行业的项目，豁免项目环评手续办理，不用填写建设项目环境影响登记表，豁免环评手续项目 32 个。

排污许可证申请与核发工作稳步推进。完成 2020 年前应登记的火电、造纸等 33 个行业排污单位清理整顿和排污登记工作。认真开展 2020 年度排污许可发证和登记工作。发放限时办理排污登记告知书和限时申请排污许可证告知书 182 份，经过摸底调查，排查出全县需进行排污许可登记企业 147 家，需申领排污许可证企业 33 家。分类处置阶段核查出属于正在建设、长期停产、禁止核发情形的不予发证企业 13 家，不予登记企业 31 家。全县完成排污许可证申领企业 22 家，其中，3 家需要限时整改。完成排污许可登记企业 116 家。

扎实推进中央环保督察"回头看"和省级环

保督察问题整改落实工作。洱源县涉及 2016 年中央环境保护督察反馈环境问题 24 件，举报案件 3 件，涉及 2017 年省级环境保护督察反馈环境问题 31 件、举报案件 5 件，涉及 2018 年中央环境保护督察"回头看"及高原湖泊环境问题专项督察反馈问题 17 件，举报案件 5 件，现已全部完成整改，通过州级验收。

生态环境宣传教育情况。2020 年紧紧围绕"美丽中国，我是行动者"主题，结合洱源县环保工作实际，以洱海保护治理工作为重点，倡导低碳经济、倡导绿色生活，积极参与洱海保护治理行动，全民参与，提高公众环保意识，使每一个公民、每一个家庭都成为环境保护的宣传者、实践者、推动者，自觉节俭消费，崇尚绿色生活，为低碳减排贡献力量。

生态环境分局主要领导干部

杨润辉　党组书记、局长
李向华　党组成员、副局长
李润荣　党组成员、副局长
朱宇璇　副局长

（撰稿：王　蕊）

【剑川县】　2020 年是全面建成小康社会、打赢污染防治攻坚战的决胜之年。剑川分局把生态环境保护工作作为当前及今后一项重要工作来抓，坚持以习近平生态文明思想为指导，以改善生态环境质量为中心，以解决突出环境问题为抓手，强力推进大气、水、土壤污染防治"三大战役"，严厉打击各类环境违法行为，积极维护人民群众环境权益。

环境状况。全县地表水环境质量总体稳定，剑湖湖心省控断面水质不稳定，未达到水体功能区划要求；黑潓江玉津桥省控断面为Ⅲ类；饮用水安全保障能力和水平明显提高，满贤林水库、玉华玉龙潭 2 个县级集中式饮用水水源水质达到Ⅲ类水质目标要求。县城可吸入颗粒物（PM_{10}）浓度均值为 21 微克/立方米、细颗粒物（$PM_{2.5}$）浓度均值为 13 微克/立方米，二氧化硫、二氧化氮浓度均值分别为 8 微克/立方米、6 微克/立方米，一氧化碳（CO）浓度均值为 0.7 毫克/立方米，臭氧（O_3）8 小时平均浓度值为 55 微克/立

方米，全年优良天数比例为 99.7%。全县土壤环境质量保持稳定，环境风险得到有效管控。全年未发生因耕地土壤污染导致农产品质量超标且造成不良社会影响的事件，未发生因疑似污染地块或污染地块再开发利用不当且造成不良社会影响的事件。

抓实污染防治，促环境质量改善。一是坚决打赢蓝天保卫战。加大燃煤小锅炉淘汰力度，完成 2 台燃煤锅炉淘汰工作；开展非道路移动机械摸底调查和编码登记工作，加快推进非道路移动机械摸底调查和编码登记工作进度。二是着力打好碧水保卫战。定期开展省、州两级考核断面水质监测工作；对纳入河长制管理工作的 54 个河湖库渠断面开展水质监测评价工作。加快推进农村饮用水水源地环境整治工作，甸南镇石狮子河白山母箐、马登镇玉龙水库 2 个"千吨万人"水源地划分技术方案通过省级批复，会同属地乡镇人民政府完成以上 2 个水源地达标建设工作；完成 5 个乡镇级集中式饮用水水源保护区划定工作并获得省级批复；开展全县自然村农村生活污水治理情况调查，《剑川县农村生活污水治理专项规划（2018—2035）》印发实施；牵头组织开展农村黑臭水体的排查工作。三是认真开展土壤污染防治工作。继续推进重点行业企业用地土壤污染状况基础信息现场采集工作，配合第三方对纳入调查的 23 个地块基础信息确认和 4 个疑似污染地块的实地取样工作；开展剑川县土壤污染治理与修复规划编制工作，完成 5 个长江经济带尾矿库"一库一策"风险评估、应急预案和污染防治方案的编制，推进尾矿库整治工作。县财政安排 19.32 万元资金，实施剑川三江矿冶有限责任公司尾矿库渗滤液收集池修复及泵站、尾矿库地下水监测井等建设，完善尾矿库标识标牌等工作，加强尾矿库日常管理，做到土壤环境污染风险可管可控；加强汽修行业废机油和医疗机构医疗废物的监管工作，进一步规范危险废物的贮存、转移和处置行为。2020 年底，在云南省危险废物转移管理信息系统申报登记 30 家产废企业以及医疗卫生机构。

提升环境管理水平，服务经济社会发展。严格政策落实，推进项目落地。2020 年，共审批建

设项目环境影响评价文件 16 项，涉及固定资产投资 10.06 亿元。按照疫情期间环评审批特殊措施的规定，落实 17 大类 44 小类行业项目实行环评报告书或报告表的告知承诺制审批改革试点工作，受理当日即作出马登镇 3000 头种母猪养殖基地项目、剑川县生猪育、繁、推一体化项目的告知承诺行政许可决定。继续推行环境影响登记表备案管理，严格执行 10 大类 30 个小类的环评登记表项目实行豁免政策，全程协助建设单位完成 68 个建设项目环境影响登记表备案工作。开展固定污染源排污登记和核发工作。帮助指导企业开展排污许可申报登记工作，全县进入全国排污许可证库企业 329 家，其中，申报登记企业 300 家，核发排污许可证 24 家，列入整改企业库 5 家。

严格环境执法、监测工作，确保区域环境安全。严格环境执法工作，扎实开展"双随机、一公开"环境执法检查工作，动态调整"两库一清单"，对辖区重点排污企业开展现场检查，督促企业认真履行环境保护主体责任，认真运营治污设备，确保污染物达标排放。全年出动监察车辆 50 余次，出动监察人员 100 多人次，通过检查现场，下达监察意见 50 多条。做好环境监测工作，全年出具有效监测报告 65 份。

做好环境信访，维护群众环境权益。加强应急值班的管理工作，实行"12369"24 小时值班制度，确保信访投诉 24 小时有人受理，信访投诉案件得到及时处理。2020 年以来，共调查处理群众污染投诉案件 21 件次。2020 年以来，未发现有采取蓄意的、过激的、相关法律法规明确限制或禁止的方式，以集访、闹访、缠访、越级等形态出现的影响办公秩序的行为。

推进生态环境保护督察反馈问题整改。推进各级环境督察反馈意见整改工作。制定《剑川县环境保护督察有关环境问题整改自查自验工作方案》，并于 2020 年 6 月 4 日组织相关县级部门对已完成整改的问题进行自查自验；全县 19 个 2016 年中央环保督察反馈问题及 5 件交办群众投诉环境问题、18 个 2017 年省级环境保护督察反馈问题和 6 个 2018 年中央环境保护督察"回头看"反馈问题通过验收。扎实推进 2019 年长江经济带生态环境警示片披露问题涉及剑川鹏发锌业有限责任公司环境

问题的整改工作，2020 年 7 月 30 日，通过了州推长办组织的州级验收；2020 年 10 月 21 日，通过了省生态环境厅组织的省级验收销号工作。

做好污染源普查收尾工作。完成《剑川县第二次污染源普查工作技术报告》编制工作，对全县污染源普查纸质及电子档案、文件资料进行整改完善，污染源普查成果通过州级验收。

生态环境分局主要领导干部

刘晓红　局长

郑　敏　副局长

马　琴　副局长

（撰稿：苏发荣）

【云龙县】　生态环境质量状况。2020 年，全县区域生态环境质量良好。全县水功能区，均达国控和省控考核要求。县域空气质量达到国家环境空气质量二级标准，空气优良率达 100%，$PM_{2.5}$、PM_{10}、SO_2、NO_2 年均值分别为 13 微克/立方米、24 微克/立方米、11 微克/立方米、6 微克/立方米。土壤环境质量总体保持稳定，全县农产品质量和人居环境安全得到切实保障。

生态环境保护工作情况。一是强化落实，全力打好污染防治攻坚战。蓝天、碧水、净土保卫战有效推进。二是强化监管，全力保障县域生态环境安全。（一）全面加强生态环境监管执法，年内未发生重特大生态环境污染事件。（二）加大环境监测力度，有效监控环境质量。（三）严格执行环境影响评价，严把项目准入关口，从源头上控制污染。三是强化改革，稳步推进生态文明制度建设。（一）稳步推进生态环境保护综合行政执法改革。（二）完善河（湖）长考核评价指标体系。

环境准入。严格执行环境影响评价、建设项目"三同时"和"三线一单"制度，严把项目准入关口，从源头上控制污染。2020 年，完成 97 个环境影响评价登记表备案审查、23 个环境影响评价报告表技术审查、15 个报告表审批，共发放 124 个行业排污许可告知书，完成 140 个企业排污许可登记，从源头上控制污染。

污染减排。完成 5 大污染源 296 个点位普查工作，扎实开展排污许可申请与核发和重金属减排基础排放量核算，开展排污许可证执法检查，

严厉打击无证排污违法行为。

蓝天保卫战。制定下发了《云龙县打赢蓝天保卫战三年行动2020年工作实施方案》，并牵头推进各项工作任务落实，按月调度工作进展。抓实大气减排工作，加强对云龙县涉气重点减排企业华新水泥（云龙）分公司的监督管理，督促每月按时上报大气减排项目进展情况表。完成大气、声环境质量和碳排放指标调度表填报。完成"散乱污"企业综合整治工作，完成13座加油站油气回收装置改造。根据云南省空气自动监测数据管理平台数据，2020年，云龙县城环境空气优良率99.7%，$PM_{2.5}$、PM_{10}、SO_2、NO_2 年均值分别为15微克/立方米、27微克/立方米、10微克/立方米、7微克/立方米，县域空气环境达到国家环境空气质量二级标准。

碧水保卫战。制定下发了《云龙县2020年水污染防治实施计划》，并牵头推进各项工作任务落实，按月调度工作进展。加强水源地保护管理。委托第三方帮助开展乡镇水源地划分工作，现已完成10个乡镇、集镇水源地划定工作；完成县级集中式饮用水评估；完成沘江重金属污染综合整治河道清淤三期工程竣工验收，沘江流域重金属污染削减工作取得明显成效；继续推进《云南省沘江流域水污染防治规划（2009—2015）》（以下简称《规划》）实施，52个规划项目中，全部完工26个，累计投入《规划》内治理资金11.93亿元，完成投资率120.74%，超额完成规划投资。积极争取《规划》外沘江流域水污染治理项目，实施《规划》外治理项目39个，累计投入治理资金1.93亿元。加强农村生活污水治理。除了云龙县宝丰乡大栗树村船口组农村污水治理工程外，其余的7个农村生活污水治理项目已于2019年录入项目管理库。正在编制云龙县位于澜沧江流域、干流和沘江干流的7个乡镇，农村生活污水连片治理工程可研及实施方案，拟总投资8885.18万元。加强水和湿地生态系统保护。完成《云龙县湿地资源调查报告》编制；完成云龙县湿地认定及湿地保护小区规划，全面摸清全县湿地资源情况。

净土保卫战。制定下发了《云龙县2020年土壤污染防治工作实施方案》《云龙县农村黑臭水体排查方案》，并牵头推进各项任务落实，按月调度工作进展。认真开展土壤污染状况详查。开展土壤污染状况详查和农产品采样、制备工作，正在编制成果；严格落实涉重金属行业污染防控。加强涉重企业金属行业污染防控，切实做好涉重金属行业企业排查工作；开展长江经济带尾矿库污染防治工作。认真开展重点监管企业土壤环境管理，要求企业按环保相关规定运行。扎实开展固体废弃物污染防治。制定了《云龙县危险废物规范化管理考核方案》，全县所有危险废物经营产生单位严格执行危险废物转移联单管理制度，完成5家危险废物经营和产废单位规范化考核；疫情期间，切实加强对全县医疗机构进行医疗废物检查，每日统计上报医疗废物日统计表。认真开展沘江流域农田重金属污染综合治理示范项目开工前的各项准备工作，完成项目实施方案修编并通过专家评审，目前正在开展招标工作。

环境监测。完成沘江、天池5个断面常规监测和应急监测，完成49个断面河长制监测，完成县城污水处理厂每月减排监测和华新水泥（云龙）厂、银铜矿、县城污水处理厂季度监督性监测。

环境监察。环境执法检查：共对全县工矿企业进行了254人、112次现场监察，实施行政处罚10件，执行罚款50.9386万元，完成3件检察建议书办理，受理并调查处理环境信访举报件24件（其中单位接访15件，"12369"热线电话接访9件）。一年来，未发生因环保问题引起的群体信访事件。

生态环保督察。涉及云龙县的2016年中央环保督察反馈问题20项整改问题，已完成；中央环保督察转办件4件，已完成；2017年，省委、省政府环保督察反馈问题18项整改问题，已完成；2018年，中央环保督察"回头看"反馈问题6项，已完成；转办件4件，已完成，累计44个反馈问题，8个转办件已经全部整改完成。

生态环保项目。沘江流域云龙县农田重金属综合治理修复示范项目有序推进。积极争取2个农村生活污水治理项目400万元，7个农村生活污水治理项目已于2019年录入项目管理库。编制上报澜沧江流域、沘江干流的5个乡镇，农村生活污水连片治理工程可研及实施方案，拟总投资8885.18万元。

县域环境质量监测评价与考核。完成2019年度县域生态环境质量监测评价与考核工作，2019 年度，云龙县考核结果为基本稳定；积极开展 2020 年度考核资料报审等工作，制定印发《云龙县县域生态环境质量监测评价与考核实施方案》，建立了考核工作长效机制，超前谋划好各年度考核工作。

生态文明体制改革。完成云龙县《生态环境机构监测监察执法垂直管理制度改革工作方案》《河（湖）长制问责实施细则》《主要河流水质监测方案》《乡镇党委政府和县级部门主要领导同志自然资源资产管理和生态环境保护离任审计评价办法》《生态环境损害赔偿制度改革实施方案》；稳步推进云龙县生态环境机构监测监察执法垂直管理制度改革、生态环境损害赔偿制度改革实践、河（湖）长考核评价指标体系完善、探索制定地方党政领导干部自然资源资产离任审计评价指标体系、湿地基础调查及湿地认定 6 个改革任务落实，全面完成 2019 年度改革任务。

环保宣传。宣传活动：精心制作环保宣传用品。订制了一批印有环保标志的围裙、环保袋等宣传用品，在每一次下乡执法中进行专门宣传和发放；加强法律法规宣传。以《环境保护法》和《大气污染防治法》等环境保护法律法规宣传为重点，充分利用环境执法、入户遍访、科技下乡、安全生产月等活动，以传单形式广泛宣传环保法律法规和环保知识；开展以"美丽中国，我是行动者"为主题的"6·5"世界环境日专题宣传活动。认真筹备环境日宣传，牵头完成世界环境日"云龙宣传周"各项宣传活动，发放宣传资料 5000 多份、环保袋 2000 多个、围裙 1000 多个、宣传扇 500 多把、宣传标志 30 余条，发送宣传短信 9079 条。全面践行环境保护是我们共同的责任，携手行动，共建天蓝、地绿、水清的美丽中国。

生态环境分局主要领导干部

杨祝欣　党组书记、局长

段君桦　党组成员、副局长

何虹谕　党组成员、副局长

（撰稿：杨　舟）

【永平县】　2020 年，永平县生态环境保护工作以习近平生态文明思想为指导，以建设美丽永平为目标，以提升环境质量为核心，切实践行

"绿水青山就是金山银山"的理念，积极推进生态文明体制改革，依法加强环境保护，着力解决影响科学发展和群众健康的突出环境问题，围绕中心，服务大局，狠抓污染减排、环评管理、污染防治、环境执法等重点工作，实现了水环境状况良好、城区环境空气质量优良、声环境质量较好的年度工作目标。2020 年，永平县辖区内主要河流 1 个省控断面 [博南镇晃桥（玉皇阁）] 和 1 个县控断面 [杉阳镇永和大桥（水文观测站）] 水质均达到或优于水环境质量Ⅲ类标准；县城集中饮用水水源地水质均达到或优于水环境质量Ⅲ类标准，水质达标率为 100%。2020 年，环境空气优良率 99.7%。全年没有出现重污染天气，细颗粒物（PM$_{2.5}$）年平均浓度稳定达到国家《环境空气质量标准》（GB 3095—2012）中的二级标准。主要污染物总量减排指标达标（州下达），辖区内无重大环境安全事故发生，县域生态环境质量不断改善。

环境影响评价。切实发挥环评源头预防作用。2020 年，共完成建设项目环评文件审批 25 件，建设项目环境影响登记表网上备案共 80 个，出具环境影响评价执行标准复函 29 个，出具联审联勘等意见 18 份。

污染减排。开展固定污染源排污许可清理整顿和 2020 年排污许可发证登记工作，核发排污许可证 21 家，限期整改 4 家，纳入登记管理 219 家。2020 年，水污染减排方面，全县化学需氧量、氨氮排放量与 2015 年相比，减排比例分别为 18.72%、31.83%。大气污染减排方面永平无量山水泥有限责任公司 4000 吨/日新型干法窑实施烟气脱硝工程正常运行，脱硝系统投运率 99.49%，综合脱硝效率 56.11%。

完成全国第二次污染源普查。对永平县污染源普查数据库 324 个普查对象开展入户调查，完成动态更新名录库建库、编制以及提交污染源普查工作总结报告和技术报告、污染源普查档案移交等工作，已基本摸清当前永平县工业源、规模化畜禽养殖场、生活源、集中式污染治理设施、移动源等不同污染源总体分布和排放基本情况及动态变化信息，全面掌握污染源底数，为科学治污、精准治污、长效治污夯实基础，全面完成永

平县第二次全国污染源普查工作。

大气污染防治行动计划。蓝天保卫战成效明显。全面完成10蒸吨及以下燃煤锅炉淘汰任务，"散乱污"企业分类整治完成率100%。完成非道路移动机械的摸底调查工作，划定非道路移动机械低排放控制区。油气回收装置改造完成率100%。开展大规模国土绿化行动，全县森林覆盖率达73.49%，加强秸秆综合利用，秸秆综合利用率达86.25%。加强扬尘综合治理，开展建筑工地扬尘治理，建立工地管理清单、扬尘控制责任管理制度，做到建筑施工工地"六个百分之百"。加大城市道路机械化清扫力度，机械化清扫率为71%，实现机械化清扫道路面积69.58万平方米。全面完成448辆黄标车淘汰任务，共兑补助金314.84万元，公布黄标车限行、禁行区域。全面供应国六（B）标准的车用汽油和国六标准的车用柴油。

水污染防治行动计划。全面推进河长制工作，加大对辖区内重点河流所有监测断面、县城集中饮用水水源地环境管理和水质监测力度，加强与乡镇的配合联动，每月开展1次监测断面和点位周边环境巡查，增加对县内主要河库44个监测点位和县控以上监测断面水质监测频次，实行预防和预警"双保险"制度，确保监测水质达标。2020年，各个季度水质合格率分别为90.9%、92%、88.6%、100%。完成15座加油站地下油罐防渗改造工作。完成"千吨万人"饮用水源地金河水库和北斗乡杨家河、龙街镇洗脚河、厂街乡兔粮库、水泄乡马力林等4个乡镇级饮用水保护区划定。完成16个农村环境综合整治项目，印发《永平县农村生活污水治理专项规划（2019—2030）》和《关于加快永平县农村生活污水治理实施意见》，全力推进农村污水的治理工作。严格实行最严格水资源管理制度，万元国内生产总值用水量预计比2013年下降46.74%，万元工业增加值用水量预计比2013年下降31.3%，农田灌溉水有效利用系数预计为0.55。

土壤污染防治行动计划。印发《永平县土壤污染防治工作方案》，开展重点行业企业用地污染状况调查，确定调查清单10家，14个地块初步确定为"中度关注地块"或"低度关注地块"。涉

镉等重金属污染源整治完成率100%，工业固体废物堆存场所环境整治完成率100%，长江经济带尾矿库整治完成率100%，关停永平振轩矿业有限责任公司生产海绵铜生产线项目，重金属排放量比2013年下降21%。2020年，安全利用类及严格管控类地块实现安全利用率为100%，全县畜禽粪污资源化利用综合利用率为87.24%。主要农作物病虫、草、鼠害绿色防控覆盖率37.64%；专业化统防统治覆盖率达41.12%，农药利用率达40%。农膜回收率81%。规模养殖场粪污处理设施装备配套率100%。加强危险废物的监督管理，全县75家产废单位已完成2019年危险废物的申报登记，65家产废单位提交危险废物转移申请，各类危险废物转移量合计102.17吨。

环境信访。2020年，坚持"有件必接，接必调查，查必反馈"的原则，受理了各类环境信访投诉举报件18起，办结满意率达100%。

环境综合执法。一是继续做好生态与农村环境监管工作。全年开展集中式饮用水源地环境问题排查2次，开展畜禽养殖行业环境执法检查10次。二是继续做好工业企业的日常环境监管。全年共开展现场环境执法265次，出动监察执法人员800余人次，办理环境行政处罚案件13件，收缴罚款30余万元。严格落实《环境行政执法与刑事司法衔接工作办法》的要求，对涉及环境污染刑事犯罪的，在进行行政处罚的基础上，依法移送公安机关处理。三是继续做好环境监管"双随机、一公开"工作。全年按照不低于25%的比例依法开展双随机检查59家次。四是继续抓好环境风险防控，确保辖区环境风险可控，不出现重大环境安全事故。全年企业开展环境应急演练2次，完成突发环境事件应急预案审查备案12件。

生态文明建设。严守生态保护红线，构建生态安全格局，划定生态保护红线面积714.05平方米，占全县面积的25.6%。以建设湿地保护小区等为重点，切实加大对湿地的保护力度，完成一般湿地认定及第一批一般湿地名录发布工作。以创建省级"森林县城"为契机，全面开展国土绿化行动，推动全民绿化、全面绿化、城乡绿化。加大实施退耕还草项目工作力度，对重度退化草地进行恢复与修复。结合"省级文明县城""省级

园林城市"创建和乡村振兴战略实施,进一步巩固深化永平县省级生态文明县创建成果。

环境保护宣传。积极推进环境信息化建设,认真做好环保政务信息公开,主动公开、发布和报送各类环境信息。结合"6·5"世界环境日环保宣传周、脱贫攻坚进村入户等工作,加强宣传力度,不断提高环保法律法规和相关知识的社会知晓率、普及率,营造良好的社会氛围。2020年,联合县委宣传部、县文联组织开展了生态环境保护有奖征文和书画摄影作品比赛,并将部分参赛作品以《博南山》专辑出版,同时借助赶集日开展"6·5"世界环境日宣传活动,活动期间共发放宣传材料3600余份。

机构改革。按省、州统一安排部署,有序推进机构改革职能划转,理顺工作关系;有序推进生态环境机构监察执法垂直管理改革和综合行政执法改革,理顺管理体制机制,强化队伍建设。2020年,完成生态环境机构监察执法垂直管理改革和综合行政执法改革的人员划转工作。

能力建设。坚持生态优先和"绿水青山就是金山银山"的发展理念,加大学习教育力度,不断深化思想认识。认真开展"解放思想再讨论、敢想敢干再出发"活动,撰写34篇调研报告和讨论材料,切实增强环保干部使命意识、责任意识和担当意识,不断提升队伍"内功"、锻造环保铁军。强化纪律作风建设,严肃规范党内政治生活,全面净化党内政治生态,深入贯彻落实中央八项规定和省、州、县十项规定,不断加强环保系统政风、行风建设,虚心接受社会各界的监督,进一步深化作风整治,防止"四风"回潮复燃,着力树立清风正气、干事创业的新形象。

生态环境分局主要领导干部

唐仕鹤　局长

叶长喻　副局长

杨　钧　副局长

张继琼　副局长

(撰稿:马　婷)

【漾濞彝族自治县】　大理州生态环境局漾濞分局内设4个股(室),办公室、污染防治股、生态文明建设与宣传教育股、行政审批股。下属县生态环境监测站、县生态环境保护综合执法大队。按照"三定方案",漾濞分局编制5名,设局长1名、副局长2名,于2019年5月挂牌。现有干部职工19名,党员13名。2020年12月,根据省级以下生态环境监测监察执法改革相关文件要求,完成本部门年度划转工作。主要工作职能是贯彻执行环境保护法律法规和方针政策,对全县的环境保护工作实施统一监督管理。2020年,全县重点工业企业污染物排放达标率达100%。县城集中饮用水源地水质综合评价均为《地表水环境质量标准》(GB 3838—2002)Ⅱ类标准。城镇空气环境质量达到二级标准。全年空气优良天数294天,优良率99.2%。

环保督察。抓实中央环境保护督查及"回头看"、省委环保督察整改,加强督促检查,坚决做到问题整改不反弹、不回潮。中央环保督察18项整改任务,已完成整改销号12项,达到时序推进6项;省环保督察17项整改任务,已完成整改销号11项,达到序时推进6项;中央环保督察"回头看"6项整改任务,已完成整改销号4项,达到时序推进2项。

行政许可。认真执行环境影响评价制度,从源头控制环境污染。2020年,指导业主完成环境影响评价登记表备案68个。完成漾濞县突发环境事件应急预案管理工作,指导并监督7家企业完成突发环境事件应急预案备案。完成县级审批的建设项目环境影响评价报告的审核工作,审核18个项目报告表,并在漾濞彝族自治县人民政府门户网站公示拟审批公示。

环境监管。全方位开展环境隐患的排查和整改,始终把排查环境隐患和风险作为一项重要工作来抓,常抓不懈,发现1起,整改1起,做到警钟长鸣,决不懈怠。接到"12369""12345"及州支队转交投诉件共30件,已办理完成;接县信访局、县政务局转办信访3件,已办理完成。严防问题反弹和重复信访,增强群众对生态环境工作的满意度。对环境违法行为持续保持高频次、大力度、全覆盖执法监管,主动与应急部门沟通,联合执法,全面推行"双随机"、夜查、突查等环境执法监管新模式,对该辖区重点行业和重点排污单位开展了专项执法行动,其中,检查医疗机构 13 家、汽修企业 17 家、工业企业 12 家、砖厂 3 家、新建项目 16 家，共检查企业 120 余家次，出动人员 300 余人次，共立案 3 件，下达处罚决定书 3 份，总金额共 27.35 万元。

环境监测。一是环境空气质量监测。设置 1 个监测点：漾濞县皇庄气象站监测点，第一季度还开展了手工监测。监测项目为：PM_{10}、$PM_{2.5}$、二氧化硫、二氧化氮、一氧化碳、臭氧 6 个项目。连续监测 5 天。2020 年，共取得手工监测有效数据 30 个。2020 年，漾濞县城环境空气质量良好，符合国家《环境空气质量标准》（GB 3095—2012）二级标准。二是县城集中式饮用水（雪山河饮用水源地）水质监测。设置 1 个监测点——漾濞县雪山河饮用水源地监测点（县城集中式饮用水源地），开展手工监测。常规监测（66 个项目）每季度监测 1 次，全年共 4 次；全指标分析监测（109 个项目）全年开展 1 次。2019 年，共取得有效数据 373 个。2020 年，因疫情原因，还在第一季度每月增加了饮用水常规监测（66 项）。2020 年，漾濞县城集中式饮用水（雪山河饮用水源地）水源水质符合国家《地表水环境质量标准》（GB 3838—2002）Ⅱ 类水质标准，水质达标率为 100%。三是地表水水质监测（主要考核河流断面）。共设置 4 个断面监测点：黑惠江—徐村桥断面（国控断面）、苍山西镇马厂村羊庄坪水文站断面（省控断面）、苍山西镇淮安村栗树坡断面（县域生态考核断面），新增的顺濞桥 1 个监测点，开展手工监测。监测项目为《地表水环境质量标准》（GB 3838—2002）表 1 中 26 个指标。监测频次：按月监测。全年 12 次。2020 年，共取得有效数据 1248 个。水质符合国家《地表水环境质量标准》（GB 3838—2002）Ⅲ 类水质标准，达到考核目标要求。四是漾濞县河长制水质监测。全县 9 个乡镇共涉及 38 个断面（点位），监测频次：每季度监测 1 次，全年共 4 次，每个断面（点位）分析 25 个指标。2020 年，共取得有效数据 3800 个。五是县域生态考核重点污染源监测。2020 年，涉及 2 家企业：漾濞县污水处理厂（国控），监测项目：20 个；大理大钢钢铁有限公司（国控），监测项目：4 个。监测频次：每季度监测 1 次，全年共 4 次。2020 年，共取得有效数据 36 个。六是重点排污单位监督性监测。全县 2020 年共对 4 家重点排污企业进行监督性监测：大理大钢钢铁有限公司、大理苍山大酒坊、漾濞县鑫源实业发展有限公司、大理漾濞雪山清酒厂。七是环境质量公报。按季度做好漾濞县环境质量公报并在政府门户网站进行公示。全年共公示了 4 期，公示内容包括县城空气质量、饮用水质量、主要考核河流断面、污染源监测情况等。

污染防治。高度重视环境污染防治攻坚战工作，成立了漾濞县环境污染防治工作领导小组，制定细化实施方案，明确目标责任，强化工作调度，紧紧围绕蓝天碧水净土"三大保卫战"，着力打好"7 个标志性战役"。加强与县级有关部门的协同配合，严格落实"气十条"，以提升大气环境质量为重点，强化整改措施。制定印发了《漾濞县高污染燃料禁燃区划分方案》，开展燃煤锅炉排查淘汰工作，完成县城建成区 3 台燃煤锅炉淘汰任务。印发《漾濞县打赢蓝天保卫战 2020 年工作实施方案》（漾污防办〔2020〕2 号），按时上报蓝天保卫战工作调度表。制定了《漾濞县重污染天气应急预案》报县政府常务会，完成 9 家"散乱污"企业取缔、升级改造整治工作。完成非道路移动机械摸底调查和编码登记工作及漾濞县高排放非道路移动机械禁止使用区划定工作，开展辐射安全检查，按时上报持久性有机污染物调查统计表。严格落实"水十条"，以环境基础设施建设为支撑，有效改善水生态环境。完成全县县城集中式饮用水源地（雪山河饮用水源地）信息系统录入、编制《漾濞县 2019 年县城集中式饮用水源地评估报告》。编制《漾濞县 2020 年水污染防治实施计划》，每月按时上报水污染防治月调度表、报送《漾濞县新冠肺炎疫情防控期间定点医疗机构、城镇污水处理厂污水情况统计表》，完成漾江镇、平坡镇、顺濞镇、富恒乡、龙潭乡、鸡街乡 6 个乡镇级集中式饮用水水源保护区划分方案编制工作，开展农村黑臭水体排查工作，经排查全县无农村黑臭水体。严格落实"土十条"，土壤环境质量总体保持安全稳定。制定印发《漾濞县 2020 年土壤污染防治工作实施方案》（漾污防办〔2020〕1 号），按时上报漾濞县土壤污染防治重点工作调度表，稳步推进重点行业企业用地调查工作，积极配合上级完成工作任务。完成涉镉等重金属重点行业企业排查整治工作，完成固体废物堆存场所环境排查整治，完成漾濞县禁养区、限养区、适养区划定方案调整工作。

疫情防控。加强疫情防控，抓好企业复工复产的帮扶严控医疗两废处置，全县医疗废物统一交由大理丰顺医疗废物集中处置公司进行处理。该分局主要负责领导带队及时对县医院、县中医院、县妇幼保健院、虹光医院等医疗机构进行监督检查，主要检查医疗机构制定疫情防控期间医疗废物收处等相关方案的制定情况。认真落实州生态环境局出台的应对疫情影响支持企业复工复产的政策措施，对复工复产重点项目、生猪规模化养殖等项目，主动做好环评审批服务。针对复工复产企业，加大帮扶力度，在保证环保设施正常运行、污染物达标排放的前提下，切实减少检查频次，做到"无事不扰"，充分保障企业正常生产。

省级生态县创建。围绕创建指标体系，立足漾濞县县情，聚焦重点任务，着力在源头减量、资源化利用、安全处置等方面探索多元化处置利用途径。扎实推进生态文明体制改革工作和生态环境损害赔偿制度改革试点工作。2020年，改革任务启动率100%，完成率60%。太平乡农村环境综合整治项目、苍山西镇传统村落综合整治项目、漾濞县小湾电站径流区鸡街乡菜白村、瓦厂乡瓦厂村、龙潭乡密古村农村环境连片综合整治项目正在有序推进，及时完成县级初验等工作。2020年，在完成了辖区内8个乡镇省级生态乡镇的创建工作的基础上，积极推进省级生态文明县申报工作。召开了创建省级生态文明县工作推进暨业务培训会和创建省级生态文明县调度会议，明确了创建申报材料的具体要求和时限，完成了申报材料所需档案材料的3轮收集工作。截至统计时，省级生态文明县申报工作已通过州级审查。

专项行动。扎实开展漾濞县核与辐射安全隐患排查工作。规范核与辐射利用单位环境安全管理。及时成立专项检查组，对全县辖区内12家核技术利用单位和1家钢铁熔炼企业开展了核与辐射安全隐患排查，经排查，7家单位均使用Ⅲ类射线装置，5家单位已经停用注销了Ⅲ类射线装置；

漾濞县境内仅有1家钢铁熔炼企业——大理大钢钢铁有限公司，该公司没有收购过核与辐射相关危险废铁。县内无涉源企业，无使用Ⅱ类射线装置企业。在总体排查的过程中，一是对各卫生医疗机构的射线装置使用情况、管理制度、辐射安全防护设施与运行、法规执行等事项进行了逐一监督检查。其中，着重对安全许可证已过期或已变更的单位，进行了业务再提醒，并督促各单位积极报名参加辐射安全与防护考核。二是要求废旧金属回收熔炼企业严格控制源头，把好核与辐射的来源，收购的废铁严格要求供货商进行分拣、打包，与供货商签订相关协议，确保核与辐射相关危险废铁不流入公司。

环保宣传。大力抓好环保宣传教育，积极推进"绿色社区"、校园、家庭创建。2020年，组织开展了主题为"美丽中国，我是行动者"的"6·5"世界环境日宣传活动，旨在引导和推动社会公众牢固树立生态文明理念，积极参与生态环境保护实践，凝聚起美丽中国建设的强大力量，提高群众生态保护意识。该局干部职工和县检察院干警通过上街头进群众、进企业、进机关、进学校"四进"行动宣传环境保护常识、法律法规及公益诉讼等知识。此次世界环境日系列活动共发放环保袋1500个，宣传单3000份，宣传册（笔记本）400本。增强了全民爱护家园意识。

脱贫攻坚。2020年，继续按照脱贫攻坚工作要求，结合对挂钩村的扶贫帮扶活动，与挂钩村形成联动、协作、长效的帮扶机制。深入开展扶贫走访、慰问、帮扶活动，为贫困家庭实实在在解决了一些困难和问题。

生态环境分局主要领导干部

苟建萍　党组书记、局长

马晓霞　党组成员、副局长

李　济　党组成员、副局长

（撰稿：刘永翠）

德宏傣族景颇族自治州

【工作综述】　2020年，德宏州生态环境部门贯彻落实习近平生态文明思想，围绕全省生态环境保护工作要点和德宏高质量跨越式发展三年行动计划、德宏州环境保护"十三五"规划（2016—2020）目标任务，打好打赢污染防治攻坚战，整改完成上级生态环境保护督察反馈问题，解决生态环境突出问题，改善生态环境质量，推动生态文明建设。州委、州政府多次召集各部门专题召开分析研究污染防治攻坚战目标考核指标体系及工作推进会议，按照"表格化、清单化、责任化、进度化"的模式，制定任务表格清单，明确责任分工，强化督促检查。年内，全州建立2344个各类污染源大数据库，完成112个行业类别排污许可证核发工作，实现固定污染源排污许可全覆盖；碳排放强度累计下降16%以上，二氧化硫、氮氧化物、化学需氧量、氨氮4项主要污染物全部完成省级减排目标。污染地块、污染耕地安全利用率均在90%以上，重点工业企业固体废弃物综合利用率达95%以上，土壤环境质量总体保持稳定。2020年，在库及申报项目53个，申报项目资金119540万元，获得资金支持14707万元。

【生态文明体制改革】 2020年，德宏州新调整由州委书记和州长任双组长的生态文明建设示范区创建工作领导小组，成立4个专项工作组，推进生态文明示范创建工作。2020年，生态文明体制改革专项小组改革任务19项，需形成主要成果28项（落实类26项、制定类2项）。截至11月底，26项落实类中完成9项，推进5项，待省出台方案12项；2项制定类完成。生态环境部门牵头改革任务6项，完成1项（成立生态环境保护委员会），待省出台方案5项。成立由州委书记和州长任双主任的德宏州生态环境保护委员会，各县市生态环境保护委员会均成立，委员会办公室设在生态环境部门。各县市党委政府发文理顺明确乡镇（街道）生态环境保护职责。出台《德宏州深化环境影响评价行政审批制度改革助推中国（云南）自由贸易试验区德宏片区高质量发展实施方案（试行）》等措施，推进"放管服"改革。6月底，完成全州生态环境系统垂直管理改革人、财、物上划工作。全州建成35个省级生态文明乡镇、271个州级生态文明村；陇川县获批省级生态文明建设示范县，芒市、瑞丽市省级生态文明县市创建通过州级、省级技术评估及考核验收待命名，梁河县、盈江县省级生态文明县创建工作在申请现场核查，省级生态文明示范州创建项目申报州本级项目。

【生态环境"十四五"规划】 2020年，德宏州生态环境规划编制坚持绿色发展理念，以"绿水青山就是金山银山"实践创新为抓手，解决生态环境突出问题为重点，以夯实打牢生态安全为核心，以持续巩固生态环境质量为目标，编制完成包含污染防治、农村污水治理、生态修复、环境改善、流域治理等内容的生态环境"十四五"规划，编制项目115个，总投资387.6545亿元。

【环保信息公开】 2020年，德宏州生态环境局制定印发《德宏州生态环境领域基层政务公开标准目录》，主动公开各类信息3220条。其中，新浪微博1355条，腾讯微信公众号1200条，政府信息网站专栏665条（工作动态135条、通知公告5条、文件及解读14条、预决算公开及三公4条、计划总结及报告3条、公示公告12条、党建专栏7条、饮用水水源地保护专栏1条、生态环境保护督察回头看专栏7条、重点领域信息公开477条）。无行政复议、提起行政诉讼情况。

【第二次全国污染源普查】 2020年4月，德宏州污染源普查工作通过省级验收，德宏州获得103分（满分105分），德宏州生态环境局、德宏州生态环境局芒市分局获国家污染源普查表扬"先进集体"，孙孔龙、高进华、李明、番祖艳、张志英、包龙丽、李佳倩、尹兴刚、施强彩、刘金凤、师正鹏、何正航、岳元保13人获"先进个人"；德宏州生态环境局盈江分局、云南省核工业二〇九地质大队、德宏州土壤肥料工作站获省级污染源普查表扬"先进集体"，谷蕾、张杰、徐永刚、李辉、彭胜武、肖祥蕊、彭德阳、黄正言、严俊伟、张国云、康云昌、岩所、毛夸云、张东、段雪甜、李艳斌、张祺、张富军18人获"先进个人"。污染源普查成果为环境风险防控、环境监管、生态环境保护、社会经济发展提供科学依据，为生态环境督察、排污许可管理、生态环境保护

"十四五"规划提供技术支撑。

【空气环境质量】 2020年，德宏州城市空气质量PM$_{2.5}$（细颗粒物）的平均浓度为22微克/立方米，达到年度省级指标要求。其中，芒市环境空气优良率99.2%，环境空气质量综合指数为2.83，全州排名第4；瑞丽市环境空气优良率95.8%，环境空气质量综合指数为3.04，全州排名第5；陇川县环境空气优良率95.6%，环境空气质量综合指数为2.71，全州排名第3；盈江县环境空气优良率99.2%，环境空气质量综合指数为2.63，全州排名第2；梁河县环境空气优良率99.2%，环境空气质量综合指数为2.47，全州排名第1。

【水生态环境质量】 2020年，德宏州地表水环境质量均达到水质类别要求。其中，伊洛瓦底江水系出境水质保持在Ⅲ类以上，城市集中式饮用水源地水质均保持在Ⅱ类以上。

【土壤环境质量】 2020年，德宏州未发生因耕地土壤污染导致农产品质量超标或因疑似污染地块或污染地块再开发利用不当造成不良社会影响的事件。全州土壤环境质量总体保持稳定，农用地和建设用地土壤环境安全得到基本保障，土壤环境风险得到基本管控。

【城市声环境】 2020年，德宏州有两个城市（芒市和瑞丽市）按照《环境噪声监测技术规范 城市声环境常规监测》（HJ 640—2012）开展监测和评价。芒市城市区域环境噪声评价等级为较好（二级），瑞丽市区域环境噪声评价等级为一般（三级）。芒市和瑞丽市各类功能区噪声昼间、夜间等效声级均值均符合《声环境质量标准》（GB 3096—2008）中环境噪声限值要求，且芒市功能区声环境质量要优于瑞丽市，瑞丽市功能区声环境质量昼间优于夜间。芒市和瑞丽市道路交通声环境监测总体评价等级都为好（一级）。

【蓝天保卫战】 2020年，德宏州各部门落实《德宏州打赢蓝天保卫战（2018—2020年）三年行动实施方案》，开展城市建成区燃放烟花爆竹管控、餐饮油烟整治、农村秸秆禁烧、机动车尾气检测提标升级、机动车遥感监测、工业炉窑限期达标整治、硅冶炼企业脱硫改造、企业脱硫脱硝监管、重点企业强制性清洁生产审核、"散乱污"企业治理、淘汰10蒸吨以下燃煤锅炉等工作，强化区域联防、联控、联治。全州整治完成"散乱污"企业177家，硅行业烟气脱硫工程建成投运24家，淘汰10蒸吨/时以下燃煤锅炉10台，建设芒市、瑞丽市黑烟车抓拍项目2套，完成黄标车、老旧柴油货车淘汰任务，制发《德宏州重污染天气应急预案》，全州5个县市均建成环境空气质量自动监测点，完成"气十条"责任书考核任务。依托水泥厂等减排，通过"散乱污"治理、清洁能源替代、燃煤锅炉淘汰等方式挖掘减排潜力，经初步测算（不计机动车减排情况），2020年，氮氧化物排放量10811吨，二氧化硫排放量7555吨，较2015年分别减排1.23%、1.73%，完成省级下达氮氧化物较2015年减排0.5%、二氧化硫减排0.0%的指标任务。在夏季臭氧污染防治监督帮扶第5轮工作中，生态环境部表彰德宏州生态环境局芒市分局乔杨青为表现突出人员，也是云南省唯一获表彰人员。

【碧水保卫战】 2020年，德宏州各部门落实《德宏州水污染防治实施方案》，综合施策治理，全州江河、湖泊、水库全部纳入四级河湖长责任体系，开展芒市大河"铁腕清源"专项行动，推进芒市大河上游汇水区整治项目，姐告小河水污染治理项目建成实施。完成全州6个县级以上城市水源、8个"千吨万人"水源、2个城市备用水源、27个"千人级"乡镇水源保护区划定工作。全州7座城市生活污水处理厂处理总规模达到9.5万吨/日，170座加油站完成地下油罐防渗改造。全州纳入国家考核的4个国控地表水断面（风平大桥断面、姐告大桥断面、迭撒大桥断面、汇流电站断面）和省级考核的1个国控地表水断面（戛中断面）优良水体比例达100%，县市级以上集中式饮用水水源水质达到或优于Ⅱ类的比例保持100%。化学需氧量排放23665吨，氨氮排放量1494吨，较2015年分别减排10.67%、16.77%，完成省级下达化学需氧量较2015年减排

10.33%、氨氮减排 15.08% 的指标任务。

2020 年德宏州水源保护区划定名单

水源区类别	水源区名称
县级以上城市水源	芒市勐板河水库、瑞丽市姐勒水库、陇川县弄回水库、盈江县木乃河水源、梁河县箐头河水库、梁河县勐科河水源、
"千吨万人"水源	瑞丽江弄岛镇芒林村水库型水源地、怒江芒海镇芒海村河流型水源地、遮放镇芒号村地下型水源地、瑞丽江江东乡水库型水源地、大盈江旧城镇旧城村河流型水源地、南畹河景罕镇曼软村河流型水源地、南畹河城子镇曼冒村河流型水源地、勐养镇集镇供水水源地
城市备用水源	瑞丽市勐卯水库、芒市清塘河水库
"千人级"乡镇水源	畹町农场场部水源地、勐秀乡小街村水库型水源地、勐戛镇勐戛 1~4 村地下水型水源地、遮放农场抽水站、怒江中山乡小街集区河流型水源地、五岔路小组杨站发草果地、瑞丽江芒东镇河流型水源地、大盈江大厂乡河头箐河流型水源地、大盈江那邦镇那邦村河流型水源地、大盈江太平镇太平村河流型水源地、大盈江弄璋镇弄璋村河流型水源地、大盈江盏西镇关上村河流型水源地、勐典河卡场镇吾帕村河流型水源地、大盈江昔马镇弹边村河流型水源地、大盈江新城乡新城村河流型水源地、大盈江油松岭乡油松岭村河流型水源地、大盈江芒章乡芒章村河流型水源地、大盈江支那乡支那村河流型水源地、勐戛河苏典傈僳族乡苏典村河流型水源地、勐典河勐弄乡勐弄村河流型水源地、大盈江铜壁关乡三合村河流型水源地、南畹河陇把镇户岛村河流型水源地、大盈江户撒阿昌族乡项姐村芒统村小组河流型水源地、南畹河护国乡护国村河流型水源地、南畹河清平乡新山村毛河小组河流型水源地、龙川江王子树乡王子树街道水库型水源地、龙川江勐约乡营盘村河流型水源地

【**净土保卫战**】 2020 年，德宏州各部门落实《德宏州土壤环境保护和综合治理方案》，以废弃机油炼油厂风险管控和矿区历史遗留尾矿废渣风险管控示范项目为重点，完成省级下达的农村环境综合整治 277 个任务，完成率 100%；完成 5 个县市生态环境风险调查评估，编制全州农村生活污水治理专项规划，完成纳入城镇和乡镇污水管网自然村数 25 个、集中或分散污水处理设施建设自然村数 88 个、355 个行政村黑臭水体排查和核实、71 个纳入重点行业企业用地土壤污染状况调查，开展企业用地调查布点采样方案编制，云南省陇川县旬川工贸股份有限公司电池厂地块、芒市华盛金矿开发有限公司地块、盈江县昆润实业有限公司地块、芒市越盛硅业有限责任公司弄相分公司地块、云南锡业集团梁河矿业有限责任公司地块 5 个地块通过州、省级审核，并完成采样工作。完成德宏州关闭搬迁疑似污染地块初步调查项目的采样、样品分析及评审。开展芒市"遮放贡"水稻生产土壤污染风险管控农田安全利用示范工作，编制完成项目实施方案，委托第三方对谷种样品进行监测分析。按照"一企一策"制定涉镉等重金属重点行业企业整治方案，完成 6 家涉镉等重金属重点行业企业排查整治，重点行业、重点重金属污染物排放量不高于 2013 年。全州 10 家尾矿库全部完成风险评估、应急预案与污染防治方案编制及污染治理。严把危险废物经营许可审查，规范危险废物转移审批。倡导全州人民群众积极投身"禁白限塑"行动，从自身做起，维护"美丽德宏"良好形象。8 月 18 日，在全国农用地土壤污染状况详查工作中，生态环境部办公厅、自然资源部办公厅、农业农村部办公厅表彰了德宏州生态环境局芒市分局在全国农用地土壤污染状况详查中表现突出的个人。

【**重点排污企业污染源监督性监测**】 2020 年，德宏州列入《2020 年云南省重点排污单位名录》中的排污企业 30 家，其中，开展监测的 28 家、未开展监测的 2 家（德宏梁河力量生物制品有限公司勐养糖厂全年停产、梁河县宏鑫纸业有限公司未建成）。从监测结果来看，25 家企业达标排放，3 家企业有超标情况。其中，盈江县盏西英茂糖业有限公司全年监测 2 次，废气颗粒物超标 2 次（超标倍数分别为 0.34 倍、0.61 倍），林格曼黑度超标 1 次；瑞丽市环境卫生管理站全年监测 1 次，废水总氮超标 0.42 倍；瑞丽市畹町经济开发区生活垃圾填埋场全年监测 1 次，废水总氮超标 0.9 倍、氨氮超标 1.75 倍。

【重点流域污染综合治理】 2020 年，德宏州突出整治芒市大河流域水环境。针对芒市大河风平断面水质超标问题，印发《德宏州人民政府办公室关于印发芒市大河风平断面 2020 年水质达标方案的通知》，成立综合协调、城区污染整治、农业农村污染整治、河道整治、信访调解维稳等 5 个专项工作组，巩固推进"铁腕清源"行动成效。督促芒市市委、市政府按期完成风平断面以上的高污染水产和畜禽养殖清理；完成州直属 22 家、市直属 36 家单位雨污分流改造，解决风平断面上游德宏师范高等专科学校生活污水超标排放问题，校区产生污水全部接入市政管网，校区 500 立方米/日的污水处理站完成改造运行；督促芒市加快实施芒市大河综合治理（一期）暨清塘河水库备用水源地保护建设 PPP 项目，开展芒市大河左岸六条支流综合治理、城区污水管网系统完善工程，完善污水管网体，推进污水处理提质增效，有效提高城市污水收集率。争取中央和省级专项治理资金。"十三五"以来，争取到位姐告小河、芒市大河流域治理中央、省方面专项资金 1.55 亿元，系统开展河道原位治理、周边农村污水治理等综合整治项目，改善提升河流水质。申报南宛河、盏达河等小流域水污染综合防治项目。针对盈江县盏达河、陇川县南宛河及其沿岸现状，整合一批水环境治理、水生态修复项目，争取国家、省资金支持，保障流域水质持续优良、考核断面水质稳定达标。

【环境执法监管】 2020 年，德宏州生态环境部门开展环境监管执法、重点行业环境保护专项执法检查及中央和省级生态环境保护督察工作。加强对排污单位现场监督检查、环境违法案件处理处罚、案件移交移送和环境监察稽查等各项执法工作。制定《德宏州污染源日常监管领域推广随机抽查制度的实施方案》，将国控企业、减排企业、涉重涉危企业、硅冶炼企业、"一水两污"企业列为州级重点监控企业，将群众投诉举报较多的企业及水泥厂、硅厂、涉重涉危企业列为特殊监控排污单位，并按照抽查比例开展"双随机"检查。在城区，芒市噪声投诉敏感点分别安装 10 套噪声、颗粒物（PM_{10}、$PM_{2.5}$）监测显示屏，实时监控，接受社会监督；开展德宏州中缅界河（德宏段）"四大隐患"问题整改行动，调查中缅界河沿线污染源，监测界河水质。开展噪声综合整治工作，联合职能部门排查检查、督查整改一批娱乐场所噪声扰民问题。运用重点污染源在线监测和监控设备，实时监控重点企业排污情况。年内，全州出动执法人员 5900 余人次，检查企业 1967 家次；立案查处环境违法案件 79 件，同比下降 35.8%；办理四个配套办法案件 18 件（查封 14 件、移送行政拘留 4 件），下降 43.8%；下达责令改正违法行为决定书 98 份，上升 15.3%；受理群众投诉举报案件 580 件，上升 36%，处理办结率 100%。探索建立生态环境义务监督员制度，从新闻媒体、社会行业、基层干部考核中选聘 84 名生态环境义务监督员。

【环保助力疫情防控】 2020 年，德宏州生态环境部门成立疫情防控工作领导小组、医疗废物事故应急处置工作指挥部、生态环境应急监测技术支持小组，制定疫情专项应急预案、应急监测预案，对全州医疗机构、医疗废物处置单位、城市污水处理厂、垃圾填埋场、城市集中式饮用水水源地、定点隔离点、废弃口罩应急收集点等敏感区域场所开展环境监管工作。对 56 家医疗机构进行现场检查，指导医疗机构做好医疗废物的收集、暂存、转移和污水消毒处理工作。督促医疗废物集中处置单位严格落实各项处置措施，做到当日收集的医废 12 小时内全部处理。帮助保山市处置转运的医疗废物 81.526 吨。落实疫情期间惠企利民系列政策措施，对医疗卫生、物资生产、研究试验等 3 类 6 个临时性环境影响评价手续实行豁免制；保障服务复产复工工作，完成"六稳""六保"任务。

【环境宣教】 2020 年，德宏州生态环境局制定《德宏州生态环境局 2020 年生态环境宣传教育工作要点》，从 6 个方面 25 条具体措施贯彻落实国家、省开展 2020 年生态环境宣传教育工作相关要求。开展"美丽中国，我是行动者"主题实践活动，"6·5"环境日期间，推进"环境就是民生，青山就是美丽，蓝天就是幸福"社会氛围。制作《大气污染防治》《抵制白色污染》宣传片在广场电子屏全天播放，拍摄 5 个环保主题曲《让中国更美丽》线上传唱活动 MV，组织开展线下活动 60 场次、参与 41352 人，线上活动 13 场次、参与 9210 人。"两微"发稿原创 52 篇、转发 32 篇，制作网络传播产品 18 件；6 月 3 日，召开"6·5"环境日专题新闻发布会，介绍 2019 年全州生态环境工作情况和 2020 年工作要点。11 月 6 日，召开了《德宏州第二次全国污染源普查公报》新闻发布会，介绍普查工作目标、措施和成果；推广公众参与，7 家设施单位制作新媒体产品 11 个，组织线上活动 174 次，10603 人次参与。4 家环保设施单位现场开放活动 24 次，线下参与人次 1301 次。盈江县油松岭乡冯祖国被生态环境部、中央文明办评为"美丽中国，我是行动者"2020 年"百名最美生态环保志愿者"，盈江县太平镇石梯村"村寨生态守护行动"被评为生态环境部"十佳公众参与案例"并在北京接受表彰。

【环境督察整改】 2020 年，德宏州生态环境局落实上级环保督察及"回头看"反馈问题整改工作。中央环保督察及"回头看"反馈问题 34 个，完成州级整改验收销号并上报省环保督察工作领导小组；省级环保督察及"回头看"反馈问题 56 个。其中，省级环保督察反馈的 33 个问题完成整改。省级"回头看"反馈的 23 个问题中有 13 个问题完成整改，其中 8 个问题通过州级整改验收，10 个问题达到序时进度，推进整改。中央环境保护督察及"回头看"转办群众投诉举报件 41 件、省级生态环境保护督察及"回头看"转办群众投诉举报件 61 件，全部按时办结。

生态环境局主要领导干部

孙孔龙 党组书记、局长

李 瑛 党组成员、副局长

赵 新 党组成员、副局长

吕重青 党组成员、副局长

（撰稿：陈 林）

【芒市】 芒市环境保护局于 2002 年 6 月成立，2019 年机构改革挂牌为德宏州生态环境局芒市分局，为德宏州生态环境局的派出机构，正科级单位。全局现有干部 28 人，工勤 3 人，合同聘用人员 6 人。班子设局长 1 名、副局长 2 名，下设办公室、财务股、环境影响评价股、污染防治股、自然生态股 5 个股室，及下属单位：芒市生态环境保护综合行政执法大队、芒市环境监测站。

环境影响评价工作。2020 年，共审批环评项目 56 个，其中，报告表 48 份、报告书 4 份、告知承诺制 4 份；建设项目网上登记备案 265 份；共验收 10 个项目。积极对服务项目进行选址，对各乡镇农用设施地、易地搬迁点、加油站等项目进行现场踏勘，出具 42 个项目选址意见。信息平台建设逐步完善，55 个建设项目录入全国信用平台，网上审核云南省建设项目环评审批系统申报的建设项目，完成环评管理信息平台自主验收项目备案 38 个。加快推进政务服务和监管平台数据共享，提升"互联网+政务服务"水平，所有行政审批事项入驻政务中心，政务服务平台实现全程网办。实行执法正面清单，采取柔性执法。2020 年，芒市 6 家企业纳入执法正面清单，对纳入正面清单企业免于现场执法检查或减少抽查、检查频次，对疫情期间复工复产企业实行柔性执法，对 13 家未依法办理环保手续但未造成环境污染及破坏的企业采取柔性执法，责令企业立行立改，不予以行政处罚。认真落实简政措施，严格按照新《环境影响评价法》和《建设项目环境影响登记表备案管理办法》，对环境影响较小的项目实行登记表备案制管理，在云南政务服务网或德宏州生态环境局芒市分局门户网站即可注册自行办理，减轻企业负担。优化审批流程，部分项目试行"告知承诺制"。积极服务疫情防控，服务相关行业企业复工复产、正常生产，对 4 个符合清单的项目实行环评告知承诺制。认真落实新型冠状病毒感染疫情期间环评审批服务保障。对疫情急需临时性的医疗卫生、物资生产、研究试验等建设项目,可以豁免环境影响评价手续。对部分不涉及有毒、有害及危险品仓储、物流配送业等10大类30小类行业的项目,不再填报环境影响登记表。

狠抓大气污染防治,空气质量提升明显。一是加强领导、提早部署。上半年组织召开大气污染防治工作推进会,针对薄弱环节和重点任务,进一步压实防控责任。二是启动轻度污染预警机制。在临近污染天气情况下,及时启动预警应急响应,果断采取应急措施,在西双版纳、临沧等全省边境州(市)大范围出现连续污染天气的情况下,芒市将空气质量数据控制在轻度污染限制以内。三是开展大气污染源调查和主要污染物来源解析综合防治项目,为精准控制污染提供了技术支撑。四是加强冬春季节重点防控攻坚工作。先后印发春节期间大气污染防治措施和常态化工作措施等指导性文件,确保节日期间没有出现污染天数。五是对焚烧秸秆、落叶实施最严监管。以各重点乡镇和城区为重点,把秸秆、落叶、垃圾禁烧作为常态化管理工作,2020年,芒市分局查处焚烧秸秆违法案件28件,罚款5.6万元。六是加强城区扬尘污染防控。环卫部门进一步加大街道清扫保洁、道路洒水、雾炮降尘等力度,综合执法局全面加强建筑工地防尘"六个百分之百"的监督落实,扬尘得到有效管控。六是加强非道路移动机械管理,359台纳入管理。七是加强城市餐饮油烟整治,进一步规范城区餐饮油烟排放。

开展"铁腕清源"行动,芒市大河风平断面水质得到提升。一是加强河道流域管理,清除河道管理范围内的生活、建筑垃圾,堆肥、违法建筑,围垦种植等突出问题。二是加大水产养殖废水污染治理,排查整治芒市大河风平断面以上水产养殖,取缔55户184个鱼塘。三是整治农业面源污染,实施化肥、农药"零增长"计划,积极引导鼓励农户增施农家肥、商品有机肥等。四是治理河道两岸畜禽养殖污染,清理取缔畜禽养殖户37户22.3亩。五是开展城区流域污染整治。实施城区河道截污工程,完成南秀河、南马河、南喊河、板过河管道建设20.94千米。六是实施城区雨污管网分流工程。完成东南片区和南蚌小区污水提升泵站建设,完成113个雨污水管网混

接点的雨污分流改造。七是对芒市大河及其支流两岸餐饮行业污水直排问题进行摸底排查整治。八是实施芒市大河综合治理(一期)暨清塘河水库备用水源地保护建设PPP项目,自2020年1月开工以来,已完成城区6条河道清淤、板过河尾水湿地公园建设,完成6条河道污水管网埋设7.375千米,完成14条市政道路污水管道敷设8.415千米,完成河道护岸建设11.66千米。2020年,芒市大河风平断面水质月均值已经达到国家考核要求的Ⅲ类水质,其他国考、省考断面全面达标。

抓好土壤污染防治,土壤环境安全可控。一是根据《芒市土壤污染防治工作方案》,切实抓好土壤重点工作落实。二是完成芒市重点企业用地基础信息调查。三是编制完成《芒市产粮(油)大县土壤环境保护方案》。四是按程序完成芒市海华开发有限公司潞西金矿生产用地疑似污染地块的调查核实,未发现污染情况。五是开展涉镉等重金属重点行业企业排查,建立污染源整治清单2家。六是组织开展工业固体废物堆存场所环境整治行动,完成3个固体废物问题点位清理整治。

农村垃圾、污水治理成效显现。全市25座农村生活垃圾热解处理站全部建成投运,村庄生活垃圾无害化处理率达99.34%。完成《农村生活污水治理专项规划(2020—2035年)》。积极争取上级项目支持。芒市分局向上级争取到芒市大河流域户拉断面水质提升项目、芒市南木黑河流域综合治理工程项目、芒市清塘河水库上游村寨农村环境综合整治项目、芒市秸秆禁烧视频监控信息系统、芒市大河风平断面富阳河流域污水治理等5个项目,下达专项资金6488万元。水源地保护得到加强。芒市勐板河水库水源地保护及综合治理工程继续推进,保护区群众636户搬迁户已开工建设308户。按照省、州要求,完成城市备用水源清塘河水库水源保护区划编制和3个"千吨万人"及4个乡镇及饮水水源保护区划定工作。

环境监察。一是推进"双随机、一公开"工作。2020年,确定"双随机"监管企业233家,共抽查182家次,其中,重点排污单位63家次、一般排污单位100家次、特殊监管单位19家次。开展各类专项执法检查、"三同时"执行情况检查

等现场检查 390 余次。二是强化信访纠纷举报办理。2020 年，共受理各类环境投诉纠纷信访 188 件（涉气 85 件，涉水 14 件，噪声 80 件，其他 9 件），调查处理率 100%。三是开展环境专项整治行动。开展畜禽养殖行业、核技术利用单位、入河排污口、中高考噪声、非煤矿山扬尘、农村秸秆焚烧、砖瓦窑大气治理、边境地区污染源排查、饮用水源地排查等一系列专项行动，进一步净化芒市生态环境，消除环境安全隐患。四是开展执法大练兵，严厉处罚环境违法行为。2020 年，立案调查环境违法案件 55 件，下达《行政处罚决定书》47 份，罚款 244.4966 万元，其中，适用"四个配套办法"5 件（3 件查封、2 件移送公安机关行政拘留），依法有力打击了环境违法行为。

环保督察。从 2016 年中央开展首轮环保督察以来，到 2019 年，省级生态环境保护督察"回头看"，芒市先后接受中央和省级 4 次督察，面对督察反馈的问题，芒市直面矛盾，举全市之力推动整改，大气污染防治、芒市大河流域治理、城市饮用水源保护等方面的短板得到进一步补齐。中央环保督察涉及 16 个问题，已完成整改 16 项，提请州级验收 16 项；中央环保督察"回头看"涉及 6 个问题，已完成整改 6 项，提请州级验收 6 项；省环保督察涉及 16 个问题，已完成整改 16 项，提请州级验收 12 项，由芒市人民政府牵头组织验收 3 项，分别为勐板河水库综合整治问题、芒究水库备用饮用水水源地区划问题、奥环水泥厂搬迁改造问题，相关验收材料已备齐待查；省环保督察"回头看"及芒市大河环境问题专项督察涉及 17 个问题，已完成整改 10 项，达到序时进度 7 项，已开展验收 4 项，准备提请州级验收 6 项。

生态环境分局主要领导干部

革　新　党支部书记、局长
赵　青　副局长
卜玉彪　副局长

（撰稿：刘变香）

【瑞丽市】　2020 年，德宏州生态环境局瑞丽分局位于瑞丽市兴安路 37 号，于 2019 年 3 月挂牌，属德宏州生态环境局派驻机构，正科级行政单位，前身为瑞丽市环境保护局。内设办公室、污染防治股、自然生态股 3 个股室，下属环境监察大队、环境监测站 2 个事业单位，在岗人数 37 人，退休 8 人。

污染防治"三大保卫战"。2020 年，梳理分解污染防治攻坚战各项重点工作任务至职能部门并督促推进。督促指导瑞丽市景成硅业有限责任公司（瑞丽市腾信硅业有限公司）开展工业硅冶炼烟气脱硫改造工程建设，完成建成区 7 台燃煤锅炉的治理淘汰。组织修订并重新发布实施《瑞丽市重污染天气应急预案》，编制了包括工业污染源减排清单、道路扬尘源、建筑工地扬尘源减排清单和移动源减排清单的应急减排清单，制定了"一厂（场）一策"应急减排措施，有效应对重污染天气。加强扬尘污染现场监察，对检查发现扬尘治理措施不到位的企业限期整改，下发《责令改正违法行为决定书》2 份，立案查处企业 3 家，罚款 7 万元。谋划包装瑞丽市 10 蒸吨/时及以下燃煤锅炉治理淘汰补贴项目，争取到国家大气污染防治专项资金 80 万元。瑞丽市畹町经济开发区混板中心校低碳示范学校建设项目获得 2020 年云南省低碳发展引导专项资金 60 万元支持。完成瑞丽市姐勒水库饮用水水源保护区调整，勐卯水库、芒林水库、小街水库和畹町农场场部 4 个饮用水水源保护区划定方案修改及上报并获得省级批复，同时制作完善了芒林水库饮用水水源保护区标识、宣传警示牌和交通警示牌等；完成 2019 年度地级以下城市集中式饮用水水源姐勒水库和勐卯水库的水源环境状况调查评估，完成瑞丽市农村集中式饮用水水源地基础信息调查采集及更新，全面掌握饮用水水源地环境状况；开展瑞丽市入河排污口摸底调查及清理整治，排查瑞丽江、帕色河、南阮河等 11 个水体沿岸，形成了瑞丽市入河排污口摸底调查管理清单，并对涉水企业设置但未经审批的 7 个入河排污口下达了《关于督促办理入河排污许可的通知》，督促企业按要求尽快完善入河排污口设置审批手续；积极向上争取资金支持，瑞丽市姐勒水库等 7 个集中式饮用水水源地流域环境治理及生态修复建设工程（一期）项目获得中央水污染防治专项资金支持 2000 万元；开展县域农村生活污水治理专项规划工作，编制完成《德宏傣族景颇族自治州瑞丽市农村生活污水治理专项规划（2020—2035）》。持续推进涉镉等重金属重点行业企业污染源的整治，多轮次对瑞丽市 6 家涉镉等重金属重点行业企业污染源开展现场检查和指导，督促其按照时间节点完成了整治工作，并由瑞丽市于 2020 年 10 月 22 日组织专家完成了 6 个污染源整治企业的整治验收，于 2020 年 10 月 30 日通过了德宏州生态环境局组织的现场核查；继续推进瑞丽市重点行业企业土壤污染状况调查工作，配合上级部门开展采样、调查档案补充等工作；积极争取上级资金提升地方土壤环境管理能力和水平，争取到 2018 年度中央土壤污染防治专项资金 500 万元，实施瑞丽市勐卯镇允岗村废弃机油炼油厂风险管控示范项目，对瑞丽市的污染地块进行风险管控；争取到 2019 年度中央土壤污染防治专项资金 180 万元，实施瑞丽市历史遗留土壤污染状况调查及评估项目。

第二次全国污染源普查。圆满完成瑞丽市第二次全国污染源普查工作。通过开展瑞丽市 325 个工业源、125 个农业规模化畜禽养殖、4 个生活源锅炉、129 个生活源入河排污口、4 个集中式污染治理设施、1 个伴生矿企业、40 个移动源、4 个园区、29 个生活源行政村、5 份农业源综合表的入户调查和普查报表填报，对瑞丽市污染源的数量、行业和地区分布情况进行了系统普查，对主要污染物的产生、排放和处理情况进行了全面摸底，准确把握了瑞丽市面临的环境形势，为进一步建立完善瑞丽市生态环境信息化平台提供了基础数据，也为科学系统判断生态环境保护形势、制定生态环境保护政策提供了重要支撑。

排污许可。根据生态环境部办公厅《关于做好固定污染源排污许可清理整顿和 2020 年排污许可发证登记工作的通知》（环办环评函〔2019〕939 号）要求，结合瑞丽实际制定了《瑞丽市固定污染源排污许可清理整顿和 2020 年排污许可发证登记工作实施方案》并认真落实，圆满完成了瑞丽市固定污染源排污许可清理整顿和 2020 年排污许可发证登记工作。2020 年共发放重点管理类排污许可证 5 家，简化管理类排污许可证 38 家，限期整改 8 家，完成固定污染源排污登记 417 家。

同时，根据上级安排部署开展了瑞丽市 2020 年固定污染源排污许可全覆盖"回头看"，确保全市固定污染源纳入排污许可管理。

"禁白限塑"。制定印发《瑞丽市"禁白限塑"2020 年工作计划》，组织召开瑞丽市 2020 年"禁白限塑"工作推进会。牵头开展了 2020 年度"禁白限塑"宣传工作，组织开展了"禁白限塑"督查工作，配合市政府督查室开展了针对财政供养人员带头落实"禁白限塑"措施的专项检查。

污染减排。根据省级下达年度重点减排任务，由瑞丽市政府与减排责任单位及主管部门签订了减排目标责任书，强化对瑞丽市污水处理厂（一污）、第二污水处理厂、瑞丽市景成硅业有限责任公司的日常监管和检查指导，全面完成了瑞丽市 2020 年度总量减排任务。

环境执法。2020 年，共下达《责令改正违法行为决定书》16 份，依法责令 16 家企业改正了环境违法行为，立案查处环境违法案件 8 件，处罚金额 127 万元，按照《环境保护主管部门实施查封、扣押办法》办理查封案件 1 起，其中，瑞丽长合再生纸厂私设暗管违法排污造成瑞丽江水环境污染事件，是瑞丽市单项罚款数额最高（100 万元）、首次移交公安机关进行行政拘留的水污染案件，也是德宏州生态环境局瑞丽分局成立以来首次面对重大网络舆情、妥善处置网络舆情的事件。开展"散乱污"企业治理"回头看"工作，对已完成关停取缔的 23 家企业，进行了材料查看及部分企业的现场抽查。开展环境监管执法"双随机、一公开"、全市扬尘治理专项整治行动、建筑项目夜间施工专项排查整治、涉镉等重金属重点行业企业的污染源整治、入河排污口排查整治、"绿色护考"环保专项行动、环境执法大练兵、边境污染源排查工作、畜禽养殖场及定点屠宰场专项环境执法检查等一系列执法工作，深入企业开展检查督察 600 多家次，保持生态环境执法高压态势。

新型冠状病毒感染疫情防控。监察监测双向配合，助力企业复工复产。持续加强集中式饮用水源地、医院、污水处理厂等敏感区域的应急监测，共出具特定指标有效监测数据 219 个；开展医疗废物规范化、废弃口罩应急处置、污水处理厂、垃圾填埋场、定点宾馆、饮用水源地等专项检查，累计共出动执法人员734人次，车辆243车次，强化重点区域的监管；主动服务，及时对辖区内即将复产或已复工复产的企业开展现场检查，督促排污企业自觉落实疫情防控和污染防治主体责任，对存在的问题及时整改；加强对单位网格责任区范围内外籍人员摸底排查建档工作，"拉网式""地毯式"摸底排查，做到底数清、情况明、全覆盖、无漏洞、无死角排查，共排查947人，其中，外籍人员131人，组织核酸检测854人。

环保宣传。利用"禁白限塑"宣传、"6·5"环境日等开展形式多样的宣传活动，共组织宣讲4次，展出展板10余块，发放宣传资料26000余份、宣传布标102条、环保袋500余个、宣传品1000余份，录制了"禁白限塑"宣传语音1条。同时结合疫情形势组织开展群众喜闻乐见的线上活动，"让中国更美丽"传唱歌手征集活动、环保袋设计征集、环境监测站云参观等活动均受到了广大群众的关注，点击率达2万余次，拍摄的《让中国更美丽》MV宣传片被生态环境部和省生态环境厅采用，"环境监测站线上参观视频"被省生态环境厅采用。

环境监测。开展畹町河畹町供排水公司取水口监测12次，获得有效监测数据300个，开展农村饮用水源地、农村地表水及"千吨万人"水源地芒林水库水质监测2次；环境空气质量监测有效天数355天，其中，优202天、良138天、轻度污染11天、中度污染3天、重度污染1天，优良率占95.8%，报送空气质量日报355期，发布《瑞丽市环境质量综合月报》12期，获得环境空气质量小时均值数据达到59640个；酸雨监测76次，获得有效监测数据836个；完成四个季度7个点位功能区声环境监测，获得有效监测数据4704个；110个点位区域环境声环境监测，获得有效监测数据770个；8条道路16个点位城市道路交通环境噪声监测，获得有效监测数据112个。

环境保护督察。协助市委、市政府完成中央环保督察反馈问题7项、中央环保督察"回头看"反馈问题3项、省级环保督察反馈问题7项及省级环保督察"回头看"反馈问题4项的整改、验收、销号工作。截至2020年12月31日，中央环保督察、中央环保督察"回头看"、省级环保督察已全部完成整改、验收、销号工作。完成省级环保督察及"回头看"期间13件投诉举报件办理上报工作。

生态环境保护"十四五"规划。根据《瑞丽市人民政府办公室关于印发瑞丽市"十四五"规划编制工作方案的通知》（瑞政办发〔2020〕15号）要求，组织编制了《瑞丽市环境保护和生态建设"十四五"规划》，完成了多轮修改并形成了征求意见稿。

生态环境分局主要领导干部
陈恩华　党支部书记、局长
张自晓　党支部宣传委员、副局长
徐永刚　党支部纪检委员、副局长
赵少斌　党支部副书记、副局长

（撰稿：杨　蕾）

【盈江县】　2020年，内设机构4个（办公室、污染防治股、环评辐射股、自然生态股），下设事业单位2个（环境监察大队、环境监测站）。2020年，实有在职干部职工29人，其中，公务员12人、专业技术人员13人、工勤4人。设党支部1个，2020年，实有党员23人，其中，在职党员19人、退休党员4人；男党员15人、女党员8人；少数民族党员9人。

疫情防控。成立了疫情防控工作领导小组，制定出台《德宏州生态环境局盈江分局关于新型冠状病毒感染的肺炎疫情防控工作方案》等文件，紧盯工作重点，从加强医疗废物转运监管、医疗污水和城镇污水监管、饮用水水源地监管、生态环境监测、辐射安全监管服务保障等方面开展工作。履行网格化管理责任，组织全局职工力量对挂钩小区73户进行了7轮拉网式排查，全面摸清小区人员基本情况；每天抽调2名人员值班，配合责任小区开展堵卡、入户排查、登记上报外来人员等网格化管理工作。加强后勤保障，保障一线职工自身安全。严格实施来访人员登记制度。对外来人员进行体温监测，监督其佩戴口罩，并登记好身份信息、电话、体温等相关信息。

党风廉政建设。结合廉政风险防控及廉洁自

律工作要求，制作并签订《2020 年党风廉政建设责任书》9 份，签订《2020 年个人承诺书》31 份；年中组织开展监督检查，班子成员按照"一岗双责"要求，检查、督促分管股室党风廉政建设责任落实工作；用好"四种形态"，2020 年，共开展"谁分管谁谈话"活动 4 次，开展重大项目巡察反馈问题谈话 1 次；组织开展"树家训、立家规、正家风、重家教，共建清廉德宏"教育活动，签订《家庭廉政立德承诺书》31 份，做到全覆盖；分管领导到分管股室长家中开展廉政家访 8 人次；开展警示教育，组织干部职工集中观看《政治掮客苏洪波》《八小时之外》《清风云南〈春风润滇　家风促廉〉〈清风剧场：一封举报信〉》等警示教育片；深入挖掘身边典型素材，撰写上报好家风案例 1 篇，充分发挥家庭在反腐倡廉中的重要作用。

党建工作。深入推进党的思想建设，采取会议集中学习、"云岭先锋""学习强国"App 个人自学、交流讨论等方式，加强党员党性教育，引导全局干部职工增强"四个意识"、坚定"四个自信"、做到"两个维护"，全年召开例会学习 30 次；全面落实基层党建工作重点任务，完成支部换届选举工作，组织 6 期 23 名党员"万名党员进党校"培训，依托"云岭先锋"App、党员教育信息化平台完成每月"3+X"重点学习任务；落实"三会一课"、领导干部双重组织生活、民主评议党员、谈心谈话等制度，2020 年，召开支委会 12 次，党员大会 7 次，组织生活会 10 次，支部书记上党课 7 节，道德讲堂 4 期，到挂钩村开展春节慰问活动 2 次。

项目管理。严格执行建设项目环评分类管理、分级审批规定。全年共审批建设项目 49 个，执行环境影响评价告知承诺制审批项目 5 个，一般审批项目 44 个。完成竣工环境保护自主验收 35 个，完成环境影响登记表备案项目 104 个，执行环境影响评价正面清单豁免登记备案项目 30 余个。

项目服务。执行重大项目环评进度报告制度，积极对接相关单位，采取主动上门服务、发函告知等方式，做好全县固定资产投资项目及重大项目环境影响评价服务指导。

污染防治攻坚战。完成盏达河小流域、香额湖污防防治项目、土壤污染地块修复试点项目入库申报工作；开展 5 家尾矿库企业污染防治工作，指导企业开展尾矿库风险自查及污染防治整改工作；开展入河排污口排查工作，共排查上报重点入河排污口 21 个；统筹开展全县生态环境保护目标任务和污染防治攻坚战工作进展月调度；开展工业炉窑大气污染治理工作，督促涉及的 18 家硅厂和 2 家水泥厂开展厂区有组织、无组织大气污染治理；开展 2020 年挥发性有机物排放企业排查，形成盈江县 VOCs 排放行业清单；完成 2020 年盈江县木乃河饮用水水源地环境状况评估；完成供水 1000 人以上乡镇级集中式饮用水水源环境状况基础信息及监测数据录入工作；完成"千吨万人"饮用水源地及 13 个乡镇级饮用水源地保护区划定。

污染减排。2020 年度，州级下达主要污染物减排项目 21 个，其中，管理减排项目 6 个、工程减排项目 15 个，已全部完成。下达化学需氧量、氨氮、二氧化硫、氮氧化物削减任务分别为 56 吨、3 吨、0 吨、94 吨，2020 年，完成削减量分别为 57.33 吨、6.9 吨、1.61 吨、368.33 吨，全县污染减排目标任务顺利完成。

宣传教育。围绕主题，结合实际，组织开展 2020 年环保宣传活动。采取线上线下相结合的方式，在全县范围内开展系列宣传活动。2020 年，共制作网络传播产品 5 件，点击量 3199 人次。组织开展线下活动 17 场（次），参与 5344 人，发放宣传品数量 1000 件。组织开展线上活动 1 场（次），参与 265 人。利用"两微"发布原创 1 篇，阅读量 1730 人次；转发 18 篇，阅读量 4263 人次。悬挂宣传标语 24 条。

环境监管执法。2020 年共出动执法人员 1347 人次，检查企业 584 家次，下达责令改正违法行为决定书 18 份，立案查处环境违法行为 12 起（罚款 8 起，配套办法案件 4 起），共处罚金 319.25445 万元。

信访纠纷调处。加强环保领域矛盾纠纷化解，及时调处矛盾纠纷，将不稳定因素消灭于萌芽状态。2020 年共受理各类信访案件 117 起，收到人大代表建议 2 件、政协委员提案 2 件，均在规定时限内办结并回复。

排污许可。完成 33 个清理整顿行业排污许可核发任务；排查完成辖区内 112 个行业类别国家排污许可证核发、登记管理清单；全面完成固定源核发任务，核发国家排污许可证 58 家（包含整改类 10 家），登记管理 307 家。2020 年，应发证登记企业发证完成率 100%，登记完成率 100%。

环境监测。完成盈江县农村环境质量监测和农村"千吨万人"饮用水水源地水质监测工作；完成 7 家重点排污单位的执法监测工作和日常执法监测工作；共出具监测报告 46 份。完成 2020 年县域生态质量考核监测数据收集上报工作。

生态创建。2020 年 5 月底，再次启动省级生态文明县的申报工作，编制完成盈江县创建省级生态文明县申报材料并上报云南省生态环境厅。

农村污水治理。制定《盈江县 2020 年污水处理实施方案》，明确工作目标及任务。编制完成《盈江县农村污水治理专项规划（2020—2035年）》并印发实施。组织各乡镇、农场完成"十三五"期间农村环境整治任务完成情况核查。组织召开农村污水治理、农村环境整治和农村黑臭水体排查整治工作技术培训会 2 次。

环保督察反馈问题整改。持续推进各级环保督察反馈问题及"回头看"反馈意见和交办案件的整改办理。2016 年，中央环保督察反馈意见问题 20 个，盈江县涉及 19 个，其中，一般类 17 个、关注加强类 2 个，已全部完成整改并提交验收材料；2017 年，省级环境保护督察反馈意见问题 17个，已全部完成整改并提交验收材料；2018 年，中央环境保护督察"回头看"反馈意见问题 8 个，已完成整改提交验收材料 8 个；2019 年，省级生态环境保护督察"回头看"反馈意见问题 8 个，已完成整改 7 个，1 个未完成。

全国第二次污染源普查。完成第二次全国污染源普查及档案整理全面验收。获得省级优秀集体 1 个、优秀个人 1 名；评定为国家级优秀个人 1 名。

脱贫攻坚。按照制订的建档立卡贫困户脱贫计划，通过多次召开村民大会及"三讲三评"活动，让群众和建档立卡贫困户都能熟悉了解政策；结合工作实际，从精准脱贫、收入增长、产业发展、基础设施、公共服务和组织建设等方面，完

成了宝石村项目库修改完善工作及产业发展规划编制；真抓实干，制定挂牌"挂牌作战图"，圆满完成挂钩点芒章乡宝石村 138 户 566 人建档立卡户全面脱贫出列工作。

生态环境分局主要领导干部

李开洲　党支部书记、局长
张承革　副局长
李　辉　副局长
杨丽芬　副局长（2020.10—）

（撰稿：徐雪玲）

【陇川县】　德宏州生态环境局陇川分局为德宏州生态环境局的派出机构，内设办公室、污染防治股、环境影响评价股、政策法规股 4 个股室，下辖环境监察大队和环境监测站 2 个事业单位，核定分局行政编制数 7 名，环境监察大队事业编制 10 名，环境监测站事业编制数 10 名。2020 年末，实有干部职工 30 人，党员 18 人。

全面推进蓝天保卫战。根据《陇川县人民政府关于印发陇川县打赢蓝天保卫战三年行动实施方案（2018—2020 年）》（陇政发〔2019〕20 号）、《陇川县 2019—2020 年今冬明春大气污染防治专项行动工作方案》及《陇川县人民政府办公室关于加强烟花爆竹燃放管控工作的通知》（陇政办发〔2020〕6 号）要求，全面推进大气污染防治工作。一是扎实抓好扬尘污染防治。二是严格落实秸秆禁烧责任制，加大巡查力度，严禁秸秆露天焚烧。三是抓好餐饮业油烟整治工作。四是严格管控烟花爆竹燃放。五是全面开展"散乱污"企业综合整治行动。陇川县被列为"散乱污"的企业共 25 家，其中，关停取缔类 14 家、整合搬迁类 3 家、升级改造类 8 家。关停取缔类 14 家已全部关闭；整合搬迁类 3 家已完成了选址和签订租地合同，相关手续正在办理中；升级改造类 8 家中，5 家企业已完成升级改造工程，待县"散乱污"综合整治工作领导小组组织验收认可，另外 3家企业升级改造后达不到验收标准自行关闭。六是开展燃煤锅炉整治。七是全力推进大气省级重点减排项目。八是密切关注环境空气质量及污染物浓度变化情况。

全面推进碧水保卫战。一是强化涉水省级重

点减排项目日常监督检查，推进污水管网建设。二是持续开展饮用水水源地保护工作。编制完成景罕镇贺蚌河、城子镇帮瓦河 2 个"千吨万人"水源地保护区划分方案，通过省生态环境厅组织的技术审查，并按要求召开了听证会。完成了公众参与、专家论证、风险评估等法定程序，通过了县司法局的合法性审查，2 个划分方案已经县政府常务会集体讨论通过，并报送省人民政府待批复；其余 6 个乡镇级集中式饮用水源保护区划分方案已编制完成，公示期间未收到修改意见。三是积极推进农村生活污水治理。四是推进农村黑臭水体排查。五是完成了入河排污排查，对县水利局已审批的入河排污口进行了统计上报。

稳步推进净土保卫战。对辖区内重点行业企业用地土壤污染状况调查企业清单进行核实，完成德宏州重点企业用地基础信息调查前期调查与资料收集工作。完成《云南省陇川县甸川工贸股份有限公司电池厂场地环境初步调查报告》，通过省、州专家评审。完成陇川县 2019 年度土壤污染防治行动计划实施情况评估，自评分 96 分，土壤环境总体保持稳定。完成排查筛选涉重企业工作，经调查核实，陇川县不涉及 6 种涉重金属重点行业企业。

环评审批。2020 年，完成批复建设项目环境影响评价报告表 9 个，审核建设项目网上备案登记表 38 个，疫情防控三类项目豁免环评手续 12 个（陇川县人民医院新型冠状病毒感染临时救治点建设项目 1 个、陇川县公益性公墓建设项目 11 个），积极支持各部门申报项目出具初步意见 36 个，出具选址等相关意见 9 个，参与相关项目选址 15 个，完成排污许可登记 201 家，排污许可证核发 31 家。

环境监管。2020 年，共检查企业 233 家次，出动执法人员 914 人次，下发《责令改正违法行为决定书》5 份，实施查封扣押 6 起，行政处罚 2 起，罚款金额共计 23 万元。2020 年，共受理环境信访件 72 件，已结案 69 件，未结案 3 件，正在办理中。其中，"12369"环境举报热线 36 件、转办函 10 件、来电 7 件、"12369"环保微信举报平台 8 件、来访 7 件、人大建议 1 件、微博反映 2 件、检察建议书 1 件（其中大气 30 起、噪声 22、废水 17 起、固废 3 起），处理率 100%，结案率 95%。

生态文明建设。省级生态文明县创建工作于 2019 年 12 月通过省级技术评估，2020 年 5 月通过省生态环境厅拟命名公示，成为德宏州第一个命名公示的省级生态文明县。此外，协助陇川县气象局将陇川县创建为"中国天然氧吧"，11 月 6 日获得中国气象局公布的 2020 年度"中国天然氧吧"79 个地区之一，此殊荣是德宏州各县市获得的第一个。完成了 2020 年度陇川县县域生态环境质量监测评价与考核工作，省级对陇川县的考核结果连续 6 年为基本稳定。

环保宣传。广泛开展生态环境宣传教育。一是陇川县人民政府下发《关于做好 2020 年"6·5"世界环境日宣传工作的通知》，在全县范围内开展发布（转载）1 条活动信息，悬挂 1 条宣传标语等系列宣传活动，县直各部门积极参与，营造了"6·5"世界环境日浓厚宣传氛围。二是开展乡镇环保宣传全覆盖。三是开展环保宣传进校园活动。四是制作大气污染防治宣传短片，并在民族广场电子屏全天播放宣传短片，发布微信公众号，县融媒体积极进行转载，阅读量为 1089 人次。五是县融媒体中心对分局副局长舒生改进行采访，发布微信公众号，对生态环境保护工作取得的成效进行宣传，阅读量为 1384 人次。六是开展环保宣传进企业。七是利用"平安陇川"新媒体平台微博、抖音、头条号、微信转发 7 条"6·5"环境日相关信息进行宣传报道。活动期间，组织开展线下活动 25 场次，制作网络传播产品 2 件，悬挂宣传标语 54 条，摆放宣传展板 15 块，发放宣传资料共计 7300 份。

环保督察整改。2022 年，陇川县对照《省、州贯彻落实中央环境保护督察反馈问题整改总体方案》，涉及整改任务 19 项。其中，整改落实类 17 项、关注加强类 2 项，均属于全省全州共性问题。截至统计时，已整改完成 16 项（已提请验收的 13 项），基本完成 1 项（关注加强类：中小水电站清理问题），达到序时进度并长期坚持的 1 项（云南全省环境保护管理事务、环境监测与监察、污染防治、自然生态保护、污染减排支出费用占公共财政支出比例下降问题），未达到序时进度 1

项（工业园区中，还有尚未通过规划环境影响评价审查，尚未建成集中式污染治理设施的问题）。

生态环境分局主要领导干部

何从明　局长

马　亮　副局长

舒生改　副局长

（撰稿：曹　文）

【梁河县】　德宏州生态环境局梁河分局为德宏州生态环境局的派出机构，机构规格为正科级，有行政编制 5 名、机关工勤 1 名、事业编制 20 名。2020 年末，实有干部职工 23 人，其中，公务员 8 人、机关工勤 1 人、专业技术人员 14 人。内设 6 个临时机构（办公室、综合股、环境执法大队、大气与水生态环境股、土壤生态环境与固废股、行政审批与辐射安全管理股），下设 2 个事业单位（环境监察大队、环境监测站）。

环境信访。2020 年，共受理各类环保投诉案件 39 件，调查处理 39 件，办结率为 100%；受理人大代表建议 2 件，政协委员提案 1 件，办结率 100%，回复满意率 100%。

排污许可工作。2020 年开，展排污许可核发初审和清理整顿工作。完成 33 个行业固定污染源清理整顿企业数量为 23 家，其中，发证企业 2 家，登记企业 21 家；完成 87 个行业和 4 个通用工序排污许可发证或登记企业数量为 153 家，其中，发证企业 18 家，登记企业 135 家。

环境影响评价。全面深入推进投资项目环评审批改革。简化了 35 类项目的环评文件类别，报告书类别项目由 40% 降至 38%，告知性备案实现网上办理，用户从注册、填报到成功提交平均用时 30 分钟。组织技术审查建设项目环境影响评价文件 8 份，受理完成项目环评审批 11 件，完成环境影响评价登记表备案 39 份，完成建设项目竣工环境保护验收 18 个。豁免疫情防控三类项目环评手续 2 个，"正面清单"登记表免登记 4 个，支持县直部门和单位完成项目申报 17 个，参与项目选址 53 个（其中落地建设 7 个），开展项目环境影响评价咨询服务 48 人次。

污染防治。大气治理方面。梁河县中亚硅业有限公司、梁河县万鑫硅业有限公司 2 家硅冶炼企业按期完成烟气脱硫工程建成投运；完成县城建成区每小时 10 蒸吨及以下的燃煤锅炉淘汰工作，并建立好淘汰、验收等环节的锅炉淘汰相关档案；2021 年，县城环境空气质量优良天数比例为 99.2%，居全州第一位；$PM_{2.5}$ 浓度均值为 19 微克/立方米；PM_{10} 浓度均值为 31 微克/立方米，达到《环境空气质量标准》（GB 3095—2012）二级标准。水污染治理方面。梁河县污水处理厂共处理污水 138.5584 万吨，负荷率 76.97%，同比上升 21.46%；编制印发农村生活污水治理专项规划，开展农村黑臭水体排查，经多方审查复核，确定梁河境内无黑臭水体；开展乡镇级饮用水水源地保护区划定工作，编制完成了勐养镇、芒东镇、大厂乡 3 个乡镇级饮用水水源地保护区划定工作；开展辖区集中式饮用水水源地基础信息调查，完成县级饮用水水源评估工作；城市集中式饮用水水源地水质均达到《地表水环境质量标准》Ⅱ类及Ⅱ类以上，水质达标率保持 100%；出境河流大盈江梁河段、瑞丽江梁河段断面水质达到《地表水环境质量标准》Ⅲ类及Ⅲ类以上，水质达标率为 100%。土污染治理方面。开展疑似污染地块工作，于 2020 年 5 月从疑似污染地块移除，确保梁河境内无污染地块及疑似污染地块；开展涉镉等重金属重点行业企业二次排查，通过排查，梁河境内无涉镉等重金属重点行业企业；加强危险废物转移审批工作，共指导 3 家企业完成了 2019 年度的危险废物申报登记工作；开展重点企业用地基础信息调查，配合上级部门委托的第三方（云南博世科环保科技有限责任公司）开展德宏州重点企业用地基础信息调查工作；开展土壤污染防控月调度工作，组织职能部门认真落实土壤重点工作进展情况月调度，按时完成并上报进展情况。

生态文明创建工作。2020 年，全县 66 个行政村和社区获命名州级生态村，9 个乡镇已全部完成省级生态乡镇申报工作，并通过评审和公示，其中，5 个乡镇已获正式命名、4 个乡镇待省政府复核后命名；"省级生态文明县"创建工作于 2020 年 8 月通过州级专家组评审；全县共创建省级"绿色学校"12 所，州级"绿色学校"19 所，省级"绿色社区"1 个；推动《梁河县生物多样性保护实施方案（2020—2035）》编制完成，提请梁河县第十八届人民代表大会常务委员会第二十五次会议审议通过，并批准实施；县域生态环境质量保持持续稳定，连续 5 个年度考核结果为省级"基本稳定"，为梁河县累计争取到生态转移支付资金 7929 万元。

环境监察与应急。出动执法人员 522 人次，执法车 162 辆次，巡回检查各类排污单位 1162 家次，其间立案查处违法企业 6 家，下达责令改正环境违法行为决定书 3 份，罚款 75.1 万元；履行新型冠状病毒感染疫情防控环境监管职责，疫情期间，累计出动执法人员 323 人次，检查医疗机构 22 家次、集中医学留观点 4 家次、废弃口罩收集点 54 家次、污水处理厂 2 家次、垃圾填埋场 11 家次、县城市集中式饮用水源地 13 次、工业企业 6 家次，现场督促（纠正）问题（隐患）改正 13 个；部门联合执法 6 次，顺利完成了清单内 25 家和清单外 134 家（134 座土砖瓦窑）关停取缔类"散乱污"企业的清理整治工作；针对群众投诉率较高的酒吧、夜市烧烤摊点噪声污染问题，开展联合检查 2 次，检查 7 家次，独立开展专项检查 5 家次，现场纠正噪声防治措施落实不到位共 12 家次；落实污染源日常环境监管随机抽查机制。在全县工业企业污染源中抽取了随机检查企业 61 家，其中，重点污染源 34 家、特殊监管企业 14 家、一般污染源 13 家。

环境宣传教育。2020 年，"6·5"世界环境日，利用微信、网站、电视台等新媒体拓宽宣传渠道，创新宣传形式。2018 年，粉刷永久性环境保护宣传标语 10 条，发放德宏州生态环境局梁河分局 2020 年"6·5"环境日宣传单 2500 余张，"禁白限塑"宣传单 2500 多张，《环境保护宣传手册》2500 多本，《中华人民共和国环境保护法》2500 多本，环保布袋 2500 多个，2020 年"6·5"环境日主题海报 2500 多张。

污染源普查。完成全国第二次污染源普查上报数据修正、电子档案上传及纸质档案归档工作，摸清了梁河县各类污染源的基本情况、主要污染物排放数量、污染治理情况等，建立了重点污染源档案和污染源信息数据库。

环境问题整改。2020 年，中央环境保护督察反馈意见涉及梁河整改任务有 16 项，已完成整改

16 项，整改完成率为 100%；中央环境保护督察"回头看"反馈意见涉及梁河整改任务有 3 项，已完成整改 3 项，整改完成率为 100%；"回头看"期间办理群众举报环境问题转办件 5 件，办结率为 100%。省级生态环境保护督察反馈问题涉及梁河整改任务 14 项，已经完成并销号 11 项，达到时序进度 3 项；省级环境保护督察"回头看"反馈问题涉及梁河整改任务 8 项，已经完成整改事项 5 项，达到时序进度 3 项；办理群众举报环境问题转办件 3 件，办结 3 件。

生态环境分局主要领导干部
黄跃斌　党支部书记、局长
林　颖　党支部副书记、副局长
闫自礼　副局长
左　欧　副局长

（撰稿：张如胜）

丽江市

【工作综述】　2020 年以来，丽江市生态环境局深入贯彻落实习近平新时代中国特色社会主义思想，坚决贯彻落实党中央国务院和省委、省政府生态环境保护重大决策部署，牢固树立"绿水青山就是金山银山"的发展理念，坚持生态优先，绿色发展，"像保护眼睛一样保护生态环境，像对待生命一样对待生态环境"，全力推进生态环境保护，打好污染防治攻坚战，守护好丽江的蓝天白云、青山绿水。2020 年 1—12 月，丽江市生态环境质量总体保持稳定：中心城区环境空气质量优良率为 100%，达优率为 78%（主要污染物为臭氧八小时均值）；程海水质全湖均值稳定在 Ⅳ 类（pH、氟化物除外），泸沽湖水质全湖均值保持 Ⅰ 类，拉市海水质保持 Ⅲ 类，金沙江干流丽江段水质保持 Ⅱ 类；全市县级及以上集中式饮用水水源地水质全部达标；全市市控及以上河流水质现状达标率为 86.4%；市控及以上地表水（包括湖库）Ⅰ～Ⅲ 类水体占比 72.4%；辖区内未发生较大、特大的环境污染事件。

【生态环境保护督察】　认真履行环保督察整

改领导小组办公室职责，2020 年以来，先后上报丽江市各级环境保护督察反馈问题整改情况 26 期次；向市委、市政府主要领导，市政府分管领导报送工作简报共 4 期；先后提请 3 次市委常委会、3 次常务会，1 次环境保护督察工作领导小组会议专题研究部署环境保护督察反馈问题整改工作。截至 2020 年 12 月 31 日，丽江市中央、省级环保督察及"回头看"四次督察反馈问题合计 167 个，已完成整改 149 个，整改总完成率 89.22%。其中，2016 年，中央环境保护督察反馈问题 27 个，完成整改 27 个，整改完成率 100%；2017 年，省委、省政府环境保护督察反馈问题 73，完成整改 73 个，整改完成率 100%；2018 年，中央环境保护督察"回头看"反馈问题 18 个，完成整改 18 个，整改完成率 100%；2019 年，省委、省政府环境保护督察"回头看"反馈问题 49 个，自 2020 年 4 月底启动整改工作以来，已完成整改 31 个，完成率 63.26%。

【蓝天保卫战】　强化移动污染源污染防治。制定了丽江市机动车排气环境监督管理工作方案，使监督检查常态化；在丽江市全面实施在用机动车排气检验"新国标"，并完成 NOx 测试设备升级；申请省级污染防治资金 200 万元开展丽江市机动车排气污染监管系统升级，制定了《丽江市机动车排气污染防治联合执法工作方案》，全面开展在用机动车排气污染多部门联合执法检查。截至 2020 年 12 月 31 日，共检车辆 127271 辆，首检合格 111750 辆，首检合格率 87.80%。切实推进非道路移动机械管理。2020 年 6 月 5 日，丽江市已基本完成非道路移动机械低排放控制区划定并切实推进非道路移动机械信息采集登记，截至 2020 年 12 月 31 日，已采集登记 68 台。进一步完善丽江市重污染天气应急预案，完成了《丽江市重污染天气应急预案（征求意见稿）》修订和应急减排措施清单编制，正在广泛征求意见。做好低碳发展项目，有序推进实施丽江市华坪县第二中学低碳校园建设示范项目和玉龙县龙蟠乡兴文村委会低碳社区建设项目 2 个省级低碳发展引导项目；2020 年，获批 2 个省级低碳发展引导资金项目，共争取到省级低碳资金 140 万元，正在编

制实施方案。大力推进挥发性有机物（VOCs）整治。开展了 2020 年丽江市挥发性有机物治理攻坚行动，在 2018 年丽江市 VOCs 排放来源排查基础上，对辖区内挥发性有机物排放源开展调查，涉及工业源及生活源等 10 个行业，并确定重点 VOCs 排放源企业报送省厅。

【碧水保卫战】　推进乡镇级集中式饮用水水源保护。建立"千吨万人"饮用水水源地名单，编制完成 5 个"千吨万人"水源保护区划分方案并获得省级批复。2020 年，获得中央水污染防治专项资金 500 万元实施玉龙县巨甸镇抗旱应急水源、永胜县大龙潭水源、板山河水源、坝箐河水源、白草坪水源"千吨万人"饮用水水源整治项目，已编制完成项目实施方案，正在开展整治。全面开展乡镇级集中式饮用水水源地排查和保护区划定，2020 年，全市共排查出 34 个乡镇级饮用水水源和 1 个"千吨万人"水源，2020 年，35 个水源地均完成保护区划定方案并通过省级技术审查，已按程序上报省人民政府。起草了《丽江市饮用水水源保护条例》，2020 年 11 月 25 日，经云南省第十三届人民代表大会常务委员会第二十一次会议批准，自 2021 年 1 月 1 日起施行。开展云南省重点流域水生态环境保护"十四五"规划丽江市水生态环境保护要点报告编制，针对丽江市 12 个国控断面汇水范围系统设计了水生态保护修复、农业农村污染防治、工业污染防治、水资源优化调度、集中式饮水水源地环境保护等方面的任务与措施；初步谋划了 70 个项目，投资估算 584725.61 万元，2020 年，该要点报告已经通过省级技术预审并上报长江流域生态环境监督管理局审查。加大漾弓江流域治理力度，制定了《漾弓江水系丽江段县（区）跨界断面水环境质量监测方案》，在漾弓江干流和护城河支流增设了 8 个监测断面，每月监测 1 次水质，主要监测氨氮、总磷、溶解氧 3 项指标；争取中央资金 100 万元，委托中国科学院城市环境研究所开展漾弓江水污染成因及治理对策研究；争取到中央水污染防治资金 2933 万元，用于推进漾弓江流域水污染防治；根据采测分离监测结果，龙兴村断面 2020 年水质均值达Ⅳ类标准。加强"两湖"流域环境保

护，切实加强流域环境监测，在程海湖体设 3 条监测垂线 4 个监测点，在泸沽湖湖体设 3 条监测垂线 4 个监测点，湖体主要监测水温、pH、溶解氧、化学需氧量等共 27 项指标，入湖河流监测除透明度、叶绿素 a 外的其他指标，每月开展 1 次监测；切实加强流域环境执法监管，不断加强泸沽湖、程海流域内重点排污单位以及沿湖流域的餐饮、住宿业、规模化畜禽养殖业的监察执法。

【净土保卫战】 持续推进涉镉等重金属重点行业企业污染源排查整治，全市 5 家涉镉等重金属重点行业企业污染源整治企业已全部完成整治；完成了第 2 轮涉镉等重金属重点行业企业污染源排查，拟于 2021 年对玉龙县九河选矿厂和永发选矿厂进行整治。积极开展土壤污染状况调查，丽江市共有 24 块纳入污染地块土壤环境管理系统地块，其中，拟申请移出系统 6 块，已调查完成并上传管理系统 14 块，正在调查 4 块。持续开展重点行业企业用地土壤污染状况调查，丽江市 5 个地块布点采样方案已通过专家评审，并上传系统，采样任务全部完成。积极推进土壤污染防治先行、先试，丽江 3 个试点项目中，云南华盛化工有限公司关闭后地块已完成治理并于 2019 年 12 月通过省级验收；华坪县杧果种植土壤安全利用技术应用项目和古城区玉龙县镍、铬高背景值农用地土壤风险管控技术应用试点项目正在开展。认真开展农村环境综合整治，全面完成了“十三五”期间丽江市 200 个建制村的农村环境综合整治任务。梯次推进农村生活污水治理，各县区已完成《县域农村生活污水治理专项规划》编制并通过县区人民政府批准实施；全市农村生活污水治理率为 25.89%，已完成省级下达的目标任务；各县（区）已完成县级农村黑臭水体排查，全市未发现有黑臭水体。加快推进尾矿库治理。丽江市经省级确定的尾矿库为 1 个（宁蒗县三鑫矿业公司），已编制完成应急预案和污染防治方案，正在开展整治。

【污染减排】 层层分解减排指标，全面落实减排责任，圆满完成省级下达的主要污染物总量控制目标任务。2019 年，二氧化硫排放量较基准年 2015 年实际减排 0 吨，与 2015 年持平，完成省级下达的减排 0% 的目标；氮氧化物排放量较基准年 2015 年实际减排 718 吨，与 2015 年相比减少 5.5%，超额完成省级下达的减排 5% 的目标；化学需氧量排放量较基准年 2015 年实际减排 687 吨，与 2015 年相比减少 10.38%，超额完成省级下达的减排 8.26% 的目标；氨氮排放量较基准年 2015 年实际减排 55 吨，与 2015 年相比减少 5.19%，超额完成省级下达的减排 2.47% 的目标；在省生态环境厅 2020 年 9 月对 2019 年度各州（市）环保约束性指标考核中，丽江市考核结果持续保持“优秀”。

【环境监管执法】 严厉打击环境违法行为。持续推进“双随机、一公开”监管执法，全面推行行政执法公示制度、执法全过程记录制度和重大执法决定法制审核制度，加强环境行政执法与刑事司法衔接，建立健全部门环境联动执法联勤制度，发挥联合执法、交叉执法和专项执法效能，结合生态环境执法大练兵活动、“双随机”监管、“12369”热线投诉举报等情况，在监督指导企业有序复工复产的同时严厉查处环境违法行为。2020 年以来，全市共抽查重点单位 23 家次，一般单位 643 家次，出动执法人员 2145 人次，共查处环境违法案件 32 起，收缴罚款 263 万元。加强环境举报投诉处理，认真执行“12369”举报值班制度，按规范受理和处置举报件，全市共收到环保信访投诉 387 件，因不属于环保部门职能职责不受理 39 件，办结 348 件，办结率 100%，回复率 100%。加强环境应急管理，2020 年 11 月 13 日，在永胜永保水泥有限公司开展了以核与辐射安全为主题的丽江市突发环境事件应急演练。

【生态文明建设】 抓生态创建。丽江市按照国家和省级的要求编制印发了《丽江市生态文明市建设规划（2010—2020）》，经过几年的努力，丽江市生态文明创建工作取得了显著成效：成功申报了 2 个国家级生态文明乡镇、17 个省级生态文明乡镇、1 个省级生态村，累计命名 323 个市级生态村。2020 年，全市共有 38 个乡镇列入拟命名省级生态文明乡镇公示名单；古城区已列入省生态环境厅拟命名省级生态文明区的公示名单；华坪县、玉龙县、永胜县省级生态文明县创建工作已通过市级技术审查并报省生态环境厅审查；华坪县被生态环境部命名为国家"绿水青山就是金山银山"实践创新基地。

【生态文明体制改革】 积极推进生态文明体制改革。5月22日，召开了2020年生态文明体制改革专项小组成员单位会议，分析生态文明体制改革工作中存在的困难和问题，部署安排2020年生态文明体制改革工作，印发了《2020年生态文明体制改革工作台账》和《2020年生态文明体制改革工作方案》。积极推进2020年工作台账任务。2020年生态文明体制改革台账涉及22项32个成果，2020年，已完成15项，上级未出台12项，正在推进落实4项，不涉及丽江市1项。积极推进2020年改革工作要点。印发《中共丽江市委 丽江市人民政府关于建立全市国土空间规划体系并监督实施的实施意见》；健全完善环境公益诉讼办案机制，印发《丽江市人民检察院 丽江市生态环境局关于建立生态环境保护公益诉讼协作配合机制的意见》；开展绿色家庭、绿色学校活动；开展2020年试编自然资源资产负债表；印发《丽江市城市生活垃圾分类工作的实施方案》；认真贯彻落实《关于建立以国家公园为主体的自然保护地体系的实施意见》，印发《丽江市自然保护地整合优化工作方案》《丽江市自然保护地整合优化预案》已通过省级专家审查。

【行政审批】 推进长江经济带战略环境评价项目。按照省级进度组织修改完善《长江经济带战略环境评价云南省丽江市"三线一单"技术报告》。严格执行环境影响评价制度。提高建设项目环评效能，严把项目环评审批关。全市共审批建设项目181个；完成小水电环境影响现状评价审批5座，环境影响后评价备案39座；共注销辐射安全许可证29份，发放辐射安全许可证12份；审批辐射类建设项目4个。加快排污许可证核发进度。自2020年全面启动覆盖所有固定污染源的排污许可证核发工作以来，丽江市率先在全省提出构建"排污许可四级联动联盟"；全市清理整顿

工作任务完成率100%，全市2020年排污许可发证登记工作进度始终保持在全省前列，并于2020年8月21日比国家规定时限提前1个月圆满完成丽江市固定源排污许可全覆盖的目标任务。

【生态环境宣传教育】 开展"生态环境宣传月"主题宣传活动。以"5·22"生物多样性日、"6·5"世界环境日、"6·17"全国低碳日为契机开展宣教活动："生态文明我带头"——环保宣传进机关进单位，动员全市178个市级单位以及县区、乡镇各级干部职工开展系列生态环境实践活动；"共建美好家园"——环保宣传进社区，深入束河街道办龙泉社区开展"共建美好家园"环保宣传进社区活动；"争做环保小卫士"——环保宣传进学校，到玉龙雪山腹地玉龙县大具乡甲子完小进行实地宣传。全面启动丽江市环保设施"云开放"。组织拍摄丽江第二污水处理厂、丽江文化垃圾填埋场、云南省生态环境厅驻丽江市生态环境监测站公众开放短视频，在主流媒体平台以及官方微信、微博平台进行线上播放。充分利用中央、省、市日报、电视台等主流传统媒体，进行生态环境保护主题宣传，加大"丽江市生态环境局"官方微信、微博信息发布力度。官方微信共发布信息2297条，官方微博共发布信息2164条；通过丽江市人民政府门户网站做好政务信息公示公开，发布信息89条。组织好新闻发布会宣传。9月21日，作为主发布单位组织了坚决打赢污染防治攻坚战之"碧水保卫战"水生态环境保护新闻发布会；10月22日，作为副发布单位召开了"依法保护泸沽湖、程海、拉市海生态环境"新闻发布会。

【第二次全国污染源普查】 丽江市从2017年10月启动普查以来，通过开展清查建库、入户调查与数据采集、普查数据核算等阶段工作，高质量完成了丽江市第二次全国污染源普查工作总结报告和普查数据分析报告，《丽江市第二次全国污染源普查技术报告》获评为云南省第二次全国污染源普查优秀技术报告一等奖。2020年9月，国务院第二次全国污染源普查领导小组办公室给予丽江市生态环境局"第二次全国污染源普查表

现突出集体"表扬。

【生态环境保障支撑】 做好环境监测能力保障。做好全市水、气、声、生物、土壤、固废等方面118个监测项目的日常监测。积极争取生态环境保护项目资金。围绕大气、水、土壤污染防治三大行动计划等内容,认真组织环保专项资金项目库建设。截至2020年12月31日,共有27个生态环境保护项目总投资27.15亿元进入中央环保专项资金项目储备库,部分项目已得到资金支持(其中,21个水污染防治项目总投资23.57亿元已进入水污染防治中央项目储备库);已争取到位2020年度环保专项资金8584万元,其中,中央环保专项资金6994万元、省级环保专项资金1590万元。强化信息能力建设。对机动车排气污染监管系统进行升级,建立丽江市机动车移动源监管平台;开展"智慧丽江"展厅"智慧环保"平台建设,2020年,正在有序推进;做好丽江市生态环境局"数字环保"平台、泸沽湖信息能力建设及丽江市环境应急监控中心建设业务系统、机动车排气污染监督管理信息系统和丽江市自然保护区遥感监管系统的运行维护。开展"十四五"专项规划编制。选择云南省环境科学研究院作为规划编制单位,截至2020年12月31日,正在开展《丽江市生态环境保护和建设"十四五"规划(征求意见稿)》第二轮意见征求。

【自身能力建设】 加强党建和党风廉政建设。始终坚持全面从严治党要求,增强"四个意识",把党的建设、党风廉政教育和反腐倡廉摆在更加突出的位置,坚持"书记抓、抓书记",全面落实党建和全面从严治党主体责任,把纪律和规矩挺在前面,严格政治纪律、政治规矩,抓牢班子管理,抓好基层党组织建设,抓实党员特别是党员领导干部教育,提高干部队伍素质,加强机构能力建设,抓党建、强班子、促团结,不断提升环保队伍的凝聚力、战斗力。做好机构改革和监测监察执法垂直管理制度改革。制定印发了《丽江市生态环境机构监测监察执法垂直管理制度改革实施方案》和《丽江市深化生态环境保护综合行政执法改革的实施方案》,正在加快推进。认

真抓好行风建设和职业道德建设,2020年8月被命名为第六批"丽江市文明单位"。

生态环境局主要领导干部

吴国坤　党组书记(2020.07—)、局长(2020.08—)

杨　张　党组成员、副局长

和圣军　党组成员、副局长

杨跃龙　副局长(2020.08—)

洪佩春　环境监察专员

(撰稿:杨宏伟)

【古城区】 2020年,丽江市生态环境局古城分局以习近平新时代中国特色社会主义思想为指导,以中央、省委、省政府环境保护督察反馈问题整改为契机,以提高环境质量为核心,实施最严格的环境保护制度,强化污染治理措施,严格环境监管执法,扎实推进生态环境保护各项工作深入开展。

单位概况。2003年,区县分设,设立古城区环境保护局,现有职工40名。2019年,挂牌成立丽江市生态环境局古城分局和古城区生态环境保护综合行政执法大队,内设有办公室、自然保护科、污染控制科、财务科、行政审批科5个科室,下属事业机构有古城区监测站、环境监察大队、环境宣传教育中心、环境信息中心4个。

大气环境污染防治。一是加强机动车环保检验机构监管。按季度组织相关人员对辖区内三家机动车检验机构:丽江云杉机动车检测有限公司、丽江瑞宇机动车检测有限公司、丽江榆鸿机动车检测有限公司进行检查,对检查过程中出现的问题及时提出整改意见。二是严格项目环境准入,完成水处理行业、水泥行业、锅炉行业等143家重点行业排污许可申领,36家"散乱污"企业得到有效整治,加强对丽江市水务集团(第一、第二污水处理厂)、云南永保特种水泥有限责任公司金山分公司、古城区良华屠宰加工等重点企业监管,2020年6月,基本完成古城区高排放非道路移动机械禁止使用区划定工作。三是做好低碳发展项目,有序推进七河村委会省级低碳发展引导项目。2020年获批1个省级低碳发展引导资金项目,共争取到省级低碳资金60万元。

全国第二次污染源普查。从 2017 年 10 月启动普查以来，通过开展清查建库、入户调查与数据采集、普查数据核算等阶段工作，高质量完成了古城区第二次全国污染源普查工作总结报告和普查数据分析报告，各类源数据强制性和提示性审核通过率及数据核算完成率均为 100%，形成了迄今为止最全面细致、系统权威的基础污染源信息体系，2020 年 10 月，获得云南省第二次污染源普查领导小组办公室给予的"全国第二次污染源普查表现突出集体奖"，为古城区的经济发展和环境保护给予了有力支撑。

水生态环境污染防治。2020 年，漾弓江龙兴村国控断面水质有所改善，水质年度均值达到了Ⅳ标准。一是完成了全区县域农村生活污水现状和治理需求调查，并上报省生态环境厅审查，编制完成《丽江市古城区县域农村生活污水治理专项规划（2020—2035）》，邀请省评估中心专家对全区各乡镇及涉农街道进行农村黑臭水体排查培训，并按期完成了全区农村黑臭水体排查。二是继续实施餐饮、洗车行业、洗涤行业"散乱污"、入河排污口排查等专项整治，处罚洗车企业 4 家，受理油水分离器使用情况 296 户，收回排污许可证 575 本，排查整治入河排污口 8 个。三是推进洗涤行业"散乱污"专项整治和餐具洗涤行业"划行归市"，督促全区范围内 12 家餐具洗涤企业整合搬迁至新团片区，截至统计时，已全面完成迁建工作并投入运营。四是强化漾弓江流域农村环境综合整治。投入 2000 万元，用于漾弓江流域农村环境综合整治，项目覆盖金山街道 5 个村和七河镇 2 个村的生活污水收集及处置，项目方案已编制完成。

土壤生态环境污染防治。一是完成 2 家涉镉等重金属重点行业企业排查整治工作，强化对南口垃圾填埋场、文化冶炼厂等 3 个疑似污染地块的综合治理，协调推进丽江市生活垃圾焚烧发电项目（一期）建设，加快推进中节能（丽江）医疗废物处置中心项目前期工作，化学性医疗废弃物实现 100%集中收运。优化产业结构，淘汰落后产能，按照长江经济带产业发展市场准入负面清单制定禁止和限制发展的行业、生产工艺、产品等目录，坚决淘汰不符合产业政策的落后生产工艺和设备。二是完成文化街道东江居委会向阳村农村环境综合整治项目的初验收并投入运行，金沙江流域临江树底街场污水综合整治项目完成施工，团山水库周边村庄环境整治项目（二期）即束河街道开文居委会腊日光村、金山街道新团社区油本村生活污水治理工程已完工。金沙江流域农村生活污水整治白水河支流农村生活污水整治项目，已完成招投标，2020 年正在开工建设。三是在全区开展固体废物专项行动，共处理 228 家危险废物申报登记，危险废物产生、处置单位通过年度审核。

生态文明建设。积极推动绿色创建，2020 年 5 月 21 日，古城区省级生态文明示范区创建由云南省生态环境厅公示。累计创建国家级生态文明乡镇 1 个、省级生态文明乡镇 6 个、省、市级生态文明村 30 个，生态文明村占比达 63%。创建省、市级"绿色社区"14 个、省、市级"绿色学校"38 个、省、市级环境教育基地 4 个。

生态环境宣传教育。一是持续开展生态文明理念宣传，生态环境保护氛围更加浓厚。以"5·22"生物多样性日、"6·5"世界环境日、"6·17"全国低碳日为契机开展宣教活动，组织全区 45 家单位 1400 余人参加 2020 年"6·5"环境宣传月活动，深入推进环保知识"进学校""进乡镇""进企业""进社区"活动，累计发放宣传资料 6000 余份，环保宣传布袋 5000 余个，环保宣传围裙 3000 余条。二是举办两期古城区党政领导干部环境保护"党政同责""一岗双责"责任制专题辅导班，修订和完善了古城区党政领导干部环境保护制，加强对各级领导干部环境保护"党政同责""一岗双责"责任考核，进一步增强领导干部履行生态环境保护责任意识。

行政审批。深入推进告知承诺制审批工作，根据工改工作要求，制定了《丽江市生态环境局古城分局建设项目环评审批告知承诺制试点管理办法》（以下简称《办法》）并在相关网站进行了公开，《办法》明确了《建设项目环境影响评价分类管理名录》中 17 个大类 44 个小类行业进行告知承诺制审批的相关事项，44 个小类行业基本实现对工程建设项目的全覆盖。全年完成 14 项建设项目的行政许可，出具建设项目环境影响登记表备案情况说明 32 项。

生态环境执法。按照新环保法及四个配套办法，古城区环境监管部门加大现场监察力度，做到了监管到位、执法到位，依法处理环保违法违规企业。截至统计时，作出行政处罚 4 项，共计罚款金额 18.09 万元。处理群众来信来访污染投诉事件 286 起，其中，辐射 2 起、固废 11 起、水 30 起、气 45 起、噪声 113 起、其他 85 起，结案率 100%。

生态环境保护督察。2020 年，已全面完成中央环保督察反馈问题、中央环保督察"回头看"反馈问题。2017 年省委、省政府环保督察反馈问题整改，制定了《古城区贯彻落实省级生态环保督察"回头看"及旅游开发与生态环保协调发展问题专项督查反馈意见问题整改方案》，对省级反馈的 17 项问题，已完成整改 3 项，剩余 14 项正按照时间节点有序推进。

生态环境分局主要领导干部

罗星华	局长
马红英	副局长
和铁群	副局长
章丽雄	副局长
和宏观	督察员

（撰稿：李彬桢）

【玉龙纳西族自治县】　2020 年，丽江市环境局玉龙分局牢固树立"绿水青山就是金山银山"的理念，以生态文明建设为主线，以各级环境保护督察反馈问题整改为契机，严格环境准入，加大环境监管，强化水、土、气等重点领域专项治理，狠抓工作落细、落小、落地、落实，生态环境保护各项工作取得积极进展。全局实有干部职工 40 人，内设办公室、科技与财务股、污染控制股、土壤污染管理股、行政审批股、自然生态股、法规与标准股 7 个股室，下设玉龙县生态环境保护综合行政执法大队、玉龙县生态环境监测站、玉龙县环境宣教（信息）中心 3 个事业单位。

生态环境质量状况。全县空气质量总体优良；拉市海保持Ⅲ类水质，金沙江干流保持Ⅱ类水质；县级及以上集中式饮用水水源地水质全面达标；辖区内二氧化硫、化学需氧量、氨氮、氮氧化物等主要污染物均控制在省、市下达的任务内；年内未发生较大、特大的环境污染事件。

生态环境保护督察。2020 年，中央环境保护督察反馈意见问题中涉及玉龙县 24 个问题、省委、省政府环境保护督察反馈问题中涉及玉龙县 38 个问题、中央环境保护督察"回头看"反馈意见问题中涉及玉龙县 11 个问题全部整改完成，完成率 100%；云南省委、省政府环保督察"回头看"反馈问题中玉龙县涉及 23 个，其中，责任整改类 18 个，配合整改类 5 个，已整改完成 17 个，完成率 73.9%。

生态环境治理体系建设。在全省乃至全国率先启动"玉龙县现代生态环境治理体系"建设，并已取得阶段性成果。将为玉龙县"十四五"生态环境保护规划编制提供翔实的基础数据资料支撑。

生态环境保护"党政同责""一岗双责"责任制。结合玉龙县实际重新修订并印发了《玉龙县党政领导干部生态环境保护"党政同责""一岗双责"责任制》（玉办发〔2020〕23 号），进一步厘清职责、理顺关系，形成党委、政府统领全局，生态环境环保部门统一监管，有关部门、单位各司其职，全社会齐抓共管的生态环境保护大格局。

行政审批。依法开展建设项目环境影响评价文件审批审查和登记表备案管理。2020 年，共审批建设项目环评文件 23 个，审查建设项目环评文件 3 个，依法公示 23 条行政许可信息。按要求对辖区内 12 座小水电站开展关于环保督察整改落实情况的现场检查工作。

生态环境宣传教育。将生态环境保护工作纳入县委常委会会议、政府常务会议议题，将习近平生态文明思想，党中央、国务院和省委、省政府加强生态和环境保护的决策部署等列为县委、县政府理论学习中心组学习重点。依托县委党校组织开展了全县生态文明专题培训暨玉龙县生态领域警示教育，县有关领导和县直各部门、乡镇相关人员共计 110 余人参加了培训。同时，开展了"2020 年 6 月生态环境宣传月"活动，通过进机关、进企业、进农村、进学校等掀起环保宣传热，共计悬挂宣传横幅 10 条，发放宣传资料 3000 余份，发放环保布袋、围裙 200 余条。

水生态环境治理。严格排污许可制度管理，高度重视饮用水水源地保护，持续加强对三束河水源地的巡查、检查，协同市水务集团对三束河饮用水源地标识、标牌修复更新。相继完成《玉龙县文海水库饮用水水源保护区划定方案》《玉龙县巨甸镇安白龙河饮用水水源保护区划分方案》、奉科镇等8个乡镇水源地划分方案的编制、审查及报批。实施了白沙镇文海片区提升人居环境项目，全面加强漾弓江、拉市海等重点流域水污染防治。

土壤生态环境治理。加快推进涉镉等重金属重点行业企业排查整治，开展土壤污染治理项目申报并组织实施好农用地土壤风险管控试点项目。加强农业面源污染防治，强化对重点产废单位的排查。全面开展县域农村黑臭水体排查整治，编制完成《玉龙县农村生活污水治理专项规划》并正式出台实施。制定下发《玉龙县2020年农村人居环境改善项目实施方案》，组织实施了村庄生活污水资源化利用项目。

大气环境治理。全面强化和规范机动车环保检验工作，督促"散乱污"企业开展环境整治；编制完成了《玉龙县非道路移动机械信息采集和编码登记工作实施方案》，通过县人民政府门户网站发布了《玉龙县关于划定高排放非道路移动机械禁止使用区的通告》，推进玉龙县非道路移动机械信息采集及编码登记。如期完成玉龙县政府所在地主城建成区10蒸吨/时及以下燃煤锅炉清洁能源改造或拆除淘汰任务。

生态环境监管执法。全面加强对辖区内工业、企业、重点建设项目等的日常环境执法监管，共计开展现场环境监察监理132次、"三同时"现场监理136次，出动人员共193人次。依法处理信访平台、市长热线、"12369"投诉电话等接到的各类环境污染投诉69起，办结率100%。依法查处环境违法案件7起，累计罚款147.96万元。

扫黑除恶专项斗争。扎实开展"六清"专项行动，制定《丽江市生态环境局玉龙分局生态环境保护综合执法监管机制》《"三书一函"办理反馈机制》等；联合县纪委、监委、法院、检察院、公安制定出台了《玉龙县生态环境执法联动协作工作机制》。

党建和党风廉政建设。加强全面从严治党，严格落实管党治党政治责任，强化服务意识，转变工作作风，坚持正、反典型教育相结合，强化警示教育，认真落实"三会一课"制度，组织开展建党99周年活动。

生态环境分局主要领导干部

和丽娟　支部书记、副局长

和文山　副局长

李瑞全　副局长

和　翛　督察员

（撰稿：顾吉芳）

【永胜县】　2020年，丽江市生态环境局永胜分局积极践行习近平生态文明思想，坚持以改善生态环境质量为核心，紧紧围绕大气、水、土壤等专项攻坚行动，全力推进生态环境保护，打好污染防治攻坚战，全县环境质量稳定保持良好。

生态环境质量状况。地表水环境质量：2020年，金江桥断面稳定保持在Ⅱ类；程海中断面稳定保持在Ⅳ类（pH、氟化物除外，COD相比2019年略有转好趋势）。集中式生活饮用水源地赵家山箐、老板箐和羊坪水库稳定保持在Ⅱ类（赵家山箐和羊坪水库第三季度为Ⅲ类），达标率100%。

环境空气质量：2020年，有效监测天数363天（其中，优263天、良100天），达到二类环境功能区标准，达标率98.7%以上。

重点污染源：永胜县供排水公司污水处理厂按《城镇污水处理厂污染物排放标准》（GB 18918—2002）一级B标达标排放；云南永保特种水泥有限公司3号3000吨新型干法窑烟气脱硝系统正常运行。全年无突发环境事件发生。

党的建设。一是加强政治理论教育，提高党员干部政治思想素质全年内组织专题学习讨论4次、理论学习中心组学习活动8次、上党课4次。积极动员7名党员参加"万名党员进党校"脱产接受培训。充分应用"学习强国""云岭先锋"学习平台，积极组织《中国共产党章程》《中国共产党党组工作条例》和领导干部现代远程教育等为重点，加强政治理论学习教育，进一步提高政治站位和政治理论水平。邀请联系纪检组组织召开集体廉政提醒谈话暨反腐败警示教育会议、组织开展了违纪典型警示教育、先进典型学习、重温入党誓词活动,进一步增强党员领导干部廉洁勤政意识,努力营造风清气正、干事创业的良好氛围。深入开展领导干部违规借贷自查排查整治、节日期间"四风"突出问题专项整治、煤炭资源领域腐败问题专项整治。通过各项专项整治,对全体党员干部起到了较好的警示教育,确保提前预防的实效,杜绝了违纪行为的发生。

生态环境监督管理。查处生态环境违法案件 2 件,罚款 11.6 万元。督促指导完成排污登记管理 150 家;审批建设项目环境影响评价文件 28 个,督促指导 30 家企业完成突发环境事件应急预案备案工作。完成 4 个"千吨万人"农村集中式饮用水水源地规范化建设项目,建设完成投资 1100 万元。编制完成 9 个乡镇农村饮用水水源地区划。指导督促 265 家危险废物产生单位完成危险废物网上申报登记。

生态环境保护督察。2016 年,中央环保督察反馈意见问题涉及永胜县的问题共 22 项。2017 年,省委、省政府环保督察反馈问题涉及永胜县 27 个方面 37 个问题。2018 年,中央第六次环境保护督察组进驻云南省开展中央环境保护督察"回头看"及高原湖泊环境问题专项督察反馈问题中涉及永胜县 11 项已全部完成整改。2019 年,省委、省政府环保督察"回头看"反馈意见涉及永胜县 20 个问题,已整改完成 16 项,还有 4 个问题正在整改,均达到序时进度。

生态环境项目建设。全面完成程海保护治理"十三五"规划工程建设。完成建设项目 17 个,完工率 100%,完成投资 13.3 亿元,程海流域生态综合治理水利骨干应急补水主体工程已完工,并于 2020 年 9 月 24 日实现试通水。健全程海沿湖村落污染治理设施运行管理体制,运行管理经费纳入县财政预算。积极推进村落生活污水收集处理项目建设。实施永北镇大厂村委会污水收集处理工程(总投资 618.89 万元)、达旦河流域村落生活垃圾收集处理工程(总投资 821.70 万元),于 2020 年 10 月完成主体工程建设。永胜县松坪乡米厘历史遗留堆浸场环境问题综合整治项目,完成了米厘湿法铜厂、喇嘛铜厂、老场坪铜厂、炼山铜厂、米厘置安铜厂 5 个铜厂场地调查,喇

嘛、老场坪、炼山 3 家矿场点历史遗留堆浸场环境问题已按时限和要求完成整改。米厘湿法铜厂、米厘置安铜厂堆浸场问题工程项目于 2020 年 6 月 19 日进入国家土壤污染防治项目库。

生态创建。永胜县生态文明县创建工作自 2017 年 11 月启动以来,全县 15 个乡镇中有 12 个乡镇获得省级生态乡镇命名,112 个村获得市级生态村命名,省级生态文明县待省级审查。

第二次全国污染源普查。永胜县第二次全国污染源普查工作于 2020 年 11 月通过省级验收。

生态环境分局主要领导干部

李红刚　党组书记、局长

李德刚　副局长

李志豪　副局长

(撰稿:罗声华)

【华坪县】　2020 年,省级生态文明乡镇、省级生态文明县申报资料已经通过市级技术审查,按照市级审查专家修改意见,完善相关资料,并转报至省生态环境厅,等待省厅验收命名。2020 年,华坪县开展全国第四批"绿水青山就是金山银山"实践创建基地申报工作。6 月 10 日,生态环境部华南环境科学研究所专家组对华坪县"两山"实践创新基地创建工作进行了现场核查,专家组通过实地调研、召开座谈会、查阅台账资料等方式,对华坪县"两山"实践创新基地创建工作进行全面核实,并对华坪县"两山"创建工作给予充分肯定,2020 年 10 月 9 日,根据《中华人民共和国生态环境部公告》文件,华坪县被中华人民共和国生态环境部授予"绿水青山就是金山银山"实践创新基地。

大气污染防治。2020 年,全面推进大气污染防治工作,完成"散乱污"企业及集群综合整治,年末,完成第一批共 7 家"散乱污"企业的整治工作,其中,关停取缔 5 家、升级改造 2 家;拆除和注销城市建成区燃煤锅炉 4 台。建筑工地施工扬尘、城市道路扬尘得到有效治理。

水污染防治。2020 年,城镇污染治理,污水处理厂二期改造工作已基本结束,污水处理能力由日处理 0.6 万立方米提高到日处理 1.4 万立方米;启动污水处理厂管网改造项目新建和改造截

污管网 40.3 千米，整个项目于 2020 年底完工。2020 年末，完成了全县达到规模的农村饮用水水源地划分工作。

固体废物管理。2020 年，扎实推进土壤环境保护，严格用地准入，加大日常土壤保护监管力度，未发现从事有色金属矿采选、冶炼、利用暂不开发或不具备治理修复条件的污染地块的企业；编制完成了《华坪县煤矸石污染调查及生态恢复试点示范工程实施方案》，争取到省厅项目资金 600 万元；医疗废物处置工作，2020 年，全县 111 家（其中，4 家已停业，28 家边远村卫生室未纳入）医疗机构中的 79 家医疗机构所产生的感染性、损伤性医疗废物主要由四川省攀枝花市中节能清洁技术发展有限公司医疗危废处置中心进行处置；化学性废物、药物性医疗废物由红河州现代德远环境保护有限公司进行处置；病理性医疗废物由华坪帝泰陵园开发有限公司进行处置，以上机构均具有危险废物处置资质。

环境监察执法。2020 年，加强"12369"环保举报受理查办，积极解决环保诉求，化解社会风险。强化环境监管执法，加大处罚力度，2020 年以来，共检查企业 115 家次，出动执法人员 320 人次，下发监察通知书 15 份；对 8 个环境违法案件进行了立案查处，共计罚款 29.8 万元。严格落实"双随机、一公开""双公示"制度，根据双随机抽查制度，完成了前三季度全县 374 家企业库中每季度按比例随机抽取 19 家企业"双随机"抽查工作。7 件环境违法案件在云南省信用信息平台和华坪县人民政府门户网站进行公开公示。多措并举进一步强化环境信访办理，对群众反映的污染纠纷认真及时地给予处理，2020 年，共受理环境投诉 48 件，已现场核查 48 件，并按程序答复了信访当事人，处理率为 100%。切实推进中央和省级环保督察反馈问题整改。2020 年末，中央环境保护督察涉及华坪县 19 项整改及省委、省政府环境保护督察涉及华坪县 31 项整改任务全部完成。

环境监测。根据华坪县环境空气质量自动监测站运行数据，县城环境空气质量达到《环境空气质量标准》（GB 3095—2012）二级标准，优良比率为 100%。对雾坪水库、田坪溶洞 2 个县级集中式饮用水源地取水口水质按照《地表水环境质量标准》（GB 3838—2002）开展了每个季度 1 次的水质监测工作，监测结果显示 2020 年 4 个季度华坪县 2 个集中式饮用水源地取水口水质所测项目达到《地表水环境质量标准》（GB 3838—2002）Ⅱ类标准，水质达标率 100%。对省控监测断面（金沙江观音岩桥断面、新庄河、鲤鱼河汇入口下游新桥断面）按照《地表水环境质量标准》（GB 3838—2002）开展了每季度 1 次的水质监测工作，监测结果显示，2020 年 4 个季度观音岩桥断面所测项目达到《地表水环境质量标准》（GB 3838—2002）Ⅱ类标准；新庄河、鲤鱼河汇入口下游新桥断面所测项目达到《地表水环境质量标准》（GB 3838—2002）Ⅲ类标准。对华坪县境内鲤鱼河、新庄河和乌木河主要河流及支流共布设 13 个地表水监测断面，监测结果显示 2020 年 4 个季度 13 个地表水监测断面所测项目满足《云南省地表水水环境功能区划（2010—2020 年）》要求。为了切实掌握辖区污染源的排污状况，配合华坪县税务局完成全县 16 户环境保护税征收企业监督性监测工作并按时提交税务局核算收缴环境保护税。配合县环境监察大队及有关部门做好信访投诉监测工作，为信访投诉工作的处理提供数据支撑。深入推进华坪县声功能区划噪声监测工作，全面完成了 2020 年声功能区划噪声 154 个监测点的监测工作（其中，区域环境噪声监测点 117 个，交通噪声监测点 28 个，声环境功能区噪声监测点 9 个）。

污染减排。2020 年，排污许可应发证和登记企业 216 家，其中，应发证 40 家（重点管理 8 家，简化管理 32 家）、应登记 176 家。丽江市生态环境局华坪分局向企业发放《排污许可证申报告知书》，根据需要现场核查，督促各企业按时限和要求完成排污许可证的申领、登记。2020 年末，应登记管理的 176 家企业已全部登记完成；应发证 40 家中除 1 家企业自愿关停不发证，8 家因长期停产或升级改造暂不发证，5 家下达限期整改通知书外，其余 26 家应发证企业已全部完成发证，实现了所有固定污染源生态环境管理全覆盖。

行政审批。2020 年，深化生态环境领域"放管服"改革，认真组织做好项目环评审批，继续推行环境影响登记表备案管理，严把环境准入关。加强行政审批事中事后监管，严肃查处"未批先建"等违法行为，坚决遏制建设项目环保违法、违规现象。逐步推进"发一个行业、清一个行业"清理整顿工作，加强排污许可制度与环评、执法等环境管理工作的衔接，加快推进重点行业排污许可证核发，全力协助丽江市生态环境局开展2020年排污许可证核发相关工作。年末，共审批报告表、报告书类建设项目18个，企业完成登记表网上备案54个项目。

县域生态环境质量监测评价与考核。按照时间节点，扎实做好2020年县域生态环境质量考核工作。2020年，根据考核指标要求，对华坪县城空气质量、河流地表水、集中式饮用水、重点污染源开展监测工作，填报、审核、上报4个季度县域生态考核监测数据。

核安全辐射管理。2020年，加强核与辐射安全监管，完成了21家放射源和放射装置使用单位的监督检查和整改工作，督促长期闲置不用的单位申报收储并注销辐射安全许可证，清理注销了13家，保留正常使用8家。摸底调查移动基站433个。

环境保护宣传教育。2020年，加大"绿水青山就是金山银山"创建宣传力度；积极开展大气污染防治宣传教育；组织开展第二十二届"科教兴县"宣传月活动；认真开展2020年"6·5"世界环境日主题宣传活动，受教育人数2000余人；做好新闻信息报送工作，向云南省环保政务信息报送系统报送信息41篇；向丽江市环境保护局报送信息41篇，其中，丽江市生态环境局采纳41篇；云南省生态环境厅采纳3篇，华坪县采纳2篇。华坪分局党支部疫情防控工作信息简报报送30篇。实行环境信息公开，华坪县已按季度在政府门户网站"华坪网"上对华坪县环境质量进行了公示。

生态环境分局主要领导干部

范永平　党支部副书记、副局长
　　　　（2019.12—，试用期一年）
罗　健　党支部委员、副局长
王建琼　党支部委员、副局长

（撰稿：陶佳丽）

【宁蒗彝族自治县】　2020年，丽江市生态环境局宁蒗分局深入贯彻落实习近平新时代中国特色社会主义思想，坚决贯彻落实党中央、国务院和省委、省政府生态环境保护重大决策部署，以中央、省级环境保护督察反馈意见整改为契机，牢固树立"绿水青山就是金山银山"的发展理念，坚持生态优先，绿色发展，全力推进生态环境保护，打好污染防治攻坚战，守护好丽江的蓝天白云、青山绿水。

环境质量状况。空气质量状况。2020年，宁蒗县空气质量优良率为100%，基本保持稳定。其中，优级天数304天，比例为89.15%；良级天数37天，比例为10.85%。影响环境空气质量的主要污染物为臭氧、可吸入颗粒物PM_{10}和可吸入颗粒物$PM_{2.5}$。水环境质量状况。一是河流水环境质量状况。2020年国考、省考2个地表水断面达标率100%；县控以上河流水质达标率为100%，县控以上地表水（包括湖库）Ⅰ～Ⅲ类水体比例达100%；全县15个河流监测断面中符合Ⅰ类标准的有1个，符合Ⅱ类标准的4个，符合Ⅲ类标准的10个，均达到相应水环境功能区标准。二是泸沽湖水环境质量。泸沽湖水质稳定保持Ⅰ类标准，湖泊营养状态为贫营养。三是饮用水质量状况。2个县级集中式饮用水源地（小龙洞、白岩子）水质符合《地表水环境质量标准》（GB 3838—2002）Ⅱ类标准。环境风险防控状况。制定了县域环境、饮用水源地、泸沽湖突发事故应急预案，2020年，宁蒗县范围内未发生重大环境污染事故。

环境宣传教育。一是校区宣传。围绕"6·5"世界环境日，深入跑马坪校区进行宣传，对跑马坪中学授予省级"绿色学校"，对绿色创建"优秀教师"及"环保小卫士"进行颁奖，并进行了环保专题演讲、文艺表演"让中国更美丽"、环保知识问答互动等活动。二是街道宣传。在广场开展环保投诉受理活动，现场接受民众的环保投诉案件，现场解答群众环保咨询，向群众发放宣传册450本、宣传单700份、其他宣传资料1500份，播放警示教育片7场次。三是采访宣传。中国环境报驻云南记者站、省级和市级多家新闻媒体来宁蒗县对环境保护开展多次实地采访，并进行了宣传报道，营造爱护环境、保护环境的良好氛围。

环境综合治理。一是打好蓝天保卫战。在大气环境综合治理上下功夫，环境空气质量保持良好状态。完成了油品升级，全面供应国Ⅴ标准汽柴油，停止销售低于国Ⅴ标准汽柴油。督促全县19个加油站完成双层罐改造工作。实施县城扬尘污染治理，下发县城扬尘污染防治公告，清理县城13个临时砂石料堆放点，责令7家免烧砖厂搬迁，14家免烧砖厂整改。推动"散乱污"综合整治，制定印发《宁蒗县"散乱污"企业综合整治工作方案》，建立和细化了"散乱污"企业综合整治工作机制，关停取缔34家砖瓦厂，完成升级改造7家砖瓦厂，拆除县级城市建成区10蒸吨及以下燃煤锅炉4台。实施金沙江流域生态环境警示片反馈问题整改，对涉及的3家企业实施治理，关停1家石灰窑厂，督促采石场、搅拌站落实了污染防治措施。启动宁蒗县非移动机械注册管理工作，编制了非移动机械注册登记管理工作的实施方案，划定了宁蒗县高排放非移动机械禁止使用区。二是打好碧水保卫战。以水污染防治为突破口，打好水源地保护治理攻坚战，水生态环境初步改善。完成红桥、拉伯、金棉、永宁乡镇级14个乡镇农村级饮用水源地规划，划定方案已报请省人民政府批准实施。在全国饮用水水源地管理平台上完成14个水源地的数据，信息更新和更换工作。抓好污染减排，每半个月定期检查泸沽湖污水处理厂和宁蒗县城污水处理厂运行情况，确保正常运转，宁蒗县污水处理厂2020年COD（化学需氧量）预计削减493.88吨、NH₃-N（氨氮）预计削减50.06吨，完成市级下达的年度减排指标任务。开展县城洗车场整治，下发了《关于开展洗车行业专项整治的通告》，对未按规定办理相关证照手续继续从事洗车作业的洗车场所，坚决予以关停取缔，共计关停搬迁洗车场8家，限期整改12家。加强辐射监督检查工作，完成6家辐射安全许可证的监督检查工作，协调更换过期辐射安全许可证2家，补办安全许可证1家，重新换证1家。三是打好净土保卫战。全力推进固体废物污染防治攻坚战，持续开展全县重点行业企业用地土壤污染状况调查，完成了战河镇、红桥镇疑似污染地块初步调查。编制完成《宁蒗县煤矸石现状调查治理方案》，规划煤矸石综合利用工程投资为4840.08万元，通过治理后主要煤矿区及煤炭勘查区遗留矸石安全治理率100%、污染治理率100%、林草植被恢复率95%。编制完成《宁蒗彝族自治县县域农村生活污水治理专项规划（2020—2035年）》，规划工程投资46601.53万元。以生态环境部"清废行动"为突破口，对固体废物开展清理，完成省级挂牌督办的红桥镇上拉跨煤矿煤矸石的清理工作。按照应纳尽纳的原则，将危险废物产废单位纳入管理，完成申报146家，县、乡、村医疗废物均运到丽江齐乐医疗废物处置中心处理，医疗废物规范化处置。抓好农村环境整治。投资800多万元完成了永宁镇瓦拉别村、拉伯乡油米村、翠玉乡培德村传统村落环境综合整治。加快推进"一水两污"治理项目，解决农村垃圾和污水污染，15个乡镇"一水两污"已完成。

生态创建。宁蒗县14个乡镇已获得省级生态乡镇命名。完成《宁蒗彝族自治县生物多样性保护实施方案（2019—2030年）》的编制工作，共需投入生物多样性保护工程资金15940万元，有效遏制了全县生态系统退化、物种多样性减少的趋势，保护生态敏感区和脆弱区，保护关键生态系统、珍稀濒危和特有物种。

环境执法监管。一是抓好污染投诉。2020年，共处理各类环境污染投诉案件46件，处理率为100%；接待来访人员50多人次，调查处理率为100%，切实做到了件件有落实、事事有回应，没有发生处理不及时而造成环境污染的情况。二是落实环境监管网格化实施方案及责任体系，做到环境监管网格化县、乡镇、村（社区）全覆盖，责任落实到人。三是抓好执法监管，重点对泸沽湖、矿山、工业企业、重大项目、饮用水源地等执法检查，累计出动执法人员200多人次，下发限期整改通知书43份，责令改正违法行为决定书30份。

行政审批。一是严把环评审批关，坚持建设项目"环保第一审批权"制度，落实建设项目公示制度。2020年，共办理环境影响评价审批手续36个，网上备案环评登记表136个。二是加强排污许可证核发与管理，核发企业排污许可证9个，排污许可证登记管理89个。三是严格监督企业落实竣工建设项目环境保护"三同时"验收制度，督促落实各项污染防治措施，办理竣工项目环境保护"三同时"验收9个。四是严格执行突发环境事件应急预案备案制度，督促涉险企业完成突发环境应急预案8个。

泸沽湖流域水污染防治。按照"高功能水域高标准保护"的思路保护泸沽湖生态环境，泸沽湖水质稳定保持Ⅰ类标准。一是提升规划引领。编制完成了《云南丽江宁蒗泸沽湖片区规划》《泸沽湖流域控制性环境总体规划》《云南泸沽湖省级自然保护区总体规划（2017—2026年）》《泸沽湖摩梭特色小镇总体规划》等。二是拆除违规建筑。拆除侵占湖体的亲水观景平台17处，码头建设6处，拆除面积1724平方米。三是加快护湖整治。搬迁安置泸沽湖老屋基村63户；推进临湖80米生态红线范围内160户民居客栈等建筑的拆除工作，目前已拆除152户，拆除建筑面积10.56万平方米，恢复土地8528.41平方米。四是推进规划项目。泸沽湖水生态环境治理"十三五"规划共17个项目，规划概算投资6.789亿元，目前已完工17项，项目完工率100%；完成投资6.69亿元，投资完成率98.57%。

生态环境分局主要领导干部

杨玉华　局长
熊振伟　副局长
李　强　副局长
余　燕　副局长

（撰稿：钱平红）

怒江傈僳族自治州

【工作综述】　2020年，怒江州生态环境局坚持以习近平新时代中国特色社会主义思想和习近平生态文明思想为指导，牢固树立"绿水青山就是金山银山"理念，坚决落实州委关于在脱贫攻坚中保护好绿水青山的决定，坚持环境就是民生、青山就是美丽、蓝天就是幸福，坚持高质量发展、绿色发展和高水平保护，聚焦决战、决胜脱贫攻坚、打好打赢污染防治攻坚战和争当最美丽省份先行者排头兵目标任务，协同推进绿色低碳发展和生态环境保护，生态环境各项任务有序推进，工作基础进一步夯实，取得了生态环境保护与生态文明建设的新突破。

【污染源普查】　建立重点污染源档案和污染源信息数据库，掌握怒江州563个污染源的基本情况、主要污染物排放数量和污染治理情况。2020年11月4日，怒江州污染源普查工作顺利通过省级验收，受到国家级通报表扬"表现突出集体"2个，"表现突出个人"5人。受到省级通报表扬"表现突出集体"2个，"表现突出个人"7人。《怒江州第二次全国污染源普查技术报告》被评为"云南省第二次全国污染源普查优秀技术报告"一等奖。

【生态文明建设】　怒江州创建214个州级生态文明建设示范村，创建率达84%。创建9个省级生态文明建设示范乡（镇），创建率达31%。贡山县被生态环境部命名为国家第三批"绿水青山就是金山银山"实践创新基地。生态环境部授予怒江州第四批国家生态文明建设示范州称号。如期实现"创建国家生态文明建设示范州"的目标任务。

【污染防治攻坚战】　蓝天保卫战方面。划定非道路移动机械禁行区，建立机动车排气污染检测网络信息化管理系统，推进泸水工业园区6家硅冶炼企业脱硫设施建设，加强重污染天气应对，强化施工工地扬尘管控，排查整治15家"散乱污"企业，淘汰城市建成区10蒸吨/时及以上燃煤锅炉。碧水保卫战方面。划定8个"千吨万人"和24个乡镇级集中式饮用水源地保护区。实施饮用水源地保护和农村污水治理等项目。推进重点排污单位在线监测数据缺失补传和污染源监测信息共享。定期监测饮用水及地表水环境质量状况。加强工业集聚区和城区生活污水处理厂日常监管。推进怒江、澜沧江、独龙江、沘江、丰坪水库、瓦姑水库等重点江、河流域和重点水源污染防治工作。净土保卫战方面。实施兰坪县耕地土壤污染治理与修复技术应用试点项目。清理整治11个非正规垃圾堆放点和5个一般工业固体废物堆场，完成 18 个尾矿库、14 个涉镉等重金属重点行业企业环境问题风险管控和治理修复。怒江州重点重金属污染物减排量较 2013 年同比下降 13.18%。2020 年，怒江州共有地表水国考、省考断面 5 个，达标断面 5 个，达标率为 100%；空气质量优良天数比率目标值为 99.5%，实际值为 99.7%；未发生重特大环境人为损害事件。

【生态环境保护督察】 截至 2020 年 12 月，2016 年中央环保督察反馈 26 个问题，完成整改 26 个，整改完成率 100%，投诉件 10 件，完成整改 10 件，整改完成率 100%；2017 年省委、省政府环保督察反馈问题 59 个，完成整改 54 项，其余 5 项有序推进，整改完成率 91.53%，投诉件 39 个，完成整改 39 件，整改完成率 100%；2018 年中央环保督察"回头看"反馈 10 个问题，完成整改 10 个，完成整改率 100%，投诉件 28 件，完成整改 28 件，整改完成率 100%。

【环境监察与应急】 截至 2020 年 12 月，怒江州生态环境监察执法累计派出执法人员 785 人次，检查企业、建设项目 152 家次，办结行政处罚案件 10 件，处罚金额 198.98 万元，举行公开听证 1 件。全州共受理"12369"环保投诉 67 件，办结率 100%。

【长江经济带生态环境问题整改】 完成云南金鼎锌业有限公司—冶炼厂第一阶段渣库闭库治理工程，完成康华电解锌厂治理方案编制和初步设计工作。截至 2020 年 12 月，涉及的 2 个问题均达到整改时序进度。

【"清废行动"】 督促泸水市、兰坪县人民政府开展泸水市上江镇毛毛山大理石加工厂、兰坪县垃圾填埋场问题整改，按要求完成州级验收，解除对上江镇毛毛山大理石加工厂的挂牌督办。截至 2020 年 12 月，2 个问题全部完成整改。

【生态文明体制改革】 印发《2020 年怒江州生态文明体制改革专项工作台账》《2020 年怒江州生态文明体制改革专项工作要点任务分解》，编制完成《怒江州"三线一单"研究报告》。截至 2020 年 12 月，完成 21 项改革事项，绝对完成率 55.3%，相对完成率 87.5%。

【生态环境垂直管理制度改革】 全面完成县市分局更名挂牌、机构人员上划管理及转隶任职工作。完成县市分局工作经费保障、审计和资产划转工作。组建州、县市生态环境保护委员会，开展县市生态环境干部选配和管理工作。

【生态环境保护综合行政执法改革】 上报《关于请求进一步理顺怒江州生态环境保护综合行政执法改革相关问题的请示》《怒江州生态环境局关于印发〈怒江州生态环境保护综合行政执法支队职能配置、内设机构和人员编制方案〉的请示》，理顺综合行政执法事项，明确综合行政执法职责。锁定生态环境保护综合行政执法编制。

【行政审批】 出台《怒江州生态环境系统应对疫情影响支持服务全州经济社会发展的若干措施》，采取豁免环评手续、免填环评登记表正面清单、拓展环评告知承诺制改革试点、优化环评审批程序、简化经营许可方式等措施，服务"六稳""六保"。截至 2020 年 12 月，怒江州共审批项目 41 个，备案 456 个，总投资 125.54 亿元，其中，环保投资 4.32 亿元。

【排污许可管理制度】 怒江州完成固定污染源清理 478 家，其中，发证 52 家、下达整改通知 22 家、登记 404 家。发证率和登记率均为 100%，完成排污许可工作目标任务，基本实现固定污染源排污许可制全覆盖。

【重大风险隐患专项行动】 印发《怒江生态环境局防范化解重大风险隐患工作方案》《怒江州加强新型冠状病毒感染的肺炎疫情医疗废物处理处置工作方案》，以环境监管、执法和行政审批等关键环节为切入点，聚焦重点区域、重点领域、重点行业开展风险排查防控和疫情期间医疗废物处置专项检查，确保风险问题逐项清零。

【大气污染扬尘管控专项行动】 以施工工地扬尘管控、渣土车运输管控、城镇周边采砂采石加工管控、秸秆焚烧污染管控为重点，开展"全覆盖、高频次"检查，加大检查和处罚力度，切实管控大气扬尘污染。

【城乡建设领域扬尘噪声专项行动】 组建城乡建设领域扬尘噪声专项整治工作领导小组，按照"预防为主，综合治理"原则，以房屋市政领域、道路交通领域、城市综合执法领域为重点，完善监督管理机制，整治施工扬尘和噪声污染。

【安全生产集中整治专项行动】 开展危险化学品企业、中小水电站、建筑工地、医疗机构、医废处理中心、非煤矿山等涉危企、事业单位执法检查，实地检查危险废物暂存、转运情况，督促企、事业单位履行环境安全主体责任，建立健全环境安全巡查制度，定期开展环境安全隐患排查，严格防范事故发生。

【"扫黑除恶"专项斗争】 印发《怒江州生态环境领域涉黑涉恶突出问题专项整治实施方案》，开展生态环境领域行业清源工作。2020年6月，对兰坪恒云工贸有限公司金龙临时砂石料厂涉嫌未批先建、未验先投、未采取有效环保措施减少粉尘无组织排放环境违法行为一案，作出行政处罚决定，罚款人民币50万元。

【"绿盾2020"专项行动】 累计核查高黎贡山国家级自然保护区、云岭省级自然保护区、三江并流国家级风景名胜区、箐花甸国家湿地公园、罗古箐省级风景名胜区、翠坪山县级自然保护区、怒江中上游特有鱼类国家级水产种质资源保护区等点位1150个，纳入管理台账和问题台账11个，拆除违规建筑7处，拆除面积共计3180平方米，查处违法违规建设项目5个，作出行政处罚决定，罚款人民币18.19万元。

【生态环境宣传教育】 印发《2020年全州生态环境宣传教育工作要点》《怒江州2020年环保设施和城市污水垃圾处理设施向公众开放工作实施方案》。组织宣讲"坚持和完善生态文明制度体系，促进人与自然和谐共生"课题。组织开展环保设施和城市污水垃圾处理设施单位向公众开放活动，累计向公众开放1座环境监测设施、1座城市污水处理设施、1座垃圾处理设施、1座医疗废弃物处置设施。组织传唱《让中国更美丽》《生态环保铁军之歌》活动，贡山分局《环保人之歌》获全国生态环境系统优秀奖。组织开展"美丽中国，我是行动者"系列宣传活动，累计发放宣传资料6万余份、环保袋等宣传品4万余件，参与群众达2万余人。

【脱贫攻坚战】 聚焦"两不愁三保障"，常态化开展挂包帮、转走访，持续推进"双联系一共建"。聚焦提升农村人居环境，实施来龙村生活垃圾处理综合整治项目，有效收集处置村庄生活垃圾，项目总投资134.9万元。实施2个彝族自然村人居环境提升和生活污水治理项目，有效治理54户彝族农户入户环境和生活污水，项目总投资38万元。截至2020年12月，来龙村144户建档立卡户596人稳定脱贫，贫困发生率实现清零。

【要事简录】 2020年3月17日，在六库召开怒江州生态文明建设示范州创建工作领导小组第二次会议，主要任务是深入学习习近平总书记考察云南重要讲话精神，分析当前怒江州生态文明建设示范州创建工作形势及存在困难和问题，认真研究创建指标差距，进一步统一思想，压实责任，全力推动怒江州生态文明建设示范州创建工作，确保实现"2020创建国家生态文明建设示范州"目标任务，以生态文明建设示范州创建助推打赢深度贫困脱贫歼灭战。

2020年4月1日至3日，云南省生态环境厅到怒江州对尾矿库的污染防治工作开展情况进行实地调研。4月1日上午召开座谈会，4月2日至3日到兰坪县重点开展实地检查。对怒江州尾矿库的"三防措施"、环境风险管控、污染治理等工作进行指导，并提出具体的工作要求和建议，调研工作有力推进了怒江州尾矿污染治理工作。

2020年5月13日至15日，云南省生态环境厅到怒江州对农村生活污水治理工作进行实地调研和指导，通过对三河村等自然村的现场检查，对怒江州在农村生活污水治理工作中的生活污水一体化设施运行、生活污水有效管控等治理措施存在的实际问题提出了有针对性的工作措施指导意见，有力推进了怒江州2020年度农村生活污水治理工作和农村人居环境三年行动实施方案目标任务的完成。

2020年5月13日至15日，省环境保护督察工作领导小组到怒江州对中央环境保护督察"回头看"整改工作开展调研。

2020年6月16日，在六库召开怒江州创建国家生态文明建设示范州汇报会及现场核实资料审核会，主要完成生态环境部组织专家对怒江州创建国家生态文明建设示范州开展现场资料核实工作。

2020年6月17日，州委副书记、州长李文辉，州政府副州长张杰对2019年长江经济带生态环境突出问题云南金鼎锌业有限公司一冶炼厂渣库整改工作开展现场督导。

2020年6月17日，云南省生态环境厅党组书记、厅长张纪华对兰坪县金顶镇600米卫生防护距离居民搬迁工作推进情况开展调研。

2020年7月25日至31日，省委、省政府中央生态环境保护督察"回头看"反馈问题整改落实情况实地督察，第一督察组到怒江州开展实地督察工作。

2020年9月5日至7日，生态环境部流域管理局联合云南省生态环境厅对怒江州重点流域水生态环境保护"十四五"规划要点编制工作推进情况进行联合督导。联合督导组对怒江州2个地表监测断面监测点位进行了实地查看；对怒江州《重点流域水生态环境保护"十四五"规划要点报告》编制情况进行了审查，并对下一步工作提出了要求。

2020年12月14日至17日，云南省生态环境厅对怒江州蓝天保卫战重点攻坚任务完成情况进行调研。调研主要对怒江州机动车遥感监测工作建设情况、机动车污染排放检验机构监管平台、网络运行情况、工业企业无组织排放治理、工业炉窑综合治理情况等进行了现场调研和指导。

【表彰评比】 怒江傈僳族自治州被生态环境部授予第四批"国家生态文明建设示范州"称号。

贡山独龙族怒族自治县被生态环境部授予第三批"绿水青山就是金山银山"实践创新基地。

怒江州生态环境局2020年10月统筹整合涉农资金支出情况被怒江州人民政府办公室通报表扬。

怒江傈僳族自治州生态环境局泸水分局被国务院第二次全国污染源普查领导小组办公室表彰为"表现突出集体"。

怒江傈僳族自治州生态环境局和怒江傈僳族自治州生态环境局贡山分局被云南省第二次全国污染源普查领导小组办公室表彰为"表现突出集体"；叶游、杨蕾为"表现突出个人"；《怒江傈僳族自治州第二次全国污染源普查优秀技术报告》获得一等奖。

张建辉被中国环境报社表彰为"2020年度中国环境报宣传工作先进个人"。

姬学新、杨春胜被怒江州人力资源和社会保障局表彰为"怒江州新型冠状病毒疫情防控阻击战中表现突出个人"。

李东生、李福新被怒江州扶贫开发领导小组通报表扬为"怒江州优秀背包工作队员"。

生态环境局主要领导干部
罗建平　党组书记、局长
李国青　党组成员、副局长
魏国强　党组成员、副局长
曲义才　党组成员、副局长
　　　　（2020.09—）

（撰稿：赵　龙）

【泸水市】 2020年，是全面建成小康社会和"十三五"规划的收官之年，是污染防治攻坚战取得阶段性成效的决战之年。污染防治攻坚战是一场大仗、硬仗、苦仗，既是攻坚战，也是持久战。一年来，州生态环境局泸水分局坚持以习近平新时代中国特色社会主义思想为指导，深入贯彻落实习近平生态文明思想及全国、全省、全州生态环境工作会议精神，以生态环境质量全面改善为核心和总目标，以强化环境行政执法为手段，有效增强人民群众对生态环境的获得感、幸福感。

生态创建。在全市各级各部门的大力支持下，创建所涉及的 6 个基本条件和 26 项建设指标均达到省级生态文明市建设指标要求。2019 年 9 月 3 日，泸水市创建省级生态文明市顺利通过省级验收，2020 年 5 月在云南省生态环境厅官网公示，待省人民政府命名。这是泸水市坚持绿色发展理念、全面推进生态文明建设取得的初步成果，标志着泸水市生态文明建设迈出了实质性的一步，标志着泸水市已进入了生态文明建设的新时代。

环境质量状况。根据生态质量监测结果：2020 年，泸水市环境空气有效监测天数 331 天，优良天数 330 天，轻度污染 1 天，优良率 99.7%。轻度污染 1 天的主要原因是受缅甸发生森林火灾的影响，主要污染物为 $PM_{2.5}$。城市集中式饮用水水质达到 II 类或优于 II 类标准，达标率 100%。地表水国控、省控断面达标率 100%。泸水市县域生态环境质量保持稳定。

坚决打赢蓝天保卫战。完成淘汰城市建成区 10 蒸吨及以下工业燃煤锅炉，在怒江昆钢水泥厂、市工业园区各硅冶炼企业废气排放口安装了在线实时监控系统。泸水市工业园区脱硫设施建设已完成主塔建设，正在进行除尘室与主塔之间管道连接。

坚决打赢碧水保卫战。全力打好碧水攻坚战。深入贯彻落实"水十条"、污染防治攻坚战三年行动计划等政策措施，坚决打好碧水攻坚战。完成了泸水市鲁掌镇鲁腮河"千吨万人"饮用水源地保护区划、8 个乡镇 10 个饮用水源地保护区划方案编制工作。

坚决打赢净土保卫战。认真贯彻落实《土壤污染防治行动计划》《污染地块土壤环境管理办法》，对怒江州金盛医疗废物处置中心进行了初步调查工作，通过专家评审，并已上传调查报告和环境风险评估报告。

尾矿库整治工作。按照生态环境部核定的尾矿库清单，对泸水市辖区内的 4 个尾矿库逐一进行环境风险排查，进行环境风险等级判定。根据尾矿库风险等级，明确目标，分类施策，突出重点，加快推进尾矿库污染防治相关工作，并按时调度尾矿库的推进情况，现已完成尾矿库风险评估、应急预案备案、污染防治方案等相关工作。

规范环境行政处罚行为。一是着力解决与老百姓密切相关的突出生态环境问题，认真执行新修订的《环境保护法》《水污染防治法》等环保法律法规，主动适用按日连续处罚、查封扣押、限产停产、移送公安等手段，严厉打击环境违法行为。2020 年，共接到投诉件 30 件、办结 30 件，立案查处 8 家企业，处罚金额为 78.98 万元，下达责令整改通知书 28 份，通过严格执法，有力打击了环境违法行为。二是完成了泸水市上江镇丙贡村毛毛山大理石加工厂遗留废弃土石清理工作。

扫黑除恶行业领域专项整治情况。根据整治目标及措施要求，对"扬尘污染、噪声污染、异味扰民"等乱象进行重点巡查，并对发现问题进行了整治。对泸水市工业园区、保泸高速施工工地等 50 家排污企业进行了现场检查，未发现乱排、乱放等违法行为，生产环境正常。在生态环境领域未发现涉黑涉恶势力。

环境保护宣传。认真开展"6·5"世界环境日宣传活动。在"6·5"世界环境日期间，该局开展了环保知识进学校、进社区、进企业、进机关等宣传系列活动。共发放环保宣传资料册（单）1400 余份、环保袋 2000 个、扇子 1000 把、围裙 800 条、海报 50 套等。现场咨询 70 余人次，短信平台宣传 5000 多条。牢牢把握意识形态工作的领导权和主动权，充分利用微信公众号、门户网站等媒体宣传阵地，努力做好环保宣传报道。共发布信息 70 余篇（其中，2 条信息被省厅采用，6 条信息分别被泸水政务和泸水时讯采用）。

扎实推进全国第二次污染源普查工作。全面完成泸水市全国第二次污染源普查工作，污染源普查系统中泸水市共有工业源 86 家，集中式 7 家，移动源 12 家，规模化畜禽养殖 17 家。通过此次普查形成数据评估报告，全面掌握本市辖区内污染源的分布、污染因子、排放量等，为下一步污染防控措施奠定了基础。怒江州生态环境局泸水分局荣获全国第二次污染源普查"表现突出集体奖"，杨四春荣获全国第二次污染源普查"表现突出个人奖"。

脱贫攻坚。怒江州生态环境局泸水分局选派 5 名精兵强将到佑雅村开展扶贫工作，并本着为佑雅村办实事、讲实效的初心和态度开展了一系列

除 1 座功率为每小时 0.5 蒸吨的燃煤锅炉；持续推进机动车环保检测机构专项整治工作，严防数据作假；发布《德钦县人民政府关于划定高排放非道路移动机械禁止使用区的通告》，全时段禁止在县城南坪街、卡瓦格博大道、河香路、一中路、县委党校构成的封闭圈范围内使用高排放非道路移动机械；持续推进德钦县柴油货车污染治理攻坚战，成立德钦县柴油货车路检路查监督执法抽测行动工作组，开展 42 辆柴油货车尾气抽测，合格率 95%。持续推进《德钦县水污染防治工作实施方案》的实施，合理布局金沙江流域地表水监测网络，落实《迪庆州金沙江流域州内横向生态保护补偿实施方案（试行）》，实施德钦县水源地保护攻坚战，完成县级及以上地表水型饮用水源地清理整治工作，摸底排查"千吨万人"以上其他饮用水水源地，整治集中式饮用水水源地保护区范围私设排污口、违规建房、违法网箱养殖、农业面源污染问题；持续监督检查水电站生态流量下泄情况，重点保障枯水期生态流量；排查整治 24 处金沙江流域入河排污口；全面推行河长制，实施河湖"清四乱"专项行动，加强河湖管理；严格管控金沙江、澜沧江流域沿岸尾矿库、危险化学品仓储设施、设备等环境风险。持续推动《德钦县土壤污染防治工作实施方案》的实施，积极开展固体废物大排查，实现县域工矿企业土壤污染排查全覆盖；全面排查涉重金属重点行业企业，确定全县土壤污染重点监管企业名单，并向社会公开，实现动态管控；督促企业严格执行污染物排放标准，建立土壤污染隐患排查制度；协助县人民政府与羊拉矿山签订土壤污染防治目标责任书，有效控制重金属污染物排放；督促企业做好淘汰落后产能工作，金沙江、澜沧江沿岸禁止新建落后产能或产能严重过剩行业项目；有序推进长江经济带尾矿库污染防治工作，督促企业更新尾矿库突发环境事件应急预案、编制尾矿库环境风险评估及污染防治方案，推动实现长江流域尾矿库污染防治"一库一档""一库一策"；积极开展危险废物专项整治及在线监管工作。2020 年，共办结 21 家危废产生单位的 30 件转移申请，共计省内转移 78.16 吨危险废物；规范核与辐射安全管理，开展辐射安全监督检查，督促指导医疗单位申报辐射安全许可证；增补德钦鑫科冶化有限公司地块为疑似污染地块，建立疑似污染地块名单；持续推进重点地区污染治理及生态修复工作，启动南佐铅锌矿、天沃煤矿、羊拉铜矿硫酸厂及佳碧老石棉厂土壤环境调查评估及污染修复方案编制工作。

主要污染物减排。根据《迪庆州 2020 年度大气主要污染物省级重点减排项目》《迪庆州 2020 年度水主要污染物省级重点减排项目及水污染减排约束性指标计划》，完成淘汰 1 台每小时 10 蒸吨及以下燃煤锅炉任务；德钦县城污水处理厂设施运行正常，负荷率、浓度不低于 2019 年国家认定结果；纳入国家、省级"水十条"考核的地表水达到或优于Ⅲ类，水体比例达到 100%，全面完成主要污染物减排年度目标。

生态环境监管执法。贯彻执行《固体废物环境污染防治法》等法律法规，把依法行政作为加强环境保护与管理的首要工作，强化行政执法职能，依法开展建设项目环境影响评价、排污许可管理、环境监测等工作。2020 年，全县建设项目环境影响备案登记 65 个，审批环评报告表 9 份，规划环评报告书 1 份；完成 67 家企业的排污许可证核发，其中，重点管理 1 家、简化管理 14 家、登记管理 52 家；辐射安全许可证新核发 5 个、延续 4 个，销毁处理辐射源拍片机、牙片机各 2 台；在完善环境监测手段上，新建金沙江贺龙桥、拖顶乡点水质自动站，实现与国家联网，并结合常规监测、监督性监测、农村试点监测及企业自行监测，加大了监测范围，为环境保护管理提供了及时、精确、科学的依据。落实"放管服"改革要求，改进优化监管执法方式，以"双随机、一公开"监管为基本手段，以重点监管为补充，做到重点突出、提高效能。一般企业落实"双随机"抽查，发挥"双随机"抽查对各个行业领域、各种规模类型企业的执法震慑作用。重点企业实现"全覆盖"排查，矿山、水电、污水处理厂、垃圾填埋场等行业纳入重点监管范围。2020 年，共出动环境监察人员 220 人次，检查企业 67 家次，提出环境监察整改意见 182 条；办理行政处罚案件 3 起，共处罚金 7.6 万元；受理环境举报件 1 起，办结回复率 100%；处置环境应急事件 3 起。

生态环境保护督察。列入《德钦县贯彻落实中央环境保护督察反馈意见问题整改总体方案》中的21个整改落实类、3个关注加强类中，13项问题完成整改，5项问题不涉及德钦县，其余6项问题按时序推进。涉及中央第一轮环保督察交办投诉举报件1起，该举报件已完成整改销号。列入《德钦县贯彻落实云南省委、省政府环境保护督察反馈意见总体方案》的18项问题中，已完成12项问题整改；有1项问题未在整改时限内完成，其余有5项问题按时序推进。列入《德钦县贯彻落实中央环境保护督察"回头看"及高原湖泊环境问题专项督察反馈意见问题整改方案》中的5项问题，已全部完成整改。涉及中央环保督察"回头看"期间交办投诉举报件2起，该举报件生态环境问题已办结销号。

生态文明创建。2020年，同步启动省级生态文明示范县及省级生态文明乡镇创建工作，升平镇、奔子栏镇、燕门乡已获得省级生态文明乡镇命名，佛山、云岭、拖顶、霞若、羊拉5个乡已通过省级生态文明乡镇创建州级审查，全县获得州级生态文明村（社区）命名的行政村占比为82.6%。持续开展2020年度国家重点生态功能区县域环境质量国考、省考工作。县域环境质量总体保持稳定。

饮用水源地保护。强化县城集中式饮用水源地保护区私设排污口、违规建房、违法网箱养殖、农业面源污染问题监管；编制完成云岭、燕门、霞若、拖顶、奔子栏、羊拉6个千人以上乡镇级集中式饮用水源地保护区划分报告，报省政府审批，编制完成乡镇级集中式饮用水源地保护区规范化建设实施方案，计划在取得水源地保护区批复后及时实施标识、标牌、防护栏建设工程。

农村人居环境整治。完成佛山纳古、云岭西当生活垃圾无害化处置工程项目建设，无害化生活垃圾热解炉、垃圾中转站移交乡政府管理使用；实施珠巴洛河流域环境整治项目及德钦县部分村庄农村生活污水治理项目，共涉及30个自然村及搬迁点的生活污水处理设施建设，2020年，设施已投入试运行；编制实施《迪庆州德钦县农村生活污水治理专项规划》，为补齐农村人居环境短板提供有力支撑；采取集中处理、分散处理、有效

管控等措施整治农村生活污水乱排现象。截至2020年底，全县农村生活污水治理率60.3%，其中，纳入城镇和乡镇污水管网自然村数30个，有集中或分散式污水处理设施自然村数94个，污水得到有效管控自然村数157个。全县无农村黑臭水体。

环境宣传教育。制定《"6·5"世界环境日宣传教育工作实施方案》，以"美丽中国，我是行动者"为主题，在全县掀起主题宣传进社区、进学校、进乡镇、进企业活动，引导广大群众保护生态环境。活动共发放环境宣传折叠页3500份、纪念品3500件、学习笔记2000本，悬挂生态环境保护布标10条，共有3500名群众、1000名师生接受了环保教育，活动取得了预期效果。

先进个人。曾德维，男，藏族，助理工程师，根据《国务院第二次全国污染源普查领导小组办公室关于表扬第二次全国污染源普查表现突出的集体和个人的决定》（国污普〔2020〕5号），荣获第二次全国污染源普查"表现突出"个人。

生态环境分局主要领导干部

和雪松	党组书记、局长
王　平	党组成员、副局长
斯那扎史	党组成员、副局长

（撰稿人：曾德维）

【维西傈僳族自治县】　2020年，迪庆州生态环境局维西分局在省、州生态环境系统，维西县委、县政府的坚强领导下，认真贯彻落实党的十九届三中、四中、五中全会和中央第七次西藏工作座谈会会议精神，坚持以习近平新时代中国特色社会主义思想和生态文明建设思想为指导，牢固树立"绿水青山就是金山银山"的发展理念，继续围绕生态环境改善、主要污染物减排、环境风险管理的工作重点，持续打好大气、水、土壤污染防治三大攻坚战，坚定政治站位，切实履行生态环境领域防疫工作职能，扎实开展农村人居环境提升、扫黑除恶及推进爱国卫生"7个专项行动"，持续推进各项生态建设和环保重点工作，维西县环境质量稳中有升，生态文明建设成效明显。

机构设置。根据《中共云南省委办公厅　云

南省人民政府办公厅印发〈关于市县机构改革的总体意见〉的通知》（云办发〔2018〕46号）、《中共云南省委办公厅 云南省人民政府办公厅关于印发〈迪庆州机构改革方案〉的通知》（云厅字〔2019〕15号）、《中共迪庆州委关于印发〈迪庆州深化州级机构改革实施方案〉的通知》（迪发〔2019〕5号）文件精神，按照《中共维西县委 维西县人民政府关于印发维西傈僳族自治县深化机构改革实施方案的通知》要求，组建迪庆州生态环境局维西分局，级别为正科级单位，并于2019年3月19日举行了挂牌仪式。迪庆州生态环境局维西分局机关行政编制5名，设党组书记、局长1名（正科级），副局长2名。内设5个股室，分别为办公室、政策法规股（宣传教育股）、自然生态保护股、污染控制监督管理股、环境监察大队（环评审批股）。现有干部职工25人（其中，机关行政编制人数为6人，行政工勤人员1人，按照参公务员管理人员7人，事业人员11人）；公益性岗位人员2人，环境保护协管员临时工1人。

夯实生态环境保护责任。一是强化领导。成立以县委书记、县长为组长的迎接中央环境保护督察"回头看"工作领导小组，成立以县长为主任的县环境保护委员会和分管副县长为组长的污染防治领导小组，统筹推进全县环境保护工作。二是强化考核。将工作职责和目标考核任务分解到相关县级部门和乡镇，并将考核成绩纳入年度目标绩效考核，考核"指挥棒"作用进一步发挥。

全力推进环保督察问题整改。中央环保督察整改涉及维西县的整改任务有23项，已完成23项，关注加强类问题3项，并将维西县整改完成情况材料及涉及问题整改档案材料上报州环境保护督察领导小组办公室进行销号。省委、省政府环境保护督察整改涉及维西县的整改任务有14项24个小项，已完成整改10项19个小项，达到时序进度4项4小项，未达时序进度1小项（城镇环保基础设施建设滞后、运行不规范，垃圾填埋场未完成环境保护竣工验收）。中央环境保护督察"回头看"及高原湖泊环境问题专项督察反馈意见问题整改完成情况涉及维西县整改任务两部分10个问题，现已完成10个问题整改。

持续推进大气污染防治。一是完成了非道路移动机械备案及编码登记工作，共发放号牌号码117辆，积极协助第三方完成非道路移动机械的摸底调查和编码登记复核工作。二是认真做好维西恒运机动车尾气排放检测站的日常监督监管工作，2020年度，监测站车辆检测合格率为75.75%。三是对维西火葬场二噁英排放量进行监督，完成并上报持久性有机污染物统计调查系统数据。四是组织开展了柴油车路检路查工作，实现全县抽测率达到90%以上的目标要求，持续打好柴油货车污染治理攻坚战。五是完成了县内高排放非道路移动机械禁止使用区域的划定及信息公示。六是督促维西县产生挥发性有机物的汽车修理行业编制环境影响评价手续，并按照环境影响评价要求进行管理。七是持续开展工业污染源全面达标排放工作，严格按照国家排污许可证管理名录规定，持续做好维西县企业排污许可证登记申报工作。

深入开展水污染防治。一是开展了饮用水源保护工作。完成维西县9个乡镇10个饮用水水源地保护区划定工作，并实施水源地规范化建设；开展迪庆州"千吨万人"以上饮用水水源地核查和县级以上饮用水源水质评估工作。二是开展了维西县入河排污口的排查工作，对纳入名录的2个排污口进行了现场拍照、定位，完成了"金沙江（维西段）干流及主要支流入河排污口名录"。三是推进腊普河生态流域水环境综合治理工程项目进度，项目进度已达到85%，项目预计在2021年4月全面完工。四是持续开展维西县加油站地下油罐防渗改造工作，改造完成率达100%。五是编制完成《迪庆州维西县县域农村生活污水治理专项规划》。六是澜沧江支流永春河流域生态廊道建设工程及腊普河流域水环境综合治理二期项目均已完成项目可行性研究报告，已通过专家评审。

全面推进土壤污染防治工作。一是扎实开展涉重金属行业企业的污染源排查整治工作，维西县涉及整治的涉镉重金属行业企业共有4家，已完成现场销号验收。二是扎实开展县域内工业固体废物堆存场所排查工作，截至统计时涉及整治的3个固体废物堆存场所均已销号并完成销号验收，羊槽选矿厂尾矿库的销号工作正在进行中。三是加强危险废物全过程监管力度。完成辖区危险废物产生单位、危险废物经营单位的危废考核。建立危险废物产生单位清单 60 家，维西县 16 家医疗机构均委托迪庆州金盛医疗废物处置有限公司签订处置合同。

严把项目准入关，加强建设项目环评管理。在项目审批事项上，一方面，认真贯彻执行国家有关建设项目环境管理的法律法规；另一方面，按照国家有关行政审批制度改革的相关政策，坚持依法与效率相结合、监管与服务相结合，环评受理审批率达到 100%。

推进生态环境执法，坚决打赢生态环境领域扫黑除恶专项斗争 60 天攻坚战。利用"污染源双随机"抽查、生态环境信访举报、生态环境违法案件查处等各项工作，将涉黑涉恶线索摸排融入日常生态环境执法检查中开展排查。一是突出重点，实施专项整治行动。先后开展了涉重金属企业环境风险排查整治、涉镉等重金属重点行业企业排查整治、"千吨万人"级饮用水水源地保护区排查整治、医疗卫生机构医疗污水医疗废物处理专项整治，排查整治完成涉重金属问题点位综合治理销号企业 4 家，23 家医疗卫生机构已安装医疗废水处置设施。二是保持高压态势，严查违法行为。以环境监管网格化、"双随机"、专项检查等方式为载体进行监督管理，通过工作的开展，进一步规范了企业环境守法行为，维护保障了群众的环境利益。2020 年，共出动环境监察执法人员 497 余人次，检查企业 169 家次；共下发环境现场检查记录 159 份，立案查处环境违法案件 2件，罚款 9 万元。三是妥善处理涉访涉诉，化解矛盾隐患。2020 年，共受理环境信访投诉 19 起，其中，上级"12369"交办件 8 起、本部门受理 7件、县扫黑办转办 1 件、州政府"12345"热线转办 3 件，结案 19 起，结案率达 100%。四是强化环境应急管理工作。完成 35 家企业应急预案的备案工作。规范处置完成澜沧江乌弄龙电站库区（德钦县扎谷堆隧道附近至维西县结义沟桥段）藻类暴发导致水体颜色异常处置工作。

加强环境监测。一是完成国家县域生态县考核监测任务，主要是对国家县域考核涉及的断面进行监测，监测断面主要是地表水腊普河及中路村断面，2020 年，共掌握 900 个监测数据。二是完成农村环境质量监测任务，对塔城镇塔城村的环境空气质量及地表水质量、土壤环境质量、饮用水质量、生活污水处理设施出水水质进行监测，2020 年共获得监测数据 246 个。三是完成横向生态补偿金沙江流域监测任务。分别对金沙江干流其宗村断面、腊普河其宗村塘上断面开展监测，2020 年共获得监测数据 576 个。四是完成永春河流域常规监测及环境应急监测任务。2020 年共获得监测数据 112 个。

全面完成省级生态文明县创建工作的考核验收。年初以来，严格对标省级生态文明县考核的各项指标，加强保护和提升维西县优势生态资源质量；督促相关单位、乡（镇）、行业补齐指标短板，完成整改；积极对接省生态环境厅，全面开展省级生态文明县迎检工作。通过各相关部门的协作配合努力，4 月 16 日，顺利通过省级生态文明县创建技术评估，9 月 5 日，全面通过省级考核验收，维西县成为迪庆藏族自治州第一个通过省级生态文明县考核验收的县份。标志着维西县生态文明创建工作走在了全州、全省前列，维西拥有了"省级生态文明县"的靓丽名片。

做好国家重点功能区县域生态环境质量考核工作。严格按照国家重点功能区县域生态环境质量考核的相关指标要求及环境监测工作的总体部署，按时按质完成国家及云南省生态县考核数据资料上报工作，每个季度上报季度监测数据文本 8本。通过各项环保措施的落实及技术资料上报工作的开展，维西县生态质量考核等次不断提升，上级生态转移支付力度持续加大。截至 2019 年 11月，县财政共计到位重点功能区生态转移支付资金 25087 万元，为县级财政收入增长作出了积极贡献。

制定规划方案，完善责任体系，实现生态环境的科学长效建设保护。为科学利用并保护建设好维西县生态资源，2019 年，维西县编制完成了《维西县生态空间管控规划》《生态红线规划方案》《生物多样性保护实施方案》等生态保护规划，制定了《农村污染治理方案》《维西县蓝天专项行动计划方案》《水源地保护方案》等多份工作方案，并严格按照方案推进工作，维西县生态空间格局不断优化。同时，结合生态环境保护各项要求，进一步细化"生态环境保护责任制"考核内容，纳入全县绩效目标考核，与县级各部门、各乡镇签订生态环境保护目标责任书，环境保护目标得到具体量化。全县上下初步形成了县委统揽、政府抓总、环保牵头、部门配合、乡镇推进的生态环境工作格局。

积极谋划项目，努力争取资金，持续加强全县生态环境基础设施和污染治理投资力度。2019年，共计编制可研立项9个项目，总投资概算为63125.67万元，其中，开工建设项目2个（二道河重金属废渣风险管控项目、腊普河流域水环境综合治理工程项目），其余7个项目均已编制完成可行性研究报告（其中5个项目已入国家项目库，分别为腊普河流域环境综合治理工程项目、澜沧江支流永春河流域水污染防治工程项目、澜沧江流域水污染防治工程项目、饮用水水源地环境保护项目、港浪布—羊槽选矿厂废弃矿山工业固体废物堆存场所环境综合整治及生态修复工程治理项目）。长江流域（腊普河）水环境综合整治项目、澜沧江支流永春河流域生态廊道建设工程2个项目2020年已完成文本编制，并已上报上级部门，正在积极争取项目建设资金。自然资源、农业农村、水务、住建、林草等部门紧紧围绕生态环境建设，积极谋划项目，努力向上争取资金支持力度，成效明显。

持续深化生态环境宣传教育。坚持加大生态环保宣传力度，营造全民环保氛围。人人环保是环保宣传工作的关键，县委、县政府将生态文明与环境保护列入各级党委（党组）中心组学习内容，并纳入党校教学大纲和培训计划，作为干部培训班的重要内容，为加强环境保护工作和推进生态文明建设提供了有力的舆论宣传保障。2019年，围绕"美丽中国，我是行动者"，积极发挥生态护林员作用和引导社会各方参与，结合世界地球日、生物多样性日、"6·5"世界环境日主题日活动，大力开展环保宣传，采取设置环保宣传展牌、张贴宣传标语、设立环保法律咨询台、发放环保宣传资料、现场讲解宣传等多形式、多渠道的方式深入机关、社区、企业、学校、乡镇开展环境保护法律、法规宣传教育活动。进一步普及了环保法律、法规，增强了全县各族干部群众的环保意识。

生态环境分局主要领导干部
李惠永　党组书记、局长
施　杰　副局长
彭　勋　副局长

（撰稿：蒋晓燕）

临沧市

【工作综述】 2020年，是"十三五"规划的收官之年，也是决胜全面小康社会的关键之年。临沧市生态环境保护工作坚持以习近平新时代中国特色社会主义思想为引领，持续深化对党的十九大和十九届二中、三中、四中、五中全会精神，特别是考察云南重要讲话精神的学习贯彻，切实用习近平生态文明思想武装头脑、指导实践、推动工作，坚决把党中央、国务院和省、市党委、政府有关生态环境保护的重要决策部署落到实处。坚持问题导向，克服懈怠、盲目、乐观思想，以省委巡视临沧市生态环境保护反馈问题整改为契机，从更高目标出发，解决突出生态环境问题，深入打好污染防治攻坚战。

【政务信息】 严格按照《中华人民共和国政府信息公开条例》要求，按照省、市政务公开工作要点，认真收集产生的政府信息，及时公开，保障群众对生态环境质量及相关工作情况的知悉权。2020年，通过政府网站市生态环境局专栏公开信息643条。其中，大气环境质量365条，水环境质量15条，环评公开18条，通知公告101条，新闻动态67条，行政处罚19条，环境执法监管19条，财政预决算16条，政策解读7条，环保法制3条，环保督察2条，国控重点监督性监测5条，领导信息1条，党建工作2条，政府信息公开年报1条，机构信息1条，规划总结1条。"临沧生态环境局"微信公众号共发布信息881条，政务微博共发布信息1280条。

【生态环境信访】 2020年，临沧市共受理环境信访投诉347件，均按照《信访条例》《环境保护部关于改革信访工作制度依照法定途径分类处理信访问题的意见》在办理时限内全部办结，办结率达 100%，并及时通过现场、电话、短信、微信回复等方式将办理情况，包括投诉问题的整改情况、查处情况等相关信息反馈给举报人。

（余源、刘洋）

【政策与法规】 一是认真执行行政执法"三项制度"，印发实施《临沧市生态环境局全面推行行政执法公示制度执法全过程记录制度重大行政执法决定法制审核制度具体工作方案》，全面加强行政执法公示、全过程记录和法制审核。二是认真落实法律顾问机制。三是认真参加案件评查，3个行政执法案件被抽取参加全省评查，其中2件被评为优秀，1件被评为合格。四是认真推进生态环境损害赔偿制度改革，重点组织完成2个案例实践，对28个案件线索进行核查，荣获生态环境部通报表扬。五是认真开展法治宣讲，先后4次进行生态环境保护专题授课，持续将"环保讲堂"融入"党校课堂"，着力倡导和践行绿色发展、绿色消费、绿色生活。

【生态环境保护督察】 加快环境保护督察反馈问题整改，全面完成2016年中央环境保护督察反馈问题整改，完成2017年省委、省政府环境保护督察反馈问题整改31项，整改完成率93.9%；完成2018年中央环境保护督察"回头看"反馈意见问题整改6项，整改完成率85.71%。

【行政审批】 临沧市生态环境部门共审批建设项目环评98个，指导项目业主网上完成环评登记备案960个，完成排污许可核发工作重点管理及简化管理发证253家，排污登记1010家，办理辐射安全许可证12家。

【大气环境治理】 累计淘汰完成7个县县城建成区内的54台燃煤小锅炉及淘汰国三及以下排放标准柴油货车702辆，建成联网投运机动车环保检测站16个，完成9个省级重点大气管理减排项目；持续强化各类施工工地的监管执法，严格督促施工单位落实清洁施工"六个百分之百"和"六不准"防尘降尘措施，有效管控施工扬尘污染。全市累计安装完成23户重点工业企业大气污染源在线自动监测设备35套。临沧南华纸业脱硫系统综合脱硫效率达90%以上，4个水泥熟料生产企业脱硝系统投运率80%以上，综合脱硝效率40%以上。细颗粒物（PM$_{2.5}$）浓度平均值26微克/立方米，达到国家环境空气质量二级标准。

【水生态环境治理】 实施澜沧江和怒江水系保护修复行动，全面推行河（湖）长制，推进河湖"清四乱"专项整治，开展砂石资源保护开发整治与规范管理，坚持问题导向，紧盯水质目标，着力改善水环境质量。一是全力打好饮用水水源地保护攻坚战，加快乡镇级饮用水水源保护区"划、立、治"，全面完成104个乡镇级及以上集中式饮用水水源保护区划定方案，并按照"边划定、边排查、边整治"要求开展环境问题排查整治，全市饮用水水源水质保持稳定，县级及以上集中式饮用水水源地水质优良率为100%。二是聚焦重点断面，千方百计改善水环境质量，澜沧江嘎旧和景临桥、罗闸河黑箐、小黑江检查站、南汀河孟定大桥5个地表水国考断面水质优良率达100%。

【土壤生态环境治理】 完成11个重点行业企业用地现场采样、耕地土壤环境质量类别划分、建立疑似污染地块名单和全口径涉重金属企业清单、涉镉等重金属重点行业企业污染源排查整治等年度任务，完成省级下达"十三五"重金属总量控制目标，完成20户涉镉等重金属重点行业企业污染源和4个工业固体废物问题堆场整治验收销号，全市主要医疗卫生机构产生的医疗废物实现规范安全收集、运输和集中处置。组织开展疑似污染地块排查，适时更新辖区疑似污染地块名单，组织完成6个疑似污染地块场地调查，并根据调查结果建立临沧市污染地块名录。全市受污染耕地安全利用率及污染地块安全利用率达到省级考核目标要求。年内全市未发生土壤污染事件以及因疑似污染地块再开发利用不当且造成不良社会影响的事件。《云南省土壤污染防治工作方案》实施情况评估等级为优秀。

【固体废物管理】 临沧市一般工业固体废弃物综合利用率为81.6%；全市城镇生活垃圾无害化处置率达98%；认真开展固体废物大排查、大整治，制定《临沧市城乡清洁条例》，全市固体废物污染防治长效机制不断健全；强化危险废物环境监管，全市主要医疗卫生机构产生的医疗废物实现规范安全收集、运输和集中处置，妥善应急处置疫情医疗废物，未发生因医疗废物处理处置不当引发的疾病传播和污染环境事件及涉危险废物突发环境事件；持续加强部门联动监管执法，开展各类专项执法行动，严厉打击非法转移、倾倒固体废物（危险废物）和走私"洋垃圾"等违法行为。

【城市环境管理】 临沧市8县区城市生活污水处理厂累计处理生活污水3196.225万吨，消减化学需氧量5446.08吨、氨氮730.576吨。8县区城镇生活垃圾处理场累计处置生活垃圾量20.84万吨。临沧市城市建成区绿地率34.84%。

【自然与生态保护】 2020年底，临沧市林地面积152.7136万公顷，森林面积165.8207万公顷，森林覆盖率70.20%，森林蓄积量1.1707亿立方米。与2019年对比，林地面积净增0.2308万公顷，增幅为0.15%，森林面积净增4.0656万公顷，增幅为2.51%，森林覆盖率净增1.72个百分点，森林蓄积量净增357万立方米，增幅为3.15%。林地面积、森林面积、森林覆盖率、森林蓄积量持续增长，森林资源数量增加、质量提高。天然商品林停伐保护控制指标941.62万亩，其中，国有56.88万亩，集体和个人所有884.74万亩。2020年，全市完成2019年度新一轮退耕还林22.12万亩，完成陡坡地生态治理1.1万亩。湿地面积30497.82公顷，其中，自然湿地面积13491.59公顷，人工湿地面积17006.23公顷。

【生态文明建设】 全面加快生态文明示范区创建步伐，全市共有75个乡镇（街道）省级生态文明乡镇创建经省生态环境厅审查并公示，占全市77个乡镇（街道）的97.4%；凤庆县、临翔区、双江县、沧源县通过省级复核待命名，镇康县、耿马县、云县、永德县通过市级审查。启动临沧市国家级省级生态文明建设示范区创建，凤庆县开展国家生态文明建设示范县和"绿水青山就是金山银山"理论实践创新基地创建。

【核与辐射安全监管】 对临沧市城周边方圆20千米范围内申请开采煤、页岩、砂岩、石料、砂料、土料等作为民用建筑原、辅材料的企业进行放射性指标监督性监测，2020年，共完成37家次建材产品的放射性指标监督检测，共采集样品73份，检测结果定期报送主管部门。对鑫圆锗业生产环节废水、废气、废渣和渣场及厂区周围地表水、土壤、空气每年进行2次放射性指标检测。

【环境监察与应急】 坚持用法治思维、法治方式化解矛盾、深化改革、推动发展，以更加坚决的态度、更加迅速的行动、更加有力的措施查处生态环境违法行为。2020年，共办理环境行政处罚案件17件，累计罚款金额166.65万元。修订完善《临沧市生态环境突出事件应急预案》，2020年，未发生特大（Ⅰ级）、重大（Ⅱ级）、较大（Ⅲ级）、一般（Ⅳ级）突发环境事件。

【环境宣传教育】 围绕"6·5"环境日和"美丽中国，我是行动者"主题实践活动，组织干部职工合唱环境日主题歌《让中国更美丽》并制作MV，推送至"学习强国"、生态环境部、云南省生态环境厅微信公众平台和中国环境网、云南网展播。加强生态文化产品的制作推广，不断丰富生态文化产品形态。开展环保设施和城市污水处理设施向公众开放活动。充分利用广播电视、报刊、门户网站、官方微博、微信公众平台、召开新闻发布会等形式，及时对生态环境保护工作情况进行宣传报道。

【环境保护信息化建设】 截至2020年底，临沧市生态环境局共涉及生态环境信息化业务应用系统15个，包括水污染防治重点工作实施进展调度系统、长江经济带工业园区污水处理设施整治专项行动信息管理系统、全国集中式饮用水水源环境状况评估信息化管理系统、全国农村集中式饮用水水源保护区划定情况统计系统、饮用水水源环境基础信息采集系统、"十三五"环境管理统计业务系统、重点行业企业用地调查信息管理系统、全国污染地块土壤环境管理系统、云南省农村生活污水治理信息管理系统（数据填报平台）、全国固体废物管理信息系统、云南省危险废物转移管理信息系统、国家核技术利用辐射安全监管系统、云南省污染源监测综合管理平台、临沧市县域生态环境质量考核数据审核系统、临沧市机动车排气污染监管系统及相关的硬件配套设施。临沧市现用系统全部为国家、省级下发要求填报的系统，主要针对环境监测及污染源管理的数据采集、上报。

2020年，计划实施临沧市"市-县（区）"一体化生态环境信息管理平台。主要以临沧市生态环境信息化"一张图"为基础，综合空间地理信息、大数据、云计算、智慧城市等信息技术，以"数据集成与共享、数据展示与可视化、数据应用与业务管理"三大主体功能模块为核心，设计研发"市域生态环境保护导航仓、环境模拟服务、项目决策支撑、总量控制分配、生态环境预警、环境规划管理与应用、日常业务管理"等7大业务模块，基于ArcGIS Server的Web GIS和移动GIS技术进行混合式应用开发，实现网络端和App端即时数据交互，构建"市级统一管理、县级实时共享"的一体化生态环境信息管理平台。

生态环境局主要领导干部

洪　斌　局党组书记、局长

钱　勇　局党组成员、副局长

王嘉红　局党组成员、副局长

（撰稿：段　勇）

【临翔区】　临沧市生态环境局临翔分局为临沧市生态环境局的派出机构，正科级，统一行使临翔区生态环境保护监督管理职责，依法行使有关行政执法职责。设4个内设机构：办公室、法规宣教与行政审批股、污染防治股、生态保护与环境监测股。下属2个事业单位：环境监测站、环境监察大队。核定机关行政编制5名。设局长1名（正科级），副局长3名（副科级）。股室负责人4名。核定参公编制10名，事业编制10名

（其中，专技9名，事业工勤1名），机关工勤1名，2020年末在职职工32人。

空气环境质量方面。2020年度，临翔区城区开展环境空气质量自动监测天数为365天。其中，环境空气质量状况为优的有266天，占全部的72.88%；环境空气质量状况为良的有97天，占全部的26.57%；轻度污染2天，占全部的0.55%。主要污染物为可吸入颗粒物（$PM_{2.5}$）、颗粒物（PM_{10}）和臭氧。中心城区环境空气质量优良率达99.45%，未出现中度、重度污染天气。可吸入颗粒物（$PM_{2.5}$）平均值为26微克/立方米，达到国家二级标准（35微克/立方米以下）。

水环境质量方面。一是集中式饮用水水源地水质状况。临翔区主要集中式饮用水水源地为中山水库和铁厂河水库，根据临沧市环境监测站每月1次监测结果年均值评价，1—12月中山水库和铁厂河水库水质均达Ⅱ类水标准，水质状况为优，满足集中式饮用水水源地水质要求。二是地表水质状况。临翔区境内主要有澜沧江和怒江两大水系，澜沧江水系监测断面为景临桥；怒江水系监测断面为博尚水库和南汀河大文断面。1—12月监测结果年均评价为：澜沧江景临桥断面达Ⅱ类水标准，水质状况为优；博尚水库平均值达Ⅲ类标准，南汀河大文断面平均值达Ⅳ类标准。

全面完成减排目标任务。2020年全区二氧化硫、氮氧化物、化学需氧量、氨氮排放总量分别控制在6333.4吨、23.90吨、7342.31吨、477.1吨以内，全面完成上级下达的目标任务。

生态文明建设和生态创建工作。以《临翔生态区建设规划（2011—2020）》为抓手，牵头组织各部门合力建设生态文明、环境优美、宜居宜业、特色鲜明的生态村、生态乡镇，在全区积极开展市级、省级生态村、生态乡镇（街道）、生态区创建工作。通过向上汇报争取，共获中央项目资金支持900万元，其中，章驮乡勐旺村历史遗留固废规范场地环境整治项目获中央资金支持100万元，已完成整治工作并报请市生态环境局进行验收。临沧市南汀河孟定大桥国考断面临翔区段2020年第一批水污染防治项目获中央资金支持800万元，对忙畔街道办事处青华社区下辖的7个自然村落开展生活污水收集处置，2020年，已进

场施工，完成投资 320 万元。截至统计时，临翔区 102 个行政村全部完成市级生态村（社区）创建，10 个乡镇（街道）全部完成省级生态乡（镇、街道）创建。

环境影响评价。严格依照国家产业政策、环境功能区划和区域产业布局，严把建设项目环评审批关，落实环境影响评价和"三同时"制度，优先发展高新产业。2020 年度，共办理建设项目行政审批数 208 个（其中，报告表 8 个，登记备案 200 个）。

环境监管执法。2020 年，共受理查办生态环境领域信访投诉 108 件，全部完成查办并回复；组织办理环境行政处罚案件 1 件，处罚金额 30 万元。

环保督察。按照中央环境保护督察和省环保督察整改工作的反馈意见，以问题为导向，切实加强领导，制定整改方案，压实各级整改责任。临翔区涉及 2016 年中央环保督察反馈问题 16 项，已完成整改；涉及 2017 年省委、省政府环境保护督察反馈问题整改 13 项，已完成整改；涉及 2018 年中央环境保护督察"回头看"反馈问题整改 7 项，已完成整改。

环保宣教。充分利用"4·22"地球日、"6·5"世界环境日、"12·29"生物多样性保护日等宣传日，举办大型宣传活动。同时不断创新形式，建立起环境宣传教育工作的特有阵地，以开展"绿色学校"和"环境优美乡镇"创建活动为载体，不断拓宽绿色创建的内涵和外延，在大、中专院校及中小学校广泛开展环保有奖征文大赛、环保图画作品展、环保有奖知识问答活动。通过广泛深入地开展宣传教育活动，临翔区环境宣传教育工作深入社会各个层面，推动全区环保宣传教育由启蒙教育向普及迈进。

生态环境分局主要领导干部

黄丕先　党组书记、局长

俸兆和　党组成员、副局长

王朝彩　党组成员、副局长

陈　戈　党组成员、副局长

（撰稿：彭孝金）

【云县】 2020 年，在市生态环境局的正确领导下，云县生态环境保护工作坚持以改善环境质量为核心，以保障群众环境权益为根本，坚决打好污染防治攻坚战，全县生态环境保护各项工作有序推进。

环境质量状况。2020 年，全县环境质量总体保持稳定。城市环境空气质量总体良好，县城中心城市环境空气质量达二级标准，2020 年，云县城市环境空气质量优良天数达 99.45%，截至统计时没有重污染天气情况发生。2020 年，过境河流澜沧江水质状况为优，达 II 类水质标准以上，辖区内罗闸河水质状况为优，达 II 类水质标准，县级以上集中式饮用水源水质总体优良，均符合《国家饮用水卫生标准》和《地表水环境质量标准》，达标率 100%。

加强党风廉政建设。2020 年以来，临沧市生态环境局云县分局坚持以习近平新时代中国特色社会主义思想为指导，深入落实党中央、省委、市委和县委关于全面从严治党，推进党风廉政建设和反腐败工作的决策部署，增强"四个意识"、坚定"四个自信"、做到"两个维护"，不断巩固"不忘初心、牢记使命"主题教育成果。压紧压实市生态环境局云县分局党组织管党治党政治责任，始终坚定正确政治方向，推动全面从严治党向纵深发展，为做好全县生态环境工作履职尽责提供了坚强的政治和纪律保证。

各项工作任务圆满完成。一是按国家要求积极配合第三方确保了云县空气自动监测站和澜沧江嘎旧断面、罗闸河黑箐断面水质自动监测站运行正常，其中，空气自动站数据传输有效率达 99.45%，澜沧江嘎旧断面、罗闸河黑箐断面水质自动监测站数据传输有效率达 80% 以上。二是 2020 年，云县城市环境空气质量优良天数达 99.45%（上级下达任务 97.2%），截至统计时没有出现重污染天气情况发生。三是纳入国家、省级、市级"水十条"考核地表水澜沧江嘎旧断面 2020 年水质达 II 类水质标准以上，罗闸河水质达 III 类水质标准以上。县级及以上集中式饮用水源水质总体良好，达优率 100%，满足集中式饮用水水源地水质要求。四是 2020 年，云县污水处理厂削减化学需氧量 853.76 吨、氨氮 103.09 吨，与年初下达任务数有较小差距。为完成年初下达的考核任务数，通过选取 2 个乡镇生活垃圾处理处置，测算出削减化学需氧量 78.52 吨、氨氮 7.85 吨。以上 2 项合计，云县 2020 年共计完成削减化学需氧量 932.28 吨、氨氮 110.94 吨，较好完成了上级下达的削减化学需氧量 908.54 吨、氨氮 91.15 吨的考核任务（相关材料已报送市级审定）。五是扎实抓好县域生态环境质量监测评价与考核工作。2019 年和 2020 年生态环境质量状况相关监测数据及相关材料上报工作已全面完成，为云县县域环境质量状况评价提供了科学依据。2020 年 9 月 13 日，在"绿水青山就是金山银山"理论与实践会议上，云县被评为 2019 年"全国绿水青山就是金山银山"百强县。六是全面完成第二次全国污染源普查工作。在此次全国第二次污染源普查中，市生态环境局云县分局被国家评为"先进集体"，梅利阳被评为第二次全国污染源普查"先进个人"，李宗源被评为云南省第二次全国污染源普查"先进个人"，云县华阳环保咨询公司施远飞被评为云南省第二次全国污染源普查"先进个人"。

环境保护督察工作。第一轮中央环境保护督察反馈意见问题云县涉及 13 项，已整改完成 13 项。云县涉及省委、省政府环境保护督察反馈意见问题 15 项，已整改完成 14 项，达到有序整改进度数 1 项。达到有序整改进度的 1 项为：云县环境监测站无业务用房和设备，不具备监测能力。已完成环境监测站监测能力建设项目实施方案及可行性研究报告地编制上报，正在积极向上申请项目建设资金。中央环境保护督察"回头看"反馈意见问题整改涉及云县的问题 8 项，已整改完成。

生态环境分局主要领导干部

徐鹏昇　党组书记、局长

彭桂林　党组成员、副局长

梅利阳　党组成员、副局长

李留恒　党组成员、副局长

徐守昌　党组成员、生态环境监测站站长

（撰稿：李彤彤）

【永德县】　2020 年，永德县生态环境工作以习近平新时代中国特色社会主义思想为指导，全面贯彻落实习近平生态文明思想和全国、全省、全市生态环境保护大会精神，把握生态文明建设和环境保护的新理念、新思路、新举措，切实增强责任感、紧迫感，坚决打好水、大气、土壤污染防治攻坚战，不断推动全县生态环境各项工作迈上新台阶。

生态文明建设扎实推进，生态环境质量不断改善。积极开展县域生态考核工作及县域生态环境风险评估工作，已完成全县 116 个行政村市级生态村创建工作，10 个乡镇均已通过云南省生态文明乡镇创建的评审，省级生态县创建工作有序推进，已于 2020 年 12 月 28 日通过市级评审，在完善相关创建资料后报请省级审查，同时，配合市局在 2020 年 3 月前完成国家生态市创建工作。积极开展全县共 5 个农村环境综合整治项目的竣工验收工作，小勐统镇农村环境综合整治项目已开工建设。

蓝天保卫战方面。完成加油站地下油罐防渗改造及油气回收治理改造项目 21 家，完成 8 家"散乱污"企业综合整治，淘汰燃煤小锅炉 5 台，淘汰注销黄标车 451 辆，实现机动车遥感监测国家、省、地三级联网。2020 年以来，空气质量综合指数 2.11，县城环境空气质量优良率为 99.2%。

碧水保卫战方面。一是永德县地表水环境状况。2020 年，通过对永德县怒江水系 2 条河流 2 个断面进行监测，永康河端德水文站断面、南汀河帮控大桥断面水质符合Ⅲ类水质标准，水质状况为优，完全满足水环境功能区划Ⅳ类水质的要求，河流中尚未出现劣Ⅴ类水体。二是集中式饮用水水源地环境安全检查。持续开展县级以上集中式饮用水水源地安全保障达标建设工作，已完成县级 3 个水源地（含备用水源地忙海水库）安全保障达标建设评估报告编制工作。全面推进乡镇级饮用水水源地保护区划定工作，已完成全县 1 个"千吨万人"和其他 9 个乡镇级水源地保护划定方案。组织完成 2 个在用县级以上水源及 10 个乡镇集中式饮用水源的年度环境状况调查评估。全县纳入考核的 2 个县级及以上集中式饮用水水源水质均保持在Ⅱ类及以上，达标率为 100%。三是工业企业水污染防治。切实加强对排污企业的生产情况、排污情况、污染治理设施运维情况、废水在线监测系统运维等情况开展现场监察，并要求企业做到污染物稳定达标排放、在线监测系统及污水处理设施正常运行，不断完善环境风险突发事故应急预案。四是扎实开展农村生活污水治理前期工作。2020年，农村生活污水治理率得到了很大的提升，完成农村生活污水治理的村庄比例为12.63%（考核指标10%），污水乱泼乱倒减少率由2019年底的99.14%降至82.44%，达到16.7%（考核指标15%）。同时积极争取中央、省级项目资金支持。

净土保卫战方面。一是强化土壤污染管控和修复。开展重点行业企业用地土壤污染状况调查风险筛查结果初步纠偏工作。2020年，组织对6家企业7个地块的云南省重点行业企业用地土壤污染状况调查信息采集表进行核实。二是加强涉重金属行业污染防控。涉重金属企业3家：永德县乌木龙懒碓山铜业有限公司懒碓山铜矿、永德县茂康矿业有限责任公司文化铅锌矿、永德县华铜金属矿业有限责任公司垭口小水井锡矿。三是实施危险废物规范化管理督查考核工作。按照《2020年永德县危险废物规范化管理督查考核工作计划》确定的抽查名单及相应的考核标准，对5家产废单位进行了危险废物规范化管理现场检查考核工作，考核结果均达标，合格率为100%。

环境监管力度不断加大。一是严格环评准入制度。对新建项目、技改项目实行安全环保准入。2020年以来，共计审批建设项目11个，项目总投资9796万元，其中，环保投资540.37万元。从2020年1月底起，环评审批权限上划到市生态环境局，永德分局继续按职能职责认真做好环评服务等工作。二是做实排污许可证核发。认真开展固定污染源排查排污许可清理整顿，做好2020年排污许可发证和登记工作。永德县登记企业125家，已全部完成，其中，简化管理涉及12家，重点管理涉及8家，已全部完成企业网上申报工作及县级审核，等待市生态环境局发证。三是抓牢"双随机、一公开"工作。随机抽查医疗机构核技术利用辐射安全和防护现场19家次，县级部门联合随机抽查3次。四是加强信访投诉及监管执法工作。2020年以来，共实施环境现场监察78次，共出动监察人员233人次，出示现场环境监察记录49份；全县生态环境系统累计查处环境违法案件7件，罚款1.1万元（其中，永德县建强杧果产销专业合作社涉嫌"未批先建"环境违法一案，参与省生态环境厅组织的年度案卷评审，获优秀案卷）。全县共受理查办生态环境领域信访投诉14件，已办结14件，办结率100%，有效维护了群众的环境权益和社会稳定。五是持续开展"绿盾"专项行动。2020年以来，共完成9个矿业权退让；2个山泉水厂取引水设施拆除，取水点移出保护区；6个养殖场拆除；南汀河下游段国家级水产种质资源保护区存在2家水产养殖及销售行为的查处。

扎实推进环保督察反馈问题整治工作。切实加强日常监管及巡查，针对突出问题举一反三，再次开展全面排查，加大联合监管执法力度，对发现的突出问题，做到及时处置、及时整改，防止污染反弹。经核实，中央生态环境保护督察"回头看"涉及问题未完成2项（县域内中小水电清理整改问题、大雪山自然保护区部分矿业权未退出），目前所涉问题已经全部整改完成，已报请市人民政府组织对中央生态环境保护督察"回头看"有关环境问题整改工作进行验收。

协调推进各项重点工作。一是7月31日至9月20日，省委第一巡视组对临沧市进行生态环境保护专项巡视，其间对永德县开展了延伸巡视。巡视组紧盯非法侵占林地、种茶毁林、破坏森林资源等生态环境保护突出问题开展巡视，并于10月底向该市反馈了整改意见。根据市委的整改方案，严格按照县委、县政府的安排部署，结合部门职能职责，积极配合县委巡察办，牵头草拟了贯彻实施意见。二是全面贯彻落实各级党委、政府和纪检监察机关关于党风廉政建设的重要部署和要求，认真学习贯彻中央改进工作作风、密切联系群众"八项规定"，进一步推进机关作风建设，在2020年度临沧市生态环境系统党风廉政考核中被评为优秀。三是面对新型冠状病毒感染疫情形势，加强对新型冠状病毒感染疫情防控工作的领导，积极稳妥做好相关防控处置工作。四是编制突发环境事件应急预案。建立健全突发环境事件应急机制，规范程序，明确职责，提高应对、处置突发环境事件的能力，保障公众生命健康和财产安全，保护环境，维护稳定，促进经济社会全面、协调和可持续发展。五是积极参与"三线一单"编制复核、县域噪声功能区划编制划定、县域生态考核及县域生态环境风险评估等工作。

加强环境宣传，不断增强公众环保意识。依托"6·5"世界环境日，联合有关职能部门，围绕"美丽中国，我是行动者"主题，开展宣传活动；举办 2020 年土壤污染防治宣传教育培训班，全县各乡镇人民政府、勐底农场管委会、各级相关职能部门及辖区内重点企（事）业单位相关人员共计 60 余人参加培训，共发放环境保护相关法律法规知识手册 100 余套，接受咨询 10 余次。通过开展宣传培训，进一步引导和推动了社会公众牢固树立生态文明理念，践行文明、节约、绿色、低碳的生产方式和生活习惯。

生态环境分局主要领导干部

陈红武　党组书记、局长

陈绍南　党组成员、副局长

翟成鲜　党组成员、副局长

（撰稿：严丽云）

【镇康县】　临沧市生态环境局镇康分局共有编制 24 名，2020 年末实有在职人员 18 人，含下设的事业单位。局机关设 4 个内设机构（股级），机关行政人员编制 4 名，其中，局长 1 名，副局长 3 名。局机关下设局办公室、法规宣教与行政审批股、污染防治股、生态保护与环境监测股。2 个下属事业单位：镇康县生态环境保护综合行政执法大队（10 个事业参公编制）、环境监测站（10 个事业编制）。

大气污染防治。及时整改市级"散、乱、污"验收组检查发现的问题，涉及 26 家企业综合整治任务，均已通过市级验收。切实加强空气质量管理。督促住建、农业、交通运输等部门做好交通建设扬尘和柴油货车污染治理、工业扬尘污染防治、农业秸秆综合利用及禁烧、施工工地及道路扬尘污染防治、主城区烟花爆竹限售禁燃工作。要求执法局加大城区主要道路清扫保洁和洒水抑尘频次。加大力度宣传《镇康县污染防治工作领导小组办公室关于对加强县城空气质量管控的通告》，把好污染天气管控质量关，切实减少污染天数、降低污染等级、减缓污染程度，提高环境空气质量。

水污染防治。一是全面开展乡镇级水源地保护区划分。对供水人口 1000 人以上乡镇级集中式饮用水水源地开展调查核实，形成清单，为下一步乡镇级集中式饮用水水源地保护区划分及水源地环境问题整治奠定基础。完成 8 个乡镇级集中式饮用水水源地保护区划分方案初稿编制并报批，持续推进乡镇级饮用水水源保护区"划、立、治"工作。二是完成 2019 年饮用水水源地环境状况评估和基础信息调查工作，对县级集中式饮用水水源地南伞水库的水量、水质、保护区规范化建设、环境问题整治、风险防控与应急能力等进行评估，确保饮用水安全。三是加强咖啡初加工行业水污染防治管理。组织对全县咖啡初加工行业全面开展调查，摸清全县咖啡初加工行业水污染防治现状，进一步规范该行业的环境管理，加大对业主和咖啡种植户的环境保护法律法规宣传，引导、鼓励咖啡种植散户不再自行加工，咖啡鲜果出售给加工企业集中加工，实现废水统一治理，引导、鼓励业主改进加工工艺，废水资源化利用，减少废水排放量。

土壤污染防治。一是强化土壤污染管控和修复。积极配合推进重点行业企业用地土壤污染状况调查工作，完成重点调查地块名单核减、新增和调整，完成 8 家重点企业进行土壤的采集调查的阶段性工作任务。二是持续加强涉镉等重金属行业企业环境排查整治。开展第二阶段涉镉等重金属重点行业企业风险排查，建立涉重金属行业企业排查清单，不断强化土壤环境重点监管企业日常监管，督促企业履行主体责任，确保生产前完善环保手续，重金属污染风险可控。三是开展危险废物环境风险排查。重点检查云南省危险废物环境风险排查重点企业镇康县东鸿锌业有限公司，对其危险废物产生、转移、贮存、利用、处置等环节开展环境风险排查。四是重点企业土壤环境监管。镇康县鸿骏矿业开发有限责任公司被纳入云南省土壤环境重点监管企业（第三批），县人民政府已与该企业签订《企业土壤污染防治责任书》，督促其严格按照规定，认真履行土壤污染防治主体责任；制定《土壤污染隐患排查方案》和《2020 年度自行监测方案》，并要求开展企业日常土壤污染隐患排查，督促企业开展周边土壤及地下水自行监测，并将企业有关污染防治信息向社会公开。五是加强尾矿库环境污染防治。对被纳入长江经济带尾矿库污染防治的尾矿库及储渣库开展风险隐患排查，调查尾矿库污染防治设施、周边敏感点分布等基本情况，摸清各尾矿库污染防治情况和环境风险隐患，配合开展尾矿库环境风险评估，督促尾矿库所属企业落实尾矿库污染防治主体责任，制定尾矿库污染防治方案，采取切实可行、环境风险可控的防治措施，确保2020年底前基本完成尾矿库污染防治整治工作。六是开展工业固体废物堆存场所环境整治。对列入《云南省工业固体废物堆存场所环境整治清单》的镇康县大营盘铅锌矿选厂历史遗留尾矿堆场环境开展整治，完善"三防"措施，有效阻断镇康县大营盘铅锌矿选厂历史遗留尾矿重金属进入周边农田等土地的路径，防止新增土壤污染。七是开展重点区域农用地重金属污染现状及集中式饮用水水源地上游土壤环境质量调查。组织开展镇康县重点区域农用地重金属污染现状及中山河水库上游径流区土壤环境质量调查，分别编制调查报告，提出风险管控对策或治理修复措施，为下一步环境管理提供技术支撑和依据。2020年，该项目实施方案已通过市级评审，调查工作正在进行。八是建设用地准入管理。对镇康县建设用地污染地块安全再利用工作实施情况开展自检自查，完善信息共享和联动监管机制，强化污染地块再开发利用准入管理，加强对土地征收、收回、收购等环节监管，严禁未经调查评估、修复或风险管控的污染地块投入开发建设。九是开展农用地分类管理及受污染耕地安全利用，按要求配合推进耕地土壤环境质量类别划分、受污染耕地安全利用、受污染耕地治理与修复等工作，确实改善耕地土壤环境质量。

环境监察。一是共受理环境信访件10起，其中，噪声污染4起，大气污染2起，水污染4起，均全部办结并答复给举报人。行政处罚2个，使用四个配套办法作出停产整治1个，合计处罚金额25万元。二是开展尾矿库安全隐患检查、饮用水水源安全环保专项检查、农村面源污染情况专项检查、环境隐患大排查，针对检查过程中发现

的环境问题，限期整改4家企业。三是加大环境事故应急预案的宣传，已编制完成11家企事业单位，其中，5个加油站、1个再生资源利用、5个医疗机构。

法规宣教与行政审批。一是完成2017年至2020年固定污染源发证和登记管理，共发证和登记149家，其中，发证31家（重点管理7家，简化管理24家），登记管理118家。二是对县级审批的项目，严格按项目实施计划或建设单位要求，及时给予审批；对省、市审批的项目，专人配合并加强跟踪汇报协调。共审批、登记备案项目92个（其中，报告表4个，登记表88个），现场勘查8个项目。三是完成企事业单位辐射许可证新申请核发；深入射线装置使用单位和放射源使用单位进行认真检查和指导；完成2020年度全县核技术利用单位放射性同位素与射线装置安全和防护状况年度评估报告。四是紧扣"美丽中国，我是行动者"主题，倡导社会各界及公众积极参与生物多样性保护，共制作实物产品13100件，发放数量13100件；组织开展线下活动15场（次），参与人数3000人；组织开展线上活动14场（次），参与人数50000人；微信原创2篇，阅读量92人次。

生态文明建设。一是严格按《镇康县创建省级生态文明县实施方案》要求，完成6个基本条件、22个建设指标重点任务，对痕迹材料进行筛查和细化，形成全县专题考核评价材料。2020年，省级生态文明县创建已顺利通过市级审查。二是督促完成进入自然保护区内的79个羊圈、窝棚、废弃窝棚的拆除和被毁坏植被的恢复工作；扎实开展"绿盾2020"，全面清理历年"绿盾"行动反馈的269个问题点位；基本完成自然保护区内8个采探矿权的退出相关事宜；完成全县19座中小型电站的生态流量在线监测设施的安装，并实现联网监控。

生态环境分局主要领导干部
罗建文　党组书记、局长
赵国勇　党组成员、副局长
周恩艳　党组成员、副局长

（撰稿：尹华剑）

【耿马傣族佤族自治县】 2020 年度，在临沧市生态环境局的正确领导下，临沧市生态环境局耿马分局认真履职，生态环境保护工作取得良好成效。

严抓疫情防控。疫情发生以来，临沧市生态环境局耿马分局高度重视疫情防控工作，以视频会议形式及时传达国家、省、市、县疫情防控工作安排，认真开展单位职工外出和健康状况排查，落实出入码和健康码制度；对县域内 1 个空气自动站、2 个饮用水水源地和 1 个自来水厂开展防疫应急环境监测 2 次，对县城饮用水水源地、自来水厂末端出口和污水处理厂污水出口实施重点监控，累计安排职工投入疫情一线防控工作 30 余人次。联合县卫生健康局制定下发了《临沧市生态环境局耿马分局、耿马自治县卫生健康局关于做好医疗废物无害化处置的通知》，明确各医疗机构医疗废物处置和监管工作职责，同时组成联合检查组对全县 18 户医疗机构进行实地检查，覆盖县级医疗机构 3 家，乡镇、农场医疗机构 12 家，商业医疗机构 3 家，重点查看医疗废物和医疗废水处置情况，指出存在问题 70 余项，并指导医疗机构及时整改完善。

落实污染防治。一是根据市级工业炉窑大气污染防治工作的相关方案，督促华新水泥（临沧）有限公司按要求开展工业炉窑大气污染治理工作，企业于 5 月完成了治理报告。持续推进"散乱污"企业整治，24 家"散乱污"企业已关停 13 家，完成升级改造 6 家，正在整改 3 家，未整改下达停业整顿通知 2 家。

二是完成 2019 年度县级以上饮用水水源地评估系统填报，县城集中式饮用水水源地环境保护状况综合评估得分 99.62；2 个集中式饮用水水源地 2019 年取水量保证率均为 100%，各季度水质均达到Ⅲ类及以上水质标准；完成 11 个乡镇级饮用水水源地保护区划定。推动全县农村生活污水治理规划工作，完成前期收资工作。持续推进全县农村环境整治及黑臭水体排查；完成《2019 年农村生活污水治理基础信息调查表》的系统填报；并按月收集各乡镇 2020 年农村生活污水重点治理项目进度。完成全县 43 家产废单位的 2019 年危险废物申报登记。配合农业农村部门完成畜禽禁养区划定工作。

严格环境执法。一是持续推进各级环保督察反馈问题和"绿盾 2019"排查问题整改。中央环保督察"回头看"反馈 2 个问题现已全部整改到位。中央环保督察反馈 19 个问题，已完成 18 个，剩余"自然保护区 9 个矿业权未注销"问题，自然保护区内 8 家矿业权未退出，县自然资源局已向市自然资源和规划局上报注销请示。"绿盾2019"共排查出南汀河中下游水产种质资源保护区 2 个违法问题，目前已完成整改并报市生态环境局审核。2020 年，省委生态环境保护专项巡视反馈问题，县级主动认领问题 28 个，制定整改措施 28 条，整改方案已由县人民政府常务会议审议通过。二是严格环境监察执法。拓展举报渠道，规范环境信访件的接访、查处、结案等程序。截至统计时，临沧市生态环境局耿马分局共接到环境投诉案件 36 起，涉及大气污染 19 起、噪声污染 11 起、水污染 5 起、其他污染 1 起，现 36 起投诉中已办结 35 起，正在办理 1 起。开展环境执法检查 68 家次，其中，"双随机"执法检查 9 家次，其他日常环境监察执法检查 59 家次，共下发《限期改正通知书》28 份，下发环境监察记录 68 份；及时处置涉及生态环境案件，耿马金泉矿业有限公司涉嫌"未批先建"一案，当事人在规定的期限内未履行处罚决定，于 2020 年 5 月 26 日，申请法院强制执行。三是加强重点工程施工扬尘监管，积极推进绿色施工。2020 年上半年，对重点水利工程团结水库项目工程、耿沧路入城口景观道路工程、湿地公园等项目进行现场执法检查，对存在的问题提出现场监察要求，严格落实《建设工程施工环境与卫生标准》、"六个百分之百"和"六不准"。四是健全涉生态环境重大案件联动机制。与县人民检察院、县林业和草原局、云南南滚河国家级自然保护区耿马管护分局、临沧澜沧江省级自然保护区耿马管护管理局、县森林公安局签订了《合作协议》，对破坏生态环境和生物多样性的行为进行严厉打击，形成生物多样性共商共治局面。五是提升处置突发环境事件能力，减少突发事件对环境的影响。督促指导涉危险化学品企业及乡镇级以上医疗卫生机构制定突发环境应急预案，定期组织演练。截至统计时，已有 8

家涉危险化学品企业和11家乡镇级以上卫生院完成突发环境应急预案备案登记。六是做好扫黑除恶治乱相关工作。按照县扫黑办要求，梳理相关痕迹材料，完成"一类一套"档案的梳理归档工作，定期每月报送扫黑除恶"六清"专项行动报表、月工作开展情况及线索排查表。

规范生态管理。一是按照既定计划完成监测任务。对列入《2020年云南省重点排污单位监测名录》的排污单位以及市、县区生态环境行政主管部门根据管理需求确定的耿马南华糖业有限公司等8家排污单位开展监督性监测，出具监测报告36份。完成县委等13个县城噪声监测点位的区域环境噪声监测，各点位均符合声功能区规划要求。做好县城空气自动站和孟定大桥水质自动监测站运维保障，2座自动监测站运行正常。二是严把环境准入关口，提高环评审批效率。2020年以来，完成建设环境影响评价审批8个，协助行业部门申请专项债券项目环评11个，完成环评登记表备案145个。严格排污许可证核发，本着"依法依规、应发尽发"以及固定污染源排污许可清理整顿工作原则，严格按照行业排污许可证申请与核发技术规范要求，截至2020年9月8日，共完成网上排污许可登记企业80家，简化管理发证企业32家，重点管理发证企业5家，已完成2020年核发工作任务。协助辖区内21家涉源单位完成全国核技术利用辐射安全申报系统信息填报与核实，服务好涉源单位办理辐射安全许可证变更、延续。三是认真落实项目管理。临沧市生态环境局耿马分局在建项目1个，为临沧市南汀河流域孟定大桥国考断面耿马自治县2020年度水污染防治项目，已完成资金投入约300万元，已完成主体工程建设。2020年初，在省级环保专项资金项目库申报了耿马自治县农村生活污水治理项目（一期），共涉及20个行政村，报省厅财规处审核；6月申报了临沧市生态环境局耿马分局环境监测站能力建设项目，在市级审核中。四是积极推动生态文明县创建。2020年，已初步完成前期收资工作，第三方正在编制报告文本和资料分类归档。五是大力开展环保政策法规宣传。结合"6·5"世界环境日、"全国节能减排周"、"科技活动周"等活动发放宣传手册500余份，覆盖群众700余人。

生态环境分局主要领导干部
王莉莎　党组书记、局长
李寿文　党组成员、副局长
何家云　党组成员、副局长

（撰稿：李寿文）

【沧源佤族自治县】　临沧市生态环境局沧源分局属临沧市生态环境局的派出机构，主要职责：贯彻执行国家和省、市关于生态环境管理的方针政策、法律法规；建立健全生态环境基本制度，研究拟定县级生态环境规划和有关事项，负责重大生态环境问题的统筹协调和监督管理；负责生态环境监测，监督管理污染防治、核与辐射安全，组织开展环境保护督察等。核定编制25个：行政编制5个（设领导职务1正3副），综合行政执法大队参公事业编制10个，生态环境监测站事业编制10个。2020年末，正式职工15名：行政7名（1正2副，行政工勤1名）、综合行政执法大队0名、生态环境监测站8名（事业专技人员6名，事业工勤2名）。

环境质量。县城空气质量：截至2020年12月31日，县城环境空气自动监测站运行总天数366天，有效天数357天，优良天数346天，轻度污染11天，空气质量达到《环境空气质量标准》（GB 3095—2012）二级标准。饮用水质量：县城集中式饮用水监测点4个和"千吨万人"集中式饮用水监测点1个，其中，县城饮用水监测包括芒告水源、坝卡大沟、糯赛水库、达董水库；"千吨万人"饮用水刀耕水库。监测数据显示，芒告水源、坝卡大沟和达董水库水质达Ⅱ类水标准，水质状况为优良；糯赛水库和刀耕水库水质达Ⅲ类水标准，水质状况为优良。

污染防治攻坚战。蓝天保卫战：完成涉气企业"散乱污"整治工作。为贯彻落实《沧源佤族自治县人民政府关于印发沧源佤族自治县打赢蓝天保卫战三年行动实施细则的通知》要求，切实减少"散乱污"企业及集群造成的大气环境污染，开展涉气企业"散乱污"整治工作，沧源县涉及7家"散乱污"企业全面整治完成。碧水保卫战：一是完成乡镇级饮用水水源地保护区划分工作。

根据有关要求和工作安排，完成 10 个乡镇级饮用水水源地保护区划分方案编制工作，并上报县人民政府。二是完成农村生活污水专项规划编制工作。根据工作安排，牵头编制了《沧源佤族自治县农村生活污水治理专项规划（2020—2035）》，经报县人民政府审批，县人民政府于 2020 年 10 月 14 日印发实施。三是完成县级农村黑臭水体排查并形成农村黑臭水体清单。根据县委、县政府工作部署，与各乡镇人民政府及县级各相关部门全力协作，完成全县农村黑臭水体排查清理工作。经排查，沧源佤族自治县无农村黑臭水体，任务完成率为 100%。净土保卫战：一是完成 2020 年度危险废物规范化管理督查考核工作。认真开展危险废物监管工作，对相关单位开展了 2020 年危险废物规范化考核工作，经考核，抽查的 5 家产废单位均达标，抽查合格率 100%，环境监管中没有发现危废产生单位严重违法行为。二是完成尾矿库污染排查整治工作。沧源县共涉及 3 个，其中，2 个尾矿库已经完成闭库，1 个尾矿库正在使用，经现场检查确认，不存在突出环境风险和隐患。三是完成涉镉企业整改工作。沧源县涉及 2 家企业均完成整改，并验收通过。四是共开展 2 个土壤污染调查项目。分别为沧源县金腊云矿锌业厂区污染场地及周边耕地土壤调查及风险评估项目、临沧市沧源自治县重点区域农用地重金属污染现状调查项目，后一项目正在不断推进中。

农村人居环境综合整治。不断推进治理工作，完成省农村生活污水治理信息管理系统平台的农村生活污水现状及需求填报工作；不断跟进临沧市南汀河流域孟定大桥国考断面沧源县段 2020 年度水污染防治项目，该项目正在施工中。

生态文明建设。文明县创建：委托云南省大自然环保科技有限公司编制《沧源县创建云南省生态文明县申报材料》，2020 年 6 月 17 日，顺利通过市级审查；2020 年 7 月 31 日，通过省级预审；2020 年 10 月 15—17 日，积极牵头做好省级现场复核迎检方案、现场点位安排等工作，并顺利通过省级现场复核工作，等待命名。

环境执法。一是认真组织各类专项检查行动。2020 年全年检查 30 次，共计出动 120 人次，4 次与相关部门联合检查。对收到的 3 起群众投诉事件已全部处理完成。二是"即知即改"工作。对照市级下发的"问题清单"，共梳理 10 个方面的整改问题，共 21 项整改内容，完成《沧源佤族自治县生态环境保护督察反馈问题和"即知即改"问题整改工作推进情况的报告》。已完成问题整改 14 项，正在推进整改 7 项，整改完成率达 67%。

污染源普查工作。完成沧源县第二次全国污染源普查档案规范化整理工作：针对 173 项各类污染源普查报表进行分类存档，形成 5 大类别共计 17 盒档案材料。开展污普工作验收自检自查及污普档案验收自检自查工作：形成《沧源佤族自治县第二次全国污染源普查工作总结》《沧源佤族自治县第二次全国污染源普查工作领导小组办公室关于污染源普查档案验收自查情况的报告》，并于 2020 年 3 月 18 日由临沧市验收工作组进行污普检查验收工作，经过逐条对照考评，顺利通过了市级验收。

行政审批工作。环境影响评价行政审批工作严格执行：2020 年，共办理建设项目环境影响评价行政审批 1 项（因机构改革，行政审批权上收至临沧市生态环境局，县区分局无行政审批权，所以 2 月至今未审批项目环评）。在建设项目环境影响登记表备案系统完成项目建设单位的备案共计 86 个。排污申报工作认真开展：按照国家、省、市生态环境主管部门要求完成全县排污申报清理整顿工作，于 2020 年 8 月 10 日全面完成沧源县 2020 年排污许可发证登记工作。

辐射管理工作。完成全县核技术利用单位辐射安全现场监督检查工作。严格按照检查要求适时开展辖区内辐射安全现场检查。2020 年内对沧源县 13 家核技术利用单位进行了检查，检查相关单位法律法规和规章制度执行及许可证办理情况、辐射安全与防护设施运行管理情况、核与辐射安全工作管理情况、辐射安全防护培训和辐射事故应急工作情况，在检查中指出被检查单位存在的问题，并指导其对存在问题进行整改，于 2020 年 12 月 10 日前全面完成此项工作。

环境宣传教育。组织开展"6·5"世界环境日等宣传活动，共发放宣传手册、宣传资料 2000 余份。通过沧源县融媒体中心播放临沧市生态环境局摄制的环境日主题歌 MV《让中国更美丽》，浏览量约 10000 人次。提升群众环保意识，动员全民参与蓝天、碧水、净土行动。全面推进环境质量、环境影响评价、专项工作进展情况及行政处罚等信息公开，接受社会监督。

生态环境分局主要领导干部

李永红　党组书记、局长

杨晓涛　党组成员、副局长

李　忠　党组成员、副局长

（撰稿：茶尹超）

【双江拉祜族佤族布朗族傣族自治县】　临沧市生态环境局双江分局是临沧市生态环境局派出机构，为正科级，设 4 个内设机构，即办公室、法规宣教与行政审批股、污染防治股、生态保护与环境监测股；含 1 个参公管理事业单位和 1 个事业单位，即县生态环境保护综合行政执法大队、生态环境监测站。全局共有行政编制 5 名，事业编制 21 名（其中，参公管理 10 名）。2020 年末，共有人员 23 名，其中，行政人员 7 名，参公管理 5 名，专技人员 10 名，工勤 1 名。

环境质量。按照云南省县域生态环境质量监测、考核工作要求，完成 2020 年度的监测工作。2020 年度，双江县环境空气质量自动监测站有效监测 361 天（其中，优 256 天，良 96 天，轻度污染 9 天），环境空气质量优良天数比例为 97.5%；县域地表水环境质量总体良好，小黑江边防检查站断面水质、勐勐河双江纸厂大桥断面水质符合《云南省地表水水环境功能区划（2010—2020年）》控制要求，河流监测断面水环境功能区达标率 100%；双江县大棚子水库、双江榨房河、磨石箐 3 个县级饮用水水源地水质达 Ⅱ 类标准，县级集中式饮用水水源地水质达标率 100%。编制并实施《临沧市双江拉祜族佤族布朗族傣族自治县农村生活污水治理专项规划（2020—2035）》。

环境影响评价。严格依照国家产业政策、环境功能区划和区域产业布局，严把建设项目环评审批关，落实环境影响评价和"三同时"制度，优先发展高新产业。2020 年度，共办理建设项目行政审批数 112 个（其中，报告表 1 个，登记备案 111 个），建设项目竣工环保验收备案 14 个。

生态创建。深入推进生态文明县创建，认真落实《双江拉祜族佤族布朗族傣族生态县建设规划（2014—2020 年）》及系列重要配套措施，2020 年，《双江自治县创建云南省生态文明县申报材料》已通过省级复核。

环境监管执法。严格生态环境执法。紧紧围绕当前生态环境治理中心，以"蓝天、碧水、净土保卫战"为重点，突出抓好"重点行业环保专项执法检查""环境安全隐患排查整治""蓝天保卫战专项检查行动"等重点工作，对各类环境违法行为"零容忍"，开展系列生态环境执法行动，重拳打击涉水、涉气、涉固废生态环境违法行为。2020 年度，共实施现场监察 43 次，共出动监察人员 129 人次；查处 1 家非法采用电瓶废渣炼铅的企业，处以罚款 1.66 万元。

农村环境综合整治。以"美丽村庄"建设为契机，完善农村环境保护规划，积极申报、实施农村环境综合整治项目，有效减少农村污染物排放，使农村环境卫生"脏、乱、差"现象得到有效治理，改善农村人居环境。2020 年度，完成勐库镇公弄村、护东村、忙波自然村农村环境综合整治项目，沙河乡忙开村、那落组邦木村农村环境综合整治项目县级初验；大文乡户那村农村生活污水治理项目通过终验；双江自治县重点区域（忙建河）农用地土壤重金属污染调查项目顺利实施，为下一步县城农用地土壤污染防治工作提供科学治理依据。

环保督察。按照中央环境保护督察"回头看"和省环保督察整改工作的反馈意见，以问题为导向，切实加强领导，制定整改方案，压实各级整改责任。涉及 2016 年中央环保督察反馈问题 14 项，已完成整改；涉及 2017 年省委、省政府环境保护督察反馈问题整改 14 项，已完成整改；涉及 2018 年中央环境保护督察"回头看"反馈问题整改 2 项，已完成整改。

第二次全国污染源普查。完成双江自治县 57 个工业源、12 个规模化畜禽养殖场、71 个行政村、3 个集中式污染治理设施、8 个加油站的普查数据录入及核算工作，并通过验收。

环境信访。认真处理环境信访案件，维护群众环境权益。保证"12369"环境热线电话 24 小时畅通，坚持问题导向，通过领导包案、约谈企业、对信访热点实施执法行动等方法，积极化解环境信访矛盾。2020 年度，受理和办结有效环境信访案件 13 件。

环保宣教。以"6·5"世界环境日、"全国低碳日"等活动为契机，全面深入宣传生态环境法律法规。通过发放宣传手册、环保布袋及围裙，粘贴宣传标语及汇总墙体宣传画等方式，开展生态环境知识进集市、学校、村庄、企业、社区宣传活动，不断提高群众的环保意识。2020 年度，累计发放污染源普查及生态环保宣传资料 7000 余册，发放环保布袋 1000 余份、宣传帽 100 余顶。

生态环境分局主要领导干部

顾正永　党组书记、局长

鲁　骏　党组成员、副局长

俸德荣　党组成员、主任科员

（撰稿：刀剑梅）

【凤庆县】　临沧市生态环境局凤庆分局属临沧市生态环境局的派出机构，主要职责：贯彻执行国家和省、市关于自然资源管理的方针政策、法律法规，研究拟定并组织实施全县生态环境规划和有关事项，负责生态环境监测，监督管理污染防治、核与辐射安全，组织开展环境保护督察等。核定编制 32 个（行政编制 6 个，综合行政执法大队参公事业编制 16 个，生态环境监测站事业编制 10 个），2020 年末，正式职工 26 名（行政 10 名、机关工勤 2 名、综合行政执法大队 3 名、生态环境监测站 11 名）。

县城空气质量。凤庆县县城空气自动监测站监测有效天数 352 天（占总天数的 96.2%），优良天数 350 天（优 267 天、良 83 天）、轻度污染天数 2 天（首要污染物为臭氧），空气质量优良率为 99.4%。县城空气可吸入颗粒物浓度（PM_{10}、$PM_{2.5}$）、二氧化硫浓度、二氧化氮浓度、一氧化碳浓度、臭氧浓度分别为 30 微克/立方米、16 微克/立方米、8 微克/立方米、10 微克/立方米、0.8 毫克/立方米、79 微克/立方米，空气质量达到《环境空气质量标准》（GB 3095—2012）二级标准。

饮用水质量。县城集中式饮用水水源地安庆河、绿荫塘水库水质均达Ⅱ类以上标准，水质状况为优；县城集中式饮用水水源地头道河水库、"千吨万人"集中式饮用水水源地干沙坝水库水质达Ⅲ类以上标准，水质状况为良。地表水质量：纳入云南省地表水考核断面中，澜沧江漭街渡大桥断面水质达Ⅱ类标准以上，水质状况为优；凤庆河平村断面水质达Ⅲ类标准以上，水质状况为良好。

蓝天保卫战。深入落实《凤庆县蓝天保卫专项行动计划（2017—2020 年）》《凤庆县轻（中）度污染天气应急联动工作方案（试行）》《凤庆县"散乱污"企业综合整治工作方案》《凤庆县机动车污染防治工作实施方案》《凤庆县柴油货车污染治理专项行动方案》等工作方案，全面安排部署大气污染防治重点工作。以县内重点大气污染物排放在线监控为重点，协同推进城市扬尘治理、工业企业大气污染综合治理以及煤炭消费减量替代等专项行动，开展砖瓦行业脱硫、除尘治理，完成高架源大气污染物排放核查工作，完成县城建成区 2 家"散乱污"企业关停整治以及 23 台 10 蒸吨以下燃煤锅炉淘汰工作。

碧水保卫战。印发实施《凤庆县农村生活污水治理专项规划（2020—2035）》；投资 1000 万元实施诗礼乡牌坊村、大兴自然村等 6 个村水污染防治项目，投资 500 万元实施凤山镇红塘村、红木树自然村等 3 个村罗闸河黑箐国考断面凤庆县段 2020 年第一批水污染防治项目，投入 1400 万元启动实施凤山镇董扁村、团山自然村等 7 个自然村 2020 年第二批水污染防治项目；完成 11 个乡镇 14 个集中式饮用水水源地保护规划方案的编制工作，做好小湾镇"千吨万人"饮用水水源地摸底排查、保护区划定及存在问题的清理整治工作；梯次推进辖区内自然村污水治理工程，实现污水治理自然村覆盖率达 55%，无生活污水乱泼乱倒的自然村比例达到 100%；全面完成农村生活污水治理基础信息调查、基础数据调查及信息系统录入工作，全县实现生活污水有效治理的自然村数达 551 个，覆盖率达 55%；加强日常联合执法检查、定期会商等工作，有力推动水污染联防联控制度落实，防范和遏制水污染突发事件。

净土保卫战。严格规范危险废物申报登记和转移管理，共审核危险废物申报登记产生单位 22

家，累计纳入系统管理危险废物产生单位 55 家，审核危险废物转移申报并完成转移联单报备 12 家，完成危险废物管理计划在线备案审核 1 家；按照"危险废物规范化管理指标体系"对 3 家危险废物产生单位进行了现场考核评价，年度考核结果均为合格及以上等次。

农村人居环境综合整治。投资 1000 万元实施了小湾镇锦秀村槐花小组等 6 个村农村环境综合整治项目；投入省级资金 200 万元实施了凤山镇大有村（中寨、上寨）农村生活污水治理项目；组织各乡镇、县级有关单位 2016—2019 年农村污水处理率在 60% 以上，生活垃圾无害化处理率在 70% 以上，畜禽粪便综合利用率在 70% 以上，饮用水卫生合格率在 90% 以上，完成环境综合整治的建制村进行自查核实，共核实上报农村环境综合整治建制村完成清单 40 个。

农村人居环境综合整治。县城生活污水处理厂共处理污水 426.95 万吨，削减化学需氧量 842.99 吨，削减氨氮 103.43 吨。习谦水泥厂脱硝系统投运率、综合脱硝效率和县城污水处理厂负荷率、削减化学需氧量、削减氨氮各项指标均完成上级下达的目标任务。

农村人居环境综合整治。持续开展各类环境保护专项执法行动，严厉打击各类环境违法行为，开展"双随机"监管重点排污单位 6 家次、一般排污单位 18 家次，其他执法事项监管 121 家次，部门联合开展环境综合执法检查 10 次、52 家次，未纳入"双随机"监管执法 64 家次；开展新版排污许可专项执法检查 4 家次；共处理群众来信、来访、来电及网络平台、移动客户端举报、投诉 71 件，已办结 71 件，办结率 100%；实施行政处罚 2 件，共处罚人民币 3.89 万元，下发《责令改正违法行为决定书》5 份、《责令停产整治决定书》1 份、《法律责任告知书》23 份，约谈企业 4 家次；备案企业突发环境事件应急预案 57 个。

环保督察问题整改。中央环保督察反馈涉及 14 项问题全部整改完成；中央环保督察"回头看"转办 9 件案件全部办结；中央环保督察"回头看"反馈涉及 7 项问题全部整改完成；省委、省政府环境保护督察反馈涉及 13 项问题已整改完成 12 项，"环保监管力量薄弱"的问题正在整改；省委生态环境保护专项巡视反馈涉及 28 项问题已整改完成 24 项，正在整改 4 项。

污染源普查。全面完成第二次全国污染源普查工作，登记工业污染源、农业污染源、生活污染源、集中式污染处理设施、移动源五类污染源普查对象 348 家，摸清了全县污染源的数量、结构和分布状况，掌握了区域、流域、行业污染物产生、排放和处理情况，完成了普查工作目标。

生态建设。"省级生态文明县"创建已通过省级验收并公示待命名，"国家生态文明建设示范县""绿水青山就是金山银山"实践创新基地创建工作全面启动。

行政审批。全面完成固定污染源排查排污许可清理整顿和登记、发证工作，完成发证 26 家；严格落实环境影响评价，审批办理环评报告表 3 个，对 200 多个项目进行登记表备案监管，组织参加重大项目和敏感项目选址 15 余次，参加环评技术评审 5 次。

核与辐射管理。开展全省放射源安全检查专项行动、开展"巩固成果、督促整改、消除隐患"放射源专项清查行动，深入 24 家涉源企事业单位进行云南省医疗机构核技术利用辐射安全和防护现场监督检查。

环境宣传教育。组织开展"6·5"世界环境日等宣传活动，举办了凤庆县土壤污染防治宣传教育培训班，发放宣传手册、宣传资料 3000 余份，环保购物袋、环保帽 2000 个（顶），发送宣传手机短信 50000 余条，接受现场咨询 3000 多人次。提升群众环保意识，动员全民参与蓝天、碧水、净土行动。全面推进环境质量、环境影响评价、专项工作进展情况及行政处罚等信息公开，接受社会监督。

生态环境分局主要领导干部

史忠怀　党组书记、局长
袁绍虎　党组成员、副局长
李春旺　党组成员、副局长
李永和　副局长

（撰稿：罗富平）

重要法律、法规、文件

中华人民共和国固体废物污染环境防治法

（1995年10月30日第八届全国人民代表大会常务委员会第十六次会议通过 2004年12月29日第十届全国人民代表大会常务委员会第十三次会议第一次修订 根据2013年6月29日第十二届全国人民代表大会常务委员会第三次会议《关于修改〈中华人民共和国文物保护法〉等十二部法律的决定》第一次修正 根据2015年4月24日第十二届全国人民代表大会常务委员会第十四次会议《关于修改〈中华人民共和国港口法〉等七部法律的决定》第二次修正 根据2016年11月7日第十二届全国人民代表大会常务委员会第二十四次会议《关于修改〈中华人民共和国对外贸易法〉等十二部法律的决定》第三次修正 2020年4月29日第十三届全国人民代表大会常务委员会第十七次会议第二次修订）

第一章 总 则

第一条 为了保护和改善生态环境，防治固体废物污染环境，保障公众健康，维护生态安全，推进生态文明建设，促进经济社会可持续发展，制定本法。

第二条 固体废物污染环境的防治适用本法。

固体废物污染海洋环境的防治和放射性固体废物污染环境的防治不适用本法。

第三条 国家推行绿色发展方式，促进清洁生产和循环经济发展。

国家倡导简约适度、绿色低碳的生活方式，引导公众积极参与固体废物污染环境防治。

第四条 固体废物污染环境防治坚持减量化、资源化和无害化的原则。

任何单位和个人都应当采取措施，减少固体废物的产生量，促进固体废物的综合利用，降低固体废物的危害性。

第五条 固体废物污染环境防治坚持污染担责的原则。

产生、收集、贮存、运输、利用、处置固体废物的单位和个人，应当采取措施，防止或者减少固体废物对环境的污染，对所造成的环境污染依法承担责任。

第六条 国家推行生活垃圾分类制度。

生活垃圾分类坚持政府推动、全民参与、城乡统筹、因地制宜、简便易行的原则。

第七条 地方各级人民政府对本行政区域固体废物污染环境防治负责。

国家实行固体废物污染环境防治目标责任制和考核评价制度，将固体废物污染环境防治目标完成情况纳入考核评价的内容。

第八条 各级人民政府应当加强对固体废物污染环境防治工作的领导，组织、协调、督促有关部门依法履行固体废物污染环境防治监督管理职责。

省、自治区、直辖市之间可以协商建立跨行政区域固体废物污染环境的联防联控机制，统筹规划制定、设施建设、固体废物转移等工作。

第九条　国务院生态环境主管部门对全国固体废物污染环境防治工作实施统一监督管理。国务院发展改革、工业和信息化、自然资源、住房城乡建设、交通运输、农业农村、商务、卫生健康、海关等主管部门在各自职责范围内负责固体废物污染环境防治的监督管理工作。

地方人民政府生态环境主管部门对本行政区域固体废物污染环境防治工作实施统一监督管理。地方人民政府发展改革、工业和信息化、自然资源、住房城乡建设、交通运输、农业农村、商务、卫生健康等主管部门在各自职责范围内负责固体废物污染环境防治的监督管理工作。

第十条　国家鼓励、支持固体废物污染环境防治的科学研究、技术开发、先进技术推广和科学普及，加强固体废物污染环境防治科技支撑。

第十一条　国家机关、社会团体、企业事业单位、基层群众性自治组织和新闻媒体应当加强固体废物污染环境防治宣传教育和科学普及，增强公众固体废物污染环境防治意识。

学校应当开展生活垃圾分类以及其他固体废物污染环境防治知识普及和教育。

第十二条　各级人民政府对在固体废物污染环境防治工作以及相关的综合利用活动中做出显著成绩的单位和个人，按照国家有关规定给予表彰、奖励。

第二章　监督管理

第十三条　县级以上人民政府应当将固体废物污染环境防治工作纳入国民经济和社会发展规划、生态环境保护规划，并采取有效措施减少固体废物的产生量、促进固体废物的综合利用、降低固体废物的危害性，最大限度降低固体废物填埋量。

第十四条　国务院生态环境主管部门应当会同国务院有关部门根据国家环境质量标准和国家经济、技术条件，制定固体废物鉴别标准、鉴别程序和国家固体废物污染环境防治技术标准。

第十五条　国务院标准化主管部门应当会同国务院发展改革、工业和信息化、生态环境、农业农村等主管部门，制定固体废物综合利用标准。

综合利用固体废物应当遵守生态环境法律法规，符合固体废物污染环境防治技术标准。使用固体废物综合利用产物应当符合国家规定的用途、标准。

第十六条　国务院生态环境主管部门应当会同国务院有关部门建立全国危险废物等固体废物污染环境防治信息平台，推进固体废物收集、转移、处置等全过程监控和信息化追溯。

第十七条　建设产生、贮存、利用、处置固体废物的项目，应当依法进行环境影响评价，并遵守国家有关建设项目环境保护管理的规定。

第十八条　建设项目的环境影响评价文件确定需要配套建设的固体废物污染环境防治设施，应当与主体工程同时设计、同时施工、同时投入使用。建设项目的初步设计，应当按照环境保护设计规范的要求，将固体废物污染环境防治内容纳入环境影响评价文件，落实防治固体废物污染环境和破坏生态的措施以及固体废物污染环境防治设施投资概算。

建设单位应当依照有关法律法规的规定，对配套建设的固体废物污染环境防治设施进行验收，编制验收报告，并向社会公开。

第十九条　收集、贮存、运输、利用、处置固体废物的单位和其他生产经营者，应当加强对相关设施、设备和场所的管理和维护，保证其正常运行和使用。

第二十条　产生、收集、贮存、运输、利用、处置固体废物的单位和其他生产经营者，应当采取防扬散、防流失、防渗漏或者其他防止污染环境的措施，不得擅自倾倒、堆放、丢弃、遗撒固体废物。

禁止任何单位或者个人向江河、湖泊、运河、渠道、水库及其最高水位线以下的滩地和岸坡以及法律法规规定的其他地点倾倒、堆放、贮存固体废物。

第二十一条　在生态保护红线区域、永久基本农田集中区域和其他需要特别保护的区域内，禁止建设工业固体废物、危险废物集中贮存、利用、处置的设施、场所和生活垃圾填埋场。

第二十二条　转移固体废物出省、自治区、直辖市行政区域贮存、处置的，应当向固体废物移出地的省、自治区、直辖市人民政府生态环境主管部门提出申请。移出地的省、自治区、直辖市人民政府生态环境主管部门应当及时商经接受地的省、自治区、直辖市人民政府生态环境主管部门同意后，在规定期限内批准转移该固体废物出省、自治区、直辖市行政区域。未经批准的，不得转移。

转移固体废物出省、自治区、直辖市行政区域利用的，应当报固体废物移出地的省、自治区、直辖市人民政府生态环境主管部门备案。移出地的省、自治区、直辖市人民政府生态环境主管部门应当将备案信息通报接受地的省、自治区、直辖市人民政府生态环境主管部门。

第二十三条　禁止中华人民共和国境外的固体废物进境倾倒、堆放、处置。

第二十四条　国家逐步实现固体废物零进口，由国务院生态环境主管部门会同国务院商务、发展改革、海关等主管部门组织实施。

第二十五条　海关发现进口货物疑似固体废物的，可以委托专业机构开展属性鉴别，并根据鉴别结论依法管理。

第二十六条　生态环境主管部门及其环境执法机构和其他负有固体废物污染环境防治监督管理职责的部门，在各自职责范围内有权对从事产生、收集、贮存、运输、利用、处置固体废物等活动的单位和其他生产经营者进行现场检查。被检查者应当如实反映情况，并提供必要的资料。

实施现场检查，可以采取现场监测、采集样品、查阅或者复制与固体废物污染环境防治相关的资料等措施。检查人员进行现场检查，应当出示证件。对现场检查中知悉的商业秘密应当保密。

第二十七条　有下列情形之一，生态环境主管部门和其他负有固体废物污染环境防治监督管理职责的部门，可以对违法收集、贮存、运输、利用、处置的固体废物及设施、设备、场所、工具、物品予以查封、扣押：

（一）可能造成证据灭失、被隐匿或者非法转移的；

（二）造成或者可能造成严重环境污染的。

第二十八条　生态环境主管部门应当会同有关部门建立产生、收集、贮存、运输、利用、处置固体废物的单位和其他生产经营者信用记录制度，将相关信用记录纳入全国信用信息共享平台。

第二十九条　设区的市级人民政府生态环境主管部门应当会同住房城乡建设、农业农村、卫生健康等主管部门，定期向社会发布固体废物的种类、产生量、处置能力、利用处置状况等信息。

产生、收集、贮存、运输、利用、处置固体废物的单位，应当依法及时公开固体废物污染环境防治信息，主动接受社会监督。

利用、处置固体废物的单位，应当依法向公众开放设施、场所，提高公众环境保护意识和参与程度。

第三十条　县级以上人民政府应当将工业固体废物、生活垃圾、危险废物等固体废物污染环境防治情况纳入环境状况和环境保护目标完成情况年度报告，向本级人民代表大会或者人民代表大会常务委员会报告。

第三十一条　任何单位和个人都有权对造成固体废物污染环境的单位和个人进行举报。

生态环境主管部门和其他负有固体废物污染环境防治监督管理职责的部门应当将固体废物污染环境防治举报方式向社会公布，方便公众举报。

接到举报的部门应当及时处理并对举报人的相关信息予以保密；对实名举报并查证属实的，给予奖励。

举报人举报所在单位的，该单位不得以解除、变更劳动合同或者其他方式对举报人进行打击报复。

第三章　工业固体废物

第三十二条　国务院生态环境主管部门应当会同国务院发展改革、工业和信息化等主管部门对工业固体废物对公众健康、生态环境的危害和影响程度等作出界定，制定防治工业固体废物污染环境的技术政策，组织推广先进的防治工业固体废物污染环境的生产工艺和设备。

第三十三条　国务院工业和信息化主管部门应当会同国务院有关部门组织研究开发、推广减少工业固体废物产生量和降低工业固体废物危害性的生产工艺和设备，公布限期淘汰产生严重污染环境的工业固体废物的落后生产工艺、设备的名录。

生产者、销售者、进口者、使用者应当在国

务院工业和信息化主管部门会同国务院有关部门规定的期限内分别停止生产、销售、进口或者使用列入前款规定名录中的设备。生产工艺的采用者应当在国务院工业和信息化主管部门会同国务院有关部门规定的期限内停止采用列入前款规定名录中的工艺。

列入限期淘汰名录被淘汰的设备,不得转让给他人使用。

第三十四条　国务院工业和信息化主管部门应当会同国务院发展改革、生态环境等主管部门,定期发布工业固体废物综合利用技术、工艺、设备和产品导向目录,组织开展工业固体废物资源综合利用评价,推动工业固体废物综合利用。

第三十五条　县级以上地方人民政府应当制定工业固体废物污染环境防治工作规划,组织建设工业固体废物集中处置等设施,推动工业固体废物污染环境防治工作。

第三十六条　产生工业固体废物的单位应当建立健全工业固体废物产生、收集、贮存、运输、利用、处置全过程的污染环境防治责任制度,建立工业固体废物管理台账,如实记录产生工业固体废物的种类、数量、流向、贮存、利用、处置等信息,实现工业固体废物可追溯、可查询,并采取防治工业固体废物污染环境的措施。

禁止向生活垃圾收集设施中投放工业固体废物。

第三十七条　产生工业固体废物的单位委托他人运输、利用、处置工业固体废物的,应当对受托方的主体资格和技术能力进行核实,依法签订书面合同,在合同中约定污染防治要求。

受托方运输、利用、处置工业固体废物,应当依照有关法律法规的规定和合同约定履行污染防治要求,并将运输、利用、处置情况告知产生工业固体废物的单位。

产生工业固体废物的单位违反本条第一款规定的,除依照有关法律法规的规定予以处罚外,还应当与造成环境污染和生态破坏的受托方承担连带责任。

第三十八条　产生工业固体废物的单位应当依法实施清洁生产审核,合理选择和利用原材料、能源和其他资源,采用先进的生产工艺和设备,减少工业固体废物的产生量,降低工业固体废物的危害性。

第三十九条　产生工业固体废物的单位应当取得排污许可证。排污许可的具体办法和实施步骤由国务院规定。

产生工业固体废物的单位应当向所在地生态环境主管部门提供工业固体废物的种类、数量、流向、贮存、利用、处置等有关资料,以及减少工业固体废物产生、促进综合利用的具体措施,并执行排污许可管理制度的相关规定。

第四十条　产生工业固体废物的单位应当根据经济、技术条件对工业固体废物加以利用;对暂时不利用或者不能利用的,应当按照国务院生态环境等主管部门的规定建设贮存设施、场所,安全分类存放,或者采取无害化处置措施。贮存工业固体废物应当采取符合国家环境保护标准的防护措施。

建设工业固体废物贮存、处置的设施、场所,应当符合国家环境保护标准。

第四十一条　产生工业固体废物的单位终止的,应当在终止前对工业固体废物的贮存、处置的设施、场所采取污染防治措施,并对未处置的工业固体废物作出妥善处置,防止污染环境。

产生工业固体废物的单位发生变更的,变更后的单位应当按照国家有关环境保护的规定对未处置的工业固体废物及其贮存、处置的设施、场所进行安全处置或者采取有效措施保证该设施、场所安全运行。变更前当事人对工业固体废物及其贮存、处置的设施、场所的污染防治责任另有约定的,从其约定;但是,不得免除当事人的污染防治义务。

对2005年4月1日前已经终止的单位未处置的工业固体废物及其贮存、处置的设施、场所进行安全处置的费用,由有关人民政府承担;但是,该单位享有的土地使用权依法转让的,应当由土地使用权受让人承担处置费用。当事人另有约定的,从其约定;但是,不得免除当事人的污染防治义务。

第四十二条　矿山企业应当采取科学的开采方法和选矿工艺,减少尾矿、煤矸石、废石等矿业固体废物的产生量和贮存量。

国家鼓励采取先进工艺对尾矿、煤矸石、废石等矿业固体废物进行综合利用。

尾矿、煤矸石、废石等矿业固体废物贮存设施停止使用后，矿山企业应当按照国家有关环境保护等规定进行封场，防止造成环境污染和生态破坏。

第四章　生活垃圾

第四十三条　县级以上地方人民政府应当加快建立分类投放、分类收集、分类运输、分类处理的生活垃圾管理系统，实现生活垃圾分类制度有效覆盖。

县级以上地方人民政府应当建立生活垃圾分类工作协调机制，加强和统筹生活垃圾分类管理能力建设。

各级人民政府及其有关部门应当组织开展生活垃圾分类宣传，教育引导公众养成生活垃圾分类习惯，督促和指导生活垃圾分类工作。

第四十四条　县级以上地方人民政府应当有计划地改进燃料结构，发展清洁能源，减少燃料废渣等固体废物的产生量。

县级以上地方人民政府有关部门应当加强产品生产和流通过程管理，避免过度包装，组织净菜上市，减少生活垃圾的产生量。

第四十五条　县级以上人民政府应当统筹安排建设城乡生活垃圾收集、运输、处理设施，确定设施厂址，提高生活垃圾的综合利用和无害化处置水平，促进生活垃圾收集、处理的产业化发展，逐步建立和完善生活垃圾污染环境防治的社会服务体系。

县级以上地方人民政府有关部门应当统筹规划，合理安排回收、分拣、打包网点，促进生活垃圾的回收利用工作。

第四十六条　地方各级人民政府应当加强农村生活垃圾污染环境的防治，保护和改善农村人居环境。

国家鼓励农村生活垃圾源头减量。城乡接合部、人口密集的农村地区和其他有条件的地方，应当建立城乡一体的生活垃圾管理系统；其他农村地区应当积极探索生活垃圾管理模式，因地制宜，就近就地利用或者妥善处理生活垃圾。

第四十七条　设区的市级以上人民政府环境卫生主管部门应当制定生活垃圾清扫、收集、贮存、运输和处理设施、场所建设运行规范，发布生活垃圾分类指导目录，加强监督管理。

第四十八条　县级以上地方人民政府环境卫生等主管部门应当组织对城乡生活垃圾进行清扫、收集、运输和处理，可以通过招标等方式选择具备条件的单位从事生活垃圾的清扫、收集、运输和处理。

第四十九条　产生生活垃圾的单位、家庭和个人应当依法履行生活垃圾源头减量和分类投放义务，承担生活垃圾产生者责任。

任何单位和个人都应当依法在指定的地点分类投放生活垃圾。禁止随意倾倒、抛撒、堆放或者焚烧生活垃圾。

机关、事业单位等应当在生活垃圾分类工作中起示范带头作用。

已经分类投放的生活垃圾，应当按照规定分类收集、分类运输、分类处理。

第五十条　清扫、收集、运输、处理城乡生活垃圾，应当遵守国家有关环境保护和环境卫生管理的规定，防止污染环境。

从生活垃圾中分类并集中收集的有害垃圾，属于危险废物的，应当按照危险废物管理。

第五十一条　从事公共交通运输的经营单位，应当及时清扫、收集运输过程中产生的生活垃圾。

第五十二条　农贸市场、农产品批发市场等应当加强环境卫生管理，保持环境卫生清洁，对所产生的垃圾及时清扫、分类收集、妥善处理。

第五十三条　从事城市新区开发、旧区改建和住宅小区开发建设、村镇建设的单位，以及机场、码头、车站、公园、商场、体育场馆等公共设施、场所的经营管理单位，应当按照国家有关环境卫生的规定，配套建设生活垃圾收集设施。

县级以上地方人民政府应当统筹生活垃圾公共转运、处理设施与前款规定的收集设施的有效衔接，并加强生活垃圾分类收运体系和再生资源回收体系在规划、建设、运营等方面的融合。

第五十四条　从生活垃圾中回收的物质应当按照国家规定的用途、标准使用，不得用于生产可能危害人体健康的产品。

第五十五条 建设生活垃圾处理设施、场所，应当符合国务院生态环境主管部门和国务院住房城乡建设主管部门规定的环境保护和环境卫生标准。

鼓励相邻地区统筹生活垃圾处理设施建设，促进生活垃圾处理设施跨行政区域共建共享。

禁止擅自关闭、闲置或者拆除生活垃圾处理设施、场所；确有必要关闭、闲置或者拆除的，应当经所在地的市、县级人民政府环境卫生主管部门商所在地生态环境主管部门同意后核准，并采取防止污染环境的措施。

第五十六条 生活垃圾处理单位应当按照国家有关规定，安装使用监测设备，实时监测污染物的排放情况，将污染排放数据实时公开。监测设备应当与所在地生态环境主管部门的监控设备联网。

第五十七条 县级以上地方人民政府环境卫生主管部门负责组织开展厨余垃圾资源化、无害化处理工作。

产生、收集厨余垃圾的单位和其他生产经营者，应当将厨余垃圾交由具备相应资质条件的单位进行无害化处理。

禁止畜禽养殖场、养殖小区利用未经无害化处理的厨余垃圾饲喂畜禽。

第五十八条 县级以上地方人民政府应当按照产生者付费原则，建立生活垃圾处理收费制度。

县级以上地方人民政府制定生活垃圾处理收费标准，应当根据本地实际，结合生活垃圾分类情况，体现分类计价、计量收费等差别化管理，并充分征求公众意见。生活垃圾处理收费标准应当向社会公布。

生活垃圾处理费应当专项用于生活垃圾的收集、运输和处理等，不得挪作他用。

第五十九条 省、自治区、直辖市和设区的市、自治州可以结合实际，制定本地方生活垃圾具体管理办法。

第五章 建筑垃圾、农业固体废物等

第六十条 县级以上地方人民政府应当加强建筑垃圾污染环境的防治，建立建筑垃圾分类处理制度。

县级以上地方人民政府应当制定包括源头减量、分类处理、消纳设施和场所布局及建设等在内的建筑垃圾污染环境防治工作规划。

第六十一条 国家鼓励采用先进技术、工艺、设备和管理措施，推进建筑垃圾源头减量，建立建筑垃圾回收利用体系。

县级以上地方人民政府应当推动建筑垃圾综合利用产品应用。

第六十二条 县级以上地方人民政府环境卫生主管部门负责建筑垃圾污染环境防治工作，建立建筑垃圾全过程管理制度，规范建筑垃圾产生、收集、贮存、运输、利用、处置行为，推进综合利用，加强建筑垃圾处置设施、场所建设，保障处置安全，防止污染环境。

第六十三条 工程施工单位应当编制建筑垃圾处理方案，采取污染防治措施，并报县级以上地方人民政府环境卫生主管部门备案。

工程施工单位应当及时清运工程施工过程中产生的建筑垃圾等固体废物，并按照环境卫生主管部门的规定进行利用或者处置。

工程施工单位不得擅自倾倒、抛撒或者堆放工程施工过程中产生的建筑垃圾。

第六十四条 县级以上人民政府农业农村主管部门负责指导农业固体废物回收利用体系建设，鼓励和引导有关单位和其他生产经营者依法收集、贮存、运输、利用、处置农业固体废物，加强监督管理，防止污染环境。

第六十五条 产生秸秆、废弃农用薄膜、农药包装废弃物等农业固体废物的单位和其他生产经营者，应当采取回收利用和其他防止污染环境的措施。

从事畜禽规模养殖应当及时收集、贮存、利用或者处置养殖过程中产生的畜禽粪污等固体废物，避免造成环境污染。

禁止在人口集中地区、机场周围、交通干线附近以及当地人民政府划定的其他区域露天焚烧秸秆。

国家鼓励研究开发、生产、销售、使用在环境中可降解且无害的农用薄膜。

第六十六条 国家建立电器电子、铅蓄电池、车用动力电池等产品的生产者责任延伸制度。

电器电子、铅蓄电池、车用动力电池等产品的生产者应当按照规定以自建或者委托等方式建立与产品销售量相匹配的废旧产品回收体系，并向社会公开，实现有效回收和利用。

国家鼓励产品的生产者开展生态设计，促进资源回收利用。

第六十七条 国家对废弃电器电子产品等实行多渠道回收和集中处理制度。

禁止将废弃机动车船等交由不符合规定条件的企业或者个人回收、拆解。

拆解、利用、处置废弃电器电子产品、废弃机动车船等，应当遵守有关法律法规的规定，采取防止污染环境的措施。

第六十八条 产品和包装物的设计、制造，应当遵守国家有关清洁生产的规定。国务院标准化主管部门应当根据国家经济和技术条件、固体废物污染环境防治状况以及产品的技术要求，组织制定有关标准，防止过度包装造成环境污染。

生产经营者应当遵守限制商品过度包装的强制性标准，避免过度包装。县级以上地方人民政府市场监督管理部门和有关部门应当按照各自职责，加强对过度包装的监督管理。

生产、销售、进口依法被列入强制回收目录的产品和包装物的企业，应当按照国家有关规定对该产品和包装物进行回收。

电子商务、快递、外卖等行业应当优先采用可重复使用、易回收利用的包装物，优化物品包装，减少包装物的使用，并积极回收利用包装物。县级以上地方人民政府商务、邮政等主管部门应当加强监督管理。

国家鼓励和引导消费者使用绿色包装和减量包装。

第六十九条 国家依法禁止、限制生产、销售和使用不可降解塑料袋等一次性塑料制品。

商品零售场所开办单位、电子商务平台企业和快递企业、外卖企业应当按照国家有关规定向商务、邮政等主管部门报告塑料袋等一次性塑料制品的使用、回收情况。

国家鼓励和引导减少使用、积极回收塑料袋等一次性塑料制品，推广应用可循环、易回收、可降解的替代产品。

第七十条 旅游、住宿等行业应当按照国家有关规定推行不主动提供一次性用品。

机关、企业事业单位等的办公场所应当使用有利于保护环境的产品、设备和设施，减少使用一次性办公用品。

第七十一条 城镇污水处理设施维护运营单位或者污泥处理单位应当安全处理污泥，保证处理后的污泥符合国家有关标准，对污泥的流向、用途、用量等进行跟踪、记录，并报告城镇排水主管部门、生态环境主管部门。

县级以上人民政府城镇排水主管部门应当将污泥处理设施纳入城镇排水与污水处理规划，推动同步建设污泥处理设施与污水处理设施，鼓励协同处理，污水处理费征收标准和补偿范围应当覆盖污泥处理成本和污水处理设施正常运营成本。

第七十二条 禁止擅自倾倒、堆放、丢弃、遗撒城镇污水处理设施产生的污泥和处理后的污泥。

禁止重金属或者其他有毒有害物质含量超标的污泥进入农用地。

从事水体清淤疏浚应当按照国家有关规定处理清淤疏浚过程中产生的底泥，防止污染环境。

第七十三条 各级各类实验室及其设立单位应当加强对实验室产生的固体废物的管理，依法收集、贮存、运输、利用、处置实验室固体废物。实验室固体废物属于危险废物的，应当按照危险废物管理。

第六章 危险废物

第七十四条 危险废物污染环境的防治，适用本章规定；本章未作规定的，适用本法其他有关规定。

第七十五条 国务院生态环境主管部门应当会同国务院有关部门制定国家危险废物名录，规定统一的危险废物鉴别标准、鉴别方法、识别标志和鉴别单位管理要求。国家危险废物名录应当动态调整。

国务院生态环境主管部门根据危险废物的危害特性和产生数量，科学评估其环境风险，实施分级分类管理，建立信息化监管体系，并通过信息化手段管理、共享危险废物转移数据和信息。

第七十六条 省、自治区、直辖市人民政府应当组织有关部门编制危险废物集中处置设施、场所的建设规划，科学评估危险废物处置需求，合理布局危险废物集中处置设施、场所，确保本行政区域的危险废物得到妥善处置。

编制危险废物集中处置设施、场所的建设规划，应当征求有关行业协会、企业事业单位、专家和公众等方面的意见。

相邻省、自治区、直辖市之间可以开展区域合作，统筹建设区域性危险废物集中处置设施、场所。

第七十七条 对危险废物的容器和包装物以及收集、贮存、运输、利用、处置危险废物的设施、场所，应当按照规定设置危险废物识别标志。

第七十八条 产生危险废物的单位，应当按照国家有关规定制定危险废物管理计划；建立危险废物管理台账，如实记录有关信息，并通过国家危险废物信息管理系统向所在地生态环境主管部门申报危险废物的种类、产生量、流向、贮存、处置等有关资料。

前款所称危险废物管理计划应当包括减少危险废物产生量和降低危险废物危害性的措施以及危险废物贮存、利用、处置措施。危险废物管理计划应当报产生危险废物的单位所在地生态环境主管部门备案。

产生危险废物的单位已经取得排污许可证的，执行排污许可管理制度的规定。

第七十九条 产生危险废物的单位，应当按照国家有关规定和环境保护标准要求贮存、利用、处置危险废物，不得擅自倾倒、堆放。

第八十条 从事收集、贮存、利用、处置危险废物经营活动的单位，应当按照国家有关规定申请取得许可证。许可证的具体管理办法由国务院制定。

禁止无许可证或者未按照许可证规定从事危险废物收集、贮存、利用、处置的经营活动。

禁止将危险废物提供或者委托给无许可证的单位或者其他生产经营者从事收集、贮存、利用、处置活动。

第八十一条 收集、贮存危险废物，应当按照危险废物特性分类进行。禁止混合收集、贮存、运输、处置性质不相容而未经安全性处置的危险废物。

贮存危险废物应当采取符合国家环境保护标准的防护措施。禁止将危险废物混入非危险废物中贮存。

从事收集、贮存、利用、处置危险废物经营活动的单位，贮存危险废物不得超过一年；确需延长期限的，应当报经颁发许可证的生态环境主管部门批准；法律、行政法规另有规定的除外。

第八十二条 转移危险废物的，应当按照国家有关规定填写、运行危险废物电子或者纸质转移联单。

跨省、自治区、直辖市转移危险废物的，应当向危险废物移出地省、自治区、直辖市人民政府生态环境主管部门申请。移出地省、自治区、直辖市人民政府生态环境主管部门应当及时商经接受地省、自治区、直辖市人民政府生态环境主管部门同意后，在规定期限内批准转移该危险废物，并将批准信息通报相关省、自治区、直辖市人民政府生态环境主管部门和交通运输主管部门。未经批准的，不得转移。

危险废物转移管理应当全程管控、提高效率，具体办法由国务院生态环境主管部门会同国务院交通运输主管部门和公安部门制定。

第八十三条 运输危险废物，应当采取防止污染环境的措施，并遵守国家有关危险货物运输管理的规定。

禁止将危险废物与旅客在同一运输工具上载运。

第八十四条 收集、贮存、运输、利用、处置危险废物的场所、设施、设备和容器、包装物及其他物品转作他用时，应当按照国家有关规定经过消除污染处理，方可使用。

第八十五条 产生、收集、贮存、运输、利用、处置危险废物的单位，应当依法制定意外事故的防范措施和应急预案，并向所在地生态环境主管部门和其他负有固体废物污染环境防治监督管理职责的部门备案；生态环境主管部门和其他负有固体废物污染环境防治监督管理职责的部门应当进行检查。

第八十六条 因发生事故或者其他突发性事

件，造成危险废物严重污染环境的单位，应当立即采取有效措施消除或者减轻对环境的污染危害，及时通报可能受到污染危害的单位和居民，并向所在地生态环境主管部门和有关部门报告，接受调查处理。

第八十七条　在发生或者有证据证明可能发生危险废物严重污染环境、威胁居民生命财产安全时，生态环境主管部门或者其他负有固体废物污染环境防治监督管理职责的部门应当立即向本级人民政府和上一级人民政府有关部门报告，由人民政府采取防止或者减轻危害的有效措施。有关人民政府可以根据需要责令停止导致或者可能导致环境污染事故的作业。

第八十八条　重点危险废物集中处置设施、场所退役前，运营单位应当按照国家有关规定对设施、场所采取污染防治措施。退役的费用应当预提，列入投资概算或者生产成本，专门用于重点危险废物集中处置设施、场所的退役。具体提取和管理办法，由国务院财政部门、价格主管部门会同国务院生态环境主管部门规定。

第八十九条　禁止经中华人民共和国过境转移危险废物。

第九十条　医疗废物按照国家危险废物名录管理。县级以上地方人民政府应当加强医疗废物集中处置能力建设。

县级以上人民政府卫生健康、生态环境等主管部门应当在各自职责范围内加强对医疗废物收集、贮存、运输、处置的监督管理，防止危害公众健康、污染环境。

医疗卫生机构应当依法分类收集本单位产生的医疗废物，交由医疗废物集中处置单位处置。医疗废物集中处置单位应当及时收集、运输和处置医疗废物。

医疗卫生机构和医疗废物集中处置单位，应当采取有效措施，防止医疗废物流失、泄漏、渗漏、扩散。

第九十一条　重大传染病疫情等突发事件发生时，县级以上人民政府应当统筹协调医疗废物等危险废物收集、贮存、运输、处置等工作，保障所需的车辆、场地、处置设施和防护物资。卫生健康、生态环境、环境卫生、交通运输等主管

部门应当协同配合，依法履行应急处置职责。

第七章　保障措施

第九十二条　国务院有关部门、县级以上地方人民政府及其有关部门在编制国土空间规划和相关专项规划时，应当统筹生活垃圾、建筑垃圾、危险废物等固体废物转运、集中处置等设施建设需求，保障转运、集中处置等设施用地。

第九十三条　国家采取有利于固体废物污染环境防治的经济、技术政策和措施，鼓励、支持有关方面采取有利于固体废物污染环境防治的措施，加强对从事固体废物污染环境防治工作人员的培训和指导，促进固体废物污染环境防治产业专业化、规模化发展。

第九十四条　国家鼓励和支持科研单位、固体废物产生单位、固体废物利用单位、固体废物处置单位等联合攻关，研究开发固体废物综合利用、集中处置等的新技术，推动固体废物污染环境防治技术进步。

第九十五条　各级人民政府应当加强固体废物污染环境的防治，按照事权划分的原则安排必要的资金用于下列事项：

（一）固体废物污染环境防治的科学研究、技术开发；

（二）生活垃圾分类；

（三）固体废物集中处置设施建设；

（四）重大传染病疫情等突发事件产生的医疗废物等危险废物应急处置；

（五）涉及固体废物污染环境防治的其他事项。

使用资金应当加强绩效管理和审计监督，确保资金使用效益。

第九十六条　国家鼓励和支持社会力量参与固体废物污染环境防治工作，并按照国家有关规定给予政策扶持。

第九十七条　国家发展绿色金融，鼓励金融机构加大对固体废物污染环境防治项目的信贷投放。

第九十八条　从事固体废物综合利用等固体废物污染环境防治工作的，依照法律、行政法规的规定，享受税收优惠。

国家鼓励并提倡社会各界为防治固体废物污染环境捐赠财产，并依照法律、行政法规的规定，给予税收优惠。

第九十九条 收集、贮存、运输、利用、处置危险废物的单位，应当按照国家有关规定，投保环境污染责任保险。

第一百条 国家鼓励单位和个人购买、使用综合利用产品和可重复使用产品。

县级以上人民政府及其有关部门在政府采购过程中，应当优先采购综合利用产品和可重复使用产品。

第八章　法律责任

第一百零一条 生态环境主管部门或者其他负有固体废物污染环境防治监督管理职责的部门违反本法规定，有下列行为之一，由本级人民政府或者上级人民政府有关部门责令改正，对直接负责的主管人员和其他直接责任人员依法给予处分：

（一）未依法作出行政许可或者办理批准文件的；

（二）对违法行为进行包庇的；

（三）未依法查封、扣押的；

（四）发现违法行为或者接到对违法行为的举报后未予查处的；

（五）有其他滥用职权、玩忽职守、徇私舞弊等违法行为的。

依照本法规定应当作出行政处罚决定而未作出的，上级主管部门可以直接作出行政处罚决定。

第一百零二条 违反本法规定，有下列行为之一，由生态环境主管部门责令改正，处以罚款，没收违法所得；情节严重的，报经有批准权的人民政府批准，可以责令停业或者关闭：

（一）产生、收集、贮存、运输、利用、处置固体废物的单位未依法及时公开固体废物污染环境防治信息的；

（二）生活垃圾处理单位未按照国家有关规定安装使用监测设备、实时监测污染物的排放情况并公开污染排放数据的；

（三）将列入限期淘汰名录被淘汰的设备转让给他人使用的；

（四）在生态保护红线区域、永久基本农田集中区域和其他需要特别保护的区域内，建设工业固体废物、危险废物集中贮存、利用、处置的设施、场所和生活垃圾填埋场的；

（五）转移固体废物出省、自治区、直辖市行政区域贮存、处置未经批准的；

（六）转移固体废物出省、自治区、直辖市行政区域利用未报备案的；

（七）擅自倾倒、堆放、丢弃、遗撒工业固体废物，或者未采取相应防范措施，造成工业固体废物扬散、流失、渗漏或者其他环境污染的；

（八）产生工业固体废物的单位未建立固体废物管理台账并如实记录的；

（九）产生工业固体废物的单位违反本法规定委托他人运输、利用、处置工业固体废物的；

（十）贮存工业固体废物未采取符合国家环境保护标准的防护措施的；

（十一）单位和其他生产经营者违反固体废物管理其他要求，污染环境、破坏生态的。

有前款第一项、第八项行为之一，处五万元以上二十万元以下的罚款；有前款第二项、第三项、第四项、第五项、第六项、第九项、第十项、第十一项行为之一，处十万元以上一百万元以下的罚款；有前款第七项行为，处所需处置费用一倍以上三倍以下的罚款，所需处置费用不足十万元的，按十万元计算。对前款第十一项行为的处罚，有关法律、行政法规另有规定的，适用其规定。

第一百零三条 违反本法规定，以拖延、围堵、滞留执法人员等方式拒绝、阻挠监督检查，或者在接受监督检查时弄虚作假的，由生态环境主管部门或者其他负有固体废物污染环境防治监督管理职责的部门责令改正，处五万元以上二十万元以下的罚款；对直接负责的主管人员和其他直接责任人员，处二万元以上十万元以下的罚款。

第一百零四条 违反本法规定，未依法取得排污许可证产生工业固体废物的，由生态环境主管部门责令改正或者限制生产、停产整治，处十万元以上一百万元以下的罚款；情节严重的，报经有批准权的人民政府批准，责令停业或者关闭。

第一百零五条 违反本法规定，生产经营者未遵守限制商品过度包装的强制性标准的，由县级以上地方人民政府市场监督管理部门或者有关部门责令改正；拒不改正的，处二千元以上二万元以下的罚款；情节严重的，处二万元以上十万元以下的罚款。

第一百零六条 违反本法规定，未遵守国家有关禁止、限制使用不可降解塑料袋等一次性塑料制品的规定，或者未按照国家有关规定报告塑料袋等一次性塑料制品的使用情况的，由县级以上地方人民政府商务、邮政等主管部门责令改正，处一万元以上十万元以下的罚款。

第一百零七条 从事畜禽规模养殖未及时收集、贮存、利用或者处置养殖过程中产生的畜禽粪污等固体废物的，由生态环境主管部门责令改正，可以处十万元以下的罚款；情节严重的，报经有批准权的人民政府批准，责令停业或者关闭。

第一百零八条 违反本法规定，城镇污水处理设施维护运营单位或者污泥处理单位对污泥流向、用途、用量等未进行跟踪、记录，或者处理后的污泥不符合国家有关标准的，由城镇排水主管部门责令改正，给予警告；造成严重后果的，处十万元以上二十万元以下的罚款；拒不改正的，城镇排水主管部门可以指定有治理能力的单位代为治理，所需费用由违法者承担。

违反本法规定，擅自倾倒、堆放、丢弃、遗撒城镇污水处理设施产生的污泥和处理后的污泥的，由城镇排水主管部门责令改正，处二十万元以上二百万元以下的罚款，对直接负责的主管人员和其他直接责任人员处二万元以上十万元以下的罚款；造成严重后果的，处二百万元以上五百万元以下的罚款，对直接负责的主管人员和其他直接责任人员处五万元以上五十万元以下的罚款；拒不改正的，城镇排水主管部门可以指定有治理能力的单位代为治理，所需费用由违法者承担。

第一百零九条 违反本法规定，生产、销售、进口或者使用淘汰的设备，或者采用淘汰的生产工艺的，由县级以上地方人民政府指定的部门责令改正，处十万元以上一百万元以下的罚款，没收违法所得；情节严重的，由县级以上地方人民政府指定的部门提出意见，报经有批准权的人民政府批准，责令停业或者关闭。

第一百一十条 尾矿、煤矸石、废石等矿业固体废物贮存设施停止使用后，未按照国家有关环境保护规定进行封场的，由生态环境主管部门责令改正，处二十万元以上一百万元以下的罚款。

第一百一十一条 违反本法规定，有下列行为之一，由县级以上地方人民政府环境卫生主管部门责令改正，处以罚款，没收违法所得：

（一）随意倾倒、抛撒、堆放或者焚烧生活垃圾的；

（二）擅自关闭、闲置或者拆除生活垃圾处理设施、场所的；

（三）工程施工单位未编制建筑垃圾处理方案报备案，或者未及时清运施工过程中产生的固体废物的；

（四）工程施工单位擅自倾倒、抛撒或者堆放工程施工过程中产生的建筑垃圾，或者未按照规定对施工过程中产生的固体废物进行利用或者处置的；

（五）产生、收集厨余垃圾的单位和其他生产经营者未将厨余垃圾交由具备相应资质条件的单位进行无害化处理的；

（六）畜禽养殖场、养殖小区利用未经无害化处理的厨余垃圾饲喂畜禽的；

（七）在运输过程中沿途丢弃、遗撒生活垃圾的。

单位有前款第一项、第七项行为之一，处五万元以上五十万元以下的罚款；单位有前款第二项、第三项、第四项、第五项、第六项行为之一，处十万元以上一百万元以下的罚款；个人有前款第一项、第五项、第七项行为之一，处一百元以上五百元以下的罚款。

违反本法规定，未在指定的地点分类投放生活垃圾的，由县级以上地方人民政府环境卫生主管部门责令改正；情节严重的，对单位处五万元以上五十万元以下的罚款，对个人依法处以罚款。

第一百一十二条 违反本法规定，有下列行为之一，由生态环境主管部门责令改正，处以罚款，没收违法所得；情节严重的，报经有批准权的人民政府批准，可以责令停业或者关闭：

（一）未按照规定设置危险废物识别标志的；

（二）未按照国家有关规定制定危险废物管理

计划或者申报危险废物有关资料的；

（三）擅自倾倒、堆放危险废物的；

（四）将危险废物提供或者委托给无许可证的单位或者其他生产经营者从事经营活动的；

（五）未按照国家有关规定填写、运行危险废物转移联单或者未经批准擅自转移危险废物的；

（六）未按照国家环境保护标准贮存、利用、处置危险废物或者将危险废物混入非危险废物中贮存的；

（七）未经安全性处置，混合收集、贮存、运输、处置具有不相容性质的危险废物的；

（八）将危险废物与旅客在同一运输工具上载运的；

（九）未经消除污染处理，将收集、贮存、运输、处置危险废物的场所、设施、设备和容器、包装物及其他物品转作他用的；

（十）未采取相应防范措施，造成危险废物扬散、流失、渗漏或者其他环境污染的；

（十一）在运输过程中沿途丢弃、遗撒危险废物的；

（十二）未制定危险废物意外事故防范措施和应急预案的；

（十三）未按照国家有关规定建立危险废物管理台账并如实记录的。

有前款第一项、第二项、第五项、第六项、第七项、第八项、第九项、第十二项、第十三项行为之一，处十万元以上一百万元以下的罚款；有前款第三项、第四项、第十项、第十一项行为之一，处所需处置费用三倍以上五倍以下的罚款，所需处置费用不足二十万元的，按二十万元计算。

第一百一十三条 违反本法规定，危险废物产生者未按照规定处置其产生的危险废物被责令改正后拒不改正的，由生态环境主管部门组织代为处置，处置费用由危险废物产生者承担；拒不承担代为处置费用的，处代为处置费用一倍以上三倍以下的罚款。

第一百一十四条 无许可证从事收集、贮存、利用、处置危险废物经营活动的，由生态环境主管部门责令改正，处一百万元以上五百万元以下的罚款，并报经有批准权的人民政府批准，责令停业或者关闭；对法定代表人、主要负责人、直

接负责的主管人员和其他责任人员，处十万元以上一百万元以下的罚款。

未按照许可证规定从事收集、贮存、利用、处置危险废物经营活动的，由生态环境主管部门责令改正，限制生产、停产整治，处五十万元以上二百万元以下的罚款；对法定代表人、主要负责人、直接负责的主管人员和其他责任人员，处五万元以上五十万元以下的罚款；情节严重的，报经有批准权的人民政府批准，责令停业或者关闭，还可以由发证机关吊销许可证。

第一百一十五条 违反本法规定，将中华人民共和国境外的固体废物输入境内的，由海关责令退运该固体废物，处五十万元以上五百万元以下的罚款。

承运人对前款规定的固体废物的退运、处置，与进口者承担连带责任。

第一百一十六条 违反本法规定，经中华人民共和国过境转移危险废物的，由海关责令退运该危险废物，处五十万元以上五百万元以下的罚款。

第一百一十七条 对已经非法入境的固体废物，由省级以上人民政府生态环境主管部门依法向海关提出处理意见，海关应当依照本法第一百一十五条的规定作出处罚决定；已经造成环境污染的，由省级以上人民政府生态环境主管部门责令进口者消除污染。

第一百一十八条 违反本法规定，造成固体废物污染环境事故的，除依法承担赔偿责任外，由生态环境主管部门依照本条第二款的规定处以罚款，责令限期采取治理措施；造成重大或者特大固体废物污染环境事故的，还可以报经有批准权的人民政府批准，责令关闭。

造成一般或者较大固体废物污染环境事故的，按照事故造成的直接经济损失的一倍以上三倍以下计算罚款；造成重大或者特大固体废物污染环境事故的，按照事故造成的直接经济损失的三倍以上五倍以下计算罚款，并对法定代表人、主要负责人、直接负责的主管人员和其他责任人员处上一年度从本单位取得的收入百分之五十以下的罚款。

第一百一十九条 单位和其他生产经营者违反

本法规定排放固体废物，受到罚款处罚，被责令改正的，依法作出处罚决定的行政机关应当组织复查，发现其继续实施该违法行为的，依照《中华人民共和国环境保护法》的规定按日连续处罚。

第一百二十条 违反本法规定，有下列行为之一，尚不构成犯罪的，由公安机关对法定代表人、主要负责人、直接负责的主管人员和其他责任人员处十日以上十五日以下的拘留；情节较轻的，处五日以上十日以下的拘留：

（一）擅自倾倒、堆放、丢弃、遗撒固体废物，造成严重后果的；

（二）在生态保护红线区域、永久基本农田集中区域和其他需要特别保护的区域内，建设工业固体废物、危险废物集中贮存、利用、处置的设施、场所和生活垃圾填埋场的；

（三）将危险废物提供或者委托给无许可证的单位或者其他生产经营者堆放、利用、处置的；

（四）无许可证或者未按照许可证规定从事收集、贮存、利用、处置危险废物经营活动的；

（五）未经批准擅自转移危险废物的；

（六）未采取防范措施，造成危险废物扬散、流失、渗漏或者其他严重后果的。

第一百二十一条 固体废物污染环境、破坏生态，损害国家利益、社会公共利益的，有关机关和组织可以依照《中华人民共和国环境保护法》、《中华人民共和国民事诉讼法》、《中华人民共和国行政诉讼法》等法律的规定向人民法院提起诉讼。

第一百二十二条 固体废物污染环境、破坏生态给国家造成重大损失的，由设区的市级以上地方人民政府或者其指定的部门、机构组织与造成环境污染和生态破坏的单位和其他生产经营者进行磋商，要求其承担损害赔偿责任；磋商未达成一致的，可以向人民法院提起诉讼。

对于执法过程中查获的无法确定责任人或者无法退运的固体废物，由所在地县级以上地方人民政府组织处理。

第一百二十三条 违反本法规定，构成违反治安管理行为的，由公安机关依法给予治安管理处罚；构成犯罪的，依法追究刑事责任；造成人身、财产损害的，依法承担民事责任。

第九章 附 则

第一百二十四条 本法下列用语的含义：

（一）固体废物，是指在生产、生活和其他活动中产生的丧失原有利用价值或者虽未丧失利用价值但被抛弃或者放弃的固态、半固态和置于容器中的气态的物品、物质以及法律、行政法规规定纳入固体废物管理的物品、物质。经无害化加工处理，并且符合强制性国家产品质量标准，不会危害公众健康和生态安全，或者根据固体废物鉴别标准和鉴别程序认定为不属于固体废物的除外。

（二）工业固体废物，是指在工业生产活动中产生的固体废物。

（三）生活垃圾，是指在日常生活中或者为日常生活提供服务的活动中产生的固体废物，以及法律、行政法规规定视为生活垃圾的固体废物。

（四）建筑垃圾，是指建设单位、施工单位新建、改建、扩建和拆除各类建筑物、构筑物、管网等，以及居民装饰装修房屋过程中产生的弃土、弃料和其他固体废物。

（五）农业固体废物，是指在农业生产活动中产生的固体废物。

（六）危险废物，是指列入国家危险废物名录或者根据国家规定的危险废物鉴别标准和鉴别方法认定的具有危险特性的固体废物。

（七）贮存，是指将固体废物临时置于特定设施或者场所中的活动。

（八）利用，是指从固体废物中提取物质作为原材料或者燃料的活动。

（九）处置，是指将固体废物焚烧和用其他改变固体废物的物理、化学、生物特性的方法，达到减少已产生的固体废物数量、缩小固体废物体积、减少或者消除其危险成分的活动，或者将固体废物最终置于符合环境保护规定要求的填埋场的活动。

第一百二十五条 液态废物的污染防治，适用本法；但是，排入水体的废水的污染防治适用有关法律，不适用本法。

第一百二十六条 本法自 2020 年 9 月 1 日起施行。

中华人民共和国长江保护法

（2020 年 12 月 26 日第十三届全国人民代表大会常务委员会
第二十四次会议通过）

第一章 总 则

第一条 为了加强长江流域生态环境保护和修复，促进资源合理高效利用，保障生态安全，实现人与自然和谐共生、中华民族永续发展，制定本法。

第二条 在长江流域开展生态环境保护和修复以及长江流域各类生产生活、开发建设活动，应当遵守本法。

本法所称长江流域，是指由长江干流、支流和湖泊形成的集水区域所涉及的青海省、四川省、西藏自治区、云南省、重庆市、湖北省、湖南省、江西省、安徽省、江苏省、上海市，以及甘肃省、陕西省、河南省、贵州省、广西壮族自治区、广东省、浙江省、福建省的相关县级行政区域。

第三条 长江流域经济社会发展，应当坚持生态优先、绿色发展，共抓大保护、不搞大开发；长江保护应当坚持统筹协调、科学规划、创新驱动、系统治理。

第四条 国家建立长江流域协调机制，统一指导、统筹协调长江保护工作，审议长江保护重大政策、重大规划，协调跨地区跨部门重大事项，督促检查长江保护重要工作的落实情况。

第五条 国务院有关部门和长江流域省级人民政府负责落实国家长江流域协调机制的决策，按照职责分工负责长江保护相关工作。

长江流域地方各级人民政府应当落实本行政区域的生态环境保护和修复、促进资源合理高效利用、优化产业结构和布局、维护长江流域生态安全的责任。

长江流域各级河湖长负责长江保护相关工作。

第六条 长江流域相关地方根据需要在地方性法规和政府规章制定、规划编制、监督执法等方面建立协作机制，协同推进长江流域生态环境保护和修复。

第七条 国务院生态环境、自然资源、水行政、农业农村和标准化等有关主管部门按照职责分工，建立健全长江流域水环境质量和污染物排放、生态环境修复、水资源节约集约利用、生态流量、生物多样性保护、水产养殖、防灾减灾等标准体系。

第八条 国务院自然资源主管部门会同国务院有关部门定期组织长江流域土地、矿产、水流、森林、草原、湿地等自然资源状况调查，建立资源基础数据库，开展资源环境承载能力评价，并向社会公布长江流域自然资源状况。

国务院野生动物保护主管部门应当每十年组织一次野生动物及其栖息地状况普查，或者根据需要组织开展专项调查，建立野生动物资源档案，并向社会公布长江流域野生动物资源状况。

长江流域县级以上地方人民政府农业农村主管部门会同本级人民政府有关部门对水生生物产卵场、索饵场、越冬场和洄游通道等重要栖息地开展生物多样性调查。

第九条 国家长江流域协调机制应当统筹协调国务院有关部门在已经建立的台站和监测项目基础上，健全长江流域生态环境、资源、水文、气象、航运、自然灾害等监测网络体系和监测信息共享机制。

国务院有关部门和长江流域县级以上地方人民政府及其有关部门按照职责分工，组织完善生态环境风险报告和预警机制。

第十条 国务院生态环境主管部门会同国务院有关部门和长江流域省级人民政府建立健全长江流域突发生态环境事件应急联动工作机制,与国家突发事件应急体系相衔接,加强对长江流域船舶、港口、矿山、化工厂、尾矿库等发生的突发生态环境事件的应急管理。

第十一条 国家加强长江流域洪涝干旱、森林草原火灾、地质灾害、地震等灾害的监测预报预警、防御、应急处置与恢复重建体系建设,提高防灾、减灾、抗灾、救灾能力。

第十二条 国家长江流域协调机制设立专家咨询委员会,组织专业机构和人员对长江流域重大发展战略、政策、规划等开展科学技术等专业咨询。

国务院有关部门和长江流域省级人民政府及其有关部门按照职责分工,组织开展长江流域建设项目、重要基础设施和产业布局相关规划等对长江流域生态系统影响的第三方评估、分析、论证等工作。

第十三条 国家长江流域协调机制统筹协调国务院有关部门和长江流域省级人民政府建立健全长江流域信息共享系统。国务院有关部门和长江流域省级人民政府及其有关部门应当按照规定,共享长江流域生态环境、自然资源以及管理执法等信息。

第十四条 国务院有关部门和长江流域县级以上地方人民政府及其有关部门应当加强长江流域生态环境保护和绿色发展的宣传教育。

新闻媒体应当采取多种形式开展长江流域生态环境保护和绿色发展的宣传教育,并依法对违法行为进行舆论监督。

第十五条 国务院有关部门和长江流域县级以上地方人民政府及其有关部门应当采取措施,保护长江流域历史文化名城名镇名村,加强长江流域文化遗产保护工作,继承和弘扬长江流域优秀特色文化。

第十六条 国家鼓励、支持单位和个人参与长江流域生态环境保护和修复、资源合理利用、促进绿色发展的活动。

对在长江保护工作中做出突出贡献的单位和个人,县级以上人民政府及其有关部门应当按照国家有关规定予以表彰和奖励。

第二章 规划与管控

第十七条 国家建立以国家发展规划为统领,以空间规划为基础,以专项规划、区域规划为支撑的长江流域规划体系,充分发挥规划对推进长江流域生态环境保护和绿色发展的引领、指导和约束作用。

第十八条 国务院和长江流域县级以上地方人民政府应当将长江保护工作纳入国民经济和社会发展规划。

国务院发展改革部门会同国务院有关部门编制长江流域发展规划,科学统筹长江流域上下游、左右岸、干支流生态环境保护和绿色发展,报国务院批准后实施。

长江流域水资源规划、生态环境保护规划等依照有关法律、行政法规的规定编制。

第十九条 国务院自然资源主管部门会同国务院有关部门组织编制长江流域国土空间规划,科学有序统筹安排长江流域生态、农业、城镇等功能空间,划定生态保护红线、永久基本农田、城镇开发边界,优化国土空间结构和布局,统领长江流域国土空间利用任务,报国务院批准后实施。涉及长江流域国土空间利用的专项规划应当与长江流域国土空间规划相衔接。

长江流域县级以上地方人民政府组织编制本行政区域的国土空间规划,按照规定的程序报经批准后实施。

第二十条 国家对长江流域国土空间实施用途管制。长江流域县级以上地方人民政府自然资源主管部门依照国土空间规划,对所辖长江流域国土空间实施分区、分类用途管制。

长江流域国土空间开发利用活动应当符合国土空间用途管制要求,并依法取得规划许可。对不符合国土空间用途管制要求的,县级以上人民政府自然资源主管部门不得办理规划许可。

第二十一条 国务院水行政主管部门统筹长江流域水资源合理配置、统一调度和高效利用,组织实施取用水总量控制和消耗强度控制管理制度。

国务院生态环境主管部门根据水环境质量改善目标和水污染防治要求，确定长江流域各省级行政区域重点污染物排放总量控制指标。长江流域水质超标的水功能区，应当实施更严格的污染物排放总量削减要求。企业事业单位应当按照要求，采取污染物排放总量控制措施。

国务院自然资源主管部门负责统筹长江流域新增建设用地总量控制和计划安排。

第二十二条　长江流域省级人民政府根据本行政区域的生态环境和资源利用状况，制定生态环境分区管控方案和生态环境准入清单，报国务院生态环境主管部门备案后实施。生态环境分区管控方案和生态环境准入清单应当与国土空间规划相衔接。

长江流域产业结构和布局应当与长江流域生态系统和资源环境承载能力相适应。禁止在长江流域重点生态功能区布局对生态系统有严重影响的产业。禁止重污染企业和项目向长江中上游转移。

第二十三条　国家加强对长江流域水能资源开发利用的管理。因国家发展战略和国计民生需要，在长江流域新建大中型水电工程，应当经科学论证，并报国务院或者国务院授权的部门批准。

对长江流域已建小水电工程，不符合生态保护要求的，县级以上地方人民政府应当组织分类整改或者采取措施逐步退出。

第二十四条　国家对长江干流和重要支流源头实行严格保护，设立国家公园等自然保护地，保护国家生态安全屏障。

第二十五条　国务院水行政主管部门加强长江流域河道、湖泊保护工作。长江流域县级以上地方人民政府负责划定河道、湖泊管理范围，并向社会公告，实行严格的河湖保护，禁止非法侵占河湖水域。

第二十六条　国家对长江流域河湖岸线实施特殊管制。国家长江流域协调机制统筹协调国务院自然资源、水行政、生态环境、住房和城乡建设、农业农村、交通运输、林业和草原等部门和长江流域省级人民政府划定河湖岸线保护范围，制定河湖岸线保护规划，严格控制岸线开发建设，促进岸线合理高效利用。

禁止在长江干支流岸线一千米范围内新建、扩建化工园区和化工项目。

禁止在长江干流岸线三千米范围内和重要支流岸线一千米范围内新建、改建、扩建尾矿库；但是以提升安全、生态环境保护水平为目的的改建除外。

第二十七条　国务院交通运输主管部门会同国务院自然资源、水行政、生态环境、农业农村、林业和草原主管部门在长江流域水生生物重要栖息地科学划定禁止航行区域和限制航行区域。

禁止船舶在划定的禁止航行区域内航行。因国家发展战略和国计民生需要，在水生生物重要栖息地禁止航行区域内航行的，应当由国务院交通运输主管部门商国务院农业农村主管部门同意，并应当采取必要措施，减少对重要水生生物的干扰。

严格限制在长江流域生态保护红线、自然保护地、水生生物重要栖息地水域实施航道整治工程；确需整治的，应当经科学论证，并依法办理相关手续。

第二十八条　国家建立长江流域河道采砂规划和许可制度。长江流域河道采砂应当依法取得国务院水行政主管部门有关流域管理机构或者县级以上地方人民政府水行政主管部门的许可。

国务院水行政主管部门有关流域管理机构和长江流域县级以上地方人民政府依法划定禁止采砂区和禁止采砂期，严格控制采砂区域、采砂总量和采砂区域内的采砂船舶数量。禁止在长江流域禁止采砂区和禁止采砂期从事采砂活动。

国务院水行政主管部门会同国务院有关部门组织长江流域有关地方人民政府及其有关部门开展长江流域河道非法采砂联合执法工作。

第三章　资源保护

第二十九条　长江流域水资源保护与利用，应当根据流域综合规划，优先满足城乡居民生活用水，保障基本生态用水，并统筹农业、工业用水以及航运等需要。

第三十条　国务院水行政主管部门有关流域管理机构商长江流域省级人民政府依法制定跨省河流水量分配方案，报国务院或者国务院授权的部门批准后实施。制定长江流域跨省河流水量分配方案应当征求国务院有关部门的意见。长江流域省级人民政府水行政主管部门制定本行政区域的长江流域水量分配方案，报本级人民政府批准后实施。

国务院水行政主管部门有关流域管理机构或者长江流域县级以上地方人民政府水行政主管部门依据批准的水量分配方案，编制年度水量分配方案和调度计划，明确相关河段和控制断面流量水量、水位管控要求。

第三十一条 国家加强长江流域生态用水保障。国务院水行政主管部门会同国务院有关部门提出长江干流、重要支流和重要湖泊控制断面的生态流量管控指标。其他河湖生态流量管控指标由长江流域县级以上地方人民政府水行政主管部门会同本级人民政府有关部门确定。

国务院水行政主管部门有关流域管理机构应当将生态水量纳入年度水量调度计划，保证河湖基本生态用水需求，保障枯水期和鱼类产卵期生态流量、重要湖泊的水量和水位，保障长江河口咸淡水平衡。

长江干流、重要支流和重要湖泊上游的水利水电、航运枢纽等工程应当将生态用水调度纳入日常运行调度规程，建立常规生态调度机制，保证河湖生态流量；其下泄流量不符合生态流量泄放要求的，由县级以上人民政府水行政主管部门提出整改措施并监督实施。

第三十二条 国务院有关部门和长江流域地方各级人民政府应当采取措施，加快病险水库除险加固，推进堤防和蓄滞洪区建设，提升洪涝灾害防御工程标准，加强水工程联合调度，开展河道泥沙观测和河势调查，建立与经济社会发展相适应的防洪减灾工程和非工程体系，提高防御水旱灾害的整体能力。

第三十三条 国家对跨长江流域调水实行科学论证，加强控制和管理。实施跨长江流域调水应当优先保障调出区域及其下游区域的用水安全和生态安全，统筹调出区域和调入区域用水需求。

第三十四条 国家加强长江流域饮用水水源地保护。国务院水行政主管部门会同国务院有关部门制定长江流域饮用水水源地名录。长江流域省级人民政府水行政主管部门会同本级人民政府有关部门制定本行政区域的其他饮用水水源地名录。

长江流域省级人民政府组织划定饮用水水源保护区，加强饮用水水源保护，保障饮用水安全。

第三十五条 长江流域县级以上地方人民政府及其有关部门应当合理布局饮用水水源取水口，制定饮用水安全突发事件应急预案，加强饮用水备用应急水源建设，对饮用水水源的水环境质量进行实时监测。

第三十六条 丹江口库区及其上游所在地县级以上地方人民政府应当按照饮用水水源地安全保障区、水质影响控制区、水源涵养生态建设区管理要求，加强山水林田湖草整体保护，增强水源涵养能力，保障水质稳定达标。

第三十七条 国家加强长江流域地下水资源保护。长江流域县级以上地方人民政府及其有关部门应当定期调查评估地下水资源状况，监测地下水水量、水位、水环境质量，并采取相应风险防范措施，保障地下水资源安全。

第三十八条 国务院水行政主管部门会同国务院有关部门确定长江流域农业、工业用水效率目标，加强用水计量和监测设施建设；完善规划和建设项目水资源论证制度；加强对高耗水行业、重点用水单位的用水定额管理，严格控制高耗水项目建设。

第三十九条 国家统筹长江流域自然保护地体系建设。国务院和长江流域省级人民政府在长江流域重要典型生态系统的完整分布区、生态环境敏感区以及珍贵野生动植物天然集中分布区和重要栖息地、重要自然遗迹分布区等区域，依法设立国家公园、自然保护区、自然公园等自然保护地。

第四十条 国务院和长江流域省级人民政府应当依法在长江流域重要生态区、生态状况脆弱区划定公益林，实施严格管理。国家对长江流域天然林实施严格保护，科学划定天然林保护重点区域。

长江流域县级以上地方人民政府应当加强对长江流域草原资源的保护，对具有调节气候、涵养水源、保持水土、防风固沙等特殊作用的基本草原实施严格管理。

国务院林业和草原主管部门和长江流域省级人民政府林业和草原主管部门会同本级人民政府有关部门，根据不同生态区位、生态系统功能和生物多样性保护的需要，发布长江流域国家重要湿地、地方重要湿地名录及保护范围，加强对长江流域湿地的保护和管理，维护湿地生态功能和生物多样性。

第四十一条 国务院农业农村主管部门会同国务院有关部门和长江流域省级人民政府建立长江流域水生生物完整性指数评价体系，组织开展长江流域水生生物完整性评价，并将结果作为评估长江流域生态系统总体状况的重要依据。长江流域水生生物完整性指数应当与长江流域水环境质量标准相衔接。

第四十二条 国务院农业农村主管部门和长江流域县级以上地方人民政府应当制定长江流域珍贵、濒危水生野生动植物保护计划，对长江流域珍贵、濒危水生野生动植物实行重点保护。

国家鼓励有条件的单位开展对长江流域江豚、白鱀豚、白鲟、中华鲟、长江鲟、鲸、鲥、四川白甲鱼、川陕哲罗鲑、胭脂鱼、鳤、圆口铜鱼、多鳞白甲鱼、华鲮、鲈鲤和葛仙米、弧形藻、眼子菜、水菜花等水生野生动植物生境特征和种群动态的研究，建设人工繁育和科普教育基地，组织开展水生生物救护。

禁止在长江流域开放水域养殖、投放外来物种或者其他非本地物种种质资源。

第四章　水污染防治

第四十三条 国务院生态环境主管部门和长江流域地方各级人民政府应当采取有效措施，加大对长江流域的水污染防治、监管力度，预防、控制和减少水环境污染。

第四十四条 国务院生态环境主管部门负责制定长江流域水环境质量标准，对国家水环境质量标准中未作规定的项目可以补充规定；对国家水环境质量标准中已经规定的项目，可以作出更加严格的规定。制定长江流域水环境质量标准应当征求国务院有关部门和有关省级人民政府的意见。长江流域省级人民政府可以制定严于长江流域水环境质量标准的地方水环境质量标准，报国务院生态环境主管部门备案。

第四十五条 长江流域省级人民政府应当对没有国家水污染物排放标准的特色产业、特有污染物，或者国家有明确要求的特定水污染源或者水污染物，补充制定地方水污染物排放标准，报国务院生态环境主管部门备案。

有下列情形之一的，长江流域省级人民政府应当制定严于国家水污染物排放标准的地方水污染物排放标准，报国务院生态环境主管部门备案：

（一）产业密集、水环境问题突出的；

（二）现有水污染物排放标准不能满足所辖长江流域水环境质量要求的；

（三）流域或者区域水环境形势复杂，无法适用统一的水污染物排放标准的。

第四十六条 长江流域省级人民政府制定本行政区域的总磷污染控制方案，并组织实施。对磷矿、磷肥生产集中的长江干支流，有关省级人民政府应当制定更加严格的总磷排放管控要求，有效控制总磷排放总量。

磷矿开采加工、磷肥和含磷农药制造等企业，应当按照排污许可要求，采取有效措施控制总磷排放浓度和排放总量；对排污口和周边环境进行总磷监测，依法公开监测信息。

第四十七条 长江流域县级以上地方人民政府应当统筹长江流域城乡污水集中处理设施及配套管网建设，并保障其正常运行，提高城乡污水收集处理能力。

长江流域县级以上地方人民政府应当组织对本行政区域的江河、湖泊排污口开展排查整治，明确责任主体，实施分类管理。

在长江流域江河、湖泊新设、改设或者扩大排污口，应当按照国家有关规定报经有管辖权的生态环境主管部门或者长江流域生态环境监督管理机构同意。对未达到水质目标的水功能区，除污水集中处理设施排污口外，应当严格控制新设、改设或者扩大排污口。

第四十八条 国家加强长江流域农业面源污染防治。长江流域农业生产应当科学使用农业投入品，减少化肥、农药施用，推广有机肥使用，科学处置农用薄膜、农作物秸秆等农业废弃物。

第四十九条　禁止在长江流域河湖管理范围内倾倒、填埋、堆放、弃置、处理固体废物。长江流域县级以上地方人民政府应当加强对固体废物非法转移和倾倒的联防联控。

第五十条　长江流域县级以上地方人民政府应当组织对沿河湖垃圾填埋场、加油站、矿山、尾矿库、危险废物处置场、化工园区和化工项目等地下水重点污染源及周边地下水环境风险隐患开展调查评估，并采取相应风险防范和整治措施。

第五十一条　国家建立长江流域危险货物运输船舶污染责任保险与财务担保相结合机制。具体办法由国务院交通运输主管部门会同国务院有关部门制定。

禁止在长江流域水上运输剧毒化学品和国家规定禁止通过内河运输的其他危险化学品。长江流域县级以上地方人民政府交通运输主管部门会同本级人民政府有关部门加强对长江流域危险化学品运输的管控。

第五章　生态环境修复

第五十二条　国家对长江流域生态系统实行自然恢复为主、自然恢复与人工修复相结合的系统治理。国务院自然资源主管部门会同国务院有关部门编制长江流域生态环境修复规划，组织实施重大生态环境修复工程，统筹推进长江流域各项生态环境修复工作。

第五十三条　国家对长江流域重点水域实行严格捕捞管理。在长江流域水生生物保护区全面禁止生产性捕捞；在国家规定的期限内，长江干流和重要支流、大型通江湖泊、长江河口规定区域等重点水域全面禁止天然渔业资源的生产性捕捞。具体办法由国务院农业农村主管部门会同国务院有关部门制定。

国务院农业农村主管部门会同国务院有关部门和长江流域省级人民政府加强长江流域禁捕执法工作，严厉查处电鱼、毒鱼、炸鱼等破坏渔业资源和生态环境的捕捞行为。

长江流域县级以上地方人民政府应当按照国家有关规定做好长江流域重点水域退捕渔民的补偿、转产和社会保障工作。

长江流域其他水域禁捕、限捕管理办法由县级以上地方人民政府制定。

第五十四条　国务院水行政主管部门会同国务院有关部门制定并组织实施长江干流和重要支流的河湖水系连通修复方案，长江流域省级人民政府制定并组织实施本行政区域的长江流域河湖水系连通修复方案，逐步改善长江流域河湖连通状况，恢复河湖生态流量，维护河湖水系生态功能。

第五十五条　国家长江流域协调机制统筹协调国务院自然资源、水行政、生态环境、住房和城乡建设、农业农村、交通运输、林业和草原等部门和长江流域省级人民政府制定长江流域河湖岸线修复规范，确定岸线修复指标。

长江流域县级以上地方人民政府按照长江流域河湖岸线保护规划、修复规范和指标要求，制定并组织实施河湖岸线修复计划，保障自然岸线比例，恢复河湖岸线生态功能。

禁止违法利用、占用长江流域河湖岸线。

第五十六条　国务院有关部门会同长江流域有关省级人民政府加强对三峡库区、丹江口库区等重点库区消落区的生态环境保护和修复，因地制宜实施退耕还林还草还湿，禁止施用化肥、农药，科学调控水库水位，加强库区水土保持和地质灾害防治工作，保障消落区良好生态功能。

第五十七条　长江流域县级以上地方人民政府林业和草原主管部门负责组织实施长江流域森林、草原、湿地修复计划，科学推进森林、草原、湿地修复工作，加大退化天然林、草原和受损湿地修复力度。

第五十八条　国家加大对太湖、鄱阳湖、洞庭湖、巢湖、滇池等重点湖泊实施生态环境修复的支持力度。

长江流域县级以上地方人民政府应当组织开展富营养化湖泊的生态环境修复，采取调整产业布局规模、实施控制性水工程统一调度、生态补水、河湖连通等综合措施，改善和恢复湖泊生态系统的质量和功能；对氮磷浓度严重超标的湖泊，应当在影响湖泊水质的汇水区，采取措施削减化肥用量，禁止使用含磷洗涤剂，全面清理投饵、投肥养殖。

第五十九条　国务院林业和草原、农业农村

主管部门应当对长江流域数量急剧下降或者极度濒危的野生动植物和受到严重破坏的栖息地、天然集中分布区、破碎化的典型生态系统制定修复方案和行动计划，修建迁地保护设施，建立野生动植物遗传资源基因库，进行抢救性修复。

在长江流域水生生物产卵场、索饵场、越冬场和洄游通道等重要栖息地应当实施生态环境修复和其他保护措施。对鱼类等水生生物洄游产生阻隔的涉水工程应当结合实际采取建设过鱼设施、河湖连通、生态调度、灌江纳苗、基因保存、增殖放流、人工繁育等多种措施，充分满足水生生物的生态需求。

第六十条 国务院水行政主管部门会同国务院有关部门和长江河口所在地人民政府按照陆海统筹、河海联动的要求，制定实施长江河口生态环境修复和其他保护措施方案，加强对水、沙、盐、潮滩、生物种群的综合监测，采取有效措施防止海水入侵和倒灌，维护长江河口良好生态功能。

第六十一条 长江流域水土流失重点预防区和重点治理区的县级以上地方人民政府应当采取措施，防治水土流失。生态保护红线范围内的水土流失地块，以自然恢复为主，按照规定有计划地实施退耕还林还草还湿；划入自然保护地核心保护区的永久基本农田，依法有序退出并予以补划。

禁止在长江流域水土流失严重、生态脆弱的区域开展可能造成水土流失的生产建设活动。确因国家发展战略和国计民生需要建设的，应当经科学论证，并依法办理审批手续。

长江流域县级以上地方人民政府应当对石漠化的土地因地制宜采取综合治理措施，修复生态系统，防止土地石漠化蔓延。

第六十二条 长江流域县级以上地方人民政府应当因地制宜采取消除地质灾害隐患、土地复垦、恢复植被、防治污染等措施，加快历史遗留矿山生态环境修复工作，并加强对在建和运行中矿山的监督管理，督促采矿权人切实履行矿山污染防治和生态环境修复责任。

第六十三条 长江流域中下游地区县级以上地方人民政府应当因地制宜在项目、资金、人才、

管理等方面，对长江流域江河源头和上游地区实施生态环境修复和其他保护措施给予支持，提升长江流域生态脆弱区实施生态环境修复和其他保护措施的能力。

国家按照政策支持、企业和社会参与、市场化运作的原则，鼓励社会资本投入长江流域生态环境修复。

第六章 绿色发展

第六十四条 国务院有关部门和长江流域地方各级人民政府应当按照长江流域发展规划、国土空间规划的要求，调整产业结构，优化产业布局，推进长江流域绿色发展。

第六十五条 国务院和长江流域地方各级人民政府及其有关部门应当协同推进乡村振兴战略和新型城镇化战略的实施，统筹城乡基础设施建设和产业发展，建立健全全民覆盖、普惠共享、城乡一体的基本公共服务体系，促进长江流域城乡融合发展。

第六十六条 长江流域县级以上地方人民政府应当推动钢铁、石油、化工、有色金属、建材、船舶等产业升级改造，提升技术装备水平；推动造纸、制革、电镀、印染、有色金属、农药、氮肥、焦化、原料药制造等企业实施清洁化改造。企业应当通过技术创新减少资源消耗和污染物排放。

长江流域县级以上地方人民政府应当采取措施加快重点地区危险化学品生产企业搬迁改造。

第六十七条 国务院有关部门会同长江流域省级人民政府建立开发区绿色发展评估机制，并组织对各类开发区的资源能源节约集约利用、生态环境保护等情况开展定期评估。

长江流域县级以上地方人民政府应当根据评估结果对开发区产业产品、节能减排措施等进行优化调整。

第六十八条 国家鼓励和支持在长江流域实施重点行业和重点用水单位节水技术改造，提高水资源利用效率。

长江流域县级以上地方人民政府应当加强节水型城市和节水型园区建设，促进节水型行业产业和企业发展，并加快建设雨水自然积存、自然

渗透、自然净化的海绵城市。

第六十九条 长江流域县级以上地方人民政府应当按照绿色发展的要求，统筹规划、建设与管理，提升城乡人居环境质量，建设美丽城镇和美丽乡村。

长江流域县级以上地方人民政府应当按照生态、环保、经济、实用的原则因地制宜组织实施厕所改造。

国务院有关部门和长江流域县级以上地方人民政府及其有关部门应当加强对城市新区、各类开发区等使用建筑材料的管理，鼓励使用节能环保、性能高的建筑材料，建设地下综合管廊和管网。

长江流域县级以上地方人民政府应当建设废弃土石渣综合利用信息平台，加强对生产建设活动废弃土石渣收集、清运、集中堆放的管理，鼓励开展综合利用。

第七十条 长江流域县级以上地方人民政府应当编制并组织实施养殖水域滩涂规划，合理划定禁养区、限养区、养殖区，科学确定养殖规模和养殖密度；强化水产养殖投入品管理，指导和规范水产养殖、增殖活动。

第七十一条 国家加强长江流域综合立体交通体系建设，完善港口、航道等水运基础设施，推动交通设施互联互通，实现水陆有机衔接、江海直达联运，提升长江黄金水道功能。

第七十二条 长江流域县级以上地方人民政府应当统筹建设船舶污染物接收转运处置设施、船舶液化天然气加注站，制定港口岸电设施、船舶受电设施建设和改造计划，并组织实施。具备岸电使用条件的船舶靠港应当按照国家有关规定使用岸电，但使用清洁能源的除外。

第七十三条 国务院和长江流域县级以上地方人民政府对长江流域港口、航道和船舶升级改造，液化天然气动力船舶等清洁能源或者新能源动力船舶建造，港口绿色设计等按照规定给予资金支持或者政策扶持。

国务院和长江流域县级以上地方人民政府对长江流域港口岸电设施、船舶受电设施的改造和使用按照规定给予资金补贴、电价优惠等政策扶持。

第七十四条 长江流域地方各级人民政府加强对城乡居民绿色消费的宣传教育，并采取有效措施，支持、引导居民绿色消费。

长江流域地方各级人民政府按照系统推进、广泛参与、突出重点、分类施策的原则，采取回收押金、限制使用易污染不易降解塑料用品、绿色设计、发展公共交通等措施，提倡简约适度、绿色低碳的生活方式。

第七章 保障与监督

第七十五条 国务院和长江流域县级以上地方人民政府应当加大长江流域生态环境保护和修复的财政投入。

国务院和长江流域省级人民政府按照中央与地方财政事权和支出责任划分原则，专项安排长江流域生态环境保护资金，用于长江流域生态环境保护和修复。国务院自然资源主管部门会同国务院财政、生态环境等有关部门制定合理利用社会资金促进长江流域生态环境修复的政策措施。

国家鼓励和支持长江流域生态环境保护和修复等方面的科学技术研究开发和推广应用。

国家鼓励金融机构发展绿色信贷、绿色债券、绿色保险等金融产品，为长江流域生态环境保护和绿色发展提供金融支持。

第七十六条 国家建立长江流域生态保护补偿制度。

国家加大财政转移支付力度，对长江干流及重要支流源头和上游的水源涵养地等生态功能重要区域予以补偿。具体办法由国务院财政部门会同国务院有关部门制定。

国家鼓励长江流域上下游、左右岸、干支流地方人民政府之间开展横向生态保护补偿。

国家鼓励社会资金建立市场化运作的长江流域生态保护补偿基金；鼓励相关主体之间采取自愿协商等方式开展生态保护补偿。

第七十七条 国家加强长江流域司法保障建设，鼓励有关单位为长江流域生态环境保护提供法律服务。

长江流域各级行政执法机关、人民法院、人民检察院在依法查处长江保护违法行为或者办理相关案件过程中，发现存在涉嫌犯罪行为的，应

制宜，促进水环境质量持续改善。

第二十四条 实行省、州（市）、县（市、区）、乡（镇）、村五级河（湖）长制。各级河（湖）长应当落实河（湖）长制的各项工作制度，按照职责分工组织实施河（湖）管理保护工作。

省人民政府生态环境部门应当会同有关部门建立重要江河、湖泊流域水环境保护联合协调机制，实行统一规划、统一标准、统一监测、统一防治。

第二十五条 县级以上人民政府应当加强对工业、燃煤、机动车、扬尘等污染源的综合防治，实行重点大气污染物排放总量控制制度，推行区域大气污染联合防治，控制、削减大气污染物排放量。

第二十六条 县级以上人民政府应当加强土壤污染防治、风险管控和修复，实施农用地分类管理和建设用地准入管理。州（市）人民政府生态环境部门应当制定本行政区域内土壤污染重点监管单位名录，并向社会公开。

第二十七条 各级人民政府应当调整优化农业产业结构，加大农业面源污染防治力度，鼓励使用高效、低毒、低残留农药，扩大有机肥施用，落实畜禽水产养殖污染防治责任，推进标准化养殖和植物病虫害绿色防控。

第二十八条 县级以上人民政府应当加强固体废物污染、噪声污染、光污染防治，完善管理制度，促进固体废物综合利用和无害化处置，防止或者减少对人民群众生产、生活和健康的影响。

县级以上人民政府应当采取有效措施，加强放射性污染防治，建立放射性污染监测制度，预防发生可能导致放射性污染的各类事故。

第二十九条 省人民政府应当制定生活垃圾分类实施方案，推进生活垃圾减量化、资源化、无害化处理处置。各级人民政府应当落实生活垃圾分类的目标任务、配套政策、具体措施，加快建立分类投放、收集、运输、处置的垃圾处理系统。

第三十条 各级人民政府应当采取措施，推进厕所革命，科学规划、合理布局城乡公厕、旅游厕所，加大对现有城乡公厕、旅游厕所和农村无害化卫生户厕的改造、管理力度，推进多元化建设运营模式和公厕云平台建设。

第三十一条 县级以上人民政府应当加强城乡公益性节地生态安葬设施建设，建立节地生态安葬奖补制度，推行节地生态安葬方式，对铁路、公路、河道沿线和水源保护区、风景旅游区、开发区、城镇周边等范围的散埋乱葬坟墓进行综合治理。

第三十二条 县级以上人民政府应当建立突发环境事件应对机制，指导督促企业事业单位制定突发环境事件应急预案，依法公开相关信息，及时启动应急处置措施，防止或者减少突发环境事件对人民群众生产、生活和健康的影响。

县级以上人民政府应当建立环境风险管理的长效机制，鼓励化学原料、化学制品和产生有毒有害物质的高环境风险企业投保环境污染责任保险。

第四章　促进绿色发展

第三十三条 县级以上人民政府应当贯彻高质量发展要求，坚持开放型、创新型和高端化、信息化、绿色化产业发展导向，改造提升传统产业，培育壮大重点支柱产业，发展战略性新兴产业、现代服务业，构建云南特色现代产业体系。

第三十四条 县级以上人民政府应当统筹建立清洁低碳、安全高效的能源体系，推进绿色能源开发利用、全产业链发展，科学规划并有序开发利用水能、太阳能、风能、生物质能、地热能等可再生能源，发展清洁载能产业，促进能源产业高质量发展。

第三十五条 县级以上人民政府应当建立农业绿色发展推进机制，发展绿色有机生产基地，健全农产品质量安全标准体系和绿色食品安全追溯体系，促进绿色食品产业发展。

第三十六条 县级以上人民政府应当科学发展生物制造、生物化工等产业，鼓励支持中药材绿色化、生态化、规范化种植加工和中药饮片发展，发展高端医疗产业集群；规划建设集健康、养生、养老、休闲、旅游等功能于一体的康养基地。

第三十七条 县级以上人民政府应当把绿色发展理念贯彻到交通基础设施建设、运营和养护全过程，提升交通基础设施、运输装备和运输组织的绿色技术水平，推进集约运输、绿色运输和交通循环经济建设。

县级以上人民政府应当建设立体化、智能化城市交通网络，鼓励节能与新能源交通运输工具的应用。

第三十八条 县级以上人民政府应当加强旅游市场监管，合理规划促进全域旅游发展，鼓励发展生态旅游、乡村旅游，推进旅游开发与生态保护深度融合。

第三十九条 县级以上人民政府应当建立全面覆盖、科学规范、管理严格的资源总量管理和全面节约制度，加强重点用能单位能耗在线监测，鼓励企业开展节能、节水等技术改造和技术研发，开发节能环保型产品，加强节能环保新技术应用推广。

第四十条 县级以上人民政府应当建立矿产资源节约集约开发机制，推进绿色矿山建设，建立矿山地质环境保护和土地复垦制度，指导、监督矿业权人依法保护矿山环境，履行矿山地质环境保护和土地复垦义务。

第四十一条 县级以上人民政府应当按照减量化、再利用、资源化原则推进循环经济发展，构建循环型工业、循环型农业、循环型服务业体系。

各类开发区、产业园区、高新技术园区管理机构应当加强园区循环化改造，开展园区产业废物交换利用、能量梯级利用、水循环利用和污染物集中处理。

第四十二条 各级人民政府应当完善再生资源回收利用体系建设，建立统一收集、专类回收和集中定点处理制度，推进餐厨废弃物、建筑废弃物、农林废弃物资源化利用，推进再生资源回收和利用行业规范发展。鼓励社会资本投资废弃物收集、处理和资源化利用。

第四十三条 省人民政府应当建立和完善生态保护补偿机制，科学制定补偿标准，推动森林、湖泊、河流、湿地、耕地、草原等重点领域和禁止开发区域、重点生态功能区等重要区域生态保护补偿全覆盖，完善生态保护成效与资金分配挂钩的激励约束机制，逐步实行多元化生态保护

补偿。

第四十四条 县级以上人民政府应当采取措施推进绿色消费，加强对绿色产品标准、认证、标识的监管；鼓励消费者购买和使用高效节能节水节材产品，不使用或者减少使用一次性用品；鼓励生产者简化产品包装，避免过度包装造成的资源浪费和环境污染。

国家机关、事业单位和团体组织在进行政府采购时应当按照国家有关规定优先采购或者强制采购节能产品、环境标志产品。

第四十五条 县级以上人民政府应当推动绿色建筑发展，推广新型建造方式，推进既有建筑节能改造，建立和完善第三方评价认定制度，实行绿色装配式建筑技术与产品评价评估认定、绿色建材质量追溯制度，鼓励使用绿色建材、新型墙体材料、节能设备和节水器具。

第四十六条 各级人民政府应当弘扬民族优秀生态文化，支持体现民族传统建筑风格的生态旅游村、特色小镇、特色村寨的建设和保护，推进建设民族传统文化生态保护区，实施民族文化遗产保护工程。

各级人民政府应当支持民族生态文化的合理开发利用，打造民族生态文化品牌，鼓励开发具有民族生态文化特色的传统工艺品、服饰、器皿等商品。

第五章 促进社会参与

第四十七条 各级人民政府应当建立健全生态文明建设社会参与机制，完善信息公开制度，鼓励和引导公民、法人和其他组织对生态文明建设提出意见建议，进行监督。

对涉及公众权益和公共利益的生态文明建设重大决策或者可能对生态环境产生重大影响的建设项目，有关部门在决策前应当听取公众意见。

第四十八条 各级各类学校、教育培训机构应当把生态文明建设纳入教育、培训的内容，编印、制作具有地方特色的生态文明建设读本、多媒体资料。

报刊、广播、电视和网络等媒体应当加强生态文明建设宣传和舆论引导，开展形式多样的公益性宣传。

工会、共青团、妇联、科协、基层群众性自治组织、社会组织应当参与生态文明建设的宣传、普及、引导等工作。鼓励志愿者参与生态文明建设的宣传教育、社会实践等活动。

第四十九条　公民、法人和其他组织都有义务保护生态环境和自然资源，有权对污染环境、破坏生态、损害自然资源的行为进行制止和举报。

第五十条　鼓励和引导公民、法人和其他组织践行生态文明理念，自觉增强生态保护和公共卫生安全意识，在衣、食、住、行、游等方面倡导文明健康、绿色环保的生活方式和消费方式。

鼓励村（居）民委员会、社区、住宅小区的村规民约或者自治公约规定生态文明建设自律内容，倡导绿色生活。

第六章　保障与监督

第五十一条　县级以上人民政府应当建立健全生态文明建设资金保障机制，将生态文明建设工作经费纳入本级财政预算；鼓励社会资本参与生态文明建设。

省级财政应当完善能源节约和资源循环利用、保护生态环境、生态功能区转移支付和城乡人居环境综合整治等方面的财政投入、分配、监督和绩效评价机制。

第五十二条　省人民政府应当健全自然资源产权制度和资源有偿使用制度的执行机制，探索建立用能权、碳排放权、排污权、水权交易制度，推行环境污染第三方治理。

鼓励金融机构发展绿色信贷、绿色保险、绿色债券等绿色金融业务。

第五十三条　省人民政府应当建立生态文明建设领域科学技术人才引进和培养机制，支持生态文明建设领域人才开展科学技术研究、开发、推广和应用，加快生态文明建设领域人才队伍建设。

鼓励和支持高等院校、科研机构、相关企业加强生态文明建设领域的人才培养和科学技术研究、开发、成果转化。

第五十四条　省人民政府应当组织建立生态文明建设信息平台，加强相关数据共享共用，定期公布生态文明建设相关信息，推动全省信息化

建设与生态文明建设深度融合，发挥大数据在生态文明建设中的监测、预测、保护、服务等作用。

第五十五条　省、州（市）人民政府应当将生态文明建设评价考核纳入高质量发展综合绩效评价体系，强化环境保护、自然资源管控、节能减排等约束性指标管理，落实政府监管责任。

县级以上人民政府应当建立健全生态环境监测和评价制度，推进生态环境保护综合行政执法。

第五十六条　县级以上人民政府应当落实生态环境损害责任终身追究制，建立完善领导干部自然资源资产离任（任中）审计制度，对依法属于审计监督对象、负有自然资源资产管理和生态环境保护责任的主要负责人进行自然资源资产离任（任中）审计。

第五十七条　县级以上人民政府应当加强对所属部门和下级人民政府开展生态文明建设工作的监督检查，督促有关部门和地区履行生态文明建设职责，完成生态文明建设目标。

第五十八条　县级以上人民政府应当每年向本级人民代表大会及其常务委员会报告生态文明建设工作，依法接受监督。

县级以上人民代表大会及其常务委员会应当加强对生态文明建设工作的监督，检查督促生态文明建设工作推进落实情况。

第五十九条　对生态文明建设工作中做出显著成绩的单位和个人，县级以上人民政府应当按照国家和省有关规定予以表彰或者奖励。

第六十条　县级以上人民政府生态环境部门和其他负有生态环境保护监督管理职责的部门应当将企业事业单位和其他生产经营者的环境违法信息记入社会诚信档案，对其环境信用等级进行评价，及时公开环境信用信息。

第六十一条　检察机关、负有生态环境保护监督管理职责的部门及其他机关、社会组织、企业事业单位应当支持符合法定条件的社会组织对污染环境、破坏生态，损害社会公共利益的行为依法提起环境公益诉讼。

第七章　法律责任

第六十二条　国家机关及其工作人员未履行本条例规定职责或者有其他滥用职权、玩忽职守、

徇私舞弊行为的，由有关部门或者监察机关责令改正，对直接负责的主管人员和其他直接责任人员依法给予处分；构成犯罪的，依法追究刑事责任。

第六十三条 因污染环境、破坏生态造成生态环境损害的，应当依法承担生态环境损害赔偿责任；构成犯罪的，依法追究刑事责任。

第六十四条 违反本条例规定的其他行为，依照有关法律、法规的规定予以处罚。

第八章 附 则

第六十五条 省人民政府应当根据本条例制定实施细则。

第六十六条 本条例自 2020 年 7 月 1 日起施行。